Rainer Dahlmann
Christian Hopmann
Malte Schön

Recycling von Kunststoffen

HANSER

MIX
Papier | Fördert gute Waldnutzung
FSC® C016368

Print-ISBN: 978-3-446-47129-0
E-Book-ISBN: 978-3-446-47817-6
E-Pub-ISBN: 978-3-446-48604-1

Die allgemein verwendeten Personenbezeichnungen gelten gleichermaßen für alle Geschlechter.

Bibliografische Information der Deutschen Nationalbibliothek:
Die Deutsche Nationalbibliothek verzeichnet diese Publikation in der Deutschen Nationalbibliografie; detaillierte bibliografische Daten sind im Internet unter http://dnb.d-nb.de abrufbar.

Vilshofener Straße 10 | 81679 München | info@hanser.de
www.hanser-fachbuch.de
Lektorat: Dr. Mark Smith
Herstellung: Eberl & Koesel Studio, Kempten
Coverkonzept: Marc Müller-Bremer, www.rebranding.de, München
Covergestaltung: Max Kostopoulos
Titelmotiv: © shutterstock.com/KONSTANTIN_SHISHKIN, PIMPIKA_070432; © gettyimages.de/Peter Dazeley
Satz: le-tex publishing services GmbH, Leipzig
Druck: Elanders Waiblingen GmbH, Waiblingen
Printed in Germany

Inhalt

Vorwort

Unser Lebensstandard basiert zu einem erheblichen Teil auf der Verwendung von Kunststoffen. Sie ermöglichen sichere Lebensmittelverpackungen, leichte Fahrzeuge, effiziente Energieerzeugung, Luft- und Raumfahrt, langlebige Infrastruktur und medizinische Innovationen – kurz gesagt, Kunststoffe leisten einen entscheidenden Beitrag zu Komfort, Mobilität, Gesundheit und Ressourceneffizienz. Gleichzeitig symbolisieren sie eine der großen ökologischen Herausforderungen unserer Zeit. Bilder von vermüllten Stränden, Mikroplastik im Wasser und überquellenden Mülldeponien rücken das Thema Recycling von Kunststoffen ohne Unterlass in den Fokus der öffentlichen Wahrnehmung.

Die öffentliche Debatte ist oft polarisiert. Während Kunststoffe in den Medien vorwiegend als ökologisches Problem dargestellt und daher von Politik und Gesellschaft auch so wahrgenommen werden, stehen ihre funktionalen und wirtschaftlichen Vorteile außer Frage, denn sie sind der Grund für ihre Verbreitung. Dieser Widerspruch offenbart sich jedoch nur denjenigen, die sich über diese Umstände in einer gewissen Breite informieren. Dann wird deutlich: Nicht der Kunststoff ist das Problem, sondern seine unsachgemäße Behandlung von der Entsorgung und dem Recycling bis zum Produktdesign und zur Verwendung in neuen Produkten. Genau hier setzt das Konzept der Kreislaufwirtschaft an – und mit ihm die Forderung, Kunststoffe verantwortungsvoll im Werkstoffkreislauf zu führen.

Die Ambitionen zur Kreislaufführung schlagen sich inzwischen in recht konkreten und herausfordernden gesetzlichen Regulierungen nieder, und dieser Vorgang erstreckt sich immer weiter über die verschiedenen Einsatzgebiete von Kunststoffen. Die sinnvolle Forderung nach Rezyklateinsatzquoten erfordert äußerst facettenreich Entwicklungen, die bei weitem nicht allein durch die Weiterentwicklung von Recyclingtechnologien getragen werden können. Die notwendigen technischen Entwicklungen erstrecken sich auch auf das recyclingfreundliche Produktdesign und die geeignete Kunststoffauswahl.

Auch dies reicht jedoch nicht, um die Kreislaufführung von Kunststoffen im erforderlichen Maß zu fördern.

Dieses Buch bietet daher zunächst eine systematische Einordnung der aktuellen Herausforderungen und reißt konkrete Lösungen für eine nachhaltige Kunststoffindustrie an. Besonderes Augenmerk wird auf die Schnittstellen zwischen Politik, Industrie, Wissenschaft und Gesellschaft gelegt. Denn eine funktionierende Kreislaufwirtschaft für Kunststoffe erfordert mehr als nur technologische Innovationen – sie braucht auch politische Klarheit, wirtschaftliche Anreize, gesellschaftliche Akzeptanz und sektorübergreifende Zusammenarbeit. Die Inhalte reichen von grundlegenden Überlegungen zur Kreislaufwirtschaft und zu regulatorischen Rahmenbedingungen über Abfallwirtschaft, Ökodesign und die Verbrauchersicht bis hin zu Sammlung von Altkunststoffen. Beiträge zu Sortierung, Recycling, Verwendung von recycelten Materialien sowie auch zu alternativen Verwertungsarten und zur Lebenszyklusbewertung beleuchten dabei die technisch geprägten Aspekte. Es werden zudem kunststofftypenspezifische wie auch branchenspezifische Rahmenbedingungen aufgezeigt. Darüber hinaus wird die umspannende Funktion der Digitalisierung als ein wichtiger unterstützender Lösungspfad thematisiert.

Die Autoren dieses Buches vereinen Fachwissen aus verschiedenen Disziplinen und aus den zum Teil verschiedenen Perspektiven von Verbänden, Beratern, Industrie und Wissenschaft. Ihre Beiträge machen deutlich, dass Kunststoffrecycling kein Randthema ist, sondern ein zentrales Element auf dem Weg zu einer ressourceneffizienten Zukunft. Als Herausgeber danken wir herzlich dem Carl Hanser Verlag, namentlich Frau Rebecca Wehrmann sowie Herrn Dr. Mark Smith, sowie allen Autorinnen und Autoren, die mit ihrer Expertise wertvolle Beiträge zu diesem Buch geleistet haben.

Dieses Buch möchte einen Beitrag zur Orientierung in diesem komplexen Feld, zur Wissensvermittlung und zur Förderung der Debatte leisten. Es richtet sich an Fachleute aus Wissenschaft und Praxis sowie an politische Entscheidungsträger, Studierende und alle Interessierten, die sich über eine nachhaltige Gestaltung unserer Kunststoffnutzung informieren möchten.

Rainer Dahlmann, Christian Hopmann, Malte Schön

Die Autor:innen

Die Herausgeber

Prof. Dr. rer. nat. Rainer Dahlmann

Rainer Dahlmann hat an der RWTH Aachen University Physik mit der Vertiefungsrichtung Festkörperphysik studiert. Er promovierte am Institut für Kunststoffverarbeitung (IKV) im Themenbereich Plasma- und Oberflächentechnik. Nach seiner Promotion hatte er die Leitung der Abteilung Formteilauslegung/Werkstofftechnik inne. Im Jahr 2003 wurde unter seiner Leitung am IKV das Zentrum für Kunststoffanalyse und -prüfung (KAP) gegründet, das er seitdem auch leitet. Darüber hinaus ist er seit 2017 wissenschaftlicher Direktor am IKV und in dieser Position insbesondere für Kooperationen mit Industriepartnern verantwortlich sowie für das Themenfeld Kreislaufwirtschaft für Kunststoffe mitverantwortlich. Ein weiteres wesentliches Arbeitsfeld ist neben der Plasmatechnik die Schadensanalyse an Kunststoffprodukten. 2018 wurde ihm der Titel des außerplanmäßigen Professors verliehen.

Prof. Dr.-Ing. Christian Hopmann

Christian Hopmann studierte Maschinenbau mit der Vertiefungsrichtung Kunststofftechnik an der RWTH Aachen, promovierte dort 2000 und wurde nach verschiedenen Führungspositionen in Wissenschaft und Industrie 2011 zum Universitätsprofessor für das Fachgebiet Kunststoffverarbeitung an die RWTH Aachen University berufen. Er ist Inhaber des Lehrstuhls für Kunststoffverarbeitung und Direktor des IKV – Institut für Kunststoffverarbeitung in Industrie und

Handwerk an der RWTH Aachen sowie Mitbegründer des AZL – Aachener Zentrum für integrativen Leichtbau. Sein Interesse gilt der Grundlagen- und angewandten Forschung in der Kunststofftechnik mit den Schwerpunkten Digitalisierung und Simulation, Leichtbautechnologien und Circular Economy. Hopmann ist Principal Investigator und Mitglied des Lenkungsausschusses des Bundesexzellenzclusters „Internet der Produktion" sowie in Sonderforschungsbereichen. Er initiierte das Polymer Innovation Center 4.0 zur domänenspezifischen Implementierung von Digitalisierungstechniken einschließlich KI in der Kunststoffindustrie.

Dr.-Ing. Malte Schön

Malte Schön studierte nach seinem Wehrdienst Maschinenbau mit der Vertiefungsrichtung Kunststofftechnik an der RWTH Aachen. Mit dem Abschluss des Masterstudiums 2016 trat er eine Position als wissenschaftlicher Mitarbeiter am Institut für Kunststoffverarbeitung an. Im Fokus seiner Arbeit standen praktische und theoretische Untersuchungen zur mischwirksamen Strömungen von Kunststoffschmelzen. Er promovierte im Juni 2023 mit einer Arbeit über ein praxistaugliches Verfahren zur Auswahl und Dimensionierung von Mischteilen für Schneckenmaschinen. Im November 2021 wurde Herr Schön mit der Leitung der IKV-Abteilung "Extrusion und Kautschuktechnologie" betraut, in der rund ein Dutzend wissenschaftliche Mitarbeitende F&E-Projekte innerhalb eines breiten Themenfelds vom Recycling von Verpackungsmaterialien bis hin zur Rheologie der Kautschukmischungen bearbeiten. Seit dem 01.01.2025 ist er bei der 3M Deutschland GmbH im Bereich der Prozessentwicklung tätig.

Die Mitverfasser:innen

Kapitel/Abschnitt	Mitverfasser:innen
1	Jürgen Bruder
2	Christoph Lindner
3	Michael Carus, Lara Dammer, Achim Raschka, Pia Skoczinski, Christopher vom Berg
4	Philip Heldt
5	Jürgen Bruder

Kapitel/Abschnitt	Mitverfasser:innen
6	Isabell Schmidt, Carolina E. Schweig
7	Joachim Christiani
8.1.1	Ines Schwarz, Stefan Wiethoff
8.1.2	Malte Schön
8.1.3	Elena Berg, Rainer Dahlmann
8.1.4	Thomas Probst
8.1.5	Tobias Conen, Rainer Dahlmann
8.1.6	Dieter Stapf, Rainer Dahlmann
8.2.1	Dieter Stapf
8.2.2 (Einleitung)	Philipp Schäfer, Tobias Horn, Christian Hopmann
8.2.2.1	Philipp Schäfer, Christian Hopmann
8.2.3	Ulrich Thiele
8.2.4	Achim Löffler, Heinz-Dieter Lutter, Christian Seitz, Volker Schädler
8.2.5	Elisabeth Töpel
8.2.6	Tobias Horn, Christian Hopmann
8.3	Vera Austermann, Rainer Dahlmann
9.1	Peter Quicker
9.2	Stephan Kabasci
10.1	Elena Berg, Rainer Dahlmann

Kapitel/Abschnitt	Mitverfasser:innen
10.2	Marius Stieglitz, Christian Hopmann
10.3	Sabine Standfuß-Holthausen, Christoph Zekorn, Rainer Dahlmann
10.4	Thorsten Leopold
10.5	Achim Grefenstein
10.6	Rudolph Stauber
10.7	Lorena Fricke
11.1	Marvin Bachmann, Sarah Deutz, Niklas von der Aßen
11.2	Bernd Brandt, Harald Pilz
12.1	Mauritius Schmitz
12.2	Malte Röbig, Christoph Zimmermann
12.3	Jürgen Bruder, Christoph Lindner

1 Kunststoffkreislaufwirtschaft – Einordnung und aktueller Stand

Jürgen Bruder

1.1 Kunststoff im Fokus – Ursachen, Wirkungen, Studienlage

Der Übergang von der heute noch vorherrschenden linearen Wirtschaftsweise hin zu einer auf Material- und Produktkreisläufen beruhenden zirkulären Wirtschaftsweise wird in Wissenschaft, Wirtschaft, Politik und Zivilgesellschaft gleichermaßen als dringend notwendig erachtet und kann in Deutschland und der EU als gesellschaftlicher Konsens angesehen werden. Das gilt insbesondere auch für einen der relevantesten Stoffströme EU- und weltweit – den des Kunststoffs. Rund 400 Mt Kunststoff wurden im Jahr 2020 produziert, davon 368 Mt Neuware (PlasticsEurope 2021) und ca. 30 Mt Rezyklat (Conversio 2020a). Ausgehend von der wachsenden Weltbevölkerung und dem sich angleichenden Pro-Kopf-Verbrauch an Kunststoff von Industrie- und Schwellenländern gibt es verschiedene Szenarien zur weiteren Entwicklung des Kunststoffaufkommens, von einem deutlich reduzierten Wachstum (PEW/Systemiq 2020) bis zu 5 % pro Jahr (Geyer et al 2017). Selbst bei einem durchschnittlichen Wachstum von 4 % pro Jahr bis 2050 würde das Kunststoffaufkommen 1200 Mt betragen, sich also verdreifachen gegenüber dem Stand von 2020. Weltweit fielen 250 Mt Kunststoffabfälle im Jahr 2018 an, davon wurden nur 50 Mt dem Recycling zugeführt. Eine Menge von 75 Mt landete ungeordnet in der Umwelt, der Rest wurde deponiert oder energetisch verwertet (Conversio 2020a), siehe auch Kapitel 2.

Das Problem der stetig steigenden Kunststoffabfallmengen, insbesondere aus dem Verpackungsbereich, rückte in Deutschland bereits Ende der 80er-/Anfang der 90er-Jahre in den Fokus von Behörden, Politik und Zivilgesellschaft. Immer knapper werdender Deponieraum und eine fehlende Erfassungs- und Verwertungsinfrastruktur für Verpackungen führten zur Verpackungsverordnung 1991, weltweit die erste auf Produktverantwortung basierende Regulierung von Verpackungsabfällen, insbesondere für bis dato praktisch nicht recycelte Kunststoffverpackungen. Die deutsche Regelung wurde zum Vorbild für die EU und weltweit, initiierte und förderte das werkstoffliche und kurzzeitig bis Ende der 90er-Jahre auch das chemische Recycling, beeinflusste aber kaum das lineare Wirtschaftsmodell in den Kunststoffwertschöpfungsketten, auch nicht in der Kette der Kunststoffverpackungen. Erst seit Anfang/Mitte der 2010er-Jahre erschien eine Vielzahl von Untersuchungen, Studien und Strategiepapieren, die sich mit der unzureichenden Kreislaufführung von Kunststoff weltweit, aber auch regional oder national befassen. Die Zahl dieser Studien dürfte solche, die sich auf andere ebenfalls massen- und volumenrelevante Stoffströme wie z. B. Stahl oder Zement beziehen, bei Weitem übersteigen. Was sind die Ursachen dafür, dass Kunststoff derart im Fokus steht? Ist es der oben gezeigte sehr geringe Wiedereinsatz von Kunststoffabfällen? Sind es die gewaltigen Emissionen von Abfällen, die weltweit ungeordnet in die Umwelt gelangen und einer Menge des 1½-fachen Kunststoffverbrauchs der EU (27+3) pro Jahr entsprechen? Vieles hängt vom betrachteten Bezugsrahmen (global, EU, national) ab, dennoch gibt es ein globales Thema, das die Diskussion und die Studienlage zum unzureichenden Abfallmanagement seit Anfang der 2010er-Jahre im Besonderen ausgelöst hat und seitdem mehr oder minder überlagert. Es ist das Marine-Litter-Problem, im deutschen oft als „Vermüllung der Weltmeere" umschrieben, das das Forscherteam um Jenna Jambeck (Jambeck et al 2015) erstmalig in quantitativen Dimensionen darstellen konnte.

Im Jahr 2011 hatte sich die 5. Meeresabfallkonferenz (IMDC 2011) ausführlich mit dem Thema Marine Litter durch Kunststoffabfälle im Ergebnis einer alarmierenden Studie der Vereinten Nationen (UNEP 2009) befasst. Aber erst Anfang 2016 erhielt dieses globale Umweltproblem eine besondere Medien- und Politikrelevanz mit der auf dem Weltwirtschaftsforum in Davos gemachten Warnung: Ohne gravierende Änderungen im weltweiten Kunststoff-Zyklus würde im Jahr 2050 mehr Kunststoff als Fisch in den Weltmeeren vorhanden sein (EMAF 2016). Spätestens seitdem steht der gesamte Kunststoffsektor, insbesondere aber die Kunststoffindustrie und die Inverkehrbringer von in Kunststoffverpackungen verpackten Konsumgütern (FMCG industry), unter öffentlichem und politischen Druck, eine grundlegende Transformation hin zu einer Kunststoffkreislaufwirtschaft gemeinsam mit allen Stakeholdern anzugehen und als ersten Schritt ein unkontrolliertes Entlassen von Abfällen in die Umwelt zu verhindern. Begleitet wurde dieser Druck durch ein medial befeuertes und z. T. von Vertretern aus Politik, Handel und Zivilgesellschaft mitgetragenes „Plastic bashing" in vielen europäischen und asiatischen Ländern, das erst mit der Corona-Pandemie und dem dann einsetzenden (Wieder-) Erkennen des offensichtlichen Nutzens von Kunststoffprodukten für Gesundheit, Hygiene und Ernährung wieder in eine weitgehend sachliche Auseinandersetzung über Ursachen und Lösungen des Abfallproblems überging (FAZ 2020). Das im März 2022 von der Umweltversammlung der Vereinten Nationen beschlossene und über mehrere Jahre vorbereitete Mandat, ein völkerrechtlich verbindliches Abkommen zur Reduzierung und Vermeidung des Kunststoffeintrages in die Meere zu verhandeln, zeigt erfreulicherweise einen politisch erreichten, langfristigen Lösungspfad für das globale Marine-Litter-Problem auf (UNEP 2022). Dieses bis Ende 2024 geplante Abkommen, vergleichbar mit dem Pariser Klimaschutzabkommen, wird zweifellos eine starke Wirkung auch in Richtung Kunststoffkreislaufwirtschaft entfalten.

Seit Mitte/Ende der 2010er-Jahre erschienen durch die EU- Kommission Strategiepapiere zur Kreislaufwirtschaft mit besonderer Relevanz für Kunststoffe wie die Plastics Strategy, der Green Deal oder der Circular Economy Action Plan, womit die EU zweifellos eine Vorreiterrolle in Sachen Kreislaufwirtschaft eingenommen hat, was in Kapitel 5 detailliert dargestellt wird.

In Deutschland wurden insbesondere seit Ende der 2010er-Jahre Probleme, Hemmnisse und notwendige Maßnahmen zum Übergang zu einer Kreislaufwirtschaft in der Literatur intensiver thematisiert, wohl eine Reaktion auf das unzureichende Tempo einer Transformation und den realen Rückstand Deutschlands im europäischen Vergleich (KRU 2019, Faulstich 2021, CEID 2021, WWF/Wuppertal-institut 2021). So nimmt Deutschland in der EU mit der „Nutzungsrate wiederverwendbarer Rohstoffe“, einem Gradmesser für den Entwicklungsstand einer Kreislaufwirtschaft, nur einen Mittelplatz mit 13,4 % im Jahr 2020 ein (Eurostat 2021). Die Quote für die Niederlande beispielsweise liegt bei 30,9 %. Zufälligerweise liegt auch die Einsatzquote für Kunststoffrezyklate an der Kunststoffverarbeitungsmenge im Jahr 2019 bei 13,7 % (Conversio 2020b), also im Bereich des (zu niedrigen) deutschen Durchschnitts. Der Green Deal (EU 2019) vom Dezember 2019 charakterisiert Kreislaufwirtschaftspolitik als wichtige und selbstständige Säule der EU-Klimaschutzpolitik, eine Einordnung, die man auch in dem im Jahr 2021 nachgebesserten deutschen Klimaschutzgesetz der Großen Koalition nicht verankert hat. Ungeachtet der erheblichen Potenziale einer Kreislaufwirtschaft zur Reduzierung klimarelevanter Emissionen wurde dieser Aspekt in Deutschland im Zuge des sektoriellen Herangehens bei der Einsparung von Treibhausgasemissionen bislang vernachlässigt. Kreislaufwirtschaft stellt eine sektorübergreifende Herausforderung mit Querschnittscharakter dar und betrifft nicht nur den Sektor Abfall oder Industrie, sondern auch Gebäude, Landwirtschaft, Energiewirtschaft und selbst Verkehr.

Parallel zu grundsätzlichen Studien/Publikationen zur Kreislaufwirtschaft wurde in einem zweijährigen Dialogprozess das Greenpaper des VDI-Round Table aus Wirtschaft, Wissenschaft, NGOs und Politik erarbeitet und Ende 2021 mit dem Titel „Circular Economy für Kunststoffe neu denken – Wie die Transformation zur zirkulären Wertschöpfung gelingen kann“ veröffentlicht (VDI 2021). Hier werden die Herausforderungen einer kreislauforientierten Kunststoffwirtschaft klar benannt und Ziele, Handlungsfelder und Handlungsempfehlungen für die Akteure im Kreislauf, die Politik als Akteur eingeschlossen, hergeleitet.

Bezogen auf wichtige Teilaspekte einer kreislauforientierten Kunststoffwirtschaft liegt inzwischen ebenfalls eine Vielzahl von Studien, Leitfäden und Ergebnissen von Dialogprozessen vor. Sie beziehen sich insbesondere

- auf das Design von Verpackungen und anderen Kunststoffprodukten im Sinne der Kreislaufwirtschaft (IK 2019, ZSVR 2021, Recyclass 2021, Berwald et al 2021) einschließlich der quantitativen Messung des Designs for Recycling (GVM 2022), schließlich haben 80 % aller Umweltbelastungen von Produkten ihren Ursprung n der Designphase (EU 2012),

- auf Fragen rund um den Rezyklateinsatz (RESAG 2022) einschließlich des damit verbundenen Einsatzpotenzials (GVM/BKV 2020; CPA 2021) und
- auf mögliche regulative Rahmenbedingungen zur Kreislaufwirtschaft (AGVU/IK 2020; VDI 2021, RESAG 2022, WWF/Wuppertal Institut 2021).

Kein Teilaspekt, sondern ein grundsätzliches Strategieelement einer Kunststoff-Kreislaufwirtschaft ist die Bewältigung der vor der Kunststoffindustrie stehenden Substitution der fossilen Rohstoffbasis durch zirkuläre Rohstoffe wie Rezyklate aus werkstofflichem und chemischem Recycling, aus Biomasse und CO_2 (Agora 2019, Nova 2020, VCI 2020). Diese gewaltige Herausforderung teilt die Kunststofferzeugung mit der gesamten organischen Chemieindustrie, für die ebenfalls chemisch gebundener Kohlenstoff die unverzichtbare Grundlage für die Produktpalette darstellt. Diese Substitution der fossilen Rohstoffbasis in der Chemie- und Kunststoffindustrie unterscheidet sich grundlegend von der – bereits stärker in den Fokus von Politik und Öffentlichkeit gerückten – Substitution in der Stahlindustrie, bei der das Reduktionsmittel Koks durch Wasserstoff zu ersetzen ist. Die bereits vorliegenden Studien zur Substitution fossiler Rohstoffe in Chemie- und Kunststoffindustrie durch zirkuläre Rohstoffe (ebenda) zeigen die Möglichkeiten, aber auch die enormen Anstrengungen auf diesem Weg auf. Sie weisen naturgemäß einen viel längeren Zeithorizont auf als Studien z. B. zur Steigerung des Rezyklateinsatzes. Gerade deshalb ist es wichtig, die bis zur Mitte des Jahrhunderts zu erreichende Klimaneutralität der Kunststoffindustrie a priori mitzudenken und die Kreislaufführung des im Kunststoff gebundenen Kohlenstoffs beim anzuwendenden Technologie-Mix im Blick zu behalten. Fragen der Produktion von Rezyklaten aus werkstofflichen und chemischen Verfahren sind bereits heute unter dem Gesichtspunkt der strategischen Sicherung zirkulärer Rohstoffe zu betrachten und nicht (mehr) als Fragen der Abfallverwertung.

Die Rolle der Verbraucher in einer Kreislaufwirtschaft wird von der Studienlage entsprechend der Bedeutung dieser Akteure noch nicht ausreichend abgedeckt. Welche Rahmenbedingungen, Kommunikationsstrategien, überzeugenden Produktangebote und weitere Faktoren ein kreislauforientiertes Verbraucherverhalten wie beeinflussen können, sei es bei nachhaltiger Produktnutzung oder Vermeidung und Vorsortierung von Abfällen, sollte stärker untersucht werden. Kapitel 4 liefert hierzu am Beispiel von Verpackungen und Einwegprodukten Impulse.

Der bisherige Überblick über Studien, Strategiepapiere, Roadmaps, Potenzialanalysen oder Diskussionspapiere macht deutlich, dass bereits sehr viel Wissen zu notwendigen Voraussetzungen, zu Anforderungen an die Akteure, zu einer stufenübergreifenden Information und Kommunikation (Normung, Digitalisierung, Massenbilanzierung, LCA), zu unterstützenden regulativen Rahmenbedingungen und anderem mehr vorliegt. Es kommt nunmehr vor allem darauf an, vorliegende Forderungen und Konzepte umzusetzen. Da der Transformationsprozess von einer „eingefahrenen“ linearen Wirtschaft zu einer Kreislaufwirtschaft ein überaus komplexes Unterfangen mit vielen Zielkonflikten ist, wird man nicht alle Risiken und Nebenwirkungen beim Einschlagen von neuen Wegen von vornherein ausschließen können. Deshalb sollten Vorschläge aus der Wirtschaft, ein innovationsfreundliches Regulierungsumfeld zu schaffen und auch bei der Kreislaufwirtschaft im Rahmen von Reallaboren – wie für die Energiewende (BMWK 2022) – voranzugehen und Erfahrungen zu sammeln, entsprechende Beachtung finden (acatech 2020; RESAG 2022).

Das vorliegende Wissen aus dem Kunststoffsektor sowie die im Vergleich zu anderen Stoffströmen relativ langen Erfahrungen und Anstrengungen der Akteure, einen Beitrag zu einer Kunststoffkreislaufwirtschaft zu leisten, sollten in die von der Ampelkoalition avisierte „Nationale Kreislaufwirtschaftsstrategie“ (Koalitionsvertrag 2021) einfließen. Dabei könnte eine kreislauforientierte Kunststoffwirtschaft sogar selbst zum Vorbild für andere Stoffkreisläufe werden.

1.2 Kreislaufwirtschaft, Nachhaltigkeitsziele und Circular Economy

Kreislaufwirtschaft ist ein seit rund drei Jahrzehnten geprägter Begriff, dennoch lohnt es sich, die Breite der Definitionsansätze zu reflektieren, zumal der englische Begriff der „Circular Economy“ sich zunehmend auch im Deutschen einbürgert und z. T. bewusst von dem der „Kreislaufwirtschaft“ unterschieden wird.

Definitionen Kreislaufwirtschaft

Von den vielen Definitionen einer Kreislaufwirtschaft in der Literatur sollen hier zwei näher betrachtet werden, da sie die Spannbreite des Begriffes gut abdecken.

> *„Die Kreislaufwirtschaft ist ein Produktions- und Konsummodell, bei dem vorhandene Materialien und Produkte so lange wie möglich gemeinsam genutzt, geleast, wiederverwendet, repariert, aufgearbeitet und recycelt werden. Auf diese Weise wird der Lebenszyklus von Produkten verlängert.*
> *In der Praxis bedeutet dies, dass Abfälle auf ein Minimum reduziert werden. Wenn ein Produkt das Ende seiner Lebensdauer erreicht hat, werden seine Materialien nach Möglichkeit in der Wirtschaft belassen. Sie können immer wieder produktiv genutzt werden und schaffen so weiteren Wert.*
> *Dies ist eine Abkehr vom traditionellen, linearen Wirtschaftsmodell, das auf dem Muster „Nehmen-Herstellen-Verbrauchen-Wegwerfen“ beruht.“*
>
> (EU 2021)

Diese Definition des Europäischen Parlaments setzt den Schwerpunkt auf konkrete Maßnahmen der Abfallvermeidung und weiteren Nutzung der Materialien nicht mehr verwendbarer Produkte im Wirtschaftskreislauf durch das Recycling, einschließlich einem dafür möglichst angepassten Produktdesign (z. B. Design für Recycling), siehe Bild 1.1.

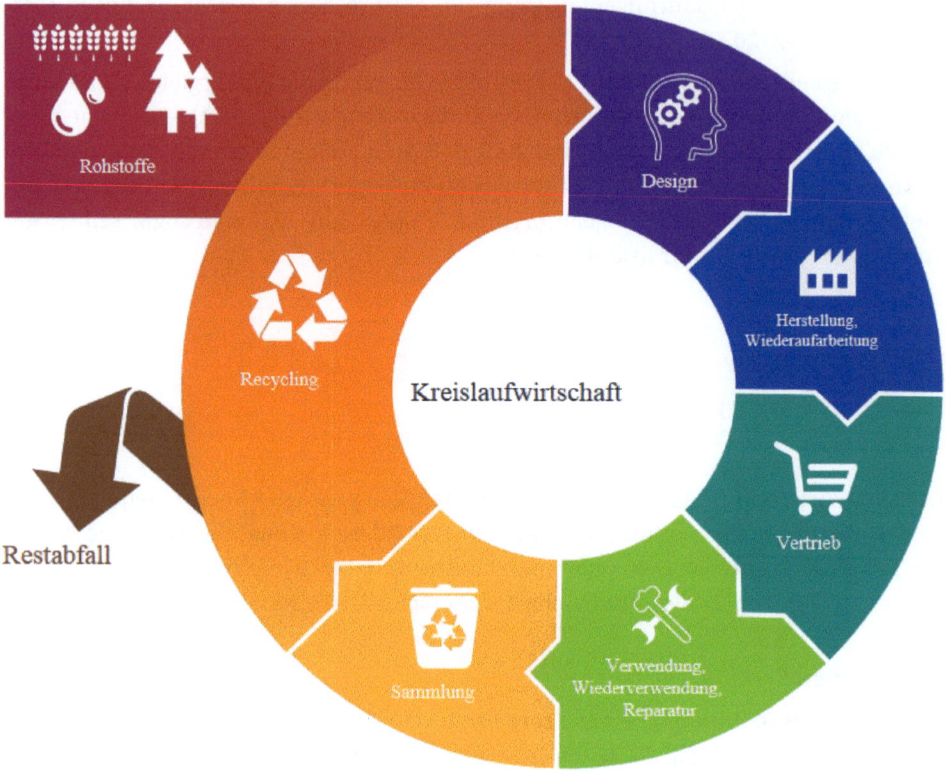

Bild 1.1 Grafik Kreislaufwirtschaft (Quelle EU 2015)

Eine Definition des Umweltbundesamtes stellt den Zusammenhang von Kreislaufwirtschaft zu den Nachhaltigkeitszielen, den Sustainable Development Goals (SDGs), der Vereinten Nationen her und betont die Notwendigkeit einer Kreislaufwirtschaft mit Hinweis auf die Grenzen bei Ressourcenverbrauch und Umweltbelastung:

> *„Die Kreislaufwirtschaft ist Teil einer ressourceneffizienten, nachhaltigen Lebens- und Wirtschaftsweise, welche die Umsetzung der Agenda 2030 für nachhaltige Entwicklung der Vereinten Nationen fördert und planetare Grenzen respektiert.“*

(UBA 2020)

Beide Definitionen spiegeln den Inhalt von Kreislaufwirtschaft mit unterschiedlicher Akzentuierung und Konkretisierung wider. Insofern ist der Kontext oft entscheidend, auf welcher Abstraktionsebene oder mit welcher Schwerpunktsetzung der Begriff gebraucht wird.

Kunststoff-Kreislaufwirtschaft und Agenda 2030 der Vereinten Nationen zur nachhaltigen Entwicklung

Dem Hinweis auf die fördernde Rolle der Kreislaufwirtschaft bei der Umsetzung der Agenda 2030 der Vereinten Nationen folgend (ebenda) sind die 17 Nachhaltigkeitsziele (Sustainable Development Goals, oft mit SDGs abgekürzt) näher zu betrachten, siehe Bild 1.2.

Bild 1.2 Globale Ziele für nachhaltige Entwicklung bis 2030 (Quelle: BMU)

Die Entwicklung einer Kunststoff-Kreislaufwirtschaft kann insbesondere einen Beitrag leisten zu:

- SDG 12 Nachhaltiger Konsum und Produktion, vor allem durch Vermeidung/Verringerung von Kunststoffabfällen und besseres Abfallmanagement; Einbeziehung der Endverbraucher als Akteure eines nachhaltigen Konsums
- SDG 13 Klimaschutz, d. h. neben der Nutzung erneuerbarer Prozessenergie vor allem Verringerung von CO_2-Emissionen aus dem im Kunststoff gebundenen Kohlenstoff durch Recycling
- SDG 14 Leben unter Wasser, d. h. Reduzierung/Verhinderung von Kunststoffeinträgen in die Umwelt, insbesondere in die Meere
- SDG 17 Partnerschaften zur Erreichung der Ziele, d. h. enge Zusammenarbeit mit allen Partnern entlang von Wertschöpfungsketten, mit Zivilgesellschaft und Politik

Es bedarf nicht unbedingt der UN-Nachhaltigkeitsziele, um diese Herausforderungen bei der Entwicklung einer in jeder Hinsicht nachhaltigen Kunststoffwirtschaft zu benennen. Aber diese Ziele sind in mehrfacher Hinsicht für einen sachlichen, systematischen und letztlich auch systemischen Umgang mit dem Thema „Kunststoff und Nachhaltigkeit" hilfreich.

Ein interessanter systemischer Ansatz dabei besteht darin, ein Nachhaltigkeitsziel, zu dessen Erfüllung das Material Kunststoff mit konkreten Produkten einen signifikanten positiven Beitrag leistet, anderen Nachhaltigkeitszielen gegenüberzustellen. Nicht im Sinne eines „Aufrechnens", sondern im Sinne der Suche nach konkreten Lösungen, um verschiedene Ziele bzw. Schutzgüter gleichermaßen zu berücksichtigen.

Ein Beispiel einer solchen Suche nach konkreten nachhaltigen Lösungen ist die im SDG-Ziel 2 „Kein Hunger" anzusiedelnde Studie zur Bewertung von Agrarkunststoffen im Auftrag der Welternährungsorganisation (FAO 2021). Hier wird einerseits der Nutzen des Einsatzes von Kunststoffen in der Nahrungs- und Futtermittelproduktion, in der Tierhaltung, im Fischereiwesen, der Aquakultur und anderen agrarischen Anwendungen detailliert und produktkonkret, von der Agrarfolie bis hin zur Kunststoff-Ohrmarke bei Kühen und Schweinen, beschrieben. Andererseits wird aber auch genauso deutlich und wiederum produktkonkret aufgezeigt, wie dieser Kunststoffeinsatz nachhaltiger gestaltet werden kann, insbesondere um den Kunststoffeintrag in die Umwelt (SDG 15 und SDG 14) aus diesen Anwendungen deutlich zu vermindern bzw. ganz zu verhindern und die Kunststoffe dem Recycling zuzuführen.

Ein analoges Vorgehen ist auch für andere Nachhaltigkeitsziele denkbar, bei denen ebenfalls der Werkstoff Kunststoff eine wichtige Rolle spielt, z. B. beim

- SDG 3 Gesundheit und Wohlergehen: z. B. Kunststoff-Medizinprodukte oder Pharmaverpackungen
- SDG 6 Sauberes Wasser und Sanitäreinrichtungen: z. B. Kunststoff-Wasserleitungen und Sanitärtechnik
- SDG 7 Bezahlbare und saubere Energie: z. B. Kunststoffe für Windräder und Photovoltaik
- SDG 9 Industrie, Innovation, Infrastruktur: Kunststoffeinsatz in Verkehrsmitteln, Bauprodukten, EE-Artikeln und anderen Industrieprodukten

Kreislaufwirtschaft und Circular Economy

Der Begriff Kreislaufwirtschaft wird in Deutschland im abfallpolitischen Zusammenhang seit den 1990er-Jahren verwendet, um insbesondere die Notwendigkeit der Kreislaufführung von Abfällen herauszustellen. In guter Absicht wurde das Abfallgesetz 1996 in „Abfall- und Kreislaufwirtschaftsgesetz" umbenannt, später dann nur noch als „Kreislaufwirtschaftsgesetz“ (KrWG) betitelt. Diese Namensgebung hat jedoch nichts daran geändert, dass das Gesetz im Wesentlichen nur die Abfallbehandlung regelte, die Entwicklung einer Kreislaufwirtschaft im umfassenden Sinne kaum voranbrachte und aus heutiger Sicht auch nicht als Gesetz voranbringen konnte. Erst mit der Novellierung 2020 konnte die „Abfalllastigkeit“ des Gesetzes deutlich reduziert werden. Zum Aufbau einer Kreislaufwirtschaft bedarf es der Einbeziehung aller Stufen von Wertschöpfungsketten. Das wird auch eine der Aufgaben der avisierten Nationalen Kreislaufwirtschaftsstrategie sein.

Der Exkurs ist hier deshalb angebracht, da der englische Begriff Circular Economy von Beginn an einen weit umfassenderen Inhalt hatte als der im deutschen Sprachgebrauch der letzten 30 Jahre. Im Englischen wurde stets eine Wirtschaftsweise darunter verstanden, die mit ihren eigenen Geschäftsmodellen weit über die Kreislaufführung von Abfällen hinausgeht und bereits beim Rohstoffeinsatz und dem Produktdesign ansetzt. So verwundert es nicht, dass auch im Deutschen der Begriff Circular Economy ganz bewusst verwendet wird, um den umfassenden Inhalt von Kreislaufwirtschaft zu verdeutlichen und sich von dem jahrelang auf Abfall (-verwertung) fokussierten Sprachgebrauch abzugrenzen (CEID 2021, IN4climate.NRW 2021, BDI 2021). Ein weiterer Grund mag sein, dass die EU mit ihrem Action Plan zur Circular Economy (EU 2020) gewissermaßen den politischen Takt zu diesem Thema setzt, siehe Kapitel 5.

1.3 Kunststoffkreislaufwirtschaft – Herausforderungen, Akteure, Schnittstellen

Das Ziel einer Kreislaufwirtschaft für einen Werkstoff besteht vor allem darin, den Ressourcenbedarf für die weitere Produktion dieses Werkstoffs (weitgehend) zu sichern. Das trifft für Stahl, Glas und gleichermaßen auch für Kunststoff zu. Eine Besonderheit der Kreislaufwirtschaft für Kunststoff als einem (noch) aus fossilem Kohlenstoff produzierten Werkstoff besteht darin, dass zur Erfüllung der Klimaziele sich gleichzeitig die Rohstoffbasis ändern muss, schrittweise weg vom fossilen Erdöl und Gas, hin zu zirkulären Rohstoffen wie Rezyklaten, Biomasse und CO_2. Dabei sind auch die Treibhausgasemissionen bei Rohstoffförderung, Kunststofferzeugung und Verbrennung so weit wie möglich zu reduzieren.

Eine weitere, für Kunststoff im Besonderen zutreffende Herausforderung ist die Vermeidung und Minimierung von Kunststoffabfällen, die weltweit gigantische Mengen darstellen und dementsprechend die terrestrische und marine Umwelt belasten. Anfallende Abfälle sind zu erfassen und stofflich zu verwerten mit dem Ziel der Herstellung von möglichst hochwertigen Rezyklaten.

Somit sind die drei grundlegenden Herausforderungen alle miteinander verbunden:

- Vermeidung, Minimierung und stoffliche Verwertung der Abfälle
- Sicherung der künftigen zirkulären, d. h. nicht-fossilen Rohstoffbasis, vor allem durch Rezyklate aus werkstofflichem und chemischem Recycling
- Minimierung der CO_2-Emissionen über die gesamte Kette einschließlich CCU-Anwendung bei der Verbrennung

Die folgenden Kapitel gehen auf diese Herausforderungen näher ein. In Kapitel 2 wird insbesondere der aktuelle Stand des Aufkommens und der Verwertung der Kunststoffabfälle (national, EU, global) dargestellt. Kapitel 3 befasst sich mit der Sicherung einer künftigen zirkulären Rohstoffbasis.

Die Umsetzung dieser Herausforderungen kann nur in enger Zusammenarbeit der Akteure im Kunststoffkreislauf geschehen. Die im VDI-Greenpaper verwendete Kreislaufdarstellung zeigt die Akteure als auch die Schnittstellen zwischen ihnen und den Kreislaufsegmenten Rohstoff, Produkt, Markt und Abfall auf, siehe Bild 1.3.

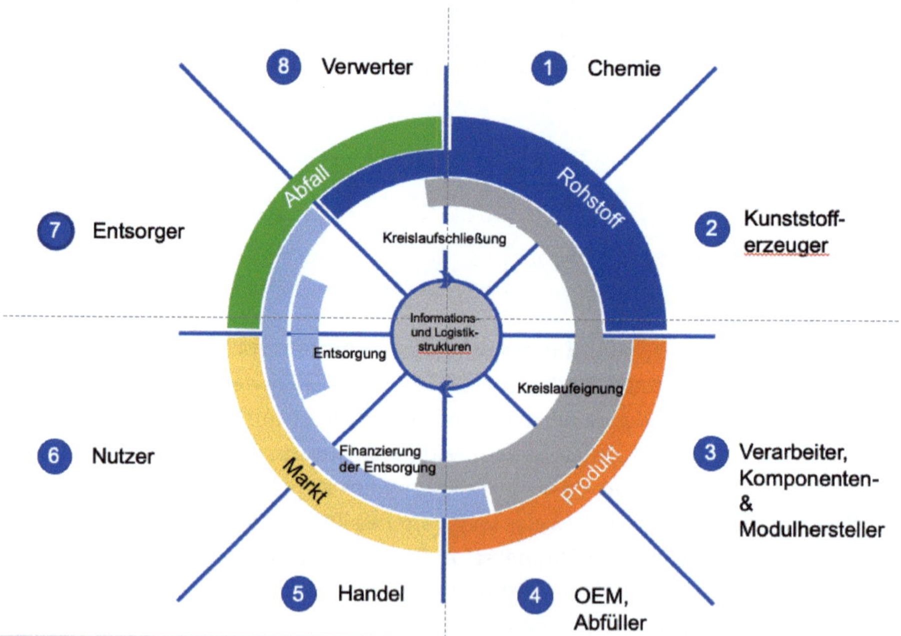

Bild 1.3 Schematische Darstellung des Kunststoffkreislaufs (Quelle: VDI 2021)

Die Anforderungen an die Zusammenarbeit der Akteure gehen über die jeweils vor- und nachgelagerte Stufe hinaus, wie es in Bild 1.3 mit der Kreislaufeignung von Produkten angedeutet wird.

Kapitel 4 geht am Beispiel von Verpackungen und kurzlebigen Kunststoffeinwegprodukten auf den Akteur „Nutzer“ und die Verantwortung anderer Stakeholder wie Handel, Abfüller, (Verpackungs-) Industrie ein.

Kapitel 5 befasst sich mit dem 9. Akteur, der in Bild 1.3 nicht aufgeführt ist, der Politik. Politische Rahmensetzungen sind essenziell, um den Wechsel von einer linearen zu einer kreislaufbasierten Wirtschaftsweise auch und gerade für Kunststoffe zu initiieren und zu unterstützen.

Literatur

(acatech 2020) acatech IMPULS – *Innovationen für einen europäischen Green Deal.* Hrsg.: Martin Brudermüller, Reiner Hoffmann, Henning Kagermann, Reimund Neugebauer, Günther Schuh. *https://www.acatech.de/publikation/innovationen-fuer-einen-europaeischen-green-deal/*

(Agora 2019) Agora Energiewende und Wuppertal-Institut: *Klimaneutrale Industrie: Schlüsseltechnologien und Politikoptionen für Stahl, Chemie und Zement. https://www.agora-energiewende.de/veroeffentlichungen/klimaneutrale-industrie-hauptstudie/*

(AGVU/IK 2020) Gesetzliche Mindestquoten für Rezyklate in Kunststoffverpackungen? Diskussionspapier zur aktuellen Debatte. *https://www.agvu.de/wp-content/uploads/2020/06/FINAL-Diskussionspapier_AGVU_IK_-Mindesteinsatzquoten-f%C3%BCr-Kunststoff-Rezyklate.pdf*

(BDI 2021) Sechs Schritte zur zirkulären Wirtschaft – Forderungen der BDI-Initiative Circular Economy für die 20. Legislaturperiode. Berlin, 14.10.21

(Berwald et al 2021) Design for Circularity Guidelines for the EEE Sector. *https://www.mdpi.com/2071-1050/13/7/3923*

(BMWK 2022) *https://www.bmwi.de/Redaktion/DE/Dossier/energieforschung-und-innovation.html*

(CEID 2021) Circular Economy Initiative Deutschland (Hrsg.): Circular Economy Roadmap für Deutschland *Kadner, S., Kobus, J., Hansen, E., Akinci, S., Elsner, P., Hagelüken, C., Jaeger-Erben, M., Kick, M., Kwade, A., Kühl, C., Müller-Kirschbaum, T., Obeth, D., Schweitzer, K., Stuchtey, M., Vahle, T., Weber, T., Wiedemann, P., Wilts, H., von Wittken, R. acatech/SYSTEMIQ, München/London 2021. DOI: *https://doi.org/10.48669/ceid_2021-3*

(Conversio 2020a) Global plastics flow 2018. *https://www.bkv-gmbh.de/studien/studie-global-plastics-flow-2018-conversio.html*

(Conversio 2020b) Stoffstrombild Kunststoff 2019. *www.conversio-gmbh.com/de/news*

(CPA 2021) Circular Plastics Alliance – Roadmap to 10 Mt recycled content by 2025. *https://ec.europa.eu/docsroom/documents/46956*

(EMAF 2016) The new plastics economy – Rethinking the future of plastics. *https://ellenmacarthurfoundation.org/topics/plastics/projects.*

(Eurostat 2021) Nutzungsrate wiederverwendbarer Stoffe. *https://ec.europa.eu/eurostat/databrowser/view/cei_srm030/default/table?lang=de.* Abruf 08.03.2022

(EU 2012) Ecodesign your future. *https://op.europa.eu/en/publication-detail/-/publication/4d42d597-4f92-4498-8e1d-857cc157e6db*

(EU 2015) *https://s3-eu-west-1.amazonaws.com/europarl/circular_economy/circular_economy_de.svg*

(EU 2019) *https://commission.europa.eu/strategy-and-policy/priorities-2019-2024/european-green-deal.de,* 12.03.2025

(EU 2020) Ein neuer Aktionsplan für die Kreislaufwirtschaft. Für ein saubereres und wettbewerbsfähigeres Europa. Brüssel, 11.3.2020.

https://eur-lex.europa.eu/resource.html?uri=cellar:9903b325-6388-11ea-b735-01aa75ed71a1.0016.02/DOC_1&format=PDF

(EU 2021) News European Parliament. Created 2015, updated 2021. *https://www.europarl.europa.eu/news/en/headlines/economy/20151201STO05603/circular-economy-definition-importance-and-benefits*

(FAO 2021) Assesment of agricultural plastics and their sustainability. A call for action. Rome. *https://doi.org/10.4060/cb7856en*

(Faulstich 2021) Circular Economy – Herausforderungen und Perspektiven. Nachhaltige Industrie 01/2020

(FAZ 2020) *https://www.faz.net/aktuell/technik-motor/plastik-und-corona-ist-kunststoff-doch-kein-teufel-16719484.html*

(Geyer et al 2017) R. Geyer, J. R. Jambeck, K. L. Law, Production, use, and fate of all plastics ever made. Sci. Adv. 3, e1700782 (2017) *https://www.science.org/doi/10.1126/sciadv.1700782*

(GVM 2022) 90 % recycling- oder mehrwegfähige Kunststoffverpackungen bis 2025 – Monitoring des IK-Ziels mit Bezugsjahr 2020. Im Auftrag der IK Industrievereinigung Kunststoffverpackungen. Mainz, Februar 2022. *https://kunststoffverpackungen.de/wp-content/uploads/2022/GVM-Recyclingfaehigkeit-Kunststoffverpackungen-2022-online.pdF*

(GVM/BKV 2020) Potenzial zur Verwendung von Recyclingkunststoffen in der Produktion von Kunststoffverpackungen. *https://www.bkv-gmbh.de/studien/studie-potenzial-zur-verwendung-von-recycling-kunst stoffen-in-der-produktion-von-kunststoffverpackungen-in-deutschland-gvm.html*

(IK 2019) Eco Design von Kunststoffverpackungen .*https://ecodesign-packaging.org/*

(IN4climate. NRW 2021) Circular Economy in der Grundstoffindustrie: Potentiale und notwendige Rahmenbedingungen für eine erfolgreiche Transformation.

(IMDC 2011) 5. International Marine Debris Conference. Hawaii, März 2011. *https://marinedebris.noaa.gov › sites › default › files*

(Jambeck et al 2015) Plastic waste inputs from land into the ocean, Science, Vol. 347, issue 6223, S. 768 – 777

(Koalitionsvertrag 2021) *https://www.deutschlandfunk.de/ampel-koalitionsvertrag-100.html.*

(KRU 2019) Substitutionsquote. Ein realistischer Erfolgsmaßstab für die Kreislaufwirtschaft. Position der Ressourcenkommission am Umweltbundesamt, 2019. *https://www.umweltbundesamt.de/themen/kru-empfiehlt-substitutionsquote-als*

(Nova 2020) *https://renewable-carbon.eu/publications/product/chemical-recycling-status-trends-and-chal lenges-technologies-sustainability-policy-and-key-players/*

(PEW/Systemiq 2020) Breaking the plastics wave. Main report. *https://www.pewtrusts.org/-/media/assets/2020/10/breakingtheplasticwave_mainreport.pdf.*

(Plastics Europe 2021) Plastics the facts 2021. *https://plasticseurope.org/knowledge-hub/plastics-the-facts-2021/*

(Recyclass 2021) *https://recyclass.eu/recyclability/design-for-recycling-guidelines/* Abruf 12.01.2022

(RESAG 2022) UMK-Sonderarbeitsgruppe „Rezyklateinsatz stärken (RESAG)". Bericht an die Umweltministerkonferenz (UMK). Entwurfsstand 28.01.2022

(UBA 2020) Leitsätze einer Kreislaufwirtschaft, Dessau-Roßlau. *https://www.umweltbundesamt.de* › publikationen

(UNEP 2009) Marine Litter: A Global Challenge. Nairobi, April 2009, *https://wedocs.unep.org/handle/20.500.11822/7787;jsessionid=6EEBBBE0E8F283CA6939C5D788A50479* Abruf 15.11.2021

(UNEP 2022) Draft resolution. End plastic pollution: Towards an international legally binding instrument. *https://wedocs.unep.org/bitstream/handle/20.500.11822/38522/k2200647_-_unep-ea-5-l-23-rev-1_-_advance.pdf?sequence=1&isAllowed=y.* Abruf 06.03.2022

(VCI 2020) Branchenstrategie zur zirkulären Wirtschaft der deutschen chemischen Industrie. *https://www.vci.de/themen/zirkulaere-wirtschaft/branchenstrategie-zur-zirkulaeren-wirtschaft-der-deutschen-chemischen-industrie.jsp.*

(VDI 2021) Green Paper des VDI-Round Table: „Circular Economy für Kunststoffe neu denken – Wie die Transformation zur zirkulären Wertschöpfung gelingen kann". *https://www.vdi.de/themen/politischer-dialog/dialog-events/vdi-round-table-circular-economy*

(WWF/Wuppertal-Institut 2021) Vom Flickenteppich zur echten Kreislaufwirtschaftsstrategie. Impulspapier. *https://www.wwf.de/2021/juli/von-der-abfallwirtschaft-hin-zur-nachhaltigen-kreislaufwirtschaft* Abruf 12.10.2021

(ZSVR 2021) Mindeststandard zur Bemessung der Recyclingfähigkeit von Verpackungen – Ausgabe 2021. *https://www.verpackungsregister.org/stiftung-behoerde/mindeststandard-21/ausgabe-2021*

2 Der Kunststoffkreislauf – Funktionsweise und wesentliche Akteure

Christoph Lindner

2.1 Funktionsweise des Kunststoffkreislaufs

Bevor wir uns im folgenden Abschnitt mit der Kunststoffkreislaufwirtschaft in Deutschland, Europa und global, aber auch mit den Herausforderungen eines funktionierenden Kunststoffabfallmanagements beschäftigen, wollen wir uns zunächst den Kunststoffkreislauf anschauen, wie er heute bzw. in der Vergangenheit realisiert wurde.

Kunststoffe bzw. kunststoffbasierte Produkte sind heute aus unserem Leben nicht mehr wegzudenken. So findet man Kunststoffe in vielfältigen Anwendungen: beispielsweise in Verpackungen für Lebensmittel, Produkten in langlebigen Bauanwendungen, in den Bereichen Mobilität, Elektro und elektronische Produkte, aber auch in Anwendungen für die Landwirtschaft, Möbeln, Medizintechnik, Consumer-Haushaltsprodukten, Sportartikeln und vielen mehr.

Kunststoffe werden heute noch zu über 90 % aus fossilen Rohstoffen, vor allem Rohöl, aber auch Erdgas hergestellt; der Anteil von Rezyklaten oder biobasierten Kunststoffen beträgt in der Summe im Jahr 2021 rund 10 %.

Grundsätzlich setzt sich der Kunststoffkreislauf aus unterschiedlichen Akteuren zusammen. Im Bereich des Upstreams sind sowohl die Produktion und Herstellung von Polymeren angesiedelt als auch deren Verarbeitung in Halbzeuge und fertige Kunststoffprodukte sowie der Ge- und Verbrauch (Bild 2.1).

Nach Gebrauch bzw. Verbrauch werden die Kunststoffprodukte zu Abfall. Hierbei entstehen Abfälle aus sogenannten kurzlebigen Produkten, zum Beispiel aus Lebensmittelverpackungen mit einer Lebensdauer häufig von nur wenigen Tagen bis hin zu Kunststoffanwendungen beispielsweise aus dem Baubereich mit einer Lebensdauer von bis zu 50 oder 100 Jahren. Beispiele hierfür sind drucklose Abwasserrohre oder Kunststoffprofile für Fenster und Türen.

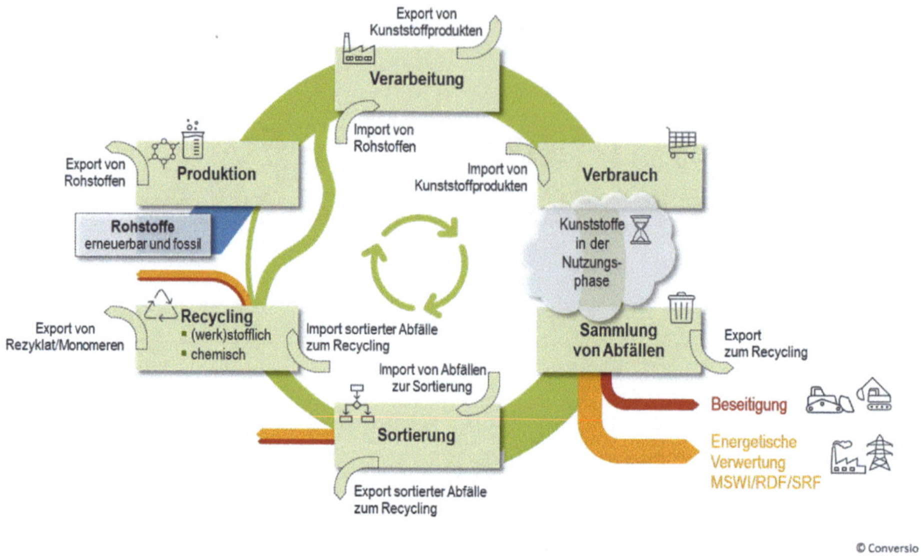

Bild 2.1 Pfade der Herstellung und Verwendung von Kunststoffen und Kunststoffabfällen

Im Kontext der Kreislaufführung gilt es dabei zwei Betrachtungsbereiche der Kunststoff-Wertschöpfungskette zu berücksichtigen, die nachfolgend als „Sektor A" und „Sektor B" (bzw „Track A" und „Track B", s. Bild 2.2) bezeichnet werden. Beide Bereiche beleuchten unterschiedliche Teile der Kunststoff-Wertschöpfungskette.

Sektor A deckt alle Phasen ab, bevor die Kunststoffprodukte zu Abfall werden: Produktion, Verarbeitung/Veredelung von Kunststoffen und Verbrauch in den Haushalten (HH) und im industriellen und gewerblichen Bereich (B2B).

Sektor B deckt alle späteren Phasen ab: Abfallsammlung, Sortierung und Recycling (Bild 2.2).

Bild 2.2 Die beiden Betrachtungsbereiche der Kunststoff-Wertschöpfungskette

Etliche Ursachen (z. B. hohe Anzahl unterschiedlicher Kunststoffe und Additive, mangelndes Design für Recycling) im Sektor A (Produktion, Verarbeitung, Verbrauch) führen zu Ineffizienzen und mangelnder Kreislaufführung im Sektor B (Abfallsammlung, Sortierung, Recycling). Diese Ineffizienzen sind in dieser zweiten Phase der Kunststoff-Wertschöpfungskette deutlich sichtbar.

Europa- und weltweit ist die Kreislaufführung von Kunststoffen immer noch in einer frühen Phase der Entwicklung. So wurden 2018 nur rund 20 % der Kunststoffabfälle dem Recycling zugeführt, weitere 20 % wurden energetisch verwertet. Rund 60 % landeten auf Deponien oder wurden direkt in die Umwelt entsorgt (Bild 2.3).

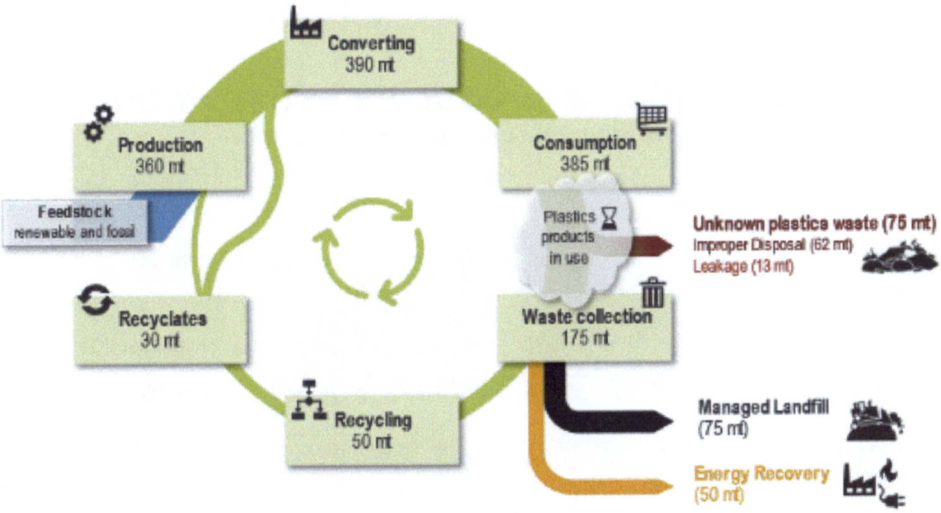

Bild 2.3 Ergebnisse der Studie „Global Plastics Flow 2018"

Daher sind die unmittelbaren Auswirkungen von Eingriffen in die Kunststoff-Wertschöpfungskette zur Verbesserung des Kunststoffkreislaufs am stärksten im Sektor B spürbar. Sektor A ist jedoch ebenso wichtig, um Lösungen zu finden und das gesamte System zu verbessern (Verringerung der Vielzahl von Kunststoffen, Design für Recycling etc.). So können beispielsweise Innovationen in der Kunststoffproduktion letztendlich zu höherwertigen Abfallströmen in der Sammelphase führen. Insofern muss an der Optimierung aller Stufen der Wertschöpfungskette gearbeitet werden.

2.2 Die wesentlichen Akteure

2.2.1 Kunststoffproduktion

Weltweit gibt es mehr als 500 kunststoffproduzierende Unternehmen. 25 Unternehmen beherrschen den Markt mit einem Anteil von 50 % an der gesamten Kunststoffproduktion. Viele dieser Unternehmen sind multinationale Konzerne mit weltweiten Produktionsstätten. Die 10 größten Kunststoffhersteller sind (in absteigender Reihenfolge): Sinopec (5 %), Sabic (4 %), ExxonMobil (4 %), Dow (3 %), LyondellBasell (3 %), Ineos (3 %), PetroChina (3 %), Formosa Plastics (3 %), Braskem (3 %) und Borealis (2 %) (Bild 2.4).

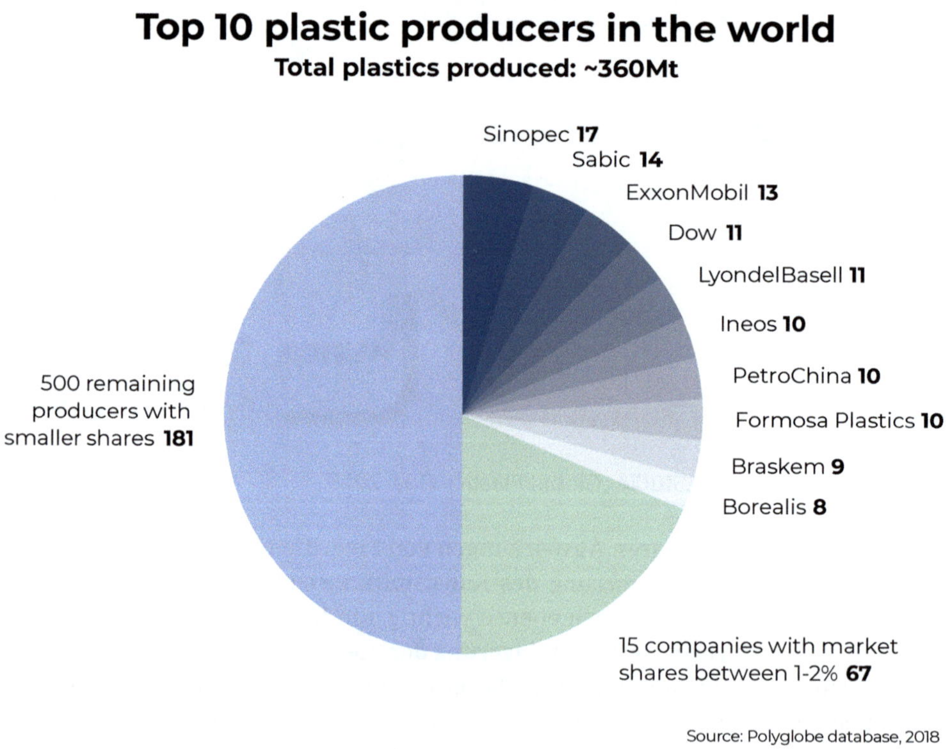

Bild 2.4 Die weltweit größten Kunststoffproduzenten

Die meisten Hersteller haben ihr Geschäft auf bestimmte Polymertypen ausgerichtet, daher dominieren unterschiedliche Marktführer die einzelnen Polymermärkte.

2.2.2 Kunststoffverarbeitung

Kunststoffverarbeiter stellen Kunststoffprodukte her, die von Zahnbürsten bis zu Gebäuderohren, von Obstkisten bis zu Autoinnenräumen reichen. Kunststofferzeugnisse sind in praktisch jeder Branche zu finden. Ihre Anpassungsfähigkeit, Haltbarkeit und ihr geringes Gewicht machen sie zu einem beliebten Werkstoff im Baugewerbe, in der Verpackungsindustrie, im Automobilbau, in der Elektrik und Elektronik, in der Landwirtschaft und in vielen anderen Branchen.

Es wird erwartet, dass die Kunststoffproduktion und die Kunststoffnachfrage der verarbeitenden Industrie bis 2025 mit einer durchschnittlichen Wachstumsrate von 3 % zunehmen werden. Dies würde zu einer Produktion von 415 Mio. Tonnen Neuware im Jahr 2025 und einer Gesamtmenge an Kunststoffen (einschließlich Rezyklaten) von 450 Mio. Tonnen führen.

Kunststoffverarbeitende Unternehmen stellen Kunststoffverpackungen und Kunststoffprodukte für verschiedene Anwendungsbereiche her, sowohl für den B2B- als auch für den B2C-Bereich. Die wichtigsten Anwendungsbereiche für Kunststoffe sind Verpackungsprodukte mit einem Anteil von ~41 %, gefolgt von Kunststoffprodukten im Bauwesen (~20 %), in der Automobilindustrie (~10 %), in E&E-Geräten (~6 %), Produkten für die Landwirtschaft (~3 %), Kunststoffen in Haushalts-, Freizeit- und Sportprodukten (~4 %) und Sonstige (~16 %) (Bild 2.5).

Zusätzlich zu neuen Kunststoffen aus fossilen und biobasierten Quellen werden 30 Mio. Tonnen Rezyklate aus Post-Verbraucher-Abfällen und Produktions- und Verarbeitungsrückständen zur Herstellung nachhaltiger Produkte verwendet (d. h. Produkte, die zu einem gewissen Grad recycelte Kunststoffe enthalten).

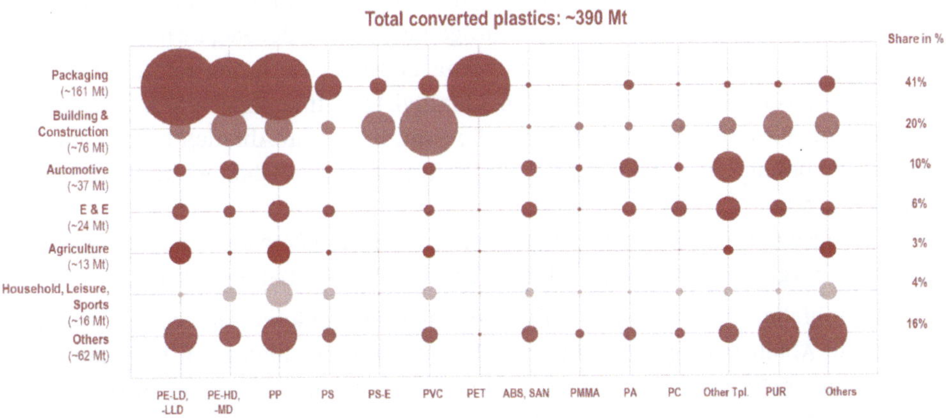

Bild 2.5 Insgesamt verarbeitete Kunststoffe pro Anwendung und Polymertyp (Conversio et al. 2019)

Grundsätzlich müssen bei der Kunststoffverarbeitung zwei Interessengruppen unterschieden werden:

Kunststoffverarbeiter stellen Kunststoffprodukte und Verpackungsmaterialien für verschiedene Anwendungen her. Für ihre Produktion verwenden sie Kunststoffe in Primärform, recyceltes Material oder bereiten gebrauchte Kunststoffe aus externen Quellen wieder auf. Verarbeiter sind somit direkte Kunden von Kunststoffherstellern, Compoundierern und Recyclern. Obwohl sich die Kunststoffverarbeiter hauptsächlich an die Vorgaben der Markeneigentümer halten, können sie bis zu einem gewissen Grad selbst entscheiden, welche Art von Material sie als Ausgangsmaterial verwenden (Neuware vs. Rezyklat). Die Geschäftsmodelle der Kunststoffverarbeiter werden hauptsächlich durch Qualitäts- und Preisfragen bestimmt. Die z. T. hohen Preise für Rezyklate bei gleichzeitig geringerer Qualität sind die Hauptgründe für die derzeit niedrigen Recyclingquoten.

Auf der anderen Seite gibt es Markeninhaber und Einzelhändler. Während Markeninhaber Kunststoffprodukte entwerfen, ist der Einzelhandel für die Vermarktung und den Vertrieb an gewerbliche (B2B) und private Verbraucher (B2C) zuständig. Der Einzelhandel hat eine enge Beziehung zu den Markeneigentümern. Als Produktvertreiber verfolgt er die Marktnachfrage und Verbrauchertrends. Daher kann er auch Einfluss auf neue Produktentwicklungen nehmen. Markeninhaber gehören zu den wichtigsten Interessengruppen, wenn es darum geht, das Produktdesign zu definieren und die Materialien zu bestimmen.

2.2.3 Kunststoffabfallsammlung und Kunststoffmanagement

Die formelle Abfallsammlung ist in Ländern mit hohem Einkommen, z. B. in Europa, die vorherrschende Form. Die Dienstleistungen werden in der Regel von öffentlichen Dienstleistern und privatwirtschaftlich organisierten Vertragsunternehmen erbracht. Öffentliche Abfallsammler oder private Abfallwirtschaftsunternehmen verfügen in der Regel über technische Lösungen für die Sammlung von Abfällen in großem Umfang, einschließlich der Abholung am Straßenrand (Säcke/Behälter) und der Sammlung in zentralen Containern oder Depots. Die Abfälle werden dann einem offiziellen Behandlungsweg zugeführt, einschließlich der Sortierung/Vorbereitung für das Recycling, die Energierückgewinnung oder die bewirtschaftete Deponierung.

Kunststoffabfälle werden dabei häufig zusammen mit anderen Materialien in einem gemischten Abfallstrom gesammelt. In vielen Ländern mit niedrigem Einkommen ist die gemischte Abfallsammlung die vorherrschende Form der Sammlung. In Europa gibt es fortschrittlichere Sammelsysteme (Bild 2.6). Kunststoffe werden am Ende ihres Lebenszyklus je nach Produktanwendung in verschiedenen Abfallströmen getrennt gesammelt. Diese differenzierte Abfallbewirtschaftung zielt darauf ab, Abfallströme als sekundäre Ressourcen zu nutzen und Abfälle für das Recycling oder die energetische

Verwertung zurückzugewinnen. In Europa gibt es mehrere getrennte Abfallströme, z. B. die Sammlung von Haushaltsleichtverpackungen, die privat organisierte Sammlung von Gewerbeverpackungen, von Elektro- und Elektronikaltgeräten und die Sammlung von Haushaltssperrmüll. Der Kunststoffgehalt und der Verschmutzungsgrad variieren je nach Art des Abfallstroms und erfordern spezifische Abfallbehandlungsmethoden.

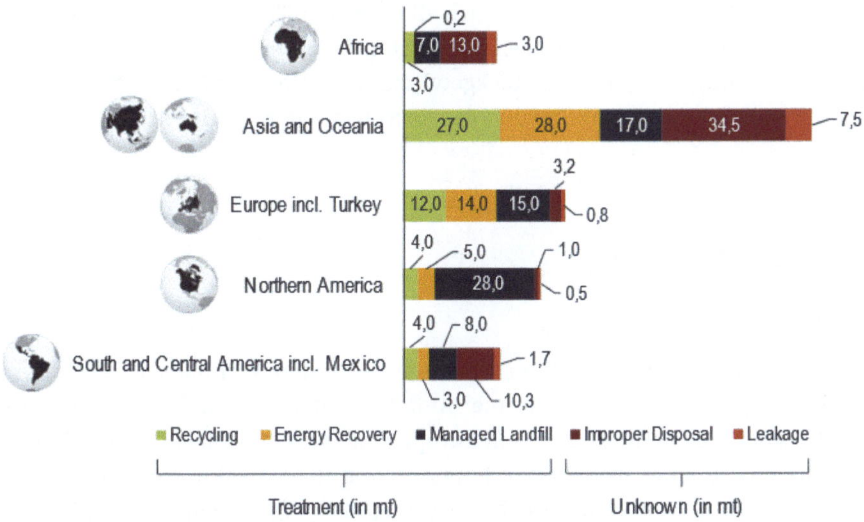

Bild 2.6 Unterschiede in der weltweiten Abfallsammlung

2.2.3.1 Kunststoffsortierung

Die meisten Länder mit getrennten Abfallsammelsystemen haben Kunststoffsortieranlagen für Leichtverpackungen (LWP) eingerichtet. Leichtverpackungen werden häufig getrennt vom Restmüll der Haushalte gesammelt und zu speziellen Sortieranlagen transportiert.

Die Hauptaufgabe einer Sortieranlage besteht darin, Kunststoffe von anderen Materialien zu trennen. In einer zweiten Stufe werden dann auch unterschiedliche Polymere getrennt, z. B. PE-LD, PE-HD, PP, PET und PS. Am Ende entstehen Materialgruppen, die für Recyclingverfahren bestimmt sind, wie Papier und Pappe, Metall- und Aluminiumverpackungen, Getränkekartons (hauptsächlich für die Papierverwertung) und verschiedene Arten sortierter Kunststofffraktionen.

Der Sortierprozess kann nicht alle Materialien in eine homogene Trockenmaterialfraktion trennen. In Sortieranlagen fallen auch erhebliche Mengen an gemischtem Material an, das aufgrund seiner hochkalorischen Zusammensetzung häufig als alternative Energiequelle in Kraftwerken und Zementwerken verwendet wird. Minderwertige Sortierreste werden entweder auf Deponien abgelagert oder in Müllverbrennungsanlagen verbrannt.

Vorsortierung durch Sammelstellen

Abfallstationen oder Sammelstellen spielen ebenfalls eine wichtige Rolle in der Wertschöpfungskette der Kunststoffsortierung, insbesondere für Nicht-Kunststoff-Verpackungsmaterialien wie Elektro- und Elektronik-Altgeräte und Sperrmüllströme. In einigen Orten und Gemeinden wird der Abfall in einem zentralen Container oder einer Sammelstelle entsorgt, wo er grob sortiert, von der Gemeinde abgeholt und dem weiteren Recycling zugeführt wird. Während sich die meisten Trennungsaktivitäten auf nicht-plastische Wertstoffe konzentrieren (z. B. Metallrückgewinnung, Glas usw.), wurden in letzter Zeit einige Projekte zur Rückgewinnung bestimmter Polymertypen entwickelt. Ein Beispiel ist die Sammlung und das Recycling von EPS oder PU-Schaummatratzen.

2.2.4 Kunststoffrecycling

Mechanisches Kunststoffrecycling

Die werkstoffliche Verwertung ist die am Weitesten verbreitete Technologie für die Verwertung von Kunststoffen aus Post-Consumer-Abfällen. Unternehmen für mechanisches Recycling sind stark fragmentiert. Allein in Europa gibt es mehr als 600 Kunststoffrecyclingunternehmen mit einer installierten Kapazität von über 8,5 Mio. Tonnen (Plastics Recyclers Europe, 2021). Das werkstoffliche Recycling ist ein Verfahren, bei dem Abfälle zu „neuen" (sekundären) Rohstoffen recycelt werden, ohne dass die Grundstruktur des Materials verändert wird. Es wird auch als stoffliches Recycling bezeichnet.

Im Allgemeinen können wir drei Qualitätsstufen des werkstofflichen Recyclings von Kunststoffabfällen unterscheiden:

- Produkt-zu-Produkt-Recycling: Das Kunststoffprodukt wird für dieselbe Produktanwendung wiederverwendet. Produktionsrückstände sind für das Recycling geeignet, da diese Kunststoffabfälle sehr homogen sind. Bei den Post-Verbraucher-Kunststoffabfällen erreichen vor allem PET-Flaschen diese Qualitätsstufe. Es wird auch als Bottle-to-Bottle-Recycling bezeichnet.
- Je nach Beschaffenheit der Abfälle in Bezug auf Homogenität und Verunreinigungsgrad werden sortierte Kunststoffabfallfraktionen, die umfangreiche manuelle oder automatisierte mechanische Sortierverfahren durchlaufen haben, als sekundäres Ausgangsmaterial für neue Produkte verwendet. Je nach sortierter Kunststoffabfallfraktion können auch neue Kunststoffe ersetzt werden.
- Die niedrigste Qualitätsstufe des werkstofflichen Recyclings wird durch die Sortierung von Kunststoffen als Ersatz für andere Materialien, z. B. Holz oder Glas, erreicht. Das Ausgangsmaterial für diese Produkte kann von geringerer Reinheit und Homogenität sein und verschiedene Polymertypen enthalten (z. B. ersetzt eine Parkbank aus gemischtem Kunststoffpolymer eine Parkbank aus Holz).

Chemisches Kunststoffrecycling

Chemisches Recycling beschreibt eine Reihe von neuen Technologien, die Kunststoffabfälle in chemische Grundstoffe oder chemische Ausgangsstoffe umwandeln. Beim chemischen Recycling wird die chemische Struktur des Polymers verändert und in chemische Substanzen umgewandelt, darunter auch Monomere, die dann wieder als Rohstoff in chemischen Prozessen verwendet werden. Chemische Recyclingtechnologien lassen sich anhand der Position ihrer Ergebnisse in der Kunststofflieferkette kategorisieren. Verschiedene Technologien zielen auf unterschiedliche Kunststoffe ab. Die wichtigsten Kategorien des chemischen Recyclings und ihre jeweiligen Zielrohstoffe sind in Bild 2.7 (rechts) aufgeführt.

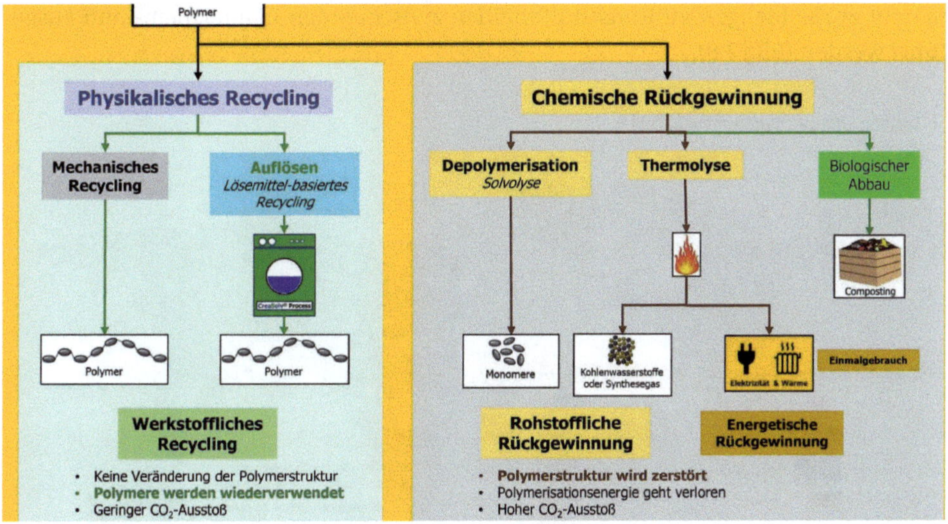

Bild 2.7 Rückgewinnungspfade für Kunststoffabfälle

2.3 Globale Herausforderungen

Kunststoffe gehören zu den funktionellsten Materialien in unserer Wirtschaft. Sie werden in einer Vielzahl von Branchen verwendet und sind Teil unseres täglichen Lebens. Sie sind sowohl leicht als auch haltbar und ermöglichen Gewichts- und Volumeneffizienz. Und Kunststoffprodukte bieten eine Reihe von Vorteilen – so sind beispielsweise verderbliche Lebensmittel in Kunststoffverpackungen länger haltbar. Sie sind jedoch auch mit erheblichen externen Umweltauswirkungen verbunden, da sie einen großen Kohlenstoff-Fußabdruck hinterlassen und die Umwelt durch Kunststoffabfälle verschmutzen. Einer dieser externen Effekte ist die Verschmutzung der Meere durch Plastik, bei der Mikroplastik und andere Formen von Plastikmüll unsere Gewässer verschmutzen und die Gesundheit von Tieren und möglicherweise auch Menschen schädigen.

Seit Beginn der Großproduktion in den 1950er-Jahren haben die Menschen das Äquivalent von über 1 Milliarde Elefanten (8300 Millionen Tonnen Neuplastik [1]) an Kunststoffen produziert, wobei die jährliche Produktion seit 1950 um das 190-Fache gestiegen ist.

Schädlich im Hinblick auf die ökologische Nachhaltigkeit ist, dass etwa 30 % der jährlich 250 Millionen Tonnen anfallenden Kunststoffabfälle in der Umwelt landen. Die überwiegende Mehrheit (~60 %) der Kunststoffabfälle lässt sich auf Verpackungen zurückführen.

Die Kunststoffkreislaufwirtschaft ist ein international agierender Wirtschaftszweig, in dem große Mengen an Kunststoffabfällen zwischen den Ländern ein- und ausgeführt werden (Bild 2.8).

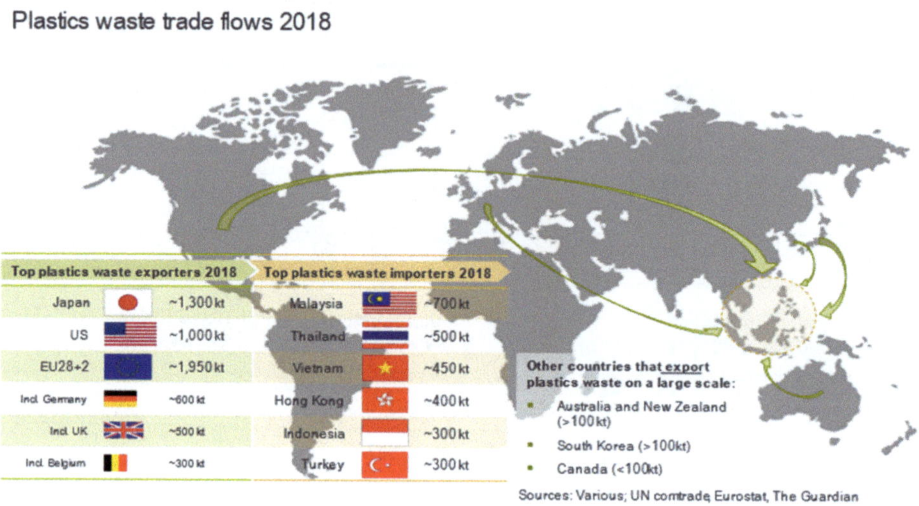

Bild 2.8 Import und Export von Kunststoffabfällen 2018

In den letzten Jahren haben asiatische Länder wie China politische Maßnahmen eingeführt, die darauf abzielen, die Einfuhr von Kunststoffabfällen zu verringern oder gänzlich zu verbieten. Gleichzeitig hat die Europäische Kommission im Jahr 2020 neue Vorschriften erlassen, die die Ausfuhr von Kunststoffabfällen aus der EU in Nicht-OECD-Länder einschränken (mit Ausnahme von sauberen Kunststoffabfällen, die dem Recycling zugeführt werden), mit dem Ziel, die Ausfuhr von Kunststoffabfällen in Drittländer zu beenden, die wahrscheinlich nicht über die erforderlichen Kapazitäten und Standards für eine nachhaltige Bewirtschaftung dieser Abfälle verfügen. Es wird erwartet, dass diese Entwicklungen zu einem Anstieg der für die Verarbeitung in der EU verfügbaren Kunststoffabfallmengen führen werden. Bei unsachgemäßer Bewirtschaftung werden die Umweltauswirkungen von Kunststoffabfällen noch weiter zunehmen.

2.4 Herausforderungen in Europa und gesetzliche Rahmenbedingungen

In Europa kann das aktuelle Makroumfeld anhand der drei wesentlichen Aspekte

- zirkuläre Wirtschaft, CO_2-Reduzierung,
- Exportverbote und Regulierungen sowie
- Verbote einzelner Produkte

beschrieben werden (Bild 2.9).

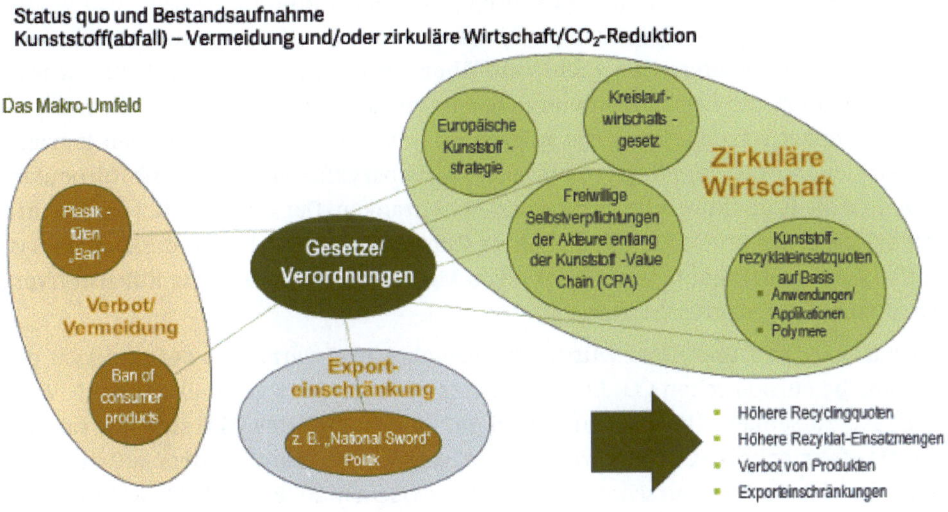

Bild 2.9 Regulatorisches Makroumfeld zur Kunststoffabfallvermeidung und zum -kreislauf

Europäische Politik

Die EU hat sich zum Ziel gesetzt, bei der Eindämmung des Klimawandels weltweit führend zu sein, und die entsprechende europäische Politik konzentriert sich zunehmend auf das alarmierende und wachsende Problem der mangelnden Kreislaufführung. Die **europäische Strategie für Kunststoffe** hat für das Jahr 2025 ein Ziel von 50 % für das Recycling von Kunststoffverpackungen festgelegt und will bis zum selben Jahr in allen Mitgliedstaaten 10 Millionen Tonnen recycelten Kunststoff in neuen Produkten umgesetzt sehen [2]. Außerdem sollen bis 2030 alle Kunststoffverpackungen auf dem europäischen Markt wiederverwendbar oder recycelbar sein. Um diese Ziele zu erreichen, wurden europäische Vorschriften entwickelt (Bild 2.10).

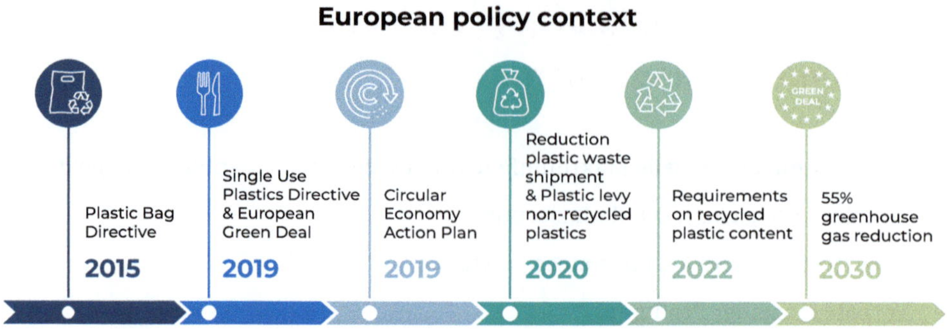

Bild 2.10 Vergangene und bestehende Ziele der europäischen Strategie

Eine dieser Verordnungen, die **Richtlinie über Plastiktüten** [3], wurde 2015 verabschiedet und zielt darauf ab, den Verbrauch von leichten Kunststofftragetaschen zu verringern. Eine weitere, die **Richtlinie über Einwegkunststoffe (SUPD)**, wurde 2019 eingeführt, um den Umlauf von Kunststoffprodukten zu begrenzen, die nur einmal verwendet werden, bevor sie weggeworfen werden. Beide Richtlinien konzentrieren sich auf die vorgelagerte Phase des Lebenszyklus eines Kunststoffprodukts, indem sie die Produktion von vornherein einschränken. Der Grund dafür ist, dass die Verringerung der Produktion von leichten Kunststofftragetaschen und Einwegkunststoffen – die zu den häufigsten Formen von Meeresmüll gehören – die Kunststoffverschmutzung insgesamt reduziert.

Der europäische Green Deal wurde im Dezember 2019 verabschiedet und zielt darauf ab, die europäischen CO_2-Emissionen bis 2030 um 55 % gegenüber dem Niveau von 1990 zu senken. Um dies zu erreichen, wurde 2020 der **Aktionsplan für die Kreislaufwirtschaft (CEAP)** veröffentlicht, der Maßnahmen für den Aufbau einer zukunftsorientierten Wirtschaft enthält, die zwischen 2020 und 2022 weiterentwickelt und umgesetzt werden sollen. Neben anderen Wertschöpfungsketten legt der CEAP den Schwerpunkt auf die Verringerung und Neugestaltung von Verpackungen, die Entwicklung von Kennzeichnungsvorschriften, die Förderung der Herkunftssortierung und des sicheren Recyclings sowie auf die Eindämmung von Mikroplastik. Die Neugestaltung von Verpackungen im Hinblick auf Wiederverwendung und Recycling kann zu sichereren und saubereren Abfallströmen führen, die die Sortier- und Recyclingmöglichkeiten verbessern. Der CEAP zielt auch auf eine nachhaltigere Verwendung von Kunststoffen ab, indem er verbindliche Anforderungen an den Gehalt an recyceltem Kunststoff in bestimmten neuen Kunststoffprodukten festlegt. Das Ziel des CEAP in Bezug auf Verpackungen ist es, „sicherzustellen, dass alle Verpackungen auf dem EU-Markt bis 2030 auf wirtschaftlich vertretbare Weise wiederverwendbar oder recycelbar sind“. Im CEAP ist die Absicht der Europäischen Kommission formuliert, „auf internationaler Ebene die Bemühungen um ein globales Abkommen über Kunststoffe anzuführen“ [4].

Zwei weitere Vorschläge zur EU-Kunststoffpolitik werden seit Januar 2021 umgesetzt. Erstens wurde als Zusatz zur **Verordnung über die Verbringung von Abfällen** [5] die Definition von gefährlichen Abfällen erweitert, um die Menge an Kunststoffabfällen, die nach Europa importiert und aus Europa exportiert werden, zu verringern [6]. Dadurch verringert sich die Menge an schädlichen Kunststoffen, die in Länder transportiert werden, in denen Kunststoffabfälle in der Regel nicht recycelt, sondern deponiert werden. Zweitens sollte eine **Abgabe auf nicht wiederverwertete Kunststoffverpackungsabfälle** (0,80 € pro Kilogramm) erhoben werden [7]. Dies ist ein wirtschaftlicher Anreiz für die Länder, die Recyclingtechnologie und -kapazitäten zu verbessern, wodurch die Leckage-Rate verringert wird.

Weitere Maßnahmen zur Bekämpfung der Kosten, die der Gesellschaft durch Plastik entstehen, stehen ebenfalls ganz oben auf der Prioritätenliste der EU. Dazu gehören Initiativen, die darauf abzielen, die Menge des in die Umwelt abgegebenen Mikroplastiks zu verringern und zu prüfen, ob die Verwendung biologisch abbaubarer und kompostierbarer Kunststoffe für die Umwelt von Vorteil sein kann.

Gleichzeitig erlebt die Kunststoff-Value-Chain eine massive Dynamisierung, das Einsteigen neuer Akteure und das Bilden neuer Allianzen aus Abfallwirtschaftsunternehmen, Recyclern, Produzenten, Verarbeitern und Brand ownern. Beispielhaft ist hier die CPA (Circular Plastics Alliance) zu nennen. Parallel hierzu fließen erhebliche Finanzströme in die Kreislaufwertschöpfung. Dies wird beispielhaft in Bild 2.11 dargestellt.

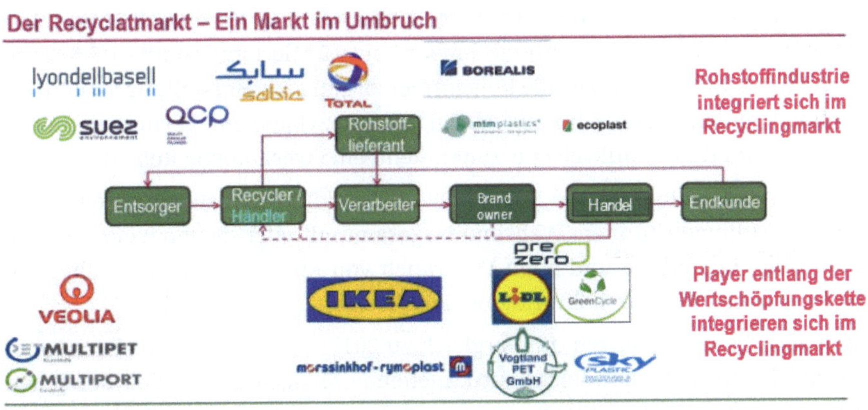

Bild 2.11 Neue Akteure dynamisieren den Kusntstoffrecyclingmarkt

2.5 Situation in Deutschland und Europa

2.5.1 Produktion, Verarbeitung, Verbrauch und Verwertung von Kunststoffen im Überblick

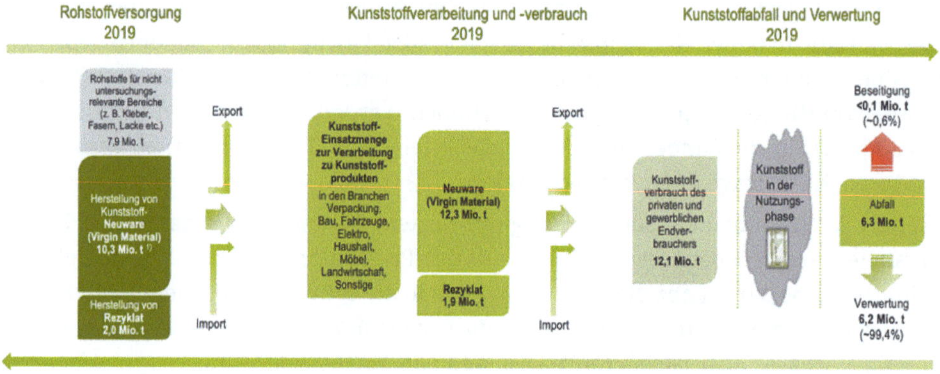

1) Kunststoffarten: PE-LD/LLD, PE-HD/MD, PP, PVC, PS, PS-E, PA, PET, ABS, ASA, SAN, PMMA, Sonst. Thermoplaste, Sonst. Kunststoffe inkl. PUR

Bild 2.12 Produktion, Verarbeitung, Verbrauch und Verwertung von Kunststoffen in Deutschland 2019

Die gesamte Kunststoffproduktion (Kunststoffwerkstoffe als Neuware und Rezyklat sowie sonstige Kunststoffe, z. B. für Kleber, Farben, Lacke, Fasern etc.) beträgt in Deutschland ca. 20 Millionen Tonnen.

Die Kunststoffproduktion von Neuware betrug dabei im Jahr 2019 rund 18,2 Mio. t. Die für Kunststoffwerkstoffe relevante Produktion lag bei 10,3 Mio. t und somit ca. 6,6 % unter dem Niveau des Jahres 2017. Für die Rohstoffversorgung zur Herstellung von Kunststoffprodukten standen darüber hinaus rd. 2,0 Mio. t Rezyklate zur Verfügung. Damit spielen Rezyklate im Kunststoffkreislauf zunehmend eine wesentliche Rolle (Bild 2.12).

Die Kunststoffverarbeitung inkl. des Einsatzes von Rezyklat umfasste eine Menge von etwa 14 bis 14,5 Millionen Tonnen. Während insgesamt mittelfristig von weiteren Steigerungen bei der Herstellung und beim Verbrauch von Kunststoffen auszugehen ist, lässt sich die Situation im Jahr 2020 wie folgt beschreiben.

Gestiegenen Verarbeitungsmengen (im Vergleich zu 2017) in den Bereichen Bau, Landwirtschaft und Medizin standen leicht zurückgehende Mengen u. a. in den Bereichen Verpackung, Fahrzeuge, Elektro/Elektronik, Haushaltswaren, Sport/Spiel/Freizeit sowie Möbel gegenüber. Insgesamt lag die eingesetzte Kunststoffmenge in der Verarbeitung etwa 0,9 % unter dem Niveau des Jahres 2017. Die Gesamtmenge von eingesetztem Rezyklat betrug im Jahr 2019 mehr als 1,9 Mio. t und hat sich im Vergleich zu 2017 um 10,2 % erhöht.

Der Kunststoffverbrauch beim Endverbraucher stieg in den vergangenen beiden Jahren leicht an und belief sich im Jahr 2019 insgesamt auf rd. 12,1 Mio. t Eine Gegenüberstellung mit den in Deutschland verarbeiteten Mengen zeigt einen Exportüberschuss im Bereich von Kunststoffprodukten oder Produkten mit substanziellem Kunststoffanteil (z. B. Automobil) von rd. 15 %.

2.5.2 Kunststoffabfälle und Verwertung – Status quo

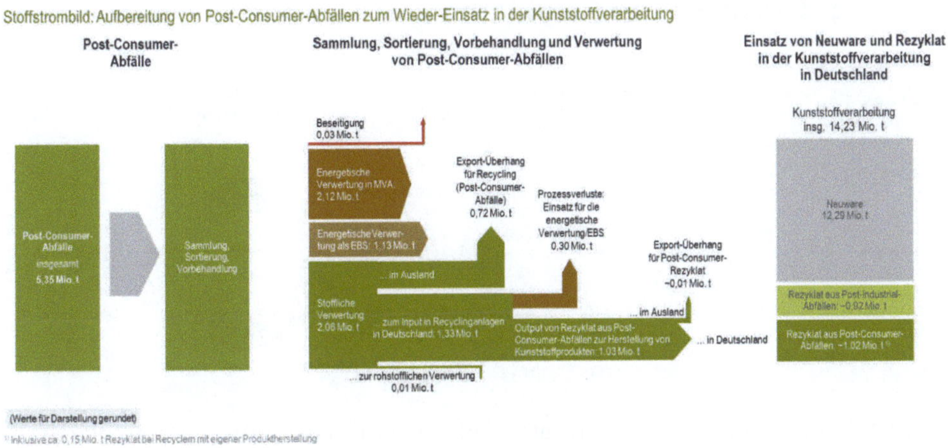

Bild 2.13 Stoffstrombild zur Aufbereitung von Post-Consumerabfällen in Deutschland 2019

Insgesamt wurden mehr als 99 % der Kunststoffabfälle verwertet, davon ca. 47 % stofflich (überwiegend werkstofflich) und knapp 53 % energetisch (Bild 2.13).

Das Kunststoffrecycling und der Einsatz von Kunststoffrezyklat haben sich als wesentlicher Bestandteil der Kunststoffbranche und der Rohstoffversorgung etabliert. Von den in Deutschland angefallenen Kunststoffabfallmengen wurden im Jahr 2019 rund 2,9 Mio. t werkstofflich recycelt. Damit konnte im Vergleich zu 2017 insgesamt eine Steigerung der werkstofflichen Recyclingmenge von 3,2 % erzielt werden. Hierzu trug vor allem das zunehmende Recycling aus Post-Consumer-Abfällen bei. Aus der Gesamtabfallmenge wurden annähernd 2,0 Mio. t Rezyklat gewonnen und zur Herstellung von Kunststoffprodukten in Deutschland eingesetzt. Das aus Post-Industrial- sowie Post-Consumer-Abfällen (Endverbraucherabfälle) gewonnene Kunststoffrezyklat findet insbesondere Einsatz im Baubereich sowie zur Herstellung von Verpackungen, aber auch im Landwirtschaftssektor, im Fahrzeugbereich oder bei Elektro-/Elektronikanwendungen. Der Anteil von Kunststoffrezyklat an der Verarbeitungsmenge beträgt insgesamt 13,7 %; der Anteil von Rezyklat aus Post-Consumer-Abfällen liegt bei ca. 7,2 %

bzw. einer Menge von 1,0 Mio. t Insgesamt stieg die eingesetzte Rezyklatmenge im Vergleich zur Vorerhebung (2017) um rund 10 %.

Die energetisch verwertete Menge an Kunststoffabfällen erhöhte sich im Vergleich zu 2017 leicht. Die Menge betrug ca. 3,3 Mio. t, nach 3,2 Mio. t im Jahr 2017. Im Bereich der energetischen Verwertung erhöhte sich der Anteil der Ersatzbrennstoffe ebenfalls leicht (knapp 19 % der Kunststoffabfälle insgesamt bzw. 21 % bei Post-Consumer-Abfällen).

2.5.3 Kunststoffverarbeitung unter Berücksichtigung des Einsatzes von Rezyklaten

Kunststoff-verarbeitung 2019	Insgesamt (Neuware u. Rezyklat) (kt)	Verarbeitung von Neuware und Rezyklat			
		Neuware (kt)	Rezyklat (kt)	Neuware (%)	Rezyklat (%)
Verpackung	4.369	3.895	474	89,1%	10,9%
Bau	3.583	2.749	834	76,7%	23,3%
Fahrzeuge	1.509	1.426	83	94,5%	5,5%
Elektro/Elektronik	881	850	31	96,5%	3,5%
Haushaltswaren, Sport/Spiel/Freizeit	464	454	10	97,8%	2,2%
Möbel	456	435	21	95,4%	4,6%
Landwirtschaft	586	372	214	63,5%	36,5%
Medizin	271	271	0	99,9%	0,2%
Sonstiges	2.116	1.839	277	86,9%	13,1%
Total	**14.235**	**12.290**	**1.945**	**86,3%**	**13,7%**

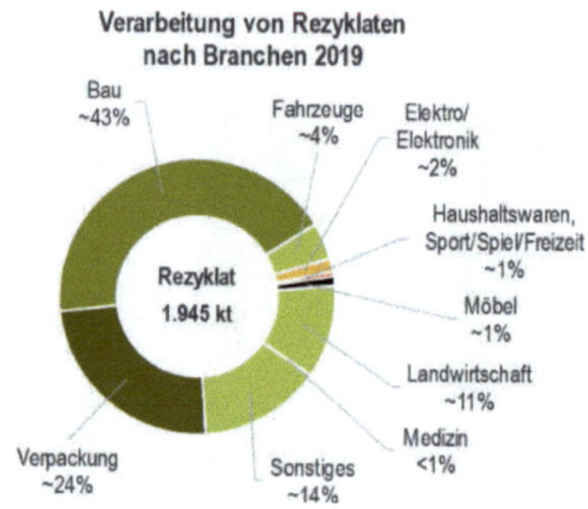

Bild 2.14 Einsatz von Rezyklaten in verschiedenen Branchen (2019, in Deutschland)

Die verschiedenen Anwendungsbereiche weisen unterschiedliche Einsatzgrade von Rezyklat (aus Post-Consumer- bzw. Post-Industrial-Abfällen) aus (Bild 2.14).

Signifikante Einsatzmengen von Rezyklat finden sich in Landwirtschafts-, Bau- und Verpackungsanwendungen. Während der Anteil von Rezyklat im Bereich Verpackungen bei rd. 11 % (ca. 9 % in 2017) lag, betrug der Anteil bei Bau-Produkten ca. 23 % (22 % im Jahr 2017) bzw. gut 36 % bei landwirtschaftlichen Produkten (knapp 35 % im Jahr 2017). Dies inkludiert auch die direkte Weiterverarbeitung von Kunststoffresten zu Kunststoffprodukten durch „vorwärtsintegrierte Recycler" (Herstellung von Eco-Produkten, häufig für landwirtschaftliche Anwendungen, Bau-Anwendungen oder sonstige Anwendungen, z. B. Verkehrssicherheit).

Bei einer differenzierten Betrachtung in Post-Industrial- und Post-Consumer-Rezyklate wird die Bedeutung der Anwendungsbereiche Bau, Verpackung und Agrar noch deutlicher (Bild 2.15).

Typische Anwendungen im Bereich Verpackung sind PET-Flaschen im Rahmen von Bottle-2-bottle-Recycling oder deren Anwendungen in Platten, Folien oder Fasern.

Verarbeitung von Rezyklat 2019	Verarbeitung Rezyklat insgesamt (kt)	... davon aus Post-Industrial-Abfällen		... davon aus Post-Consumer-Abfällen	
		Verarbeitung (kt)	Anteil in dieser Branche (%)	Verarbeitung (kt)	Anteil in dieser Branche (%)
Verpackung	474	219	46%	255	54%
Bau	834	385	46%	449	54%
Fahrzeuge	83	45	55%	38	45%
Elektro/Elektronik	31	17	54%	14	46%
Haushaltswaren, Sport/Spiel/Freizeit	10	5	50%	5	50%
Möbel	21	9	41%	12	59%
Landwirtschaft	214	93	43%	121	57%
Medizin	>0	>0	---	>0	---
Sonstiges	277	150	54%	127	46%
Total	**1.945**	**923**	**47%**	**1.022**	**53%**

Bild 2.15 Differenzierung aus Bild 2.14 in Post-Consumer- und Post-Industrial-Abfälle

Im Flaschenbereich beträgt die Einsatzquote von Rezyklaten heute schon mehr als 20 %. Zukünftig ist ein Anstieg von über 30, langfristig sogar bis 50 % denkbar. Weitere Anwendungen sind der Einsatz von Rezyklaten für Umverpackungs- und Transportfolien, aber auch für Transportboxen, Paletten und sonstige technische Verpackungen. Neuerdings gibt es auch erste Ansätze und Verwendung von Rezyklaten in Shampoo-, Klebstoff- und Reinigungsmittelverpackungen, bei Verschlüssen, Verpackungsbändern oder auch Tragetaschen und Säcken. Auch Eimer und Fässer werden häufig aus Rezyklaten hergestellt (Bild 2.16).

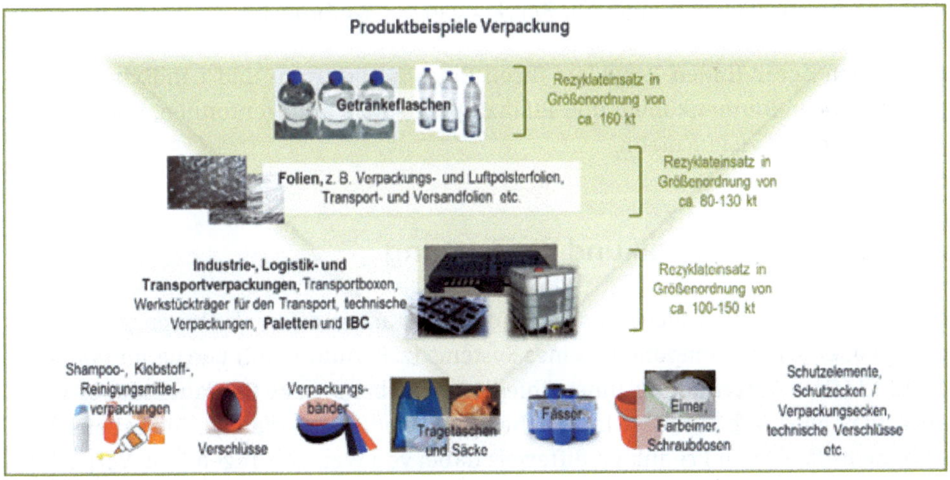

Bild 2.16 Produktbeispiele aus dem Verpackungsbereich

Ca. 50 % aller Verpackungen sind heute Lebensmittelverpackungen. Dort dürfen heute Rezyklate nur sehr eingeschränkt eingesetzt werden. Einzige Ausnahme ist zum aktuellen Zeitpunkt der Einsatz von PET-Rezyklaten für PET-Flaschen. Diese werden vorher in einem aufwendigen Prozess dekontaminiert. Weitere Forschungen und Entwicklungen sind daher nötig, um zukünftig auch den großen Anwendungsbereich von Lebensmittelverpackungen mit Rezyklaten zu versorgen.

Der heute größte Einsatzbereich für Rezyklate existiert in Anwendungen für Bauprodukte. Hierzu zählt insbesondere der Einsatz in Straßenbauprodukten, in Fenster- und Türprofilen, Baufolien und weiteren Produkten (Bild 2.17).

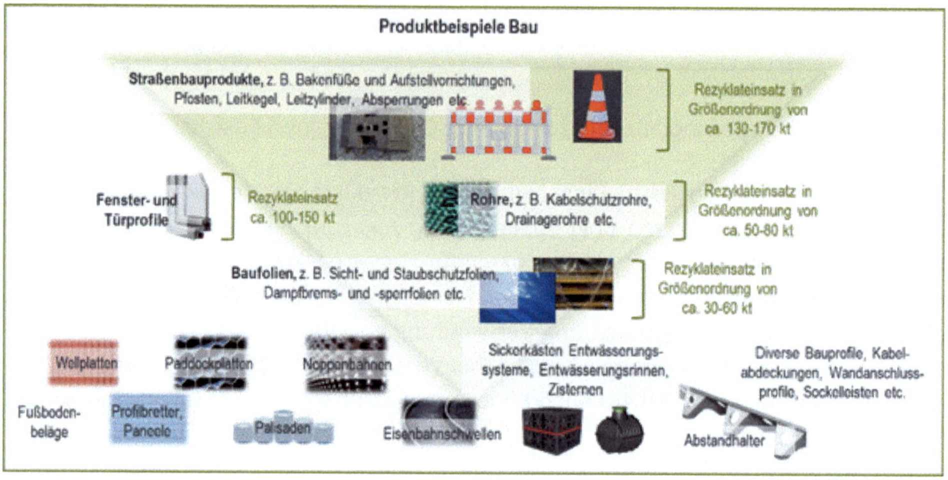

Bild 2.17 Beispielanwendungen für Rezyklate in der Baubranche

Im Bereich Agrar finden Rezyklate ihren Einsatz in Garten- und Landschaftsfolien, Blumentöpfen, Blumenkübeln und Pflanztöpfen sowie in Regentonnen, Kompostern, Hochbeeten und vielem mehr.

2.5.4 Kunststoffabfall und Verwertung

Der private und gewerbliche Endverbrauch von Kunststoffen als Haupt- (z. B. Verpackung) oder als Teilkomponente eines Systems (z. B. Automobil) betrug im Jahr 2019 ca. 12,13 Mio. t Aufgrund der unterschiedlichen Lebens- bzw. Gebrauchsdauer fallen aber nicht alle diese Produkte im gleichen Jahr wieder als Abfall an. Die Lebens- bzw. Gebrauchsdauer von Produkten differiert dabei von wenigen Tagen (z. B. Verpackungen) bis hin zu 80 Jahren und mehr (z. B. Kunststoffrohre im Baubereich) (Bild 2.18).

Bild 2.18 Branchenbedingte Rahmenbedingungen für die Rückführung von Altkunststoffen

Kurzlebige Produkte, insb. Verpackungen

Verpackungen haben eine wichtige Funktion beim Schutz von Lebensmitteln und anderen Produkten. Sie haben in der Regel eine kurze Lebensdauer von wenigen Tagen oder Wochen. Insofern finden sich im Bezugszeitraum 2019 mehr als 95 % der verbrauchten Verpackungen in den untersuchten Abfallströmen wieder.

Langlebige Produkte, insb. Bauprodukte

Bauprodukte aus Kunststoffmaterial, z. B. Rohre oder Fenster, haben in der Regel eine sehr lange Lebens- bzw. Gebrauchsdauer. Diese reicht von ca. 25 – 30 Jahren für Fußböden, 40 – 50 Jahren für Fenster bis zu mehr als 80 Jahren für Kunststoffrohre. Die Kombination dieser langen Lebensdauer mit der Tatsache, dass Kunststoffe im Bauwesen erst seit ca. 40 Jahren verstärkt eingesetzt werden und seitdem der Verbrauch von Kunstoffen im Bau deutlich zugenommen hat, führt dazu, dass Verbrauchsmenge und Abfallaufkommen deutlich divergieren.

Produkte mit hohem Exportanteil, z. B. Automobil

Ein dritter Aspekt, der signifikante Auswirkungen auf das Abfallaufkommen von Produkten hat, wird beim Thema Automobil sichtbar. Nach einer mittleren Nutzungsdauer von 10 – 12 Jahren wird ein Großteil der in Deutschland genutzten Fahrzeuge ins Ausland exportiert und dort weiter genutzt (die mittlere Gesamtlebensdauer der Fahrzeuge beträgt ca. 15 – 18 Jahre). So werden ca. 560 000 der jährlich ca. 3 Millionen aus dem deutschen Fahrzeugregister gelöschten Fahrzeuge in einheimischen Schredderanlagen behandelt bzw. spiegeln sich im Abfallaufkommen in Deutschland wider.

2.5.5 Abfallaufkommen und Verwertung nach wesentlichen Herkunftsbereichen

Zunächst ist festzuhalten, dass der Bereich der Verpackungen die größten Mengen an Kunststoffabfällen verursacht (Bild 2.19). Dabei muss man beachten, dass der Bereich Verpackung auch beim Kunststoffverbrauch – also bei Kunststoffneuprodukten – einen relativ hohen Anteil von ca. 40 % einnimmt.

Durch die im Vergleich zu anderen Anwendungen wie beispielsweise dem Einsatz im Automobil, in Elektrogeräten oder im Bau deutlich kürzeren Lebenszeiten erhöht sich der Anteil der Verpackungen im Kunststoffabfall auf rund 60 %. Dies hat der Gesetzgeber schon vor rund 30 Jahren erkannt und mit der Einführung des Verpackungsgesetzes der Forderung nach einer Verwertung des Kunststoffabfalls Rechnung getragen.

Zur starken Wahrnehmung tragen aber auch andere Aspekte wie beispielsweise das Littering von Kunststoffabfällen, Einmalverpackungen und To-go-Verpackungen bei.

Branchen 2019	Abfallaufkommen			Verwertung in kt				Beseitigung in kt		
	in kt	in kg per capita	in %	Total	Werkstofflich	Rohstofflich	Energetisch	Total	Deponie	MVA ohne Energiegew.
Verpackungen	**3.160**	38	59,1%	3.156	1.545	14	1.597	3	3	0
Bau	**522**	6	9,8%	511	151	0	360	10	10	0
Fahrzeuge	**233**	3	4,4%	229	61	0	168	5	5	0
Elektro/Elektronik	**316**	4	5,9%	311	63	0	248	5	5	0
Haushaltswaren, Sport, Spiel, Freizeit	**169**	2	3,2%	167	10	0	158	2	2	0
Landwirtschaft	**295**	4	5,5%	292	130	0	162	3	3	0
Sonstiges	**655**	8	12,3%	649	89	0	560	6	6	0
Total	**5.350**	**64**	**100%**	**5.316**	**2.049**	**14**	**3.253**	**34**	**34**	**0**
				99,4%	38,3%	0,3%	60,8%	0,6%	0,6%	0,0%

Bild 2.19 Branchenbezogene Abfallmenge und -verwertung

Inwieweit wirklich zu viel eingepackt oder eingetütet wird, lässt sich so pauschal nicht sagen. Zum einen haben die Verbraucher grundsätzlich die Wahl zwischen verpackten und nicht verpackten Waren. Hier entscheiden also auch die Konsumenten über den Einsatz und die Menge von Verpackungen. Gleichzeitig muss angemerkt werden, dass Verpackungen auch einen hohen Grad an Schutzfunktion besitzen. Verderben nur rund 4 % einer Lebensmittellieferung aufgrund mangelnder Verpackung, verursachen sie eine höhere Umweltbelastung, als wenn die ganze Lieferung verpackt wäre. Es gilt also für Verbraucher genau hinzuschauen, wie sie den Konsum von Lebensmitteln praktizieren. Verbraucht man in kurzen Zyklen frische Ware, kann man häufig getrost auf die Verpackung verzichten. Vorteilhaft sind hierbei immer auch regionale Produkte, die ohne lange Transportwege in den Handel gelangen.

Während Kunststoffprodukte außerhalb der Verpackungen heute im Durchschnitt zu weniger als einem Viertel recycelt werden, beträgt der Anteil bei Verpackungen bereits rund 50 %. An dieser Stelle muss auch angemerkt werden, dass auch gewerbliche Verpackungen, beispielsweise Umverpackungs- und Transportfolien, in einem hohen Maße recycelt werden.

Ein gutes Beispiel aus dem Verpackungsbereich sind die bepfandeten PET-Flaschen. Diese werden heute zu mehr als 98 % eingesammelt und dem Recycling zugeführt. Durch ein besseres Design von Verpackungen – d. h., man beschränkt sich bei einer Verpackung auf eine Kunststoffmaterialart – ließen sich in Zukunft auch noch deutlich mehr Kunststoffverpackungen recyceln. Große Potenziale stecken auch in der immer besser werdenden Sortiertechnik. Nahinfrarot basierte Sortierung erzielt Sortierungsgrade von bis zu 70 %. Eine weitere Chance liegt in verbesserten Aufbereitungsschritten und besseren Rezepturen für Rezyklate. Diese werden häufig heute nur für einfache Anwendungen eingesetzt. Durch Vermischung von Rezyklaten mit Neuware lassen sich deutlich bessere Qualitäten erzielen und für höherwertige Anwendungen einsetzen. Ein letzter Aspekt ist der Einsatz von Rezyklaten bei Lebensmittelverpackungen. Dies lässt der Gesetzgeber heute mit Ausnahme von PET-Flaschen noch nicht zu. Zukünftige Entwicklungen müssen dazu führen, dass auch Lebensmittelverpackungen aus Rezyklaten hergestellt werden können.

Deutschland ist beim Recycling der Abfälle insgesamt sicherlich auf einem guten Weg, wenn auch in den letzten Jahren eine gewisse Stagnation beim Recyceln feststellbar war.

Das Verpackungsgesetz, die freiwilligen Selbstverpflichtungen des Handels und das Engagement von Verarbeitern, Recyclern und auch Produzenten lässt aber darauf hoffen, dass zukünftig deutlich mehr recycelt wird und damit auch mehr Rezyklate bei der Herstellung neuer Produkte eingesetzt werden

Der Gesetzgeber hat eine Recyclingquote von 55 % vorgeschrieben, darüber hinaus sollen in Zukunft 20 % aller Produkte aus Rezyklaten hergestellt werden.

Problematisch ist, dass heute immer noch viele Kunststoffe in sogenannten gemischten Abfallströmen entsorgt werden, beispielsweise im Haushaltsrestmüll oder gemischten gewerblichen Abfällen (Bild 2.20). Diese sind dann häufig für das Recycling verloren und werden thermisch verwertet. Hier wird es wichtig sein, dass Verbraucher, aber auch Gewerbe und Industriebetriebe noch stärker ihre Kunststoffabfälle trennen und separaten Erfassungssystemen zuführen.

Abfallströme	Abfallmenge insgesamt in diesem Abfallstrom	Erfasste und entsorgte Kunststoffabfallmengen				
		Menge (Kunststoffe)	Verwertung insgesamt	Stoffliche Verwertung[4]	Energetische Verwertung	Beseitigung
	in kt	in kt	in kt	in kt	in kt	in kt
Haushaltsrestmüll und hausmüllähnliche Gewerbeabfälle	17.500	1.045	1.033	0	1.033	12
LVP-Sammlung	2.750	1.175	1.175	514	661	0
PET-Flaschensammlung (DPG / Petcycle)	460	440	440	425	15	0
WEEE Sammlung	780	205	205	50	155	0
Sperrmüll und Wertstoffsammlung	2.750	290	288	45	243	2
Gewerbeabfälle über private Entsorger (Primärabfälle ohne Mineralik)	56.000	1.210	1.199	244	955	11
Altfahrzeuge	550	85	81	20	61	4
Sammlungssysteme für gewerbliche Verpackungen	900	780	775	650	125	5
Sonstige Sammel- und Verwertungssysteme	200	120	120	115	5	0
Kunststoffproduzenten	—	56	55	46	9	1
Kunststoffverarbeiter	—	871	869	819	50	2
Gesamt	—	**6.277**	**6.240**	**2.928**	**3.312**	**37**

Bild 2.20 Existierende Abfallströme und deren Mengen

Deutschland im europäischen Vergleich

Nicht zuletzt aufgrund der sehr frühen Einführung des dualen Systems und der gelben Tonne oder des gelben Sackes in den 90er-Jahren galt Deutschland über viele Jahre als Recycling-Welt- oder Europameister. Mittlerweile haben aber viele andere europäische Länder ebenfalls massive Anstrengungen unternommen, Kunststoffabfälle speziell aus dem Verpackungsbereich zu recyceln. Zu nennen sind hier insbesondere die skandinavischen Länder, aber auch unsere Nachbarn in den Niederlanden, in Belgien, in Österreich, in Spanien oder auch in osteuropäischen Ländern wie Tschechien. In diesen Ländern gab es von Anfang an eine klare Fokussierung die gesammelten Kunststoff-Verpackungsabfälle einer stofflichen Wiederverwertung zuzuführen. In Deutschland wurden über viele Jahre zum Teil mehr als 50 % des Sammelgutes des gelben Sackes thermisch verwertet, d. h. in der Regel über Müllverbrennungsanlagen entsorgt. Im Zuge der Novellierung der Verpackungsverordnung zeichnen sich in Deutschland hier in den letzten 12 Monaten deutliche Verbesserungen ab.

Insgesamt lässt sich somit die Verwertungssituation im Jahr 2019 in Deutschland wie in Bild 2.21 dargestellt beschreiben.

99 % aller in Deutschland im Jahr 2019 angefallenen Post-Consumer-Kunststoffabfälle wurden einer Verwertung zugeführt, d. h. inklusive der Anrechnung der energetischen Müllverbrennungsanlagen. Bezogen auf 5,35 Mio. t Post-Consumer-Kunststoffabfälle werden ca. 38 % werkstofflich, < 1 % rohstofflich/chemisch und 60,8 % energetisch verwertet, ca. 0,6 % der Abfälle werden noch deponiert. Deutschland erreicht damit eine der höchsten stofflichen Verwertungsquoten in Europa. Rund 21 % aller Post-Consumer-Abfälle werden als Ersatzbrennstoff in speziellen Kraftwerken in Gewerbe und Industrie, aber auch im Rahmen der Mitverbrennung (z. B. in Zementöfen) verwendet. Der Anteil der energetischen Verwertung über MVA liegt bei knapp 40 %.

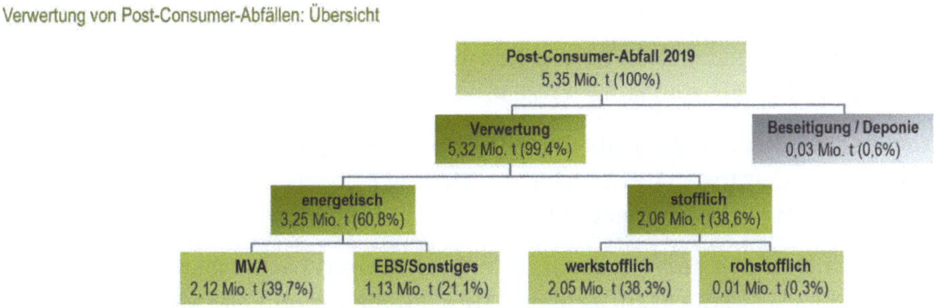

Bild 2.21 Verwertung von Post-Consumer-Abfällen in Deutschland im Jahr 2019

- Mehr als 75 % des Recyclings resultiert aus dem Recycling von Verpackungsabfällen (~1,56 Mio. Tonnen).
- Der Anteil der dualen Systeme beträgt rund 500 kt (~ 500 kt PET-Flaschen/~500 kt Industrieverpackungen).
- Bau- und Agrarwirtschaft fungieren (z. B. durch die Sammel- und Verwertungsorganisationen Rewindo und ERDE) als weitere Säulen des Recyclings.
- Lösungsansätze für technische Anwendungen müssen entwickelt werden. Dies insbesondere bei Betrachtung der aktuellen Einsatzsituation für Rezyklate.

2.6 Schlussfolgerungen, Herausforderungen und Ausblick

Einer Erhöhung des Recyclingniveaus stehen aktuell noch zahlreiche Hürden und Hemmnisse entgegen. Dies zeigen die Ergebnisse einer Befragung von 263 repräsentativ ausgewählten Kunststoffverarbeitern in Deutschland. Nur durch eine enge Zusammenarbeit aller Akteure entlang der Value Chain können hierfür Lösungen entwickelt werden (Bild 2.22).

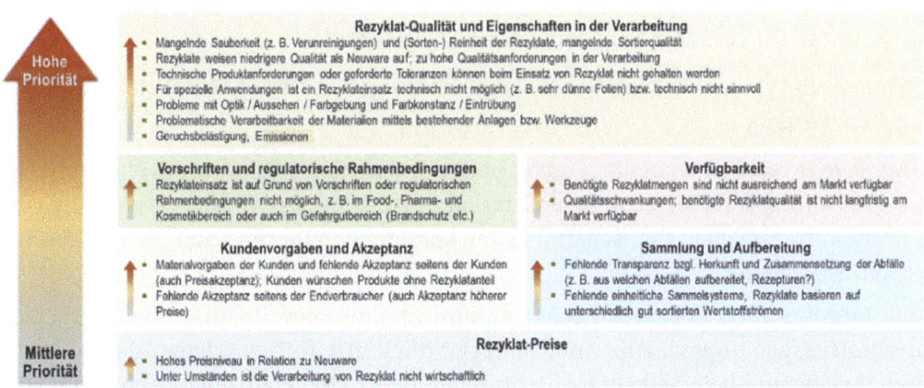

Bild 2.22 Priorisierung erforderlicher Maßnahmen zur Erhöhung des Rezyklateinsatzes

Vorausgesetzt, dass erfolgreiche Lösungen entwickelt werden können, ergibt sich somit folgendes Zukunftsszenario für die Kunststoffkreislaufwirtschaft in Deutschland und Europa für die nächsten Jahre bis 2030:

- Erhöhung des Recyclingziels für Kunststoffverpackungen auf 55 % im Jahr 2030 in Europa. Die zukünftigen Messpunkte am „Melting Point" lassen die derzeitige Quote auf ca. 32 – 33 % sinken (in Deutschland 43 %).
- In Deutschland gilt für haushaltsnahe Kunststoffverpackungen bis 2022 eine Quote von 63 % auf die lizenzierte und 50 % auf die gesammelte Menge. (Diese erscheint als realisierbar.)
- Die Herausforderung: Einsatz von 10 Mio. t Post-Consumer-Rezyklat bei der Herstellung von Kunststoffprodukten in Europa im Jahr 2030.

  Der GAP von 5,4 Mio. t in Europa bzw. mehr als 1 Mio. t in Deutschland muss geschlossen werden.
- Die Kunststoffindustrie verpflichtet sich dabei zu freiwilligen Selbstverpflichtungen. Das Kunststoffrecycling soll deutlich gestärkt werden. Dazu müssen mehr Abfälle getrennt gesammelt und die Kapazitäten zum Recycling in der EU ausgebaut werden. Zudem sollen mehr Recyclingkunststoffe verwendet werden.
- Quotenvorgaben für Polymere und Applikationen bringen Kunststofferzeuger, Verarbeiter und Recycler gleichzeitig in die Verantwortung.
- Die Qualität des Recyclings und damit der zur Verfügung stehenden Rezyklate muss hierzu deutlich erhöht werden.
- Der Export von Kunststoffabfällen muss und wird weiter zurückgehen.
- Die Kunststoffsteuer wird den Markt sukzessive stärker beeinflussen.
- Das Stoffstrommanagement muss primär von der Anwendung her gedacht werden, nicht von der Abfallseite!
- Hierzu sind z. T. komplexe Stoffstromallianzen im Markt zu etablieren.
- Chemical Recycling wirkt ab 2025 als substituierende Säule der Kreislaufwirtschaft. Planungen für ca. 5 Mio. t Kapazität bis 2030 existieren.
- Weitere Rezyklate für Food-Kontakt-Anwendungen müssen entwickelt und freigegeben werden.
- Massive Investitionen in die „Conversion" der Kunststoff-Value-Chain sind notwendigEs ist insgesamt also von einem starken Anstieg bei der Wiederverwertung von Kunststoffabfällen in Deutschland in den kommenden Jahren auszugehen. Dies hat mehrere Gründe.:

Zum einen verlangt der Gesetzgeber zukünftig eine Recyclingquote von 55 % bei Kunststoffverpackungen, zum anderen zeigt die kunststoffverarbeitende Industrie durch ihre freiwilligen Selbstverpflichtungen, mehr Rezyklate einzusetzen, ein klares Signal zu mehr Kreislaufwirtschaft. So erwarten wir in den kommenden Jahren eine Verdopplung bis Verdreifachung beim Einsatz von Post-Consumer-Rezyklaten für die Herstellung neuer Kunststoffprodukte. Auch der Handel und die Markenartikler wollen zukünftig auf mehr Rezyklate setzen.

Marktstimulierend wird sich auch der Qualitätsanstieg von Rezyklaten durch den Einstieg von Kunststoffproduzenten und auch Kunststoffverarbeitern in die Herstellung von Rezyklaten auswirken.

Darüber hinaus spielt auch die aktuelle Position hinsichtlich des Kreislaufniveaus von Kunststoffen im Vergleich zu alternativen Materialien wie Glas, Holz, Papier oder Metall eine Rolle. Hier wird deutlich, dass der Bereich der Kunststoffe noch ein hohes Verbesserungspotenzial besitzt (Bild 2.23).

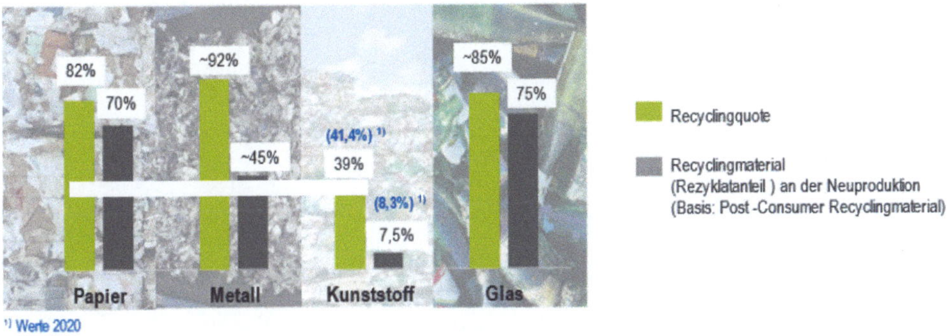

Bild 2.23 Kunststoffe im werkstofflichen Wettbewerb: Nachholbedarf ist gegeben.

Eine Alternative zum werkstofflichen Recycling könnte zukünftig das chemische Recycling sein (siehe Abschnitt 8.2). Dort wird in chemischen Prozessen der Kunststoff wieder in seine Ausgangsprodukte zerlegt und kann dann über entsprechende Modifizierung wieder zu Neuware umgewandelt werden. Derzeit sind diese Vorhaben noch im Entwicklungsprozess und dürften frühestens in 5–10 Jahren die Serienreife erreicht haben.

Literatur

[1] Universität von Georgia, 2017

[2] EU-Vorschriften für Verpackungen und Verpackungsabfälle, einschließlich Design und Abfallmanagement; *https://ec.europa.eu/environment/topics/waste-and-recycling/packaging-waste_en*

[3] RICHTLINIE (EU) 2015/720

[4] Neuer Aktionsplan für die Kreislaufwirtschaft 2020; *https://ec.europa.eu/environment/pdf/circular-economy/new_circular_economy_action_plan.pdf*

[5] VERORDNUNG (EG) Nr. 1013/2006

[6] VERORDNUNG (EU) 2020/2174

[7] BESCHLUSS DES RATES (EU, Euratom) 2020/2053

3 Erneuerbarer Kohlenstoff

Michael Carus, Lara Dammer, Achim Raschka, Pia Skoczinski, Christopher vom Berg

3.1 Was ist „erneuerbarer Kohlenstoff"?

Erneuerbarer Kohlenstoff umfasst alle Kohlenstoffquellen, die die Verwendung von zusätzlichem fossilem Kohlenstoff aus der Geosphäre vermeiden oder ersetzen. Erneuerbarer Kohlenstoff kann aus der Biosphäre, der Atmosphäre oder der Technosphäre stammen – aber nicht aus der Geosphäre[1)]. Erneuerbarer Kohlenstoff zirkuliert zwischen Biosphäre, Atmosphäre und Technosphäre und schafft so eine Kohlenstoffkreislaufwirtschaft.

Es gibt nur drei Quellen für erneuerbaren Kohlenstoff. Erneuerbarer Kohlenstoff stammt aus Quellen, die (erneut) angebaut werden können (Quelle: Biosphäre), (erneut) eingefangen werden (Quellen: Technosphäre und Atmosphäre) oder (erneut) verwertet werden (Quelle: Technosphäre), siehe dazu auch Tabelle 3.1.

Für die Nutzung und Verarbeitung dieser Kohlenstoffquellen wird natürlich Energie benötigt. Die mit dieser Energie verbundenen CO_2-Emissionen müssen in der Gesamtbilanz berücksichtigt werden. Wenn die Energie für die chemische Reduktion von CO_2 aus fossilen Quellen stammt, verursacht dies zusätzliche Emissionen. In diesem Fall wird das Konzept des erneuerbaren Kohlenstoffs pervertiert, und die Autoren dieses Beitrags sind sich dieses Problems bewusst: Für eine langfristige Nachhaltigkeitsstrategie ist es von größter Bedeutung, dass die als Input verwendete Energie nur aus erneuerbaren Ressourcen stammt. Dies gilt insbesondere für die direkte CO_2-Nutzung,

[1] Die Autoren sind sich bewusst, dass der Kohlenstoff sowohl aus abgeschiedenen fossilen CO_2-Emissionen als auch der Kohlenstoff aus recycelten fossilen Kunststoffen ursprünglich aus der Geosphäre stammt. Auch Biomasse nutzt in gewissem Umfang geosphärischen Kohlenstoff, während Erdöl ursprünglich aus der Biosphäre stammt. Die Zusammenhänge sind komplex, aber um eine brauchbare Definition zu erhalten, wurde diese Formulierung gewählt. Es sollte klar sein, dass der Schwerpunkt immer auf der Substitution desjenigen fossilen Kohlenstoffs liegt, der seinen Ursprung in der Geosphäre hat.

aber auch für die von Landwirten verwendeten Kraftstoffe oder die Energie, die zum Betrieb von Recyclinganlagen benötigt wird. Es sollte aber auch klar sein, dass dies für alle wirtschaftlichen Unternehmungen gilt und nicht nur für die erneuerbaren Kohlenstoffquellen, sodass die Anforderungen an dieses innovative Konzept nicht restriktiver sein sollten als an die Industrie im Allgemeinen. Die gute Nachricht ist jedoch, dass die Welt auf dem Weg ist, immer mehr erneuerbare Energien zu nutzen.

Tabelle 3.1 Quellen erneuerbaren Kohlenstoffs

Biosphäre: erneuerbarer Kohlenstoff, gewonnen aus allen Arten von Biomasse	Technosphäre und Atmosphäre: erneuerbarer Kohlenstoff aus direkter CO_2-Nutzung	Technosphäre: erneuerbarer Kohlenstoff aus dem Recycling von bereits vorhandenen Kunststoffen und anderen organischen Materialien
▪ Nahrungspflanzen ▪ Non-Food-Kulturen ▪ Nebenströme, Nebenprodukte und biogene Abfälle ▪ einschließlich messbarem biobasierten Kohlenstoffgehalt sowie Ansatz der „Biomassebilanz und freien Zuteilung“	▪ fossile Punktquellen (solange sie noch existieren) ▪ biogene Punktquellen (dauerhaft verfügbar) ▪ direkte Extraktion aus der Luft	▪ mechanisches Recycling: begrenzte Mengen und Qualitäten, es bestehen technische Herausforderungen im Handling von Mischfraktionen ▪ chemisches Recycling: Vergasung, Pyrolyse, Solvolyse und mehr, erste Demonstrationsanlagen sind in Betrieb, erste kommerzielle Anlagen werden bald erwartet ▪ enzymatisches Recycling: Technologie im Anfangsstadium ▪ Verbrennung, aber nur mit CO_2-Abscheidung und -Verwertung (CCU)

Alle drei Quellen sind für einen vollständigen Übergang zu erneuerbarem Kohlenstoff geeignet, und alle sollten idealerweise von der Industrie genutzt werden, von der Politik unterstützt und von der Bevölkerung akzeptiert werden (Bild 3.1). Es ist entscheidend, dass Konflikte und interne Kämpfe zwischen den drei Optionen für erneuerbaren Kohlenstoff in der Zukunft vermieden werden, wie sie heute noch bestehen. Diese „Bruderkriege“ haben nur einen Gewinner: fossilen Kohlenstoff. Um den Einsatz fossilen Kohlenstoffs zu vermeiden, brauchen wir die intelligenteste Mischung aus allen drei Optionen. Wir brauchen eine zukünftige Materialpolitik – eine Politik für erneuerbaren Kohlenstoff. Welche der erneuerbaren Kohlenstoffoptionen im Einzelfall zum Tragen kommt, sollte von der Technologie und den Marktkräften entschieden werden und nicht von der Politik, denn die für den Einzelfall optimale Technologie hängt von regionalen Faktoren und konkreten Anwendungen ab. Die Politik sollte einen allgemeinen Marktsog für erneuerbaren Kohlenstoff schaffen, ohne die einzelnen erneuerbaren Kohlenstoffströme zu regulieren, was auch zu unerwünschten Nebeneffekten mit hohem Risiko führen könnte.

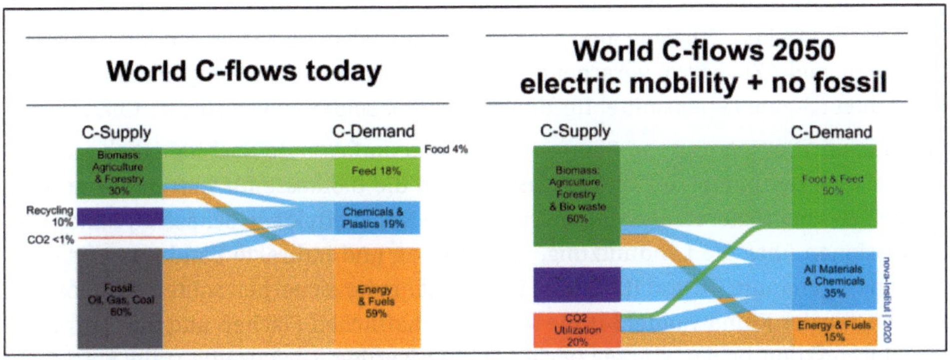

Bild 3.1 Kohlenstofffluss durch die Weltwirtschaft für heute und 2050 ohne fossilen Kohlenstoff und mit Schwerpunkt auf Elektromobilität

3.2 Erneuerbarer Kohlenstoff aus Biomasse

Pflanzen wandeln durch Photosynthese CO_2 aus der Luft und Sonnenenergie in Biomasse um. Die Biomasse wird dann als Nahrungs- und Tierfutter, als chemischer Rohstoff, als Material oder als Energieträger verwendet. 2016 deckte die Europäische Union 14 % des Kohlenstoffbedarfs in Anwendungen der organischen Chemie durch Biomasse [DCPP17].

In den letzten Jahren ist diese Zahl kontinuierlich gestiegen – sie begann bei elf Prozent im Jahr 2008. Die in diesem Zusammenhang verwendete Biomasse unterteilt sich entweder in primäre Biomasse direkt von Feldern und Wäldern oder in Biomasse aus biogenen Abfällen und Nebenströmen, z. B. aus der Land- und Forstwirtschaft, der Lebensmittel-, Futtermittel- und Chemieindustrie, der Holz- und Papierproduktion sowie von privaten Haushalten. Diese Art von „organischen Abfällen" auf anspruchsvolle Weise zu nutzen, ist der Schlüssel für eine biobasierte Kreislaufwirtschaft.

Für eine wirklich umfassende und nachhaltige Rohstoffstrategie sind Dogmen wie „keine Nahrungspflanzen für die industrielle Nutzung" wenig hilfreich. Der neuere politische Fokus auf sogenannte Biomasse der zweiten Generation, wie Holz oder Stroh, macht die Nutzung von Biomasse durch die Chemieindustrie kompliziert und teuer. Diese Rohstoffe erfordern häufig eine vorgelagerte Verarbeitung und Konvertierung, die oft nicht zu einer besseren Nachhaltigkeitsbilanz im Vergleich zu Lösungen der ersten Generation führt [DCPP17]. Während allgemeine Engpässe im Lebensmittelsektor bestehen, beziehen sich diese auf Eiweiß, während Zucker reichlich vorhanden ist. Derzeit gibt es weltweit eine Überproduktion von Zucker, während Sensibilisierungskampagnen gestartet und Steuern eingeführt werden, um die Aufnahme von Zucker durch den Menschen weiter zu verringern. Gleichzeitig zeichnen sich Zuckerrüben und Zuckerrohr im Vergleich aller angebauten Pflanzen durch eine unübertroffene Ertrags- und Hektar-Effizienz aus. Allerdings scheut sich die chemische Industrie derzeit davor, mehr Zucker zu verarbeiten, weil sie negative Auswirkungen auf ihren Ruf befürchtet („Keine Lebensmittel für die Industrie"). Leider eine verpasste Chance.

Wenn es um die Nutzung von Biomasse geht, sind umfassende Nachhaltigkeitsprüfungen für eine bestimmte Region unerlässlich, um die Biomasse für bestimmte Anwendungen zu identifizieren und um unerwünschte Nebeneffekte in Schach zu halten. Bei Diskussionen über die Landnutzung, über direkte und indirekte Landnutzungsänderungen (sogenannte UC und iLUC) und über Ernährungssicherheit sollten die enormen Risiken, die der Klimawandel für die landwirtschaftlichen Flächen und die Nahrungsmittelproduktion bringt, stärker berücksichtigt werden. Gleichzeitig sollte stärker in Betracht gezogen werden, wie stark Biomasseprodukte dazu beitragen können, Treibhausgasemissionen zu senken.

Welcher Anteil des Rohstoffbedarfs der chemischen Industrie kann bis 2050 durch Biomasse gedeckt werden? Experten gehen davon aus, dass sich der 14%ige Anteil aus dem Jahr 2016 bis 2050 verdoppeln oder sogar verdreifachen könnte. Letztendlich werden unter anderem die gesellschaftliche und politische Akzeptanz für landwirtschaftliche Hauptprodukte als Rohstoff für den Chemiesektor (wie Weizen, Mais oder Zuckerrüben) ausschlaggebend dafür sein, wie viel von diesem Potenzial ausgeschöpft werden kann. Oberflächlich betrachtet, scheint ihre Verwendung die Ernährungssicherheit zu untergraben, vertiefte Analysen zeigen jedoch, dass sie eher zu einer zuverlässigen Versorgung mit Nahrungsmitteln beitragen[2)].

Auch können sich Bemühungen um die Erhaltung der biologischen Vielfalt und der Klimawandel positiv auf die Verfügbarkeit von Land auswirken. Sobald die Nachfrage nach Biokraftstoffen allmählich zurück- und die Dekarbonisierung des Verkehrssektors vorangeht, könnten freiwerdende Flächen für die chemische Industrie nutzbar gemacht werden, um den Anteil der Biomasse zu erhöhen, ohne dass zusätzliche Anbauflächen benötigt werden.

Die Nutzung von Biomasse ist überall dort besonders sinnvoll, wo funktionelle und komplexe molekulare Einheiten nach der chemischen Umwandlung erhalten bleiben, sodass sie weiter genutzt werden können. Beispiele sind oleochemische, Naturkautschuk- und Lignin-Anwendungen sowie zahlreiche neuartige biobasierte Komponenten wie z. B. organische Säuren und Produkte auf Furanbasis. Wasch-, Reinigungs- und Pflegemittel sowie Polymere, die auf diesen neuen Rohstoffen basieren, übertreffen

---

[2] Sogenannte Nahrungspflanzen haben oft die besten Flächeneffizienzwerte, liefern als Nebenprodukte hochwertige Proteine und bieten einen zusätzlichen Puffer für den Lebensmittelmarkt in Krisenzeiten, vgl. [CaDa13].

häufig bestehende Produkte in Bezug auf ihre gesundheitlichen und Umweltvorteile. Darüber hinaus kann die industrielle Biotechnologie helfen, komplexe Moleküle in kurzen und schonenden Verfahren und maßgeschneiderten Produktionsorganismen herzustellen. Lignin zum Beispiel, das bisher wenig genutzt wird und als Nebenprodukt bei der Holzverarbeitung anfällt, könnte in Zukunft ein Kandidat für die Herstellung von aromatischen Verbindungen sein.

3.3 Erneuerbarer Kohlenstoff aus direkter CO_2-Nutzung („Carbon Capture and Utilisation")

Eine nahezu unbegrenzt verfügbare Quelle für erneuerbaren Kohlenstoff sind Kohlendioxid (CO_2) und andere Kohlenstoffoxide (z. B. CO), die in Abgasen, Abluft und der Atmosphäre enthalten sind und mithilfe einer Reihe von Technologien als Rohstoff für die chemische Industrie genutzt werden können. Heutzutage wird fossiles CO_2 und CO hauptsächlich aus fossilen Punktquellen wie Kraftwerken, Stahl- und Zement-/Kalkwerken sowie Fabriken der chemischen Industrie bezogen. Bei einigen dieser Industriezweige ist aufgrund der dort eingesetzten Technologien die Erzeugung von CO_2 auch in den kommenden Jahrzehnten unvermeidlich. Biogenes CO_2 entsteht typischerweise in der Lebensmittel- und Futtermittelindustrie, aber auch in Biogasanlagen, bei der Verbrennung von Biomasse oder in der Papierindustrie. Die größte CO_2-Reserve befindet sich in der Atmosphäre, aus der das CO_2 mithilfe spezieller Anlagen in einem als direkte Luftabscheidung bezeichneten Prozess gewonnen werden kann [CSDV19].

Um den im CO_2 enthaltenen Kohlenstoff wieder nutzbar zu machen, muss er chemisch reduziert werden, was große Mengen an Energie erfordert. Aus ökologischer Sicht kommen daher nur erneuerbare Energie oder vorhandene Prozessenergie als Optionen infrage. Und das wiederum bedeutet: Um das CO_2 selbst als Rohstoffquelle nutzen zu können, muss es einen massiven, weltweiten Ausbau der erneuerbaren Energien wie Sonnen- und Windenergie, Wasserkraft und geothermische Energie geben.

Sofern ausreichend erneuerbare Energien zur Verfügung stehen, ist die direkte CO_2-Nutzung eine unerschöpfliche und nachhaltige Kohlenstoffquelle für die chemische Industrie. Unsere eigenen Berechnungen zeigen, dass eine Größe von ein bis zwei Prozent der Sahara-Fläche ausreichen würde, um den gesamten Kohlenstoffbedarf der chemischen Industrie im Jahr 2050 zu decken, der von heute an mit einer jährlichen Wachstumsrate (Compound Annual Growth Rate) von 3–4 % weiter wächst. Dafür wären nur Photovoltaik und CO_2-Nutzung nötig.

Es bedarf nur einer einfachen chemischen Reaktion, um CO_2 und Wasserstoff (H_2), wobei Letzterer aus erneuerbaren Energien gewonnen werden kann, in Methan, Methanol, Ameisensäure, Ethylen und Alkohole umzuwandeln, die wiederum zur Herstellung eines Großteils der heutigen Chemikalien verwendet werden können. Das

Fischer-Tropsch-Verfahren macht Naphtha, Diesel, Kerosin und langkettige Wachse verfügbar, sodass sogar die heutigen Raffineriestrukturen für die Produktion von Plattformchemikalien beibehalten und gleichzeitig von fossilen Rohstoffen entkoppelt werden können. Neue chemische Katalysatoren ermöglichen die Entwicklung neuartiger CO_2-basierter Chemikalien und Polymere, und selbst komplexe organische Moleküle lassen sich dank biotechnologischen, elektrochemischen und Hybridlösungen direkt aus CO_2 gewinnen. Wenn die chemische Industrie auf erneuerbaren Kohlenstoff umsteigt, müsste die Gesellschaft auf nichts, an das sie sich im Laufe der Zeit gewöhnt hat, verzichten.

Mittel- bis langfristig werden auch erhebliche Fortschritte bei der Entwicklung der künstlichen Photosynthese und der Photokatalyse erwartet, mit deren Hilfe das Sonnenlicht direkt zur Herstellung von Chemikalien genutzt werden soll. Grundlage sind Entwicklungen auf der Basis neuartiger Nanomaterialien und Polymersysteme, durch die eine effiziente Nutzung der Sonneneinstrahlung, Wasserspaltung und CO_2-Reduktion direkt mit der Synthese der gewünschten Produkte gekoppelt werden kann. Kommerzielle Systeme mit künstlicher Photosynthese sollen bis 2050 auf dem Markt sein.

Im Vergleich zur Nutzung von Biomasse hat die direkte CO_2-Nutzung einige erhebliche Vorteile: Der Bedarf an Platz und Wasser liegt deutlich unter dem, der bei der Nutzung von Biomasse anfällt. Searchinger et al. berechneten 2017, dass im Weltdurchschnitt der Flächenbedarf für die Produktion von Ethanol aus Holz im Weltdurchschnitt 85-mal höher ist als der für die Ethanolproduktion aus Photovoltaik und direkter CO_2-Nutzung [SeBS17].

Der Grund für diese Diskrepanz ist die deutlich bessere Ausbeute von modernen Solarzellen (20 – 25 %; Experten halten bis 2050 sogar Wirkungsgrade von 40 % für möglich) im Vergleich zur natürlichen Photosynthese, bei der innerhalb der gesamten Prozesskette inklusive Landwirtschaft und nachgelagerten Prozessen nur 0,1 bis 0,3 % der Sonneneinstrahlung im Endprodukt landen.

3.3.1 Wirtschaftliche und beschäftigungspolitische Auswirkungen von CCU

Unter den derzeitigen Bedingungen ist erneuerbarer Kohlenstoff aus CCU im Allgemeinen teurer als fossiler Kohlenstoff aus Erdöl oder Erdgas. Es wird nie wieder so einfach und billig sein, an Kohlenstoff zu gelangen, wie es im fossilen Zeitalter der Fall war. Wie viel teurer CCU-Kraftstoffe oder Chemikalien genau sind, hängt von einer Reihe von Faktoren ab, vor allem aber von dem Preis, zu dem erneuerbare Energie gewonnen werden kann. Als Faustregel könnte die Preisparität mit fossilen Brennstoffen bei Strompreisen von 1,5 bis 2 Eurocents pro kWh erreicht werden [CSDV19]. In Bezug auf die Beschäftigung ist zu erwarten, dass ein Umstieg auf erneuerbaren Kohlenstoff zu positiven Effekten führen wird. Nach Angaben von Eurostat waren im Jahr 2016 mehr als 65 000 Beschäftigte (EU-28) (4 000 in Deutschland) in der Öl- und Gas-Produktion in Europa tätig. Würde man die Rohstoffbasis auf erneuerbaren Kohlenstoff umstellen, würde sich diese Zahl erheblich steigern – dezentral erzeugter erneuerbarer Kohlenstoff würde sicherlich die 5- bis 10-fache Anzahl an Mitarbeitern erfordern. Darüber hinaus gibt es bereits Hunderte von Start-ups, die neue Technologien für die Produktion und Nutzung von erneuerbarem Kohlenstoff entwickeln.

> *„Eine dritte wichtige Triebkraft für CCU ist das Potenzial für neue Geschäftsmodelle, die auf der nachhaltigen Bereitstellung von Kohlenstoff für Produkte mit hohem Mehrwert basieren. Die wirtschaftliche Machbarkeit ist eine langfristige Voraussetzung für die Lebensfähigkeit und Realisierung von CCU-Konzepten in großem Maßstab. Darüber hinaus gibt es CCU-Geschäftsmodelle, wie z. B. hochwertige Spezialchemikalien und Materialien, die sich ausschließlich auf wirtschaftlicher Basis rechtfertigen lassen."*
>
> [AAHH19]

3.4 Erneuerbarer Kohlenstoff aus Recycling

Derzeit setzen Politiker hauptsächlich auf Recycling-Systeme zur Erhaltung fossiler Ressourcen. In einer Kreislaufwirtschaft wird das Recycling von Kunststoffen und anderen organischen Chemieprodukten zweifellos eine wichtige Quelle für erneuerbaren Kohlenstoff, die schon heute umfassender genutzt werden könnte und sollte.

Allerdings sollte man sich nicht der Illusion hingeben, dass das Recycling den Löwenanteil an erneuerbarem Kohlenstoff nachhaltig bereitzustellen vermag. Das Recycling darf nicht zu einem unumstößlichen Dogma werden, das ohne jegliche Nachhaltigkeitsprüfungen angewendet wird. Beispielsweise muss erst der enorme Energiebedarf der Recyclingindustrie vollständig durch erneuerbare Energien gedeckt werden, um die indirekte Freisetzung von zusätzlichem fossilen CO_2 zu vermeiden.

Es gibt jedoch noch weitere offene Fragen zum Recycling als Allheilmittel für unser Rohstoffproblem. Welche Mengen und welche Qualitäten von wiederverwertbaren Kunststoffen und anderen Produkten können sinnvollerweise gesammelt und recycelt werden? Welche Produkteigenschaften lassen sich mit recycelten Kunststoffen erreichen und wie viel neues Material muss hinzugefügt werden? Diskussionen über den großtechnischen Einsatz von Post-Consumer-Kunststoffen als Eisenbahnschwellen und Pflastersteine spiegeln die mühsame Suche nach geeigneten Anwendungen für minderwertige Materialien wider. Überwiegt der damit verbundene Aufwand möglicherweise sogar den Nutzen?

Wie sieht der ökologische Fußabdruck des Recyclings im Vergleich zur Nutzung anderer erneuerbarer Kohlenstoffquellen aus? Wie können Abfall- und Recyclingströme verwaltet und standardisiert werden? Wenn das werkstoffliche Recycling durch verschiedene Arten des chemischen Recyclings ergänzt wird, d. h. die Aufspaltung von Kunststoffen in ihre chemischen Bestandteile – einschließlich Monomere, Synthesegas und Pyrolyseöl –, werden die Anwendungsbereiche der Zwischenprodukte weitaus größer werden und die zu erwartenden Qualitätsverluste deutlich geringer oder gar nicht mehr vorhanden sein. Völlig neu sind biotechnologische Verfahren zur Behandlung von Abfällen aus der Chemie- und Kunststoffindustrie. Nachhaltigkeitsanalysen werden jedoch zeigen müssen, wie diese neuen Technologien im Vergleich zu anderen Lösungen abschneiden.

Die Rolle des Prozesses der thermischen Verwertung, der heute de facto dominiert, wird sich ändern, wenn seine CO_2-Emissionen aufgefangen und verwertet werden. Diese Innovation wird dazu führen, dass die Abfallverbrennung keine CO_2-Emissionen mehr in die Atmosphäre abgibt. Abfallströme, die einen hohen Aufwand im mechanischen oder chemischen Recycling erfordern, können auch in einer nachhaltigen Wirtschaft weiterhin für die thermische Verwertung infrage kommen, da die Verwertung der freigesetzten kohlenstoffreichen Abgase gleichzeitig zur stofflichen Verwertung beiträgt.

3.5 Nachhaltigkeit im Konzept des erneuerbaren Kohlenstoffs – ein dreistufiger Ansatz für nachhaltige Materialien

Nachhaltigkeit ist eines der wichtigsten Themen unserer Zeit und heute zu Recht in den Mittelpunkt vieler Diskussionen gerückt. Produkte werden unter dem Gesichtspunkt der Nachhaltigkeit entwickelt, Industrien positionieren sich nachhaltiger und politische Maßnahmen, die sich mit Nachhaltigkeit befassen oder diese einbeziehen, sind häufiger auf dem Tableau, nicht zuletzt, weil die Öffentlichkeit konzentriertere Anstrengungen in diesem Bereich fordert. Insbesondere der Klimawandel und die biologische Vielfalt (die auch unter dem Klimawandel leidet) sind entscheidende Themen für eine nachhaltige Zukunft und sollten bei der Beschaffung von Rohstoffen berücksichtigt werden. Wir möchten hervorheben, dass die Renewable Carbon Initiative mit dem folgenden Drei-Stufen-Ansatz passfähig mit den oben genannten Nachhaltigkeitsgedanken ist.

Dieser Ansatz besteht aus drei Schlüsselfragen:

- Die Frage auf der ersten Stufe lautet: Wird Kohlenstoff in der Anwendung benötigt oder kann die Anwendung dekarbonisiert werden? Die meisten materiellen Anwendungen, wie Chemikalien, Kunststoffe und eine Vielzahl von Materialien (z. B. Textilfasern), basieren auf organischer Chemie und benötigen permanent Kohlenstoff – im Gegensatz zum Energiesektor, der früher oder später mit Strom und Wasserstoff weitgehend dekarbonisiert werden kann. Ein Sonderfall ist der Verkehrssektor, der sich in einer Phase des Übergangs befindet, aber einige bemerkenswerte Ausnahmen aufweist. Der Luftfahrtsektor wird zum Beispiel langfristig wahrscheinlich weiterhin von kohlenstoffhaltigen Kraftstoffen (wie Kerosin) abhängig bleiben.

- Die Frage auf der zweiten Stufe lautet: Wenn die Anwendung langfristig Kohlenstoff benötigt, welcher Kohlenstoff sollte dann in Zukunft verwendet werden? Wir haben ausführlich dargelegt, dass die Antwort erneuerbarer Kohlenstoff sein sollte. Heute werden etwa 90 % des weltweiten Bedarfs mit fossilem Kohlenstoff – Erdöl, Erdgas und Kohle – gedeckt. In Zukunft sollte die Entscheidung getroffen werden, immer mehr erneuerbaren Kohlenstoff zu verwenden, bis schließlich nur noch erneuerbarer Kohlenstoff genutzt wird. Dies würde den Zufluss von zusätzlichem fossilen Kohlenstoff vollständig stoppen und seinen großen Beitrag (~80 %) zum gesamten globalen Treibhauseffekt vermeiden.
- Wenn eine Anwendung Kohlenstoff benötigt und dieser Kohlenstoff erneuerbar ist, erreichen wir die dritte Stufe. Die Frage auf der dritten Stufe lautet: Welches ist der nachhaltigste Kohlenstoff aus der Familie der erneuerbaren Kohlenstoffe? Welche erneuerbare Kohlenstoffquelle ist die nachhaltigste, effizienteste und sozialverträglichste Lösung für eine bestimmte Anwendung in einer bestimmten Region? Biomasse, CO_2 oder Recycling? Biomasse aus Holz, Zuckerrüben oder urbanen biogenen Abfällen? Aus fossilen Kraftwerken, aus der Fermentation oder aus der Atmosphäre (direkte Luftabscheidung) abgeschiedenes CO_2? Oder recycelter Kohlenstoff aus Altkunststoffen durch mechanisches, chemisches oder enzymatisches Recycling? Die dritte Ebene ist zwar am schwierigsten zu beantworten, aber sie ist auch die wichtigste Frage, um die beste Lösung in einer bestimmten Situation zu finden. Die Antworten werden sich von Situation zu Situation unterscheiden, wobei es keine allgemein überlegene Option gibt. In Schweden und Finnland wird die nachhaltigste Kohlenstoffquelle Holz sein, in Südamerika sicher nicht. An guten Zuckerrübenstandorten dürften diese Pflanzen und ihr Kohlenstoff der Favorit sein. An Biomasse-armen Standorten und in Ländern mit einer guten Versorgung mit grünem Wasserstoff ist die Nutzung von abgeschiedenem CO_2 ideal, und in Regionen mit einer starken chemischen Industrie wird das chemische Recycling eine wichtige Option sein.

Einige wichtige Argumente für und gegen die drei erneuerbaren Kohlenstoffquellen sind auf den vorhergehenden Seiten zu finden. Dort haben wir die Vor- und Nachteile der einzelnen Quellen kurz zusammengefasst. Verschiedene Nachhaltigkeitszertifizierungssysteme für nachhaltige Biomasse oder ideologische Vorbehalte („keine tierischen Produkte“, „keine fossilen Emissionen“, „keine Verwendung von Nahrungsmitteln“, „keine GMO“) können eine weitere Orientierung geben, um die nachhaltigste Option für einen bestimmten Fall zu ermitteln. Die Familie der erneuerbaren Kohlenstoffe ist bereits leistungsstark und vielfältig in der Anwendung und bietet eine breite Palette von Optionen. Technisch gesehen gibt es bereits heute für praktisch jede Anwendung eine Alternative zum fossilen Kohlenstoff. Mit kontinuierlicher Forschung und Entwicklung werden diese Alternativen noch nachhaltiger und gleichzeitig erschwinglicher und anwendungsfreundlicher werden.

3.6 Zukunftsszenarien für eine auf erneuerbarem Kohlenstoff basierte Chemieindustrie

Führt man sich die potenziell verfügbaren Volumina der verschiedenen Quellen erneuerbaren Kohlenstoffs vor Augen, ist davon auszugehen, dass eine nachhaltige zukünftige Chemieindustrie für bulk chemicals primär auf CO_2-Nutzung durch Methan, Methanol und Naphtha zurückgreifen wird, während Spezialchemikalien und komplexe Moleküle eher aus Biomasse oder CO_2-Fermentation hergestellt werden. Gleichzeitig senken mechanisches, chemisches und enzymatisches Recycling den allgemeinen Bedarf an zusätzlichem erneuerbaren Kohlenstoff. In den letzten Jahren wurden zahlreiche Studien veröffentlicht, die Zukunftsszenarien für die Chemieindustrie aufzeigen. Diese Studien enthalten auch Szenarien, in denen CO_2 der primäre Rohstoff ist, um so die Konsequenzen zum Beispiel für die Bereitstellung nachhaltiger Energie zu beleuchten.

> *In der Veröffentlichung „Climate change mitigation potential of carbon capture and utilization in the chemical industry“ werden mehrere Szenarien beschrieben und diskutiert. Folgendes Fazit ziehen die Autoren: „Die chemische Produktion wird bis zum Jahr 2030 zum größten Treiber des globalen Ölverbrauchs bis 2030 werden. Um den Ölverbrauch und die daraus resultierenden Treibhausgasemissionen (THG) zu reduzieren, kann Kohlendioxid aus Schornsteinen oder der Luft abgeschieden und als alternative Kohlenstoffquelle für Chemikalien genutzt werden. Hier zeigen wir, dass die Kohlenstoffabscheidung und -nutzung (CCU) das technische Potenzial hat, die chemische Produktion von fossilen Ressourcen zu entkoppeln und die jährlichen Treibhausgasemissionen um bis zu 3,5 Gt CO_2-Äquivalent im Jahr 2030 zu reduzieren. Um dieses Potenzial auszuschöpfen, sind jedoch 18,1 PWh kohlenstoffarmer Elektrizität nötig, das entspricht 55 % der für 2030 prognostizierten weltweiten Stromerzeugung. Die meisten großtechnischen CCU-Technologien erweisen sich als weniger effizient bei der Reduzierung der THG-Emissionen pro Einheit kohlenstoffarmer Elektrizität, wenn man sie mit den Effizienzen von Power-to-X-Ansätzen vergleicht, die für andere großtechnische Anwendungen (einschließlich Elektromobilität) und für Wärmepumpen gedacht sind. Sobald diese anderen Potenziale abgerufen sind, könnte CCU in der chemischen Industrie einen effizienten Beitrag zum Klimaschutz leisten.“*
>
> [KMDS19]

Eine eigene Berechnung der Autoren ergibt eine Spanne von 15 bis 20 PWh erforderliche Energie, um den gesamten heutigen Kohlenstoffbedarf der chemischen Industrie durch CO_2-Nutzung mit erneuerbaren Energien zu decken, abhängig von der Effizienz der Elektrolyse und weiterer Prozesse. Unsere eigene Berechnung zeigt auch, dass für die Produktion von 20 PWh Solarstrom nur 0,9 % der Sahara-Region erforderlich sind. Diese Fläche könnten den globalen nichtenergetischen Kohlenstoffbedarf der Chemie- und Kunststoffindustrie des Jahres 2018 decken.

Basierend auf einem typischen Photovoltaik-(PV)-Ertrag von etwa 250 GWh pro Quadratkilometer und Jahr in der Sahara berechnen wir: Um 20 PWh aus PV zu produzieren, wird eine Fläche von 80 000 km^2 benötigt. Dies sind lediglich 0,9 % der Gesamtfläche der Sahara von 9 200 000 km^2. Die Gesamtfläche der Wüsten weltweit beträgt 30 000 000 km^2.

Es hängt von verschiedenen Faktoren ab, wie viel Strom insgesamt zukünftig weltweit zur Verfügung steht. Abhängig von verschiedenen Szenarien repräsentieren die geschätzten 20 PWh einen Anteil von 14 % bis 44 % der weltweiten Stromerzeugung im Jahr 2050, überwiegend auf Basis erneuerbarer Energien [RBAG18].

Die berechnete Reduzierung der jährlichen Treibhausgasemissionen um bis zu 3,5 Gt CO_2-eq im Jahr 2030 [KMDS19] würde 11 % der Reduzierungsbemühungen erfüllen, die erforderlich sind, um die zulässigen 24 Gt CO_2eq zu erreichen (im 1,5-°C-IPCC-Szenario). Zum Vergleich: Das Emissionsniveau lag 2019 bei 55 Gt CO_2-Äquivalent.

Eine weitere Studie mit dem Titel „ROADMAP CHEMIE 2050: Auf dem Weg zu einer treibhausgasneutralen chemischen Industrie in Deutschland" wurde von DECHEMA und FutureCamp im Jahr 2019 veröffentlicht. Die Studie entwickelt drei mögliche Szenarien für die deutsche Chemieindustrie.

Davon ist das Szenario „Treibhausgasneutraler Pfad 2050" von besonderem Interesse:

> *„Die neuen, strombasierten Verfahren werden den Strombedarf steigern. Der Bedarf der deutschen Chemieindustrie steigt etwa Mitte der 2030er Jahre auf 685 TWh pro Jahr, das ist mehr als die gesamte Stromproduktion in Deutschland 2018. […] Unternehmen müssten rund 68 Milliarden Euro mehr zwischen 2020 und 2050, der Großteil davon ab 2040 investieren. Allein für die Umwandlung der in der Roadmap betrachteten grundlegenden chemischen Prozesse sind zusätzliche Investitionen von bis zu 45 Milliarden Euro nötig. Die Roadmap der deutschen Chemieindustrie zeigt, dass eine weitgehend treibhausgasneutrale Chemieproduktion in Deutschland bis 2050 technologisch denkbar ist. Neue Methoden des Kreislaufmanagements, CO_2-freie Wasserstoffproduktion und die Nutzung von CO_2 als Rohstoff machen dies möglich. Das Ausmaß, in dem die Chemieindustrie dieses technische Potenzial realisieren kann, hängt von mehreren Faktoren ab."*
>
> [GKLA00]

Basierend auf den Daten dieser Studie hat das Nova-Institut den Ölpreis ermittelt, der für eine kostenneutrale vollständige Umstellung auf CO_2 notwendig wäre. Das Ergebnis beträgt 200 US-Dollar pro Barrel, mehr als das Dreifache im Vergleich mit dem heutigen Rohölpreis.

Wissenschaftler aus Oxford und Princeton haben umfassende Szenarien zur Nutzung und Speicherung von CO_2 entwickelt. Zu den Szenarien gehören auch wirtschaftliche Analysen, welche CCU-Pfade bis 2050 wettbewerbsfähig sein werden. Betreffend die Chemieindustrie resümieren sie:

> *„Das geschätzte Nutzungspotenzial für CO_2 in Chemikalien liegt bei etwa 0,3 bis 0,6 Gt CO_2 pro Jahr im Jahr 2050. Der Interquartilbereich der für break-even-point ermittelten CO_2-Kosten beläuft sich auf 80 bis 320 US-Dollar pro Tonne CO_2."*

[HABC19]

3.7 Zukunftsszenarien für die Kunststoffindustrie

Ein Zukunftsszenario für die Kunststoffindustrie könnte folgendermaßen aussehen: Aufgrund jährlichen Wachstums von drei bis vier Prozent wird die weltweite Produktion von Kunststoffen bald die Marke von 400 Millionen Tonnen pro Jahr erreichen. Ausgeprägte Recyclingbemühungen könnten die kontinuierlich wachsende Nachfrage nach neuen Kunststoffen bis 2050 auf 400 Millionen bis 500 Millionen Tonnen begrenzen. Dieser Bedarf könnte dann zum Beispiel durch 30 % Biomasse und 70 % direkte CO_2-Nutzung gedeckt werden. Die insgesamt benötigte Biomasse würde etwa 1 % der derzeit weltweit in allen Bereichen eingesetzten Biomasse entsprechen (13–14 Mrd. t, wovon allein 60 % auf Futtermittel für die Milch- und Fleischproduktion entfallen). Eine Fläche von weniger als 1 % der Wüste Sahara würde ausreichen, um die oben genannten 70 % durch Photovoltaik und CO_2-Nutzung zu decken.

Richard Northcote, der verstorbene Chief Sustainability Officer des Chemiekonzerns Covestro, sagte im April 2018:

> *„Können Sie sich vorstellen, dass wir im Jahr 2050 als Industrie kein Öl mehr anrühren, sondern im Grunde genommen CO_2 aus der Luft nehmen und stellen all diese Produkte her? Dann haben Sie eine Industrie, die völlig kreislauffähig ist. Das ist der Traum. Davon sind wir noch weit entfernt, aber wenn man sich anschaut, was man erreichen kann, wenn wir anfangen, KI und andere Dinge wirklich zu nutzen, wer weiß, wo wir im Bereich der Chemie hinkommen könnten?"*

3.8 Politische Maßnahmen zur Unterstützung eines schnellen Übergangs zu erneuerbarem Kohlenstoff

Politische Entscheidungsträger könnten die folgenden Instrumente und Maßnahmen nutzen, um die Umstellung der chemischen Industrie auf erneuerbaren Kohlenstoff aus Recycling, Biomasse und CO_2-Nutzung zu fördern:

- Besteuerung von fossilem Kohlenstoff in Chemikalien und Kunststoffen. Bislang zahlt die chemische Industrie keine Steuern für ihren fossilen Kohlenstoff. Es wäre durchaus möglich, eine Steuer auf fossilen Kohlenstoff einzuführen, wenn nicht global, dann nur regional, z. B. in Europa. Importierte Produkte würden dann besteuert, während die Steuer für Exporte erstattet werden könnte.
- Einstellung jeglicher Förderprogramme im fossilen Bereich. Jedes Jahr geben die G7-Länder mindestens 100 Mrd. USD für die Förderung und den Verbrauch von Öl, Gas und Kohle aus [Simo18].
- Höhere Kosten für fossile CO_2-Emissionen im Emissionshandelssystem (ETS). Als erster Schritt in Richtung einer Kohlenstoffsteuer sollten zumindest die Preise für gehandelte fossile CO_2-Emissionen erhöht werden, um dieses Instrument effektiver zu machen. Mehrere Stimmen haben diesen Schritt in den letzten Jahren gefordert (siehe z. B. VDI nachrichten, 2018-06-15 oder VDI nachrichten, 2018-07-20).
- Entwicklung von Zertifikaten und Labels, die den Anteil an erneuerbarem Kohlenstoff (Gesamtanteil von recyceltem Material, Biomasse und CO_2) in Produkten angeben.
- Festlegung von Quoten für erneuerbaren Kohlenstoff in „Drop-in"-Produkten in der Chemie- und Kunststoffindustrie (z. B. „30 % des Polypropylens muss bis 2030 aus erneuerbarem Kohlenstoff bestehen") Für einen späteren Zeitpunkt (z. B. 2050) könnten auch höhere Ziele festgelegt werden.
- Verpflichtung von Unternehmen aus der chemischen und Kunststoffindustrie, einen jährlichen Bericht über den Anteil an erneuerbarem Kohlenstoff in ihren Produkten und Produktionsprozessen („Reporting") zu erstellen, Erstellung einer Unternehmensrangliste auf der Grundlage des Anteils an erneuerbarem Kohlenstoff.
- Steuergutschriften für die Sequestrierung, Speicherung und Nutzung von CO_2. Dies wurde bereits im Kongress der Vereinigten Staaten diskutiert [Mart18].
- Verschärfung der Umweltauflagen für Chemikalien (keine hormonaktiven Weichmacher, verbessertes Abbauverhalten von Wasch- und Lösemitteln usw.). Dies sollte zu einer systematischen Bevorzugung von Produkten auf der Basis von Biomasse, insbesondere der Fermentation von Biomasse/CO_2 führen.

- Systematischer Ausbau des mechanischen und chemischen Recyclings. Erhebliche Mittel für F&E-Arbeiten werden erforderlich sein, um das chemische Recycling weiterzuentwickeln, seine Effizienz zu verbessern und seine Nachhaltigkeit zu untersuchen.
- Zusätzliche und verbesserte finanzielle Förderung der Forschung, Entwicklung und Umsetzung nachhaltiger, zukunftsorientierter Technologien im Bereich von Werkstoff, Biomasse und CO_2-Technologien zur Bereitstellung und Nutzung von erneuerbarem Kohlenstoff (Carbon Capture and Utilisation (CCU)).

Massiver Ausbau von erneuerbaren Energien und grünen Wasserstoffnetzen, in Kombination mit CCU als Mittel zur Energiespeicherung und zur Bereitstellung von erneuerbarem Kohlenstoff für die Chemie- und Kunststoffindustrie.Die Politik sollte alle ihre Maßnahmen auf erneuerbaren Kohlenstoff ausrichten und sich nicht auf Biomasse, direkte CO_2-Nutzung oder Recycling beschränken – alle drei Pfade müssen gleichzeitig beschritten werden, um möglichst bald ganz auf fossile Rohstoffe verzichten zu können. Die derzeitige Kreislaufwirtschaft muss umfassend um die Nutzung von Biomasse und CO_2 als Rohstoffe für die chemische Industrie erweitert werden. Welche Technologie für verschiedene Anwendungen und in verschiedenen Regionen mit ihren spezifischen Gegebenheiten und Netzen aus ökonomischen, ökologischen und sozialen Gesichtspunkten am besten geeignet ist, muss durch Nachhaltigkeits-Analysen bewertet werden, nicht durch politische Dogmen. Schon kleine Veränderungen der Marktbedingungen können Innovationskaskaden auslösen.

Literatur

[AAHH19] Alakurtti, Sami; Arasto, Antti; Hannula, Ilkka; Harlin, Ali; Koljonen, Tiina; Lantto, Raija; Lienemann, Michael; Onarheim, Kristin; u. a.; Lehtonen, J.; Järnefelt, V. (Hrsg.): The Carbon Reuse Economy: Transforming CO_2 from a pollutant into a resource: VTT Technical Research Centre of Finland, 2019 – ISBN 978-951-38-8708-7

[CaDa13] Carus, Michael; Dammer, Lara: Food or Non-Food: Which Agricultural Feedstocks Are Best for Industrial Uses? In: Industrial Biotechnology Bd. 9 (2013), Nr. 4, S. 171 – 176

[CSDV19] Carus, Michael; Skoczinski, Pia; Dammer, Lara; Vom Berg, Christopher; Raschka, Achim; Breitmayer, Elke: nova-Paper#11: Hitchhiker's Guide to Carbon Capture Utilisation (CCU) – Full version. Hürth: nova-Institut GmbH, 2019

[DCPP17] Dammer, Lara; Carus, Michael; Piotrowski, Stephan; Puente, Ángel; Breitmayer, Elke; Beus, Niels De; Liptow, Christin: Sustainable First and Second-generation Bioethanol for Europe: A Sustainability Assessment in the Context of the European Commission's REDII proposal. In: Industrial Biotechnology Bd. 13 (2017), Nr. 6, S. 292 – 300

[GKLA00] Geres, Roland; Kohn, Andreas; Lenz, Sebastian; Ausfelder, Florian; Bazzanella, Alexis; Möller, Alexander: ROADMAP CHEMIE 2050: Auf dem Weg zu einer treibhausgasneutralen chemischen Industrie in Deutschland. München/Frankfurt: FutureCamp Climate GmbH/DECHEMA Gesellschaft für Chemische Technik und Biotechnologie e. V. – ISBN 978-3-89746-223-6

[HABC19] Hepburn, Cameron; Adlen, Ella; Beddington, John; Carter, Emily A.; Fuss, Sabine; Mac Dowell, Niall; Minx, Jan C.; Smith, Pete; u. a.: The technological and economic prospects for CO_2 utilization and removal. In: Nature Bd. 575, Nature Publishing Group (2019), Nr. 7781, S. 87 – 97

[KMDS19] Kätelhön, Arne; Meys, Raoul; Deutz, Sarah; Suh, Sangwon; Bardow, André: Climate change mitigation potential of carbon capture and utilization in the chemical industry. In: Proceedings of the National Academy of Sciences Bd. 116 (2019), Nr. 23, S. 11 187 – 11 194

[Mart18] Martin, Keith: Tax equity and carbon sequestration credits. In: Norton Rose Fulbright (2018)

[RBAG18] Ram, Manish; Bogdanov, Dmitrii; Aghahosseini, Arman; Gulagi, Ashish; Solomon, Oyewo; Child, Michael; Caldera, Upeksha; Sadovskaia, Kristina; u. a.: Global Energy System based on 100 % Renewable Energy: Energy Transition in Europe Across Power, Heat, Transport and Desalination Sectors, 2018

[SeBS17] Searchinger, Timothy D.; Beringer, Tim; Strong, Asa: Does the world have low-carbon bioenergy potential from the dedicated use of land? In: Energy Policy Bd. 110 (2017), S. 434 – 446

[Simo18] Simon, Frédéric: 100 Milliarden Dollar für Öl, Gas und Kohle – jedes Jahr. URL *https://www.euractiv.de/section/energie-und-umwelt/news/100-milliarden-dollar-fuer-oel-gas-und-kohle-jedes-jahr/*, abgerufen am 15.01.2024

4 Nachhaltiger Konsum von Kunststoffverpackungen aus Verbrauchersicht

Philip Heldt

4.1 Verbraucherinnen und Verbraucher im Spannungsfeld zwischen Plastikfrust und bequemem Konsum

Ob in der Zeitung, im Fernsehen oder in YouTube-Videos – es scheint so, als hätte die Welt seit Monaten, ja sogar Jahren, ein Material zum Feind erklärt: Plastik.

Auf Nachhaltigkeits-Webseiten bekommt man Tipps zum „plastikfreien Leben", in Fernsehbeiträgen sieht man Berichte über Experimente wie „1 Monat ohne Plastik".

Bilder von Plastik im Meer und daran verendeten Tieren fehlen in kaum einem Beitrag zum Thema. Auch die Tatsache, dass aus bestimmten Plastikprodukten Problemstoffe in Lebensmittel übergehen können (wie z. B. aus Polycarbonat Bisphenol A, oder aus Melamingeschirr Formaldehyd), hat zum negativen Image von Plastikprodukten beigetragen. Plastik und der Konsum von Verpackungen sind also stark emotional besetzte Themen. Das Mantra, dass wir ein Problem mit (zu viel) Plastik haben, lenkt aber allzu leicht von der unbequemen Diskussion ab, dass wir generell zu viele Rohstoffe verbrauchen.

Zahlreiche Verbraucherbeschwerden zu überflüssigen und übermäßigen Verpackungen beispielsweise bei der Verbraucherzentrale NRW zeigen, dass Verbraucherinnen und Verbraucher sich eine Unterstützung wünschen, sowohl als unabhängigen Rat zu Ökobilanzen verschiedener Verpackungsformen, aber auch auf politischer Ebene, um Gesetzesänderungen für nachhaltigere Verpackungslösungen anzustoßen.

In Gesprächen mit Bürgerinnen und Bürgern und auch bei Diskussionen in sozialen Netzwerken kann man feststellen, dass neben dem generell begrüßenswerten Trend zur Abfallvermeidung noch großer Informationsbedarf besteht. Wenn mit vermeintlich nachhaltigen „Bambus"-Mehrwegbechern geworben wird, obwohl diese nur wenig Bambusmehl enthalten, aber den bei heißen Speisen bedenklichen Kunststoff Melamin, oder das energieintensive Einwegglas statt „bösem" Plastik favorisiert wird, zeigt sich, dass hier Informationsbedarf bei Anbieterinnen und Anbietern sowie Bürgerinnen und Bürgern besteht.

Auch Unternehmen machen es ihren Kundinnen und Kunden nicht immer leicht, abfallarm zu konsumieren. Obwohl viele Kunststoffverpackungen die Lebensdauer verpackter Lebensmittel erhöhen, müssen sich insbesondere Discounter die Frage gefallen lassen, warum hier besonders viel Obst und Gemüse vorverpackt ist und warum die meisten Discounter keine regionalen Getränke in Mehrwegflaschen aus PET oder Glas anbieten [vzbv 2019]. Seitens der Unternehmen beobachtet die Verbraucherzentrale NRW, dass Produkte nun, da Plastik in Verruf geraten ist, in erheblich schlechter recyclebaren Papier-Plastik-Verbunden angeboten werden. Sie sehen ökologisch besser aus und werden daher von Kunden angenommen. Die Mühe aufzuklären, dass reine Kunststoffverpackungen oft besser wären, scheuen aber viele Unternehmen. Auch unternehmerische Nachhaltigkeitsagenden nützen wenig, wenn Produkte so verpackt werden, dass übermäßig viel Material aufgewendet wird, nur damit die Verpackung im Regal gut sichtbar ist; sich also besser verkauft. Hier ist der Gesetzgeber gefragt, ein Level playing field zu schaffen, dass es Anbieterinnen und Anbietern leicht macht, verantwortungsvoll mit Kunststoff als Verpackungsmaterial umzugehen und nur die zu Recht benachteiligt, die Verpackungsmaterialien im Übermaß verwenden.

Auch Kommunen begegnet das Thema in Form von gelitterten To-go-Verpackungen im städtischen Raum. Neben einer Bewusstseinsstärkung durch Abfallberatung sind präventive Konzepte gefragt, zu denen auch Mehrwegsysteme in der Gastronomiebranche gehören.

Besonders bedenklich ist bei Kunststoffverpackungen, dass trotz aufwendiger Abfalltrennung in den Haushalten und nachgeschalteter Sortierung je nach Statistik rund 40 % der Kunststoffabfälle aus der Gelben bzw. Wertstofftonne verbrannt werden. Zahlen, die leicht frustrieren und bei einigen Bürgerinnen und Bürgern zu der Haltung führen: „Mülltrennung lohnt sich nicht." Verpackungen, die in öffentlichen Mülltonnen in Innenstädten und vielen Bahnhöfen entsorgt werden sowie falsch über den häuslichen Restmüll entsorgte Verpackungen werden zu 100 % als Restmüll verbrannt. Aber auch bei besser recycelbaren Stoffen wie Glas und Metall muss man ehrlich kommunizieren, dass deren Recycling viel Energie verbraucht. Abfallvermeidung ist also die einzig sinnvolle Lösung. Hierauf sollte Abfallberatung und Bildung auch fokussieren. Vor allem braucht es aber abfallarme Angebote im Handel. Wichtig ist auch immer die wertvolle Rolle der Bürgerinnen und Bürger bei der Mülltrennung hervorzuheben, um eine Motivation zu schaffen, den Müll richtig zu trennen. Diese Botschaft sollte auch von Herstellern und Handel mitgetragen und gelebt werden. Gerade am Kunststoffrecycling wird oft gezweifelt. Positives Storytelling und vermehrt Produkte aus Rezyklat in den Handel zu bringen und darüber zu reden, tut also Not.

4.2 Verbraucherbeschwerden zu Verpackungen

In der Beratung der Verbraucherzentrale NRW bringen Bürgerinnen und Bürger regelmäßig Beschwerden über Verpackungen vor. Die wichtigsten Themenkomplexe, über die sich Verbraucherinnen und Verbraucher beschweren, betreffen Verpackungen mit einem übermäßig großen Hohlraum und Verpackungen mit hohem Materialverbrauch bei wenig Inhalt. Besonders prägnante Beispiele waren dabei eine Plastikdose mit Sportlernahrung, die gerade mal zur Hälfte mit Pulver gefüllt war, oder ein Versandhändler, der für einen kleinen Memorystick im Blister einen großen Karton mit Polsterfolie versandt hatte.

Die Verbraucherinnen und Verbraucher beschweren sich zu Recht. Sie fühlen sich über die Menge des Inhalts getäuscht oder in ihren Bemühungen, wenig Abfall zu erzeugen und damit die Umwelt zu entlasten, gehindert. Nicht zuletzt müssen Verbraucherinnen und Verbraucher die aufwendigen Verpackungen mit dem Preis für die Produkte und den Lizenzentgelten für die Entsorgung mitbezahlen.

Im Rahmen der Aktion „Verpackungsärger" 2016 konnte die Verbraucherzentrale NRW die Beschwerden gebündelt auswerten. Die Kurzübersicht und den Auswertungsbericht finden Sie unter: *www.verbraucherzentrale.nrw/verpackungsaerger* [VZ 2025].

Belegt wurden die Wünsche nach weniger verpackten Produkten ebenfalls durch eine repräsentative Umfrage des Verbraucherzentrale Bundesverbandes (vzbv) vom November 2017. 87 % der 1003 Befragten stimmten der Aussage: „Ich würde mir wünschen, dass im Handel künftig mehr Lebensmittel ohne Verpackung angeboten werden" zu [vzbv/Forsa 2017]. In einer weiteren, repräsentativen Umfrage des vzbv vom September 2018 mit 1011 Befragten wurde ergänzend die Erwartung an Hersteller und Handel abgefragt. Hier stimmten 90 % der Verbraucherinnen und Verbraucher der Aussage: „Hersteller und Handel sollten dem Verbraucher keine unnötigen Verpackungen anbieten dürfen" zu [vzbv/KANTAR EMNID 2018].

Die Verbraucherzentrale Hamburg ist in Untersuchungen besonders dem unnötig vorhandenen Hohlraum in Verpackungen nachgegangen [VZ HH 2015]. Nun wird niemand bezweifeln, dass eine Chips-Tüte viel Luft benötigt, damit die Chips heil zum Kunden kommen; die eklatanten Beispiele, die mit Röntgenbildern belegt wurden, lassen jedoch den Schluss zu, dass hier seitens der Hersteller absichtlich viel Leerraum in Kauf genommen wurde. Möchte ein Kunde genau dieses Produkt, muss er auch die Verpackung mit in Kauf nehmen, obwohl diese vielleicht gar nicht gewünscht ist. Nachhaltiger Konsum ist also kaum zu realisieren, wenn man nicht gleich bereit ist, das Produkt zu wechseln, obwohl man nur nicht mit der Verpackung einverstanden ist.

Auch die Wahl zur Mogelpackung des Jahres, die ebenfalls von der Verbraucherzentrale Hamburg organisiert und durch Verbraucherinnen und Verbraucher abgestimmt wurde, belegt, dass im Jahr 2021 Unternehmen ihren Kunden in Einzelfällen durch Änderungen in der Verpackung noch mehr Müll zumuten als zuvor [VZ HH 2022]. In Diskrepanz dazu stehen die Unternehmenswebseiten, auf denen zu lesen ist, dass Umweltschutz Teil des Leitbildes ist.

Fälle wie diese führen dazu, dass Unternehmen nicht mehr für glaubwürdig gehalten werden. Negativbeispiele bleiben dabei besser im Gedächtnis hängen als die guten Angaben, die einige Unternehmen auf ihren Verpackungen deutlich aufdrucken. Dabei tun alle Hersteller und Händler gut daran, ehrlich zu kommunizieren, warum gewisse Verpackungsmaterialien und Arten gewählt wurden. Ist der Absender aber durch negative Erfahrungen mit anderen Verpackungen für den Kunden gefühlt unglaubwürdig geworden, nützt auch der beste Marketingsprech nichts.

4.3 Aktuelle Gesetzeslage erschwert Konsumenten nachhaltigen Verpackungskonsum

Die Einhaltung der fünfstufigen Abfallhierarchie (Vermeidung, Wiederverwendung, Recycling, Sonstige Verwertung, Beseitigung), wie sie im Kreislaufwirtschaftsgesetz festgelegt ist, kann nicht erreicht werden, solange die Vorgaben zur Gestaltung von Verpackungen lediglich „Soll"-Vorgaben sind (§ 4 VerpackG), deren Missachtung keinerlei Konsequenzen hat.

Wesentliche Kernelemente für Verbraucherfreundlichkeit und den Schutz der natürlichen Ressourcen fehlen im Verpackungsgesetz. Ambitionen des Bundes zur Ressourcenschonung, wie sie sowohl in dem Ressourcenschutzprogramm des Bundes als auch im Nationalen Programm für nachhaltigen Konsum formuliert wurden, haben keinen Eingang in das Gesetz gefunden. Damit steht es im Widerspruch zu wichtigen zukunftsweisenden Handlungsempfehlungen [VZ NRW 2016].

Für Verbraucherinnen und Verbraucher bedeutet es daher in vielen Fällen einen Mehraufwand, gering oder ökologisch günstig verpackte Produkte zu erwerben. Ökologisch vorteilhafte Mehrwegflaschen für Getränke aus der Region sind bei einigen Discountern gar nicht erhältlich. Das Ziel von 70 % Mehrweganteil im Getränkesegment aus dem Verpackungsgesetz ist nur ein Wunschziel ohne Handlungsvorgaben oder negative Konsequenzen. Obst und Gemüse wird nach wie vor im großen Stil in Plastik verpackt angeboten [GVM/NABU 2017]. Hier muss auch der Handel seiner Verantwortung stärker nachkommen.

Die Aussage, Verbraucherinnen und Verbraucher hätten es in der Hand, was verkauft wird, lässt sich so nicht halten. Man muss bedenken, dass nicht alle Verbraucherinnen und Verbraucher die Zeit oder die Gelegenheit haben, für den Wocheneinkauf mehrere Supermärkte/Discounter aufzusuchen, um sowohl Mehrwegflaschen zu finden als auch das gewünschte Obst und Gemüse ohne Vorverpackung. Wird ein bestimmtes Produkt eines Herstellers gewünscht, so müssen Kunden auch dessen eventuell ungünstige Verpackung akzeptieren. Solange nachhaltiger Konsum, wir sprechen hier nicht mal von

Bio, Regional und zum Selbstabfüllen im Unverpacktladen, viel Aufwand bedeutet, wird er sich nicht durchsetzen. Ändert der Handel das nicht freiwillig, muss der Gesetzgeber konsequent durchgreifen, um die überlebensnotwendigen Zukunftsziele Klimaschutz und Ressourcenersparnis zu erreichen.

Die am 17.01.2018 von der EU-Kommission veröffentlichte Europäische Plastikstrategie und die daraus abgeleitete Richtlinie [EU 2018] setzen einen Rahmen für die europaweite Verringerung von Plastikmüll. Da es in der Strategie besonders um Einwegprodukte geht, sind Verpackungen und Serviceverpackungen in besonderem Maße angesprochen. Die dort aufgegriffenen notwendigen Änderungen im Umgang mit Verpackungsmaterialien sollten schnellstmöglich und umfassend in Deutschland umgesetzt werden.

Dabei sollte es um eine absolute Reduzierung des Abfallaufkommens gehen und nicht nur um eine Verlagerung auf vergleichbare Produkte ohne Plastik. Die Einwegkunststoffverbotsverordnung ist aus diesem Grund kritisch zu sehen, da sie genau in diesem Punkt zu kurz greift. Die nun verbotenen Einwegkunststoffprodukte dürften in den meisten Fällen durch ähnlich ungünstige Einwegprodukte aus anderen Materialien ersetzt werden. Dabei wurde das Verbot von vielen Verbraucherinnen und Verbraucher begrüßt. Bessere Abhilfe schafft hier die Pflicht ab 2023 To-go-Lebensmittel auch in Mehrwegverpackungen anzubieten. Hier muss aber durch Initiativen von Handel und Kommunen eine breite motivierende Umsetzung von Mehrweg-to-go-Systemen erzielt werden.

Sowohl die Verbraucherzentrale NRW als auch der Verbraucherzentrale Bundesverband setzen sich in erster Linie dafür ein, dass Verpackungen, die nicht zur Transportsicherheit oder hygienischen Aufbewahrung des Produktes benötigt werden, reglementiert und Verstöße mit rechtlichen Konsequenzen belegt werden. So werden Rahmenbedingungen geschaffen, innerhalb derer Unternehmen Anreize vorfinden, innovative, ressourcensparende und gesundheitlich unbedenkliche Verpackungslösungen zu entwickeln. Kundinnen und Kunden stehen dann nicht vor der Wahl, wo und was sie kaufen, um Verpackungen einzusparen, sondern bekommen direkt ein Angebot angemessener, aber nicht ressourcen-verschwendender Verpackungslösungen, ohne dass sie lange überlegen müssen.

4.4 Verpackungsmüllbeseitigung verteuert die Abfallentsorgung

Kommunen sind durch die Zunahme an Verpackungsmüll, insbesondere von Serviceverpackungen wie Coffee-to-go-Bechern, betroffen. Gerade To-go-Lebensmittelverpackungen werden im städtischen Bereich in die öffentlichen Restmüllbehälter entsorgt und verursachen dadurch zusätzliche Entsorgungskosten, im Gegensatz zur kostenfreien Gelben

Tonne. Neben Papier und Pappverpackungen spielen Kunststoff(service)verpackungen beim Littering eine gewichtige Rolle. Die kommunalen Müllbehälter müssen häufiger geleert werden und die Reinigungsfrequenzen belebter Orte mussten von vielen kommunalen Entsorgungsbetrieben angehoben werden. Die Kosten für das Aufräumen muss dann die Allgemeinheit tragen, obwohl nur eine kleine Gruppe für das Littering verantwortlich ist.

Vielen Verbraucherinnen und Verbrauchern sind diese Zusammenhänge nicht bewusst, wenn sie To-go-Essen und -Getränke konsumieren. Für die Abfallvermeidung entscheidend ist, dass Verbraucherinnen und Verbraucher dort, wo möglich, eine ressourcensparende Alternative zur Wegwerfverpackung bekommen. Die Pflicht, ab 2023 To-go-Lebensmittel auch in Mehrwegverpackungen anzubieten, ist ein erster kleiner Schritt. Auch hier wird wieder den Kunden zugemutet, selbst darum bitten zu müssen, und sie gilt auch nicht in den vielen kleinen Imbissbuden unter 80 m^2 Größe. Um Mehrwegbehältnisse zu fördern, sollten diese Systeme aktiv angeboten werden und Einwegvarianten nur auf Nachfrage ausgegeben werden. Auch von Kunden mitgebrachte Gefäße zum Befüllen sollten akzeptiert werden. Leitlinien, wie dies hygienekonform passieren kann, wurden vom Lebensmittelverband veröffentlicht [LV 2020].

4.5 Greenwashing und verwirrende Aussagen auf Verpackungen und Serviceverpackungen

„Für Umweltbewusste“, „nachhaltig“, „weniger CO_2“ – mit solchen Verheißungen wird sogenanntes „Bio“-Einweggeschirr beworben. Eine Stichprobe der Verbraucherzentrale NRW 2018 bewies, dass die Behauptungen sich so nicht halten lassen. Auch auf Verpackungen finden sich vermehrt Nachhaltigkeitsaussagen, die nicht in allen Fällen nachvollziehbar erscheinen, wie Produktchecks der Verbraucherzentrale NRW 2020 [VZ NRW 2020] und 2021 [VZ NRW 2021] zeigten.

Es bleibt bei Einwegprodukten, die nicht nachhaltig sind, auch wenn sie nicht oder weniger aus erdölbasierten Kunststoffen bestehen.

Die Hersteller und Verkäufer appellieren an das grüne Gewissen von Verbraucherinnen und Verbrauchern sowie Nutzerinnen und Nutzern in der Gastronomie, die auf Einweg setzen, aber gleichzeitig die Umwelt nicht belasten wollen. Bei 9 der 14 Produkte aus dem Bereich Einweggeschirr tauchte das Wort „bio“ im Produktnamen auf.

Der Begriff „bio“ suggeriert einen Umweltvorteil. Bei Lebensmitteln beispielsweise gibt es klare Vorgaben, wann sie mit Bio-Siegeln (z. B. dem EU-Bio-Logo) werben dürfen. Bei Kunststoffen ist „bio“ jedoch nicht eindeutig definiert. Es wird von Herstellern/Händlern oft verwendet, um darauf hinzuweisen, dass der Kunststoff ganz oder teilweise aus nachwachsenden Rohstoffen hergestellt wurde. Es bedeutet nicht zwangsläufig, dass sie auch biologisch abbaubar sind oder keine bedenklichen Additive zugesetzt wurden.

Die Verwendung des Bio-Begriffs bei Pappgeschirr löste auch bei Verbraucherinnen und Verbraucher Verwunderung aus, die diese Produkte der Umweltberatung gemeldet hatten. Warum die Produkte „bio“ sein sollen, blieb schleierhaft. Auf den Internetseiten fand die Verbraucherzentrale nicht einmal ein anerkanntes Umwelt- oder Nachhaltigkeitszeichen für Papierprodukte – etwa den Blauen Engel oder das FSC-Siegel. Die Tatsache, dass nachwachsende Rohstoffe eingesetzt wurden, rechtfertigt aus Sicht der Verbraucherzentrale nicht den Einsatz dieses Begriffes. Verbraucherinnen und Verbraucher müssen sich wie bei Lebensmitteln darauf verlassen können, dass „bio“ auch Bioanbau der Rohstoffe bedeutet.

Im Marktcheck zu Nachhaltigkeitsaussagen auf Verpackungen 2020 wurden 60 verschiedene Verpackungen untersucht, auf denen sich verschiedene Aussagen zur Nachhaltigkeit des Verpackungsmaterials fanden. Neben Anbieterinnen und Anbietern, die Materialersparnis vorrechneten und weitere Informationen boten, fanden sich aber auch Anbieterinnen und Anbieter, die lediglich mitteilten, dass die Verpackung (theoretisch) recycelbar sei oder einfach nachhaltig, weil zu einem gewissen Prozentsatz der Plastikanteil reduziert wurde.

Überhaupt erscheint es fragwürdig, weshalb Kunststoffe aus biologischen Rohstoffen und alternative Einwegmaterialien wie Palmblätter, einen Umweltvorteil gegenüber herkömmlichem Plastik haben sollen. Der Grund: Klassisches Einweg-Plastik kann und wird zumindest teilweise recycelt.

Elf Produkte aus der Stichprobe von nachhaltig beworbenem Einweggeschirr suggerierten mit Aussagen wie „kompostierbar“, „biologisch abbaubar“ oder „recyclebar“, dass sie über den heimischen Kompost entsorgt oder in einem Recyclingkreislauf aufbereitet werden können. Die Realität sieht jedoch anders aus. Die meisten kompostierbaren Kunststoffprodukte brauchen im Heimkompost extrem lange zum Verrotten. In der Gelben Tonne entsorgt, werden sie mangels Masse nicht getrennt und recycelt, sondern verbrannt.

Verbraucherinnen und Verbraucher werden durch solche Aussagen teilweise zu falschen Entsorgungswegen verleitet oder zum Kauf animiert, obwohl andere Produkte ohne solche Werbeaussagen genauso gut sind. Ehrlich kommunizierende Anbieterinnen und Anbieter werden dadurch benachteiligt.

Wie eine begleitende Panelbefragung zum Marktcheck Nachhaltigkeitsaussagen auf Verpackungen zeigte, schätzten Verbraucherinnen und Verbraucher manche der aufgedruckten Aussagen positiver ein als die Experten. Auch die Gestaltung vieler Verpackungen im Papplook führte in die Irre. Einige Teilnehmende gaben an, die Getränkekartons, deren Äußeres wie rohe Pappe aussah, im Altpapiercontainer zu entsorgen. Dass es sich um ein mehrschichtiges System handelt, war ihnen nicht bewusst. Hersteller sollten daher ihre Nachhaltigkeitskommunikation von Verpackungen sorgfältig planen und so gestalten, dass sie ehrlich und für Kundinnen und Kunden nachvollziehbar ist. Die Marktchecks belegen auch, dass es auch genug gute Beispiele auf dem Markt gibt.

4.6 Plastik – zu Unrecht schlecht gemacht?

Die Erfahrungen aus den Marktchecks und persönliche Gespräche im Rahmen der Umweltberatung deuten darauf hin, dass viele Verbraucherinnen und Verbraucher aus den oben genannten Gründen braune Kartons oder Glas automatisch für umweltfreundlicher als Plastik halten.

Betrachten Fachexperten das Thema, kommen sie jedoch oft zu anderen Ergebnissen als Verbraucherinnen und Verbraucher. Ob eine Verpackung bzw. ein als Verpackung genutztes Material umweltgerechter ist als ein anderes, lässt sich pauschal nicht beantworten [UBA 2020]. Eine vollständige Ökobilanz ist erforderlich.

Seitdem Plastik von vielen Seiten kritisiert wird, werden Pappe oder Papier als häufige Alternativen eingesetzt, so etwa bei Papier-Tragetaschen in Supermärkten. Doch diese haben eine ähnliche Ökobilanz wie Plastiktüten, da bei ihrer Produktion viel Energie und Wasser eingesetzt werden muss [DUH 2015]. Ähnliches kann man auch für Serviceverpackungen aus Pappe im Vergleich zu reinen Kunststoffverpackungen annehmen.

Manche Verbraucherinnen und Verbraucher werden einwenden, dass eine Papiertüte doch aber deshalb der Plastiktüte überlegen sein muss, weil Plastik ewig in der Umwelt verbleibt und nicht so schnell „zerfällt“ wie eine Papiertüte, denn genau diese Aussagen werden auch oft in den Medien getroffen. Gerade deshalb ist eine ehrliche Nachhaltigkeitskommunikation der Unternehmen gepaart mit einer unabhängigen Abfallbildung wichtig, um hier Klarheit zu schaffen.

4.7 Plastik in der Verbraucherarbeit

Die Verbraucherzentrale NRW greift das Thema Kunststoffe und Verpackungen auf vielfältige Weise auf. Dabei orientiert sie sich an den gesetzlichen Vorgaben (europäische Abfallrahmenrichtlinie, Kreislaufwirtschaftsgesetz, VerpackungsVO) und leistet damit einen Beitrag zu deren Zielerreichung. Schülerinnen und Schüler sowie erwachsene Verbraucherinnen und Verbraucher zu erreichen erfordert pädagogisches Know-how der Umweltberaterinnen und -berater und clevere, aktivierende Ideen für Kampagnen. Vernetzung und Austausch mit allen Akteuren wie Kommunen, Handel und Herstellern sind unabdingbar, um alle Interessen zu kennen und gemeinsam an einem Strang zu ziehen. Die Verbraucherzentrale gibt dabei lebensnahe einfache Ratschläge und Handlungsanweisungen für Bürgerinnen und Bürger und vertritt ihre Beschwerden und Forderungen gegenüber der Politik.

Da man in ehrlichen Ökobilanzen nicht sagen kann, dass Kunststoffe als Verpackungsmaterial problematischer wären als etwa Papier und Pappe, Verbundstoffe oder gar

Metall und Glasverpackungen, hat die Vermeidung von Verpackungen und Einwegprodukten und die damit verbundene Schonung von Ressourcen generell oberste Priorität bei der Arbeit für und mit Verbraucherinnen und Verbrauchern. Erst danach geht es um die Bewertung verschiedener Materialalternativen in Bezug auf den Ressourceneinsatz, Produktschutz und die Gesundheit der Anwendenden.

Neben dem Schutz der Umwelt und der Einsparung von Abfall ist die eigene Gesundheit von höchstem Interesse bei Verbrauchern. Daher drehen sich auch etliche Anfragen an die Umweltberatung um bedenkliche Additive und andere Bestandteile in Kunststoffen. Auch Mikroplastikquellen und gesundheitliche Folgen bewegen die Ratsuchenden. Neben der Beratung arbeitet die Verbraucherzentrale auch hier mit den Behörden der Lebensmittelüberwachung und Produktsicherheit zusammen, um kritische Produkte prüfen zu lassen.

4.8 Fazit und Anforderungen

Plastik – ob als Verpackungsmaterial oder als Baustoff für andere Produkte – sollte nach Ansicht der Verbraucherzentrale NRW nicht pauschal verurteilt werden. Wichtig ist, auf die vielen kurzlebigen Produkte wie Einwegverpackungen, Serviceverpackungen etc. (egal, aus welchem Material) wo immer möglich zu verzichten, und mehr Mehrwegprodukte zu nutzen. Zusammengefasst braucht es umfassendere gesetzliche Regelungen als bisher, um Konsumentinnen und Konsumenten in einem ressourcenschonenden Umgang mit Verpackungen und Einwegprodukten zu unterstützen.

Vier Punkte sind besonders wichtig:

- Übermäßige Verpackungen müssen reglementiert werden, um ein „Level playing field" zu schaffen. Hierfür bedarf es der Definition, ab wann eine Verpackung über die Vorgaben von § 4 des VerpackG hinausgeht. Zudem braucht es Konkretisierungen in der Eich-Verordnung, ab wann ein Produkt zu viel Hohlraum enthält und von einer Mogelpackung gesprochen werden kann, die durch empfindliche Bußgelder geahndet werden kann.
- Mehrwegsysteme sollten die Regel sein, von der nur in begründeten Fällen abgewichen werden darf. Gerade bei Getränken sollten nur Einwegverpackungen benutzt werden dürfen, wenn der Hersteller plausibel nachweisen kann, dass die Einwegverpackung in der Ökobilanz tatsächlich vorteilhafter ist. Die im Verpackungsgesetz angestrebte Mehrwegquote für Getränke von 70 % muss verpflichtend werden. Dies erfordert auch die Förderung des Konsums lokal erzeugter Getränke. Für andere Lebensmittel und Produkte müssen zukünftig Mehrwegsysteme etabliert werden.
- Im Bereich der Serviceverpackungen existieren bereits viele gute Geschäftsmodelle und begleitende Regularien, um Mehrweg zu fördern. Hier ist insbesondere die Gas-

tronomiebranche gefragt weiter ambitioniert voranzuschreiten. Der Gesetzgeber ist dazu aufgefordert die Situation zu begleiten und Gesetze und deren Vollzug anzupassen.

- Alle Kunststoffprodukte, egal ob Ein- oder Mehrwegelemente, müssen gesundheitlich unbedenklich sein. Insbesondere bei Kunststoffen, die mit Lebensmitteln in Kontakt kommen. Auch wenn sie mit heißen Lebensmitteln befüllt werden, dürfen keine schädlichen Substanzen in die Nahrung übergehen. Für Verbraucher muss erkennbar sein, aus welchem Kunststoff die Produkte hergestellt sind. Die freiwillige Kennzeichnung über den Recyclingcode ist hierfür nicht ausreichend. Eingesetzte Hilfs- und Zusatzstoffe in den Kunststoffen sollten transparent gemacht werden.

Jedes Material hat seine spezifischen Vor- und Nachteile im Hinblick auf seine Nutzbarkeit und den Gesundheits- und Umweltschutz. Entsprechend haben auch verschiedene Kunststoffe unterschiedliche Vor- und Nachteile. Da Verbraucherinnen und Verbraucher allerdings die Verpackung eines Produkts selbst nicht beeinflussen können, sollten Hersteller diese aus dem Material mit der besten Ökobilanz bei gleichzeitiger gesundheitlicher Unbedenklichkeit herstellen. Außerdem sollte dabei so wenig Material wie möglich verbraucht werden und das Recycling leicht möglich sein. Hierfür braucht es gesetzliche Bestimmungen, die die Wirtschaft zum schonenden Umgang mit Ressourcen motivieren und besonders ressourcensparende Unternehmen mit ehrlicher Nachhaltigkeitskommunikation belohnen und vor Trittbrettfahrern schützen. Ein generelles Bashing eines bestimmten Materials ist nicht hilfreich auf dem Weg zu einer nachhaltigeren Gesellschaft. Eine ehrliche Kommunikation von Unternehmen, Handel und Institutionen und begleitende Bildungsmaßnahmen für junge und erwachsene Verbraucherinnen und Verbraucher kann das Ziel einer ressourcenschonenden Kreislaufwirtschaft erreichbar machen. Nachhaltiger Konsum muss für Verbraucherinnen und Verbraucher einfach sein. Das bedeutet, dass ein flächendeckendes unkompliziertes Angebot von Mehrwegsystemen und da, wo das ökologisch nicht sinnvoll ist, von ressourcenarmen Verpackungen und Einwegprodukten verfügbar sein muss.

Literatur

[DUH 2015] *https://www.duh.de/fileadmin/user_upload/download/Projektinformation/Kreislaufwirtschaft/Plastiktueten/Einwegplastiktueten_Hintergrundpapier_2015.pdfhttps://www.duh.de/fileadmin/user_upload/download/Projektinformation/Kreislaufwirtschaft/Plastiktueten/Einwegplastiktueten_Hintergrundpapier_2015.pdf*, 14.03.2025

[EU 2018] *https://www.eea.europa.eu/policy-documents/com-2018-28-final-ahttps://www.eea.europa.eu/policy-documents/com-2018-28-final-a*, 14.03.2025

[GVM/NABU 2017] Gesellschaft für Verpackungsmarktforschung im Auftrag des Naturschutzbundes (NABU): Vorverpackungen für Obst und Gemüse., Aktualisierte Auflage, 2017

[LV 2020] Lebensmittelverband: Mehrweg-Behältnisse in Supermarkt oder fürs Mitnehmen von Restaurant-Essen: Was an Hygiene zu beachten ist., Berlin, 2020, *https://www.lebensmittelverband.de/de/aktuell/20200325-mehrweg-behaeltnisse-im-supermarkt-und-beim-mitnehmen-im-restaurant-was-zu-beachten-ist*

[UBA 2020] Umweltbundesamt: Fragen und Antworten: Verpackungen und Verpackungsabfälle, Dessau, 2020, *https://www.umweltbundesamt.de/themen/abfall-ressourcen/produktverantwortung-in-der-abfallwirtschaft/verpackungen/fragen-antworten-verpackungen-verpackungsabfaelle*

[VZ HH 2015] Verbraucherzentrale Hamburg: Röntgenbilder enthüllen Luft in Verpackungen, Hamburg, 2015, *https://www.vzhh.de/sites/default/files/medien/167/dokumente/15-06_vzhh_Luftpackungen_Roentgen.pdf*

[VZ HH 2022] Verbraucherzentrale Hamburg: Paprika -Sauce von Homann ist Mogelpackung des Jahres 2021, Hamburg, 2022, *https://www.vzhh.de/themen/mogelpackungen/mogelpackung-des-jahres/paprika-sauce-von-homann-ist-mogelpackung-des-jahres-2021*

[VZ NRW 2016] Stellungnahme der Verbraucherzentrale NRW zum Entwurf des Verpackungsgesetzes, Düsseldorf, 2016, *https://www.verbraucherzentrale.nrw/politik-nrw/umwelthttps://www.verbraucherzentrale.nrw/politik-nrw/umwelt*

[VZ NRW 2020] Verbraucherzentrale NRW: Marktcheck Nachhaltigkeitsaussagen auf Verpackungen, Düsseldorf, 2020

[VZ NRW 2021] Verbraucherzentrale NRW: Marktcheck Pflanzenmilch, Düsseldorf, 2021

[VZ 2025] *https://www.verbraucherzentrale.nrw/wissen/umwelt-haushalt/abfall/verpackungsaerger-warum-so-viel-muell-12752https://www.verbraucherzentrale.nrw/wissen/umwelt-haushalt/abfall/verpackungsaerger-warum-so-viel-muell-12752*, 14.03.2025

[vzbv 2019] Verbraucherzentrale Bundesverband: Mehrwegquote reicht nicht, Berlin, 2019, *https://www.vzbv.de/pressemitteilungen/mehrwegquote-reicht-nicht*

[vzbv/Forsa 2017] Verbraucherzentrale Bundesverband und Forsa-, Umfrage: Verpackungsabfälle, 2017

[vzbv/KANTAR EMNID 2018] Verbraucherzentrale Bundesverband und Forsa-, Umfrage: Kampf gegen den Plastikmüll, 2018

5 Regulative Rahmenbedingungen für eine Kunststoff-Kreislaufwirtschaft

Jürgen Bruder

Um einen Überblick über geltende und geplante regulative Rahmenbedingungen zur Entwicklung einer Kunststoff-Kreislaufwirtschaft zu erhalten, ist eine Einordnung der Gesetze, Verordnungen, Strategiedokumente, Aktionspläne usw. nach bestimmten Kriterien sinnvoll. Folgende Unterteilung wird in diesem Kapitel vorgenommen:

1. Strategiedokumente und Aktionspläne, die insbesondere auf EU-Ebene eine z. T. beträchtliche Wirkmacht entfalten und Ausgangspunkt von EU-Richtlinien sein können.

2. Geltende abfallwirtschaftliche und andere Regelungen, die für Kunststoffprodukte in einer Kreislaufwirtschaft relevant sind. Hier besteht oft eine unmittelbare Beziehung zwischen EU- und nationaler Gesetzgebung.

Besonderes Augenmerk wird im Folgenden auf EU-Strategiedokumente gelegt, da die EU-Kommission seit 2013 mit der Veröffentlichung des *Green Papers* „Strategie für Kunststoffe in der Umwelt" (EU 2013) eine weitgehend konsistente Strategie verfolgt, den Stoffstrom Kunststoff „fit zu machen" für eine Kreislaufwirtschaft im umfassenden Sinne. Diese Strategie wird mit dem Green Deal (EU 2019a) und daraus abgeleiteten Aktionsplänen und Verordnungsentwürfen weiterverfolgt, oft untersetzt mit Aufträgen für Studien an Institute und Beratungsunternehmen.

5.1 Strategiedokumente und Aktionspläne

Die EU-Kommission hat mit dem Kreislaufwirtschaftspaket (*Circular Economy Package*) und dem ersten *Circular Economy Action Plan*, beide verabschiedet Ende 2015, die Entwicklung einer Kreislaufwirtschaft zu einem zentralen umwelt- und vor allem wirtschaftspolitischen Thema der EU gemacht und ist zum Vorreiter gegenüber den Mitgliedsstaaten geworden.

Aus Sicht der Kunststoffindustrie und der kunststoffanwendenden Bereiche verdienen die folgenden EU-Dokumente/Initiativen für einen vorhersehbaren Zeitraum besonderes Interesse. Dabei wird hier die englische Bezeichnung verwendet, da sie auch im deutschen Sprachgebrauch zumeist benutzt wird.

- *Green Deal*, verabschiedet Dezember 2019 (EU 2019a)
- (Zweiter) *Circular Economy Action Plan*, verabschiedet März 2020 (EU 2020)
- *Plastics Strategy*, verabschiedet Januar 2018 (EU 2018a)
- *Circular Plastics Alliance* (EU 2022) als Initiative mit fortlaufenden Aktivitäten seit Dezember 2018

Die ersten beiden genannten Dokumente beziehen sich auf grundsätzliche Zielstellungen für eine nachhaltige Entwicklung von Wirtschaft und Gesellschaft in der EU, in denen Kunststoffe und Kunststoffverpackungen im Besonderen als wichtige Bereiche mit konkreten Zielen benannt werden.

Als spezifisch auf Kunststoff und seine vielfältigen Anwendungen fokussiert sind die *Plastics Strategy* und die *Circular Plastics Alliance* einzuordnen.

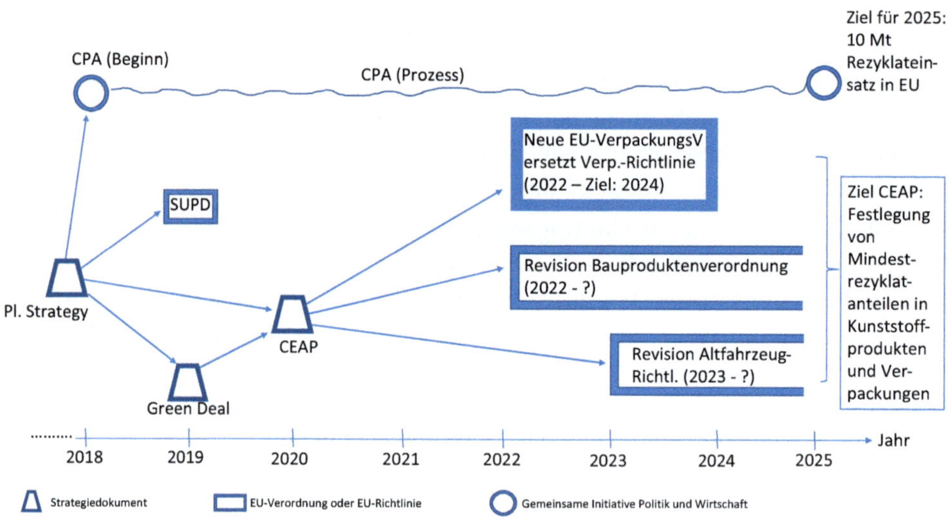

Bild 5.1 EU-Strategiedokumente, EU-Richtlinien und -Verordnungen sowie Initiativen im Bereich Kunststoff-Kreislaufwirtschaft (eigene Darstellung)
CPA = Circular Plastics Alliance; SUPD = Single Use Plastics Directive; CEAP = Circular Economy Action Plan

In Bild 5.1 wird der Zusammenhang zwischen den vier EU-Dokumenten und -Initiativen hinsichtlich der Ziele/Aufgaben bezogen auf den Kunststoffsektor im Zeitstrahl aufgezeigt. Es wird deutlich, dass die *Plastics Strategy* eine zentrale Rolle bei der Ausgestaltung anderer, übergreifender Dokumente in Bezug auf Kunststoff spielte. Strategiedokumente machen bereits wichtige Vorgaben für die Überarbeitung bestehender gesetzlicher Regelungen in großen Kunststoffanwendungsbereichen wie Verpackungen, Autos, Bauprodukte oder sind gar Auslöser für neue Gesetze, wie das Beispiel der Single-Use-Plastics-Directive (SUPD), im deutschen „Einwegkunststoffrichtlinie“, zeigt.

5.1.1 Green Deal

Die grundsätzliche Bedeutung des Green Deal für die notwendige Transformation zu einer zirkulären Wirtschaftsweise ist in Kapitel 1 ausgeführt. Die Kunststoffindustrie bzw. der gesamte Kunststoffsektor wird im *Green Deal* mehrfach auch direkt oder indirekt auf die künftigen Herausforderungen angesprochen. Das trifft insbesondere zu

- für die notwendige Defossillisierung der Chemieindustrie, zu der hier auch die Kunststoff erzeugende Industrie gezählt wird,
- für den deutlich zu erhöhenden Einsatz von „Werkstoffen aus dem Recycling“, der EU-weit nur bei 12 % liegt,
- für den Übergang zu einer Kreislaufwirtschaft, wobei der Schwerpunkt von EU-Maßnahmen künftig „auf ressourcenintensiven Sektoren wie dem Textil-, Bau-, Elektronik- und Kunststoffsektor liegen“ (EU 2019a) wird,
- für die explizit hervorgehobene Weiterverfolgung der *Plastics Strategy* aus dem Jahr 2018 (s. Abschnitt 5.1.3), aus der einige Maßnahmenvorschläge vorrangig umzusetzen sind wie z. B. die Bekämpfung der Freisetzung von Mikroplastik und die Gestaltung von (Kunststoff-) Verpackungen bis 2030 derart, dass alle Verpackungen „in wirtschaftlich tragfähiger Weise wiederverwendbar oder recycelbar sind“ (ebenda).

Der *Circular Economy Action Plan* wird bereits angekündigt, der das Handlungsfeld „Kreislaufwirtschaft“ weiter vertiefen und konkretisieren soll.

5.1.2 Circular Economy Action Plan

Im *Circular Economy Action Plan* werden bezogen auf Kunststoff weitere gezielte Maßnahmen angekündigt,

> *„um die Nachhaltigkeitsprobleme im Zusammenhang mit diesem allgegenwärtigen Material anzugehen“*
>
> (EU 2020)

Dazu zählen Konkretisierungen der im *Green Deal* bereits geforderten Reduzierung/ Verhinderung des Eintrags von Mikroplastik in die Umwelt mittels verschiedenster Regelungen, seien sie produkt- oder anfallstellenbezogen. Obwohl nicht ausdrücklich erwähnt, ist damit auch das Problem des Verlustes von Kunststoff-Pellets in der Kunststoffkette (bei Kunststofferzeugung, -transport und -verarbeitung) adressiert.

Hinsichtlich der weiteren schrittweisen Umsetzung der Plastics Strategy werden insbesondere

> *„verbindliche Anforderungen an den Rezyklatanteil sowie Maßnahmen zur Abfallreduzierung für wichtige Produkte wie Verpackungen, Baustoffe und Fahrzeuge“*
>
> (ebenda)

angekündigt mit einer Implementierung solcher Rezyklateinsatzanforderungen im Rahmen der anstehenden Novellierungenn der Abfallregelungen für diese drei Sektoren. Dabei sollen die Ergebnisse der Arbeitsgruppen der *Circular Plastics Alliance* berücksichtigt werden, siehe Abschnitt 5.1.4.

Grundsätzlich soll ein gut funktionierender EU-Markt für Sekundärrohstoffe (und damit auch für Kunststoffrezyklate) geschaffen werden, wobei als Maßnahmen u. a. genannt werden:

- Erarbeitung von Kriterien für das Ende der Abfalleigenschaft (besonders relevant für Kunststoffabfälle, da hier die fehlende Abgrenzung von Abfall zu Produkt nicht nur zu rechtlicher Unsicherheit führt, sondern auch ein Hindernis für innovative Lösungen darstellt)
- Stärkung der Rolle der Normung (somit auch für Kunststoffrezyklate)
- Prüfung der Einrichtung einer Marktbeobachtungsstelle für Sekundärrohstoffe (z. B. um die Verfügbarkeit von PET-Rezyklaten zur Erfüllung der in der SUPD vorgeschriebenen Rezyklateinsatzquote zu überwachen (IK 2021))

5.1.3 Plastics Strategy

Die *Plastics Strategy* oder Strategie für Kunststoffe in der Kreislaufwirtschaft (EU 2018a) ist das inhaltsreichste EU-Strategiedokument für die gesamte Kunststoffwirtschaft. Dieses Strategiedokument ist gewissermaßen die Keimzelle, aus der in zeitlich späteren Dokumenten und Gesetzesentwürfen konkrete Maßnahmen zur Verbesserung der Nachhaltigkeit von Kunststoff und Kunststoffprodukten und zur Entwicklung einer Kunststoff-Kreislaufwirtschaft generiert werden. Dabei sind auch das separate und umfangreichere *Staff Working Document* zur *Plastics Strategy* und die drei Anlagen der Plastics Strategy zu beachten. Das *Staff Working Document* (EU 2018b) leitet in einem wissenschaftlich-analytischen Ansatz die Notwendigkeit einer auf diesen einen Materialstrom fokussierten Strategie anhand konkreter Fakten (Stand der Kreislaufführung, Stand der Abfallerfassung, Gewinnung und Einsatz von Rezyklaten, Littering und anderes mehr) her.

In drei Anhängen der *Plastics Strategy* werden wichtige Punkte zusammengefasst, die zum Teil bereits umgesetzt wurden oder gegenwärtig in Bearbeitung sind:

- Verbote von ausgewählten Kunststoff-Einwegartikeln bzw. Regelungen zu ihrem Gebrauch, bereits umgesetzt mit Verabschiedung der *Single Use Plastics Directive* (SUPD) im Jahr 2019, siehe Abschnitt 5.2.5
- Einsatz von 10 Mt Kunststoffrezyklaten im Jahr 2025, Zielerreichung mittels einer gemeinsamen Initiative
- Überarbeitung grundlegender Anforderungen (*essential requirements*) an Verpackungen insbesondere hinsichtlich Recyclingfähigkeit und Rezyklateinsatz im Zuge der Überarbeitung der EU-Verpackungsrichtlinie (Als Ergebnis dessen wurde im November 2022 der Entwurf einer grundlegend neuen EU-Verpackungsverordnung (EU 2022) veröffentlicht.)
- Wissensaufbau mittels Studien z. B. zu Kunststoffen in der Landwirtschaft, zu Biokunststoffen, zur Öko-Modulation von Lizenzentgelten, zu Rezyklateinsatzquoten und anderem mehr, um die Kommission in die Lage zu versetzen, darauf aufbauend Regelungen vorzuschlagen

Die Anhänge der *Plastics Strategy* sind so strukturiert, dass die angestrebten Maßnahmen auf die unterschiedlichen Adressaten zugeschnitten sind:

- Beiträge der EU selbst zur Umsetzung der Strategie (Anhang I)
- Beiträge der nationalen Behörden und der Industrie (Anhang II)
- Selbstverpflichtungen der Wirtschaft (Anhang III)

Mit der *Plastics Strategy* werden somit alle Stakeholder in der Kunststoffwertschöpfungskette einschließlich der Endverbraucher und der Politik selbst einbezogen und mit konkreten Verpflichtungen adressiert. Das bezieht sich auch auf Littering und insbesondere Marine Littering innerhalb und auch außerhalb der EU.

5.1.4 Circular Plastics Alliance

Die *Circular Plastics Alliance (CPA)* ist eine Initiative, die sich wenige Monate nach Verabschiedung der *Plastics Strategy* auf EU-Ebene Ende 2018 gegründet hat. Unter Leitung der EU-Kommission haben sich rund 300 Unternehmen, Verbände, kommunale Institutionen und andere Stakeholder das Ziel gesetzt, im Jahr 2025 zehn Millionen Tonnen PCR-Rezyklate in Kunststoffprodukten einzusetzen (CPA 2022). Diese zehn Millionen Tonnen entsprechen ca. 20 Prozent der in der EU verarbeiteten etwa 50 Mt Kunststoffe. In mehreren Arbeitsgruppen (Verpackung, Landwirtschaft, Auto, EE, Monitoring) wird daran gearbeitet, dieses Ziel über freiwillige und koordinierte Aktionen und Investments zu erreichen wie z. B. separate Sammlung, Sortierung und Recycling von Kunststoffabfällen, Fokus auf Rezyklateinsatz in bestimmten Produkten mit hohem Mengenaufkommen, Monitoring und Reporting dieser Prozesse, freiwillige Normen zum Design for Recycling für bestimmte Produkte. Da eine Reihe großer Industrieunternehmen z. B. aus der Lebensmittel- und Getränkeindustrie freiwillige Verpflichtungen (*pledges*) zum Rezyklateinsatz abgegeben hat, soll die CPA auch genutzt werden, um typische Hemmnisse beim Erreichen dieser Verpflichtungen aufzuzeigen und gemeinsam Lösungen zu finden. Gleichzeitig werden neue *pledges* erwartet.

Ein Teil der mit der CPA-Initiative angestrebten 10 Mt Rezyklateinsatz in der EU für 2025 soll möglichst mit ausgewählten Produkten/Produktgruppen untersetzt werden. Dazu gehören:

- *Bereich Verpackungen:*

  LDPE- und PP- Folien, EPS-Verpackungen, PET-Getränkeflaschen, PET-Schalen, HDPE-Flaschen für Milch und Reinigungsmittel, PP-Lebensmittelverpackungen, PS-Becher/-Schalen/-Molkereiverpackungen

- *Bereich Bau:*

  PVC-Fensterprofile, PVC-Rollläden, PVC-Türen, HDPE- und PVC-Rohre, beschichtete PVC-Bahnen, EPS-Isolierung, PVC-Bodenbeläge

- *Bereich Elektronik und Automotive*:

  Stoßstangen, Armaturenbretter, Karosserieteile aus komplexen technischen Kunststoffen (ABS, PA, PMMA und weitere)

- *Bereich Landwirtschaft:*

  LDPE-Folien, HDPE-Netze, PP-Garne

Die CPA veröffentlicht Zwischenstände ihrer Arbeit, so eine Roadmap zum unausgeschöpften Potenzial (CPA 2021).

5.1.5 Strategiedokumente auf nationaler Ebene

Von der Bundesregierung bislang veröffentlichte Strategien/Programme (PROGRESS III, Abfallvermeidungsprogramm, Rohstoffstrategie) haben der Entwicklung einer Kreislaufwirtschaft kaum Impulse verliehen. Allerdings setzt die Koalitionsvereinbarung der Ampelkoalition ein wichtiges Zeichen mit der geplanten Verabschiedung einer Nationalen Kreislaufwirtschaftsstrategie, um dem notwendigen Transformationsprozess hin zu einer zirkulären Wertschöpfung einen ganzheitlichen regulativen Rahmen zu geben (N. N. 2021). Die Ausarbeitung hat im Jahr 2023 begonnen und soll bis Ende 2024 im Rahmen eines Stakeholder-Prozesses abgeschlossen werden. Das Handlungsfeld Kunststoffe und Verpackungen ist integraler Bestandteil der nationalen Kreislaufwirtschaftsstrategie (BMUV 2023).

Als Bausteine bzw. Vorarbeiten zur nationalen Kreislaufwirtschaftsstrategie – auch wenn nicht als solche unmittelbar intendiert – eignen sich die Ergebnisse von drei umfangreichen nationalen Stakeholder-Prozessen, die in den Jahren 2022/2023 abgeschlossen wurden:

- VDI-Stakeholderprozess „Circular Economy für Kunststoffe neu denken" mit 30 Experten aus Wirtschaft, Wissenschaft und NGOs im Zeitraum von 2019 bis 2022; das gleichnamige VDI-White Paper (VDI 2022) als Ergebnis
- Stakeholder-Prozess „Rezyklateinsatz stärken (RESAG)" als Initiative der Umweltministerkonferenz (UMK), in Verantwortung der Bundesländer Brandenburg und Baden-Württemberg mit 121 Experten aus Wirtschaft, Wissenschaft und Verwaltung im Zeitraum 2021–2022; den Bericht „UMK-Sonderarbeitsgruppe Rezyklateinsatz stärken (RESAG)" als Ergebnis
- Chemistry-for-Climate-(c4c)-Stakeholder-Prozess, gefördert vom Bundesministerium für Wirtschaft und Klimaschutz aus Mitteln des Klima- und Transformationsfonds (VCI 2023)

Allen genannten Prozessen und ihren Ergebnissen in den Abschlussdokumenten ist gemein, dass sie als Handlungsempfehlungen für die Politik zu verstehen sind.

5.2 Geltende Gesetze und Verordnungen

Das gesetzliche Regelwerk für wesentliche Kunststoffanwendungsbereiche im Kontext Abfall, Abfallvermeidung und Kreislaufführung ist ohne Anspruch auf Vollständigkeit in Bild 5.2 dargestellt.

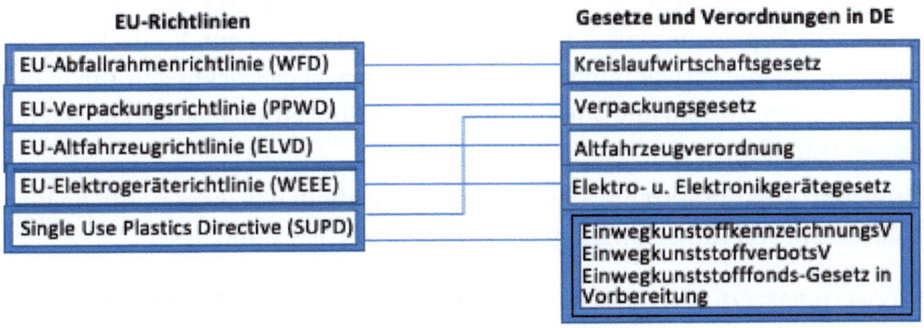

Bild 5.2 EU- und nationale Regulierungen im Bereich (Kunststoff-) Kreislaufwirtschaft (eigene Darstellung)

Die entsprechenden EU- und nationalen Regelungen werden im Folgenden kurz umrissen.

5.2.1 EU-Abfallrahmenrichtlinie und Kreislaufwirtschaftsgesetz

In beiden Dokumenten ist die Abfallhierarchie verankert. Sie ist von grundlegender Bedeutung in der gesamten Abfallwirtschaft und hat sich zu einem allgemein anerkannten Paradigma entwickelt, siehe Bild 5.3.

Bild 5.3
Abfallhierarchie gemäß Kreislaufwirtschaftsgesetz

Die Abfallhierarchie räumt der Abfallvermeidung höchste Priorität ein. Sie sollte insbesondere erreicht werden durch

> *„anlagenintensive Kreislaufführung von Stoffen, eine abfallarme Produktgestaltung, die Wiederverwendung von Erzeugnissen, die Verlängerung ihrer Lebensdauer sowie ein Konsumverhalten, das auf den Erwerb von abfall- und schadstoffarmen Produkten ... gerichtet ist"*
>
> (KrWG 2021, § 3 (20)2)

Es steht außer Frage, dass die Potenziale der ersten beiden Stufen der Abfallhierarchie, der Abfallvermeidung und Vorbereitung zur Wiederverwendung, in den verschiedenen Kunststoffanwendungsbereichen bei Weitem nicht ausgeschöpft sind. So werden z. B. im Entwurf der EU-Verpackungsverordnung anspruchsvolle Ziele zur Verpackungsreduzierung und zu Wiederverwendungsquoten von Mehrwegverpackungen (über die obligatorische EU-weite Einführung von Pfandsystemen für Getränkeverpackungen hinaus) formuliert (EU 2022).

Die dritte Stufe der Abfallhierarchie, das „Recycling", schließt das werkstoffliche und chemische Recycling von Kunststoffen gleichermaßen ein. Recycling ist

> *„jedes Verwertungsverfahren, durch das Abfälle zu Erzeugnissen, Materialien oder Stoffen entweder für den ursprünglichen Zweck oder für andere Zwecke aufbereitet werden; es schließt die Aufbereitung organischer Materialien ein, nicht aber die energetische Verwertung und die Aufbereitung zu Materialien, die für die Verwendung als Brennstoff oder zur Verfüllung bestimmt sind"*
>
> (KrWG § 3(25))

Im Verpackungsgesetz können jedoch Mengen aus dem chemischen Recycling bislang nicht unter „Recycling“ verbucht werden, weder auf die 63-%-Quote der werkstofflichen Verwertung von haushaltsnahen Kunststoffverpackungen noch auf eine sonstige – nicht existierende – Quote für „Recycling gesamt“.

Gemäß Koalitionsvereinbarung der Ampelkoalition soll das chemische Recycling nunmehr im Verpackungsgesetz, wie bereits in den 90er-Jahren in der Verpackungsverordnung, berücksichtigt werden. In diesem Zusammenhang wird zu beachten sein, dass keine Mengenkonkurrenz zu dem i. d. R. ökonomisch und ökologisch günstigeren werkstofflichen Recycling kreiert wird, das chemische Recycling als Ergänzung zum werkstofflichen Recycling und zur schrittweisen Ablösung der energetischen Verwertung eingesetzt wird. Der Beitrag des chemischen Recyclings beim Aufbau einer Kunststoff-Kreislaufwirtschaft wird künftig daran zu messen sein, in welchem Umfang bisherige Input-Mengen der energetischen Verwertung über das chemische Recycling einer stofflichen Verwertung zugeführt werden.

5.2.2 EU-Verpackungsrichtline/EU-Verpackungsverordnung und deutsches Verpackungsgesetz

Am 30.11.2022 wurde der Entwurf einer **EU-Verpackungsverordnung** veröffentlicht. Sie soll die bis zu ihrer Verabschiedung geltende **EU-Verpackungsrichtlinie** ersetzen. Da EU-Richtlinien relativ viel Spielraum bei der nationalen Umsetzung zulassen, im Unterschied zu EU-Verordnungen, die 1:1 umzusetzen sind, stellt die geplante Umstellung auf eine EU-Verpackungsverordnung eine Zäsur in der nahezu dreißigjährigen Verpackungsgesetzgebung der EU dar, die auf eine Stärkung des Binnenmarktes und auf deutlich anspruchsvollere ökologische Ziele gerichtet ist. Diese betreffen z. B. Rezyklateinsatzquoten, die Spreizung von Lizenzentgelten, einheitliche Vorgaben zum Design for Recycling und anderes mehr.

In der bisherigen EU-Richtlinie und künftigen EU-Verordnung wird eine Recyclingquote für alle Kunststoffverpackungen (Haushalts-, Getränke- und gewerbliche Verpackungen gemeinsam) von 50 % für 2025 und 55 % für 2030 als Ziel vorgegeben. Dabei wurde die Berechnungsmethode für alle Quotenermittlungen in der EU, nicht nur für Verpackungen, ab 2020 deutlich strenger gefasst, indem der Messpunkt für den Zähler der Quote, berechnet als Recyclingmenge dividiert durch Verbrauchsmenge, neu festgelegt wurde. Der bisherige Messpunkt bezog sich auf die Zuführungsmengen in die erste Recyclinganlage oder den ersten Prozessschritt des Recyclings wie Störstoffabtrennung oder Reinigung. Ab 2020 sind die Mengen an Messpunkten zu bestimmen, an denen der Input in das letzte Recyclingverfahren gelangt, bei Kunststoffen i. d. R. die Extrusion. Die Veränderung der Messpunktfestlegung führt dazu, dass die Quote bei gleichen Bedingungen nach neuer Methode deutlich sinkt. Die Recyclingquote für Kunststoffverpackungen in Deutschland 2019 betrug nach alter Methode 55,5 %, nach neuer Methode

43,7 % (UBA 2021b). Der Stand der Quotenerfüllung nach alter Berechnungsmethode in den EU-Ländern ist mit Bezugsjahr 2020 kann (N. N. 2022) entnommen werden. Der EU-Schnitt nach neuer Methode wird auf 32 % geschätzt, also 14 % unter der alten Methode. An der Reihenfolge der Länder bei neuer Berechnungsmethode dürfte sich jedoch kaum etwas ändern. Als Hinweis zum europäischen Ranking der Länder sei angemerkt, dass die Herangehensweisen zur Ermittlung der nationalen Verbrauchsmengen an Kunststoffverpackungen, also des Nenners in der Berechnungsformel, in den Ländern zum Teil sehr unterschiedlich und mitunter „kreativ" sind, was die Vergleichbarkeit einschränkt.

Das deutsche **Verpackungsgesetz** (VerpackG 2017) wurde 2017 verabschiedet und trat 2019 in Kraft. Es löste die deutsche Verpackungsverordnung von 1991 ab, die gewissermaßen die Vorlage für die EU-Verpackungsrichtlinie von 1994 lieferte. Das Verpackungsgesetz enthält gegenüber der VerpackV zum Teil grundlegend neue Regelungen und höhere Ziele, von denen die Folgenden aus Sicht von Kunststoffverpackungen besonders relevant sind:

- die Errichtung einer mit hoheitlichen Aufgaben beliehenen „Zentralen Stelle Verpackungsregister" (ZSVR) als Registrierinstitution für Inverkehrbringer (Abfüller/Abpacker) und Kontrollinstitution für die dualen Systeme,
- die erstmalige gesetzliche Vorgabe, Anreize für recyclinggerechtes Verpackungsdesign und den Rezyklateinsatz zu setzen und darüber zu berichten (§ 21 des Verpackungsgesetzes),
- die Erhöhung der Quote für die werkstoffliche Verwertung von Kunststoffhaushaltsverpackungen (gelber Sack/Tonne) von ehedem 36 % in der Verpackungsverordnung auf 63 % im Jahr 2022, was einer Verdoppelung der zu recycelnden Menge bezogen auf den Stand von 2018 entspricht. Dabei ist zu beachten, dass diese Quote, die an duale Systeme als Adressaten gerichtet ist, in keiner Weise vergleichbar mit der Recyclingquote aus der EU-Richtlinie ist (unterschiedliche Stoffströme und Bezugsbasen).

Signifikante Wirkung hat das Verpackungsgesetz nach der Verabschiedung 2017 im Bereich „Recyclinggerechtes Design" von Kunststoffverpackungen gezeigt. Der von der ZSVR gemeinsam mit dem Umweltbundesamt seit 2019 herausgegebene und jährlich aktualisierte *Mindeststandard zur Bemessung der Recyclingfähigkeit systembeteiligungspflichtiger Verpackungen,* der von einer Expertengruppe aus allen betroffenen Branchen entworfen wird, nimmt eine zentrale Rolle bei der Verbesserung des Verpackungsdesigns ein (ZSVR 2022). Er ist damit Grundlage der Anforderungen entlang der Kette von Designern bzw. Verpackungsherstellern über Abfüller/Abpacker bis zum Handel.

Nicht zuletzt das mit der Erfüllung des Mindeststandards verbundene positive Image hat zu deutlichen Verbesserungen der Recyclingfähigkeit von Kunststoffverpackungen geführt, obwohl die im Gesetz (§ 21) angelegte finanzielle Differenzierung zwischen gut und schlecht zu recycelnden Verpackungen aufgrund der Wettbewerbssituation der elf dualen Systeme (noch) nicht greift. Der Anteil recyclingfähiger und mehrwegfähiger Kunststoffverpackungen für den Haushaltsbereich („gelber Sack“ plus bepfandete PET-Flaschen) ist auf der Bewertungsbasis des Mindeststandards von 2017 bis 2020 von 66 % auf 81 % gestiegen (GVM 2021).

Es wird zu beobachten sein, inwieweit im Rahmen einer künftigen EU-Verpackungsverordnung die Mitgliedsstaaten „Freiheitsgrade“ besitzen, die EU-Ziele länderspezifisch umzusetzen. Davon hängt auch ab, ob die im Koalitionsvertrag (N. N. 2021) avisierte Fondslösung zur finanziellen Stimulierung der Recyclingfähigkeit und des Rezyklateinsatzes EU-konform umgesetzt werden kann.

5.2.3 EU-Altfahrzeugrichtline und Altfahrzeugverordnung

Die EU-Altfahrzeugrichtlinie (EU 2000) wird nahezu 1:1 in nationales Recht umgesetzt. Hinsichtlich der Verwertung von Altautos und insbesondere Kunststoffbauteilen ist in der Altfahrzeugverordnung (AltfahrzeugV 2002) festgelegt:

- Mindestens 95 Gewichtsprozent des Leergewichts eines Autos sind wiederzuverwenden (im Sinne von Bauteilen für den gleichen Zweck) oder zu verwerten (stofflich oder energetisch).
- Mindestens 85 Gewichtsprozent des Leergewichts sind wiederzuverwenden oder stofflich zu verwerten.
- Betreiber von Demontagebetrieben müssen vor der Überlassung der Restkarosse an eine Shredder-Anlage oder eine sonstige Anlage zur weiteren Behandlung große Kunststoffbauteile entfernen und vorrangig der Wiederverwendung oder der stofflichen Verwertung zuführen wie „z. B. Stoßfänger, Radkappen und Kühlergrille, wenn die entsprechenden Materialien beim oder nach dem Schreddern nicht in einer Weise getrennt werden, die eine stoffliche Verwertung ermöglicht“ (ebenda, Anhang, 3.2.3.3).

Die Regelungen geben praktisch keinen Anreiz, Kunststoffbauteile in nennenswertem Umfang zu separieren und dann zu recyceln, da die stoffliche Verwertungsquote von 85 % allein über Metallfraktionen, Glas und Flüssigkeiten aus der Trockenlegung der Fahrzeuge erfüllt werden kann. Die im Text der Verordnung angelegte Entfernung großer Kunststoffbauteile wird allerdings wieder relativiert, sodass bislang keine nennenswerten Mengen aus der Demontage großer Bauteile der stofflichen Verwertung zugeführt werden.

Zweifellos gehen hier interessante Mengen an recyclingfähigem Kunststoff für das Recycling verloren, auch wenn die Separierung von bestimmten Bauteilen, z. B. Stoßfänger mit integrierten Scheinwerfern, nicht sofort ein Ausgangsmaterial für den Recycler generiert.

Mit der im *Circular Economy Action Plan* angekündigten Novelle der EU-Altfahrzeugrichtlinie soll auch die Vorgabe von Mindestrezyklatgehalten für bestimmte Fahrzeugbauteile geprüft werden. Hinsichtlich des recyclinggerechten Designs von Fahrzeugbauteilen aus Kunststoff sieht das in der *Circular Plastics Alliance* entwickelte Normenprogramm vor, zur Verwertung von geschredderten Kunststoffen aus Autobauteilen entsprechende Ergebnisse in drei Jahren vorzulegen (EU 2021). Damit liegt der Fokus klar auf der Abtrennung von für das Recycling geeigneten Teilströmen aus der Shredder-Leichtfraktion.

5.2.4 EU-Elektrogeräterichtlinie und Elektro- und Elektronikgerätegesetz

Ähnlich der Altfahrzeugverordnung übernimmt das Elektro- und Elektronikgerätegesetz (ElektroG 2022) die Anforderungen an die Verwertung 1:1 aus der entsprechenden EU-Richtlinie (EU 2012). National ist sehr dezidiert die Organisation der Sammlung und Rücknahme, die Rolle der öffentlich-rechtlichen Entsorgungsbetriebe sowie die Übergabe an Erstbehandlungsstellen, die Finanzierung durch die Hersteller, die Berichterstattung und vieles andere mehr geregelt. Dazu wurde im Gesetz die Gründung einer Gemeinsamen Stelle vorgesehen, die als Stiftung EAR (Elektro-Altgeräte-Register) für die Hersteller die Produktverantwortung gegenüber dem Umweltbundesamt als zuständiger Behörde wahrnimmt.

Hersteller, Importeure sowie beim Direktvertrieb auch ausländische Anbieter müssen sich zunächst bei der Stiftung EAR für alle Marken und Gerätearten registrieren, bevor sie entsprechende Elektro- oder Elektronikgeräte in Deutschland erstmalig zum Kauf anbieten oder in Verkehr bringen dürfen.

Die EU-Elektrogeräterichtlinie als auch das Elektro- und Elektronikgerätegesetz geben drei Ziele vor:

- **Sammelquote:** Die Menge an gesammelten Elektroaltgeräten muss mindestens 65 % des gemittelten Gesamtgewichts der in den drei Vorjahren in Verkehr gebrachten Elektro- und Elektronikgeräte entsprechen.
- **Verwertungsquoten:** Von der jährlich gesammelten Altgeräte-Masse sind je nach Gerätekategorie 75 bis 85 % zu verwerten. Die Verwertung umfasst dabei die Vorbereitung zur Wiederverwendung, das Recycling und die sonstige (insbesondere energetische) Verwertung.
- **Quoten für Recycling und Vorbereitung zur Wiederverwendung:** Von der jährlich gesammelten Altgeräte-Masse sind je nach Gerätekategorie 55 bis 80 % zur Wiederverwendung vorzubereiten oder zu recyceln (UBA 2021a).

Auch im ElektroG werden die Recyclingquoten überwiegend durch Eisen- und Nichteisenmetalle wie z. B. Kupfer, aber auch Edel- und Sondermetalle erreicht. Ungeachtet dessen werden durch einige Aufbereiter die nichthalogenierten Kunststoffe über eine Nasstrennung gewonnen und der werkstofflichen Verwertung zugeführt. Die halogenierten Kunststoffe wären prädestiniert für das chemische Recycling (Pyrolyse).

In einem Forschungsbericht des UBA, in den die Praxiserfahrungen von Unternehmen der Erstbehandlung und Verwertung von Elektroaltgeräten eingeflossen sind, wurden konkrete Empfehlungen für die Erstbehandlung der Geräte entsprechend ihren unterschiedlichen Gruppen erstellt. Dabei werden auch Vorschläge für realistische Recyclingquoten von Kunststoff (insgesamt sowie für ABS, PP und PS) abgeleitet, die bei den meisten Gruppen bei 10 Gewichtsprozent des Gerätes, bei Flachbildschirmen (PMMA, PC) bei 5 % liegen (UBA 2020).

5.2.5 EU-Einweg-Plastik-Richtlinie (Single Use Plastics Directive – SUPD)

Die *Single Use Plastics Directive* (SUPD) oder Einwegkunststoffrichtlinie (EU 2019b) ist als eine politische Reaktion auf das Marine-Litter-Problem einzuordnen. Die erlassenen Verbote und Verbrauchsminderungsziele beziehen sich auf Produkte bzw. Verpackungen, die besonders häufig an Stränden europäischer Meere gefunden worden sind. Die Richtlinie beinhaltet Regelungen abgestufter Sanktionierungsschärfe für Kunststoffprodukte und Produkte aus Papier und anderen Materialien mit Kunststoffanteilen wie z. B. Kunststoffbeschichtungen oder Kunststoffverschlüssen, die deutlich über den Verpackungsbereich hinausgehen. Erlassen wurden:

- Produktverbote für 10 Produkte wie etwa Bestecke, Teller, Trinkhalme, Wattestäbchen, Rührstäbchen, Luftballonstäbe, Lebensmittelverpackungen aus EPS, sämtliche Artikel aus oxo-abbaubarem Kunststoff
- Verbrauchsminderungsziele für Getränkebecher und Verpackungen für Fertiggerichte zum Sofortverzehr
- Kennzeichnungspflichten für Hygieneartikel, Feuchttücher, Tabakprodukte mit Filtern, Getränkebecher
- Vorgaben zu Kunststoffverschlüssen von Getränkeflaschen, die ab 2024 so designt sein müssen, dass sie beim Öffnen an der Flasche verbleiben

Die erweiterte Herstellerverantwortung mit dem Ziel der Reduzierung/Vermeidung des Eintrags in die Umwelt wird mit entsprechenden Regelungen auf solche Produkte wie Filterzigaretten, Luftballons oder Fischernetze (Vermeidung von Geisternetzen) angewandt. Die Mitgliedsstaaten haben überdies Sensibilisierungsmaßnahmen zu ergreifen, um Anreize für verantwortungsvolles Verbraucherverhalten (Vermeidung von Littering) oder für die Nutzung von Mehrwegalternativen zu setzen.

Von weit über den Rahmen der *SUP-Directive* hinausgehender Bedeutung ist die erstmalige Festlegung einer produktspezifischen Rezyklateinsatzquote für ein definiertes

Kunststoffprodukt, die Kunststoff-Getränkeflasche. So ist der Rezyklatgehalt von PET-Getränkeflaschen in der EU ab 2025 auf mindestens 25 % festgelegt, für 2030 gilt eine Rezyklateinsatzquote für alle Kunststoffgetränkeflaschen (PET, HDPE...) von 30 %. Diese Regelung wird in der Diskussion über die Einführung weiterer produktspezifischer Rezyklateinsatzquoten, siehe Abschnitt 5.1.2 und Abschnitt 5.1.3, oft als positives Beispiel angeführt, wenngleich noch keine Erfahrungen der Umsetzung, z. B. hinsichtlich der Verfügbarkeit ausreichender Rezyklatmengen, vorliegen (IK 2021).

Die Umsetzung dieser EU-Richtlinie in deutsches Recht erfolgte für Verpackungen betreffende Regelungen über das Verpackungsgesetz, für Produktverbote und Produktkennzeichnungs-verpflichtungen über gesonderte Verordnungen. Für die in der SUPD geforderte Kostenbeteiligung der Hersteller von „Einwegkunststoffprodukten“ an der Abfallsammlung ist eigens ein „Einwegkunststofffondsgesetz“ verabschiedet worden, siehe Bild 5.2.

5.3 Lenkungsinstrumente zur Gestaltung regulativer Rahmenbedingungen

5.3.1 Überblick über Lenkungsinstrumente

Instrumente zur Förderung des Kunststoffrecyclings wurden bereits in den 90er-Jahren kategorisiert und auf ihre Wirksamkeit – in den Anfangsjahren des Kunststoffrecyclings – hin untersucht (BRUDER 1995). Viele der seinerzeit identifizierten Instrumente spielen auch gegenwärtig eine Rolle bei der Suche nach effektiven, zielgenauen Rahmensetzungen zur Entwicklung einer Kunststoffkreislaufwirtschaft wie Lizenzmodelle, Fondslösungen, Steuern, Abgaben als finanzielle/marktwirtschaftliche Anreize. Bereits 1991 wurden mit der Verpackungsverordnung Recyclingquoten für (Kunststoff-) Verpackungen eingeführt; die erste Anwendung von mengenbezogenen Lenkungsinstrumenten im Kontext einer stofflichen Nutzung von Kunststoffabfällen.

In Abschnitt 5.2 wurden für die Kunststoffwirtschaft relevante gesetzliche Regelungen kurz umrissen, die vom Verordnungsgeber vorgegebene oder – im Fall des Entwurfs der EU-Verpackungsverordnung – geplante Lenkungsinstrumente enthalten. In den in Abschnitt 5.1.5 aufgeführten Strategiedokumenten als Ergebnis von Stakeholder-Prozessen (RESAG 2022, VDI 2022) werden weitere, bislang noch nicht angewandte Instrumente erörtert und vorgeschlagen. Diese und weitere Lenkungsinstrumente können wie in Tabelle 5.1 zusammengefasst werden.

Tabelle 5.1 Strukturierung von Lenkungsinstrumenten für eine Kunststoffkreislaufwirtschaft

Arten von Lenkungsinstrumenten (vgl. Kirschstein 2022)	Beispiele für Lenkungsinstrumente	Beispiele für Lenkungsinstrumente, die angewandt werden in ... vorgeschlagen werden von ...
mengenbezogen	Recyclingquote produktspezif. Rezyklateinsatzquote polymerspezif. Substitutionsquote	EU-Verp.-Rili, Entw. EU-Verp.-V, EU-Altfahrzeug-Rili, EU-EAG-Rili, VerpackG SUPD, Entwurf EU-Verpackungsverordnung (UBA 2022b) (AGVU/IK 2020, Schmidt 2020, VDI 2022, UBA 2022b)
preisbezogen/finanziell	Lizenzmodelle Fondslösung (z. B. zur Verbesserung Recyc-lingfähigkeit) Modulation Lizenzentgelte CO_2-Bepreisung Kunststoffherstellung CO_2-Bepreisung thermische Verwertung	Verpackungsgesetz Koalitionsvertrag (N. N. 2021, UBA 2022a, VDI 2022) Entwurf EU-VerpackungsVO, (UBA 2022a) (VDI 2022) (BEHG 2022, VDI 2022, Kirschstein 2022)
informativ	Recycling-Label Informationskampagne Kennzeichnung	Koalitionsvertrag (N. N. 2021) Initiative Mülltrennung wirkt (Müwi 2022) Entwurf EU-Verpackungsverordnung
ordnungsrechtlich	Produktverbote Vorgaben für öffentl. Beschaffung Normen, Standards Wiederverwendungsquoten	SUPD, Entwurf EU-VerpackungsVO (RESAG 2022, UBA 2022b) EU-Bauprodukte-Verordnung Entwurf EU-Verpackungsverordnung
systembezogen	Pfandsystem Rücknahmesysteme (gesetzlich) Rücknahmesysteme (freiwillig)	Verpackungsgesetz, Entw. EU-Verp.-VO Elektroaltgerätegesetz (ERDE 2022, Rewindo 2022)

Tabelle 5.1 zeigt auf, dass bisher überwiegend die Recyclingquote in Gesetzen/Verordnungen angewandt wird. Diese Quote gibt an, wie viel Abfall einem Recyclingprozess zugeführt wird, sie sagt jedoch nichts aus über die erfolgte Substitution von fossilbasierter Kunststoffneuware oder die Qualität der erzeugten Rezyklate. Insofern stellt die Vorgabe von produktspezifischen Rezyklateinsatzquoten mit den Adressaten der Verarbeiter/OEM eine Weiterentwicklung der regulativen Rahmenbedingungen dar.

Finanzielle Lenkungsinstrumente werden z. B. in Frankreich oder UK im Verpackungsbereich bereits angewandt, in Deutschland oder auf EU-Ebenen befinden sie sich mit der geplanten Fondslösung zur Verbesserung der Recyclingfähigkeit in Umsetzung des § 21 des Verpackungsgesetzes und der avisierten Spreizung der Lizenzentgelte im Entwurf der EU-Verpackungsverordnung in Vorbereitung.

Von den insbesondere aus Stakeholder-Prozessen heraus vorgeschlagenen, bislang nicht in Gesetzen/Verordnungen verankerten Instrumenten wird den beiden in Abschnitt 5.3.2 näher erläuterten Instrumenten eine besonders starke Hebelwirkung zugeordnet:

- polymerspezifische Substitutionsquote
- Vorgaben zur Beschaffung von Produkten mit (hohem) Rezyklatgehalt durch die öffentliche Hand

5.3.2 Ausgewählte, bislang nicht angewandte Lenkungsinstrumente

Das Lenkungsinstrument einer **polymerspezifischen Substitutionsquote** wurde 2020 in die Diskussion eingebracht (AGVU/IK 2020) und seitdem vor allem in den Stakeholder-Prozessen RESAG und VDI- Round-Table vertieft. Das Konzept dieser Quote setzt nicht bei einem einzelnen Kunststoffprodukt oder einer Produktgruppe an, sondern beim Material, dem Polymer, und damit bei den Adressaten Primärkunststoffhersteller und Recycler:

> *„Um ausreichende und qualitativ angemessene Mengen an Kunststoffen mit Rezyklatanteil auf dem Markt verfügbar zu haben, wären alle Kunststofferzeuger gleichermaßen verpflichtet, eine bestimmte Quote an Rezyklaten bzw. Rezyklatanteilen ihrer Kunststoffe anzubieten.“*
>
> (VDI 2022, S.44)

Alle Hersteller und Importeure von Polymeren wären bei einer solchen EU-Quote somit hoch motiviert, in das mechanische und chemische Recycling zu investieren, Rezyklate „ihrer“ Polymere (PE, PP, PET…) zu erzeugen bzw. entsprechende Mengenzertifikate von Recyclern anzukaufen.

> *„Recycler (würden) mit der Erfüllung der Quote keine Probleme haben, da sie in den meisten Fällen ohnehin ausschließlich Rezyklat auf den Markt bringen und damit die Quote übererfüllen. Dennoch wären sie als Inverkehrbringer von Kunststoffen Teil der Quote und könnten den Mehranteil an Rezyklaten, den sie auf den Markt bringen, als Teil eines Ausgleichsystems an Primärkunststoffhersteller oder Importeure verkaufen. Dies könnte einerseits auf direktem Weg innerhalb eines Unternehmens geschehen, sofern das Unternehmen sowohl Primär- als auch Sekundärkunststoffe erzeugt bzw. in Verkehr bringt.“*
>
> (UBA 2022b, S.112)

Das kann mittels Direktübertragung per Vertrag zwischen zwei Unternehmen oder über einen offenen Zertifikathandel geschehen (ebenda).

Die sich zunächst am EU-Ist-Stand des Rezyklateinsatzes für das jeweilige Polymer orientierende Quote sollte langfristig mit realistischen Steigerungssätzen erhöht werden und könnte dadurch allen Beteiligten Planungs- und Investitionssicherheit geben. Die stets als Kardinalproblem der unzureichenden Rezyklatgenerierung in Menge und Qualität geltende Preisspreizung von Neuware und Rezyklat könnte durch die dann zwangsläufig erforderliche „Mischkalkulation“ deutlich reduziert werden. Die Wirkungsweise der Quote mit ihren Pull- und Push-Effekten auch auf vor- und nachgelagerte Stufen der Kunststofferzeuger und im Kreislauf insgesamt, mit ihren Chancen, aber auch Herausforderungen wird im VDI-White-Paper anhand von technischen, ökologischen, wirtschaftlichen und regulativen Kriterien herausgearbeitet. Fragen der rechtlichen Ausgestaltung und praktischen Umsetzbarkeit werden – auch in Varianten (z. B. Berücksichtigung nur der Massenpolymere) – in der UBA-Studie zur Steigerung des Rezyklateinsatzes (UBA 2022b) untersucht.

Die Anforderungen an Rezyklateinsatzquoten generell, ganz gleich ob produkt- oder polymerspezifisch, werden detailliert im RESAG-Bericht (RESAG 2022) beschrieben. Dazu gehören u. a. Technologieoffenheit, Grenzausgleichsmechanismen zum EU-Ausland zur Sicherung der Wettbewerbsfähigkeit der Akteure in der EU oder Vollziehbarkeit der Regelungen zur Sicherung eines Level-Playing-Fields innerhalb der EU. Auch bei der Vollziehbarkeit hat die polymerspezifische Quote durch die Adressierung von relativ wenigen Akteuren mit großen Marktanteilen und großer Hebelwirkung deutliche Vorteile gegenüber produktspezifischen Quoten.

Die Berechnung der polymerspezifischen Substitutionsquote kann perspektivisch über Rezyklate hinaus auf alle drei Substitute der fossilen Rohstoffbasis (Rezyklate, Biomasse, CO_2) bezogen werden. Sie würde damit nicht nur ein Monitoring- und Lenkungsinstrument hin zu einer Kunststoff-Kreislaufwirtschaft sein, sondern das

> *„Quotenmodell einer schrittweise ansteigenden polymerspezifischen Substitution könnte im Hinblick auf das bis 2050 zu erreichende Ziel einer vollkommenen Defossilisierung der chemischen und kunststofferzeugenden Industrie ein wichtiger klimapolitischer Beitrag sein.“*
>
> (VDI 2022, S. 45)

Vorgaben zur Beschaffung **von Produkten mit (hohem) Rezyklatgehalt durch die öffentliche Hand** werden in Deutschland seit vielen Jahren von der Wirtschaft gefordert. Im RESAG-Abschlussbericht (RESAG 2022) wird diese Forderung mit konkreten Vorschlägen untersetzt. Die öffentliche Hand (Bund, Länder, Kommunen) besitzt in Deutschland eine Marktmacht von 500 Milliarden Euro, die über 30 000 Beschaffungsstellen realisiert wird. Diese Marktmacht sollte genutzt werden, um im öffentlichen Sektor benötigte Produkte vorrangig mit Rezyklatgehalt nachzufragen (ebenda). Da das bisher aus verschiedenen Gründen (Sparzwänge, unzureichende Informationen für und Vorgaben an die Verantwortlichen für die Beschaffung und anderes mehr) nicht ausreichend funktioniert, sollte

- § 45 Kreislaufwirtschaftsgesetz diesbezüglich weiterentwickelt werden,
- eine Umkehr der Beweislast stattfinden (im Sinne der Begründung der Beschaffungsstellen, warum keine Produkte mit Rezyklatgehalt beschafft wurden),
- es Schulungsangebote für die Beschaffungsstellen zur umweltfreundlichen Beschaffung mit Fokus auf dem Rezyklateinsatz geben,
- die öffentliche Beschaffung durch weitere Maßnahmen wie z. B. durch Label, die den Rezyklateinsatz beinhalten, unterstützt werden (RESAG 2022, S.73 ff.).

Voraussetzungen zur Weiterbildung für Beschaffungsstellen bietet der UBA-Text „Beschaffung von Kunststoffprodukten aus Post-Consumer-Rezyklaten – Handreichung für den öffentlichen Einkauf“ (UBA 2021c). Die (vergabe-) rechtliche Ausgestaltung solcher Vorgaben für die öffentliche Beschaffung wird im UBA-Bericht zur Steigerung des Rezyklateinsatzes (UBA 2022b) untersucht.

Mit dem 2023 erstmals zum Deutschen Nachhaltigkeitstag zu verleihenden Preis CIRCULUS sollen Kommunen und Landkreise ausgezeichnet werden,

> *„die sich bei ihrer Beschaffung besonders intensiv oder innovativ um Ware aus Rezyklat bemüht haben.“*
>
> (GeTon 2022)

Literatur

(AGVU/IK 2020) Gesetzliche Mindestquoten für Rezyklate in Kunststoffverpackungen? Diskussionspapier zur aktuellen Debatte; *https://www.agvu.de/de/der-markt-fuer-rezyklate-braucht-mehr-schwung-2117/final-diskussionspapier_agvu_ik_-mindesteinsatzquoten-fuer-kunststoff-rezyklate/* Letzter Abruf 06.12.2022

(AltfahrzeugV 2002) *https://www.gesetze-im-internet.de/altautov/BJNR166610997.html* Letzter Abruf 06.12.2022

(BEHG 2022) Entwurf eines Zweiten Gesetzes zur Änderung des Brennstoffemissionshandelsgesetzes.

Deutscher Bundestag, Drucksache 20/3438. 19.09. 2022; *https://www.bundestag.de/dokumente/text archiv/2022/kw42-de-brennstoffemissionshandel-916766*

(BMUV 2023) Die Nationale Kreislaufwirtschaftsstrategie. *https://www.bmuv.de/download/die-nationale-kreislaufwirtschaftsstrategie-nkws*

(Bruder 1995) Bruder, Jürgen: Ökonomische Instrumente zur Förderung des Kunststoffrecyclings. In: J. Brandrup, M. Bittner, W. Michaeli, G. Menges: Die Wiederverwertung von Kunststoffen. Hanser Verlag 1995

(CPA 2022) Circular Plastics Alliance; *https://ec.europa.eu/growth/industry/strategy/industrial-alliances/circular-plastics-alliance_de*

(ElektroG 2022) *https://www.elektrogesetz.de/gesetzestexte/elektrog/*

(ERDE 2022) *Erntekunststoffe Recycling Deutschland.www.erde-recycling.de*

(EU 2000) *https://eur-lex.europa.eu/legal-content/DE/TXT/HTML/?uri=CELEX:32000L0053&from=DE*

(EU 2011) EU-Bauproduktenverordnung. *https://eur-lex.europa.eu/legal-content/DE/TXT/HTML/?uri=CELEX:32011R0305&from=DE*

(EU 2012) EU-Elektrogeräterichtlinie. *https://eur-lex.europa.eu/legal-content/DE/TXT/HTML/?uri=CELEX:32012L0019&from=EN*

(EU 2013) GREEN PAPER On a European Strategy on Plastic Waste in the Environment. *https://eur-lex.europa.eu/legal-content/DE/TXT/HTML/?uri=CELEX:52013DC0123&from=EN*

(EU 2018a) Eine europäische Strategie für Kunststoffe in der Kreislaufwirtschaft. *https://eur-lex.europa.eu/legal-content/DE/TXT/HTML/?uri=CELEX:52018DC0028&from=EN*

(EU 2018b) Commission staff working document. *https://eur-lex.europa.eu/legal-content/EN/TXT/HTML/?uri=CELEX:52018SC0016&from=EN*

(EU 2019a) Green Deal. *https://eur-lex.europa.eu/legal-content/DE/TXT/HTML/?uri=CELEX:52019DC0640&from=DE*

(EU 2019b) Single Use Plastics Directive. *https://eur-lex.europa.eu/legal-content/DE/TXT/HTML/?uri=CELEX:32019L0904&from=EN*

(EU 2020) Circular Economy Action Plan. *https://eur-lex.europa.eu/legal-content/DE/TXT/HTML/?uri=CELEX:52020DC0098&from=EN*

(EU 2021) Draft standardisation request to the European Committee for Standardisation and the European Committee for Electrotechnical Standardisation as regards plastics recycling and recycled plastics in support of the implementation of the European Strategy for Plastics in a Circular Economy. Annex I. Version of 1 December 2021.

(EU 2022) Proposal for a revision of EU legislation on Packaging and Packaging Waste; *https://environment.ec.europa.eu/publications/proposal-packaging-and-packaging-waste*

(Geton 2022) CIRCULUS – Kommunen gewinnen mit recyceltem Kunststoff. *https://get-on.org* Letzter Abruf 05.12.2022

(GVM 2021) Gesellschaft für Verpackungsmarktforschung: „90 % recycling- oder mehrwegfähige Verpackungen bis 2025 – Monitoring des IK-Ziels mit Bezugsjahr 2020“. Im Auftrag der IK Industrievereinigung Kunststoffverpackungen. Mainz, Oktober 2021

(IK 2021) *https://newsroom.kunststoffverpackungen.de/2021/01/20/sorge-um-verfuegbarkeit-von-ausreichend-recyceltem-pet-marktbeobachtungsstelle-gefordert/*

(Kirschstein 2022): Kirschstein, Thomas: Ökonomische Bewertung von Instrumenten zur Förderung des Kunststoffrecyclings. Vortrag auf dem Altkunststofftag, Neuss, 28.06. 2022

(KrWG 2021) Kreislaufwirtschaftsgesetz; *https://www.gesetze-im-internet.de/krwg/BJNR021210012.html*

(Müwi 2022) Initiative „Mülltrennung wirkt“; *www.muelltrennung-wirkt.de*

(N. N. 2022) *https://plasticseurope.org/knowledge-hub/the-circular-economy-for-plastics-a-european-overview-2/*, 18.03.2025

(N. N. 2021) *https://www.bundesregierung.de/resource/blob/974430/1989762/e5b49455cc51d0e90ad26bb620a5bba3/2021-12-08-koalitionsvertrag-data.pdf?download=1*, 18.03.2025

(PlasticsEurope 2022) The Circular Economy for Plastics. A European Overview; *https://plasticseurope.org/knowledge-hub/the-circular-economy-for-plastics-a-european-overview-2/*

(RESAG 2022) *https://mleuv.brandenburg.de/sixcms/media.php/9/RESAG-Bericht%202022-01-28.pdf*, 18.03.2025

(Rewindo 2022) PVC-Altfensterrecycling. *https://rewindo.de*

(Schmidt 2020) Schmidt, Isabell: Den Rezyklateinsatz effektiv und marktgerecht fördern; *https://newsroom.kunststoffverpackungen.de/2020/09/11/agvu-ik-rezyklateinsatz-quoten/*

(UBA 2020: TEXTE 148/2020) Empfehlungen des UBA für die Weiterentwicklung der Behandlungsanforderungen nach ElektroG; *https://www.umweltbundesamt.de/publikationen/empfehlungen-des-uba-fuer-die-weiterentwicklung-der*

(UBA 2021a) *https://www.umweltbundesamt.de/daten/ressourcen-abfall/verwertung-entsorgung-ausgewaehl ter-abfallarten/elektro-elektronikaltgeraete#samm*

(UBA 2021b) *https://www.umweltbundesamt.de/themen/verpackungsverbrauch-steigt-weiter-mehr-recycling*

(UBA 2022a) Überprüfung der Wirksamkeit des § 21 VerpackG und Entwicklung

von Vorschlägen zur rechtlichen Weiterentwicklung. Endbericht. Oktober 2022;

https://www.umweltbundesamt.de/publikationen/ueberpruefung-der-wirksamkeit-des-ss-21-verpackg

(UBA 2022b) Prüfung konkreter Maßnahmen zur Steigerung der Nachfrage nach Kunststoffrezyklaten und rezyklathaltigen Kunststoffprodukten; *https://www.umweltbundesamt.de/publikationen/pruefung-konkreter-massnahmen-zur-steigerung-der*

(UBA 2021c) Handreichung zur Beschaffung rezyklathaltiger Kunststoffprodukte; *https://www.umweltbundesamt.de/themen/handreichung-zur-beschaffung-rezyklathaltiger*

(VerpackG 2017) Verpackungsgesetz. *http://www.gesetze-im-internet.de/verpackg/__21.html*

(VCI 2023) *https://www.vci.de/services/publikationen/chemistry4climate-abschlussbericht-2023.jsp*

(VDI 2022) *https://www.vdi.de/fileadmin/pages/mein_vdi/redakteure/publikationen/VDI-White-Paper-Circular-Economy-fuer-Kunststoffe-neu-denken.pdf*, 18.03.2015

(ZSVR 2022) Mindeststandard für die Bemessung der Recyclingfähigkeit von systembeteiligungspflichtigen Verpackungen gemäß § 21 Abs. 3 VerpackG. Osnabrück 31.08.2022; *https://www.verpackungs register.org*

6 Ökodesign und Design-for-Recycling

Isabell Schmidt, Carolina E. Schweig

6.1 Einleitung: Design-for-Recycling als Teil des Ökodesigns von Produkten

Durch den politisch getriebenen Umbau der Wirtschaft von einer linearen zu einer Kreislaufwirtschaft gewinnt die recyclingfähige Produktgestaltung (Design-for-Recycling) stark an Bedeutung. Die Ambition der EU-Kommission kommt in der *europäischen Strategie für Kunststoffe* (N. N. 2018) von 2018, die Teil des umfassenderen neuen *Aktionsplans der EU zur Kreislaufwirtschaft* ((N. N. 2020) von 2020 ist, zum Ausdruck: Bis 2030 sollen alle Kunststoffverpackungen, die in der EU in Verkehr gebracht werden, wiederverwendet oder kostenwirksam recycelt werden können (EU-Kommission 2018). Auch für andere Kunststoffprodukte wurden Maßnahmen zur Förderung des Ökodesigns und der Recyclingfähigkeit angekündigt, die gegenwärtig ausgearbeitet werden.

Ziel der recyclingfähigen Produktgestaltung ist es, dass Kunststoffabfälle mit möglichst geringen Qualitäts- und Mengenverlusten sowie möglichst geringen Umweltbelastungen und Kosten zu Recyclingkunststoffen stofflich verwertet werden können. Der Verpackungsmarkt ist derzeit stark von Innovationen geprägt, die auf eine bessere Recyclingfähigkeit der Verpackungsabfälle abzielen. Einer Studie der GVM Gesellschaft für Verpackungsmarktkunde zufolge, waren im Jahr 2020 bereits 79 % der Haushaltsverpackungen aus Kunststoff in Deutschland hochwertig recyclingfähig, Tendenz steigend (GVM 2021).

Dennoch ist die Recyclingfähigkeit nur eines von mehreren Zielen der ökologischen Produktgestaltung, des sogenannten Ökodesigns, in das es eingebettet ist. Der Runde

Tisch „Eco Design von Kunststoffverpackungen" definiert das Ökodesign (auch unter dem Synonym „Eco Design" bekannt) von Kunststoffverpackungen wie folgt:

> *„Das Eco Design von Verpackungen zielt darauf ab, die Umweltbelastung durch die Verpackung und die verpackte Ware über den gesamten Produktlebensweg zu minimieren. Es ist Teil des Entscheidungsprozesses über die Entwicklung und Vermarktung eines verpackten Produkts und beinhaltet eine holistische Betrachtung des gesamten Verpackungssystems (Primär-, Sekundär- und Tertiärverpackung). Es reicht von inkrementellen Produktverbesserungen (z. B. Materialeinsparung) bis zu Systeminnovationen (z. B. optimierte Warenlogistik und Abfallsammlung). Eco Design behandelt Zielkonflikte auf verschiedenen Ebenen: zwischen verschiedenen Umweltaspekten (z. B. Materialeinsparung versus Recyclingfähigkeit) sowie zwischen Umwelt- und anderen Aspekten (z. B. Funktionalität, Verbraucherschutz oder Kosten)."*
>
> (N. N. 2022)

Wie aus dieser Definition hervorgeht, umfasst das Ökodesign von Verpackungen weit mehr als ihre Recyclingfähigkeit und kann nicht isoliert von der Funktionalität der Verpackung in Bezug auf das verpackte Produkt sowie den Wechselwirkungen mit Um- und Transportverpackungen betrachtet werden.

In diesem Kapitel wird zunächst beleuchtet, an welchen Kriterien sich die Recyclingfähigkeit von Verpackungen bemisst, welche gesetzlichen und normativen Grundlagen hierfür existieren und welche Herausforderungen am Markt gegenwärtig dominieren (Abschnitt 6.2). Die vielfältigen weiteren Aspekte des Ökodesigns von Verpackungen und mögliche ökologische Zielkonflikte der Recyclingfähigkeit, etwa mit der Materialeffizienz und dem CO_2-Fußabdruck, werden in Abschnitt 6.3 thematisiert. In Abschnitt 6.4 werden die Herausforderungen der Produktgestaltung anhand konkreter Praxisbeispiele illustriert.

6.2 Bemessung der Recyclingfähigkeit von Kunststoffverpackungen

In den letzten Jahren ist in Europa eine Vielzahl von Leitlinien und Standards entwickelt worden, die spezifizieren, wie Kunststoffverpackungen gestaltet werden sollten, um möglichst gut stofflich verwertet werden zu können. Eine gesetzliche Pflicht zur Einhaltung bestimmter Design-Vorgaben existiert bislang nicht; wohl aber haben viele EU-Mitgliedsstaaten finanzielle Anreize im Rahmen der erweiterten Produktverantwortung eingeführt (sog. „eco fee modulation").

6.2.1 Mindeststandard für die Bemessung der Recyclingfähigkeit nach § 21 Verpackungsgesetz

Gesetzliche Grundlage und Geltungsbereich

In Deutschland wurde im Jahr 2019 das Verpackungsgesetz eingeführt und mit ihm eine gesetzliche Bestimmung, durch welche die Recyclingfähigkeit sowie der Einsatz von Rezyklaten und nachwachsenden Rohstoffen von systembeteiligungspflichtigen Haushaltsverpackungen finanziell angereizt werden sollen. Gemäß *§21 VerpackG (Ökologische Gestaltung der Beteiligungsentgelte)* (N. N. 2025) sind die dualen Systeme verpflichtet, die Entgelte, welche die Inverkehrbringer verpackter Waren für die Sammlung und Verwertung der Verpackungsabfälle an sie zahlen müssen, so zu bemessen, dass ein vorteilhaftes Verpackungsdesign finanziell bessergestellt wird.

Die *Zentrale Stelle Verpackungsregister* (N. N. 2025a)wird durch das Verpackungsgesetz beauftragt, im Einvernehmen mit dem Umweltbundesamt einen *„Mindeststandard für die Bemessung der Recyclingfähigkeit von systembeteiligungspflichtigen Verpackungen"* (ZSVR 2022) unter Berücksichtigung der verschiedenen Verwertungswege und Materialarten zu veröffentlichen und jährlich fortzuschreiben. Dieser Mindeststandard ist an die dualen Systeme gerichtet und soll sicherstellen, dass der Bewertung der Recyclingfähigkeit durch die dualen Systeme einheitliche Mindestkriterien zugrunde liegen. Die Systeme können über den Mindeststandard hinaus zusätzliche Kriterien bei der Bemessung der Recyclingfähigkeit berücksichtigen. Obwohl es nicht intendiert war, wird der Mindeststandard auch von Verpackungsherstellern und Inverkehrbringern verpackter Waren als Leitlinie für das recyclinggerechte Verpackungsdesign genutzt und hat seit seiner Erstveröffentlichung im Jahr 2019 zahlreiche Entwicklungen angestoßen.

Nota bene: Der Mindeststandard dient allein der Bemessung der Recyclingfähigkeit von beteiligungspflichtigen Verpackungen in Deutschland auf Grundlage der vorhandenen Sortier- und Verwertungsinfrastruktur für diesen Abfallstrom. Das entspricht mit ca. 1,5 Mio. Tonnen grob der Hälfte des Verbrauchs an Kunststoffverpackungen in Deutschland. Wenngleich viele Kriterien übertragbar sind, gilt der Mindeststandard nicht für andere Verpackungsabfälle wie pfandpflichtige Getränkeverpackungen, industriell-gewerblich genutzte Verpackungen oder Mehrwegverpackungen und ebenfalls nicht für andere geografische Räume, da die vorhandene Infrastruktur für die Sammlung, Sortierung und Aufbereitung für diese Abfallströme abweichen kann.

Definition von Recyclingfähigkeit

Die Recyclingfähigkeit im Mindeststandard bezieht sich entsprechend den Vorgaben des Verpackungsgesetzes immer auf ein hochwertiges und werkstoffliches Recycling. Entsprechend wird Recyclingfähigkeit definiert als

„die grundsätzliche und graduelle Eignung einer Verpackung, nach Durchlaufen industriell verfügbarer Rückgewinnungsprozesse Neuware in werkstofftypischen Anwendungen zu substituieren."

(ZSVR 2022, S. 8)

Der Verweis auf industriell verfügbare Rückgewinnungsprozesse in der Definition macht deutlich, dass die lediglich theoretische Recyclingfähigkeit einer Verpackung, für welche am Markt aber die großtechnischen Anlagen fehlen, nicht ausreicht. Denn die Recyclingfähigkeit ist in der Praxis erst gegeben, wenn das Verpackungsdesign und die vorhandene Infrastruktur zueinander passen. Es genügt auch nicht, wenn sich die Verpackung nur für stoffliche Verwertungsverfahren eignet, die auf die Erzeugung von Ersatzbrennstoffen oder dickwandige Formteile abzielen, die meist als Beton- oder Holzsubstitute Anwendung finden (umgangssprachlich auch als Downcycling bezeichnet). Vielmehr muss die Verpackung geeignet sein, nach dem Recycling Kunststoffneuware zu ersetzen. Werkstofftypische Anwendungen können Verpackungen, aber auch andere Anwendungsbereiche wie beispielsweise Bau-, Garten- oder Landwirtschaftsprodukte aus Kunststoff sein. Ebenso reicht es nicht, wenn die Verpackung nur mit chemischen Verfahren recycelt werden kann. Insofern werden die Anforderungen an die Recyclingfähigkeit deutlich enger ausgelegt als der Recyclingbegriff im Kreislaufwirtschaftsgesetz nahelegt.

Mindestkriterien

Um als recyclingfähig eingestuft werden zu können, müssen beteiligungspflichtige Verpackungen die folgenden Voraussetzungen erfüllen:

- **Recyclingpfad vorhanden**: Es muss eine Sortier- und Verwertungsinfrastruktur für ein hochwertiges werkstoffliches Recycling für diese Verpackung vorhanden sein.
- **Sortier- und trennbar:** Die Verpackung muss bezüglich des hochwertig zu verwertenden Anteils sortierbar sein, und die Verpackungskomponenten müssen, soweit für ein hochwertiges werkstoffliches Recycling erforderlich, trennbar sein.
- **Keine Recyclingunverträglichkeiten:** Keine der Verpackungskomponenten oder im Verpackungsmaterial enthaltenen Stoffe dürfen für das Recycling unverträglich sein, d. h. den Verwertungserfolg gefährden.

Gemäß dem Mindeststandard werden Verpackungen aber nicht binär als recyclingfähig oder nicht recyclingfähig kategorisiert, sondern es wird der für das Recycling verfügbare Wertstoffgehalt der Verpackung am gesamten Verpackungsgewicht anteilig bestimmt.

Bemessungsgegenstand

Die Bemessung der Recyclingfähigkeit basiert auf der Verpackung als Ganzem, also einschließlich aller zugehörigen Verpackungskomponenten wie Etiketten, Siegelfolien, Deckel und Verschlüsse, Klebstoffapplikationen etc. (Gesamtverpackung). Die Komponenten können nur dann separat voneinander bemessen werden, wenn sie zum Ge- oder Verbrauch des verpackten Produkts notwendigerweise und unwiderruflich getrennt werden müssen. Die getrennte Bewertung der Komponenten ist auch dann zulässig, wenn sich diese durch die mechanische Beanspruchung beim Transport und der Sortierung automatisch voneinander trennen und damit verschiedenen Recyclingpfaden zugeordnet werden können.

Beispiel:

Bei einem Joghurtbecher, bestehend aus den drei Komponenten Kunststoffbecher, Papiermanschette und Siegelfolie aus Aluminium, muss die Recyclingfähigkeit der Verpackung als zusammenhängendes Ganzes bewertet werden. Zwar ist jede Komponente des Bechers für sich betrachtet gut recyclingfähig. Da Komponenten der Verpackung im Abfallstrom jedoch miteinander verbunden bleiben, kann der Becher bei der Sortierung nur einem Materialstrom zugeordnet werden. Die anderen Materialien stehen dem Recycling somit nicht zur Verfügung und dürfen bei der Bemessung des recyclingfähigen Anteils nicht angerechnet werden. Trotz der Möglichkeit, dass ein Teil der Verbraucher die Komponenten nach Gebrauch voneinander trennen könnte, darf diese Annahme bei der Bemessung der Recyclingfähigkeit nicht zugrunde gelegt werden, da von der „Mitarbeit" des Verbrauchers nicht ausgegangen werden kann. Im Unterschied dazu wäre beispielsweise im Fall einer Kombinationsverpackung für Kekse, bestehend aus einer Kartonage und einzelnen Kunststoff-Sachets („Säckchen") für die Kekse, die getrennte Bewertung der Komponenten zulässig, da diese nicht miteinander verbunden sind und im Abfallstrom getrennt voneinander anfallen.

Vorhandensein einer Sortier- und Verwertungsinfrastruktur (Recyclingpfad)

Der Mindeststandard enthält im Anhang 1 eine tabellarische Auflistung der Verpackungstypen, bei denen von einer im Markt verfügbaren Infrastruktur der Sortierung und hochwertigen werkstofflichen Verwertung ausgegangen werden kann (sogenannte Gutmaterialien), und der Wertstoffe, auf deren Rückgewinnung das Recycling abzielt. Im Bereich der Kunststoffverpackungen zählen hierzu beispielsweise formstabile und halbstarre Verpackungen aus PE, PP, PS oder PET, ebenso wie Folien und flexible Verpackungen aus PE, PP und – sofern ein Einzelnachweis erbracht werden kann – auch geschäumte Verpackungen aus EPS. Jeweilige Ausschlusskriterien, wie z. B. eine Aluminiumbedampfung von Folien oder opakes (d. h. nicht transparentes) PET sind zu beachten. Nur die Masse der in Anhang 1 des Mindeststandards benannten Wertstoffe geht in die Bemessung der Recyclingfähigkeit ein.

In Materialverbunden kann der Kunststoffanteil bislang in aller Regel nicht recycelt werden. So gilt bei faserbasierten Verbundverpackungen nur der lösliche Faserstoffanteil als recyclingfähig. Bei metallhaltigen Verbundverpackungen zählen nur die Metallanteile (Eisen oder Aluminium).

Sortier- und Trennbarkeit

Anhang 2 des Mindeststandards listet Verpackungsmerkmale auf, durch welche die sensorgestützte Materialerkennung und Sortierung der Verpackungen beeinträchtigt werden kann. Als Folge könnte eine ansonsten recyclingfähige Verpackung in der falschen Sortierfraktion oder im Sortierrest landen und wäre damit für das Recycling verloren. Die Materialerkennung von Kunststoffverpackungen kann beispielsweise durch eine großflächige Etikettierung und Ummantelungen mit Fremdmaterial, durch Metallisierung, bestimmte Mehrschichtaufbauten oder die Verwendung rußbasierter Pigmente behindert werden. In diesen Fällen muss die korrekte Sortierung der Verpackung im Einzelfall durch Messungen überprüft werden.

Bei Kunststoffverpackungen ist weiterhin zu berücksichtigen, dass die Dichte des zerkleinerten Materials in der Aufbereitung eine Zuordnung zum korrekten Wertstoffstrom erlaubt (sogenannte Dichte- oder Schwimm-Sink-Trennung). Verpackungsbestandteile aus Polyolefinen, die z. B. durch Füllstoffe eine Dichte von über 0995 g/cm^3 aufweisen, sind deswegen als nicht recyclingfähig einzustufen.

Recyclingunverträglichkeiten

Ist für die Verpackung ein Recyclingpfad vorhanden und kann sie in der sensorgestützten Sortierung der richtigen Materialfraktion zugeordnet werden, geht es im dritten Schritt darum zu prüfen, ob Komponenten oder im Verpackungsmaterial enthaltene Stoffe das Recycling behindern könnten. Sind Recyclingunverträglichkeiten vorhanden, gilt die gesamte Verpackung als nicht recyclingfähig. Materialien, die zwar nicht zum Zielmaterial des Recyclingprozesses (Wertstoff) gehören, aber keine Recyclingunverträglichkeit darstellen, werden bei der Bemessung des recyclingfähigen Anteils der Verpackungen in Abzug gebracht.

Anhang 3 des Mindeststandards listet diese materialspezifischen Recyclingunverträglichkeiten auf. Je nach Sortierfraktion stellen beispielsweise Silikonkomponenten, schlecht lösliche Papieretiketten und nicht trennbare Komponenten oder Schichten bestimmter Materialien Recyclingunverträglichkeiten dar. Dabei stellen Mehrschichtfolien aber keineswegs immer eine Recyclingunverträglichkeit dar; es gibt auch eine Vielzahl recyclingfähiger Materialaufbauten. Seit der Aktualisierung des Mindeststandards im Jahr 2022 zählen unter bestimmten Bedingungen auch PA/PE-Folien dazu. Aufgrund der Dichtetrennung spielt auch die Dichte der verwendeten Materialien, beispielsweise für das Etikett, eine wichtige Rolle. So sind beispielsweise die früher weit verbreiteten PS-Etiketten für PET-Verpackungen ungeeignet, da sie aufgrund ihrer hohen Dichte wie PET in der Sinkfraktion landen und diese kontaminieren.

Zertifizierung

Wenngleich sich der Mindeststandard ausschließlich an die dualen Systeme richtet, sind am Markt weitere Anbieter anzutreffen, die die Bemessung und/oder Zertifizierung der Recyclingfähigkeit einer Verpackung nach Mindeststandard anbieten. Eine Pflicht zur Zertifizierung besteht nach dem Mindeststandard aber nicht.

6.2.2 Design-for-Recycling-Leitlinien europäischer Verbände (RecyClass, CEFLEX)

RecyClass

Besondere Bekanntheit besitzen am europäischen Markt die Design-for-Recycling-Leitlinien von RecyClass, einer Initiative des europäischen Recyclerverbands Plastics Recyclers Europe (ReCl 2025).[1] Diese richten sich an die Industrie und existieren für neun verschiedene Verpackungstypen, die in vielen europäischen Ländern recycelt werden können: PET-Flaschen, PET-Schalen, HDPE-Container und -Tuben, PP-Container und -Tuben, EPS-Container, PE-Folien, PP-Folien, PS-Container sowie HDPE- und PP-Kästen und -Paletten. Ähnlich wie der deutsche Mindeststandard orientiert sich auch bei RecyClass das Verständnis von Recyclingfähigkeit an der Kompatibilität des Verpackungsdesigns mit der vorhandenen Infrastruktur der Sammlung, Sortierung und Aufbereitung im kommerziellen Maßstab.

Die Leitlinien sind entsprechend den Farben einer Ampel in drei Spalten gegliedert, die für die verschiedenen Komponenten einer Verpackung, wie Verschlüsse, Etiketten oder Klebstoffe etc., durchdekliniert werden.

Grün: volle Kompatibilität	Gelb: eingeschränkte Kompatibilität	Rot: geringe Kompatibilität
Die grüne Spalte umfasst die bevorzugten Gestaltungsmerkmale, die die beste Rezyklierbarkeit und Qualität des Rezyklats garantieren.	In der gelben Spalte sind Verpackungsmerkmale aufgeführt, die sich geringfügig auf den Recyclingprozess und/oder die Qualität des Rezyklats auswirken.	In der roten Spalte sind die Merkmale aufgeführt, die bei der Gestaltung von Verpackungen vermieden werden sollten, da sie den Recyclingprozess und/oder die Qualität des Rezyklats stark beeinträchtigen.

[1] Die Leitlinien werden von der European PET Bottle Platform für PET-Flaschen, von *Petcore Europe* für thermogeformte PET-Schalen und von RecyClass für alle anderen Verpackungen entwickelt.

RecyClass bietet als kostenlosen Service ein Online-Tool zur Selbstevaluierung der Recyclingfähigkeit auf Basis der Leitlinien an. Die Ergebnisse werden in Kategorien von A (sehr gut recyclingfähig) bis F (nicht recyclingfähig) unterteilt. Außerdem hat RecyClass Testprotokolle entwickelt, mit denen die Recyclingfähigkeit bestimmter Verpackungstypen und innovativer Komponenten, wie beispielsweise Etikettenkleber, im Labormaßstab experimentell untersucht werden kann. Weitere Dienstleistungen rund um die Recyclingfähigkeit wie Testungen und Zertifizierungen werden angeboten.

CEFLEX

Die Initiative Circular Economy for Flexible Packaging (CEFLEX) (CF 2025 ist eine Zusammenarbeit von europäischen Unternehmen, Verbänden und Organisationen mit einem speziellen Fokus auf flexiblen Verpackungen. Der CEFLEX-Leitfaden „Designing for a Circular Economy“ (D4ACE) (N. N. 2025b) befasst sich schwerpunktmäßig mit flexiblen Verpackungen auf Polyolefinbasis (PE, PP und gemischte Polyolefine). Er enthält Informationen und praktische Ratschläge zur recyclinggerechten Gestaltung der Verpackungsfolien, einschließlich möglicher Materialkombinationen und Grenzwerte für funktionelle Barrieren, Klebstoffe, Druckfarben und Lacke etc. sowie der Gestaltung von Zusatzkomponenten wie Etiketten, Verschlüssen und Tüllen. Der Leitfaden basiert auf den gegenwärtig besten Sortier- und mechanischen Recyclingverfahren in Europa. Er bietet nicht nur praktische Ratschläge für das Verpackungsdesign, sondern auch einen detaillierten Einblick in die aktuellen Sortier- und mechanischen Recyclingverfahren für flexible Verpackungen auf Polyolefinbasis.

6.2.3 Weitere nationale Standards

Wie in Deutschland sind auch in weiteren europäischen Staaten nationale Standards und Leitlinien entwickelt worden, um die Recyclingfähigkeit von Verpackungen gemäß der Infrastruktur der Abfallverwertung in den jeweiligen Ländern zu konkretisieren. Zu nennen wären beispielsweise die Leitlinien und Testprotokolle von *Cotrep* (Cot 2025) in Frankreich oder die Leitlinien „Recyclability by Design“ von *Recoup* (Rec2025) in Großbritannien. Zum Teil bilden diese auch die Grundlage für die Modulierung der Lizenzentgelte im Rahmen der erweiterten Produktverantwortung.

6.2.4 Circular Plastics Alliance – Normungsauftrag der EU-Kommission

Die Circular Plastics Alliance (CPA) (CPA 2025) ist eine Partnerschaft zwischen der EU-Kommission und über 300 öffentlichen und privaten Akteuren der europäischen Kunststoffwertschöpfungskette, die zum Ziel hat, dass bis zum Jahr 2025 mindestens zehn Millionen Tonnen Kunststoffrezyklate in der Produktion neuer Kunststoffprodukte eingesetzt werden. Sie geht auf die europäische Strategie für Kunststoffe (EU-Kommission 2018, (EU 2018)) zurück.

Die CPA hat 26 verschiedene Kategorien von Kunststoffprodukten in den Bereichen Landwirtschaft, Verpackung, Bau sowie Elektro und Elektronik identifiziert, die zusammen rund 60 % der gesammelten Kunststoffabfälle in Europa ausmachen und deren Recycling ausreichen würde, um die benötigten 10 Millionen Tonnen Recycling-Kunststoff zu generieren. Um sicherzustellen, dass die 26 Produktgruppen bis 2025 recycelbar sind, hat die CPA Leitlinien für deren recyclinggerechte Gestaltung entwickelt, die in die europäische Normung (CEN-CENELEC, (CNLC 2025)) einfließen sollen. Die EU-Kommission hat entsprechend im August 2022 einen Normungsauftrag an CEN-CENELEC gestellt. Binnen drei Jahren wird nun eine Vielzahl europäischer Normen zur Recyclingfähigkeit entwickelt.

6.2.5 Recyclingfähigkeit von Haushaltsverpackungen aus Kunststoff in Deutschland – aktueller Stand und Herausforderungen

Die Hersteller von Kunststoffverpackungen in Deutschland haben sich zum Ziel gesetzt, bis 2025 einen Anteil von 90 % recycling- oder mehrwegfähigen Kunststoffverpackungen für den privaten Konsum am deutschen Markt zu erzielen (IK 2022). Die GVM (Gesellschaft für Verpackungsmarktkunde) hat die Recyclingfähigkeit im Jahr 2020 untersucht. Die Bemessung erfolgte gemäß dem Mindeststandard in der für das Jahr 2020 gültigen Version. Demnach lag der Anteil recycling- oder mehrwegfähiger Haushaltsverpackungen aus Kunststoff bei 81 % (Bild 6.1).

Zu den untersuchten Haushaltsverpackungen zählten auch die Getränkeflaschen im Pfandsystem, die größtenteils stark optimiert sind und bereits eine Recyclingrate von 95 % erreichen (GVM 2021). Bezogen auf die beteiligungspflichtigen Verpackungen ist die Recyclingfähigkeit von ehemals 66 % (2016) auf 74 % im Jahr 2020 angestiegen. Die Menge nicht recyclingfähigen Kunststoffs konnte von über 520 kt auf unter 410 kt stark reduziert werden. Dies ist unter anderem darauf zurückzuführen, dass viele nicht recyclingfähige PET/PO-Verbundfolien am Markt durch recyclingfähige Strukturen ersetzt wurden und in vielen Fällen auf Aluminium als Hochbarriere verzichtet werden konnte. Auch haben viele Hersteller von rußbasierten Pigmenten, welche die sensorgestützte Materialerkennung behindern können, auf andere Farbstoffe umgestellt.

Die größten Herausforderungen liegen aktuell im Bereich der PET-Schalen und PET-Folienverpackungen mit einem Volumen von ca. 120 kt sowie der nicht recyclingfähigen Verbundfolien mit einem Volumen von ca. 80 kt. Während für Letztere bereits Alternativen entwickelt wurden, sich am Markt aber noch nicht durchsetzen konnten, könnte die Lösung im Fall der PET-Verpackungen im Aufbau eines neuen Recyclingpfads liegen. Hieran arbeiten bereits zahlreiche Unternehmen.

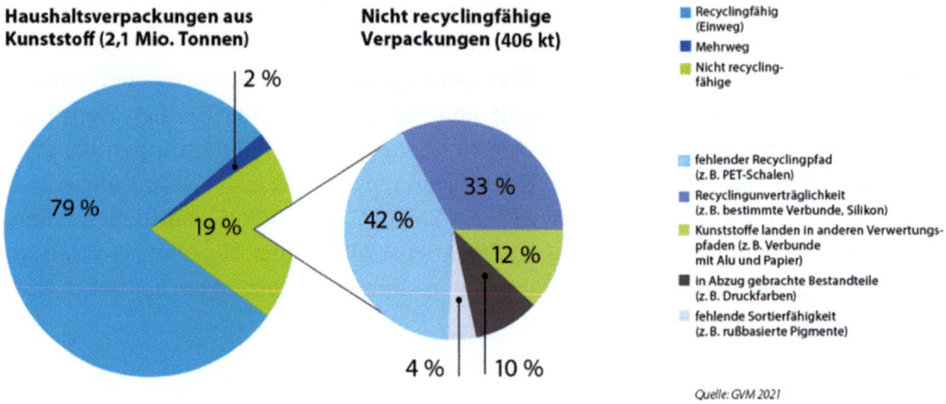

Bild 6.1 Recyclingfähigkeit von Haushaltsverpackungen

6.3 Weitere Aspekte des Ökodesigns von Kunststoffverpackungen

6.3.1 Definition der Funktionalität

Die „Lebensberechtigung“ jeder Verpackung ist ihre Funktionalität. Erfüllt eine Verpackung keine Aufgaben – hat also keine Funktionalität –, gibt es auch keinen Grund Rohstoffe herzustellen, die Packstoffe daraus zu produzieren und zu einem Packmittel zu verarbeiten. Es ist wie in der Buchhaltung: Wird auf der einen Seite ein Impakt (Ressource, Klimagase, Energie, Kosten) aufgewandt, muss dafür auf der anderen Seite eine Funktionalität entstehen, sonst ist die „Bilanz“ nicht ausgeglichen.

In der Funktionalität werden Marketing-, Sales- und Kundenanforderungen, Produkt- und Produktionsanforderungen sowie Logistikanforderungen erfüllt und nicht zu vergessen, Anforderungen, die durch ein marktgerechtes EoL-(End-of-Life)-Verhalten gefordert sind. Machen wir es konkreter: Zu den Marketinganforderungen zählen beispielsweise Grafik, Haptik, Materialvorstellungen und Veredelung. Bei den Produktionsanforderungen berücksichtigen wir die physikalischen Charakteristika, die beispielsweise die Abfüllanlage benötigt: Dehnungsverhalten, „hot tack“ oder Reißfestigkeit. Bei den Anforderungen durch das Produkt geht es um Barrieren gegen Feuchtigkeit, Schutzgase, Sauerstoff oder um eine definierte Durchstoßfestigkeit.

Diese Funktionalitäten werden üblicherweise vor der Entwicklung zusammengestellt und genau beschrieben, also mit Sollwerten, Prüfnormen und Einheiten – zumindest bei den physikalisch-technischen Werten. Dieses Briefing enthält alle Werte, die zur Erfüllung der Anforderungen durch Produkt, Produktion, Logistik, Konsumenten, Marketing, Handling bis zum End-of-Life gestellt werden.

Ein großes Problem in der wirtschaftlichen Praxis ist die Unkenntnis genauer Anforderungen durch die Abfüll- oder Abpackanlagen oder das Wissen um die reale Empfindlichkeit des eigenen Produktes. Das führt entweder zur Überdimensionierung der Packmittel und Packstoffe oder zur Beschädigung bzw. dem Verderb des Produktes und damit zu einem entsprechend negativen wirtschaftlichen und ökologischen Impakt.

Durch mangelnde Definition von Festigkeitswerten, Reibungsverhalten oder Dehnung – um nur drei Werte zu nennen – entstehen dann an den Anlagen erhöhte Ausschussmengen beim Materialwechsel oder während des normalen Abpackprozesses. Das führt zu unverhältnismäßigem Ressourcenverbrauch, erhöhten Kosten und Umweltimpakt.

Besonders ineffizient wird es, wenn Unternehmen nach dem Prinzip „viel hilft viel“ agieren und dadurch nicht nur Ressourcen – finanzielle und materielle – vergeuden, sondern auch durch zu große oder dicke Packstoffe zu Undichtigkeiten und verfrühtem Verderb der Produkte beitragen.

Wie essenziell die Definition der Funktionalität für Packmittel und Packstoffe ist, zeigt sich in der aktuellen Situation in der Logistik, wenn es um die Entwicklung von Polstermaterial und Hilfsstoffen geht. Aufgrund der anhaltenden Kunststoff-Diskussion werden kunststoffbasierte Polstermaterialien und Packhilfsmittel durch faserstoffbasierte Lösungen ausgetauscht. Um hier wirklich adäquate Lösungen definieren zu können, wäre es wichtig, zu wissen, ob z. B. eine Luftpolsterfolie einzig der Lückenfüllung dient, ob die Luftpolster „im Falle eines Falles“ das Fallbruchverhalten der Gesamtverpackung garantieren müssen oder gar zur Vibrationsabsorption eingesetzt werden und welche Zielgröße sie dabei erreichen müssen. Nur mit einer klar definierten Funktionalität, am besten im Rahmen einer Packstoff- und Packmittelspezifikation, können geeignete Alternativen unabhängig vom Packstoff gefunden werden.

Die definierte Funktionalität über eine eindeutige Spezifikation schafft neben der Sicherheit für das Produkt auch den Vorteil der Preistransparenz bei Packmitteln und Packstoffen. Denn nur wenn verschiedene Packstoffe und Packmittel identische oder zumindest vergleichbare mechanische, physikalische und chemische Kennwerte aufzeigen, ist ein objektiver Vergleich der angebotenen Packmittel und Packstoffe möglich. So wird der finanzielle Wert der Verpackung einer klaren Funktionalität zugeordnet.

Die definierte Funktionalität der Verpackung schafft im abschließenden Schritt auch die Voraussetzung der Vergleichbarkeit hinsichtlich der definierten Nachhaltigkeitsparameter. Verdeutlicht an dem vorangegangenen Beispiel der Packhilfsmittel kann dann das leichte Polstermaterial bezüglich des benötigten Materialeinsatzes und der Verarbeitung zu einem Luftpolster auf seinen Impakt hinsichtlich Klimagas-Emissionen, Brauchwassereinsatz, Ressourcengewicht, aber auch des finanziellen Impakts in den verschiedenen Packstoffausführungen miteinander verglichen werden, und eine datenbasierte Entscheidung für den Packstoff mit dem geringsten Impakt kann gefällt werden.

6.3.2 Optimierte Ressourcennutzung

Spätestens der Blick auf das Datum des „World Overshoot Day“, der sich seit 2018 fast immer Ende Juli ereignet, macht uns klar, dass wir zu viele Rohstoffe verbrauchen – im Jahre 2022 ca. 1,75-mal mehr als uns zur Verfügung stehen.

Da wir in Europa wenig eigene Ressourcen haben, sind wir bei vielen Rohstoffen abhängig von anderen Wirtschaftsräumen mit den bekannten Folgen. Das Problem wurde bereits in den frühen 2000er-Jahren von der EU erkannt und thematisiert. Denn zum einen fehlen uns zunehmend die Rohstoffe, zum anderen wissen wir kaum noch wohin mit unserem Müll. Um durch diese Umstände nicht das Wachstum in unserem Wirtschaftsraum zu beeinträchtigen, wurde die EU „Waste hierarchy“ geboren und daraus bereits 2008 die Richtlinie für die Circular Economy vorgestellt:

Bild 6.2 Hierarchie zur Müllvermeidung

Wesentlich bei der EU-Waste-Hierarchy ist der primäre Fokus auf die Reduktion (Bild 6.2). Reduktion bedeutet zu vermeiden, was nicht nötig ist, und den unvermeidlichen Verbrauch zu minimieren. Als zweite Priorität gilt die Mehrfachnutzung von Packmitteln. Dieser Re-Use verringert wesentlich den Impakt (Umwelt, sozial, Kosten) im Vergleich zur Neuproduktion. Erst auf der dritten Prioritätsstufe liegt das Recycling von Packstoffen. Erklärtes Ziel der EU ist es, die im Kreislauf befindlichen Rohstoffe so genau zu trennen und hochwertig wieder aufzubereiten, dass sie als Substitut für Virgin-Materials (Neuware) wieder eingesetzt werden können.

Beginnen wir bei der geforderten Reduktion von Packmitteln und Packstoffen. Nach den Vorstellungen der EU-Circular-Economy, des deutschen Verpackungsgesetzes und des Entwurfes der EU-Verpackungsverordnung sind Verpackungselemente, die nicht unbedingt notwendig sind, zu vermeiden. Dabei fallen einem schnell übergroße Faltschachteln um Zahnpastatuben oder die hochveredelten und teils „cellophanierten" Faserstoffgebinde um kleine Kosmetiktiegel ein. Letztere teilweise mit einem aufwendigen Innenleben, um die kleinen Tiegel wie auf einer kleinen Bühne zu präsentieren.

Solange wir Qualität und Wert eines Produktes immer noch mit der Menge und Schwere an Verpackung um die eigentliche Produktverpackung verbinden und nicht nach den Begriffen der Effektivität bewerten, wird es schwer, diesem Anliegen der gesetzlichen Vorgaben zu folgen.

Reduce heißt auch, die eingesetzten Packstoffe möglichst effizient zu nutzen, d.h. die Aufgaben mit dem geringsten Rohstoffeinsatz zu leisten. Hier sind beispielsweise Stretchfolien zu nennen. In der aktuellen Mehrschichttechnologie werden heute Folien aus sechs Schichten à 10 µm LDPE-Folie produziert, die reiß- und durchstoßfester sind als frühere 100-µm-Folien. Ähnliche Entwicklungen sehen wir in anderen Folienbereichen. Es gilt nicht mehr „je dicker, desto fester". Es gilt über die im Vorkapitel definierte Funktionalität, den exakt richtigen Rohstoffeinsatz für die jeweilige Aufgabe zu finden: Dabei gilt es, die Aufgabe optimal – nicht über- und nicht untererfüllt – abzudecken. Hier sprechen wir dann über Effektivität.

Reduce bedeutet aber auch auf Formate und Materialausbeute zu achten. Exzessive Siegelnähte von Folienverpackungen, die teilweise die halbe Breite der Verpackung überschreiten, sind zu vermeiden. Für die meisten Anwendungen sind 15 mm an Siegelbreite ausreichend. Der bei Obst und Gemüse, Backwaren oder im Frischebereich häufig vorgefundene Ansatz, Folienrollen nicht auf die wirklich benötigte Breite zu wechseln, sondern einfach mit der breitesten Folie „durchzuproduzieren", verschwendet nicht nur Rohstoff und damit Ressourcen, Energie und Geld, es führt auch häufig zu Siegelproblemen und Undichtigkeiten bei den Verpackungen.

Reduce gewinnt jedoch zunehmend in einem nicht so offensichtlichen Bereich an Bedeutung, und zwar beim Einsatz von Rezyklat: In den letzten Stufen der Rezyklatherstellung werden in der Schmelzfiltration sogenannte Stippen herausgefiltert. Einige dieser Stippen müssen entfernt werden, um das Rezyklat in bestimmten Verfahren und Dicken verarbeiten zu können, andere Stippen werden aus optischen Gründen herausgefiltert, da Kunden ihre Kunststoffprodukte möglichst nah an der Optik, Haptik und Bedruckbarkeit von Produkten aus Neuware wünschen. Die letztere Anforderung führt zu einer über die technischen Anforderungen hinausgehenden Elimination von Stippen (und dort, wo dies technisch nicht möglich ist, zu verworfenen Materialien und Folienbahnen).

Durch das Verhaften in einer Welt, in der alles neu und lupenrein weiß sein muss, schaffen viele Marketingabteilungen zwei Kontradiktionen: Zum einen wird es schwierig dem Kunden zu vermitteln, dass das eingesetzte lupenreine „Rezyklat" besser ist als das bisherige Neuwarenmaterial. Der Kunde muss dies glauben, da er den Unterschied ja nicht sieht oder spürt. Zum anderen verwirft man kostbaren Rohstoff, der dann nur noch thermisch verwertet werden kann und der Circular Economy in weiteren Loops nicht mehr zur Verfügung steht.

Re-Use ist vor allem in Deutschland gedanklich eng mit „Mehrweg-" und Pfandsystemen verbunden. Das kann Re-Use bedeuten, muss es aber nicht! Inzwischen sind sehr viele Re-Use-Konzepte, teilweise kombiniert mit Re-Fill-Konzepten, in den Märkten etabliert. Wichtig bei allen Re-Use-Ansätzen ist die kritische Gesamtbetrachtung. Häufig werden die Auslegungen der Re-Use-Gebinde nicht an die Qualitäts-, Hygiene- oder Optikerwartungen der Konsumenten angepasst, sodass die Gebinde schon vor ihrer berechneten Nutzungszeit aussortiert werden müssen. Damit stimmen auch die Nachhaltigkeitsberechnungen nicht mehr. Ein gutes Beispiel ist die PET-Mehrweg-Getränkeflasche, die gemäß mechanischer Auslegung durchaus für 25 Zyklen gut ist, in der Realität aber häufig schon nach dem achten Zyklus aussortiert wird, weil sie den optischen Ansprüchen der Kunden nicht mehr genügt. Handelt es sich nicht um ein einfaches Re-Use-System, sondern um ein Re-Use-Re-Fill-System, sind die Packstoffe und Packmittel beider kooperierenden Systeme in die Bewertungen der ökologischen Vorteilhaftigkeit mit einzubeziehen.

Eine vom NABU bei der GVM in Auftrag gegebene Studie zum Thema Transportverpackung (NABU 2022) zeigt, dass bis zu 86 % des Umweltimpakts durch die Transportverpackungen ausgelöst wird. Der Impakt (finanziell und ökologisch), der hier auftritt, könnte mit Re-Use-Konzepten relativ schnell kompensiert werden. Dabei sieht der NABU poolfähige Kisten wie die des IFCO-Systems oder die GS1 Smartbox (beide aus Kunststoff!) als mögliche Lösung. In einer EU-Welt jedoch wäre es zu belegen, dass diese in der aktuellen Auslegung (Konstruktion und Gewicht) wirklich nachhaltiger sind. Nichtsdestotrotz müssen wir uns mit EU-fähigen Re-Use-Systemen beschäftigen. Die ersten Vorgaben auf nationaler Ebene sind bereits beschlossen.

Neben dem Vermeiden, Vermindern und der Mehrfachnutzung gibt es in der EU ein klares Bekenntnis zur Reduktion von Klimagasen und Ressourcen durch die Mehrfachverwendung von Rohstoffen, sprich zu m Recycling. Das mechanische Recycling von Verpackungen spart nicht nur viele Tonnen an Neuware und wirkt der weiteren Vermüllung von Ozeanen und Landschaften entgegen, sondern es reduziert auch noch den Impakt an Treibhausgasen pro Packmittel.

Ein großes Problem in Zeiten von notwendigen Ressourcenoptimierungen ist allerdings die Entnahme von Rohstoff aus dem Verpackungskreislauf. So werben einige Handelsketten damit, Wäschekörbe und Mülleimer aus Verpackungen herzustellen. Oder die Unzahl an Taschen, Rucksäcken und Sportbeuteln, die angeblich nachhaltig aus PET-Flaschen hergestellt werden. Dies hat nichts mit Nachhaltigkeit zu tun, sondern bildet Senken für dringend gebrauchte Rohstoffe, die dem eigentlichen Verpackungskreislauf nicht mehr zur Verfügung stehen und dann bestenfalls thermisch verwertet werden. Gerade der PET-Kreislauf von Flaschen ist besonders hochwertig, da er hier auf „food contact"-Niveau abläuft. Die Flaschen zu Gebrauchsgegenständen zu verarbeiten, für die kein Recycling mehr zur Verfügung steht, vernichtet den Wertstoff in einer sehr frühen Phase.

Statt der Entnahme von Kunststoffen aus dem Verpackungskreislauf ist als eine Lösung entweder die Schaffung eigener Kreisläufe für Gebrauchsgegenstände wie Wäschekörbe, Tupperdosen oder auch für Kleingeräte oder eine Gesamtplanung für alle Kunststoffprodukte in der EU (die geregelte Wertstoffströme für alle Produkte beinhaltet) anzustreben. Schließlich bezieht sich die Circular Economy und die Extended Product Responsibility nicht nur auf Verpackungen.

Neben dem Recycling stellt sich auch immer wieder die Frage nach alternativen Ressourcen. Besonders interessant sind dabei sogenannte biogene Rohstoffe. Dabei handelt es sich um Reststoffe aus der Produktion von Lebensmitteln oder Zellstoffen. Diese biogenen Reststoffe werden so aufbereitet, dass sie als Ausgangsprodukt für die konventionelle Kunststoffherstellung dienen, und zwar mit exakt denselben Prozessstufen und in denselben Anlagen wie konventionelle, fossilbasierte Kunststoffe. Eine Unterscheidung ist nur über die Massebilanzierung bzw. durch die Bestimmung des biobasierten Kohlenstoffanteils gemäß ASTM, DIN oder ISO möglich. Diese sogenannten erneuerbaren Kunststoffe sind in allen Eigenschaften identisch mit ihren fossilbasierten Kunststoff-Pendants. Auch beim Recycling fallen diese Varianten nicht auf.

Auch klassische biobasierte Kunststoffe wie PLA, Cellulosefolie oder PEF können eine Lösung für die Ressourcenoptimierung sein. Da viele der Biokunststoffe aktuell jedoch nicht recycelt werden können, müssen diese alternativen Kunststoffe ein Mehr an Funktionalität anbieten, um dann in der Gesamtbewertung vorteilhafter als ihre fossilen Konkurrenten zu sein.

Erste Untersuchungen zu Barrieren gegen Mineralölrückstände bei Lebensmitteln lassen den Schluss zu, dass solche Biokunststoffe – abhängig vom Rohstoff und der Verarbeitung – ungeahnte Eigenschaften besitzen könnten, die weit über die der klassischen fossilbasierten Kunststoffe hinausgehen. Leider fehlt aktuell sowohl die systematische Arbeit an Recyclingtechnologien für Biokunststoffe wie auch ein Verständnis der individuellen Interaktion dieser mit Lebensmitteln oder anderen Produkten mit besonderen Anforderungen.

Ein weiterer, wesentlicher Aspekt bei der optimierten Ressourcennutzung ist die bereits erwähnte Effizienz. Es geht um eine „Punktlandung", also weder Übererfüllung noch Minderleistung – in Bezug auf die Eigenschaften, Mehrwegquoten oder Verbrauchererwartungen.

Dafür müssen die Anforderungen der gesamten Lieferketten, des Produktes und der EoL-Behandlung klar definiert sein. Umgesetzt werden sie in einer Packmittelspezifikation, die die wesentlichen physikalischen, mechanischen und chemischen Kennwerte und Daten mit Sollwert, Toleranz und jeweiliger Prüfmethode aufführt.

Solche Spezifikationen werden dann in zielführender Weise als Einkaufsgrundlage gesehen. Nur ein Einkaufs- und Qualitätssicherungs-System auf dieser Grundlage verhindert Minderleistungen, Ausschuss oder Beschädigungen und Verderb der Produkte und ermöglicht gleichzeitig, dass nur exakt das Material verbraucht wird, welches unbedingt zur Lösung der Verpackungsfunktion benötigt wird.

6.3.3 Nachhaltige Materialbeschaffung

Ein wichtiger Teilbereich des Nachhaltigkeitsmanagements in einem Unternehmen ist die „nachhaltige Beschaffung". Denn das günstigste Angebot ist nicht das wirtschaftlichste, wie der Gesamtblick auf die Haltbarkeit, die Verarbeitbarkeit und die Ausschussmengen in einer Fertigung zeigt. Neben den rein wirtschaftlichen Kriterien sind eine erhöhte Umweltfreundlichkeit oder besonderes Engagement für soziale Gerechtigkeit ebenfalls selten in Verbindung mit dem preiswertesten Packstoff oder Packmittel zu finden (JZR 2019).

Generell berücksichtigt die nachhaltige Beschaffung von Vormaterialien die Art und Weise, wie die Rohstoffe gewonnen und verarbeitet werden, bevor sie für ihre Verwendung in den Verpackungsmaterialien eingesetzt werden. In diesen Prozessen können relevante negative Umwelt- und soziale Impakte auftreten, wie z. B. eine nicht-nachhaltige Nutzung natürlicher Ressourcen, die Beschädigung empfindlicher Ökosysteme und der Biodiversität oder die Belastung von Luft, Wasser und Böden. Darüber hinaus ist die Frage, wie und durch wen diese Prozesse durchgeführt werden, vielfach auch eng verknüpft mit den Lebens- und Arbeitsbedingungen der Menschen, die in den Rohstoffgewinnungsregionen leben. Dies kann z. B. auch Konflikte um die Landnutzung zwischen Rohstoffabbau und Lebensmittelgewinnung betreffen.

Biobasierte Polymere und andere biobasierte Materialien werden vielfach ausgewählt, da so der Einsatz nicht-erneuerbarer Ressourcen für die Verpackungsmaterialien reduziert werden kann. Doch gerade bei derartigen Rohmaterialien sind die vorgenannten weiteren Umweltwirkungsbereiche jeweils sorgfältig zu prüfen.

Eine nachhaltige Gewinnung von biobasierten Materialien bedeutet, dass die Produktivität der natürlichen Ökosysteme so genutzt wird, dass ihre Kapazitäten für nachfolgende Generationen weiterhin uneingeschränkt verfügbar bleiben. Aus diesem Grund sind die folgenden gegenläufigen Effekte sorgsam zu beachten und so weit wie möglich zu vermeiden:

- Landnutzungskonflikte mit der Nahrungsmittelproduktion
- negative Auswirkungen auf die umgebende Natur und insbesondere die Biodiversität

- Nutzung von Pestiziden und Düngemitteln mit ihren Einwirkungen auf Wasser und Böden
- zusätzlicher Energiebedarf für landwirtschaftliche Tätigkeiten
- intensiver Wasserverbrauch (insbesondere die Förderung von Grundwasser- und anderen Trinkwasserressourcen)

Zusätzlich sind gesunde und sichere Arbeitsbedingungen sowie faire Arbeits- und Handelskonditionen aus sozial-ethischer Perspektive sehr wichtige Faktoren.

Die Nutzung von Recycling-Polymeren hilft ebenfalls dabei, den Einsatz nicht-erneuerbarer Ressourcen zu reduzieren. Doch auch wenn hier die eingangs genannten möglichen weiteren Umweltprobleme keine Rolle spielen, so sollten auch sie natürlich von Lieferanten bezogen werden, die Transparenz im Hinblick auf die Herkunft der Recyclingrohstoffe bieten und die hinsichtlich der Sozial- und Umweltschutzaspekte gute Bedingungen gewährleisten.

Da in der Praxis eine Rückverfolgung aller Vormaterialien bis zur Rohstoffherkunft nur in Teilen realisierbar ist (z. B. EuCertPlast; blauer Engel), lohnt sich der Einsatz von neuen IT-Lösungsansätzen wie beispielsweise der Daten-Cloud von R-Cycle (GS 1) oder der Blockchain-Technologien von Circularise.

6.3.4 Umweltverträgliche Nutzung: sachgemäße Handhabung, Entsorgungshinweise, Vermeidung von Littering

Die Akkumulation von Kunststoffrückständen in der (Meeres-)Umwelt hat eine hohe öffentliche Wahrnehmung erlangt. Ein Teil dieser Rückstände stammt aus achtlos weggeworfenen Kunststoffverpackungen („Littering"). Dabei kann es sich sowohl um ganze Verpackungen als auch um Verpackungsteile wie Verschlüsse, Deckel oder auch Reste in der Umwelt zerfallender Verpackungen handeln. Mögliche Ansätze, wie im Design zur Vermeidung von Littering beigetragen werden kann, sind (JZR 2019):

- achtsame Produktgestaltung, bei der das Littering kleiner, leicht verlustig gehender Verpackungsteile soweit möglich verhindert wird, z. B. die anhängenden Verschlüsse, wie sie inzwischen jeder von Getränkeflaschen oder Milchtüten kennt,
- eine gut verständliche Verbraucherkommunikation mit deutlichen Hinweisen auf die Notwendigkeit der sachgerechten Entsorgung.Zur umweltverträglichen Nutzung gehört auch das Thema Dosierbarkeit: Eine effektive und effiziente, also umweltverträgliche Nutzung wird erst ermöglicht durch eine passgenaue Dosierung. Dafür muss das richtige Öffnungsverhältnis von Spritzeinsätzen oder Tubenöffnungen und Verschlüssen zur optimierten Quetschbarkeit des Verpackungskörpers und die Viskosität des Produktes im Verhältnis zum Widerstand des Packstoffes bzw. des Packmittels und der Durchmesser der Spenderöffnung passen. Nur so kann vermie-

den werden, dass Nutzende unnötig viel Produkt dosieren. Vergleichbares gilt für Dosierpumpen, Sprüh- und Spenderköpfe. Andererseits kann das Quellen von Steigrohren oder mechanischen Bauteilen in der Dosiermechanik von Spendersystemen aufgrund von unerwünschten Interaktionen zwischen Produkt und Verpackung die Restentleerung erschweren oder teilweise unmöglich machen. Dadurch besteht die Gefahr, dass das Produkt komplett entsorgt wird, was den größten Kosten- und Umwelt-Impakt nach sich zieht.

Auch wenn alle bereits genannten Parameter beachtet wurden, lagern sich teilweise beachtliche Mengen an Produkt an den Innenwänden von Flaschen oder Containern an. Zwischen 20 % und 30 % an Restmenge wurde gemessen. Dies ist nicht nur ein Problem für das Produkt, welches nicht gebraucht werden kann und den Kunden verärgert, diese Reste bereiten auch den Recyclern Probleme in der Aufbereitung von Kunststoffen.

Mit Blick auf die Relationen des ökologischen Fußabdruckes von Verpackung und Packgut kann es in diesem Kontext durchaus gerechtfertigt sein, etwas mehr Verpackungsmaterial zu verwenden, um dieses Ziel zu erreichen.

Mit Blick auf unvollkommene Entsorgungsstrukturen in manchen belieferten Regionen kann darüber hinaus nicht ausgeschlossen werden, dass dort Verpackungsabfälle unter einfachsten Bedingungen z. B. für Heiz- oder Kochzwecke missbraucht, für gänzlich andere Zwecke z. B. als Baumaterial weiterverwendet oder „wild“ abgelagert werden. Unter ungünstigen Bedingungen können aus derartigen nicht vorgesehenen, missbräuchlichen Nutzungen gesundheitliche Risiken resultieren. Hier hilft ein Design zur Verminderung stofflicher Risiken aus unsachgemäßer Nutzung.

Um Untermischungen und die Verunreinigung von Wertstoffströmen zu vermeiden, sind besondere Kennzeichnungen für Produkte, deren Inhalt auf keinen Fall in die gelbe Tonne gehört, wie Silikonkartuschen, Lösungsmittel etc. anzuwenden, sodass unmissverständlich klar ist, dass diese Produkte gesondert entsorgt werden müssen.

Viele Verbraucher wären durchaus gewillt, ihre Verpackungen zu trennen und zu entsorgen, aber sie sind schlichtweg überfordert, wohin was gehört. Daher sind Entsorgungshinweise inzwischen schon Standard. Länder wie Italien haben diese normierten Entsorgungshinweise bereits rechtlich vorgeschrieben, um es dem Konsumenten zu erleichtern, den richtigen Pfad für die Entsorgung zu wählen. In Ländern, in denen diese Entsorgungshinweise noch freiwillig sind, verwirren sie die Verbraucher jedoch häufig mehr als sie zu orientieren. Hier gilt es den aktuellen nationalen Vorgaben, wie z. B. dem Mindeststandard, strikt zu folgen.

6.3.5 Ökologische Zielkonflikte: Zielkonflikte sind bei mehrdimensionaler Optimierung unvermeidlich

Im Verlauf eines Eco-Design-Projektes können Konflikte zwischen verschiedenen Optimierungsansätzen deutlich werden. Während in einigen Fällen die Optimierungen verschiedener Umweltaspekte Hand in Hand gehen, kann in anderen Fällen die Optimierung eines Aspektes zu gegenläufigen Effekten im Hinblick auf einen anderen Umweltaspekt führen (z. B. der höhere Einsatz von Rezyklat gegen die Gewichtsressourcenreduktion). In solchen Fällen muss durch den Management-Prozess ein Ausgleich gefunden werden. Produktökobilanzen bzw. Lebenszyklusanalysen (LCA) – auch in einer sehr abgespeckten Version – können hier den Vergleich verschiedener Verpackungsvarianten im Hinblick auf definierte Umweltwirkungskategorien (wie z. B. die Klimawirkung oder den Verbrauch natürlicher Ressourcen) unterstützen. Allerdings müssen dabei die Grenzen von Ökobilanzen beachtet werden. So ist z. B. das Littering unzweifelhaft ein wichtiger Umwelteffekt, aber er wird von Ökobilanzen nicht erfasst und muss deshalb gesondert betrachtet werden. Auch sind die Ergebnisse von LCA-Werkzeugen vielfach nur für bestimmte geografische Regionen gültig. Weiterhin handelt es sich bei der Minimierung der Umweltwirkungen durch Eco Design um ein multidimensionales Ziel. Da die verschiedenartigen Umweltwirkungen kein klar definiertes hierarchisches Zielsystem darstellen, gibt es keine rein wissenschaftliche Methode, um Konflikte zu lösen, die sich aus einer Verlagerung der Belastungen aus einem Wirkungsbereich in einen anderen ergeben (z. B. einer Klimawirkung versus Verlust an Biodiversität). Dessen ungeachtet müssen Zielkonflikte innerhalb des Eco-Design-Prozesses aber transparent gemacht und mit Referenz auf die vorab definierten Ziele des Design-Projektes durch entsprechende Entscheidungen „gelöst“ werden (Schritt 4 im Eco-Design-Prozess). In Abhängigkeit von der Komplexität der jeweiligen Zielstellungen können entweder tabellarische Darstellungen oder aber sogenannte „Spinnendiagramme“ dabei helfen, die Vor- und Nachteile der infrage stehenden Verpackungsvarianten transparent zu machen (Bild 6.3).

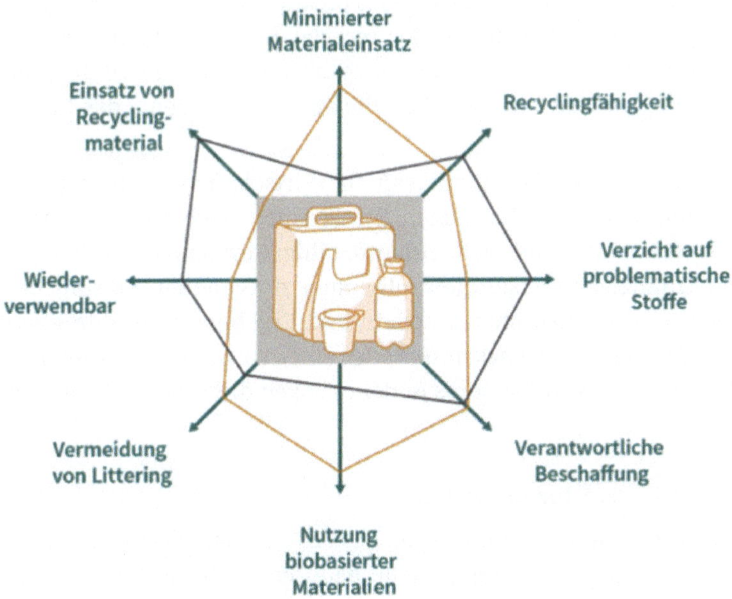

Bild 6.3 Eco-Design-Leitfaden IK

Mit Blick auf die Reduzierung der Komplexität solcher Entscheidungsprozesse ist es hilfreich, wenn für das jeweilige Verpackungsprojekt neben den umweltbezogenen Optimierungszielen auch entsprechende Mindestanforderungen formuliert werden (Schritt 1 und 2 im Management-Prozess) Letzteres ist auch im Hinblick auf die Effektivität wichtig. Denn jeder Optimierungsschritt bedingt einen Impakt (ökologisch, finanziell oder sozial). Für diesen Impakt sollte ein Mindestmaß an Verbesserung geschaffen werden. Hier sind wir wieder bei der in Abschnitt 6.3.1 erwähnten Bilanz.

Transparenter Umgang mit Zielkonflikten

Sinnvollerweise werden daher in der Praxis keine kompletten LCAs oder Ökobilanzen zu den Optimierungsansätzen erstellt, sondern mittels IT-basierten Bewertungs- oder Scoring-Tools werden in einem sehr frühen Ideations- oder Entwicklungsprozess Nachhaltigkeitsabschätzungen für unterschiedliche Optimierungsansätze erstellt. Denn auch hier geht es – ganz im Sinne der Nachhaltigkeit – darum, nur die Lösungen weiter durch den Entwicklungs-Trichter „zu schleusen", die am besten auf die Nachhaltigkeitsziele von Marke und Unternehmen einzahlen.

Um wirkliche Ergebnisse aus solchen Scoring- und Bewertungstools zu erhalten, müssen die einzelnen Kriterien gewichtet sein. Wir sprachen ja bereits die Gegenläufigkeit von Kriterien an: Hätten alle Kriterien dieselbe Gewichtung, würden sie sich teilweise aufheben, und eine Aussage zur Vorteilhaftigkeit einer Packstoff-, Packmittel- oder Packprozesslösung wäre nicht möglich.

Neben der Gegenläufigkeit einiger ökologischer Kriterien entstehen häufig Zielkonflikte zwischen Kosten und ökologischen Kriterien.

So ist PET-Plattenware für Tiefziehanwendungen 50 % preiswerter als die PP-Ware, die als Tiefziehverpackung oder Faltschachtel wieder recyclefähig wäre. Natürlich sind die Kosten eines Materials, für das keine Stoffströme im Mindeststandard gesehen werden, geringer als die eines Materials, welches alle einsetzen wollen – das Gesetz von Nachfrage und Angebot.

Prinzipiell bleibt anzumerken, dass Nachhaltigkeit ein Wirtschaftsprinzip ist. Reine ökologische Vorteile ohne den wirtschaftlichen Erfolg eines Produktes und einer Verpackung sind nicht nachhaltig und nicht zukunftsfähig. Gerade bei auf den ersten Blick ungünstigen finanziellen Resultaten sollte man zur genauen Klärung der realen wirtschaftlichen und ökologischen Impakte und Ergebnisse mithilfe einer Wertstromanalyse alle Aspekte eines Packstoffes oder eines Packmittels aufnehmen und bewerten. Damit erhält man ein besseres Bild, inwieweit die Ziele erreicht werden.

Beispiel Zielkonflikt für Design-for-Recycling

Bei dem vorgenannten Thema werden am Beispiel des PET-Tiefziehteils nur der Rohstoffpreis und der Teilepreis gegeneinandergestellt, dadurch ist das PET-Tiefziehteil der sichere Gewinner. Wird jedoch auch die höhere Energie zur Herstellung und Verarbeitung, gegebenenfalls höhere Ausschussquoten oder die angesprochene Malus-Gebühr mit eingerechnet, kann ein PP-Tiefziehteil durchaus eine Chance erhalten.

Ein weiterer Zielkonflikt ergibt sich teilweise beim Einsatz von Rezyklat, denn auch eine Verpackung aus Rezyklat muss wieder recyclefähig sein. Ein Anspruch, der mit jedem Loop schwieriger in der Umsetzung wird. Allein die spezifische Dichte unter 1 zu halten, trotz Zugabe von mineralischen Füllstoffen zur Einstellung des MFI und mit Zugabe von verschiedenen Hilfsstoffen, erfordert einiges an Rezepturkenntnissen.

Ganz klassisch sind natürlich dünne Multilayerfolien, der Inbegriff von geringem Ressourceneinsatz. Sind jedoch die einzelnen Schichten in ihrer Dicke auf ein Minimum reduziert, ist die Trennung der Einzelschichten und deren individuelle Aufbereitung nicht mehr wirtschaftlich.

Gerade bei Papierverbunden ging man eine Zeit lang den anderen Weg, um einen Anteil an Faserstoff von 95 % oder mehr zu erreichen. Es wurden die Einsatzgewichte des Papiers gegenüber den „Wachsungen" oder Kaschierungen so optimiert, dass sie eigentlich für die Funktionalität überdimensioniert waren. Aber die Verteilung sorgte dafür, dass noch genügend Faserstoff „übrig" war, damit der Packstoff nur 5 % Fremdstoffe aufwies und damit als recycelfähig durchging.

Neben Konflikten zwischen verschiedenen Umweltzielen können innerhalb des Eco-Design-Prozesses auch Konflikte mit anderen Kernanforderungen wie z. B. der Gebrauchstauglichkeit, der Marketing-Funktion oder den Kosten auftreten. Diese Konflikte können prinzipiell in der gleichen Art und Weise behandelt werden.

Kunststoffvermeidung als ökologisches Ziel?

Wirkliche Nachhaltigkeit versucht mit dem geringstmöglichen Impakt so effektiv wie möglich die definierte Funktionalität zu erzielen. Dabei von Anfang an einen Packstoff auszuschließen oder zu verdammen, entbehrt jeder Faktenlage. In einer Zeit, in der viele selbsternannte „Nachhaltigkeitsexperten" auch aus Kreisen der großen internationalen Unternehmensberatungen ohne Scoring, Wertstromanalyse und Nutzwertbetrachtung Kunststoff als Packstoff generell ausschließen, steigen die Verbräuche an Packstoffen und Packmitteln bedenklich an.

Aktuell werden viele gute und bereits ressourcenangepasste Verpackungslösungen im Bereich Logistik von Kunststoff auf Faserstoffvarianten umgestellt. Betrachtet man den Ressourceneinsatz vor und nach der Umstellung, ist zum größten Teil eine Gewichtserhöhung bei gleicher oder verringerter Funktionalität zu ermitteln. Da der Schutz und Erhalt des Produktes immer den höchsten Stellenwert haben, ist abzuwägen, ob die reduzierte Funktionalität durch die Packstoffumstellung noch ausreicht. Aufgaben wie sie beispielsweise durch eine Kratzschutzfolie erfüllt werden, sind häufig nur sehr umständlich mit einem hohen finanziellen Aufwand und ressourcenintensiven Packstoffen realisierbar, wenn man auf Kunststoff verzichten möchte – hier bieten sich der Einsatz von Rezyklat oder Kunststoffen auf Basis von biogenen Reststoffen an, wenn fossile Rohstoffe verringert werden sollen.

Besondere Herausforderungen stellen die Umstellungen bei Tüten und Beuteln von kunststoffbasiert auf faserstoffbasiert dar. Neben dem höheren Eigengewicht sind Faserstoffe von sich aus offenporig und bieten keine Barriere bzw. kein Siegelverhalten. Die entsprechenden Eigenschaften müssen dann wieder mit einem Kunststoffauftrag auf die Faserstoffbahn geschaffen werden, wie z. B. durch eine Lackierung, eine Kaschierung oder eine Extrusion. Diese kann dann je nach Art zu Komplikationen im Faserstoffrecycling führen. Feuchtigkeits- oder fettabweisende Ausstattungen von Faserstoffen, um Folieneigenschaften zu erhalten, können nicht nur den Blattbildungsprozess beim Altstoff behindern, sie können auch gesundheitsrelevante PFAS enthalten.

Außerdem muss bedacht werden, dass Faserstoffe gute Isolatoren sind – daher benötigt eine Formung oder Siegelung einer Papierbahn oft mehr Energie als die ursprüngliche Kunststoffvariante. Einige Maschinenhersteller von FFV-Anlagen („Formen-Füllen-Verschließen") sprechen von bis zu 25 % mehr Energiebedarf.

Bei einer Wertstromanalyse bzw. bei einer Gesamtbetrachtung aller Wertschöpfungsstufen, wie das im Eco-Design vorgegeben ist, würde dieser Fakt verrechnet werden.

Prinzipiell ist allerdings weder Kunststoff noch Faserstoff generell gut oder schlecht. Die Bewertung aller relevanten Faktoren mittels eines Bewertungstools schafft Fakten, die dann auch belastbar für die Nachhaltigkeitskommunikation verwendet werden können. Diese Berechnungen dienen auch für das Nachhaltigkeits-Reporting gemäß European Sustainability Reporting Standards (*ESRS*) als nachprüfbare Basis.

6.4 Praxisbeispiele

Produktdesign in der Praxis

Wie schon in den vorangegangenen Kapiteln angesprochen, wird Nachhaltigkeit in der Verpackungsentwicklung häufig emotional betrieben bzw. häufig an Packmittellieferanten delegiert. Das hat einen drastischen Informationsverlust über Produkt- und Produktionsanforderungen in den Abfüllunternehmen zur Folge. Häufig sind wichtige Anforderungen der Abpackanlagen wie Reißfestigkeit, Reibungsanforderungen, Dehnungsverhalten, die durch die Anlagen vorgegeben werden, nicht bekannt oder auch die wirklichen Barriereanforderungen in Bezug auf Wasserdampf (Feuchte, Sauerstoff). Die Folge sind Überdimensionierungen durch die Packstoff- bzw. Packmittellieferanten, um sicherzugehen, dass die Produkte nicht geschädigt werden. Kommt dann noch die „gefühlte" Nachhaltigkeit hinzu, werden Packmittel entworfen, die einen deutlich höheren Impakt hinsichtlich Kosten, Umwelt oder sogar Sozialem mit sich bringen. Nur eine faktenbasierte Entwicklung auf Basis eines klaren und detaillierten Briefings, welches alle Anforderungen entlang der Wertschöpfungskette berücksichtigt, ist zielführend.

Beispiel A: Tiefkühlverpackung Papier statt Plastik: emotionale Verpackungsentwicklung versus Realität

Ein deutscher Markenartikler, der Tiefkühlfertiggerichte bisher in Kunststoffbeuteln und Faltschachteln anbietet, entschied sich im Rahmen seiner „Umweltaktivitäten" seinen durch konsequente Nachhaltigkeitsoptimierung ausgezeichneten PP-Monobeutel durch eine Papiervariante zu ersetzen. Statt des dickenoptimierten PP-Beutels wurde ein 90-g/m²-Kraftpapier eingesetzt. Um die Rezyklierbarkeit zu erhalten, wurde ein Beutelkonzept gewählt, welches nur in den Siegelnahtbereichen mit einem Siegellack beschichtet war (Tabelle 6.1).

Aufgrund der Isolationseigenschaften des Papiers und einiger anlagentechnischer Probleme waren zu Beginn der Markteinführung mehr als 25 % der Siegelnähte nicht komplett geschlossen, dies führte natürlich zu Verlust an Produkt. Da das Papier eine gewisse Nassempfindlichkeit aufweist, wurde empfohlen, den Inhalt (gefrorene Produkte) vor dem Auftauen in eine Schale zu geben und die Verpackung zu entsorgen. Die Steifigkeit und der aus der Oberflächenrauigkeit folgende hohe Reibungskoeffizient des Papiermaterials arbeiteten gegen eine gute gleichmäßige Beutelbildung. Dadurch kam es zur Faltenbildung in der Siegelnaht, die trotz verbreiterter Siegelnähte und einem verlängerten Rapport (= mehr Material) nicht verhindert werden konnte. Die veranschlagten Taktungen konnten durch die verringerten mechanischen Eigenschaften nicht erzielt werden. Nach ca. 2 Jahren wurde der Relaunch zurückgenommen. Neben all den technischen Problemen und dem erhöhten Energiebedarf bei der Versiegelung der Beutel belegt ein Vergleich von Rohstoffeinsatz und Klimagasimpakt, dass die gewünschte ökologische Vorteilhaftigkeit nicht erzielt werden konnte.

Durch die deutlich breiteren Siegelnähte (ca. +50 %) und den verlängerten Rapport wird die Verpackung an sich größer und schwerer. Insgesamt war der 600-g-Papierbeutel mit 12 Gramm doppelt so schwer wie der ursprüngliche 500-g-PP-Beutel. Das hat einen GHG-Wert von 15,4 g (Papier) zu 12,0 g (Kunststoff) zur Folge.

Bereinigt mit dem Füllgewicht (also umgerechnet auf je 100 g Produkt) sieht das so aus: GHG/100 g Produkt: 2,6 (Papier) zu 2,4 (PP-Beutel) also gleich Gewicht Packstoff/100 g Produkt: 2,0 g (Papier) zu 1,2 g (PP).

Die Rezyklierbarkeit ist beim PP-Beutel und beim Papierbeutel gemäß Mindeststandard vergleichbar, vorausgesetzt, das eingesetzte Siegelmedium stört den Papierstoff-Aufbereitungsprozess nicht.

Tabelle 6.1 Vergleich der Rezyklierbarkeit von PP- und Papierbeuteln (eigene Berechnung)

	Bisheriger PP-Beutel	Papier-Beutel
Hauptmaterial	PP	90-g/m^2-Kraftpapier (mit Siegellack am Rand)
Gewicht in [g]	6,0	12
GHG-Faktor in [g CO_2 eq./g Material]	2	1,28
Summe GHG in [g CO_2 e/Unit]	12,0	15,4

Beispiel B: optimierte Verpackung für Erden und Holzprodukte

Aus Rezyklat für Rezyklat: konsequent faktenbasierte Packstoffoptimierung

Für die im Gartenbau und in Heimwerkermärkten vertriebenen Erden- und Rindenprodukte wurden über Jahrzehnte hinweg Beutelfolien eingesetzt, deren Zusammensetzung und Aufbau empirisch „gewachsen" sind.

So wurde z. B. die UV-Barriere mittels einer schwarzen Co-Extrusions-Schicht auf der Innenseite der Beutel definiert, die ein Wachstum der möglichen Samen in den Erdenfolien verhindern soll. Ähnlich erfolgte die Definition der Oberflächenrauigkeit, die zwischen den guten Gleiteigenschaften für den gleichmäßigen Lauf in der Abpackanlage und einer gewissen Haftreibung bei der Stapelung der großen Einzelsäcke (bis zu 60 Liter) auf der Palette liegt. „Hot tack", Durchstoßfestigkeit und Einreißwiderstand waren ebenfalls empirisch über die Jahre festgelegt worden, ohne dass konkrete physikalische Werte vorlagen.

Neben der schwarzen Einfärbung der Innenseite, die laut Mindeststandard ein Problem bei der Sortierung und Aufbereitung des LDPE-Materials darstellt, war auch die spezifische Dichte des Materials im Laufe der Zeit auf einen Wert über 1,02 gewandert und damit war es nicht mehr im Schwimm-Senkverfahren aussortierbar.

Die Entwicklung bestand in einem ersten Schritt darin, alle relevanten Charakteristika zu identifizieren und mit Sollwerten und zulässigen Toleranzen zu hinterlegen.

In einem folgenden Schritt wurden dann Rezepturen entwickelt, die alle physikalischen Anforderungen erfüllen, jedoch dabei noch recyclefähig sind (mindestens 80 %) und deren Klimagasimpakt mindestens 30 % geringer ist als der aktuelle. Ziel war es ebenfalls, trotz des Rezyklateinsatzes, die Gesamtmenge an Kunststoff (Ressourceneinsatz) möglichst nicht zu erhöhen.

Tabelle 6.2 Packstoffoptimierung für Erd- und Holzproduktbeutel (eigene Berechnungen)

	Ausgangs-situation	Entwicklungs-resultat	Gewünschter Sollwert	Minimumwert
Ressourceneinsatz [t]	100 %	103 %	100 %	105 %
davon Rezyklateinsatz [%]	0 %	80 %	80 %	60 %
Recycelfähigkeits-Zertifikat [%]	< 70 %	85 %	85 %	80 %
Klimagas-Impakt [t CO_2e/a]	100 %	51 %	60 %	70 %
Eigene Berechnung ©C. E.Schweig aus 2022				

Literatur

(CF 2025) *https://ceflex.eu/*, 19.03.2025

(CNLC 2025) *https://www.cencenelec.eu*, 19.03.2025

(Cot 2025) *https://www.cotrep.fr/en/*, 19.03.2025

(CPA 2025) *https://single-market-economy.ec.europa.eu/industry/industrial-alliances/circular-plastics-alliance_en*, 19.03.2025

(EU 2018) Eine europäische Strategie für Kunststoffe in der Kreislaufwirtschaft. MITTEILUNG DER KOMMISSION AN DAS EUROPÄISCHE PARLAMENT, DEN RAT, DEN EUROPÄISCHEN WIRTSCHAFTS- UND SOZIALAUSSCHUSS UND DEN AUSSCHUSS DER REGIONEN. COM(2018) 28 final. Brüssel, den 16.1.2018

(GVM 2021) GVM Gesellschaft für Verpackungsmarktkunde (Hrsg.) (2021): 90 % recycling- oder mehrwegfähige Kunststoffverpackungen bis 2025 – Monitoring des IK-Ziels mit Bezugsjahr 2020. Im Auftrag von IK Industrievereinigung Kunststoffverpackungen e. V. Mainz, Oktober 2021.

(IK 2022) Nachhaltigkeitsbericht der IK Industrievereinigung Kunststoffverpackungen e. V., 2022, *https://kunststoffverpackungen.de/wp-content/uploads/2022/01/IK_NH_Bericht_2021.pdf*, 19.03.2025

(N. N. 2018) *https://environment.ec.europa.eu/strategy/plastics-strategy_en, 19.03.2025*

(N. N. 2020) https://environment.ec.europa.eu/strategy/circular-economy-action-plan_en, 19.03.2025

(N. N. 2022) Der Runde Tisch Eco Design von Kunststoffverpackungen (Hrsg.) (2019): Eco Design von Kunststoffverpackungen – Der Management-Leitfaden des Runden Tisches. Kernleitfaden. *https://ecodesign-packaging.org/leitfaden/management-ueberblick/*, 19.03.2025

(N. N. 2025) *https://www.gesetze-im-internet.de/verpackg/__21.html, 19.03.2025*

(N. N. 2025a) *https://www.verpackungsregister.org/*, 19.03.2025

(N. N. 2025b) *https://guidelines.ceflex.eu*, Leitfaden „Designing for a Circular Economy", 19.03.2025

(NABU 2022) *https://www.nabu.de/umwelt-und-ressourcen/ressourcenschonung/einzelhandel-und-umwelt/32297.html, 19.03.2025*

(Rec 2025) *https://www.recoup.org/*, 19.03.2025

(ReCl 2025) *https://recyclass.eu*, 19.03.2015

(ZSVR 2022) *https://www.verpackungsregister.org/fileadmin/files/Mindeststandard/Mindeststandard_VerpackG_2022.pdf, 19.03.2025*

7
Sammeln und Sortieren haushaltsnaher Verpackungsabfälle

Joachim Christiani

Bereits vor Inkrafttreten der ersten Verpackungsverordnung 1991 wurden vereinzelt Anstrengungen flächendeckende Einführung der privatwirtschaftlich organisierten dualen Entsorgungswirtschaft schaffte die Voraussetzungen, Lösungsansätze für eine Kreislaufwirtschaft auch für Kunststoffabfälle zu entwickeln. Anders als für Altglas oder Altpapier bildet den Startpunkt der abfallseitigen Prozesskette nicht die selektive Sammlung von Kunststoff(-verpackungen), sondern die gemeinsame Erfassung mit Metall- und Verbundverpackungen. Wegen der geringen Schüttdichte wurden die einzelnen Komponenten unter dem Begriff „Leichtverpackungen“ (LVP) subsummiert.

7.1 Die getrennte Sammlung von Verpackungsgemischen

7.1.1 LVP-Erfassungssysteme – Sammelmengen und Qualitäten

Die LVP-Erfassung erfolgt heute – abgesehen von wenigen Sondersammelsystemen – zu etwa 95 % über die Holsysteme Gelber Sack und Gelbe Tonne. Bundesweit wurden in den vergangenen Jahren knapp 2,8 Mio. t Sammelgemisch (ca. 33,5 kg/E·a (kg pro Einwohner und Jahr)) erfasst. Die Sammelmengen sind die Abrechnungsgrundlage der dualen Systeme und werden auf Vertragsgebietsebene (bundesweit 420 Gebiete, in der Regel Landkreise und kreisfreie Städte) ermittelt und dokumentiert. Die absolute Streuung ist hoch; sie reicht nach älteren Erhebungen von ca. 7 kg/E·a bis 80 kg/E·a. Die Standardabweichung des Mittelwertes liegt bei ca. 9 kg/E·a. Spitzenwerte sind insbesondere auf den Einfluss von Tourismus auf einwohnerbezogene Kennwerte zurückzuführen; niedrige Werte signalisieren mangelnden Nutzungskomfort der Sammelsystemvariante.

Für die Quantifizierung von Erfassungsquoten ist die Brutto-Sammelmenge allerdings allenfalls ein Indikator. Von eigentlichem Interesse sind die spezifischen Wertstoffinhalte, die im Wesentlichen aufgrund sehr unterschiedlicher Fehlwurfanteile ebenfalls einer erheblichen Streuung unterliegen, im Einzelnen aber nicht bekannt sind. Ähnliches gilt für die Verluste von Verpackungen, die nicht in der getrennten Sammlung, sondern im Restmüll landen. Daher ist die Effizienz der getrennten Erfassung nur dann zu beschreiben, wenn Bestandsaufnahmen abfallanalytisch nach geeigneter Methodik vorgenommen werden. Aktuelle übergreifende vergleichende Studien sind nicht einschlägig; breit ausgelegte Untersuchungen zu den Gesetzmäßigkeiten und zum Erfassungserfolg wurden lediglich in den ersten 10 Jahren nach Systemeinführung vorgenommen. In diesen Untersuchungen wurden Einzelergebnisse aus Entsorgungsgebieten mittels statistischer Methoden vergleichend ausgewertet (vgl. insbesondere Christiani 1997 sowie Gallenkemper 1999).

Einfluss der Konsumgewohnheiten

Unterschiedliche Konsumgewohnheiten gelten als Hauptursache für das regional unterschiedliche LVP-Abfallaufkommen, also für die Gesamtfracht im Restmüll- und LVP-Erfassungssystem. Nach den oben angeführten älteren Untersuchungen liegen in eher ländlich strukturierten Gebieten die Potenziale unter 25 kg/E·a, in Großstädten über 30 kg/E·a. Einzelne Ergebnisse kombinierter Restmüll-/Wertstoffsortieranalysen bestätigen diesen Zusammenhang. So wurde 2011 für eine Stadt in NRW ein LVP-Potenzial von 32 kg/E·a ermittelt; in einem ländlich strukturierten Vertragsgebiet lag es lediglich bei 24 kg/E·a. Vergleichbare Differenzen gab es auch für die stoffgleichen Nichtverpackungen (StNVP) mit 10 kg/E·a in der Großstadt gegenüber 7 kg/E·a in ländlichen Regionen (Christiani 2011). Nicht nur das Wertstoffpotenzial wird von sozio-ökonomischen Faktoren beeinflusst, auch die spezifischen Wertstofferfassungsmengen bzw. Erfassungsquoten sind davon abhängig (Bild 7.1).

Die ausgewiesenen LVP-Erfassungsquoten von lediglich 37 % für das städtisch und 84 % für das ländlich strukturierte Gebiet sind zwar zahlenmäßig nicht zu verallgemeinern. Auch nach aktuellen Analysen ist aber festzuhalten, dass bei gleichem Entsorgungsangebot Erfassungsquoten in hoch verdichteten Siedlungsräumen signifikant hinter denen im ländlichen Raum und in vorstädtischen Gebietsstrukturen mit individueller Gefäßzuweisung zurückbleiben.

Eine auf größerer Stichprobenbasis vorgenommene ältere Auswertung zu diesem Komplex zeigt Tabelle 7.1. Einzelne Werte darin sind heute nicht mehr relevant, da zwischenzeitlich sowohl Einzelpotenziale als auch Erfassungsquoten auf einem anderen Niveau liegen. Die generelle Abhängigkeit der Potenziale und Erfassungsquoten von der Siedlungsstruktur dürfte hingegen nach wie vor gültig sein.

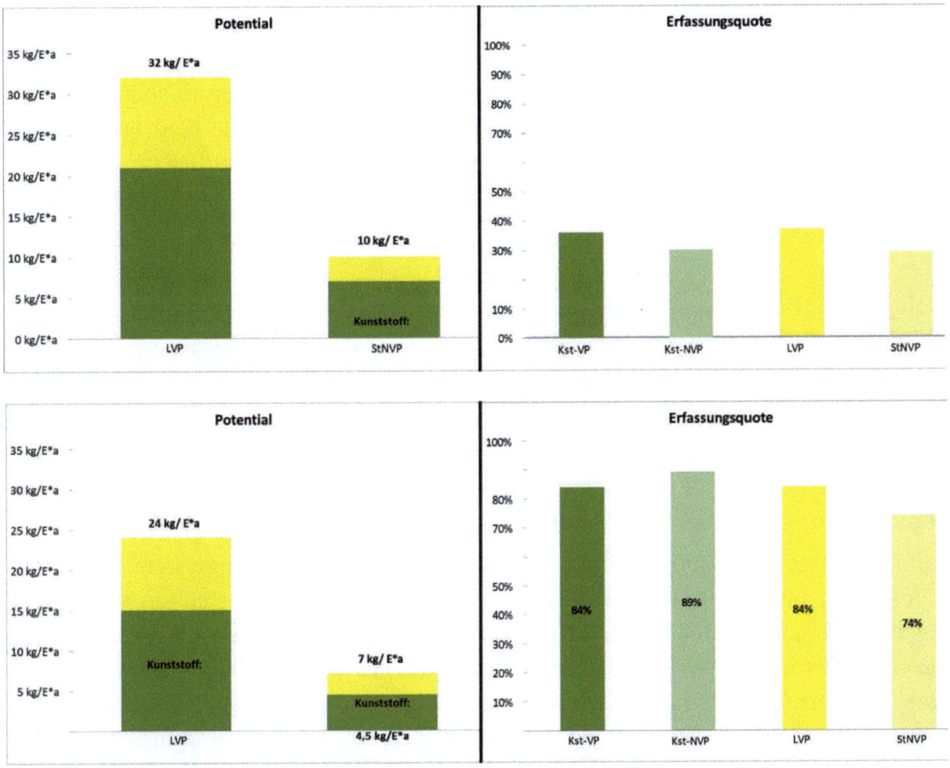

Bild 7.1 Messergebnisse aus kombinierten Restmüll-LVP-Analysen, exemplarisch (oben: Beispiel Großstadt, unten: Beispiel Landkreis) (aus Christiani 2011)

Tabelle 7.1 Spezifische Potenziale und spezifische Erfassungsquoten in Abhängigkeit von der Siedlungsstruktur (Christiani 1997)

Packmittel-gruppe	Potenziale		Erfassungsquoten	
	Städtisch (kg/E·a)	Ländlich (kg/E·a)	Städtisch %	Ländlich %
Weißblech	8,0 - 9,0	7,2 - 9,0	45 - 53	75 - 89
Aluminium	1,9 - 3,5	1,2 - 1,7	21 - 30	40 - 60
Kunststoffe	12,0 - 16,0	10,1 - 12,0	42 - 57	55 - 70
Verbund	3,4 - 4,0	3,4 - 4,2	45 - 58	56 - 76
LVP Gesamt	27,0 - 32,5	22,3 - 25,0	32 - 51	61 - 74

Die materialspezifischen Erfassungsquoten deuten darauf hin, dass die Akzeptanz der Getrenntsammlung durch den Endverbraucher je nach Material variiert. Ursache für die unterschiedlichen Werte ist aber vermutlich keine echte Materialabhängigkeit als vielmehr ein hygienisch bedingter Einfluss durch das Füllgut: Die niedrigsten Erfassungsquoten gibt es generell für Verpackungen, die überdurchschnittlich oft für pastöse Lebensmittel verwendet werden und die nach dem Verbrauch entsprechend schwieriger zu entleeren sind.

Holsystem oder Bringsystem?

Signifikanten Einfluss auf die Erfassungsquote hat die Ausgestaltung des Wertstofferfassungssystems. Die höchsten Sammelmengen werden mit Behältern erzielt. Allerdings ist die Sammlung in der Tonne weniger selektiv als eine Sammlung im Gelben Sack, sodass es bei der Netto-LVP-Erfassungsmenge keine eindeutige Priorität gibt. Demgegenüber sind realisierbare Erfassungsquoten über konventionelle Bringsysteme auch nach früheren Studien signifikant niedriger (Gallenkemper 1999, BIFA 2011).

Tabelle 7.2 stellt Erfassungsmengen aus Gebieten mit reinem Bringsystem (Wertstoffhöfe) denen aus Gebieten mit Holsystemen gegenüber. Es handelt sich um Mittelwerte aus einem bundesweiten Vergleich (DSD 2009). In einer Best-case-Variante zugunsten der selektiveren Bringsysteme wird unterstellt, dass es keine Fehlbeschickung gibt und eine Nachsortierung mit technisch bedingten Verlusten entbehrlich ist. Um auf dieses theoretische Niveau in etwa gleichzuziehen, wurden von der Erfassungsmenge aus Holsystemen durchschnittlich anfallende Sortierreste abgezogen. Der Saldenvergleich verifiziert die Tatsache, dass über Holsysteme deutlich höhere Erfassungsquoten erzielt werden als über Bringsysteme.

Tabelle 7.2 Vereinfachter Vergleich Hol- und Bringsystem

	Holsystem	Bringsystem
mittl. Sammelmenge	29,6 kg/E·a	11,4 kg/E·a
mittl. Sortierrestaufkommen	9,5 kg/E·a	0 kg/E·a
Saldo	20,1 kg/E·a	11,4 kg/E·a

Ein weiterer Nachteil von Bringsystemen für LVP sind die hohen spezifischen Kosten. Bringsysteme für LVP sind aus den oben genannten Gründen zwischenzeitlich die absolute Ausnahme. Nahezu flächendeckend haben sich Gelbe Tonne oder Gelber Sack etabliert.

Einen qualitativen Vergleich beider Sammelvorhaben zeigt Bild 7.2.

Kriterien	Gelber Sack (GS)	Gelbe Tonne (GT)	Bemerkungen
Abfallwirtschaftliche Parameter			
Sammelgemischqualität	++	--	insbesondere bei GT/WT hohe Schwankungsbreite
Brutto-Sammelmenge	--	++	
Netto-Sammelmenge	+/-	+/-	bundesweiter Mittelwert ca. 25 kg/E*a
Reinheit abs.	**80 – 85 %**	**45 – 75 %**	GT vs. GS im Mittel 20%-Punkte schlechter
Restabfallreduzierung	-	+	
Erfassungskosten	+	-	höhere Sammelleistungen bei Gelbem Sack
Systemkosten	++	--	Sortierkosten direkt proportional Brutto-Sammelmenge
Flexibilität	+	-	
Nutzungskomfort	-	+	gebietsstrukturelle Abhängigkeit
Stellplatzproblematik	+	-	Innenstadtbereich
Sonstige Kriterien			
Belastung Müllwerker	-	+	
Verunreinigung öffentlicher Raum	--	++	

\+ vorteilhaft
\- nachteilig
+/- neutral (im Vergleich)

Bild 7.2 Gelber Sack vs. Gelbe Tonne

Der Systemvergleich führt zu keinem eindeutigen Ergebnis. Die Sammlung über Tonnen verursacht signifikant höhere Systemkosten und erschwert den dualen Systemen die Erfüllung der Recyclingquote nach § 16 (4) VerpackG. Der Nutzungs- und Handlungskomfort der GT sind wesentliche Pro-Argumente. Insbesondere bei Miterfassung von sogenannten stoffgleichen Nichtverpackungen im Rahmen einer Mitbenutzung durch die öffentlich-rechtlichen Entsorgungsträger (örE) sowie in hochordentlichen Blockbebauungsstrukturen ist die Substitution von Sack- durch Tonnensammlung (GT) allerdings als alternativlos anzusehen.

Auf Quantität und Qualität der Getrennterfassung wirken darüber hinaus Art, Umfang und Anschlussgrad von gewerblichen Anfallstellen sowie die Art der PPK-Sammlung. Aus Einzelfalluntersuchungen sind daneben Stellgrößen bei der Restabfallerfassung (Behältergrößen, Abfuhrfrequenz, Gebührenbemessung) als potenzielle Einflussparameter nachgewiesen (vgl. Gallenkemper 1999).

7.1.2 Zusammensetzung von Leichtverpackungen

Die Zusammensetzung der LVP-Erfassungsmengen hat sich seit Einführung der getrennten Sammlung sowohl kontinuierlich als auch sprunghaft verändert. Sprunghafte Veränderungen resultieren aus der Einführung der Pfandpflicht für Getränkeverpackungen, die einerseits zu einer Halbierung des Weißblechanteils von vormals deutlich über 20 Prozentpunkten führte. Ferner wurden hierdurch über 400 000 t/a PET-Flaschen der Systembeteiligungspflicht entzogen.

Im Übrigen spiegeln sich in der Zusammensetzung von LVP-Sammelmengen allgemeine Entwicklungen von Konsumverhalten und Verpackungsentwicklung wider wie z. B. die Zunahme von Convenience-Produkten oder die Substitution von formstabilen Kunststoffverpackungen (wie z. B. PE-Flaschen) durch flexible Strukturen wie Standbodenbeutel.

Unverändert hingegen ist die Tatsache, dass LVP-Sammelmengen einen signifikanten Anteil an sogenannten „Störstoffen“ oder „Fehlwürfen“ aufweisen. Ursachen hierfür sind mannigfaltig. Vorrangig sollen zwei Aspekte an dieser Stelle genannt werden: Zum einen handelt es sich bei der Getrennthaltung von Abfällen durch den Systemnutzer in erster Linie um einen Entsorgungsvorgang, der im Fall von Gemischtsammelsystemen gegenüber Monosammelsystemen eine Vielzahl zusätzlicher individueller Abgrenzungsprobleme birgt. Zum anderen verzerrt die gravimetrische Quantifizierung von Störstoffanteilen die Fehlbeschickung; Verpackungen, insbesondere Kunststoffverpackungen wiegen im Mittel nur wenige Gramm; ein Turnschuh oder gar ein Teppich („Ist doch auch Plastik“) das Hundert- oder Tausendfache.

Die Sortierfähigkeit und Verwertbarkeit der Verpackungswertstoffe ist entgegen anderslautenden Bekundungen nur marginal von Störstoffgehalten abhängig, soweit es sich bei den Störstoffen um trockene Abfälle handelt. Fehleinträge im Erfassungssystem sind primär ein wirtschaftliches Problem.

Bild 7.3 zeigt die Ergebnisse einer Erhebung zur LVP-Zusammensetzung auf breiter Stichprobenbasis aus dem 4. Quartal 2017, wonach im Mittel ca. ein Viertel der Sammelmenge aus nicht bestimmungsgemäßer Beschickung resultiert. Metallhaltige und faserbasierte Komponenten bilden ein weiteres Viertel, sodass in etwa 50 % der Sammelmenge aus kunststoffbasierten Artikeln bestehen. Bezüglich der in Bild 7.3 ausgewiesenen absoluten Mengenangaben ist anzumerken, dass hierin Restinhalte, Feuchte und Fremdmaterialien (wie Papieretiketten) eingeschlossen sind.

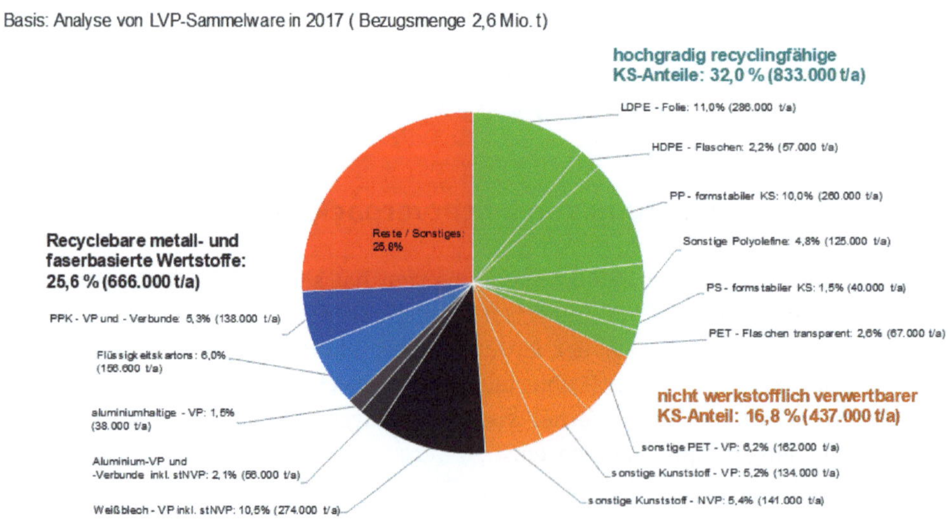

Bild 7.3 Werkstofflich verwertbare Anteile im LVP-Input (Stand 2017)

Die Analyse aus dem 4. Quartal 2017 diente im Wesentlichen zur Positionsbestimmung und Konzeptfindung für Maßnahmen in Anbetracht der anstehenden maßgeblichen Quotenanhebung durch das VerpackG (VPKG 2017). Neben der Materialart nach VerpackG wurde daher auch bezüglich Verpackungstyp, Werkstoffart und -typ sowie spezifischer Recyclingfähigkeit differenziert.

Aus der für Bild 7.3 Datenaggregation der ca. 140 resultierenden analytischen Stoffgruppen ist ersichtlich, dass 1/3 der Kunststoffabfälle als hochgradig recyclingfähig eingestuft wurden. Die mengenmäßig wichtigsten nicht recyclingfähigen Kunststoffverpackungsstoffgruppen sind PET-basierte Tiefziehverpackungen und flexible Multilayerverpackungen, daneben rußbasiert eingefärbte Kunststoffe, opake PET-Flaschen und Verpackungen aus PLA, PVC und EPS.

7.2 Sortierung von Leichtverpackungen

7.2.1 Vorbemerkungen

Sortierung bedeutet in der technisch-wissenschaftlichen Definition Trennung nach Stoff- oder Materialeigenschaften. Sortierprozesse kommen in der Aufbereitungstechnik überwiegend nach einem physikalischen Aufschluss der unterschiedlichen miteinander verbundenen Komponenten zur Anwendung. Sortierung ist also eine Teiloperation innerhalb der Aufbereitung.

Im abfallwirtschaftlichen Sprachgebrauch werden hingegen die Begriffe Sortierung und Aufbereitung nicht im technisch-wissenschaftlichen Sinne verwendet. Sortieranlagen sind hier Anlagen, in denen Abfallkomponenten nach Artikelmerkmalen voneinander separiert werden. Als Aufbereitungsanlagen werden solche bezeichnet, in denen die aussortierten Komponenten weitergehend aufgeschlossen und nach Stoffmerkmalen sortiert werden. In beiden Stufen, der „Sortierung“ und der „Aufbereitung“, bilden Sortierprozesse die führenden Verfahrensschritte begleitet von Hilfsprozessen wie Zerkleinerung, Klassierung (Trennen nach Partikelgröße), Homogenisieren, Umschmelzen und Konditionierung für Transportprozesse.

Die beschriebene Zweiteilung der Prozesskaskade hat sich auch in der Aufbereitung von Verpackungsabfällen durchgesetzt. Dies hat weniger technische oder ökonomische Gründe, sondern ist vielmehr das Resultat der Umsetzung der Verpackungsabfallgesetzgebung, in der das duale System zuständig war für die Sammlung und Sortierung von Verpackungsabfällen und die (nach Verpackungsmaterialart) sortierten Verpackungen den sogenannten „Verwertungsgarantiegebern“ zur weiteren Behandlung übergeben wurden. An der Schnittstelle Sortierung/Aufbereitung bildeten sich entsprechende Sortierspezifikationen heraus, die bis heute nicht unmittelbar auf eine Reinheit im Sinne des späteren Rezyklats, sondern lediglich auf die Anreichung bestimmter Verpackungstypen abzielen. Typische Formulierungen in den Sortierspezifikationen lauten entsprechend „Artikel aus z. B. PE inkl. Nebenbestandteilen wie Etiketten und Verschlüsse“.

Innerhalb von Sortieranlagen werden also Komponenten einer einzelnen Verpackung nicht voneinander separiert; die Verpackung verlässt bezüglich ihres Stoffbestandes die Anlage so, wie sie aufgegeben wurde.

Dies ist mit erheblichen Konsequenzen für die gesetzliche Quotenbemessung, aber auch für die Maßgaben einer recyclinggerechten Gestaltung von Verpackungen verbunden.

7.2.2 Entwicklung der Sortiertechnologie

Die ersten Jahre seit flächendeckender Einführung des neuen Sammelsystems für Leichtverpackungen waren von diversen Versuchen gekennzeichnet, die zunächst vorherrschende fast ausschließlich manuelle Sortierung des Sammelgemisches zu substituieren. Anfang der Neunzigerjahre existierten bundesweit fast 500 LVP-Sortieranlagen, vielfach umgenutzte Gewerbeabfall- oder Altpapiersortierlinien.

Die spezifischen Gemischeigenschaften wie

- niedrige Schüttdichte,
- geringe Einzelteilmasse,
- durchschnittlich hohe Verwiegungsgrade,
- Artikel- und Stoffvielfalt

und die Heterogenität hinsichtlich aller relevanten Eigenschaftsmerkmale erschwerte die unmittelbare Adaption von mechanischen Aufbereitungsprozessen aus anderen Bereichen. Zudem mussten ein Produktportfolio und Anforderungen an einzelne Sortierprodukte entwickelt werden.

Parallel wurden zwei unterschiedliche Entwicklungsansätze verfolgt, die mit den Begrifflichkeiten „konventionelle Sortierung“ und „integrierte Verfahren“ differenziert werden können.

Die konventionelle Sortierung orientierte sich streng an der durch die Systemausgestaltung vorgegebenen Schnittstelle der Organisationsverantwortung zwischen dualem System und Verwertungsgarantiegebern; d. h., Zielsetzung der konventionellen Sortierung ist die Erzeugung von Vorkonzentraten zur Weiterverarbeitung durch spezialisierte Recyclingbetriebe.

Integrierte Verfahren negieren diese Schnittstelle. Zielsetzung ist hier, innerhalb eines Prozesses aus dem Sammelgemisch unmittelbar Rezyklate zu erzeugen. Den Höhepunkt der Entwicklung der integrierten Verfahren stellte die Realisierung der auf dem „KAKTUS“-Prozess basierenden Sortec-Anlage in Hannover zur EXPO 2000 dar. Aus einer Reihe von Gründen haben sich integrierte Verfahren trotz technisch-ökonomischer Vorteile aber letztendlich nicht durchsetzen können, daher sollen sie an dieser Stelle nur am Rande erwähnt werden. Die weiteren Ausführungen beziehen sich auf die konventionelle Sortierung.

Die Leistungsmerkmale der nullten Anlagengeneration waren gering; meist 1 – 2 t/h bei einem spezifischen Personaleinsatz von minimal einer Sortierkraft je 100 kg Stundendurchsatz.

Für die Kunststoffe bildete sich in Anbetracht der vorhandenen Verwertungsoptionen eine Unterteilung in drei Sortierfraktionen heraus: großformatige Folien, Flaschen sowie alle übrigen Verpackungstypen, die dann unter dem Begriff „Mischkunststoff" zusammengefasst werden.

Erste signifikante Leistungssteigerungen wurden mit der Implementierung von mechanischen Gebindeöffnern, Siebmaschinen und Querstromwindsichtern erreicht, womit die Effizienz der manuellen Sortierung um ca. einen Faktor von 5 gesteigert werden konnte und die Voraussetzungen für eine spätere Automatisierung der Sortierung gelegt wurde.

Seit Mitte der Neunzigerjahre standen erste betrieblich geeignete sensorbasierte Sortierautomaten zur Verfügung; diese sog. NIR-Trenner ermöglichten eine sukzessive, partielle Substitution der manuellen Sortierung der Kunststoffe.

1999 gelang dann mit einem Pilotprojekt in der LVP-Sortieranlage in Trier der Durchbruch der „Kunststoffartensortierung"; hierbei werden die formstabilen Kunststoffe in die Sortierfraktion PE, PP, PS und PET-Flaschen aufgesplittet. Die Standardauslegungsgröße der Sortieranlagen Ende der ersten Dekade nach Systemeinführung betrug 5 t/h (entspricht ca. 30 000 t/a im Dreischicht-Betrieb). Die Anzahl der Anlagen war bundesweit auf ca. 200 zurückgegangen.

In Anbetracht der damals geführten Diskussion über Systemkosten und mit dem resultierenden Kostendruck auf die Anlagen konzentrierten sich die Entwicklungen nach der Jahrhundertwende zunächst auf die Generierung von Skaleneffekten durch Kapazitätserhöhung. Schrittweise erfolgte bis 2010 eine Steigerung bei Neubauten und Modernisierungsmaßnahmen auf die aktuelle vorherrschende Auslegungsgröße von 20 – 25 t/h (100 – 120 000 t/a), die Anschlusswerten von 3 – 4 Millionen Einwohnern entspricht. Entsprechend ging die Anzahl von Anlagen kontinuierlich zurück. 2020 waren noch ca. 40 LVP-Sortieranlagen operativ tätig.

Die Ablösung der Verpackungsverordnung durch das Verpackungsgesetz mit deutlich höheren Quotenvorgaben leitete den bislang letzten Technologiesprung in der LVP-Sortierung ein. Anlagen der jüngsten Generation sind insbesondere dadurch gekennzeichnet, dass auch für die flexiblen Kunststoffe eine Sortierung nach Polymerart vorgenommen wird, wodurch zum einen die Voraussetzungen für eine hochwertige werkstoffliche Verwertung für flexible Kunststoffverpackungen verbessert werden; zum anderen der Anteil von Mischkunststoffen an den Produktionsmengen der LVP-Sortierung signifikant abnimmt.

7.2.3 Praxis der Sortierung

Der Annahmebereich einer LVP-Sortieranlage ist zumeist als vollständig eingehauster Flachbunker ausgeführt. Die Anlieferung erfolgt teilweise direkt mit Sammelfahrzeugen, überwiegend aber aus Umschlaganlagen über Containerzüge oder Sattelauflieger mit Schubboden.

LVP-Sammelmengen weisen sehr geringe Schüttdichten auf. Im aufgelockerten Zustand, wie er für die Auslegung der Maschinentechnik relevant ist, sind lediglich 25 kg/m^3 bis 40 kg/m^3 zu veranschlagen. Durch die Verdichtung beim Transport weist das Materialgemisch bei Anlieferung allerdings höhere Schüttdichten auf. Auf 4 m Höhe eingestapelt sind durchschnittlich 100 kg/m^3 bzw. ein Lagerflächenbedarf von 2,5 m^2/t zuzüglich Fahr- und Entladeflächen anzusetzen.

Aufgrund differierender Anlieferungs- und Betriebszeiten wird das angelieferte Material überwiegend zunächst mittels Radlader eingestapelt; parallel, ebenfalls mittels Radlader, erfolgt die Anlagenbeschickung über Unterflurförderer durch Aufschieben oder über eine Hochaufgabe (Dosierer, Trichter).

Die „konventionelle" LVP-Sortierung hat sich, wie oben bereits ausgeführt, in den ersten 15 Jahren seit Systemeinführung in mehreren Entwicklungsschüben von den zunächst überwiegend durch Handsortierung geprägten Kleinanlagen bis hin zum heutigen Stand der weitestgehend mechanisierten und automatisierten Großanlagen mit über 120 000 t/a (entspricht ca. 4 Mio. angeschlossenen Einwohnern) entwickelt. Darüber hinaus ist eine weitgehende Standardisierung sowohl bezüglich der genutzten Grundverfahren als auch der Prozessabfolge zu verzeichnen (Umweltbundesamt (o. J.) sowie (Bünemann (2011), S. 38 ff.).

Heute werden im Wesentlichen zwei Gruppen unterschieden: zum einen LVP-Sortieranlagen mit Kunststoffartensortierung (KA-Sortierung), in der die sogenannten formstabilen Kunststoffverpackungen (Schalen, Flaschen, Becher, Dosen etc.) nach Polymerart der Hauptkomponente separiert werden. Zum anderen solche ohne Kunststoffartensortierung, die im Wesentlichen durch ältere Anlagen mit kleineren Durchsätzen unterhalb von 40 000 t/a repräsentiert sind. Angesichts der Vielzahl von Gemeinsamkeiten im Prozessablauf lassen sich beide Grundvarianten aber unterhalb eines generellen Fließschemas abhandeln.

Prozessabfolge und funktionale Verfahrenskomponenten der LVP-Sortierung sind in Bild 7.4 dargestellt. Ebenfalls dargestellt ist die Palette der Sortierfraktionen, hierbei wurden die obligatorisch einer werkstofflichen Verwertung zuzuweisenden Sortierfraktionen grün hinterlegt, eine orange Hinterlegung signalisiert überwiegend energetische Verwertung und eine rote Hinterlegung obligatorische energetische Verwertung.

Die Eingangsstufe des Prozessablaufs bildet stets die Gebindeöffnung. Zielsetzung dieses Prozessschrittes ist das vollständige maschinelle Aufreißen nicht nur von Sammelsäcken, sondern insbesondere auch von verschlossenen Kleingebinden wie beispielsweise Müllbeuteln. Durch diesen Verfahrensschritt werden alle Einzelkomponenten freigelegt. Dieses ist eine obligatorische Voraussetzung für die Funktionsfähigkeit aller nachgeschalteten Prozessoperationen. Bei älteren Anlagen mit geringen Durchsätzen wird diese Teiloperation zumeist zweistufig ausgeführt und mit einer volumetrischen Dosierung gekoppelt. Alternativ zu zwei in Reihe geschalteten Gebindeöffnern finden sich in modernen Großanlagen langsam laufende Vorzerkleinerer (Einwellenzerkleinerer oder Rotorscheren), wobei auch hierfür durch entsprechende Ausführung kein Aufschluss der Komponenten, sondern lediglich der Gebinde sichergestellt sein muss.

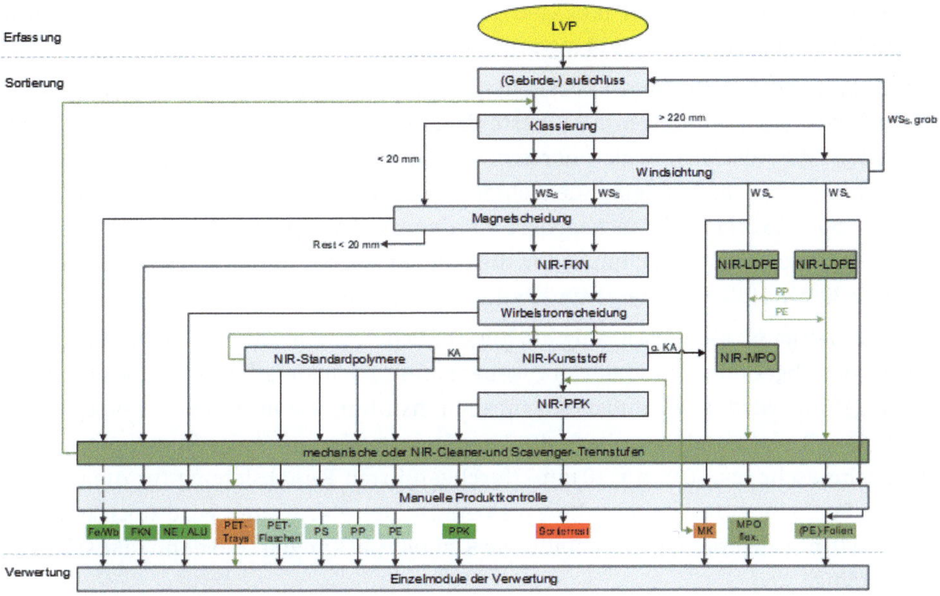

Bild 7.4 Schematische Darstellung der LVP-Sortierung

Klassierung und Windsichtung

Die erste Trennstufe bildet die Siebklassierung von grob nach fein in 3 bis 5 Partikelgrößenklassen, die in Anlagen nach dem Stand der Technik mittels 3 oder 4 Siebmaschinen erzeugt werden. Die erste Siebmaschine hat neben der Klassierung noch die Funktionen der Entleerung aufgerissener Gebinde, der weiteren Homogenisierung des Volumenstroms sowie gegebenenfalls auch der qualifizierten Aufteilung des Volumenstroms auf parallele Sortierlinien. Zur Anwendung kommen nach dem Stand der Technik fast ausschließlich Trommelsiebe, die zur Sicherstellung der Gebindeentleerung im Einlaufbereich mit Blindschüssen bzw. Maschenweiten deutlich unterhalb der Trennkorngröße ausgerüstet sind. Stand der Technik ist ebenfalls, das Zuwachsen der Siebmaschinen durch Umschlingen von Bändern und Folien durch sogenannten Umwicklungsschutz zu verhindern bzw. zu minimieren. Die Ausführung des Umwicklungsschutzes besteht zumeist aus von außen auf den Trommelmantel aufgesetzten, zur Masche korrespondierenden Rechteck- oder Rundrohrstutzen von idealerweise ca. 150 mm Länge.

Die im Überlauf der ersten Siebmaschine angestrebte Voranreicherung großformatiger Komponenten erfüllt mehrere Funktionen. Primär dient sie zur Begrenzung des Materialstroms, der in der weiteren Abfolge automatisch sortiert wird, im Hinblick auf das verarbeitungsfähige Größenspektrum. Daneben wird eine erste Anreicherung von großformatigen Folien erzielt, die als separate Sorte bereitgestellt werden. Einheitlich hat sich für diese sogenannte Primärabsiebung ein Trennschnitt von ca. 220 mm bewährt. Je nach Kapazität der Anlage sind zusätzlich Unterfraktionierungen zur Verteilung auf mehrere funktionsgleiche Linien ausgeführt.

Bei Durchsätzen bis ca. 1000 m^3/h sind Trommelsiebmaschinen bis 3,8 m Durchmesser und bis 18 m effektiver Sieblänge realisiert.

Der im Weiteren als Grobkorn bezeichnete Siebüberlauf (ca. 10 % bis 15 % des Inputstroms) wird zur Trennung von Kunststofffolien über Windsichter geführt. Stand der Technik ist die Ausführung als Querstromwindsichter mit Leichtgutaustrag über Zellenradschleusen. Das verbleibende Sichterschwergut kann in Anlagen nach Stand der Technik optional manuell nachsortiert werden; im Übrigen wird das grobe Sichterschwergut nachzerkleinert, um es für die mechanischen und automatischen Sortierprozesse der Mittelkornlinie(n) zugänglich zu machen.

Als Sortierstufe ist die Klassierung auch bezüglich des unteren Trennschnitts anzusehen, da das abgesiebte Feinmaterial gegebenenfalls nach Metallabtrennung als Sortierrest abgeführt wird. Relevant ist dies für die Einstufung kleinerer Portionsverpackungen (wie z. B. Kaffeesahnebecher), die bei der in modernen Anlagen meist mit einer Langlochmasche (ca. 20 mm x 40 mm) durchgeführten Feinabsiebung für die nachfolgenden Sortieroperationen erhalten bleiben. In älteren Anlagen wird noch teilweise bei 50 – 60 mm abgesiebt; nichtmetallische Kleinverpackungen sind dann faktisch nicht sortierfähig.

Die Feinklassierung beim sogenannten 20-mm-Siebschnitt wurde erstmals 1997 von der Ingenieurgesellschaft HTP prozesstechnisch entwickelt und eingeführt. Sie wird stets zweistufig über eine Kombination von Trommelsieb und Schwingsieb durchgeführt. Dem Schwingsieb wird lediglich der Siebdurchgang der vorgeschalteten Trommelsiebmaschine zugeführt, die mit einer Maschinenweite von 50 mm ausgerüstet ist. Die Schwingsiebmaschine ist so ausgeführt, dass in ihrem Siebdurchgang ein näherungsweise verpackungsfreier Materialstrom als Sortierrest abgeführt wird. Der Siebüberlauf des Schwingsiebes (20 – 50 mm) wird an geeigneter Stelle wieder mit dem Siebüberlauf der Trommelsiebmaschine vereinigt. Bild 7.5 oben links zeigt das Siebdeck der Schwingsiebmaschine mit dem beschriebenen Langlochbelag. Rechts daneben die beiden abführenden Förderbänder mit den Materialströmen 20 – 50 mm (oberes Band) und Feinkorn < 20 mm (darunter zu erkennen). Die Charakteristik beider Materialströme ist aus dem unteren Foto aus Bild 7.5 ersichtlich. Typische Bestandteile der Fraktion 20 – 50 mm wie Kaffeekapseln, Drehverschlüsse, Lippenstifthülsen, Kronkorken links im Bild; gegenübergestellt rechts im Bild die Feinstfraktion < 20 mm, die optisch von EPS-Abrieb dominiert wird. Die Gegenüberstellung verdeutlicht zum einen, dass der tatsächliche Trennschnitt der sogenannten 20-mm-Absiebung deutlich unter dem geometrischen Maß der Sieblochung liegt. Insbesondere bleiben auch eher stengelartige Formate, die in zwei Dimensionen kleiner als die Maschenweite sind (z. B. Stifte) durch die technische Ausführung des Siebes im Überlauf und somit für die weitere Sortierung zugänglich. Zum anderen wird deutlich, wie sich das Siebergebnis einer „reinen 50-mm-Absiebung" über Trommelsiebe darstellen würde und welche Verpackungen dann wegen ihrer Kleinstückigkeit a priori als Sortierrest anfallen.

Bild 7.5 Veranschaulichung von Ergebnissen der Feinabsiebung bei der LVP-Sortierung

Der Hauptmassenstrom (20 mm bis 220 mm, ca. 80 % bis 85 % des Inputstroms) wird nach der Siebklassierung ebenfalls über Windsichter geführt. Bei Anlagen hoher Kapazität wird der Materialstrom über die Siebmaschinen aufgesplittet und die Windsichtung wie die nachfolgenden Prozessstufen in parallelen Linien durchgeführt. Anders als im Bereich der groben Körnung dient die Sichtung im Mittelkorn nicht primär der Produkterzeugung, sondern vielmehr der Vorbereitung des Wertstoffgemisches für die nachgelagerten Sortierprozesse: LVP ist ein Gemisch mit extrem niedriger Schüttdichte – zu einem wesentlichen Anteil verursacht durch den Gehalt an Kunststofffolien in zweistelliger Größenordnung. Alle modernen Sortiertechniken sind funktionsbedingt auf Vereinzelung des Materialstroms zu Monoschichten angewiesen, die sich ohne weitgehende Abreicherung extrem dünnwandiger, flächiger Komponenten kaum darstellen lässt. Das Leichtgut der Mittelkornwindsichtung (überschlägig ca. 10 % der Inputtonnage und mit einer Schüttdichte < 10 kg/m^3) wurde bis 2018 als Mischkunststoff ausgeschleust. Je nach Papiergehalt der LVP-Sammelware bedurfte es vorher einer automatischen Nachreinigung. In den heutigen modernen Großanlagen erfolgt auch für diese Teilströme eine automatische NIR-Sortierung zur Aufkonzentration der polyolefinischen Kunststoffe.

Magnetscheidung

Nächster Schritt in der Prozesskette für das Windsichter-Schwergut ist die Abtrennung ferromagnetischer Bestandteile (im Wesentlichen Weißblech) durch Überbandmagnetscheider (9–13 % des Inputstroms). Das Produkt der Magnetscheidung wird in der Regel nicht nachgereinigt. Nach anerkannten Regeln der Technik werden die Überbandmagneten längs in eine Bandübergabe installiert und das Zuführband als geregeltes, schnelllaufendes Band ausgeführt, um Fehlausträge durch Überlagerung zu minimieren. Trennscheitel werden ebenfalls aus Gründen der Optimierung der Produktreinheit, aber auch zur Vermeidung von Verstopfungen, als gegen die Förderrichtung rotierende Walzen ausgeführt. Rotierende Trennscheitel sind auch bei Wirbelstromscheidern und sensorgestützten Sortierautomaten Ausführungsstandard.

Nachfolgend wird der verbliebene Materialstrom, in dem sich formstabile Kunststoffe, NE-Metalle, Flüssigkeitskartons und sonstige Verbunde sowie Fehlwürfe wie PPK angereichert haben, einer Kaskade automatischer Trennstufen mit zwischengeschalteter Wirbelstromscheidung zugeführt.

Wirbelstromscheidung

Die Wirbelstromscheidung dient der Abtrennung metallischer, nicht ferromagnetischer Komponenten; aus dem Verpackungsbereich ist hier nur Aluminium relevant. Gemäß dem Funktionsprinzip werden auch vorher nicht aussortierte Flüssigkeitskartons mit Aluminiumbeschichtung mit hohem Wirkungsgrad in den Produktstrom (fehl-) ausgetragen, was dessen Nachreinigung über eine NIR-Trennstufe erforderlich macht.

Das Verfahrensprinzip der Wirbelstromscheidung beruht auf der Induktion elektrischer Ströme in elektrisch leitenden Materialien durch ein hochfrequentes magnetisches Wechselfeld.

Dieses wird in der maschinentechnischen Umsetzung durch einen mit Starkfeld-Permanentmagneten in Wechselpolarordnung besetzten Rotor erzeugt, der in einer Förderbandkopftrommel mit hoher Drehzahl rotiert. Der im leitenden Partikel induzierte Strom bildet ein eigenes Magnetfeld aus, welches dem Wechselfeld der Maschine stets entgegengesetzt ist. Die resultierende Abstoßung führt zur Auslenkung elektrischer Leiter aus dem Förderstrom. Ferromagnetische Teile würden angezogen und müssen daher vor der Wirbelstromscheidung weitestgehend abgetrennt sein.

Die auslenkende Kraft ist verglichen mit der Anziehungskraft einer Magnetscheidung relativ gering, sodass vereinfacht das Verhältnis von elektrischer Leitfähigkeit zu Masse als Trennmerkmal gilt. Daneben spielt die Form des elektrischen Leiters eine gravierende Rolle; Voraussetzung für die Trennung ist, dass der induzierte Strom gerichtet fließt. Daher lässt sich eine zur Kugel geknüllte Aluminiumfolie nicht gut separieren. Besonders hohe Abstoßungskräfte bilden sich bei flächigen, horizontal gelagerten aluminiumhaltigen Strukturen aus, wodurch auch kunststoffbasierte Verbunde wie Tablettenblister, ABL-Tuben oder Pouches mit Al-Sauerstoffbarriere in die Aluminiumfraktion sortiert werden.

Die Schilderung des Trennprinzips macht deutlich, dass die Technik grundsätzlich zur Separierung aller elektrisch leitenden Abfälle, also aller nicht ferromagnetischen Metalle geeignet ist. Aluminium bietet mit einer Leitfähigkeit von 35 $m/(\Omega \cdot mm^2)$ bei einer Dichte von 2,7 g/cm^3 andere Voraussetzungen als beispielsweise Blei (Leitfähigkeit 4,82 $m/(\Omega \cdot mm^2)$, Dichte: 11,34 g/cm^3). Entsprechend können je nach Einsatzzweck unterschiedliche Maschinentypen zum Einsatz kommen, die sich im Wesentlichen in Art und Bestückung des Magnetsystems unterscheiden.

Wirbelstromscheider sind in modernen LVP-Sortieranlagen nur im Bereich von 20 – 220 mm angeordnet, u. a., da Aluminiumverpackungen nicht im Grobgut enthalten sind. In älteren Anlagen mit Feinkornabsiebung bei 50 mm wird das komplette Feinkorn über Wirbelstromscheider geführt.

Sensorgestützte Sortierung

Die automatischen Trennstufen (aufbereitungstechnisch: sensorgestützte Klaubung = Einzelpartikelsortierung) unterscheiden sich von allen anderen aufbereitungstechnischen Grundoperationen der Sortierung dadurch, dass unterschiedliche Materialeigenschaften nicht gleichzeitig auch zur physikalischen Trennung nutzbar sein müssen. Separiert werden kann das, was messtechnisch differenzierbar ist. Nachteilig ist die prinzipbedingte relative Durchsatzschwäche und die hohe Abhängigkeit des Trennerfolgs von den Möglichkeiten der Materialvereinzelung. Charakteristisch sind Detektionsverfahren und Austragsvorrichtungen, die die Trennung aus einer Monoschicht bei hohen Transportgeschwindigkeiten ermöglichen.

Wichtigstes Detektionsverfahren im Bereich der LVP-/WST-Sortierung ist die Nah-Infrarot-Spektrometrie, mit der sich Kunststoffe und andere kohlenwasserstoffhaltige Materialien selektiv erkennen lassen. Der Detektor ist über einem Beschleunigungsband kurz vor einer Bandübergabe angeordnet. Die Fördergeschwindigkeit liegt bei bis zu 3 m/s. Gemessen wird die von den durchdrungenen Schichten eines Objektes reflektierte Strahlung einer konventionellen Halogenlichtquelle. Das emittierte Spektrum wird im Prozessrechner je Bildpunkt anhand von Referenzspektren abgeglichen und bei positiver Erkennung und Zuordnung zur jeweiligen Zielfraktion entsprechend den Koordinaten der Objekterkennung ein gezielter Druckluftstoß mittels eines in der Übergabe angeordneten Ventilblocks (Ventilabstand 12,5 mm bis 33 mm) ausgelöst, der zur Auslenkung des Zielobjektes führt.

Anlagen nach dem Stand der Technik verfügen über mehr als 20 dieser Sortierautomaten in unterschiedlichen Funktionen. Neben reinen NIR-Trennern kommen für spezifische Aufgaben auch solche zum Einsatz, die mehrere Detektionsarten (z. B. NIR-, Farb-Bildanalyse und Induktionsmessung) in einer Maschine realisieren (sogenannte multisensorische Trenner).

In allen LVP-Sortieranlagen sind die Trennungsprozesse für die Separierung von Flüssigkeitskartons sowie die kollektive Kunststofftrennung entsprechend automatisiert. Anlagen nach dem Stand der Technik verfügen darüber hinaus über eine Unterfraktionierung formstabiler Kunststoffe nach Kunststoffarten. Hierbei findet eine Separation der Verpackungskunststoff-Standardpolymere PE-HD, PP, PET und PS statt. Die Verfahrenstechnik wurde 1999 erstmals erfolgreich als modulare Nachrüstoption implementiert und ist zwischenzeitlich in fast allen Anlagen mit größerer Kapazität vorzufinden, wobei nicht immer alle vier Sorten produziert werden.

Mit den Leichtgütern der Windsichtung aus den einzelnen Siebfraktionen, die hauptsächlich aus Kunststofffolien bestehen, wurde im Rahmen der Sortierverträge bis Ende 2018 relativ einheitlich verfahren. Aus den oberen Trennschnitten (> 220 mm) wurde nach manueller Nachsortierung die Folienfraktion 310 erzeugt. Die übrigen Größenklassen wurden den Mischkunststoffen – bei Anlagen mit MPO-Erzeugung den formstabilen polyolefinischen Kunststoffverpackungen der Fraktion 323 – zugeschlagen. NIR-Trennstufen wurden aus Kostengründen nicht oder kaum eingesetzt. Als Folge der Erhöhung der Recyclingquoten durch das VerpackG, § 16, (VKPG 2017) wurden 2017 die Anlagen mit KA-Sortierung dahingehend modifiziert, auch im Bereich der flexiblen Verpackungen in höherem Maße Monofraktionen zu generieren, die besser auf die Anforderung einer hochwertigen werkstofflichen Verwertung zugeschnitten sind. Da die traditionelle Formel „Folie > DIN A4 ≙ LDPE-Folie“ ohnehin nur noch bedingt gilt und die qualifizierte Sortierung von kleineren Formaten eine Implementierung von NIR-Trennern zur Aussortierung von PE erforderlich macht, wurden die Folienlinien in den Anlagen der neuesten Generation ebenfalls mit NIR-Trennern ausgestattet. Auch in einigen älteren Großanlagen wurden entsprechende Umbauten vorgenommen. Dadurch können in mehreren Anlagen bereits LDPE-Folien und (PP-angereichertes) MPO-flex (323-2) bzw. PP-flex anstatt (großformatiger) Folien und Mischkunststoffe produziert werden.

Fördertechnik

Die Fördertechnik ist integraler Bestandteil der in Sortieranlagen eingesetzten Sortierprozesse. Dies gilt für Magnetscheidung, Windsichtung und Wirbelstromscheidung, deren Funktionsfähigkeit oder zumindest deren Wirkungsgrad in Abhängigkeit von Dünnschicht oder Monoschichtbeaufschlagung steht. In besonderem Maße ist die funktionale Abhängigkeit des Erfolgs der sensorgestützten Sortiersysteme zu betonen. Die Vereinzelung der zu trennenden Komponenten ist hierfür notwendige Voraussetzung.

Es muss sowohl ein kontinuierlicher Materialfluss als auch eine gleichmäßige Verteilung des Materials über die Nutzbreiten der Förderer gewährleistet sein. Sensorgestützte Sortieraggregate sind in Systembreiten bis 2,8 m verfügbar. Spezifische Durchsätze, die in der LVP-Sortierung je nach Teilstrom zwischen etwa 0,5 t/h und 3 t/h je Meter Systembreite anzusetzen sind, lassen sich nur unter den genannten Voraussetzungen funktionsgerecht realisieren.

Stand der Technik ist es, alle fördertechnischen Komponenten so auszuführen, dass in Bereichen von Trennprozessen keine schwallartigen Beanspruchungen, einseitige Bandbelegungen o. Ä. auftreten. Sicherzustellen ist dies durch volumenkonstante Dosierung, Vermeidung von Steigbändern mit Stollenbesatz sowie von rechtwinkligen Übergaben mit geringen Übergabehöhen an sensiblen Positionen, möglichst geradlinige Ausbildung von Sortierkaskaden, geeignete Ausgestaltung von Übergaben sowie bedarfsweisen Einsatz von Schwingförderern.

Manuelle Produktkontrolle

Trotz aller Automatisierung kann auch nach dem Stand der Technik nicht gänzlich auf eine manuelle Sortierung verzichtet werden. Dies liegt im Wesentlichen an systematischen Fehlausträgen der automatischen oder mechanischen Trennstufen. Dies sind keine Fehlleistungen, sondern die Ergebnisse sind durch die fehlende Korrespondenz von Trennmerkmal und Produktspezifikation bedingt. Ursachen sind im Materialverbund oder in nicht vollständig erreichter Vereinzelung zu sehen. So liegt beispielsweise von PE-LD-Folie überdecktes Papier im Referenzspektrum für Flüssigkeitskartons. Flüssigkeitskartons, die wegen ihrer Aluminiuminnenbeschichtung vom Wirbelstromscheider fehlausgetragen werden, sind ein weiteres Beispiel für einen systematischen Fehlaustrag. Auch ist die Sortieraufgabe mit korrekter Erkennung einer Materialart gegebenenfalls nicht abgeschlossen, da die Verwertung im Einzelfall eine weitere Einengung erfordert. So sind beispielsweise PE-Folien im Sortierprodukt PE unerwünscht; Silikonkartuschen aus PE sind wegen der Restinhalte sogar gänzlich ausgeschlossen.

In industriellen Großanlagen nach Stand der Technik werden solche Defizite einstufiger mechanischer und automatischer Trennung zwar weitergehend durch Nachreinigungsprozesse gemindert. Aber auch hier hält man sich die Option offen, eine manuelle Nachkontrolle zur Qualitätssicherung vorzunehmen. So verfügen auch modernste

Anlagen über eine Sortierkabine, über die in der Regel auf alle Sortierprodukte ein optionaler Zugriff vor der Pufferung und Ballierung gegeben ist.

Im Gegensatz zu den Anlagen in anderen Bereichen der Abfallsortierung verfügen Sortierkabinen von LVP-Sortieranlagen über keine durchgehenden Sortierbänder. Die Produkte werden in Stichbändern in die Kabine geführt und enden über den jeweiligen Produktbunkern. In einigen Anlagen wird auch der Sortierrest u. a. zur visuellen Kontrolle des Betriebszustandes der Anlage nochmals in die Sortierkabine gefördert.

Plätze für benötigtes Sortierpersonal sind nach Stand der Technik mit einer Schleierbelüftung unter Zuführung klimatisierter Außenluft und Wärmerückgewinnung ausgerüstet. Zur Optimierung der Energieeffizienz kann die Abwärme der für die sensorgestützten Sortieraggregate benötigten Kompressoren zur Beheizung genutzt werden.

Kennzahlen

Abschließend noch einige exemplarische Kennzahlen bzw. Anhaltswerte für LVP-Sortieranlagen der jüngeren Generation:

- Nenndurchsatz: > 20 t/h
- Anzahl der Sortierfraktionen: ≥ 14
- Investitionsvolumen: 45 – 60 Mio. €
- umbauter Raum (Maschinentechnik/Anlieferungshalle): 75 000 m^3/30 000 m^3
- Anzahl Aufbereitungsmaschinen: > 50
- Fördertechnik: ca. 3 km Gurtförderer
- elektrische Anschlusswerte: 1,5 – 2,0 MW

7.2.4 Ausblick

Die Sortierung von LVP hat sich in den vergangenen 30 Jahren seit Systemeinführung kontinuierlich bis zu den heutigen industriellen, weitestgehend automatisierten Großanlagen weiterentwickelt. Die Entwicklungen fanden auf allen verfahrenstechnischen Ebenen statt, d. h. im Bereich der Prozessführung, in der Maschinentechnik und -ausstattung sowie der Prozesssteuerung. Treiber dieser Entwicklungen waren im Wesentlichen betriebsökonomische Erfordernisse, die ihre Ursache im Wettbewerb auf der operativen Ebene finden. Schon aus diesem Grund ist anzunehmen, dass insbesondere Optimierungen zur Effizienzsteigerung zukünftig auch ohne äußere Einflüsse vorangetrieben werden. Die Implementierung verbesserter Sensorsysteme, die neben hochauflösender NIR-Detektion auch Farberkennung und Bildanalyse ermöglichen, ist z. B. in vollem Gange. Ob mit oder ohne Robotik als Austragssystem werden auf dieser Basis mittelfristig manuelle Sortieroperationen gänzlich bedeutungslos werden. Zusätzliche individuell vorhandene Verpackungsmerkmale als Sortierkriterien der automatischen Trennstufen heranzuziehen, eröffnet zudem ein gewisses Potenzial, die Schnittstellen zu den nachgelagerten Aufbereitungsprozessen in qualitativer Hinsicht zu optimieren. In die gleiche Wirkungskategorie sind auch mögliche Kennzeichnungssysteme als Sortierhilfen wie fluoreszierende Marker, digitale Wasserzeichen oder RFIDs einzuordnen.

Bezüglich der quantitativen Steigerung des Sortiererfolgs sind die oben genannten Verfahrensentwicklungen weniger relevant. Anlagen nach dem Stand der Technik sind schon aus wirtschaftlichen Gründen auf maximale Wertstoffausbeute konzipiert und ausgelegt. Mehrfach-Trennungen mit der gleichen Sortieraufgabe zur Minimierung wirkungsgradbedingter Verluste durch sogenannte Scavenger-Stufen gehören bereits seit vielen Jahren zur Grundausstattung von LVP-Sortieranlagen. Die Reaktion auf die Quotenanhebung im neuen Verpackungsgesetz im Bereich der LVP-Sortierung äußerte sich entsprechend nicht in einer Reduzierung von Sortierresten, sondern in einer Diversifizierung des Produktportfolios im Wesentlichen durch Aufsplittung der Fraktion Mischkunststoffe. Hierdurch wurden die Voraussetzungen geschaffen, die Recyclingquote nach § 16 (4) VerpackG einhalten zu können. Bei gegebener Rohstoffzusammensetzung sind weitere Steigerungspotenziale nicht zu generieren.

Diese sind eher im Bereich der Wertstoffsammlung und insbesondere in einer recyclinggerechten Verpackungsgestaltung gegeben.

Markenhersteller und Handel sowie Verpackungshersteller arbeiten seit etwa 2018 mit zunehmender Intensität an einer diesbezüglichen Optimierung ihrer Sortimentsverpackungen und wollen diese größtenteils bis 2025 abgeschlossen haben. Hinzu kommt die steigende Nachfrage nach Kunststoffrezyklaten nicht nur für Sekundäranwendungen, sondern auch für Verpackungsanwendungen, der absehbar zumindest quantitativ nicht entsprochen werden kann. Der hierdurch initiierte Pull-Markt wird durch bereits existierende (z. B. UK plastic tax (UK 2022)) und gegebenenfalls ergänzende gesetzliche Vorgaben einer produktspezifischen Rezyklateinsatzquote weiter angeheizt werden. Die Auswirkungen auf den Systembaustein „Sortierung“ sind angesichts der Vielzahl von Unwägbarkeiten noch nicht seriös abzuschätzen.

Eine Zunahme recyclingoptimierter Verpackungen wird sicherlich zu einer höheren Systemakzeptanz und zu einer Erhöhung der Wertschöpfung in der Sortierung führen. Der Anteil an Mischkunststoffen wird jedenfalls signifikant abnehmen. Eine produktbezogene Rezyklateinsatzquote wird vermutlich allerdings zum einen das Potenzial an Verpackungskunststoffen absenken, da Ausweichreaktionen in andere Materialarten wie faserbasierte Verbundverpackungen forciert werden. Zum anderen werden Nachfrage und Erlöse für hochspezifizierte Kunststoff-Vorkonzentrate aus der Sortierung steigen, was als Treiber für eine weitere Diversifizierung das Produktportfolio der LVP-Sortierung tangieren wird.

Bei der Planung von Neuanlagen sind solche einschneidenden Veränderungen von funktionalen Anforderungen zu berücksichtigen, indem potenziellen Änderungen der

Volumina einzelner Teilströme durch Auslegungsreserven entsprochen und Nachrückoptionen konstruktiv von vorneherein eingeplant werden. Zur Erwartungshaltung an Umsetzungsgeschwindigkeiten insbesondere bezüglich der weiteren Produktdiversifizierung ist anzumerken, dass Änderungen im Bestand in der Regel die Grenze der Machbarkeit überschreiten.

Literatur

(BIFA 2011) Wertstoffhöfe, Gelber Sack und Wertstofftonne. bifa, Augsburg 2011

(Bünemann 2011) Bünemann, Agnes; Christiani, Joachim; Langen, Michael; Rachut, Gunda; Wolters, Jörg: Planspiel zur Fortentwicklung der Verpackungsverordnung. Teilvorhaben 1: Bestimmung der Idealzusammensetzung der Wertstofftonne. Umweltbundesamt, 2011

(Christiani 1997) Christiani, Joachim: Kreislaufwirtschaft nach dem Muster der Verpackungsverordnung. Shaker Verlag, Düren 1997

(Christiani 2011) Christiani, Joachim: Auswirkungen der Wertstofftonne auf die Kunststoffverwertung; FKUR Tagungsband Zukunft Kunststoffverwertung, Krefeld 2011

(DSD 2009) Auswertungen der gebuchten Erfassungsmengen 2009 mit Genehmigung der DSD GmbH, 2009

(Gallenkemper 1999) Christiani, Joachim; Gallenkemper, Bernhard: Optimierung von Getrennterfassungssystemen des Dualen Systems unter Berücksichtigung von Sammelleistungen. Aachen/Ahlen 1999

(UK 2022) Plastic Packaging Tax, *https://www.gov.uk/government/collections/plastic-packaging-tax*, 19.03.2025

(VPKG 2017) Gesetz über das Inverkehrbringen, die Rücknahme und die hochwertige Verwertung von Verpackungen (Verpackungsgesetz -VerpackG), *https://www.gesetze-im-internet.de/verpackg/VerpackG.pdf*, 19.03.2025

8 Verwertung und Recycling

8.1 Werkstoffliches Recycling

Einleitung

Das werkstoffliche Recycling, auch mechanisches Recycling genannt, konzentriert sich darauf, Kunststoffabfälle durch Sortierung, Zerkleinerung und Aufbereitung in eine entsprechende Qualität zu bringen, sodass daraus neue, qualitativ ähnlichwertige Kunststoffprodukte hergestellt werden können. Die chemische Struktur des Kunststoffs soll dabei nur in möglichst geringem Ausmaß verändert werden. Gleichzeitig muss eine hohe Sortenreinheit und eine möglichst geringe Rest-Verunreinigung erreicht werden. Die Technologien des werkstofflichen Recyclings sind durchaus etabliert, stoßen jedoch aus technischen wie auch wirtschaftlichen Gründen an Grenzen. Der Zielkonflikt besteht in einem Spannungsdreieck zwischen effizienter Aufbereitung, geringer Schädigung der Kunststoffe und wirtschaftlichem Betrieb.

Dieses Kapitel greift zunächst das mechanische Aufbereiten von Kunststoffabfällen auf und beleuchtet im Detail die einzelnen erforderlichen Schritte (Abschnitt 8.1.1). Das Ergebnis der Aufbereitung ist ein sortenreines und gesäubertes Mahlgut, das anschließend extrudiert und in diesen Vorgängen auch filtriert wird. Die Beschreibung dazu erfolgt in Abschnitt 8.1.2 und Abschnitt 8.1.3. Im Anschluss werden aktuelle Trends im werkstofflichen Recycling vorgestellt (Abschnitt 8.1.4). Das Kapitel schließt mit den Lösungsmittelverfahren (Abschnitt 8.1.5), die hier als werkstoffliche Recyclingmethoden eingeordnet sind, weil die Polymerketten dabei beabsichtigterweiseerhalten bleiben. Die Solvolyse, eine Methode des chemischen Recyclings, bei der die Polymerketten aufgetrennt werden, wird hier der Vollständigkeit halber kurz aufgegriffen.

8.1.1 Mechanische Aufbereitung

Ines Schwarz, Stefan Wiethoff

8.1.1.1 Einleitung

Post-Consumer-Kunststoffabfälle aus Verkaufsverpackungen stellen aufgrund ihrer Heterogenität und örtlicher sowie saisonaler Schwankungen in der Zusammensetzung besondere Herausforderungen an die Sortierung und die folgende Aufbereitung. Dabei spielt die Art der Sammlung eine ebenso große Rolle wie Material, Design und Einsatzbereich der Verpackungen. Hinzu kommt die Vielfalt der Verunreinigungen mit Produktresten, Metallen, mineralischen Komponenten, Holz, Glas und weiteren Kontaminanten durch Fehlwürfe. Insbesondere organische Anhaftungen, Etikettenklebstoffe und Druckfarben sind schwer zu entfernen und tragen wesentlich zu einer Minderung der Rezyklatqualität im Hinblick auf mechanische, optische und olfaktorische Eigenschaften bei.

Störgerüche bei der Verarbeitung oder/und im Endprodukt stellen nach wie vor eines der größten Hemmnisse für den Rezyklateinsatz dar. Sowohl deren Entstehung als auch deren Entfernung sind bei Rezyklaten wesentlich komplexer als bei Primärware. Ein wesentlicher Teil der rezyklattypischen Gerüche resultiert aus der Migration geruchsaktiver Substanzen aus dem Füllgut in die Polymermatrix während der Gebrauchsphase [1, 2]. Im Vergleich zu PET-Verpackungen werden solche aus Polyolefinen dabei deutlich stärker kontaminiert, auch, da deren Gebrauchstemperatur weit oberhalb der Glasübergangstemperatur liegt, sodass die zur Migration notwendigen Diffusionsvorgänge sehr viel schneller ablaufen. Als besonders störend werden faulig-modrige und fäkalartige Gerüche bewertet, die durch mikrobielle Aktivitäten während der Lagerung und im Waschwasser entstehen [3]. Hinzu kommen flüchtige Verbindungen, die sich beim Umschmelzen durch Zersetzung nicht temperaturstabiler (Neben-) Bestandteile bilden. Bei vielen Substanzen genügen Konzentrationen von wenigen ppm, um deutlich wahrnehmbare Störgerüche hervorzurufen. Auch wenn der Geruch des Endartikels nicht kritisch für die Anwendung ist, können die während der Verarbeitung entstehenden Emissionen und die damit verbundene Geruchsbelästigung den Rezyklateinsatz verhindern.

Ein weiteres, oftmals entscheidendes Hindernis für die Nutzung von Rezyklaten ist deren Farbe. Die in gefärbten Artikeln und Druckfarben enthaltenen Farbstoffe und Pigmente beschränken die Farbgebung der daraus hergestellten Rezyklate auf dunkle und wenig brillante Farben. Hinzu kommen Verfärbungen und dunkle Stippen durch Zersetzungsprodukte aus Additiven, Druckfarbensystemen und Verunreinigungen. Die für die optischen Qualitätseinbußen verantwortlichen Bestandteile können im Zuge der Aufbereitung nur teilweise aus dem Kunststoff entfernt werden. Erhöhte Anforderungen an die Farbe lassen sich häufig nur erfüllen, indem gefärbte, bedruckte oder durch Additive bekanntermaßen zur Verfärbung neigende Fraktionsbestandteile aussortiert werden.

Das werkstoffliche Recycling von Post-Consumer-Verpackungsabfällen aus der haushaltsnahen Sammlung erfordert eine Reihe unterschiedlicher Aufbereitungsschritte und gilt als technologisch besonders anspruchsvoll. Betrachtet werden hier die einzelnen Verfahren zur Aufbereitung von Ballenware im Anschluss an die Sortierung bis zum Umschmelzen des Materials. Viele der im Folgenden beschriebenen Prozessschritte sind auf andere Abfallströme übertragbar.

Ziel der Aufbereitung ist es, Verunreinigungen und Nebenbestandteile der Verpackungen aufzuschließen, zu entfernen und den Kunststoff der Weiterverarbeitung durch Umschmelzprozesse, also entweder der Extrusion oder einer direkten Formgebung, zugänglich zu machen. Unterschiedliche Beschaffenheiten der Materialien, bei Verpackungen in erster Linie durch deren Design und die Gebrauchseigenschaften bestimmt, erfordern dabei unterschiedliche Verfahrenstechniken. Auch wenn die grundlegenden Prozessschritte ähnlich sein können, stellen Folien andere spezifische Anforderungen an Aufbereitungstechniken als Hartkunststoffe.

Bei der Auswahl der Verfahrenstechniken ist zu berücksichtigen, dass kein Trennverfahren eine vollständige Trennschärfe gewährleisten kann. Es werden immer Verluste in Abfallströmen und geringfügige Verunreinigungen im aufbereiteten Produkt entstehen. Neben den eigentlichen Verfahrenskosten zum Anlagenbetrieb sind vor allem auch Kosten zur Entsorgung von Abfällen zu kalkulieren. Die Änderung des Berechnungspunkts für die Quote der werkstofflichen Verwertung nach Durchführungsbeschluss (EU) 2019/665, nach dem vor der Extrusion separierte Stoffe seit 2020 nicht mehr als werkstofflich verwertet gelten [4], stellt einen zusätzlichen Anreiz dar, den Anteil werkstofflich verwertbarer Abfälle zu maximieren und damit die Materialverluste zu reduzieren. In einigen Fällen tragen Erlöse von Koppelprodukten, wie sie z. B. bei der Farbtrennung oder Fremdpolymerabreicherung entstehen, zur Wirtschaftlichkeit bei. Aus Kostengründen werden Verfahrenstechniken und Kombinationen ausgewählt, die so aufwendig wie nötig für den aufzubereitenden Abfallstoff sind und eine Qualität so gut wie erforderlich für die vorgesehenen Anwendungen gewährleisten.

Neben den Anforderungen an die Verfahrenstechnik und den damit verbundenen Investitions- und Betriebskosten sind gesetzliche und regulatorische Anforderungen an einen Produktionsbetrieb zu erfüllen. Im Bereich der Abfallentsorgung im Allgemeinen und der Verwertung von Verpackungsabfällen im Besonderen müssen Nachweise im Mengenstrom und der Anlageneignung erbracht werden.

Voraussetzung für die Weiterverarbeitung ist in nahezu allen Fällen mindestens eine Zerkleinerung. Bei sauberen, sortenrein anfallenden Materialströmen aus dem Post-Industrial-Bereich kann diese als Vorbehandlung für ein anschließendes Umschmelzen bereits ausreichen. Post-Consumer-Kunststoffabfälle enthalten hingegen meist störende Verunreinigungen, deren Abtrennung mehrere weitere Aufbereitungsschritte erfordert. Insbesondere Verpackungsabfälle aus der haushaltsnahen Sammlung zeichnen sich für gewöhnlich nicht nur durch einen hohen Verschmutzungsgrad, sondern zudem durch eine Reihe von Nebenbestandteilen aus, die in den Sortieranlagen nicht abgetrennt werden können. Zwar schreiben Sortierspezifikationen Mindestreinheiten von zumeist deutlich über 90 % für die einzelnen Fraktionen vor, doch sind in der anrechnungsfähigen Gut-Fraktion für Verpackungsabfälle typische Fremdbestandteile wie Füllgutreste und Nebenbestandteile wie Etiketten, Sleeves oder Flaschenverschlüsse aus anderen Kunststoffarten enthalten. Hinzu kommen Artikel aus anderen Kunststoffen, Metalle, Papier und Reststoffe aus Fehlwürfen als nicht-spezifikationsgerechte Fremdstoffe. Somit muss die Aufbereitung sowohl „lose" Fremdmaterialien entfernen als auch Bestandteile, die fest mit der Verpackung verbunden sind. Der Anteil an Fremdpolymeren, Papier, Füllgutresten und anderen Verunreinigungen kann auch bei spezifikationsgerecht sortierter Ballenware 10 bis 20 Gew.-% betragen [5]. Neben organischen Anhaftungen sind Feuchteanteile der Ballenware aus der Erfassung und Lagerung eine nicht zu unterschätzende Herausforderung für die Aufbereitung, da sie die Ausbeute entsprechend verringern und einige Trennprozesse erschweren.

In der Regel bestimmt die Sortierung auf Artikelebene in der Sortieranlage die Sortenreinheit der erzeugten Qualitäten. Eine als HDPE erkannte Flasche mit einem PP-Verschluss wird mit diesem gemeinsam aufbereitet, wenn die beiden Kunststoffe nicht durch weitere Aufbereitung voneinander separiert werden. Gleiches gilt für LDPE-Etiketten auf HDPE- oder PP-Artikeln. Derartige Materialkombinationen beeinflussen die Rezyklatqualität und müssen hinsichtlich ihres Anwendungsspektrums und des dafür erforderlichen Aufbereitungsaufwands bewertet werden.

Auch bei sauberen Post-Industrial-Kunststoffabfällen ist im Anschluss an die Zerkleinerung unter Umständen eine Entstaubung des Mahlguts sinnvoll, um nachfolgende Prozessschritte zu erleichtern. Mäßig bis stark verschmutzte Materialströme erfordern in der Regel eine nassmechanische Aufbereitung; für Post-Consumer-Fraktionen aus dem Gelben Sack/der Gelben Tonne ist sie wegen der starken Verunreinigungen unabdingbar. Vorgeschaltete Verfahrensschritte wie Entmetallisierung, trockenmechanische Reinigung durch Friktion und Schwergutentfrachtung durch Windsichtung dienen dabei nicht allein der Steigerung der Produktqualität, sondern haben zudem das wesentliche Ziel, nachfolgende, insbesondere schnelllaufende Aggregate vor Beschädigungen zu schützen. Ähnliches gilt für eine der Wäsche vorgeschaltete trockenmechanische Aufbereitung, deren Aufgabe neben der Vorreinigung der Artikel von anhaftenden Papieretiketten eine Entlastung des Abwasserstromes von Papierfasern ist.

Ein wesentlicher qualitätsbestimmender Verfahrensschritt bei der Aufbereitung vieler Kunststoffabfälle ist die Dichtetrennung. Großindustriell wird sie in den meisten Anlagen als Schwimm-Sink-Trennung in Wasser umgesetzt, um Polyolefine von Nicht-Polyolefinen zu trennen. Die Separation von Holz, Ethylen-Vinylacetat-Copolymeren (EVA) und geschäumten Nicht-Polyolefinen mit Dichten $\leq 1\ g/cm^3$ wie EPS und PU-Schaum kann diese vergleichsweise einfache Trennmethode ebenso wenig leisten wie die Trennung verschiedener Polyolefine voneinander. Die Abtrennung fraktionsfremder (Verpackungs-) Nebenbestandteile mit ähnlichen Dichtebereichen, z. B. von PP-Flaschenkappen bei HDPE-Flaschen oder PE-Etiketten auf PP-Artikeln, kann in Abhängigkeit von den Anforderungen der vorgesehenen Anwendung eine tiefere Aufbereitung, etwa über sensorgestützte Verfahren, erfordern (vgl. Abschnitt 8.1.1.3.1).

Vor Prozessschritten, in denen hohe Materialfeuchten eine Trennung erschweren, müssen feuchte Abfallstoffe getrocknet werden. Verfahren wie Windsichtung, elektrostatische Trennung oder sensorgestützte Sortierung tolerieren nur geringe Restfeuchten. Vor dem energieintensiven Umschmelzen ist in jedem Fall eine unter Umständen mehrstufige mechanische Entwässerung und ggf. auch eine thermische Trocknung notwendig.

Die notwendige Tiefe der Aufbereitung richtet sich einerseits nach Art und Reinheit des zu verwertenden Materialstroms, andererseits nach den verfahrenstechnischen Notwendigkeiten für die Weiterverarbeitung. In zunehmendem Maße spielen auch die Anforderungsprofile an die zu produzierenden Endartikel eine Rolle. Letztlich bestimmend für die Aufbereitungstiefe sind bei großindustriellen Prozessen jedoch immer wirtschaftliche Kriterien. Dabei ist zu beachten, dass mit jedem weiteren Aufbereitungsschritt nicht nur verfahrenstechnischer Aufwand und Komplexität steigen, sondern auch die Ausbeuten sinken bzw. Nebenströme von geringerer Qualität generiert werden.

8.1.1.2 Grundlegende Aufbereitungsschritte

Die Aufbereitung soll Verunreinigungen abreichern, nachfolgende Aggregate vor Havarien schützen und Qualitäten einstellen. Die Wahl der Verfahren richtet sich nach dem zu verarbeitenden Abfallstoff, Art und Grad der Kontamination sowie dem anvisierten Qualitätslevel und damit dem angestrebten Erlösziel der Rezyklate. Jeder einzelne Verarbeitungsschritt führt zu Materialverlusten in Form von Abfallstoffen oder Nebenprodukten, die für eine Wertschöpfung im Rezyklat nicht mehr zur Verfügung stehen. Komplexe Kunststoffaufbereitungsanlagen sind derart ausgelegt, dass alle Prozessschritte aufeinander abgestimmt und einzelne Prozesse bei vorgegebenem Durchsatz die zur Qualitätseinstellung erforderliche Trennschärfe bieten. Die Produktqualität ergibt sich durch das Zusammenwirken einzelner Verfahrensschritte, wobei die Güte vorgeschalteter Schritte sich auch immer auf die Trennschärfe der folgenden auswirkt.

Die Wirtschaftlichkeit wird im Wesentlichen durch den Aufwand der Aufbereitung einerseits und die damit erzielte Wertschöpfung andererseits bestimmt. Die Betriebskosten von Recyclinganlagen resultieren im Wesentlichen aus

- dem Energieeinsatz zum Betrieb der Prozesse und zur Förderung des Materials,
- den Materialverlusten sowie der Qualität der Abfall- und Reststoffe,
- der Verwendung, Behandlung und Abgabe von Wasser (beim Einsatz nassmechanischer Aufbereitungsverfahren) und
- den Personalkosten (abhängig vom Automatisierungsgrad, von der Komplexität der einzelnen Aggregate sowie der Bedienbarkeit der Anlage insgesamt).

Im Folgenden werden wesentliche Prozessschritte und deren Funktionsprinzipien, auch unter Betrachtung wirtschaftlicher Gesichtspunkte, erläutert. Die Gliederung nach Verfahrensschritten kann dabei nur an eine mögliche Prozessfolge angelehnt sein, da die Abfolge der Verfahren in der Praxis variiert. Der folgende Abschnitt stellt einige grundsätzliche Betrachtungen zur Prozessführung vorweg.

8.1.1.2.1 Verfahrensauswahl und Prozessführung

Die Auswahl und Verschaltung der einzelnen Verfahrensschritte hängt sehr von der Qualität der eingesetzten Abfälle, deren Störstoffgehalten und dem Qualitätsziel der Aufbereitung ab. So kann eine trockenmechanische Reinigung durch Friktion an stark verunreinigten und papierbehafteten Folienabfällen sinnvoll sein, während diese bei anderen Stoffströmen aufgrund der vergleichsweise hohen Kunststoffverluste wenig zielführend ist.

Diverse Verfahren können sowohl zur Abtrennung von Störstoffen als auch zur weiteren Qualitätseinstellung und Differenzierung eingesetzt werden. Eine Windsichtung kann z. B. der Schwergutentfrachtung oder der Auftrennung von Hartkunststoffen und Folien dienen. Vielfach werden funktionsähnliche Prozessschritte in mehreren Stufen mit verfahrenstechnischen Varianten hintereinandergeschaltet. Zur Verbesserung der Reinigungsleistung kann z. B. eine Wäsche mehrstufig ausgeführt werden, indem einer Kaltwäsche eine Heißwäsche mit Lauge oder waschaktiven Substanzen nachgeschaltet wird. Während Reihenschaltungen meist der Qualitätseinstellung dienen, werden Parallelschaltungen dazu eingesetzt, den Durchsatz zu steigern und/oder Redundanzen zu schaffen und damit Flexibilität und Betriebssicherheit zu erhöhen.

Bei der Konzeption gilt das Prinzip, qualitätsbestimmende Trennschritte möglichst früh in der Prozesskette vorzunehmen, da diese in späteren Aufbereitungsschritten immer mit höheren Kosten und Qualitätseinbußen verbunden sind. Es ist z. B. sinnvoll, höherschmelzende Kunststoffe oder Aluminiumanteile vor dem Umschmelzen zu entfernen, da deren spätere Abtrennung durch die Schmelzefiltration deutlich aufwendiger, weniger effektiv und mit größeren Verlusten behaftet wäre.

Von Bedeutung für die Qualität bei nassmechanischen Prozessen sind neben den einzelnen Verfahrenstechniken vor allem auch die benötigte Menge und die Qualität des Prozesswassers. Da Wassergebrauch und -entsorgung ressourcenintensiv und teuer sind, kommt der Wasseraufbereitung erhebliche Bedeutung zu. Die Wasseraufbereitung beim Recycling von Post-Consumer-Kunststoffabfällen ist heute ein mehrstufiges Behandlungsverfahren. Sowohl die Investitionen in die Maschinentechnik als auch der notwendige Einsatz von Hilfsstoffen zur Wasserbehandlung sind kostenintensiv. Die Kosten der Abwasserbehandlung können mehr als ein Drittel der Gesamtprozesskosten ausmachen.

Vor dem Hintergrund steigender Energiepreise und der weiter in den Fokus rückenden CO_2-Bilanz der produzierten Rezyklate gewinnt die effiziente Nutzung der eingesetzten Energie zunehmend an Bedeutung. Entscheidend dafür ist einerseits der Einsatz energieeffizienter Verfahrenstechniken, andererseits ein möglichst gleichmäßiger Anlagenbetrieb in den bei der Auslegung definierten Prozessfenstern. Voraussetzung hierfür ist ein in Menge und Qualität möglichst einheitlicher Inputstrom. Um Letzteres zu gewährleisten, müssen die Inputspezifikationen für jeden einzelnen Prozessschritt eingehalten werden. Eine regelmäßige Überprüfung der Qualität sowohl der Ballenware als auch der Zwischenprodukte ist also elementarer Bestandteil der Prozesszuverlässigkeit.

Zur Förderung der Materialströme und der gleichmäßigen Beaufschlagung der Aggregate müssen unterschiedliche Verfahrenstechniken in einem Steuerungskonzept miteinander verschaltet und geregelt werden. Dazu sind an Übergabestellen zwischen Aggregaten unter Umständen an mehreren Stellen Pufferbehälter einzuplanen, die pulsierende Aufgabeströme vergleichmäßigen und geregelt in den Prozess weitergeben. Gleichzeitig können gefüllte Pufferbehälter homogenisieren und geplante oder ungeplante Unterbrechungen vorgeschalteter Prozesse überbrücken. Puffer leisten so einen wesentlichen Beitrag zu einer hohen Anlagenverfügbarkeit. Für leichte Produkte wie Folien sind die verfahrenstechnischen Herausforderungen ungleich höher und die erforderlichen Aggregate deutlich größer als für Hartkunststoffe mit hoher Schüttdichte.

Um eine hohe Betriebssicherheit zu gewährleisten, ist es zudem unbedingt erforderlich, in der betrieblichen Organisation Reinigungs-, Wartungs- und Instandhaltungszyklen vorzusehen. Durch redundante Komponenten und ausreichend dimensionierte Puffer lässt sich vermeiden, dass Stillstände einzelner Aggregate den gesamten Prozess zum Erliegen bringen. Zusammenfassend lässt sich festhalten, dass die Qualität der Rezyklate und die Wirtschaftlichkeit des Anlagenbetriebes nicht nur vom Prinzip und der Güte der gewählten Verfahrenstechniken zur direkten Aufbereitung abhängen, sondern von einer Vielzahl weiterer Einflussfaktoren. Nur im Zusammenwirken aller Maßnahmen ist eine energie- und ressourceneffiziente Aufbereitung möglich.

Bild 8.1 zeigt exemplarisch die einzelnen Prozessschritte und deren mögliche Abfolge zur Aufbereitung von Post-Consumer-Verpackungsabfällen mit den dazugehörigen Anfallstellen wesentlicher Störstoffe oder Nebenprodukte. Die Reihenfolge der Verfahrensschritte kann in Abhängigkeit von der Aufbereitungsaufgabe (Inputzusammensetzung und Qualitätsniveau der Rezyklate) variieren und einzelne Schritte können entfallen oder hinzukommen.

Die über den gesamten Aufbereitungsprozess erzielbaren Rezyklatausbeuten hängen maßgeblich von der Beschaffenheit und vom Fremdstoffgehalt des Ausgangsmaterials einerseits und andererseits von der Aufbereitungstiefe ab. Auf den feuchten Input bezogen variieren sie im Bereich von 65 bis 80 % für Hartkunststoffe und zwischen 55 und 75 % für folienstämmige Materialien, die Verluste bei der Extrusion jeweils mit einbezogen.

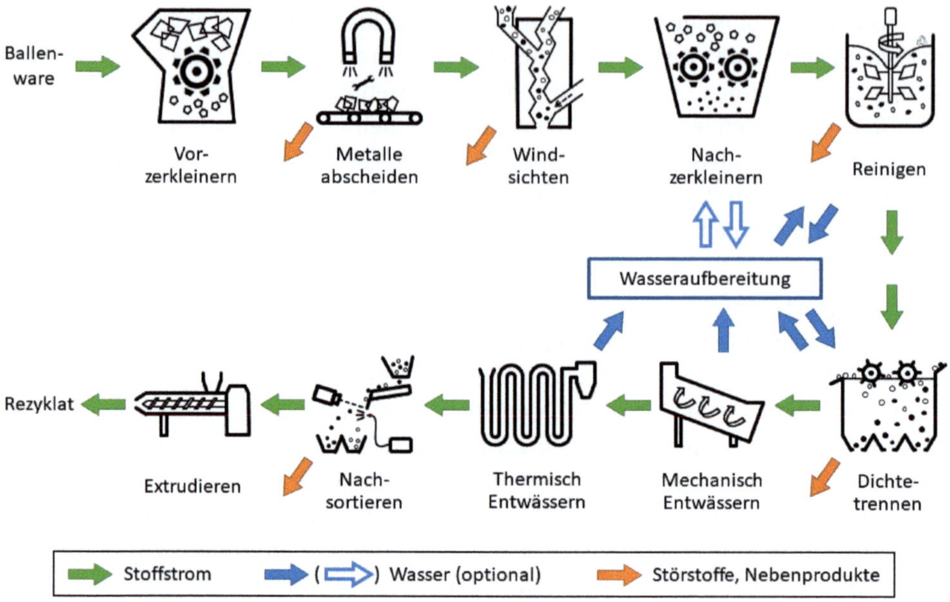

Bild 8.1 Mögliche Prozessabfolge zur Aufbereitung von Post-Consumer-Verpackungsabfällen

8.1.1.2.2 Zerkleinern

Sortierprodukte aus Post-Consumer-Abfällen liegen unzerkleinert oder in wenigen Fällen zwecks Materialvereinzelung grob geschreddert vor und werden immer als gepresste Ballenware in die Aufbereitung angeliefert. Die Ballen sind durch Metalldrähte einfach oder kreuzweise gegen Auseinanderplatzen gesichert. Die Zerkleinerung erfüllt mehrere Aufgaben für die weiteren Verfahrensschritte: Sie löst die Ballenware mit Verdrahtung auf, dekompaktiert sie und überführt sie in eine förderfähige Korngröße. Gleichzeitig sorgt die Zerkleinerung für eine erste Homogenisierung des Materials. Voraussetzung für eine optimale Behandlung in späteren Aufbereitungsschritten ist dabei ein möglichst enges Korngrößenspektrum.

Zerkleinerer haben die Aufgabe, unterschiedliche Werkstoffe samt den im Abfall enthaltenen Fremdstoffen und der Verdrahtung zu bearbeiten. Dabei müssen sie sowohl spröde als auch zähe Artikel verschiedener Materialstärken zerkleinern und robust gegen abrasive Bestandteile sowie massive Störstoffe ausgerüstet sein. Trotz eines hohen Technisierungs- und Automatisierungsgrads in der Sortierung lassen sich massive Metallteile aus dem Stahlbau, Kugeln aus Wälzlagern oder Gebrauchsartikel wie Werkzeuge in der Ballenware nicht 100 %ig verhindern. Als erster Schritt der Aufbereitung hat die Zerkleinerung wesentlichen Einfluss auf die Dosierung und den Durchsatz nachfolgender Aggregate. Eine möglichst hohe Verfügbarkeit dieses investitionsintensiven und meist ohne nennenswerte Redundanz betreibbaren Aufbereitungsschrittes ist essenziell für die Qualität und Wirtschaftlichkeit der gesamten Aufbereitung.

Für einige Verpackungstypen ist für spätere Verfahrensschritte eine zweistufige Zerkleinerung notwendig. Man unterscheidet die Vorzerkleinerung, in der die Artikel auf Kantenlängen von 20 bis 50 cm zerkleinert werden, von einer Nachzerkleinerung, bei der die Korngröße auf unter 20 mm reduziert wird. Beide Zerkleinerungsschritte erfordern unterschiedliche Aggregate. Für die Vorzerkleinerung haben sich in der Aufbereitung von Post-Consumer-Verpackungsabfällen robuste Einwellenzerkleinerer durchgesetzt. Diesen wird die Ballenware manuell oder automatisch durch einen Trichter zugeführt, mit einer bezahnten Einwelle am Statormesser zerkleinert und durch einen Siebkorb gedrückt. Vielfach unterstützen Nachdrücker die Zuführung der Ballen in die Schneidzone. Bei sehr massiven Störstoffen entkoppeln Sicherheitskupplungen den Rotor von der Antriebseinheit und schützen so vor größeren Maschinenschäden. Zusammen mit einer wartungsfreundlichen Gestaltung der Aggregate, z. B. durch Wartungsklappen für Reinigungsarbeiten, mehrfach zu benutzende und einfach nachstell- und tauschbare Statormesser und Schneidkronen, sind dies Voraussetzungen für eine hohe Anlagenverfügbarkeit.

Für die Nachzerkleinerung werden schneller laufende Mühlen verwendet. Die Nachzerkleinerung kann trocken oder nass betrieben werden, um schon beim Schneidvorgang und der dabei entstehenden Friktion Störstoffe zu lösen, die in späteren Verfahrensschritten abgetrennt werden. Aufgrund der Bauweise und Betriebsart sind diese Mühlen anfälliger gegenüber massiven Störstoffen und Verschleiß. Daher ist die Nachzerkleinerung in der Regel nach einer ersten Störstoffentfrachtung positioniert.

Moderne Zerkleinerungsaggregate können einstufig auf Korngrößen < 20 mm zerkleinern. Die erhöhte Zerkleinerungsleistung in einem Gerät hat gegenüber einer mehrstufigen Zerkleinerung den Nachteil verminderter Durchsätze. Gleichzeitig erhöht sich die Friktion im Zerkleinerungsaggregat, wodurch einzelne Materialien oder Materialkomponenten miteinander verschmelzen und Agglomerate bilden können. Konstruktiv lässt sich diesem Phänomen mit einer Rotorkühlung begegnen. Ob eine Zerkleinerung ein- oder zweistufig ausgeführt wird, entscheidet sich durch Abwägung zwischen Investitionskosten in den Maschinenpark und den durchsatzspezifischen Behandlungskosten.

8.1.1.2.3 Entmetallisieren

Metalle kommen sowohl als Ballenverdrahtungen als auch in Form von Störstoffen und Verpackungsnebenbestandteilen im Aufbereitungsinput vor. Sie können in folgenden Aufbereitungsschritten zu massiven Problemen führen. Neben Verschleißerscheinungen in Aufbereitungs- und Förderaggregaten können sie insbesondere bei schnelldrehenden Aggregaten Funkenbildung verursachen. Im Kunststoffrezyklat führen Metallverunreinigungen zu erheblichen Qualitätsminderungen und eingeschränkten Einsatzmöglichkeiten. Innerhalb der mechanischen Trennverfahren zählt die Magnetscheidung zu den ersten und einfachsten Möglichkeiten, einen Großteil der metallischen Verunreinigungen zu entfernen. Die Abtrennung von Eisenmetallen erfolgt dabei wie auch in der Sortierung mit Überbandmagneten, also Dauer- oder Elektromagneten, die magnetisierbare Bestandteile aus dem Produktstrom ziehen und wegfördern. Die Ausgestaltung der Trennung muss unter anderem Anteil und Größe der enthaltenen Metallverunreinigungen, die Fördergeschwindigkeit, die Belegungshöhe auf dem Förderband, den Abstand zwischen Produkt und Magnet und den Zerkleinerungsgrad berücksichtigen. Optimale Einstellungen führen zu einer Trenneffizienz von nahezu 100 %. Eventuell verbleibende Restbestandteile können in weiteren Verfahrensschritten separiert werden (siehe Abschnitt 8.1.1.2.4 und Abschnitt 8.1.1.2.7).

Nichteisenmetalle sind in deutlich geringeren Anteilen als Eisenmetalle sowohl als Störstoffe als auch als Verpackungsbestandteile enthalten. Den größten Anteil an Nichteisenmetallen macht Aluminium aus, überwiegend in Form von Folien oder wenige Mikrometer starken Beschichtungen. Diese stören die folgenden Aufbereitungsschritte und die Qualität weniger und sind zudem mit anderen mechanischen Trennverfahren separierbar. Eine Abtrennung nicht-magnetisierbarer Metalle mit Wirbelstromscheidern ist möglich, aber in den meisten Fällen nicht wirtschaftlich. Sind massive Störstoffe aus Nichteisen-Metallen enthalten, werden diese durch andere mechanische Trennverfahren wie Windsichtung oder Schwimm-Sink-Trennung separiert.

8.1.1.2.4 Schwergutentfrachtung und Sichten

Abfallstoffe enthalten auch nach der automatischen Sortierung und der Metallabscheidung Schwerstoffe, die in der Aufbereitung stören. Das können Fremdstoffe sein, die innerhalb der Sortierspezifikation enthalten sein dürfen, oder auch Störstoffe, die in vorangegangenen Sortierschritten nicht erkannt und oder nicht vollständig abgeschieden wurden, z. B. Reste von Ballenverdrahtungen.

Die Schwergutentfrachtung kann sowohl über das Prinzip der Dichtetrennung in Wasser als auch durch Sichten in einem Luftstrom erfolgen. Beide Verfahrensvarianten werden, auch in Kombination, bei der Aufbereitung von Kunststoffverpackungsabfällen eingesetzt. Bei der Dichtetrennung in Wasser werden zur Schwergutabscheidung Schwimm-Sink-Becken genutzt (vgl. Abschnitt 8.1.1.2.7). Das Windsichten trennt Partikel aufgrund unterschiedlicher Trägheiten. Die einfachste Bauart ist ein Steigrohrsichter, in dem das gemischte Aufgabegut durch einen gerichteten Luftstrom getrennt wird. Darin werden leichtere Partikel und solche mit höheren Luftwiderständen mitgerissen, während schwerere Anteile und Partikel mit geringeren Luftwiderständen absinken. In der Aufbereitung von Kunststoffverpackungsabfällen haben sich Zick-Zack-Sichter durchgesetzt. Diese sind die Weiterentwicklung von Steigrohrsichtern, in denen eingebaute Wände den Luft- und Partikelstrom mehrfach umlenken. Eine derartige Bauweise erhöht die Trennschärfe und ist für eine große Bandbreite von Korngrößen und Materialdurchsätzen einsetzbar und skalierbar.

Eine weitere Aufgabenstellung kann die Qualitätseinstellung gemischter Fraktionen sein, wenn leichte Folie von schwereren Hartkunststoffen getrennt werden soll. In diesem Fall wird die Windsichtung nicht zur Abtrennung von Abfallstoffen genutzt, sondern zur Auftrennung verschiedener Kunststofffraktionen. Hier werden ähnliche Sichterbauweisen eingesetzt wie zur Schwergutentfrachtung, der Trennschnitt wird durch Reduktion des Luftstroms zu weniger trägen Partikeln hin verschoben.

Da eine Trennung mit Sichtverfahren auf Unterschieden in der Trägheit der Partikel beruht, hängt das Trennergebnis stark von Korngrößen und -formen ab. Weil selbst eine optimal ausgelegte Zerkleinerung immer ein kontinuierliches Korngrößenspektrum generiert und die Partikel zudem für gewöhnlich eine Dickenverteilung aufweisen, ist das Sichten ein wenig spezifisches Trennverfahren. Bei großen Dichteunterschieden zwischen Ziel- und Abweisfraktion lassen sich trotzdem hohe Trennschärfen erzielen. Wenn die Trennung hingegen nur auf unterschiedlichen Materialstärken beruht wie bei der Folienabsichtung, lassen sich sehr hohe Reinheiten nur erzielen, wenn vergleichsweise hohe Materialverluste in Kauf genommen werden.

8.1.1.2.5 Trockenmechanische Reinigung

Die Reinigung mit Wasser hat eine aufwendige Abwasserbehandlung und Entsorgung feuchter Abfälle zur Folge. Ein trockener Reinigungsschritt reduziert nicht nur den Prozesswasserbedarf, sondern auch die erforderlichen Dimensionen der Abwasserbehandlung für eine anschließende Wäsche. Das verringert Investitions-, Behandlungs- und Entsorgungskosten.

Die Trockenreinigung hat zum Ziel, anhaftende Verunreinigungen wie Lebensmittelreste, Sand und Staub, aber auch Bestandteile der Verpackung wie geklebte Etiketten, insbesondere Papieretiketten, zu lösen und abzutrennen. Dazu werden die zerkleinerten und von groben Störstoffen befreiten Kunststoffe in ein Gehäuse mit einer horizontalen, schnell drehenden Welle aufgegeben, an der Schaufeln oder Paddel angebracht sind. Diese beschleunigen das zugeführte Material und fördern es durch die Maschine. Welle und Anbauten sind mit einem gelochten Siebblech umschlossen. Für die Sieblochungen können unterschiedliche Formen und Durchmesser gewählt werden, üblich sind 4 bis 16 mm. Durch die Friktion der Kunststoffteile untereinander und am Siebkorb werden anhaftende Störstoffe von der Kunststoffoberfläche gelöst, Papieretiketten werden dabei zerfasert. Zusammen mit frei vorliegenden Störstoffen werden die zerkleinerten Bestandteile durch die Lochung des Siebkorbes gedrückt und abgefördert.

Je nach Verunreinigung des eingesetzten Abfallstoffs und den Qualitätsansprüchen an das Kunststoffrezyklat kann eine derartige Aufbereitungstiefe bereits genügen. Für Anwendungen mit geringen Anforderungen an Reinheit oder Oberflächengüte wie Pfosten oder andere dickwandige Formteile, die durch robuste Verarbeitungsverfahren wie Formpressen, Intrusion oder Pultrusion hergestellt werden, ist die Qualität oftmals ausreichend. Für eine nachfolgende Waschbehandlung ist die trockenmechanische Reinigung mittels Friktion eine wirksame Vorbehandlung für das weitere Lösen und Trennen von Störstoffen.

Durch die Friktionsbehandlung der eingesetzten Materialien und die wenig trennscharfe Separierung von Störstoffen ist dieser Verfahrensschritt grundsätzlich mit größeren Verlusten an Kunststoffen verbunden. Trotz Optimierungen der Verfahrenstechnik durch Maschinenhersteller und Betreiber ist bei gemischten Post-Consumer-Folien der Kunststoffanteil im Reststoff kaum unter 30 % zu senken. Verfahrensbedingt werden spröde Kunststoffe stärker zerkleinert, die Verluste nehmen daher mit steigendem Hartkunststoffanteil zu.

Das Ausschleusen von Reststoffen und deren Entsorgung verursachen zusätzliche Prozesskosten. Zudem fallen Kosten durch Verschleiß der bewegten Elemente und des Siebkorbes an. Eingebunden in eine kontinuierliche Aufbereitungsanlage sind regelmäßige Wartungs- und Reinigungszyklen essenziell, um eine hohe Anlagenverfügbarkeit sicherzustellen.

8.1.1.2.6 Waschen

Durch eine Wäsche mit Wasser lässt sich ein erheblicher Teil der qualitätsmindernden Verunreinigungen von Kunststoffabfällen entfernen. Insbesondere stark anhaftende Störstoffe wie Etikettenklebstoffe oder pastöse und flüssige Bestandteile aus Füllgutresten lassen sich kaum durch trockenmechanische Verfahren abtrennen. Für einen erfolgreichen Waschprozess ist es notwendig, Verunreinigungen zu lösen, vom aufbereiteten Kunststoff zu entfernen und abzutrennen. In der Aufbereitung stark verunreinigter Abfälle arbeitet man daher im Gegenstrom zur Produktionsrichtung mit aufbereitetem Wasser oder Frischwasser. Der letzte Aufbereitungsschritt wird mit dem saubersten Prozesswasser geführt, während erste Behandlungsschritte wie eine Schwergutfalle mit bereits gebrauchtem Prozesswasser betrieben werden.

Wesentlich für das Waschergebnis sind Reibungskräfte, für stark verunreinigte Post-Consumer-Verpackungsabfälle kommen daher vielfach Friktionsreiniger zum Einsatz. Diese arbeiten nach einem ähnlichen Prinzip wie die trockenmechanischen Reiniger (s. Abschnitt 8.1.1.2.5) mit dem Unterschied, dass der Maschine Wasser zum besseren Lösen und Abtrennen der Verunreinigungen zugeführt wird. In der Bauweise werden Friktionsreiniger sowohl horizontal als auch steigend vom Materialein- bis -austritt gestaltet. Das Material wird an der Unterseite des Friktionsabscheiders zugeführt und durch auf einem Rotor angebrachte Wurfschaufeln zum Auslass an der Oberseite gefördert. Dabei wird der Kunststoff wiederholt gegen den Siebkorb geworfen, sodass sich infolge der Friktionsbeanspruchung auch stärker anhaftende Verschmutzungen und Nebenbestandteile lösen und durch die Zentrifugalkraft separiert werden. Durch die Sieblochung werden die abgelösten Verunreinigungen zusammen mit dem Prozesswasser ausgetragen, sodass das Material gleichzeitig entwässert wird. Material und Geometrie der Wurfschaufeln und die Lochung der Siebkörbe richten sich nach der Materialbeschaffenheit. Ein alternatives Konzept überträgt ein Prinzip zur Zerkleinerung von Holz und Papier in eine hydrodynamische Friktionsreinigung. Beim patentierten HydroDyn®-Prozess [6] wird das Material zwischen einer bezahnten Rotor- und einer ebensolchen Statorscheibe verwirbelt und starker Friktion ausgesetzt, sodass innerhalb kurzer Verweilzeiten eine intensive Abreinigung erfolgt. Große Friktionswäscher können Durchsätze von mehreren Tonnen pro Stunde erreichen, entscheidend ist die Schüttdichte des Materials. Für Friktionswäscher gilt genauso wie für die trockenmechanische Reinigung, dass durch die Friktion auch Kunststoffe zerkleinert werden und umso mehr Material verloren geht, je spröder es ist bzw., je mehr Hartkunststoffe enthalten sind.

Für relativ spröde Materialien wie PET sind Friktionswäscher wegen der hohen Materialverluste ungeeignet. Bei Stoffströmen wie PP, die sowohl spröde als auch zähe Anteile enthalten, sind die Materialverluste gegen die Vorteile der erhöhten Reinigungsleistung durch Friktion abzuwägen. Auch Anforderungen hinsichtlich einer Mindestverweilzeit (vgl. Abschnitt 8.1.1.3.3) können eine andere Verfahrenstechnik erfordern. In diesen Fällen werden Kessel verwendet, in denen ein Rührwerk das Produkt in Wasser einrührt und Verschmutzungen durch die Bewegung des Materials im Wasser gelöst werden. Zur Gewährleistung der gewünschten Verweilzeiten im kontinuierlichen Anlagenbetrieb werden mehrere Rührkessel zu einer Kaskade hintereinandergeschaltet. Diese Verschaltungsvariante ermöglicht gleichzeitig die Wasserführung im Gegenstrom zur effektiveren Reinigung.

Bei der Förderung und der Wäsche werden Material und Wasser sehr stark bewegt, was hinsichtlich der Reinigungsleistung auch erwünscht ist. Gleichzeitig tragen Rühr- und Umwälzaggregate Luft ins Waschwasser ein, sodass sich Schaumbildung kaum verhindern lässt. Bei Verpackungsabfällen wird die Schäumneigung vor allem durch in Reinigungs- und Körperpflegemitteln enthaltene Tenside und durch eiweißhaltige Produktreste erheblich verstärkt. Das erfordert die Zugabe von Entschäumern auch dann, wenn dem Waschwasser keine Tenside gezielt zugesetzt werden.

8.1.1.2.7 Dichtetrennen

Die Dichtetrennung wird in praktisch allen industriellen Kunststoffrecyclingverfahren als (Vor-) Reinigungs- und/oder Klassierprozess eingesetzt. Sie erfolgt mithilfe eines Trennmediums, dessen Dichte zwischen den Dichtebereichen der zu trennenden Komponenten liegt. Mit Wasser als Trennmedium lassen sich Polyolefine von Nicht-Polyolefinen und mineralgefüllten oder glasfaserverstärkten Polyolefin-Compounds separieren. Beim PET-Recycling werden so Flaschenkappen, PO-Schrumpfetiketten und nicht gesiegelte Teile von Siegelfolien als Schwimmfraktion abgetrennt. Das Sinkgut besteht dann aus der Hauptfraktion PET und Störstoffen, deren Dichte größer ist als die von Wasser. Bei der Aufreinigung von Polyolefinen (PP, HDPE, LDPE, PO-Mischungen) stellt hingegen das Schwimmgut die Zielfraktion dar, und nicht-polyolefinische Komponenten werden als Sinkfraktion abgeschieden. Das hat den Vorteil, dass neben den Fremdkunststoffen im selben Verfahrensschritt andere Verunreinigungen höherer Dichte wie Metalle und mineralische Bestandteile abgetrennt werden.

Zur Separation von Kunststoffgemischen, in denen die zu trennenden Fraktionen eine höhere Dichte als Wasser aufweisen, können andere Trennmedien eingesetzt werden. Durch den Einsatz von Salzlösungen (z. B. Calcium-, Kalium- oder Zinkchlorid) lassen sich die Dichtetrenngrenzen zu höheren Dichten verschieben. Bei der Aufbereitung von PS aus Verpackungsabfällen erfolgt die Dichtetrennung zweistufig: Nach einer ersten Stufe in Wasser zur Abtrennung von Polyolefinen und EPS als Schwimmgut werden in einer zweiten Salzstufe bei einer Trenndichte von etwa 1,08 g/cm^3 PET, PVC, PLA und weitere Komponenten als Sinkfraktion abgetrennt. Aufgrund des geringen und rückläufigen Anteils an PS-Verpackungen im Bereich der LVP von unter einem Prozent [7] wird die PS-Fraktion (DSD-Sortierspezifikation 0331-0) an immer weniger Sortieranlagen erzeugt. Zur Abtrennung von PS aus anderen Fraktionen, insbesondere aus Zweistoffgemischen, werden wegen ihrer geringeren Investitions- und Betriebskosten oftmals elektrostatische Trenner bevorzugt (vgl. Abschnitt 8.1.1.3.2).

Bei einem Zwei- oder Dreistoffgemisch definierter Qualität können der Dichteschnitt und das Ergebnis der Trennung gut analysiert und vorhergesagt werden. Soll ein Mehrstoffgemisch getrennt werden, sind die Dichtebereiche der Artikel sehr genau zu untersuchen. Bei vielen mehrkomponentigen Abfallgemischen, insbesondere bei Post-Consumer-Abfällen, überschneiden sich die Dichtebereiche der enthaltenen Kunststoffe. Ein trennscharfes Separieren verschiedener Polymere ist dann nicht mehr möglich. Optische Verfahren zur Materialtrennung haben hier einen Vorteil: Die Investitionskosten und Betriebskosten sind in vielen Fällen niedriger als bei Trennstufen in Flüssigkeiten.

Schwerkraftabscheider

Das einfachste und gängigste Verfahren zur Dichteseparation ist die Schwimm-Sink-Trennung mithilfe der Schwerkraft. Schwimm-Sink-Verfahren kommen nicht nur bei der Aufbereitung von Verpackungsabfällen aus der Getrenntsammlung, sondern auch bei der von Hausmüll und beim Baustoff-, Textil-, Elektrogeräte- und Automobilrecycling zum Einsatz. Bei stark verunreinigten Post-Consumer-Polyolefinfraktionen dient oftmals eine erste Schwimm-Sink-Trennstufe zur Schwergutentfrachtung vor der weiteren trocken- oder nassmechanischen Aufbereitung, um nachfolgende Aggregate zu schützen. In einem vergleichsweise kurzen Becken werden nicht-ferromagnetische metallische und mineralische Störstoffe wie Edelstahlschrauben und Steine sowie erste Anteile nicht-polyolefinischer Fremdkunststoffe entfernt.

Zur weiteren Störstoffabreinigung nach der Wäsche kommen größere Schwimm-Sink-Becken zum Einsatz, die eine selektivere Trennung erlauben. Das vorgereinigte und gegebenenfalls nachzerkleinerte Material wird dem Trennmedium unterhalb der Flüssigkeitsoberfläche zugeführt. Im Becken steigt das Leichtgut an die Oberfläche und wird durch mehrere hintereinandergeschaltete Paddeltrommeln zum Schwimmgutaustrag gefördert. Die Paddel sorgen gleichzeitig dafür, dass das Leichtgut mehrfach in das Trennmedium eintaucht, sodass sich anhaftende Schwergutanteile und Luftblasen lösen. Das Schwergut sinkt zum Beckenboden und wird dort über Kratzketten zum Auslass transportiert oder aus trichterförmigen Vertiefungen, sogenannten Zitzen, über Ventile abgelassen.

Die Dichtetrennung mit Schwerkraftabscheidern ist ein gegenüber Schwankungen in der Inputzusammensetzung sehr robustes Verfahren mit geringen Investitionskosten. Ein weiterer Vorteil besteht in der geringen verfahrenstechnischen Komplexität, d. h. geringer Störanfälligkeit und niedrigen Betriebskosten. Die gravierendsten Nachteile sind der hohe Wasserverbrauch und der große Platzbedarf infolge der niedrigen Absetzgeschwindigkeiten im Gravitationsfeld. Insbesondere bei Inputströmen mit hohem Feingutanteil wie PET-Schalenmahlgut oder Automobil- und WEEE-Schredderfraktionen lassen sich bei der Trennung im Schwerefeld mit ökonomisch vertretbaren Verweilzeiten oftmals keine rentablen Ausbeuten in akzeptabler Qualität erzielen. Zudem überlagern Wasserströmungen die Dichtetrennung im Schwerkraftfeld; vor allem beim Materialeintrag und beim Auslass des Schwerguts entstehende Turbulenzen erzeugen Rückvermischungen und verhindern ideale Trennbedingungen. Auch an den Partikeln haftende Luftblasen, Staubteilchen oder andere Oberflächeneffekte verschlechtern das Trennergebnis. Hydrozyklone und Trennzentrifugen sind nicht nur deutlich platzsparender, sondern schließen auch diese Effekte weitgehend aus. Zudem bieten sie den Vorteil einer reduzierten Geruchsbelästigung, da es sich um geschlossene Systeme handelt.

Hydrozyklone

Hydrozyklone nutzen anstelle der Schwerkraft Flieh- und Strömungskräfte zur Trennung. Das Zentrifugalfeld im rotierenden Suspensionsstrom erhöht die Absetzgeschwindigkeit der Sinkfraktion um ein Vielfaches, vor allem die von kleinen Partikeln, die im Schwerefeld aufgrund ihres hohen Oberfläche/Volumen-Verhältnisses nur langsam sinken [8]. Optimal sind Korngrößen im Bereich von 5 bis 15 mm mit enger Größenverteilung bei möglichst einheitlicher Dicke. LVP-Fraktionen müssen vor der Dichtetrennung im Hydrozyklon auf entsprechende Korngrößen nachzerkleinert werden. Bei Hartkunststoffen ist eine Nachzerkleinerung zur weiteren Aufbereitung sowieso notwendig, die Dichtetrennung im Hydrozyklon wird daher entsprechend häufig industriell eingesetzt. Beim Folienrecycling ist eine Einstellung eines kleinen und engen Kornspektrums aufwendig, sodass Hydrozyklone hier seltener zum Einsatz kommen.

Bei klassischen Zyklonen wird das zu trennende Gemisch zusammen mit der Trägerflüssigkeit durch tangentiale Zuführung in Rotation versetzt, wobei durch die zylindrisch-konische Zyklongeometrie an der Außenwand ein abwärtsgerichteter Wirbel, im Zentrum ein aufwärtsgerichteter Wirbel entsteht. Das Schwergut sammelt sich infolge der Zentrifugalkraft im äußeren Bereich und wird durch die Strömungskräfte zum Unterlauf gefördert. Die Leichtfraktion wird durch die Strömungskräfte in den Innenwirbel gelenkt und im Überlauf ausgetragen [9].

Eine mögliche Alternative zu Hydrozyklonen klassischer Bauform sind zylindrische Zentrifugalkraftscheider, wie sie in der Kohle- und Mineralstoffaufbereitung eingesetzt werden [10]. Sie bieten den Vorteil, dass sie höhere Durchsätze ermöglichen und auch im Gegenstrom betrieben werden können. Durch den Wegfall des Tauchrohrs sind die Druckverluste im Vergleich zum zylindrisch-konischen Zyklon weitaus geringer; die erforderliche Verweilzeit lässt sich durch entsprechende Dimensionierung der Trennkammerlänge einstellen. Der Betrieb im Gegenstrom bietet den Vorteil einer erhöhten Trennschärfe durch längere Verweilzeiten, indem die Feststoffaufgabe vom strömenden Medium entkoppelt wird (vgl. Bild 8.2) [11]. Bisherige Ergebnisse einer Pilotanlage zur Dichtetrennung polyolefinreicher Altkunststofffraktionen im Technikumsmaßstab scheinen vielversprechend [12]. Ein großtechnischer Demonstrator wird derzeit (Stand September 2023) technologisch ausgelegt, zur Umsetzung werden industrielle Partner gesucht [13].

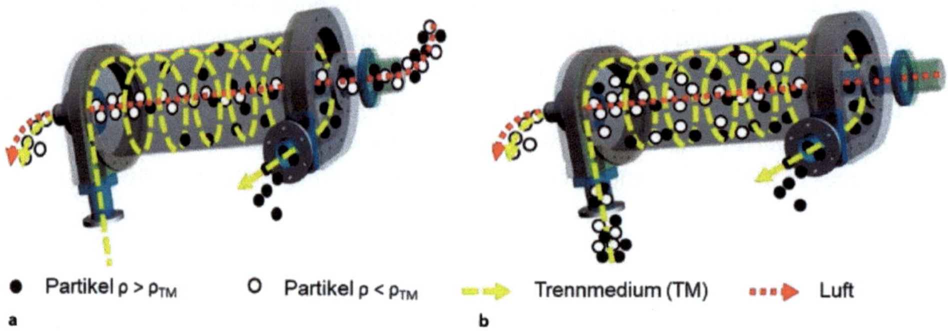

Bild 8.2 Zylindrischer Zentrifugalkraftscheider im Gegenstromprinzip als grundsätzliche Bauweise (a) und im Gleichstrombetrieb (b)
Ohne Änderungen übernommen aus [11], veröffentlicht unter der Creative-Commons-Namensnennung-4.0-International-Lizenz *(http://creativecommons.org/licenses/by/4.0/deed.de)*

Die erzielbaren Reinheiten und Ausbeuten hängen maßgeblich von der Zusammensetzung des Inputstroms und von der Güte des vorgeschalteten Zerkleinerungsprozesses ab. Vor allem bei hohen Störstoffanteilen im Input lassen sich durch eine zweistufige Trennung Qualität oder Ausbringung der Zielfraktion deutlich erhöhen. Kunststoffgemische, aus denen mehrere Zielfraktionen definierter Qualität gewonnen werden sollen, durchlaufen häufig multiple Dichtetrennstufen, indem mehrere Hydrozyklone in Reihe geschaltet werden. Unter optimalen Bedingungen können Reinheiten von ≥ 98 % bei ähnlich hohen Ausbringungsraten erzielt werden [5, 14, 15].

Nachteilig bei der ausschließlichen Trennung nach diesem Verfahren sind die Feststoffverluste infolge der unbefriedigenden Trennschärfe und die nachzuschaltende Abtrennung der Trennflüssigkeit von den beiden Fraktionssuspensionen. Ein weiterer Nachteil besteht im limitierten und stark inputabhängigen Durchsatz. Hydrozyklone werden auf definierte Volumenströme ausgelegt, Schwankungen in der Materialzusammensetzung können daher nicht kompensiert werden und wirken sich direkt auf den Durchsatz bzw. die Ausbringung aus. Bei der Aufbereitung von Polyolefinen ist es auch deshalb essenziell, das zu trennende Gemisch zuvor möglichst gründlich von Schwergut zu entfrachten.

Sortierzentrifugen

Die Trennung in einer Sortierzentrifuge funktioniert ähnlich der in einem Hydrozyklon durch Flieh- und Strömungskräfte. Während im Hydrozyklon die Suspension über Pumpen beschleunigt und dem statischen Aggregat zugeführt wird, rotiert in der Sortierzentrifuge eine Trommel, die die kinetische Energie in das Gemisch überträgt. Sie erzeugt einen umlaufenden Flüssigkeitsring, in dem sich nicht nur ein wesentlich stärkeres, sondern auch ein lokal deutlich homogeneres Kraftfeld ausbildet. Zentrifugalbeschleunigungen von über 1000 g erhöhen die Absetzgeschwindigkeiten und reduzieren damit die erforderlichen Verweilzeiten deutlich [11], sodass Sortierzentrifugen eine weitaus effizientere Trennung als Hydrozyklone ermöglichen. Wegen ihrer komplexen und aufwendigen Technik und der hohen Investitions- und Betriebskosten werden bei der LVP-Aufbereitung häufig einfachere Technologien bevorzugt. Sortierzentrifugen werden eher zur Gewinnung höherwertiger Stoffströme beim Autoteile-, Elektroschrott- und Baustoffrecycling eingesetzt.

Wie Hydrozyklone erfordern Sortierzentrifugen relativ feines Inputmaterial, damit es möglichst homogen im Trennmedium suspendiert werden kann. Wegen der deutlich stärkeren Zentrifugalkräfte spielen Unterschiede in Korngröße und -form keine so große Rolle wie bei der Trennung im Hydrozyklon. Je nach Art und Qualität des Inputs können auch hier mehrere Vorbehandlungsschritte erforderlich sein; Polyolefin-Fraktionen aus der LVP-Sammlung müssen vor der Aufgabe in die Zentrifuge von Schwergut befreit und in der Regel mehrstufig zerkleinert werden.

Das zu trennende Gemisch wird zusammen mit dem Trennmedium axial in die Trommel überführt und beim Auftreffen auf die Flüssigkeitsoberfläche stark verwirbelt, sodass die Teilchen effektiv vereinzelt und von anhaftenden Verunreinigungen und Luftblasen befreit werden. Durch die Zentrifugalkraft werden die schwereren Partikel nach außen gegen die Trommelwand gepresst, während sich die leichteren an der Oberfläche des rotierenden Flüssigkeitsrings anreichern. Eine im Innern mit einer Differenzdrehzahl rotierende Schnecke mit gegenläufigen Wendelgängen fördert die getrennten Fraktionen an den jeweiligen Enden der Zentrifuge zunächst aus dem Trennmedium, dann aus der Trommel heraus. Dabei werden beide Fraktionen durch die Zentrifugalkraft auf Restfeuchten zwischen 15 % (bei Folien) und im Optimalfall 2 bis 3 % (bei Hartkunststoffen) entwässert. Die mit dem Inputstrom zugeführte Flüssigkeit verlässt die Zentrifuge durch Düsen im Mittelteil oder unter Druck über eine Schälscheibe am Trommelende und wird zurückgeführt.

Sortierzentrifugen erzielen hohe Trennschärfen bei hohen Durchsätzen, die je nach Schüttdichte des zu trennenden Gemischs 400 bis 2000 kg/h betragen können. Die hohen Zentrifugal- und Scherkräfte ermöglichen auch die Trennung von Mikropartikeln oder Fasern, die in Schwerkraftabscheidern kaum und in Hydrozyklonen nur bedingt möglich ist. Die Technik hat zudem den Vorteil, dass die Produktströme relativ trocken anfallen, sodass bei vielen Materialien auf eine mechanische Nachentwässerung verzichtet werden kann. Die Nachteile liegen neben der hohen verfahrenstechnischen

Komplexität, die eine hohe Störanfälligkeit und einen starken Verschleiß bewegter Teile mit sich bringt, in der Empfindlichkeit gegenüber Schwankungen im Input. Bei Sortierzentrifugen limitiert die verfahrenstechnische Auslegung auf definierte Volumenströme die Flexibilität gegenüber variierenden Inputzusammensetzungen deutlich stärker als bei Hydrozyklonen. Nicht zu unterschätzen ist auch der hohe Energiebedarf, der sich negativ auf CO_2-Bilanz und Betriebskosten auswirkt.

8.1.1.2.8 Entwässern

Nach einem Waschprozess muss das gereinigte Kunststoffmahlgut möglichst gut entwässert werden. Moderne Extrusionsanlagen mit integrierter Vorverdichtereinheit tolerieren Restfeuchten im Bereich von 10 bis 20 Gew.-% [16–18]. Wasseranteile führen allerdings zu einem höheren Verbrauch an elektrischer Energie. Zudem muss das verdampfende Wasser im Extruder vom Produkt entfernt werden, das kann weitere Investitionen in Entgasungssysteme notwendig machen.

Für Folien und faserhaltige Materialströme werden häufig Schneckenpressen eingesetzt, die das Material durch Druck entwässern, indem sie es mithilfe einer Schnecke durch einen perforierten, konisch zulaufenden Kanal pressen. Je nach Beschaffenheit des Materials können so Restfeuchten um 10 Gew.-% erzielt werden. Bei großen Folien wird die Entwässerung durch Taschenbildung erschwert, sodass auch hier die vorherige Zerkleinerung eine wichtige Rolle spielt. Pressen haben den Vorteil, dass sie vor allem komprimierbare Materialien relativ energieeffizient entwässern können.

Als alternative Verfahrenstechnik, die sich prinzipiell für alle Arten von Materialien eignet, bieten sich Zentrifugen in der Bauart der zuvor beschriebenen Trockenreiniger und Waschzentrifugen an. Mit ihnen lassen sich deutlich geringere Restfeuchten einstellen als mit Pressen, Voraussetzung ist hier allerdings eine feinere Zerkleinerung. Die mechanische Entwässerung mittels Zentrifugen hat zudem den entscheidenden Vorteil, dass Schmutzpartikel größtenteils zusammen mit dem Wasser ausgetragen werden. Zur Steigerung der Entwässerungsleistung können mehrere Zentrifugen hintereinandergeschaltet oder beide mechanischen Verfahrensprinzipien kombiniert werden.

Wenn Restfeuchten kleiner 3 % erreicht werden müssen, reicht eine alleinige mechanische Entwässerung nicht aus. In Einzelfällen kann es genügen, die Förderstrecke bis zur Extrusion zu verlängern, um eine stärkere Verdunstung zu ermöglichen. In der Regel ist es jedoch erforderlich, zusätzlich thermische Trockner einzusetzen. Zu beachten ist, dass eine alleinige thermische Trocknung wenig energieeffizient ist und zudem anhaftende Schmutzpartikel auf den aufbereiteten Kunststoffen belässt. Eine Kombination mit der mechanischen Entwässerung durch Zentrifugen ist also immer sinnvoll.

8.1.1.3 Vertiefte Aufbereitung

Für viele Anwendungen in der kunststoffverarbeitenden Industrie ist eine grundlegende Aufbereitung wie beschrieben qualitativ ausreichend für die Weiterverarbeitung durch Umschmelzprozesse. Für stark verunreinigte Fraktionen oder mehrkomponentige Gemische, aus denen mehrere Zielfraktionen gewonnen werden sollen, ist jedoch oftmals eine vertiefte Aufbereitung notwendig. Auch die Genese besonders reiner Fraktionen im Hinblick auf Polymerzusammensetzung oder Farbe kann zusätzliche oder andersartige Trennschritte erfordern. Eine vertiefte Aufbereitung mittels Mahlgutsortierung erweitert das Anwendungsspektrum hin zu höherwertigen Produkten. Voraussetzung ist, dass die Erlöse der generierten Fraktionen nicht nur den zusätzlichen verfahrenstechnischen Aufwand kompensieren, sondern auch die verringerte Ausbeute bzw. die geringeren Erlöse minderwertiger Nebenprodukte.

8.1.1.3.1 Sensorgestützte Mahlgutsortierung

Höhere Qualitätsanforderungen an Polymerreinheit oder Farbe erfordern häufig eine sensorgestützte Nachsortierung des Mahlguts. Eine Sortierung auf Artikelebene ist zwar im Hinblick auf die Austragung effizienter, jedoch für die meisten Verwertungsbetriebe nicht praktikabel, da sie zum einen das Vereinzeln der Artikel aus der gepressten Ballenware vor dem Zerkleinern voraussetzt und zum anderen Sortierbänder und Puffer zur (Zwischen-)Lagerung der großvolumigen Artikelfraktionen viel Platz benötigen. Zudem ermöglicht erst die Sortierung zerkleinerter Artikel eine Abtrennung von Verpackungsnebenbestandteilen wie Verschlusskappen, Etiketten oder teilverklebter Verbünde.

Sensorgestützte Sortiersysteme arbeiten mit optischen oder optoelektronischen Systemen, die Licht verschiedener Wellenlängenbereiche und entsprechende Sensoren zur automatischen Erkennung und gleichzeitig zur exakten Ortsbestimmung nutzen. Der material- bzw. farbspezifische Austrag erfolgt durch elektronisch angesteuerte Druckluftdüsen. Zur Unterscheidung unterschiedlicher Polymere werden meist NIR-spektroskopische Methoden eingesetzt, zur reinen Farberkennung optische Systeme, die mit Wellenlängen im sichtbaren Bereich arbeiten. Moderne Flaksorter nutzen teils Multisensor-Systeme, um mehrere Trennaufgaben gleichzeitig zu bewerkstelligen. *Laserspektroskopische* Sortierverfahren identifizieren Kunststoffe anhand ihres spezifischen optoelektronischen Spektrums über den gesamten Wellenlängenbereich vom ultravioletten Licht bis zum Nah-Infrarot [19]. Sie erlauben somit eine gleichzeitige Erkennung sowohl der Kunststoffart als auch der Farbe und können zudem eine Reihe von Additiven detektieren, sodass z. B. auch schadstoffhaltige Komponenten abgetrennt werden können. Gegenüber der klassischen NIR-Sortierung bieten laserspektroskopische Verfahren den Vorteil, dass auch dunkle, NIR-absorbierende Kunststoffgemische erkannt und getrennt werden können.

Bei nicht rieselfähigen Fraktionen wie grob geschredderten Materialien oder Folien werden analog zur Artikelsortierung in den Sortieranlagen Bandgeräte eingesetzt. Konstruktionsbedingt sind diese im Austrag begrenzt, sodass sich nur geringe Anteile an Störstoffen im unteren einstelligen Prozentbereich abreichern lassen. Zudem erfordern Bänder und Beschleunigungsstrecken zum Vereinzeln der Teile viel Platz. Zur Sortierung feiner zerkleinerter Mahlgüter dienen kompaktere Flakesorter mit Schurren (s. Bild 8.3), über die die Flakes durch das Schwerefeld beschleunigt und im freien Fall sehr effektiv vereinzelt werden. Schurrengeräte bieten den Vorteil, dass sie mehrere Trennaufgaben in einer Maschine kombinieren können und dass sich Rückführungen einfach integrieren lassen. Nachteilig sind deren hohe Empfindlichkeit gegenüber Verschmutzungen, der erhöhte Wartungsaufwand und die teils hochkomplexe Verschaltung, die eine Bedienung durch geschultes Fachpersonal erfordert.

Bild 8.3 Schurren eines Flakesorters zur sensorgestützten Farb- und Polymersortierung
Quelle: Kunststoff Recycling Grünstadt GmbH, Abbildung mit freundlicher Genehmigung

Die Abtrennung nicht-polymerer Bestandteile und die Abreicherung fraktionsfremder Kunststoffe zählen zu den häufigsten Trennaufgaben in der Aufbereitung von Post-Consumer-Fraktionen. Entsprechend häufig kommen NIR-Trenner zum Einsatz. Bei der Aufbereitung von Schredderfraktionen aus dem Automobilbereich werden sie häufig gegenüber einer Dichtetrennung bevorzugt und standardmäßig zur Abtrennung von Hölzern, Gummi, Schaumstoffen und Textilien aus den verwertbaren Kunststofffraktionen eingesetzt.

Die Sortierung nach Farbe ist ein essenzieller Schritt bei der Aufbereitung verschiedener PET-Fraktionen. Bei Flaschen aus dem Pfandsystem dient sie der Entfernung der mit Sauerstoffbarrieren ausgerüsteten Anteile, die bei Temperaturbelastung zur Vergilbung neigen. Bei Fraktionen aus der LVP-Sortierung werden opake und gefärbte Anteile von farblos transparenten separiert. Da die Sortierspezifikationen den Anteil gefärbter Bestandteile auf wenige Massenprozent begrenzen, müssen bei der Nachsortierung auf Mahlgutebene nur vergleichsweise geringe Störstoffanteile aus der Zielfraktion entfernt werden.

Eine weitaus komplexere Aufgabe ist die Farbsortierung von Polyolefinen (Bild 8.4), die zunehmend an Bedeutung gewinnt. Die LVP-Hartkunststofffraktionen HDPE (DSD-

Sortierspezifikation 324) und PP (329) bestehen zu ca. jeweils einem Drittel aus transluzenten, weißen und bunten Anteilen. Im Unterschied zur einfachen (Nach-)Sortierung zur Störstoffabreicherung werden bei der Farbklassierung mehrere Zielfraktionen generiert. Technisch ist es durchaus möglich, aus farblich gemischtem Input beliebig viele Fraktionen verschiedener Farben zu erzeugen. Großtechnisch erfolgt jedoch meist nur eine Aufteilung in zwei oder drei Farbfraktionen, da die Komplexität der Sortierung und der Handhabung exponentiell mit deren Anzahl steigt.

Bild 8.4 Beispiel für farbsortiertes HDPE-Mahlgut
Quelle: Kunststoff Recycling Grünstadt GmbH, Abbildung mit freundlicher Genehmigung

Abhängig von der Zusammensetzung des Inputs und von den Anforderungen an die Qualität der Zielfraktion kann sowohl positiv als auch negativ sortiert werden. Bei relativ sortenreinen Materialströmen, die von geringen Fremdstoffanteilen befreit werden sollen, wird in der Regel zunächst gezielt das Schlecht-Material ausgetragen. Zur Erhöhung der Ausbeute kann in einem zweiten Schritt mittels Positiv-Sortierung Gut-Material aus dem Abweisstrom zurückgewonnen werden. Bei der komplexeren Klassierung gemischter Kunststoffströme mit mehr als einer Zielfraktion werden häufig beide Prinzipien in mehreren Stufen gekoppelt, um sowohl Qualitäten als auch Ausbeuten zu optimieren. Bild 8.5 zeigt beispielhaft eine mögliche Verschaltung für die Sortierung einer hellen und einer dunklen Fraktion aus farblich gemischtem Inputmaterial.

Die Platzierung der Flakesortierung in der Prozesskette hängt im Wesentlichen von der Sortieraufgabe und dem Verschmutzungsgrad des Inputs ab. Wenn eine nur mäßig mit Anhaftungen belastete Zielfraktion von Störstoffen befreit werden soll, kann es sinnvoll sein, die Sortierung vor die Wäsche zu schalten, um Waschkapazität einzusparen. Bei stark verschmutztem Mahlgut und/oder wenn aus dem Inputstrom mehrere Zielfraktionen gewonnen werden sollen, empfiehlt sich in der Regel die Sortierung gewaschenen Mahlguts, um einerseits sortierte Fraktionen nicht separat waschen zu müssen und andererseits die Sortieraggregate vor Verschmutzungen zu schützen. Anderenfalls führen vor allem Klebstoffreste, Zellulosefasern und Stäube zu einem erhöhten Reinigungsaufwand, da sie das Trennergebnis stark beeinträchtigen. Zudem sind Wäsche und Dichtetrennung aus verfahrenstechnischen Gründen meist gekoppelt, und das Sortieren des bereits dichtegetrennten Mahlguts spart Sortierkapazität.

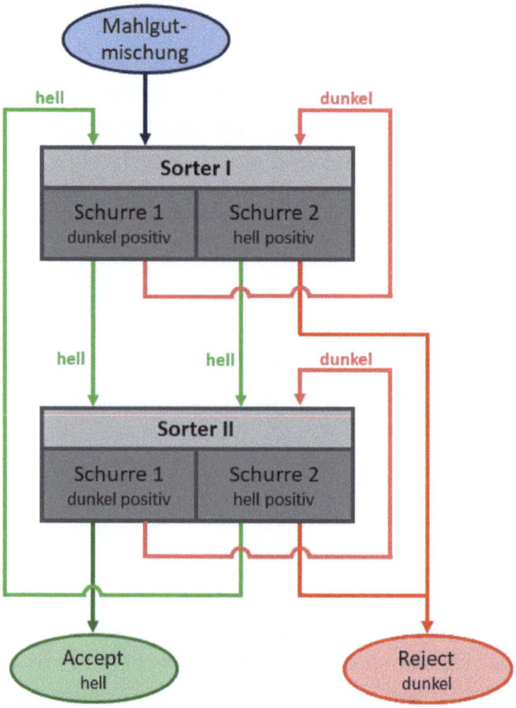

Bild 8.5
Mögliche Verschaltung zweier Flakesorter zur Auftrennung einer Mahlgutmischung in eine helle und eine dunkle Fraktion

Je nach Materialdichte und Gerätebreite erreichen sensorgestützte Flakesorter Durchsätze von mehreren Tonnen pro Stunde. Entscheidend für den gerätespezifischen Durchsatz ist neben der Arbeitsbreite in erster Linie die Signalverarbeitungsgeschwindigkeit der eingesetzten Prozessoren. Die erzielbaren Ausbeuten und Reinheiten hängen stark von der Zusammensetzung des Inputstroms, aber auch von den für die Spektrometrie eingesetzten Algorithmen ab.

Die Trennschärfe der Flakesortierung ist grundsätzlich begrenzt, da die Druckluftimpulse zwar sehr präzise gesteuert werden können, aber immer auch benachbarte Partikel mit austragen. Auch bei der mehrstufigen Trennung wird immer mindestens eine gemischte Fraktion als Nebenprodukt generiert. Durch Rückführungen lässt sich die Ausbringung optimieren, die Geräte sind dann auf entsprechend höhere Durchsätze auszulegen. Eine besondere Bedeutung kommt den Nebenprodukten bei der Klassierung gemischter Kunststoffströme zu. Abhängig von den Anforderungen an die Zielprodukte und die damit generierbaren Erlöse gilt es hier, bei vertretbarem Sortieraufwand sorgfältig zwischen Reinheiten und Ausbringungen der einzelnen Fraktionen abzuwägen.

8.1.1.3.2 Elektrostatische Trennverfahren

Für Kunststoffgemische, die sich mit gängigen Trennverfahren wie Dichtetrennung oder optischer Sortierung nicht oder nur eingeschränkt separieren lassen, bietet sich die elektrostatische Trennung an. Elektrostatische Separatoren nutzen das unterschiedliche tribo-elektrische Aufladungsverhalten von Kunststoffen, das durch deren Dielektrizitätskonstante bestimmt wird. In einer Aufladeeinheit werden die Partikel durch Aufeinanderprallen positiv bzw. negativ aufgeladen, anschließend in einem elektrischen Hochspannungsfeld durch ein Elektrodensystem entsprechend ihrer Ladung unterschiedlich stark abgelenkt und mithilfe von Trennblechen separiert. Durch Einstellung der Trennklappen lassen sich die einzelnen Fraktionen entweder hinsichtlich ihrer Reinheit oder ihrer Ausbeute optimieren. Elektrostatische Trenner eignen sich bevorzugt zur Separation von Zweistoff-Gemischen. Üblicherweise erfolgt die Trennung zweistufig, wobei in der ersten Stufe zunächst eine der Zielfraktionen in hoher Reinheit abgetrennt und in der zweiten Stufe die andere Zielfraktion aus dem verbleibenden Gemisch isoliert wird. Die im zweiten Schritt anfallende Mischfraktion wird in den Input der ersten Stufe zurückgeführt.

Da das Verfahren farbunabhängig arbeitet, bietet es sich besonders zur Trennung der oftmals von schwarzen Kunststoffen dominierten Gemische aus dem WEEE- und dem Automobilbereich an. Die häufigsten Aufgaben sind hier die Trennung von Polystyrol und ABS bei der Aufbereitung von Elektronikschrott und die Separation von Verbundmaterialien aus Armaturentafeln oder Lüftungs- und Klimaanlagen beim Automobilrecycling. Weitere typische industrielle Anwendungen sind die Abtrennung von Gummi und Weich-PVC beim Recycling von PVC-Fensterprofilen oder Altkabeln sowie die Abtrennung von PVC aus PET-Flaschenmahlgut. Zur Aufbereitung von Post-Consumer-Abfällen aus der gemischten Sammlung werden elektrostatische Trenner bisher selten eingesetzt.

Je nach Bauart und Trennaufgabe erreichen elektrostatische Trenner Durchsätze von rund 750 bis 1200 kg/h; zur Bewältigung größerer Massenströme werden mehrere Geräte parallelgeschaltet. Die erzielbaren Qualitäten hängen stark von der Materialzusammensetzung des Inputs ab. Bei gut trennbaren Zweistoff-Gemischen wie PC/ABS lassen sich durch einen zweistufigen Prozess beide Fraktionen in 98 bis 99 % Reinheit bei einer Ausbeute nahe 100 % gewinnen. Voraussetzung für eine effiziente Trennung sind relativ homogene Inputströme möglichst konstanter Zusammensetzung mit enger Partikelgrößenverteilung im Bereich zwischen zwei und zehn Millimetern Kantenlänge. Kleinere Partikel neigen zur Agglomeration, bei größeren Partikeln erschwert das hohe Gewicht die Ablenkung im elektrischen Feld. Die zu trennenden Materialien müssen zudem staubfrei und vor allem trocken (Oberflächenfeuchte < 0,2 %) sein. Auch anhaftende Tenside aus Schauminhibitoren oder Rückstände von bei der Dichtetrennung eingesetzten Salzen können die elektrostatische Aufladung und damit das Trennergebnis stark beeinflussen [20].

8.1.1.3.3 Intensivierte Wäsche

Die für Polyolefine großindustriell etablierte konventionelle Kaltwäsche führt oftmals zu unbefriedigenden Waschergebnissen, da sie viele Verunreinigungen nicht oder nicht vollständig zu entfernen vermag. Dazu gehören insbesondere organische

Anhaftungen, Klebstoff/Etiketten-Systeme und Druckfarbensysteme. Mit einer Heißwäsche, durch Waschzusätze oder den Einsatz spezieller Waschmedien kann die Waschqualität im Hinblick auf Geruch und Farbe bzw. Transluzenz signifikant verbessert werden.

Heißwäsche/Laugenwäsche

Für Lebensmittelverpackungen, die wieder für den Lebensmitteldirektkontakt vorgesehen sind, sind neben einer separaten Erfassung [21] erhöhte Temperaturen und der Einsatz von Lauge bei der Wäsche zwingend notwendig. Zudem müssen Mindestverweilzeiten eingehalten werden, um Kontaminationen in einem vorgeschriebenen Maß zu entfernen. Bei PET-Mahlgütern aus Pfandflaschen ist eine Heißwäsche in verdünnter Natronlauge bei einer Temperatur von ca. 80 °C industrieller Standard, meist werden zusätzlich Tenside eingesetzt. Diese Technologie wird zunehmend auf andere Kunststofffraktionen, insbesondere auf Polyolefine aus der LVP-Sammlung oder anderen Sammelsystemen, übertragen [22]. Bild 8.6 zeigt exemplarisch den Unterschied im Waschergebnis zwischen konventioneller Wäsche und Laugenheißwäsche einer naturfarbenen PP-Fraktion vor und nach der Extrusion.

Bild 8.6 Kaltgewaschenes PP-Mahlgut (oben links) und Mahlgut nach Laugenheißwäsche (oben rechts) sowie jeweils daraus erzeugte Granulate (unten)
Quelle: Der Grüne Punkt – Duales System Deutschland GmbH, Abbildung mit freundlicher Genehmigung

Die Erhöhung der Waschtemperatur steigert einerseits die Löslichkeit unpolarer Substanzen und beschleunigt andererseits die zu deren Entfernung notwendigen Diffusionsvorgänge. Der Einsatz von Natronlauge dient in erster Linie dem besseren Lösen von Etikettenklebstoffen, Lipiden und synthetischen Fetten sowie einiger Druckfarbensysteme. Zwar zeigen Laboruntersuchungen, dass der Zusatz von NaOH bei Waschtemperaturen von ≤ 65 °C das Waschergebnis von PE und PS in Bezug auf die Entfernung flüchtiger organischer Komponenten im Vergleich zu reinem Wasser verschlechtert [23], doch überwiegen bei industriellen Prozessen die Vorteile der Natronlauge gegenüber anderen Waschmedien – nicht zuletzt wegen des vergleichsweise geringen verfahrenstechnischen Aufwands.

Zum Einsatz kommen Rührkaskaden oder horizontale Wäscher, häufig mit konstruktiven Elementen zur Erhöhung der Friktion. Die Ausführung erfolgt meist mehrstufig, indem einer kalten Vorwäsche ein Heißwaschaggregat und eine Spülstufe nachgeschaltet werden. Wegen der umgekehrten Dichteverhältnisse erfordert die Wäsche von Polyolefinen einen anderen Verfahrensansatz als die von PET. Um ein optimales Waschergebnis zu erzielen, ist eine permanente Benetzung essenziell, sodass den Umwälzaggregaten eine erhöhte Bedeutung zukommt.

Bei Polyolefinen kann – wie auch bei Polystyrol – eine Heißwäsche in Wasser oder verdünnter Natronlauge unpolare Komponenten weniger effektiv entfernen als beim PET. Ursache ist die geringere Polarität dieser Polymere und damit deren höhere Affinität zu unpolaren Substanzen. Diese erleichtert einerseits die Migration von Geruchsbildnern in die polymere Matrix, aus der sie durch eine Wäsche mit einer Verweilzeit von einigen Minuten nicht entfernt werden können. Andererseits erschwert sie deren Entfernung von der Oberfläche durch ein polares Lösemittel. Viele geruchsbildende organische Komponenten werden daher auch durch eine Laugenheißwäsche nur unzureichend aus Polyolefinen entfernt [24–27]. Für anspruchsvolle Anwendungen mit hohen Anforderungen an die sensorische Qualität oder das Emissionsverhalten wie Kosmetikverpackungen oder Komponenten für den Automobilinnenraum ist eine (Laugen-)Heißwäsche als alleinige Maßnahme zur Geruchsreduzierung häufig nicht ausreichend.

Einsatz waschaktiver Substanzen

Wasser und verdünnte Laugen können nur polare Kontaminanten gut entfernen, die effektive Beseitigung unpolarer Substanzen erfordert den Zusatz grenzflächenaktiver Substanzen oder den Einsatz organischer Lösemittel. Tenside senken die Oberflächenspannung des Waschmediums und verbessern so die Benetzung der Kunststoffoberfläche und organischer Anhaftungen. Die amphiphilen Moleküle adsorbieren hydrophobe Substanzen, stabilisieren gleichzeitig die gelösten Komponenten im Waschmedium und verhindern so eine erneute Ablagerung.

Während die Zugabe von Detergenzien bei der Wäsche von PET-Flaschenmahlgut die Desodorierungseffizienz nur um rund 5 bis 15 % steigert, hat sie bei Polyolefinen mit 10 bis 30 % Steigerung einen deutlich stärkeren Effekt [23]. Auch einige Druckfarbensysteme lassen sich mit Tensiden wesentlich besser abwaschen als mit reiner Lauge, wobei sich kationische Tenside als effektiver herausgestellt haben als anionische oder nichtionische (vgl. „Deinking" in Abschnitt 8.1.1.3.3) [28 – 30]. Mittlerweile bieten mehrere Hersteller auf verschiedene Polymere abgestimmte Detergenzien oder mehrkomponentige Waschmittelsysteme mit Oxidationsmitteln speziell für den Einsatz im Kunststoffrecycling an.

Die restlose Entfernung von in den Kunststoff migrierten Kontaminanten kann jedoch auch eine Intensivwäsche mit waschaktiven Substanzen nicht leisten, da die Verweilzeiten in der Regel zu kurz sind, um die notwendigen Diffusionsvorgänge zu ermöglichen. Gerade Folien aus Lebensmittelverpackungen sind wegen ihres hohen Oberfläche/Volumen-Verhältnisses stark mit migrierenden Substanzen verunreinigt, sodass Gerüche beim Waschen nur unzureichend entfernt werden. Da die Wäsche im Gegensatz zu reinen Wärmebehandlungsverfahren (s. Abschnitt 8.1.1.3.4) jedoch auch niedrigflüchtige Bestandteile beseitigt, bleibt sie in jedem Fall ein essenzieller, qualitätsbestimmender Aufbereitungsschritt.

Bei der Zugabe von Additiven zum Waschwasser kommt dem Klarspülen mit reinem Wasser eine erhöhte Bedeutung zu. Anhaftende Rückstände können nachfolgende Prozesse maßgeblich stören und die Qualität des Rezyklats beeinträchtigen. Auch die Auswirkungen auf das Waschwasser, die Wasseraufbereitung und eventuelle Einleitgenehmigungen sind zu beachten. Natronlauge muss vor dem Einleiten neutralisiert werden. Einige Tenside fördern die Schaumbildung und erfordern einen erhöhten Zusatz von Schauminhibitoren.

Deinking, Delaminierung

Bestehen die zu behandelnden Fraktionen aus bedruckten Artikeln und/oder mehrschichtigen Laminaten, reicht eine alleinige Entfernung von anhaftenden Substanzen aus der Gebrauchsphase zur Genese hochwertiger Rezyklate nicht mehr aus. Sowohl Druckfarben als auch Mehrschichtverbunde führen zu Qualitätseinbußen hinsichtlich optischer, geruchlicher und mechanischer Eigenschaften und damit zu eingeschränkten Einsatzmöglichkeiten und verminderten Erlösen. Druckfarben gelten zudem als Eintragsquelle für gefährliche Substanzen, darunter polyzyklische aromatische Kohlenwasserstoffe (PAK), Phthalate und Azofarbstoffe [31].

Verfahren zum Entfernen der Druckfarben (Deinking) oder zur Trennung von Mehrschichtverbunden (Delaminierung) zielen in erster Linie auf die Bereitstellung hochreiner Fraktionen mit einem Eigenschaftsprofil ähnlich dem von Neuware. Eine weitere Behandlung von Post-Consumer-Abfällen aus der haushaltsnahen Sammlung mit dem vorrangigen Ziel der Geruchsoptimierung ist mit verfahrenstechnisch weniger aufwendigen Ansätzen kostengünstiger durchzuführen.

Druckfarbensysteme bestehen im Wesentlichen aus Harzen als Bindemittel, Lösemitteln, Farbstoffen oder Pigmenten und diversen Additiven wie Weichmachern, Dispergierhilfsmitteln, Gleitmitteln, Haftvermittlern etc. Die Zusammensetzung kann je nach Druckverfahren und Substrat, aber auch abhängig vom Verpackungsverfahren (Geschwindigkeit der Verpackungsmaschinen, erforderliche Gleiteigenschaften, Heißsiegelung usw.) stark variieren. Für Kunststoffsubstrate kommen meist lösemittelbasierte

Systeme zum Einsatz, die sich gegenüber wasserbasierten durch eine bessere Benetzung und Haftung sowie eine beschleunigte und damit energiesparendere Trocknung auszeichnen [32]. In-Mould-Etiketten und Sleeves werden zunehmend mit UV- oder elektronenstrahlvernetzenden Tinten, häufig auf Acrylatbasis, bedruckt. Beim überwiegenden Anteil der Druckfarben werden Nitrozellulose-basierte Bindemittel verwendet. Diese zersetzen sich im Umschmelzvorgang unter Bildung nitroser Gase und führen so zu einer Braunfärbung und einem intensiven, unangenehmen Geruch [33]. Auch andere Bindemittel wie Polyurethane (PU), Polyvinylbutyral (PVB), Acrylat und Celluloseacetatbutyrat (CAP) neigen dazu, bei höheren Temperaturen zu degradieren; die Auswirkungen auf Weiterverarbeitungsprozesse und Qualität des Rezyklats sind jedoch weniger gravierend [34]. Bei einem Großteil der bedruckten Verpackungen wird zudem der Druck zum Schutz mit einer Kaschierschicht versehen, die anders als das Druckfarbensystem aufgebaut und/oder zusätzlich vernetzt sein kann [35].

Zum Deinking mithilfe von Tensiden existieren zahlreiche umfassende Laborstudien [28–30, 35–38]. Bisher wurde jedoch nur ein einziges Verfahren im Technikumsmaßstab umgesetzt; Cadel Deinking betreibt im spanischen San Vicente de Raspeig (Alicante) eine Pilotanlage mit einer Kapazität von bis zu 450 kg/h [39]. Bei dem patentierten Prozess wird das auf 6 bis 14 mm vorzerkleinerte Folienmahlgut diskontinuierlich in einem Rührtank in wässriger, alkalischer Lösung unter Zugabe von Tensiden entfärbt und anschließend in weiteren Tanks zweistufig gespült, um es von anhaftenden Farb- und Reinigungsmittelresten zu befreien. In einer Zentrifuge werden Reinigungslösung und Druckfarbe voneinander getrennt, sodass sowohl das Waschmedium als auch die in der Druckfarbe enthaltenen Pigmente (nach thermischer Aufbereitung) zurückgewonnen werden können [40].

Das derzeit einzige im industriellen Maßstab eingesetzte Verfahren zum Deinking von Polyolefinabfällen (Stand Oktober 2023) ist das NOREC®-Verfahren, eine Fest-Flüssig-Extraktion mit Ethylacetat als Extraktionsmittel. Die von der Nordfolien GmbH als Teil von Berry Global betriebene Anlage in Steinfeld (Oldenburg) recycelt jährlich ca. 6000 t Kunststoffabfälle. Mit heißem Ethylacetat lassen sich sowohl eine breite Palette von Druckfarben als auch einige Additive sowie in den Kunststoff eindiffundierte Substanzen, insbesondere Geruchsstoffe, entfernen. Die Extraktion erfolgt mehrstufig in einem kontinuierlich arbeitenden Extraktor, in dem das Lösemittel im Gegenstrom zum umlaufenden Extraktionsgut geführt wird. Das beladene Extraktionsmittel wird anschließend durch Verdampfen von den Rückständen getrennt, kondensiert und kontinuierlich in den Prozess zurückgeführt [41]. Während sich nitrozellulose-basierte Druckfarben mit diesem Verfahren gut lösen lassen, ist es für (UV-)vernetzte Systeme nicht geeignet [42].

Neuere Untersuchungen zeigen, dass sich mit säurebasierten Medien ein breiteres Spektrum von Bindemitteln entfernen lässt, während organische Lösungsmittel besonders wirksam gegen Acrylate und verwandte Polymerharze sind [43]. Besonders oxidierende Säuren wie Schwefelsäure, Salpetersäure oder Perchlorsäure können Druckfarben oft schon bei Raumtemperatur sehr viel schneller lösen als alkalische Medien mit Tensiden oder organische Lösemittel und so den energetischen Aufwand deutlich reduzieren. Der Einsatz von Säuren setzt jedoch nicht nur umfassende sicherheitstechnische Maßnahmen voraus, sondern erfordert zudem eine korrosionsfeste Auslegung der entsprechenden Anlagenkomponenten.

Der Vorteil wässriger Waschmedien gegenüber lösemittelbasierten besteht neben der geringeren Toxizität und der einfacheren Handhabung darin, dass das Waschmedium der Wasseraufbereitung zugeführt werden kann. Allerdings lassen sich die darin dispergierten Druckfarben nur mit relativ hohem verfahrenstechnischen und/oder energetischen Aufwand wieder abtrennen. Beim Ausfällen mit Flockungshilfsmitteln und anschließendem Filtrieren bleiben, abhängig vom Druckfarben-Bindemittel und von den enthaltenen Pigmenten, signifikante Mengen im gereinigten Wasser zurück [35].

Neben den genannten existieren weitere Verfahren, bei denen zusätzlich zu Tensiden und/oder organischen Lösemitteln Bürsten eingesetzt werden, um die Entfernung der Druckfarbe von der Kunststoffoberfläche zu beschleunigen [44–46]. Diese Verfahren zielen jedoch auf das Deinking unzerkleinerter Rollenware aus dem Post-Industrial-Bereich ab, für Post-Consumer-Folien sind sie nicht geeignet.

Die meisten Deinking-Verfahren sind zudem nur für Verpackungen anwendbar, bei denen die Folienoberfläche bedruckt ist. Insbesondere bei Lebensmittelverpackungen kommen jedoch häufig Konterdruckverfahren zum Einsatz, bei denen die Folie mit der bedruckten Seite nach innen auf eine Versiegelungsschicht laminiert wird, um einen Schutz von außen durch die Folienschicht zu gewährleisten. In solchen Fällen ist ein Deinking ohne gleichzeitige Delaminierung nicht möglich.

Die einfachsten Kunststoff-Mehrschichtverpackungen bestehen aus zwei Lagen, wobei die innere, produktzugewandte Schicht in der Regel für die Siegelfähigkeit sorgt und die äußere für Abriebfestigkeit, Bedruckbarkeit und mechanische Stabilität. Barriereeigenschaften können durch eine der Schichten bereitgestellt werden, durch beide oder durch eine zusätzliche Zwischenschicht. Siegelschichten bestehen üblicherweise aus niedrigschmelzenden Polymeren wie LDPE, LLDPE, EVA, PE-Plastomeren oder Ionomeren. Für die äußere Schicht werden zumeist orientierte PET-Filme wegen ihrer guten Bedruckbarkeit oder PA zur Verbesserung der mechanischen Beständigkeit verwendet, seltener (O)PP oder HDPE. Den massemäßig mit Abstand größten Anteil polymerbasierter Multilayer-Verpackungen im Gelben Sack machen LDPE/PET-Verbunde (ca. 51 %) und LDPE/PA-Verbunde (ca. 23 %) aus [47]. Als zusätzliche Barriereschichten kommen EVOH, PVOH, PVDC, PA-6, aber auch Aluminium oder Coatings aus Siliziumoxid oder Aluminiumoxid zum Einsatz. Die Verbindung unterschiedlicher Kunststoffarten kann zudem den Einsatz von Haftvermittlern erfordern. Hierfür werden unter anderem Polyurethane, Acrylate oder mit Säure- oder Anhydridgruppen funktionalisiertes PE oder PP verwendet. Eine klassisch aufgebaute Folienverpackung mit funktioneller Barriere umfasst drei bis fünf Schichten, vereinzelt finden jedoch auch Verbunde mit bis zu 24 Schichten Verwendung [47]. Die Stärken der einzelnen Schichten variieren dabei zwischen 2 und 100 µm [48].

Zur Trennung von Mehrschichtverbunden lassen sich zwei verschiedene Prinzipien anwenden: entweder das Auflösen des Haftvermittlers bzw. einer Zwischenschicht oder das selektive Lösen einer oder mehrerer polymerer Zielfraktionen in einem geeigneten Lösemittel und anschließendes Ausfällen. Im Folgenden soll nur Ersteres, also die Delaminierung im engeren Sinn, betrachtet werden. Lösemittelverfahren, die einen Fällungsschritt beinhalten, sind in Abschnitt 8.1.5 genauer beschrieben. Die Delamination kann entweder physikalisch durch Auflösung einer (Zwischen-)Schicht oder chemisch durch deren Zersetzung oder durch Reaktionen an der Grenzfläche induziert werden. Rein mechanische Methoden eignen sich nur für teilverklebte Verbunde und können auch diese nicht 100 %ig sortenrein trennen [49].

Intensiv erforscht und technisch am weitesten fortgeschritten sind Delaminierungsverfahren zum Recycling von Getränkekartons. Diese zielen jedoch in erster Linie auf die Rückgewinnung der Papierfasern, seltener auch auf die der Aluminiumfraktion. Die enthaltenen Kunststoffe werden in den meisten Fällen nicht gesondert aufbereitet und thermisch verwertet. Zwar existiert eine ganze Reihe von Ansätzen, darunter mehrere patentierte Verfahren, um auch die Polymere aus aluminiumhaltigen Verbunden gezielt abzutrennen, doch haben bisher nur wenige Verfahren kommerzielle Reife erlangt. In Europa werden derzeit (Stand Oktober 2023) nur zwei Anlagen betrieben, in denen das in den Papiermühlen anfallende PE/Al-Gemisch in LDPE, Al und HDPE (aus Verschlüssen) getrennt wird (Plastigram in Sokolov, Tschechien und Palurec in Hürth, Deutschland). Hierfür werden konventionelle (nass-)mechanische Aufbereitungstechniken eingesetzt, die Delaminierung erfolgt mit reinem Wasser. Die Separation des Aluminiums von der Folie gelingt dabei allerdings nur unvollständig, sodass die erzeugte LDPE-Fraktion noch deutlich sichtbar mit Aluminium kontaminiert ist. In China hingegen recyceln verschiedene Unternehmen Verbundverpackungsabfälle mittels säurebasierter Delamination in industriellem Maßstab. Hierbei werden in Rührbehältern PE/Al-Verbunde in wässriger Lösung mit Ameisensäure (ca. 20 %ig) bei Temperaturen von 60 bis 80 °C getrennt, wobei die Ameisensäure teilweise mit dem Aluminium reagiert und der pH-Wert mit Salpetersäure nachreguliert wird. PE und Aluminium werden anschließend durch Schwimm-Sink-Trennung, üblicherweise mithilfe von Zentrifugen, separiert. Während so das Aluminium in hoher Reinheit zurückgewonnen werden kann, enthält die generierte LDPE-Fraktion meist noch signifikante Mengen an HDPE (wenn Verschlüsse nicht vorher abgetrennt werden), PET (sofern vorhanden) und Aluminium [50].

Nach ähnlichem Prinzip arbeitet das nassmechanische Verfahren von Saperatec [51], mit dem sich neben Getränkekartons und anderen Aluminium-Kunststoffverbunden auch dünnschichtige Glas-Kunststoffverbunde (Photovoltaik-Module, Autoglas) aufbereiten lassen. Hierbei werden die vorzerkleinerten Verbundmaterialien mithilfe einer wasserbasierten Mischung aus Essigsäure, Phosphorsäure und NaOH unter Rühren getrennt. Die Temperatur wird, je nach zu lösendem Haftvermittler, auf 40 bis 70 °C eingestellt, die Verweilzeit beträgt 30 min bis 5 h. Die ungelösten Stoffe werden anschließend abfiltriert, mit Wasser gespült und in die Zielfraktionen sortiert. Mittels Schwimm-Sink-Trennung wird PE von Aluminium und PET separiert; durch Sichten oder durch Wirbelstromscheidung lassen sich Al und PET trennen. Trennflüssigkeit und Waschwasser werden mittels Filtration, Umkehrosmose und/oder Flüssig-Flüssig-Extraktion aufbereitet und im Kreislauf gefahren. Eine Pilotanlage mit einer Kapazität von maximal 500 t/a ist seit 2014 in Bielefeld in Betrieb. Die Inbetriebnahme einer großindustriellen Anlage in Dessau mit einer Inputkapazität von 17 000 t/a zur Aufbereitung von Mehrschichtverbunden mit Aluminiumbarriere (flexible Verpackungen, Tuben, Getränkekartons) ist für Ende 2023 geplant. Sie soll rund 10 000 t/a LDPE-Granulat, ca. 3400 t/a Aluminiumbriketts und 2600 t/a PET-Agglomerat bereitstellen [52].

Eine Herausforderung beim Delaminieren besteht darin, dass delaminierte Filme sehr dünn sein können (die Dicke von Multilayer-Folienschichten liegt meist im Bereich von 5 bis 30 µm), sodass konventionelle Abtrennmethoden an ihre Grenzen stoßen. Gegenüber den Lösemittelverfahren, bei denen eine Zielfraktion in Lösung gebracht wird (Abschnitt 8.1.5), haben Delaminierungsverfahren den Vorteil, dass nur Teile des Verbundes in Lösung gebracht werden müssen, sodass der Lösemittelbedarf sehr viel geringer ist.

Mit Verfahren zum Deinking oder zum Delaminieren lassen sich am besten sehr saubere und wenig vermischte Kunststofffraktionen kostengünstig aufbereiten. Derartige Verfahren kommen daher bevorzugt im innerbetrieblichen Recycling von z. B. Randabschnitten oder der Aufbereitung definierter Post-Industrial-Abfallfraktionen zum Einsatz. Für die Behandlung von Post-Consumer-Abfällen ist aufgrund der anhaftenden Verunreinigungen sowie der Vielzahl der verwendeten Druckfarbensysteme, Laminate und Klebesysteme sowie der selektiv wirkenden Substanzen deren Einsatz nicht ausreichend effizient und zu teuer. Ökonomisch und ökologisch sinnvoll sind solche Verfahren derzeit nur für Materialien, die bisher über thermische Verwertung entsorgt oder deponiert werden.

8.1.1.3.4 Wärmebehandlung

Bei Primärkunststoffen werden Fehlgerüche durch Monomere, oxidative Abbauprodukte und andere flüchtige organische Verbindungen (VOCs) verursacht, die bei der Herstellung, der thermomechanischen Beanspruchung während der Verarbeitung und durch Additivierung entstehen [53]. Diese können zum Teil durch eine Behandlung mit getrockneter warmer Luft während des Umfüllens oder der Lagerung entfernt werden. Dieses Prinzip ist auf Rezyklate übertragbar. Allerdings ist die Entstehung von Fehlgerüchen bei Rezyklaten deutlich komplexer. Eine Wärmebehandlung kann jedoch auch in Kunststoffverpackungen migrierte geruchsbildende Substanzen austreiben und so rezyklattypische Fehlgerüche deutlich reduzieren [54–57].

Ähnlich dem Prozess zur Festphasenkondensation von PET werden für Polyolefine Aggregate verwendet, die das gereinigte Mahlgut oder das umgeschmolzene Granulat in einem diskontinuierlichen Prozess vorwärmen, behandeln und abkühlen. Die Behandlung erfolgt mit Luft oder unter Nutzung inerter Gase bei atmosphärischen Bedingungen oder im Vakuum bei Temperaturen knapp unterhalb der Erweichungstemperatur [55], wobei das kontaminierte Gas über eine Entgasungseinheit entfernt wird. Je nach Größe des Aggregats lassen sich Durchsätze bis zu 4000 kg/h erzielen.

Ein Nachteil dieser Technik ist die relativ lange Verweilzeit von mehreren Stunden (typischerweise 4 bis 7 h), die zum Erreichen der optimalen Abscheideleistung erforderlich ist. Laboruntersuchungen haben gezeigt, dass sich wasserunlösliche VOCs durch Dampfstrippen [58] oder mittels Druckwasserextraktion [59] effizienter entfernen lassen als mit heißer Luft, sodass vergleichbare Dekontaminationsleistungen innerhalb deutlich kürzerer Verweilzeiten möglich sind.

Eine derartige Behandlung von Fehlgerüchen hat gegenüber der Verwendung von geruchsadsorbierenden Additiven jedoch entscheidende Vorteile:

- Farbe und Transluzenz werden nicht negativ durch (meist mineralbasierte) Geruchsadsorber beeinflusst.
- Fehlgerüche werden nachhaltig entfernt und können auch bei späteren Umschmelzvorgängen oder während der erneuten Nutzungsphase nicht mehr austreten.
- Sie ermöglicht additivfreie Rezyklate, die zu 100 % aus Post-Consumer-Material bestehen.

Letzteres kann insbesondere für Marketingzwecke einen bedeutenden Gesichtspunkt darstellen.

8.1.1.3.5 Andere Ansätze

Neben den genannten, größtenteils etablierten Verfahren kommt eine Reihe weiterer möglicher Maßnahmen in Betracht, um die Rezyklatqualität zu verbessern. Die Ansatzmöglichkeiten sind vielfältig, dementsprechend vielgestaltig sind die Methoden, die bereits intensiv im Labormaßstab untersucht, bisher jedoch noch nicht großtechnisch umgesetzt und ökonomisch bewertet wurden.

Da Störgerüche nach wie vor eines der größten Hemmnisse für den Rezyklateinsatz darstellen, zielen etliche Verfahren auf die Entfernung geruchsbildender Substanzen ab. Auch vor dem Hintergrund eines möglichen Einsatzes polyolefinischer Rezyklate in sensiblen Anwendungen wie Kosmetik- oder Lebensmittelverpackungen rückt die Entfernung flüchtiger organischer Verbindungen und anderer, potenziell gesundheitsgefährdender Kontaminationen zunehmend in den Fokus.

Ein früher greifender Ansatz ist, die Entstehung von Geruchsbildnern bereits im Vorfeld zu verhindern. Untersuchungen zeigen, dass besonders bei Folienabfällen ein wesentlicher Teil der Fehlgerüche auf mikrobiologische Aktivitäten während der Lagerung und im Waschwasser zurückzuführen ist [3, 26, 60]. Eine Möglichkeit, mikrobielle Abbauvorgänge zu unterbinden, ist die Sterilisation des Wassers oder des Kunststoffs mittels UV-Strahlung oder Ozon, wie sie heute bereits in der Wasseraufbereitung oder der Behandlung biologisch gefährlicher und medizinischer Abfälle eingesetzt wird. Ebenfalls denkbar ist die Zugabe synthetischer oder natürlicher Biozide zum Waschwasser. Neben „klassischen" Wirkstoffen wie Silberionen, Terpenen etc. zählen dazu auch Mikroorganismen, die gezielt Fäulnisbakterien verdrängen. Der Einsatz probiotischer Bakterien erwies sich im Labormaßstab bereits als wirksame Methode, Störgerüche im Rezyklat signifikant zu reduzieren [61, 62]. Bei der großtechnischen Umsetzung wäre das allerdings ein massiver Eingriff in die komplexe Biologie des Waschwassers, dessen Folgen sich in der Theorie kaum abschätzen lassen. Um auch Lagerungs- und Transportphasen abzudecken, wäre es allerdings sinnvoller, bereits in der Sortieranlage anzusetzen. Denkbar ist z. B. eine Oberflächenbehandlung der Artikel mit Ozon oder anderen Bioziden, idealerweise in einem separaten Misch- und Förderaggregat vor dem Verpressen.

Eine weitere Möglichkeit, Störgerüche und andere Kontaminanten aus der Kunststoffmatrix zu entfernen, ist neben der Extraktion mit organischen Lösemitteln (vgl. Abschnitt 8.1.1.3.3, Abschnitt 8.1.5) die mit überkritischen Fluiden. Die Eigenschaften des überkritischen Zustands, d. h. hohe Diffusionsfähigkeit, niedrige Viskosität und geringe Oberflächenspannung, sorgen für einen im Vergleich zu anderen Verfahren schnelleren Stofftransfer und damit für eine effizientere Extraktion. Laboruntersuchungen zeigen, dass mit überkritischem CO_2 diverse Additive aus Polyolefinen entfernt werden können [63–68]; auch der Gehalt an VOCs [67, 68] und PAK [69] lässt sich so signifikant reduzieren. Zwar erweist sich für PE überkritisches Ethan als effektiveres Extraktionsmittel [67], doch bietet CO_2 entscheidende Vorteile, da es weder giftig noch brennbar ist und leicht entfernt werden kann. Insgesamt erscheint die Methode attraktiv einerseits für sensible Anwendungen mit hohen Reinheitsanforderungen, andererseits für hochgradig schadstoffbelastete Fraktionen wie Öl- und Gefahrstoffbehälter.

Neben Bedruckungen stellen auch durchgefärbte Artikel ein Problem bei der werkstofflichen Verwertung dar, da die enthaltenen Pigmente die Farbgebung der daraus erzeugten Rezyklate stark limitieren. Hier setzt ein Verfahren zum reversiblen Einfärben von Kunststoffen an, das vom Aachener Start-up Smart Coloring entwickelt wurde. Mithilfe spezieller Farbmittelsysteme (Pigmente oder Farbstoffe) lassen sich Polyolefine so einfärben, dass sie im Recyclingprozess mittels Fest-Flüssig-Extraktion wieder nahezu vollständig entfärbt werden können. Dies erfolgt in einer alkalischen Lösemittel-in-Wasser-Emulsion, die zusätzlich Detergenzien und Benetzungsmittel enthält, bei 90 bis 120 °C; die Verweilzeit beträgt je nach Zerkleinerungsgrad 10 bis 60 min [70]. Ein Vorteil des Verfahrens besteht darin, dass es – wie andere Extraktionsprozessen auch – geruchsaktive Komponenten und andere Verunreinigungen mit entfernt. Nachteilig ist, dass besondere Färbeverfahren angewendet oder spezielle Masterbatches eingesetzt werden müssen und ein zusätzliches Markersystem erforderlich ist, um die so eingefärbten Artikel zu identifizieren und gezielt entfärben zu können.

Im Hinblick auf eine effektivere Verwertung von Multilayer-Folien kommt dem Verpackungsdesign eine entscheidende Rolle zu. Wenn aus Gründen des Produktschutzes eine Mehrschichtverpackung unverzichtbar ist, bieten sich entweder reine Polyolefinverbunde [71, 72] zur Substitution an oder Laminate mit Zwischenschichten, die sich in wässrigen Medien lösen lassen. Hierfür eignen sich z. B. „klassische" Barrieren aus Polyvinylalkohol (PVOH) oder neuere Ansätze wie wasserlösliche Haftvermittler [73] oder Barrieren aus Weizenproteinen, die durch enzymatischen Abbau mit Protease gelöst werden können [74, 75]. Vereinbarungen zur Verminderung der Komplexität von Verpackungssystemen, wie sie z. B. im Mindeststandard für Verpackungen definiert sind [76], erleichtern eine effiziente Aufbereitung zu qualitativ hochwertigen Rezyklaten.

8.1.1.4 Ausblick

Die werkstoffliche Aufbereitung von Post-Consumer-Abfällen war in der Vergangenheit geprägt durch die Nutzung von Verfahrenstechniken zur Behandlung anderer Stoffströme. Zunehmend werden spezifisch auf den vorliegenden Abfallstrom und die Anforderungen an das Zielprodukt angepasste Aufbereitungstechniken entwickelt, mit denen sich das mechanische Recycling energieeffizienter und kostengünstiger betreiben lässt und die hochwertige Rezyklate erzeugen. Neue Technologien wie Multisensorsysteme zur simultanen Bewältigung mehrerer Trennaufgaben oder innovative Reinigungsverfahren können einen wesentlichen Beitrag zur Qualitätssteigerung leisten. Durch die sinnvolle Verkettung von Prozessschritten und intelligente Verschaltungen zur Rückgewinnung von Stoff- und Energieströmen lässt sich die Effizienz des Gesamtprozesses deutlich steigern. Dabei kommt der zunehmenden Digitalisierung an mehreren Stellen der Prozesskette von der Eingangsanalytik über Mess- und Steuerungsdaten während der Aufbereitung bis zur Ausgangsanalytik eine wesentliche Bedeutung zu. Mit der genauen Kenntnis der Aufbereitungsaufgaben und durch einen umfassenden, kontinuierlichen und weitgehend automatisierten Abgleich der Prozessdaten mit den erzeugten Qualitäten lassen sich kritische Parameter während der Aufbereitung identifizieren und beherrschen.

Den vielfältigen Herausforderungen des mechanischen Recyclings von Post-Consumer-Abfällen steht heute eine Vielzahl von Aufbereitungsmöglichkeiten gegenüber. Durch verbesserte Qualitäten erschließen sich Rezyklaten immer breitere und zum Teil neue Anwendungsfelder, sodass sie zunehmend Primärkunststoffe substituieren und so einen steigenden Beitrag zur Ressourcenschonung leisten. Den Einsatzmöglichkeiten im Direktkontakt mit Lebensmitteln sind dabei regulatorische Grenzen gesetzt, die sich mit mechanischen Verfahrenstechniken allein nicht einhalten lassen. Physikalische Verfahren zur Dekontamination auf molekularer Ebene können die mechanische Aufbereitung sinnvoll ergänzen.

Weitere Maßnahmen der Kreislaufwirtschaft wie der Ausbau der getrennten Erfassung von Abfallströmen und die Weiterentwicklung der Sortiertechnologien ermöglichen die gezielte Einengung von Stoffströmen und damit die spezifische Anwendung effizienter Aufbereitungstechniken. Markertechnologien [77–79] können hier einen wichtigen Beitrag leisten, indem sie im einfachsten Fall die Identifizierung besonders wertvoller (z. B. lebensmittelkontaktkonformer) oder problematischer (z. B. schadstoffbelasteter) Komponenten erlauben sowie im Optimalfall detaillierte Informationen zur Zusammensetzung und zum optimalen Verwertungspfad eines Artikels bereitstellen. Dabei wird eine Herausforderung darin bestehen, Erfassungs- und Verwertungspfade nicht zu stark zu diversifizieren, sodass die für eine wirtschaftliche Aufbereitung notwendigen Volumina nicht unterschritten werden.

Systematische Erkenntnisse bezüglich der Möglichkeiten und Grenzen der Verfahrenstechnik lassen zudem valide Aussagen zum recyclinggerechten Design zu. Entsprechende Richtlinien werden das mechanische Recycling vereinfachen, indem sie dazu beitragen, die Komplexität einzelner Verpackungen sowie das Spektrum der verwendeten Materialien und damit die Heterogenität der Abfallströme zu reduzieren. Damit können mehr Stoffe in die richtigen Verwertungspfade gebracht und so Ausbeuten und gleichzeitig Rezyklatqualitäten erhöht werden. Dabei unterliegen Richtlinien zum recyclinggerechten Design und realisierte Technologien einem kontinuierlichen gegenseitigen Abgleich und einer ständigen Anpassung.

Viele technische Zusammenhänge wie die Entstehung und die gezielte Reduktion von Fehlgerüchen, die Dekomposition bestimmter (Druck-)Farben und deren Auswirkungen sowie einige toxikologische Fragestellungen sind heute noch nicht restlos geklärt. Einzelne Recycler und Anlagenhersteller können diese komplexen Aufgaben nicht allein lösen. Die systematische Klärung von Fragestellungen und die Implementierung entsprechender Maßnahmen erfordert die übergreifende Zusammenarbeit aller Beteiligten vom Hersteller der Primärkunststoffe über Verpackungshersteller, Inverkehrbringer, Recycler und Anlagenhersteller bis zum Verarbeiter der Rezyklate und zum (Verpackungs-)Maschinenhersteller. Hochschulen und wissenschaftliche Institute können bei der systematischen Erforschung von Zusammenhängen wertvolle Unterstützung leisten. Zudem bedarf es innovativer Unternehmer, die es neuen Verfahren ermöglichen, ihre Eignung technisch und wirtschaftlich unter Beweis zu stellen.

Vor dem Hintergrund breit gestreuter und heterogener Abfallströme einerseits, vielgestaltiger, zunehmend spezifischer und immer leistungsfähigerer Aufbereitungstechnologien andererseits und vielschichtiger Anwendungsprofile zum Dritten wird es im Ergebnis vielfältige, zum Teil sehr unterschiedliche Lösungen für das werkstoffliche Recycling im Allgemeinen und die mechanische Aufbereitung von Kunststoffen im Besonderen geben.

Literatur für Abschnitt 8.1.1

[1] A. Cabanes, F. J. Valdés, A. Fullana, "A review on VOCs from recycled plastics," Sustainable Materials and Technologies, no. 25, 2020.

[2] M. Roosen, T. De Somer, R. Demets, S. Ügdüler, V. Meesseman, B. Van Gorp, K. Ragaert, K. M. Van Geem, C. Walgraeve, A. Dumoulin, S. De Meester, "Tracing the origin of VOCs in post-consumer plastic film bales," Chemosphere, 2023.

[3] M. Strangl, E. Ortner, T. Fell, T. Ginzinger, A. Buettner, "Odor characterization along the recycling process of post-consumer plastic film fractions," Journal of Cleaner Production, 2020.

[4] Die Europäische Kommission, DURCHFÜHRUNGSBESCHLUSS (EU) 2019/665 DER KOMMISSION vom 17. April 2019, 2019.

[5] M. Roosen, N. Mys, M. Kusenberg, P. Billen, A. Dumoulin, J. Dewulf, K. M. Van Geem, K. Ragaert, S. De Meester, "Detailed Analysis of the Composition of Selected Plastic Packaging Waste Products and Its Implications for Mechanical and Thermochemical Recycling," Environmental Science & Technology, p. 13 282 – 13 293, 2020.

[6] M. Hofmann, D. Schneider, „Vorrichtung und Verfahren zum gemeinsamen Eintragen von Kunststoffteilchen und einer Flüssigkeit in eine Reinigungsvorrichtung". EU Patent EP3423203B1, 26.08.2020.

[7] H. Schmitz, „BMU-Umweltinnovationsprogramm, Abschlussbericht zum Vorhaben „Ressourcenschonung durch Steigerung der Sortiereffizienz bei der Aufbereitung von Verpackungsabfallgemischen"," Umweltbundesamt, 2019.

[8] M. R. Gent, M. Menéndez, J. Toraño, S. Torno, "DMS cyclone separation processes for optimization of plastic wastes recycling and their implications," Waste Management & Research, p. 644 – 655, 2011.

[9] MBA Polymers, "Development of Hydrocyclones for Use in Plastics Recycling," American Plastics Council, Inc., 1998.

[10] M. R. Gent, M. Menéndez, J. Toraño, I. Diego, "Recycling of plastic waste by density separation: Prospects for optimization," Waste Management & Research, p. 175 – 187, 2009.

[11] M. Bauer, M. Lehner, D. Schwabl, H. Flachberger, L. Kranzinger, R. Pomberger, W. Hofer, „Bestandsaufnahme und mögliche Perspektiven der nassmechanischen Aufbereitung von Altkunststoffen für das rohstoffliche Recycling," Österr. Wasser- und Abfallw., Nr. 69, p. 446 – 459, 2017.

[12] M. Bauer, M. Lehner, D. Schwabl, H. Flachberger, L. Kranzinger, R. Pomberger, Hofer, Wolfgang, "Sink-float density separation of post-consumer plastics for feedstock recycling," Journal of Material Cycles and Waste Management, p. 1781 – 1791, 2018.

[13] M. Bauer, Interviewee, Großtechnische Umsetzung des ZKS zur Dichtetrennung – Aktueller Stand. [Interview]. 13.09.2023.

[14] U. Neumann, Ein Beitrag zum Thema Kunststoff-Recycling, TU Clausthal, Institut für Maschinenwesen, 1993.

[15] M. R. Gent, M. Menéndez, J. Toraño, S. Torno, "Enhanced Plastics Recycling by Cyclone Media Separation," 2009.

[16] „Das neue Erema – Double Disc Recycling Verfahren bewährt sich," Erema Group, 01.04.2005. [Online]. Available: *https://www.erema.com/de/presse-news/das-neue-erema-double-disc-recycling-verfahren-bewaehrt-sich--225/*. [Zugriff am 28.10.2023].

[17] „Eine neue Generation von AFT-Schneidverdichtern für die Aufbereitungsanlagen von Gamma Meccanica," Gamma Meccanica, 03.12.2021. [Online]. Available: *https://www.extrusion-world.com/d/eine-neue-generation-von-aft-schneidverdichtern-fuer-die-aufbereitungsanlagen-von-gamma-meccanica*. [Zugriff am 28.10.2023].

[18] „Der Schneideprofi für feuchte Materialien," Next Generation Recyclingmaschinen GmbH, 09 2023. [Online]. Available: *https://www.ngr-world.com/wp-content/uploads/2023/09/CGRAN_Maschinenfolder_digital_230914_DE.pdf*. [Zugriff am 29.10.2023].

[19] J. Meyer, D. Fey, S. Krieg, „Kunststoff-Sortierung aus Schredderrückständen mit Hochleistungs-Laserspektroskopie," Recycling und Rohstoffe – Band 10, p. 193 – 198, 2017.

[20] A. P. Wunsch, „Separationstechnologie für schwarze Kunststoffe," Recycling und Rohstoffe – Band 12, p. 268 – 276, 2019.

[21] Die Europäische Kommission, VERORDNUNG (EU) 2022/1616 DER KOMMISSION vom 15. September 2022, Die Europäische Kommission, 2022.

[22] S. Grummt, „Praxis der Sortierung und Verwertung von Verpackungen im Sinne des § 21 VerpackG 2020/2021," Umweltbundesamt, 2023.

[23] M. Roosen, L. Harinck, Ü. Sibel, T. De Somer, A.-G. Hucks, T. G. A. Belé, A. Buettner, K. Ragaert, K. M. Van Geem, A. Dumoulin, S. De Meester, "Deodorization of post-consumer plastic waste fractions: A comparison of different washing media," Science of The Total Environment, 2021.

[24] M. S. Strangl, Characterization of odor-active compounds in post-consumer polyolefins, Friedrich-Alexander-Universität Erlangen-Nürnberg, 2021.

[25] M. Strangl, B. Lok, P. Breuning, E. Ortner, A. Buettner, "The challenge of deodorizing post-consumer polypropylene packaging: Screening of the effect of washing, color-sorting and heat exposure," Resources, Conservation and Recycling, 2021.

[26] A. Cabanes, M. Strangl, E. Ortner, A. Fullana, A. Buettner, "Odorant composition of post-consumer LDPE bags originating from different collection systems," Waste Management, no. 104, p. 228 – 238, 2020.

[27] M. Roosen, T. De Somer, R. Demets, S. Ügdüler, V. Meesseman, B. Van Gorp, K. Ragaert, K. M. Van Geem, C. Walgraeve, A. Dumoulin, S. De Meester, "Towards a better understanding of odor removal from post-consumer plastic film waste: A kinetic study on deodorization efficiencies with different washing media," Waste Management, p. 564 – 575, 2020.

[28] H. Gecol, J. F. Scamehorn, S. D. Christian, B. P. Grady, F. Riddell, "Use of surfactants to remove water based inks from plastic films," Colloids and Surfaces A: Physicochemical and Engineering Aspects, p. 55 – 64, 2001.

[29] H. Gecol, J. F. Scamehorn, S. D. Christian, F. Riddell, "Use of surfactants to remove solvent-based inks from plastic films," Colloid and Polymer Science, p. 1172 – 1177, 2003.

[30] A. Chutipong, J. F. Scamehorn, T. Rirksomboon, S. Chavadej, P. Supaphol, "Removal of solvent-based ink from printed surface of high-density polyethylene bottles by alkyltrimethylammonium bromides: Effects of pH, temperature, and salinity," Colloids and Surfaces A: Physicochemical and Engineering Aspects, p. 163 – 171, 2007.

[31] F. Knappe, J. Reinhardt, B. Kauertz, R. Oetjen-Dehne, N. Buschow, M. Ritthoff, H. Wilts, M. Lehmann, „Technische Potenzialanalyse zur Steigerung des Kunststoffrecyclings und des Rezyklateinsatzes," Umweltbundesamt, 2021.

[32] J. Sutter, V. Dudler, R. Meuwly, "Packaging Materials 8. Printing Inks for Food Packaging Composition and Properties of Printing Inks," ILSI Europe, Brüssel, Belgien, 2011.

[33] A. Kaeding-Koppers, "PrintCYC provides major input for "Design for Recycling" guidelines," Flexo+Tief-Druck, 2023.

[34] EuPIA, "Printing inks and Plastic Recycling – Q & A," European Printing Ink Association · EuPIA, 2021.

[35] J. Guo, L. Cong, C. Wittkowski, I. Fehr, Z. Chong, M. Kitzberger, A. Alassali, X. Zhao, R. Leineweber, Y. Feng, K. Kuchta, "Screening the Impact of Surfactants and Reaction Conditions on the De-Inkability of Different Printing Ink Systems for Plastic Packaging," Polymers, 2023.

[36] S. I. El-Sherbiny, F. A. Morsy, A. M. Atta, "Synthesis of new cationic surfactants based on recycled poly(ethylene terephthalate) for deinking of solvent-based ink from low-density polyethylene surface," Journal of Applied Polymer Science, p. 1160 – 1172, 2010.

[37] J. Guo, Y. Kim, Z. K. Chong, A. Alassali, J. P. Chacon, D. Gottschalk, M. Kitzberger, K. Kuchta, "Quality Changes of Low-Density Polyethylene (LDPE) Recyclates from the Pretreatment Process with a Cationic Surfactant and a Nonionic Surfactant as Cleaning Agents Upstream of Extrusion," Processes, 2022.

[38] X. Ye, Z. Wu, M. Wang, Y. Lv, X. Huang, Y. Liu, C. Lin, "Effectively remove printing ink from plastic surface over quaternary ammonium-modified waste cooking oil," Environmental Technology, p. 1071 – 1082, 2023.

[39] „Deinking Open House," Cadel Recycling Lab, 2018. [Online]. Available: *http://cadelrecyclinglab.com/en/news/*. [Zugriff am 29.10.2023].

[40] A. Fullana Font, A. Lozano Morcillo, "Method for removing ink printed on plastic films". EU Patent EP2832459B1, 26.04.2017.

[41] T. Narr, W. Giefing, „Recyclingverfahren". DE Patent DE19651571A1, 18.06.1998.

[42] E. U. Thoden van Velzen, M. Jansen, "Solvent extraction as additional purification method for postconsumer plastic packaging waste," Wageningen UR Food & Biobased Research, 2011.

[43] S. Ügdüler, T. Van Laere, T. De Somer, S. Gusev, K. M. Van Geem, A. Kulawig, R. Leineweber, M. Defoin, H. Van den Bergen, D. Bontinck, S. De Meester, "Understanding the complexity of deinking plastic waste: An assessment of the efficiency of different treatments to remove ink resins from printed plastic film," Journal of Hazardous Materials, 2023.

[44] "Cleaning system for the removal of printing ink from flexible plastic films," Gamma Meccanica S. p.A, [online]. Available: *https://www.gamma-meccanica.it/en/plastic-recycling/eco-clean/*. [Accessed 29.10.2023].

[45] „Polymount Film Cleaner" Polymount B.V., [Online]. Available: *https://www.polymount-int.com/en/film-cleaner*. [Zugriff am 29.10.2023].

[46] A. Piolat, „Procédé de recyclage de support d'impression imprimé de type film plastique et installation pour la mise en oeuvre dudit procédé". EU Patent EP1419829A1, 19.05.2004.

[47] J. Schmidt, L. Grau, M. Auer, R. Maletz, J. Woidasky, "Multilayer Packaging in a Circular Economy," Polymers, 2022.

[48] J. Dixon, "Packaging Materials: 9. Multilayer Packaging for Food and Beverages," ILSI Europe, Brüssel, Belgien, 2011.

[49] K. Kaiser, M. Schmid, M. Schlummer, "Recycling of Polymer-Based Multilayer Packaging: A Review," Recycling, 2018.

[50] J. Zawadiak, S. Wojciechowski, T. Piotrowski, A. Krypa, "Tetra Pak Recycling – Current Trends and New Developments," American Journal of Chemical Engineering, p. 37–42, 2017.

[51] F. Lovis, M. Schulze, "Method and apparatus for recycling packaging material". WO Patent WO2018 109147A2, 21.06.2018.

[52] „Erste ganzheitliche Recycling-Analge," Saperatec GmbH, [Online]. Available: *https://www.saperatec.de/de/anlage-service.html*. [Zugriff am 29.10.2023].

[53] H. Hopfer, Identification of odour-active compounds in polyolefins, Technische Universität Graz, 2010.

[54] M. Strangl, E. Ortner, A. Buettner, "Evaluation of the efficiency of odor removal from recycled HDPE using a modified recycling process," Resources, Conservation and Recycling, p. 89–97, 2019.

[55] M. Heyde, I. Schwarz-Hilgenfeld, S. WIethoff, A. Ramsel, N. Rabanizada, B.-C. Borchers, „Verfahren zur Herstellung von Polyolefin-Rezyklaten". EU Patent EP3509811B1, 11.10.2021.

[56] E. Kosior, „Recycling of polypropylene". WO Patent WO2012117250A1, 07.09.2012.

[57] D.W. Hayward, "Method of decontamination of Polyolefins". WO Patent WO2011106250A1, 01.09.2011.

[58] A. Cabanes, A. Fullana, "New methods to remove volatile organic compounds from post-consumer plastic waste," Science of the Total Environment, 2021.

[59] Fraunhofer-Institut LBF, „Kunststoffverpackungen besser wiederverwerten: Neues Verfahren entzieht Duftstoffe," 20.04.2023. [Online]. Available: *https://www.lbf.fraunhofer.de/content/dam/lbf/de/documents/presse/PI_Duftstoffextraktion_Fraunhofer_LBF_final_offen.pdf*. [Zugriff am 29.10.2023].

[60] M. Strangl, T. Fell, M. Schlummer, A. Maeurer, A. Buettner, "Characterization of odorous contaminants in post-consumer plastic packaging waste using multi-dimensional gas chromatographic separation coupled with olfactometric resolution," Journal of Separation Science, p. 1500–1507, 2017.

[61] B. Lok, A. Buettner, P. Denk, E. Ortner, T. Fell, "Exploring Odor Minimization in Post-Consumer Plastic Packaging Waste through the Use of Probiotic Bacteria," Sustainability, 2020.

[62] T. Fell, E. Ortner, T. Ginzinger, „Geruchsreduktion von post-consumer Kunststoffrecyclaten durch kontrollierte Bakterienkulturen in kreislaufgeführten Waschprozessen," Deutsche Bundesstiftung Umwelt, 2020.

[63] X. Lou, H.-G. Janssen, C.A. Cramers, "Investigation of parameters affecting the supercritical fluid extraction of polymer additives from polyethylene," Journal of Microcolumn Separations, p. 303–317, 1995.

[64] M. Arias, I. Penichet, F. Ysambertt, R. Bauza, M. Zougagh, Á. Ríos, "Fast supercritical fluid extraction of low- and high-density polyethylene additives: Comparison with conventional reflux and automatic Soxhlet extraction," The Journal of Supercritical Fluids, p. 22–28, 2009.

[65] B.S. Anouar, C. Guinot, J.-C. Ruiz, F. Charton, P. Dole, C. Joly, C. Yvan, "Purification of post-consumer polyolefins via supercritical CO_2 extraction for the recycling in food contact applications," The Journal of Supercritical Fluids, p. 25–32, 2015.

[66] Y. Yao, E. Chau, G. Azimi, "Supercritical fluid extraction for purification of waxes derived from polyethylene and polypropylene plastics," Waste Management, p. 131 – 139, 2019.

[67] D. E. Cristancho, J. D. Guzman, C. Taylor, D. Ortiz-Vega, H. Acosta, K. R. Hall, "Supercritical extraction of volatile organic components from polyethylene pellets," The Journal of Supercritical Fluids, p. 124 – 130, 2012.

[68] S. Singh, J. Pereira, T. Brandão, A. Leite Oliveira, F. Poças, "Recycling of polypropylene by supercritical carbon dioxide for extraction of contaminants from beverage cups. A comparison with polyethylene terephthalate and polylactic acid," Science of Food and Agriculture, p. 1127 – 1138, 2022.

[69] A. Alassali, N. Aboud, K. Kuchta, P. Jaeger, A. Zeinolebadi, "Assessment of Supercritical CO_2 Extraction as a Method for Plastic Waste Decontamination," Polymers, 2020.

[70] "Insights into Smart Coloring´s Decontamination," Smart Coloring GmbH, 2019. [Online]. Available: *https://smart-coloring.de/reversibly-coloring/decontamination.html*. [Accessed 31.10.2023].

[71] "Borstar®-based Full PE Laminate solution improves recyclability of flexible packaging materials," Borealis AG, 10.10.2016. [Online]. Available: *https://www.borealisgroup.com/news/borstar-based-full-PE-laminate-solution-improves-recyclability-of-flexible-packaging-materials*. [Accessed 31.10.2023].

[72] "RecycleReady Technology from Dow received a RecyClass Recyclability Approval," RecyClass, 25.04.2023. [Online]. Available: *https://recyclass.eu/news/recycleready-technology-from-dow-received-a-recyclass-recyclability-approval/*. [Accessed 31.10.2023].

[73] "Closed Recycling Loop for PET-Based Multilayer," Plastics Insights – News, 21.06.2022. [Online]. Available: *https://en.kunststoffe.de/a/news/closed-recycling-loop-for-pet-based-mult-2738119*. [Accessed 31.10.2023].

[74] "Schmid, Markus; Dallmann, Kerstin; Bugnicourt, Elodie; Cordoni, Dario; Wild, Florian; Lazzeri, Andrea; Noller, Klaus," International Journal of Polymer Science, 2012.

[75] P. Cinelli, M. Schmid, E. Bugnicourt, M. B. Coltelli, A. Lazzeri, "Recyclability of PET/WPI/PE Multilayer Films by Removal of Whey Protein Isolate-Based Coatings with Enzymatic Detergents," Materials, 2016.

[76] Stiftung Zentrale Stelle Verpackungsregister, „Mindeststandard für die Bemessung der Recyclingfähigkeit von systembeteiligungspflichtigen Verpackungen gemäß § 21 Abs. 3 VerpackG," 31.08.2023. [Online]. Available: *https://www.verpackungsregister.org/fileadmin/files/Mindeststandard/Mindeststandard_VerpackG_Ausgabe_2023.pdf*. [Zugriff am 29.10.2023].

[77] J. Schmidt, M. Auer, J. Moesslein, P. Wendler, S. Wiethoff, C. Lang-Koetz, J. Woidasky, "Challenges and Solutions for Plastic Packaging in a Circular Economy," Chemie Ingenieur Technik, p. 1751 – 1762, 2021.

[78] „MaReK – Entwicklung eines Markerbasierten Sortier- und Recyclingsystems für Kunststoffverpackungen," Hochschule Pforzheim, Institut für Industrial Ecology (INEC), 2023. [Online]. Available: *https://www.hs-pforzheim.de/forschung/institute/inec/projekte/marek*. [Zugriff am 31.10.2023].

[79] "Pioneering Digital Watermarks for Smart Packaging Recycling in the EU," AIM – European Brands Association, 2023. [Online]. Available: *https://www.digitalwatermarks.eu/*. [Accessed 31.10.2023].

[80] R. Kol, M. Roosen, S. Ügdüler, K. M. Van Geem, K. Ragaert, D. S. Achilias, S. De Meester, "Recent Advances in Pre-Treatment of Plastic Packaging Waste," in Waste Material Recycling in the Circular Economy – Challenges and Developments, IntechOpen, 2021.

8.1.2 Extrusion

Malte Schön

Einleitung

Wie in Abschnitt 8.1.1 bereits beschrieben, ist das Endergebnis eines erfolgreichen Aufbereitungsprozesses eine Fraktion des gewünschten (Kunst-)Stoffes oder Gemisches, die möglichst arm an Verschmutzungen und Feuchtigkeit und gleichzeitig möglichst sortenrein ist. Diese Fraktion wird im Regelfall jedoch noch schmelzefiltriert (was in Abschnitt 8.1.3.2 genauer beschrieben wird). Dazu muss die Fraktion jedoch zuerst plastifiziert, d.h. in den schmelzeflüssigen Zustand versetzt werden. Dieser Schmelzezustand bringt nicht nur die notwendige Voraussetzung für die Filtration mit sich, sondern bietet zugleich Vorteile für weitere Aufbereitungsschritte.

Entgasung

Die erhöhten Temperaturen im Schmelzezustand sind ebenfalls vorteilhaft für die Entgasung. Diese ist notwendig, da je nach Fraktion und vorgelagerten Aufbereitungsprozessen mehr oder minder große Mengen an Feuchtigkeit und niedermolekularen, zum Teil geruchsaktiven Stoffen im Material eingeschlossen sind. Diese können zu verschiedenen Produktmängeln führen, wie etwa Porosität, verminderter Oberflächenqualität oder störenden Gerüchen, oder die Produktion stören wie z.B. durch Abriss einer Folienbahn. Eine schnelle Entfernung der unerwünschten Stoffe erfordert möglichst große Gefälle zwischen den Partialdrücken der Störstoffe in der flüssigen Schmelze und den Partialdrücken der Störstoffe in der Gasphase, die die Schmelze umgibt. Hohe Schmelzetemperaturen lassen die Störstoffe volatiler werden (erhöhen die Partialdrücke), während durch Anlegen von Vakuum die Partialdrücke in der Gasphase abgesenkt werden können [1]. Von entscheidender Bedeutung ist auch eine rasche Erneuerung der mit der Gasphase in Kontakt stehenden Schmelzeoberflächen, da sonst die Diffusion der Störstöffe innerhalb der Schmelze das Nadelöhr für die Entgasung darstellt. Diese rasche Erneuerung kann durch erhöhte Schneckendrehzahlen und geeignete Mischvorrichtungen erreicht werden [2]. Für die technischen Details zur Schmelzeentgasung sei auf die einschlägige Literatur verwiesen [3]. Es muss jedoch zuletzt erwähnt werden, dass die Schmelzeentgasung von Rezyklaten nur in den seltensten Fällen eine völlige Entfernung der volatilen Stoffe erreicht. Je nach Anwendungsprofil muss die Schmelzeentgasung durch andere Behandlungen ergänzt werden, wie etwa Lagerung im Dampfsilo oder Trocknung über Heißluft [2].

Technologische Herausforderungen bei der Rezyklataufbereitung und Granulierung

In manchen Fällen ist im Aufbereitungsprozess weiterhin die Zugabe und homogene Verteilung von Stoffen wie beispielweise Verarbeitungshilfsmitteln, Antioxidantien, Gebrauchseigenschaftsmodifikatoren geboten [4]. Die zu erreichende Verteilungsfeinheit liegt im Bereich der Mikro- und Nanometer und ist daher durch (in der Regel) distributives Schmelzemischen gut umzusetzen [5]. Grundsätzlich lässt sich besseres Mischen durch hohe Scherung (d.h. flache Schneckengänge, hohe Drehzahlen, lange Schnecken) erreichen. Die Wirkung der Scherung kann potenziert werden, wenn das Material regelmäßig reorientiert wird, etwa durch ein geeignetes Mischelement oder den Transfer auf eine zweite Schnecke [6].

Weiterhin fordert der Abnehmer bzw. Verarbeiter der Rezyklate nahezu immer eine auf seinen Maschinen gut gängige Lieferform, die in aller Regel die Form von Granulatkörnern ist [7]. Dafür muss die flüssige Schmelze einer geeigneten Lochplatte zugeführt werden, die die gewünschten Granulatquerschnitte ausformen kann [8]. Sowohl die oben erwähnte Filtration als auch Granulierung erfordern die Förderung („Pumpen") der Schmelzvolumina gegen mittlere bis hohe von Filtern und Lochplatten aufgebaute Drücke. Besser geeignet sind hier Schneckenkonzepte mit geringem freien Volumen [3].

Während Granulatschüttungen die für die Verarbeitung auf typischen Einschneckenmaschinen notwendige Fließfähigkeit und Schüttdichte von > 300 kg/m^3 aufweisen, kann dies nicht für alle in der Aufbereitung entstehenden Kunststofffraktionen angenommen werden – gerade faserige Materialien oder Folienschnipsel unterschreiten diesen Wert teils deutlich. Entsprechend muss eine Extrusionsanlage, die solche Rohstoffe verarbeiten soll, entweder über besonders große freie Einzugsvolumina [9] verfügen oder mit einer Vorverdichtung [10,11] der Rohstoffe kombiniert werden.

Zuletzt wünschen die Betreiber der Extrusionsanlagen geringe Kosten für die Anschaffung und für den Ersatz von Verschleißteilen sowie einen möglichst geringen Energieaufwand pro Massedurchsatz [8].

Eingesetzte Extruderkonzepte

Die dominierenden Extruderkonzepte „Einschneckenextruder" und „gleichläufiger Doppelschneckenextruder" erfüllen die oben gelisteten Anforderungen jeweils nur zum Teil gut. Tabelle 8.1 gibt einen groben Überblick, ohne aber allen Spezialkonstruktionen wie etwa konischen Schneckenkonzepten Rechnung zu tragen.

Tabelle 8.1 Gegenüberstellung zentraler Anforderungen eines Einschneckenextruders und eines gleichläufigen Doppelschneckenextruders

Anforderungen	Einschnecken-extruder (ESE)	Gleichläufiger Doppelschnecken-extruder (gDSE)	Kommentar
Pumpen gegen Druck für Filtration und Granulierung	besser	schlechter	tiefgeschnittene Schneckengänge der gDSE sind nachteilig
Plastifizierung	gut	sehr gut	größere Oberflächen und hohe Drehzahlen der gDSE vorteilhaft
Schmelzeentgasung	schlechter	besser	größere Oberflächen und hohe Drehzahlen der gDSE vorteilhaft
Schmelze-mischen	schlechter	besser	inhärente Reorientierung durch Materialaustausch zwischen Schnecken und hohe Drehzahlen der gDSE vorteilhaft

Anforderungen	Einschnecken-extruder (ESE)	Gleichläufiger Doppelschnecken-extruder (gDSE)	Kommentar
Einzug von Rohstoffen geringer Schüttdichte	schlecht, nur mit Vorverdichtung praktikabel	geringfügig besser	größere Oberflächen und hohe Drehzahlen der gDSE vorteilhaft
Anschaffungs- und Verschleißkosten	besser	schlechter	Komplexität von Getriebe und modularem Aufbau der Schnecken der gDSE nachteilig
spezifischer Energieaufwand	besser	schlechter	tiefgeschnittene Schneckengänge der gDSE nachteilig

Die Entscheidung für ein bestimmtes Extruderkonzept erfordert eine multifaktorielle Abwägung technischer und ökonomischer Parameter – wobei in vielen Fällen ein modifizierter Einschneckenextruder eine gute Lösung darstellt [12]. Modifikation in diesem Kontext bedeutet in der Regel eine Verschiebung im Eigenschaftsprofil des klassischen Designs der Schnecke zu tieferen Gängen in Kombination mit intensiv wirkenden Mischelementen. Diese Verschiebung erhöht die Fähigkeiten in den Bereichen des Einziehens, Entgasens und Mischens auf Kosten der Pumpeffizienz", die mit den spezifischen Energieaufwänden nahezu identisch ist.

Literatur für Abschnitt 8.1.2

[1] K. Kohlgrüber, M. Bierdel, H. Rust, eds., Polymer-Aufbereitung und Kunststoff-Compoundierung: Grundlagen, Apparate, Maschinen, Anwendungstechnik (München: Hanser, 2019)

[2] G. A. Martin, and VDI-Gesellschaft Kunststofftechnik, eds., Der Einschneckenextruder: Grundlagen und Systemoptimierung, 2. Aufl, Kunststofftechnik (Düsseldorf: VDI-Verl, 2001).

[3] K. Kohlgrüber, ed., Der Gleichläufige Doppelschneckenextruder: Grundlagen, Technologie, Anwendungen, 2., neu bearbeitete und erweiterte Auflage (München: Hanser, 2016)

[4] J. L. White, S. H. Bumm, "Polymer Blend Compounding and Processing," in Encyclopedia of Polymer Blends, ed. A. I. Isayev (Weinheim: Wiley-VCH Verlag, 2011), 1–26.

[5] K. Luker, J. K. Lynch, T. J. Nosker, "A Novel Micro-Batch Mixer That Scales to Single Screw Compounder," in Proceedings of the 66th Annual Technical Conference of the Society of Plastic Engineers (ANTEC) (Milwaukee, Wisconsin, USA, 2008).

[6] C. Rauwendaal, "New Developments in Mixing and Screw Design," Plastics, Additives and Compounding 10, no. 6 (January 1, 2008): 32–36,

[7] P. Thieleke, C. Bonten, "Enhanced Processing of Regrind as Recycling Material in Single-Screw Extruders," Polymers 13, no. 10 (January 1, 2021): 1540,

[8] A. Limper, ed., Verfahrenstechnik Der Thermoplastextrusion (München, Wien: Carl Hanser Verlag, 2013).

[9] J. Frankland, "Extrusion: Double Flights Are Not a Cure-All," Plastics Technology, September 22, 2014.

[10] N. N., "Thermoplastische Kunststoffe Leistungsstark Recyclen. INTAREMA® T, TE" (EREMA Engineering Recycling Maschinen und Anlagen Ges.m.b.H.; Ansfelden Austria, 2024), *https://www.erema.com/de/intarema_t_te/*;

[11] N. N., "Off-Line Regranulieranlagen Für Thermoplastische Kunststoffe" (SIKOPLAST Recycling Technology GmbH Mülheimer Straße 1 D-53840 Troisdorf, 2024), *https://sikoplast-recycling.com/maschinen/extruder-offline/*.

[12] N. N., "Thermoplastische Kunststoffe Leistungsstark Recyclen. INTAREMA® T, TE."

8.1.3 Filtration

Elena Berg, Rainer Dahlmann

Unter Filtrieren, Filtern oder Filtration wird grundsätzlich das Abtrennen von festen oder flüssigen Teilchen aus Fluiden mithilfe eines Filtermediums verstanden [Pah81, SC16]. Die Filtration ist bei der Aufbereitung von Kunststoffabfällen in der Schmelze, neben der Entgasung flüchtiger Bestandteile, der wichtigste Trennprozess. Die Filtrationsaufgabe besteht darin, mögliche Fremdpartikel, entsprechend einer definierten Filterfeinheit, abzuscheiden und auf diese Weise eine möglichst partikelfreie, homogene Kunststoffschmelze zu erzeugen. Sekundäre Polymerwerkstoffe enthalten trotz intensiver Trenn- und Waschprozesse eine Vielzahl an Verunreinigungen. Ein sortierter Verpackungsabfallstrom enthält in der Regel 5 % bis 10 % Fremdpolymere [LJS16, Sei95]. Diese können die Schmelzequalität und damit auch die Extrudatqualität beeinflussen. Zum einen können Heterogenitäten unverträglicher Kunststoffe zu verminderten mechanischen und optischen Eigenschaften führen (z. B. Steifigkeits-, Festigkeitsminderung). Zum anderen ist es möglich, dass Verunreinigungen in Kombination mit Abbaumechanismen Schwachstellen im Sekundärprodukt induzieren [LJS+16]. Beispielsweise zeigen Untersuchungen [DTD+11], dass das Vorhandensein von Partikeln mit einer Größe von mehr als 300 µm in Kunststoffrohranwendungen nach Gebrauchsdauern von etwa 15 – 20 Jahren zur Rissbildung bis hin zum mechanischen Versagen führen kann. Daher müssen Hersteller von Rohren, die hohen Sicherheitsanforderungen unterliegen, bei Einsatz von Rezyklaten eine geringe Partikelgröße sicherstellen [DTD+11]. Eine Möglichkeit zur Verbesserung der mechanischen Eigenschaften besteht darin, dickwandigere Produkte herzustellen und/oder eine große Menge an Neuware hinzuzufügen. Dies steht jedoch im Widerspruch zu einem Einsparen von Ressourcen und damit zu einer funktionierenden Kreislaufwirtschaft. Die Filtration ist somit eine notwendige Verfahrensstufe bei der Aufbereitung von Kunststoffabfällen mittels entsprechender Extrusionsverfahren.

Anforderungen an die Schmelzefiltration

Filtriersysteme üben einen bedeutenden Einfluss auf den Produktionsprozess aus und stellen einen „Druckverbraucher“ dar. Nicht druckkonstante Systeme führen aufgrund des Verstopfens der Siebfläche zu Druckerhöhungen, mit der eine Temperaturerhöhung einhergeht. Daher besteht die Anforderung an eine Filtration, den Druckverbrauch und die Druckschwankungen sehr niedrig zu halten [Dre04, Han06]. Anderenfalls kann es zu Qualitätseinbußen kommen, indem sich beispielsweise eine veränderte Schmelzetemperatur auf die Viskosität auswirkt und der Prozess neu eingestellt werden muss [Han06].

Weitere typische Anforderungen an Filtersysteme können wie folgt zusammengefasst werden [Sch96, SP07]:

- Gewährleistung eines konstanten Massendurchsatzes
- minimale Schmelzeverweilzeit im Filtersystem

- möglichst hohe Nutzungsdauer
- Filterwechsel ohne Unterbrechung und/oder Beeinflussung der Produktion
- Sicherheit und Schutz für nachfolgende Verfahrensschritte (z. B. Zahnradschmelzepumpe)
- Sicherung sowie Steigerung der bestehenden Produktqualität (z. B. optische Eigenschaften, Reinheit)
- Reduzierung von Ausschussware

Dies erfordert individuelle Konstruktionen der Filtersysteme, welche im Einzelfall angepasst werden müssen.

8.1.3.1 Arten der Verunreinigung

Die Art und Menge der in der Schmelze vorhandenen Verunreinigungen sowie die Qualitätsanforderungen an das Endprodukt beeinflussen die Wahl des Filtrationssystems. Fremdpartikel unterscheiden sich u. a. in ihrer Größe, Morphologie, Dichte und Elastizität. Beispiele für Verunreinigungen sind anorganische Fremdstoffpartikel (z. B. Metallpartikel, Pigment- oder Füllstoffagglomerate), nicht aufgeschmolzene Polymerfragmente sowie stark oxidierte Polymere (black specks) oder Gele [KBR19].

Der Begriff Gel wird in der Kunststoffverarbeitung mit unterschiedlichen Bedeutungen in Verbindung gebracht. Nachfolgend sind Gele eines Kunststofftyps als artgleiche, vernetzte Polymerpartikel oder stark verknäulte Polymerfragmente definiert, welche sich wie vernetzte Partikel verhalten. Sie können durch thermische und/oder thermooxidative Prozesse, z. B. während des Extrusionsprozesses, entstehen und unterscheiden sich vom plastifizierten Kunststoff durch eine höhere Viskosität [Rau14, SWG10]. Bei Extrudaten (z. B. Folien oder Platten) können Gele zu sogenannten Fischaugen sowie zur Materialverfärbung und damit zu einer Beeinträchtigung der mechanischen und optischen Produktqualität führen. Im Vergleich zu weiteren Fremdpartikeln handelt es sich bei Gelen um weiche Schmelzebestandteile. Sie sind aufgrund ihrer viskoelastischen Eigenschaften unter Druck verformbar sowie unter hoher Scherung zerteilbar [Hen81]. Gele können daher die Siebfläche passieren und nehmen anschließend wieder ihre Ursprungsform an. Bild 8.7 zeigt das Verhalten von Gelen bei der Filtration von Kunststoffschmelzen. Dies hat einen großen Einfluss auf die Eignung verschiedener Filtermedien [SM17].

Bei der Aufbereitung von Kunststoffabfällen des privaten Endverbrauchers spielen als weitere Fremdstoffpartikel insbesondere Fremdpolymere, Etiketten (z. B. Papier) und Aluminiumpartikel (z. B. metallisierte Chipstüten), Holz sowie die Füllgüter eine große Rolle. Die Möglichkeiten für den Wiedereinsatz unterschiedlicher Wertstoffe resultieren aus der Verunreinigungsart sowie einer möglichen Beeinflussung zwischen den unterschiedlichen Verschmutzungsanteilen [Sch96]. Mittels einer Schmelzefiltration können höher schmelzende Bestandteile abgetrennt und ausgetragen werden [NN18a]. Der Ausbeuteverlust des Zielmaterials liegt hier bei etwa 3 % bis 5 % zuzüglich der abgetrennten Partikelmasse [EEH12]. Niederschmelzende Bestandteile hingegen können mittels der Filtration nicht entfernt werden und zersetzen sich bzw. verbleiben im Material. Bei der Schmelzefiltration von beispielsweise PET ist bedingt durch die hohe Schmelzetemperatur ein Abtrennen von PA-Copolymeren nicht möglich und verursacht eine gelbliche Verfärbung des Rezyklats. Weitere Einschränkungen des Rezyklateinsatzes ergeben sich jeweils in Abhängigkeit des Kontaminationsrisikos hinsichtlich des späteren Anwendungsbereichs und der Konzentration der Stoffe [NN18a].

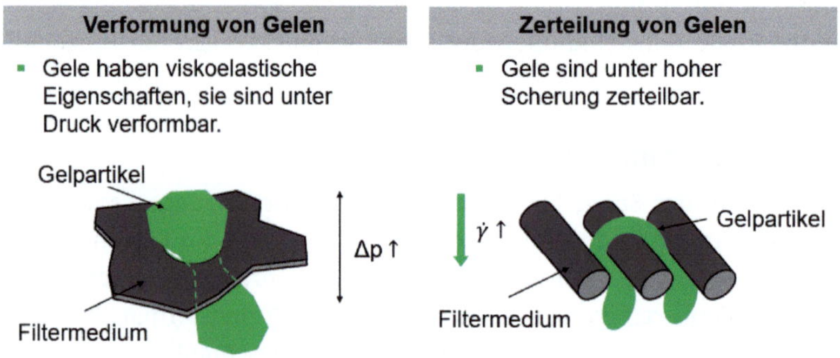

Bild 8.7 Verhalten von Gelen bei der Filtration von Kunststoffschmelzen [Hen81, Sch19, SGW10, SM17]

8.1.3.2 Filtrationsmedien

Als Filtermedien werden in der Praxis häufig gestanzte oder gelaserte Lochbleche, Drahtgewebe in verschiedenen Webformen oder gesinterte Filterelemente eingesetzt, deren minimale Porenweite von wenigen bis mehreren hundert Mikrometern die Filtrationsgüte definiert. Eine hohe Porosität, d. h. möglichst viele Poren pro Fläche, reduziert dabei den Fließwiderstand des Fluidstroms gegenüber den Filtermedien. Da Filtrationsmedien im Dauerbetrieb Temperaturen von bis zu 400 °C standhalten müssen, bestehen Filtermedien grundsätzlich aus Edelstählen, mit teilweise kleinen Anteilen von Speziallegierungen, wie z. B. Hastelloy, Monel oder Inconell, sowie anderen metallischen Werkstoffen wie Titan oder Platin. Die Filtermedien zeigen in Abhängigkeit ihrer Form jeweils unterschiedliche Vor- und Nachteile [Grie16, KBR19]. Ein relativer Leistungsvergleich ist in Tabelle 8.2 dargestellt:

Tabelle 8.2 Leistungsvergleich verschiedener Filtermedien [Gri16, Rau14]

	Oberflächenfilter		Tiefenfilter	
	Lochblech	Drahtgewebe	Gesinterte Metallfasern	Gesintertes Metallpulver
Erfassung von Gelen	-	-	++	+
Kontaminationsvermögen	++	0/+	++	0

Bei Drahtgeweben erfolgt die Abscheidung mittels der Oberflächenfiltration, d. h., die Separationsgrenze wird durch die Maschenweite des Gewebes definiert [SWG10]. Dies funktioniert insbesondere bei harten Partikeln mit Größen oberhalb der Filtermaschenweite. Bei flexiblen Partikeln kann der Anteil kleinerer Partikel sogar hinter dem Drahtgewebe ansteigen. Dies liegt darin begründet, dass sich in den Gewebeöffnungen strömungsbedingt die Fließgeschwindigkeit erhöht und die Partikel geschert als auch geteilt werden. Die Filtereigenschaften des Drahtgewebes werden durch die Drahtdurchmesser und die Art der Webtechnik bestimmt. Mehrere miteinander versinterte Metallgewebe werden als Metallgewebelaminate bezeichnet. Sowohl Gewebelaminate als auch Lochscheiben zeigen ähnliche Filtrationseigenschaften wie Drahtgewebe [KBR19, PS98, Rau14].

Metallfaservliese bestehen aus einer Vielzahl von sehr dünnen und homogen verteilten Edelstahlfasern, die an den Kontaktstellen zusammengesintert sind. Je nach Anwendung werden die Faserschichten zusätzlich einseitig oder beidseitig mit Drahtgeweben verbunden. Mehrlagige Materialien haben einen abgestuften Aufbau, sodass die Partikelaufnahmekapazität deutlich höher und somit eine höhere Lebensdauer zu erwarten ist. Die Filterfeinheit liegt zwischen 1 µm und 60 µm. Der Hauptvorteil von Metallfasern im Vergleich zu anderen Filtermedien ist die sehr hohe Porosität zwischen 70 % und 80 %, je nach Filterrate und Anwendungsbereich [KBR19, PS98]. Für eine optimale Gelabscheidung sollten daher aufgrund der deutlich geringeren Scherung, unter Voraussetzung einer ausreichend großen Filterfläche, Metallfaservliese verwendet werden. Der Lagenaufbau kann durch Überwachung des Anstiegs des Druckabfalls über die Zeit quantifiziert werden. Die Zeit bis zum Erreichen eines bestimmten Druckabfalls ist ein Maß für den Prozentsatz der Gele, die eine bestimmte Mindestgröße besitzen und während des Filtrationsprozesses entfernt werden. Nachteilig ist, dass solche Filter teuer und wartungsintensiv sind und regelmäßig ausgetauscht werden müssen [Rau14]. Je länger die Betriebszeit des Filters, desto mehr Poren werden durch flexible Partikel blockiert, wodurch die Fließgeschwindigkeit in den Poren und die Druckdifferenz steigt. Ein Überschreiten des zulässigen Differenzdrucks kann dazu führen, dass schlagartig eine hohe Anzahl an flexiblen Partikeln freigesetzt wird [KBR19].

Ein weiteres Tiefenfiltrationsmedium ist gesintertes Metallpulver. Die Porengrößen werden hauptsächlich durch den Durchmesser der Partikel und den Grad der Kompression bestimmt. Die Filtrationsrate liegt zwischen 3 µm und 50 µm. Gesintertes Metallpulver weist eine geringe Porosität auf und verursacht daher sehr hohe Scherraten während des Filtrationsvorgangs [PS98].

8.1.3.3 Filtersysteme

Ein Filtrationssystem besteht aus einem Filtergehäuse, den eigentlichen Filterelementen und weiteren umgebenden Komponenten wie z. B. einer Steuerungstechnik, Umschaltarmaturen und Messeinrichtungen [KBR19]. Es existiert eine Vielzahl von diskontinuierlichen, kontinuierlichen sowie selbstreinigenden Filtrationssystemen (Rückspülung oder Abschabung), die in Abhängigkeit vom Verschmutzungsgrad des Eingangsmaterials mit unterschiedlichsten Filtermedien und -feinheiten arbeiten. Grundsätzlich wird zwischen zwei konventionellen Systemen unterschieden, den Siebwechslern und den Großflächenfiltern. Bild 8.8 zeigt eine Übersicht über die wesentlichen Filtrationslösungen dieser beiden Ausführungsformen.

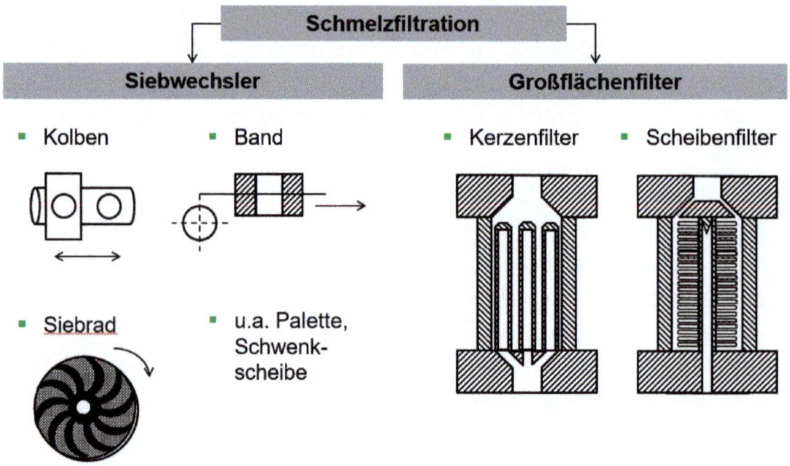

Bild 8.8 Filtersysteme entsprechend ihren ursprünglichen Entwicklungskriterien [Sch19]

Aufgrund der teilweise sehr hohen Kontaminationsgrade bei Kunststoffabfällen stoßen konventionelle Filtrationssysteme für Neuware schnell an ihre Grenzen. Daher bieten sich bei stark kontaminierten Kunststoffen selbstreinigende Systeme mit einer mechanischen Austragung der Verunreinigungen an. Hierzu werden mechanische Trennköpfe oder Grobabscheider eingesetzt. Bei solchen Systemen sammeln sich Verunreinigungen auf einer Lochscheibe an und werden durch ein Schaberelement abtransportiert. Auf diese Weise können bis zu 20 Vol.-% Verunreinigungen abgetrennt werden. Insbesondere kann die Kunststoffschmelze auch von weichen Störstoffen (z. B. Papier oder Holz) befreit werden [BBM+95, Sch96].

Eine von der Firma EREMA Engineering Recycling Maschinen und Anlagen Ges.m.b.H., Ansfelden, Österreich, patentierte Lösung ist das sogenannte Laserfiltersystem. Hierbei handelt es sich im Wesentlichen um zwei parallel angeordnete Siebscheiben aus gehärtetem Stahl. In den Scheiben befinden sind jeweils regelmäßig angeordnete konische Bohrungen im Bereich von 70 µm bis 2000 µm, welche mittels Laser eingebracht wurden. Über die Bohrungen wird die Kunststoffschmelze vom engeren zum größeren Querschnitt durch die Stahlscheiben gedrückt. Dabei bleiben größere, feste Verunreinigungen an den Öffnungen hängen, welche kontinuierlich und druckabhängig mittels eines rotierenden Schabers entfernt und zwei symmetrisch angeordneten Austragungsschnecken zugeführt werden [NN18b]. Eine ähnliche Lösung bietet die Firma Fimic S. r. l., Carmignano di Brenta PD, Italien, zur Aufbereitung stark verschmutzter

Kunststoffabfälle, indem Verschmutzungen von einer gestanzten Scheibe oder einem Laserfilter mechanisch abgeschabt werden. Zudem werden Doppelfiltrationslösungen angeboten, um einen zweiten feineren Filter vor gröberen Verschmutzungen zu schützen [URL21a]. Allgemein können selbstreinigende Systeme als Vorstufe für weitere Filtrationssysteme eingesetzt werden. Die Ettlinger Kunststoffmaschinen GmbH, Königsbrunn, bietet statt einer Lochscheibe eine rotierende Filtertrommel mit konischen Bohrungen, welche von außen nach innen mit Schmelze durchströmt wird. Die in der Schmelze enthaltenden Verunreinigungen bleiben auf der Filteroberfläche zurück und werden von einem Abstreifer einem Austragungssystem zugeführt [NN21a].

Von den konventionellen Systemen im Bereich der Siebwechsler werden zur Abscheidung größerer Verschmutzungen auch Bandfilter eingesetzt. Das Unternehmen BritAS Recycling-Anlagen GmbH, Hanau, produziert solche Schmelzefilter für die Verarbeitung von Kunststoffabfällen. Bei Bandfiltern wird bei Erreichen eines bestimmten Grenzdrucks ein Siebband über angetriebene Transportwalzen geführt, bis wieder sauberes Siebgewebe in der Filterzone vorliegt. Während des Siebwechsels wird die Kunststoffschmelze einem Speicherkolben zugeführt, welcher nach dem Wechsel die angesammelte Materialmenge mit einer definierten Geschwindigkeit wieder dem Schmelzestrom zuführt [NN21b]. Neben Bandfiltern gehören Bolzensiebwechsler und Rotationsfilter zu den am häufigsten verbauten Siebwechslern. Diese können jedoch erst ab einer Verschmutzungsmenge von ca. 0,5 Vol.-% wirtschaftlich genutzt werden. Zu beiden Systemen existieren kontinuierliche Betriebsbauweisen bzw. automatische Wechselsysteme mit dem Vorteil geringer Stillstandzeiten [BBM+95].

Bolzensiebwechsler besitzen einen oder zwei verschiebbare Bolzen mit mindestens jeweils einem Siebträger, der mit einem Siebpaket versehen ist. Eine Einheit aus Siebträger und Siebpaket wird auch als Siebkavität bezeichnet. Der Druckabfall wird bei diesen Geräten über die Siebe kontinuierlich überwacht. Übersteigt der Druckabfall einen bestimmten Wert, wird beim Doppelbolzensiebwechsler der Schmelzestrom aufgeteilt und passiert lediglich einen Bolzen mit den jeweiligen Siebkavitäten. So kann eine Kavität ständig im Schmelzekanal aktiv bleiben, während an den Kavitäten außerhalb des Schmelzekanals ein Filterwechsel vorgenommen wird. Nachteile beim Wechsel ergeben sich teilweise aufgrund von Druckschwankungen im System [KBR19].

Bei Rotationsfiltern bewegt sich im Wesentlichen eine Siebscheibe, auf der Siebelemente ringförmig angeordnet sind, durch den Schmelzekanal. Beim Durchströmen der Siebfläche mit Kunststoffschmelze lagern sich auf den Sieben Verschmutzungspartikel ab, wodurch der Differenzdruck leicht ansteigt. Bei Erreichen des Grenzdrucks reagiert die Steuerung auf diesen Druckanstieg und lässt die Siebscheibe um einen festgelegten Winkel weiterdrehen. Somit wird die verschmutzte Siebfläche kontinuierlich aus dem Schmelzestrom heraus und die gereinigte Siebfläche in den Kanal hineinbewegt, ohne dass sich die Größe der aktiven Siebfläche ändert. Durch diese Betriebsweise arbeitet das Filtriersystem sowohl prozess- als auch druckkonstant [KBR19]. Solche Systeme werden von der Firma Gneuß Kunststofftechnik GmbH, Bad Oeynhausen, angeboten [URL21b].

Müssen flexible Partikel (z. B. Gele, Agglomerate, Oligomere) entfernt werden, ist der Einsatz von Großflächenfiltern mit einem Tiefenfiltermedium erforderlich. Durch eine sehr geringe Maschenweite von 2 µm bis 80 µm wird eine Schmelzereinheit erzielt, wie sie zur Herstellung von hochwertigen Rezyklaten notwendig ist [Gri16]. In Großflächenfiltern haben sich im Bereich der Polymerschmelzen zwei Bauweisen durchgesetzt, Scheibenfilter und Kerzenfilter. Scheibenfilter weisen eine ringförmige Geometrie auf und setzen sich aus unterschiedlichen überlappten Filtermedien zusammen (Bild 8.9, links). Etwa 10 bis 25 Scheiben sind auf einem zentralen Führungsrohr angeordnet und bilden ein Filterpaket (sogenannte Disk-Stacks) [Gri16]. Kerzenfilter sind zylinderförmig aufgebaut und werden von außen nach innen durchströmt (Bild 8.9, rechts). Hierbei wird das Filtermedium glatt oder gefaltet um einen Innendorn gelegt und mit einem Schutzkäfig in ein Filtergehäuse eingebracht [Gri16].

Bis zu einer Verarbeitungsviskosität von etwa 300 Pa·s haben sich Scheibenfilter bewährt. Bei höher viskosen Polymeren kommen aufgrund des zu hohen Druckverlusts im Bereich des inneren Führungsrohrs sowie der begrenzten Filterscheibenstabilität eher Kerzenfilter zum Einsatz [Gri16].

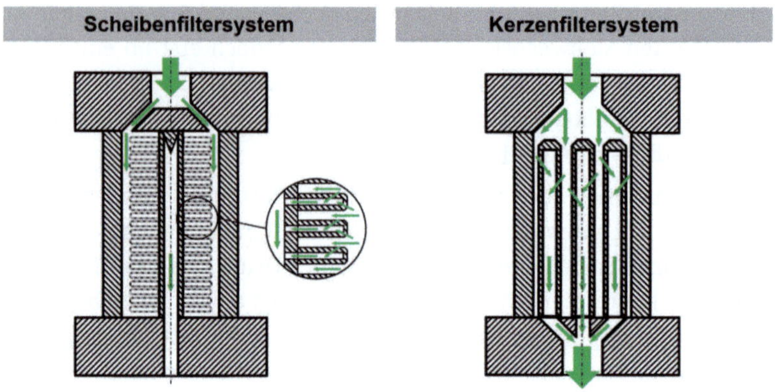

Bild 8.9 Aufbau von Scheibenfiltersystemen und Kerzenfiltersystemen

Zusammenfassend folgt, dass die vorgestellten Technologien jeweils individuelle Vorteile besitzen (z. B. Abscheidung hoher Partikelmengen, Abscheidung von Gelen), welche sich nicht ausschließen, sondern miteinander kombiniert werden können. Dies ist auch erforderlich, um möglichst viele Verunreinigungen unterschiedlicher Art aus den Sekundärwerkstoffen zu entfernen und damit eine hochwertige Rezyklatqualität gewährleisten zu können. Bei einer kaskadierten Filtration werden solide Partikel zunächst mittels selbstreinigender Systeme entfernt. Hierzu können mechanische Austragungssysteme oder Siebwechsler verwendet werden. Dies nimmt einem nachfolgenden Großflächenfilter den größten Anteil der Schmutzlast weg und kann so Standzeiten maximieren. Rezyklate fordern die Filtrationstechnik besonders: Einerseits müssen besonders viele Verunreinigungen abgeschieden werden, andererseits werfen die spezifischen Eigenschaften der Rezyklate (wie etwa hoher Kontaminationsgrad oder geringere thermische Stabilität) außerordentliche Herausforderungen auf.

Literatur für Abschnitt 8.1.3

[Pah81] PAHL, M.: Grundlagen des Filtrierens nicht-newtonscher Flüssigkeiten. In: VDI-Kunststofftechnik: Filtrieren von Kunststoffschmelzen. Düsseldorf: VDI-Verlag, 1981 (S. 1 – 30)

[SC16] SPARKS, T.; CHASE, G.: Filters and Filtration Handbook. Oxford: Elsevier Ltd., 2016

[Sei95] Seiler, E.: Properties and application of recycled polypropylene, recycling and recovery of plastics. München: Carl Hanser Verlag, 1995

[LJS16] Luijsterburg, B.; Jobse, P.; Spoelstra, A.; Goossens, J.: Solid-state drawing of post-consumer isotactic poly(propylene): Effect of melt filtration and carbon black on structural and mechanical properties. Waste Management 54 (2016) 9, S. 53 – 61

[DTD+11] Dyadychev, V.; Tereshchenko, T.; Dyadycheva, I.: Methods of Choice of Melt Filtration System in the Process of Secondary Polymer Material Extrusion. Teka Commission of Motorization and Power Industry in Agriculture (2011) 11a, S.56 – 62

[Dre04] DREU, W.: Schmelzefilter für die Polymeraufbereitung. Kunststoffe 94 (1998) 2, S. 67 – 72

[Han06] HANNEMANN, A.: Compounding with process-constant melt filtration. Plastics Additives & Compounding 6 (2006) 2, S. 34 – 38

[Sch96] SCHÄFER, B.: Schmelzefiltration in der Extrusion – Prozeßanalyse, Filtrateigenschaften und Modellierung der Druckverluste. RWTH Aachen University, Dissertation, 1996

[SP07] SCHLOTTMANN, R.; POTENTE, H.: Berechnungsverfahren für Großflächenschmelzefilter. Zeitschrift Kunststofftechnik 4 (2008) 2

[KBR19] KOHLGRÜBER, K.; BIERDEL, M.; RUST, H.: Polymer-Aufbereitung und Kunststoff-Compoundierung – Grundlagen, Apparate, Maschinen, Anwendungstechnik. München, Wien: Carl Hanser Verlag, 2019

[Rau14] RAUWENDAAL, C.: Polymer Extrusion. München: Carl Hanser Verlag, 2014

[SGW10] SCHMITZ, T.; WÖSTMANN, S.; GRIMM-BOSBACH, T.: Schutz für empfindliche Oberflächen. Kunststoffe 100 (2010) 4, S. 54 – 57

[Hen18] HENSEN, F.: Großflächenfilter in Zweikammerausführung mit Umschaltvorrichtung für den ununterbrochenen Extrusionsprozeß. In Filtrieren von Kunststoffschmelzen, Herausgeber: Verein Deutscher Ingenieure VDI-Gesellschaft Kunststofftechnik, VDI-Verlag GmbH, Düsseldorf 1981

[SM17] SCHÖPPNER, V.; MEILWES, P.: Development of a method for a realistically and reproducible contamination of polymer melt filters. AIP Conference Proceedings 1914, 040001 (2017)

[Sch19] SCHÄFER, S. M.: Reduzierung des Gelgehalts von Kunststoffschmelzen durch Filtration, Promotionsvortrag. Aachen, 2019

[NN18a] N. N.: Orientierungshilfe zur Bemessung der Recyclingfähigkeit von systembeteiligungspflichtigen Verpackungen, Stiftung Zentrale Stelle Verpackungsregister, Osnabrück, 2018

[EEH12] ELSNER, P.; EYERER, P.; HIRTH, T.: Kunststoffe – Eigenschaften und Anwendungen. Berlin, Heidelberg: Springer-Verlag, 2012

[Gri16] GRIMM-BOSBACH, T.: Die Qual der Filterwahl. Kunststoffe 106 (2016) 2, S.85 – 88

[PS98] POTTHAST, P; SANDMEYER, O.: Comparison of Filter Media for Polymer Melt Filtration Using the Standard Multipass and Polymer Tests. Filtration & Separation 35 (1998) 5

[BBM+95] BRANDRUP, J., BITTNER, M., MENGES, G., MICHAELI, W.: Die Wiederverwertung von Kunststoffen. München, Wien: Carl Hanser Verlag, 1995

[NN18a] N. N.: Orientierungshilfe zur Bemessung der Recyclingfähigkeit von systembeteiligungspflichtigen Verpackungen, Stiftung Zentrale Stelle Verpackungsregister, Osnabrück, 2018

[NN18b] N. N.: Laserfilter. Firmenschrift der Firma EREMA Engineering Recycling Maschinen und Anlagen GmbH, 2018

[URL21a] N. N.: Automatische Schmelzefilter für Kunststoffmaterialien. URL: *https://www.fimic.it/de/schmelzefilter/*, abgerufen am 21.07.2021

[NN21a] N. N.: Hochleistungsschmelzefilter. Firmenschrift der Ettlinger Kunststoffmaschinen GmbH, Königsbrunn, 2021

[NN21b] N. N.: Automatischer Band-Schmelze-Filter. Firmenschrift der BritAS Recycling-Anlagen GmbH, Hanau, 2017

[URL21b] N. N.: Filtration. URL: *https://www.gneuss.com/en/polymer-technologies/filtration/#schmelzefilter*, abgerufen am 21.07.2021

8.1.4 Trends im werkstofflichen Recycling

Thomas Probst

8.1.4.1 Einführung

Für das Recycling sind Kunststoffe beim Vergleich mit anderen Stoffströmen (Metalle, Glas, Papier) ein relativ junger Materialstrom, der in Deutschland erst in den 1950er-Jahren mit der Aufbereitung von industriellen Abfällen und Reststoffen, die bei der Herstellung und Verarbeitung anfallen, begann. Erst deutlich später, nämlich Mitte der 1990er-Jahre, erfolgt das Kunststoffrecycling von Post-Consumer- (PC)-Verpackungsabfällen. Das Kunststoffrecycling hat seit seinen Anfängen große Fortschritte erzielt. Das Recycling von PC-Abfällen ist deutlich anspruchsvoller als das von Post-Industrial-(PI)-Abfällen. Gerade durch das Recycling von Pc-Verpackungsabfällen werden fortlaufend Neuerungen in die Praxis umgesetzt. Die Fortschritte des Kunststoffrecyclings werden auf nationalen und internationalen Messen, wie der K-Messe in Düsseldorf, der FAKUMA in Friedrichshafen oder der IFAT in München, besonders deutlich.

In vielen Bereichen haben die in Deutschland aufgebauten Sammelsysteme, das Sortieren, die Aufbereitungstechniken und schließlich das Recycling selbst, eine führende Rolle in Europa erreicht. Das Kunststoffrecycling kann vorteilhaft in eine Vorkette, in das Recycling und in die nachfolgende Kunststoffverarbeitung gegliedert werden, siehe Bild 8.10. Die Vorkette umfasst Sammelsysteme, das Sortieren und die Aufbereitung – hier ist der Abfallstatus noch nicht beendet. Erst das Recycling generiert einerseits Rezyklate, das sind Mahlgüter, Regranulate, Compounds, Agglomerate, oder andererseits industrienahe und verbrauchernahe Endprodukte, die nicht mehr dem Abfallregime unterliegen – end of waste.

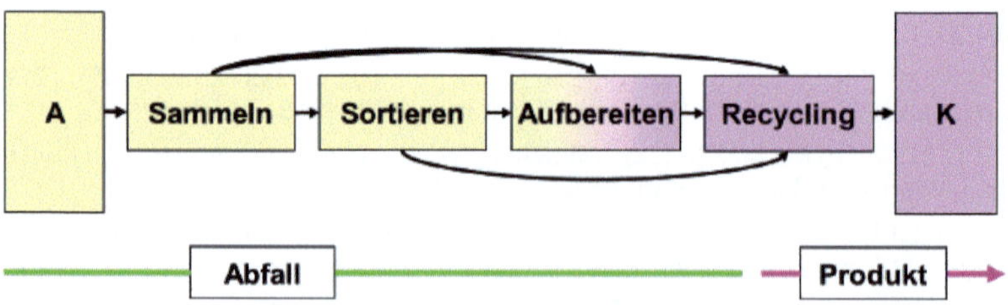

Bild 8.10 Schema für die lineare Kunststoffrecyclingkette; A: Anfallstelle; K: Kunststoffverarbeitung

Die Erfolge des Kunststoffrecyclings manifestieren sich zum einen darin, dass die hierfür in Deutschland entwickelten Anlagen, Techniken und Technologien international gut nachgefragt sind. Zum anderen finden die Kunststoffrezyklate als Ergänzung von Neuware national, europaweit und international ihren Absatz. Kunststoffrecycler stellen passgenaue Rezyklate her, die nicht nur die nachfolgenden Kunststoffumformungen berücksichtigen, sondern überdies die Anforderungen des jeweiligen Endprodukts. Für die industriellen Anwendungen müssen die Rezyklate die jeweiligen Spezifikationen der Neuware erfüllen. Die Rezyklate sind über ihre mechanisch-physikalischen Eigenschaften klar für die nachfolgenden Anwendungen definiert. Darüber hinaus werden die Anforderungen aus dem Stoffrecht, das sind REACH und CLP, erfüllt. Kunststoffverarbeiter setzen in der nachfolgenden Verarbeitung überwiegend Rezyklate vermischt mit Neuware ein.

Der Umbau einer zumeist noch linearen Kunststoffverwertung in eine Kunststoffkreislaufwirtschaft ist prioritär. Prioritär, weil die gesetzlichen Vorgaben aus Europa national umzusetzen sind. Hier ist der „European Green Deal" [1] für Kunststoffe mit der „European Plastics Strategy" [2] zu nennen. Prioritär auch, weil das Recycling bei Kunststoffen deren Rohstoffeffizienz fördert, die Einsparung von Treibhausgasen ermöglicht sowie den Energiebedarf bei Produktion und Verarbeitung deutlich senkt. Das Kunststoffrecycling findet in Deutschland seit den 1990er-Jahren in zahlreichen Facetten statt; es ist inzwischen etabliert und trotzdem sind seine zahlreichen Möglichkeiten noch lange nicht ausgeschöpft.

8.1.4.2 Kunststoffrecycling in der Kreislaufwirtschaft

8.1.4.2.1 Neue Materialströme für das Recycling von PET

Das PET-Recycling wird häufig als Schrittmacher für das Recycling der Standardkunststoffe bezeichnet. Das Mengenaufkommen an PET-Neuware aus der Kunststoffverarbeitung beträgt gemäß aktueller Conversio-Studie 890 000 t, die überwiegend im Verpackungsbereich Anwendung finden [3]. Das durch die Conversio-Studie errechnete Abfallaufkommen beträgt für PET 585 000 t, das überwiegend aus PC-Verpackungsabfällen besteht, s. Tabelle 8.3.

Durchschnittlich 44,8 % PET-Rezyklat (rPET) wurden im Jahr 2021 in Deutschland für die Produktion von Getränkeflaschen eingesetzt [4]. Und 98,7 % beträgt die Rücklaufquote bei bepfandeten PET-Flaschen. Recycelt wurden der Studie zufolge im Jahr 2021 durchschnittlich 94,8 % der PET-Flaschen. Der Studie zufolge sind in Deutschland rund 438 000 t PET-Getränkeflaschen ins Recycling gegangen. Mit 190 500 t (44,7 %) findet sich der größte PET-Anteil in der Produktion neuer Flaschen, 114 000 t (26,8 %) in der Folienproduktion und 48 000 t (11,3 %) in der Faserindustrie. Mehr als 73 000 t PET-Rezyklat wurden laut Studie in anderen Bereichen wie Non-Food-Flaschen, Bändern und Spritzgussprodukten verarbeitet. In die Verbrennung gelangen rund 33 600 t PET aus der Sortierung und Aufbereitung sowie aus Fehlwürfen im Restmüll.

Tabelle 8.3 Das Mengenaufkommen in kt an ausgewählten Kunststoffen aus der Conversio-Studie 2022

Kunststoffart	Verarbeitung Neuware	Verwertung gesamt	PC-Aufkommen	PI-Aufkommen
PE-LD/PE-LLD	2080	1596	1474	122
PE-HD/PE-MD	1815	835	723	112
PP	2375	1097	952	145
PS	395	271	250	21
EPS	330	147	125	22
PET	890	585	553	52
PVC	1910	791	658	133

Für PET-Getränkeflaschen wird das Sammeln und Sortieren vorteilhaft über Pfandsysteme organisiert. Bereits sortierte Getränkeflaschen, die als Ballenware geliefert werden, erzielen einen guten Marktpreis. Das Aufbereiten der sortierten Fraktionen zu einem Flaschenmahlgut (PET-Flakes) oder zu Regranulaten kann beim Vergleich mit Neuware ökologisch und ökonomisch vorteilhaft dargestellt werden. Eine Sammlung und Sortierung von Getränkeflaschen lässt sich relativ einfach durchführen. Und damit kann das PET-Recycling auch in Ländern aufgebaut werden, die diesen Stoffstrom bisher vernachlässigt haben. Die Wertschöpfung von Produkten, die PET-Rezyklate enthalten, ist im Regelfall sehr hoch.

Für das PET-Recycling werden insbesondere die Getränkeflaschen verwendet, siehe Bild 8.11. Ein geschlossener Kreislauf wird bis jetzt nur bei der Getränkeflasche erreicht, wobei hier auch Materialverluste über die einzelnen Stufen zu berücksichtigen sind. Das Mahlgut und die Granulate führen im Fall von Produkten des non food contact, das sind Folien, Schalen, Fibre Stripping und Nichtgetränkeflaschen, meistens zu Anwendungen, für die bisher kein marktgängiges Recycling entwickelt ist (End-of-pipe-Anwendung). Aber selbst im Fall des food contact sind die hierbei verwendeten Schalen und Folien auch überwiegend End-of-pipe-Anwendungen. Bei Nichtgetränkeflaschen und food trays gibt es bereits beachtliche Fortschritte [5], um diese Stoffströme zu recyceln, siehe Bild 8.12.

Das Recycling aus Flaschen-PET gestaltet sich auf den ersten Blick relativ einfach, da vom Flaschenkörper nur die Flüssigkeitsrückstände, Flaschenkappen und Etiketten entfernt werden müssen. Aschließend erfolgt die Zerkleinerung zu Flakes. Die beim Recycling anfallenden Flaschenkappen können zu Mahlgut (HDPE und PP) aufbereitet werden, das gute Marktpreise erzielt.

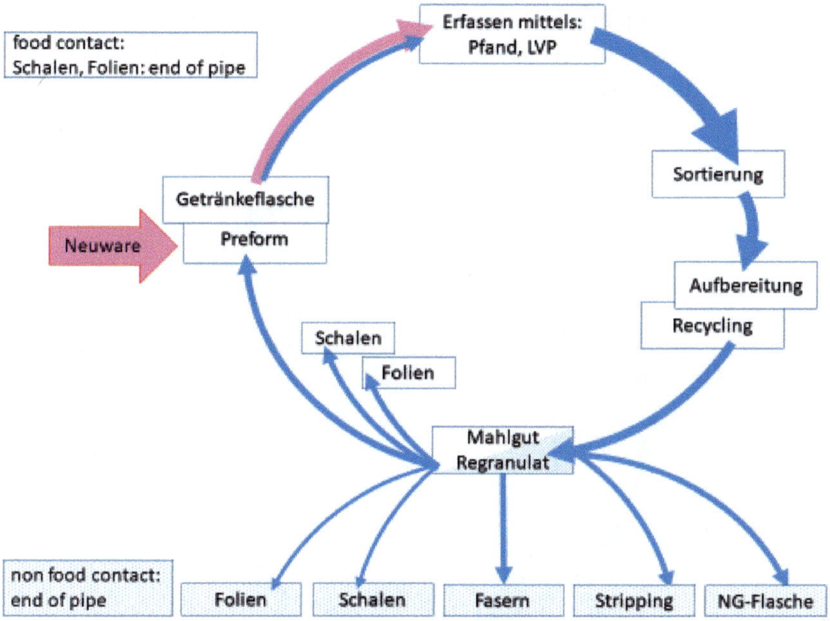

Bild 8.11 Vereinfachte Darstellung der Kreislaufwirtschaft für PET-Getränkeflaschen. Nur die Getränkeflasche wird im Kreislauf geführt. Zentrale Bedeutung für das PET-Recycling haben die Mahlgüter und Regranulate, die einerseits in Lebensmittelqualität und andererseits im Nichtlebensmittelbereich Verwendung finden.

Die Aufbereitung der farbsortierten PET-Flaschen zu Mahlgut für den Lebensmittelkontakt umfasst allerdings zahlreiche Schritte: a) Ballenannahme, b) Ballenaufgabe, c) Störstoffentnahme, d) Zerkleinerung, e) Heißwäsche, f) Schwimm-Sink-Trennung, g) Trocknungen, h) Windsichten, i) Behandlung mit Natronlauge und Neutralisation, j) Nachwäsche, k) Sieben und Farbsortieren und l) Abfüllen. Je nach Recyclinganlage variieren die Schritte in der Abfolge und weitere Module finden sich.

Das Recycling der PET-Getränkeflaschen erfolgt farbspezifisch; hier werden insbesondere die Qualitäten klar, hellgrün und hellblau verwendet. Eine Besonderheit des PET-Recyclings ist die braune Bierflasche, die in Europa nur begrenzt zu Recyclingprodukten verarbeitet wird. Nichttransparente Flaschen werden im Recycling für End-of-pipe-Anwendungen eingesetzt.

Das PET-Recycling generiert Mahlgüter und Regranulate. Die Produkte aus dem PET-Recycling sind Flaschen, Fasern, Umreifungsbänder, Folien und Tiefziehprodukte (Schalen). Diese Recyclingprodukte werden häufig unter Zusatz von Neuware hergestellt.

Das PET-Recycling, das bisher insbesondere auf der Wiederverwertung von Getränkeflaschen basiert, versucht auch andere Produkte, das sind die Nichtgetränkeflaschen, das Stripping (Umreifungsbänder), die Folien und die Tiefziehprodukte (Schalen), werkstofflich zu verwerten [6]. Der Weg in den PET-Kreislauf bei Schalen und Nichtgetränkeflaschen ist in Bild 8.12 dargestellt.

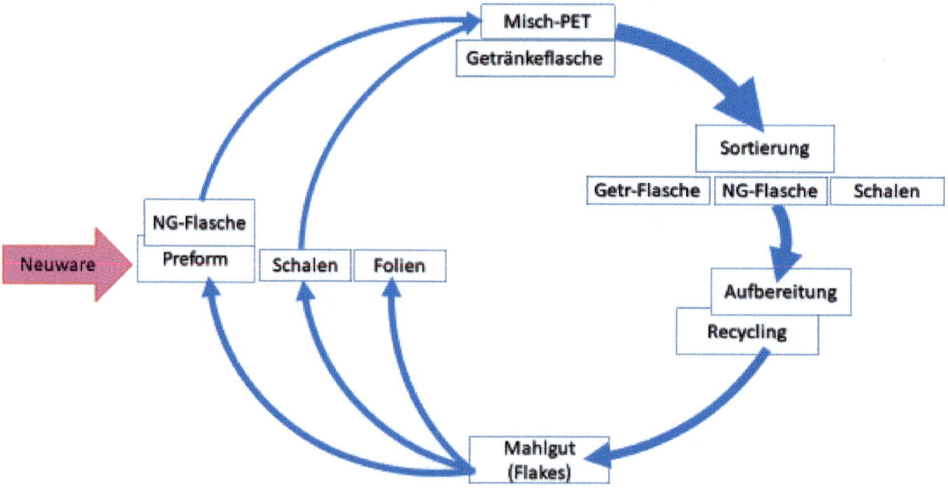

Bild 8.12 Vereinfachte Darstellung des PET-Kreislaufsystems für Nichtgetränkeflaschen und Schalen, das sich im Aufbau befindet

PET-Schalen: Für die Schalen wird zunächst eine lineare Verwertungsstruktur aufgebaut, die gegebenenfalls zu einem Kreislaufsystem erweitert werden kann, siehe Bild 8.12. PET-Schalen finden im Lebensmittelbereich für Verpackungen von Obst und Gemüse, aber auch bei Käse, Fleisch und Fisch breite Anwendung. Für diesen Einsatz werden sehr unterschiedliche Schalen angefertigt; so gibt es beispielsweise klare und gefärbte Schalen; darüber hinaus sind Multilayer mit und ohne verklebte Einlagen im Einsatz. In Großversuchen wurden klare PET-Monoschalen aussortiert und zu Mahlgütern aufbereitet. Ein zentraler Schritt beim Schalenrecycling ist das Abtrennen verklebter Einlagen; das sind Einlagen, die aus Papierverbunden oder Kunststofffasern bestehen.

PET-Nichtgetränkeflaschen: Neben dem Food-Bereich finden sich PET-Flaschen bei Kosmetik, Reinigungs- und Waschmitteln, Detergenzien und Hygieneprodukten. Um diese Flaschen zu verwerten, werden inzwischen Verwertungsstrukturen auch für Nichtgetränkeflaschen aufgebaut. Bei diesen Flaschen kommen allerdings unterschiedliche PET-Qualitäten sowie verschiedene Verschlusssysteme, Farben und Beschichtungen zur Anwendung. Für das Recycling müssen die Nichtgetränkeflaschen deshalb zunächst in Qualitäten sortiert werden, die produktgeeignet sind. Dadurch wird es aber schwierig, ausreichende Mengen eines bestimmten Flaschentypus zu akquirieren, denn die Nichtgetränkeflaschen fallen über ganz Deutschland verteilt an und können erst in den Sortieranlagen zu Mengen verdichtet werden, für die sich ein Recycling lohnt. Vermischungen von PET-Mahlgütern aus dem Food-Bereich mit denen von non food müssen unterbleiben, wenn Rezyklate für den Lebensmittelkontakt hergestellt werden. Auch dadurch bleibt es herausfordernd, PET-Linien parallel zu betreiben, nämlich einerseits für Getränkeflaschen und andererseits für Nichtgetränkeflaschen.

8.1.4.2.2 Neuerungen und Trends bei den PS-Kunststoffen

8.1.4.2.2.1 Das werkstoffliche Recycling der PS-Kunststoffe – WDVS

Mit den gesetzlichen Vorgaben zur Energieeinsparung werden Gebäudedämmungen immer wichtiger. Für die Gebäudedämmungen werden PS-Abfälle in größerem Umfang für die Herstellung von WDVS – Wärmedämmverbundsystemen (WDVS) – eingesetzt. Die WDVS sind dabei aus Schichten von EPS oder XPS aufgebaut. Bei der Herstellung und der Verarbeitung von PS zu WDVS werden neben der Neuware auch PS-Abfälle eingesetzt. PS-Abfälle werden hierfür aus sehr unterschiedlichen Ausgangsmaterialien gesammelt, aufbereitet und recycelt. PS-haltige Abfallströme werden sowohl als PCAbfälle wie auch als PI-Abfälle gesammelt. Abfallmaterialien sind dabei PS-Schäume (EPS, XPS) wie auch PS-Rigids. Die saubere und sortenreine Sammlung der PS-Abfälle ist Voraussetzung für die Verwertung zu WDVS.

Das Recycling der PS-Kunststoffe, hier von PS, EPS und XPS, hat beachtliche Erfolge im Konzert der anfallenden Kunststoffabfälle erreicht; Erfolge, die beständig ausgebaut werden. Im Jahr 2021 wurden in der Kunststoffverarbeitung 395 000 t PS und 330 000 t EPS eingesetzt, s. Tabelle 8.3. In der Kunststoffverarbeitung wird PS insbesondere in Verpackungen (26 %), Bau (22 %) sowie Elektro mit Elektronik (14 %) verwendet. Das EPS findet im Bau (88 %) und in Verpackungen (11 %) seine Anwendungen.

Von besonderem Interesse ist die Gegenüberstellung der Neuware mit dem Aufkommen an PS-Abfällen, s. Tabelle 8.3. Die Conversio-Studie 2022 weist ein Aufkommen von 271 000 t an PS-Abfällen, Recyclaten und Nebenprodukten aus, davon 250 000 t an PC-Materialien und 21 000 t an PI-Materialien. Des Weiteren werden statistisch 147 000 t an EPS mit 125 000 t an PC-Materialien und 22 000 t an PI-Materialien erfasst.

Neuerungen bei der Kunststoffverwertung von PS und EPS sind bei den PC-Abfällen auszumachen. LVP-Sammlungen generieren unterschiedliche PS-Materialien. So fallen einerseits EPS-Formteile und andererseits Verpackungsmaterialien wie Folien und Becher an. Die PS-Abfälle aus Leichtverpackungen werden in Sortieranlagen gemäß der Sortierspezifikation 331 aussortiert und an die Recycler vermarktet. Und die EPS-Abfälle aus Leichtverpackungen werden in Sortieranlagen gemäß der Sortierspezifikation 340 aussortiert, s. Tabelle 8.4. Daneben werden im Baubereich die Abfälle aus EPS und XPS in Containern zusammen mit anderen Kunststoffabfällen gesammelt.

Obwohl PS-Granulate prinzipiell für den Lebensmittelkontakt geeignet wären, findet das Verpackungsrecycling von Food zu Food nicht statt; PS-Rezyklate haben keine Lebensmittelzulassung. Ein Schwerpunkt des PS-Recyclings sind daher die geschäumten Anwendungen (EPS und XPS). Über Transportverpackungen kann EPS im Kreislauf geführt werden. Hierzu werden Verpackungsmaterialien, das sind Formteile, Kisten oder

Chips, getrennt gesammelt, aufbereitet und mit Neuware vermischt zu geschäumten Anwendungen verarbeitet.

Werkstoffliche Verwertung: Das Recycling von PS, EPS, XPS kann als werkstoffliche Verwertung oder aber mittels Lösemittelsystemen mit Polymerfällung erfolgen, s. Abschnitt 8.1.5.3. Die werkstoffliche Verwertung der PS-Abfälle wird fortlaufend verbessert. Dabei werden inzwischen die festen wie die geschäumten PS-Abfälle aus allen Herkunftsbereichen gesammelt, sortiert, aufbereitet und recycelt. Die PS-Abfälle werden zu EPS und XPS, mit dem Schwerpunkt zu WDVS, verarbeitet, bei denen Neuware zusammen mit Regranulaten zum Einsatz kommt, siehe Bild 8.13.

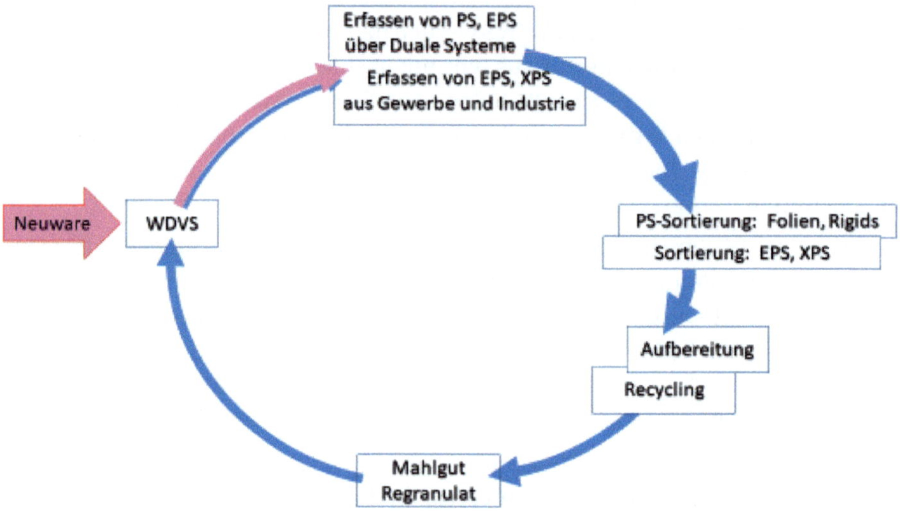

Bild 8.13 Vereinfachte Darstellung der Kreislaufwirtschaft für die Herstellung von WDVS aus EPS und XPS

Sammlung: Eine effiziente Erfassung der anfallenden PC-Abfälle und PI-Abfälle verbessert die Quantität und Qualität für das Recycling. Besonders hinderlich für das Recycling von Schäumen sind deren jeweilige niedrige Schüttdichten, die unverdichtet hohe Kosten für Erfassung und Transport verursachen würden. So werden geschäumte Verpackungsabfälle getrennt gesammelt und nachfolgend über Pressen hoch verdichtet. Durch Verpressen der EPS/XPS-Abfälle lassen sich die hohen Volumina der Schäume zu ausreichend Transportmasse verdichten. Die Sammlungen sind dabei sorgfältig auf Hexabromcyclododekan (HBCD)-haltige Fraktionen zu prüfen [7]. Für HBCD-haltige Fraktionen wurde das Recycling mittels Lösemittelsystem und Polymerfällung entwickelt, s. Abschnitt 8.1.4.2.2.2.

Sortierung: PS-Abfälle werden sowohl in Sortieranlagen für Gewerbeabfälle wie auch in Sortieranlagen für LVP aussortiert. Bei der Sortierung können inzwischen auch dunkle und schwarze Fraktionen erkannt und nach Kunststoffart sortiert werden. Bei LVP-Anlagen sind neben geschäumten Formteilen auch die Verpackungsfüllgüter (Chips) sowie Rigids (Hohlkörper) und Flexibles (Folien) kunststoffspezifisch zu erfassen.

Aufbereitung: Die Aufbereitung von EPS und XPS umfasst zunächst die Zerkleinerung – auch die von hochverdichteten Presslingen. Nach der Zerkleinerung werden die Fraktionen durch Module der Trocken- und Nassaufbereitung behandelt, um diese von Schmutz- und Reststoffen zu trennen. Bei der Trockenaufbereitung werden an sehr unterschiedlichen Stellen Metallabscheider eingesetzt. Darüber hinaus kann die Kunststofffraktion elektrostatisch nachsortiert werden. Bei der Nassaufbereitung kommen Friktionswäscher, Schwimm-Sink-Verfahren, Flotationen und Zentrifugen zum Einsatz.

Recycling: Beim PS-Recycling kommen Extruder zum Einsatz, die über sequenzielles Heizen die jeweils optimale Schmelztemperatur anwendungsbezogen ermöglichen. Das sorgfältig aufbereitete Kunststoffmahlgut wird im Extruder aufgeschmolzen, schmelzfiltriert und regranuliert. Besonders wichtig bei der Verarbeitung von Recyclaten ist die Heißfiltrierung am Extruder, um Fremdstoffe wie Papier, Holz oder Mineralstoffe auszuschleusen. Bei der Filtrierung finden unterschiedliche Maschenweiten Einsatz. Für die Feinfiltrierung kommen Maschenweiten beispielsweise von 250 µm zum Einsatz. Die weitere Verarbeitung der Regranulate, die die Compoundierung einschließt, erfolgt bei den WDVS-Herstellern. Die Qualität der Regranulate ist entscheidend für die nachfolgende Produktion der WDVS, die auch über die Anteile an Regranulat zu Neuware mitbestimmt.

8.1.4.2.2.2 Polymerabtrennung mittels Lösemittelsystemen, hier für PS, EPS, XPS

Kunststoffe sind Stoffgemische, die in jedem Fall aus Polymer und Additiven bestehen; darüber hinaus können Zuschlagstoffe oder Verstärkungsstoffe zugesetzt sein. Lösemittelverfahren sind eigentlich chemische Verfahren; sie werden aber dem werkstofflichen Recycling dann zugeordnet, wenn das Polymer erhalten bleibt. Bei den Lösemittelverfahren wird das reine Polymer durch Fällung zurückgewonnen, die Additive werden vollständig abgetrennt.

Auch relativ kleine Stoffströme können mittels Lösemittelsystemen im Kreislauf geführt werden. Für das Recycling von schadstoffbelasteten PS-Materialien wurde das CreaSolv®-Verfahren zur Anwendungsreife entwickelt [8]. Ein gutes Beispiel hierfür ist der Einsatz des CreaSolv®-Verfahrens, um WDVS, die HBCD enthalten, zu recyceln.

Abfälle an flammgeschützten WDVS fallen bei Renovierungen von Gebäuden und bei deren Abbruch an. Seit den 1960er-Jahren wurde HBCD als Flammschutzmittel in Schaumstoffdämmplatten verwendet. Besondere öffentliche Aufmerksamkeit haben Systeme aus HBCD-EPS und aus HBCD-XPS erhalten, da HBCD seit dem Jahr 2016 als Schadstoff eingeordnet und in der weiteren Anwendung verboten wurde. Das Flammschutzmittel HBCD wurde als POP-Stoff eingestuft, der in der Regel durch Verbrennen beseitigt wird [9].

Um der erweiterten Herstellerverantwortung nachzukommen, haben die Hersteller von WDVS Wege gesucht, um HBCD-Materialien zu entsorgen und das Polymer dabei zurückgewinnen zu können. So werden bspw. alte Dämmplatten, die bei Abbruch und Rückbau anfallen, mit dem CreaSolv®-Verfahren recycelt, s. Bild 8.14. Die Dämmplatten sind mit zahlreichen Fremdstoffen belastet; diese sind Farben, Bindemittel, Zement, Erden und Kiese sowie Zwischenschichten und Auflagen. Bei einer Kosten-Nutzen-Rechnung für das Recycling der WDVS gegenüber deren Beseitigung sind auch die hohen Kosten für die ansonsten notwendige Sonderabfallverbrennung zu berücksichtigen.

Im Jahr 2021 wurde die PolystyreneLoop B. V. in Terneuzen in den Niederlanden für das Recycling von HBCD-haltigen Dämmplatten gegründet. Die Anlage in Terneuzen verfügt über ausreichend Kapazität, um jährlich etwa 3300 t Polystyrol aus EPS-Dämmstoffabfällen zu recyceln. PolyStyreneLoop ermöglicht das Recycling von PS-Dämmabfällen auf der Grundlage der CreaSolv®-Technologie, entwickelt vom Fraunhofer Institut für Verfahrens- und Verpackungstechnik. Nach wirtschaftlichen Verwerfungen wird seit Mitte 2022 das oben genannte Verfahren als PS Loop B. V. weitergeführt [10].

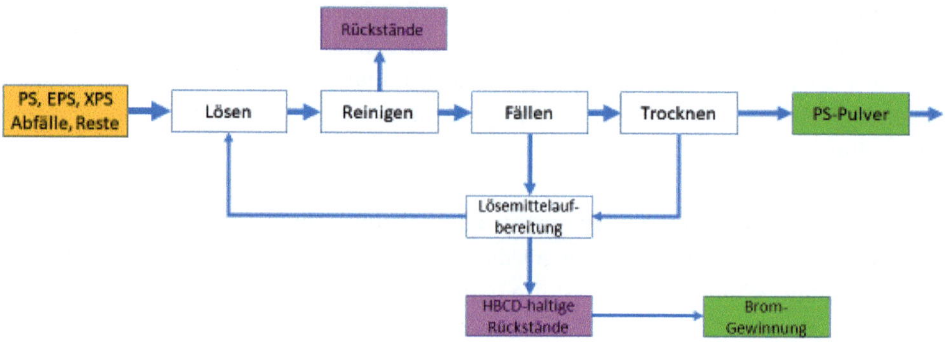

Bild 8.14 Fließschema zum Prozessablauf nach dem CreaSolv®-Verfahren für die PS Loop B. V.; das ist die lösemittelbasierte, werkstoffliche Polymerrückgewinnung

Der Recyclingprozess umfasst drei Schritte: Im ersten Schritt wird das Polymer in einer Lösemittelformulierung aufgenommen, die das PS-Polymer spezifisch löst. Im zweiten Schritt werden die ungelösten Bestandteile abgetrennt. Die Polymerlösung wird schließlich aufgereinigt. Im dritten Schritt wird das Polymer gefällt und getrocknet. Das auf diese Weise zurückgewonnene Polymer entspricht Neuware, die für die weitere Verarbeitung compoundiert werden muss. In parallelen Schritten erfolgt die Lösemittelrückgewinnung. Der Schlamm aus der Lösemittelaufbereitung, der die HBCD-haltigen Additive enthält, wird bei hohen Temperaturen verbrannt; das dabei freigesetzte Brom kann zurückgewonnen werden.

8.1.4.3 Mischkunststoffrecycling in der Diskussion

Gerade die Mischkunststoffverwertung wird häufig kritisch hinterfragt und als Negativbeispiel für das Kunststoffrecycling angeführt. Mischkunststoffe sollen nach gängiger Meinung in die Müllverbrennung gelangen oder zu EBS/SBS aufbereitet werden. Alternativ eignen sich Mischkunststoffe für chemische Verfahren. Bei der Diskussion um die Mischkunststoffverwertung wird angeführt, dass eine tiefere Sortierung den Anteil der MK-Fraktionen verkleinert und das Recycling nach Kunststoffarten hiervon profitieren würde. Dies ist nicht richtig, da die Mischkunststoffverwertung ihren Stellenwert auch dadurch erhalten hat, dass LVP im Umlauf sind, die nicht mehr nach Kunststoffarten aufgetrennt werden können, wie beispielsweise mehrlagige Verbundfolien. Darüber hinaus werden künftig auch bei vertieften Sortierungen weiterhin Mischkunststofffraktionen aus technischen und ökonomischen Gründen im großen Maßstab generiert werden [11].

Deutschland hat zusätzlich zu der oben genannten kunststoffspezifischen Verwertung das Mischkunststoffrecycling erfolgreich aufgebaut. Hierfür werden Mengen von bis zu 460 000 t aus der Aufbereitung von LVP-Kunststoffen abgeschätzt. Zusätzlich könnten in etwa weitere 400 000 t aus Gewerbeabfällen dargestellt werden.

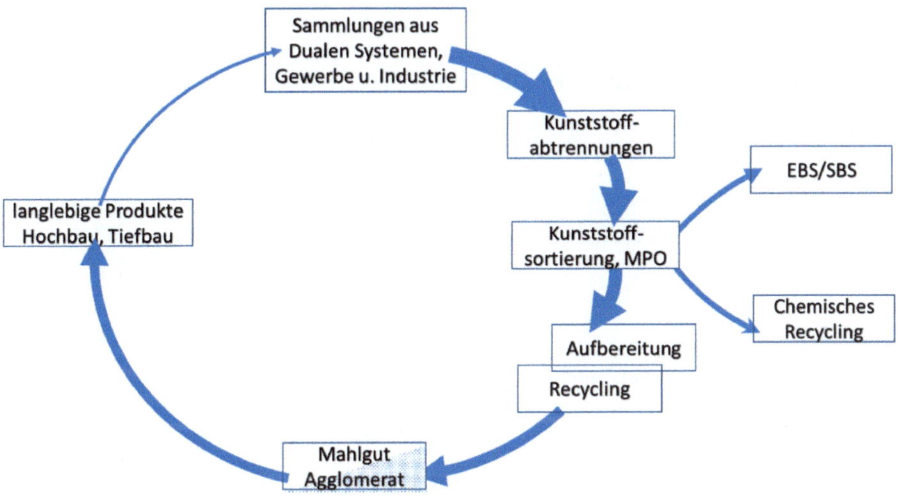

Bild 8.15 Schematische Darstellung des Mischkunststoffrecyclings

Das Mischkunststoffrecycling generiert nur in Zwischenschritten Rezyklate, Ziel der Verwertung ist die Herstellung verbrauchernaher und industrienaher Endprodukte durch den Recycler. Die werkstoffliche Verwertung für polyolefinreiche Fraktionen, das sind die MPO-Fraktionen, setzt ökologisch vorteilhaft Kunststoffrezyklate in Produkten des Hochbaus und Tiefbaus ein. Diese Produkte, die Anwendungen aus Beton,

Holz und Stahl ersetzen, finden weltweit guten Absatz. Mischkunststoffprodukte erweitern die Bereiche der Kunststoffanwendungen beträchtlich.

Das Mischkunststoffrecycling erfolgt in einer echten Kreislaufwirtschaft, s. Bild 8.15. Mischkunststoffprodukte sind keine End-of-pipe-Anwendungen, sondern deren Produkte können wiederum dem Recycling zugeführt werden. Bei der Gliederung des Kunststoffrecyclings nach der Kunststoffart gibt es für die Mischkunststoffverwertung keine Entsprechung bei den Primärkunststoffen. Der Begriff Mischkunststoffe wird häufig falsch, nämlich für vermischte Kunststofffraktionen oder Kunststoffgemische verwendet [12].

Der richtige Begriff für Mischkunststoffe resultiert aus der definierten Zusammensetzung von LVP-Sortierfraktionen, s. Tabelle 8.4. Die Definition der Sortierspezifikationen für Mischkunststoffe wurde von der DSD erarbeitet: Unter Mischkunststoffen werden spezifizierte Kunststofffraktionen aus gemischten Kunststoffverkaufsverpackungen verstanden, s. die DSD-Sortierspezifikationen in Tabelle 8.4. Die DSD-Mischkunststoffspezifikationen umfassen dabei die Hauptfraktionen 323, 350, 351 und 352. Die Spezifikation 351 umfasst vier Qualitäten und die Spezifikation 352 eine weitere Unterteilung. Außerdem finden sich Mischkunststoffspezifikationen auch auf der Ebene der thermischen Nutzung, hier als Fraktion 361 MPO-Beiprodukt und als Fraktion 365 Ersatzbrennstoffvorprodukt.

Tabelle 8.4 Sortierspezifikationen der DSD GmbH für LVP-Kunststoffe

310 Kunststoff-Folien	330 Becher
310-1 Kunststoff-Folien	331 Polystyrol
320 Gemischte Kunststoff-Flaschen	340 Expandiertes Polystyrol
321 PO-Kunststoff-Flaschen	350 Mischkunststoffe
322 Kunststoff-Hohlkörper	351-1 Formstabile Kunststoffe Qualität 1
323 Gemische Polyolefin-Artikel (MPO)	351-2 Formstabile Kunststoffe Qualität 2
324 Polypropylen	351-3 Formstabile Kunststoffe Qualität 3
325 PET-Flaschen – transparent	351-4 Formstabile Kunststoffe Qualität 4
328-1 Misch-PET 90	352 Mischkunststoffe Neu
328-2 Misch-PET 70	352-1 Mischkunststoffe
328-3 Misch-PET 50	361 MPO-Beiprodukt
329 Polyethylen	365 Ersatzbrennstoffvorprodukt

Bei der Mischkunststoffverwertung werden die drei Ebenen des Kunststoffrecyclings, nämlich die werkstoffliche, die rohstoffliche und die energetische Verwertung, bedient. Bei der werkstofflichen Verwertung von Mischkunststoffen werden vorwiegend kunststofffremde Produkte, die Holz, Beton oder Stahl ersetzen, hergestellt. Bei den Mischkunststoffen erfolgt im größeren Umfang auch der Einsatz von Folienfraktionen, die zur Weiterverarbeitung agglomeriert werden. Die Mischkunststoffverwertung zielt insbesondere auf die PE- und PP-Anteile in den sortierten Fraktionen ab. Das Mischkunststoffrecycling kommt häufig nicht ohne Zuzahlungen aus.

Die Mischkunststoffe sind eine große Materialfraktion, die beim Sortieren von Leichtverpackungen anfällt. Das Recycling von Mischkunststoffen zielt darauf ab, die Polyolefine in den Mischkunststoffen zurückzugewinnen. In Deutschland gibt es etwa 10 Unternehmen, die Mischkunststoffe verarbeiten. Mischkunststoffrecyclate werden deutschlandweit gehandelt. Bei der Verarbeitung von Mischkunststoffen werden im Zwischenschritt Mahlgüter und Agglomerate generiert.

Mischkunststoffrecyclate sind nicht sortenreine Kunststoffe, sondern eine Mischung aus PE-HD, PE-LD und PP, deren mechanische Eigenschaften jeweils klar definiert sind. So stellt beispielsweise die Vogt-Plastic GmbH vier Qualitäten von PO-Regranulat her, das sind PO 920-L, PO 920-H, PO 921-H, PO 901-S, deren mechanisch-physikalische Eigenschaften mittels MFR oder E-Modul definiert sind. Die mechanischen Eigenschaften sind aufgrund des stabilen Verhältnisses aus PE-LD und PP definiert. So stehen diese Mischkunststoff-Typen als Ersatz von Rezyklaten aus PE oder PP zur Verfügung. Häufig werden diese PO-Regranulate auch als Bestandteil einer Compoundrezeptur verwendet [13].

Die Mischkunststoffprodukte konkurrieren um die Massenmärkte derjenigen Teile, die ansonsten aus Holz, Beton oder Stahl bestehen. Und damit unterscheiden sich Mischkunststoffprodukte preislich deutlich von den anderen Märkten des Kunststoffrecyclings. Dies ist auch der Grund, warum beispielsweise Bretter, Buhnen, Bauzaunfüße und Baken nicht aus Kunststoffneuware hergestellt werden. Mischkunststoffprodukte müssen im Übrigen mindestens die Qualitätsanforderungen der ursprünglichen Produkte erfüllen. Oder anders ausgedrückt, muss ein Kunststoffbakenfuß die gleichen Funktionsanforderungen erfüllen wie ein Betonbakenfuß. Ausgewählte Mischkunststofffraktionen, die aufwendige Aufbereitungsprozesse durchlaufen haben, finden in sehr hochwertigen Produkten Verwendung. So werden hier beispielsweise Tanks für Brauchwasser und Regenwasser mit großem Fassungsvermögen aus MK-Fraktionen hergestellt.

Der Vorteil eines Bauzaunfußes aus Kunststoffen gegenüber demjenigen aus Beton ist offensichtlich. Beim Bauzaunfuß sind die längere Haltbarkeit, die höhere Elastizität und das geringere Gewicht gegenüber demjenigen aus Beton zu nennen. Bei der Produktebene ist in jedem Fall mit positiven Erlösen zu rechnen. Das Mischkunststoffrecycling ist in Deutschland seit vielen Jahren etabliert; in Europa befindet es sich im Aufbau. Die Produkte des Mischkunststoffrecyclings werden sehr anschaulich in Bosewitz „Kunststoff Recycling in Produkten“ dargestellt [14]. Auch die Produkte, die aus Mischkunststoffen hergestellt werden, können wiederum werkstofflich und rohstofflich verwertet werden.

8.1.4.4 Gewichtung und Ausblick

Die lineare Kunststoffverwertung: Die Definition der linearen Kreislaufwirtschaft kann dadurch erfolgen, dass nur wenige und hier sehr ausgesuchte Kunststoffe bis in die Endverwertung gelangen. Darüber hinaus wird hierbei häufig die ursprüngliche Anwendungsebene verlassen. Und oft besteht die Endverwertung dabei auch noch aus End-of-pipe-Anwendungen. Selbst beim PET-Recycling gibt es eine Reihe von End-of-pipe-Anwendungen, wie Fasern, Schalen und Folien. Das Recycling dieser End-of-pipe-Stoffströme ist im Aufbau; es wird beständig überarbeitet und verbessert.

Spannend ist die Entwicklung von der linearen Kunststoffverwertung hin zur Kreislaufwirtschaft. Hierfür muss zunächst eine stabile, lineare Kunststoffverwertung aufgebaut sein, um sie in nachfolgenden Schritten in eine Kreislaufwirtschaft zu überführen. Dabei ist in jedem Fall vorab zu prüfen, ob ausreichende Mengen bei entsprechender Werthaltigkeit vorhanden sind, um eine beständige und nachhaltige Kunststoffverwertung aufzubauen und später auszubauen.

Die lineare Verwertung erfolgt kunststoffspezifisch, hier für PS mit EPS und XPS, für PU, für PVC und für die technischen Kunststoffe. Bei der linearen Verwertung sollten künftig die kunststoffreichen Stoffströme, wie Elektro und Elektronik, Altfahrzeuge, Bau und Abbruch sowie Gewerbe und Industrie verstärkt berücksichtigt werden. Diese Stoffströme werden bisher bei der Kunststoffverwertung weitgehend vernachlässigt.

Kunststoffrecycling in der Kreislaufwirtschaft: Die Forderungen nach geschlossenen Kunststoffkreisläufen, wie beispielsweise das Recycling von Verpackungen zu Verpackungen, greifen oft zu kurz oder sind häufig nicht erfüllbar. Um Kunststoffkreisläufe darzustellen, muss zunächst eine stabile, lineare Kunststoffverwertung aufgebaut sein. Aus der linearen Kunststoffverwertung kann nur dann eine Kreislaufwirtschaft generiert werden, wenn dies ökologisch und ökonomisch gerechtfertigt ist.

Und wie ist nun eine Kreislaufwirtschaft definiert? Die Definition geschlossener Kunststoffkreisläufe wird häufig dadurch gegeben, dass die ursprüngliche Anwendungsebene, wie dies beim Bottle-to-bottle-Recycling der Fall ist, getroffen wird. Aber selbst hier stellt sich die Frage, ob das Bottle-to-bottle-Recycling aus dem food grade diesen Anforderungen allein genügt oder ob auch das Bottle-to-bottle-Recycling in den Non-food-Bereich zählt. Und wie steht es damit, wenn Flaschen zu Folien oder Fasern verarbeitet werden?

Darüber hinaus werden immer wieder Forderungen nach Produkten gestellt, die zu 100 % aus Recyclaten bestehen. Gerade diese Forderung kann dann problematisch sein, wenn mehrere vollständige Kreisläufe für Produkte aus derselben Kunststoffart bestehen, s. das PET-Recycling. Denn dann besteht nicht nur ein harter Wettbewerb um die Abfälle, sondern die Ansprüche an Aufbereitung und Recycling steigen bei geschlossen Umläufen so stark an, dass der ökologische und ökonomische Nutzen des Recyclings infrage steht.

Literatur für Abschnitt 8.1.4

[1] *https://commission.europa.eu/strategy-and-policy/priorities-2019-2024/european-green-deal_de* und Anhang *https://eur-lex.europa.eu/resource.html?uri=cellar:b828d165-1c22-11ea-8c1f-01aa75ed71a1.0021.02/DOC_2&format=PDF*, beide abgerufen am 21.09.2023.

[2] *https://eur-lex.europa.eu/legal-content/DE/TXT/HTML/?uri=CELEX:52018DC0028&from=LT* und Anhang *https://eur-lex.europa.eu/resource.html?uri=cellar:2df5d1d2-fac7-11e7-b8f5-01aa75ed71a1.0002.02/DOC_2&format=PDF*, beide abgerufen am 21.09.2023.

[3] *https://www.bkv-gmbh.de/files/bkv-neu/studien/Kurzfassung_Stoffstrombild_2021_13102022_1%20.pdf*, abgerufen am 21.09.2023.

[4] Studie der GVM Gesellschaft für Verpackungsmarktforschung „Aufkommen und Verwertung von PET-Getränkeflaschen in Deutschland 2021" und *https://www.kunststoffe.de/a/news/einsatz-von-rpet-steigt-auf-448-prozent-3514484*, abgerufen am 21.09.2023.

[5] *https://www.cirrec.nl/*, abgerufen am 21.09.2023.

[6] *https://newsroom.kunststoffverpackungen.de/2021/08/24/so-gelingt-recycling-von-pet-schalen-fuer-bessere-kreislaufwirtschaft/*, abgerufen am 21.09.2023.

[7] *https://www.umweltbundesamt.de/service/uba-fragen/wie-werden-hbcd-haltige-daemmstoffe-entsorgt*, abgerufen am 21.09.2023.

[8] *https://www.ivv.fraunhofer.de/de/recycling-umwelt/kunststoff-recycling-creasolv.html*, abgerufen am 21.09.2023.

[9] *https://eur-lex.europa.eu/legal-content/DE/TXT/PDF/?uri=CELEX%3A32016R0293&*from=DE, abgerufen am 21.09.2023.

[10] *https://polystyreneloop.eu/*, abgerufen am 21.09.2023.

[11] Studie GVM Gesellschaft von Verpackungsmarktforschung „Potenzial zur Verwendung von Recyclingkunststoffen in der Produktion von Kunststoffverpackungen in Deutschland". Hrsg. BKV GmbH, 2020, s. *https://www.bkv-gmbh.de/studien/studie-potenzial-zur-verwendung-von-recycling-kunststoffen-in-der-produktion-von-kunststoffverpackungen-in-deutschland-gvm.html*, abgerufen am 21.09.2023.

[12] Vermischte Kunststoffe bzw. Kunststoffmischungen entstehen typischerweise bei der Aufbereitung von Elektrogeräten oder bei der Altfahrzeugverwertung. Für diese Kunststoffgemische gibt es keine Qualitätsvorgaben.

[13] *https://www.vogt-plastic.de/de/produktuebersicht/polyolefin-po-regranulate.html*, abgerufen am 21.09.2023.

[14] S. Bosewitz, Kunststoffrecycling in Produkten, VGE Verlag GmbH, Essen, 2013

8.1.5 Lösungsmittelverfahren

Tobias Conen, Rainer Dahlmann

Bei schwierigen Recyclingaufgaben, wie z. B. bei Multimaterialverbünden mehrschichtiger Folien oder Kunststoff-Metall-Kombinationen, stößt das mechanische Recycling häufig an seine Grenzen. Auch hohe Anforderungen an die Rezyklatqualität bilden die Grundlage für weitere Recyclingverfahren. In diesem Bereich können lösungsmittelbasierte Verfahren zum Recycling der Kunststoffkomponenten für eine hohe Rezyklatqualität sorgen und ebenfalls das Recycling von Multimaterialverbünden ermöglichen.

Die lösungsmittelbasierten Recyclingverfahren teilen sich in zwei grundsätzlich unterschiedliche Verfahrensvarianten auf. Solvolyseverfahren trennen die Kettenstrukturen der Polymere chemisch basiert in die einzelnen Monomere oder andere kurzkettige chemische Substanzen auf. Diese können erneut für eine Polymerisation oder auch als Treibstoff eingesetzt werden. Im Gegensatz dazu löst das Lösungsmittelverfahren, oder auch die Inlösungsnahme, lediglich die Polymerketten physikalisch in einem geeigneten Lösungsmittel, ohne diese aufzuspalten [BBMM95, SFMA20]. Die polymere Grundstruktur sowie die Kettenlänge und somit auch die Molekulargewichtsverteilung bleiben in der Regel erhalten. Das Lösungsmittelverfahren ist ein werkstoffliches Recyclingverfahren, wohingegen das Solvolyseverfahren dem rohstofflichen Recycling zugeordnet wird [SFMA20].

8.1.5.1 Grundlagen zum Lösen von Polymeren

Beide lösungsmittelbasierten Verfahren haben gemeinsam, dass zunächst das Polymer in einer niedermolekularen Flüssigkeit gelöst werden muss. Die Löslichkeit eines Polymers in einem Lösungsmittel basiert auf den molekularen Wechselwirkungen, d. h. auf den Nebenvalenzkräften. Damit sich ein Polymer löst, gilt als thermodynamisches Kriterium, dass die freie Energie ΔG_m des Mischvorgangs nach der Gibbs-Helmholtz-Gleichung negativ werden muss.

$$\Delta G_m = \Delta H_m - T \cdot \Delta S_m \leq 0 \tag{8.1}$$

ΔH_m bezeichnet die Enthalpie und ΔS_m die Entropie des Mischens.

Damit ΔG_m negativ wird, muss die Enthalpie des Mischens unter einen bestimmten positiven Wert fallen, da die Entropie des Mischens immer positiv ist. Aus Formel 8.1 geht auch hervor, dass der Lösungsvorgang temperaturabhängig ist und z. B. eine erhöhte Temperatur den Lösungsvorgang beschleunigen kann.

Um die Löslichkeit von Polymeren in Lösungsmitteln abschätzen zu können, wurden von Hansen [Han00] Löslichkeitsparameter entwickelt, welche sich aus den dispersiven Energien E_d, den polaren Energien E_p und den Wasserstoffbrückenbindungsenergien E_h zusammensetzen.

$$E_{Kohäsion} = E_d + E_p + E_h \tag{8.2}$$

Die Entwicklung der Löslichkeitsparameter basiert auf der Arbeit von Hildebrand [HS50], welcher die Löslichkeit von Polymeren mit den Kohäsionseigenschaften von Lösemitteln gekoppelt hat. Den Zusammenhang zwischen den Energien $E_{Kohäsion}$ und dem Löslichkeitsparameter δ zeigt Formel 8.3. Dabei wird $E_{Kohäsion}$ auf das Volumen V bezogen, da es sich um einen spezifischen Parameter handelt.

$$\delta = \sqrt{\frac{E_{Kohäsion}}{V}} \tag{8.3}$$

Danach gilt für die Löslichkeitsparameter folgender Zusammenhang:

$$\delta^2 = \delta_d^2 + \delta_p^2 + \delta_h^2 \tag{8.4}$$

Mithilfe der drei Bindungsanteile lässt sich ein dreidimensionaler Raum aufspannen, in welchem jedem Polymer und Lösungsmittel ein Punkt zugeordnet werden kann. Je nachdem, wie hoch der Abstand zwischen dem Punkt eines Lösungsmittels und dem Punkt eines Polymers ist, kann die Löslichkeit des Stoffsystems abgeschätzt werden. Der Abstand R_a lässt sich gemäß Formel 8.5 berechnen, wobei sich die Indizes 1 und 2 auf das Lösungsmittel und das Polymer beziehen:

$$R_a^2 = 4 \cdot (\delta_{d2} - \delta_{d1})^2 + (\delta_{p2} - \delta_{p1})^2 + (\delta_{h2} - \delta_{h1})^2 \tag{8.5}$$

Bei dem Abstand R_a handelt es sich um einen theoretischen Wert, mit welchem die Löslichkeit eingeschätzt werden kann. Allerdings lässt der Wert keine direkte Aussage über die Polymerlösbarkeit im Lösungsmittel zu. Aus diesem Grund hat Hansen in praktischen Versuchen einen Interaktivitätsradius R_0 für Polymere eingeführt. Liegt ein Lösungsmittel innerhalb des Interaktivitätsradius, ist mit einem Lösen zu rechnen [MHMS11].

Für einige ausgewählte Polymerwerkstoffe und Lösungsmittel sind die Löslichkeitsparameter nach Hansen in Tabelle 8.5 und Tabelle 8.6 aufgeführt [Han00].

Tabelle 8.5 Löslichkeitsparameter ausgewählter Polymere [Han00]

Polymer	δ_{d2}	δ_{p2}	δ_{h2}	δ	R_0
PP	18,0	0,0	1,0	18,0	6,0
PE-HD	18,0	0,0	2,0	18,1	2,0
PS	18,5	4,5	2,9	19,3	5,3
PVC	17,6	7,8	3,4	19,5	8,2
PMMA	18,1	10,5	5,1	21,5	9,5
PC	18,1	5,9	6,9	20,2	5,5
SAN	16,6	9,8	7,6	20,7	4,8
PA66	16,0	11,0	24,0	30,9	3,0
PUR	17,9	6,9	3,7	19,5	2,7
NR	16,0	4,0	6,0	17,5	1,3

Tabelle 8.6 Löslichkeitsparameter ausgewählter Lösungsmittel [Han00]

Lösungsmittel	δ_{d1}	δ_{p1}	δ_{h1}	δ
Essigsäure	14,5	8,0	13,5	21,4
Aceton	15,5	10,4	7,0	19,9
Ammoniak	13,7	15,7	17,8	27,4
Benzol	18,4	0,0	2,0	18,5
Ethanol	15,8	8,8	19,4	26,5
Furan	17,8	1,8	5,3	18,7
Glycerin	17,4	12,1	29,3	36,2
Methanol	15,1	12,3	22,3	29,6
1-Propanol	16,0	6,8	17,4	24,6
2-Propanol	15,8	6,1	16,4	23,6
Toluol	18,0	1,4	2,0	18,2
Wasser	15,5	16,0	42,3	47,8

Das Lösen von Polymeren ist stark von der Polymerstruktur, also dem chemischen Aufbau der Haupt- und Nebenketten sowie funktioneller Gruppen, und der Art des Lösungsmittels, z. B. polar oder unpolar, abhängig. Generell ist jedoch, ebenso wie bei kleinen Molekülen, die Regel „Gleiches löst sich in Gleichem" anwendbar. Dies bedeutet, dass das Polymer und das Lösungsmittel einen chemisch ähnlichen, strukturellen Aufbau aufweisen müssen. Entsprechend häufig sind Polymere in Kohlenwasserstoffen löslich. Bei Zugabe eines Lösungsmittels zu einem Polymer besetzen die Moleküle des Lösungsmittels zunächst die Zwischenräume im Molekülknäuel. Dies führt lediglich zu einer Gewichtszunahme des Gesamtsystems. Bei weiterer Zugabe des Lösungsmittels setzt ein Quellen und Erweichen des Polymers ein, bis die Aufnahmefähigkeit erschöpft ist. Nach Erreichen der Aufnahmefähigkeit wird das Polymer im Lösungsmittel gelöst. Dabei liegen die einzelnen Polymerknäuel freischwimmend vor, wie in Bild 8.16 schematisch dargestellt ist [BBMM95, MHMS11].

Auch die Polymerart, also Thermoplast, Elastomer oder Duroplast, hat einen Einfluss auf die Löslichkeit eines Polymers. Während amorphe Thermoplaste in einem geeigneten Lösungsmittel über den gesamten Temperaturbereich löslich sind, können kristalline Strukturen in teilkristallinen Thermoplasten nicht gelöst werden. Ein vollständiges Lösen von teilkristallinen Thermoplasten ist deshalb nur in der Nähe des Schmelzbereiches möglich. Bei niedrigeren Temperaturen kann das Lösungsmittel lediglich in die amorphen Bereiche eindringen. Da Vernetzungen bei Elastomeren ein vollständiges Lösen verhindern, können Elastomere lediglich durch Lösungsmittel gequollen werden. Duroplaste sind aufgrund der hohen Vernetzungsdichte unlöslich [BBMM95, MHMS11].

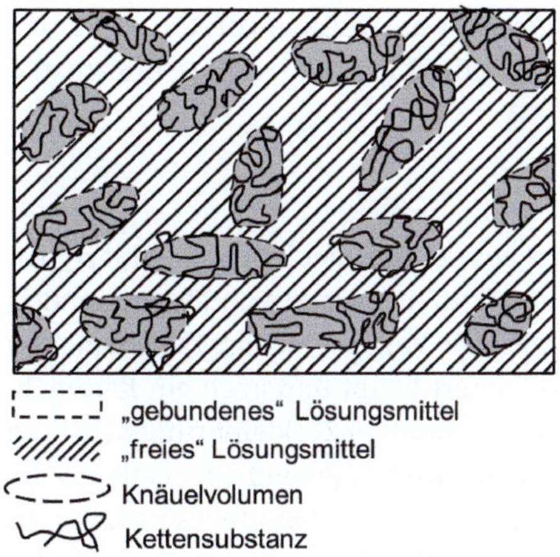

Bild 8.16
Darstellung eines gelösten Polymerknäuels in einem Lösungsmittel [Vol62]

8.1.5.2 Solvolyse

Die Solvolyse, oder auch Chemolyse genannt, wird im Recycling dazu verwendet, um Polymere wieder in ihre ursprünglichen Bestandteile vor der Polymerisation, die Monomere, oder andere niedermolekulare Substanzen zurückzuführen [LSS+20]. Diese chemische Reaktion, welche die Kettenstruktur der Polymere aufbricht, ist lediglich bei Polymeren möglich, welche mit Polykondensationsreaktionen hergestellt wurden. Dies sind z. B. Polyethylenterephthalat (PET), Polycarbonat (PC), Polyamid (PA) sowie Polyurethane (PUR) [SFMA20]. Bei der Herstellung dieser Polymere findet eine Gleichgewichtsreaktion statt, bei der die Monomere zu einem Oligomer und später zu einem Polymer reagieren. Dies ist in Formel 8.6 dargestellt. Zusätzlich entsteht ein Nebenprodukt, welches bei der Polymerisation meist entfernt wird, um das Gleichgewicht der Reaktion möglichst auf die Seite des Polymers zu verschieben [BBMM95].

$$[\text{Monomer}] + [\text{Monomer}] \rightleftharpoons [\text{Oligomer}] + [\text{Nebenprodukt}] \tag{8.6}$$

Die Reaktion kann allerdings auch in die andere Richtung ablaufen, sobald das gebildete Nebenprodukt einem Polymer zugeführt wird. Dies kann bei den oben aufgeführten Polymeren mithilfe von verschiedenen Lösungsmitteln wie Alkoholen, Laugen, Säuren oder Aminen durchgeführt werden. Zudem ist häufig der Einsatz eines Katalysators und/oder eine erhöhte Temperatur notwendig, um das Gleichgewicht zugunsten der Monomerbildung zu verschieben [BBMM95, SFMA20].

Um hochreine Monomerfraktionen zu erhalten, ist es jedoch notwendig, dass die Recyclingströme in einer hohen Qualität und Sortenreinheit dem Prozess zugeführt werden. Nebenreaktionen mit fremden Polykondensaten können die Reinheit der Monomere beeinträchtigen. Die erhaltenen Monomere können im Anschluss wieder genutzt werden, um den gleichen Kunststoff erneut zu synthetisieren. Zudem ist auch eine Nutzung als Basischemikalie in anderen chemischen Prozessen möglich [BBMM95, SFMA20].

In Abschnitt 8.1.1 wird der chemische Recyclingprozess am Beispiel von PET näher beschrieben. Zudem finden sich in Abschnitt 8.2.4 und Abschnitt 8.2.5 weitere Informationen zum solvolytischen Recycling von PUR und PA.

8.1.5.3 Lösungsmittelverfahren

Das Lösungsmittelverfahren dient dem Trennen von unterschiedlichen Polymertypen oder dem Lösen des Polymers und anschließenden Entfernen von nichtlöslichen Additiven. Das Lösen des Kunststoffes ist ein physikalischer Vorgang, sodass die chemische Grundstruktur der Polymerketten nahezu unverändert bleibt und auch ein Kettenabbau, wie er etwa bei den zuvor beschriebenen mechanischen Zerkleinerungsschritten oder thermischen Schmelzeverfahren häufig auftritt, weitestgehend vermieden wird. Das Lösungsmittelverfahren beschränkt sich nicht auf Polykondensate. Es können alle Thermoplaste, für welche ein geeignetes Lösungsmittel gefunden wird, mithilfe des Verfahrens recycelt werden. Typische Kunststoffe, welche durch das Lösungsmittelverfahren aufbereitet werden können, sind Polyethylen (PE), Polypropylen (PP), Polystyrol (PS), Polybutylenterephthalat (PBT) oder Polyvinylchlorid (PVC) [BBMM95, SFMA20].

Kunststoffe, die im Lösungsmittelverfahren recycelt werden, sind in den anderen Recyclingverfahren oft problematisch oder nicht recyclingfähig. Als Gründe können eine hohe chemische Beständigkeit oder Multimaterialverbünde aufgeführt werden. Da die verwendeten Lösungsmittel im Lösungsmittelverfahren oft Herausforderungen in der Handhabung mitbringen und die Aufbereitung des Lösungsmittels energieintensiv ist, spielt das Lösungsmittelverfahren bislang eine eher untergeordnete Rolle im Vergleich zu den anderen Recyclingverfahren. Erfolgreich etabliert hat sich das Verfahren bei Multi-Layer-Systemen im Verpackungsbereich und bei einigen Multi-Material-Bauteilen, welche im Spritzgussverfahren hergestellt werden. In diesen Nischen ermöglich das selektive Lösen der einzelnen Kunststoffkomponenten das Trennen der Materialverbünde [Ineos Buchkapitel, SFMA20].

Da Duroplaste nicht löslich sind, können diese auch nicht mit diesem Verfahren recycelt werden. Elastomere können in Lösungsmitteln quellen, weshalb bei Elastomeren theoretisch eine Reinigung von löslichen Stoffen möglich ist. Mit dem Lösungsmittelverfahren können zudem auch Kunststoff-Metall-Verbundwerkstoffe und Elektronikkomponenten aufgetrennt werden [BBMM95, SK16].

Prozessablauf beim Lösungsmittelverfahren

Im Lösungsmittelverfahren wird der vorsortierte Kunststoffabfall zunächst in einem geeigneten Lösungsmittel gelöst. Dazu muss vor einer entsprechenden Auswahl des Lösungsmittels der Abfallstrom auf dessen Zusammensetzung hin analysiert werden. Bei der Auswahl der Lösungsmittel kann entsprechend den Löslichkeitsparametern aus Abschnitt 8.1.5.1 ein geeignetes Lösungsmittel für die entsprechende Trennaufgabe ausgewählt werden. Dabei ist insbesondere der Temperatureinfluss auf die Lösungskinetik zu betrachten. Bei der Analyse des Recyclingstroms sollten bereits Additive und Fremdbestandteile betrachtet werden, um eine möglichst einfache Abtrennung zu gewährleisten [MLS12, SK16].

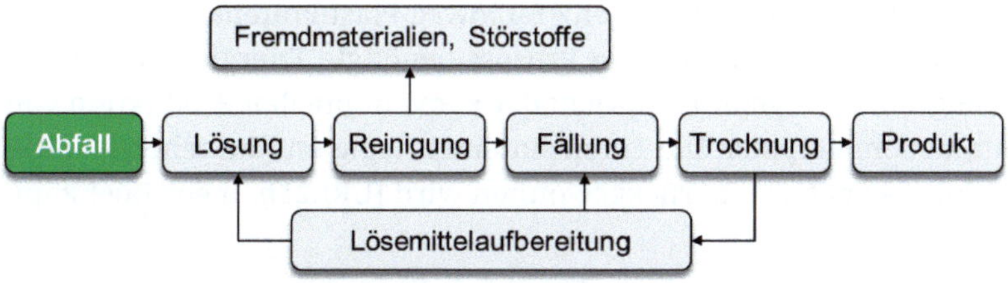

Bild 8.17 Ablaufschema des Lösungsmittelverfahrens für das Kunststoffrecycling in Anlehnung an [MLS12, SK16]

Nach dem Lösen des Abfallstroms folgt ein Reinigungsschritt (Bild 8.17). Da sich das Zielprodukt, also das Polymer, in Lösung befindet, können alle Feststoffe, wie z. B. Fremdmaterialien oder Störstoffe, abgetrennt werden. Dies erfolgt durch verfahrenstechnische Standardoperationen wie Sedimentation, Filtration oder Zentrifugation [SK16].

Die Fällung des Polymers aus der gereinigten Lösung kann mittels Zugabe von Fällungsmitteln oder dem Abdampfen des Lösungsmittels und somit einer Konzentrationserhöhung des Polymers erreicht werden. Als Fällungsmittel dienen meist Lösungsmittel, in welchen sich das Polymer nicht löst und somit ein Gemisch entsteht, in welchem das Polymer ausfällt. Auch muss die Temperaturführung zum Ausfällen des Polymers gezielt angepasst werden [Eli08, LGN14].

Im Anschluss an die Fällung des gereinigten Polymers findet eine Trocknung statt. Dies kann in direkter Kombination mit der Fällung geschehen, wenn die Fällung durch Verdampfung des Lösungsmittels durchgeführt wird. Alternativ bieten sich Trocknungsverfahren wie die Vakuumtrocknung mit oder ohne erhöhte Temperaturen an, um über den Siedepunkt des Lösungsmittels zu kommen [SK16].

Nicht Teil des Produktstroms – allerdings unerlässlich für das Lösungsmittelverfahren – ist die Aufbereitung des Lösungsmittels. Da das Lösungsmittel in großen Mengen im Vergleich zu den Polymermengen eingesetzt werden muss, um eine Lösung des Polymers zu gewährleisten, muss dieses nach der Trocknung wiedergewonnen und erneut eingesetzt werden [SK16].

8.1.5.4 Lösungsmittelverfahren in der Anwendung

Lösungsmittelbasierte Recyclingverfahren für Kunststoffe basieren auf Patenten aus den 1990er-Jahren und sind noch wenig im Markt vertreten [SFMA20]. Das Fraunhofer-Institut für Verfahrenstechnik und Verpackung IVV in Freising hat in Zusammenarbeit mit der Creacycle GmbH in Grevenbroich ein Verfahren namens CreaSolv entwickelt.

Dieses Verfahren wird von der Creacycle GmbH vertrieben und hat in den untenstehenden zwei Beispielen bereits Anwendung gefunden [SFMA20, URL21a, Ineos Buchkapitel].

Die Unilever PLC (London, UK) betreibt eine Recyclinganlage auf Basis des CreaSolv-Prozesses in Indonesien, welche drei Tonnen PE-Einweg-Plastiktütenabfälle pro Tag in reines Polymer umwandelt. Die für den Prozess benötigte Energie zur Herstellung von sechs Kilogramm Polymer entspricht der konventionellen Produktion von einem Kilogramm neuem Polymer. Die Tüten sind mehrlagig und bestehen zu 60 % aus PE, das als Sekundärmaterial zurückgewonnen wird [URL21b, Ineos Buchkapitel].

Das Closed-Loop-Recycling von PS-Schaumstoffabfällen, die als Dämmmaterial im Baubereich eingesetzt werden und ein bromiertes Flammschutzmittel enthalten, wird von der europäischen Initiative Polystyrene Loop B. V. (Terneuzen, Niederlande) vorangetrieben. Die Pilotanlage wurde mit einer Kapazität von 3000 Tonnen pro Jahr im Juni 2021 erstmals in Betrieb genommen. Nach einem schwierigen Start, mit zwischenzeitlicher Insolvenz, wurde das Unternehmen im Juni 2022 von der GEC Group übernommen. GEC steht für „German EPS Converters" und führt die Polystyrene Loop B. V. nun als 100 %ige Tochter der GEC Group GmbH & Co. KG. Am 12.06.2023 ist die Recyclinganlage in den regulären Betrieb übergegangen [URL21c, Ineos Buchkapitel].

Neben dem CreaSolv-Verfahren gibt es einen ähnlichen Ansatz zum lösungsmittelbasierten Recycling, welcher von der APK AG (Merseburg, Deutschland) verfolgt wird. Mit ihrer Newcycling-Technologie werden 12 000 Tonnen pro Jahr an gemischten Kunststoffabfällen und Mehrschichtverpackungen recycelt. Dazu gehören auch Post-Consumer-Verbundverpackungsabfälle, die PE oder PA im Materialverbund enthalten, welche als Zielkunststoff fungieren [Fis20, URL21d, Ineos Buchkapitel].

Das PureCycle-Verfahren, entwickelt von der Procter & Gamble Corp. (Cincinnati, Ohio, Vereinigte Staaten) ist eine Recyclinglösung zur Rückgewinnung von hochwertigem Polypropylen aus Verbundabfällen wie alten Teppichen oder Verpackungen. Das PureCycle-Verfahren ermöglicht die Entfernung von Farbe, Geruch und Verunreinigungen. Nach erfolgreichen Erfahrungen im Pilotmaßstab ist eine Anlagenkapazität von 50 000 t/a in Ohio geplant [SFMA20, Ineos Buchkapitel].

Bei einer Betrachtung der aktuellen Ausbaustufen der lösungsmittelbasierten Recyclinganlagen wird deutlich, dass sich dieses Verfahren in der Entwicklungsphase hin zur Marktreife befindet. Bei den aufgebauten Recyclinganlagen handelt es sich momentan oftmals um Pilotanlagen, welche das Potenzial und das zugrundeliegende Verfahren zunächst erproben sollen. Die aktuelle Kapazität der Anlagen deckt lediglich einen Bruchteil der anfallenden Abfallströme ab, wodurch ein Wachstum in diesen Bereichen möglich ist. Die dargestellten Pilotanlagen haben also die Aufgabe, die technische und wirtschaftliche Umsetzbarkeit zu demonstrieren, um im Anschluss das volle Potenzial dieses Recyclingverfahrens in weiteren Anlagen ausnutzen zu können.

Literatur für Abschnitt 8.1.5

[AS99] Aguado, J.; Serrano, D.: Feedstock Recycling of Plastic Wastes. Cambridge, UK: The Royal Society of Chemistry, 1999

[BBMM95] Brandrup, J.; Bittner, M.; Michaeli, W.; Menges, G: Die Wiederverwertung von Kunststoffen. München, Wien. Carl Hanser Verlag, München Wien, 1995 l – ISBN: 3-446-17412-5.

[Eli08] Elias, H.-G. Macromolecules. Weinheim: Wiley-VCH, 2008b – ISBN: 3527311742

[Fac19] Facklam, M. Rohstoffliches Recycling von Kunststoffabfällen. Promotionsvortrag, Aachen, 12.12.2019

[Fis21] Fischer, S. Lösemittelbasiertes Kunststoffrecycling. Polymere wiedergewinnen. *https://www.plastverarbeiter.de/verarbeitungsverfahren/loesemittelbasiertes-kunststoffrecycling.html*, abgerufen am 14.07.2021

[Han00] Hansen, C. M. Hansen solubility parameters. A user's handbook. Boca Raton, Fla. CRC Press, 2000i – ISBN: 0849315255

[HS50] Hildebrand, J. H.; Scott R. L. The Solubility of Nonelectrolytes. Dover Publications, New York, 1950

[LGN14] Lechner, M. D.; Gehrke, K.; Nordmeier, E. H. Makromolekulare Chemie. Berlin, Heidelberg. Springer Berlin Heidelberg, 2014c – ISBN: 978-3-642-41768-9.

[MHMS11] Menges, G.; Haberstroh, E.; Michaeli, W.; Schmachtenberg, E: Menges Werkstoffkunde Kunststoffe. Carl Hanser Verlag, München, 2011j – ISBN: 978-3-446-42762-4.

[MLS12] Menz, V.; Lefèvre, J.; Schlummer, M. Werte wiedergewinnen. Recycling. Kunststoffe(2012 m) 7, S. 72 – 75

[SFMA20] Schlummer, M.; Fell, T.; Mäurer, A.; Altnau, G: Die Rolle der Chemie beim Recycling. Physikalisches und chemisches Kunststoffrecycling im Vergleich. Kunststoffe 110 (2020) 6, S. 51 – 54.

[SK16] Schlummer, M.; Knappich, F. Recycling von Metall-Kunststoffverbunden und Hybridwerkstoffen. Freising, 2016n

[URL21a] CreaCycle GmbH Creacycle – Plants. *https://www.creacycle.de/en/creasolv-plants.html*, abgerufen am 15.07.2021

[URL21b] Unilever global company website: Our solution for recycling plastic sachets steps forward. *https://www.unilever.com/news/news-and-features/Feature-article/2018/our-solution-for-recycling-plastic-sachets-takes-another-step-forward.html*, abgerufen am 15.07.2021

[URL21d] APK AG Newcycling – APK AG. *https://www.apk-ag.de/newcycling/*, abgerufen am 15.07.2021

[URLc] Polystyreneloop TECHNOLOGY – Polystyreneloop. *https://www.psloop.eu/*, abgerufen am 13.07.2023

[Vol62] Vollmert, B. Grundriss der Makromolekularen Chemie. Berlin, Heidelberg, s. l. Springer Berlin Heidelberg, 1962o – ISBN: 9783662256800

8.2 Chemisches Recycling

Einleitung

Dieter Stapf, Rainer Dahlmann

Da realer Abfall selten aus reinen Stoffen besteht, müssen sich Abfallrecyclingprozesse, die nach dem reinen Polymer oder den Monomeren streben, mit der daraus resultierenden Problematik auseinandersetzen. Die Zusammensetzung und Eigenschaften des Abfalls können seine Verarbeitung behindern, und in jedem Fall führt das mechanische Recycling von Kunststoffen zu einer geringeren Produktqualität als beim Neupolymer. Duroplaste, Elastomere und Verbundmaterialien können nicht ausschließlich mechanisch recycelt werden. Die Lösungsmittelextraktion sowie die Solvolyse hierfür geeigneter Polymere erfordern genau definierte Abfallrohstoffe bzw. Polymere. Thermochemisches Recycling überwindet diese Probleme grundsätzlich, indem gemischter Abfall eingesetzt werden kann, der in Ausgangsmaterial für neue Produkte mit Neuwarequalität umgewandelt wird. Um dies zu erreichen, müssen thermochemische Prozesse Polymere und andere Kohlenwasserstoffe zu petrochemischen Rohstoffen umwandeln sowie im Abfall enthaltene Verunreinigungen zerstören sowie Nebenprodukte abtrennen.

Der Abbau von Kunststoffabfällen zu petrochemischen Rohstoffen ergänzt den Weg zu einem geschlossenen Kunststoffrecyclingkreislauf, denn beim Ersatz dieser Sekundärrohstoffe in Polymer-Wertschöpfungsketten wird aus abfallbasierten Rohstoffen wieder ein Polymerprodukt in Neuwarequalität erzeugt. Durch die Überwindung der Produktqualitätsprobleme des mechanischen Recyclings und durch den Ersatz der Kunststoffabfallverbrennung kann das chemische Recycling ein entscheidender Schritt zur Erhöhung der Recyclingquoten sein, wenn die gesamte Wertschöpfungskette der „Kreislaufwirtschaft“ in Schlüsselbereichen wie Polymerprodukten auf Basis von Sekundärrohstoffen eine bessere ökologische Performance bezüglich beispielsweise Klimaauswirkungen oder Energiebedarf zeigt als Polymerprodukte auf Basis fossiler Rohstoffe. Voraussetzungen dafür sind die technisch-wirtschaftliche Machbarkeit und die Bezahlbarkeit. Neuere Studien haben sich mit der techno-ökonomischen und ökologischen Bewertung des chemischen Recyclings von Kunststoffabfällen befasst, einschließlich den Auswirkungen einer vermiedenen Verbrennung [8a, 9a, 11]. Erste Untersuchungen betrachten auch eine möglichst vorteilhafte Kombination von mechanischem und chemischem Recycling [10a, 12].

In Abschnitt 8.2.1 werden Prozesse und Technologien betrachtet, die in der Lage sind, gemischte Abfälle bei hohen Temperaturen zu verarbeiten. Das grundlegende thermische Abfallbehandlungsverfahren ist die Abfallverbrennung, d. h. der Umsatz mit ausreichend Oxidationsmittel, um eine vollständige Umwandlung des Kohlenwasserstoffgehalts in CO_2 und Wasser zu ermöglichen. Bei der alternativen thermischen Behandlung (thermochemische Umwandlung), die Abfall zu neuen Rohstoffen recycelt, unterscheiden wir zwischen unterstöchiometrischer Oxidationsmittelzugabe (Gasifizierung) und Verfahren ohne zusätzliche Oxidationsmittelzufuhr (Pyrolyse).

Anschließend zum thermochemischen Abbau der Polymere wird in Abschnitt 8.2.2 die Depolymerisation ausgewählter Kunststoffe wie Polystyrol, Polyethylenterephthalat, Polyurethan, Polyamid und Polymethylmethacrylat betrachtet. Polymerspezifisch kommen hierbei z. T. verschiedene Verfahren der Rückgewinnung der monomeren Bestandteile zum Einsatz. Die technische Machbarkeit steht dabei im Vordergrund; die Aussicht auf eine Umsetzbarkeit im industriellen Maßstab kann mitunter nur skizzenhaft tangiert werden.

8.2.1 Thermochemische Verfahren

Dieter Stapf

Dieser Abschnitt beschreibt thermochemische Recyclingverfahren für Kunststoffabfälle. Nach einer kurzen Abhandlung der Grundlagen des thermischen Abbaus von Kunststoffabfällen in Abschnitt 8.2.1.1 werden die Anforderungen an die thermochemische Verwertung von Kunststoffmischabfällen erläutert und anforderungsgerechte vollständige Waste-to-Chemicals-Prozessketten unter Berücksichtigung der Kombination von mechanischem und chemischen Recycling dargestellt (Abschnitt 8.2.1.2). Dann folgen Abschnitt 8.2.1.3 (Pyrolyse) und Abschnitt 8.2.1.4 (Gasifizierung) zu den wichtigsten thermochemischen Recyclingprozessen mit der grundlegenden Betrachtung von Prozess und Technologien, Produktausbeuten und Prozesseffizienz sowie bisherigen Technologiereferenzen im Großmaßstab. Abschnitt 8.2.1.5 gibt einen Ausblick auf die Anwendung von Technologien zum thermochemischen Recycling von gemischten Kunststoffabfällen. Teile der Technologieunterabschnitte wurden bereits an anderer Stelle veröffentlicht [1, 2].

8.2.1.1 Thermischer Zerfall von Kunststoffen

Einige Polymertypen zerfallen in chemischen Prozessen bevorzugt in ihre Monomere. Diese sogenannte Depolymerisation wird bei Polykondensaten, aber auch bei PMMA, PS und PTFE beobachtet. Grundsätzlich können reine Polyester wie PET (ebenso wie Polyamide und Polyurethane) chemisch durch Solvolyse depolymerisiert werden. Der thermische Abbau von Polystyrol ergibt Styrolmonomer und seine Derivate, wenn die Aufheizgeschwindigkeit und die Reaktorverweilzeit moderat sind, und eine ähnliche Reaktion wird für den thermischen Abbau von PMMA und PTFE beobachtet (s. a. Abschnitt 8.2.2 und Unterabschnitte). Alle anderen Polymere zersetzen sich statistisch oder bilden zunächst durch die Molekülstruktur begünstigte Nicht-Monomer-Produkte, was zu einem breiten Produktspektrum führt. Für wichtige Polymertypen zeigt Tabelle 8.7 den grundlegenden Zerfallsmechanismus, die Zerfallstemperatur und Hauptproduktart. Auch Prozessparameter wie die Temperatur haben einen enormen Einfluss auf die Verteilung von thermochemischen Abbauprodukten aufgrund des chemischen Angriffs auf Zwischenprodukte und Folgereaktionen während der radikalbasierten Zersetzung.

Wenn Copolymere, Polymermischungen oder Polymere, die von anderen reaktiven Komponenten wie Biomasse oder Halogenen begleitet werden, chemisch recycelt werden sollen, können intermediäre Spezies während des Abbaus interagieren. Chemisches Recycling von Mischungen kann durch veränderte Abbaumechanismen zu einem anderen Produktspektrum führen als reine Polymere. Darüber hinaus enthalten Kunststoffprodukte selbst anorganische Zusatzstoffe, die ebenfalls in hohem Maße reaktiv sein können. Beispiele sind Füllstoffe wie Kalk, Titandioxid, Stabilisatoren, bestimmte Flammschutzmittel und Rückstände von Polymerisationskatalysatoren. Organische Bestandteile können andere Polymertypen, Rußpigment (Carbon black) oder halogenierte Flammschutzmittel sein.

Tabelle 8.7 Thermischer Zerfall wichtiger Polymertypen nach [2]

Kunststoff	Anwendungen	Nachfrage in EU 28+NO+CH in 2019 [Mt]	Zerfallsmechanismus (inerte Atmosphäre)	Zerfalls-temperaturen [°C]	Charakter-istische Produkte
Polypropylen	Verpackung, Konsumgüter, Baumaterialien, …	9,8	einstufig	> 370	kurzkettige Alkane und Alkene
Polyethylen hoher Dichte	Konsumgüter, Baumaterialien, …	6,3	einstufig	> 400	Paraffinwachse, Alkane, Alkene, Diene
Polyethylen niedriger Dichte	Lebensmittelverpackungen, Konsumgüter, Folien, Mehrzweckbehälter, …	8,8	einstufig	> 400	Paraffinwachse, Alkane, Alkene, Diene
Polyethylen-terephthalat	Flaschen, Verpackungen, …	4,0	einstufig	> 300	CO, CO_2, Koks, Benzoesäure, Acetaldehyd, Benzol, Toluol, Formaldehyd, …
Polyvinylchlorid	Baumaterialien, Elektronik, …	5,1	zweistufig	250 – 350: Dehydrochlorinierung, >350: weiterer Zerfall	HCl, Koks, Aromaten
Polystyrol	Verpackungen, Wärmedämmung, Elektronik, …	3,1	einstufig	> 300	Styrol, Styrol-Oligomere, Aromaten
Polyamid	Fasern, Gewebe, technische Komponenten, …	ca. 1,0	einstufig (PA6)	> 350 (PA 6)	CO_2, H_2O, Koks, ε-Caprolactam, Nitrile, Amine
Styrol-Copolymere	Konsumgüter, Baumaterialien, …	ca. 1,0	einstufig	> 340	Styrol, Butadien, Aromaten, Nitrile
Polyurethan	Dämmung, Polster, Matratzen, Beschichtungen, Klebstoffe, …	4,0	zweistufig	abhängig von der Formulierung	Amine, Ether, Alkohole, CO_2, Koks

Die Produktausbeute des chemischen Recyclings wird daher durch das Ausgangsmaterial, die Prozessparameter und die Reaktionsbedingungen beeinflusst. Letzteres ist abhängig von der gewählten Technologie. Wesentliche Auswirkungen von Prozessparametern sind:

Stöchiometrie: Während die Pyrolyse ein thermischer Abbauprozess mit indirekter Erwärmung der Edukte ohne zusätzliche Oxidationsmittel ist, werden Gasifizierungsprozesse direkt durch teilweise Verbrennung der Einsatzstoffe durch das dem Reaktor zugeführte Oxidationsmittel beheizt. Der Oxidationsmittelgehalt im System muss ausreichen, um den gesamten Kohlenstoff in sein Monoxid umzuwandeln.

Temperatur: Während der Pyrolyse sind Mindesttemperaturen erforderlich, um einen vollständigen thermischen Abbau der spezifischen Polymere sowie anderer reaktiver Komponenten zu ermöglichen, typischerweise zwischen 350 und 450 °C. Das thermodynamische Gleichgewicht der Gasifizierung erfordert typischerweise Temperaturen über 750 °C, um den vollständigen Abbau von Kohlenwasserstoffspezies sicherzustellen.

Verweilzeit: Mindestverweilzeiten bei Pyrolyse und Gasifizierung werden durch die Reaktionskinetik des Abbaus bzw. der partiellen Oxidation bestimmt. Die Reaktionszeiten hängen stark von der Temperatur ab. Bei höheren Pyrolyse-Verweilzeiten treten Sekundärreaktionen auf, die zum einen eine weitere Spaltung größerer Moleküle verursachen und zum anderen die Bildung von Aromaten sowie Koks fördern.

Katalysatoren: Wie oben erwähnt, kann die Anwesenheit von katalytisch aktiven Spezies oder radikalbildenden reaktiven Spezies sowie zugesetzten Katalysatoren Reaktionen beschleunigen, sodass kleinere Moleküle früher gebildet werden und sich die Produktverteilungen ändern. Eine ähnliche Situation kann bei der Bildung von Aromaten und Koks während der Pyrolyse auftreten.

Sowohl Pyrolyse- als auch die Gasifizierungsprozesse werden typischerweise durch die Art der Wärme- und Stoffübertragungs-Teilprozesse gesteuert. Wäre dies ideal nicht der Fall, so wäre die Produktausbeute der Pyrolyse reaktionskinetisch berechenbar und die der Gasifizierung ähnlich der Verbrennung thermodynamisch. Somit haben Mischen und Rückvermischen im technischen Reaktionssystem einen großen Einfluss auf die Reaktionsbedingungen und damit die Produktausbeuten. Typischerweise sind die Verweilzeiten in Pyrolysereaktoren aufgrund von Einschränkungen bei der Wärmeübertragung länger als durch die Pyrolyseendtemperatur reaktionskinetisch berechenbar. Vergaser hingegen erfordern höhere als die thermodynamisch angezeigten Temperaturen, um die Grenzen des Stoffübergangs zu überwinden. Diese Nicht-Idealitäten führen in den meisten Fällen zu einer breiten Produktverteilung und deren Abhängigkeit von der jeweiligen Technologie.

8.2.1.2 Rohstoffliches Recycling von Mischkunststoffabfällen

Mischkunststoffabfälle

Die Herausforderung des Recyclings von Kunststoffabfällen ergibt sich aus der Natur des Abfalls. Sie steigt mit der Schwierigkeit, ein bestimmtes Polymer zu sammeln und zu sortieren, und mit dem Funktionalisierungsgrad eines bestimmten Kunststoffprodukts. Mechanisches Recycling kann auf Thermoplaste angewendet werden, die als reines Polymer wiedergewonnen werden können, aber jeder Inhaltsstoff des Polymerprodukts beeinflusst die Rezyklatqualität. Voraussetzung für die physikalische Rückgewinnung von Polymeren aus höher funktionalisierten Kunststoffprodukten ist das Erreichen einer möglichst hohen Sortenreinheit. Sofern der Polymertyp geeignet ist, durch ein Lösungsmittel depolymerisiert zu werden, kann die Solvolyse als chemischer Prozess Qualitätsprobleme des Rezyklats überwinden. Diese Recyclingverfahren erfordern jedoch eine konstante Abfallqualität, wobei jedes Verfahren auf ein bestimmtes sortierbares Produkt beschränkt ist. Daher gelingt das nicht-thermochemische Recycling von Kunststoffabfällen mit Post-Consumer-Kunststoffprodukten speziell aus dem Verpackungsbereich und mit genau definierten Produktionsrückständen. Möglichkeiten zur Ausweitung des Kunststoffrecyclings ergeben sich aus einem zukünftigen Produktdesign für das Recycling und aus der Anwendung von mechanischem Recycling und lösemittelbasierten Technologien auf genau definierte Altprodukte, die separat gesammelt werden können. Anwendungen sind in den entsprechenden Kapiteln dieses Buches angegeben.

Die meisten Kunststoffabfälle sind jedoch nicht einfach zu recyceln. Viele langlebige Produkte aus dem Nicht-Verpackungsbereich sind hochgradig funktionalisiert, und Post-Consumer-Produkte erscheinen als gemischter Abfall mit einer breiten und oft unbekannten Spezifikation. Abfallzusammensetzungen sind nicht konstant und Abfälle sind nicht homogen. Thermochemisches Recycling ist im Prinzip auf alle derartigen Kunststoffabfälle anwendbar, da Verbundwerkstoffe thermisch zerstört, organische und mineralische/metallische Teile herausgelöst sowie Polymere und deren Inhaltsstoffe bis auf die Ebene trennbarer kleiner Moleküle zerlegt werden können. Große Mischkunststoff-Abfallströme können Reststoffe aus Leichtverpackungsabfällen (LVP-SR), Kunststoffabfällen aus dem Gebäudeabbruch wie Wärmedämmverbundsysteme (WDVS), Gewerbeabfällen (GA), Abfällen gesammelter Elektro- und Elektronikgeräte (WEEE) und Schredderrückstände (z. B. aus Altfahrzeugen (ASR)) sein. In Ländern mit gut entwickelten Abfallmanagementsystemen enthält auch der Restmüll (RHW) einen großen Kunststoffabfallanteil. Der Hauptbestandteil von RHW ist biogenen Ursprungs. Der Kunststoffanteil im RHW beträgt ca. 10 – 20 %, je nachdem inwieweit eine getrennte Sammlung von Verpackungsabfällen erfolgt. Tabelle 8.8 gibt einen Überblick über die Grundeigenschaften repräsentativer Stichproben dieser heterogenen Abfälle.

Tabelle 8.8 Beispiele gemischter Kunststoffabfälle (Post-Consumer)

Abfall	Hauptpolymere und Erscheinungsform	Verunreinigungen	Unterer Heizwert [MJ/kg] [2]
LVP-SR	PE, PP, PET, PVC, PS Fluff	siehe Bild 8.1	25
WDVS	entweder EPS oder XPS oder PUR Schaumstoffverbund	Mörtel, Putz, Polymerfasern, Flammschutzmittel	34
GA	PE, PP, PVC sperrig, heterogen	mineralische und metallische Anhaftungen, Papier, Pappe	34
WEEE	Styrol-Copolymere, PVC, PP, PE, PA, PUR gemischte Feinfraktion	Füllstoffe, Farbpigmente, Metallsplitter, Fasern, Flammschutzmittel	23
ASR	PP, PE, PA, PUR, PVC gemischte Feinfraktion	Füllstoffe, Farbpigmente, Fasern, Flammschutzmittel	31
RHW	(alle) sperrig, heterogen	Organik, Sand, Metalle, Glas etc.	10

Jeder dieser Abfälle besteht aus mehr als nur Kohlenwasserstoffen, die die gewünschten Produkte des petrochemischen Rohstoffrecyclings sind. Dies verursacht das „Heteroatom-Problem“ – was bedeutet, dass Spezies, die Stickstoff, Sauerstoff, Schwefel, Chlor, Brom und andere Heteroatome enthalten, während der Aufbereitung zu Sekundärrohstoffen aus den recycelten Produkten entfernt werden müssen.

Wertschöpfungsketten

Um technisch und wirtschaftlich realisierbar zu sein, müssen thermochemische Umwandlungstechnologien in Abfallverarbeitungsketten integriert werden. Die gesamte Prozesskette besteht daher in der Regel aus der (mechanischen) Vorbehandlung, der (thermochemischen) Umwandlung und der Reinigung (Aufbereitung) des Hauptprodukts, d. h. des (petro-)chemischen Einsatzstoffes. Mechanisches und chemisches Recycling werden so kombiniert und verzahnt, dass die Waste-to-Chemicals-Prozesskette optimiert wird.

Mischabfälle stellen aufgrund ihrer chemischen Zusammensetzung betriebliche Herausforderungen für jedes thermische Umwandlungssystem dar – zum Beispiel durch unterschiedliche Arten von Korrosion. Außerdem erschwert die physikalische Beschaffenheit des Abfalls die mechanische Zuführung in solche Prozesse. Damit gemischte Kunststoffabfälle in solchen Prozessen verwendet werden können, müssen sie normalerweise vorbehandelt werden, um nicht brennbare Materialien zu entfernen, homogenisiert werden, um Betriebsschwankungen zu minimieren, und idealerweise so umgewandelt werden, dass ihre physikalische Beschaffenheit mit mechanischen Zuführsystemen kompatibel ist.

Die mechanische Vorbehandlung kann es dem Abfall ermöglichen, die physikalischen und chemischen Spezifikationen zu erfüllen, die für eine bestimmte thermochemische Umwandlungstechnologie erforderlich sind. Die Vorbehandlungsverfahren sind relativ einfach und umfassen mehrere Stufen des Sortierens, Trennens, Zerkleinerns und in einigen Fällen eine biologische Behandlung. Die Kapitalkosten für die Vorbehandlungssysteme sind moderat; hierdurch werden aus Abfällen kostengünstige, leicht verfügbare Ausgangsmaterialströme bereitgestellt und deren Entsorgungskosten vermieden.

Während des thermochemischen Abbauprozesses müssen die Parameter Heizrate, Prozesstemperatur, Stöchiometrie und Verweilzeit optimiert werden, um Produktausbeute und Prozesssicherheit zu maximieren. Nebenprodukte der Prozesskette können Wertstoffe (z. B. Metalle) oder Energieträger (z. B. Wärme) sowie zu entsorgende Stoffströme (z. B. Aschen, Abwässer) sein.

Wie in der Literatur beschrieben, nutzen Technologieanbieter oder -betreiber eine Vielzahl von Methoden und Technologien zur stofflichen Verwertung von Abfällen bei hohen Prozesstemperaturen, die alle unter die Kategorien Pyrolyse oder Gasifizierung fallen.

Bisher haben die meisten Technologien ihre Anwendbarkeit im industriellen Maßstab nicht über einen längeren Zeitraum bewiesen, sodass ihre Technologiereife (TRL) relativ niedrig ist. Im Folgenden werden diejenigen thermochemischen Recyclingtechnologien betrachtet, die eine höhere TRL und Baugröße erreicht haben und daher über einen langen Zeitraum stationär und kontinuierlich arbeiten konnten, unter Bezugnahme auf industrielle Anwendungen (TRL 7 – Demonstrationssystem, TRL 8 – erstmaliges kommerzielles System, TRL 9 – vollständige kommerzielle Anwendung), oder einen mittleren TRL (TRL 4 – Validierung im Labormaßstab, TRL 5 – Prototyp im großen Maßstab, TRL 6 – Prototypsystem) erreicht haben, wobei aktuell angestrebt wird, die Recycling-Technologien in den industriellen Maßstab zu überführen.

Am Beispiel der Pyrolyse zeigt Bild 8.18 die wesentlichen Einsatzstoffe und Zwischenprodukte sowie die transformierenden Umwandlungsschritte in der Waste-to-Chemicals-Prozesskette. Gesammelte gemischte Kunststoffabfälle werden zunächst mechanisch recycelt. Als Produkte dieser ersten Sortierschritte entstehen hochwertige Standardthermoplaste (die nach Waschung und Regranulierung als Rezyklate weiterverwendet werden können) sowie Reststoffe. Zu diesen Reststoffen zählen typischerweise Wertstoffe wie Eisen- und Nichteisenmetalle, aber auch zu entsorgende oder zu behandelnde Reststoffe wie mineralische Fraktionen oder Abwässer. Abhängig vom zugeführten Abfallstrom und den mechanischen Vorbehandlungsprozessen verbleibt ein großer brennbarer Anteil als Abfallsortierrückstand. Sein Volumen kann bis zu 60 – 80 % des anfänglich gemischten Abfalls betragen [5a]. Da moderne politische und rechtliche Rahmenbedingungen eine Deponierung dieser Fraktion nicht zulassen, sind die Nutzungsmöglichkeiten entweder die energetische Verwertung oder das chemische Recycling.

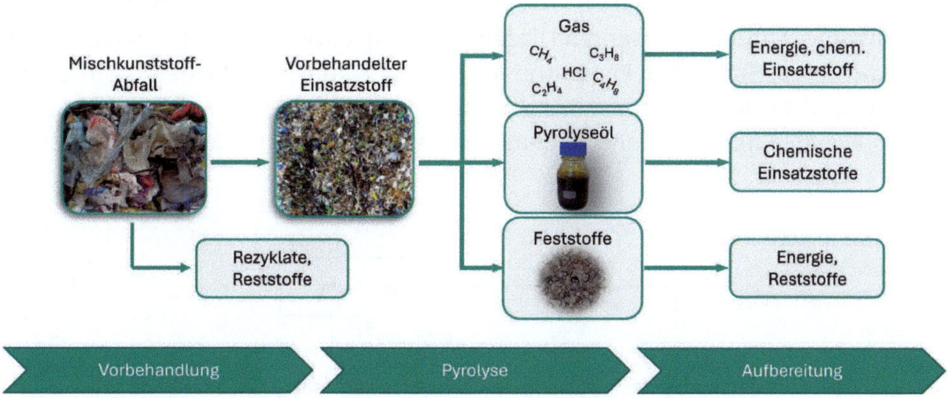

Bild 8.18 Waste-to-Chemicals-Wertschöpfungskette am Beispiel der Pyrolyse

Die Energierückgewinnung erfordert eine weitere Aufbereitung von Abfallsortierrückständen zu aus Abfall gewonnenen Brennstoffen gemäß den Anforderungen des Typs der nachgeschalteten Energierückgewinnungsanlage. Diese Brennstoffe können als feste Sekundärbrennstoffe (Ersatzbrennstoffe, EBS) spezifiziert werden, wenn sie bestimmte Standards erfüllen. Ein internationaler Standard für EBS befindet sich in der Entwicklung (ISO/TC 300 „Feste wiedergewonnene Brennstoffe"). Die gängigsten Einsatzmöglichkeiten dieser Brennstoffe sind Müllverbrennungsanlagen für Siedlungsabfälle, spezielle EBS-Anlagen, Zementwerke und die Mitverbrennung in Klärschlammverbrennungsanlagen oder Kohlekesseln. Die Konditionierung von EBS für diese Anwendung umfasst das Mischen von mechanisch vorbehandelten Abfallfraktionen und das Einstellen der Partikelgrößenverteilung des Brennstoffs.

Für die Verwertung von Sortierrückständen wäre eine ähnliche Konditionierung wie für die energetische Verwertung erforderlich [7a]. Im Weiteren wird hier die chemische Verwertung dieser mechanisch vorbehandelten Abfälle betrachtet.

8.2.1.3 Pyrolyse von Kunststoffabfällen

Die Pyrolyse ist ein kinetisch kontrollierter Prozess. In technischen Pyrolyseanlagen steuern Wärme- und Stoffaustausch die lokalen Reaktionsbedingungen innerhalb des Reaktors. Somit hängen die Ausbeuten und Verteilungen von Pyrolyseprodukten von Abfallart und -zusammensetzung, angewandter Pyrolysetechnologie und den gewählten Prozessparametern ab. Die Modellierung und Simulation dieser komplexen mehrphasigen Reaktionssysteme ist noch Gegenstand der aktuellen Forschungen. Das Design des Pyrolyseprozesses ist daher heute noch empirisch basiert und erfordert experimentelle Daten.

Die wichtigsten Teilprozesse der Pyrolyse sind in Bild 8.19 dargestellt. Vorbehandelter Abfall zersetzt sich thermisch in einem Ein- oder Mehrreaktor-Pyrolyseschritt, wobei permanente Gase, kondensierbare Dämpfe und feste Produkte entstehen. Ein Verbrennungsschritt nutzt die Energie von Nebenprodukten und zerstört unerwünschte kohlenstoffhaltige Substanzen, während das Hauptprodukt in einem Kondensationsschritt gewonnen wird. Enthaltene Phasentrennungs- und Reinigungsschritte sind in dieser Abbildung nicht dargestellt und hängen von spezifischen Pyrolysetechnologien ab, ebenso wie die Entfernung und Nutzung von festen Nebenprodukten und Rückständen.

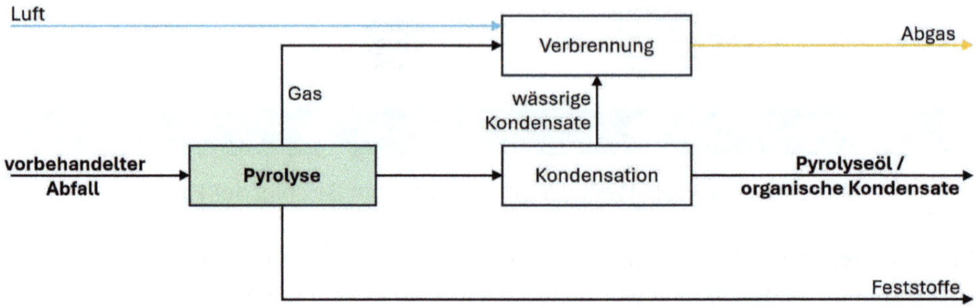

Bild 8.19 Haupt-Prozessschritte und Materialflüsse bei der Pyrolyse vorbehandelter Abfälle

Pyrolyseprodukte erfordern je nach Abfallrohstoff, angewandter Pyrolysetechnologie und gewünschter nachgeschalteter Nutzung eine spezifische Konditionierung und Veredelung:

Zu den Pyrolyse-Feststoffen gehören alle Mineralien und Metalle, die aus dem Abfallrohstoff abgetrennt oder dem Pyrolyseprozess zur Entfernung von Verunreinigungen zugesetzt werden, sowie der Pyrolysekoks. Diese Feststofffraktion muss typischerweise einer thermischen Behandlung unterzogen werden, z. B. in einem Verbrennungsschritt vor der Weiterverarbeitung, und kann dadurch dazu beitragen, dem Pyrolyseprozess die notwendige Energie zuzuführen.

Bei Abfallgemischen mit biogenen Anteilen sowie den hier betrachteten sauerstoffhaltigen Kunststoffen sind heizwertarme wässrige Kondensate nicht zu vermeiden. Die kondensierbaren organischen Bestandteile bilden das Wertprodukt, das als sekundärer Chemierohstoff die Produktspezifikation erfüllen muss. Ein Schlüsselthema ist die Entfernung von Verunreinigungen wie Halogenen aus dem Prozessfluss im Reaktor. Daher werden dem Reaktionsgemisch im Reaktor entweder Sorptionsmittel zugesetzt oder Pyrolysegase und -dämpfe vor der Kondensation behandelt. Auch kann eine umfangreiche Nachbearbeitung der flüssigen Pyrolyseprodukte (z. B. durch Hydrierung) erforderlich sein, um die flüssige Kohlenwasserstoffzusammensetzung in den kondensierbaren Pyrolyseprodukten einzustellen.

Nicht kondensierbares Pyrolysegas umfasst wertvolle Gasspezies wie Olefine sowie Verbrennungsprodukte wie CO_2. Insbesondere bei der Pyrolyse von polyolefinischen Abfällen kann die Ausbeute und der Wert des Pyrolysegases so hoch sein, dass es sich lohnt, es auch als Rohstoff zu verwenden. Anderenfalls wird diese Fraktion aufgrund ihres relativ hohen Heizwerts verbrannt und liefert Prozesswärme, um die Anforderungen des Pyrolyseprozesses selbst zu erfüllen sowie um externe Wärmenutzung zu ermöglichen oder elektrische Energie zu erzeugen.

Zu den Pyrolyseausbeuten für verschiedene Arten von gemischten Kunststoffabfällen, speziell im technischen Maßstab, sind in der Literatur wenig umfassende Daten zu finden. In Bezug auf die Abfallsituation und -zusammensetzung in Deutschland vor etwa 25 Jahren wurden die umfangreichsten Untersuchungen von Kaminskys Gruppe in Hamburg durchgeführt, wobei die Hochtemperatur-Schnellpyrolyse in Wirbelschichtreaktoren im Labor- und Pilotmaßstab auf verschiedene Arten von Kunststoffabfällen und gemischten Abfällen angewendet wurde. Eine gute Übersicht über den chemischen Recyclingprozess ist in [7] zu finden.

Zeller et al. [2] berichteten kürzlich über die in Tabelle 8.8 gezeigten Massen- und Energiebilanzen der Pyrolyse wichtiger gemischter Kunststoffabfallströme im Pilotmaßstab. Aufgrund der Technologie und der angewandten moderaten Prozesstemperatur zersetzten sich Kunststoffe in diesem Fall relativ langsam; alle Produkte wurden getrennt gesammelt. Die Verarbeitung erfolgte nicht katalytisch in einem Schneckenreaktor ohne weitere Zusätze und in inerter Atmosphäre. Bild 8.20 zeigt die Produktmassenausbeuten dieser Untersuchungen.

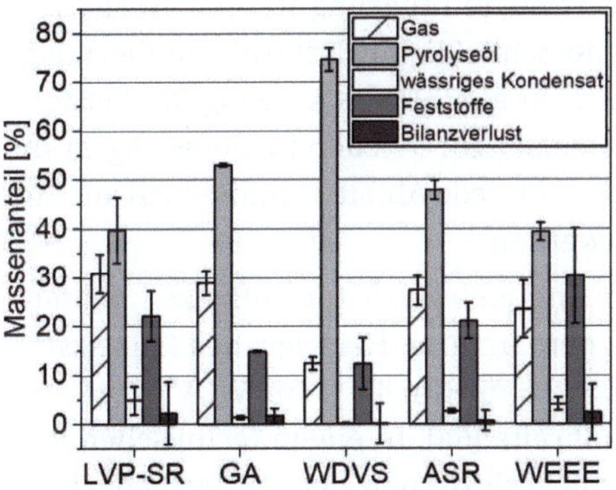

Bild 8.20
Mittlere Massenbilanzen der Pyrolyse unterschiedlicher Kunststoffabfälle bei 450 °C und 30 Min. Feststoffverweilzeit nach [2]. Leichtverpackungs-Sortierrest LVP-SR, Gewerbeabfall GA, Wärmedämmverbundsystem WDVS, Schredderleichtfraktion Automobil ASR, Elektro- und Elektronikabfall WEEE

Die Ausbeuten der einzelnen Pyrolyseproduktfraktionen variieren je nach charakteristischer Zusammensetzung des Ausgangsmaterials. Innerhalb eines bestimmten Ausgangsmaterials variiert sie aufgrund von Inhomogenitäten sowie probenahmebedingt statistisch. Die Ausbeute an Pyrolysefeststoffen liegt zwischen 10 % und 30 %. Diese Produktfraktion besteht aus Koks und Inertstoffen, die aus der Funktionalisierung der Kunststoffe und der Verunreinigung des Abfalls stammen. Daher muss der

Aschegehalt des Ausgangsmaterials bei der Interpretation der Feststoffausbeute berücksichtigt werden. Zwischen 40 % und 75 % der pyrolysierten Rohstoffmasse werden als organisches Kondensat gefunden. Das Ausgangsmaterial für Wärmedämmsysteme weist die höchste Kondensatausbeute auf, während die Pyrolyseölausbeute aus WEEE- und Leichtverpackungs-Sortierresten am niedrigsten ist. Als zweite Kondensatphase tritt eine wässrige Phase mit bis zu 5 % des Einsatzstoffes auf. Da die Pyrolyse mit getrocknetem Einsatzmaterial durchgeführt wurde, ist der Eintrag von chemisch ungebundenem Wasser in den Reaktor als Quelle für den wässrigen Pyrolyseanteil gering. Das wässrige Kondensat wird somit auf sauerstoffhaltige Kunststoffe oder Biomassekontaminationen zurückgeführt. Die Pyrolyseversuche mit ASR und WEEE mit erwartetem Anteil an technischen Kunststoffen sowie LVP-SR mit Biomassekontamination zeigen eine erhöhte Freisetzung von wässrigem Produkt und bestätigen somit diese Annahme. Der Permanentgasanteil beträgt 13 % bis 30 % der Gesamtmasse.

Der Kohlenstoffertrag bezieht sich auf die Menge an Kohlenstoff, die im Verhältnis zum Kohlenstoffanteil des Abfallrohstoffs recycelt werden kann. Dazu wurde der Kohlenstoffgehalt der organischen Kondensate bestimmt. Die Kohlenstoffausbeuten des Pyrolyseöls betragen 51,1 % für LVP-SR, 60,0 % für GA, 74,6 % für WDVS, 57,5 % für ASR und 60,5 % für WEEE. Je nach Standort und Detailauslegung einer großtechnischen Pyrolyseanlage könnte neben dem Kohlenstoff in der Kondensatphase auch der in der Gasphase enthaltene Kohlenstoff teilweise rezykliert werden. Daher sind die ausgewiesenen Kohlenstoffausbeuten als Mindestrecyclingquoten zu verstehen.

Mindestens 50 % des eingebrachten Kohlenstoffs werden als Pyrolyseöl zurückgewonnen und stehen damit grundsätzlich für die Wiedereinführung in eine Wertschöpfungskette zur Verfügung. Bei WDVS, die fast ausschließlich Polystyrol (ein thermisch depolymerisierbares Polymer) enthalten, sind mehr als 75 % des Ausgangskohlenstoffs im organischen Kondensat enthalten. Das Potenzial zur Wiedereingliederung in die Wertschöpfungskette der Pyrolyseprodukte muss für jede Abfallart individuell anhand der spezifischen Zusammensetzung bewertet werden.

Die kürzlich in Pyrolyseversuchen ermittelten Energiebedarfe für Aufheizen, Schmelzen, Pyrolyse und Verdampfung wurden mit dem unteren Heizwert des Einsatzstoffes normiert. Sie liegen mit 5,1 % für LVP-SR, 5,2 % für GA, 4,9 % für WDVS, 5,4 % für ASR und 3,7 % für WEEE in einer engen Bandbreite [6a]. In einem technischen Prozess kommen als Mindestenergiebedarf Wärmeverluste und der Energiebedarf der technischen Anlage z. B. für elektrische Antriebe zu diesen Werten hinzu.

Pyrolyseprozess und Reaktortechnologien

Die Pyrolyse als Recyclingverfahren zielt darauf ab, festen Kohlenstoff aus (zum Beispiel) biogenen Reststoffen oder Kunststoffabfallströmen umzuwandeln, um die Prozessindustrie mit leicht zugänglichen Kohlenwasserstoff-Rohstoffen zu versorgen. Die Pyrolyse war neben der Verbrennung das erste dedizierte thermochemische Verfahren und entwickelte sich hauptsächlich zur Herstellung von Koks aus Holz oder Kohle. Aus dieser Zeit vor dem Erdölzeitalter sind zwei großtechnische Anwendungen geblieben:

Die Kokerei, die Koks aus Steinkohle in großen diskontinuierlich betriebenen Festbettöfen bereitstellt, beliefert die pyrometallurgische Industrie. Die Feststoffausbeute ist aufgrund des Ausgangsmaterials hoch. Nebenprodukte (Kohlenteer und Kokereigas) werden hauptsächlich energetisch genutzt.

Die Herstellung von Holzkohle aus Holz ergibt eine Ausbeute von typischerweise nicht mehr als 50 Gew.-%. Üblicherweise wird Hartholz in Batch-Prozessen in Festbettreaktoren pyrolysiert. Als Nebenprodukt werden Dämpfe kondensiert und thermisch getrennt, um (zum Beispiel) Essigsäure und Teeröle zu gewinnen. Nicht wenige solcher Anwendungen weltweit beliefern den Holzkohlemarkt.

Darüber hinaus gibt es einige petrochemische Pyrolyseanwendungen im industriellen Maßstab, die kontinuierlich betrieben werden, beispielsweise die Pyrolyse von Ölschlamm in einem Drehrohrofen. Die meisten großtechnischen Verkokungsprozesse in Raffinerien werden mit sauerstofftragenden Gasen wie Dampf betrieben und fallen daher streng genommen nicht unter die oben definierte Pyrolyse-Kategorie.

In jüngster Zeit wurde die Pyrolyse weiterentwickelt, um eine Reihe von Anwendungen für verschiedene Ausgangsmaterialien und Zwecke zu haben. Beispiele sind die Verflüssigung von lignozellulosehaltiger Biomasse zur Herstellung von Ersatzbrennstoffen und die Pyrolyse von Hausmüll zur energetischen Nutzung. Um die Prozesse kontinuierlich zu betreiben, werden Drehrohröfen, Schneckenreaktoren und Wirbelschichtreaktoren eingesetzt.

Die schnelle Pyrolyse wurde in den letzten Jahrzehnten umfassend zum Zweck der direkten thermochemischen Verflüssigung nachhaltiger Biomasse untersucht. Anfallende Biorohstoffe und Bioöle werden beispielsweise durch Hydrierung zu Biokraftstoffen oder biochemischen Zwischenprodukten veredelt. Bisher wurde nur eine kleine Anzahl kommerzieller Anwendungen realisiert, hauptsächlich im Nicht-Transportkraftstoffsektor. IEA Bioenergy hat einen Überblick über weltweit installierte thermische Verflüssigungskapazitäten im Demonstrationsmaßstab gegeben [8].

In letzter Zeit ist die Pyrolyse als Alternative zur Verbrennung polyolefinischer Abfälle wieder in den Fokus gerückt. Neben dem thermochemischen Umwandlungsschritt selbst sind Veredelungs- oder Produktreinigungsschritte notwendig, um die Qualitäten der Produkte für die rohstoffliche Verwertung in der Prozessindustrie zu gewährleisten. Einzelne Pyrolysetechnologien verwenden unterschiedliche Reaktortypen. Die wichtigsten Reaktortypen für die kontinuierliche Pyrolyse von Kunststoffabfällen sind:

Extruder: Etabliert als Standardtechnologie in der Polyolefin-Compounding-Industrie sowie für die Verarbeitung von Polyolefin-Recyclaten werden Doppelschneckenextruder auch zum degradativen Schmelzen und Vorkonditionieren von gemischten polyolefinischen Abfällen eingesetzt. Dabei fungiert der Extruder als erster Reaktionsschritt.

Der Primärzerfall von PVC kann im Extrusionsschritt zur Teilabtrennung von Halogenen genutzt werden, die entgasen; ebenso ist die Teilabtrennung mineralischer Additive aus der Schmelze eine Option vor dem eigentlichen Pyrolyseschritt, der dann in der Schmelze in einem nachgeschalteten Reaktor erfolgt. Grenzen des Extrudereinsatzes sind die Temperatur, die üblicherweise unter der Gesamtzersetzungstemperatur der meisten Polymere liegt, sowie die Heterogenität, die Partikelgröße und der Gehalt an nicht schmelzenden Komponenten des Abfalleinsatzmaterials.

Rührkesselreaktoren/Durchflussreaktoren: Ein Rührkessel kann im kontinuierlichen Betrieb zur Pyrolyse von schmelzbaren Kunststoffen eingesetzt werden. Er bietet von allen Reaktortypen die vollständig homogensten Reaktionsbedingungen. Betriebsgrenzen können Temperatur und Größe sowie nicht schmelzende Inhaltsstoffe sein. Ein Hilfssystem wird benötigt, um homogenes und geschmolzenes Ausgangsmaterial bereitzustellen und den Fluss zu steuern. Dieses System selbst kann als Durchflussreaktor verwendet werden, wenn es einen großen kreisförmigen Flüssigkeitsstrom verarbeitet, zu dem Ausgangsmaterial hinzugefügt und von dem Produkt abgetrennt wird.

Schneckenreaktoren: In einem nur gering befüllten Schneckenreaktor werden heterogene feste Einsatzstoffe bei der Umwandlung wohldefiniert gefördert, was diese Technologie hinsichtlich Einsatzstoffzusammensetzung, Morphologie und Pyrolyseprozessparametern sehr flexibel macht. Der Durchsatz ist aufgrund mechanischer Konstruktionseinschränkungen begrenzt, sodass eine Skalierung auf den t/h-Abfallmaßstab in der Regel ein „numbering-up“, also mehrere Reaktoren erfordert.

Drehrohröfen: Ein Drehrohrofen ist die flexibelste Technologie, um unterschiedlichste Morphologien von festem Ausgangsmaterial für die thermische Zersetzung zu verarbeiten. Darüber hinaus gibt es für die Zwecke der Pyrolyse keine Temperaturgrenzen, und eine Maßstabsvergrößerung kann zu einem hohen Durchsatz an Abfallmaterial führen. Während das Mischen von Feststoffen und die Steuerung der Verweilzeit gut gewährleistet sind, sind die Verweilzeiten von Dämpfen und Gasen weniger gut definiert. Betriebsprobleme können sich aus klebrigen Materialien und aus der Sicherstellung ergeben, dass die Trommeldichtung der großen rotierenden Maschine gegen Umgebungsluft unter Pyrolysebedingungen gewährleistet bleibt.

Wirbelschichtreaktoren: Ein blasenbildender Wirbelschichtreaktor, der für die Pyrolyse von gemischten Kunststoffabfällen verwendet wird, funktioniert grundsätzlich wie ein kontinuierlich betriebener Rührkesselreaktor, kann aber auch für nicht schmelzendes Material verwendet werden. Darüber hinaus gibt es für die Zwecke der Pyrolyse keine Temperaturgrenzen, und Scale-up kann zu einem hohen Durchsatz an Abfallmaterial führen. Herausforderungen für das Technologiedesign ergeben sich aus den höheren Anforderungen an die Körnigkeit des Ausgangsmaterials und dessen Homogenität. Darüber hinaus muss die Klebrigkeit von schmelzbaren Polymerabfällen gut kontrolliert werden, um die Funktionsfähigkeit der Wirbelschicht sicherzustellen. Während die Reaktionsbedingungen sehr gut angepasst werden können, um die Produktausbeute und -zusammensetzung zu optimieren, erfordert die Notwendigkeit, das Material zu fluidisieren, typischerweise eine Rezirkulation des nachbearbeiteten Pyrolysegases, was die Reaktionsbedingungen im Reaktor beeinflusst. Bisher gibt es keine zirkulierenden Wirbelschichtanwendungen für die großtechnische Pyrolyse von Kunststoffabfällen.

Aufgrund der Art des Abfalls erfordern die meisten Pyrolysetechnologien eine Aufbereitung der Pyrolyseprodukte. Die In-situ-Aufbereitung umfasst die Zugabe und Entfernung von Sorbentien zur Entfernung von Heteroatomen, die Zugabe und Entfernung von Katalysatoren bei der Polyolefinpyrolyse zur Einstellung der Kettenlänge von Kohlenwasserstoffspezies (und somit der Ausbeuten und Zusammensetzungen flüssiger und gasförmiger Produkte), die Entfernung von Partikeln aus kondensierbaren Spezies und die Kontrolle der öligen und wässrigen Kondensation, um eine Repolymerisation zu vermeiden. Dem Reaktionsschritt nachgeschaltet ist insbesondere die katalytische Hydrierung von Pyrolyseöl bei höherem Druck, um C–C-Bindungen zu sättigen und die Entfernung von Heteroatomen aus dem Öl zu ermöglichen. Darüber hinaus könnten thermische Trenntechnologien angewendet werden, um hochwertige Spezies aus dem Öl zurückzugewinnen und die Siedekurve anzupassen. Permanente Pyrolysegase könnten durch Adsorption oder thermische Trennung spezifischer heteroatomarer Spezies behandelt werden. Schließlich könnten feste Pyrolyserückstände mechanisch fraktioniert werden, um hochwertige Produkte zurückzugewinnen oder Ströme zur Entsorgung zu trennen.

Aufbereitung der Pyrolyseprodukte für den Einsatz als Rohstoff in der chemischen und petrochemischen Industrie

Durch eine Bereitstellung von Pyrolyseölen auf Basis von Kunststoffabfällen können bestehende chemische Produktionsinfrastrukturen und Wertschöpfungsketten genutzt und zusätzliche Investitionen vermieden werden. Die technische Herausforderung von Waste-to-Chemicals verlagert sich auf den Teil der Wertschöpfungskette der Pyrolyse von Kunststoffabfällen und auf die Erzeugung geeigneter Pyrolyseöle gemäß den Spezifikationen nachgeschalteter petrochemischer Verarbeitungseinheiten. Im Gegensatz zu den Haupt-Destillationsprodukten der Erdölraffinerie decken Pyrolyseprodukte üblicherweise weite Siedebereiche ab und enthalten Olefine oder Naphthene, die nicht in Erdölprodukten enthalten sind. Die grundsätzlichen Möglichkeiten zur Verwendung von Pyrolyseöl bzw. seiner Teilfraktionen (Leicht-, Mittel- und Hochsieder) als Rohstoff sind in Bild 8.21 dargestellt. Hier werden die wichtigsten petrochemischen Wertschöpfungsketten nach ihren technologiespezifischen Anforderungen an die Rohstoffqualität in Bezug auf akzeptable Verunreinigungen eingestuft.

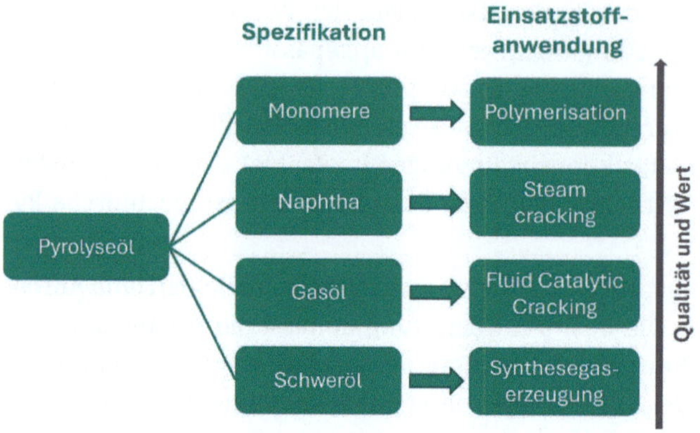

Bild 8.21 Einsatzmöglichkeiten von Pyrolyseölfraktionen aus Kunststoffen in petrochemischen Wertschöpfungsketten

Auf der untersten Ebene ist die partielle Oxidation von schwereren Kohlenwasserstoffbrennstoffen mittels Flugstromgasifizierung ein gängiges Verfahren zur Bereitstellung von Synthesegas für die Produktion von chemischen C1-Zwischenprodukten (chemische Verbindungen mit nur einem Kohlenstoffatom) mit einem H/C–Verhältnis von 1. Als großtechnisches Verfahren ist es angesiedelt in einigen Erdölraffinerien sowie an großen Chemiestandorten. Bei dieser Anwendung ersetzt abfallbasiertes Pyrolyseöl Schweröl. Daher sind ein gewisser Schwefel- und Schwermetallgehalt sowie eine höhere Viskosität (zusammen mit einem höheren Molekulargewicht) akzeptabler als für jede andere petrochemische Wertschöpfungskette. Auch die Toleranzgrenzen gegenüber Halogenspezies können aufgrund der implementierten vorgeschalteten Synthesegas-Reinigungsschritte vor der Verwendung für die chemische Synthese höher sein.

Die nächste Qualitätsstufe ist das katalytische Wirbelschichtcracken (FCC) von Gasöl, der größte chemische Reaktionsschritt bei der Benzinraffination. FCC ist die weltweit wichtigste Quelle für C4-Olefine und als Propylenquelle nahezu ebenso bedeutend wie Naphtha Steam Cracking [11]. Pyrolyseöl als Ersatz für Gasöl muss weitgehend frei von Heteroatomen sein. Im Gegensatz dazu kann der Kohlenwasserstoffgehalt stark variieren, einschließlich von Aliphaten (und ihrer Isomere) und Aromaten. Das Molekulargewicht ist geringer als bei Schweröl. Auch der Olefingehalt ist beschränkt. Der Hydrocracking-Schritt in einigen Benzinraffinerien wird hier nicht als Pyrolyseöl-Auslass betrachtet, da er stattdessen Kraftstoffkomponenten als Ausgangsmaterial für die chemische Synthese produziert und somit nicht zum Recycling beiträgt.

Das Steamcracken von Naphtha, bei dem auf Kunststoffabfällen basierendes Pyrolyseöl einen Teil des fossilen Ausgangsmaterials ersetzt, ist der direkteste Weg, den Kunststoffkreislauf durch chemisches Recycling zu schließen. Naphtha-Steamcracken ist die

Hauptquelle für kleine Olefine. Es gelten noch stärkere Beschränkungen für die Spezifikation des Einsatzmaterials als für das FCC-Verfahren [13]. Insbesondere der Olefingehalt muss sehr gering sein. Außerdem müssen das Siedeverhalten und die Anfangs- und Endpunkte der Siedekurve des Abfallpyrolyseöls nahe an den Auslegungswerten des Ausgangsmaterials für die spezifische Steamcrackeranlage liegen. Da Pyrolyseöle prozessabhängige Mehrkomponentenmischungen sind, ist eine chemische Vorbehandlung durch angepasste katalytische Hydrierung erforderlich, um ihre Produktzusammensetzung und -eigenschaften zu modifizieren, bevor sie mit leichtem oder schwerem Naphtha-Ausgangsmaterial gemischt (oder zugesetzt) werden können.

Die (thermische) Abtrennung hochwertiger Chemikalien aus Pyrolyseölabfällen kann eine Option sein, wenn der Gehalt an bestimmten olefinischen oder aromatischen Komponenten im Mehrartengemisch außergewöhnlich hoch ist. Daher muss der Gehalt an Polymeren, die dazu neigen, diese Zwischenprodukte während der Pyrolyse zu bilden, hoch gewesen sein (PS, PMMA, PA6, vgl. Tabelle 8.7) und die Pyrolyseparameter und -technologie müssen angepasst werden.

Allgemein kann sowohl abfallbasiertes als auch auf Biomasse basierendes Pyrolyseöl nicht alle Spezifikationen von Rohölprodukten auf fossiler Basis erfüllen. Aufgrund seiner Natur variieren die chemische Zusammensetzung und die physikalischen Eigenschaften stark und können durch Hydrotreating-Verfahren angepasst werden, wenn eine enge Parametervariation und kleine Abweichungen von den Spezifikationen der Rohstoffe der petrochemischen Wertschöpfungskette erforderlich sind. Darüber hinaus umfasst die „Heteroatom-Herausforderung“ die Entfernung von Halogenen, die Entfernung oder Umwandlung von koks- oder wasserbildenden Vorläufern und die Entfernung von Komponenten, die Katalysatoren in nachfolgenden Prozessen der Wertschöpfungskette deaktivieren oder vergiften können. Diese Herausforderung wird zum Teil durch das Mischen von Pyrolyseöl mit Standardrohstoffen in diesen großtechnischen Prozessen sowie durch die Wahl der petrochemischen Wertschöpfungskette überwunden, die am besten zur Pyrolysegasqualität passt. Hierbei nutzt man zunächst den Verdünnungseffekt durch die Größe der petrochemischen Wertschöpfungsketten aus. Es ist davon auszugehen, dass bei steigenden Mengen an recycelten flüssigen Rohstoffen die Spezifikationen des petrochemischen Prozesses eingehalten werden müssen.

Ein Schlüsselproblem für „klimaneutrale“ Rohstoffe auf Abfall- und Biomassebasis ist, dass sie einen geringeren Wasserstoffgehalt haben als fossile Rohstoffe, obwohl Rohstoffe auf Basis von Kunststoffabfällen besser passen als Rohstoffe auf Biomassebasis und beide weitaus besser als der Rohstoff CO_2. Mit zunehmendem Anteil dieser Rohstoffe in der chemischen Produktion steigt also auch die benötigte Menge an (erneuerbarem) Wasserstoff. Die höchste chemische Recyclingeffizienz wird erreicht, wenn auf Kunststoffabfällen basierende Rohstoffe in Produkte mit einem ähnlichen C/H-Verhältnis umgewandelt werden.

Beispiele großskaliger Pyrolyse hoher Technologiereife für das chemische Recycling

Die Pyrolyse von gemischten Kunststoffabfällen hat mit Ausnahme der Pyrolyseproduktveredelung und der stofflichen Verwertung den gleichen hohen Reifegrad erreicht, den die thermochemische Technologie bereits hat.

Die Pyrolyse von gemischten Kunststoffabfällen wurde in der MSW-Pyrolyseanlage in Burgau in Deutschland (1983 – 2016) über einen längeren Zeitraum erfolgreich im industriellen Maßstab betrieben. Hausmüll und Klärschlamm wurden in zwei Drehofenlinien von ca. Leistung je 2 t/h verarbeitet, es folgte die anschließende Verbrennung der Pyrolysegase und -dämpfe in einem Dampfkessel. Nach Quicker et al. [9] überschritt der elektrische Wirkungsgrad der Anlage 22 % aufgrund des hohen Kohleanteils in den festen Reststoffen nicht. Die Anlage wurde schließlich wegen ungünstiger Wirtschaftlichkeit, bedingt durch die geringen Stromerlöse sowie die hohen Entsorgungskosten der festen Reststoffe, stillgelegt.

Weitere Einsatzfälle für diese Art von Technologie, die die Pyrolyseprodukte in Kombination mit Verbrennung und Ascheeinschmelzung energetisch nutzt, sind für Japan dokumentiert [4]. In Japan stand aufgrund gesetzlicher Vorgaben lange Zeit das Abtrennen und Einschmelzen der Schlacke im Fokus der Hausmüllbehandlung. Dies förderte den Einsatz von thermischen Behandlungstechnologien als Alternative zur Verbrennung auf dem Rost, obwohl die Energieeffizienz und wirtschaftliche Leistung der Alternativen schlechter waren.

Ein ausgereiftes Beispiel für das chemische Recycling von Abfällen durch Pyrolyse ist die Pyrolyseanlage für Altreifen im Stahlwerk Hirohata in Japan. Der Betrieb erfolgt seit 2004 mit einer Kapazität von ca. 4 t/h. In jedem der beiden Drehrohröfen werden zerkleinerte Altreifen zu unterschiedlichen Wertprodukten verarbeitet: Pyrolysegas, leichtes und schweres Pyrolyseöl, Ruß, Metalle und ein mineralischer Reststoff. Während Letzterer deponiert und das Pyrolysegas energetisch genutzt wird, um den Wärmebedarf der Pyrolyseanlage auszugleichen, werden die anderen Produkte im Stahlwerk als Reduktionsmittel und als Kohlenstoffeinsatz für das Metallrecycling verwendet. Die chemische Qualität von Pyrolysegasen und kondensierbaren Dämpfen steht bei diesem Verfahren nicht im Vordergrund; sie werden energetisch verwertet. Heute konzentrieren sich die F&E- und Projektaktivitäten zur Altreifenpyrolyse auf die Rückgewinnung des Rußpigments aus dem festen Pyrolyserückstand in ausreichend hoher Qualität, damit es als recycelter Ruß in Synthesekautschuk wiederaufbereitet werden kann.

Auch bei der großtechnisch angewendeten Pyrolyse von Metallverbunden steht die Rückgewinnung beispielsweise von Sekundäraluminium im Vordergrund. Bezüglich der Kunststoffe wird noch kein chemisches Recycling betrieben.

Die jüngsten Aktivitäten zum chemischen Recycling von Abfällen durch Pyrolyse konzentrieren sich alle auf die rohstoffliche Verwertung von Polyolefin-Kunststoffabfällen. Angetrieben von der ersten EU-Kunststoffstrategie [10], die verbindliche Recyclingquoten für die EU-Länder festlegt, kündigten die kunststofferzeugende Industrie und Entsorgungsunternehmen mehrere ehrgeizige Projekte an, die zu Kapitalinvestitionen in die Kunststoffverflüssigung führen werden. Der Hauptzweck besteht darin, aus Altkunststoffen petrochemische Flüssigrohstoffe zurückzugewinnen. Bisher erfüllen in Europa nur wenige Anlagen unterschiedlicher Technologie diese Aufgabe im kommerziellen Maßstab. So arbeiten die beiden von Plastic Energy Ltd. in Almeria und Sevilla, Spanien, kontinuierlich betriebenen Anlagen mit vorselektierten polyolefinischen Abfällen, die unter anderem nahezu frei von Chlor, Biomasse usw. sind.

Wie oben dargelegt, sind die Abfallströme, die in industriell relevanten Mengen für das chemische Recycling zur Verfügung stehen, nicht die reinen, sortierbaren Kunststoffe, die häufig pyrolytischen Prozessen zugänglich sind, sondern Sortierrückstände, die Mischungen aus anthropogenen Produkten und Biomasse sind. Die Pyrolyse dieser Abfallströme ist mühsamer und Gegenstand von Forschung und Entwicklung. Alternativen zur Drehrohrtechnologie werden in Betracht gezogen, um die Reaktionsbedingungen der Pyrolyse zu homogenisieren und hochwertige Produktausbeuten zu erzielen, die an die jeweiligen Abfallstoffe angepasst sind. Aktuelle Forschung und Entwicklung zielt darauf ab, den Technologiereifegrad von Pyrolyseverfahren zu erhöhen, um die Wirtschaftlichkeit der Abfallpyrolyse zu verbessern. Bei gemischten Kunststoffabfällen liegen die technologischen Herausforderungen in der Anpassung der Produktspezifikationen sowohl im Reaktor als auch durch die Nachbehandlung und im Management der Verstopfungs- oder Klebeneigung der Zwischenprodukte innerhalb des Reaktors und in den nachgeschalteten Gasbehandlungs- und Kondensationsschritten. Als Referenzen für die Abfallpyrolyse sind die wenigen oben genannten Beispiele nicht ausreichend dokumentiert, um die Massen- und Energiebilanzen schließen und sie unabhängig bewerten zu können.

8.2.1.4 Gasifizierung von Kunststoffabfällen

Die Gasifizierung im Rahmen der Abfallverwertung erfolgt mit der Absicht, biogene Energieträger und anthropogene Abfallfraktionen (z. B. Restbiomasse, Ersatzbrennstoffe, Kunststoffabfälle) in ein hochwertiges Synthesegas umzuwandeln, das die chemischen Bausteine H_2 und CO enthält. Synthesegas ist ein industrieller Rohstoff, der weltweit für die Synthese chemischer Zwischenprodukte und von Produkten zum direkten Verkauf auf dem Markt verwendet wird. Die Nutzung von Synthesegasenergie durch Verbrennung oder als Rohstoff für synthetische Kraftstoffe wird per se nicht als „Recycling“ betrachtet.

Historisch ist die Gasifizierung als Teilprozess der Pyrometallurgie entstanden, wobei typischerweise oxidierte Metalle und Koks zu den gewünschten Rohmetallen und Schwachgasen reagieren, die energetisch genutzt werden. Spezielle Gasifizierungstechnologien wurden im zweiten Viertel des 20. Jahrhunderts industriell relevant, um eine übermäßige Abhängigkeit von Erdölimporten zu vermeiden. Sowohl mobile Holzgasvergaser als auch koksbasierte Synthesegasgeneratoren wurden im industriellen Maßstab entwickelt und massenhaft eingesetzt. Obwohl auf dem Weltmarkt nicht wettbewerbsfähig, waren kohlebasierte synthetische Kraftstoffe für geschlossene Volkswirtschaften wie in Südafrika von besonderer Bedeutung, und es wurden erhebliche Kapazitäten installiert und über einen langen Zeitraum betrieben. Diese Entwicklungen bilden die Grundlage für die rohstoffliche Verwertung von Abfällen. Die technologische Herausforderung, zuverlässig sauberes Synthesegas für die Kraftstoffsynthese herzustellen, ähnelt der des chemischen Recyclings von Abfällen durch Gasifizierung.

Eine zweite Entwicklungsphase für Gasifizierungtechnologien resultierte aus der Ölkrise in den 1970er-Jahren. Damals wurden eine großtechnische, hochwertige Synthesegasproduktion und eine Hochtemperatur-Gasreinigung entwickelt, um Gasturbinen in hocheffizienten, kohlebasierten Kraftwerken des Gas-und-Dampfturbinen-Typs zu speisen. Aus Energiemarktpreisgründen wurden die meisten dieser großen Demonstrationsanlagen geschlossen. Seitdem wurde die Anwendung der Gasifizierung zur Erzeugung synthetischer Biokraftstoffe der zweiten Generation in den Demonstrationsmaßstab gebracht. Hierbei wird hochentwickelte Gasifizierungstechnologie auf heterogene, vorbehandelte Rohstoffe angewendet, die in ihren Eigenschaften konventionellen Abfällen ähneln. Darüber hinaus haben Anstrengungen, mehr auf Bioenergie basierenden Strom zu erzeugen, während der letzten Jahrzehnte zur Installation von mehreren hundert kleinen und einfach zu betreibenden dezentralen Vergasern geführt, hauptsächlich in Europa, aber diese haben eine geringere Gesamtprozesseffizienz. Die Gasifizierung von vorbehandeltem Haushaltsrestmüll im industriellen Maßstab wurde zur energetischen Nutzung als Alternative zur modernen Verbrennungstechnologie entwickelt. Eine detaillierte Übersicht zum Einsatz der Gasifizierungstechnologie findet sich bei [3].

Vergaser können als thermodynamische Gleichgewichtsreaktoren modelliert werden, basierend auf der Spezifikation der Ausgangsmaterialzusammensetzung und der Prozesswärmeverluste. Durch Zugabe von Sauerstoff oder Dampf zum Abfalleinsatzmaterial werden die erforderliche Reaktortemperatur und Synthesegaszusammensetzung mit der höchstmöglichen theoretischen Kaltgaseffizienz erreicht. Der Kaltgaswirkungsgrad beschreibt die mögliche Synthesegasausbeute in Form der chemisch gebundenen Energie des Einsatzstoffes und berücksichtigt somit den Aufwand, die Gasifizierungstemperatur durch Verbrennung eines Teils des Einsatzstoffes zu erreichen. Theoretische Gasifizierungstemperaturen können bis zu niedrigen 750 °C betragen, was zu einer hohen Kaltgaseffizienz führt. Aufgrund wärme- und stoffübergangsbedingter sowie reaktionskinetischer Prozessbeschränkungen müssen höhere Temperaturen gewählt werden, was zu einer geringeren Prozesseffizienz führt. Dennoch müssen für reale Gasifizierungsprozesse prozessabhängige Abweichungen vom thermodynamischen Gleichgewicht berücksichtigt werden, indem die theoretische Synthesegaszusammensetzung in Bezug auf nicht umgesetzte, nicht im Gleichgewicht befindliche Kohlenwasserstoffspezies angepasst wird.

Bei hohem Kaltgaswirkungsgrad können somit Synthesegasausbeuten über 80 % erreicht werden, bezogen auf den Einsatzstoff. Verringert wird diese Ausbeute, wenn in der Folge durch die exotherme Wassergas-Shift-Reaktion das H/C–Verhältnis im Synthesegas eingestellt wird und zugunsten von mehr Wasserstoff ein weiterer Teil des im Synthesegas enthaltenen CO zu CO_2 umgewandelt wird. Dies ist in vielen, nicht auf Erdgas als Einsatzstoff basierten Gasifizierungsprozessen der Fall, z. B. beim Einsatz der Gasifizierung von Kohle oder Biomasse oder Abfällen für die Methanolsynthese. Die stoffliche Nutzung des im Abfall enthaltenen Kohlenstoffs sinkt dann auf ca. 50 %.

In der Energiebilanz einer solchen Waste-to-Chemicals-Prozesskette ermöglicht der thermochemische Prozessschritt einen energieautarken Betrieb durch die Bereitstellung hochwertiger Prozesswärme, womit auch der Strombedarf gedeckt werden kann. Die Gesamtprozessenergieeffizienz kann bis zu 90 % betragen, indem sowohl die Kaltgaseffizienz der Gasifizierung als chemische Energie als auch die hochwertige fühlbare Wärme des Synthesegases genutzt werden.

Gasifizierungsprozess und Reaktortechnologien

In einem thermischen Prozess durchläuft jedes oxidierbare feste Ausgangsmaterial die aufeinanderfolgenden physikalischen und chemischen Umwandlungsschritte der Trocknung, Verdampfung, Gasifizierung und Gasphasenoxidation in Gegenwart eines Oxidationsmittels. Abhängig von der zonalen Aufteilung des Reaktorinneren, den zwischen den Zonen ausgetauschten Zwischenprodukten und Energieströmen und der Ausprägung der Umwandlungsschritte kann die endgültige Synthesegasqualität erheblich variieren. Bei der Hochtemperatur-Gasifizierung kann relativ sauberes Synthesegas erzeugt werden und ein thermodynamisches Gleichgewicht durch Einbringen von genügend Oxidationsmittel erreicht werden. Der Preis hierfür ist der Teil des Ausgangsmaterials, der für die Verbrennung zur Erzeugung von CO_2 und H_2O benötigt wird. Bei Anwendung niedrigerer Prozesstemperaturen ist die Synthesegasausbeute höher; das Synthesegas enthält jedoch problematische Nichtgleichgewichtskomponenten wie Spurengasspezies, Restmethan und hochsiedende Kohlenwasserstoffe (Teere).

Für die großtechnische Gasifizierung gibt es viele Ausführungsvarianten. Für die Gasifizierung kohlenstoffhaltiger Festbrennstoffe wurden Festbett-, Wirbelschicht- und Flugstromvergaser entwickelt; letzterer Typ eignet sich auch besonders für (viskose) flüssige Einsatzstoffe. Festbettvergaser benötigen beim Einsatz von Biomasse oder Abfällen in der Regel Kohle als zusätzlichen Einsatzstoff, da sie ähnliche Strukturanforderungen an das Bettmaterial haben wie ein Hochofenprozess. Hinsichtlich der erreichbaren Synthesegasqualität (Restmethan- und Teergehalte) sind Flugstromvergaser herausragend, es folgen Wirbelschichtvergaser (entweder im blasenbildenden Betrieb oder aber als sogenannte zirkulierende Wirbelschicht) und schließlich Festbettvergaser im Gleichstrombetrieb von Einsatzstoff und Oxidationsmittel; Festbettvergaser im Gegenstrombetrieb erzielen die niedrigsten Synthesegasqualitäten. Umgekehrt sind die Vorbehandlungskosten für Einsatzstoffe eines Flugstromvergasers am höchsten, da für die Flugstromgasifizierung entweder flüssige oder pulverförmige feste Einsatzstoffe mit einer maximalen Korngröße von ca. 0,1 mm benötigt werden. Wirbelschichtreaktoren können bis zu 50 mm Korngröße aufnehmen und die Grenzen der Partikelgrößenverteilung von Festbettvergasern sind sogar noch niedriger.

Alle drei oben genannten Vergasertechnologien sind bis zu 100 MW skalierbar, aber nur Flugstromvergaser können aufgrund ihrer hohen Reaktionsdichte, insbesondere, wenn sie druckaufgeladen betrieben werden, eine Leistungsgröße von 1000 MW erreichen. Flugstromvergaser können mit bis zu 80 bar betrieben werden, wodurch eine zusätzliche kostspielige Synthesegasverdichtung auf das für thermische Trenntechnologien, chemische Synthese oder Gasturbinenkraftstoffe erforderliche Druckniveau vermieden wird und ein sehr hoher Einsatzstoffdurchsatz mit einem relativ kleinen Reaktorvolumen erreicht wird. Üblicherweise liegen die Druckniveaus von Wirbelschicht- und Festbettvergasern niedriger.

Heute dominieren industriell skalierbare Flugstromvergaser den Markt für Neuanlagen für fossil eingesetzte Rohstoffe und der Einsatz von Festbettvergasern ist rückläufig. Sie kommen auch in der petrochemischen Raffinerie zum Einsatz, um Schwersiederfraktionen chemisch zu verwerten. Wirbelschichtvergaser haben in der Synthesegasproduktion im industriellen Maßstab nur eine geringe Bedeutung, aber in letzter Zeit wurde eine große Anzahl von Einheiten im kleinen Maßstab eingesetzt, hauptsächlich für die Nutzung von reiner Biomasse in Form von Bioenergie.

Neben den speziell entwickelten Technologien werden zur Gasifizierung von Abfällen auch etablierte Technologien der metallurgischen Industrie eingesetzt. Dazu gehören der Schachtofen in der Nichteisen-Metallerzeugung und der Hochofen in der Roheisenerzeugung. Eine Sonderform ist die Gasifizierung in einem Kalkstein-Wanderbett, abgeleitet aus der Kalkindustrie. Die besonders hohen Prozesstemperaturen führen zur Abtrennung der metallischen oder mineralischen Fraktion des Abfalls als Schmelze. Das Prozessgas enthält die Kohlenwasserstoffe in teilweise oxidierter Form. Kunststoffabfälle ersetzen in diesem Fall einen Teil des Kokses oder der Blaskohle und wirken als Reduktionsmittel. Die Gasqualitäten sind mit denen von Festbettvergasern vergleichbar. Die Nutzung von Abfällen als überwiegender Einsatzstoff wird nur im mittleren Maßstab zur Verglasung von Schlacken und zur energetischen Nutzung des Synthesegases betrieben, insbesondere in Japan [4], und hat eine hohe Technologiereife erreicht. Die Anforderungen an die Abfallqualität und die zulässigen Abfallbestandteile sind höher als bei den oben genannten speziellen Vergasertypen, während die Rohgasqualitäten aufgrund der enthaltenen Pyrolysegas- bzw. Teerbestandteile geringer sind; Ressourcen- und Energieeffizienz sind ebenfalls geringer.

Noch höhere Temperaturen werden erreicht, wenn die Energie elektrisch bereitgestellt wird, um ein reaktives Plasma zu erzeugen. Thermodynamisch ergeben sich nur geringe Vorteile in der Gaszusammensetzung gegenüber beispielsweise einer Flugstromgasifizierung. Der externe Energiebedarf ist besonders hoch. Die Anwendung der Plasmagasifizierung wurde bisher hauptsächlich bei gefährlichen Abfällen in kleinem Maßstab durchgeführt.

Synthesegasreinigung und -aufbereitung

Die Verwertung von Abfallrohstoffen durch Gasifizierung erfordert aufgrund der anschließenden katalytischen Syntheseprozesse eine außergewöhnlich hohe Synthesegasqualität. Sie ist höher bei der energetischen Nutzung von Synthesegas in Gasturbinen zur Stromerzeugung. Eine Stickstoffverdünnung sowie Kohlenwasserstoffgehalte des Synthesegases müssen vermieden werden, sodass der vorgeschaltete Vergaser ähnlich wie bei der Anwendung zur Kraft-Wärme-Kopplung mit Sauerstoff oder Wasserdampf als Vergasungsmittel betrieben werden muss. Das aus dem Vergaser kommende Rohsynthesegas muss gereinigt und konditioniert werden, um die geforderten Spezifikationen beispielsweise für die Methanolsynthese zu erfüllen. Insbesondere die Grenzwerte für die Konzentrationen von Schwefel, Halogenen und Stickstoff enthaltenden Spurengasen sind viel niedriger als bei Verbrennungsabgasen, und ein erheblicher Anteil an Partikeln muss entfernt werden. Auch klein- und großkettige Kohlenwasserstoffe müssen aus dem Synthesegas entfernt werden. Außerdem muss das H_2/CO-Verhältnis je nach Downstream-Prozess chemisch angepasst werden.

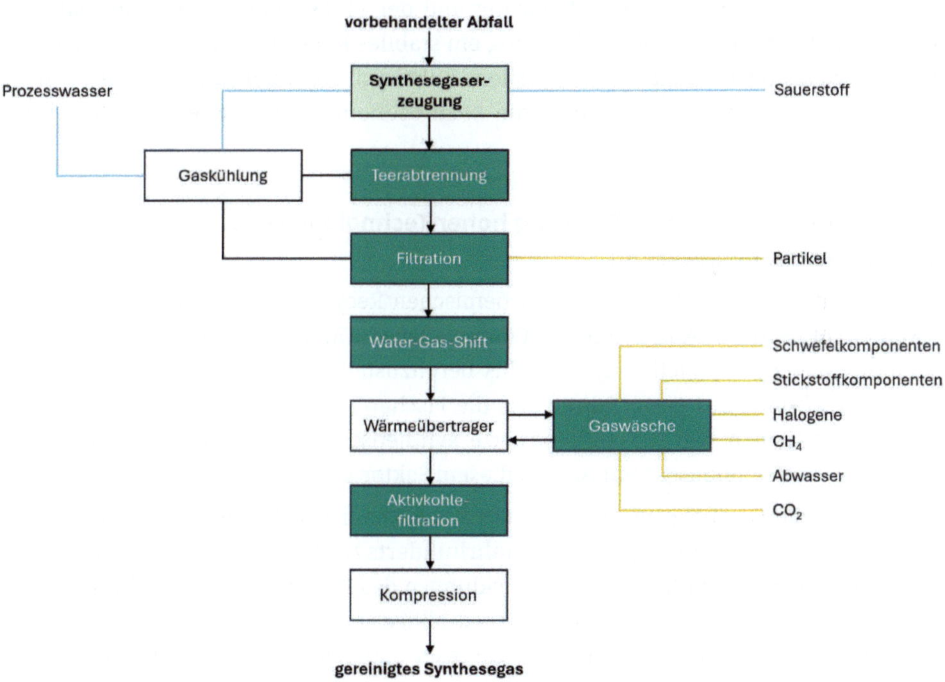

Bild 8.22 Haupt-Prozessschritte und Materialflüsse bei der Gasifizierung vorbehandelter Abfälle

Bild 8.22 zeigt die notwendigen Prozessschritte in der Synthesegasbehandlungskette. Es enthält Wärmerückgewinnungsschritte, um eine vollständig autotherme Verarbeitung und eine hohe Energieeffizienz zu ermöglichen. Eine Teerabtrennung muss bei bestimmten Kondensationstemperaturen integriert werden, um Ablagerungen und dauerhafte Verschmutzung der Anlage zu vermeiden. Dies ist das entscheidende technologische Problem, das sowohl den Einsatzmaterialtyp als auch die Flexibilität der Anlage einschränkt. Nach der Partikelentfernung durch beispielsweise Hochtemperaturfiltration wird ein Wasser-Gas-Shift-Reaktor zur Einstellung des H_2- und CO-Gehalts in einem geeigneten Temperaturbereich integriert, gefolgt von einer Mehrkomponenten-Gaswäsche. Schließlich wird das Synthesegas in einem Turbokompressor verdichtet, um den erforderlichen Methanol-Reaktordruck zu erreichen.

Dieser Gasbehandlungs- und Aufbereitungsaufwand ist bei der Bestimmung der Verarbeitungskosten für das Recycling von Abfallrohstoffen erheblich. Darüber hinaus hängt die Rohsynthesegasqualität entscheidend von der angewandten Gasifizierungstechnologie ab. Damit wäre der Aufwand für die Rohgasbehandlung bei der Flugstromgasifizierung deutlich geringer als bei der Wirbelschichtgasifizierung, die wiederum vorteilhaft gegenüber der Festbettgasifizierung ist. Andererseits variieren die Ausgangsmaterialanforderungen des Vergasers und damit die Vorbehandlungskosten je nach Technologie. Dabei liegt die Wirbelschichtgasifizierung mit den geringsten Anforderungen vor der Festbettgasifizierung und der Flugstromgasifizierung. Darüber hinaus erfordert die Festbettgasifizierung ein stabiles Kokspartikel-Reaktionsbett, das typischerweise durch Zugabe von fossilem Koks zum Abfalleinsatzmaterial erreicht wird. Aus einer Gesamtbetrachtung, die auch economies of scale einbezieht, ergibt sich die optimale Technologieauswahl.

Beispiele großskaliger Gasifizierung hoher Technologiereife für das chemische Recycling

Die Gasifizierung als Teil eines thermochemischen Recyclingprozesses zielt darauf ab, Sekundärrohstoffe aus Abfällen für C1-Chemikalien wie Methanol und C1-basierte Wertschöpfungsketten wie Methanol-to-Olefins bereitzustellen. Daher zählen Synthesegas-basierte Kraftstoffsyntheseverfahren wie die Fischer-Tropsch-Synthese nicht als Recycling. Grundsätzlich würden abfallbasierte synthetische Kraftstoffe jedoch auch zur Reduktion der Treibhausgasemission in diesem Sektor beitragen.

Die industrielle Gasifizierung nutzt heute hauptsächlich die Flugstromgasifizierung. Viele Anlagen wurden zu Beginn des 21. Jahrhunderts zur Gasifizierung von Kohlestaub errichtet, besonders in China. Alle Entwicklungen des 20. und Anfang des 21. Jahrhunderts wurden durch die lokale Verfügbarkeit billiger kohlenstoffreicher Rohstoffe vorangetrieben. Üblicherweise sind diese Vergaser sauerstoff- und dampfgeblasen, um eine Stickstoffverdünnung in nachgeschalteten Gasaufbereitungsanlagen zu vermeiden und die Prozesseffizienz zu erhöhen.

Die ersten Anwendungen von Gasifizierungstechnologien für das Recycling von Abfallrohstoffen wurden durch Versuche vorangetrieben, Kunststoffe im späten 20. Jahrhundert zu recyceln. Speziell in Deutschland wurden zwei großtechnische Anlagen im 100-MW-Maßstab über einen längeren Zeitraum mit unterschiedlichen Abfällen (und Mischungen davon) betrieben, um Methanol herzustellen. In beiden Fällen wurden bestehende Technologien für Braunkohlerohstoffe, die entwickelt wurden, um eine Abhängigkeit von Ölimporten zu verringern, angepasst, um Ersatzbrennstoffe zu verarbeiten, die aus Siedlungsabfällen oder sogar gesammelten Verpackungskunststoffabfällen stammen.

Im deutschen Werk Berrenrath wurde ein Hochtemperatur-Winkler-(HTW)-Vergaser mit Braunkohle, Ersatzbrennstoffen und Kunststoffen unter Verwendung von Sauerstoff, Wasserdampf und CO_2 als Gasifizierungsmittel betrieben. Diese Gasifizierungstechnologie zeichnet sich durch eine höhere Freeboard-Temperatur von ca. 950 °C aus, die oberhalb der blasenbildenden Wirbelschicht bei 10 bar liegt. Dies führt zu einer besseren Synthesegasqualität. Mit einer Leistung von 175 MW, bezogen auf den Heizwert des Einsatzstoffes, speiste das Werk eine 100-kt/a-Methanolanlage. Die Anlage wurde nach 10 Jahren technisch erfolgreichen Betriebs Mitte der 1990er-Jahre aus wirtschaftlichen Gründen, hauptsächlich wegen der Methanolpreise, stillgelegt.

Im Sekundärverwertungszentrum Schwarze Pumpe (SVZ) in Deutschland, das bereits Abfall, Klärschlamm und Braunkohle in modernisierten Lurgi-Festbettvergasern mitverarbeitete, wurde Anfang 2000 erstmals ein Britisch-Gas-Lurgi-Schlackenvergaser installiert. Verschiedene Typen Abfall wurden dann im BGL-Vergaser bei 25 bar zu Synthesegas umgewandelt und einer 100-kt/a-Methanolanlage zugeführt. Die Synthesegasqualitätsprobleme des Festbettvergasers wurden durch die umfangreiche komplementäre Anlagenstruktur dieses Produktionsstandorts überwunden, wobei erhebliche Teermengen, die aus dem Syngas entfernt wurden, als Ausgangsmaterial für einen Flugstromvergaser dienten. Der SVZ-Betrieb wurde im Jahr 2005 eingestellt, hauptsächlich aus zwei wirtschaftlichen Gründen: Zum einen waren die Kosten für die Methanolproduktion dieser eher kleinen dedizierten Produktionsstätte zu hoch im Vergleich zu Methanolanlagen im Weltmaßstab, die auf Erdgas basieren, zum anderen musste das SVZ bei der Annahme von gemischten Abfällen und bei der zusätzlichen Vorbehandlung der Einsatzstoffe mit der günstigeren Müllverbrennung konkurrieren, da die damaligen gesetzlichen Regelungen geringe Recyclingquoten für gesammeltes Kunststoffabfallmaterial zuließen.

Beide Technologien – sowohl HTW- als auch BGL-Vergaser – konnten nicht vollständig mit EBS betrieben werden, erforderten jedoch einen erheblichen zeitgleichen Einsatz von koksbildenden fossilen Rohstoffen (nämlich Braunkohle) und Abfall. Außerdem musste EBS vor dem Einsatz im Vergaser pelletiert werden.

Dies ist bei der Gasifizierungsanlage Showa Denko in Kawasaki, Japan, nicht der Fall, die seit 2004 mit einer zunehmenden Menge rein gesammelter und vorsortierter polyolefinischer Verpackungsabfälle betrieben wird, die vor Ort pelletiert werden, bevor sie dem Vergaser zugeführt werden. Dabei kommt ein zweistufiger Gasifizierungsprozess bei 10 bar zum Einsatz, der aus einer mit Dampf/Sauerstoff beaufschlagten blasenbildenden Wirbelschichtstufe bei Temperaturen unter 800 °C und einer anschließenden mit Dampf/Sauerstoff beaufschlagten flugstromähnlichen Verschlackungsstufe besteht, um eine hervorragende Synthesegasqualität bei ca. 1500 Grad zu erzeugen. Das Synthesegas wird dann in einem Wasser-Gas-Shift-Reaktor umgewandelt, und Wasserstoff wird entfernt und als Teil des Einsatzmaterials einer Ammoniakanlage im Weltmaßstab zugeführt. Aufgrund seiner spezifischen Natur (hohe Prozesstemperatur und keine Nutzung des Kohlenstoffgehalts des Ausgangsmaterials) ist die Kaltgaseffizienz und Wirtschaftlichkeit dieses Verfahrens deutlich geringer als bei den oben genannten Vergasern.

In Edmonton, Kanada, betreibt Enerkem seit 2017 einen EBS-basierten Methanol-Prozess, der vorbehandelten RHW mit einem höheren Anteil an Nicht-Kunststoff-Abfällen biogenen Ursprungs einsetzt. Er basiert auf einer eigenen proprietären Technologie, die über einen längeren Zeitraum und in mehreren Projekten und Anlagen unterschiedlicher Größe entwickelt wurde. Weitere Projekte wurden in verschiedenen Ländern angekündigt. Auch dieses Verfahren verwendet eine Gasifizierungstechnologie mit blasenbildender Wirbelschicht und einer stufenweisen Zugabe von Oxidationsmitteln. Das Wirbelbett wird aufgrund des niedrigen Schmelzpunkts der EBS-Asche bei unter 700 °C betrieben, gefolgt von einem Freeboard bei höheren Temperaturen, um die Teerbildung zu minimieren. Nach der Rohgasbehandlung und Rückführung der Teere in den Wirbelschichtreaktor wird ein proprietäres Methanol-zu-Ethanol-Verfahren in kleinerem Maßstab angewendet. Reaktorüberdruck und Kapazität sind kleiner als bei den oben genannten Verfahren.

Eine detailliertere Beschreibung dieser letzten drei Waste-to-Methanol-Prozesse ist unter [3] verfügbar.

Neben dedizierten Gasifizierungsprozessen können pyrometallurgische Prozesse zur chemischen Verwertung von Abfällen eingesetzt werden. Speziell bei der Verarbeitung von Eisenerz zu Roheisen wird Kunststoffabfall verwendet, um einen Teil des Reduktionsmittels zu ersetzen. Einschränkungen bestehen hier darin, dass die Bestandteile des Abfallausgangsmaterials die Produktion von Roheisen oder die anschließende Stahlherstellung nicht stören dürfen. Damit sind viele Arten von Kunststoffabfällen ausgeschlossen. In Hochofenprozessen wird gesammelter und sortierter polyolefinischer Kunststoffabfall verwendet, um Blaskohle, aber nicht die Beschickung des Ofens zu ersetzen. Diese Verwertung von Abfallrohstoffen ist Stand der Technik und wird im Hüttenwerk Voest Alpine in Linz, Österreich, seit langem erfolgreich angewendet. Eine rohstoffliche Verwertung des verdünnten Synthesegases aus diesen Schmelzöfen wurde bisher aufgrund der schlechten Gasqualität und damit des hohen Gasaufbereitungs- und Reinigungsaufwandes nicht angewendet. Neuere Bemühungen zielen darauf ab, Stahlwerksgase chemisch zu nutzen. Auch die Verwendung von Kalkschachtöfen als Abfallvergaser war Gegenstand von Forschungs- und Entwicklungs-Aktivitäten. Die Technologiereife der letzteren Prozesse ist immer noch niedrig.

8.2.1.5 Ausblick zum thermochemischen Recycling

Der aktuelle Trend zum chemischen Recycling ist die Pyrolyse von Verpackungskunststoffabfällen zur Bereitstellung von Sekundärrohstoffen für das Steamcracking (Naphtha-Ersatz). Verpackungsabfall ist der größte und bekannteste Abfallstrom, dessen Pyrolyse eindeutig einfacher ist als die Umwandlung technischer Kunststoffe in chemische Rohstoffe, weshalb er die Konstruktion von Demonstrationsanlagen und nachfolgende Entwicklungen mit einem höheren Technologiereifegrad ermöglicht. Die Fokussierung auf die dezentrale Bereitstellung von Pyrolyseölen vermeidet zunächst größere Investitionen und integriert sich in bestehende petrochemische Wertschöpfungsketten mit Fokus auf Plastics-to-Olefine-Recycling.

Indem es zu Neuwarenqualität führt, hat das thermochemische Recycling von gemischten Kunststoffabfällen das Potenzial, mechanische Recyclingprobleme sowie Probleme aufgrund der relativen Reinheit von Abfallrohstoffen bei der Verwendung in lösungsmittelbasierten Prozessen zu überwinden. Daher lohnt es sich, den Technologiereifegrad von Pyrolyse- und Gasifizierungsprozessen durch eine verbesserte Rohstoffflexibilität deutlich zu erhöhen, wobei der Schwerpunkt auf der Entfernung von Verunreinigungen und Heteroatomen aus flüssigen Produkten liegt. Darüber hinaus adressieren diese Verfahren das Recycling von Verbundmaterialien und nicht schmelzenden Kunststoffen. Sie können daher mechanische und chemische Recycling-Prozessketten mit dem Ziel höherer Recyclingquoten und Wirtschaftlichkeit ergänzen und dem chemischen Recycling gegenüber der Müllverbrennung helfen.

Die thermochemische Verarbeitung gemischter Kunststoffabfälle ist Gegenstand einer Vielzahl von Technologieentwicklungen. Technologische Herausforderungen sind eine hohe Prozesseffizienz bzw. Produktausbeute, hohe Produktqualität und Skalierbarkeit. Für gemischte Abfälle ist das nur erreichbar, wenn sowohl Recyclingtechnologien kombiniert werden als auch mehrere Auslässe für die unterschiedlichen Produktarten gewählt werden.

Da es bisher nur wenige großtechnische Anwendungen des chemischen Recyclings für ausgewählte Verpackungsabfälle gibt, wie oben dargestellt, ist die Datenlage zu chemischen Recyclingprozessen, die eine Prozessbewertung ermöglichen, sehr begrenzt. Labordaten können für die Erstellung der Stoff- und Energiebilanzen in der Regel nicht hochskaliert werden, da gemischte Ausgangsmaterialien sowie angewandte Technologie einen kritischen Einfluss auf Produktausbeute und -zusammensetzung haben.

Aufgrund der Mischnatur von Abfällen und den daraus resultierenden unterschiedlichen Verhaltensweisen erfordert das Erreichen der gewünschten Recyclingquote und die Förderung der Kreislaufwirtschaft für Kohlenstoff mittelfristig sowohl Abfallsammlungs- und mechanische Sortiersysteme als auch chemisches Recycling von Abfällen.

Das chemische Recycling ergänzt die mechanische Sortierung, indem es die Downcycling-Probleme gemischter Materialien überwindet und die endgültige Verbrennung großer Mengen getrennt gesammelter Abfälle vermeidet. Kombiniertes mechanisches und chemisches Recycling maximiert somit die Recyclingquote und minimiert die Treibhausgasemissionen. Dabei fungieren die thermochemischen Verfahren Pyrolyse und Gasifizierung als thermische Trennverfahren für Mischabfälle aus Kunststoffen, Biomasse und mineralischen Fraktionen.

Die Bilanzierung pyrolyse- und gasifizierungsbasierter Waste-to-Chemicals-Prozessketten zeigt, dass beide thermochemische Prozesse ähnlich effizient sind. Die Gasifizierung recycelt Abfallkohlenstoff zu Ausgangsmaterial für die C1-Chemie. Sie kann zentral am Standort der Chemieproduktion oder der petrochemischen Raffinerie angewendet werden und erfordert hohe Kapitalinvestitionen. Die Pyrolyse recycelt Kunststoffe direkter als die Gasifizierung zu Kunststoffen, da sie einen erheblichen Teil des Abfalls in Ausgangsmaterial für die Monomerproduktion umwandelt. Dies ist kein ökologischer oder ökonomischer Vorteil an sich. Die Pyrolyseanlage kann dezentralisiert werden, wenn der Fokus nur auf dem organischen Flüssigprodukt liegt. Die Pyrolyse erfordert einen geringeren Kapitaleinsatz als die Gasifizierung. Dies könnte den derzeitigen Schwerpunkt des chemischen Recyclings auf Pyrolysetechnologien erklären.

Eine umfassende Lebenszyklusanalyse kann Aufschluss darüber geben, ob der Einsatz einer bestimmten Recyclingtechnologie für einen bestimmten Abfall vorteilhaft ist. Die höchste Effizienz des chemischen Recyclings in Bezug auf Treibhausgasemissionen wird erreicht, wenn eine hohe Menge an chemischer Energie recycelt und der externe Energiebedarf minimiert wird.

Abkürzungen	
ASR	Altfahrzeuge-Shredderrückstand
BGL	British Gas/Lurgi
GA	Gewerbeabfälle
EBS	Ersatzbrennstoff
WDVS	Wärmedämmverbundsystem
FCC	Fluidized Catalytic Cracking
HTW	Hochtemperatur-Winkler
LVP-SR	Leichtverpackungsabfälle-Sortierrest
PA	Polyamid
PE	Polyethylen
PMMA	Polymethylmethacrylat

Abkürzungen	
PP	Polypropylen
PS	Polystyrol
PTFE	Polytetrafluorethylen
PVC	Polyvinylchlorid

Literatur für Abschnitt 8.2.1

[1] Stapf, D.; Ciceri, G.; Johansson, I.: Trends and Drivers in Alternative Thermal Conversion of Waste. IEA Bioenergy, 2020. DOI: *https://doi.org/10.13140/RG.2.2.15439.10409*

[2] Zeller, M., Netsch, M., Richter, F., Leibold, H., Stapf, D.: Chemical recycling of mixed plastic wastes by pyrolysis – pilot scale investigations. Chem. Ing. Tech. 93 (11) 2021, pp. 1 – 9. DOI: *https://doi.org/10.1002/cite.202100102*

[3] Waldheim, L.: Gasification of Waste for Energy Carriers – A Review, IEA Bioenergy, 2018. *http://task33.ieabioenergy.com/content/Task%2033%20Projects*

[4] Vehlow, J.: Overview of the pyrolysis and gasification processes for thermal disposal of waste. In: Waste Management, Volume 6. TK Verlag Karl Thomé-Kozmiensky, Neuruppin 2016, pp. 431 – 444

[5] BKV-study: Thermal Processes for Feedstock Recycling of Plastics Waste, A study conducted by KIT and Conversio Market & Strategy GmbH on behalf of BKV GmbH and Plastics Europe AISBL, 2019. *https://www.bkv-gmbh.de/studies/study-thermal-processes-for-feedstock-recycling-of-plastics-waste-kit-conversio.html*

[6] [5a] Christiani, J.; Beckamp, S.: Was können die mechanische Aufbereitung von Kunststoffen und das werkstoffliche Recycling leisten? Energie aus Abfall 17, TK-Verlag, Neuruppin, 2020, 139 – 152. *https://www.vivis.de/2019/01/energie-aus-abfall-band-16/148/#more-148*

[7] López, A.; Marco, I. de; Caballero, B. M.; Laresgoiti, M. F.; Adrados, A.: Pyrolysis of municipal plastic wastes: Influence of raw material composition. Waste Management 30 (4) 2010, pp. 620 – 627. DOI: *https://doi.org/10.1016/j.wasman.2009.10.014*

[8] [6a] Netsch,N.; et al..: Energy demand for pyrolysis of mixed thermoplastics and waste plastics in chemical recycling: model prediction and pilot scale validation. ACS Sustainable Resource Management, 2024. DOI:*10.1021/acssusresmgt.4c00109*

[9] Brandrup, J., Bittner, M., Michaeli, W., Menges, G. (Eds.): Die Wiederverwertung von Kunststoffen. Carl Hanser Verlag, München/Wien, 1995

[10] [7a] Stapf, D.; et al.: Pretreatment of municipal solid waste (MSW) for gasification (Biomass pretreatment for bioenergy – Case study 3). IEA Bioenergy report, 2019. *http://task36.ieabioenergy.com/publications/biomass-pre-treatment-for-bioenergy-case-study-3-msw-pre-treatment-for-gasification/*

[11] [8]Direct Thermochemical Liquefaction, Pyrolysis Demoplant Database, IEA Bioenergy task 34, 2016. *http://task34.ieabioenergy.com/publications/pyrolysis-demoplant-database/*

[12] [8a] Broeren, M.; Lindgreen, E. R.; Bergsma, G.: Verkenning chemische recycling – Update 2019. Report, CE Delft, Delft, 2019

[13] Quicker, P.; Neuerburg, F.; Noel, F.; Huras, A.; Y. N.; Eyssen, R. G.; Seifert, H.; Vehlow, J.; Thomé-Kozmiensky, K.: Status of Alternative Techniques for Thermal Waste Treatment, Expert Report No. 29217 for the Federal Ministry for the Environment, Nature Conservation, Building and Nuclear Safety, 2015. *https://www.umweltbundesamt.de/publikationen/sachstand-zu-den-alternativen-verfahren-fuer-die*

[14] [9a] Russ, M.; et al.: Evaluation of pyrolysis with LCA – 3 case studies. Report, Sphera solution GmbH on behalf of BASF SE, 2020

[15] A European Strategy for Plastics in a Circular Economy, Communication from the commission to the European Parliament, the Council, the European Economic and Social Committee and the Committee

of the Regions, Brussels, 2018. *https://eur-lex.europa.eu/legal-content/EN/TXT/?uri=COM%3A2018%3A28%3AFIN*

[16] [10a] Volk, R., et al.: Techno-economic assessment and comparison of different plastic recycling pathways – A German case study, Journal of Industrial Ecology, 2021, 1–20. *https://doi.org/10.1111/jiec.13145*

[17] Meys, R., Kätelhön, A., Bachmann, M., Winter, B., Zibunas, C., Suh, S., Bardow, A..: Achieving net-zero greenhouse gas emissions by a circular carbon economy. Science 2021, 374, 71–76

[18] Netsch, N., Simons, M., Feil, A., Leibold, H., Richter, F., Slama, J., Yogish, S. P., Greiff, K., Stapf, D.: Recycling of polystyrene-based external thermal insulation composite systems – Application of combined mechanical and chemical recycling. Waste Management 2022, 150, 141–150. *https://doi.org/10.1016/j.wasman.2022.07.001*

[19] Kusenberg, M., Roosen, M., Zayoud, A., Djokic, M. R., Thi, H. D., De Meester, S., Ragaert, K., Kresovic, U., Van Geem, K. M.: Assessing the feasibility of chemical recycling via steam cracking of untreated plastic waste pyrolysis oils: Feedstock impurities, product yields and coke fromation. Waste Management 2022, 141, 104–114. *https://doi.org/j.wasman.2022.01.033*

8.2.2 Depolymerisationsverfahren

Einleitung

Philipp Schäfer, Tobias Horn, Christian Hopmann

Die Depolymerisation ist eine Art des chemischen Recyclings, bei der ein Polymer in seine chemischen bzw. sogar in seine monomeren Bestandteile gespalten wird. Bei manchen Polymeren (z. B. Polystyrol und Polymethylmethacrylat) ist ein großer Anteil der Reaktionsprodukte das jeweilige Monomer, welches für die erneute Polymerisation eingesetzt werden kann. Die Depolymerisation stellt die Umkehrreaktion der Polymerisation dar und kann zum stofflichen Kunststoffrecycling eingesetzt werden. Für viele Kunststofftypen wurde die Depolymerisation bereits kurz nach der Polymerentwicklung im industriellen Maßstab untersucht und patentiert [BBMM95]. Ein Beispiel ist die Insitu-Polymerisation von Polymethylmethacrylat, die in den 1930er-Jahren gelang und kurz darauf patentiert wurde [Nie22, Str36]. Beispiele für die industriell zum Einsatz kommenden Depolymerisationsprozesse sind die hydrolytische Depolymerisation von Polyethylenterephthalat [BBMM95] sowie die thermische Depolymerisation von Polymethylmethacrylat und Polystyrol [Nie22]. Die Monomere können als Ausgangsmaterial für die erneute Polymerisation oder andere chemische Prozesse eingesetzt werden.

Der Kettenabbau (Depolymerisation) erfolgt zumeist durch das Spalten einer kovalenten Bindung in der Polymerkette durch das Zuführen von Energie. Dadurch entstehen radikalische Bruchstücke, die dann weitere Folgereaktionen auslösen. Die Depolymerisation ist durch die Spaltung der Wiederholungseinheit in der Hauptkette des Polymers gekennzeichnet. Der Kettenbruch beginnt an den Stellen in der Molekülkette, an denen die geringsten Bindungskräfte vorliegen. Diese Schwachstellen können in den Seitenketten liegen, Unregelmäßigkeiten in der Hauptkette oder an der Hauptkette gebundene Heteroatome sein. Der Abbau durch einen sukzessiven Kettenabbau am Kettenende wird in der Literatur auch oft als Depropagation oder Unzipping bezeichnet.

Dieser Mechanismus stellt eine Kettenreaktion dar. Die Kettenabbaumechanismen können getrennt oder in Verbindung miteinander auftreten und beeinflussen die Produktausbeute bei der Depolymerisation. Die Depolymerisation kann durch thermische, photochemische und mechanische Energieeinwirkung ausgelöst werden [LGN14, MHMS11, Saw07].

Eine chemische Reaktion wie die Depolymerisation kann nur dann spontan ablaufen, wenn die sogenannte freie molare Reaktionsenthalpie ΔG negativ ist. ΔG ist definiert durch die Gibbssche Zustandsgleichung [C19, Cal98, KLM15]. Die molare Reaktionsenthalpie (Reaktionswärme) ΔH ist die Differenz der Energieinhalte (z. B. der Bindungsenergien) von Produkten und Edukten. Die molare Reaktionsentropie ΔS ist definiert durch die Entropiedifferenz der Reaktionsprodukte und der Edukte. Bei der Reaktion von Monomeren zu Polymeren steigt der Ordnungszustand des Systems, da die Anzahl der vorhandenen ungebundenen und damit freien Teilchen sinkt. Die Entropie sinkt folglich während der Polymerbildungsreaktion, ΔS ist negativ. ΔH ist ebenfalls negativ, sodass auch die freie Reaktionsenthalpie negativ ist und die Reaktion nach Anstoß durch die Aktivierungsenergie spontan selbsttätig abläuft. Im Gegensatz dazu ist die Depolymerisationsreaktion eine endotherme Reaktion und die benötigte Aktivierungsenergie variiert je nach betrachtetem Kunststoff. Für Polystyrol beträgt die Aktivierungsenergie beispielsweise 230 kJ/mol und für Polypropylen 243 kJ/mol. Steigt die Temperatur auf die sogenannte Ceiling-Temperatur an, so befindet sich die Polymerisationsrate k_p im Gleichgewicht mit der Depolymerisationsrate k_{dp} (Formel 8.7) [KMN14, Odi04].

$$M_n{}^* \underset{kp;kdp}{\Longleftrightarrow} M_{n-1}{}^* + M \tag{8.7}$$

Durch das Gleichgewicht zwischen der Depolymerisations- und Polymerisationsrate ergibt sich, dass die frei molare Reaktionsenthalpie $\Delta G = 0$ ist. Dadurch kann die Ceiling-Temperatur T_c anhand von Formel 8.8 beschrieben werden [KLM15, Odi04].

$$T_c = \frac{\Delta H}{\Delta S} \tag{8.8}$$

Steigt die Temperatur über T_c, so verschiebt sich das Gleichgewicht der Reaktion in Richtung der Depolymerisation und die Polymerketten werden abgebaut. Daher erzeugen thermische Depolymerisationsprozesse mit Monomeren, die eine höhere molare Reaktionsenthalpie ΔH und eine geringere Ceiling-Temperatur T_c aufweisen, höhere Monomerausbeuten (siehe Tabelle 8.9) [MHMS11].

Eine weitere wichtige Größe zur Beschreibung der Depolymerisation von Kunststoffen ist die sogenannte Zip-Länge. Diese ist das Verhältnis der Geschwindigkeit der Depolymerisation zu der Summe der Geschwindigkeiten der Abbruchs- und Übertragungsreaktionen. Beim thermischen Abbau im Vakuum (T = 300 – 350 °C) ist die Zip-Länge bei Poly-alpha-methylstyrol oder Polymethylmethacrylat größer als 200, bei

Polystyrol und Polyisobutylen beträgt sie 3. Bei Polymeren mit unbedeutender Fähigkeit zur Depolymerisation, wie beispielsweise Polyethylen, beträgt die Zip-Länge nur noch 0,01 [LGN14].

Tabelle 8.9 Reaktionsenthalpie, Reaktionsentropie und Ceiling-Temperaturen einiger Monomere

Monomer	-Δ*H* (kJ/mol)	-Δ*S* (kJ/mol)	T_c (°C)
Isobutylen	54	165	50
α-Methylstyrol	34	102	61
Methylmethacrylat	54	110	220
Propylen	71	124	300
Styrol	71	122	310
Ethylen	92	137	400
Tetrafluorethylen	193	226	580

Für die Depolymerisation können unterschiedliche Reaktortypen eingesetzt werden. Diese werden aufgrund der technischen Anforderungen hinsichtlich des Wärmeübertragungsmechanismus, des Materialstromhandlings und der zurückbleibenden Rückstände ausgewählt. Hauptmerkmal dieser Reaktoren ist eine diskontinuierliche oder eine kontinuierliche Verarbeitung des Kunststoffs. Dadurch erfolgt eine erste Einteilung der Reaktortypen in Batch-Reaktoren, Wirbelschichtreaktoren und Schneckenreaktoren. Diese werden im Folgenden beschrieben und hinsichtlich der resultierenden Ausbeute sowie spezifischer Vor- und Nachteile bewertet. Einzelne Sonderreaktortechniken können auf diese Grundtypen zurückgeführt werden. Weiterhin muss beachtet werden, dass durch die Kombination und Variation der einzelnen Reaktortypen sowie die Wahl der Abbaubedingungen keine eindeutige Zuordnung zum jeweiligen Kunststoff möglich ist. Grundsätzlich werden aufgrund der geringen thermischen Leitfähigkeit von Kunststoffen hohe Anforderungen an die Wärmezufuhr gestellt. Des Weiteren muss der gewählte Reaktor die Handhabung von großen Mengen an Kunststoffabfällen ermöglichen und robust gegenüber Nebenprodukten der Depolymerisation und Verunreinigungen im Eingangsstrom sein.

Batch-Reaktoren stellen ein geschlossenes System dar. Der Reaktor wird gegenüber der Umgebung luftdicht verschlossen und auf eine Temperatur oberhalb der Ceiling-Temperatur aufgeheizt. Bauartbedingt stellt die Energieeinbringung in den Reaktor eine Herausforderung dar und führt bei hohen Batchgrößen zu langsamen Aufheizgeschwindigkeiten. Dadurch resultieren hohe Verweilzeiten bei hohen Temperaturen, sodass vermehrt Nebenreaktionen bei der Depolymerisation auftreten. Eine Abwandlung dieser Reaktortechnik stellen durchströmte Batch-Reaktoren dar. Der Unterschied der Reaktoren besteht darin, dass beim durchströmten Batch-Reaktor ein Inertgas diesen permanent durchströmt. Damit werden die bei dem sogenannten Pyrolyseprozess entstehenden dampfförmigen Abbauprodukte abtransportiert und in einer anschließenden Fraktionierung auskondensiert. Infolgedessen sind die Reaktionsprodukte einer reduzierten Verweilzeit bei hohen Temperaturen im Reaktor ausgesetzt, wodurch Folgereaktionen vermieden werden [KHB99]. Des Weiteren kann dem durchströmten Batch-Reaktor kontinuierlich Material zugeführt werden. Der Hauptnachteil dieser Reaktortypen sind eine geringe Aufheizrate und die aufwendige und regelmäßig erforderliche Reinigung [SAD+16]. Je stärker die Kunststoffabfälle verunreinigt sind, desto geringer ist die Wirtschaftlichkeit dieser Reaktortypen, sodass für großtechnische wirtschaftliche Anwendungen die Aufbereitung der Kunststoffabfälle betrachtet werden muss [CAG+17, SAD+16]. Eine weitere Möglichkeit der Degradation ist das Einbringen der thermischen Energie mittels Mikrowellenstrahlung. Dies erfordert bei unpolaren Kunststoffen jedoch den Zusatz eines mikrowellen-absorbierenden Additivs. Anschließend wird dem Material im Mikrowellenreaktor kontinuierlich Energie zugeführt, bis dieses vollständig depolymerisiert ist. Im Mikrowellenofen wird für die Depolymerisation ein Unterdruck eingestellt, welcher die Reaktion beschleunigt [CAG+17]. Die Reaktionsprodukte werden anschließend abgeführt und bei Raumtemperatur auskondensiert. Bartoli. et al. erzielten in Laborversuchen bei der Depolymerisation von Polystyrol im Mikrowellenofen eine Ausbeute von 92,3 Gew.-% flüssigen, 6,7 Gew.-% gasförmigen und 1 Gew.-% festen Reaktionsprodukten [BRF+15]. Die Kunststoffabfälle müssen eine kleine Partikelgröße aufweisen und organische Reaktionsprodukte müssen aus dem Reaktor entfernt werden, um einen weiteren Abbau der Reaktionsprodukte zu verhindern. Ansonsten wird die Monomerausbeute beeinträchtigt. Zusätzlich müssen beim Reaktorbetrieb hohe Betriebskosten in Verbindung mit einem hohen Strombedarf berücksichtigt werden, was eine industrielle Umsetzung bislang hemmt [CAG+17, AS16].

Eine weitere Reaktortechnik ist der **Wirbelschichtreaktor**. Der Reaktor wird beispielsweise mit Quarzsand gefüllt, der für die Wärmeeinbringung durch ein temperiertes Inertgas aufgewirbelt wird. Unter diesen Bedingungen weist der Sand ein fluidähnliches Verhalten auf und ermöglicht eine schnelle Wärmeabgabe an den zu rezyklierenden Kunststoff. Wirbelschichtreaktoren sind gekennzeichnet durch eine hohe Aufheizrate und eine gute Durchmischung des Einsatzmaterials. Dies ermöglicht eine effiziente Depolymerisation der Kunststoffabfälle, obwohl diese eine geringe Wärmeleitfähigkeit, hohe Wärmekapazität und hohe Viskosität aufweisen [CYWH15]. Die Zusammensetzung der Spaltprodukte bei diesem Prozess ist abhängig von der Verweilzeit und der Temperaturverteilung im Reaktor. Geringere Reaktionstemperaturen begünstigen die Entstehung flüssiger Abbauprodukte, höhere Prozesstemperaturen begünstigen hingegen die Entstehung gasförmiger Abbauprodukte. Eine Herausforderung der Wirbelschichtreaktortechnik ist die Handhabung der Kunststoffabfälle. Der Reaktor ist sensibel gegenüber im Kunststoff enthaltenen Fremdstoffen wie Fasern, Metall und anderen Füllstoffen, da der Quarzsand verunreinigt wird und somit Agglomerate im Wirbelschichtreaktor entstehen können [CAG+17, DZZ+16, KPS04].

Batch-Reaktoren sowie Wirbelschichtreaktoren sind in ihrer Grundform diskontinuierliche Reaktoren zur Depolymerisation von Kunststoffen. Die Depolymerisation wird bis zum vollständigen Abbau des Kunststoffs durchgeführt, sodass Verweilzeiten von mehreren Stunden resultieren können. Schneckenreaktoren hingegen werden kontinuierlich betrieben. Als Schneckenreaktoren können die in der Aufbereitung und Verarbeitung von Kunststoffen etablierten Einschneckenextruder sowie gleichlaufende dichtkämmende Doppelschneckenextruder genutzt werden. Diese Extruderbauformen ermöglichen die effektive Einbringung von thermischer sowie mechanischer Energie. Des Weiteren verfügen derartige Reaktoren über eine hervorragende Förder- und Mischwirkung bei der Verarbeitung von hochviskosen Schmelzen. Je nach Bauform und Maschinengröße können mehrere Tonnen Kunststoffabfall pro Stunde verarbeitet werden. Die gezielte Einstellung der Prozessbedingungen bei der Depolymerisation stellt einen Hauptvorteil dieser Reaktoren dar. Die Entgasung der Reaktionsprodukte kann individuell auf die chemische Reaktion ausgelegt werden und erfolgt entlang der Schnecke. Schneckenreaktoren werden bislang aber primär in Kombination mit anderen Reaktoren für das schnelle Aufschmelzen der Kunststoffabfälle eingesetzt. Darüber hinaus weisen Schneckenreaktoren durch den kontinuierlichen Betrieb ein sehr geringes Verweilzeitspektrum von wenigen Minuten auf. Des Weiteren ist der resultierende hohe Anlagenverschleiß bei der Verarbeitung von metallischen oder mineralischen Verunreinigungen im Kunststoffabfall ein Nachteil. Durch technische Weiterentwicklungen der Schneckenreaktoren sowie eine zunehmende Verbesserung der Aufbereitung (Sammeln, Sortieren und Reinigen) der Kunststoffabfälle können diese Nachteile adressiert werden [Lac96].

Literatur für Abschnitt 8.2.2

[BBM+95] Brandrup, J.; Bittner, M.; Michaeli, W.; Menges, G.: Die Wiederverwertung von Kunststoffen. München: Carl Hanser Verlag, 1995 – ISBN: 3-446-17412-5

[Nie22] Niessner, N.: Recycling of Plastics. München: Carl Hanser Verlag, 2022

[Str36] Strain, D. E.: U. S. 2 030 901: Process for depolymerizing alpha substituted acrylic acid esters. U.S. Patent and Trademark Office, 18.02.1936[LGN14] Lechner, M. D.; Gehrke, K.; Nordmeier, E. H.: Makromolekulare Chemie – Ein Lehrbuch für Chemiker, Physiker, Materialwissenschaftler und Verfahrenstechniker. Berlin, Heidelberg: Springer-Verlag, 2014

[MHMS11] Menges, G.; Haberstroh, E.; Michaeli, W.; Schmachtenberg, E: Menges Werkstoffkunde Kunststoffe. München: Carl Hanser Verlag, 2011

[Saw07] Sawada, H.: Depolymerization. In: Mark, H.F (Hrsg.): Encyclopedia of Polymer Science and Technology, USA: John Wiley & Sons, 2007 – ISBN: 9780471440260

[C19] Chen, L. Q.: Chemical potential and Gibbs free energy. Material Matters Opinion 44 (2019) 520 – 523.

[Cal98] Callen, H. B.: Thermodynamics and an Introduction to Thermostatistics. New York, USA: John Wiley & Sons, 1998 – ISBN: 978-0-471-86256-7

[KLM15] Kaitz, J. A.; Lee, O. P.; Moore, J. S.: Depolymerizable polymers: preparation, applications, and future outlook. MRS Communications 5 (2015) 2, S. 191 – 204

[KMN14] Koltzenburg, S.; Maskos, M.; Nuyken, O.: Polymere: Synthese, Eigenschaften und Anwendungen. Berlin Heidelberg: Springer-Verlag, 2014 – ISBN: 978-3-642-34772-6

[Odi04] Odian, G.: Principles of polymerization. USA: John Wiley & Sons, 2004, ISBN:9780471274001

[KHB+99] Kim, Y. S.; Hwang, G. C.; Bae, S. Y.; Yi, S. C.; Moon, S. K.; Kumazawa, H.: Pyrolysis of polystyrene in a batch-type stirred vessel. Korean Journal of Chemical Engineering 16 (1999) 2, S. 161 – 165

[SAD+16] Sharuddin, S. D. A.; Abnisa, F.; Daud, W. M. A. W.; Aroua, M. K.: A review on pyrolysis of plastic wastes. Energy conversion and management 115 (2016), S. 308 – 326

[CAG+17] Czajczyńska, D.; Anguilano, L.; Ghazal, H.; Krzyżyńska, R.; Reynolds, A. J.; Spencer, N.; Jouhara, H.: Potenzial of pyrolysis processes in the waste management sector. Thermal Science and Engineering Progress (2017) 3, S. 171 – 197

8.2.2.1 Polystyrol (PS)

Philipp Schäfer, Christian Hopmann

Neben Polypropylen, Polyethylen und Polyvinylchlorid zählt Polystyrol zu den mengenmäßig wichtigsten Thermoplasten in Europa. Im Jahr 2019 stieg der Polystyrolbedarf in Europa auf 3,14 Mio. t [NN20]. Industriell wird vor allem das ataktische Homopolymer hergestellt, welches aufgrund der sterischen Hinderung der zufällig entlang der Kette verteilten Phenylgruppen amorph ist. Bild 8.23 zeigt die chemische Formel von Styrol und die Wiederholungseinheit von Polystyrol [BBO+13, DEEH12].

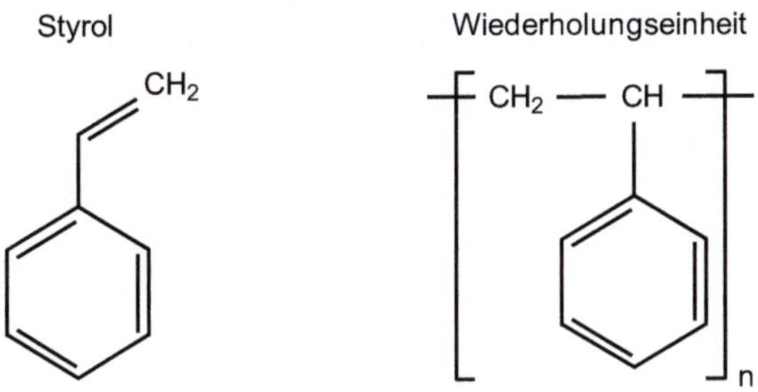

Bild 8.23 Styrol und die resultierende Wiederholungseinheit des Polystyrols (Homopolymer)

Polystyrol wurde erstmals im Jahre 1931 von der BASF mittels Substanzpolymerisation, die in der Industrie auch als Massepolymerisation bekannt ist, kommerziell hergestellt [GW97]. Bei der Substanzpolymerisation wird das Monomer (Styrol) ohne ein Lösemittel polymerisiert. Die kontinuierliche Massepolymerisation und die Suspensionspolymerisation stellen die wirtschaftlich wichtigen Herstellungsverfahren für Polystyrol dar [DEEH12]. Ausgangsprodukte für die Monomerherstellung sind die Primärchemikalien Benzol und Ethylen, die aus Erdöl gewonnen werden. Durch Dehydrierung von Ethylenbenzol entsteht Styrol. Styrol wiederum wird für die Polymerisation von Polystyrol genutzt. Eine Besonderheit von Polystyrol ist die Polymerisationsfähigkeit des Monomers. Styrol kann durch radikalische, anionische, kationische Polymerisation und durch Polyinsertion polymerisiert werden [LGN14]. Somit können die Kettenlänge und die Kettenstruktur gezielt an das Anforderungsspektrum des jeweiligen Anwendungsgebietes angepasst werden [Kai21, KMN14].

Polystyrol zählt generell zu den amorphen Thermoplasten, ist preisgünstig und wird primär im Verpackungssektor und der Baubranche eingesetzt. Generell kann Polystyrol in die zwei Gruppen der Standard-Polystyrole und der modifizierten Styrolpolymere unterteilt werden. Standard-Polystyrole weisen hohe Steifigkeit, sprödes Bruchverhalten, hohe Transparenz und Härte auf. Des Weiteren sind sie beständig gegenüber einer Vielzahl von Säuren, Basen, Alkoholen, Fetten und Ölen. Unbeständig ist Polystyrol jedoch gegenüber Kohlenwasserstoffen, Halogenkohlenwasserstoffen, Estern und Ketonen. Zur Modifizierung bestimmter Materialeigenschaften, wie beispielsweise der Wärmeformbeständigkeit, Steifigkeit, Schlagzähigkeit, der chemischen Beständigkeit und der Spannungsrissempfindlichkeit, sowie zur Anpassung an spezifische Anforderungen wurde eine Vielzahl von Copolymerisaten und Blends entwickelt. Wichtiger Vertreter dieser Produktklasse ist Styrol-Acrylnitril. Dieses kann in Kombination mit einem Kautschuk zu Acrylnitril-Butadien-Styrol (ABS) oder Acrylnitril-Styrol-Acrylat (ASA) weiterverarbeitet werden. Diese können wiederum zur Herstellung von Kunststoffblends (z. B. ABS+PC, ASA+PC und ABS+PA) weiterverarbeitet werden, sodass das Einsatzspektrum erweitert wird [BBO+13, DEEH12, Kai21].

Aufgrund der hohen Transparenz, der uneingeschränkten Zulassung für den Lebensmittelsektor, der Beständigkeit gegenüber wässrigen Säuren und Laugen sowie polaren Lösungsmitteln wird Polystyrol häufig als Rohstoff im Verpackungssektor eingesetzt. Produkte in diesem Sektor sind zumeist Einwegartikel und müssen nach ihrem Einsatz über eine geeignete Recyclingmethode wiederverwertet werden. Des Weiteren werden große Mengen von expandiertem Polystyrol (EPS) und extrudiertem Polystyrol (XPS) im Bau-, Lebensmittel- und Transportsektor eingesetzt. Aufgrund der geringen Wärmeleitfähigkeit und der Unempfindlichkeit gegenüber Wasser eignet sich EPS als Dämmstoff im Bausektor [ZYN+17]. Im Transportsektor wird EPS eingesetzt, um Produkte gegen Transportschäden zu schützen. Dazu wird das Granulat in eine Form gegeben und mit heißem Wasserdampf expandiert. Das Granulat schmilzt dabei nicht vollkommen auf, sondern verbindet sich zum Teil untereinander. XPS hingegen besitzt eine geschlossene Oberfläche und Schaumstruktur. Aufgrund dieser Eigenschaften weist XPS eine hohe Druckfestigkeit und eine geringe Wasseraufnahme auf. Häufige Anwendungen sind Lebensmittelverpackungen und die Dämmung von Gebäuden.

8.2.2.1.1 Chemische Reaktion bei der Depolymerisation von Polystyrol

Eine erfolgversprechende Methode, Polystyrol zu recyceln, ist die thermische Depolymerisation. Polystyrol ist eines der wenigen Polymere, welche bei einer hohen Energieeinwirkung mit einem großen Anteil zurück zum Monomer – in diesem Fall Styrol – reagieren. Dieser Mechanismus kann genutzt werden, um Polystyrol chemisch zu recyceln und das gewonnene Styrol für eine erneute Polymerisation einzusetzen. Die rohstoffliche Verwertung von Polystyrol ist nicht nur ressourcenschonend, weil dabei fossile Rohstoffe eingespart werden, sondern auch weil deutlich weniger Energie benötigt wird. Bei der konventionellen Herstellung von Polystyrol wird eine Gesamtenergiemenge von etwa 91 MJ/kg benötigt [Wöh18]. Für die Depolymerisation von Polystyrol sind bereits 3,3 MJ/kg ausreichend. Dieser Wert setzt sich aus der Aufheizenergie des Polystyrols auf 450 °C (0,6 MJ/kg), aus der Reaktionsenergie von 2,3 MJ/kg sowie aus der

Verdampfungsenergie des Styrols von 0,4 MJ/kg zusammen [PGW46, PVW01]. Dieser Energieanteil ist theoretisch notwendig, um reines Polystyrol in Styrol umzuwandeln. Für eine vollständige Energiebilanz des Recyclingprozesses müssen die Bilanzen der einzelnen Prozessschritte wie Transport, Aufbereitung, Verluste des Reaktionsreaktors, Vakuumabscheidesysteme sowie die anschließende Repolymerisation zusätzlich betrachtet werden. Die Polymerisation ist eine exotherme Reaktion und benötigt demnach keine zusätzliche Energie.

Bei der Depolymerisation von Polystyrol hingegen werden die kovalenten Bindungen der Hauptkette aufgebrochen. Die Kettenspaltung wird durch die Zugabe hoher thermischer Energie initiiert. Für die Aufspaltung der Kohlenstoffbindung wird eine Aktivierungsenergie von 240 KJ/mol benötigt [PVW01]. Eine Materialerwärmung oberhalb der Ceiling-Temperatur sorgt dafür, dass das Reaktionsgleichgewicht zugunsten des Kettenabbaus verschoben ist (vgl. Formel 8.7 und Formel 8.8). Für Polystyrol wird die Ceiling-Temperatur mit 400 °C angegeben [Fin13]. Bei dieser Temperatur ist die Reaktionsenthalpie ΔG gleich null [SLH02]. Mit einer Materialtemperatur oberhalb der Ceiling-Temperatur läuft die Reaktion deutlich schneller ab [SLH02] und die Wahrscheinlichkeit von Nebenreaktionen steigt. Eine Übersicht über die grundlegenden Reaktionen, die während der Depolymerisation von Polystyrol stattfinden, wird im Folgenden gegeben.

Initiiert wird die Reaktion unter Ausschluss von Sauerstoff durch eine zufällige Spaltung der Polymerkette. Dabei entstehen primäre und sekundäre Makroradikale (Bild 8.24). Der Unterschied zwischen dem primären und dem sekundären Makroradikal ist, wie in Bild 8.24 visualisiert, die Radikalgruppe.

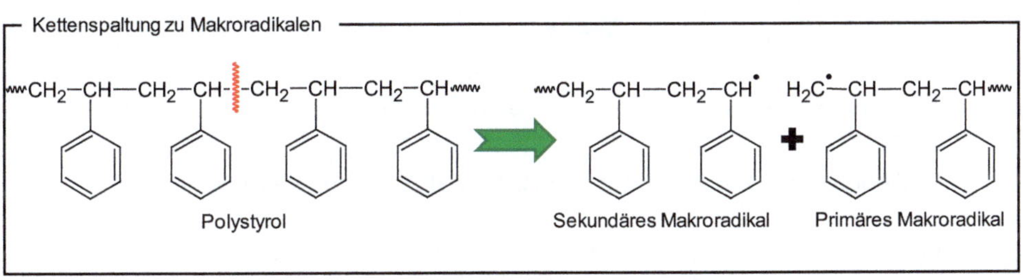

Bild 8.24 Depolymerisationsmechanismus: Kettenspaltung von Polystyrol

Beide Radikale reduzieren die Bindungsenergie der benachbarten C–C-Bindungen und ermöglichen die Abspaltung eines Styrol-Moleküls vom Kettenende der Makroradikale (Bild 8.25). Das Radikal bildet mit dem Elektron der Trennstelle die Doppelbindung des Styrols. Am Kettenende entsteht ein neues Radikal (Bild 8.25). Dieser Vorgang wiederholt sich, bis ein vollständiger Abbau der Kette vorliegt. Das primäre Makroradikal kann ausschließlich auf diese Weise reagieren [Guy86, OYT90, ZQW16].

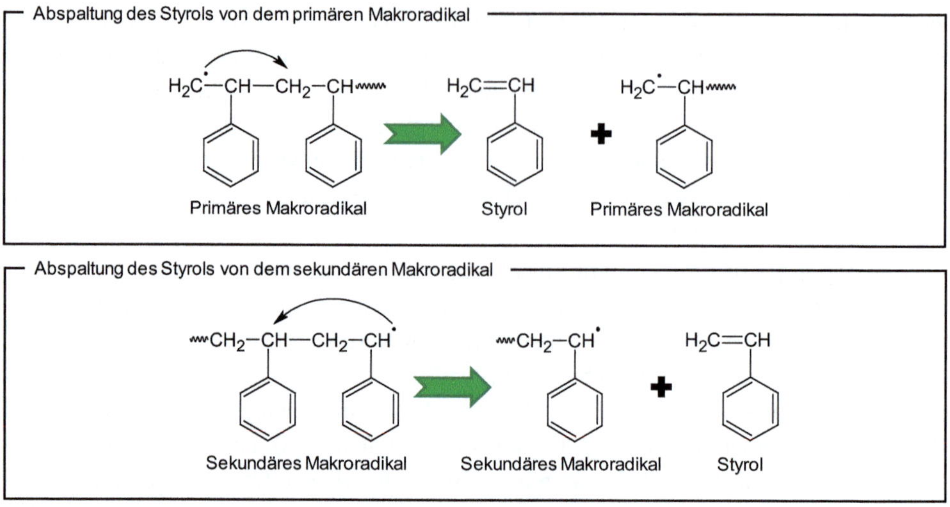

Bild 8.25 Depolymerisationsmechanismus: Abspaltung von Styrol

Bei dem sekundären Makroradikal kommt es neben dieser dominierenden Reaktion zu weiteren Nebenreaktionen. Die Reaktion des sekundären Makroradikal zu einem Styrol-Dimer ist in Bild 8.26 dargestellt.

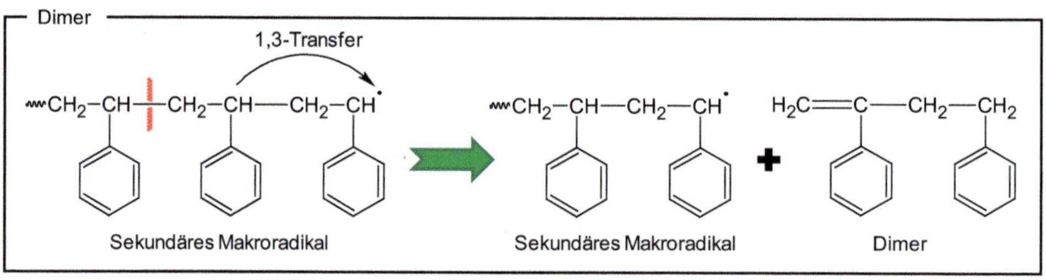

Bild 8.26 Depolymerisationsmechanismus: Abspaltung von einem Dimer

In einem 1,3-Transfer wechselt das Wasserstoffatom vom dritten Kohlenstoffatom zum ersten Kohlenstoffatom. Dabei wandert das Radikal vom ersten zum dritten Kohlenstoffatom und bewirkt, unter Bildung einer Doppelbindung, eine Abspaltung des Dimers von der Polymerkette. Das Styrol-Trimer entsteht auf eine ähnliche Weise. Das Radikal des sekundären Makroradikals wechselt in einem 1,5-Transfer zum fünften Kohlenstoffatom und bildet mit dem sechsten Kohlenstoffatom eine Doppelbindung (Bild 8.27).

Wie bei der Abtrennung des Dimers wird die Polymerkette gespalten und es entsteht ein Trimer. Bei beiden Reaktionen bleibt ein um zwei beziehungsweise drei Monomere gekürztes, sekundäres Makroradikal übrig, welches weiterhin reaktionsfähig ist [Guy86, OYT90, ZQW16]. Die Siedetemperaturen des Dimers von 342 °C und des Trimers von

551 °C bei Umgebungsdruck liegen deutlich über der Siedetemperatur von Styrol. Die Trennung der Produkte nach der Depolymerisation in einem Destillationsprozess ist daher möglich.

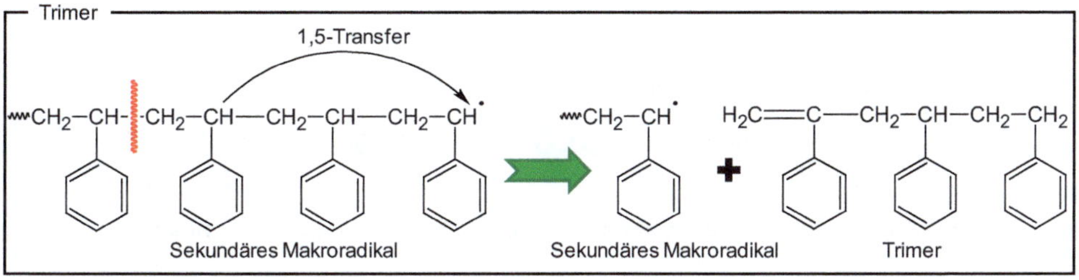

Bild 8.27 Depolymerisationsmechanismus: Abspaltung von einem Trimer

Eine weitere Reaktionsmöglichkeit des sekundären Makroradikals ist die Abspaltung eines Diphenylpropan-Radikals (Bild 8.28 oben). Bei dieser Reaktion geht das Wasserstoffatom, welches zuvor an das fünfte Kohlenstoffatom gebunden war, eine Bindung mit dem Radikal am Kettenende ein. Dabei wird ein Diphenylpropan-Radikal abgespalten. Am neuen Kettenende entsteht dadurch eine Doppelbindung. Damit liegt am letzten Kohlenstoffatom der Polymerkette kein Radikal, sondern ein ungesättigtes Kettenende vor. Das Diphenylpropan-Radikal ist sehr instabil und zerfällt in ein Styrol-Molekül und ein Benzyl-Radikal (Bild 8.28 unten).

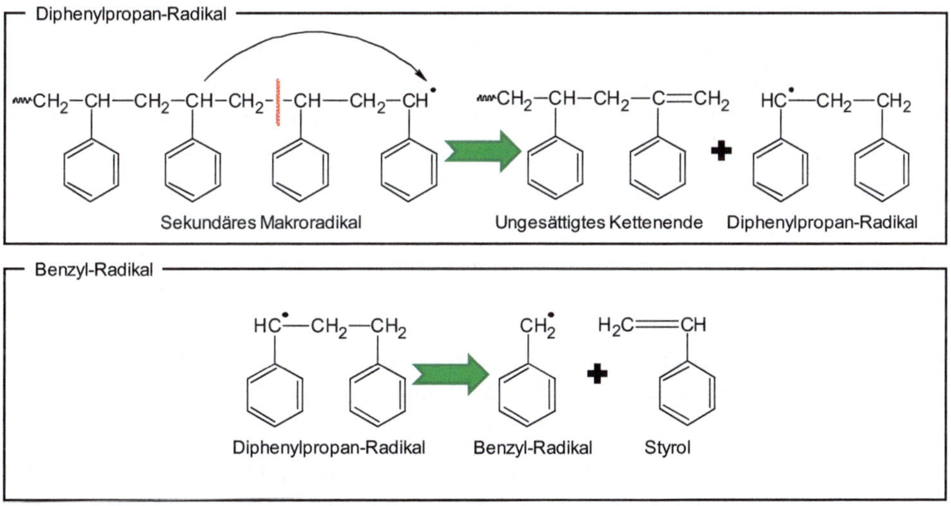

Bild 8.28 Depolymerisationsmechanismus: Entstehung der Zwischenprodukte Diphenylpropan- und Benzyl-Radikal

Das Benzyl-Radikal ist hochreaktiv und greift die ungesättigten Kettenenden an (Bild 8.29 oben). Aus dieser Reaktion geht ein weiteres Dimer hervor und am Ende der Polymerkette liegt ein sekundäres Radikal vor [Guy86, OYT90, ZQW16].

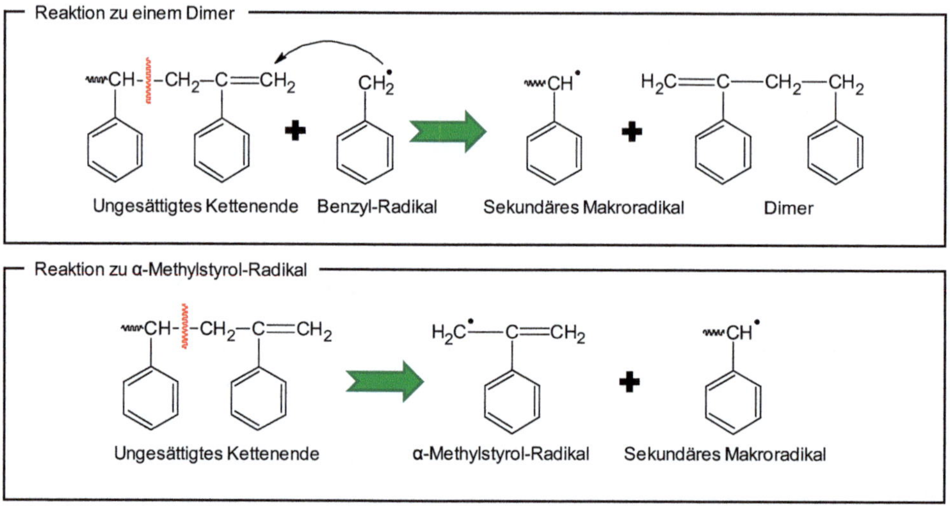

Bild 8.29 Depolymerisationsmechanismus: Reaktionsmöglichkeiten des ungesättigten Polystyrolkettenendes

In Bild 8.29 ist unten der Zerfall eines ungesättigten Kettenendes ohne Fremdeinwirkung zu einem α-Methylstyrol-Radikal und einem sekundären Makroradikal dargestellt. Unter Aufnahme eines Protons entsteht aus dem α-Methylstyrol-Radikal ein α-Methylstyrol, welches zu den Nebenprodukten der Depolymerisation von Polystyrol gehört (Bild 8.30 oben) [Guy86]. α-Methylstyrol ist das Monomer von Poly-α-Methylstyrol und wird bei der Herstellung von Weichmachern und Harzen verwendet. Die Siedetemperatur liegt mit 164 °C oberhalb der Siedetemperatur von Styrol (145 °C). Deshalb ist die Trennung der beiden Produkte nach der Depolymerisation in einem Destillationsprozess möglich. Ein weiteres Nebenprodukt ist Ethylbenzol. Styrol wird mittels oxidativer Dehydrierung aus Ethylbenzol hergestellt. Die hohen Temperaturen der Polystyroldepolymerisation führen jedoch dazu, dass die Reaktion rückwärts abläuft und aus Styrol und Wasserstoff Ethylbenzol entsteht (Bild 8.30 unten) [Guy86, OYT90]. Ethylbenzol hat eine Siedetemperatur von 136 °C und kann in einem Destillationsprozess von Styrol und α-Methylstyrol getrennt werden.

Grundsätzlich kann das Reaktionsgleichgewicht bei der Depolymerisation durch die Prozessparameter Reaktionstemperatur, -druck und -zeit beeinflusst werden. Durch eine Erhöhung der Reaktionstemperatur oberhalb der Ceiling-Temperatur wird die Depolymerisationsrate k_{dp} erhöht und die Depolymerisationsreaktion läuft schneller ab (vgl. Formel 8.7). Dies führt grundsätzlich zu höheren Produktausbeuten bei der Depolymerisation von Polystyrol [CMW78, FPP+01, Gua86, KWB01, OMS20]. Bei einer Reaktionstemperatur von 500 °C sind die zuvor beschriebenen Mechanismen mit Initiierungs-, Fortpflanzungs- (β-Spaltung und der intramolekulare Wasserstofftransfer) und Abbruchreaktionen die dominierenden Depolymerisationsreaktionen. Dies führt zu einer erhöhten Ausbeute an Styrolmonomeren. Bei Temperaturen weit oberhalb der Ceiling-Temperaturen laufen vermehrt Nebenreaktionen zu α-Methylstyrol, Ethylbenzol und Tuluol ab, welche die relative Styrolausbeute reduzieren. Tuluol kann zudem die Abbruchreaktion der Depolymerisation von Polystyrol auslösen [AB92]. Ein höherer Vakuumdruck führt dazu, dass die gasförmigen Reaktionsprodukte schneller aus dem Reaktor abgeführt werden und das Reaktionsgleichgewicht auf der Seite der Produkte verbleibt. Dadurch resultieren insgesamt höhere Ausbeuten im Produktstrom. Des Weiteren wird durch ein starkes Vakuum die Siedetemperatur der Reaktionsprodukte herabgesetzt. Hierdurch wird die Zusammensetzung im Produktstrom beeinflusst und Nebenreaktionen zu höher molekularen Stoffen (z. B. Dimeren oder Trimeren) laufen häufiger ab [OMS20]. Dadurch wird die relative Styrolausbeute beeinträchtigt.

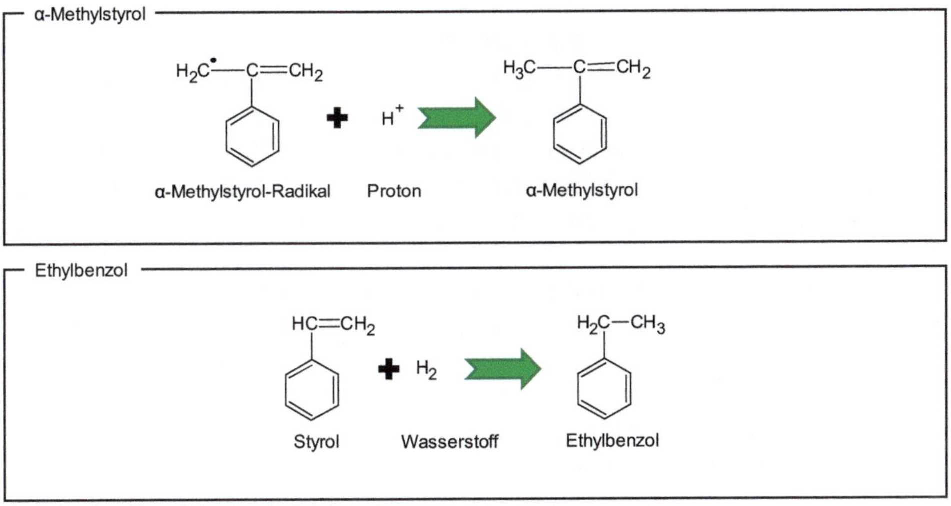

Bild 8.30 Depolymerisationsmechanismus: Entstehung der Nebenprodukte α-Methylstyrol und Ethylbenzol

Hinsichtlich der Verweilzeit des Materials im Reaktor müssen zwei Einflüsse für die Depolymerisation beachtet werden. Eine ausreichend hohe Verweilzeit des Polystyrols im Reaktor ist notwendig, um einen vollständigen Kettenabbau bis zur Abbruchreaktion zu ermöglichen. Dieser Effekt beeinflusst primär die Produktausbeute und erreicht zu einem bestimmten Zeitpunkt sein Maximum. Oberhalb dieser Verweilzeit finden vermehrt Nebenreaktionen statt. Dadurch resultiert eine reduzierte Styrolausbeute im Produktstrom, was zu vermeiden ist [OMS20].

Eine weitere Möglichkeit zur Beeinflussung der Depolymerisationsreaktion stellt die Nutzung von Katalysatoren dar. Die am häufigsten verwendeten Katalysatoren beim katalytischen Abbau von Polystyrol sind feste Säuren und Basen [JSR08, LYK+01]. Durch den Einsatz von Katalysatoren kann das Reaktionsgleichgewicht gezielt beeinflusst und die Reaktionsgeschwindigkeit erhöht werden. Durch die aromatische Molekülstruktur und das große C/H-Verhältnis des Polystyrols finden während der Depolymerisation Nebenreaktionen zu Kohlenstoff statt. Dieser adsorbiert an die Katalysatoroberfläche, wodurch die aktive Oberfläche sinkt. Um eine übermäßige Verkokung und die daraus folgende Reduzierung der Katalysatoreffizienz zu minimieren, sollte das verwendete Rezyklat möglichst eine hohe Reinheit haben [AKM+07, GDG+09, GGD+09].

8.2.2.1.2 Wertschöpfung der Reaktionsprodukte bei der Depolymerisation von Polystyrol

In der Auswahl der optimalen Verwertungsstrategie für die Depolymerisation von Polystyrol müssen ökonomische und ökologische Gesichtspunkte für die jeweiligen Materialströme berücksichtigt werden. Aus diesem Grund werden im Folgenden die Reaktionsprodukte Styrol, Dimere, Trimere, Etyhlenbenzol und α-Methylstyrol gesondert voneinander betrachtet und ihre Einsatzgebiete vorgestellt.

Bezogen auf die vollständige Schließung des Kunststoffkreislaufs stellt Styrol den größten Nutzen der Depolymerisation von Polystyrol dar. Je nach Reinheitsgrad der Styrolphase müssen weitere chemische Aufreinigungsschritte durchgeführt werden, damit die Polymerisation von langkettigen Polymerisaten möglich ist. Dies kann zu einer Reduzierung der Wertschöpfung führen und muss je nach Materialstrom der Kunststoffabfälle bewertet werden. Dimere und Trimere können nicht für eine erneute Polymerisation genutzt werden. Wirtschaftlich können diese aber über ein thermisches Cracken in einem Temperaturbereich von 300 bis 700 °C unter Druck zu Primärchemikalien, wie beispielsweise Benzolen, gespalten werden. Durch den Einsatz von Katalysatoren können die benötigten Prozessparameter reduziert und die Spaltreaktion beschleunigt werden. Je nach eingesetztem Säuregrad des Katalysators werden das Reaktionsgleichgewicht und somit die Reaktionsprodukte beeinflusst [MKM13, AKM+07, LW96].

Etyhlenbenzol und α-Methylstyrol sind Nebenprodukte der Depolymerisation von Polystyrol und weisen einen geringen Reaktionsproduktanteil auf. Dennoch können beide Produkte innerhalb des Kunststoffkreislaufes eingesetzt werden. Styrol wird mittels oxidativer Dehydrierung aus Ethylbenzol hergestellt. Die hohen Temperaturen bei der chemischen Depolymerisation von Polystyrol führen jedoch dazu, dass die Reaktion rückwärts abläuft und aus Styrol und Wasserstoff Ethylbenzol entsteht. Ethylbenzol kann in einem Destillationsprozess von den Reaktionsprodukten getrennt werden und für die erneute Herstellung von Styrol genutzt werden. α-Methylstyrol kann entweder bei der Polymerisation von Polystyrol hinzugegeben werden, um die Wärmeformbeständigkeit zu erhöhen, oder für die Polymerisation von Poly-α-Methylstyrol eingesetzt werden. Des Weiteren wird α-Methylstyrol für die Herstellung von Weichmachern und Harzen eingesetzt [Odi04, Kai21].

Die ökonomische sowie ökologische Betrachtung der Depolymerisation von Polystyrol ist abhängig vom jeweiligen Materialstrom und den resultierenden Reaktionsprodukten der Depolymerisation. Die Reaktionsprodukte werden zusätzlich durch die eingesetzte Aufbereitungstechnologie sowie Reaktortechnik beeinflusst. Für die thermische Depolymerisation von Polystyrol im Schneckenreaktor konnte auf Basis einer LCA die Wertschöpfung des chemischen Recyclings von Polystyrol bereits analysiert werden. Die Analyse konnte zeigen, dass insgesamt weniger Energie benötigt und weniger CO_2 produziert wird als in der konventionellen Polystyrolproduktion [NNW+20]. Der zugrundeliegende Depolymerisationprozess basiert auf einem Doppelschneckenextruder. Bei den Untersuchungen konnten Kondensatausbeuten von bis zu 100 Gew.-% und absolute Styrolausbeuten von ca. 60 Gew.-% erreicht werden [SHF+20, SHFD20a, SHFD20b, SHDF21]. Die Depolymerisation von Polystyrol stellt somit eine sinnvolle Recyclinglösung für Polystyrol dar.

8.2.2.1.3 Chemisches Recycling von Polystyrol in der industriellen Anwendung

Die aktuelle Nachhaltigkeitsdebatte im Bereich der Kunststoffe, die in den letzten Jahren sehr stark in den Blickpunkt des öffentlichen Interesses geraten ist, führt zu gesetzlichen Regularien, welche den Einsatz von Kunststoffen einschränken und steigende Recyclingquoten fordern [NN18, NN21a, NN21b, URL21]. Ein Beispiel ist das Gesetz der Europäischen Union, welches seit dem 03. Juli 2021 viele Einwegprodukte aus Styrol verbietet [NN18]. Des Weiteren gilt ein EU-weites Exportverbot für schwer recycelbare Kunststoffabfälle, die vermischt und verunreinigt sind [URL21]. Dabei bietet Polystyrol im Gegensatz zu anderen Verpackungsmaterialien, wie beispielsweise PP, PE oder PET, die Möglichkeit, den Kunststoffkreislauf durch das chemische Recycling vollständig zu schließen. Die Gesetzeslage führt zu einer Weiterentwicklung der Recyclingtechnologien und zunehmendem Bedarf, Rezyklate einzusetzen.

Der Idealfall des chemischen Recyclings ist die vollständige Monomerrückgewinnung mit anschließender Polymersynthese [Lac96]. Entscheidend für das chemische Recycling von Polystyrol ist die Verfügbarkeit von Materialströmen. Für eine hohe Wirtschaftlichkeit müssen diese sortenrein und gereinigt vorliegen. Das chemische Recycling von Kunststoffen stellt die einzige Verwertungsmethode zur annähernd vollständigen Schließung des Stoffkreises dar [RDG17]. Im Vergleich zum werkstofflichen Recycling ist die benötigte Energie für das chemische Recycling höher. Dennoch ermöglicht das chemische Recycling von Polystyrol auch Abfälle mit einer niedrigen Materialqualität zu recyceln und die Qualität von Neuware zu erzielen. Das Erreichen immer höherer Recyclingquoten ist im Interesse der Politik und Öffentlichkeit. Für den Verpackungsbereich wurden die Recyclingquoten im Verpackungsgesetz (VerpackG) 2021 überarbeitet und festgelegt [URL21]. Demnach sind Kunststoffe aus dem Verpackungsbereich ab dem 01. Januar 2022 zu mindestens 70 Gew.-% einer Verwertung zuzuführen [NN21]. Polystyrol wird zu einem großen Anteil für Verpackungen im Lebensmittelsektor eingesetzt. Hier herrschen strenge Auflagen an die Materialreinheit, sodass Polystyrolrezyklate eine Lebensmittelfreigabe erzielen müssen, um in dieser Anwendung erneut eingesetzt zu werden. Diese Qualitätsanforderungen können durch das werkstoffliche Recycling wirtschaftlich nicht erzielt werden. Eine ähnliche Herausforderung besteht bei Polystyrolprodukten im Bausektor. Hier wird das Polystyrol als Dämmmaterial eingesetzt und gezielt über die Zugabe von flammhemmenden Füllstoffen funktionalisiert. Da dies ein sicherheitsrelevantes Produkt darstellt, sind auch hier die Hemmnisse groß, ein Polystyrolrezyklat einzusetzen. Einen möglichen Ausweg bietet das chemische Recycling, da durch diese Verwertungsmethode ein Rezyklat mit vergleichbarer Qualität und Reinheit wie Neuware hergestellt wird. Erzeugnisse aus chemischen Recyclingtechnologien werden als solche bislang nicht extra gekennzeichnet. Dadurch werden die Vorteile für die Nutzung solcher Erzeugnisse durch Unternehmen reduziert [BBB+20, OR20]. Festzuhalten ist, dass stark verunreinigte und abgebaute Polystyrolprodukte ausschließlich über das chemische Recycling im Sinne der Kreislaufwirtschaft wiederverwertet werden können. Primäres Ziel bei der Auswahl der Recyclingmethode sollte es dennoch sein, den energetisch und wirtschaftlich sinnvollen Weg zu nutzen. Dies kann in vereinzelten Fällen auch die thermische Verwertung sein [BBMM95, OR20].

Ein annähernd vollständiges Schließen des Kunststoffkreislaufes für Polystyrol ist ausschließlich auf Basis von chemischen Recyclingmethoden möglich. In einer Kooperation von Ineos, Trinseo, AmSty und Agilyx soll das chemische Recycling von Polystyrol weiterentwickelt und für eine industrielle Umsetzung eingesetzt werden [URL21b]. Durch diese Kooperation sollen in Zukunft mehrere Recyclinganlagen gebaut werden. So planen Ineos Styrolution und AmSty den Bau einer chemischen Recyclinganlage für Polystyrol mit einer Kapazität von 100 t/Tag in Channahon, Illinois, USA [URL21c].

Literatur für Abschnitt 8.2.2.1

[AB92] Audisio, G.; Bertini, F.: Molecular weight and pyrolysis products distribution of polymers: I. Polystyrene. Journal of analytical and applied pyrolysis 24 (1992) 1, S. 61 – 74

[AKM+07] Achilias, D. S.; Kanellopoulou, I.; Megalokonomos, P.; Antonakou, E.; Lappas, A. A.: Chemical recycling of polystyrene by pyrolysis: potential use of the liquid product for the reproduction of polymer. Macromolecular Materials and Engineering 292 (2007) 8, S. 923 – 934

[BBB+20] Bensmann, B.; Brandenburg, B.; Buch, S.; Deister, U.; Büdicker, K.; Heinreich, H. F.; Holzhauer, R.; Rump, T.; Suermann, M.; Espinoza, L. T.: Strategische Nutzung von Rohstoffen in Deutschland. VDI-Statusreport November (2020)

[BBMM95] Brandrup, J.; Bittner, M.; Michaeli, W.; Menges, G.: Die Wiederverwertung von Kunststoffen. München: Carl Hanser Verlag, 1995 – ISBN: 3-446-17412-5

[BBO+13] Baur, E.; Brinkmann, S.; Osswald, T.; Rudolph, N.; Schmachtenberg, E.: Saechtling Kunststoff Taschenbuch – 31. Ausgabe. München: Carl Hanser Verlag, 2013

[CMW78] Cameron, G. G.; Meyer, J. M.; McWalter, I. T.: Thermal degradation of polystyrene. 3. A Reappraisal. Macromolecules 11 (1978) 4, S. 696 – 700

[DEEH12] Domininghaus, H.; Elsner P.; Eyerer, P.; Hirth, T.: Kunststoffe – Eigenschaften und Anwendungen. Heidelberg: Springer-Verlag, 2012

[Fin13] Fink, J. K.: Reactive polymers fundamental and applications 2. New York: William Andrew, 2013, ISBN: 9781455731497

[FPP+01] Faravelli, T.; Pinciroli, M.; Pisano, F.; Bozzano, G.; Dente, M.; Ranzi, E.: Thermal degradation of polystyrene. Journal of analytical and applied pyrolysis 60 (2001) 1, S. 103 – 121

[GDG+09] García, M. T.; Duque, G.; Gracia, I.; de Lucas, A.; Rodríguez, J. F.: Recycling extruded polystyrene by dissolution with suitable solvents. Journal of material cycles and waste management 11 (2009) 1, S. 2 – 5

[GGD+09] García, M. T.; Gracia, I.; Duque, G.; de Lucas, A.; Rodríguez, J. F.: Study of the solubility and stability of polystyrene wastes in a dissolution recycling process. Waste management 29 (2009) 6, S. 1814 – 1818

[Gua86] Guaita, M.: Thermal degradation of polystyrene. British Polymer Journal 18 (1986) 4, S. 226 – 230

[Guy86] Guyot, A.: Recent developments in the thermal degradation of polystyrene. Polymer degradation and stability 15 (1986) 3, S. 219 – 235

[GW97] Gausepohl, H., Warzelhan, V.: Polystyrol und styrolcopolymere. Die Angewandte Makromolekulare Chemie: Applied Macromolecular Chemistry and Physics 244 (1997) 1, S. 17 – 41

[JSR08] Jan, M. R.; Shah, J.; Rahim, A.: Recovery of styrene monomer from waste polystyrene using catalytic degradation. American Laboratory 40 (2008) 4, S. x-y

[Kai21] Kaiser, W.: Kunststoffchemie für Ingenieure: von der Synthese bis zur Anwendung. München: Carl Hanser Verlag, 2021

[KMN14] Koltzenburg, S.; Maskos, M.; Nuyken, O.: Polymere: Synthese, Eigenschaften und Anwendungen. Berlin Heidelberg: Springer-Verlag, 2014 – ISBN: 978-3-642-34772-6

[KWB01] Kruse, T. M.; Woo, O. S.; Broadbelt, L. J.: Detailed mechanistic modeling of polymer degradation: application to polystyrene. Chemical engineering science 56 (2001) 3, S. 971 – 979

[LW96] Lin, R.; White, R. L.: Acid-catalyzed cracking of polystyrene. Journal of applied polymer science 63 (1996) 10, S. 1287 – 1298

[LYK+01] Lee, S. Y.; Yoon, J. H.; Kim, J. R.; Park, D. W.: Catalytic degradation of polystyrene over natural clinoptilolite zeolite. Polymer degradation and stability 74 (2001) 2, S. 297 – 305

[MKM13] Marczewski, M.; Kamińska, E.; Marczewska, H.: Decomposition of styrene dimers: the influence of the acid strength of the catalyst. Reaction Kinetics, Mechanisms and Catalysis 108 (2013) 1, S. 59 – 68

[NN18] N. N.: Richtlinie (EU) 2018/852 des europäischen Parlaments und des Rates vom 30. Mai 2018 zur Änderung der Richtlinie 94/62/EG über Verpackungen und Verpackungsabfälle. 30.05.2018

[NN20] N. N.: Plastics—The Facts 2020. PlasticsEurope, Belgien, Brüssel, 2020

[NN21] N. N.: Gesetz über das Inverkehrbringen, die Rücknahme und die hochwertige Verwertung von Verpackungen (Verpackungsgesetz – VerpackG). BGBl. I S. 1699, 27.01.2021

[NN21a] N. N.: Circular Economy Roadmap für Deutschland. Acatech, Circular Economy Initiative Deutschland, SYSTEMIQ, Deutschland, 2021

[NN21b] N. N.: Gesetz über das Inverkehrbringen, die Rücknahme und die hochwertige Verwertung von Verpackungen (Verpackungsgesetz – VerpackG). BGBl. I S. 1699, 27.01.2021

[NNW+20] Niessner, N.; Nosić, F.; Wilhelmus, B; Nottbohm, J.; Bittner, T.; Schäfer, P.; Kolb, T.; Schedel, A.; Feil, A.; Rolf, K.: ResolVe – Recycling von Polystyrol mittels rohstofflicher Verwertung. Abschlussbericht Deutsches Bundesministerium für Bildung und Forschung Nr. 033R194C, 2020

[OMS20] Ordaz-Quintero, A.; Monroy-Alonso, A.; Saldívar-Guerra, E.: Thermal Pyrolysis of Polystyrene Aided by a Nitroxide End-Functionality. Experiments and Modeling. Processes 8 (2000) 4

[OR20] Orth, P.; Rink, M.: Kunststoffe und deren Verwertung – einige Aspekte. VDI-Statusreport Juni, 2020

[OYT90] Ohtani, H.; Yuyama, T.; Tsuge, S.: Study on thermal degradation of polystyrenes by pyrolysis-gas chromatography and pyrolysis-field ionization mass spectrometry. European Polymer Journal 26 (1990) 8, S. 893 – 899

[PGW46] Pitzer, K. S.; Guttman, L.; Westrum, E. F.: The heat capacity, heats of fusion and vaporization, vapor pressure, entropy, vibration frequencies and barrier to internal rotation of styrene. Journal of the American Chemical Society 68 (1946) 11, S. 2209 – 2212

[PVW01] Peterson, J. D.; Vyazovkin, S.; Wight, C. A.: Kinetics of the thermal and thermo-oxidative degradation of polystyrene, polyethylene and Poly (propylene). Macromolecular Chemistry and Physics 202 (2001) 6, S. 775 – 784

[RDG17] Ragaert, K.; Delva, L.; Van Geem, K.: Mechanical and chemical recycling of solid plastic waste. Waste Management 69 (2017), S. 24 – 58

[SHDF21] Schäfer, P.; Hopmann, Ch.; Dauber, N.; Facklam, M.: Increasing the Efficiency of the continous depolymerisation of Polystyrene. Proceedings of the 79th Annual Technical Conference (ANTEC) of the Society of Plastic Engineers (SPE). Denver, Colorado, USA, 2021

[SHF+20] Schäfer, P.; Hopmann, Ch.; Facklam, M.; Hollerbach, L.; Kolb, T.; Schedl, A.; Schmidt, H.-W.; Nosić Wilhelmus, B: Continuous Chemical Recycling of Polystyrene with a Twin–Screw Extruder. Berlin: Springer Vieweg, Advances in Polymer Processing 1 (2020) 1, S. 37 – 49

[SHFD20a] Schäfer, P.; Hopmann, Ch.; Facklam, M.; Dauber, N.: Aus kontaminiert mach neu. Kunststoffe 110 (2020) 3, S. 46 – 49

[SHFD20b] Schäfer, P.; Hopmann, Ch.; Facklam, M.; Dauber, N.: Turning Old into New. Kunststoffe international 110 (2020) 3, S. 46 – 49

[SLH02] Song, H. S.; Lee, J. S.; Hyun, J. C.: A kinetic model for polystyrene (PS) pyrolysis reaction. Korean Journal of Chemical Engineering 19 (2002) 6, S. 949 – 953

[URL21a] N. N.: Einweg-Plastik wird verboten. URL: *https://www.bundesregierung.de/breg-de/themen/nachhaltigkeitspolitik/einwegplastik-wird-verboten-1763390*, abgerufen am 21.07.2021

[URL21b] N. N.: Agilyx Joins AmSty, INEOS Styrolution and Trinseo as Technology Partner to Accelerate Realization of Circular Polystyrene. URL: *https://www.trinseo.com/News-And-Events/Trinseo-News/2020/September/Agilyx-Joins-AmSty-INEOS-Styrolution-and-Trinseo-as-Technology-Partner*, abgerufen am 17.08.2021

[Wöh18] Wöhrle, D.: Kunststoffe: Wichtige Werkstoffe unserer Zeit. Chemie in unserer Zeit 53 (2019) 1, S. 50 – 64

[ZQW16] Zhou, J.; Qiao, Y.; Wang, W.: Formation of styrene monomer, dimer and trimer in the primary volatiles produced from polystyrene pyrolysis in a wire-mesh reactor. Fuel 182 (2016) 8, S. 333 – 339

[ZYN+17] Zhou, B.; Yoshioka, H.; Noguchi, T.; Ando, T.: Numerical prediction of mass loss rate of expanded polystyrene (EPS) used for external thermal insulation composite systems (ETICS) in cone calorimeter. Fire and Materials 42 (2018) 5, S. 517 – 526

8.2.3 Polyester (PET)

Ulrich Thiele

8.2.3.1 Einleitung

Wenn über die Kreislaufwirtschaft von Kunststoffen im Allgemeinen oder von Polyethylenterephthalat (kurz im weiteren PET) im Besonderen gesprochen wird, ist der Prozess des chemischen Recyclings von PET die Grundvoraussetzung, um von einem echten, geschlossenen Stoffkreislauf zu sprechen.

Dem mechanischen Recycling von PET sind wegen des thermischen und hydrolytischen Abbaus, einer Eigenschaft aller organischen Polymerwerkstoffe, die durch das wiederholte Aufschmelzen bei Verarbeitung und Regranulierung unvermeidbar zum Tragen kommt, klare Grenzen gesetzt.

Einige Marktteilnehmer, die PET-Rezyklate herstellen und verwenden, versuchen den Eindruck zu erwecken, mit dem mechanischen Recycling den Anforderungen einer Kreislaufwirtschaft von Kunststoffen zu genügen. Darunter leider auch eine Firma, die in ihrer Werbung versucht, das chemische Recycling bei der Öffentlichkeit werbewirksam zu verteufeln. [1] Dabei wird verschwiegen, dass eine Recyclingquote von 100 % nur in offenen Systemen zu erreichen ist. Das bedeutet: Je nach Kunststoffart muss einem Rezyklat nach einer begrenzten Anzahl von Nutzungszyklen immer ein Teilstrom von aus Neuware hergestelltem Erst-Rezyklat zugeführt werden.

Im Falle von PET-Flaschen können das alle, vor allem farblose PET-Flaschen von Herstellern außerhalb eines internen Material-Kreislaufes sein. Viele kleinere Marktteilnehmer, die keine eigene Sammlung, Regenerierung und Flaschenherstellung betreiben, ermöglichen es so den Firmen mit eigenem PET-Flaschen-Kreislauf, eine Rezyklat-Quote von 100 % zu erreichen.

Bei PET-Flaschen liegt die Zahl der Nutzungszyklen bei etwa 5, wobei auch bei 5 Zyklen ohne Zuführung von Erst-Rezyklat eine erhebliche Beeinträchtigung der Qualität der daraus hergestellten Flaschen, Trays oder A-PET-Film zu erwarten ist.

Wird vom chemischen Recycling gesprochen, so ist es notwendig, zuerst sinnvolle Prozess- und Verfahrensgrenzen zu ziehen. Die Chemie bietet verschiedene Möglichkeiten, ein Polymermolekül in seine Ausgangsstoffe zu spalten, wobei drei Verfahrensebenen zu betrachten sind:

- Umwandlung der Molekülkette in die Monomere und nur eine Polymerart befindet sich im Prozess → Depolymerisation [2]
- Umwandlung der Molekülkette in die Grundrohstoffe zur Herstellung von Monomeren unter Erhalt von C-Kettenmolekülen aus einem Gemisch verschiedener Polymere → Pyrolyse [3] (z. B.)
- Umwandlung der Molekülketten eines Gemisches synthetischer und organischer Polymerabfälle in Synthesegas zur Herstellung der Grundrohstoffe → z. B. Fischer-Tropsch-Synthese [4]

Die Ausführungen zum gegenwärtigen Stand der Entwicklung des chemischen Recyclings von Polyethylenterephthalat beziehen sich auf die oben genannte erste Ebene der Umwandlung von sortenreinen Polyesterabfällen zu den Monomeren Terephthalsäure oder deren Ester und Monoethylenglykol.

Das chemische Recycling von PET ist kein neues Thema und begleitet die Polyesterindustrie von Beginn an. Schon die Erfinder von PET haben sehr früh die Rückgewinnung von Polyesterrohstoffen durch chemisches Recycling in die Entwicklung der PET-Herstellungsverfahren einbezogen. So konzentrierten sich zu dieser Zeit die Bemühungen eher auf „Recovery“ und „Depolymerisation“ als auf „Recycling“, da die meisten Anlagen zur Herstellung von PET als Rohstoffe Dimethylterephthalat (DMT) und Monoethylenglykol (MEG) verwendeten. Die Methanolyse von Produktionsabfällen und Wiedergewinnung von DMT war deshalb das Verfahren der Wahl. Bereits 1962 wurde von der Glanzstoff Fabrik AG ein Verfahren zur Rückgewinnung von DMT aus Produktionsabfällen der Polyesterherstellung als US-Patent 3,037,050 angemeldet. Dabei wurden die aufgeschmolzenen Polyesterabfälle mit Methanol bei 220 bis 250 °C und überkritischen Drücken umgesetzt.

Ein wichtiger Grund, die Methanolyse als Verfahren zur Depolymerisation einzusetzen, war die Anwesenheit von Titandioxid (TiO_2) in Konzentrationen von 0,3 % bis 2 % in den meisten Filament- und Faserabfällen. TiO_2 ist sehr einfach durch Destillation des bei der Depolymerisation gewonnenen DMTs zu entfernen, im Vergleich zu den Schwierigkeiten einer Filtration, die eine Abtrennung von TiO_2 mit Teilchengrößen von ~ 0,5 µm nicht erlaubt. Das US-Patent 5,481,024 der ehemaligen Hoechst AG ist eine nützliche Literaturquelle für den Methanolyse-Depolymerisationsprozess und seine lange Geschichte zurück bis in die ersten Jahre der Polyesterindustrie.

Die Entwicklung der Depolymerisation durch Glykolyse begann parallel zur Methanolyse. 1961 veröffentlichte DuPont im US-Patent 3,222,299 ein Verfahren, bei dem das Glykolyseprodukt aus Abfallfasern und Filamenten ein integrierter Bestandteil einer kontinuierlichen Polyesterlinie ist (Bild 8.31).

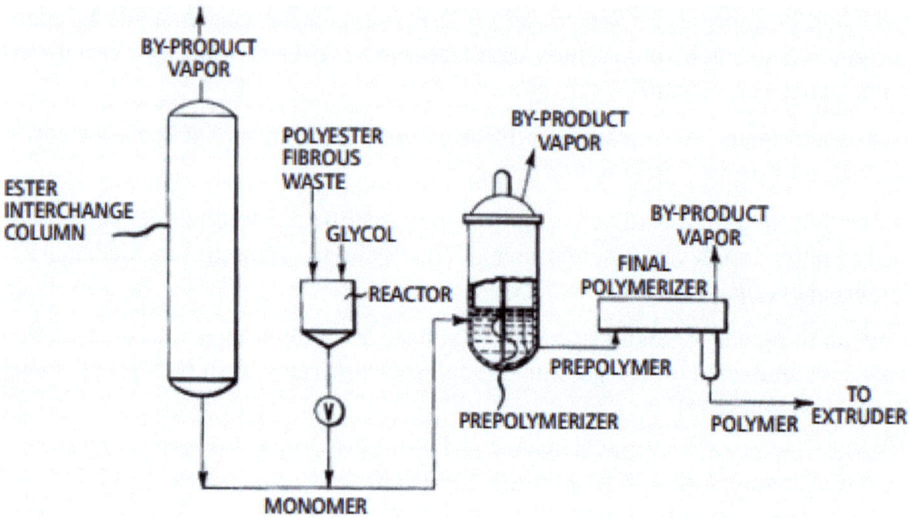

Bild 8.31 Kontinuierlicher Polyesterprozess mit integriertem Glykolysereaktor (USP 3,222,229)

Die Rückgewinnung von Terephthalsäure aus den bei der Herstellung von Fasern und Filamenten anfallenden Abfällen wurde bereits 1964 von Societe Rhodiaceta als US-Patent 3,120,561 angemeldet. Dabei werden die Spinnereiabfälle mit Wasser bei 230–250 °C und dem sich dabei einstellenden Druck von 28 bar bis 40 bar umgesetzt. Nach ca. drei Stunden Reaktionszeit wird eine Ausbeute von etwa 80 % erreicht. 1973 veröffentlichte Eastman im US-Patent 3,728,287 eine ausführliche Lehre, wie PET durch Hydrolyse unter Normaldruck depolymerisiert wird, wobei das vorgeschlagene Verfahren im Labormaßstab hauptsächlich der Analyse der Polymerzusammensetzung dient.

Ab den 1980er-Jahren des letzten Jahrhunderts begann eine rasante Entwicklung der Polyesterindustrie, zuerst in den USA und den fernöstlichen Ländern Indien, Japan,

Taiwan, Indonesien, Malaysia und Thailand und nach der Jahrtausendwende vor allem in China. Zudem begann mit der Produktion hochreiner Terephthalsäure (Purified Terephthalic Acid, PTA) ab den 1980er-Jahren die Umstellung der Polyesterproduktion vom Rohstoff DMT auf PTA. Hintergrund dieser Entwicklung war die Tatsache, dass sich die Produktionskosten durch die Verwendung von PTA um ca. 15 % reduzieren ließen. Begleitet wurde diese Entwicklung von einem enormen Anstieg der Produktionskapazitäten der einzelnen Polyesterproduktionsanlagen: von 100 t/Tag pro Linie in den 80er-Jahren auf 600 t/Tag in den Jahren um die Jahrtausendwende bis zu Anlagen mit Kapazitäten zwischen 1000 und 2000 t/Tag in der Gegenwart. Gleichzeitig stieg die Ausbeute an verkaufsfähigem Produkt weit über 95 % und liegt heute in vielen Anlagen bei > 98 %.

Die Umstellung von DMT auf PTA und die gleichzeitige Ausbeutesteigerung brachten es mit sich, dass die im „DMT-Zeitalter" weit verbreitete und übliche Rückgewinnung von DMT aus Produktionsabfällen auf die PTA-basierende Polyesterproduktion nicht übertragbar war. Es gab für die Rückgewinnung von PTA kein analog der Methanolyse einfach handhabbares Verfahren. Außerdem war und ist es für die Anlagenbetreiber kostengünstiger, die anfallenden Produktionsabfälle an externe Aufarbeitungsbetriebe zu verkaufen, die daraus durch mechanisches Recycling vermarktbare Produkte herstellen. Zusammengefasst ist die dargestellte Entwicklung der Grund dafür, dass sich ein großer Teil der Polyesterproduzenten aus dem internen chemischen Recycling zur Wiederverwertung der eigenen Produktionsabfälle zurückgezogen hat.

Mit der Einführung der PET-Flasche für alle Arten von Getränken in den 80er-Jahren des letzten Jahrhunderts begann zeitgleich die Entwicklung von Verfahren des mechanischen Recyclings. Vor allem die geschlossene Form der PET-Flaschen ermöglichte eine einfache Sammlung und Sortierung der Flaschen nach ihrem Gebrauch, wobei recht bald Anlagen zur effektiven Trennung der gesammelten Kunststoffabfälle entwickelt wurden. Eine wichtige Forderung an die Prozesse des mechanischen PET-Recyclings war die Entfernung aller toxischen Verunreinigungen, um sicherzustellen, dass bei einem erneuten Einsatz des Polyesters im Kontakt mit Lebensmitteln keine Kontamination der Lebensmittel erfolgt.

Neben dem mechanischen PET-Recycling, das vor allem in der kunststoffverarbeitenden Industrie angesiedelt ist, begannen einige PET-Hersteller bereits zur Jahrtausendwende mit der Entwicklung eines partiellen chemischen Recyclings. Dabei wurde und wird auch heute dem Polyesterprozess ein Teilstrom von 10 % bis 20 % gereinigter PET-Flaschen-Flakes zugeführt, wobei die Flakes im Reaktionsgemisch der Veresterung depolymerisiert und homogen mit der Neuware polykondensiert werden. Diese Verfahrensweise wurde vor allem von den großen Getränkeherstellern vorangetrieben. Nachteilig ist, dass die maximale Zugabe sehr stark von der Vorreinigung der Flakes abhängig ist und nur farblose und transparente Flakes verarbeitet werden können. Damit steht dieses Verfahren in direkter Konkurrenz zum mechanischen Recycling.

8.2.3.2 Grundsätzliche Herausforderungen des chemischen PET-Recyclings im industriellen Maßstab

Wenige oder keine Informationen gibt es zu der Frage, mit welchen Verfahrensschritten und Methoden die Reinigung der durch chemische Spaltung hergestellten Monomergemische erfolgt. Bei allen chemischen Verfahren ist davon auszugehen, dass neben der Terephthalsäure (TA) ca. 3 % Isophthalsäure (IPA) anfallen und neben MEG etwa 2 % Diethylenglykol (DEG) und geringere Mengen an Cyclohexandimethanol (CHDM) im Monomergemisch enthalten sind, wobei Art und Konzentration dieser Co-Monomere stark von der Zusammensetzung der PET-Abfälle abhängen. Zur Trennung dieser Komponenten kommen destillative Prozesse und Verfahren der Umkristallisation und Extraktion zur Anwendung.

Weitaus komplexer wird die Thematik der Aufreinigung der gewonnenen Monomergemische durch die vielfältigen Verunreinigungen der eingesetzten PET-Abfälle, was zwangsweise dazu führt, dass die PET-Abfälle vor dem Schritt der chemischen Spaltung durch Sortierung, Trennung und ggf. eine Wäsche vorbehandelt werden. Diese Vorbehandlung gilt für alle Verfahren des chemischen Recyclings und definiert letztendlich die Kosten des Gesamtprozesses. An dieser Stelle kann auch ein ökonomischer Konflikt zwischen dem chemischen und mechanischen Recycling sichtbar werden, wenn die vorgereinigten PET-Abfälle mittels mechanischen Recyclings einen höheren Gewinn erzielen. Daraus leitet sich von vornherein die Forderung ab, dass chemisches Recycling in der Lage sein muss, höher verunreinigtes Einsatzmaterial als das mechanische Recycling zu verarbeiten.

Allen Verfahren des chemischen PET-Recyclings sind deshalb folgende Fragen gemeinsam:

Art/Herkunft/Quelle der PET-Abfälle

Es ist klar zu unterscheiden zwischen Industrieabfällen, Verpackungsabfällen (gelber Sack) und Textilabfällen. Industrieabfälle sind weitgehend homogen zusammengesetzt. Der Aufwand der Vorreinigung ist gering. Verpackungsabfälle sind sehr inhomogen. Eine Trennung von Fremdpolymeren und eine Anreicherung sind erforderlich. Textilabfälle sind aufgrund der komplexen Zusammensetzung problematisch. Eine Vorsortierung ist erforderlich.

PET-Gehalt der Abfälle

Die Details der chemischen Recyclingverfahren im industriellen Maßstab hängen vor allem von der Art und Zusammensetzung der eingesetzten Polyesterabfälle ab. Erstrebenswert sind Verfahren, mit denen auch in Gegenwart von 10 % bis 20 % an Fremdstoffen Rezyklate hoher Reinheit hergestellt werden können.

Von einem technischen Verfahren der Methanolyse auf Basis des Teijin-Prozesses ist bekannt, dass aus den Textilabfällen Fremdpolymere (z. B. Polyamide aus Reißverschlüssen) mittels manueller Sortierung weitgehend entfernt werden, aber bis zu 10 % an Baumwoll-Verunreinigungen vom Verfahren toleriert werden, wobei die Baumwollanteile nach der Methanolyse mechanisch abgetrennt werden.

Sinnvolle Anlagengröße/Kapazität

Im Unterschied zum mechanischen Recycling, das bereits ab geringen Produktionskapazitäten von ca. 10 000 t/a ökonomisch betrieben werden kann, sind Anlagen des chemischen Recyclings im Bereich von 100 000 t/a anzusiedeln, was einer Tageskapazität von etwa 270 t entspricht. Diese zum mechanischen Recycling vergleichsweise hohe Kapazität leitet sich aus dem Kosten-Kapazitäts-Verhältnis chemischer Anlagen ab, bei dem sich die Produktionskosten mit steigender Kapazität nicht-linear reduzieren.

8.2.3.3 Verfahren des chemischen Recyclings von Polyethylenterephthalat

Lineare Polyester wie Polyethylenterephthalat, die durch Gleichgewichtsreaktionen synthetisiert wurden, werden depolymerisiert, indem die Rückreaktion vom Polymer zu den Monomeren durch Einstellung der entsprechenden Gleichgewichtsparameter erzwungen wird. Dabei entstehen je nach Wahl der Prozessparameter bei einer Hydrolyse in Gegenwart von Wasser Terephthalsäure (TA) und Monoethylenglykol (MEG), bei der Methanolyse in Gegenwart von Methanol das Polyestervorprodukt Dimethylterephthalat (DMT) und MEG oder bei der Glykolyse in Gegenwart von MEG das Polyestervorprodukt Bis(β-hydroxyethyl)terephthalat (BHET).

Allgemein können die Prozesse der Depolymerisation wie folgt schematisch dargestellt werden:

Hydrolyse

$H[O\text{-}CO\text{-}C_6H_4\text{-}CO\text{-}O\text{-}\ C_2H_4\text{-}]\ n\ OH + H_2O\ (p, t, T, c\text{-}Kat) \leftrightarrows HO\text{-}CO\text{-}C_6H_4\text{-}CO\text{-}OH + HO\text{-}C_2H_4\text{-}OH$

Glykolyse

$+ HO\text{-}C_2H_4\text{-}OH\ (p, t, T, c\text{-}Kat) \leftrightarrows HO\text{-}C_2H_4\text{-}O\text{-}OC\text{-}C_6H_4\text{-}CO\text{-}O\text{-}C_2H_4\text{-}OH$

Methanolyse

$+ CH_3\text{-}OH\ (p, t, T, c\text{-}Kat) \leftrightarrows CH_3\text{-}O\text{-}CO\text{-}C_6H_4\text{-}CO\text{-}O\text{-}CH_3 + HO\text{-}C_2H_4\text{-}OH$

Hydrolyse

Bei der Hydrolyse von Polyester stehen sich die Einfachheit der chemischen Reaktion und die Komplexität der Reinigung der rohen Terephthalsäure im Industriemaßstab diametral gegenüber. In den vergangenen Jahren wurde eine Reihe von Verfahren zur Hydrolyse von Polyesterabfällen vorgeschlagen, bei denen diese durch die Behandlung mit Alkalien und speziellen Katalysatoren zu TA und MEG abgebaut werden. Tabelle 8.10 gibt einen Überblick über diese Verfahrensentwicklungen.

Tabelle 8.10 Verfahren zum hydrolytischen Abbau von Polyesterabfällen

Firma	Prozess	Produkt	Status	Literatur
Gr3n	alkalische Hydrolyse, Mikrowellen-Reaktor	gewonnene TA wird direkt wieder zu PET polykondensiert	Versuchsanlage	[5]
Carbios/ Technip	enzymatische Hydrolyse	r-PTA	Versuchsanlage	[6, 7]
Teijin	Methanolyse zu DMT und Hydrolyse zu PTA	r-PTA	kommerzielle Produktion	[8 - 11]
FENC	alkalische Hydrolyse	r-PTA	Entwicklungsprojekt mit Coca-Cola	[12, 13]

Glykolyse

Der überwiegende Teil der Verfahrensentwicklungen zum chemischen PET-Recycling basiert auf dem Abbau der Polymerkette durch Glykolyse. Dank der Siedetemperatur von MEG von 197 °C kann die Abbaureaktion überwiegend bei Normaldruck durchgeführt werden. Als Katalysatoren werden vor allem Metallacetate wie Zink- oder Manganacetat eingesetzt. Zur Verbesserung der Abtrennung der Katalysatoren nach beendeter Abbaureaktion werden organische Substanzen vorgeschlagen, die durch Destillation entfernt werden können, oder ionische Flüssigkeiten, die aufgrund ferromagnetischer Eigenschaften mittels starker Magneten von der Reaktionsmasse getrennt werden. In Tabelle 8.11 sind die in Entwicklung befindlichen Verfahren zusammengestellt.

Tabelle 8.11 Verfahren zur Glykolyse von Polyesterabfällen

Firma	Prozess	Produkt	Status	Literatur
Ioniqa und Acenture	Glykolyse in Gegenwart von ionischen Flüssigkeiten	r-BEHT → r-PET	Versuchsanlage	[14]
Garbo	Glykolyse	r-BEHT	industrielle Anlage	[15]
IBM/Technip	Glykolyse in Gegenwart organischer Katalysatoren	r-BEHT	Verfahrensentwicklung abgeschlossen, Anlagenbau	[16]
Ifpen/Jeplan	Glykolyse, Vakuumdestillation zur BEHT-Reinigung	r-BEHT	kommerzielle Pilot-Anlage läuft in Japan, Prozessentwicklung zur Vermarktung	[17, 18]

Firma	Prozess	Produkt	Status	Literatur
Poseidon	Glykolyse in Gegenwart von Azetaten der Übergangsmetalle, vor allem Zinkacetat	r-BEHT	Versuchsanlage	[19]
PerPETual/ Polygenta	Glykolyse	BEHT-Oligomere → r-PET	Produktionsanlage	[20]
Soprema	Glykolyse mit Polyolen	r-Polyole	Produktionsanlage	[21]

Ein wichtiger Vorteil der Glykolyse ist die Möglichkeit, den so hergestellten Glykolester der Terephthalsäure (r-BEHT) in allen Polyesteranlagen ohne aufwendige Investitionen oder Umbauten einsetzen zu können. Ebenfalls positiv ist die Möglichkeit, BEHT entweder in fester Form als Flakes oder Granulat oder in flüssiger Form transportieren zu können. Aus einer Marktuntersuchung zur Verfügbarkeit von Mustermengen an r-PTA, r-DMT und r-BEHT ging hervor, dass ausschließlich r-BEHT-Muster zu beschaffen waren, was die Schlussfolgerung zulässt, das zum gegenwärtigen Zeitpunkt die Glykolyse das bevorzugte Verfahren zum chemischen PET-Recycling ist.

Methanolyse

Wie bereits in der Einleitung dargelegt, ist das Verfahren der Methanolyse von Polyesterabfällen in verschiedenen Varianten großchemisch erprobt und wird bevorzugt angewendet, wenn das produzierte DMT direkt am gleichen Ort wieder zu Polyester verarbeitet wird. Bekannte Anlagen auf Basis der Methanolyse arbeiten in Japan bei Teijin, in China bei Jiaren und in Kanada bei Loop Recycling. Werden Methanolyse und erneute Polyesterherstellung am gleichen Ort betrieben, ist die Kreislaufführung des bei der Methanolyse erforderlichen Methanols vorteilhaft. Polyesterrecycling auf der Basis der Methanolyse mit dem Ziel, das hergestellte r-DMT zu vermarkten, ist bei der heutigen Marktsituation der Polyesterindustrie wenig erfolgversprechend, da nur noch wenige Polyesteranlagen mit dem Rohstoff DMT betrieben werden (<< 10 % der Weltproduktion). Einen interessanten Verfahrensweg zum chemischen PET-Recycling hat Eastman gewählt, bei dem die PET-Abfälle durch Methanolyse in r-DMT umgewandelt werden, welches im Anschluss durch Hydrierung zu CHDM verarbeitet wird. Vor allem für den von Eastman hergestellten Co-Polyester PETG wird das so gewonnene CHDM als Co-Monomer verwendet.

In Tabelle 8.12 sind in Entwicklung befindliche und bereits produzierende Verfahren auf Basis der Methanolyse zusammengestellt.

Tabelle 8.12 In Entwicklung befindliche und bereits produzierende Verfahren auf Basis der Methanolyse

Firma	Prozess	Produkt	Status	Literatur
LOOP Industries	Methanolyse	r-DMT → r-PET	Produktionsanlage	[22]
Eastman	Methanolyse	r-DMT → CHDM → PETG	Pilotanlage	[23]
Jiaren/Teijin	Methanolyse von Textilabfällen	r-DMT → r-PET	Produktionsanlage	[24]

8.2.3.4 Ausblick

Vorausgesetzt, die Menge an zur Verfügung stehender erneuerbarer Energie wird so groß, dass aller Energieverbrauch, einschließlich der Gebäudeheizung, des gesamten Transportsektors und der Versorgung der Schwerindustrie damit abgedeckt werden kann, ist die Koexistenz und Kooperation von mechanischem und chemischem Recycling zwingend notwendig, um das angestrebte Ziel einer Null-CO_2-Emissions-Volkswirtschaft schrittweise zu erreichen. Auf diesem Weg wird es notwendig, eine Nationale Kohlenstoff-Strategie zu etablieren.

Dabei sollten folgende Grundsätze gelten:

- Wer Kunststoffe produziert oder Kunststoffe importiert, ist zum chemischen Recycling oder dessen Finanzierung verpflichtet.
- Wer Kunststoffe verarbeitet, ist zum mechanischen Recycling verpflichtet.
- Wer Kunststoffe in den Markt bringt, ist zur Rücknahme, Sammlung und Sortierung verpflichtet.

Am Ende noch ein Wort zum chemischen Recycling von Kunststoffen, unter dem alle chemischen Verfahren der Umwandlung von Makromolekülen in Monomere oder Grundrohstoffe zur Herstellung der Monomeren zu verstehen sind. Wie war es überhaupt möglich, dass Deutschland einen Krieg ohne eigene Ölquellen für Treibstoffe führen konnte? Die Verfahren von Fischer und Tropsch oder Bergius-Pier machten es möglich, aus der in Deutschland reichlich vorhandenen Kohle über Verfahren der Grundstoffchemie flüssige Kohlenwasserstoffe herzustellen und diese in Treibstoffe umzuwandeln. All diese Verfahren sind vorhanden und müssen nicht neu erfunden werden, um kohlenstoffhaltige Vielstoffgemische in die Grundrohstoffe der chemischen Industrie zurückzuführen, wobei heute auch Wasserstoff aus erneuerbarer Energie zunehmend zur Verfügung steht. Und so ist es am Ende nur eine Frage der Kosten und damit des Preises, den die Allgemeinheit für die Etablierung einer Kreislaufwirtschaft bereit ist zu zahlen.

Literatur für Abschnitt 8.2.3

[1] *https://www.youtube.com/watch?v=2KFdGnz5XDc*

[2] *https://de.wikipedia.org/wiki/Depolymerisation*

[3] *https://de.wikipedia.org/wiki/Hamburger_Verfahren*

[4] *https://innovationorigins.com/de/start-up-of-the-day-nicht-recycelbare-kunststoffe-in-synthesegas-verwandeln/*

[5] *https://gr3n-recycling.com/technologies/*

[6] *https://www.chemengonline.com/carbios-and-technipfmc-to-build-demonstration-plant-for-enzymatic-pet-recycling/*

[7] *https://www.technipfmc.com/media/news/2020/04/carbios-and-technipfmc-to-build-demonstration-plant-for-depolymerization-of-waste-pet-plastics-to-monomers/*

[8] *https://www.ecopet.info/en/*

[9] *https://www.jiarenrecycle.com/en/*

[10] *https://www.plasticsnews.com/article/20190408/NEWS/190403357/dupont-teijin-films-launches-pet-chemical-recycling-process*

[11] *https://europe.dupontteijinfilms.com/news/2019/bringing-an-end-to-single-use-plastics/*

[12] *https://en.ccbji.co.jp/news/detail.php?id=860*

[13] *http://www.fenc.com/news/news_detail.aspx?lang=en&id=5228*

[14] *https://ioniqa.com/ioniqa-takes-first-10-kiloton-pet-upcycling-factory-into-operation/*

[15] *https://www.technipfmc.com/media/news/2020/04/carbios-and-technipfmc-to-build-demonstration-plant-for-depolymerization-of-waste-pet-plastics-to-monomers/*

[16] *https://www.ten.com/en/media/news/technip-energies-ibm-and-under-armour-form-joint-venture-advance-possibilities-plastics*

[17] *https://home.barclays/news/2019/12/ui-series-jeplan/*

[18] *https://www.process-worldwide.com/yokogawa-collaborates-with-jeplan-for-unique-chemical-recycling-technology-a-938004/*

[19] *http://poseidonplastics.com/*, WO2021028695

[20] *https://www.revalyu.com/our-promise/*

[21] *https://solarimpulse.com/efficient-solutions/sopraloop#*

[22] US Appl. 20200392067, 20200299481, 20200298219, 20190390035 and 20190256450 and *https://www.loopindustries.com/en/technology*

[23] *https://www.eastman.com/content/dam/eastman/corporate/en/media-center/resources/eastman-sustainability-report-2024.pdf*

[24] *https://www.jiarenrecycle.com/en/researchs.html*

8.2.4 Polyurethan (PU)

Achim Löffler, Heinz-Dieter Lutter, Christian Seitz, Volker Schädler

Polyurethane (PU) stellen aufgrund ihrer vielfältigen Monomer-Bausteine eine Polymerklasse mit breitem Erscheinungsbild und Anwendungsspektrum dar. Das allgemein zugrundeliegende Aufbauprinzip liegt in der hohen Reaktivität der Isocyanate gegenüber „aktiven“ Wasserstoffatomen aus Amin- und Hydroxylgruppen begründet. Je nach Reaktionspartner können neben der Urethanbindung auch (parallel) andere

Bindungen aufgebaut werden, die teilweise erst in sekundären Reaktionen zugänglich sind (z. B. Allophanate, Biurete) [1, 2].

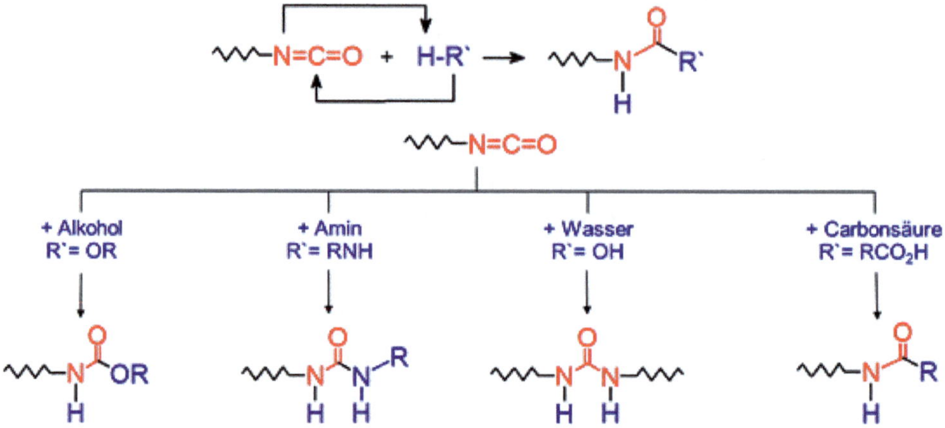

Bild 8.32 Allgemeine Übersicht der Bildung von Polyurethan aus Polyisocyanat und H-aktiven Verbindungen

Den Schwerpunkt der kommerziellen Polyurethane bilden Produkte aus Polyisocyanaten und Polyalkoholen (den sogenannten Polyolen). Während über 90 % der heute verwendeten Polyurethane auf den Isocyanaten Toluylendiisocyanat (TDI) und Diphenylmethandiisocyanat (MDI) basieren, wird das breite Eigenschaftsspektrum hauptsächlich über die Variation der strukturellen und funktionellen Parameter der Polyole erreicht. Hier dominieren Polyetherpolyole, welche aus Propylenoxid, Ethylenoxid und Polytetramethylenethylenglykol (PTMEG) aufgebaut werden, sowie Polyesterpolyole, bestehend aus Disäuren und Polyalkoholen. Die Bausteine können zudem in Polarität und Reaktivität variiert werden. Je nach Funktionalität (Anzahl der OH-Gruppen pro Molekül) und Kettenlänge dieser Vorprodukte lassen sich im einfachsten Fall lineare und im komplexen Fall hochvernetzte Polyurethane synthetisieren. Neben chemischen Vernetzungen – über die in Bild 8.32 dargestellten Bindungen – können bei Polyurethanen physikalische Vernetzungen auftreten, in denen sich entsprechende Kettensegmente durch Wasserstoff-Brückenbindungen aneinanderlagern und sogenannte Hartphasen entstehen. Eine weitere Variationsmöglichkeit der Polyurethan-Morphologien eröffnet sich durch das Schäumen der Polymermatrix. Zusatz von Wasser führt bei der Reaktion von Isocyanaten zur Freisetzung von CO_2 im entstehenden Polymer (chemische Treibmittelwirkung), neben der Bildung eines freien Amins und wiederum folgender Harnstoffbildung. Außerdem ist der Zusatz leichtflüchtiger Kohlenwasserstoffe (hier hauptsächlich Pentane) als physikalische Treibmittel möglich, die dann durch die erhöhte Reaktionstemperatur Gasbläschen bilden. Je nach Prozessierung und Stabilisierung der entstehenden Zellen ist zudem die Herstellung offen- oder geschlossenzelliger Produkte möglich. Weichschäume werden üblicherweise als offenzellige Schäume hergestellt. Hartschäume sind weitgehend geschlossenzellige Materialien, deren eingeschlossene Zellgase den entscheidenden Beitrag zur niedrigen Wärmeleitfähigkeit leisten.

Wegen dieser einzigartigen Möglichkeit struktureller Varianz über die Bausteine eröffnen sich allein dadurch Wege für die Einstellung erwünschter Eigenschaftsprofile, welche bei anderen Kunststoffklassen maßgebliche Additivierung erfordern würden. Jedoch werden auch Polyurethan-Produkte durch den Zusatz von Additiven an die gewünschten Verarbeitungsprozesse (Katalysatoren, Stabilisatoren) und Anwendungen (Füllstoffe, Flammschutzmittel, Farbstoffe/Pigmente) angepasst.

So spannen Polyurethane einen sehr weiten Eigenschaftsraum auf: von kompakten Materialien bis zu niederdichten Polymerschäumen, von lediglich physikalisch vernetzten Thermoplasten bis zu hochvernetzten Duromeren, von flächigen Beschichtungen zu strukturellen Werkstoffen. Die chemisch fast unbegrenzte Vielfalt spiegelt sich in entsprechend zahlreichen Anwendungen wider. Bild 8.33 gibt einen Überblick der wichtigsten Anwendungsfelder von PU-Produktklassen.

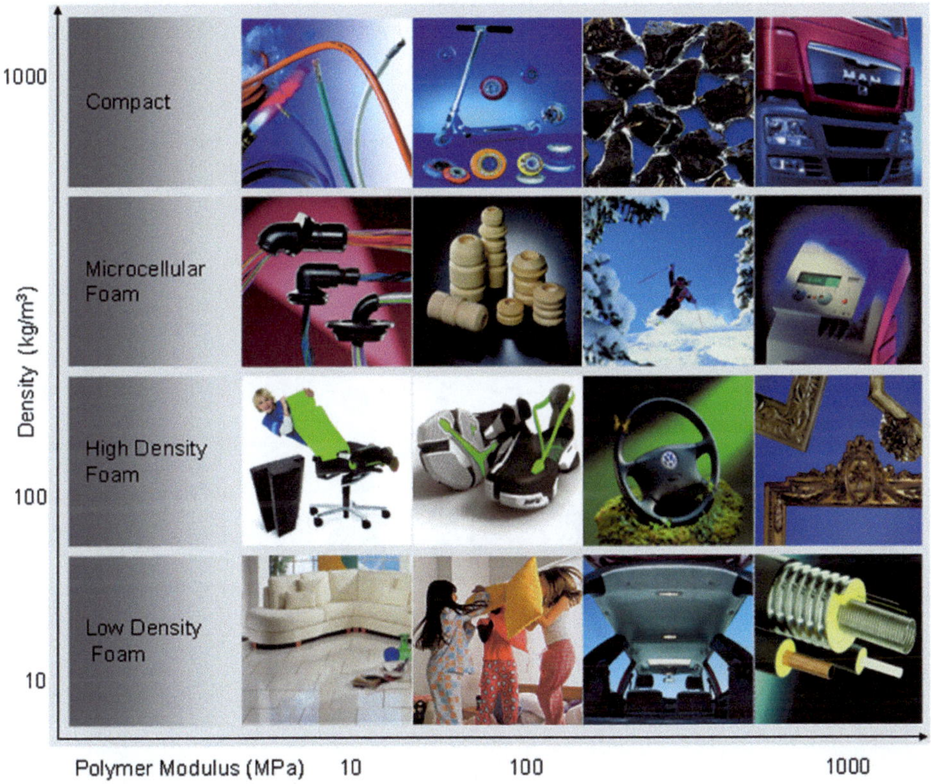

Bild 8.33 Übersicht verschiedener PU-Produktklassen

Die Polymer-E-Moduln korrelieren dabei mit den Vernetzungsdichten; die Anwendungen von links oben nach rechts unten gesehen lauten: Kabelummantelungen aus TPU, Rollen für Kickboards aus PU-Gießelastomeren, Gesteinsbefestigungen aus PU-Bindern, Karosserieelemente für Fahrzeuge aus RRIM-Elastomeren, Kabeltüllen aus mikrozellulärem PU-Schaum, Dämpfungselemente aus mikrozellulärem Elastomer Cellasto®, Elemente im Sportschuhbereich, Formschäume im Möbelbereich, Mittelsohlen bei Schuhen, Integralschäume für Lenkräder, Hartschäume als Reparaturmaterialien, Weichschäume für Polstermöbel, Halbhartschäume für Automobil-Dachhimmel, Hartschaum-Umschäumungen für Rohre (Darstellung BASF).

Im Jahr 2019 wurden in Europa rund 6,5 Mill. t Polyurethane verbraucht [3]. Weichschaum war die größte Produktgruppe, die mengenmäßig wichtigsten Anwendungen sind hier Matratzen, Teppich-Hinterschäumungen, Möbelpolsterungen und Automobilsitze. PU-Hartschäume finden hauptsächlich Anwendungen in Dämm- und Konstruktionselementen (sog. Sandwich-Elementen, bei denen der Schaum von flexiblen Pappe- oder Aluminiumfolie-Deckschichten oder starren Stahlblechen abgedeckt wird), Rohrummantelungen sowie bei Kühlgeräten (E&E-Segment in Bild 8.34). Eine weitere, volumenmäßig erwähnenswerte Anwendung stellen mikrozelluläre Elastomer-Schäume für Schuhe dar. Die anderen Anwendungen sind wie schon erwähnt weit gefächert.

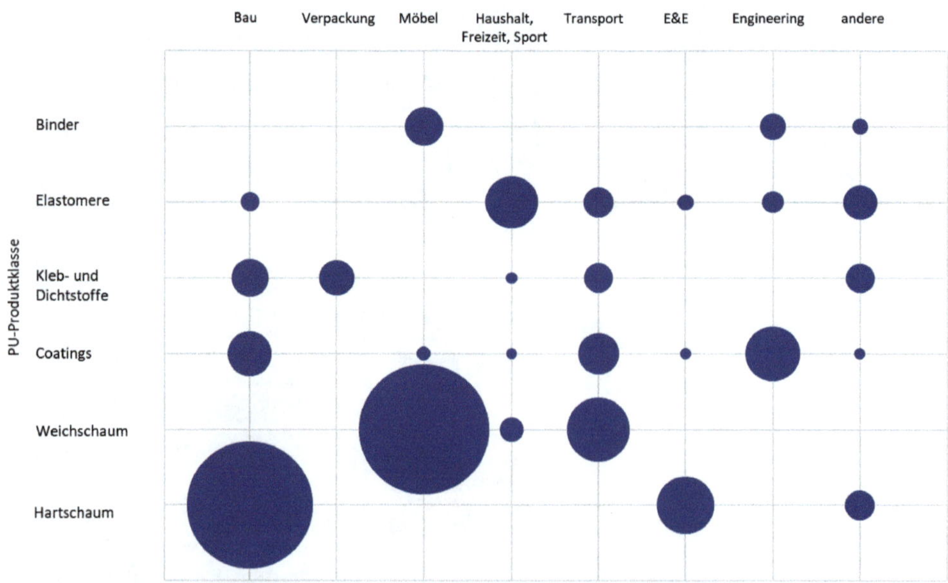

Bild 8.34 In EMEA wurden im Jahr 2019 ca. 6,5 Mio. t Polyurethane verbraucht.

Die Darstellung gibt einen Überblick über die PU-Produktgruppen und deren wichtigste Anwendungssegmente (Darstellung auf Basis einer Marktstudie von IAL Consultants [3]).

8.2.4.1 PU-Abfallströme – Sammlung und Sortierung

Geyer et al. [4] untersuchten die Produktionsmengen, die Nutzung und den Verbleib am Ende ihres Lebenszyklus („end-of-life“ – EoL) für die gebräuchlichsten Kunststoffe im Zeitraum zwischen 1950 und 2015. Durch die Kombination dieser Daten mit den Produktlebenszyklen wichtiger Industriesektoren und dazu gehörender Produktkategorien wurden Modellierungsdaten erzeugt, mit deren Hilfe Aussagen über die durchschnittliche Nutzungsdauer von Kunststoffen in den entsprechenden Sektoren bis zum EoL getroffen werden konnten. Die Nutzungsdauern schwanken zwischen einigen Monaten, im Fall von Verpackungen, und mehreren Jahrzehnten, im Fall von Bauanwendungen. Bild 8.34 verdeutlicht, dass Polyurethane nur zu einem sehr geringen Anteil in Verpackungen zu finden sind und tendenziell ihre Verwendung in den längerlebigen Anwendungen finden.

Während in der linearen Ökonomie die Rohstoffströme in der Regel in großen Volumina und hoher Qualität aus der Petrochemie verfügbar sind, sind Post-Industrial-Abfallströme (Ausschussware aus der Produktion, Verschnitt usw.) zwar normalerweise ausreichend gut spezifiziert, schwanken aber oft deutlich in der Verfügbarkeit. Eine Bündelung der Industrieabfallströme führt zwar zu einer Verstetigung der Volumina, erhöht allerdings die Qualitätsschwankungen. Post-Consumer-Abfälle von Produkten am Ende des Lebenszyklus dagegen sollten in großen Volumina verfügbar sein, die Qualitäten sind jedoch meist ausgesprochen schlecht (Verschmutzungen, Vermischungen mit anderem Müll, Verbünde mit fremden Kunststoffen und Materialien) und darüber hinaus stark schwankend. Die Herausforderung der gesamten Wertschöpfungskette liegt in der Verstetigung der Volumina bei gleichzeitiger Anhebung der Qualitäten der Eingangsströme für das Recycling auf ein hohes und konstantes Niveau.

Für das werkstoffliche oder chemische Recycling sind vor allem großvolumige Ströme wirtschaftlich interessant. Bis heute gibt es allerdings nur für einen Bruchteil der verkauften Volumina etablierte Sammel- und Rücknahmesysteme. Dies betrifft bei den Polyurethanen vor allem den Bereich Kühlgeräte [5], für die es in den meisten Ländern eine etablierte Sammel- und Entsorgungsinfrastruktur zur kontrollierten Entsorgung gibt. Das dabei anfallende PU (Hartschaum) wird jedoch derzeit in der Regel energetisch (durch Verbrennen mit Nutzung der Wärmeenergie) und nicht chemisch als Rohstoff verwertet.

In den Dämmplatten und Sandwichelementen liegt das Polyurethan relativ sortenrein vor. Nach Abtrennung der Deckschichten ist der Schaum für weitere Operationen zugänglich. Wegen der langen Nutzungsphasen dieser Bauanwendungen sind viele der vor Jahrzehnten verbauten Elemente noch nicht am Ende ihres Lebenszyklus angekommen. Entsprechend befindet sich eine Sammelstruktur allenfalls in den Anfängen. Ein weiterer Aspekt, der speziell bei den geschlossenzelligen Hartschäumen für das nachfolgende Recycling von Bedeutung ist, sind die eingeschlossenen Zellgase. Diese werden beim mechanischen Zerkleinern der gesammelten und sortierten Polyurethan-Schäume freigesetzt und durch spezielle Absaugungen aufgefangen.

Ein weiterer Aspekt, den es bei der Sammlung von Polyurethan-Schaumabfällen zu berücksichtigen gilt, ist die Flammschutzausrüstung der Materialien. Produkte für Bauanwendungen müssen zertifiziert werden. Für die Zulassung der Materialien bzw. Produkte ist der Zusatz von Flammschutzmitteln erforderlich. Je nach Anforderungsniveau des Brandschutzes können solche Additive signifikante Anteile (bis etwa 40 %) der Polyolkomponente ausmachen. Chemisch sind diese Flammschutzmittel phosphororganische und/oder halogenhaltige Verbindungen. Da diese Additive potenzielle Störquellen in den folgenden chemischen Recyclingprozessen darstellen, sind die Schäume zu separieren und vor der weiteren Verarbeitung aufzureinigen.

Schaumstoff-Matratzen, die aufgrund ihrer Größe oft nicht im normalen Hausmüll entsorgt, sondern getrennt gesammelt werden, sind ein weiterer wichtiger PU-Produktstrom, in diesem Fall für Weichschaum-Recycling. Auch hier werden die PU-Schaumstoffe bisher aus Mangel an wirtschaftlichen Alternativen jedoch in der Regel thermisch verwertet [6]. Ein allgemein wichtiges Thema ist die Kompaktierung der gesammelten Schaumstoffe: Nach erfolgter Zerkleinerung werden die Reste teilweise noch zur Verringerung der Transportvolumina verpresst, ehe sie Eingang in die Entsorgungs- bzw. vorzugsweise Recycling-Prozesse finden.

Grundsätzlich können Polyurethane in Kombination mit anderen Materialien – Metalle, andere Kunststoffe – in den EoL-Materialströmen auftreten, die Recyclingprozesse stören. Bei der Entwicklung analytischer Verfahren zur Trennung von gemischten Kunststofffraktionen wie laserinduzierter Plasmaspektroskopie (LIBS) [7], Infrarot-Spektroskopie (FTIR) [8] und Röntgenfluoreszens-Spektroskopie (XRF) [9] wurden in den letzten Jahren enorme Fortschritte gemacht und damit der Grundstein für eine verbesserte Trennung und Sortierung gelegt.

8.2.4.2 Recycling von Polyurethanen

Die stetig zunehmenden Mengen auch an Polyurethanen rückten Verfahren zum Recycling dieser Stoffklassen schon früh in den Fokus. Analog zu anderen Kunststoffklassen unterscheidet man auch bei Polyurethanen zwischen:

- mechanischem Recycling
- chemischem Recycling
- energetischer Verwertung

Die grundsätzliche Herausforderung des Recyclings gilt auch für Polyurethane: aus in Menge und/oder in Qualität schwankenden Abfallströmen konstante Produktströme mit hoher – oder zumindest ausreichender – und vor allem konstanter Qualität zu gewinnen.

Wie für andere thermoplastische Kunststoffe gibt es speziell für die Klasse der thermoplastischen Polyurethane eine etablierte Sammel- und Verwertungs-Infrastruktur, in der post-industrielle Abfälle gesammelt, gegebenenfalls gemahlen, aufgeschmolzen und regranuliert werden. Das mechanische Recycling von vernetztem PU, also insbesondere der volumenmäßig deutlich größeren Weich-, Halbhart- und Hartschäume, ist aufwendiger und nur eingeschränkt skalierbar. Nach einem oder mehreren Zerkleinerungsschritten, die auch für das alternative chemische Recycling erforderlich sind, werden die resultierenden Flocken oder das Pulver mit einem Binder versetzt und dann durch Heißpressen zu neuen Schaumverbünden zusammengefügt. Alternativ kann das Mahlgut auch als Füller in frischem Polyol dispergiert werden und in neue PU-Systeme zurückgeführt werden. Die resultierenden Produkte unterscheiden sich in ihren Eigenschaften jedoch teilweise deutlich (beispielsweise in der Dichte oder mechanischen Kennwerten) von dem Ausgangsmaterial. Da sich dieser Abschnitt auf das chemische Recycling fokussiert, sei für weitere Ausführungen zu mechanischen Verfahren auf Datta et al. verwiesen [10].

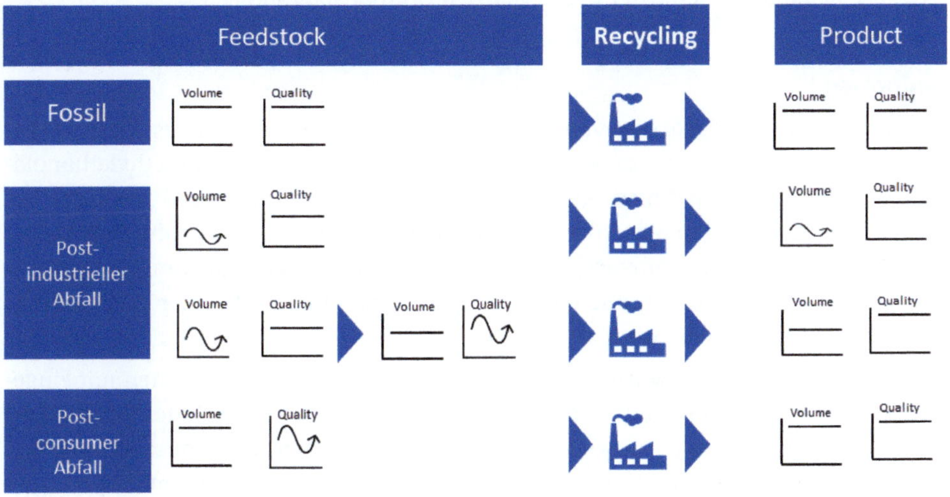

Bild 8.35 Grundsätzliche Anforderungen an die Prozesskontrolle ausgehend von post-industrial Abfall und Post-Consumer-Abfall im Vergleich zu traditionellen (fossilen) Rohstoffen

8.2.4.2.1 Chemische Depolymerisationsverfahren

Hydrolyse

Als Hydrolyse wird die Reaktion zwischen Polyurethan und Wasser [11] bezeichnet. Diese wird bei Temperaturen oberhalb von 250 °C mit Wasserdampf durchgeführt. Das dabei zurückgewonnene Polyol kann neben neuen (konventionellen) Polyolen anteilig in Formulierungen eingesetzt werden. Ein entscheidender Nachteil dieses Verfahrens sind die dabei auftretenden genotoxischen aromatischen Diamine [12], die sich aus den TDI- oder MDI-Bausteinen bilden können.

Die Hydrolyse ist eines der ältesten Recycling-Verfahren, welches bereits seit den 1970er-Jahren bei der Ford Motor Company angewandt wurde, um durch die hydrolytische Spaltung nach eigenen Angaben aus verunreinigten Abfällen Produkte hoher Reinheit zu gewinnen [13].

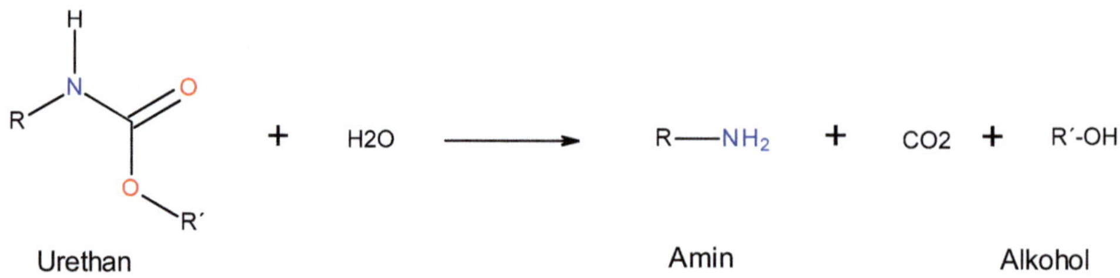

Bild 8.36 Reaktionsschema der hydrolytischen Urethanspaltung

Aminolyse

Die ersten Aminolyseprozesse von Polyurethanen setzten als reaktives Amin Mono- und Dialkanolamine, wie Monoethanolamin, Diethanolamin und Dimethylethanolamin, ein und wurden bei niedrigeren Temperaturen ausgeführt (80 – 190 °C). Die Reaktion verläuft im Allgemeinen unter Schutzgas-Atmosphäre und wird durch basische Katalysatoren wie Natriumhydroxid, Aluminiumhydroxid und Natriummethoxid beschleunigt. Polyester-basierende Polyurethane werden hierbei leichter gespalten als Polyether-basierende Polyurethane.

Anfang der 1990er-Jahre wurden Aminolyseverfahren mit Alkanolaminen mit eingeschränkter Löslichkeit in Polyol entwickelt, um auf diese Weise nach der Reaktion zu einem Split-Phase-Produkt zu gelangen, das heißt zu einem nicht-mischbaren, sich separierenden System mit einer höheren Reinheit als bei sogenannten einphasigen Aminolyseprozessen.

Konkret berichteten Kanaya et al. [14] über die Split-Phasen-Aminolyse von Methylendiphenylisocyanat-(MDI)-basierten Polyurethan-Weichschäumen unter Verwendung von Alkanolaminen in Abwesenheit eines Katalysators bei 150 °C. Nach der Zersetzungsreaktion wurden zwei sich separierende Phasen erhalten: Die obere Phase enthielt das hauptsächlich zurückgewonnene Polyetherpolyol und die untere Phase bestand aus Methylendiphenylamin (MDA) sowie Alkanolaminderivaten, Katalysatoren und anderen Rezepturbestandteilen, wie Silikon-Stabilisatoren, Flammschutzmitteln etc. Es ist erwähnenswert, dass MDA ein Monomer ist, das eine Vorstufe der Synthese des Diphenylmethandiisocyanat (MDI) darstellt und damit im Prinzip auch als Wertprodukt in recyceltes PUR eingehen kann. Weiterhin kann MDA selbst auch als Härter für Epoxidharz eingesetzt werden [15].

Glykolyse

Die Glykolyse ist das am weitesten verbreitete chemische Recyclingverfahren für PU [16]. Sie stellt eine Umesterungsreaktion dar, bei der die mit dem carbonylischen Kohlenstoff des Urethans verbundene Estergruppe durch die Hydroxylgruppe eines Glykols ausgetauscht wird. Die stattfindende Hauptreaktion ist in Bild 8.37 dargestellt. Nahezu alle Katalysatortypen wurden eingesetzt: alkalische Hydroxide wie Natriumhydroxid und Kaliumhydroxid, Acetate wie Kaliumacetat, Lewissäuren, Amine wie Diethanolamin, oder metallorganische Verbindungen wie Zinnoktoat [17].

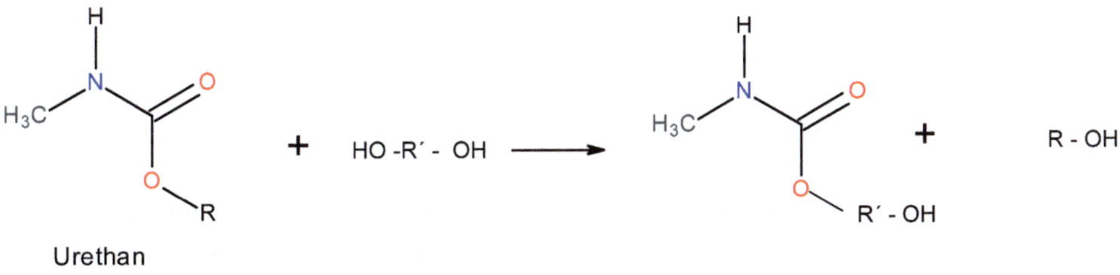

Bild 8.37 Reaktionsschema der glykolytischen Urethanspaltung

Die Weichschaummatrix setzt sich nicht allein aus Urethaneinheiten zusammen, sondern diese sind u. a. auch durch Harnstoff-Segmente (Bild 8.32) verbrückt, die infolge der Reaktion von Isocyanat und Wasser entsteht. Dabei zerfällt die die intermediär gebildete Carbaminsäure in Amin und Kohlendioxid. Letztlich reagiert das gebildete Amin mit Isocyanat zum Harnstoff ab (siehe auch Bild 8.32). Harnstoffgruppen sind ebenfalls anfällig für den Glykolyseprozess, dies führt zu einem Carbamat mit geringem Molgewicht und einem aromatischen Amin [18].

Parallel kann die Urethangruppe mit Wasser reagieren, was zu einer hydrolytischen Spaltung entlang der Polymerkette führt (Bild 8.38). Dieser Reaktionsweg stellt eine Konkurrenzreaktion zur Glykolysereaktion dar.

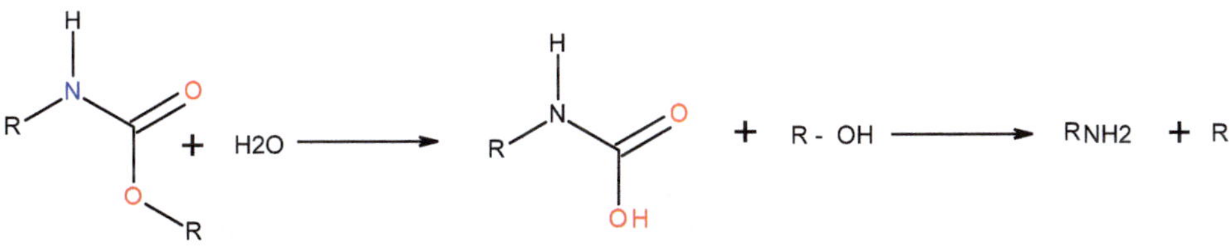

Bild 8.38 Hydrolysereaktion an der Urethan-Gruppe

Diese Reaktion führt zur Bildung eines Polyols und einer instabilen Carbaminsäure, die bei den Reaktionstemperaturen decarboxyliert (Verlust von CO_2) und zur Bildung eines sekundären Amins beiträgt.

Darüber hinaus kann die Urethangruppe mit Aminen zu einem Harnstoff abreagieren (Bild 8.39). Die Glykolyse ist jedoch die Hauptreaktion, da das eingesetzte Glykol im Reaktionssystem in höheren Konzentrationen (im „Überschuss") im Vergleich zu den nur in der Reaktion teilweise gebildeten Aminen anwesend ist.

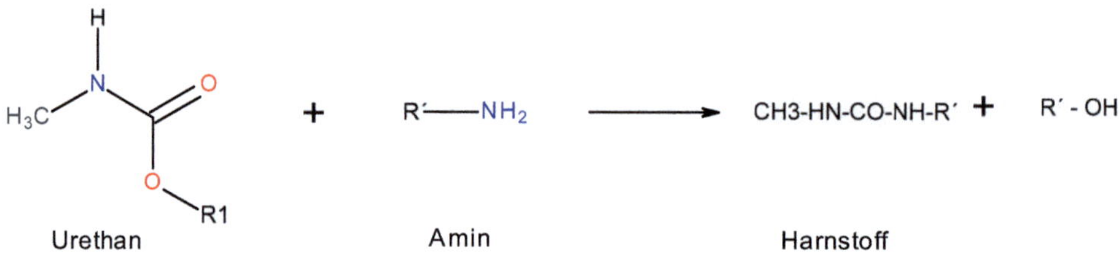

Bild 8.39 Reaktionsschema der Reaktion eines Urethans mit Aminen

Schließlich kann bei den Reaktionstemperaturen Urethan thermisch abgebaut werden, wodurch Kohlendioxid, Amine und ungesättigte Verbindungen entstehen (Bild 8.40).

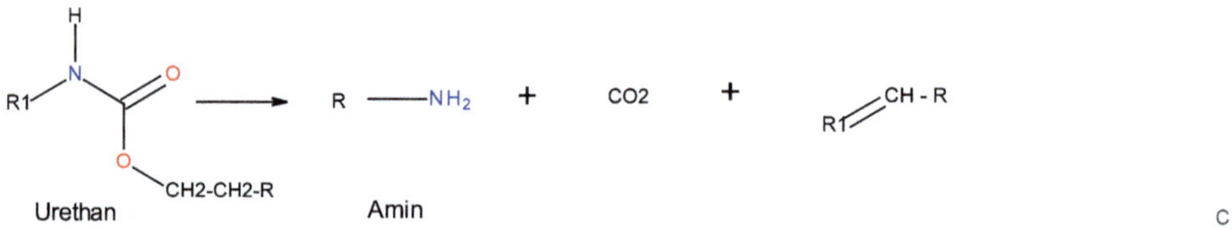

Bild 8.40 Thermischer Abbau von Urethan

Aufgrund der Bildung einer ungesättigten Verbindung erfährt das erhaltene Polyol eine Funktionalitätseinbuße. Diese Tatsache ist für PU-Schaumstoffe bedeutsam, die aus rezyklierten Polyolen hergestellt werden, weil diese Funktionalitätseinbuße zu Qualitätsverlusten führt und somit eine eingeschränkte Zirkularität gegeben ist.

Die Glykolyse ist dennoch bislang das wichtigste Verfahren zur Rückgewinnung von Polyetherolen aus verschiedenen Polyurethanabfällen.

Acidolyse

In diesem Prozess werden Carbonsäuren bei hohen Temperaturen eingesetzt, um die Polyurethanmatrix chemisch zu spalten. Werden anorganische Säuren verwendet, so entstehen als Spaltprodukte Amin-Salze, Polyole sowie Kohlendioxid (Bild 8.41). Dadurch wird das Polyol wieder als reaktiver Rohstoff zurückerhalten, der erneut für die gleiche Anwendung (meist PU-Weichblockschaum) verwendet werden kann. Das Verfahren eignet sich deshalb besonders für die Wiederverwertung in Weichschaumstoffen, weil das resultierende Recycling-Polyol eine sehr geringe OH-Zahl aufweist (eine der Grundvoraussetzungen für die Verwendung in flexiblen Weichschaumformulierungen). Bei allen Vorteilen ist der Prozess allerdings nur für Produktionsabfälle geeignet, da er empfindlich auf Verunreinigungen reagiert und sortenreine Abfall-Stoffe benötigt. Er stellt somit lediglich eine Lösung speziell für Schaumstoffproduzenten dar, um eigene Post-Industrial-Produktionsabfälle wiederaufzubereiten und das Material in einem geschlossenen Kreislauf wieder in den Produktionszyklus zurückzuführen. Um recyceltes Polyol zu erhalten, muss man die gleiche prozentuale Menge an Schaumstoffresten und „frischem" Polyol einsetzen [19].

Bild 8.41 Reaktionsschema der Acidolyse von Urethanen

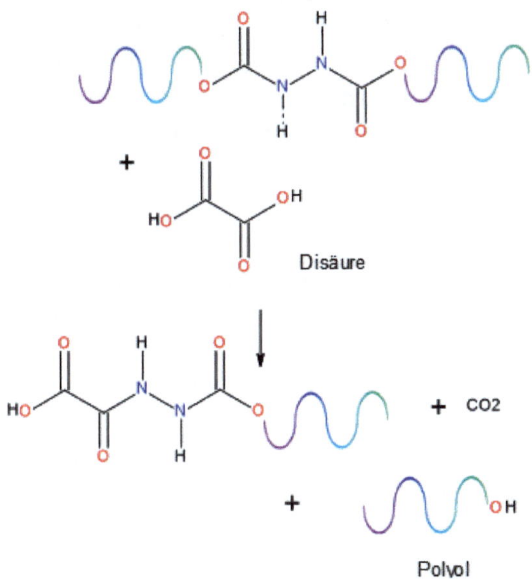

Bild 8.42 Urethanspaltung mit organischen Disäuren

8.2.4.2.2 Aufarbeitung und Reformulierung von Polyurethan-Systemen

Abhängig von der Art des verwendeten Verfahrens und dem zu recycelnden Polyurethan besteht in einigen Fällen die Möglichkeit, die Polyol-Komponente von den aus dem Isocyanat stammenden Spaltprodukten abzutrennen [20]. Bei den meisten bisher kommerziell verwandten Verfahren fällt jedoch ein homogenes Gemisch aus Polyolen und/ oder Aminen an, das sich von den ursprünglich eingesetzten Polyolen unterscheidet und Variationen bezüglich Funktionalität, Viskosität und Reaktivität aufweist. Aus diesem Grund ist der Einsatz in der ursprünglichen Anwendung nur in kleinen Mengen ohne Eigenschaftseinbußen möglich. In vielen Fällen ist der Einsatz in der ursprünglichen Anwendung gar nicht mehr möglich und Rezyklat-Polyol-Gemische aus z. B. einer Weichschaumanwendung müssen für Hartschaumanwendungen umformuliert werden. Die Umformulierung umfasst Einstellungen der Reaktivität (über die Abstimmung des Katalysatorsystems, gegebenenfalls das Zusetzen zusätzlicher reaktiver Polyole) und der Kompabilität (Stabilisatorvariationen).

Im Gegensatz dazu spaltet sich bei der Glykolyse von Weichschäumen das Reaktionsprodukt bei einem großen Glykolüberschuss in zwei Phasen heterogen ab, wenn Ethylenglykol verwendet wird. Die obere Schicht enthält hauptsächlich das zurückgewonnene Polyol, die untere Schicht den Überschuss an Glykolysemittel und Nebenprodukte, wie Katalysatoren oder Stabilisatoren. Durch die Phasenseparation können die Ursprungspolyole in hoher Qualität zurückgewonnen werden und in deutlich höheren Anteilen in der initialen Formulierung eingesetzt werden.

Aus der unteren Phase können durch erneute Alkoxylierung der Abbauprodukte wieder Polyole hergestellt werden, die z. B. für Hartschaumanwendungen geeignet sind [21]. Die Patentliteratur beschreibt auch Verfahren, in denen aus der unteren Phase der aminische Isocyanat-Vorläufer isoliert und erneut in ein Isocyanat überführt wird. In der Kombination der Verfahrensschritte lassen sich so theoretisch sehr hohe Mengen an Weichschaum rezyklieren und in geschlossenen Kreisläufen halten.

8.2.4.2.3 Industrielle Recycling-Verfahren

Ergänzend zu den oben genannten Verfahren und basierend auf den zugrundeliegenden chemischen Mechanismen haben sich in jüngster Zeit bereits erste industriell ausgearbeitete Prozesse, wie die der Firmen Rampf Ecosystems [22] oder H&S Anlagentechnik etabliert. Bei beiden Verfahren kann zwischen Glykolyse, Polyolyse und Acidolyse – abhängig vom verwendeten PU-Abfall – variiert werden.

Im Rampf-Prozess [23] werden PU-Abfälle in Flocken zerkleinert und für die Herstellung des Polyolen in einem Reaktor eingesetzt, in dem sich Prozesschemikalien wie Polyol, Glykol, Carbonsäure sowie Katalysatoren und Deaminierungsreagenzien (z. B. Epoxide) befinden. Bei etwa 200 °C wird das Polyurethan molekular aufgespalten. Nach etwa 7-stündiger Reaktionsdauer wird die aus Polyol und niedermolekularen Urethanen bestehende Reaktionsmischung filtriert. Die Filtrationsrückstände bestehen ausschließlich aus Fremdstoffen, die nicht näher charakterisiert sind. Diese können entfernt und die aus der Verbrennung resultierende Energie genutzt werden. Das mittels Rampf-Verfahren gewonnene Endprodukt ist als RECYPOL® bekannt und kann entweder allein oder gemischt mit neuem Polyol zur Herstellung von PUR-Schäumen verwendet werden. Rampf hat auch mehrere halbharte Schaumsysteme entwickelt, bei denen das zurückgewonnene Polyol aus Schuhsohlen-, Armlehnen-, Autospoiler- und Bierfassabfällen verwendet wurde. Es wird berichtet, dass bis zu 60 % RECYPOL® in die Formulierung neuer halbharter PU-Schäume ohne Qualitätsverlust gegenüber den ursprünglichen Systemen eingesetzt werden können.

Das Unternehmen Dow Polyurethanes hat ein Matratzenrecyclingprogramm namens RENUVA® gestartet und ist Partner beim Bau der ersten chemischen Recyclinganlage für Post-Consumer-Polyurethanschaum in Europa in Semoy (Frankreich). Der Schaumstoffhersteller The Vita Group, der Schaumstoffproduktionsanlagen in ganz Europa betreibt, hat als erstes Unternehmen offiziell angekündigt, dass es rezyklierte Chemikalien zur Herstellung neuer Polyurethanschäume verwenden wird [24]. Im September 2021 wurde das Werk offiziell eingeweiht und die ersten Schäume, die mit recycelten Polyolen von The Vita Group hergestellt wurden, erhielten die CertiPUR®- und Oeko-Tex®-Zertifizierung. In den Niederlanden kündigten RetourMatras und seine Aktionäre Ikea und Renewi Nederland Anfang Dezember 2020 Pläne an, die Recyclingkapazitäten des Unternehmens für PU-Weichschäume mit chemischem Recycling unter Verwendung einer von Ikano Industry in Polen entwickelten Technologie zu erweitern [25]. Der Grundstein der Anlage wurde im September 2021 gelegt und die Anlage wird voraussichtlich im Laufe des Jahres 2022 in Betrieb gehen.

In Spanien gab Repsol bekannt, dass es plant, die erste Anlage im Land für chemisches Recycling von Polyurethanschaum in dem Industriekomplex Puertollano zu bauen [26]. Diese soll bis Ende 2022 fertiggestellt sein. Nach der Inbetriebnahme soll sie in der Lage sein, rund 2000 Tonnen Polyurethanschaum pro Jahr zu verarbeiten. Das recycelte Polyol wird unter der Marke Repsol Reciclex® vermarktet.

In Deutschland hat Covestro [27] ein innovatives Verfahren zur Chemolyse von PU-Weichschaum aus Post-Consumer-Matratzen entwickelt. Das neue Verfahren ermöglicht die Rückgewinnung beider PU-Hauptkomponenten bei hoher Ausbeute: Neben dem Polyol kann auch das Primärprodukt der anderen beim Recycling entstehenden Komponente – das Amin mit der Option der Weiterverarbeitung zum Isocyanat – wiedergewonnen werden. Covestro hat eine Pilotanlage in Betrieb genommen, die das Recyclingverfahren zu einem effizienten industriellen Prozess ausbauen soll. Darüber hinaus hat das Unternehmen in Zusammenarbeit mit den Unternehmen Recticel und Redwave eine Sortierlösung entwickelt, um die verschiedenen PU-Schäume in Post-Consumer-Matratzen zu trennen. Die Software verwendet maschinelle Lernalgorithmen für eine korrekte Erkennung der verschiedenen Schaumstoffarten und ermöglicht saubere Materialeinträge für den anschließenden Recyclingprozess. Das beschriebene Chemolyseverfahren baut auf Ergebnissen des europäischen PUReSmart-Projektes auf, das von Recticel koordiniert wird [28].

Ebenfalls in Deutschland hat auch BASF ein chemisches Recyclingverfahren für Post-Consumer-Matratzen entwickelt und führt derzeit Pilotversuche am Standort Schwarzheide in Brandenburg durch. Der Prozess baut das flexible PU ab und erzeugt Polyole.

Ziel ist es, die Materialien aus alten Matratzen so zu recyceln, dass dies die Herstellung neuer Matratzen aus den Rezyklaten ermöglicht [29].

In Belgien arbeitet die Firma TripleHelix an der Bereitstellung von End-of-Life-Lösungen in vielen Bereichen, einschließlich des chemischen Recyclings von Polyurethan-Weichschaum, für den der Bau einer Pilotanlage geplant ist. Dafür ist eine Split-Phase-Glykolyse in Diskussion, welche zwei Fraktionen hervorbringt: Polyole und eine Mischung von Substanzen, die Diamine enthalten, welche zur Weiterverwendung in Anlagen zur Isocyanat-Herstellung verwendet werden können. Der Vorteil dieses Verfahrens besteht darin, dass am Ende sowohl Polyole als auch Isocyanate hergestellt werden, die die beiden Grundkomponenten zur Herstellung von Polyurethan-Weichschaum sind.

Auch eine Reihe von öffentlich geförderten Projekten in Europa befasst sich mit dem chemischen Recycling von PUR, insbesondere das Polynspire-Projekt [30] und das dänische RePURpose-Projekt [31] rund um den Matratzenhersteller Tempur, zu dem kürzlich erste Ergebnisse veröffentlicht wurden. Auch weitere Stakeholder, darunter die Firma Evonik, arbeiten an Initiativen zum Recycling. Während das chemische Recycling, nachweislich dieser zunehmenden Aktivitäten, eine vielversprechende Perspektive für die EoL-Behandlung von PU-Schaum in der Zukunft zu sein scheint, muss weitere Forschung für diese Technologie vorangetrieben werden, um insbesondere noch höhere Umsetzungsraten und eine höhere Qualität für das rezyklierte Polyol zu erreichen [32].

8.2.4.2.4 Neuere Entwicklungen und Ausblick

Wie eingangs beschrieben, zielen Polyurethane hauptsächlich auf langlebige, höherwertige Anwendungen ab. Konventionelle, in diese Richtung optimierte Materialien (insbesondere vernetzte) erschweren aber auch das Recycling, wie in den vorangegangenen Abschnittengezeigt. Während sich technologische Entwicklungen der letzten Jahre auf die Optimierung und die Skalierung von Verfahren für die großvolumigen Produkte (PU-Weichschaum und -Hartschaum) konzentrieren, finden parallel auch grundlegende Arbeiten für die Verbreiterung der Technologiebasis für das Recycling von PUR statt.

Arbeiten zum biologischen Recycling – dem Abbau von Polymeren unter der Einwirkung von biologischen Organismen wie Pilzen, Enzymen oder Bakterien – weisen bei den grundlegenden Alternativen den technologisch am weitesten fortgeschrittenen Status auf. Es ist bekannt, dass einige der oben genannten biologischen Funktionseinheiten in der Lage sind, Urethanbindungen spezifisch anzugreifen und die entsprechenden Polymere in Oligomere und Monomere zu spalten [33]. Vorteile dieser Route sind der gegenüber dem chemischen Recycling geringere Energiebedarf (weil die Abbauprozesse bei moderaten Temperaturen und Drücken ablaufen), die Spezifität und der deutlich reduzierte Bedarf von potenziell gefährlichen Chemikalien (Lösemittel). Erste kommerzielle Verfahren zur enzymatischen Spaltung von Urethangruppen aus Polyester/TDI-basierten Polyurethanen wurden zu Patenten angemeldet [34].

Ein anderer Ansatz, der, neben Polyurethanen, auch bei anderen Kunststoffklassen erforscht wird, ist der des Design-for-Recycling. Hierbei werden Polymerarchitekturen chemisch so modifiziert, dass sie eine leichtere Bindungsspaltung mit konventionellen Recyclingverfahren erlauben. Bei Polyurethanen werden dabei hauptsächlich zwei Routen verfolgt: Entweder werden solche chemischen Gruppen in das Polymernetzwerk eingeführt, bei denen eine erleichterte Bindungslösung über labilere Bindungen erreicht werden soll. Nachteil einer solchen Architektur kann die Irreversibilität der Bindungsöffnung sein, was dann in den meisten Fällen Downcycling zur Folge hat. Demgegenüber wird in jüngeren Arbeiten zum biologischen Recycling auch beschrieben, dass PU am Polyester (hier Polycaprolactone) gespalten und anschließend über eine Veresterung wieder zum PU aufgebaut werden [35]. Bei einer anderen Route werden dynamische kovalente Bindungen eingeführt, die durch externe Stimuli (wie Temperaturerhöhungen oder Photoinitiation) reversibel aufgespaltet werden können. Dazu existiert eine ganze Reihe chemischer Konzepte [36] für diese sogenannten kovalent anpassbaren Netzwerke (CAN = covalent adaptable networks). Im Idealfall können mittels dieser Strategien Materialien aufgebaut werden, die die für Thermosets typischen mechanischen Eigenschaften mit der Prozessierbarkeit von Thermoplasten kombinieren.

Eine weitere Forschungsrichtung wird mit der hydrierenden Depolymerisation von Polyurethanen verfolgt. Zubar et al. berichten über die katalytische Hydrierung von PU-Materialien mit Mangan-Pincer-Komplexen zu Polyolen und TDA in hohen Ausbeuten [37]. Diese Ansätze sind allerdings ebenso wie die Design-for-Recycling-Ansätze in einem frühen Entwicklungsstadium und erfordern einen langen Atem bis zu einer möglichen Kommerzialisierung.

8.2.4.2.5 Zusammenfassung

Polyurethane sind – im Gegensatz zu anderen Kunststoffen – breit diversifiziert. Dieses Anwendungsspektrum wird durch strukturelle Variation im Baukastensystem aus Polyolen und Isocyanaten ermöglicht. Während linear verknüpfte, thermoplastische Materialien in bewährter Weise durch mechanisches Recycling einem neuen Produktzyklus zugeführt werden können, sind höher- und hochvernetzte PUR nur chemisch rezyklierbar, ohne in Downcycling zu enden. Für die Aufspaltung der Urethanbindung ist eine Reihe von Reaktionen mit nukleophilen Agenzien („Chemolysen“) bekannt, die zu PUR-Ausgangsstoffen führen können. Eine nur teilweise erfolgende Bindungsspaltung sowie unvollständige Abbaureaktionen haben allerdings chemisch nicht identische Recycling-Produkte (speziell auf der Polyol-Seite) zur Folge. Grundsätzlich sind diese Verfahren seit dem Ende des vergangenen Jahrhunderts bekannt, in den meisten Fällen aber im Pilotstadium verblieben.

Unter den chemischen Monomer-Recyclingprozessen hat die Einphasen-Glykolyse einen kommerziellen Reifegrad erreicht, allerdings mit eingeschränkten Wiedereinsatzmöglichkeiten für die entstehenden Rezyklate. Demgegenüber sind Splitphase-Verfahren, die auch zu einer Aufarbeitung der aminischen Bestandteile der PUR führen, im technischen Pilotmaßstab. An der Verfahrensentwicklung wird in verschiedenen Konsortialprojekten, die alle Beteiligten eines Wiederverwertungskreislaufs einschließen, gearbeitet. Denn neben dem eigentlichen Depolymerisationsschritt sind auch die vor- und nachgelagerten Segmente des PUR-Materialkreislaufes entscheidend für ein qualitativ hochwertiges und damit breit akzeptiertes Recycling: Sammlung, Sortierung, Reinigung und schließlich Re-Formulierung sind vor ganz spezifische Herausforderungen gestellt und müssen gelöst werden. Die aktuellen Projekte geben zur Hoffnung Anlass, dass auch das chemische PUR-Recycling auf eine neue Stufe gehoben wird und die Kreisläufe für diese wichtige Polymerklasse zukünftig nachhaltig schließen kann.

Literatur für Abschnitt 8.2.4

[1] Oertel, G. Polyurethane. [Hrsg.] Becker / Braun. Carl Hanser Verlag München, 1993. Bd. 75.

[2] Szycher, M. Handbook of Polyurethanes. CRC Press Taylor & Francis Group, 1999.

[3] Consultants, IAL. Polyurethane Chemicals and Products in EMEA. 2020.

[4] Geyer, R., Jambeck, J. R. und Law, K. L. Production, Use, and fate of all plastics ever made. Science Adv. 2017, 3, S. e1700782.

[5] EU. Richtlinie 2012/19/EU des Europäischen Parlaments und des Rates vom 4. Juli 2012 über Elektro- und Elektronik-Altgeräte. 2012.

[6] Griffiths, T., et al. Mattress Recycling. Waste and Resource Management. WR4, 2013, Bd. 166, S. 158 – 166.

[7] Gondal, M. A. und Siddiqui, M. N. Identification of different kind of plastics using laser-induced breakdown spectroscopy for waste management. J. Environmental Science Health Part A Toxic / Hazard. 42 (13), 2007, S. 1989 – 1997.

[8] Akkapeddi, M. K. Polymer Blends Handbook. Dordrecht: Springer, 2014. Bd. 2.

[9] Di Maio, F., et al. The W2Plastics project: exploring the limits of polymer separation. Open Waste Management Journal. 3 (1), 2010, S. 90 – 98.

[10] Datta, J., Glowinska, E. und Wloch, M. Mechanical recycling via regrinding, rebonding, adhesive pressing, and molding. Recycling of Polyurethane Foams. William Andrew Publishing, 2018, S. 57 – 65.

[11] Lechleitner, A., et al. Österreichische Wasser- und Abfallwirtschaft. 2020, 72, S. 47 – 60.

[12] Guthrie, J. L. und McKinney, R. W. Determination of 2,4- and 2,6-Diaminotoluene in Flexible Urethane Foams. Analytical Chemistry. 1977, 49, S. 1676 – 1680.

[13] Zia, K. M., Bhatti, H. N. und Bhatti, I. A. Methods for polyurethane and polyurethane composites, recycling and recovery: a Review. Reactive and Functional Polymers. 2007, 67 (8), S. 675 – 692.

[14] Kanaya, K. und Takahashi, S. Decomposition of polyurethane foams by alkanolamines. Journal of Applied Polymer Science. 1994, 51 (4), S. 675 – 682.

[15] Xue, S., et al. Preparation of epoxy hardeners from waste rigid polyurethane foam and their applications. Journal of Applied Polymer Science. 1995, 56 (2), S. 127 – 134.

[16] Gerlock, J., Braslaw, J. und Zimbo, M. Polyurethane waste recycling: 1. Glycolysis and hydrolycolysis of water-blown foams. Industrial & Engineering Chemistry Process Design and Development. 1984, 23 (3), S. 545 – 552.

[17] Molero, C., et al. Glycolysis of flexible polyurethane wastes using stannous octoate as the catalyst. Journal of Material Cycles and Waste Management. 2009, 11, S. 130 – 132.

[18] Herrero, D. S. Glycolysis process for polyurethane waste recycling (Doktorarbeit, Universidad de Castilla, La Mancha). 2017.

[19] Ressourcenschonung – FoamPartners. [Online] [Zitat vom: 26. 03. 2022.] *https://www.foampartner.com/nachhaltigkeit/planet/ressourcenschonung/*.

[20] Sheel, A. und Pant, D. Chemical depolymerization of polyurethane foams via glycolysis and hydrolysis. Recycling of Polyurethane Foams. William Andrew Publishing, 2018, S. 67 – 75.

[21] You, K. K., et al. Chemical Recycling of Polyurethanes and Applications for Recyclates. Journal of Cellular Plastics. 34, 1998, Bd. 3, S. 261 – 271.

[22] KG, RAMPF Eco Solutions GmbH & Co. Alternative Polyole aus PUR- und PET-Reststoffen. [Online] [Zitat vom: 23. 03. 2022.] *https://www.rampf-group.com/de/produkte-loesungen/chemical/alternative-polyole/*.

[23] M., Werth. Verborgene Ressourcen – Recycling-Polyole als Rohstoffbasis für neue Polyurethan-Systeme. Plastverarbeiter. 2018, 5, S. 70 – 72.

[24] EUROPUR. The Netherlands: a world-leader in mattress recycling. [Online] 10.01.2021. [Zitat vom: 23.03.2022.] *https://www.europur.org/news-events/item/70-the-netherlands-a-world-leader-in-mattress-recycling*.

[25] Innovatie in matrasrecycling door circulaire samenwerking. [Online] [Zitat vom: 01.05.2022.] *https://www.retourmatras.nl/*.

[26] Repsol. Repsol to build Spain's first polyurethane foam recycling plant in Puertollano. [Online] 18.03.2021. [Zitat vom: 23.03.2022.] *https://www.repsol.com/en/products-and-services/chemicals/news/our-puertollano-industrial-complex-will-locate-the-first-polyurethane-recycling-plant-in-spain/index.cshtml*.

[27] Covestro. Closing the loop for polyurethane foam mattresses. [Online] 25.03.2021. [Zitat vom: 23.03 2022.] *https://www.covestro.com/press/closing-the-loop-for-polyurethane-mattresses-public/*.

[28] PUReSmart – EU Funded R&I Project N° 814543. [Online] [Zitat vom: 26.03.2022.] *https://www.puresmart.eu*.

[29] BASF. BASF working toward circularity in recycling of mattresses. [Online] [Zitat vom: 23.03.2022.] *https://www.basf.com/global/en/media/news-releases/2020/06/p-20-226.html*.

[30] polynSPIRE – Innovative technologies for plastic recycling. [Online] [Zitat vom: 26.03.2022.] *https://www.polynspire.eu*.

[31] RePURpose – European Funded R&I Project in Denmark. [Online] [Zitat vom: 26.03.2022.] *https://www.repurpose.nu/*.

[32] Europur: Resource Effiency & Recycling. [Online] [Zitat vom: 01.05.2022.] *https://europur.org/flexible-pu-foam/resource-efficiency-recycling/*.

[33] Kemona, A. und Piotrowska, M. Polyurethane Recycling and Disposal: Methods and Prospects. Polymer. 2020, 12, S. 1752.

[34] Covestro. Neue Urethanasen für den enzymatischen Abbau von Polyurethanen. EP 3 587 570 A1 2018. Europäische Patentanmeldung.

[35] Magnin, A., et al. Green Recycling Process for Polyurethane foams by a Chemical Biotech Approach. ChemSusChem. 2021, Bd. 14, 19.

[36] Sheppard, D. T., et al. Reprocessing postconsumer polyurethane foam using carbamate exchange catalysis and twin-screx extrusion. ACS Cent Sci. 2020, 6 (6), S. 921 – 927.

[37] Zubar, V., et al. Hydrogenative Depolymerization of Polyurethanes Catalyzed by a Manganese Pincer Complex. ChemSusChem. 2021, 14, S. 1 – 6.

8.2.5 Polyamid (PA)

Elisabeth Töpel

Bereits in den 1930er-Jahren etablierte DuPont mit Polyamid 66 (PA66) unter dem Markennamen Nylon das erste kommerziell erhältliche Polyamid [1]. Kurze Zeit später, im Jahr 1938, entdeckte Schlack die Synthese von Polyamid 6 (PA6) durch Polymerisation von ε-Caprolactam [2]. Seitdem sind Polyamide auf dem Markt für technische Kunststoffe unverzichtbar geworden, sind sie doch aufgrund ihres Eigenschaftsprofils für zahlreiche Anwendungen geeignet. Polyamide weisen eine hohe Wärmebeständigkeit, Festigkeit und Steifheit auf, gepaart mit herausragenden Reibungseigenschaften. Zudem bieten sie eine gute chemische Beständigkeit gegen zahlreiche Medien [3]. Durch Compoundierung mit Verstärkungs- oder Füllstoffen wie Glasfasern, Mineralien oder anderen Additiven (Schlagzähmodifikatoren, Wärmestabilisatoren, Flammschutzmitteln, ...) können die Eigenschaften von Polyamiden passgenau auf die jeweiligen Bedürfnisse unterschiedlicher Anwendungen zugeschnitten werden. Polyamidcompounds finden Anwendung hauptsächlich im Automobilbereich, z. B. als Leichtbau-Ersatz für Metalle in Strukturbauteilen. Unter der Motorhaube kommen sie aufgrund der Wärmestabilität und der Öl-Beständigkeit zum Einsatz. Neben klassischen Verbrennern werden sie auch in Elektrofahrzeugen z. B. im Batterie- und Ladesystem eingesetzt. Weitere Anwendungsbereiche stellen industrielle E&E-Anwendungen und Haushaltselektronik dar.

Der Materialverbrauch von Polyamiden auf dem Weltmarkt wurde für das Jahr 2020 auf 8,9 Mio. Tonnen geschätzt und wird voraussichtlich bis zum Jahr 2027 10 Mio. Tonnen überschreiten [4]. Auch heute noch sind Polyamid 6 und Polyamid 66 die wichtigsten kommerziellen Vertreter unter den thermoplastischen Polyamiden, die zusammen mehr als 90 % der Gesamtproduktion ausmachen [5, 6]. Ein Großteil des Polyamids 6 findet seine Anwendung als Filament im Textil-Bereich, im Teppichmarkt oder in anderen industriellen Filamenten (z. B. in Fischernetzen und anderen Schnüren, Seilen und Netzen). Auch die Automobilindustrie stellt einen großen Endmarkt der Polyamidanwendung dar.

Obwohl der Textilmarkt von synthetischen Fasern im Vergleich zu natürlichen Fasern wie Baumwolle, Wolle und Seide dominiert wird, entfällt nur ein vergleichsweise geringer Anteil auf Polyamid, da Polyester-Fasern hier den größten Anteil bilden [7]. Dennoch gehen mit ca. 2,8 Mio. Tonnen ungefähr die Hälfte des weltweiten jährlichen Polyamid-6-Verbrauchs in den Textilbereich ein. Allein in Deutschland werden – inklusive Schuhen – ungefähr 1,3 Mio. Tonnen jährlich an Altkleidern in Containern oder bei Straßensammlungen gesammelt. Der Hauptteil der gesammelten Textilien wird jedoch der erneuten Nutzung zugeführt, während nur 12 % recycelt werden (2018) [8]. Problematisch ist oft, dass Textilien aus verschiedenen Fasermaterialien bestehen, was das Recycling erschwert. Zudem fehlt die benötigte Infrastruktur, um Textil-Recycling industriell zu etablieren. Die Sortierung der Textilien nach der Sammlung erfolgt heutzutage noch manuell und es existieren noch keinerlei industrielle Anlagen zum Textilrecycling. Generell wird das mechanische Recycling von PA-haltigen Textilien durch den hohen Grad an Verunreinigungen bedingt durch z. B. Färbemittel erschwert, während chemisches Recycling über die Depolymerisation als präferierte Lösung anzusehen ist.

Einen separat zu erwähnenden Bereich der Polyamid-haltigen Textilien stellen Teppiche dar. Diese bestehen aus drei verschiedenen Lagen, wobei Polyamid mit einem Anteil von 33 % die obere Nutzungsschicht des Teppichs bildet. Darunter befindet sich eine Mittelschicht (12 % Anteil), die meist aus PET/PP-Fasern besteht und die Polyamid-Fasern an die Unterlage bindet. Die Grundschicht des Teppichs (55 % Anteil) besteht aus Materialien wie Calciumcarbonat, Aluminiumhydroxid und Latex [9]. Um einen Teppich zu recyceln, ist es zwingend notwendig, diese drei Schichten möglichst sauber voneinander zu trennen. Des Weiteren enthalten Teppiche durch den Einsatz von Färbemitteln zahlreiche Komponenten, die im Recyclingkreislauf als Verunreinigungen gelten, wie z. B. Titandioxid. Wird dieses nicht komplett entfernt, so führt es zu einem niedrigen Eigenschaftsprofil nach dem Recycling. Jährlich fallen in Deutschland ca. 400 kt Teppichabfall an, in Europa insgesamt die vierfache Menge von ca. 1600 kt und in den USA ca. 1800 kt. Seit 2005 dürfen Teppichabfälle in Deutschland nicht deponiert werden, sodass der Großteil verbrannt wird. Nur 3 % werden dem Recycling zugeführt (2017) [10].

Neben der ökologischen Notwendigkeit und den in den letzten Jahren aufkommenden gesetzlichen Recyclinganforderungen war das Recycling von Polyamid schon immer auch unter wirtschaftlichen Gesichtspunkten interessant. Daher beschäftigt sich die Industrie bereits seit mehreren Jahrzehnten mit dem Polyamid-Recycling. Da das mechanische Recycling durch Aufschmelzen und Regranulieren in der Regel zu einer Verschlechterung des Eigenschaftsprofils des Polyamids führt, wird für qualitativ anspruchsvolle Anwendungen das chemische Recycling durch Depolymerisation bevorzugt. Im Falle von Polyamid 6 kann das Monomer ε-Caprolactam durch verschiedene Depolymerisationsverfahren zurückgewonnen und anschließend zu PA6 repolymerisiert werden (Bild 8.43) [11]. Das so gewonnene Polyamid kann dann erneut Anwendung in Filamenten oder Compounds für Kunststoffbauteile finden.

Verschiedene Varianten der solvolytischen Depolymerisation, also der Depolymerisation in Lösung, die sich in der Art des verwendeten Katalysators und Zersetzungsmittels unterscheiden, stellen die am häufigsten in der Literatur beschriebenen Depolymerisationsverfahren für Polyamid dar. Auf diese wird später in Abschnitt 8.2.5.2 „Solvolyse und Chemolyse von Polyamid“ näher eingegangen. Neben den solvolytischen Depolymerisationsverfahren sind auch rein thermische Depolymerisationsverfahren für Polyamid 6 in Abwesenheit von Lösungsmitteln bekannt, die nun zunächst tiefer diskutiert werden.

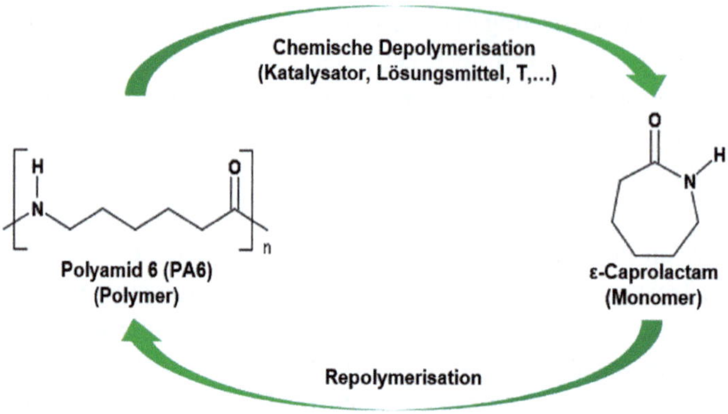

Bild 8.43 Durch Depolymerisation von PA6 unter verschiedenen Bedingungen kann das Monomer ε-Caprolactam zurückgewonnen und später wieder zu PA6 repolymerisiert werden.

8.2.5.1 Thermische Depolymerisation von Polyamid

Der thermisch bedingte Abbau von Polyamid wurde bereits intensiv untersucht, seitdem in den 1930er-Jahren die kommerziellen Synthesen von PA6 und PA66 etabliert wurden [12,13]. Hierdurch sollte damals vor allem untersucht werden, welchen Einfluss die in manchen Anwendungen auftretenden erhöhten Temperaturen auf die Eigenschaften des Kunststoffes haben. Der Gedanke an Recycling spielte damals noch keine oder eine untergeordnete Rolle. Die Historie der Forschung in diesem Bereich ist u. a. in einem 1999 erschienenen Review von Levchik et. al. Beschrieben [12]. Im Jahr 2000 erschien zudem ein Artikel von Holland und Hay, in dem auf die thermische Degradation von Polyamiden unter Pyrolyse-Bedingungen eingegangen wird [13]. Während bei erhöhten Temperaturen unterhalb des Schmelzpunktes hauptsächlich radikalischer Abbau des Polyamids stattfindet, dominieren bei Temperaturen oberhalb des Schmelzpunktes zwei verschiedene Abbau-Mechanismen: intramolekulares Backbiting der terminalen Aminogruppe zur Carbonylgruppe sowie eine Wasserstoff-Transfer-Reaktion, die zur Spaltung der C-N-Bindung in β-Position zur Amidgruppe führt. Die intramolekulare Backbiting-Reaktion führt dazu, dass das Monomer ε-Caprolactam als Hauptprodukt der Pyrolyse erhalten wird (Bild 8.44).

Die thermische Depolymerisation ohne den Einsatz von Lösungsmitteln erlangte auch industrielles Interesse. Bereits 1992 hat Bayer ein Verfahren zur Herstellung von Caprolactam durch thermische Zersetzung von Polyamid 6 in Gegenwart von 0,5–2,5 Gew.-% Kaliumcarbonat als Katalysator bei 250–320 °C beansprucht, wobei das Caprolactam durch Destillation im Vakuum (≤ 100 mbar) im selben Schritt entfernt wird [14]. Es wurde festgestellt, dass die Verwendung von Kaliumcarbonat anstelle von Natriumcarbonat für die alkalische Depolymerisation die Zersetzungsgeschwindigkeit erhöhte und eine Verringerung der Depolymerisationstemperatur bei gleichem Durchsatz ermöglichte. Das beschriebene Verfahren ist auch auf glasfaserverstärktes Polyamid 6 sowie auf schlagzähmodifizierende Compounds übertragbar [14].

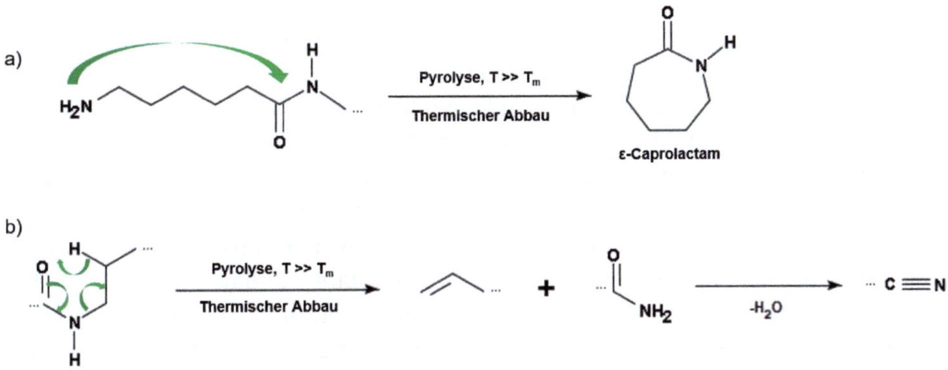

Bild 8.44 Der thermische Abbau von PA6 durch Pyrolyse (Temperatur >> Schmelztemperatur) erfolgt nach zwei Mechanismen: a) Intramolekulares Backbiting führt zum Hauptabbauprodukt, dem Monomer ε-Caprolactam, und b) β-C-N-Wasserstoff-Transfer (in Anlehnung an [13]).

Die Depolymerisation von glasfaserverstärktem Polyamid 6 im Vakuum mit Kaliumcarbonat wurde auch von Braun et. Al. im Jahr 2001 untersucht [11]. Im Gegensatz zur säurekatalysierten Depolymerisation wie z. B. mit Phosphorsäure (siehe Abschnitt 8.2.5.2 „Solvolyse/Chemolyse von PA") bietet die Verwendung alkalischer Katalysatoren den Vorteil, dass keine Deaktivierung des Katalysators durch Glasfasern oder alkalische Silikatfüllstoffe stattfindet. Unabhängig von der Temperatur und der eingesetzten Menge an Kaliumcarbonat wurde eine hohe Depolymerisationsausbeute von 90 % erreicht. Das erhaltene Caprolactam wies eine Reinheit von mehr als 99 % auf. Bei einer Temperatur von 340 °C war eine sehr schnelle Reaktionszeit von 10 min für die Depolymerisation ausreichend. Bei glasfaserverstärktem Polyamid bleiben die in eine organische Matrix eingebrannten Glasfasern als Reststoff zurück, der bisher nicht recycelt werden konnte [11].

Im Jahr 2020 hat Lanxess nun ein Verfahren zur Depolymerisation von glasfaserverstärkten technischen Kunststoffen einschließlich Polyamid 6 beschrieben, bei dem auch die Glasfasern recycelt werden können [15]. In einem ersten Schritt erfolgt die Depolymerisation des Polyamid 6 beispielsweise im Vakuum mit Kaliumcarbonat. Anschließend werden in einem zweiten Schritt die Reststoffe bei 1300 +/- 300 °C verbrannt, sodass die organischen Reststoffe als gasförmige Verbrennungsprodukte entfernt werden. Die Glasreste könnten in einen konventionell betriebenen Glasfaserofen überführt werden und den typischen anorganischen Rohstoffmix einer Glasfaserproduktion teilweise substituieren. Reinheit und Leistung der resultierenden Fasern sind vergleichbar mit den entsprechenden Eigenschaften der ursprünglich verwendeten

Glasfaser [15]. Mithilfe dieses Ansatzes kann der Recyclingkreislauf glasfaserverstärkter technischer Kunststoffe geschlossen werden. Im Fall von PA6-Compounds konnte berechnet werden, dass der theoretische CO_2-Fußabdruck für rezykliertes PA6 weniger als 0,5 kg CO_2/kg PA6 beträgt. Dies bedeutet eine Reduktion von mehr als 90 % verglichen mit dem durchschnittlichen europäischen Wert für PA6 basierend auf dem aktuellen belgischen Energiemix und berechnet mit dem PlasticsEurope-Eco-Profil für PA6 von 2014 [16]. Obwohl aktuell noch keine Pilotanlage für das beschriebene Verfahren verfügbar ist, stellt es eine vielversprechende Möglichkeit dar, glasfaserverstärkte technische Kunststoffe zu recyclen und dabei nicht nur das Polymer, sondern auch die Glasfasern in Neuware-Qualität zurückzugewinnen. Grundvoraussetzung für eine Anwendung im industriellen Großmaßstab ist allerdings die Verfügbarkeit einer wirtschaftlich ausreichenden Menge an End-of-Life-PA6-Bauteilen, z. B. aus den Altfahrzeugen. Solange ein zuverlässiges Sammelsystem für solche Komponenten in den benötigten Mengen nicht aufgebaut ist, wird es herausfordernd bleiben, geschlossene Recycling-Kreisläufe im Kunststoffbereich zu etablieren – nicht nur im Polyamid-Bereich.

Ein sehr aktuelles Patent im Bereich der thermischen Depolymerisation von Polyamid wurde jüngst 2022 von BASF veröffentlicht. Es beschreibt die Rückgewinnung von ε-Caprolactam durch selektive Depolymerisation von Mischungen aus Polyamid 6 und Polyurethan-Polymeren. Solche Mischungen kommen häufig in Form von Fasern in Textilanwendungen zum Einsatz. Die Depolymerisation des Gemisches wird bei Temperaturen von 250 °C bis 350 °C und Drücken von 5 mbar bis 700 mbar durchgeführt. Dabei werden 0,05 bis 5 Gew.-% einer Base, die bevorzugt Kaliumhydroxid ist, als Katalysator verwendet. Mit einer Reinheit von 90 bis 95 Gew.-% wird nach diesem Verfahren das Monomer ε-Caprolactam als Gas gewonnen. Es wird kontinuierlich aus dem Depolymerisationsreaktor entfernt und kann in einem nachfolgenden Schritt per Destillation aufgereinigt werden [17]. Der beschriebene Ansatz zeigt, dass nicht in allen Fällen eine dem Recycling vorgelagerte sortenreine Trennung von verschiedenen Polymeren von Nöten ist, und eröffnet so neue Möglichkeiten für das Recycling von Textilfasern.

8.2.5.2 Solvolyse und Chemolyse von Polyamid

Den überwiegend in der Literatur beschriebenen Teil der Depolymerisationsverfahren für Polyamide stellen die solvolytischen Ansätze dar, bei denen das Polymer in der Gegenwart eines Lösungsmittels zum Monomer depolymerisiert wird. In der Vergangenheit wurden zahlreiche verschiedene Solvolyseverfahren zur Polyamid-Depolymerisation beschrieben, wobei Wasser oder Dampf (Hydrolyse), Ammoniak (Ammonolyse) und Glykole (Glykolyse) gängige verwendete Lösungsmedien sind [18]. Unter diesen Dreien ist die Hydrolyse die am häufigsten genutzte Form der Solvolyse für die Polyamid-Depolymerisation. Die hydrolytische Depolymerisation von Polyamid kann – wie auch die Depolymerisation ohne Lösungsmittel – auf verschiedene Weise durchgeführt werden, entweder mit einem sauren oder einem alkalischen Katalysator oder sogar in Abwesenheit eines Katalysators. Bockhorn et. al. untersuchten in ihrer Veröffentlichung 2001 die Kinetik dieser drei Möglichkeiten und beschreiben die Mechanismen für die saure (Bild 8.45) und die alkalische (Bild 8.46) Depolymerisation von PA6. Dabei wurde die basisch katalysierte Reaktion, die nach einem anionischen Kettenmechanismus verläuft, als geeigneter definiert, da hier höhere Reaktionsraten im Vergleich zur sauer und nicht katalaysierten Depolymerisation erreicht werden.

Als Reaktionsmedium wird meist überhitzter Wasserdampf verwendet. Bereits 1973 baute die Zimmer AG Anlagen zur Gewinnung von Caprolactam aus Polyamid 6, bei denen überhitzter Wasserdampf und ein Crackkatalysator zum Einsatz kamen [19].

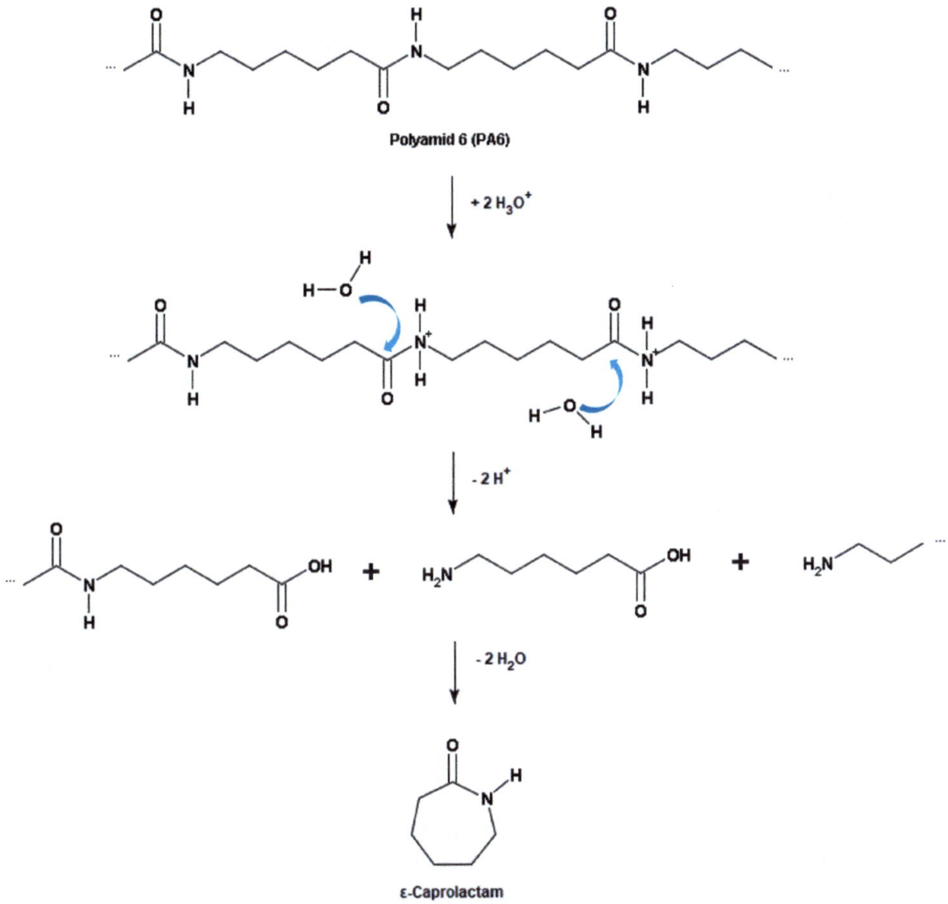

Bild 8.45 Mechanismus der sauer katalysierten Depolymerisation von Polyamid 6 durch Spaltung der Amidbindung (in Anlehnung an [20])

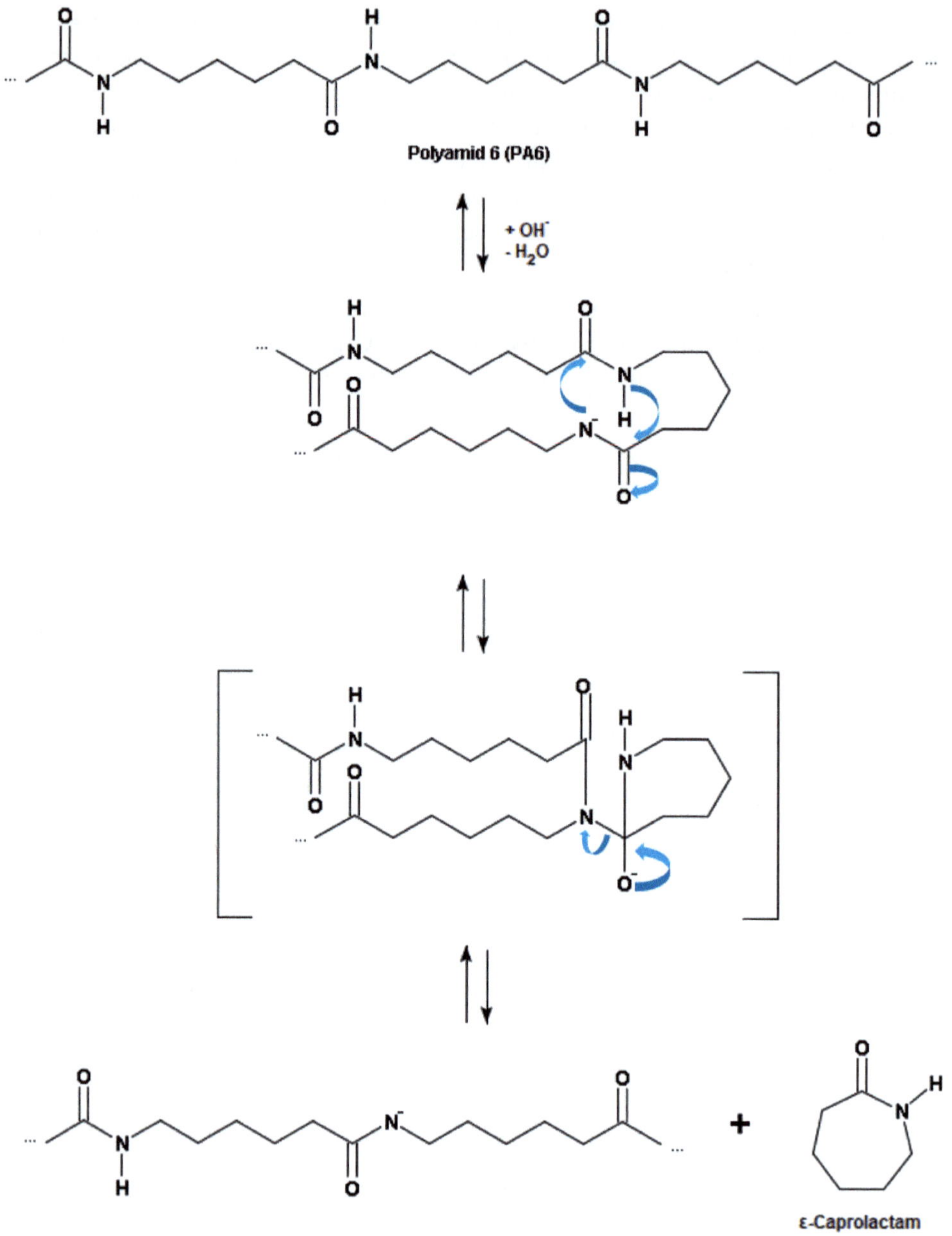

Bild 8.46 Mechanismus der basischen Depolymerisation von Polyamid 6 durch anionische Kettenreaktion (in Anlehnung an [20])

Für unverstärktes Polyamid, wie Faserabfälle, die z. B. aus der Teppichherstellung entstehen, ist die sauer katalysierte Route mit Phosphorsäure die am häufigsten in der Literatur beschriebene Option [11]. Bereits vor mehr als 50 Jahren gab es Patente, die

die Verwendung von überhitztem Wasserdampf in Kombination mit Phosphorsäure zur Depolymerisation von Polyamid 6 zu ε-Caprolactam beschrieben [21].

Im Jahr 1992 beanspruchte BASF ein Verfahren zur Herstellung von ε-Caprolactam aus Polyamid-6-haltigen Teppichen unter Verwendung von überhitztem Wasserdampf und Phosphorsäure als Depolymerisationskatalysator, wobei die Konzentration der Phosphorsäure vorzugsweise 5 – 7 % betrug. Die Reaktionstemperatur wurde mit 230 – 325 °C oberhalb der Schmelztemperatur des Polyamids gehalten. Nach der Fraktionierung des erhaltenen ε-Caprolactams erfolgte vor der Vakuumdestillation zur weiteren Reinigung eine Behandlung mit einem Oxidationsmittel (z. B. Kaliumpermanganat) [22].

Die Verwendung von Phosphorsäure bei der Polyamid-Depolymerisation birgt jedoch einige große Nachteile. Zum einen ist die Ausbeute an ε-Caprolactam eher gering (ca. 56 %) und die Entsorgung der phosphorsäurehaltigen Reststoffe kostenintensiv [11]. Außerdem ist das Verfahren hinsichtlich der Depolymerisation von glasfaserverstärktem oder gefüllten Polyamid eingeschränkt, da diese alkalischen Füllstoffe die Phosphorsäure neutralisieren und damit den Katalysator zerstören.

Anstelle von Phosphorsäure sind auch andere anorganische Säuren wie Salzsäure und Schwefelsäure dafür bekannt, die Zersetzung von Polyamiden bei der hydrolytischen Depolymerisation zu katalysieren [18]. Die für die Verwendung von Phosphorsäure beschriebenen Nachteile treten jedoch auch hier auf.

Eine Alternative zu sauren Katalysatoren stellt, wie bereits zu Beginn des Abschnitts beschrieben, die hydrolytische Depolymerisation in Anwesenheit von alkalischen Katalysatoren dar. Der dabei auftretende anionische Kettenmechanismus führt im Vergleich zur sauren Hydrolyse zu einer Erhöhung der Reaktionsrate [20]. Auch für die basisch katalysierte Polymerisationsroute bei Polyamid finden sich in der Literatur zahlreiche verschiedene Optionen.

Beispielsweise offenbarte BASF 1994 die Rückgewinnung von ε-Caprolactam aus Polyamid 6 bei Temperaturen zwischen 200 °C und 350 °C unter erhöhtem Druck (20 bar bis 200 bar) in Gegenwart eines Alkalimetallhydroxids bei einem pH-Wert zwischen vorzugsweise 6 und 8. Pro Gewichtsteil Polyamid werden 5 bis 50 Teile Wasser zur hydrolytischen Spaltung eingesetzt. Als Alkalimetallhydroxide sind die klassischerweise verwendeten Verbindungen Kaliumhydroxid oder insbesondere Natriumhydroxid genannt. Die Reaktionszeit beträgt 3 bis 6 Stunden, was zu einem Umsatz von mindestens 60 % führt. Anschließend wird das ε-Caprolactam mit einem wasserunlöslichen organischen Lösungsmittel aus der wässrigen Lösung extrahiert [23].

Wenige Jahre später beanspruchte DSM ein hydrolytisches Verfahren, bei dem Wasserdampf in Gegenwart einer (Erd-)Alkalimetallverbindung bei einem Druck von 0,2 MPa bis 2,0 MPa durch das Polyamid geleitet wird. Vorzugsweise werden Natriumhydroxid und/oder Natriumaminocapronat verwendet. Die Reinigung der monomeren Verbindungen nach der Depolymerisation erfolgt durch Hydrierung, und die Alkali-(Erdalkali-)metallverbindung kann zurückgeführt und wiederverwendet werden [24].

Vermutlich aufgrund der Nachteile hinsichtlich Kosten, Entfernung und Entsorgung von Katalysatoren nach der Depolymerisationsreaktion sind auch zahlreiche Verfahren zur hydrolytischen Depolymerisation von Polyamiden bekannt, die in Abwesenheit eines Katalysators durchgeführt werden. Bereits 1976 offenbarte die Hillyard Chemical Company ein nichtkatalytisches Verfahren zur hydrolytischen Depolymerisation von Polyamid 6 mit überhitztem Wasserdampf zu ε-Caprolactam [25]. In den 1990er-Jahren beanspruchten AlliedSignal und DSM ein Verfahren zur Depolymerisation von polyamidhaltigem Teppichabfall, der ε-Caprolactam mit überhitztem Dampf ohne Katalysatoren ergibt. Die Depolymerisation erfolgt bei Temperaturen zwischen 250 °C und 400 °C bei Drücken im Bereich zwischen 1 atm und 100 atm [26]. Gleichzeitig beschrieb auch BASF in einem Patent ein Verfahren zur Gewinnung von ε-Caprolactam durch Depolymerisation von Polyamiden in Gegenwart von überhitztem Wasser bei 280 °C bis 320 °C bei Drücken von 7,5 MPa bis 15 MPa ohne Einsatz eines Katalysators. Das Gewichtsverhältnis von Wasser zu Polymer wurde mit zwischen 5:1 und 13:1 bei einer Reaktionszeit von weniger als 3 Stunden beschrieben. Das Verfahren ist auch für Polyamidcompounds mit anorganischen Füllstoffen anwendbar [27].

Einige Jahre später patentierte UBE ein Verfahren zur hydrolytischen Depolymerisation von Polyamid 6 in Gegenwart eines aliphatischen oder aromatischen Kohlenwasserstofflösungsmittels (bevorzugt Toluol) ohne Zugabe eines Katalysators in einem Temperaturbereich zwischen 300 °C und 420 °C. Durch die Zugabe des Kohlenwasserstofflösungsmittels konnte die Reaktion beschleunigt werden. Es wird beschrieben, dass ein saurer oder alkalischer Katalysator verwendet werden könnte, jedoch wurde in Abwesenheit des Katalysators eine höhere prozentuale Rückgewinnung des Monomers erreicht [28].

Neben der hydrolytischen Depolymerisation ist auch bereits seit mehr als 50 Jahren die Ammonolyse für das chemische Recycling von Polyamiden bekannt. Bereits 1969 wurde ein britisches Patent von Mabert und Lang veröffentlicht, das ein Verfahren zur Zersetzung von Polyamiden in stickstoffhaltige Monomer-Bausteine beschreibt. Beispielsweise wird Polyamid 66 zu Hexamethylenimin und Hexamethylen-1,6-diamin (HMD) depolymerisiert, während die Polyamid-6-Zersetzung zusätzlich zu HMD N-(6-Aminohexyl)-hexamethylenimin ergibt. Zur Depolymerisation wird das Polyamid in Gegenwart von Ammoniak, Wasserstoff und einem Hydrierungskatalysator erhitzt [29]. In den 1990er-Jahren folgten weitere Patente, die die Ammonolyse von Polyamiden beschreiben. DuPont offenbarte ein Verfahren ausgehend von Polyamid 66 oder einem Gemisch aus Polyamid 66 und 6, das mindestens ein Äquivalent Ammoniak pro polymerer Amidgruppe enthält, um ein Gemisch aus monomeren Komponenten zu erhalten, das in einem nachfolgenden Schritt in HMD umgewandelt werden kann. Der Temperaturbereich liegt zwischen 250 °C und 400 °C, der Druck über 100 psig und Ammoniumphosphat wird als Katalysator zugesetzt. Die erhaltene Monomermischung enthält neben HMD eine breite Produktpalette, darunter 5-Cyanovaleramid, Adiponitril, ε-Caprolactam, 6-Aminocapronamid und 6-Aminocapronitril [30]. Darüber hinaus veröffentlichte DSM ein Patent, das die Depolymerisation von Polyamid 6 zu ε-Caprolactam und Aminocapronsäure in Gegenwart mindestens einer stickstoffhaltigen Verbindung, nämlich Ammoniak und einem anderen Amin (z. B. Aminopropan), offenbart und das auch für das Recycling von Teppichabfällen geeignet ist [31].

Neben der Hydrolyse und Ammonolyse ist auch die Alkoholyse für das chemische Recycling von Polyamiden beschrieben und patentiert. Beispielsweise zeigten Kamimura et. al. im Jahr 2008 die Verwendung von überkritischen Alkoholen bei 370 °C für die Depolymerisation von Polyamid 6. Es wurde festgestellt, dass einfache primäre Alkohole wie Methanol und Ethanol nur zu einer schlechten Ausbeute an ε-Caprolactam führten, während zahlreiche Nebenprodukte gebildet wurden. Werden jedoch primäre Alkohole mit längerer Alkylkette eingesetzt, so verbessert sich die Ausbeute. Durch den Einsatz sekundärer und tertiärer Alkohole konnte die Caprolactam-Ausbeute sogar noch weiter gesteigert werden. So konnten mit sec-Butanol und t-Butanol Ausbeuten von > 95 % erzielt werden [32]. Im selben Jahr beanspruchte DuPont ein Verfahren, bei dem ein Polyamid in einem aliphatischen Alkohol, nämlich wasserfreiem Methanol oder Ethanol, bei Temperaturen zwischen 160 °C und 210 °C und einem Druck von mehr als 350 psig für 30 bis 400 Minuten teilweise depolymerisiert wird. Nach der Depolymerisation folgen eine Filtration und mehrere Fällungsschritte. Das Verfahren kann auf Teppichabfälle, glasfaserverstärktes oder mineralgefülltes Polyamid und auf Polyamid basierte Automobilbauteile angewendet werden [33].

Ein weiterer solvolytischer Ansatz zur Depolymerisation von Polyamid ist die Glykolyse. 1998 analysierten Hommes und Goethals den Abbau von Polyamid 6 durch Glykolyse mit Ethylenglykol in Gegenwart von Phosphorsäure als Katalysator in einem geschlossenen Hochdruckreaktionsgefäß bei 250 °C. Als Hauptabbauprodukte wurden Ethylenglykolderivate von Caprolactam und lineare Oligomere identifiziert, während keine cyclischen Oligomere erhalten wurden [34]. Auch andere Arbeitsgruppen untersuchten den Glykolyse-Ansatz zur Polyamid-Depolymerisation [35,36], jedoch werden ihre Ansätze hier nicht im Detail beschrieben, da sie in industriellen Anwendungen bisher noch keine Rolle gespielt haben und von untergeordneter Bedeutung zu sein scheinen.

Zusammenfassend lässt sich sagen, dass trotz zahlreicher in der Literatur beschriebener und sogar patentierter Verfahren zum chemischen Recycling von Polyamiden die industrielle Umsetzung in großen Recyclinganlagen bisher eher selten ist. Einige Unternehmen gehen jedoch voran und bieten Polyamid 6 auf Basis von recyceltem Caprolactam aus Teppichen oder anderen Textilien an. So gründete Shaw Industries bereits 1999 ein Joint Venture für Teppichrecycling mit Honeywell International und DSM Chemicals North America unter dem Namen Evergreen Nylon Recycling. Die Sammlung von gebrauchten Teppichen war kein Problem, jedoch wurde die Anlage bereits 2001 aufgrund der schlechten wirtschaftlichen Lage für Caprolactam geschlossen [37, 38]. Nur 60 % der Anlagen mit einer Kapazität von 45 000 Tonnen/Jahr konnten zu diesem Zeitpunkt genutzt werden [39]. Einige Jahre später kommunizierte Shaw gemeinsam mit DSM 2006 den Neustart des Evergreen Nylon Recycling. Im Jahr 2015 gaben sie bekannt, dass sie seit 2006 mehr als 260 Millionen kg gebrauchte Teppichabfälle recycelt hätten und dass eine neue und größere Anlage in Planung sei [40].

Ein weiterer, leider erfolgloser Versuch, auch in Deutschland eine große Anlage für Teppichrecycling aufzubauen, wurde im Jahr 2000 von der Firma Polyamid 2000 AG verfolgt. Die Anlage in Premnitz bei Berlin sollte aus 120 000 t Teppichabfällen jährlich 10 000 t Polyamid 6 und 13 000 t Polyamid 66 durch hydrolytische Depolymerisation zurückgewinnen. Die Reinigung erfolgte mit einer dreistufigen Destillation gefolgt von einer von Sulzer Chemtech bereits in den 1970er-Jahren erfundenen Fallfilmkristallisation. Die Caprolactam-Rückgewinnungsanlage wurde von der Firma Lurgi-Zimmer entwickelt. Um eine günstige Energiebilanz zu gewährleisten, wurde die Verbrennung des Teppichträgermaterials und der Nicht-Polyamid-Reste als Energiequelle für den Recyclingprozess genutzt [41]. Die Polyamid-2000-Teppich-Recyclinganlage war jedoch wirtschaftlich nicht erfolgreich und musste bereits nach einigen Jahren stillgelegt werden. Der erste Grund war, dass in Deutschland oder Europa nicht genügend polyamidhaltige Teppiche zu bekommen waren, die Stückzahlen wurden zum Zeitpunkt der Anlagenplanung anscheinend schier überschätzt. Ein Import von Teppichabfällen aus den USA war wirtschaftlich unrentabel. Außerdem stellte sich heraus, dass die Anlage selbst beim Recycling der Teppiche versagte. So konnte Material mit einem zu hohen Feuchtigkeitsgehalt nicht recycelt werden. Auch die Identifizierung der einzelnen Teppichbestandteile sowie deren ordnungsgemäße Trennung waren problematisch, obwohl Polyamid 2000 ein Verfahren zur sortenreinen Trennung von Kunststoffabfällen beanspruchte [42, 43].

Heutzutage ist Aquafil unter dem Markennamen ECONYL® ein bekannter kommerzieller Anbieter von recyceltem Polyamid [44, 45]. Ein hydrolytisches Depolymerisationsverfahren wird verwendet, um Caprolactam aus Teppichabfällen, ausgedienten Fischernetzen und anderen Textilien zu gewinnen [45, 46]. Das dabei entstehende Caprolactam wird zu ECONYL®-Garn repolymerisiert und für die Herstellung neuer Bekleidung verwendet. Die Produktionskapazität liegt bei etwa 25 kt pro Jahr [47].

8.2.5.3 Weitere Methoden der Depolymerisation von Polyamid

Trotz der konventionell etablierten Depolymerisationsverfahren für Polyamide, die im Wesentlichen die thermische Depolymerisation im Vakuum und die hydrolytische Depolymerisation ohne und mit unterschiedlichen Katalysatoren sind, wurden in den letzten Jahren auch Forschungsergebnisse auf den Gebieten verschiedener anderer, alternativer Depolymerisationsrouten veröffentlicht.

Kumar et. al. demonstrierten die hydrierende Depolymerisation verschiedener Polyamide in Gegenwart eines Ruthenium-Pincer-Katalysators bei 150 °C und 70 bar H_2-Druck in DMSO als Lösungsmittel. Dem DMSO kommt dabei eine große Bedeutung zu, da es die Wasserstoffbrückenbindung des Polyamids aufbricht, gleichzeitig aber nicht an das Ru-Metallzentrum koordiniert und so die Katalyse ermöglicht. Es ist jedoch wichtig zu erwähnen, dass die hydrierende Depolymerisation nicht zur Bildung der herkömmlichen Monomere führt, sondern zur Bildung von Aminoalkoholen und Diolen. Beispielsweise wird im Fall von Polyamid 6 6-Amino-1-hexanol erhalten, während für Polyamid 12 eine Mischung aus 12-Aminododecan-1-ol und kleineren Oligomeren und für Polyamid 66 1,6-Hexandiol und Hexamethylendiamin entstehen. In allen Fällen sind die Ausbeuten mit 20–32 % eher gering, obwohl die Reaktionszeit mit 48 h recht hoch ist. Die Autoren beschreiben auch die Umkehrreaktion, die Synthese der Polyamide unter Verwendung der erhaltenen Diole und Diamine in einer Ruthenium-katalysierten dehydrierenden Kupplungsreaktion. Das Verfahren ist auch auf Polyurethane übertragbar. Auch wenn es noch nicht im großindustriellen Maßstab anwendbar ist, könnte es für die Zukunft eine vielversprechende Alternative zu konventionellen Depolymerisationsmethoden darstellen, vor allem wenn die geringen Ausbeuten durch weitere Forschung gesteigert werden könnten [48].

Ein weiterer interessanter Forschungsansatz ist die Verwendung von hydrophilen ionischen Flüssigkeiten als Reaktionsmedium für die Depolymerisation von Polyamid 6. Kamimura et. al. untersuchten die Depolymerisation von PA6 zu ε-Caprolactam bei 300 °C mit katalytischen Mengen von DMAP (N,N-Dimethylaminopyridin) in verschiedenen ionischen Flüssigkeiten, wobei sie quartäre Ammoniumsalze wie PP13 und TMPA als die besten Kandidaten identifizierten. Die ionische Flüssigkeit konnte fünfmal erfolgreich wiederverwendet werden, was somit zur Nachhaltigkeit des Verfahrens beiträgt [49]. Dieser Ansatz stößt auch in der Industrie auf Interesse, wie ein 2009 von Invista veröffentlichtes Patent zeigt. Dort wurde ein Verfahren zur Hydrolyse eines Polyamids offenbart, abgeleitet von einem Diamin und einer Dicarbonsäure (z. B. Polyamid 66), bei dem das Polyamid bei einer Temperatur zwischen 20 °C und 250 °C mit einer hydrophoben ionischen Flüssigkeit und Wasser in Kontakt gebracht wird. Die ionische Flüssigkeit hierin enthält ein Anion, ausgewählt aus der Gruppe von $[HSO_4]^-$ und $[HPO_4]^{2-}$. Optional kann ein Äquivalent Schwefelsäure pro Amidrest des Polymers zugegeben werden [50].

Neben der Verwendung von ionischen Flüssigkeiten ist ein weiterer unkonventioneller Ansatz für die Polyamid-Depolymerisation die Verwendung von Mikrowellen als Energiequelle für die Reaktion. Es wurden verschiedene Verfahren zur Durchführung der Depolymerisation von Polyamid in Mikrowellen beschrieben. Bereits vor mehr als 20 Jahren berichteten Klun und Krzan als erste über die phosphorsäurekatalysierte Depolymerisation von Polyamid 6 durch eine Mikrowellenbestrahlung von 200 W in nur 20 min. Die Phosphorsäure dient nicht nur als Reaktionskatalysator, sondern aufgrund ihres sehr hohen Dipolmoments auch als hervorragender Mikrowellenabsorber. Allerdings führt diese Depolymerisationsmethode nicht zur Bildung von Caprolactam, sondern es werden mehr als 90 % ε-Aminocapronsäure zusammen mit ihren linearen Oligomeren (bis hin zum Hexamer) sowie eine kleine Menge cyclischer Produkte erhalten [51].

Der Mikrowellenansatz wurde kürzlich auch auf die bereits oben beschriebene Depolymerisation von Polyamid 6 in ionischen Flüssigkeiten übertragen. Kamimura et. al. stellten die effiziente Depolymerisation von Polyamid 6 unter Mikrowellenbestrahlung (700 W) innerhalb von 60 min in der hydrophilen ionischen Flüssigkeit [emim][BF4] mit katalytischen Mengen DMAP (N,N-Dimethylaminopyridin) zu ε-Caprolactam (55 %) vor. Die ionische Flüssigkeit konnte durch Extraktion einfach aus dem depolymerisierten Produkt entfernt und mindestens dreimal wiederverwendet werden, was die Nachhaltigkeit des Verfahrens steigert [52].

Ein weiterer interessanter Ansatz zum chemischen Recycling von Polyamid 6 wurde kürzlich von Alberti et. al. in Form einer ringschließenden Depolymerisation publiziert. Unter lösungsmittelfreien Bedingungen durch Mikrowellenbestrahlung (250 °C) konnte innerhalb kurzer Zeit (15 min) mit DMAP als Organokatalysator und Essigsäureanhydrid als Depolymerisationsmittel der Baustein N-Acetylcaprolactam hergestellt werden. Das erhaltene Produkt konnte in das Monomer ε-Caprolactam umgewandelt werden, während die Acetylfunktion auf 2-Aminoethanol übertragen wurde, was eine Vorstufe für die Poly(N-vinylacetamid)-Produktion ergab [53].

Trotz der insgesamt zahlreich vorliegenden Patente und Veröffentlichungen auf dem Gebiet der Depolymerisation und somit des chemischen Recyclings von Polyamiden ist die großindustrielle Umsetzung derzeit stark ausbaufähig und wird bislang nur selten angewendet. Ein Hauptgrund hierfür ist sicherlich, dass die für Großanlagen benötigte Infrastruktur zur Sammlung polyamidhaltiger Bauteile an ihrem Lebensende, z. B. aus Automobilen, aktuell noch nicht vorhanden ist. So reicht das Wissen um geeignete Depolymerisationsverfahren nicht aus, wenn nicht gleichzeitig auch der wirtschaftliche Nutzen gegeben ist.

Literatur für Abschnitt 8.2.5

[1] Levchik, Sergei V.; Weil, Edward D.; Lewin, Menachem: Thermal decomposition of aliphatic nylons, Polymer International, 48, 532 – 557, 1999.

[2] Schlack, Paul: Preparation of Polyamides, US 2,241,321, 1941.

[3] Domininghaus, Hans; Elsner, Peter; Eyerer, Peter; Hirth Thomas: Kunststoffe – Eigenschaften und Anwendungen, 8. Auflage, Springer-Verlag Heidelberg, 2012, 604 – 648.

[4] Global-Nylon-Industry, *https://www.reportlinker.com/p03993523/Global-Nylon-Industry.html*, accessed 2021-10-11.

[5] Becker, Gerhard W.; Braun, Dietrich: Kunststoff-Handbuch 3/4 Polyamide, Carl Hanser Verlag München Wien, 1998.

[6] Wesolowski, Jacek; Plachta Karolina: The Polyamide Market, Fibers & Textiles in Eastern Europe, 24, 6(120), 12 – 181 2016.

[7] Ellen MacArthur Foundation: A new textiles economy: Redesigning fashion's future, 2017. *https://ellenmacarthurfoundation.org/a-new-textiles-economy*, abgerufen am 29.08.2022.

[8] Forbrig, Sebastian; Fischer, Thomas; Heinz, Beate: Bedarf, Konsum, Wiederverwendung und Verwertung von Bekleidung und Textilien in Deutschland, Textilstudie 2020 des bvse – Bundesverband Sekundärrohstoffe und Entsorgung e. V., 2020.

[9] European Carpet and Rug Association (ECRA), Leading the carpet industry towards circular economy – A 2030 strategic approach, *https://circulareconomy.europa.eu/platform/sites/default/files/ecra-2030_action_planhq.pdf*, abgerufen am 29.08.2022.

[10] Deutsche Umwelthilfe, Unter den Teppich gekehrt – Das große Entsorgungsproblem der Teppichbodenindustrie in Deutschland, 2017. *https://www.duh.de/fileadmin/user_upload/download/Projektinformation/Kreislaufwirtschaft/Teppich-Recycling/170228_DUH_Studie_Das_gro%C3%9Fe_Entsorgungsproblem_der_dt_Teppichindustrie_DT_FINAL.pdf*, abgerufen am 29.08.2022.

[11] Braun, Dietrich; Disselhoff, Rainer; Guckel, Christian; Illing, Gerhard: Rohstoffliches Recycling von glasfaserverstärktem Polyamid-6, Chemie Ingenieur Technik, 73(3), 183 – 190, 2001.

[12] Levchik, Sergei; Weil, Edward D.; Lewin, Menachem: Thermal decomposition of aliphatic nylons, Polymer International, 48, 532 – 557, 1999.

[13] Holland, Barry J.; Hay, James N.: Thermal degradation of nylon polymers, Polymer International, 49, 943 – 948, 2000.

[14] Nielinger, Werner; Ostlinning, Edger; Idel, Karsten-Josef; Freitag, Dieter; Buysch, Hans-Josef: Gewinnung von Caprolactam durch thermische Spaltung von Polyamid 6, Bayer AG, EP0529470 A1, 1992.

[15] Witt, Michael; Joachimi, Detlev: Verfahren zum Rezyklieren glasfaserverstärkter Kunststoffe, LANXESS Deutschland GmbH, WO 2020/212186 A1, 2020.

[16] Interne Berechnungen der LANXESS Performance Materials GmbH beruhend auf dem Strommix in der belgischen Produktionsanlage (interne Daten) und auf Eco-profiles and Environmental Product Declarations of the European Plastics Manufacturers, Polyamide 6 (PA6), PlasticsEurope, February 2014, *https://legacy.plasticseurope.org/de/resources/eco-profiles*, abgerufen am 14.12.2022.

[17] Beyer, Caroline; Richter, Florian: Selektive Depolymerisation von Polyamid 6 zu Caprolactam aus Gemischen von caprolactamhaltigen Polymeren und polyurethanhaltigen Polymeren, insbesondere Polyurethanblockcopolymeren, BASF, WO 2022/129022 A1, 2022.

[18] Chanda, Manas: Chemical aspects of polymer recycling, Advanced Industrial and Engineering Polymer Research, 4, 133 – 150, 2021.

[19] Conrad, R.: Neue chemische Verfahren, Chemie-Ing.-Techn., 45(24), 1510. 1973.

[20] Bockhorn, H.; Donner, S.; Gernbeck, M.; Hornung, A.; Hornung, u.: Pyrolysis of polyamide 6 under catalytic conditions and its application to reutilization of carpets, Journal of Analytical and Applied Pyrolysis, 58 – 59, 79 – 94, 2001.

[21] Bonfield, John H.; Hecker, Richard C.; Snider, Orvill E.; Apostle, Basil G.: Regeneration of e-Caprolactam from Polyamides, Allied Chemical Corporation, US3182055, 1963.

[22] Corbin, Thomas F.; Davis, Edward A.; Dellinger, Jack. A.: Reclaiming ε-Caprolactam from nylon 6 carpet, BASF Corp., US5169870A, 1992.

[23] Fuchs, Hugo; Neubauer, Gerald; Ritz, Josef; Priester, Claus-Ulrich: Recovery of caprolactam from polycaprolactam, BASF Aktiengesellschaft, US5359062, 1994.

[24] Thomissen, Petrus Jozef Hubertus: Depolymerization of Polyamides, DSM N. V., EP0875504 A1, 1998.

[25] Fowler, Frank C.: Process for producing caprolactam, Hillyard Chemical Company, US3939153, 1976.

[26] Sifniades, Stylianos; Levy, Alan B.; Hendrix, Jan A. J.: Process for depolymerizing nylon-containing waste from caprolactam, AlliedSignal Inc., DSM N. V. US5681952, 1997.

[27] Bassler, Peter; Kopietz, Michael: Process for producing caprolactam through hydrolytic cleavage of molten polycaprolactam, BASF AG, US5495015, 1996.

[28] Kaiso, Kouji; Sugimoto, Tsunemi: Method for depolymerizing polyamide and method for producing monomer of polyamide, UBE Industries, WO07060828 A1, 2007.

[29] Lambert, Arthur; Lang, George Henry: Monomeric Compounds from Polyamides, GB1172997, 1969.

[30] McKinney, Robert J.: Ammonolysis of Nylon, E. I. Du Pont de Nemours and Company, US5302756, 1994.

[31] Hendrix, Jan A. J.; Booij, Martin; Frentzen, Yvonne H.: Depolymerization of Polyamides, DSM N. V., US5668277, 1997.

[32] Kamimura, Akio; Oishi, Yusuke; Kaiso, Kouji; Sugimoto, Tsunemi; Kashiwagi, Kohichi: Supercritical Secondary Alcohols as Useful Media to Convert Polyamide into Monomeric Lactams, ChemSusChem, 1, 82 – 84, 2008.

[33] Mckinnon, Michael Stephen: Solvent-based recovery and recycle of polyamide material, E. I. Du Pont de Nemours and Company, US7319113, 2008.

[34] Hommez, Bart; Goethals, Eric J.: Degradation of Nylon-6 by Glycolysis. Part 1: Identification of Degradation Products, Journal of Macromolecular Science – Pure and Applied Chemistry, 35(9), 1489 – 1505, 1998.

[35] Kim, Kap Jin; Dhevi, D. Manjula; Lee, Jong Soon; Cho, Young Dal; Choe, Eun Kyung: Mechanism of glycolysis of nylon 6,6 and its model compound by ethylene glycol; Polym. Degrad. Stabil., 91, 1545 - 1555, 2006.

[36] Datta, Janusz; Blazek, Kamila; Wloch, Marcin; Bukowski, Radoslaw: A New Approach to Chemical Recycling of Polyamide 6.6 and Synthesis of Polyurethanes with Recovered Intermediates, J. Polym. Environ., 26, 4415 - 4429, 2018.

[37] DeLozier, Russ: Re-Start of Evergreen Nylon Recycling, Shaw Industries, 2006 CARE Conference, *https://carpetrecovery.org/wp-content/uploads/2014/04/Evergreen_Nylon_Recycling_CARE_2006.pdf*, abgerufen am 29.08.2022. *https://www.energy.gov/eere/amo/nylon-carpet-recycling*, abgerufen am 2021-10-13. *https://www.chemeurope.com/en/news/4507/production-at-evergreen-nylon-recycling-suspended.html*, abgerufen am 2021-10-13. *https://shawinc.com/Newsroom/Press-Releases/Shaw-Carpet-Recycling-Facility-Successfully-Proces/*, abgerufen am 2021-10-13.

[38] Nikzad, Ali: Teppichbodenrecycling: Aus Alt mach Neu, Sulzer Chemtech, Sulzer Techical Review, 1, 20 - 22, 2000.

[39] Wermter, Benedict; Reuter, Delphine: Wie die Teppichindustrie versucht, sich ein grünes Mäntelchen umzuhängen, Correctiv, 2017. *https://correctiv.org/aktuelles/2017/04/28/wie-die-teppichindustrie-versucht-sich-ein-gruenes-maentelchen-umzuhaengen/*, abgerufen am 29.08.2022.

[40] Wolf, Johannes; Kreklau, Frank: Verfahren zum sortenreinen Auftrennen von Kunststoffabfällen, Polyamid 2000 Handels- und Produktionsgesellschaft Premnitz AG, DE10149306A1, 2001.

[41] *https://www.aquafil.com/de/sustainability/econyl-garn/*, accessed 2021-10-13.

[42] *https://www.econyl.com/the-process*, accessed 2021-10-13.

[43] Environmental product declaration for ECONYL® Polymer, Revision 4, 15 August 2019, *https://www.aquafil.com/assets/uploads/EPD-FOR-ECONYL-YARN.pdf*, accessed 2021-10-13.

[44] von Vacano, Bernhard; Mangold, Hannah; Seitz, Christian: Kunststoffe im Kreislauf, Chemie in unserer Zeit, 55(69), 374 - 385, 2021.

[45] Kumar, Amid; von Wolff, Niklas; Rauch, Michael; Zou, You-Quan; Shmul, Guy; Ben-David, Yehoshoa; Leitus, Gregory; Avram, Liat; Milstein, David: Hydrogenative Depolymerization of Nylons, J. Am. Chem. Soc., 142, 427 - 75, 2020.

[46] Kamimura, Akio; Yamamoto, Shigehiro: An Efficient Method To Depolymerize Polyamide Plastics: A New Use of Ionic Liquids, Organic Letters, 9(13), 2533 - 2535, 2007.

[47] Whiston, Keith; Forsyth, Stewart; Seddon, Kenneth R.: Ionic Liquid Solvents and a Process for the Depolymerization of Polyamides, Invista North America S. A. R. L., US20090036602 A1, 2009.

[48] Klun, Ursa; Krzan, A.: Rapid microwave induced depolymerization of polyamide-6, Polymer, 41, 4361 - 4365, 2000.

[49] Kamimura, Akio; Shiramatsu, Yuto; Kawamoto, Takuji: Depolymerization of polyamide 6 in hydrophilic ionic liquids, Green Energy & Environment, 4, 166 - 170, 2019.

[50] Alberti, Christoph; Figueira, Ruben; Hofmann, Melanie; Koschke, Svetlana; Enthaler, Stephan: Chemical Recycling of End-of-Life Polyamide 6 via Ring Closing Depolymerization, ChemistrySelect, 4, 12 638 - 12 642, 2019.

8.2.6 Polymethylmethacrylat (PMMA)

Tobias Horn, Christian Hopmann

Polymethylmethacrylat (PMMA) ist ein amorpher Thermoplast, der im allgemeinen Sprachgebrauch auch als Acrylglas bezeichnet wird und unter Markennamen wie Plexiglas oder Lucite bekannt ist.

Aus diesem Kunststoff werden hauptsächlich Formteile aus Granulat, extrudierte und gegossene Platten sowie Verbundwerkstoffe für langlebige Gebrauchsgüter hergestellt, die beispielsweise in folgenden Anwendungsgebieten zum Einsatz kommen:

- Werbeindustrie (Schilder, Displays)
- Bauindustrie (glasklare und eingefärbte Platten, Verglasungen)
- Fahrzeugindustrie (Leuchten, Fenster)
- Sanitärbereich (Waschbecken, Duschabtrennungen)
- Optik (Linsen, Gläser)
- Medizin (Zahnprothesen, Brillengläser)

Anwendungsübergreifend sind vor allem die hervorragenden produktspezifischen Eigenschaften des PMMA von Bedeutung, zu denen eine hohe Lichtdurchlässigkeit, absolute Farblosigkeit, hohe Brillanz, gute Kratzfestigkeit bzw. Oberflächenhärte, Chemikalien-, Witterungs- und Wärmeformbeständigkeit zählen. Zudem kann PMMA beliebig eingefärbt werden [BBMM95, BBO+13, DEEH12].

Aufgrund des, im Vergleich zu Standardkunststoffen, höheren Materialpreises sind Recyclingstrategien zur Wiederverwertung von PMMA-Abfällen attraktiv und werden seit Jahrzehnten erforscht [BM97a, LSS20, Mad65, MW83, Str35]. Untersuchungen zum werkstofflichen Recycling von PMMA haben gezeigt, dass die Regranulatqualität durchaus der Neuware entsprechen kann [Bla92, HBP92, RLG12]. Selbst bei Blends aus PMMA-Postconsumer-Abfällen aus Kfz-Heckleuchten und Abfällen aus Polycarbonat (PC) sowie Acrylnitril-Butadien-Styrol (ABS) bleibt beim Recycling ein hochwertiges Eigenschaftsprofil erhalten, welches die Verarbeitung zu technischen Bauteilen ermöglicht. Die Qualität der optischen Eigenschaften des werkstofflich recycelten PMMA ist jedoch stark reduziert [BBMM95]. Sobald eine Vermischung des PMMA mit einem anderen Kunststoff vorliegt, verliert es die Transparenz und nimmt eine opake Farbe an. Die optische Qualität wird bereits bei einer geringfügigen Verschmutzung durch Fremdpartikel sowie durch thermische Schädigungen bei der Verarbeitung stark beeinträchtigt. Auch bei Produktionsabfällen, die sauber und sortenrein vorliegen, ergeben sich starke Qualitätseinbußen beim wiederaufbereiteten Material. Hieraus folgt eine verminderte Qualität von Produkten aus werkstofflich rezykliertem PMMA im Vergleich zu den ursprünglichen Produkten [Bra95, BBMM95, Ehr92, Ede17]. Eine alternative Möglichkeit des Recyclings von PMMA ohne Qualitätseinbußen stellt das chemische Recycling dar [GM48, MSM20]. Dabei wird PMMA durch ein Depolymerisationsverfahren zum Monomer Methylmethacrylat (MMA) zurückgeführt. Das resultierende Monomer kann in einem weiteren Schritt wieder zu PMMA repolymerisiert werden, wodurch die Qualität von Neuware erzielt wird. Yasunori et al. zeigten durch Szenario- und Sensitivitätsanalysen, dass das Monomer-Recycling von PMMA hinsichtlich der benötigten Energie bezogen auf die resultierende Qualität effektiver als das werkstoffliche Recycling sein kann [YMT+14].

Grundlagen zur Depolymerisation wurden bereits in Abschnitt 8.2.2 beschrieben. Die allgemein beschriebenen Vor- und Nachteile sind auch auf PMMA übertragbar. Mögliche Depolymerisationsverfahren sind demnach die trockene Destillation [Str35], der Einsatz von überhitztem Dampf als Wärmeübertragungsmedium [KL42, DJ19], das Aufschmelzen in Einschneckenmaschinen und Einspeisen in einen Pyrolysereaktor [MW83, BBP18], die Wirbelschichtpyrolyse [KS95] oder die Depolymerisation mittels aufgeschmolzener Metall- und Metallsalzbäder [SA58, SM11]. Diese Verfahren operieren diskontinuierlich. Zur kontinuierlichen Depolymerisation von PMMA können des Weiteren Schneckenreaktoren, wie beispielsweise der dichtekämmende gleichlaufende Doppelschneckenextruder (DSE) eingesetzt werden. Dieser ermöglicht einen kontinuierlichen Prozess und bringt sowohl thermische als auch mechanische Energie in die Kunststoffschmelze ein. Die Kunststoffschmelzen werden aufgrund der Strömungsverhältnisse innerhalb des Extruders stark geschert. Durch diese innere Reibung wird Dissipationsenergie frei, die neben der Beheizung des Zylinders ebenfalls zur Erwärmung der Schmelze beiträgt. Zusätzlich arbeiten DSE selbstreinigend, wodurch auch bei der Verarbeitung von verunreinigtem Material ein kontinuierlicher Prozess erreicht werden kann [BM97a; BM97b, BM97c].

8.2.6.1 Polymerisation von PMMA

In diesem Abschnitt wird zunächst auf die Polymerisation von PMMA eingegangen. Dies ist notwendig, da ein Verständnis der Polymerisation und ihrer verschiedenen Abbruchreaktionen für die Entwicklung eines Depolymerisationsverfahrens unerlässlich ist. Je nach Abbruchreaktion ergeben sich unterschiedliche charakteristische Strukturmerkmale, aus denen Schwachstellen in der Polymerkette resultieren [GAW96]. An diesen Schwachstellen beginnt die Depolymerisation.

Die Herstellung von PMMA kann über eine radikalische oder anionische Polymerisation erfolgen. Dabei wird derzeit hauptsächlich die radikalische Polymerisation verwendet. Je nach Anwendungsgebiet des Polymers wird die Polymerisation in Masse, Lösung, Suspension oder Emulsion betrieben [GAW96, RV67].

Bei der radikalischen Polymerisation werden dem Monomer geeignete Radikalbildner (Initiatoren), wie beispielsweise Dibenzoylperoxid, zugesetzt. Diese zerfallen unter dem Einfluss von energiereichem Licht, ionisierender Strahlung oder Wärme in Radikale. Die so gebildeten Radikale reagieren in einer Startreaktion mit je einem MMA-Molekül. Das Radikal nähert sich der C=C–Doppelbindung an und löst diese auf. Die andere Seite der ehemaligen C=C–Doppelbindung ist jetzt bereit für den Kettenfortpflanzungsschritt. In nachfolgenden Wachstumsreaktionen werden an die entstandenen Makroradikale weitere Monomere angehängt [RV67]. In Bild 8.47 sind die verschiedenen Schritte dargestellt.

Die Kettenwachstumsreaktion erfolgt, bis entweder keine Monomere mehr vorhanden sind oder die Reaktion durch verschiedene Abbruchreaktionen beendet wird. Dabei können zwei verschiedene Abbruchreaktionen – die Disproportionierung und die Kombination – ablaufen (Bild 8.48). In beiden Fällen reagieren zwei Makroradikale miteinander, jedoch mit unterschiedlichen Ergebnissen [KIB86, Man89].

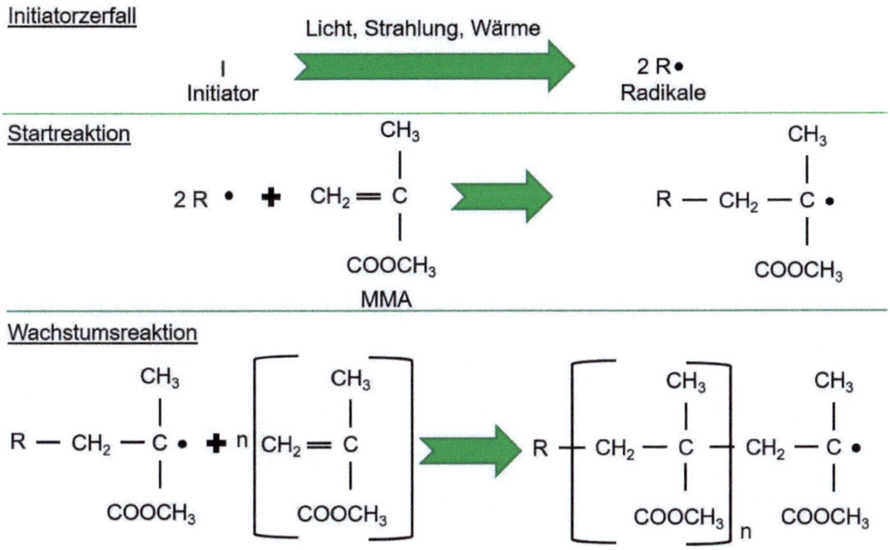

Bild 8.47 Radikalische Polymerisation von PMMA

Bei der Disproportionierung überträgt sich ein Wasserstoffatom des einen Makroradikals auf das andere Makroradikal. Dadurch entsteht eine Molekülkette mit einer gesättigten Endgruppe und eine mit einer ungesättigten Endgruppe. Bei der Kombination werden dagegen zwei Makroradikale aneinandergefügt, wodurch eine sogenannte Kopf-Kopf-Bindung entsteht. Diese bildet das schwächste Glied im Polymermolekül. Durch die Kombination verdoppelt sich also die durchschnittliche Kettenlänge gegenüber derjenigen, die sich aus der Disproportionierung ergibt [KIB86, Man89].

Um den Prozess der Depolymerisation des PMMA erklären zu können, ist es wichtig, das Verhältnis der beiden Abbruchmechanismen zueinander zu kennen. Es wird angenommen, dass etwa 28 % der Moleküle durch Kombination und die restlichen 72 % durch Disproportionierung in der Wachstumsphase abgebrochen werden. Das wiederum bedeutet, dass 28 % der Ketten eine Kopf-Kopf-Bindung in der Mitte der Kette und 36 % jeweils eine ungesättigte und eine gesättigte Endgruppe aufweisen [KIB86, Man89]. Diese charakteristischen Strukturmerkmale werden häufig auch als weiche Bindungen bezeichnet und stellen die Schwachstellen in der Polymerkette dar.

Zur Vermeidung dieser Schwachstellen werden in der industriellen Polymerisation Übertragungsregler eingesetzt. Die Übertragungsregler reagieren mit dem Polymerradikal und sättigen die Kette mit einem Wasserstoffatom. Gleichzeitig wird aus dem verbleibenden Übertragungsregler (z. B. Mercaptane) ein Radikal gebildet, welches wiederum als Starter für die Bildung eines neuen Makromoleküls dienen kann. Dadurch liegen gesättigte Kettenenden vor und das Polymer wird stabiler gegen einen Molekulargewichtsabbau [VE75, MD02].

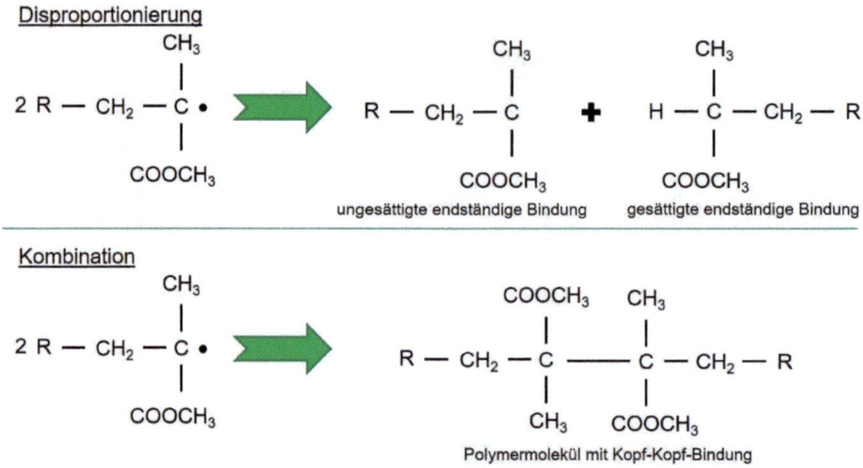

Bild 8.48 Abbruchreaktion bei der Polymerisation von PMMA

8.2.6.2 Depolymerisation von PMMA

Dieser Abschnitt beschreibt die Abläufe der Depolymerisation von PMMA und die dazugehörigen Kenngrößen. Dabei wird zwischen thermischer und mechanischer Depolymerisation unterschieden. Die Trennung dieser beiden Prozesse ist jedoch in der Praxis naturgemäß nicht immer möglich. Durch die mechanische Beanspruchung einer Kunststoffschmelze durch Dissipation wird die Temperatur lokal erhöht, was gleichzeitig den thermisch induzierten Abbau begünstigt. Weiterhin kann ein oxidativer Abbau durch die Anwesenheit von Sauerstoff eintreten [MMB+86].

Eine Kenngröße für die thermische Beständigkeit und damit für die Depolymerisation ist die „Gleichgewichtstemperatur“, die sogenannte Ceiling-Temperatur T_c. Für PMMA liegt die Ceiling-Temperatur bei 220 °C [MMB+86, VE75]. Oberhalb dieser Temperatur erfolgt die Depolymerisation von PMMA. Die Depolymerisation ist eine umgekehrte Polymerisationsreaktion, die einsetzt, sobald radikalische Kettenenden durch eine Initiierung vorliegen. Dies führt dazu, dass sich die Monomere nacheinander von der bereits geschädigten Polymerkette abspalten. In manchen Fällen setzt sich diese Reaktion fort, bis das gesamte Polymermolekül abgebaut ist, in anderen Fällen kommt sie jedoch früher zum Stillstand. Die Depolymerisation von PMMA kann daher mit einem Reißverschlussmechanismus verglichen werden, der zum partiellen oder vollständigen Öffnen des Reißverschlusses führt (siehe Bild 8.49) [MMB+86].

Godiya et al. konnten nachweisen, dass bei der Depolymerisation auch Nebenprodukte entstehen [GGM+19]. Dabei wurden neben Isobuttersäuremethylester auch Spuren von Brenztraubensäuremethylester und Diacetyl detektiert. Diese Nebenprodukte können die Qualität des repolymerisierten PMMA mindern, da diese nicht polymerisierbar sind und zudem die Polymerisationsreaktion unterbrechen können [GGM+19].

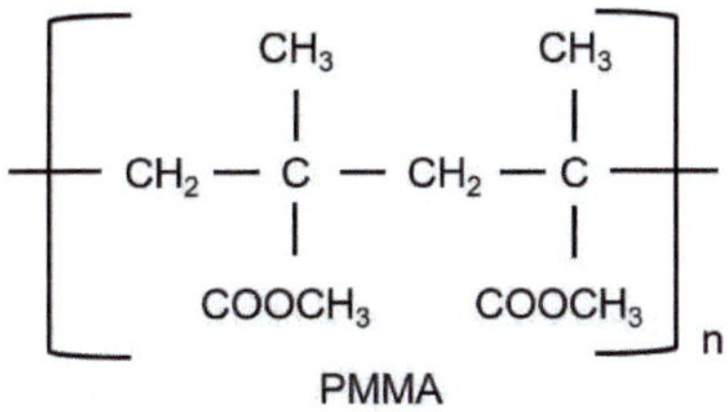

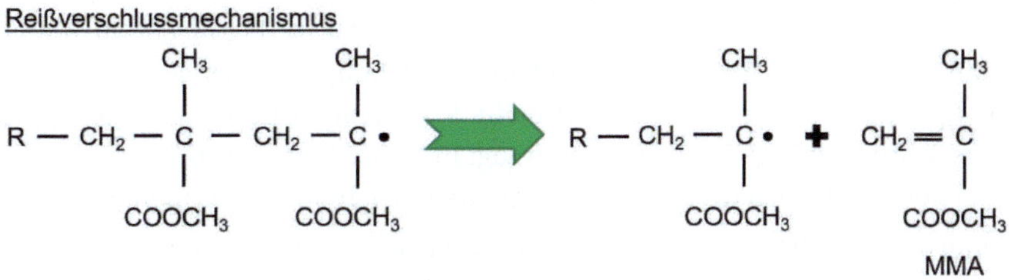

Bild 8.49 Depolymerisation von PMMA (Reißverschlussmechanismus)

Thermischer Abbau

Wie in Abschnitt 8.2.6.1 über die Polymerisation von PMMA beschrieben ist, liegen mögliche Schwachstellen innerhalb der Polymerkette in den Kopf-Kopf-Bindungen. Die erforderliche Spaltungsenergie beträgt 259 kJ/mol [KIB86]. Die Spaltung und damit die Einleitung des thermischen Kettenabbaus beginnt bereits bei Temperaturen von ca. 195 °C, in einem Temperaturbereich, der auch bei üblichen Verarbeitungsmethoden überschritten wird. In der industriellen Praxis werden dagegen Additive in Form von Radikalakzeptoren zugesetzt, um ein voranschreitendes Abspalten von Monomeren zu verhindern [Sch81]. Eine weitere Möglichkeit bietet die Einarbeitung von kleinen Konzentrationen von Acrylaten (z. B. Ethyl- oder Butylacrylat), welche bei einer thermischen Beanspruchung keine bzw. stabile Radikale bilden und damit die Kettenreaktion stoppen [HKF+93, VE75].

An den ungesättigten Kettenenden beginnt die Depolymerisation der entsprechenden Moleküle erst bei Temperaturen über 270 °C. Nach Kashiwagi et al. gibt es verschiedene Thesen zum Mechanismus der Abspaltung von Monomeren an ungesättigten Kettenenden [KIB86]. Es bleibt jedoch immer ein ungesättigtes Kettenende übrig, sodass auch hier die Abspaltung weiterer Monomere stattfinden kann. Für die Spaltung dieser Bindungen wird eine Energie von ca. 297 kJ/mol benötigt [KIB86]. Der Beginn der zufälligen Spaltungen von C–C-Bindungen der Polymerhauptkette findet im Temperaturbereich von 340 °C bis 360 °C statt. Die erforderliche Spaltungsenergie wird mit 343 kJ/mol angegeben [Sch81].

Die bei der Startreaktion initiierten Radikale reagieren wieder untereinander. Es kann zu einer kompletten Aufspaltung der Kette in Monomere, einem Abbruch während der Aufspaltung, einer Disproportionierung durch Reaktion mit weiteren Makroradikalen, einer Rekombination zweier Makroradikale oder auch zu einer Polymerisation der Monomere, wenn die Spaltungstemperatur unterhalb der Ceiling-Temperatur liegt, kommen.

Mechanischer Abbau

Der mechanische Abbau beruht auf der Spaltung von Hauptvalenzbindungen in Makromolekülen durch Scher- oder Streckkräfte. Dabei entstehen Makroradikale, die als Initiatoren dienen und mit anderen Makromolekülen des Polymers reagieren, rekombinieren oder disproportionieren können. Diese Reaktionen können demnach auch das Molekulargewicht und die Struktur des Polymers verändern [RS71]. Bei Frenkel wird angenommen, dass die Polymerklümpchen beim Fließen durch eine Kapillare gedehnt werden, wobei die Ketten in Fließrichtung orientiert sind [Fre44, PSH20, AM94]. Während die Kettenenden ihre Form beibehalten, tritt aufgrund der Verschränkung die höchste Spannung in der Mitte der Kette auf. Wird eine kritische Schergeschwindigkeit überschritten, erfolgt der Bruch bevorzugt in dieser Kettenmitte. Für Polymerisationsgrade über 1000 wird die kritische Scherrate mit $1 \cdot 105\ s^{-1}$ angegeben [CP78].

Bei molekularuneinheitlichen Polymeren werden vorzugsweise langkettige Moleküle zuerst abgebaut. Daher verschiebt sich die Molekulargewichtsverteilung mit zunehmendem Abbau in Richtung der niedermolekularen Produkte [Mad65, Sch81]. Dies hat wiederum Einfluss auf den Depolymerisationsprozess, da ein direkter Zusammenhang zwischen dem Polymerisationsgrad und dem mechanischen Abbau der Ketten besteht. Wenn mit steigender Menge an abgespaltenen Monomeren der Polymerisationsgrad sinkt, reduziert sich die Effektivität des mechanischen Energieeintrags auf die Polymerkette. Daneben zeigte Bueche in seinen Untersuchungen, dass die Anzahl der Kettenbrüche bei hohen Scherraten mit sinkenden Temperaturen zunimmt [Bue60, PSH20].

8.2.6.3 Chemisches Recycling von PMMA in der industriellen Anwendung

Die Depolymerisation von PMMA ist ein bekanntes eingesetztes Verfahren zur Rückgewinnung des Monomers MMA aus Produktionsabfällen. Nachdem in den 1930er-Jahren Röhm und Bauer durch In-situ-Polymerisation die Herstellung von Acrylglasplatten gelungen war und der Werkstoff PMMA damit in technischem Maßstab zugänglich wurde, sind erste Patente zur Depolymerisation bereits nur wenig später entstanden [Str35, KL42].

Weitere Versuche zur Depolymerisation wurden beispielsweise im Jahre 1970 von der Firma Japan Steel Works Ltd., Tokio, durchgeführt. Dabei konnte bereits eine Ausbeute an Methylmethacrylaten von 95 % erreicht werden [TKS70]. Am Institut für Kunststoffverarbeitung in Aachen wurden von Breyer et al. in den 90er-Jahren Versuche zur kontinuierlichen Depolymerisation von PMMA im Doppelschneckenextruder durchgeführt [BM97a, BM97b, BM97c, BM98]. Hierbei konnte unter anderem nachgewiesen werden, dass bei einem Durchsatz von 5 kg/h und einer Verarbeitungstemperatur von 400 °C 98 % des Monomers MMA in einem Doppelschneckenextruder kontinuierlich zurückgewonnen werden können [BM98]. Durch die Zugabe von 5 Gew.-% einer 35 %-igen wässrigen Lösung aus Wasserstoffperoxid wird der Umsatz bei höheren Durchsätzen zusätzlich verbessert [BM98].

Die damaligen Erfolge wurden aufgrund fehlender ökologischer und ökonomischer Gegebenheiten, unzureichender Recyclingströme, niedriger Kunststoffpreise sowie unwirtschaftlicher Durchsätze nicht weitergeführt. Entstandene Recyclingunternehmen haben ihre Betriebe größtenteils in den 2000er-Jahren eingestellt.

In den letzten Jahren kam es aber auch im Bereich des PMMA wieder zu mehr Bestrebungen, ein effektives Kunststoffrecycling großflächig aufzubauen. Dies liegt an den gesetzlichen Verpflichtungen, den ansteigenden Materialkosten, den gesellschaftlichen Bestrebungen sowie an effektiveren Recyclinganlagen. Hierdurch wird ein ökologisches Betreiben weiterer und größerer Recyclinganlagen möglich. Zusätzlich steigt die Nachfrage nach MMA beständig an. Laut Marktanalysen wird die weltweite Nachfrage nach MMA bis 2023 von 3,7 Mio. t pro Jahr (2018) auf 4,3 Mio. t steigen. Dies entspricht einem Wachstum von mehr als 3 % pro Jahr [NN19].

Entscheidend für eine großflächige industrielle Umsetzung des rohstofflichen Recyclings ist es, dass die Rezyklate in ausreichender Menge zur Verfügung stehen. Sobald dies der Fall ist, können durch ein rohstoffliches Verfahren Rezyklate mit Neuwarenqualität produziert werden [GGM+19]. Der Einsatz dieser Rezyklate verändert nicht den Produktionszyklus und es entstehen keine negativen Auswirkungen auf die Eigenschaften der Endprodukte.

Die italienische Firma Madreperla recycelt jährlich 6000 t PMMA über Depolymerisation und Destillation des daraus gewonnenen Methylmethacrylats. Unter dem Namen Greencast wird R-PMMA mit einem Rezyklatanteil von 100 %, in Form von gegossenen Acrylplatten mit einer breiten Auswahl an Farben und Texturen, vertrieben [URL21a]. Weiterhin depolymerisiert die Firma Monómeros del Vallés SL, Terrassa (Barcelona), Spanien, jedes Jahr 2000 t PMMA und vertreibt R-MMA mit einer Mindestreinheit von 98 % [URL21b].

Weitere Bestrebungen zeigen beispielsweise die US-amerikanische Firma Agilyx, welche mit dem zur japanischen Mitsubishi Chemical Corp. (MCC) gehörenden Kunststoffunternehmen Lucite International kooperiert. Die beiden Partner entwickeln ein industrielles Verfahren für die katalysatorfreie Depolymerisation von PMMA zu R-MMA und die Polymerisation zu neuen hochwertigen PMMA-Werkstoffen. Der Verzicht von Katalysatoren erlaubt das Recycling verschmutzter PMMA-Abfälle, die bei katalysierten Prozessen zu einer Inaktivierung des Katalysators führen würden [URL21c].

Ein weiteres Projekt wird im Rahmen des Forschungs- und Innovationsprogramms Horizon 2020 der Europäischen Union unter dem Titel MMAtwo gefördert (Projektnummer 820687). Ziel des Projekts, in dem 17 Partner aus 7 Ländern kooperieren, ist der Aufbau einer Recycling-Wertschöpfungskette aus PCR-PMMA-basierten Produkten. Die niederländische Firma Heathland hat das PCR-PMMA vor der Depolymerisation durch Sortieren, Zerkleinern und Waschen vorgereinigt. Die Depolymerisation wurde in einem von der Firma Japan Steel Works Europe bereitgestellten Zwillingsschneckenextruder durchgeführt. Im nächsten Schritt wurde das R-MMA von der französischen Firma Speichim durch mehrstufige Destillation aufgereinigt und anschließend von den Firmen Delta Glass, Plados Telma, Arkema, ProCoat und Trinseo zu verschiedenen Produkten verarbeitet und mit Produkten aus Neu-MMA verglichen. Die untersuchten Anwendungen umfassen klare Fenster, farblose sowie farbige Oberflächenbeschichtungen und nicht-optische Anwendungen wie zum Beispiel Spülbecken [URL21d].

Literatur für Abschnitt 8.2.6

[AM94] Agarwal, U., Mashelkar, R., Hydrodynamic shielding induced stability of zipping macromolecules in elongational flows. The Journal of Chemical Physics. 100 (1994). S. 6055 – 6061.

[BBMM95] Brandrup, J.; Bittner, M.; Michaeli, W.; Menges, G.: Die Wiederverwertung von Kunststoffen. München, Wien: Carl Hanser Verlag, 1995

[BBO+13] Baur, E.; Brinkmann, S.; Osswald, T.; Rudolph, N.; Schmachtenberg, E.: Saechtling Kunststoff Taschenbuch - 31. Ausgabe. München: Carl Hanser Verlag, 2013

[BBP18] Braido, R. S.; Borges, L. E. P.; Pintoa, J. C.: Chemical recycling of crosslinked poly(methyl methacrylate) and characterization of polymers produced with the recycled monomer. In: Journal of Analytical and Applied Pyrolysis (132), 2018, S. 47 – 55

[Bla92] Blass, R.: Recycling – für PMMA (k)ein Problem?. Spektrum 40 (1992), S.35 – 39

[BM97a] Breyer, K.; Michaeli, W.: Chemisches Recycling von Kunststoffabfüllen aus Polymethylmethacrylat (PMMA) durch degradative Extrusion, Abschlussbericht zum AiF-Forschungsvorhaben Nr. 10154, Institut für Kunststoffverarbeitung, Aachen, 1997

[BM97b] Breyer, K.; Michaeli, W.: Chemisches Recycling von Polymethylmethacrylat (PMMA), Kunststoffe 8 l (1997) 2, S. 183 – 188

[BM97c] Breyer, K.; Michaeli, W.: Die degradative Extrusion mit Doppelschnecken, Plastics-Special 9 (1997), S. 52 – 58

[BM98] Breyer, K.; Michaeli, W.: Depolymerisation von PMMA im Extrusionsprozess, Internationales Kolloquium Kunststofftechnik 19 (1998)

[Bra95] Brand, N.: Depolymerisation von Polymethylmethacrylat, aus: Wiederverwertung von Kunststoffen, 2. Auflage, Hrsg.: Brandrup, Bittner, Michaeli, Menges, Carl Hanser Verlag, München, 1995

[Bue60] Bueche, F.: Mechanical Degradation of High Polymers, Journal of Applied Polymer Science 4 (1960), S. 101 – 106

[CP78] Casale, A.; Porter, R.: Polymer stress reactions, Bd.1 und 2, Academic Press, New York, 1978

[DEEH12] Domininghaus, H.; Elsner P.; Eyerer, P.; Hirth, T.: Kunststoffe – Eigenschaften und Anwendungen. Heidelberg: Springer-Verlag, 2012

[DJ19] D. J.: WO 2019/207264 A1: Valorisation de Resine (Meth)acrylique par Depolymerisation et Hydrolyse. Organisation Mondiale de la Propriété Intellectuelle. 31.10.2019.

[Ede17] Eder, A., Recycling von Kunststoffabfällen – Probleme, Herausforderungen und Lösungen aus rohstofflicher und abfallwirtschaftlicher Sicht. Johannes Kepler Universität Linz, Dissertation, 2017.

[Ehr92] Ehrig, R. J.: Recycling of plastics, Carl Hanser Verlag, München, New York, 1992

[Fre44] Frenkel, Y. I.: Acta Physicochim, URSS 19, 51 (1944)

[GAW96] Geißler, Ch.; Albrecht, K.; Wunderlich, W.: Polymethylmethacrylat (PMMA). Kunststoffe 86 (1996) 10, S. 1484 – 1488

[GGM+19] Godiya, C. B., Gabrielli, S., Materazzi, S., Pianesi, M. S., Stefanini, N., & Marcantoni, E.: Depolymerization of waste poly(methyl methacrylate) scraps and purification of depolymerized products. Journal of Environmental Management 231 (2019), S. 1012 – 1020

[GM48] Grassie, N.; Melville, H. W.: Bull. Soc. Chim. Belg. 57 (1948), S. 142

[HBP92] Horsch, G.; Blass, R.; Pfaff, R.: Zur stofflichen Verwertung von Kfz-Heck- und Blinkleuchten. Kunststoffe, 82 (1992) 12, S. 1200 – 1204

[HKF+93] Hatada, K.; Kitayama, T.; Fujimoto, N.; Nishiura, T.: Stability and Degradation of polymethacrylates with Controlled Structure, Journal of Macromolecular Science, Pure Appl. Chem. (1993), S. 645 – 667

[KIB86] Kashiwagi, T.; Inaba, A.; Brown, J. E.: Effects of Weak Linkages on the Thermal and Oxidative Degradation of Poly(methylmethacrylates). Macromolecules 1986, Bd. 19, S. 2160 – 2168

[LSS20] Lechleitner, A., Schwabl, D., Schubert, T., Chemisches Recycling von gemischten Kunststoffabfällen als ergänzender Recyclingpfad zur Erhöhung der Recyclingquote. Österr. Wasser- und Abfallw. 72 (2020). S. 47 – 60.

[Mad65] Madorsky, S. L.: Thermal Degradation of Organic Polymers, Interscience Publishers, New York, S. 176 – 193, 1965

[Man89] Manring, L. E.: Thermal degradation of Poly(methyl methacrylate)2. Vinyl-Terminated Polymer, Macromolecules 1989, Pd.22, S. 2673 – 2677

[MD02] Matyjaszewski K., Davis T. P.: Handbook of Radical Polymerisation. USA. Wiley Interscience. 2022.

[MMB+86] Menges, G.; Mark, H.; Bikales, N.; Overberger, C.: Encyclopedia of Polymer Science and Engineering, Bd. 4, John Wiley & Sons, New York, 1986

[MSM20] Moens, E., Smit, K., Marien, Y. Progress in Reaction Mechanisms and Reactor Technologies for Thermochemical Recycling of Poly(methyl methacrylate). Polymers. 12 (2020).

[MW83] Müller, W.; Wenzel, F.: DE 314 61 94. Verfahren und Vorrichtung zur thermischen Depolymerisation von Polymeren. Deutsches Patentamt, 1983

[NN18] N. N.: Sekundärrohstoff Marktbericht; Bundesverband Sekundärrohstoffe und Entsorgung e. V., 2018

[NN19] N. N.: Marktbericht – Polymethyl Methacrylate (PMMA). IHS Markit, 05.2019

[NN20] N. N.: Plastics – the Facts 2020. An analysis of European plastics production, demand and waste data; PlasticsEurope Deutschland e. V., 2020

[PSH20] Pas, T., Smeets, B., Ramon, H. : Mechanodegradation of Polymers: A Limiting Factor of Mechanochemical Activation in the Production of Amorphous Solid Dispersions by Cryomilling. Molecular Pharmaceutics. 17 (2020), S. 2987 – 2999.

[RLG12] Rybnicek, J., Lach, R., Grellmann, W., Ternary PC/ABS/PMMA blends — morphology and mechanical properties under quasi-static loading conditions. Polimery. 2 (2012). S 85 – 164.

[RS71] Reich, L.; Stivala, S. S.: Elements of Polymer Degradation, McGraw-Hill Book Company, New York, 1971

[RV67] Rauch-Puntigam, H., Völker, T.: Acryl- und Methacrylverbindungen. Springer-Verlag Berlin Heidelberg, 1967

[SA58] Segui, E. D.; Alarcon, B. C. Process and Device for the Regeneration of Monomers Starting from Polymethacrylate and, More Especially, Methyl Polymethacrylate. U. S. Patent US2858255A, 28.10.1958

[Sch81] Schnabel, W.: Polymer Degradation: Principles and Practical Applications. Carl Hanser Verlag, München, 1981

[SM11] S. M. : US 2011/0171114A1: Process and Apparatus for Decomposition of Polymer Products Including those Containing Sulphur such as Vulcanised Rubber Types and Recovery of Resources therefrom. United States Patent Application Publication, 14.07.2011.

[Str35] Strain, D. E.: US 2 030 901: Depolymerization of Polymethylmethacrylate. US Patent, 1935

[TKS70] Tokushige, H. H.; Kosaki., A.; Sakai, T.: DE 23 10 463 B2. Verfahren zur kontinuierlichen thermischen Zersetzung von synthetischen makromolekularen Materialien. Deutsches Patentamt, 1970

[URL21a] N. N.: Greencast: Re-Thinking PMMA. URL: *http://www.madreperlaspa.com/UK/greencast.html*, abgerufen am 13.07.2021

[URL21b] N. N.: Rückgewinnung und Recycling von Methylmethacrylat. URL: *https://www.monomeros delvalles.com/reciclaje-de-metacrilato/*, abgerufen am 13.07.2021

[URL21c] N. N.: Lucite International and Mitsubishi Chemical Corporation Advance Collaboration with Agilyx. Pressemitteilung, URL: *https://mcc-methacrylates.com/press_releases/lucite-international-and-mitsubishi-chemical-corporation-advance-collaboration-with-agilyx/*, abgerufen am 14.07.2021

[VE75] Vieweg, R.; Esser, F.: Kunststoffe Handbuch Bd. 9: Polymethylmethacrylate. Carl Hanser Verlag, München, 1975

[YMT+14] Yasunori, K.; Masahiko, H.; Takashi, O.; Akinobu, S.: Design of recycling system for poly(methyl methacrylate) (PMMA). Part 1: recycling scenario analysis. The International Journal of Life Cycle Assessment 19 (2014), Seite 120 – 129[KL42] Kautter, C. T.; Leitenberger, W.: DE 729 730. Verfahren zur Gewinnung von Monomeren Methacrylsäureverbindungen. Deutsches Reichspatentamt, 1942

8.3 Recycling von faserverstärkten Kunststoffen

Vera Austermann, Rainer Dahlmann

Faserverstärkte Kunststoffe (FVK) sind eine Kombination aus einer Kunststoffmatrix mit Faserverstärkung und/oder Füllstoffen. Durch die Einbringung der Verstärkungsfasern entsteht ein anisotroper Werkstoff, somit sind die Werkstoffeigenschaften nicht in alle Richtungen gleich, sondern zumeist in Faserrichtung besser als senkrecht zur Verstärkungsfaser. Solche Kunststoffe werden in der Regel dort eingesetzt, wo Komponenten mit sehr guten Eigenschaften bei gleichzeitig geringem Gewicht benötigt werden, beispielsweise im Transportsektor. Obwohl das Recycling von FVK in die Kategorie „Kunststoffrecycling" fällt, sind die für Kunststoffe etablierten Recyclingverfahren nicht speziell auf die hochwertigen, technischen Verbundwerkstoffe ausgerichtet. Insbesondere FVK mit duroplastischer Matrix, welche stark vernetzte Kettenmoleküle aufweisen, galten lange als „nicht recycelbar". Somit waren Deponierung und Einsatz als Ersatzbrennstoff (EBS) jahrzehntelang die beiden gängigen Entsorgungsmethoden.

Das Recycling bzw. die Rohstoffrückgewinnung ist durch den Materialmix bei FVK im Vergleich zu unverstärkten Kunststoffen deutlich erschwert. Zum einen besteht beim Recycling von FVK eine Herausforderung in der begrenzten Trennbarkeit von Faser und Matrix [HM20]. Zum anderen zeichnen sich FVK dadurch aus, dass durch eine gezielte Kombination verschiedener Matrix- und Fasermaterialien die Bauteileigenschaften anwendungsspezifisch ausgelegt werden können. Somit unterscheiden sich – je nach Materialkombination – grundsätzlich die material- und verfahrenstechnischen Anforderungen an das Recyclingverfahren sowie die Wiedereinsatzmöglichkeiten der Rezyklate.

Auf der einen Seite werden sowohl thermoplastische als auch duroplastische Kunststoffmatrices eingesetzt, diese unterscheiden sich in ihrer Struktur und dem Bindungsmechanismus der Makromoleküle. Im Gegensatz zu Thermoplasten sind die Kettenmoleküle der – bei FVK zumeist eingesetzten – Duroplaste stark vernetzt. Durch die Vernetzungsstellen ist ein Abgleiten der einzelnen Molekülfäden unmöglich, somit können Duroplaste nicht schmelzen, sondern lediglich bei weiterer Temperaturerhöhung zersetzen [HM17]. Auf der anderen Seite variieren die eingesetzten Faserarten u. a. von Carbon- und Glasfasern zu Aramid oder Kevlarfasern. Die Verstärkungsfasern werden in unterschiedlichen Fasergewichtsgehalten und in unterschiedlichen Faserlängen in die Kunststoffmatrix eingebracht werden [Ehr06]. Weiterhin sind die Fasern zur Verbesserung der Anbindung an die Matrix häufig mit einer sogenannten Faserschlichte versehen, diese wird jedoch in der Regel beim Recycling abgetragen. Somit ist beim Wiedereinsatz der rezyklierten Fasern die gleichmäßige Kraftübertragung auf alle Fasern eingeschränkt und der Synergieeffekt des Werkstoffverbundes kann nicht vollständig ausgenutzt werden [ODL15, Pic06, Sch07].

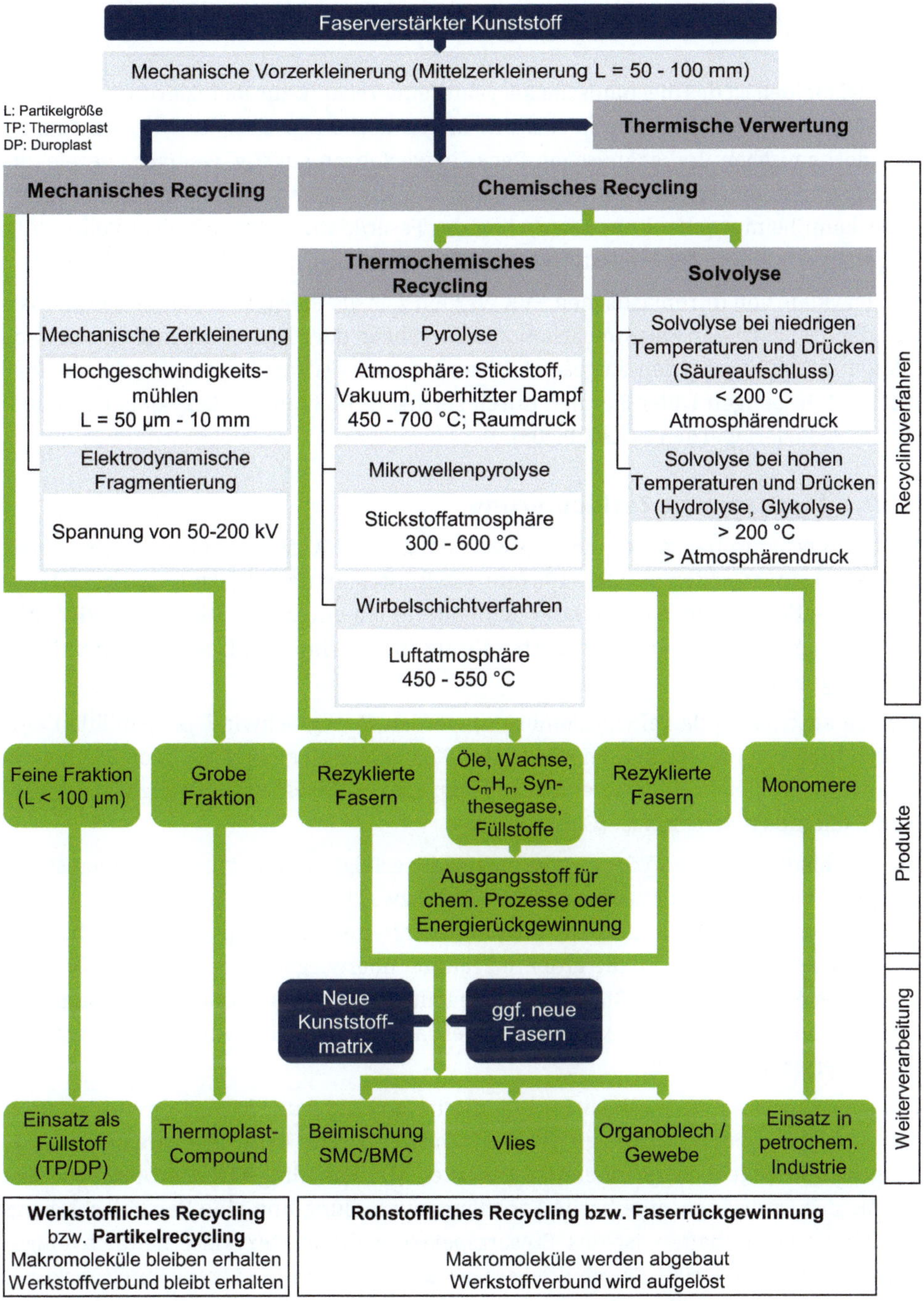

Bild 8.50 Recyclingstrategien für faserverstärkte Kunststoffe. Eigene Darstellung nach [End22, KK20, MPM18, PP11, ST17]

8.3.1 Mechanisches Recycling von FVK

Im Allgemeinen ist das mechanische Recycling eine Technik zur Reduzierung der Größe von FVK-Abfällen in kleinere Stücke. Das mechanische Recycling ist im Gegensatz zu thermochemischen und chemischen Recyclingverfahren günstig, weniger energieaufwendig und es müssen keine umweltschädlichen Substanzen eingesetzt werden. Allerdings kann beim mechanischen Recycling der Faser/Matrix-Verbund nicht vollständig aufgehoben werden, der Werkstoffverbund bleibt somit erhalten [MPM18, VAC18].

Die Rezyklate von duroplastischen FVK werden z. B. als Füllstoff in der Zementindustrie oder als Ersatz von Calciumcarbonat in den Sheet- oder Bulk-Moulding-Compound-(SMC und BMC)-Industrien eingesetzt. Dies wird auch als Partikelrecycling bezeichnet [BHM19]. In einigen Fällen können durch geringere Dichten des Rezyklats Bauteilgewichte reduziert werden [KK20, Pic06].

8.3.1.1 Mechanische Zerkleinerung

Bei der mechanischen Zerkleinerung werden die FVK-Abfälle zunächst grob in kleinere Stücke mit Größen von 50 – 100 mm geschnitten. In der Regel werden dazu langsam laufende Hammermühlen oder Schneidmühlen eingesetzt. Diese Form der Mittelzerkleinerung dient auch als Vorbereitung für thermochemische und chemische Recyclingverfahren.

Für die anschließende Feinzerkleinerung werden Hochgeschwindigkeitsmühlen eingesetzt und eine weitere Zerkleinerung der Partikel bis zu einer Größe von 50 µm vorgenommen, wobei die resultierende Partikelgröße des Rezyklats abhängig von der verwendeten Anlagentechnik ist [Goo12, Pic06].

Die anschließende Klassifizierung der Rezyklate erfolgt mithilfe von Zyklonenabscheidern und Sieben. Dabei entstehen in der Regel zwei Fraktionen, wobei auf der einen Seite die feinere Fraktion hauptsächlich Kunststoff- und Füllstoffpartikel enthält, während auf der anderen Seite die gröbere Fraktion überwiegend aus Fasern mit Matrixresten besteht [PGSE09, Pic06]. Während die feine Fraktion als Füllstoff in den Materialkreislauf zurückgeführt wird, können die faserhaltigen Partikel als Verstärkungsmaterial wiederverwendet werden.

Das Recycling von FVK durch eine mechanische Zerkleinerung ist verfahrenstechnisch die einfachste Recyclingstrategie für Verbundwerkstoffe. Beim mechanischen Recycling kommt es jedoch zu einem sogenannten „Downcycling Effekt“: Durch die Abnahme der Faserlänge, eine breite Faserlängenverteilung und eine Verschlechterung der Matrixeigenschaften ist das Einsatzspektrum dieser Rezyklate deutlich eingeschränkt [PGSE09, Pic06]. Durch die Faserverkürzung wird die Verstärkungswirkung, welche mit steigender Faserlänge zunimmt, entsprechend reduziert. Das mechanische Recycling wird vor allem bei glasfaserverstärkten Kunststoffen (GFK) eingesetzt, da Kohlenstofffasern aus wirtschaftlicher Sicht zu wertvoll sind, um sie in niederwertigen Anwendungen wiedereinzusetzen [JLM+16, PP11].

8.3.1.2 Elektrodynamische Fragmentierung

Die elektrodynamische Fragmentierung (EDF) wurde erstmals in den 1960er-Jahren zur Zerkleinerung von Gestein in der Bergbauindustrie eingesetzt [BFG+00] und stellt einen alternativen Ansatz zur Zerkleinerung von FVK-Abfällen unter Verwendung von elektrischen Hochspannungsimpulsen dar.

Bei der Anwendung der EDF wird das FVK-Material zwischen zwei Elektroden in Wasser platziert und einer Spannung von 50 bis 200 kV ausgesetzt. Die Hochspannungsimpulse werden in einem Marx-Generator erzeugt, welcher sich aus parallel geladenen und in Reihe entladenden Kondensatoren zusammensetzt. So werden elektrische Entladungen erzeugt, was im Festkörper zu Entstehung eines Plasmakanals führt. Dadurch werden in der Umgebung Drücke von bis zu 104 MPa und Temperaturen von bis zu 10 000 °C induziert. Durch die entstehenden Druckwellen wird eine Rissbildung in den Materialien in der Umgebung des Plasmakanals verursacht, was zur Abspaltung entlang der Material- oder Korngrenzen führt [BFG+00, RDEG14, RED+17]. Die dabei entstehenden Rezyklate liegen in unterschiedlichen Größen vor, insgesamt sind im Vergleich zur mechanischen Zerkleinerung die Fasern lang und ein geringer Matrixrückstand verbleibt auf den Faserresten [MSH+16].

Die Zerkleinerung von FVK-Abfällen mittels EDF befindet sich industriell aktuell in einem Pilotmaßstab. Es können sowohl duroplastische als auch thermoplastische FVK mittels EDF rezykliert werden, jedoch wurde das Verfahren bisher hauptsächlich für carbonfaserverstärkte Kunststoffe (CFK) erprobt [RED+17].

8.3.2 Chemisches Recycling von FVK

8.3.2.1 Thermochemisches Recycling

Bei thermochemischen Recyclingverfahren wird Wärme zum Aufschluss von Verbundwerkstoffen eingesetzt. Dabei werden die organischen Komponenten thermisch zersetzt. Die Prozesstemperaturen (300 bis 700 °C) hängen typischerweise vom Matrixmaterial des zu recycelnden Verbundteils ab. Die Matrixkomponenten verflüchtigen sich in leichtgewichtige Moleküle und es entstehen hauptsächlich Synthesegase wie Kohlenmonoxid, Wasserstoff und Methan sowie eine Ölkomponente. Je nach Verfahren können diese als Ersatzbrennstoff (EBS) oder zur Erzeugung von Wärmeenergie genutzt werden [ODL15, ST17].

Im Gegensatz zum mechanischen Recycling ermöglichen die thermochemischen Recyclingverfahren die Rückgewinnung von Glas- bzw. Carbonfasern und eventuell Füllstoffen. Thermochemische Verfahren sind jedoch vergleichsweise energie-, kosten- und zeitintensiv, somit liegt der Fokus in der Regel auf der Rückgewinnung der wirtschaftlich wertvollen Carbonfasern [MPM18, YBI+12]. Die Qualität der freigelegten Fasern und der Grad der Depolymerisation hängen dabei von der Verweilzeit des Materials und den Prozessparametern im Reaktor ab [Pic06]. Mit der Pyrolyse, der Mikrowellenpyrolyse und dem Wirbelschichtverfahren werden drei wesentliche thermochemische Recyclingverfahren unterschieden.

8.3.2.1.1 Thermische Pyrolyse

Die Pyrolyse ist derzeit das einzige kommerziell betriebene Verfahren zur Rückgewinnung von Carbonfasern und das einzige thermochemische Verfahren, das eine Technologiereife über dem Pilotmaßstab erreicht hat [End22, NPB+18, PP11, RTL16]. Aufgrund des hohen Energiebedarfs des Verfahrens und der Degradation der chemischen Struktur von Fasern ist die Wirtschaftlichkeit des Verfahrens aktuell noch als gering einzuschätzen [End22].

Bei der Pyrolyse erfolgt ein thermischer Abbau der organischen Matrix in einem inerten Prozessmedium (z. B. N_2) bei Temperaturen zwischen 450 °C und 700 °C. Neben den Verstärkungsfasern und festen Füllstoffen werden unter diesen Bedingungen gasförmige Kohlenwasserstoffe, Öle und Wachse aus der sich zersetzenden Matrix gewonnen [ODL15, Pic06]. Diese können energetisch verwertet und zum Betreiben der Anlage in den Pyrolysereaktor zurückgeführt werden oder als Ausgangsstoff für andere chemische Prozesse genutzt werden [BHM19, PP11].

Da die Rückstände des Pyrolyseprozesses an den Fasern haften und deren Benetzbarkeit für den Wiedereinsatz negativ beeinträchtigen, müssen diese häufig nachbehandelt werden. In einem nachgeschalteten Nachverbrennungsprozess bei über 450 °C kann eine größere Reinheit der Faseroberflächen erreicht werden. Dabei kann es jedoch auch zu einer Schädigung der Fasern kommen, die mit einem Verlust der mechanischen Eigenschaften einhergeht [HM20, MSG09, ODL15, SMKJ15]. Dies ist insbesondere bei Glasfasern der Fall, die bis zu 50 % ihrer mechanischen Eigenschaften verlieren können [CW03].

Insgesamt kann eine kontrollierte Atmosphäre im pyrolytischen Reaktor das Prozessergebnis beeinflussen, häufig eingesetzte Umgebungen sind Stickstoff, Vakuum oder überhitzter Dampf [KK20, MSG09]. Durch den Einsatz von Vakuum-Pyrolysereaktoren kann die Verweilzeit aufgrund niedrigerer Zersetzungstemperaturen deutlich verkürzt werden. Somit eignet sich die Pyrolyse im Vakuum insbesondere, um Glasfasern bei geringerer Beeinträchtigung wiederzugewinnen [LSZ+10, ZQ10, ZWQ10]. Der Einsatz von überhitztem Dampf für die Pyrolyse erhöht den Wärmeübergang und damit auch den thermischen Abbau im Pyrolysereaktor [SWKB11]. Somit führt die Verwendung von überhitztem Dampf zu einem Erhalt der mechanischen Eigenschaften der Carbonfasern im Vergleich zu anderen Pyrolyseatmosphären [KLA+17, SKB11].

8.3.2.1.2 Mikrowellenpyrolyse

Die eingesetzten Temperaturen der konventionellen Pyrolyse erreichen eine hohe Reinheit der Fasern, schädigen diese aber stärker. Daher wurde als Alternative zur konventionellen Pyrolyse die Mikrowellenpyrolyse entwickelt [Lkw+04]. Mit der Mikrowellenpyrolyse können sowohl carbon- als auch glasfaserverstärkte Kunststoffe rezykliert werden, wobei das Verfahren bisher lediglich im Labormaßstab erprobt ist [ODL15, RTL16].

Das Verfahren basiert auf der konventionellen Pyrolyse, wobei die Heizquelle durch Mikrowellenstrahlung ersetzt wird und das Material in einer Stickstoffatmosphäre auf Temperaturen zwischen 300 °C und 600 °C erhitzt wird. Die Mikrowellen werden vom Matrixmaterial stärker absorbiert als von den Fasern, wodurch sich die Matrix stärker erwärmt und die Fasern geschont werden [ÅFCS12, ESE20, KK20].

8.3.2.1.3 Wirbelschichtverfahren

Beim Wirbelschichtverfahren handelt es sich um einen thermisch-oxidativen Prozess unter Verwendung einer Wirbelschicht zur Rückgewinnung von Verstärkungsfasern und Füllstoffen mit Energierückgewinnung aus den Matrixkomponenten. Das Verfahren kann aktuell in einem Pilotmaßstab eingesetzt werden [HHL+21, RTL16].

Die FVK-Abfälle werden in einem Bett aus Quarzsand mithilfe eines schnellen Heißluftstroms (Geschwindigkeiten von 0,4–1,0 m/s) auf Temperaturen zwischen 450 °C bis 550 °C erhitzt [Pic06]. In dieser Wirbelschicht löst sich die Kunststoffmatrix aus dem Verbund und geht in die Gasphase über. Die Fasern und Füllstoffe werden in einem Zyklonenabscheider aus dem Gasstrom abgetrennt. Der Gasstrom wird in eine Hochtemperatur-Nachverbrennungskammer geleitet, wo der Kunststoff vollständig oxidiert und die Energie als Wärme zurückgewonnen werden kann [JLM+16, Pic06, PKK+00].

Der Prozess hat eine hohe Toleranz gegenüber gemischten und verunreinigten Ausgangsmaterialien, eine Rückgewinnung der Matrixkomponenten ist jedoch nicht möglich [Goo12]. Weiterhin liegen die Fasern stark verkürzt und in einer weiten Faserlängenverteilung vor, weisen aber eine hohe Reinheit und ähnliche mechanische Eigenschaften wie neuwertige Kurzfasern auf [YPR02].

8.3.2.2 Solvolyse

Beim Einsatz von Solvolyseverfahren wird die Matrix des Verbundwerkstoffs in einer chemischen Lösung (z. B. Säuren, Basen oder Lösungsmitteln) depolymerisiert bzw. zersetzt und die Verstärkungsfasern rückgewonnen. Die Auswahl der geeigneten Chemikalien und Lösungsmittel richtet sich dabei nach der Beschaffenheit des Matrixmaterials. Beim chemischen Recycling können Monomere oder petrochemische Rohstoffe aus den Matrixkomponenten gewonnen werden [KK20, YBI+12]. Die Solvolyseverfahren befinden sich industriell aktuell in einem Pilotmaßstab und wurden bereits für thermoplastische als auch duroplastische FVK erprobt [End22, RTL16].

Der Einsatz von Solvolyseverfahren ist im Vergleich zu thermochemischen Verfahren attraktiv, da die Fasern eine geringere Temperaturbelastung erfahren und die Qualität der Rezyklatfasern deutlich höher ausfällt [DMPZ15, Peg21]. Die Qualität der Fasern hängt u. a. von den Betriebsbedingungen wie Temperatur, Druck und Verweilzeit ab [MLCA12]. Die Schlichte der Fasern wird durch die chemische Behandlung abgetragen, sodass die Faser/Matrix-Haftung beim Wiedereinsatz der rezyklierten Fasern verschlechtert ist bzw. ein Neuauftrag von Faserschlichte notwendig wird [ATO14, JPDG04, PP11].

Die Solvolyseverfahren können je nach eingesetztem Lösemittel weiter unterteilt werden in Hydrolyse (Wasser), Glykolyse (Alkohol) und Säureaufschluss (Säure). Beim Einsatz von Alkohol oder Wasser werden in der Regel hohe Temperaturen und Drücke bei unter- bzw. überkritischen Bedingungen verwendet (engl. high temperatures and pressures solvolysis – HTP Solvolyse). Beim Einsatz von Säuren läuft die Solvolyse in der Regel unter atmosphärischen Bedingungen bei niedrigen Temperaturen und Drücken ab (engl. low temperatures and pressures solvolysis – LTP Solvolyse), dadurch sind die Reaktionsgeschwindigkeiten jedoch deutlich langsamer [DKST05].

8.3.2.2.1 Solvolyse bei niedrigen Temperaturen und Drücken

Das chemische Recycling bei atmosphärischen Bedingungen (LTP-Solvolyse; Temperaturen von $T < 200\,°C$ und Drücken von $p \sim 1\,bar$) werden in der Regel Säuren als Lösungsmittel eingesetzt. Hier ist das vorhandene Medium hauptsächlich für das Aufbrechen der chemischen Bindungen der Kunststoffmatrix verantwortlich. Somit werden in der Regel aggressivere Säuren eingesetzt, um trotz der moderaten Betriebsbedingungen einen guten Abbau der Matrix zu gewährleisten.

Die Solvolyse von FVK findet innerhalb eines Reaktors statt. Nach Ablauf der erforderlichen Verweilzeit wird das Lösemittel mit den abgebauten organischen Verbindungen wieder in den Normzustand überführt. Dies geschieht mithilfe eines Kühlers und einer Drossel [MLCA12].

Die LTP-Solvolyse liefert eine qualitativ hochwertige Faser in Bezug auf Festigkeit und Steifigkeit als Recyclingprodukt. Der große Nachteil bei diesem Verfahren liegt jedoch in den verwendeten Medien. Dieses kann aufgrund der aggressiven Wirkung zu erheblicher Gefahr für Gesundheit und Umwelt führen. Die eingesetzten Lösemittel und Katalysatoren, welche die Reaktion unterstützen, sind aufgrund ihrer Toxizität häufig schwer zu entsorgen [KOL16, ODL15].

8.3.2.2.2 Solvolyse bei hohen Temperaturen und Drücken

Beim chemischen Recycling bei überkritischen Bedingungen (HTP-Solvolyse; Temperaturen von $T > 200\,°C$ und Drücken bis 27 MPa) werden in der Regel Wasser und seltener Alkohole als Lösungsmittel eingesetzt [DKST05, JPL+09, MLCA12]. Zur Beschleunigung des Löseprozesses kommen weiterhin oft alkalische Katalysatoren wie Natriumlauge (NaOH) und Kalilauge (KOH) zum Einsatz [PDH+08, YBI+12].

Überkritische Lösemittel besitzen eine hohe Diffusivität, was in schnellen Stofftransport-Prozessen und hohem Lösevermögen resultiert. So können bei überkritischen Bedingungen selbst Duroplaste mit Lösemitteln wie Wasser (H_2O) oder Methanol (CH_4O) in kurzer Zeit vollständig abgebaut werden [KOL16]. Zur Erreichung der überkritischen Bedingungen können die benötigten Reaktoren sehr teuer werden, da sie sowohl hohen Drücken und Temperaturen als auch Korrosion aufgrund der Lösemittel standhalten müssen [Kri04].

8.3.3 Einsatzmöglichkeiten für Rezyklate aus faserverstärkten Kunststoffen

Eine zentrale Fragestellung neben der technischen Entwicklung von Recyclingverfahren ist die Rückführung der gewonnenen Rezyklate in den Werkstoffkreislauf. Es besteht ein starker Zusammenhang zwischen dem Recycling, den Wiederaufbereitungsprozessen und der Leistung der Rezyklate. Im Luftfahrtanwendungen ist es aufgrund aufwendiger Zulassungsverfahren beispielsweise kaum möglich, Rezyklate in Strukturbauteilen von Flugzeugen einzusetzen. Alternativ können die Rezyklate im Innenraum eingesetzt werden [Woi13]. Insgesamt können FVK-Rezyklate aktuell nicht in ihrer ursprünglichen Funktion als Hochleistungsmaterial wiedereingesetzt werden.

Um die Leistungsfähigkeit eines recycelten Verbundwerkstoffs zu verstehen, ist es notwendig, die Beschaffenheit aller Bestandteile zu kennen. Dies beinhaltet die Matrixmaterialien, Verstärkungsfasern, deren Grenzfläche sowie die daraus resultierende Faser/Matrix-Haftung, welche maßgeblich die Kraftübertragung auf die Fasern beeinflusst. Somit muss das Verhalten des Neumaterials und auch der durch das Recycling verursachte Werkstoffzustand des Rezyklatmaterials aufgrund von chemischen, mechanischen und physikalischen Wechselwirkungen bekannt sein [Goo12].

Die durch die unterschiedlichen Recyclingverfahren entstehenden Produkte können der Übersicht aus Bild 8.50 entnommen werden. Auch hier wird deutlich, dass sich die Produkte und somit auch ihre (Wieder-)Einsatzmöglichkeiten stark unterscheiden, je nach Ausgangsmaterial und gewählter Recyclingroute.

Dabei ist insbesondere entscheidend, ob das Ausgangsmaterial eine thermoplastische oder duroplastische Matrix aufweist. Während der Aushärtungsprozess von duroplastischen Kunststoffen aufgrund ihrer vernetzten Kettenmoleküle nicht reversibel ist, können thermoplastische Kunststoffe aufgrund der fehlenden Vernetzung wieder in einen plastischen Zustand aufgeschmolzen und durch reversible thermische Prozesse in einen festen Zustand abgekühlt werden [HM17]. Im Folgenden werden somit die verschiedenen Möglichkeiten aufgezeigt, thermoplastische sowie duroplastische wiederverwertete Faserverbundkunststoffe, sogenannte Rezyklate, wiedereinzusetzen.

8.3.3.1 Einsatz von rezyklierten thermoplastischen Faserverbundkunststoffen

Mechanisch zerkleinerte thermoplastische FVK-Rezyklate können als Füllstoffe eingesetzt werden. Wenn sie sortenrein vorliegen, können sie weiterhin im Spritzgießen oder in Formpressverfahren weiterverarbeitet werden [YBI+12]. Verfahrenstechnisch ist diese Kreislaufführung für thermoplastische FVK vergleichsweise einfach, jedoch nimmt diese Wiederverarbeitung erheblichen Einfluss auf die Komponenten des Verbundwerkstoffs. Beispielsweise kommt es zu weiterer mechanisch oder strömungsinduzierter Degradation von Faser- und Matrixkomponenten und zu erneuten Faserverkürzungen [Goo12].

Um die Faserlängen möglichst beizubehalten, können ganze Bauteile am Ende ihres Gebrauchs in einem Thermoformprozess über die Glasübergangstemperatur des spezifischen Thermoplasts erwärmt und in eine neue Form gebracht werden. Dieses Verfahren kann jedoch nur für wenig komplexe und großflächige Bauteile eingesetzt werden [CSM+19, Goo12, QS21].

8.3.3.2 Einsatz von rezyklierten duroplastischen Faserverbundkunststoffen

Aufgrund ihrer Vernetzung können duroplastische Kunststoffe im Gegensatz zu thermoplastischen Kunststoffen nicht zur Verarbeitung aufgeschmolzen werden. Der Wiedereinsatz der Matrixkomponenten von duroplastischen FVK, die mittels lösemittelbasierten Recyclingrouten wiedergewonnen werden, ist derzeit wenig erprobt, da bisher die Faserrückgewinnung im Fokus von Forschungs- und Entwicklungsaktivitäten steht [End22].

Durch die Recyclingprozesse kommt es in der Regel zu einer Faserverkürzung. Diese ist zurückzuführen auf die dem Recyclingprozess vorgeschaltete mechanische Vorzerkleinerung sowie den eigentlichen Recyclingprozess, bei dem es zu Faserbrüchen kommt. Insbesondere für Strukturbauteile, bei denen zur Erfüllung der strukturellen Integrität eine lastpfadgerechte Endlosfaserverstärkung gefordert ist, können die verkürzten Fasern nicht wiederverwendet werden.

Entscheidend für die Performance von FVK-Bauteilen ist weiterhin die Anbindung zwischen den Fasern und der Kunststoffmatrix. Die dazu eingesetzte Faserschlichte wird beim thermochemischen bzw. chemischen Recycling zersetzt bzw. abgetragen. Um die Faser/Matrix-Haftung zu verbessern, können die Fasern nachbehandelt werden, indem die Matrixreste verascht werden und die Faser mit einer neuen Schlichte versehen wird [ODL15, Pic06, Sch07].

Da die Rückgewinnung und Wiederaufbereitung der Fasern sehr aufwendig sind, wird dies häufig nur für die wirtschaftlich wertvollen Carbonfasern durchgeführt. Carbonfasern können sowohl als zufällig ausgerichtete diskontinuierliche Fasern als auch in Form von Halbzeugen vorliegen. Die Anordnung der Fasern in den rückgewonnenen Halbzeugen, beispielsweise als Gelege, Gewebe oder Vliese, kann durch den Recyclingprozess beibehalten werden, die Größe hängt jedoch von der Vorzerkleinerung ab [ODL15]. Diese können unter Zugabe einer neuen Kunststoffmatrix und gegebenenfalls weiteren neuen Verstärkungsfasern und Additiven zu rezyklierten FVK verarbeitet werden. Mechanisch zerkleinerte Carbonfasern können weiterhin in spritzgegossenen Bauteilen eingesetzt werden, um die thermischen und elektrischen Leitfähigkeiten sowie die mechanischen Eigenschaften von Bauteilen zu erhöhen [FKW+12].

8.3.4 Thermische Verwertung

Ähnlich zu unverstärkten Kunststoffen können FVK-Abfälle einer thermischen Verwertung zugeführt werden und somit als Ersatz primärer Brennstoffe, wie Kohle, Erdöl oder Gas, eingesetzt werden. Die thermische Verwertung ermöglicht die Verbrennung verunreinigter oder belasteter Bauteile sowie von Komponenten, die einen großen Materialmix aufweisen, wodurch eine Auftrennung und Aufbereitung dieser nicht möglich bzw. unrentabel ist. Die Eintragung von Carbonfasern in einer Müllverbrennungsanlage ist jedoch problematisch, da die Leitfähigkeit der Fasern zu Stromausfällen führen und es zur Verstopfung von Filtern durch die Fasern kommen kann [End22, QS21, Qui21].

In der Regel werden glasfaserverstärkte Kunststoffe thermisch verwertet, da sich die aufwendige Rückgewinnung mittels chemischer Recyclingverfahren aus wirtschaftlicher Sicht nicht lohnt. Die thermische Verwertung von GFK ist durch die hohen Durchsätze und die Skalierbarkeit als sehr effizient einzustufen und wird aktuell im Gegensatz zu chemischen Recyclingverfahren kommerziell betrieben. Dabei werden die Abfälle insbesondere als Brennstoff in Zementofenanlagen eingesetzt und damit eine geringfügige Erhöhung der Energieeffizienz in der Zementherstellung erreicht [End22, Qui21].

8.3.5 Fazit und Ausblick

Insgesamt existieren verschiedene Recyclingtechnologien für Abfälle aus faserverstärkten Kunststoffen. Die verfügbaren Technologien eigenen sich sowohl zum Recycling von duroplastischen und thermoplastischen sowie kurz-, lang- oder endlosfaserverstärkten Kunststoffen. Allerdings gibt es aktuell keine Technologie, die ein sogenanntes „Closed Loop Recycling“ ermöglicht, das heißt, dass das Material wieder in der ursprünglichen Anwendung eingesetzt werden kann (bspw. Rotorblatt zu Rotorblatt).

Die Reifegrade der verschiedenen Recyclingstrategien unterscheiden sich weiterhin deutlich. So ist insbesondere der Reifegrad von Solvolyseverfahren aktuell sehr gering (Pilotanlagen verfügbar). Somit stellt das bereits kommerziell betriebene mechanische Recycling in Kombination mit der thermischen Verwertung kurzfristig realisierbare Brückentechnologien zum Recycling bzw. der Verwertung von FVK dar.

Bei mechanischen Recyclingtechnologien kommt es jedoch zu einem sogenannten „Downcycling-Effekt“, also zu einer Abnahme der Faserlänge, einer breiten Faserlängenverteilung und einer Verschlechterung der Eigenschaften der Matrix. Somit ist es mittelfristig relevant, chemische und thermochemische Recyclingtechnologien weiterzuentwickeln, um bessere Rezyklateigenschaften ohne aufwendige Nachbehandlungen zu erreichen und ein wirtschaftliches Upscaling der Technologien sowohl für CFK als auch GFK zu ermöglichen.

Zukünftig sollten internationale Wertschöpfungs- und Logistikkonzepte ausgebaut werden, um eine ausreichende Menge an Post-consumer-FVK-Abfällen für das Recycling verfügbar zu machen. Dazu bedarf es einer standardisierten Kennzeichnung des FVK-Abfalls (Materialkombination (Faser/Matrix), Fasergewichtsgehalt, Füllstoffe, Additive, etc.), bspw. über eine separate Abfallschlüsselnummer für FVK, um eine Sammlung und möglichst sortenreine Sortierung von FVK-Abfällen zu erreichen.

8.3.6 Abkürzungen, Formelzeichen, Indizes

Abkürzungen

Abkürzung	Bedeutung
BMC	Bulk Moulding Compound
CFK	Carbonfaserverstärkter Kunststoff
DP	Duroplast
EBS	Ersatzbrennstoff
EDF	Elektrodynamische Fragmentierung
FVK	Faserverstärkter Kunststoff
GFK	Glasfaserverstärkter Kunststoff
HTP-Solvolyse	High temperatures and pressures solvolysis
LTP-Solvolyse	Low temperatures and pressures solvolysis
SMC	Sheet Moulding Compound
TP	Thermoplast

Literatur für Abschnitt 8.3

[ÅFCS12] ÅKESSON, D.; FOLTYNOWICZ, Z.; CHRISTÉEN, J.; SKRIFVARS, M.: Microwave pyrolysis as a method of recycling glass fibre from used blades of wind turbines. Journal of Reinforced Plastics and Composites 31 (2012) 17, S. 1136 – 1142

[ATO14] ASMATULU, E.; TWOMEY, J.; OVERCASH, M.: Recycling of fiber-reinforced composites and direct structural composite recycling concept. Journal of Composite Materials 48 (2014) 5, S. 593 – 608

[BFG+00] BLUHM, H.; FREY, W.; GIESE, H.; HOPPE, P.; SCHULTHEISS, C.; STRASSNER, R.: Application of pulsed HV discharges to material fragmentation and recycling. IEEE Transactions on Dielectrics and Electrical Insulation 7 (2000) 5, S. 625 – 636

[BHM19] BAUR, E.; HARSCH, G.; MONEKE, M.: Werkstoff-Führer Kunststoffe: Eigenschaften, Prüfungen, Kennwerte. München, Wien: 2019 – ISBN: 978-3-446-45798-0

[CSM+19] COUSINS, D. S.; SUZUKI, Y.; MURRAY, R. E.; SAMANIUK, J. R.; STEBNER, A. P.: Recycling glass fiber thermoplastic composites from wind turbine blades. Journal of Cleaner Production 209 (2019), S. 1252 – 1263

[CW03] CUNLIFFE, A. M.; WILLIAMS, P. T.: Characterisation of products from the recycling of glass fibre reinforced polyester waste by pyrolysis. Fuel 82 (2003) 18, S. 2223 – 2230

[DKST05] DANG, W.; KUBOUCHI, M.; SEMBOKUYA, H.; TSUDA, K.: Chemical recycling of glass fiber reinforced epoxy resin cured with amine using nitric acid. Polymer 46 (2005) 6, S. 1905 – 1912

[DMPZ15] DAUGUET, M.; MANTAUX, O.; PERRY, N.; ZHAO, Y. F.: Recycling of CFRP for High Value Applications: Effect of Sizing Removal and Environmental Analysis of the SuperCritical Fluid Solvolysis. Procedia CIRP 29 (2015), S. 734 – 739

[Ehr06] EHRENSTEIN, G. W.: Faserverbund-Kunststoffe: Werkstoffe – Verarbeitung – Eigenschaften. München, Wien: Hanser, 2006 – ISBN: 9783446227163

[End22] ENDRES, H.-J.: Studie zum Composites-Recycling. IKK, Institut für Kunststoff und Kreislaufwirtschaft der Leibniz-Universität Hannover, AVK – Industrievereinigung Verstärkte Kunststoffe e. V., 2022

[ESE20] EYERER, P.; SCHÜLE, H.; ELSNER, P.: Polymer Engineering 3: Werkstoff- und Bauteilprüfung, Recycling, Entwicklung. Berlin: Springer, 2020 – ISBN: 978-3-662-59839-9

[FKW+12] FERABOLI, P.; KAWAKAMI, H.; WADE, B.; GASCO, F.; DEOTO, L.; MASINI, A.: Recyclability and reutilization of carbon fiber fabric/epoxy composites. Journal of Composite Materials 46 (2012) 12, S. 1459 – 1473

[Goo12] GOODSHIP, V.: Recycling issues in polymer matrix composites. In: Robinson, Paul; Greenhalgh, Emilie; Pinho, Silvestre (Hrsg.): Failure Mechanisms in Polymer Matrix Composites: Woodhead Publishing Limited, 2012

[HHL+21] HAO, S.; HE, L.; LIU, J.; LIU, Y.; RUDD, C.; LIU, X.: Recovery of Carbon Fibre from Waste Prepreg via Microwave Pyrolysis. Polymers 13 (2021) 8, S. 1231

[HM17] HOPMANN, C.; MICHAELI, W.: Einführung in die Kunststoffverarbeitung. München: Hanser, 2017 – ISBN: 9783446453562

[HM20] HENNING, F.; MOELLER, E.: Handbuch Leichtbau: Methoden, Werkstoffe, Fertigung. München, Wien: 2020 – ISBN: 978 – 3446456389

[JLM+16] JOB, S.; LEEKE, G.; MATIVENGA, P. T.; OLIVEUX, G.; PICKERING, S.; SHUAIB, N. A.: Composites Recycling: Where are we now? Composites UK, 2016

[JPDG04] JODY, B. J.; POMYKALA, J. A.; DANIELS, E. J.; GREMINGER, J. L.: A process to recover carbon fibers from polymer-matrix composites in end-of-life vehicles. JOM 56 (2004) 8, S. 43 – 47

[JPL+09] JIANG, G.; PICKERING, S.; LESTER, E.; TURNER, T.; WONG, K.; WARRIOR, N.: Characterisation of carbon fibres recycled from carbon fibre/epoxy resin composites using supercritical n-propanol. Composites Science and Technology 69 (2009) 2, S. 192 – 198

[KK20] KARUPPANNAN GOPALRAJ, S.; KÄRKI, T.: A review on the recycling of waste carbon fibre/glass fibre-reinforced composites: fibre recovery, properties and life-cycle analysis. SN Applied Sciences 2 (2020) 3, S. 1 – 21

[KLA+17] KIM, K.-W.; LEE, H.-M.; AN, J.-H.; CHUNG, D.-C.; AN, K.-H.; KIM, B.-J.: Recycling and characterization of carbon fibers from carbon fiber reinforced epoxy matrix composites by a novel superheated-steam method. Journal of environmental management 203 (2017) 3, S. 872 – 879

[KOL16] KEITH, M.; OLIVEUX, G.; LEEK, G. A.: Optimisation of Solvolysis for Recycling Carbon Fibre Reinforced Composites. In: European Conference on Composite Materials (Hrsg.): Proceedings of European Conference on Composite Materials 17: 2016

[Kri04] KRITZER, P.: Corrosion in high-temperature and supercritical water and aqueous solutions: a review. The Journal of Supercritical Fluids 29 (2004) 1 – 2, S. 1 – 29

[Lkw+04] LESTER, E.; KINGMAN, S.; WONG, K. H.; RUDD, C.; PICKERING, S.; HILAL, N.: Microwave heating as a means for carbon fibre recovery from polymer composites: a technical feasibility study. Materials Research Bulletin 39 (2004) 10, S. 1549 – 1556

[LSZ+10] LONG, L.; SUN, S.; ZHONG, S.; DAI, W.; LIU, J.; SONG, W.: Using vacuum pyrolysis and mechanical processing for recycling waste printed circuit boards. Journal of hazardous materials 177 (2010) 1 – 3, S. 626 – 632

[MLCA12] MORIN, C.; LOPPINET-SERANI, A.; CANSELL, F.; AYMONIER, C.: Near- and supercritical solvolysis of carbon fibre reinforced polymers (CFRPs) for recycling carbon fibers as a valuable resource: State of the art. The Journal of Supercritical Fluids 66 (2012), S. 232 – 240

[MPM18] MENG, F.; PICKERING, S. J.; MCKECHNIE, J.: An Environmental Comparison of Carbon Fibre Composite Waste End-of-life Options. In: SAMPE Europe (Hrsg.): Proceedings of SAMPE Europe 2018: 2018

[MSG09] MEYER, L. O.; SCHULTE, K.; GROVE-NIELSEN, E.: CFRP-Recycling Following a Pyrolysis Route: Process Optimization and Potenzials. Journal of Composite Materials 43 (2009) 9, S. 1121 – 1132

[MSH+16] MATIVENGA, P. T.; SHUAIB, N. A.; HOWARTH, J.; PESTALOZZI, F.; WOIDASKY, J.: High voltage fragmentation and mechanical recycling of glass fibre thermoset composite. CIRP Annals 65 (2016) 1, S. 45 – 48

[NPB+18] NAQVI, S. R.; PRABHAKARA, H. M.; BRAMER, E. A.; DIERKES, W.; AKKERMAN, R.; BREM, G.: A critical review on recycling of end-of-life carbon fibre/glass fibre reinforced composites waste using pyrolysis towards a circular economy. Resources, Conservation and Recycling 136 (2018), S. 118 – 129

[ODL15] OLIVEUX, G.; DANDY, L. O.; LEEKE, G. A.: Current status of recycling of fibre reinforced polymers: Review of technologies, reuse and resulting properties. Progress in Materials Science 72 (2015), S. 61 – 99

[PDH+08] PIÑERO-HERNANZ, R.; DODDS, C.; HYDE, J.; GARCÍA-SERNA, J.; POLIAKOFF, M.; LESTER, E.; COCERO, M. J.; KINGMAN, S.; PICKERING, S.; WONG, K. H.: Chemical recycling of carbon fibre reinforced composites in nearcritical and supercritical water. Composites Part A: Applied Science and Manufacturing 39 (2008) 3, S. 454 – 461

[Peg21] PEGORETTI, A.: Recycling concepts for short-fiber-reinforced and particle-filled thermoplastic composites: A review. Advanced Industrial and Engineering Polymer Research 4 (2021) 2, S. 93 – 104

[PGSE09] PALMER, J.; GHITA, O. R.; SAVAGE, L.; EVANS, K. E.: Successful closed-loop recycling of thermoset composites. Composites Part A: Applied Science and Manufacturing 40 (2009) 4, S. 490 – 498

[Pic06] PICKERING, S. J.: Recycling technologies for thermoset composite materials—current status. Composites Part A: Applied Science and Manufacturing 37 (2006) 8, S. 1206 – 1215

[PKK+00] PICKERING, S. J.; KELLY, R. M.; KENNERLEY, J. R.; RUDD, C. D.; FENWICK, N. J.: A fluidised-bed process for the recovery of glass fibres from scrap thermoset composites. Composites Science and Technology 60 (2000) 4, S. 509 – 523

[PP11] PIMENTA, S.; PINHO, S. T.: Recycling carbon fibre reinforced polymers for structural applications: technology review and market outlook. Waste management (New York, N. Y.) 31 (2011) 2, S. 378 – 392

[QS21] QUICKER, P.; STOCKSCHLÄDER, J.: Möglichkeiten und Grenzen der Entsorgung carbonfaserverstärkter Kunststoffabfälle in thermischen Prozessen. Umweltbundesamt, Rheinisch-Westfälische Technische Hochschule Aachen, 2021

[Qui21] QUICKER, P.: CFK – Thermische Verwertungsoptionen. IKV Kolloquium, Aachen: 2021

[RDEG14] ROUX, M.; DRANSFELD, C.; EGUÉMANN, N.; GIGER, L.: Processing and recycling of thermoplastic composite fibre/PEEK aerospace part. Conference: ECCM 16 – 16th European Conference on Composite Materials (2014), S. 1 – 8

[RED+17] ROUX, M.; EGUÉMANN, N.; DRANSFELD, C.; THIÉBAUD, F.; PERREUX, D.: Thermoplastic carbon fibre-reinforced polymer recycling with electrodynamical fragmentation. Journal of Thermoplastic Composite Materials 30 (2017) 3, S. 381 – 403

[RTL16] RYBICKA, J.; TIWARI, A.; LEEKE, G. A.: Technology readiness level assessment of composites recycling technologies. Journal of Cleaner Production 112 (2016), S. 1001 – 1012

[Sch07] SCHÜRMANN, H.: Konstruieren mit Faser-Kunststoff-Verbunden. Berlin, Heidelberg: Springer-Verlag Berlin Heidelberg, 2007 – ISBN: 9783540721895

[SKB11] SHI, J.; KEMMOCHI, K.; BAO, L. M.: Research in Recycling Technology of Fiber Reinforced Polymers for Reduction of Environmental Load: Optimum Decomposition Conditions of Carbon Fiber Reinforced Polymers in the Purpose of Fiber Reuse. Advanced Materials Research 343 – 344 (2011), S. 142 – 149

[SMKJ15] SHUAIB, N. A.; MATIVENGA, P. T.; KAZIE, J.; JOB, S.: Resource Efficiency and Composite Waste in UK Supply Chain. Procedia CIRP 29 (2015), S. 662 – 667

[ST17] SEILER, E.; TEIPEL, U.: Recycling von Kompositbauteilen aus Kunststoffen als Matrixmaterial – ReKomp. Fakultät Verfahrenstechnik, Mechanische Verfahrenstechnik/ Partikeltechnologie, Technische Hochschule Nürnberg, 2017

[SWKB11] SHI, J.; WADA, S.; KEMMOCHI, K.; BAO, L. M.: Development of Recycling System for Fiber-Reinforced Plastics by Superheated Steam. Key Engineering Materials 464 (2011), S. 414 – 418

[VAC18] VO DONG, P. A.; AZZARO-PANTEL, C.; CADENE, A.-L.: Economic and environmental assessment of recovery and disposal pathways for CFRP waste management. Resources, Conservation and Recycling 133 (2018), S. 63 – 75

[Woi13] WOIDASKY, J.: Weiterentwicklung des Recyclings von faserverstärkten Verbunden. In: Thomé-Kozmiensky, Karl J.; Goldmann, Daniel (Hrsg.): Recycling und Rohstoffe. Neuruppin: TK-Verl., 2013

[YBI+12] YANG, Y.; BOOM, R.; IRION, B.; VAN HEERDEN, D.-J.; KUIPER, P.; WIT, H. DE: Recycling of composite materials. Chemical Engineering and Processing: Process Intensification 51 (2012), S. 53 – 68

[YPR02] YIP, H. L. H.; PICKERING, S. J.; RUDD, C. D.: Characterisation of carbon fibres recycled from scrap composites using fluidised bed process. Plastics, Rubber and Composites 31 (2002) 6, S. 278 – 282

[ZQ10] ZHOU, Y.; QIU, K.: A new technology for recycling materials from waste printed circuit boards. Journal of hazardous materials 175 (2010) 1 – 3, S. 823 – 828

[ZWQ10] ZHOU, Y.; WU, W.; QIU, K.: Recovery of materials from waste printed circuit boards by vacuum pyrolysis and vacuum centrifugal separation. Waste management (New York, N. Y.) 30 (2010) 11, S. 2299 – 2304

9 Alternative Verwertung

Thema des vorhergehenden Kapitels ist die Verwertung von Kunststoffabfällen mit dem Ziel, „aus den Abfällen erneut Kunststoffprodukte bzw. Kunststoffe zu produzieren." Nach dem derzeitigen Stand der Technik ist eine vollständige Umsetzung der Kunststoffabfälle auf diesen Wegen jedoch nicht möglich. Aktuell werden daher erhebliche Anteile der Kunststoffabfälle einer thermischen Verwertung zugeführt. Weiterhin werden Technologien entwickelt, die biologische Verfahren zur Zersetzung von Kunststoffabfällen zu Nutze machen. Der Unterschied zum mechanischen und zum chemischen Recycling besteht insbesondere darin, dass eine Verwertung der jeweiligen Produkte zu neuen Kunststoffen nicht im Fokus steht bzw. technisch nicht machbar ist. Hier steht die Energierückgewinnung bzw. die Aufspaltung in Kohlendioxid, Wasser, niedermolekulare Substanzen und Biomasse im Vordergrund.

9.1 Thermische Verwertung

Peter Quicker

9.1.1 Einführung und Hintergrund

Die einzig ökologisch vertretbare Entsorgungsmethode für Kunststoffabfälle, die nicht mehr recycelt werden können, ist die thermische Behandlung mit Verwertung der freiwerdenden Energie. Hintergrund ist die Langlebigkeit und Persistenz von Kunststoffen, die in der Regel weder biologisch abgebaut noch anderweitig in relevantem Umfang natürlich degradiert werden. Es kommt allenfalls zur allmählichen Freisetzung leichter flüchtiger Stoffe und – bei entsprechenden Rahmenbedingungen, zum Beispiel im marinen Umfeld – zur fortschreitenden Zerkleinerung der Kunststoffpartikel und damit zur Erzeugung von Mikroplastik.

Zudem sind moderne Kunststoffe mit einer Vielzahl von Additiven und Füllstoffen versetzt, die zwar in der Nutzungsphase große Vorteile bieten, aber eine spätere nachhaltige Verwertung, beispielsweise durch Vorbereitung zur Wiederverwendung oder mechanisches Recycling, erschweren oder völlig unmöglich machen. In vielen Fällen sind diese Zusatzstoffe aufgrund ihrer chemischen Natur als umweltkritisch zu betrachten. Chlorierte, fluorierte und bromierte Kohlenwasserstoffe als Zusätze zur Stabilisierung, Funktionalisierung und zum Flammschutz sind übliche Bestandteile. Organische Funktionsmoleküle, z. B. als Weichmacher oder UV-Schutzschichten, kommen hinzu.

Die thermische Behandlung bietet sowohl die Optionen, Kunststoffabfälle (aufgrund ihres geringen Aschegehaltes) mehr oder weniger vollständig thermisch umzusetzen und die freiwerdende Energie zu nutzen – nur dann ist es eine Verwertung – als auch alle enthaltenen Schadstoffe sicher der Umwelt zu entziehen. Organische Schadstoffe werden durch eine geeignete thermische Behandlung zerstört, anorganische Komponenten dabei abgeschieden und sicher entsorgt.

Die Optionen und auch die vorhandene Infrastruktur zur thermischen Verwertung von Abfällen sind vielfältig. Nicht jeder Kunststoffabfall ist für alle Verfahren geeignet. Limitierungen im Heizwert (nach oben und unten) und insbesondere enthaltene Schad- und Störstoffe sind Einflussfaktoren, die bei der Auswahl des richtigen Verfahrens Beachtung finden müssen, um eine umweltgerechte und erfolgreiche Verwertung sicherzustellen.

Im Folgenden wird zunächst ein Überblick über die Bandbreite der grundsätzlich einsetzbaren Verfahren zur thermischen Verwertung von Kunststoffabfällen gegeben. In den folgenden Abschnitten werden die relevanten und industriell etablierten Pfade näher erläutert. Abschließend werden aktuelle und künftige Herausforderungen bei der thermischen Verwertung von Kunststoffabfällen adressiert.

9.1.2 Überblick thermische Verfahren

Einen Überblick der grundlegenden Verfahrensansätze zur thermischen Behandlung von Abfällen zeigt Bild 9.1. Die linke Seite der Grafik gibt die Optionen zur Verbrennung wieder, auf der rechten Seite sind die alternativen thermischen Verfahren, also Vergasung, Pyrolyse, Verölung und plasmaunterstützte Prozesse gelistet. Grundsätzlich kommen alle gezeigten Ansätze auch für die thermische Behandlung bzw. Mitbehandlung von Kunststoffabfällen infrage.

Stand der Technik für die Behandlung von Restabfällen ist die Monoverbrennung in Siedlungsabfall- bzw. Restmüllverbrennungsanlagen (Abschnitt 9.1.3.1). Neben Kunststoffen, die im Restabfall enthalten sind, werden in diesen Anlagen auch Sortierreste aus dem Recycling und sogenannte Ersatzbrennstoffe (EBS), also Brennstoffprodukte aus der Restabfallaufbereitung, thermisch verwertet. Die Verbrennung dieser Ersatzbrennstoffe wird auch in dedizierten Ersatzbrennstoffkraftwerken durchgeführt, die sich technologisch meist nur unwesentlich von klassischen Siedlungsabfallverbrennungsanlagen unterscheiden (vgl. hierzu Abschnitt 9.1.3.2). Auch in Sondermüll- und Altholzverbrennungsanlagen finden Kunststoffe Eingang, meist als unvermeidliche Begleitbestandteile der eigentlich fokussierten Abfallströme. Beim Altholz finden sich in großem Umfang Kunststoffbeschichtungen, beim Sonderabfall sind es Gebinde, Behälter und Ähnliches. Selbst in der Klärschlammverbrennung finden sich Kunststoffe, z. B. in Form von Mikroplastik oder gezielt bei der Schlammentwässerung zugesetzten Polymer-Flockungs-Hilfsmitteln.

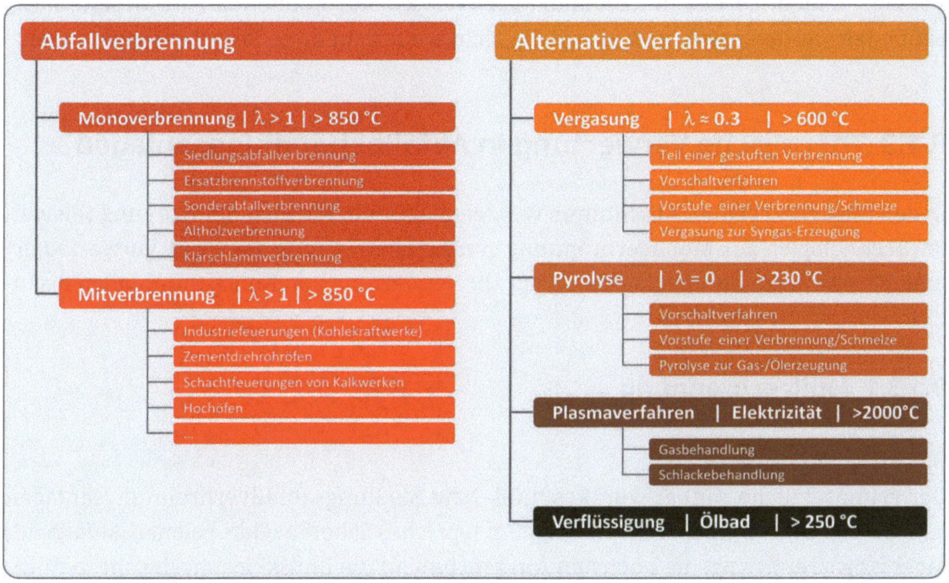

Bild 9.1 Verfahren zur thermischen Kunststoffabfallverwertung

Neben dem Einsatz in Abfallverbrennungsanlagen werden Kunststoffabfälle auch in Zement- und Kraftwerken sowie anderen industriellen Feuerungsanlagen (Abschnitt 9.1.4) verwertet. Hierbei kommen gezielt aufbereitete Fraktionen, wie die erwähnten Ersatzbrennstoffe oder qualitativ höherwertige, normkonforme Sekundärbrennstoffe (SBS®) [RAL 2012] zum Einsatz, da diese Anlagen in der Regel nicht über vergleichbar effektive Abgasreinigungsverfahren verfügen, wie sie in Abfallverbrennungsanlagen vorhanden sind.

In Bild 9.1 sind auch die alternativen thermischen Abfallbehandlungsverfahren aufgeführt, die sich prinzipiell zur Verwertung von Kunststoffabfällen eignen. Dabei ist zu beachten, in welcher Form die Produkte aus diesen alternativen thermischen Verfahren im Weiteren genutzt werden. Ist eine stoffliche Verwertung der produzierten Gase oder Öle vorgesehen, um beispielsweise neue Kunststoffe zu erzeugen, sind diese Konzepte dem chemischen Recycling zuzuordnen ([Verweis auf Abschnitt 9.2 im Gesamtbuch]). Diese Verfahrensrouten haben aktuell allerdings keine technologische Bedeutung, lediglich eine Anlage in Japan ist seit längerem im industriellen Dauerbetrieb, die anderen Konzepte befinden sich im Pilot- und Erprobungsstadium [Quicker 2017] [Quicker 2021]. Es existiert allerdings eine ganze Reihe von Anlagen, die beispielsweise einen Vergasungs- oder Pyrolyseschritt als Zwischenstufe eines insgesamt gestuften Verbrennungsverfahrens einsetzen, häufig um höhere Temperaturen zu erreichen. Aufgrund der damit verbundenen technischen Herausforderungen sind allerdings auch diese Ansätze nicht sehr weit verbreitet und werden eher für Spezialanwendungen (zum Beispiel zur Gewinnung granulierter Schlackeprodukte aus der Schmelze) eingesetzt. Da die zugrunde liegenden Technologien – insbesondere Pyrolyse und Vergasung – zudem bereits in Abschnitt 8.2.1 [Verweis auf Kapitel 8.2.1 im Gesamtbuch] behandelt werden, wird an dieser Stelle nicht weiter auf diese Prozesse eingegangen.

9.1.3 Thermische Verwertung in Abfallbehandlungsanlagen

In den folgenden beiden Abschnitten werden die für die Kunststoffentsorgung relevanten Technologien zur Monoverbrennung von Abfällen in ihrer Funktion kurz erläutert und die jeweiligen Rahmenbedingungen zur Verwertung von Kunststoffabfällen diskutiert.

9.1.3.1 Müllverbrennung

9.1.3.1.1 Technologie

Der grundsätzliche Aufbau von Restmüll- bzw. Siedlungsabfallverbrennungsanlagen ist weltweit sehr ähnlich. Bild 9.2 zeigt ein typisches Schema einer solchen Anlage mit einer Abgasreinigung, die höchsten Ansprüchen an die Emissionsminderung genügt.

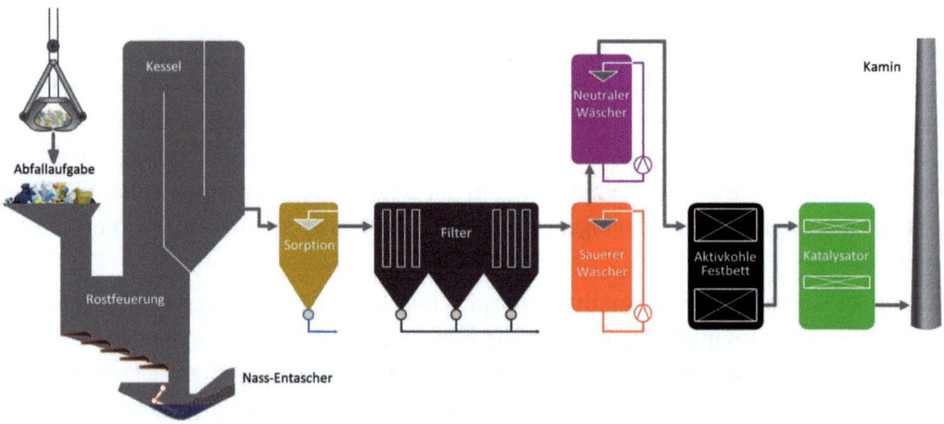

Bild 9.2 Grundsätzlicher Aufbau einer Siedlungsabfallverbrennungsanlage

Die Abfälle werden in der Regel mit Lkw (manchmal auch per Bahn und selten mit dem Schiff) an die Verbrennungsanlage angeliefert und meist in einen Tiefbunker abgekippt (vgl. Bild 9.3, links). Mit einem Polypgreifer werden die Abfälle vom Kranfahrer vorgemischt, um einen Brennstoffstrom mit möglichst gleichmäßigen Eigenschaften zu erzeugen, und über einen Aufgabetrichter (Bild 9.3, Mitte) mit Fallschacht (Bild 9.3, rechts) in den Feuerraum zugeführt. Stand der Feuerungstechnik bei Müllverbrennungsanlagen ist die Rostfeuerung (vgl. Bild 9.4). Mit einem Stößel wird der Abfall am Fuße des Fallschachtes auf den Rost gedrückt, dort getrocknet, entgast und bis zum Ende des Rostes schließlich ausgebrannt (vgl. Bild 9.5). Die verwendeten Rostkonstruktionen unterscheiden sich in der Art des Brennstofftransportes durch die Feuerung. Vorschub-, Rückschub- und Walzenroste sind die dominierenden Bauformen (vgl. Bild 9.6). Die bei der Verbrennung verbleibende Rostasche fällt in einen Entascher (Entschlacker), der in den meisten Verbrennungsanlagen nass, also in einem Wasserbad betrieben wird.[1] Das Wasser im Entascher dient außerdem dazu, noch brennende oder glühende Bestandteile in der Asche abzulöschen und den Feuerraum nach außen luftdicht abzuschließen.

Bild 9.3 Abfalllagerung und Aufgabe. Links: Tiefbunker, Mitte: gefüllter Zuführtrichter mit Polypgreifer, rechts: unteres Ende des Fallschachtes zur Müllzuführung mit Umlenkung auf Rost und eingefahrenem Zufuhrstößel (Schacht nicht befüllt)

Die aus dem Brennbett aufsteigenden Gase enthalten noch brennbare Bestandteile (Kohlenmonoxid und Kohlenwasserstoffe) und werden daher mit Sekundärluft vermischt und nachverbrannt, bevor sie in den Wasserrohrkessel eintreten, in dem ihnen über Strahlungs- (Wasserrohre in den Wänden) und Konvektionsheizflächen (abgasdurchströmte wasserführende Rohrbündel) die Wärme entzogen wird. Das Rauchgas wird dabei von etwa 1000 °C auf rund 200 °C abgekühlt. Die überführte Wärme kann über einen Wasserdampfkreislauf mit Turbine verstromt (hierfür typische MVA-Dampfparameter: 40 bar, 400 °C) oder direkt als Prozess- und Heizwärme genutzt werden.

Das abgekühlte Rauchgas muss über eine mehrstufige Abgasreinigung von den darin enthaltenen Schadstoffen befreit werden. Die in Bild 9.2 dargestellte Schaltung stellt hierfür nur eine beispielhafte Konfiguration dar. Grundsätzlich müssen bei der Abgasreinigung hinter Abfallverbrennungsanlagen vier unterschiedliche Schadstoffgruppen berücksichtigt werden, um die in der 17. Bundesimmissionsschutzverordnung [BImSchV] definierten Grenzwerte einzuhalten:

[1] Eine jüngere Entwicklung, die vor allem in der Schweiz und in Japan verfolgt wird, sind trockene Entaschungssysteme, um Qualität und Ausbeute der Metallrückgewinnung zu optimieren (vgl. hierzu z. B. [Quicker 2017b]).

Stickoxide

Stickoxide treten im Rauchgas von Müllverbrennungsanlagen als NO und NO_2 auf, wobei Stickstoffmonoxid mit 90 – 95 Vol.-% die dominierende Komponente darstellt. Da das Stickstoffmonoxid sich nicht in wässrigen Lösungen oder an den üblichen Additiven sorbieren lässt, wird zu dessen Reduktion Ammoniakwasser oder Harnstoff in das Rauchgas eingespritzt, um das NO in einer Reduktionsreaktion zu elementarem Stickstoff zu reduzieren. Dies kann entweder bei sehr hohen Temperaturen um 900 °C im ersten Zug des Kessels erfolgen (selektive nicht-katalytische Reduktion – SNCR, vgl. z. B. [Dittrich 2012] [Schüttenhelm 2017]) oder bei Einsatz eines Katalysators (wie in Bild 9.2, selektive katalytische Reduktion – SCR-Verfahren, siehe z. B. [Marcazzan 2017] [Paulet 2016]) bei deutlich niedrigeren Temperaturen, inzwischen im Bereich von 140 – 250 °C.

Sauergase

Als Sauergase werden jene gasförmigen Komponenten bezeichnet, die beim Kontakt mit Wasser Säuren bilden. Im Rahmen der Abfallverbrennung sind dies insbesondere HCl, SO_2, SO_3 und HF. Die Abscheidung dieser Schadgase kann dementsprechend mit (meist zweistufigen) Wäschern im wässrigen Medium (wie in Bild 9.2 dargestellt) erfolgen oder durch Trockensorptionsverfahren, die mit kalkstämmigen Sorbentien (wie $Ca(OH)_2$ und CaO, selten $CaCO_3$) oder mit Natriumhydrogencarbonat ($NaHCO_3$) als Reagenzien betrieben werden (vgl. z. B. [Karpf 2008]).

Schwermetalle und organische Schadstoffe

Gasförmige Schwermetalle und organische Schadstoffe, wie polychlorierte Dibenzodioxine und Dibenzofurane (PCDD/PCDF), polyaromatische Kohlenwasserstoffe (PAK) oder polychlorierte Biphenyle (PCB), sind die mit Abstand toxischsten Bestandteile im Rauchgas von Abfallverbrennungsanlagen. Zur Abscheidung dieser Schadstoffe werden in der Regel hochporöse Sorbentien, meist Aktivkohle oder Herdofenkoks (aus Braunkohle) verwendet, zum Teil werden auch (weniger effektive) mineralische Additive, wie Trass oder Suevit beigemischt. Die apparative Umsetzung erfolgt meist im Flugstromverfahren, zum Teil werden auch Fest- bzw. Wanderbettreaktoren eingesetzt (vgl. z. B. [Schultes 1996]).

Partikel

Flugasche, Ruß, aus der Gasphase rekondensierte Salze, zur Schadstoffadsorption eingebrachte beladene Sorbentien und alle sonstigen im Abgas enthaltenen Partikel werden durch Gewebefilter oder elektrostatische Abscheider mit sehr hoher Effektivität aus dem Abgas abgeschieden. Als Vorabscheider werden in einigen Anlagen auch Zyklone verwendet (vgl. z. B. [Fritz 1992]).

Zudem müssen die Konzentrationen an **Kohlenmonoxid und Gesamtkohlenstoff** im Abgas die in der 17. BImSchV vorgeschriebenen Grenzwerte unterschreiten. Die hierfür erforderlichen Maßnahmen erfolgen bereits in der Gasausbrandzone der Feuerung, da keine etablierten Sekundärmaßnahmen zur Minderung dieser Schadstoffe im Rahmen der Abgasreinigung existieren (vgl. z. B. [Quicker 2020]).

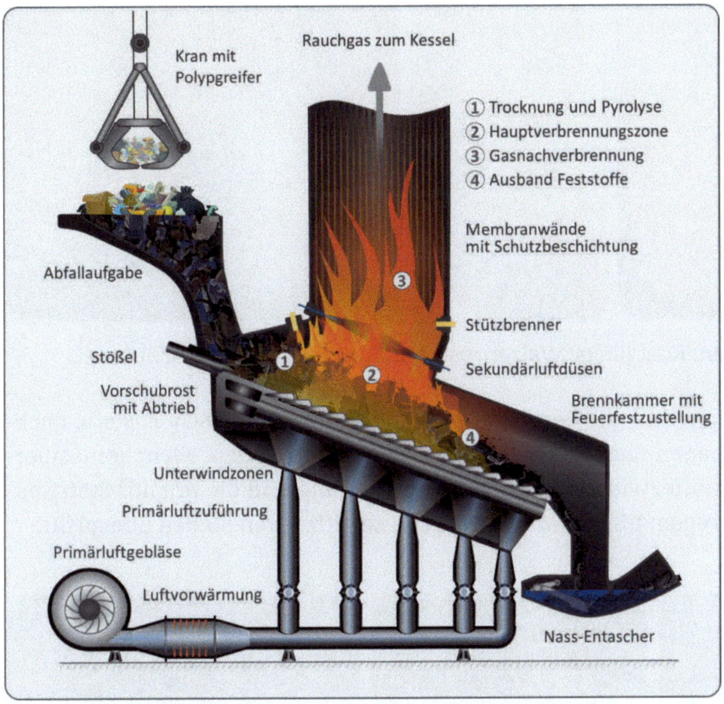

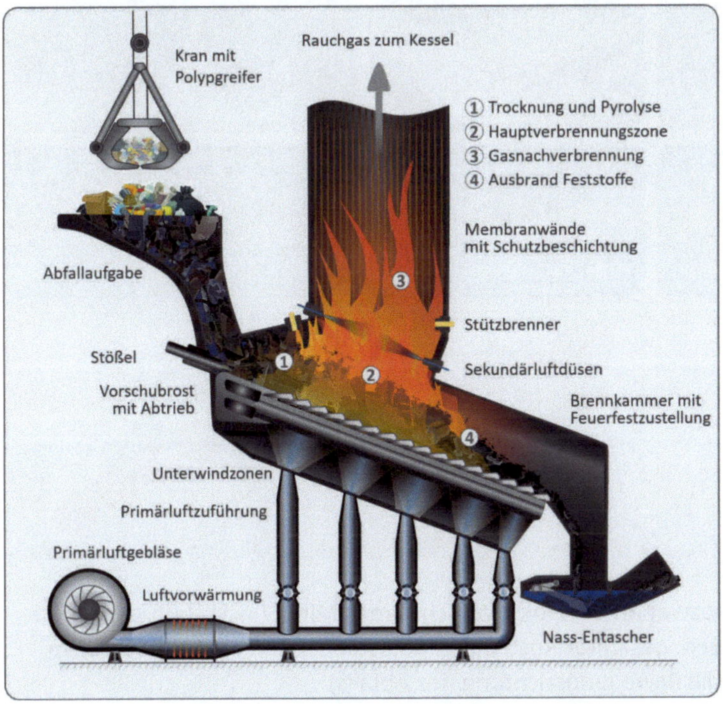

Bild 9.4 Prinzipskizze einer Vorschubrostfeuerung mit wesentlichen Anlagenteilen und Verortung der thermochemischen Prozessschritte

Bild 9.5 Feuer auf dem Rost (links: Walzenrost, Mitte und rechts: Rückschubrost)

Das gereinigte Abgas verlässt die Verbrennungsanlage über einen Schornstein, nachdem die vorgeschriebenen Emissionsparameter gemessen wurden. Nicht kontinuierlich messbare Schadstoffe, wie die meisten Schwermetalle und die organischen Spurenstoffe, werden in regelmäßigen Abständen von zertifizierten Stellen überprüft.

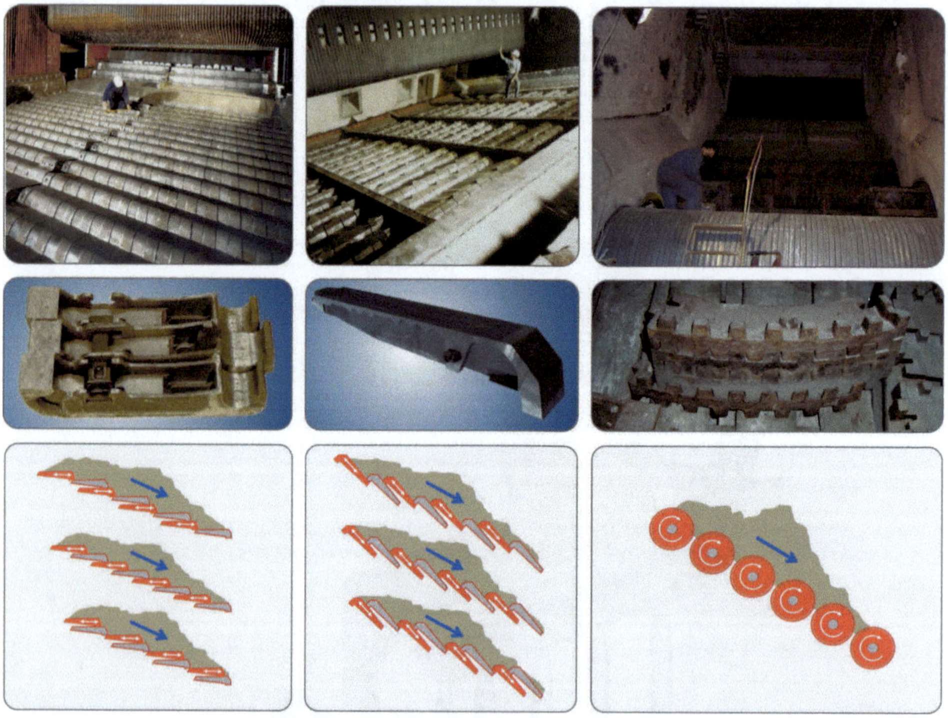

Bild 9.6 Verbreitete Rostvarianten. Links: Vorschubrost, Mitte: Rückschubrost, rechts: Walzenrost. Jeweils oben: gesamter Rost, Mitte: Roststäbe, unten: Transportprinzip (der blaue Pfeil zeigt die Bewegungsrichtung des Abfalls)

9.1.3.1.2 Einsatz von Kunststoffabfällen

Siedlungsabfallverbrennungsanlagen sind in der Regel dafür ausgelegt, kommunalen Restmüll thermisch zu verwerten. Viele Anlagen berücksichtigen bei der Planung auch Kontingente für gewerbliche Abfallfraktionen. Sowohl im kommunalen Restabfall als auch in den Gewerbeabfällen sind in relevantem Umfang verschiedene Kunststoffe enthalten. Die letzte repräsentative Untersuchung im Auftrag des Umweltbundesamtes ergab einen Kunststoffanteil im Restmüll von fast sieben Gewichtsprozent. Hinzu kommen Verbundstoffe mit 4,3 %, Textilien mit 3,5 %, sonstige Abfälle mit 8,9 % und Hygieneprodukte mit 13,5 %, in denen ebenfalls Kunststoffe in unterschiedlichen Anteilen enthalten sind [Dornbusch 2020]. Zudem werden jährlich rund 5 Mio. Mg (entspricht etwa einem Viertel des Gesamtinputs in die deutschen MVA) an sogenannten Ersatzbrennstoffen (vgl. Abschnitt 9.1.3.2.2) und Sortierresten aus mechanisch-biologischen Abfallbehandlungsanlagen in deutschen Müllverbrennungsanlagen verwertet [Flamme 2018b], die ebenfalls große Anteile an Kunststoffen enthalten. Kunststoffabfälle stellen also einen wesentlichen Anteil am Input in Müllverbrennungsanlagen dar und tragen dadurch signifikant dazu bei, dass ein ausreichend hoher Heizwert für eine selbstgängige Verbrennung der Restabfälle, in der Regel im Bereich von 8 – 12 MJ/kg, erreicht wird.

Da die meisten Müllverbrennungsanlagen hinsichtlich ihrer thermischen Leistung und erst in zweiter Linie bezüglich des Massendurchsatzes limitiert sind, führt die vermehrte Verbrennung von Kunststoffen (mit höherem Heizwert) zu einem Rückgang des Gesamtdurchsatzes. Da dies mit finanziellen Einbußen verbunden ist, sind Abfälle mit höherem Heizwert, also insbesondere Kunststofffraktionen, bei den Anlagenbetreibern in Zeiten hoher Auslastung wenig beliebt und werden zum Teil sogar mit erhöhten Annahmegebühren beaufschlagt. Werden große Mengen an Kunststoffen mit verbrannt, ist darauf zu achten, dass die thermische Belastung keine Schädigungen an der Feuerung verursacht.[2)] Problematische Inhaltsstoffe in Kunststoffen sind beispielsweise Chlor (z. B. aus PVC), das zu Korrosionsproblemen im Kessel (Hochtemperaturchlorkorrosion) und zur Bildung toxischer Schadstoffe (PCDD/F, PCB) führt, oder Brom, das in Flammschutzmitteln enthalten ist, ebenfalls zu Schadstoffemissionen führt und in hohen Konzentrationen sogar die Feuerführung negativ beeinflussen kann. Per- und polyfluorierte Verbindungen werden aktuell ebenfalls als kritische Inhaltsstoffe diskutiert [Aleksandrov 2019]. Da der Anteil dieser Stoffe, aufgrund der steigenden Verbreitung in Produkten, künftig auch in den Kunststoffabfällen zunehmen wird, ist diesen Effekten, insbesondere bei der Verbrennung hoher Anteile an Kunststoffen, in der Zukunft besondere Aufmerksamkeit zu schenken.

---

2 Bei Verwendung von luftgekühlten Vorschubrosten sollten Heizwerte über 12 MJ/kg vermieden werden (höhere Heizwerte erfordern Wasserkühlung), Rückschubroste erlauben Heizwerte bis 19 MJ/kg.

9.1.3.2 Ersatzbrennstoffkraftwerke

9.1.3.2.1 Technologie

Der Begriff Ersatzbrennstoffkraftwerk bezeichnet Anlagen zur thermischen Verwertung aufbereiteter abfallständiger Brennstoffsortimente, die meist gezielt zur Energieversorgung von Industriebetrieben mit Dampf, Wärme und Strom errichtet wurden. Der Abfall für diese (Heiz-)Kraftwerke wird in Vorhandlungsanlagen (meist mechanisch-biologische Abfallbehandlungsanlagen zur Aufbereitung von kommunalem Hausmüll) zerkleinert und sortiert, um inerte und sperrige Bestandteile sowie andere unerwünschte Stoffe zu entfernen und so einen optimierten Brennstoff mit besseren Verbrennungseigenschaften als der ursprüngliche Abfall herzustellen (vgl. Bild 9.9, links).

Die Mehrzahl der Ersatzbrennstoffkraftwerke in Deutschland unterscheidet sich technologisch kaum von klassischen Müllverbrennungsanlagen. Auch dort werden Rostfeuerungen eingesetzt. Unterschiedlich zur Müllverbrennung sind meist nur die höher gewählten Dampfparameter, also Druck und Temperatur des erzeugten Heißdampfes für die Turbine, um höhere Wirkungsgrade bei der Stromerzeugung zu erreichen.

Rund ein Drittel der aktuell gut 30 in Deutschland betriebenen Ersatzbrennstoffkraftwerke ist mit Wirbelschichtfeuerungen, vorwiegend nach dem Prinzip der zirkulierenden Wirbelschicht, ausgerüstet. Hintergrund dieser Auswahl war es, die (im Vergleich zum Restabfall) bessere Brennstoffqualität des EBS mit den Möglichkeiten einer optimierten Betriebsweise von Wirbelschichtfeuerung – bessere Temperaturkontrolle, reduzierte Stickoxidemissionen und geringere Abgas-Energieverluste – zu kombinieren.

Bild 9.7 zeigt das Schema einer zirkulierenden Wirbelschichtfeuerung. Im Reaktor befindet sich Bettmaterial aus Sand, das über (offene oder geschlossene) Düsenböden (vgl. Bild 9.8, rechts) fluidisiert wird. Im Falle der zirkulierenden Wirbelschichtfeuerung ist die Strömungsgeschwindigkeit der zur Fluidisierung eingebrachten Primärluft so hoch, dass das Sandbett über die vollständige Reaktorhöhe expandiert und aus dem Reaktor ausgetragen wird. Daher sind solche Apparate mit direkt angeschlossenen Zyklonen ausgerüstet, in denen das Sandmaterial vom Abgas abgetrennt und über ein regelbares Siphonsystem zur erneuten Fluidisierung in den Reaktor zurückgeführt wird. Auch bei diesem Feuerungstyp wird zum Gasausbrand Sekundärluft zugegeben. Die bei der Verbrennung zurückbleibende Asche (vgl. Bild 9.9, rechts) kann im Umlauf aus dem Sandbettmaterial abgetrennt (in der Grafik in Bild 9.7 nicht berücksichtigt) oder, bei Verwendung offener Düsenböden und bei grobkörnigem Material, unterhalb des Düsenbodens abgezogen werden.

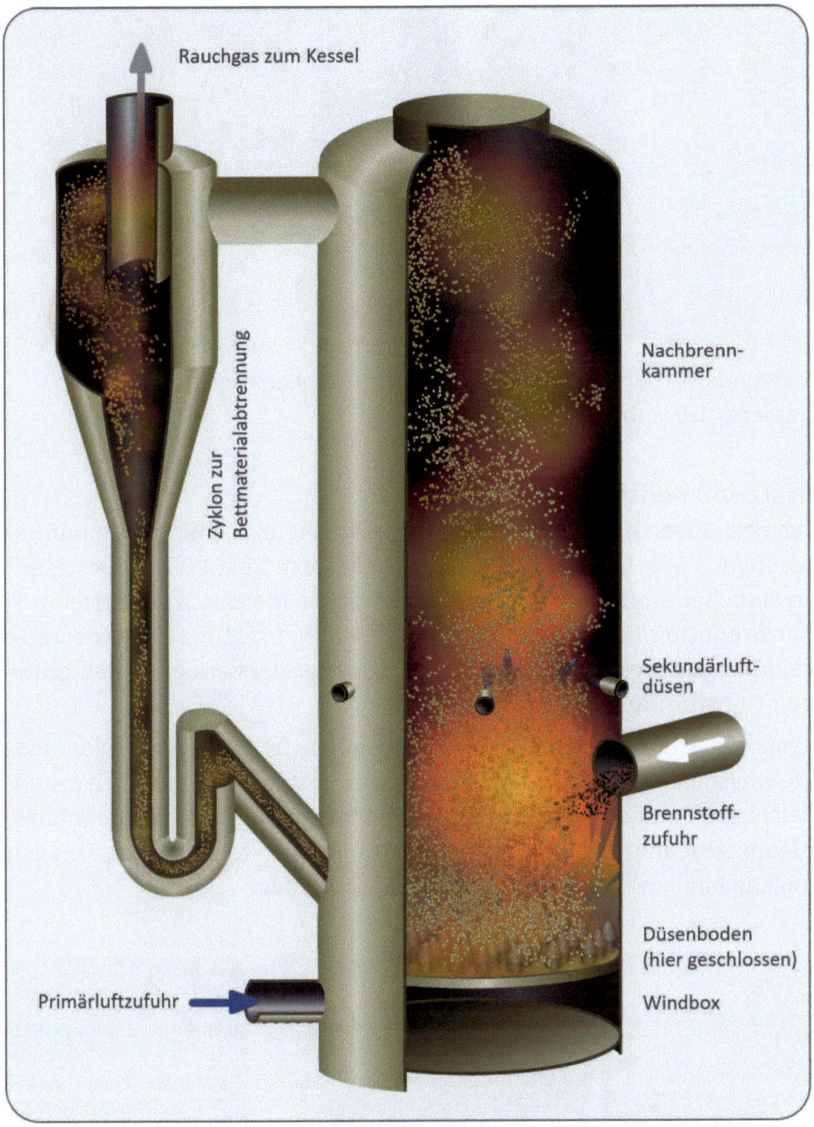

Bild 9.7 Prinzipskizze einer zirkulierenden Wirbelschichtfeuerung

Bild 9.8 Zirkulierende Wirbelschichtfeuerung. Links: Brennkammer, rechts: geschlossener Düsenboden

9.1.3.2.2 Einsatz von Kunststoffen

Die gut 30 deutschen Ersatzbrennstoffkraftwerke verfügen über eine Verbrennungskapazität von rund 6,3 Mio. Mg, die in den letzten Jahren zu über 90 % ausgeschöpft wurde. Die wesentlichen Stoffströme, die in diesen Anlagen thermisch verwertet werden, sind Ersatzbrennstoffe (Abfallschlüsselnummer ASN 191210) und Sortierreste aus Abfallbehandlungsanlagen (ASN 191212). Insbesondere erstere enthalten große Teile gemischter Kunststoffabfälle [Flamme 2018a].

Beim Einsatz von Kunststoffabfällen in Ersatzbrennstoffkraftwerken ist nach der verwendeten Feuerungstechnologie zu unterscheiden. Bei Rostfeuerungen gelten grundsätzlich vergleichbare Rahmenbedingungen wie bei klassischen Müllverbrennungsanlagen (vgl. Mohr Abschnitt 9.1.3.1.1), da sowohl im Bereich der Feuerung als auch der Abgasreinigung ähnliche Technologien verwendet werden.

Bild 9.9 EBS aus Hausmüll für den Einsatz im Ersatzbrennstoffkraftwerk, vor (links) und nach (rechts) der Verbrennung (Asche), sowie NE-Metalle, die aus marktverfügbarem EBS nachsortiert wurden

Wenn (zirkulierende) Wirbelschichten als Feuerungstechnik gewählt werden, müssen die eingesetzten Abfälle bestimmte Kriterien erfüllen. Da die Brennstoffe im fluidisierten Sandbett verbrannt werden, sind Korngröße und Störstoffgehalt begrenzt. Der Ascheschmelzpunkt der eingesetzten Brennstoffe sollte ausreichend hoch sein, um eine Erweichung der Aschen und in der Folge Verklebung des Bettmaterials zu verhindern.

Da Ersatzbrennstoffkraftwerke aus Energieeffizienzgründen meist bei höheren Dampfparametern (Druck und Temperatur im Dampfprozess) betrieben werden als klassische Müllverbrennungsanlagen, steigt hier die Gefahr der Hochtemperaturchlorkorrosion. Dementsprechend ist darauf zu achten, dass keine zu hohen Chlorgehalte im Brennstoff vorhanden sind. Meist wird das Limit auf 1 Ma.-% festgelegt. Die Anforderungen an die Brennstoffe werden zwischen Kraftwerksbetreibern und Lieferanten vereinbart, sind häufig auch Bestandteil des Genehmigungsbescheides und müssen daher eingehalten werden.

In vielen Fällen haben die angelieferten Ersatzbrennstoffe trotz dieser Spezifikationen allerdings mindere Qualitäten (vgl. Aschezusammensetzung in Bild 9.9) und werden bei einigen Anlagen daher nochmals vorbehandelt, bevor sie der Feuerung zugeführt werden. Das rechte Foto in Bild 9.9 zeigt beispielsweise NE-Metalle, die am Standort eines Ersatzbrennstoffkraftwerks aus dem (vom Lieferanten konfektionierten) EBS aussortiert wurden. Die betreffende Anlage hat eine komplette Aufbereitungsstrecke mit Eisen- und Nichteisen-Metallabtrennung nachinstalliert, um den mangelnden Qualitäten der gelieferten Brennstoffe entgegenzuwirken. Aufgrund dieser Erfahrungen wurden in den letzten Jahren keine Wirbelschichtfeuerungsanlagen für die thermische Verwertung von Ersatzbrennstoffen mehr errichtet.

9.1.3.2.3 Sonstige

Wie in der Übersicht in Bild 9.1 dargestellt und eingangs bereits angesprochen, existieren noch weitere Anlagen zur Monoverbrennung von Abfällen, in denen ebenfalls Kunststoffe eingesetzt werden.

Altholzkraftwerke

Altholzkraftwerke, die für die Verbrennung von AII, AIII- und AIV-Holz zugelassen sind, verbrennen in großem Umfang beschichtete Hölzer und Kunststoff-Holz-Verbundmaterialien. Der hierbei eingetragene Kunststoff ist Bestandteil des eigentlich fokussierten Holzbrennstoffes, eine gezielte Verbrennung von Kunststoffen durch separate Zugabe von Kunststoffabfallfraktionen findet in der Regel nicht statt.

Sonderabfallverbrennungsanlagen

Auch in den Drehrohren von Sonderabfallverbrennungsanlagen werden Kunststoffe verbrannt. Auch hier sind die eingetragenen Kunststoffe vorwiegend Begleitbestandteile der eigentlich adressierten Abfälle, in Form von Kanistern, Fässern, Gebinden und sonstigem Verpackungsmaterial. Aufgrund der Gefährlichkeit der Abfälle werden die

Behälter vor der Verbrennung in der Regel nicht vom Inhalt getrennt, sondern beide gemeinsam verbrannt.

Ein weiterer Eintragspfad für Kunststoffe in Sonderabfallverbrennungsanlagen sind kontaminierte Kunststoffabfallfraktionen, die selbst als gefährliche Abfälle eingestuft wurden und daher nur in solchen Anlagen thermisch entsorgt werden dürfen.

Klärschlammverbrennungsanlagen

Der mit dem Schlamm in die Klärschlammverbrennungsanlagen eingetragene Kunststoffanteil ist im Regelfall gering und weniger auf Reststoffe im Abwasser (Mikroplastik) als vielmehr auf gezielt zugesetzte Polymer-Flockungshilfsmittel zurückzuführen. Eine Mitverbrennung von Kunststoffen ist nicht üblich, wird aber zur Erhöhung des Heizwertes und Einsparung von Trocknungsenergie gelegentlich praktiziert. Da künftig in Deutschland eine Rückgewinnungspflicht von Phosphor aus der Asche von Klärschlammverbrennungsanlagen besteht, wird diese Möglichkeit mittelfristig jedoch nicht mehr zur Verfügung stehen.

9.1.4 Thermische Verwertung durch Mitverbrennung

Die thermische Verwertung von Abfällen durch Mitverbrennung in Industriefeuerungen oder Kraftwerken kann Vorteile und Synergien bieten, wenn Brennstoff und Anlage aufeinander abgestimmt sind. Aufgrund ihres Energiegehaltes sind Kunststoffabfälle dabei sehr gefragt.

9.1.4.1 Zementwerke

9.1.4.1.1 Technologie

Zur Erzeugung von Zement wird eine Mischung aus verschiedenen mineralischen Einsatzstoffen (Ofenmehl) in großen Drehrohrfeuerungen (vgl. Bild 9.10, links) bei Feststofftemperaturen von etwa 1500 °C zum Zement-Vorprodukt Klinker gebrannt. Hierzu sind große Mengen an Energie nötig, die über einen Hauptbrenner am Ofenende (vgl. Bild 9.10, Mitte) oder über eine Zuführung für stückige Brennstoffe am Ofeneinlauf gemeinsam mit dem Ofenmehl (vgl. Bild 9.10, rechts) zugeführt werden. Über beide Eintragspfade können kunststoffhaltige Brennstofffraktionen zugegeben werden.

Die bei den Verbrennungsvorgängen entstehenden Abgase werden im Gegenstrom zum Ofenmehl durch das Rohr geführt, verlassen die Drehrohrfeuerung am Ofeneinlauf und strömen anschließend durch eine mehrstufige Kaskade aus Zyklonen. Dort werden sie im Gegenstrom und im direkten Kontakt zum sich aufwärmenden Ofenmehl abgekühlt. Im Anschluss wird das Abgas entstaubt, bevor es die Anlage verlässt. Seit einigen Jahren verfügen die meisten Zementdrehrohre auch über SNCR-Anlagen zur Reduktion der Stickoxide. Weiterführende Abgasreinigungsanlagen, insbesondere zur Abscheidung von gasförmigen Schwermetallen oder organischen Spurenstoffen, sind in der Regel aber nicht vorhanden.

Bild 9.10 Drehrohrofen im Zementwerk. Links: Drehrohr von außen, Mitte: Hauptbrenner, rechts: Aufgabe stückiger Brennstoffe am Ofeneinlauf

9.1.4.1.2 Einsatz von Kunststoffen

Der Einsatz von abfallstämmigen Brennstoffen in deutschen Zementwerken steigt seit Jahren stetig. Im Jahr 2019 wurden im bundesdeutschen Durchschnitt 68,9 % der benötigten Feuerungswärmeleistung aus Abfallfraktionen bereitgestellt. Kunststoffe und kunststoffhaltige Fraktionen dominieren dabei das Brennstoffsortiment, wie Bild 9.11 deutlich zeigt. Damit sind die Zementwerke, neben Müllverbrennungsanlagen und Ersatzbrennstoffkraftwerken, der wesentliche Entsorgungspfad für Kunststoffabfälle in Deutschland.

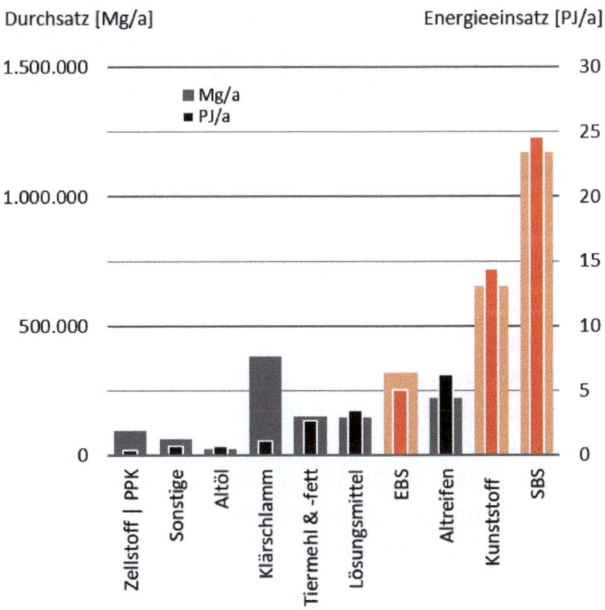

Bild 9.11 Einsatz von alternativen Brennstoffen in deutschen Zementwerken im Jahr 2016 (rot markiert sind Abfallfraktionen mit signifikantem Kunststoffanteil)

Da Zementwerke sowohl seitens der Brennstoffaufgabe über den Hauptbrenner als auch bezüglich der vorhandenen Abgasreinigungseinrichtungen Limitierungen unterliegen, kommt der Qualität der eingesetzten (abfallstämmigen) Brennstoffe eine wesentlich größere Bedeutung zu als bei EBS-Kraftwerken oder Müllverbrennungsanlagen, die über effektivere Abgasreinigungssysteme verfügen, in denen alle Schadstoffgruppen adressiert werden (vgl. Abschnitt 9.1.3.1.1).

Vor diesem Hintergrund sind Ersatzbrennstoffe aus gemischten Siedlungsabfällen (graue Tonne), die qualitativ häufig eher minderwertig sind, für den Einsatz im Zementdrehrohr meist weniger geeignet. Daher kommen in Zementwerken bevorzugt gütegesicherte Sekundärbrennstoffe (SBS®) zum Einsatz, die entweder aus produktionsspezifischen Gewerbeabfällen oder heizwertreichen Fraktionen des Siedlungsabfalls gesondert hergestellt werden. Diese Brennstoffe unterliegen einer Qualitätssicherung nach RAL-Gütezeichen [RAL 2012] und DIN EN 15359 [DIN-EN 2012]. In beiden Vorschriften werden verschiedene Brennstofftypen bzw. -klassen mit entsprechenden Grenzwerten für Schadstoffgehalte, Heizwerte etc. definiert. Bild 9.12 zeigt solchen gütegesicherten Sekundärbrennstoff, der für den Einsatz im Zementwerk geeignet ist.

Bild 9.12 Qualitätsgesicherter Sekundärbrennstoff SBS® für den Einsatz im Zementwerk (Wiedergabe der Bilder mit freundlicher Genehmigung des BGS e. V.)

9.1.5 Thermische Verwertung in Kohlekraftwerken

9.1.5.1 Technologie

Während in früheren Zeiten auch Rostfeuerungen in (kleineren) Kohlekraftwerken eingesetzt wurden, sind modernere Anlagen seit Jahrzehnten mit zirkulierenden Wirbelschicht- oder Staubfeuerungen ausgestattet und erreichen Feuerungswärmeleistungen von mehreren hundert Megawatt. Insbesondere die Brennkammern von Staubfeuerungen besitzen enorme Baugrößen von weit über hundert Metern Höhe (Beispiel Boxberg IV: 166 m, Beispiel Weisweiler: 130 m) und Grundflächen von mehr als 20 × 20 Quadratmetern (vgl. Bild 9.13, Mitte).

Vor der Verbrennung in der Feuerung wird die Kohle zerkleinert (vgl. Bild 9.13, links) und dabei, insbesondere beim Einsatz feuchter Braunkohlen, gleichzeitig getrocknet und anschließend in die Feuerung befördert. Die freigesetzte Energie wird, wie bei Müllverbrennungsanlagen und Ersatzbrennstoffkraftwerken, über einen Wasserrohrkessel abgeführt. Allerdings sind die installierten Wärmeübertrager auf den Betrieb mit Kohle und (aufgrund der horizontalen Orientierung und der engeren Abstände zwischen den einzelnen Rohren) nicht optimal auf den Betrieb mit deutlich aschehaltigeren Abfallfraktionen ausgelegt (vgl. Bild 9.13, rechts).

Bild 9.13 Braunkohlekraftwerk mit Staubfeuerung, links: Rotor einer Kohlemühle, Mitte: Feuerraum (20 × 20 m Grundfläche, 130 m Höhe) mit Brennerscharten, rechts: Rohrbündel im Konvektionsteil des Wasserrohrkessels

Die Kohlekraftwerke in Deutschland verfügen über Einrichtungen zur Entschwefelung, Stickoxidreduktion und Entstaubung des Abgases. Analog zu den Emissionsminderungseinrichtungen in Zementwerken sind aber auch an den Kraftwerken keine Reinigungsstufen für gasförmige Schwermetalle oder organische Spurenschadstoffe (z. B. Aktivkohlefilter) vorhanden. Dementsprechend ist auch hier bei der Mitverbrennung von Abfällen auf eine entsprechende Qualitätssicherung auf der Inputseite zu achten.

9.1.5.2 Einsatz von Kunststoffen

Einer genehmigten Kapazität für Ersatzbrennstoffe in deutschen Kohlekraftwerken von über 3,3 Mio. Mg/a stand bereits im Jahr 2016 eine tatsächlich verwertete Menge von nur 1,5 Mio. Mg/a gegenüber. Kunststoffhaltige Ersatzbrennstoff- und Sekundärbrennstofffraktionen dominierten dabei das eingesetzte Brennstoffsortiment, aber auch gewerbliche Kunststoffabfallfraktionen werden verwertet [Flamme 2018a]. Der Grund für die Zurückhaltung beim Einsatz von abfallstämmigen Brennstofffraktionen sind negative Erfahrungen, wie Korrosionsprobleme durch zu hohe Chlorgehalte, Erosion, unzureichender Ascheausbrand, Förderschwierigkeiten, Verschmutzungen und Verschlackungen der Heizflächen.

Der Ersatzbrennstoffqualität, insbesondere für den Einsatz in Staubfeuerungen, kommt daher (und aufgrund der limitierten Abgasreinigung) ähnlich hohe Bedeutung zu wie bei der Verwertung über den Hauptbrenner im Zementdrehrohr. Metalle, Steine und andere Störstoffe sind zu vermeiden. Die Korngröße des eingesetzten EBS-Materials ist in der Praxis oft auf 25 mm begrenzt, ebenso der Feinkornanteil (kleiner 3 mm), meist auf maximal 5 Ma.-%. Der Chloranteil sollte 1 Ma.-% nicht überschreiten, damit der Wasserrohrkessel in der Feuerung nicht durch Hochtemperaturchlorkorrosion angegriffen wird. Der typische zugelassene Heizwertbereich liegt zwischen 10 und 25 MJ/kg [Mielke 2008].

Wie bereits mehrfach erwähnt, dürfen aus ökologischen Gründen keine flüchtigen Schwermetalle (insbesondere Quecksilber) in den eingesetzten Abfällen enthalten sein, da Kohlekraftwerke nicht mit spezifischen Minderungsmaßnahmen für diese Komponenten ausgerüstet sind und diese somit vollständig in die Umwelt emittiert würden.

Die typische Konfektionierungsform der Ersatzbrennstoffe ist Fluff, aber auch pelletierte Ersatzbrennstoffe kommen zum Einsatz [Mielke 2008] (vgl. Beispiele in Bild 9.14).

Bild 9.14 Ersatzbrennstoffe konfektioniert als Fluff (links) und Pellets (rechts)

Aufgrund des beschlossenen Ausstiegs aus der Kohleverstromung wird dieser Verwertungsweg für Kunststoffabfälle mittelfristig nicht mehr zur Verfügung stehen.

9.1.5.3 Sonstige

Neben dem Einsatz in Zementwerken und Kraftwerken gibt es noch verschiedene andere Optionen zur Mitverbrennung von Kunststoffabfällen.

Kalkwerke

Für das Brennen von Kalk, also das Austreiben von CO_2 aus dem Kalkstein ($CaCO_3$) zur Erzeugung von Branntkalk (CaO), in Schacht- oder Drehrohröfen sind hohe Temperaturen von über 700 °C notwendig. Grundsätzlich ist es möglich, die hierfür eingesetzten fossilen Brennstoffe durch abfallstämmige Fraktionen zu ersetzen. Da das bei der Verbrennung entstehende Rauchgas in direkten Kontakt mit dem Kalkprodukt tritt, kommen hierfür aber nur Abfälle infrage, bei deren Verbrennung keine Schadstoffe ins Produkt eingetragen werden.

Aktuell besitzen zwei Kalkwerke in Deutschland die Genehmigung für den Einsatz von abfallständigen Ersatzbrennstoffen [Flamme 2018a].

Stahlwerke

Auch für den Betrieb von Hochöfen sind große Energiemengen erforderlich, die im Regelfall durch fossile Brennstoffe bereitgestellt werden. Beim Betrieb dieser Aggregate kann ein Teil der fossilen Brennstoffe, die mit dem Heißwind über Blasformen unter Druck in den Hochofen eingeblasen werden, durch Kunststoffabfälle ersetzt werden. Selbstverständlich gelten auch hier weitreichende Anforderungen an die Brennstoffqualität, um den Betrieb des Hochofens nicht zu beeinträchtigen. Diese Art der Verwertung erfolgte früher in einem Stahlwerk in Bremen und wird seit einigen Jahren in einem Stahlwerk im österreichischen Linz praktiziert.

9.1.6 Künftige Herausforderungen

Selbst wenn die Verfahren zum mechanischen Recycling von Kunststoffen weiter optimiert werden und ein gewisser Teil der bisher thermisch verwerteten Kunststoffe durch chemische Recyclingverfahren in den Stoffkreislauf zurückgeführt wird, ist eine Vielzahl von Kunststoffabfällen aufgrund ihrer Zusammensetzung nicht für das Recycling geeignet. Erst ein radikales Umdenken in der Produktgestaltung auf allen Ebenen könnte dazu führen, dass die Recyclingfähigkeit von Produkten aus Kunststoffen und Verbundstoffen mit Kunststoffanteilen verbessert wird. Die aktuellen politischen Signale, wie beispielsweise das symbolpolitische Verbot von Einwegplastik, lassen einen derart disruptiven Wandel allerdings in absehbarer Zeit nicht erwarten.

Somit wird die Verbrennung mit energetischer Verwertung auch künftig eine wichtige Säule bei der Bewirtschaftung von nicht mehr recycelbaren Kunststoffabfällen darstellen. Um die thermische Abfallbehandlung auch in der Zukunft ökologisch sicher und gesellschaftlich verträglich betreiben zu können, sind verschiedene Herausforderungen zu bewältigen.

Als wichtigste Aufgabe ist sicherzustellen, dass die immer komplexeren und aus einer Vielzahl von Komponenten und Additiven bestehenden „modernen" Produkte in den beschriebenen Verbrennungsanlagen auch ökologisch einwandfrei und schadlos entsorgt werden können. Dies ist nicht selbstverständlich, da die Produktentwicklung immer wieder neue Stoffe und Komponenten hervorbringt, die irgendwann selbstverständlich auch im Abfall ankommen und mit denen die vorhandene Anlagentechnik konfrontiert ist. Persistente organische Schadstoffe mit Fluor-, Brom- oder Chloranteilen

(POP), Flammschutzmittel, Nanopartikel und carbonfaserverstärkte Kunststoffe standen in den letzten Jahren im Fokus. Verschiedene Untersuchungen, auch in großtechnischen thermischen Abfallbehandlungsanlagen, haben jedoch gezeigt, dass durch die Verbrennung dieser Stoffe in den geeigneten Anlagen keine Umweltbeeinträchtigungen verursacht werden [Aleksandrov 2019] [Van Caneghema 2010] [Borgnes 2004] [Mark 2015] [Part 2018] [Quicker 2021].

Eine wegweisende künftige Entwicklung von Abfallverbrennungsanlagen wird (neben einer optimierten Nutzung der mineralischen Verbrennungsrückstände) auf einen klimaneutralen Betrieb, durch Nutzung des im Rauchgas enthaltenen Kohlendioxids zur Synthese neuer Kohlenwasserstoffe, abzielen. Eine erfolgreiche Umsetzung dieser Strategie würde Abfallverbrennungsanlagen in Produktionsanlagen transformieren und somit zu einem wichtigen Baustein für die Kreislaufführung von Kunststoffen in der Zukunft werden.

Literatur für Abschnitt 9.1

[Aleksandrov 2019] Aleksandrov, K.; Gehrmann, H.-J.; Hauser, M.; Mätzing, H.; Pigeon, D.; Stapf, D.; Wexler, M.: Waste incineration of Polytetrafluoroethylene (PTFE) to evaluate potential formation of per- and Poly-Fluorinated Alkyl Substances (PFAS) in flue gas. Chemosphere **226** 2019, 898 – 906, *https://doi.org/10.1016/j.chemosphere.2019.03.191*

[BImSchV] 17. Bundesimmissionsschutzverordnung, Verordnung über die Verbrennung und die Mitverbrennung von Abfällen, *https://www.gesetze-im-internet.de/bimschv_17_2013/BJNR104400013.html?utm_source=chatgpt.com*, 20.03.2025

[Borgnes 2004] Borgnes, D.; Rikheim, B.: Decomposition of BFRs and emission of dioxins from coin cineration of MSW and electrical and electronic plastics waste. Organohalogen Compounds **66** 2004, 875 – 883

[Dittrich 2012] Dittrich, R.: Technische Umsetzung von SNCR-Verfahren mit dem Ziel der maximalen NOx-Reduzierung, 2012Möglichkeiten und Grenzen. In: Thomé-Kozmiensky, K.; Beckmann, M.: Energie aus Abfall, Band 9, 629 – 640. TK Verlag Karl Thomé-Kozmiensky. Neuruppin 2012

[Dornbusch 2020] Dornbusch, H.-J. et al.: Vergleichende Analyse von Siedlungsrestabfällen aus repräsentativen Regionen in Deutschland zur Bestimmung des Anteils an Problemstoffen und verwertbaren Materialien. Texte 113/2020. Umweltbundesamt 2020

[DIN-EN 2012] DIN EN 15359: Feste Sekundärbrennstoffe – Spezifikationen und Klassen; deutsche FassungEN 15359:2011, Beuth Verlag, Berlin 2012

[Flamme 2018a] Flamme, S.; Hanewinkel, J.; Quicker, P.; Weber, K.: Energieerzeugung aus Abfällen – Stand und Potenziale in Deutschland bis 2030. Texte 51/2018. Umweltbundesamt 2018,

https://www.umweltbundesamt.de/sites/default/files/medien/1410/publikationen/2018-06-26_texte_51-2018_energieerzeugung-abfaelle.pdf

[Flamme 2018b] Flamme, S.; Hanewinkel, J.; Quicker, P.; Weber, K.: Energie aus Abfall – Stand und Potenziale bis 2030. In: Wiemer, K.; Kern, M.; Raussen, T. (Hrsg.): Bioabfall- und stoffspezifische Verwertung, Tagungsband zum 30. Abfall- und Ressourcenforum. Witzenhausen-Institut für Abfall, Umwelt und Energie GmbH 2018

[Fritz 1992] Fritz, W.; Kern, H.: Reinigung von Abgasen, 3. Auflage. Vogel Buchverlag 1992

[Karpf 2008] Karpf, R.: Welches Rauchgasreinigungsverfahren ist das Richtige? Antworten auf sich ändernde Schadgaskonzentrationen, 4. Fachtagung Trockene Abgasreinigung für Feuerungsanlagen und andere thermische oder chemische Prozesse. Essen, 13. – 14. November 2008

[Marcazzan 2017] Marcazzan, M.: Low-Temperature SCR – Intelligent and Cost-Effective Regeneration without Excess Emissions. In: Thomé-Kozmiensky, K.; Thiel, S.; Thomé-Kozmiensky, E.; Winter, F.; Juchelková, D.: Waste Management, Volume 7, Waste-to-Energy, 407 – 415. TK Verlag Karl Thomé-Kozmiensky. Neuruppin 2017

[Mark 2015] Mark, F.; Vehlow, J.; Dresch, H.; Dima, B.; Grüttner, W.; Horn, J.: Destruction of the flame retardant hexabromocyclododecane in a full-scale municipal solid waste incinerator. Waste Management & Research 33 (2) 2015, 165 – 174

[Mielke 2008] Mielke, F.; Kappa, S.: Die Zukunft der EBS-Verwertung in Braunkohlekraftwerken aus Sicht der Vattenfall Europe. In: Bilitewski, B.; Urban, A.; Faulstich, M.: Thermische Abfallbehandlung, Bd. 13. Schriftenreihe des Fachgebietes Abfalltechnik der Universität Kassel, 2008

[Part 2018] Part, F.; Berge, N.; Baran, P.; Stringfellow, A.; Sun, We.; Bartelt-Hunt, S.; Mitrano, D.; Li, L.; Hennebert, P.; Quicker, P.; Bolyard, S.; Huber-Humer, M.: A review of the fate of engineered nanomaterials in municipal solid waste streams. Waste Management **75** (5) 2018, 427 – 449

[Paulet 2016] Paulet, C.; Tabaries, F.; Fuchs, C.: Eine neue Generation der Very Low Temperatur SCR für Abfallverbrennungsanlagen – Erste Erfahrungen bei Betriebstemperaturen von 140 °C. In: Thomé-Kozmiensky, K.; Beckmann, M.: Energie aus Abfall, Band 13. 376 – 388, TK Verlag Karl Thomé-Kozmiensky, Neuruppin 2016

[Quicker 2017] Quicker, P.; Neuerburg, F.; Noël, Y. et al.: Sachstand zu den alternativen Verfahren für die thermische Entsorgung von Abfällen. Texte 17/2017. Umweltbundesamt 2017, *https://www.umweltbundesamt.de/publikationen/sachstand-zu-den-alternativen-verfahrenfuer-die*

[Quicker 2017b] Quicker, P.: Thermal Treatment as a Chance for Material Recovery. In: R. Maletz et al. (eds.): Source Separation and Recycling, Hdb Env Chem. 2017, DOI 10.1007/698_2017_28

[Quicker 2020] Quicker, P.: Waste, 7. Thermal Treatment. Ullmann's Encyclopedia of Industrial Chemistry. 2020, *https://doi.org/10.1002/14356007.w28_w02*

[Quicker 2021] Quicker, P.; Stockschläder, J. et al.: Möglichkeiten und Grenzen der Entsorgung carbonfaserverstärkter Kunststoffabfälle in thermischen Prozessen. Texte 131/2021. Umweltbundesamt 2021, *https://www.umweltbundesamt.de/sites/default/files/medien/479/publikationen/texte_131-2021_moeglichkeiten_und_grenzen_der_entsorgung_carbonfaserverstaerkter_kunststoffabfaelle_in_thermischen_prozessen.pdf*

[RAL 2012] RAL Sekundärbrennstoffe. Gütesicherung RAL-GZ 724. Ausgabe: Januar 2012. Zu beziehen durch: Beuth Verlag, Berlin/St. Augustin

[Schüttenhelm 2017] Schüttenhelm, W.; Reynolds, P.: SNCR Technology to Meet Challenging NOx Reduction Requirements. In: Thomé-Kozmiensky, K.; Thiel, S.; Thomé-Kozmiensky, E.; Winter, F.; Juchelková, D.: Waste Management, Volume 7, Waste-to-Energy, 559 – 574. TK Verlag Karl Thomé-Kozmiensky, Neuruppin 2017

[Schultes 1996] Schultes, M.: Abgasreinigung – Verfahrensprinzipien, Berechnungsgrundlagen, Verfahrensvergleich. Springer Verlag, Berlin 1996

[Van Caneghema 2010] Van Caneghema, J.; Blocka, C.; Vermeulen, I.; Van Brecht, A.; Van Royen, P.; Jaspers, M.; Wauters, G.; Vandecasteele, C.: Mass balance for POPs in a real scale fluidized bed combustor co-incinerating automotive shredder residue. J. Hazard. Mater. 2010; doi:10.1016/j.jhazmat.2010.05.088

9.2 Biologische Verwertung

Stephan Kabasci

9.2.1 Einleitung

Der Umgang mit Abfällen soll sich in Deutschland und der EU an der sogenannten Abfallhierarchie orientieren. Diese ist in der Europäischen Abfallrahmenrichtlinie (2008/98/EG, [EU2008]) und im deutschen Kreislaufwirtschaftsgesetz[3] dargelegt. Darin wird nachste-

[3] Kreislaufwirtschaftsgesetz vom 24. Februar 2012 (BGBl. I S. 212), das zuletzt durch Artikel 20 des Gesetzes vom 10. August 2021 (BGBl. I S. 3436) geändert worden ist.

hende Rangfolge vorgegeben: 1. Vermeidung, 2. Vorbereitung zur Wiederverwendung, 3. Recycling, 4. sonstige Verwertung, insbesondere energetische Verwertung und Verfüllung, und 5. Beseitigung. Recycling im Sinne des Gesetzes ist jedes Verwertungsverfahren, durch das Abfälle zu Erzeugnissen, Materialien oder Stoffen entweder für den ursprünglichen Zweck oder für andere Zwecke aufbereitet werden. Das schließt u. a. die Aufbereitung organischer Materialien (Bioabfälle) mit dem Ziel der Erzeugung von Düngemitteln ein, da hierdurch der Einsatz von aus fossilen Lagerstätten abgebauten (z. B. Phosphat, Kaliumsalze) oder unter hohem Energieaufwand hergestellten (v. a. stickstoffhaltigen) Düngemitteln vermindert werden kann. Biotechnologische Verfahren, die zur Bioabfallbehandlung eingesetzt werden, sind die Kompostierung und die Vergärung. Beide dienen dem gezielten biologischen Abbau der Einsatzmaterialien – unter aeroben Bedingungen (Kompostierung) oder anaeroben Bedingungen (Vergärung) –, damit lagerstabile Düngerprodukte entstehen.

Werden Kunststoffmaterialien in der biologischen Abfallbehandlung eingebracht, müssen auch deren organische Bestandteile bis zu niedermolekularen Stoffwechselendprodukten abgebaut werden. Unter aeroben Bedingungen sind dies v. a. Kohlendioxid und Wasser, anaerob kommt Methan hinzu.

Die folgenden Abschnitte beschreiben die Grundlagen des biologischen Abbaus von Kunststoffen, geben Hinweise auf Vorschriften und Methoden zur Prüfung der Abbaubarkeit und zeigen auf, für welche Kunststoffprodukte der Einsatz bioabbaubarer Materialien sinnvoll ist. Abgerundet wird das Thema durch Hinweise auf biotechnologische Verfahren zur Spaltung von Polymeren in Monomere und zur Herstellung von thermoplastischen Polymeren.

9.2.2 Biologischer Abbau von Polymeren

Unter vollständigem biologischen Abbau wird die Zersetzung einer organischen Verbindung zu Kohlendioxid, Wasser und mineralischen Salzen sowie neuer Biomasse durch Mikroorganismen verstanden (DIN EN ISO 14855-1). Diese Definition beschreibt nichts anderes als den in der natürlichen Umwelt seit Millionen von Jahren stattfindenden Prozess des Abbaus abgestorbener Biomasse im Ökosystem der Erde. Diese Materialeigenschaft ist experimentell feststellbar (Abschnitt 9.2.3).

Hauptbestandteile von Biomasse sind Polymere, im Wesentlichen Cellulose und andere Kohlenhydrate, Lignin, Proteine und Nukleinsäuren. Der Abbauprozess erfordert zunächst eine Depolymerisation der hochmolekularen Ausgangsstoffe in gelöste Oligomere und Monomere, da nur diese kleineren Moleküle Zellmembranen passieren können. Bei hydrolysierbaren (durch den Einbau von Wasser spaltbaren) Polymeren kann die Depolymerisation durch hydrolytische Enzyme wie Cellulasen, Cutinasen, Esterasen, Lipasen oder Proteasen beschleunigt werden [Sander 2019]. Die Enzyme werden von Mikroorganismen ausgeschieden, um die in der Umgebung der Zelle befindlichen

Polymere als Nahrung zugänglich zu machen. Die durch die Hydrolyse entstehenden Spaltprodukte der natürlichen Polymere sind in der Regel wasserlöslich und werden dann von den Zellen aufgenommen. Im Zellinneren findet die Verstoffwechselung der Fragmente statt. Dabei gewinnen die Zellen Energie und sie können auch Bausteine für den Aufbau neuer Biomasse synthetisieren.

Der biologische Abbau und dessen Geschwindigkeit werden vor allem durch folgende Faktoren beeinflusst [Burgstaller 2018]:

- Anzahl der Mikroorganismen und Zusammensetzung der mikrobiellen Population
- Umgebungsbedingungen, die die Vermehrung beeinflussen, wie Wassergehalt, Temperatur, Sauerstoffgehalt, pH-Wert und Nährstoffgehalt
- Bioverfügbarkeit des organischen Substrats, bei Feststoffen insbesondere Wasserlöslichkeit und Hydrolysierbarkeit

Der natürliche biologische Abbau durch mikrobielle Enzyme ist evolutionär für biogene Polymere optimiert. Diese sind entweder leicht hydrolysierbar (Proteine, Kohlenhydrate) oder sie können durch extrazelluläre Oxidasen (Ligninabbau durch Pilze) abgebaut werden. Die im 20. Jahrhundert entwickelten und heute die Kunststoffwelt dominierenden Polymere wie Polyethylen (PE), Polypropylen (PP), Polystyrol (PS), Polyvinylchlorid (PVC), Polyethylenterephthalat (PET), Polaymide (PA) oder Polyurethane (PU) sind in der Regel aufgrund ihrer Molekülstrukturen und Morphologie nur schwer biologisch abbaubar. Sie sind überwiegend hydrophob, besitzen entweder eine fortlaufende Reihe von Kohlenstoff-Kohlenstoff-Bindungen in der Polymerkette (PE, PP, PS, PVC) und/oder ihre Hydrolysierbarkeit ist durch die chemische Struktur der Monomere und die Kristallinität der Polymere stark reduziert [Inderthal 2021] [Laycock 2017] [Min 2020].

Vor dem Hintergrund der Kenntnisse über die natürlichen Bioabbauprozesse wurden bereits vor einigen Jahrzehnten medizinische Polymere entwickelt, die zu medizinischen Zwecken eingesetzt werden und sich im menschlichen Körper abbauen. Erste Anwendungen aus den 1960er-Jahren umfassten chirurgische Nahtmaterialien aus synthetischen Polymeren (Polyglycolid, Polylactid und deren Copolymere etc.) [Hayashi 1994]. Später kamen weitere Anwendungen zur Heilung von Gewebe- und Knochenverletzungen [Gogolewski 2000] und als kardiovaskuläre Stents hinzu [Venkatraman 2008].

Ende der 1980er-Jahre wurde mit Blick auf die aufkommende biologische Abfallverwertung gezielt eine zunehmende Anzahl an Polymeren entwickelt, die unter den Bedingungen der Kompostierung abbaubar sind [Endres 2009]. Dabei handelt es sich im Wesentlichen um Zellulosederivate, Polylactid (PLA), Polyhydroxyalkanoate (PHAs), Polybutylensuccinat (PBS) und andere biologisch abbaubare Polyester. Bei Letzteren hat wegen seiner guten Bioabbaubarkeit auf der einen und der guten Verarbeitbarkeit zu Folien auf der anderen Seite der aromatisch-aliphatische Copolyester Polybutylenadipat-co-terephthalat (PBAT) besondere Bedeutung erlangt. All diese Polymere sind hydrolysierbar und ihr meist durch extrazelluläre Enzyme unterstützter Abbau erfolgt in mehreren Stufen [Laycock 2017]:

- Anheftung von Mikroorganismen an die Polymeroberfläche
- Freisetzung von Enzymen
- enzymatischer Angriff an der Oberfläche
- Esterspaltung der Makromolekülketten
- Bildung von Oligomerfragmenten
- Auflösung der Fragmente und anschließende Oberflächenerosion
- Aufnahme der löslichen Fragmente durch Mikroorganismen und Wachstum der Biomasse

9.2.3 Prüfung der biologischen Abbaubarkeit

Bei Untersuchungen der biologischen Abbaubarkeit ist die Bestimmung der Mineralisierung entscheidend. Nur die Bestätigung der Aufnahme von Kunststoffbestandteilen in die Zellen und ihrer Umsetzung im Stoffwechsel ist ein hinreichender Beweis für den Bioabbau. Die reine Betrachtung beispielsweise der Massenänderung eines Kunststoffteils oder die Beobachtung seiner groben Fragmentierung kann hingegen rein abiotische Ursachen (Oxidation, UV-induzierte Schädigung, chemische Hydrolyse) haben. Diese Fragmentierung führt zur Erzeugung feiner Kunststoffpartikel, die aber dann nicht biologisch abgebaut werden, sondern inert und je nach Größe unentdeckt in der Umgebung verbleiben.

Um den Bioabbau nachzuweisen, wird daher unter aeroben Bedingungen die Bildung von Kohlendioxid oder der Verbrauch von Sauerstoff, unter anaeroben Bedingungen die Freisetzung von Methan und Kohlendioxid in geschlossenen Gefäßen bestimmt. Derartige respirometrische Tests werden seit vielen Jahrzehnten in der Biologie zur Ermittlung von Stoffwechselleistungen eingesetzt. In der Umweltwissenschaft wurden sie seit den 1980er-Jahren für die Bestimmung der Abbaubarkeit von Stoffen in Abwässern verwendet (z. B. OECD 302 B). Mittlerweile gibt es im internationalen Kontext eine Reihe von Standards und unterschiedliche Prüfverfahren, mit denen die biologische Abbaubarkeit beurteilt werden kann. Es wird unterschieden zwischen [Burgstaller 2018]:

- **Norm**: beschreibt ein anerkanntes und dokumentiertes Regelwerk, nach welchem vorgegangen wird, um Aussagen und Schlussfolgerungen, z. B. über das Verhalten von biologisch abbaubaren Kunststoffen, zu erlangen.
- **Zertifizierung**: beschreibt das Vorgehen zum Nachweis und zur Dokumentation einer angestrebten oder einzuhaltenden Norm.

- **Prüfverfahren**: beschreibt Vorgehen, Analyseparameter und Bedingungen sowie zu erfassende Messparameter zur Bestimmung der in der Norm festgelegten Aussagen und Schlussfolgerungen. Prüfverfahren unterliegen selbst auch Normen bzw. Prüfgrundlagen, nach denen die Prüfung durchzuführen ist (z. B. stellen unter der Norm EN 13432, in der ein Prüfschema vorgeschrieben wird, die Normen EN ISO 14855-1 und EN 14046 Präzisierungen der Prüfverfahren des biologischen Abbaus dar).

Zertifizierungsgesellschaften prüfen die Einhaltung der Normen. Zeigt sich in der Prüfung der Unterlagen (z. B. Messprotokolle anerkannter Testlaboratorien, Angaben zur Zusammensetzung der Kunststoffe etc.), dass alle Vorgaben erfüllt sind, dürfen die Produkte einen entsprechenden Nachweis führen. Dieser ist in der Regel mit der Erlaubnis zum Führen eines Labels verbunden. Zu den anerkannten europäischen Zertifizierungsgesellschaften, welche Normen und Standards zum Abbauverhalten biologisch abbaubarer Kunststoffe prüfen, gehören

- DIN CERTCO – Deutschland („Keimling“- und „DIN-geprüft“-Label)
- TÜV Austria Group („OK Compost“-Label)

Die Untersuchungen erfolgen unter standardisierten Bedingungen im Labormaßstab. Da die Abbaubarkeit von den Umgebungsbedingungen abhängt, sind für die verschiedenen Habitate, Kompost, Boden und wässriges Milieu, angepasste und standardisierte Prüfverfahren entwickelt worden. Die für die Zertifizierung von biologisch abbaubaren Kunststoffen geforderten Abbaukriterien, d. h. der Mindestabbaugrad nach einem definierten Zeitraum, ist in unterschiedlichen Prüfprogrammen geregelt.

Zertifiziert werden können Werkstoffe und Produkte. Um eine entsprechende Zertifizierung zu erhalten, müssen die Anforderungen der entsprechenden Zertifizierungsprogramme und zugehörigen Normen erfüllt werden. Bei Kunststoffen und Kunststoffprodukten werden Anforderungen an die Zusammensetzung, die biologische Abbaubarkeit, die Desintegration und die ökologische Unbedenklichkeit der Produkte gestellt.

Die Anforderungen an die Zusammensetzung umfassen die Einhaltung von Maximalwerten für die Gehalte einer Liste von Schwermetallen und anderer toxischer oder gefährlicher Stoffe. Außerdem müssen dem Abbautestlabor die Bestandteile des Kunststoffprodukts mitgeteilt werden. Diese werden daraufhin beurteilt, ob bekannt ist, dass sie im Verlauf der biologischen Verwertung für die Umwelt gefährliche Abbauprodukte freisetzen. Die Zusammensetzung der Proben wird zudem durch die Aufnahme eines Infrarotspektrums mit den Angaben zu den Inhaltsstoffen abgeglichen.

Die grundsätzliche und vollständige biologische Abbaubarkeit wird an Proben der Kunststoffmaterialien, z. B. an Granulatmustern, unter kontrollierten Laborbedingungen in respirometrischen Tests ermittelt. Dazu wird zunächst eine chemische Analyse der Proben durchgeführt, in der die Trockensubstanz und der Gehalt des organischen Kohlenstoffs bestimmt werden. Aus diesen Angaben kann errechnet werden, wie hoch bei der aeroben Abbauprüfung der theoretische Sauerstoffbedarf oder die theoretische Menge des gebildeten Kohlendioxids bei 100-prozentigem Abbau wäre. In Verbindung mit den Messungen der Sauerstoffverbrauchs- oder Kohlendioxidproduktionsmengen in den Respirometertests lassen sich dann Angaben zum Abbaugrad der Kunststoffmaterialien machen. Bei diesen Labortests werden optimale und konstante Umgebungsbedingungen wie Temperatur, pH-Wert, Sauerstoffversorgung und Nährstoffgehalt eingestellt. Andererseits werden ein nicht an das Prüfmaterial adaptiertes biologisch aktives Material, z. B. aus einer Bioabfallkompostierungsanlage, als Abbaumedium und ein hohes Prüfmaterial/Abbaumedium-Verhältnis verwendet. Somit handelt es sich bei diesen Tests trotz der optimalen Umgebungsbedingungen um stringente Tests, die sichere Aussagen zur prinzipiellen Abbaubarkeit von Materialien liefern. In den Prüfprogrammen wird für das Bestehen des Abbautests ein Abbaugrad von 90 Prozent gefordert. Dies ist als hohes und restriktives Kriterium einzuschätzen, da bei der biologischen Umsetzung die Polymere nicht nur der Energiegewinnung (in Verbindung mit Sauerstoffaufnahme und Kohlendioxidabgabe) dienen, sondern beim aeroben Abbau auch ein erheblicher Anteil von bis zu 40 Prozent des Prüfmaterials in neue Biomasse umgesetzt wird. Ein Abbaugrad von 90 Prozent ist somit nur erreichbar, wenn nach dem Abbau der Kunststoffmaterialien ein Teil der neu gebildeten Biomasse wieder mineralisiert wird [Burgstaller 2018].

Bei der Desintegration handelt es sich um die Zersetzung der Kunststoffprodukte. Sie wird im halbtechnischen bis großtechnischen Maßstab unter realitätsnahen Bedingungen getestet. Da neben der Art der Kunststoffe und der Umgebungsbedingungen auch die Form, insbesondere die Dicke der Kunststoffteile, wesentlichen Einfluss auf den Abbau hat, ist diese Prüfung am fertigen Produkt aus einem zertifiziert abbaubaren Kunststoffmaterial obligatorisch. Bei den Desintegrationsprüfungen wird der Masseverlust des Kunststoffs bestimmt. In Kombination mit der zuvor zu bestehenden Abbauprüfung kann dann gefolgert werden, dass das geprüfte Kunststoffprodukt unter den eingestellten Bedingungen, beispielsweise der industriellen Kompostierung, vollständig biologisch abgebaut wird.

Abschließend wird die Qualität des entstandenen Komposts anhand der Produkte, die nach den Desintegrationstests erhalten wurden, bestimmt. Dazu werden physikalisch-chemische Parameter wie Dichte, Glühverlust, Salzgehalt, pH-Wert und Nährstoffgehalte gemessen und mit denen von Proben ohne zugegebene Kunststoffteile verglichen. Des Weiteren werden ökotoxikologische Tests, je nach Zertifizierungsschema an Pflanzen oder zusätzlich auch an Regenwürmern, durchgeführt. In diesen Tests dürfen keine negativen Effekte auf das Wachstum der Pflanzen oder das Verhalten der Regenwürmer festgestellt werden, damit die endgültige Zertifizierung erteilt werden kann.

Das umfassende Prüfschema soll ein hohes Maß an Sicherheit gewährleisten. Die Verwertung zertifiziert biologisch abbaubarer Kunststoffe in Anlagen zur biologischen Abfallbehandlung ist daher nicht mit negativen Auswirkungen auf die Behandlungsverfahren selbst oder die Nutzung ihrer Produkte als Sekundärrohstoffdünger auf Böden verbunden.

Übersichten existierender internationaler Standards zur Bestimmung des Bioabbaus sowie über Zertifizierungsprogramme mit den diesen zugrundeliegenden Standardprüfungen und Anforderungen sind in [Burgstaller 2018], Tabelle 5 und Tabellen 9 bis 11, zu finden.

Eine vorhandene Zertifizierung über die Abbaubarkeit in der Kompostierung bedeutet für ein Kunststoffprodukt aber noch nicht, dass es der biologischen Verwertung zugeführt werden darf. Ob dies erlaubt ist, regeln die nationalen, regionalen oder kommunalen Entsorgungsvorschriften. In Deutschland ist in der Bioabfallverordnung, Anhang 1, eine Liste der für eine Verwertung auf Flächen geeigneten Bioabfälle sowie der dafür geeigneten anderen Abfälle, biologisch abbaubaren Materialien und mineralischen Stoffe vorgegeben. Darin finden sich lediglich biologisch abbaubare Werkstoffe (Kunststoffe) aus überwiegend nachwachsenden Rohstoffen, die in Landwirtschaft, Gartenbau, Teichwirtschaft, Forstwirtschaft, Jagd und Fischerei als Abfälle anfallen, z. B. Abdeckfolien, sowie Abfalltüten, die zur Sammlung biologisch abbaubarer Abfälle wie z. B. Küchen- und Kantinenabfälle bestimmt sind. Die Produkte müssen vorgegebene Zertifizierungen nach DIN EN 13432 oder DIN EN 14995 besitzen. Weitere Abfälle aus biologisch abbaubaren Kunststoffen sind, selbst wenn sie über o. g. Zertifizierungen verfügen, nicht im Bioabfall zulässig, da die Liste des Anhangs 1 abschließenden Charakter hat. Andererseits können lokale Bestimmungen wie örtliche Abfallsatzungen sogar weiter einschränkende Regeln aufstellen, z. B. die Verwendung von Abfallsammeltüten aus biologisch abbaubaren Kunststoffen verbieten.

Derartige Verbote existieren in einer Vielzahl von Städten oder Kreisen in Deutschland. Begründet wird dies oft damit, dass die Bevölkerung bei Freigabe der abbaubaren Beutel vermehrt preisgünstigere Tüten aus nicht abbaubarem Material wie Polyethylen verwenden würde und dass in den Anlagen alle Kunststoffe vor der biologischen Behandlung aussortiert würden. Manche Anlagenbetriebe machen auch geltend, dass sich in Tests gezeigt hat, dass sich die abbaubaren Sammelbeutel trotz Zertifikats in der vorhandenen Anlage nicht vollständig abbauen. Letzteres hängt zumeist mit dem verwendeten Betriebsregime der Kompostierungsanlage zusammen. Die Behandlungszeiten, die in der Bioabfallverordnung für die Hygienisierung der Bioabfälle als Mindestzeiten vorgeschrieben werden (Temperatur von mindestens 55 °C über einen möglichst zusammenhängenden Zeitraum von 2 Wochen, von 60 °C über 6 Tage oder von 65 °C über 3 Tage), und die Praxisbehandlungszeiten von nur wenigen Wochen im Bereich der oben angeführten Temperaturen sind in den meisten deutschen Kompostierungsanlagen deutlich geringer als die Prüfzeiträume für den Abbau in den Prüfstandards. Letztere orientieren sich in den internationalen Normen an durchschnittlichen Behandlungszeiten in Kompostierungsanlagen. In Italien und Frankreich betragen die Kompostierungsdauern beispielsweise 3 Monate oder sogar länger. Diese Länder lassen auf der anderen Seite grundsätzlich alle Produkte, welche nach EN 13432 als abbaubar zertifiziert sind, in der Bioabfallsammlung zu.

Die Erfahrungen in Deutschland und insbesondere in Italien, wo seit vielen Jahren nur noch zertifiziert kompostierbare Plastiktüten und -beutel für Einkäufe und zur Abfallsammlung zugelassen sind, zeigen, dass die Verwertung von Bioabfällen und die Abbauraten der Produkte aufeinander abgestimmt sein müssen.

Bei der Betrachtung des Verhaltens von Kunststoffprodukten ist des Weiteren zu beachten, dass der zertifizierte Abbau unter den Bedingungen der industriellen Kompostierung oder auch unter den Bedingungen der Heimkompostierung (Prüfungen bei niedrigeren Temperaturen) nicht bedeutet, dass sich die Materialien in der Umwelt, z. B. in Flüssen oder Seen oder auf dem Waldboden, in definierten Zeiträumen abbauen. Hier kommt es sehr auf die in Abschnitt 9.2.2 aufgeführten Umgebungsbedingungen (v. a. Temperatur, Feuchte und biologische Aktivität) an. In einem Langzeitexperiment untersuchte die University of Plymouth das Verhalten von Plastiktüten in der Umwelt [Napper 2019]. Im Einzelnen wurde das Verhalten von unter anderem zertifiziert kompostierbaren und konventionellen (PE-HD) Kunststofftragetaschen im Meer, im Boden und in der Luft über einen Zeitraum von 3 Jahren beobachtet. Nach 9 Monaten Exposition im Freien waren alle Beutelmaterialien in spröde Fragmente zerfallen. Im Meerwasser verschwand der kompostierbare Beutel innerhalb von 3 Monaten vollständig. Dagegen war er in der Bodenumgebung nach 27 Monaten noch vorhanden. Allerdings konnte die Tüte kein Gewicht mehr halten, ohne zu reißen. Die gemessene Zugfestigkeit war von 10,5 auf 3,3 MPa gesunken. Das Experiment zeigte, dass zertifiziert kompostierbare Tüten auch in der Umwelt, je nach Bedingungen, mehr oder weniger schnell degradieren. Der Anteil des tatsächlichen kompletten Bioabbaus durch Mineralisierung wurde hierbei nicht bestimmt. Um diesen außerhalb geschlossener Laborapparaturen zu bestimmen, wird als alternative Methode die Verwendung von mit detektierbaren Isotopen (13C oder 14C) markiertem Substrat vorgeschlagen. Zumstein et al. haben damit gezeigt, dass Folien aus dem biologisch abbaubaren Polyester Polybutylenadipat-co-terephthalat (PBAT) im Boden in Kohlendioxid und mikrobielle Biomasse überführt werden [Zumstein 2018].

9.2.4 Einsatz biologisch abbaubarer Kunststoffe

Zur Ermittlung des bevorzugten Verwertungswegs eines (Kunststoff-)Materials oder Produkts sollten die resultierenden Gesamtauswirkungen aus ökobilanzieller Sicht herangezogen werden. Für Verpackungen aus dem industriell kompostierbaren Kunststoff Polymilchsäure (Polylactide, PLA) hatten dazu Rossi et al. eine entsprechende Lebenszyklusanalyse durchgeführt. Bild 9.15 zeigt das Ergebnis ihrer Berechnungen der Kohlendioxidäquivalentemissionen bei einem Betrachtungszeitraum von 100 Jahren (GWP_{100}) [Rossi 2015].

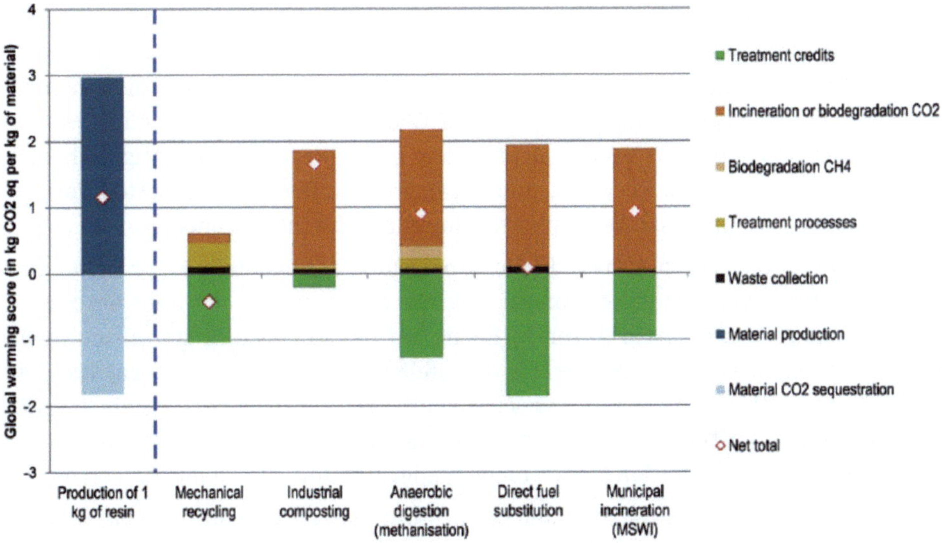

Bild 9.15 Treibhausgasemissionen bei einem Betrachtungszeitraum von 100 Jahren (GWP_{100}) für 1 Kilogramm Verpackungsmaterial aus PLA (aus [Rossi 2015])

Die Betrachtung der Nettogesamtemissionen, die für die einzelnen Verwertungswege durch die Rautensymbole angezeigt sind, zeigt die folgende Reihenfolge:

> Mechanisches Recycling < Ersatzbrennstoff < Vergärung und Müllverbrennung < Kompostierung

Das heißt, aus Sicht der Kohlendioxidäquivalentemissionen ist die Kompostierung die Schlechteste der Verwertungsoptionen. Dies liegt daran, dass bei der industriellen Kompostierung, dem Prozess des aeroben Abbaus des kompostierbaren Kunststoffs, wie in Abschnitt 9.2.2 beschrieben, der Kohlenstoff des Materials im Wesentlichen in Kohlendioxid transferiert wird. Ein Teil wird in Biomasse fixiert, für deren Düngeanwendung dann bei der Kompostierung eine geringe Gutschrift aus der Substitution von Mineraldünger erhalten wird. Auch in den zum Vergleich berechneten Verbrennungsprozessen, der Verwertung des PLA als Ersatzbrennstoff (*Direct fuel substitution*), der Umwandlung in Biogas und dessen Verbrennung in einem BHKW (*Anaerobic digestion (methanisation)*) oder bei dessen Verbrennung in einer Restabfallverbrennungsanlage (*Municipal incineration (MSW)*), wird der Kohlenstoff des Kunststoffs als Kohlendioxid freigesetzt. All diese Verwertungsoptionen schneiden aber wegen der Gutschriften (*Treatment credits*), die sie für die Substitution von mit fossilen Brennstoffen erzeugter Energie erhalten, vorteilhafter ab. Ihre Rangfolge hängt in erster Linie von den Annahmen über die Wirkungsgrade der Verfahren zur Erzeugung von Strom und Wärme und die Art der substituierten fossilen oder regenerativen Energieträger in den Vergleichsprozessen ab.

Beim mechanischen Recycling können die negativen Auswirkungen des energieaufwändigen Behandlungsprozesses (*Treatment process*) durch die Gutschrift aus dem Ersatz von PLA-Neuware sogar überkompensiert werden. Neben den Klimagasemissionen haben Rossi et al. als weitere Indikatoren in der Ökobilanz einen sogenannten *„Human health score"* und einen *„Ecosystem quality score"* betrachtet. Prinzipiell zeigt sich auch dabei, dass mechanisches Recycling und Ersatzbrennstoffeinsatz die besten Verwertungsoptionen sind und dass die Kompostierung eher schlecht abschneidet.

Aus diesen Ergebnissen folgt, dass die Kompostierung aus ökobilanzieller Sicht keine zu bevorzugende Verwertungsoption ist. Dies liegt daran, dass es sich auch bei diesem biologischen Behandlungsverfahren in Bezug auf das Kunststoffmaterial um einen Prozess der linearen Wirtschaftsweise (Herstellen – Nutzen – Entsorgen) handelt. Nachteile gegenüber den thermischen Verwertungsverfahren würden sich in Zukunft bei fortschreitender Defossilisierung des Energiesystems verringern. Die Vorteile des stofflichen Recyclings würden jedoch bleiben oder sich sogar noch leicht vergrößern.

Bei einer übergeordneten, systemischen Betrachtung lassen sich jedoch andere Schlussfolgerungen ziehen. Hierbei wird mit einbezogen, dass die Verwendung kompostierbarer Kunststoffe in bestimmten Produkten den Eintrag von Mikroplastik in die Umwelt vermeiden kann, die Abtrennung der Produkte von sonstigem organischen Abfall oder ein stoffliches Recycling nicht möglich oder ökonomisch nicht realisierbar ist oder dass indirekte positive Effekte erzielt werden können. Unter diesen Aspekten wurden im Rahmen eines von der Fachagentur Nachwachsende Rohstoffe geförderten Projekts von den Forschungsstellen nova-Institut und IKT der Universität Stuttgart diverse Anwendungen identifiziert, für die die biologische Abbaubarkeit eine gute oder sogar die beste End-of-Life-Option darstellt. Die Gesamtübersicht ist im veröffentlichten Schlussbericht zu diesem Vorhaben zu finden [Bauchmüller 2021]. Im Folgenden werden lediglich die Produktbeispiele kurz dargestellt, bei denen die biologische Abfallverwertung systemischer Bestandteil ist.

Aufkleber auf Obst und Gemüse: Aufkleber auf Obst und Gemüse werden zur Produkt- oder Preiskennzeichnung verwendet. Oft ist auch die Sorte, der Produzent oder die Eigenschaft „Bio" vermerkt. Solche Aufkleber verbleiben in der Regel auf den Schalen von Obst oder Gemüse und gelangen mit diesen in den Bioabfallstrom. Bestehen die Aufkleber, der Klebstoff und die Farben aus nicht biologisch abbaubaren Materialien, wird der Bioabfallstrom mit diesen Kunststoffen verunreinigt. Da diese kleinen Produkte kaum aussortiert werden können, gelangen sie mit dem Kompost in die Umwelt und verbeiben dort dauerhaft.

Blumensteckschaum: Blumensteckschaum wird in der Floristik zum Arrangieren von Blumengestecken verwendet. Sogenannter Nassschaum kann einen Großteil seines Volumens an Wasser aufnehmen und die Wasserversorgung der Blumen sichern. Trockenschaum eignet sich für Blumengestecke oder Adventskränze, die kein Wasser benötigen. Die Schwämme werden oft zusammen mit den verwelkten Blumen im Bioabfallstrom entsorgt, da das Trennen der Blumen vom Schaum aufwendig ist. Im Bioabfall können sich von den Steckschäumen kleine Partikel lösen, oder der Schaum zerfällt insgesamt durch die mechanische Beanspruchung in Sammelfahrzeugen und bei der Bioabfallaufbereitung. Auch diese Fragmente gelangen mit dem Kompost in die Umwelt.

Pflanzenbefestigungsclips oder -garne: Diese Produkte werden zur Fixierung von Zier- oder Nutzpflanzen verwendet, um die Wuchsrichtungen von Stämmen oder Ästen zu bestimmen oder Pflanzen zu stabilisieren. Beim Obst- und Gemüseanbau oder bei Zierpflanzen in Haushalten gelangen die Clips nach Abernte oder Absterben der Pflanzen meist in den Bioabfallstrom, da sie nur mit großem Aufwand entfernt werden können. Auch diese kleinen Produkte werden kaum bei der Aufbereitung aussortiert.

Teebeutel, Tee-, Kakao- und Kaffeepads: Teebeutel sind kleine flüssigkeitsdurchlässige Säckchen, die in der Regel eine Tassenportion Tee enthalten und bei der Anwendung in einer Tasse mit heißem Wasser überbrüht werden. Teepads, Kaffeepads und Kakaopads bestehen ebenfalls aus flüssigkeitsdurchlässigem, aber die Feststoffe zurückhaltenden Material und werden zur Zubereitung einer Tassenportion in einem entsprechenden Automaten benutzt. Die meisten dieser Produkte, bis auf einige Teebeutelausnahmen, die als Kunststoffnetze erkennbar sind, erwecken den Eindruck, nur aus biologisch abbaubaren Naturfasern zu bestehen. Daher werden die gebrauchten Produkte fast immer über den Bioabfall entsorgt. Da sie aber oftmals Polypropylenfasern zur Verstärkung und/oder für das Verschließen der Pads durch Verschweißen enthalten, tragen auch sie zur Verunreinigung der Komposte bei.

Kaffeekapseln: Kaffeekapseln sind andere Einwegprodukte zur Kaffeezubereitung in dazugehörigen Kaffeemaschinen. Im Unterschied zu den zuvor beschriebenen Pads sind sie eindeutig als Kunststoff-, zum Teil auch als Metallteile zu identifizieren. Aufgrund der verwendeten Verbundmaterialien (z. B. PP-EVOH-PP plus Aluminiumdeckel) ist ein stoffliches Recycling praktisch kaum möglich. Der nasse Kaffeesatz in der Kapsel ist auch für die thermische Verwertung in der Müllverbrennungsanlage wenig geeignet. Zudem geht er als biologisches Material mit düngerelevanten Inhaltsstoffen verloren. Unter systemischer Betrachtung stellt die Verwendung kompostierbarer Kaffeekapseln und die Verwertung der gebrauchten Produkte in der Bioabfallbehandlung eine sinnvolle Alternative dar. Mit der gebrauchten Verpackung von 2 Gramm Gewicht können etwa 5 Gramm (Trockenmasse) Kaffeesatz in den biologischen Nährstoffkreislauf eingebracht werden.

In Bezug auf die bisher beschriebenen Produkte ist festzustellen, dass sie nach der aktuell im Jahr 2022 geltenden Rechtslage in Deutschland nicht für die Verwertung in der biologischen Abfallbehandlung zugelassen sind (vgl. Abschnitt 9.2.3). Anders sieht das beim folgenden Produkt aus, das mit dem Bioabfall entsorgt werden darf, falls die kommunale Abfallsatzung dies zulässt.

Bioabfallsammelbeutel: Bioabfallsammelbeutel können verwendet werden, um in der Wohnung anfallende Bioabfälle, insbesondere Küchenabfälle, zu sammeln und sie dann zusammen mit dem Beutel in eine Bioabfallsammeltonne zu bringen. Eine solche Sammlung mit Kunststoffbeuteln wird von vielen Menschen als hygienische und praktische

Lösung angesehen, weshalb auch viele nicht-kompostierbare Plastikbeutel in den Bioabfallbehandlungswerken ankommen. Diese führen zu einer Verunreinigung des entstehenden Komposts, da die Folien und Folienreste vor der Kompostierung nicht vollständig abgetrennt werden können. Kritisch ist insbesondere, dass die Kunststofffolien in der Aufbereitung und auch während des Kompostierungsprozesses zunehmend zerkleinert werden, womit deren Abtrennung vom Kompost umso schwieriger wird. Dem wirken viele Entsorgungsbetriebe durch ein vollständiges Verbot der Verwendung von Kunststoffbeuteln entgegen.

Aus systemischer Sicht betrachtet ist das Kunststoffverbot aber mit Nachteilen verbunden. Eine Vielzahl von Studien hat belegt (Hinweise sind unter anderem in [Burgstaller 2018] zu finden), dass bei Tests zur Verwendung von kompostierbaren Sammelbeuteln die eingesammelten Bioabfallmengen und die Qualität des Bioabfalls steigen. Die Möglichkeiten, beispielsweise durch die kostenlose Bereitstellung solcher Sammelbeutel an die Haushalte, die ökologisch positive Bioabfallsammlung zu verbessern und weniger Düngewert organischer Materialien in der Abfallverbrennung zu verlieren, sollten weitergehend getestet und ausgeführt werden.

9.2.5 Biotechnologische Optionen für das Recycling

In Abschnitt 9.2.2 ist bereits in Grundzügen beschrieben, wie der biologische Abbau von Polymeren in natürlicher Umgebung oder in technischen Systemen, die mit unbestimmten biologischen Mischkulturen arbeiten wie Kompostierung oder Vergärung, stattfindet. Insbesondere für Polymere mit hydrolysierbaren Bindungen werden in jüngster Zeit auch dezidierte biotechnologische Prozesse zum Zwecke des Recyclings diskutiert. Basis dieser Verfahren ist die Anwendung gezielt synthetisierter Enzyme, die die Hydrolyse der Polymere in wässeriger Umgebung um ein Vielfaches beschleunigen können. Bei diesem Einsatz von Enzymen als Abbaukatalysatoren werden als Produkte Monomere oder Oligomere der Polymerketten erhalten. Da keine lebenden Mikroorganismen in den Prozessen vorhanden sind, kommt es nicht zur Aufnahme und Verstoffwechselung der niedermolekularen Bruchstücke. Stattdessen sollen diese isoliert und wieder für die Synthese neuer Polymere verwendet werden. Zu diesem Thema findet sich eine Reihe von Übersichtsartikeln in der Literatur, beispielsweise [Wei 2017], [Danso 2019] und [Amobonye 2021].

Das enzymatische Recycling von Polyethylenterephthalat (PET) wurde besonders häufig und intensiv betrachtet. Bereits 2005 wurde über ein PET-abbauendes hydrolytisches Enzym eines thermophilen Actinomyceten berichtet, das bei 55 °C PET mit niedriger Kristallinität abbauen kann [Müller 2005]. 2016 veröffentlichten japanische Wissenschaftler die Entdeckung eines Bakteriums, welches PET als einzige Energie- und Kohlenstoffquelle verwerten kann [Yoshida 2016]. *Ideonella sakaiensis* 201-F6, wie es benannt ist, wurde in einer von 250 bei den Experimenten untersuchten, PET-Abfall enthaltenden Umweltproben von einem Recyclinghof für PET entdeckt. Es scheidet ein den natürlichen Cutinasen (Enzyme für den Auf- und Abbau der wächsernen Cutinschicht aus oligomeren fettsäurebasierten Polyestern in Pflanzen) ähnliches Enzym „PETase“ aus, welches PET mit niedriger Kristallinität (1,9 Prozent) aufspalten kann. Außerdem besitzt es ein zellinternes Enzym, welches das dabei entstehende Hauptprodukt Mono(2-hydroxyethyl)terephthalat (MHET) hydrolsiert, sowie weitere Enzymsysteme für die Verstoffwechselung von Ethylenglycol und Terephthalsäure. Als hauptverantwortlich für die Nutzung von PET als Nahrungsquelle, bei *I. sakaiensis* durch den langjährigen Kontakt mit den PET-Abfällen selektiert, wurde die Mutation der Cutinase zur PETase vermutet, da auch viele andere Mikroorganismen in den Proben MHETase und Terephthalsäure verarbeitende Enzyme besaßen [Yoshida 2016].

Ausgehend von dieser Entdeckung begannen einige wissenschaftliche Gruppen mit Forschungen zur weiteren Beschleunigung der Depolymerisation von PET. Durch den Einsatz strukturbasierter KI-Algorithmen wurde an der University of Texas die sogenannte FAST PETase (functional, active, stable and tolerant PETase) entwickelt [Lu2022]. Es wurde gezeigt, dass unbehandeltes Post-Consumer-PET aus 51 verschiedenen thermogeformten Produkten mit Kristallinitäten von 1,2 bis 6,2 Prozent von diesem Enzym innerhalb von maximal einer Woche fast vollständig abgebaut werden kann. FAST-PETase kann auch amorphe Teile einer handelsüblichen Wasserflasche (den Bereich des Schraubverschlusses) bei 50 °C depolymerisieren. Der teilkristalline Flaschenkörper wird allerdings, auch bei höherer Temperatur von 72 °C, nicht abgebaut. Hierfür sind, wie auch bei vielen anderen Untersuchungen, z. B. [Tournier 2020] [Weigert 2021] und [Weigert 2022], beschrieben, Vorbehandlungen wie Abschrecken aus der Schmelze oder Ausfällen eines Films aus einer Lösung notwendig. Für PET niedriger Kristallinität konnten [Lu 2022] und [Sonnendecker 2021] zeigen, dass ein geschlossener Recyclingprozess möglich ist. Sie synthetisierten neues PET aus den zurückgewonnenen Monomeren.

Parallel zur wissenschaftlichen Betrachtung wurde auch die wirtschaftliche Verwertung des enzymatischen PET-Abbaus durch eine Vielzahl von Patentierungen vorbereitet [Garcia 2022]. Die großtechnische Umsetzung eines Prozesses zur Gewinnung der PET-Monomere aus PET-Flakes wurde mittels techno-ökonomischer Analyse und Lebenszyklusanalyse untersucht [Singh 2021]. Diesen Berechnungen zufolge würde die rezyklierte Terephthalsäure aus dem Basisdesign der biochemischen Recyclinganlage etwa doppelt so teuer wie petrochemische Terephthalsäure sein. Bei den ökologischen und sozioökonomischen Parametern erweist sich der biotechnologische Prozess als vorteilhaft. Eine erste großtechnische Demonstrationsanlage zum biochemischen Recycling von PET soll in Frankreich entstehen [Carbios 2022].

Auch für andere Polyester sowie für Polyurethane ist die Anwendung von Enzymen für die Depolymerisation untersucht worden. Insbesondere die kompostierbaren Materialien wie Polybutylensuccinat (PBS), Polybutylensuccinat-co-adipat (PBSA), Polymilchsäure (PLA), Polycaprolacton (PCL), Polybutylenadipat-co-terephthalat (PBAT) und andere

Copolyester können durch unterschiedliche Enzyme, Cutinasen wie auch fettspaltende Lipasen, depolymerisiert werden [Urbanek 2020] [Rosato 2022]. Bei Polyurethanen werden vor allem die Bindungen aliphatischer Polyestergruppen in Polyesterpolyurethanen enzymatisch gespalten [Danso 2019] [DiBisceglie 2022]. Die Spaltung der Urethanbindungen wurde zwar beschrieben, stellte sich aber als deutlich schwieriger heraus [Wei 2017].

Ebenso schwierig ist der enzymatische Abbau bei Polyolefinen. Deren Kohlenstoff-Kohlenstoff-Kette lässt sich nicht hydrolytisch spalten, sondern muss in der Regel oxidativ angegriffen werden. In vielen Untersuchungen zum Abbau von beispielsweise PE wurden daher vorab durch UV-Bestrahlung oder Warmlagerung in sauerstoffhaltiger Atmosphäre vorbehandelte Proben untersucht. Die dadurch eingebrachten Carbonylgruppen erleichtern den Bioabbau des Materials [Wei 2017]. Natürliche Enzyme, die C–C-Bindungen spalten könnten, finden sich bei ligninabbauenden Organismen. Es handelt sich dabei um Laccasen und Peroxidasen. Wegen des höheren Redoxpotenzials für die Polyolefinspaltung gegenüber der Ligninspaltung ist aber auch dies nicht ohne Zusatz von Oxidationsmediatoren möglich [Inderthal 2021]. Die Forschung hierzu ist noch in den Anfängen und es kommt nicht zur Bildung der olefinischen Monomere, sondern von oxidierten Bruchstücken.

Enzyme, die Polyester spalten können, werden auch in einem anderen technologischen Ansatz verwendet. Dabei geht es darum, die biologische Abbaubarkeit unter Umweltbedingungen, insbesondere bei niedrigen Temperaturen (und damit verlangsamter chemischer Hydrolyse) oder geringer mikrobiologischer Aktivität, zu verbessern. Mit spezifischen Heteropolymeren stabilisierte Lipasen oder Protease wurden verwendet, um den Abbau von PLA- und PCL-Gießfolien zu beschleunigen [DelRe 2021]. Die stabilisierten Lipasen konnten bei PCL auch in der Schmelze, bei 85 °C, eingearbeitet werden. Die schmelzgesponnenen Filamente bauten sich wie die Gießfolien bei 40 °C in wässriger Umgebung in wenigen Tagen ab. Aktuelle Forschungen zur Thermostabilisierung von Enzymen mit Schichtdoppelhydroxiden zeigten, dass die Enzymaktivitäten bis zu Temperaturen von 150 °C (3 Minuten) zu über 60 Prozent erhalten blieben. Damit war eine Einarbeitung in Polybutylen-succinat-co-adipat (PBSA) möglich, und das Polymer wurde bei 40 °C in wässriger Umgebung in nur 24 Stunden komplett abgebaut [Romano 2023].

Abschließend ist noch darauf hinzuweisen, dass in jüngster Zeit auch verschiedene Konzepte und Ideen zur Kopplung (thermo-)chemischer, mechanischer und biologischer Prozesse für die Behandlung von Kunststoffabfällen diskutiert wurden. Beispielsweise werden Fermentationsprozesse zur Herstellung von höherwertigen chemischen Produkten vorgeschlagen. Als insbesondere geeignet wird dies für die Verwendung von Depolymerisaten beschrieben, die eine breite Mischung an Monomeren und Additiven enthalten, beispielsweise aus der chemischen Spaltung von Polyurethanen oder gemischten Polyestern und Polyamiden [Ellis 2021] [Nikolaivits 2021]. Gluth et al. haben eine umfassende Übersicht zu Stoffwechselwegen und möglichen biotechnologischen Produkten zusammengestellt [Gluth 2022]. Dabei werden auch thermisch oxidativ vorbehandelte Polyolefinabfälle als Rohstoffe in

Betracht gezogen. Als mögliche Fermentationsprodukte bei diesem, auch als Bio-Upcycling bezeichneten Prozess wurden unter anderem bakteriell synthetisierte Polyhydroxyalkanoate (PHA) untersucht. Rohstoffe für die PHA-Herstellung können thermisch oxidativ vorbehandelte Polyolefinabfälle [Johnston 2022] oder enzymatisch depolymerisiertes PET [Tiso 2021] sein.

Insgesamt gesehen bieten biotechnologische Prozessschritte interessante Möglichkeiten sowohl für die gezielte enzymatische Depolymerisation, insbesondere für PET und andere Polyester, als auch für die Verwertung von kohlenstoffhaltigen Bruchstücken aus chemischer Depolymerisation. Die großtechnische Machbarkeit wurde bislang allerdings für keinen dieser Ansätze gezeigt.

Literatur für Abschnitt 9.2

[Amobonye 2021] Amobonye, Ayodeji; Bhagwat, Prashant; Singh, Suren; Pillai, Santhosh: Plastic biodegradation: Frontline microbes and their enzymes. Science of the Total Environment, Volume 759, 2021, 143536; doi:10.1016/j.scitotenv.2020.143536

[Bauchmüller 2021] Bauchmüller, Verena; Carus, Michael; Chinthapalli, Raj; Dammer, Lara; Hark, Nicolas; Partanen, Asta; Ruiz, Pauline; Lajewski, Silvia: BioSinn – Steckbriefe sinnvoll biologisch abbaubarer Produkte auf Basis von nachwachsenden Rohstoffen. nova-Institut für politische und ökologische Innovation GmbH (Hrsg.), 2021

[Burgstaller 2018] Burgstaller, Maria; Potrykus, Alexander; Weißenbacher, Jakob; Kabasci, Stephan; Merrettig-Bruns, Ute; Sayder, Bettina: Gutachten zur Behandlung biologisch abbaubarer Kunststoffe. Umweltbundesamt TEXTE 57/2018

[Carbios 2022] Press Release: Carbios to build in France its first-of-a-kind manufacturing plant for fully bio-recycled PET in partnership with Indorama Ventures. *https://www.carbios.com/en/carbios-to-build-in-france-its-plant/* (Zugriff 4. Januar 2023)

[Danso 2019] Danso, Dominik; Chow, Jennifer; Streit, Wolfgang R.: Plastics: environmental and biotechnological perspectives on microbial degradation. Appl. Environ. Microbiol. 85:e01095 – 19. H; doi:10.1128/AEM.01095-19

[DelRe 2021] DelRe, Christopher; Jiang, Yufeng; Kang, Philjun; Kwon, Junpyo; Hall, Aaron; Jayapurna, Ivan; Ruan, Zhiyuan; Ma, Le; Zolkin, Kyle; Li, Tim; Scown, Corinne D.; Ritchie, Robert O.; Russell, Thomas P.; Xu, Ting: Near-complete depolymerization of polyesters with nano-dispersed enzymes. Nature 592, 558 – 563 (2021). doi:10.1038/s41586-021-03408-3

[DiBisceglie 2022] Di Bisceglie, Federico; Quartinello, Felice; Vielnascher, Robert; Guebitz, Georg M.; Pellis, Alessandro: Cutinase-Catalyzed Polyester-Polyurethane Degradation: Elucidation of the Hydrolysis Mechanism. Polymers 14, no. 3: 411. doi:10.3390/polym14030411

[Ellis 2021] Ellis, Lucas D.; Rorrer, Nicholas A.; Sullivan, Kevin P.; Otto, Maike; McGeehan, John E.; Román-Leshkov, Yuriy; Wierckx, Nick; Beckham, Gregg T.: Chemical and biological catalysis for plastics recycling and upcycling. Nat Catal 4, 539 – 556 (2021). doi:10.1038/s41929-021-00648-4

[Endres 2009] Endres, Hans-Josef: Technische Biopolymere – Rahmenbedingungen, Marktsituation, Herstellung, Aufbau und Eigenschaften. Carl Hanser Verlag, München 2009

[EU 2008] N. N.: RICHTLINIE 2008/98/EG DES EUROPÄISCHEN PARLAMENTS UND DES RATES vom 19. November 2008 über Abfälle und zur Aufhebung bestimmter Richtlinien, *https://eur-lex.europa.eu/legal-content/DE/TXT/PDF/?uri=CELEX:32008L0098*, 21.03.2025

[Garcia 2022] García, José L.: Enzymatic recycling of polyethylene terephthalate through the lens of proprietary processes. Microb. Biotechnol., 15: 2699 – 2704. doi:10.1111/1751-7915.14114

[Gluth 2022] Gluth, Austin; Xu, Z.; Fifield, Leonard S.; Yang, Bin: Advancing biological processing for valorization of plastic wastes. Renewable and Sustainable Energy Reviews, Volume 170, 2022, 112966. doi:10.1016/j.rser.2022.112966

[Gogolewski 2000] Gogolewski, Sylwester: Bioresorbable polymers in trauma and bone surgery. Injury 31, Supplement 4, D28-D32, doi:10.1016/S0020-1383(00)80020-0

[Hayashi 1994] Hayashi, Toshio: Biodegradable polymers for biomedical uses. Progress in Polymer Science 19, 663 – 702, doi:10.1016/0079-6700(94)90030-2

[Inderthal 2021] Inderthal, Hedda; Tai, Siew Leng; Harrison, Susan T. L.: Non-Hydrolyzable Plastics – An Interdisciplinary Look at Plastic Bio-Oxidation. Trends in Biotechnology 39, 12 – 23, doi:10.1016/j.tibtech.2020.05.004

[Johnston 2022] Johnston, Brian; Adamus, Grazyna; Ekere, Anabel Itohowo; Kowalczuk, Marek; Tchuenbou-Magaia, Fideline; Radecka, Iza: Bioconversion of Plastic Waste Based on Mass Full Carbon Backbone Polymeric Materials to Value-Added Polyhydroxyalkanoates (PHAs). Bioengineering 9, no. 9: 432. doi:10.3390/bioengineering9090432

[Laycock 2017] Laycock, Bronwyn; Nikolić, Melissa; Colwell, John M.; Gauthier, Emilie; Halley, Peter; Bottle, Steven; George, Graeme: Lifetime prediction of biodegradable polymers. Progress in Polymer Science 71, 144 – 189, doi:10.1016/j.progpolymsci.2017.02.004

[Lu 2022] Lu, Hongyuan; Diaz, Daniel J.; Czarnecki, Natalie J.; Zhu, Congzhi; Kim, Wantae; Shroff, Raghav; Acosta, Daniel J.; Alexander, Bradley R.; Cole, Hannah O.; Zhang, Yan; Lynd, Nathaniel A.; Ellington, Andrew D.; Alper, Hal S.: Machine learning-aided engineering of hydrolases for PET depolymerization. Nature 604, 662 – 667 (2022), doi:10.1038/s41586-022-04599-z

[Min 2020] Min, Kyungjun; Cuiffi, Joseph D.; Mathers, Robert T.: Ranking environmental degradation trends of plastic marine debris based on physical properties and molecular structure. Nature Communications, 11, 727, doi:10.1038/s41467-020-14538-z

[Müller 2005] Müller, Rolf-Joachim; Schrader, Hedwig; Profe, Jörn; Dresler, Karolin; Deckwer, Wolf-Dieter: Enzymatic Degradation of Poly(ethylene terephthalate): Rapid Hydrolyse using a Hydrolase from *T. fusca.* Macromol. Rapid Commun. 2005, 26, 1400 – 1405; DOI: 10.1002/marc.200500410

[Napper 2019] Napper, Imogen E.; Thompson, Richard C.: Environmental Deterioration of Biodegradable, Oxo-biodegradable, Compostable, and Conventional Plastic Carrier Bags in the Sea, Soil, and Open-Air Over a 3-Year Period. Environmental Science & Technology 53, 4775 – 4783, doi:10.1021/acs.est.8b06984.

[Nikolaivits 2021] Nikolaivits, Efstratios; Pantelic, Brana; Azeem, Muhammad; Taxeidis, George; Babu, Ramesh; Topakas, Evangelos; Brennan Fournet, Margaret; Nikodinovic-Runic, Jasmina: Progressing Plastics Circularity: A Review of Mechano-Biocatalytic Approaches for Waste Plastic (Re)valorization. Front. Bioeng. Biotechnol., Vol. 9, 696040. doi:10.3389/fbioe.2021.696040.

[Romano 2023] Romano, Angela; Rosato, Antonella; Totaro, Grazia; Zanaroli, Giulio; Celli, Annamaria; Sisti, Laura: Recycling by-design of plastic through formulation with thermally protected enzymes in layered double hydroxide structures. Journal of Cleaner Production, Volume 384, 2023,135517; doi:10.1016/j.jclepro.2022.135517

[Rosato 2022] Rosato, Antonella; Romano, Angela; Totaro, Grazia; Celli, Annamaria; Fava, Fabio; Zanaroli, Giulio; Sisti, Laura: Enzymatic Degradation of the Most Common Aliphatic Bio-Polyesters and Evaluation of the Mechanisms Involved: An Extended Study. Polymers 14, no. 9: 1850. doi:10.3390/polym14091850

[Rossi 2015] Rossi, Vincent; Cleeve-Edwards, Nina; Lundequist, Lars; Schenker, Urs; Dubois, Carole; Humbert, Sebastien; Jolliet, Oliver: Life cycle assessment of end-of-life options fort wo biodegradable packaging materials: sound application of the European waste hierarchy. In: Journal of Cleaner Production 86, 132 – 145, doi:10.1016/j.jclepro.2014.08.049.

[Sander 2019] Sander, Michael: Biodegradation of Polymeric Mulch Films in Agricultural Soils: Concepts, Knowledge Gaps, and Future Research Directions. Environmental Science & Technology 53, 2304 – 2315, doi:10.1021/acs.est.8b05208.

[Singh 2021] Singh, Avantika; Rorrer, Nicholas A.; Nicholson, Scott R.; Erickson, Erika; DesVeaux, Jason S.; Avelino, Andre F. T.; Lamers, Patrick; Bhatt, Arpit; Zhang, Yimin; Avery, Greg; Tao, Ling; Pickford, Andrew R.; Carpenter, Alberta C.; McGeehan, John E.; Beckham, Gregg T.: Techno-economic, life-cycle, and socioeconomic impact analysis of enzymatic recycling of poly(ethylene terephthalate). Joule, Volume 5, Issue 9, 2021, Pages 2479 – 2503. doi:10.1016/j.joule.2021.06.015

[Sonnendecker 2021] Sonnendecker, Christian; Oeser, Juliane; Richter, P. Konstantin; Hille, Patrick; Zhao, Ziyue; Fischer, Cornelius; Lippold, Holger; Blázquez-Sánchez, Paula; Engelberger, Felipe; Ramírez-Sarmiento, César A.; Oeser, Thorsten; Lihanova, Yuliia; Frank, Ronny; Jahnke, Heinz-Georg; Billig, Susan; Abel, Bernd; Sträter, Norbert; Matysik, Jörg; Zimmermann, Wolfgang: Low Carbon Footprint Recycling of Post-Consumer PET Plastic with a Metagenomic Polyester Hydrolase. ChemSusChem 2022, 15, e202101062. doi:10.1002/cssc.202101062

[Tiso 2021] Tiso, Till; Narancic, Tanja; Wei, Ren; Pollet, Eric; Beagan, Niall; Schröder, Katja; Honak, Annett; Jiang, Mengying; Kenny, Shane T.; Wierckx, Nick; Perrin, Rémi; Avérous, Luc; Zimmermann, Wolfgang; O'Connor, Kevin; Blank, Lars M.: Towards bio-upcycling of polyethylene terephthalate. Metabolic Engineering, Volume 66, 2021, Pages 167 – 178, doi:10.1016/j.ymben.2021.03.011

[Tournier 2020] Tournier, V.;C. M. Topham, C. M.; Gilles, A.; David, B.; Folgoas, C.; Moya-Leclair, E.; Kamionka, E.; Desrousseaux, M.-L.; Texier, H.; Gavalda, S.; Cot, M.; Guémard, E.; Dalibey, M.; Nomme, J.; Cioci, G.; Barbe, S.; Chateau, M.; André, I.; Duquesne, S; Marty, A.: An engineered PET depolymerase to break down and recycle plastic bottles. Nature 580, 216 – 219 (2020), doi:10.1038/s41586-020-2149-4

[Urbanek 2020] Urbanek, Aneta K.; Mirończuk, Aleksandra M.; García-Martín, Alberto; Saborido, Ana; de la Mata, Isabel; Arroyo, Miguel: Biochemical properties and biotechnological applications of microbial enzymes involved in the degradation of polyester-type plastics. Biochimica et Biophysica Acta (BBA) – Proteins and Proteomics, Volume 1868, Issue 2, 2020, 140315, doi:10.1016/j.bbapap.2019.140315

[Venkatraman 2008] Venkatraman, Subbu; Boey, Freddy; Lao, Luciana Lisa: Implanted cardiovascular polymers: Natural, synthetic and bio-inspired. Progress in Polymer Science 33, 853 – 874, doi:10.1016/j.progpolymsci.2008.07.001

[Wei 2017] Wei, Ren; Zimmermann, Wolfgang: Microbial enzymes for the recycling of recalcitrant petroleum-based plastics: how far are we? Microbial Biotechnology (2017) 10(6), 1308 – 1322; doi:10.1111/1751-7915.12710

[Weigert 2021] Weigert, Sebastian; Gagsteiger, Andreas; Menzel, Teresa; Höcker, Birte: A versatile assay platform for enzymatic poly(ethylene-terephthalate) degradation. Protein Eng Des Sel. 2021 Feb 15;34:gzab022. doi:10.1093/protein/gzab022

[Weigert 2022] Weigert, Sebastian; Perez-Garcia, Pablo; Gisdon, Florian J.; Gagsteiger, Andreas; Schweinshaut, Kristine; Ullmann, G. Matthias; Chow, Jennifer; Streit, Wolfgang R.; Höcker, Birte: Investigation of the halophilic PET hydrolase PET6 from Vibrio gazogenes. Protein Science. 2022; 31(12):e4500. doi:10.1002/pro.4500

[Yoshida 2016] Yoshida, Shosuke; Hiraga, Kazumi; Takehana, Toshihiko; Taniguchi, Ikuo; Yamaji, Hironao; Maeda, Yasuhito; Toyohara, Kiyotsuna; Miyamoto, Kenji; Kimura, Yoshiharu; Oda, Kohei: A bacterium that degrades and assimilates poly(ethylene terephthalate). Science, 351 (6278), doi:10.1126/science.aad6359

[Zumstein 2018] Zumstein, Michael Thomas; Schintlmeister, Arno; Nelson, Taylor Frederick; Baumgartner, Rebekka; Woebken, Dagmar; Wagner, Michael; Kohler, Hans-Peter E.; McNeill, Kristopher; Sander, Michael: Biodegradation of synthetic polymers in soils: Tracking carbon into CO_2 and microbial biomass. Science Advances 4, eaas9024, doi:10.1126/sciadv.aas9024

10 Rezyklateinsatz

10.1 Einleitung

Elena Berg, Rainer Dahlmann

Zur Realisierung geschlossener Stoffkreisläufe wird zwischen werkstofflicher und rohstofflicher Verwertung unterschieden. Beim werkstofflichen Recycling bleibt die makromolekulare Molekülstruktur der Polymere (weitestgehend) erhalten, sodass der Einsatz als Sekundärrohstoff möglich ist. Beim rohstofflichen Recycling werden die Makromoleküle gezielt modifiziert oder in niedermolekulare Verbindungen teils zurück bis zum Monomer aufgespalten. Hierbei handelt es sich oft um sehr spezielle Verfahren, welche sich in Abhängigkeit des Polymertyps sowie der resultierenden Abbauprodukte (z. B. Monomere, Gase, Wachse) unterscheiden. Allgemein spielt die rohstoffliche Verwertung von Kunststoffabfällen sowohl in Deutschland als auch Europa bislang eine untergeordnete Rolle [NN22]. Weiterführende Informationen finden sich in Abschnitt 8.2. Nachfolgend liegt der Fokus auf dem werkstofflichen Recycling.

In den meisten Fällen ist mit dem werkstofflichen Recycling ein Umschmelzen der Kunststoffe verbunden, wodurch die Art der Verwertung schwerpunktmäßig für thermoplastische Kunststoffe eingesetzt wird. Nur in Ausnahmefällen werden durch ein sogenanntes Partikelrecycling auch Elastomere oder Duroplaste werkstofflich verwertet. Beim Partikelrecycling werden zerkleinerte, chemisch unveränderte Duroplast- oder Elastomerpartikel in eine neue Matrix aus Primärmaterial als Füllstoff eingebunden [ESE20].

Rezyklateinsatz bedeutet daher im Folgenden immer die Verwendung von Kunststoffen, die bereits einem Verarbeitungsprozess zu einem Endprodukt unterworfen waren [NN07] und in einer neuen Anwendung jeweils korrespondierendes Neumaterial ersetzen können. Die Aufbereitung zu Rezyklat erfolgt in Form von Mahlgütern, Agglomeraten, Regranulaten oder Regeneraten. Diese Begriffe werden teils unterschiedlich verwendet und wurden von TecPart (Verband Technische Kunststoff-Produkte e.V.), Frankfurt am Main, wie folgt definiert [BHM19] [NN07]:

- **Mahlgüter** sind Produktionsabfälle und/oder Fertigteile, die in geeigneten Mühlen zerkleinert werden. Mahlgüter weisen unterschiedliche und unregelmäßige Korngrößen von 2 mm bis 5 mm auf und enthalten einen bestimmten Staubanteil, der die Verarbeitung erschweren kann.
- **Agglomerate** werden durch Zerkleinern und Teilplastifizieren von Kunststoffen gewonnen. Die Korngrößenverteilung ist hier ebenfalls unregelmäßig In der Regel sind keine Staubkontaminationen enthalten.
- **Regranulate** werden ohne weitere Zusätze über einen Schmelzeprozess mittels eines Extruders und einer Granulieranlage hergestellt.
- **Regenerate** sind Rezyklate, die durch Compoundieren unter Zugabe von Zusätzen, d. h. unter Veränderung der stofflichen Zusammensetzung, gewonnen werden.

Bild 10.1 zeigt eine Einordnung der Begriffe in die stoffliche Verwertung von Kunststoffabfällen.

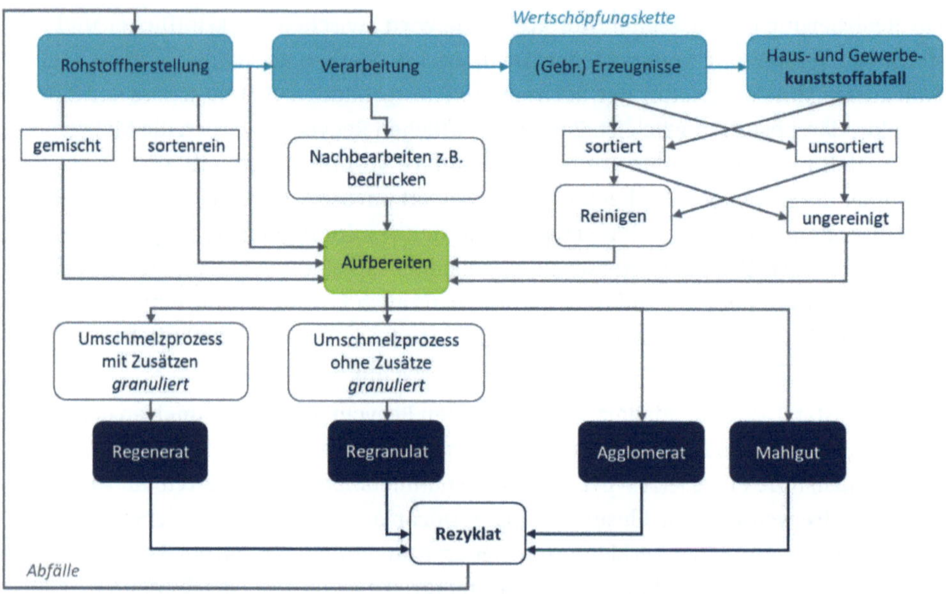

Bild 10.1 Stoffliche Verwertung von Kunststoffabfällen nach [NN07]

10.1.1 Einsatzfähigkeit von Rezyklaten und relevante Einflussgrößen

Bei der werkstofflichen Verwertung wird der Kunststoffabfall aufgeschmolzen und regranuliert, um danach erneut zu Produkten und Halbzeugen verarbeitet zu werden. Bei stark kontaminierten Abfallfraktionen besteht die Gefahr, dass durch den Verwertungsprozess sowohl ökologisch als auch ökonomisch der Aufwand den Nutzen übersteigt. Je kontaminierter der Abfall ist, desto höher sind der Energieaufwand und die Kosten, die zur Aufbereitung des Materials auf eine definierte Qualitätsstufe notwendig sind. Eine werkstoffliche Aufbereitung ist daher aus ökologischer Sicht nur sinnvoll, wenn der energetische Aufwand des Recyclings den Energiebedarf für die Herstellung des Polymers nicht überschreitet [BBM+95]. Anderenfalls ist eine thermische Verwertung der werkstofflichen Rezyklierung gegenüber vorteilhaft. Die Wirtschaftlichkeit des Rezyklateinsatzes ist abhängig vom Recyclingaufwand und wird stark vom jeweiligen Kunststofftyp sowie von den zyklisch schwankenden bzw. teils steigenden Rohstoffpreisen bestimmt. Die Recyclingkosten zur Wiederverwertung der Kunststoffabfälle sollten daher unter dem Neuwarepreis liegen, um eine Inzentivierung für den Einsatz herbeizuführen.

Grundsätzlich können in nahezu allen Kunststoffanwendungen Rezyklate eingesetzt werden, soweit diese die anwendungsspezifischen Herstelleranforderungen erfüllen. Rezyklate unterliegen den gleichen Marktanforderungen und dem gleichen Anforderungsprofil des herzustellenden Produktes wie Neuwarematerial. In diesem Zusammenhang müssen Rezyklate die allgemeinen gesetzlichen Rahmenbedingungen (z. B. hinsichtlich Sicherheit und Produkthaftung) erfüllen und vergleichbare Verarbeitungs- und Gebrauchseigenschaften aufweisen. Rezyklierte Kunststoffabfälle sind daher ausschließlich unter Einhaltung dieser Voraussetzungen konkurrenzfähig gegenüber Primärware.

Für die derzeit auf dem Markt verfügbaren Kunststoffrezyklate können Produktdatenblätter der jeweiligen Hersteller bezogen werden. Die enthaltenen Informationen unterscheiden sich jedoch stark von Datenblättern für Neuware aufgrund fehlender Standards. Es können daher nur schwerlich Aussagen über die Qualität und die Einsatzmöglichkeiten der Sekundärwerkstoffe getroffen werden. Darüber hinaus sind einige Aussagen zu Materialeigenschaften recht ungenau oder geben eine vergleichbar große Messunsicherheit an. Dies liegt darin begründet, dass selbst bei annährend stabilen Abfallströmen mit derzeit gängigen Aufbereitungsverfahren Abweichungen in der stofflichen Zusammensetzung nicht auszuschließen sind. Für viele Anwendungsbereiche ergeben sich daraus relevante Einschränkungen und Unsicherheiten für den Rezyklateinsatz.

Ein großes Hemmnis für den Rezyklateinsatz stellt die derzeit am Markt verfügbare Materialqualität dar. Die in größeren Mengen erhältlichen Rezyklate sind für viele

Anwendungen aufgrund ihrer verringerten mechanischen und physikalischen Eigenschaften unzureichend. Die Gründe hierfür sind vielseitig. Teils bestehen Produkte (z. B. Mehrschichtfolien) aus Verbundwerkstoffen, in denen entweder unterschiedliche Kunststoffe miteinander oder mit anderen Werkstoffen kombiniert werden. Viele Kunststoffe sind ohne zusätzliche Additivierung (z. B. Haftvermittler) untereinander unverträglich und bilden in Gemischen Einschlüsse, welche gemeinsam mit weiteren Verunreinigungen die mechanischen Eigenschaften stark reduzieren. Die vollständige Trennung der unterschiedlichen Materialien ist, falls möglich, sehr aufwendig und oftmals nicht wirtschaftlich. Weiterhin stellt der Polymerabbau aufgrund der wiederholten mechanischen und thermischen Belastung während der Verarbeitung und des Recyclings eine große Herausforderung dar. Mit einer Kreislaufführung von Kunststoffen werden aufgrund der Alterungseinflüsse die Molekülketten immer weiter abgebaut. Hierdurch werden Eigenschaften, wie z. B. die Viskosität, der Zugmodul oder die Schlagzähigkeit, verringert.

Neben den funktionalen Eigenschaften haben Verunreinigungen (z. B. Druckfarben, Klebstoffe, Additive) sowie der polymere Abbau einen Einfluss auf das Produktdesign. Rezyklate zeigen typischerweise eine graue oder grüne Farbe, welche neben Degradationseffekten unter anderem auf Mischungen verschiedener Farben und Primer zurückzuführen ist [MM16]. Die Rezyklatfärbung selbst hat zwar keinen Einfluss auf die physikalischen Eigenschaften des Materials, kann aber Markenartikler und den Handel teilweise davon abhalten, Rezyklate für viele ihrer Kernprodukte einzusetzen [Abt20] [NN19].

Nachfolgend werden die Alterung von Kunststoffen und mögliche Verunreinigungen in der Kunststoffmatrix als Einflussgrößen auf die Rezyklateigenschaften näher beschrieben. Die Rezyklateigenschaften bestimmen in großen Teilen die Produktqualität und damit die Verwertungsmöglichkeiten im Rahmen einer zirkulären Wertschöpfung.

10.1.1.1 Alterung von Kunststoffen

Strukturell weisen Metalle und Glas einen einheitlichen Aufbau aus Kristallgittern bzw. sehr stabilen anorganischen Verbindungen auf, welche über Produktlebenszyklen nicht an struktureller Festigkeit verlieren [Abt20]. Kunststoffe hingegen unterliegen während der Nutzungsphase einem Alterungsprozess. Dieser wird wiederum von zeit- und temperaturabhängigen Veränderungen, Witterungsverhältnissen und dem Grad der Lichteinstrahlung beeinflusst [MHM+11]. Die Alterung von Kunststoffen umfasst die Gesamtheit der chemischen und physikalischen Werkstoffveränderungen, die unter anderem die mechanische und optische Materialcharakteristik beeinflussen.

Im Allgemeinen wird die Alterung von Kunststoffen als eine Veränderung der Polymerstruktur definiert, die zu einer Veränderung der physikalisch-chemischen Eigenschaften während der Herstellung, Verarbeitung, Lagerung oder Verwendung führt [EP07]. Dies ist entsprechend nach DIN 50035 [NN12] definiert (vgl. Bild 10.2).

	Innere Ursachen	Äußere Ursachen
Physikalische Alterung: Intermolekulare Veränderung – (ir)reversibel ▪ morphologische Struktur ▪ physikalische Eigenschaften ▪ äußere Form und Struktur	▪ Eigenspannungen ▪ Orientierungen	▪ Relaxation/Retardation ▪ Nachkristallisation ▪ Spannungsrissbildung ▪ Verlust von Weichmachern ▪ Entmischung
Chemische Alterung: Intramolekulare Veränderung – reversibel ▪ chemische Zusammensetzung ▪ Molekülstruktur ▪ Molekülgröße des Materials	▪ Nachpolymerisation ▪ autooxidativer Abbau	▪ thermischer Abbau ▪ (thermo-)oxidativer Abbau ▪ hydrolytischer Abbau ▪ ozonbedingter Abbau ▪ mikrobieller Abbau

Bild 10.2 Alterung von Kunststoffen im Überblick [EP07] [NN12] [NN21a]

Bei den physikalischen Alterungsvorgängen tritt eine Änderung der Morphologie, d.h. der äußeren Form und Struktur ein. Wichtige Ursachen physikalischer Alterungsvorgänge sind Eigenspannungen, Orientierungen, Relaxation, Nachkristallisation, Spannungsrissbildung, Weichmacherwanderung und Entmischungen. Solche physikalischen Prozesse sind über die Schmelze meist reversibel. Bei den chemischen Alterungsvorgängen werden die Makromoleküle entweder ausgehend von der Produktoberfläche (z.B. diffusionskontrollierte Oxidation oder Bewitterung) oder homogen (z.B. Hydrolyse) abgebaut. Solche Alterungsprozesse führen zu irreversiblen Veränderungen der chemischen Zusammensetzung und des Molekülaufbaus [Pon00] [Pot85]. Aus diesem Grund ist für die späteren Eigenschaften des Rezyklats primär die chemische Alterung relevant.

Die Neigung zur chemischen Alterung von Kunststoffen liegt im makromolekularen Aufbau und in den relativ schwachen Bindungskräften begründet. Beeinflusst wird die chemische Alterung von Kunststoffen beispielsweise durch mechanische sowie thermische Belastungen oder Umgebungsbedingungen (z.B. Luftfeuchtigkeit, UV-Strahlung, reaktive Verunreinigungen).

Chemische Änderungen durch Altersvorgänge lassen sich im Wesentlichen in drei Gruppen einteilen [EP07]:

- Änderung des molekularen Aufbaus durch Molmassenabbau, Änderung der Molmassenverteilung oder Bildung von Verzweigungen und Vernetzungen
- Bildung funktioneller Gruppen
- Abspaltung niedermolekularer Produkte durch Depolymerisation oder Seitengruppenabspaltungen

Insbesondere während der Verarbeitung werden Kunststoffe durch hohe Temperaturen und hohe Scherkräfte belastet [Pon00]. Der Einfluss solcher Abbaumechanismen auf die Material- und Verarbeitungseigenschaften ist gekoppelt an die Kunststoffart und die Größenordnung des Abbaus [Pon00]. Neben einer Verringerung der optischen und mechanischen Eigenschaften verglichen mit Neuwarematerial führt der Polymerabbau zu einem veränderten Fließverhalten und zu einer Abnahme von Schmelzesteifigkeit und -festigkeit [BBM+95].

Bei der Verarbeitung von Rezyklaten zu beispielsweise Folien spielen die Schmelzesteifigkeit und Verunreinigungen eine besondere Rolle. Insbesondere bei der Verarbeitung zu Blasfolien ist die Schmelzesteifigkeit des Polymers ein wichtiges Kriterium, da die Schmelze in der Schlauchbildungszone bis zum Erstarren einem freien Spiel unterschiedlicher Kräfte in Längs- und Querrichtung ausgesetzt ist [Lim12]. In diesem Zusammenhang sind auch die Einsatzbedingungen und -dauer rezyklierter Kunststoffprodukte von großer Bedeutung.

10.1.1.2 Verunreinigungen im Rezyklat

Kunststoffabfälle beinhalten neben dem eigentlichen Kunststoff zwangsläufig Störstoffe, welche jeweils einen unterschiedlichen Einfluss auf den Aufbereitungsprozess und damit die Rezyklat- bzw. Produktqualität haben. Der Zustand wird definiert durch den Grad der Verunreinigung, die Vermischung mit anderen Kunststoffen oder anderen Fremdstoffen und darüber hinaus durch die molekulare Struktur, z. B. eine mögliche Vernetzung der Polymermoleküle. Die Anwendungsmöglichkeiten für stark kontaminierte Kunststoffe für die Herstellung neuer Produkte sind derzeit begrenzt. Ein hoher Reinheitsgrad der zu recycelnden Stoffströme ist daher eine der entscheidenden Voraussetzungen für das werkstoffliche Recycling.

Bei Abfallströmen wird allgemein zunächst zwischen Pre-Consumer-Abfällen und Post-Consumer-Abfällen unterschieden. **Pre-Consumer-Abfälle** oder auch **Post-Industrial-Abfälle** sind Materialien, die beim Herstellungsprozess aus dem Abfallstrom abgetrennt und im selben Prozess wiederverwendet werden können [NN16]. Die Abfälle fallen daher nicht nur weitestgehend sortenrein und ohne größere Fremdverunreinigungen, sondern auch typenrein (z. B. PE-Folienware, PE-Spritzguss) an. Lediglich anwendungsspezifische Additive, etwa Füllstoffe oder Farbmittel, können im Material enthalten sein. Das Material hat daher einen vergleichsweise hohen kommerziellen Wert. Häufig werden Pre-Consumer-Abfälle in den Produktionsprozess des Betriebs zurückgeführt, sodass eine werkstoffliche Verwertung ohne größere Qualitätsverluste stattfinden kann.

Post-Consumer-Abfälle sind Materialien aus Haushalten, gewerblichen und industriellen Einrichtungen oder Institutionen (die Endverbraucher des Produktes sind), welche nicht mehr länger für den vorgesehenen Zweck verwendet werden können [NN16]. Sogenannte Leichtverpackungen (LVP), die im dualen System haushaltsnah eingesammelt werden, sind ein Teil des Post-Consumer-Stoffstroms. Der LVP-Abfallstrom zeichnet sich durch einen hohen Verunreinigungsgrad und eine große Vielfalt an Materialien mit unterschiedlichem Kunststoffanteil aus. Aber auch Abfallströme, die beim Produkttransport entstehen (z. B. Stretch-Folien), werden als Post-Consumer-Abfälle bezeichnet. Die Herausforderung für das Recycling besteht darin, dass eine Verschlechterung der Kunststoffqualität („Downcycling“) eintritt, wenn das Material nicht sortenrein oder stark kontaminiert vorliegt bzw. gealtert ist.

Ein Beispiel für eine stark kontaminierte Abfallfraktion ist die Spezifikation 310 [NN23]. Diese Sortierfraktion besteht aus gebrauchten, restentleerten, systemverträglichen Artikeln aus Kunststofffolien, welche eine Mindestfläche von > DIN A4 aufweisen. Innerhalb dieser Spezifikation ist ein maximaler Fremdstoffanteil von 8 % zulässig. Die Einsatzmöglichkeiten für aus Folienverpackungen gewonnenes Rezyklat in neuen Produkten sind gegenüber Primärkunststoffen aktuell begrenzt. Daher wird diese Fraktion überwiegend thermisch verwertet. Bei Weiterverarbeitung der Folienabfälle im Recyclingprozess (ca. 6 %) werden daher ausschließlich Granulate mit verminderten Material- und Verarbeitungseigenschaften hergestellt [URL21a]. Solche Rezyklate finden sich unter anderem in Blasfolienanwendungen wie Müllsäcken oder in Bauteilen wie Bauholz oder Bodenfliesen [RKA20]. Bild 10.3 und Bild 10.4 zeigen beispielhaft mikroskopische Aufnahmen einer Blasfolie aus 100 % PE-LD-Rezyklat, welches vollständig der Sortierfraktion 310 entstammt. Eine augenscheinliche Untersuchung zeigt über den gesamten Folienquerschnitt sowohl Unterschiede in der Größe als auch in der Farbe und in der Gestalt der Verunreinigungen. Zu den möglichen Störstoffen in dem Beispiel können Fremdpolymere, Papier und Karton, Metallpartikel, Füllstoffe und weitere Partikel (z. B. Additive) zählen.

Das Know-how der Recyclingbetriebe liegt darin, durch entsprechende Separier- und Verarbeitungsprozesse die Qualität des Rezyklats so nahe wie möglich an die Qualität von Neuware heranzuführen, indem z. B. Verunreinigungen im Schmelzeprozess herausgefiltert werden. Die technisch sinnvollen Möglichkeiten unterliegen jedoch Restriktionen, vgl. Abschnitt 8.1.1 und 8.1.3. Hinzu kommt, dass oft nicht zurückverfolgt werden kann, ob Produkte über den gesamten Lebenszyklus sachgemäß verwendet wurden oder mit welchen Verunreinigungen das Produkt zusätzlich kontaminiert wurde. Daher besteht das Risko von Verunreinigungen mit Fremdstoffen, die das Recycling und damit die Rezyklatqualität für bestimmte Anwendungen ausschließen. Recyclingunternehmen haben an dieser Stelle zwei Handlungsmöglichkeiten: Entweder kann durch eine geeignete Eingangskontrolle oder eine Sortiereinrichtung sichergestellt werden, dass alle sicherheitsgefährdenden Verunreinigungen nicht in das Recyclingverfahren gelangen, oder die Recyclingunternehmen müssen ein qualifiziertes Verfahren anwenden, bei dem entsprechende Kontaminationen für die vorgesehene Anwendung ausreichend entfernt werden.

In der Folienextrusion führen Verunreinigungen durch Rezyklateinsatz beispielsweise vermehrt zu Stippen, welche kleine visuelle Oberflächendefekte oder Erhebungen in der Folienbahn darstellen [Nen06]. Solche Fehlstellen erhöhen unter anderem die Gefahr von Löchern in der Folie oder gar Abrissen der Folienbahn, schützen das spätere Produkt weniger gut gegen äußere Einflüsse und können zu Defekten in zusätzlich aufgebrachten Barriereschichten führen (beispielsweise recyclingfähige SiO_x-Schichten).

Bild 10.3 Darstellung unterschiedlicher Verunreinigungen in einer Folie aus PE-LD-Rezyklat

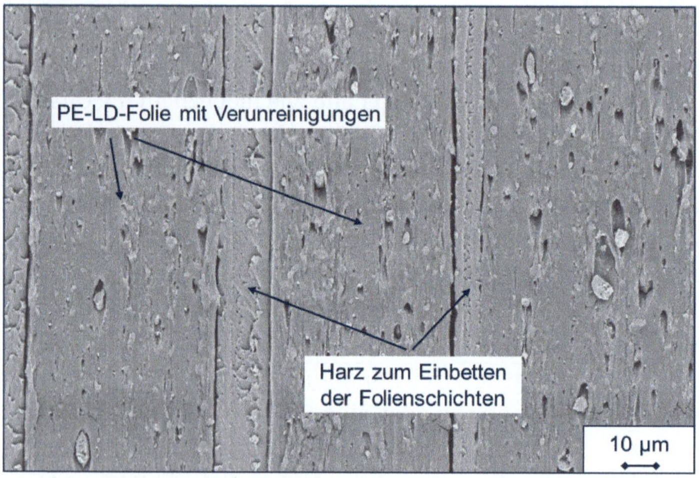

Bild 10.4 FESEM-Aufnahme eines Folienstapels aus PE-LD-Rezyklat

10.1.2 Standards und Richtlinien für den Rezyklateinsatz

Eine verbesserte Standardisierung kann helfen, unterschiedliche Reyzklate miteinander vergleichbar zu machen, indem alle Rezyklathersteller dieselben Informationen für die Vermarktung bereitstellen. Darüber hinaus ließe sich transparent für die jeweiligen Anwendungsfelder nach geeigneten Rezyklatqualitäten suchen bzw. es ließen sich auch neue Märkte erschließen. Solche Standards sollten neben „Positiv-Merkmalen“, d. h. Anforderungen an die Materialeigenschaften, auch „Negativ-Merkmale", z. B. Ausschleusung von Schadstoffen beinhalten. Aktuell müssen lediglich Angaben zu REACH, SVHC, EFSA, dem Gehalt an gefährlichen Stoffen sowie andere obligatorische Angaben zur Einhaltung von Vorschriften offengelegt werden.

Zur Reduzierung bestehender Hemmnisse für den Rezyklateinsatz werden derzeit auf vielen politischen und wirtschaftlichen Ebenen unterschiedliche Normen und Standards aktualisiert und auch neu definiert. So wurde die Normungsroadmap Circular Economy von DIN, DKE und VDI initiiert, um Bedarfe aufzudecken und ein Wegweiser für die Normung und Standardisierung einer Kunststoffkreislauf-wirtschaft zu sein [URL23]. Bereits erschienen ist die DIN SPEC 91446 zur „Klassifizierung von Kunststoff-Rezyklaten durch Datenqualitäts-Niveaus für die Verwendung und den (internetbasierten) Handel" [NN21b]. Durch sie ist die Klassifizierung von Rezyklaten nach definierten Datenqualitäts-Niveaus (DQL) gegeben. Sie stellt eine einheitliche Methodik dar, um Rezyklate methodisch zu spezifizieren. Viele weitere bestehende kunststoffspezifische und produktspezifische Normen reichen nicht aus, da diese kaum Materialkennwerte und definierte Prüfverfahren für verlässliche Qualitätskontrollen beinhalten. Demnach können keine eindeutigen Empfehlungen für den Einsatz von Rezyklaten mit den für die unterschiedlichen Kunststoffverarbeitungsverfahren relevanten Informationen gegeben werden. Standards könnten in Zukunft einheitliche Analysen und Prüfungen sowie statistische Methoden zur Bewertung von Stoffströmen und Recyclingmaterialien definieren. Für eine detaillierte Betrachtung gültiger Normen wird auf Abschnitt 10.3.1 verwiesen.

Neben der Charakterisierung von Rezyklaten bestehen Forderungen für Standards zur Vorgabe definierter Rezyklateinsatzquoten und zur Steigerung des Rezyklateinsatzes durch Rechtssicherheit für alle Marktteilnehmer. Zudem spielen Nachweissysteme und Standards eine große Rolle, da sich anhand des Produktes nicht mehr bestimmen lässt, ob und in welcher Menge Kunststoffrezyklate eingesetzt wurden. Weiterhin wird es möglich, Anforderungsprofile von Kunststoffanwendungen und Materialeigenschaften von Kunststoffrezyklaten in gewissen Grenzen zu normieren.

In welche Richtung sich Standardisierungsinitiativen bewegen und welche Standards sich zukünftig international durchsetzen, kann zum aktuellen Zeitpunkt nicht vorhergesehen werden. Die Schwierigkeit besteht darin, dass Anwender sehr unterschiedliche Anforderungen und Zielstellungen bei der Rezyklatauswahl haben. Anforderungsprofile werden neben gesetzlichen Vorgaben individuell vom Hersteller definiert und an den Rezyklathersteller herangetragen. In einem Anforderungsprofil ist konkret beschrieben, welche Materialeigenschaften eine Neuware oder ein Rezyklat aufweisen muss. Diese Eigenschaften variieren je nach Hersteller, sodass immer nur bestimmte Eigenschaften in festgelegten Grenzen gefordert sind. Die Aufgabe der Recyclingbetriebe ist es, durch entsprechende Aufbereitungsprozesse sowie die Zugabe von Additiven (beispielsweise Stabilisatoren) den Qualitätsverlust des Rezyklats gegenüber der Neuware zu minimieren und die Qualität chargenübergreifend für den gewünschten Qualitätsstandard konstant zu halten. Eigenschaften, welche für das Produkt des Herstellers eine untergeordnete Rolle spielen, bieten den Rezyklatherstellern einen gewissen Spielraum, die jeweiligen Prozesse einzustellen. Pauschale Eingrenzungen (z. B. allgemeine Schadstoffvorgaben, mechanische Kennwerte) sind daher nicht unbedingt zielführend und behindern gegebenenfalls sogar den Rezyklateinsatz, da jeder Hersteller Qualität sehr individuell definiert. Zudem lassen sich bei der Entwicklung neuer Produkte die Materialanforderungen nicht unbedingt auf physikalische Kennwerte reduzieren. Es gibt immer Wechselwirkungen mit anderen Schnittstellen, wie z. B. der Produktion oder Konstruktion [RSH17]. Hersteller eines gleichen Produktes können beispielsweise durch Einsatz verschiedenartiger Produktionsanlagen Rezyklate unterschiedlich gut verarbeiten. Zudem können aufgrund der komplexen Zusammenhänge von Druck, Schmelzetemperatur, Dehnrheologie und Kristallisationsverhalten während der Verarbeitung die Eigenschaften der resultierenden Kunststofferzeugnisse – sowohl bei Rezyklaten als auch bei Neuware – nur unzureichend vorhergesagt werden.

10.1.3 Rezyklate in den bedeutendsten Branchen

Aktuell liegt in einzelnen Anwendungen (z. B. in der Landwirtschaft) der Rezyklatanteil bei deutlich über 40 % [NN22]. In einer Vielzahl von Anwendungen befinden sich hingegen gar keine oder kaum Rezyklate (z. B. Fahrzeuge, Elektronik). Im Jahr 2021 betrug der Anteil von Kunststoffrezyklaten bezogen auf die Gesamtverarbeitungsmenge in Deutschland etwa 16,3 %; der Rezyklatanteil aus Post-Consumer-Abfällen lag bei etwa 9 % [NN22]. Mengenmäßig signifikante Sekundärstoffströme finden sich in landwirtschaftlichen Anwendungen und im Baubereich. Bedingt durch politische Maßnahmen und weitere Initiativen, müssen in den nächsten Jahren allerdings sukzessive immer weitere Anwendungsfelder erschlossen und zusätzliche Abfallströme werkstofflich verwertet werden, um steigende Recyclingquoten einhalten zu können.

Aufgrund der unterschiedlichen Einsatzgebiete fallen nicht alle Kunststoffprodukte, die vertrieben werden, kurzfristig wieder als Abfall an. Die Lebens- bzw. Gebrauchsdauern unterscheiden sich von wenigen Tagen (z. B. Verpackungen) bis hin zu 80 Jahren und mehr (z. B. Kunststoffrohre im Baubereich). Insofern finden sich im Kunststoffabfall vorwiegend die für Verpackungen verwendeten Polymere PE, PP und PET sowie PS. Technische Thermoplaste, etwa für die Bau- oder Autoindustrie, haben einen deutlich geringeren Anteil im Abfallstrom. Tabelle 10.1 zeigt einige gebräuchliche Polymere und ihre Anwendungen in verschiedenen Branchen.

Tabelle 10.1 Gebräuchliche Polymere und ihre Anwendungen in verschiedenen Branchen [Abt20] [RKA20]

Branche	Polymer	Anwendungsbeispiel
Verpackungen	PE, PP PET	Verschlüsse, Folien, Becher, Schalen Flaschen, Folien, Schalen
Bauindustrie	PVC, PP, PE, ABS PU, XPS PVC PS, PMMA, PA, PC, POM Elastomere	Rohre, Kanäle, Leitungen Isolierungen Fenster, Verkleidungen, Böden Innenausstattung Dichtungen
Elektrik-/ Elektronikindustrie	PP, ABS, PET, PC, PC + ABS, PA, PBT POM PE, PVC PU	Gehäuse mechanische Teile Kabel Isolierungen
Automobilindustrie	PP, ABS, PC + ABS, PC + PBT PP, ABS, PC + ABS, POM PU PC PMMA PA POM TPU	Stoßstangen Verkleidungen, Funktionsteile Schaum (z. B. Sitze), Formteile Armaturenbrett Rückleuchten Airbag, Teile im Motorraum mechanische Teile Griffe

10.1.3.1 Rezyklateinsatz in Verpackungen

Im Bereich der Kunststoffverpackungen liegt der Rezyklateinsatz derzeit bei ca. 10,9 %. Davon entstammen ca. 4 % aus Post-Consumer-Abfällen [NN22]. Es wird angenommen, dass sich der Rezyklateinsatz mit bestehenden Aufbereitungsanlagen bei moderaten Einschränkungen (z. B. Geruch) auf ca. 20 % erhöhen ließe [NN20]. Einschränkungen lassen sich jedoch nicht vermeiden, da teilweise regulatorische Rahmenbedingungen den Rezyklateinsatz massiv erschweren oder generell ausschließen.

Recycling-Kunststoffe, welche als Verpackungen in Kontakt mit Lebensmitteln kommen, müssen unter anderem die Verordnung (EG) 1935/2004 erfüllen. Diese fordert eine 100 %ige Sortenreinheit, welche aktuell ausschließlich über geschlossene, überwachte Werkstoffkreisläufe erfüllt werden kann. Zudem muss die Lebensmittelzulassung pro Recyclingverfahren von der EFSA (Europäische Behörde für Lebensmittelsicherheit) bestätigt werden. Dabei sind Hauptkriterien, dass alle Verpackungen, welche in das Recyclingverfahren einfließen, vorher schon eine Lebensmittelzulassung hatten und kein Kontaminationspotenzial besteht. Eine Zulassung für Lebensmittel nach

Verordnung (EG) Nr. 282/2008 wird damit für sehr viele Stoffströme grundsätzlich ausgeschlossen. PET bildet dabei mit dem existierenden DPG-Pfandsystem (Deutsche Pfandsystem GmbH) eine Ausnahme. Für Post-Consumer-Rezyklate (PCR) aus den dualen Systemen ist ein Einsatz im Lebensmitteldirektkontakt damit erst einmal ausgeschlossen.

Für Kosmetikverpackungen existieren derzeit keine definierten Anforderungen für den Rezyklateinsatz. Nach Verordnung (EG) Nr. 1223/2009 über kosmetische Mittel müssen solche für die menschliche Gesundheit sicher sein. Spezifische Kriterien für den sicheren Rezyklateinsatz sind hierbei nicht definiert. Produzenten verlangen aus diesem Grund meistens Rezyklate mit Lebensmittelkonformität. Daher hat sich das Industriekonsortium CosPaTox (Cosmetics, Packaging and Toxicology, dt. Kosmetik, Verpackung und Toxikologie) gegründet mit dem Ziel, fehlende Sicherheitsstandards für hochwertige Post-Consumer-Kunststoffrezyklate (PCR) für Kosmetika und andere Haushaltsverpackungen zu schaffen [URL21b]. Denkbar sind beispielsweise definierte Grenzwerte beim Threshold-of-Toxicological-Concern-(TTC)-Verfahren für einen gestaffelten Einsatz von Verpackungen. Der Schwerpunkt des Konsortiums liegt dabei auf Polyolefinen (PE und PP) und es werden sowohl Anforderungen für Kosmetik mit der Anwendungsweise Leave-on, Kosmetik mit der Anwendungsweise Rinse-off als auch Wasch- und Reinigungsmittel betrachtet.

In der LVP-Sortierung werden in der Regel die sortenreinen Kunststofffraktionen (PE, PP, PET und PS) und Mischkunststoffe erzeugt, wobei Mischkunststoffe einen wesentlichen Anteil des Abfallstroms ausmachen. Mischkunststoffe besitzen in aller Regel einen hohen Polyolefinanteil. Die werkstoffliche Verwertung von Mischkunststoffen ist in Deutschland nicht obligatorisch und steht im Wettbewerb zur energetischen Verwertung. Technologien zur Sortierung sortenreiner Fraktionen sind nach dem aktuellen Stand der Technik so weit optimiert, dass die ausgebrachte Menge nicht im hohen Maße gesteigert werden kann. Perspektivisch wird daher angestrebt auch Mischkunststoffe als Recyclingmaterial weiteren Anwendungen zuzuführen.

10.1.3.2 Rezyklateinsatz in Bau- und Agrarprodukten

Bau- und Agrarprodukte sind im Allgemeinen gut geeignet für den Einsatz von Rezyklaten. Im Jahr 2021 betrug der Rezyklatanteil 24,7 % im Bereich Bau sowie 41,5 % im Bereich der landwirtschaftlichen Anwendungen [NN22].

Bauprodukte, z. B. Rohre oder Fenster, haben in der Regel eine sehr lange Lebens- bzw. Gebrauchsdauer (z. B. 25 – 30 Jahre für Fußböden, mehr als 80 Jahre für Kunststoffrohre). Da Kunststoffe im Bauwesen erst seit ca. 40 Jahren verstärkt eingesetzt werden, sind die Abfallmengen aktuell vergleichsweise gering [NN22]. Fallen ehemals verbaute Bauprodukte bei etwa einer Sanierung oder dem Rückbau von Gebäuden und technischen Bauwerken als Kunststoffabfall an, bieten sie nach aktueller Einschätzung ein eher geringes Potenzial für ein qualitativ hochwertiges Recycling. Dies liegt unter anderem an der unbekannten stofflichen Zusammensetzung, der Einwirkung von vielfältigen Umwelteinflüssen (z. B. der Temperatur) sowie der langen Beanspruchungsdauer der Produkte.

Nach Ende der Lebens- und Gebrauchsdauer von Agrarfolien sind diese prinzipiell gut für das werkstoffliche Recycling geeignet, wenn sie systematisch gesammelt werden. Die wesentliche Herausforderung beim Agrarfolienrecycling ergibt sich durch die hohen Verschmutzungsanteile, weshalb in diesem Bereich noch Forschungsbedarf besteht. Grundsätzlich sind Regranulate von Agrarfolien qualitativ hochwertig und können in verschiedenen Produkten eingesetzt werden. Die Initiative ERDE, Initiative Erntekunststoffe Recycling Deutschland, Bad Homburg, wurde von der IK Industrievereinigung Kunststoffverpackungen ins Leben gerufen und verpflichtet sich zur Rücknahme und Verwertung von Silo- und Stretchfolien. Die Aufnahme weiterer Erntekunststoffe in das Rücknahme- und Verwertungssystem ist erklärtes Ziel der Selbstverpflichtung. Zwar machen Silo- und Stretchfolien mit zwei Dritteln den Großteil der Anwendungen aus, zukünftig werden aber auch Spargelfolien, Rundballennetze und Mulchfolien in den Kreislauf integriert. Damit strebt ERDE eine ganzheitliche Verwertungslösung für alle Erntekunststoffe an [URL21c].

10.1.3.3 Rezyklateinsatz im Bereich Elektrotechnik und Elektronik

Nicht mehr funktionsfähige Elektro- und Elektronikgeräte (Waste of Electrical and Electronic Equipment, WEEE) müssen gemäß der EU-Richtlinie 2012/19 rezykliert werden. Der Anteil an Abfällen im Bereich der Elektro- und Elektronikgeräte lässt sich derzeit nicht genau bestimmen. Die Sammlung von Geräten gemäß der aktuell gültigen Zuordnung führt zu einer mangelhaften Sammelqualität für das Kunststoffrecycling [NN21c]. Eine aktuelle Studie zeigt, dass, bezogen auf die Gesamtmenge in Verkehr gebrachter Elektrogeräte in Europa, 55 % der Altgeräte gesammelt und offiziell gemeldet werden. Mindestens 20 % der Altgeräte befinden sich in anderen Strömen, den Verbleib von 25 % schätzt die Studie als unbekannt ein [BWI+21].

Bei einer Rezyklierung von Altgräten wird neben der Entfernung von Edelmetallen und seltenen Erden aus den Elektronikkomponenten der gemischte Kunststoffabfall geschreddert. Dieser wird als elektronischer Schredder-Rückstand (ESR) bezeichnet. Dabei handelt es sich überwiegend um ABS, PP, PS-HI, PC und weitere Polymere, welche sich im besten Fall durch Löseverfahren voneinander trennen lassen [Abt20]. Mit dem Einsatz daraus hergestellter Rezyklate in Neuprodukten müssen die enthaltenen Einsatzstoffe sorgfältig überprüft werden. Es besteht die Möglichkeit, dass das Sekundärmaterial nicht mehr den aktuellen werkstofflichen und den in regelmäßigen Abständen veränderten gesetzlichen Anforderungen entspricht [NN21c]. In Deutschland wird etwa die Hälfte der ESR-Mischungen wiederverwertet, der Rest wird energetisch zurückgeführt [SRY16].

Für Elektro- und Elektronikgeräte mit Lebensmittelkontakt (z. B. Küchengeräte) gilt, dass in den EU-Mitgliedsstaaten unterschiedliche Anforderungen gestellt werden. Dies ist insbesondere bei der Bedienung internationaler Absatzmärkte ein Hemmnis beim

Rezyklateinsatz. Im neuen Aktionsplan für eine Kreislaufwirtschaft von 2020 wird allerdings von der EU eine „Circular Electronics Initiative“ sowie ein EU-weites Rücknahmesystem für EEE vorgeschlagen. Die Initiative soll die Wiederverwendbarkeit und Reparierbarkeit von EEE fördern und eine vorzeitige begrenzte Haltbarkeit eindämmen.

10.1.3.4 Rezyklateinsatz im Automobilbereich

Die Altautoverwertung ist in der europäischen End-of-Life Vehicles-Directive 2000/53/EC geregelt. Demnach müssen 95 Masse-% eines Fahrzeugs wiederverwendet oder rezykliert werden sowie 5 % der bei der Herstellung verbrauchten Energie zurückgewonnen werden. Aufgrund des Materialmixes sowie der Anwesenheit von Schadstoffen aus verschiedenen Dekaden, begründet durch die relativ lange Nutzungsdauer der Produkte, ist das werkstoffliche Recycling für Altfahrzeuge aktuell eher nicht geeignet. Insbesondere Flammschutzmittel, lackierte und verschweißte Bauteile bilden aktuelle Hemmnisse für die Wiederverwertung. Der neue Aktionsplan der EU für eine Kreislaufwirtschaft sieht für Altfahrzeuge eine zu definierende Einsatzmenge an Sekundärrohstoffen vor sowie eine Überprüfung und Überarbeitung der ELV-Richtlinie. Diese kann sich gegebenenfalls auf die Altfahrzeuge-Verordnung auswirken.

Literatur für Abschnitt 10.1

[Abt20] Abts, G.: Kunststoff-Wissen für Einsteiger – Grundlagen, Eigenschaften und Recycling polymerer Werkstoffe. München, Wien: Carl Hanser Verlag, 2020

[BBM+95] Brandrup, J.; Bittner, M.; Menges, G.; Michaeli, W.: Die Wiederverwertung von Kunststoffen. München, Wien: Carl Hanser Verlag, 1995

[BHM19] Baur, E.; Harsch, G.; Moneke, M.: Werkstoffführer Kunststoffe: Eigenschaften – Prüfungen – Kennwerte. München, Wien: Carl Hanser Verlag, 2019

[BWI+21] Baldé, C. P.; Wagner, M.; Iattoni, G.; Kuehr, R.: In-depth review of the WEEE Collection Rates and Targets in the EU-28, Norway, Switzerland and Iceland. United Nations University (UNU)/United Nations Institute for Training and Research (UNITAR), Geneva, Schweiz 2021

[EP07] Ehrenstein, G.; Pongratz, S.: Beständigkeit von Kunststoffen. München, Wien: Carl Hanser Verlag, 2007

[ESE20] Eyerer, P.; Schüle, H.; Elsner, P.: Polymer Engineering 3. Heidelberg: Springer Verlag, 2020

[Lim12] Limper, A.: Verfahrenstechnik der Thermoplastextrusion. München, Wien: Carl Hanser Verlag, 2012

[MHM+11] Menges, G.; Haberstroh, E.; Michaeli, W.; Schmachtenberg, E.: Menges Werkstoffkunde Kunststoffe. München, Wien: Carl Hanser Verlag, 2011

[MM16] Mckinlay, R.; Morrish, L.: Reflex Project: A summary report on the results and findings from the REFLEX project. Studie, Axion Consulting Group, Sydney 2016

[Nen06] Nentwig, J.: Kunststofffolien, Herstellung – Eigenschaften – Anwendung. München, Wien: Carl Hanser Verlag, 2006

[NN07] N. N.: Wichtige Elemente zum Qualitätsmanagement. Handbuch, GKV/TecPart – Verband Technische Kunststoff-Produkte e. V., Frankfurt am Main 2007

[NN12] N. N.: DIN 50035:2012-09: Begriffe auf dem Gebiet der Alterung von Materialien – Polymere Werkstoffe. Berlin: Beuth Verlag, 2012

[NN16] N. N.: DIN EN ISO 14021: Umweltkennzeichnungen und -deklarationen – Umweltbezogene Anbietererklärungen (Umweltkennzeichnung Typ II). Berlin: Beuth Verlag, 2016

[NN19] N. N.: Hemmnisse für den Rezyklateinsatz in Kunststoffverpackungen – Kurzfassung. Gesellschaft für Verpackungsmarktforschung mbH, Mainz 2019

[NN20] N. N.: Endbericht Potenzial zur Verwendung von Recycling-Kunststoffen in Kunststoffverpackungen. GVM Gesellschaft für Verpackungsmarktforschung mbH, Mainz 2020

[NN21a] N. N.: Wirkung äußerer Lasten auf Kunststoffprodukte – Fehler- und Schadensanalyse an Kunststoffprodukten. Seminar: Institut fürKunststoffverarbeitung, 2021

[NN21b] N. N: DIN SPEC 91446:2021 – 12: Klassifizierung von Kunststoff-Rezyklaten durch Datenqualitätslevels für die Verwendung und den (internetbasierten) Handel. Berlin: Beuth Verlag, 2021

[NN21c] N. N.: Kunststoffrezyklate in der Elektroindustrie – Synergien und Zielkonflikte einer nachhaltigen Umsetzung in der Praxis. ZVEI – Zentralverband Elektrotechnik und Elektronikindustrie e. V., Frankfurt am Main

[NN22] N. N.: Stoffstrombild Kunststoffe in Deutschland 2021. Studie, Conversio Market & Strategy GmbH, Mainaschaff 2022

[NN23] N. N.: Rohstofffraktionsspezifikation 310-0 Kunststoff-Folien. Der Grüne Punkt Holding GmbH & Co. KG, Köln 2023

[Pon00] Pongratz, S.: Alterung von Kunststoffen während der Verarbeitung und im Gebrauch. Universität Erlangen-Nürnberg, Dissertation, 2000

[Pot85] Potthoff, P.: Alterung und Recycling von HDPE für Flaschentransportkästen. Kunststoffe, 75 (1985) 8, S. 481 – 486

[RSH17] Richter, F.; Schöneberg, B.; Henne, C.; Gertsch, D.; Zink, W.: Kunststoffe auswählen. Würzburg: Vogel Communications Group, 2011

[RKA20] Rudolph, N.; Kiesel, R.; Aumnate, C.: Einführung Kunststoffrecycling. München: Carl Hanser Verlag, 2020

[SRY16] Schwesig, A.; Riise, B.; Ybbs, D.: PC/ABS recovered from shredded waste electrical and electronics equipment. SPE Annual Technical Conference (ANTEC), Indianapolis, IN 2016. In: SPE ANTEC Conference Proceedings, S. 1774 – 1779

[URL21a] N. N.: Wie können mehr Kunststoffe in Leichtverpackungen recycelt werden? URL: *https://eu-recycling.com/Archive/20131*, 26.08.2021

[URL21b] N. N.: Gründung des CosPaTox-Konsortiums. URL: *https://www.gruener-punkt.de/de/unternehmen/news/details/gruendung-des-cospatox-konsortiums*, 26.08.2021

[URL21c] N. N.: „Alle Folien vom Feld sammeln und recyceln!" – ERDE-Initiative verpflichtet sich zur Rücknahme und Verwertung von Erntekunststoffen. URL: *https://www.erde-recycling.de/aktuelles/alle-folien-vom-feld-sammeln-und-recyceln-erde-initiative-verpflichtet-sich-zur-ruecknahme-und-verwertung-von-erntekunststoffen/*, 26.08.2021

[URL23] N. N.: Normungsroadmap Circular Economy. URL: *https://www.din.de/de/forschung-und-innovation/themen/circular-economy/normungsroadmap-circular-economy*, 21.06.2023

10.2 Typische Problemstellungen im Inhouse-Recycling

Marius Stieglitz, Christian Hopmann

Rezyklate lassen sich häufig nicht unter gleichen Bedingungen wie Neuware verarbeiten. In Abhängigkeit der Rezyklatqualität variieren die verfahrenstechnischen Herausforderungen. Beispielhaft können durch eine ungünstige Kornform des Rezyklats Förderschwankungen in den Schneckenmaschinen auftreten. Die Herausforderungen sind von diversen Einflüssen abhängig, sodass diese nicht für jedes rezyklierte Material allgemein gültig sind. In diesem Abschnitt wird daher auf die Herausforderungen bei der Verarbeitung von Post-Industrial-Rezyklaten eingegangen.

10.2.1 Verfahrenstechnische Maßnahmen

In den meisten Kunststoffverarbeitungsverfahren fällt Abfall bei der Produktion an. Beispielsweise fällt beim Spritzgießen dieser in Form von Angüssen oder Ausschuss an. Bei der Folienproduktion entsteht Abfall durch Anfahrware sowie durch den kontinuierlichen Randbeschnitt. Die Abfälle fallen weitestgehend sortenrein und ohne große Verschmutzung an. Nach einer innerbetrieblichen Zerkleinerung kann das Post-Industrial-Rezyklat bis zu 100 % wieder eingesetzt werden [Ni96].

Herausforderungen bei der Verarbeitung von Post-Industrial-Rezyklat können sich einmal durch die Bestandteile der Kunststoffe ergeben. Auch sortenreiner Post-Industrial-Abfall kann durch spezielle Anwendungen funktionalisiert sein. Additive, wie zum Beispiel Füllstoffe oder Farbmittel, können den Einsatz beschränken und somit einen erhöhten Aufwand bei der Sortierung im Betrieb erfordern. Die weitere auftretende Herausforderung ergibt sich durch den sogenannten Verdünnungseffekt. Post-Industrial-Rezyklat wird meist mit Rohmaterial gemischt. Damit sollen Materialkosten reduziert werden und gleichzeitig der Einfluss der Degradation minimiert werden. Bei einem konstanten Mischungsverhältnis während der Verarbeitung verdünnt sich das Post-Industrial-Rezyklat selbst. Bei einem hohen Rezyklatanteil enthält dieses dann auch einen hohen Anteil an stark zersetztem Material, dass bereits mehrfach wiederaufbereitet wurde. Generell muss bei dem Einsatz von Post-Industrial-Rezyklat nicht unbedingt eine verfahrenstechnische Maßnahme erfolgen [RKA20].

Nachfolgend werden jedoch vier wichtige Anlagenkomponenten und Prozessschritte detaillierter vorgestellt, die bei der Verarbeitung von Rezyklaten hilfreich sind. Dazu zählt die Trocknung des Rezyklats, die Entgasung, der Einsatz von Schmelzepumpen sowie die Schmelzefiltration.

Die Trocknung des Materials bildet beim Einsatz von Rezyklat einen wichtigen Prozessschritt vor der Verarbeitung. Mit Trockenluft- oder Warmlufttrocknern wird eine definierte konstante Restfeuchte eingestellt, sodass Fehler wie Schlieren, Hohlräume, Löcher sowie Blasen an der Oberfläche vermieden werden [RKA20] [URL21a]. Auf eine Vortrocknung des Rezyklats kann bei einem Einsatz einer Entgasung verzichtet werden, da dieser Schritt die Möglichkeit bietet, niedermolekulare Bestandteile, Gase oder Luft aus der Schmelze während der Verarbeitung durch Extrusion zu entfernen. Fast jede Extrusionsanlage ist heute mit Schmelzefiltern ausgestattet. Bei Kunststoffen, die bei den jeweiligen Kunststoffverarbeitern im Produktionsbetrieb recycelt werden, ist die Notwendigkeit eines Filters zur Abtrennung von Verunreinigungen gegeben [SE20]. Eine detaillierte Erläuterung verschiedener Filtermethoden ist in Abschnitt 8.1.3 zu finden. Werden entsprechende Filtersysteme eingesetzt, kann deren Einsatz dazu führen, dass nicht mehr ausreichend Druck aus dem Extruder zur Verfügung steht, um die Schmelze durch das Werkzeug zu extrudieren. Um entsprechende Druckschwankungen durch beispielsweise nicht-kontinuierliche Filtersysteme zu vermeiden, schaltet man dem Filtersystem meist eine Zahnrad-Schmelzepumpe nach [Lim13].

10.2.2 Granulatform der Rezyklate

Wie der vorherige Abschnitt zeigt, korrelieren die Verarbeitungsprobleme stark mit der Qualität der Rezyklate. Neben der Qualität beeinflusst allerdings auch die Granulatform des Rezyklates den Verarbeitungsprozess. Liegt das zu verarbeitende Rezyklat ähnlich Neuware in runder Granulatform vor, so ergeben sich verarbeitungstechnisch keine Probleme, sodass konventionelle Schnecken eingesetzt werden können. Schwieriger wird die Verarbeitung, wenn die Rezyklate eine ungünstige Granulatform aufweisen, da es zu Einzugsproblemen kommen kann.

Für den Materialeinzug vorteilhafte Granulatform

Eine günstige Granulatform, welche zu keinen Problemen in der Einzugszone einer Schnecke führt, ist dadurch gekennzeichnet, dass die Granulatmenge in ihrer Gesamtheit morphologisch nahezu identisch ist, sodass stets die gleiche Schüttdichte im Materialtrichter vorliegt. Diese Granulatform ist jedoch nur mit hohem Aufwand und entsprechender Anlagentechnik im Inhouse-Recycling erreichbar.

Für den Materialeinzug unvorteilhafte Granulatform

Weisen Rezyklate keine homogene und immer gleichbleibende Form auf, kann das zu schwerwiegenden Verarbeitungsproblemen führen, welche im nachfolgenden Abschnitt beschrieben werden. Ungünstige Granulatformen ergeben sich durch bewegte Mahlanlagen und Zerkleinern des Kunststoffs durch Scheren, Druck, Prall oder Schlag. In Abhängigkeit der Feststoffeigenschaften ergibt sich die Eignung der Beanspruchungsarten. Bei harten bis mittelharten sowie spröden Materialien ist besonders der Schlag und Druck gut geeignet. Wohingegen bei weichen, elastischen, zähen oder faserigen Materialien eine Anwendung des Pralls oder des Scherens bevorzugt wird [SE20].

Bei der Zerkleinerung durch Scheren kommen Schneidwalzenvorzerkleinerer (auch Rotorscheren, Doppelwellenschneider oder Schredder genannt) zum Einsatz. Beim Schneidwalzen-Vorzerkleinerer wird der Abfall von auf parallelen, gegenläufigen Wellen angeordneten Zerkleinerungszähnen erfasst und zwischen den Wellen eingezogen. Teils durch Schneiden und teils durch Reißen wird der Abfall zerkleinert, bis er die ineinandergreifenden Walzen nach unten verlassen kann. Eine schematische Skizze eines Schneidwalzen-Vorzerkleinerers ist in Bild 10.5 dargestellt [BBM+95] [NN19] [WGC+22] [BH13].

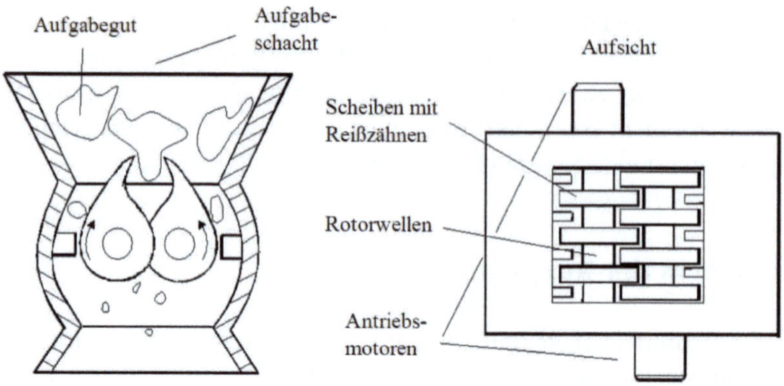

Bild 10.5 Schematische Darstellung eines Schneidwalzenzerkleinerers

Schneidmühlen werden am häufigsten für die mittlere und feine Zerkleinerung eingesetzt. Diese Mühlen sind ideal für die Zerkleinerung zähelastischer Materialien und können daher für fast alle Kunststoffe genutzt werden. Schneidmühlen werden in unterschiedlichen Bauformen eingesetzt, die alle nach dem gleichen Prinzip arbeiten, was am Beispiel einer horizontalen Schneidmühle in Bild 10.6 gezeigt wird [SE20] [NN19]. Sofern eine Mühle mit scharfen Messern, einer angepassten Schneidgeometrie und richtig eingestellten Schnittspalten eingesetzt wird, ist eine feinkornarme und energiesparende Vermahlung bei minimaler Rotorbelastung möglich und die erreichbaren Korngrößen liegen bei Minimalwerten von weniger als 1 – 2 mm [BBM+95] [NN19] [WGC+22] [BH13].

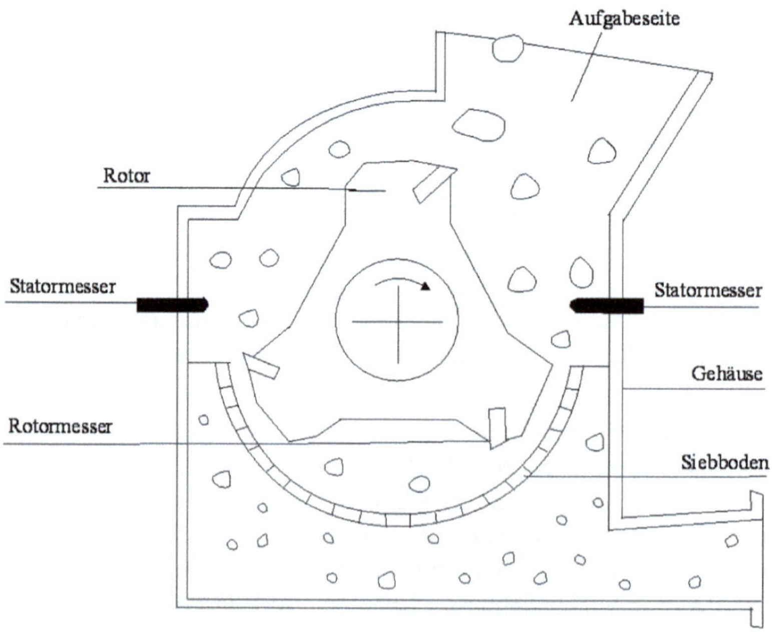

Bild 10.6 Schematische Darstellung einer Horizontalschneidmühle

Der Aufbau einer Hammermühle besteht aus einer Rotortrommel mit horizontaler Achse und regelmäßig über den Umfang verteilt gelenkig gelagerten Hämmern. Es werden Rotorumfangsgeschwindigkeiten zwischen 20 und 70 m/s realisiert. Der Rotor hat typischerweise einen Durchmesser von 200 mm bis 800 mm. Diese hohen Geschwindigkeiten sind notwendig, damit das Korn zerplatzt und die Energie des bewegten Rotors nicht durch Verformung absorbiert wird [SE20].

Prallmühlen werden zur Fein- und Feinstzerkleinerung eingesetzt und arbeiten ebenfalls mit sehr hohen Umfangsgeschwindigkeiten des Rotors. Das zugeführte Material wird von einem schnell laufenden Schlagrad erfasst und gegen einen plattenförmigen Kegel geschleudert, der sich in entgegengesetzter Richtung bewegt. Die Feinheit des Materials wird durch die Ausführung der Mahlwerkzeuge, den Abstand zwischen den beiden Mahlwerkzeugen und die Drehzahl bestimmt [BBM+95] [NN19] [WGC+22] [BH13].

Da zuvor aufbereitete Kunststoffabfälle in Form von Schnitzeln, Flakes und Flocken vorliegen und somit oft eine ungünstige Kornform, eine ungleichmäßige Kornformverteilung und ein geringes Schüttgewicht aufweisen, sind sie nur schwer fließfähig. Dies führt zu einer Brücken- oder Schachtbildung im Trichter, Bild 10.7. Im Gegensatz zur Brückenbildung, die den Massenstrom vollständig unterbricht, führt die Trichterbildung zu Entmischungen und zur Bildung von Totzonen im Trichter [NR19] [WM97].

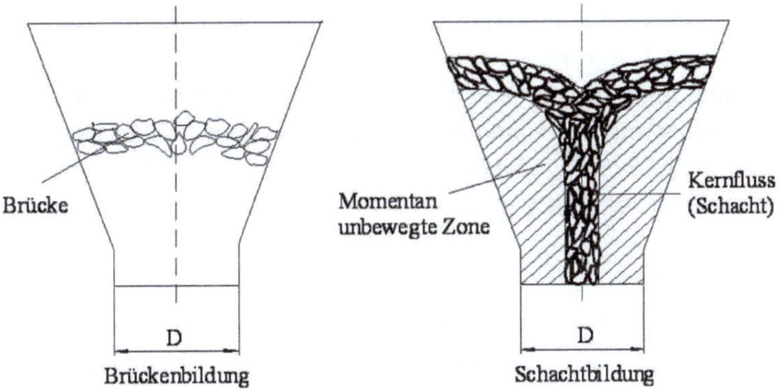

Bild 10.7 Brücken- und Schachtbildung

Deshalb führen beide Effekte zu Produktionsunterbrechungen oder starken Durchsatzschwankungen. In einfachen Fällen kann dieses Problem durch eine geeignete Trichterwandneigung vermieden werden. Der nächste Schritt ist dann der Einbau von sogenannten Einzugsbauten im Trichter. Führt auch dies nicht zum Erfolg, muss ein Rührwerk oder eine Kompressionsschnecke in den Trichter eingebaut werden [NR19] [WM97].

10.2.3 Additivieren von Kunststoffen/Rezyklaten

Rezyklate müssen den Anforderungen der herzustellenden Produkte gerecht werden, damit ihr Einsatz weiter gesteigert werden kann. Um dieses Ziel zu erreichen und die Qualität der werkstofflich verwerteten Kunststoffe zu verbessern, werden Additive eingesetzt. Die erhöhten Kosten für die Additive stehen dabei der generellen Verbesserung des Eigenschaftsprofils und den häufigen weiteren Vorteilen wie beispielsweise einer erhöhten Produktivität sowie stabileren Produktion gegenüber. Die Menge an Additivprodukten, die gezielt für Rezyklate entwickelt wurden, sind in den letzten Jahren stark angestiegen. Zu den wichtigsten Additivtypen und damit den am meisten verwendeten zählen:

- Stabilisatorsysteme: Antioxidantien, Verarbeitunsstabilisatoren, Lichtstabilisatoren, Biostabilisatoren und Metalldesaktivatoren
- reaktive Moleküle: Kettenverlängerer und Repair-Systeme
- Verträglichkeitsvermittler oder Kompatibilisatoren
- Geruchsverbesserer

Stabilisatoren

Die Nachstabilisierung ist die wesentliche Methode zur Qualitätsverbesserung von Polyolefinrezyklaten. Neukunststoffe auf Polyolefinbasis sind ohne den Zusatz von Antioxidantien nicht verarbeitungs- und einsatzfähig, da diese die Polymerketten vor oxidativer und photooxidativer Schädigung schützen. Die Stabilisatoren werden allerdings bei Ausübung ihrer Schutzfunktion verbraucht. Rezyklate müssen deshalb ebenfalls mit Stabilisatoren beziehungsweise Antioxidantien versehen werden. Stabilisatorreste aus der Erstanwendung helfen beim Verarbeiten und dem Einsatz des Rezyklats. Die verbrauchte Stabilisatormenge aus der Erstanwendung muss allerdings mindestens ersetzt werden.

Für den richtigen Einsatz von Stabilisatoren ist es wichtig, die genaue Historie des Rezyklates zu kennen. Dazu gehören der ursprüngliche Stabilisatorgehalt und die Schädigung durch vorherige Verarbeitungsschritte und den Gebrauch. Dies ist notwendig, da der Stabilisator sich nach und nach verbraucht und das Polymer auch nach dem vollständigen Verbrauch noch geschädigt werden kann. Daher ist die Dosierung der Stabilisatoren entscheidend, die in der Regel zwischen 0,05 und 5,0 Gew.-% liegt und zunächst nur für den einmaligen Gebrauch des Polymers ausgelegt ist. Eine Nachstabilisierung ist daher bei der Wiederaufbereitung erforderlich. Reste des Stabilisators aus der Erstanwendung sind dabei vorteilhaft. Generell können auch Neukunststoffe auf Polyolefinbasis nicht ohne den Zusatz von Stabilisatoren verarbeitet oder eingesetzt werden. Deshalb bildet die Nachstabilisierung die bedeutsamste Methode zur Steigerung der Qualität der Polyolefinrezyklate. Zu diesem Zweck wurden Stabilisatoren explizit entwickelt, um einen Molekulargewichtsabbau und eine dunkle Verfärbung während der Wiederaufbereitung und dem weiteren Einsatz zu verhindern. Für die unterschiedlichen Einflüsse und Abbaumechanismen müssen daher unterschiedliche Stabilisatoren oder Kombinationen eingesetzt werden. Die Wirkungsweise der Stabilisatoren beruht darauf, dass sie schneller mit dem vorhandenen Sauerstoff oder z. B. Licht reagieren und so das Polymer selbst vor Schäden schützen.

Repair-Systeme

Kettenverlängerer und Repair-Systeme werden eingesetzt, wenn bei der Erstanwendung ein Molekulargewichtsabbau aufgetreten ist. Dies ist vor allem bei der Degradation von Polykondensationspolymeren durch Hydrolyse festzustellen. Die sich dadurch deutlich verschlechternden mechanischen Eigenschaften lassen sich durch Additive wieder verbessern. Die Kettenverlängerer können das Eigenschaftsprofil wieder zurückbringen. Die verwendeten reaktiven Moleküle sind in der Regel difunktionell. Durch die höheren Funktionalitäten kommt es zu Verzweigungen und eventuell zu unerwünschten Vernetzungsreaktionen.

Kompatibilisatoren

Ein weiteres wichtiges Additiv im Hinblick auf die Kunststoffaufbereitung sind Verträglichkeitsvermittler. Da die Kunststoffabfälle oft in Gemischen vorliegen, die nicht ohne Weiteres miteinander verträglich sind, bilden sich bei der Verarbeitung scharfe Grenzflächen und damit zwei- oder mehrphasige Gefüge. Dadurch ergeben sich inhomogene Blends, welche unzureichende Eigenschaften aufweisen. Um die Kompatibilität zu verbessern, werden hauptsächlich zwei Ansätze verfolgt:

- Zugabe einer dritten Komponente, wie z. B. Block- oder Pfropfcopolymere, deren Bestandteile eine verbesserte Kompatibilität zu den beiden inkompatiblen Komponenten des Kunststoffblends aufweisen
- Modifikation einer oder beider inkompatibler Komponenten durch Aufpfropfen von funktionellen Gruppen, die eine verbesserte Kompatibilität mit der anderen Komponente aufweisen

Anwendungen liegen in der gemeinsamen Verarbeitung von Kunststoffabfällen, deren Trennung entweder technisch nicht möglich oder wirtschaftlich nicht sinnvoll ist, wie z. B. die Wiederaufbereitung von coextrudierten Kunststoffabfällen, die aus verschiedenen inkompatiblen Polymeren bestehen. Dies sind z. B. mehrschichtige Folienabfälle aus PA und PE oder mehrschichtige Kraftstofftanks aus PE und EVA. Auch die gemeinsame Aufbereitung von Kunststofffraktionen aus Hausmüll (PE, PP und PS) wird durch Kompatibilisatoren optimiert.

Geruchsverbesserer

Beim Einsatz verschiedenster Rezyklate ist häufig ein unangenehmer Geruch vorhanden, welcher sich auch durch die in der Aufbereitung vollzogenen Kalt- und/oder Heißwaschprozesse nicht vollständig entfernen lässt. Damit Rezyklate ein weites Anwendungsgebiet bespielen können, werden Geruchsverbesserer, sogenannte Antideoranten, eingesetzt, um die Geruchsproblematik weiter einzuschränken. Prinzipiell gibt es zwei Ansätze, um Gerüche mithilfe von Additiven zu kontrollieren: Die Zugabe von reaktiven Verbindungen und die Zugabe von Geruchsabsorbern. Bei der Vielzahl der Gerüche muss für jedes Material sowie Einsatzgebiet der geeignete Geruchsverbesserer ausgewählt werden. Das Additiv mit den reaktiven Verbindungen interagiert mit den Geruchskomponenten und kann somit die flüchtige Substanz (Geruch) in ein weniger oder nicht flüchtiges Reaktionsprodukt umwandeln. Das mittels Geruchsabsorber funktionierende Additiv basiert auf anorganischen Bestandteilen. Die Funktionsweise ist auf enthaltene Käfig- oder Schichtstrukturen zurückzuführen, welche Moleküle einlagern und über Wechselwirkungen binden können.

Literatur für Abschnitt 10.2

[Bat85] Batzer, H.: Polymere Werkstoffe: (Band 1) Chemie und Physik. Stuttgart, New York, Thieme, 1985

[BBM+95] Brandrup, J.; Bittner, M.; Menges, G.; Michaeli, W.: Die Wiederverwertung von Kunststoffen. München, Wien: Carl Hanser Verlag, 1995

[BH13] Bilitewski, B.; Härdtle, G.: Abfallwirtschaft: Handbuch für Praxis und Lehre. Berlin, Springer Verlag, 2013

[EP07] Ehrenstein, G.; Pongratz, S.: Beständigkeit von Kunststoffen, Carl Hanser Verlag, München 2007

[Kir82] Kircher, K.: Chemische Reaktionen bei der Kunststoffverarbeitung. München, Wien, Hanser, 1982

[LFU15] Stroh, K.; Djeradi, B.: Gerüche und Geruchsbelästigung. Augsburg, Bayerisches Landesamt für Umwelt, 2015

[Lim13] Limper, A.: Verfahrenstechnik der Thermoplastextrusion. München: Carl Hanser Verlag, 2013

[Lyk55] Lykow, A.: Experimentelle und theoretische Grundlagen der Trocknung. Berlin: VEB Verlag Technik, 1955

[MM16] Mckinlay, R.; Morrish, L.: Reflex Project: A summary report on the results and findings from the REFLEX project. Studie, Axion Consulting Group, Sydney 2016

[MS16] Maier, R. D.; Schiller, M.: Handbuch Kunststoff-Additive. München: Carl Hanser Verlag, 2016

[Men90] Menges, G.: Werkstoffkunde Kunststoffe. 3. Auflage, München, Wien, Hanser, 1990

[Nen06] Nentwig, J.: Kunststofffolien, Herstellung – Eigenschaften – Anwendung. München, Wien: Carl Hanser Verlag, 2006

[Ni96] Nickel, W.: Recycling-Handbuch, Strategien, Technologien, Produkte. Düsseldorf: VDI-Verlag, 1996

[NN19] N. N.: Kunststoffe und Umwelt – Übungsumdruck Kunststoffverarbeitung III, Stand Oktober 2019

[NR19] Escobar, M.; Rauwendall, C.: Troubleshooting the extrusion process. A systematic approach to solving plastic extrusion problems. München, Hanser Verlag, 2019

[Pfa23] Pfaendner, R.: Vitamine für die Kreislaufwirtschaft. Kunststoffe 113 (2023) 3

[Poh03] Pohl, T. C.: Entwicklung schnelldrehender Einschneckensysteme für die Kunststoffverarbeitung auf Basis theoretischer Grundlagenuntersuchungen. Dissertation, Universität Paderborn, 2003

[Rei98] Reimann, S.: Entgasung von Polymeren auf gleichlaufenden, dichtkämmenden Doppelschneckenextrudern am Beispiel von Polystyrol. Dissertation, RWTH Aachen, 1998

[RKA20] Rudolph, N.; Kiesel, R.; Aumnate, C.: Einführung Kunststoffrecycling, Ökonomische, ökologische und technische Aspekte der Kunststoffabfallverwertung. München: Carl Hanser Verlag, 2020

[SC16] Selke, S. E. M.; Culter, J. D.: Plastics Packaging. Properties, Processing, Applications and Regulations. München: Carl Hanser Verlag, 2016

[SE20] Schüle, H.; Eyerer, P.: Polymer Engineering 2, Verarbeitung, Oberflächentechnologie, Gestaltung. Berlin: Springer Verlag, 2020

[URL21a] N. N.: Feuchteabsorber als Masterbatch. URL: *https://www.mlplastics.de/produkte/masterbatche/feuchteabsorber/*, 25.08.2021

[URL21b] N. N.: Kompakte Schmelzefilter KSF. URL: *https://www.gneuss.com/de/polymertechnik/filtration/ksf/*, 25.08.2021

[WGC+22] Wong, H. J.; Gan, M. J. H.; Chua, B. L.; Gakim M.; Siambun N. J.: Shredder machine for plastic recycling: A review paper. IOP Conference Series: Materials Science and Engineering, 2022

[WM97] Wolters, L., Van Marwick, J.: Kunststoff Recycling, Grundlagen, Verfahren, Praxisbeispiele. München, Wien: Carl Hanser Verlag, 1997

10.3 Charakterisierung von Rezyklaten

Sabine Standfuß-Holthausen, Christoph Zekorn, Rainer Dahlmann

10.3.1 Standards von Kunststoff-Rezyklaten

Der Einsatz von Recyclingmaterialien in der Kunststoffbranche kann auf eine jahrzehntelange Historie zurückblicken. Entsprechend existieren hierzu zahlreiche Normierungen, Richtlinien und Spezifikationen mit teils langer Historie und teils geringem Aktualitätsgrad. Getriggert durch das steigende Umweltbewusstsein in der Bevölkerung sehen sich zunehmend auch Politik, Wirtschaft und Forschung im Zugzwang, Lösungen für einen nachhaltigeren Umgang mit dem Werkstoff Kunststoff zu erarbeiten. Dies entfacht an vielen Stellen Bestrebungen, die Standardisierung von Kunststoffrezyklaten voranzutreiben und dem heutigen Bedarf anzupassen. Bestehende DIN-Normen differenzieren grundsätzlich zwischen kunststoff- und produktspezifischen Standards bzw. regeln die Terminologie, Probennahme und zur Anwendung kommenden Prüfverfahren bei der Charakterisierung von Rezyklaten, was nachfolgend näher erläutert wird.

Kunststoffspezifische Standards

Begründet durch ihre wirtschaftliche Bedeutung sind in der Liste kunststoffspezifischer Normen [NN08a] [NN08b] [NN08c] [NN08d] [NN15a] [NN15b] [NN21c] bislang vorwiegend die Thermoplaste mit den größten Marktanteilen vertreten (PE, PP, PVC, PS, PET). Eine Sortenreinheit vorausgesetzt, werden hierbei obligatorische Prüfverfahren festgelegt, welche vorwiegend die Handhabbarkeit bzw. Verarbeitbarkeit (z. B. Farbe, Schüttdichte, MFR) sowie grundlegende mechanische Eigenschaften auf Basis von Kurzzeitversuchen sicherstellen (z. B. Härte, E-Modul, Streckspannung, Schlagzähigkeit). Am Beispiel des MFR-Kennwerts, welcher lediglich eine vage Aussage über die zu erwartende Fließfähigkeit zulässt, wird jedoch vor dem Hintergrund der Werkstoffcharakterisierung die nur begrenzte Aussagekraft deutlich. Das für den Verarbeiter prozessrelevante, rheologische Eigenschaftsprofil kann hieraus nicht hinreichend abgeleitet werden und bedarf einer tiefergehenden rheometrischen Analytik.

In den kunststoffspezifischen Standards werden zudem Qualitätsmanagementsysteme (z. B. EN ISO 9001) thematisiert, welche die Erzielung einer gleichbleibenden Rezyklatqualität anstreben, um ein nachhaltiges Lieferantenvertrauen zu schaffen.

Produktspezifische Standards

Entsprechend der Namensgebung adressieren produktspezifische Standards Vorgaben an konkrete Industriezweige, insbesondere zur Gewährleistung möglichst sortenreiner Stoffströme innerhalb der Recyclingketten.

So gibt beispielsweise die ISO 12418-1 [NN12a] konkrete Hinweise über die mechanische Granulierung, chemische Vorbehandlung, Weiterverarbeitung und Bestimmung technischer Eigenschaften von Rezyklaten aus Post-Consumer-PET-Flaschen. Hierbei spielen unter anderem der für die PET-Verarbeitung gebräuchliche Kennwert der intrinsischen Viskosität (IV) sowie der Verschmutzungsgrad durch das Etikett und andere sichtbare Verunreinigungen, PVC und Polyolefine (einschließlich Klebstoff) neben der Bestimmung des Feuchtigkeitsgehalts und der Schüttdichte eine Rolle.

Standards zur Terminologie, Probennahme und Prüfverfahren

Die DIN EN 15343 [NN08b] definiert die Überwachung des Recyclingverfahrens und die essenziellen Angaben zur Material-Rückverfolgbarkeit. Weiterhin wird die Bestimmung des prozentualen Rezyklatanteils im Produkt randständig thematisiert. Da es jedoch keine klaren Methoden für eine direkte analytische Bestimmung des physikalischen Rezyklatgehalts im Kunststoff gibt, kann der Rezyklatanteil nur über dokumentarische Nachweise der Stoffströme sowie über zugehörige Konformitätskontrollen dargestellt werden.

Die steigende Vielfalt marktgängiger Recyclingmaterialien und hierfür verwendeter bzw. neu geschaffener Stoffströme verstärkt gleichermaßen Forderungen nach geeigneten Standards zur Rückverfolgbarkeit, Charakterisierung und Sicherstellung konstanter Werkstoffeigenschaften der Rezyklate, die durch bestehende Reglementierungen aufgrund ihrer Neuartigkeit in keiner oder noch nicht hinreichender Form abgebildet werden.

Eine DIN SPEC stellt hierbei auf nationaler Ebene den kürzesten Weg dar, um forschungsseitig erarbeitete Standards in der Industrie bzw. am Markt zu etablieren. Sie wird final vom Deutschen Institut für Normung veröffentlicht und kann zudem die Grundlage für eine spätere DIN-Norm sein. Ein aktuelles Beispiel stellt die DIN SPEC 91446 [NN21d] dar, welche eine standardisierte Klassifizierung und Kennzeichnung für Kunststoffrezyklate entsprechend der verfügbaren Datentiefe (DQL/ Data Quality Level) vorsieht.

Gegenwärtig bestehende Defizite bei der Standardisierung neuartiger Rezyklate beziehungsweise zugehöriger Stoffströme (PIR und PCR) führen zu der Situation, dass in der Industrie bevorzugt individuell und bilateral vereinbarte Qualitätsparameter und Lieferbedingungen zur Anwendung kommen. Vor dem Hintergrund der Vielfalt derartiger Insellösungen stellt sich die Frage, inwieweit branchenspezifisch übergeordnete

Reglementierungen einer zunehmenden werkstofflichen Diversität überhaupt gerecht werden können und nach welchen Maßstäben sie angesetzt werden müssen. Primär gilt es, durch Standardisierungen ein werkstoffliches Qualifizierungsniveau zu erreichen, welches einerseits dem Verarbeiter eine hinreichende Handhabungssicherheit und Gewissheit über relevante technische Eigenschaften bietet und dadurch gegenwärtig bestehenden Hemmnissen beim Einsatz von Rezyklaten entgegenwirkt. Andererseits benötigen die Materialhersteller, welche Rezyklate in Umlauf bringen, nicht zuletzt vor dem Hintergrund ihrer Gewährleistungspflichten, zuverlässige Informationen über die verarbeiteten Kunststoffabfälle, respektive deren Sortenreinheit, molekularen Zustand, Zusammensetzung und Verunreinigungsgrad mit Fremdstoffen.

Eine zielgerichtet eingesetzte Kunststoffanalyse und -prüfung ist zentraler Bestandteil bei der Beantwortung dieser Fragestellungen und steht zugleich in der Verantwortung, Möglichkeiten und Grenzen von Rezyklaten anwendungsbezogen zu identifizieren, um deren Akzeptanz und Verbreitung zu steigern.

Aktuelle Entwicklungen im Bereich Normierung/Standardisierung (Europa)

Die europäische Kommission hat auf Basis von erarbeiteten Konzepten bzw. Neugestaltungsideen der „Circular Plastic Alliance“ (EU-Initiative zum Aufruf der Kunststoffbranche, den EU-Markt für recycelte Kunststoffe bis 2025 auf 10 Millionen Tonnen zu steigern) im August 2022 einen offiziellen Normungsauftrag erteilt (siehe auch: „New Circular Economy Action Plan“/EU-Kommission 2020). Dies bedeutet konkret, dass in den kommenden Jahren von den europäischen Normungsgremien CEN und CENELEC neue branchenspezifische (z. B. Verpackung, Bau, Automotive) Standards zu erarbeiten sind, die zukünftig von Beginn an ein recyclingorientiertes Produktdesign forcieren, um den Werkstoff Kunststoff im Kreislauf führen zu können. So hat die EU-Kommission beispielsweise das Ziel ausgerufen, dass bis zum Jahr 2030 alle Kunststoffverpackungen wiederverwertbar oder recyclingfähig sein sollen.

Mit dem Aufruf zur Neugestaltung von Standards und der dadurch steigenden Komplexität ergibt sich zudem die Notwendigkeit einer Überarbeitung bestehender Normen im Hinblick auf die Integration recyclingorientierter Ansätze. Weiterhin steht die Forderung der EU-Kommission im Raum, bis 2025 neue Normen für Güteklassen getrennter Kunststoffabfälle (z. B. PE, PP, PET, PS) zu erarbeiten. Die im Zuge der Kreislaufthematik neu entstandene Handelsform „Kunststoffrezyklate“ (z. B. rPP, rPET, rEPS) soll über ebenfalls neu zu erstellende Qualitätsnormen reguliert werden.

10.3.2 Anwendungsnahe Rezyklatanalyse: geeignete Verfahren für alltägliche Herausforderungen

Die Materialsubstitution von Neuware durch Kunststoffrezyklate ist bereits bei einem anteiligen Austausch in vielerlei Hinsicht mit Herausforderungen verbunden: Neben den gegebenen Unsicherheiten hinsichtlich der Wareneingangskontrolle sowie möglicherweise nicht tragbaren Chargenschwankungen oder gar Lieferengpässen sind insbesondere unerwartete Schwierigkeiten in der Verarbeitung und dem Produktverhalten in der Anwendung zu erwarten. Diese Problematik korreliert mit der Unsicherheit des Materialverhaltens von Kunststoffrezyklaten bzw. deren unzureichender Qualitätseinstufung. Ein klares, einheitliches Vorgehen ist bislang nicht genormt, da im Falle sortenreine Stoffströme vorausgesetzt werden können. Die Erfassung des Werkstoffverhaltens im vollen Umfang würde ein sehr umfangreiches Portfolio an zu ermittelnden Werkstoffcharakteristika umschließen, dessen Umsetzung wirtschaftlich nicht tragbar erscheint. Den folgenden Abschnitten sind anwendungsnahe sowie zielgerichtete Herangehensweisen zu entnehmen, welche exemplarische Methoden darstellen, um gegebene Unsicherheiten in tragbaren Umfängen zu reduzieren.

Bewertung einer Rezyklat-Qualität

Aufgrund der Vielfalt des Werkstoffs Kunststoff und der damit verbundenen Bandbreite der stofflichen Zusammensetzung einerseits sowie der möglichen Werkstoffdurchmischung durch Stoffstromüberlappung sowie das Vorhandensein mehrkomponentiger Systeme andererseits ist die Bewertung der Rezyklat-Qualität nicht trivial. Im Zuge einer zielgerichteten Herangehensweise sind im Wesentlichen vier Leitfragen zu verfolgen, deren Relevanz anwendungsspezifisch variieren kann:

- Wie sortenrein ist das Rezyklat in Bezug auf Polymerkomponenten?
- Wie hoch ist der Gehalt an Füll- und/oder Verstärkungsstoffen und welche liegen vor?
- Welche Verunreinigungen liegen zugrunde?
- Welche Komponenten migrieren oder dünsten mittel- sowie langfristig aus?

Das methodenorientierte Vorgehen unter dem Dach der Leitfragen ist in Bild 10.8 dargestellt: Diesem Schema ist eine gängige Auswahl geeigneter Analyseverfahren [DHM22] [EEK+11] [Ehr11] [HM17] [NNO+08] [FS11] [Sch94] [SG87] [GG03] [HMZ05] [NN22a] [HHF03] zu entnehmen, anhand derer sich die vier Leitfragen verfolgen lassen. Korrelierende Ergebnisse leisten sowohl einen wesentlichen Beitrag in Bezug auf die Bewertung der Verarbeitbarkeit als auch auf relevante Werkstoff- und Produkteigenschaften bei der Anwendung. Exemplarisch können sich Fremdpolymere negativ auf die Verarbeitung auswirken, indem Prozessparameter optimiert oder deren Fenster erweitert werden müssen. Je nach Gehalt oder Art des Fremdpolymers ist aufgrund von Veränderungen des Materialverhaltens zudem mit Qualitätseinbußen des Produkts zu rechnen. Inwiefern korrelierende Fehlerbilder wie beispielsweise Stippen oder eine schlechtere Siegelfähigkeit innerhalb der Toleranz liegen und somit tragbar sind, ist erneut anwendungsspezifisch zu bewerten. Maßnahmen zur Qualitätssteigerung sind Abschnitt 10.3.1 zu entnehmen.

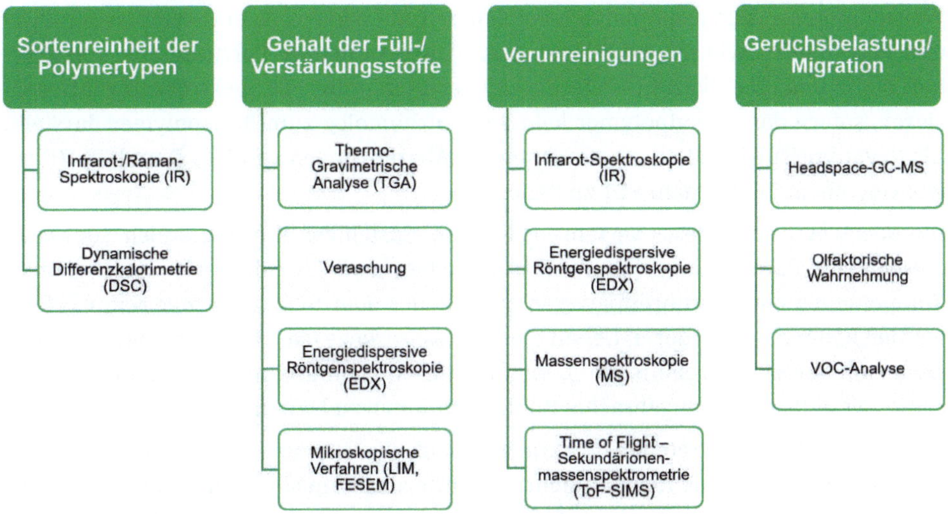

Bild 10.8 Bewertung der Rezyklat-Qualität

Ermittlung der Sortenreinheit hinsichtlich zugrundeliegender Polymertypen

Die Materialcharakterisierung der zugrundeliegenden Polymertype(n) erfolgt anhand der Kombination eines spektroskopischen und eines thermischen Verfahrens: Zur Bestimmung der Polymerart kann die Fourier-Transformations-Infrarotspektroskopie (FTIR) anhand der ATR-Methode (abgeschwächte Totalreflexion) oder die Ramanspektroskopie herangezogen werden. Anhand dieser Analyseverfahren lässt sich beispielsweise Polypropylen in Polyethylen (und auch umgekehrt) sehr gut nachweisen. Ein exemplarisches Infrarotspektrum eines PP-haltigen PE-Rezyklats ist Bild 10.9 zu entnehmen. Das korrelierende Fehlerbild betraf die unzureichende Schweißbarkeit dieser Rezyklat-Type; die Optimierung der Schweißparameter unter Berücksichtigung der Anwesenheit von PP war in diesem Fall zielführend.

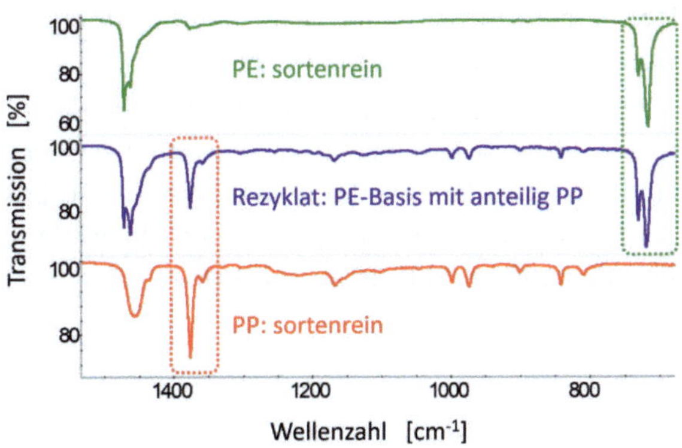

Bild 10.9 IR-Spektrum eines PP-haltigen PE-Rezyklats (mittig) sowie der Abgleich mit den entsprechenden Reinsubstanzen

Weiterhin lassen sich exemplarisch Polykondensate wie Polyester (exemplarisch PET) und Polyamide sowie polyadditionsbasierte Werkstoffe wie Polyurethane und Polyharnstoffe und eine Vielzahl weiterer Polymerarten mittels IR-Spektroskopie differenzieren, sofern das Fremdpolymer kein Strukturhomolog zum Basispolymer darstellt. Als Negativbeispiel sind die unzureichenden Abgrenzungen von PE-LD und PE-HD sowie von einem PE in einem PET zu benennen.

Die Nachweisgrenze dieses Verfahrens liegt im einstelligen Prozentbereich, sodass an dieser Stelle darauf hinzuweisen ist, dass neben dem Fremdpolymer auch weitere Komponenten oder Verunreinigungen organischer oder teilorganischer Natur erfasst werden können, sofern deren Gehalt die Nachweisgrenze (ca. 3 %) übersteigt. Exemplarisch sind Verarbeitungshilfsmittel, Modifikatoren, Flammschutzmittel, Füll- und Verstärkungsstoffe sowie eingebrachte Kontaminationen zu benennen.

Da bei Rezyklaten auftretende Strukturhomologe wie exemplarisch PE-HD und PE-LD mittels IR-Spektroskopie nicht eindeutig zu differenzieren sind, wird zudem das thermische Rezyklat-Verhalten mittels Differential-Scanning-Calorimetry (DSC) detektiert: Anhand der Erfassung von Glasübergangs- und Schmelztemperaturen kann die Polymertype unter Hilfestellung der spektroskopischen Resultate in aller Regel zugeordnet werden, da sich das thermische Verhalten in solchen Fällen zumeist abgrenzt. Für dieses Verfahren eignen sich entsprechend insbesondere teilkristalline Thermoplaste sowie Kunststoffe mit werkstoffspezifischen Glasübergängen. Da manche Kunststoffe unterschiedlichster Art ähnliche thermische Phasenübergänge aufweisen können (beispielsweise schmelzen PA6 und PBT jeweils bei ca. T_m = 220 °C), ist eine DSC-Analyse ohne Einbezug IR-spektroskopischer Ergebnisse mitunter nicht aussagekräftig genug.

An dieser Stelle ist die Problematik hervorzuheben, dass – neben möglichen Fremdpolymeren – auch das Hauptpolymer auf einem Gemisch aus unterschiedlichen Quellen und somit auf unterschiedlichen Qualitäten und mittleren Molekulargewichten basieren kann. Folglich bilden sich heterogene Gefügestrukturen, welche sich nur selten in Form weiterer thermischer Effekte in der DSC darstellen. Vielmehr zeigt sich eine Verbreiterung der Peakform innerhalb der Schmelze sowie Kristallisation. Daraus ergeben sich Verschiebungen der Temperaturmaxima, welche die Interpretation bei Rezyklaten gegenüber neuwertigen Reinsubstanzen erschweren.

Neben dem Fremdpolymer-Nachweis durch deren analytische Identifikation mittels IR und DSC lässt sich deren Anwesenheit mitunter bereits optisch erfassen. Exemplarisch sind Einschlüsse wie Stippen und Co-Extrudate wie Multilayer-Systeme zu benennen. Eine lichtmikroskopische Aufnahme eines zweikomponentigen Flakes (laut IR und DSC sind es PET und PE) ist beispielhaft in Bild 10.10 aufgeführt.

Bild 10.10 Lichtmikroskopische Aufnahme eines PET-Rezyklat-Flakes: mehrlagiger Aufbau deutet Fremdpolymere an

Art und Gehaltsbestimmung von Füll- und/oder Verstärkungsstoffen

Je nach Stoffstrom liegen gefüllte bzw. verstärkte Rezyklate zugrunde, welche zu unerwünschten Eigenschaftsveränderungen oder optischen Fehlerbildern wie sichtbaren Einschlüssen oder Stippen führen. Hilfsmittel in Form von Füll- und/oder Verstärkungsstoffen basieren häufig auf zumindest anteilig anorganischen Substanzen und somit auf Verbindungen, welche neben den polymerspezifischen Elementen wie dominierend Kohlenstoff und häufig Sauerstoff zudem polymerabweichende Elemente (exemplarisch Silizium von Glasfasern sowie Kalzium von Kreide) beinhalten. Aufgrund dieser Gegebenheit lassen sich solche Zusätze über elementaranalytische Verfahren zumindest qualitativ erfassen. Durch beispielsweise die Kombination einer Rasterelektronenmikroskopie (REM) mit der energiedispersiven Röntgenstrukturanalyse (EDX; ein Verfahren für eine Elementaranalyse) wird zudem eine ortsaufgelöste Darstellung sowie eine halbquantitative Analyse in Form von relativen Elementanteilen ermöglicht. Ein exemplarisches Beispiel ist Bild 10.11 zu entnehmen: Die Abbildung stellt die vier resultierenden Elementverteilungen von Kohlenstoff, Sauerstoff, Magnesium und Aluminium eines gefüllten Polyamids ortsaufgelöst dar. Anhand dessen sind sphärische Aluminiumoxide (zur Verbesserung tribologischer Eigenschaften) von einem Magnesiumhydroxid (ein in der Polymermatrix dispergiertes Flammschutzmittel) von dem kohlenstoffbasierten Polymer zu differenzieren.

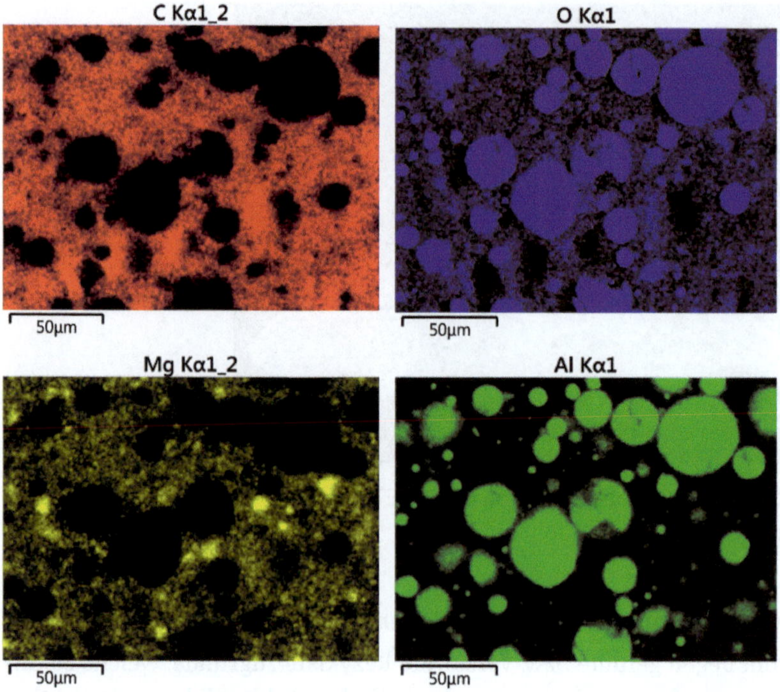

Bild 10.11 EDX-Mapping eines mit Aluminiumoxid sowie Magnesiumhydroxid gefüllten PAs

Anhand dieses Verfahrens ergeben sich bei der Kunststoff-Rezyklat-Analyse mitunter sehr vielseitige Elementverteilungen, welche die Erfassung der Gesamtzusammensetzung des Werkstoffs erheblich unterstützen.

Je nach Art der Füllstoffe bzw. der Verstärkungsmittel lassen sich diese bereits lichtmikroskopisch von der benachbarten Polymermatrix abgrenzen; exemplarisch sind Glasfasern, Kreide und Talkum zu benennen.

Zwecks Quantifizierung solcher Zusatzstoffe ist erneut das Vorliegen anorganischer Komponenten von Vorteil. Zwei gängige Verfahren zur gravimetrischen Bestimmung prozentualer Massenanteile anorganischer Komponenten sind die Veraschung sowie die thermogravimetrische Analyse (TGA). Für die Durchführung von Veraschungen spricht die im Methodendirektvergleich signifikant größere Probenmenge (bis Faktor 1000), da auf diese Weise notwendige Mindestmengen im Sinne von repräsentativen Stichproben besser zu bewältigen sind. Nachteilig ist die Ungewissheit, inwiefern das resultierende Endgewicht der Füll-/Verstärkungsstoffe durch mögliche Oxidationsprozesse beeinflusst wurde. Diese Unklarheit kann ausgeräumt werden, indem der Masseverlust (auch) mittels TGA unter Verwendung einer inerten Atmosphäre geprüft wird. Eine weitere Beeinträchtigung besteht darin, dass mittels Veraschung organische Füll- und Verstärkungsstoffe (wie beispielsweise Karbonfasern) nicht erfasst werden. Hier kann durch spezielle Methodenanpassungen in der TGA Abhilfe geschaffen werden, die eine anschließende Quantifizierung (Pyrolyseruß, Trennung von anorganischen sowie organischen Zusatzstoffen) sowie Identifizierung (Elementanalyse mithilfe der EDX am Rückstand) möglich machen. Beide Schwachstellen können somit zumindest stichprobenartig ausgeräumt werden. Einen weiteren Vorteil der TGA-Methode stellt die Dokumentation des Masseverlustes über die Zeit in Abhängigkeit der Temperatur und der Umgebungsatmosphäre dar, da auf diese Weise weitere Materialcharakteristika wie beispielsweise Hinweise auf Feuchtigkeit und mögliche Verunreinigungen offengelegt werden. Dies kann bei der Qualitätsbewertung von Rezyklaten einen signifikanten Beitrag leisten.

Detektion von Verunreinigungen

Insbesondere Rezyklate können von unterschiedlichsten Verunreinigungen (Fremdpolymeren, Verarbeitungshilfsmitteln, Pigmenten und anderen Kontaminanten) betroffen sein, sodass die Reinheitsprüfung einen wesentlichen Beitrag zu der Qualitätsbewertung leistet. Zwei gängige Verfahren zur Werkstoffcharakterisierung wurden bereits in Hinblick auf die Identifikation von Fremdpolymeren (IR-Spektroskopie) sowie Füll- und Verstärkungsstoffen (EDX) vorgestellt. Beide Verfahren liefern zusätzlich zu den bereits geschilderten Bedarfen eine umfangreiche Charakterisierung des Rezyklats, sodass anhand dieser Verfahren parallel auch mögliche Verunreinigungen detektiert werden. Nachteilig ist bei beiden Verfahren die Effektüberlappung, sodass im Fall von Gemischen eine unzureichende Strukturaufklärung der jeweiligen Einzelkomponenten zugrunde liegt. Hierdurch besteht die Gefahr, dass zumindest anteilig Verunreinigungen, welche z. B. lediglich in Spuren vorliegen, nicht offensichtlich erfasst und somit „übersehen" werden. Im Zuge dessen empfiehlt sich für die Rezyklat-Analyse eine Kombination mit weiteren strukturaufklärenden Verfahren. Hinsichtlich der Spurenanalyse organischer Bestandteile (Verunreinigungen sowie Additive, Verarbeitungshilfsmittel und weitere Modifikatoren) bewährt sich eine massenspektroskopische Identifikation extrahierbarer („auswaschbarer") Komponenten nach chromatographischer Trennung (z. B. GC-MS oder HPLC-MS). Gegensätzlich lassen sich in der Polymermatrix eingeschlossene Komponenten z. B. mittels Time-of-Flight-Sekundärionenmassenspektrometrie (ToF-SIMS) beobachten.

Migrations- und/oder Ausdünstungsverhalten eines Rezyklats bzw. Rezyklat-basierten Produkts

Je nach Stoffstrom neigen Rezyklate bei der Verarbeitung und/oder in der Anwendung zu auffälligen, süßlichen, „chemischen" oder gar an Fäulnis erinnernden Gerüchen. Diese werden während der Anwendung, bei der Rückführung in Stoffströme und/oder bei Reinigungsprozessen eingebracht, da der Werkstoff Kunststoff zur Aufnahme von geruchsaktiven Substanzen wie Aromen und biologischen Zersetzungsprodukten neigt. Bei einer Umstellung auf ein (anderes) Rezyklat ist das Werkstoffverhalten noch unbekannt, sodass zunächst zu ermitteln ist, ob ein Geruchsproblem vorliegt oder entstehen wird. Dem gegenübergestellt kann ein bekanntes Problem vorliegen, sodass der Analysenfokus weniger auf Schwellwerten, sondern vielmehr auf der Identifikation und Quantifizierung der Geruchsbilder liegt, um sowohl deren Gesundheitsgefährdung einstufen zu können als auch eine optimale Geruchsreduktion zu erzielen. In beiden Fällen besteht die Notwendigkeit, dass Ausdünstungsverhalten zu analysieren, um konkretere Kenntnisse über die stoffliche Zusammensetzung zu erhalten.

Erste Einstufungen zur Geruchsart und deren Schwellwerte lassen sich olfaktorisch z. B. nach DIN ISO 8587 [NN10], DIN ISO 16000-28 [NN21e] oder nach VDA 276 [NN00] ermitteln. Im Zuge dessen erfassen geschulte Testgruppen die Geruchswahrnehmung und Art. Für eine eindeutige Zuordnung der Komponenten zwecks qualitativer Identifizierung sowie deren Quantifizierung (z. B. semiquantitativ gegen einen internen Standard) sind spektroskopische Verfahren nach gaschromatographischer Trennung dieser Stoffgemische gängig. Diesbezüglich ist zu unterscheiden, ob die Geruchsverursacher extrahiert oder thermisch initiiert ausgetrieben wurden. Bei dem thermischen Ausdünstungsverfahren ist wiederum zu differenzieren, ob eine geringe Probenmenge (wenige Gramm mittels Headspace-GC-MS) oder größere Proben oder gar Bauteile in einem Emissionsschrank (Testkammer mit einem definierten Volumen von 1 m^3) geprüft werden.

Neben geruchsbildenden Komponenten treten weitere, zumeist niedermolekulare Substanzen in den Fokus, welche über Diffusionsprozesse aus dem Werkstoff migrieren können. Solche Verbindungen sind ebenfalls unerwünscht, da diese zu Eigenschaftseinbußen in der Anwendung führen könnten. Exemplarisch sind Wechselwirkungen mit Füllgütern, gesundheitliche Bedenken im Lebensmittelbereich, klebrige Oberflächen, Änderungen des Reibwiderstands oder Verfärbungen zu benennen. Migrierende Komponenten lassen sich analog anhand unterschiedlicher, massenspektroskopischer Verfahren detektieren. Im Rahmen solcher Untersuchungen ist zu beachten, dass das Migrationsvermögen der Inhaltsstoffe je nach Substanzklasse kinetisch gehemmt und somit zeitlich betrachtet versetzt erfolgen kann. Des Weiteren ist insbesondere der Einfluss des Oberflächenvolumenverhältnisses der Probe, der Prüftemperatur und der verwendeten Extraktionsmedien zu berücksichtigen. Im Bereich der Lebensmittelverpackungen sind gesonderte Vorschriften einzuhalten. Diesbezüglich wird exemplarisch auf die Rahmenverordnung (EG) Nr. 1935/2004, die Kunststoffverordnung (EU) Nr. 10/2011, die Recyclingverordnung (EU) Nr. 282/2008 und die Verordnung (EU) Nr. 450/2009 hingewiesen.

Quantifizierung von Polymeranteilen in Rezyklat-Mischsystemen

Zur Quantifizierung von Mehrkomponenten-Rezyklaten steht grundsätzlich eine Vielzahl von Analysemethoden zur Verfügung. Eine für das individuell zugrundeliegende Gemisch geeignete Methodik hängt jedoch von einigen Faktoren ab, welche polymerspezifisch sind. Entsprechend ist eine allgemein geeignete Methode zur Bewertung der Massenanteile aller theoretisch möglichen Polymergemische nicht gegeben. Hürden stellen exemplarisch strukturverwandte Polymere sowie eine feine Verteilung des Fremdpolymers dar. Je nach Polymergemisch können folgende Herangehensweisen dienlich sein:

- physikalisches Auflösen eines Polymers unter Verbleib der weiteren Polymerkomponente
- halbquantitativ über strukturelle oder thermische Materialcharakteristika
- halbquantitativ über Dichteunterschiede
- abweichendes Abbauverhalten mittels thermogravimetrischer Analyse

Unabhängig von den Polymertypen ist der Einfluss der Rezyklat-Beschaffenheit (z. B. Flakes oder Granulat) sowie von Füll- und/oder Verstärkungsstoffen nicht zu verachten.

Erfassung der Werkstoffeigenschaften zur Vorhersage der Verarbeitbarkeit

Rezyklate unterliegen bei ihrer Verarbeitung besonderen Herausforderungen, welche sowohl den notwendigen Prozessaufbau bzw. dessen Einrichtung als auch das resultierende Produkt maßgeblich beeinflussen können. Exemplarisch sind an dieser Stelle die Förderung des Rezyklats, dessen Schmelz- und Fließverhalten, die Geruchsbelästigung sowie der erhöhte Filtrationsaufwand und vermehrte Fehlerbilder im Produkt (unter anderem Stippen und Hohlräume) durch Verunreinigungen in Rezyklaten zu benennen. Eine umfangreiche Ausführung dieser Herausforderungen ist Abschnitt 8.1.3 zu entnehmen. Um den Verarbeitungsprozess möglichst zielführend auf den Einsatz von Rezyklaten abstimmen zu können, sind verfahrenstechnische Maßnahmen wie beispielsweise Einzugsbauten im Trichter, optimierte Filtersysteme, Entgasungssysteme sowie die Anpassung des Extruderkonzepts und der Schneckengeometrie erforderlich (siehe Abschnitt 8.1.2). Je nach Art und Beschaffenheit des einzusetzenden Rezyklats sind jedoch nicht alle und mitunter unterschiedliche Kombinationen solcher Prozessanpassungen notwendig. In diesem Kapitel werden die gängigsten Herausforderungen an die Verarbeitung von Rezyklaten mit deren Werkstoffeigenschaften korreliert und analytische Verfahren aufgezeigt, mit welchen sich diese Werkstoffeigenschaften erfassen lassen. Bei der Umstellung von Neuware auf Rezyklat ist eine Charakterisierung des Werkstoffverhaltens im Direktvergleich empfehlenswert [HM17] [Ehr11] [HHF03] [DL06] [Sch18] [Mez16] [NN01] [NN08e] [NN08f] [NN16b] [NN21f], [NN21 g] [NN21h] [NN12a] [NN12c], [NN22b].

Schmelz- und Fließverhalten

Sowohl das Schmelz- und Erstarrungsverhalten als auch das Fließverhalten eines Rezyklats korrelieren – wie bei Neuware – nicht nur mit den Prozessparametern (Temperatur, Scherung etc.), sondern auch mit der Zusammensetzung des Werkstoffs. Diesbezüglich wird das Werkstoffverhalten einerseits durch polymere Bestandteile (Varianz in Bezug auf beispielsweise zugrundeliegende Polymertypen, deren Molekulargewichtsverteilungen und Gehalte untereinander) definiert; andererseits kann dieses Verhalten bewusst durch Zusätze und somit auch ungewollt durch innewohnende Kontaminationen maßgeblich verändert werden. Aufgrund dieser Bandbreite können insbesondere bei Post-Consumer-Rezyklaten auch erhebliche Chargenschwankungen auftreten. Zumindest zu einer ersten Orientierung wird seitens der Verarbeiter gängig der MFR-Wert (Schmelze-Massefließrate) für die Vorhersage des Werkstoffverhaltens herangezogen. Diese vage Größe, welche das Werkstoffverhalten eindimensional beschreibt, lässt sich durch Modifikatoren bewusst steuern. Hierdurch ergibt sich für den Verarbeiter die Problematik, dass trotz gleichartiger MFR-Werte das Werkstoffverhalten im Verarbeitungsfenster zuweilen signifikant voneinander abweicht. Eine rein theoretische Betrachtung eines Werkstoffs anhand des MFR-Werts ist daher nicht ausreichend. Um eine Verhaltensvorhersage während der Verarbeitung realisieren zu können, wird empfohlen den Werkstoff anhand folgender Verfahren zu charakterisieren:

- Schmelz- und Erstarrungsverhalten anhand der Thermodifferentialanalyse (DSC)
- Fließverhalten anhand der viskosen Eigenschaften über isotherme Viskositätsverläufe in Abhängigkeit der Schergeschwindigkeit unter Verwendung eines Rotationsrheometers [DHM22]
- Schwindung, Verzug und Wärmeausdehnung über das thermodynamische Werkstoffverhalten: Erfassung des spezifischen Volumens (v) als Funktion von *Druck* (p) und *Temperatur* (T) (Erstellung eines pvT-Diagramms)
- Temperaturabhängigkeit der spezifischen Wärmekapazität mittels DSC
- Detektion von Fremdpolymeren mittels spektroskopischer Verfahren (Infrarotspektroskopie oder Ramanspektroskopie) und thermischer Verfahren (DSC)
- Insbesondere das rheologische Materialverhalten korreliert mit dem mittleren Molekulargewicht, sodass neben der Bestimmung des Fließverhaltens auch die Erfassung der Molekulargewichtsverteilung anhand der Gelpermeationschromatographie (GPC) zielführend sein kann. Im Zuge dessen können auch Fremdpolymere – durch Kombination mit einem Infrarotdetektor (GPC-IR) – gut abgegrenzt werden.

Feuchte- bzw. Wassergehalt

Durch die Anwesenheit von Wasser können einerseits chemische Reaktionen wie die Degradation von Polykondensaten ausgelöst werden; zudem sind Fehlerbilder im Produkt wie die Bildung von Hohlräumen oder Löchern möglich (Details sind Abschnitt 2.5.2.1 zu entnehmen). Über geeignete Titrationsverfahren wie beispielsweise die coulometrische Karl-Fischer-Titration lässt sich der Wasser- bzw. Feuchtegehalt quantifizieren.

Ausdünstungsverhalten

Neben Feuchtigkeit befinden sich in Rezyklaten weitere, mitunter sehr unterschiedliche niedermolekulare Bestandteile. Hierbei handelt es sich sowohl um zugesetzte Modifikatoren wie Gleitmittel und Stabilisatoren als auch eingebrachte Kontaminationen. Diese können sowohl die Materialeigenschaften während der Verarbeitung beeinflussen als auch Fehlerbilder im Produkt (beispielsweise Hohlräume und Oberflächendefekte) auslösen. Darüber hinaus sind deren flüchtige Bestandteile (sogenannte VOCs: volatile organic compounds) auch für die Geruchsbildung (insbesondere bei der Verarbeitung) verantwortlich. Diese VOCs lassen sich kontrolliert in einem Reinraum austreiben (beispielsweise in einer Emissionsprüfkammer) und anschließend qualitativ und/oder quantitativ erfassen. Zur detaillierten Analyse der VOCs eignen sich massenspektroskopische Verfahren nach gaschromatographischer Trennung (GC-MS; auch in situ die Headspace-GCMS). Zur reinen Quantifizierung von VOCs werden analytisch weniger aufwendige Flammenionisationsdetektoren (FID) eingesetzt. Solche Analysen sind notwendig, um die Integration bzw. Optimierung von Entgasungseinheiten zu bewerten [NN00] [NN21e].

Nicht-plastifizierbare Verunreinigungen

Sowohl durch die Wiederaufbereitung eingebrachte Querkontaminationen wie (höher schmelzende) Fremdpolymere, Aluminiumreste oder Papier als auch durch die Vielfalt der Werkstoffe aus den Stoffströmen eingebrachte Kontaminationen wie Fremdpolymere aus Coextrudaten oder Füll- und Verstärkungsstoffe machen den Einsatz von Schmelzefiltern bei der Verarbeitung von Rezyklaten häufig unumgänglich. Um bewerten zu können, welche Mindestanforderungen gegeben sein werden, empfehlen sich folgende Rezyklatanalysen:

- quantitative Erfassung anorganischer Bestandteile der Glührückstände mittels Veraschung oder TGA
- elementanalytische Identifikation der anorganischen Bestandteile im Rezyklat oder am Glührückstand unter Verwendung der energiedispersiven Röntgenstrukturanalyse (EDX)
- statistische Größenverteilung der nicht-polymeren Kontaminationen anhand der Kombination lichtmikroskopischer sowie rasterelektronenmikroskopischer Verfahren (gekoppelt mit EDX)
- Analyse der Fremdpolymere mittels spektroskopischer Verfahren (Infrarotspektroskopie oder Ramanspektroskopie) und thermischer Verfahren (DSC) als Basis zur Bewertbarkeit der prozessparameterabhängigen Plastifizierung

(In-)Homogenität der Granulatform

Auch die Granulatform kann sich negativ auf den Verarbeitungsprozess auswirken (siehe Abschnitt 2.5.2.2.2). Ob solch eine ungünstige Darreichungsform vorliegt, lässt sich anhand makroskopischer sowie lichtmikroskopischer Analysen erfassen: Neben der Betrachtung von inhomogenen Geometrien durch ungleichmäßige Kornformverteilungen kann zudem eine statistische Größenverteilung analysiert werden. Des Weiteren lässt sich gravimetrisch über definierte Volumina ermitteln, ob die Schüttdichte zu gering ausfällt.

Die analytische Erfassung der zuvor aufgeführten Werkstoffeigenschaften kann mitunter maßgeblich dazu beitragen, das Werkstoffverhalten bei der Verarbeitung besser vorherzusagen. Solche Untersuchungen können sowohl die Auslegung der Prozessoptimierung bei der Umstellung von Neuware auf Rezyklat unterstützen als auch zur Erfassung von Schwankungen (exemplarisch von Charge zu Charge oder durch einen Lieferanten- oder Qualitätswechsel) dienen. Herausforderungen und Empfehlungen in Bezug auf solch eine stichprobenartige Werkstoffcharakterisierung sind dem folgenden Kapitel zu entnehmen.

Werkstoff- und Produkteigenschaften bei der Anwendung von Rezyklaten

Der Einsatz von Rezyklaten beeinflusst sowohl Werkstoff- als auch Produkteigenschaften in der Anwendung. Je nach Eigenschaftsbedarf der mitunter individuellen Rezyklat-Anwendung sind unterschiedliche Verfahren bzw. analytische Herangehensweisen dienlich. Schwerpunkte lassen sich exemplarisch bei optischen Verfahren, mechanischen Kennwerten, in der Spurenanalytik sowie in Hinblick auf das thermische Materialverhalten setzen. Insbesondere sind folgende Schwerpunkte bzw. Kriterien beim Einsatz von Rezyklaten betroffen:

- *Optisches Erscheinungsbild*
  - Einschlüsse/Stippenbildung
  - Farbechtheit
  - Oberflächenglanz
  - Transparenz
  - Lichtbrechung
- *Verarbeitbarkeit*
  - Details zu diesem umfangreichen Teilgebiet sind Abschnitt 2.5.2 sowie dem vorangestellten Teilabschnitt „Erfassung der Werkstoffeigenschaften zur Vorhersage der Verarbeitbarkeit" zu entnehmen.
- *Werkstoffbelastbarkeit*
  - mechanische Belastbarkeit (unter anderem Reißfestigkeit und Zugfestigkeit)
  - Produkt-Inertheit (unter anderem Medienbeständigkeit, Gas- und Aromabarriere)
  - Alterungszustand (unter anderem Restbeständigkeit gegenüber Sauerstoff/UV, mittlere Molmassenverteilung, Gehalt an Abbauprodukten)

Strategie zu Chargenschwankungen in Abhängigkeit der Stoffströme

Gegenüber Neuware ist bei Rezyklaten mit höheren Chargenschwankungen zu rechnen; dies ist insbesondere bei PCRs ersichtlich, da deren „Rohstoffe/in den Kreislauf zurückgeführten Werkstoffe" dem Wandel des Konsums und somit der variierenden Stoffstromzusammensetzung unterliegen. Inwiefern resultierende Chargenschwankungen den Verarbeitungsprozess und/oder die Produktqualität negativ beeinflussen, ist nicht pauschal zu beantworten, da die Rezyklate individuellen Anforderungen der Verarbeitung und der Anwendung unterliegen.

Um das Ausmaß von Chargenschwankungen in Hinblick auf die Machbarkeit der Verarbeitung bzw. der Rezyklatqualität bewerten zu können, ist die Erfassung des jeweiligen Werkstoffs zumindest stichprobenartig chargenspezifisch unumgänglich. Im Zuge dessen steht eine Vielzahl an Verfahren zur Verfügung, welche in den vorherigen Beiträgen dieses Kapitels vorgestellt wurden. Welche dieser Materialcharakteristika von besonderem Interesse sind, korreliert erneut mit der Verarbeitung und dem Einsatz des Rezyklats. Die durch eine gewissenhafte Vorauswahl gewählten Schwerpunkte sollten in regelmäßigen Abständen geprüft und chargenübergreifend bewertet werden. Um zulässige Toleranzen von Qualitätsminderungen differenzieren zu können, empfiehlt sich zunächst eine höher frequenzierte Erfassung der Rezyklatbeschaffenheit sowie die Korrelation mit dem Verarbeitungsverhalten dieser Charge und der entsprechenden Produktqualität. Auf diese Weise lassen sich Bewertungskriterien für das weitere analytische Vorgehen ableiten, sodass nicht tragbare Abweichungen von noch tolerierbaren Schwankungen zu differenzieren sind. Sollten die Bewertungskriterien regelmäßiger Kontrollen des Rezyklats eine erhaltene Qualitätsminderung nicht ankündigen, sind die gewählten Kriterien zu hinterfragen, indem Toleranzen geprüft werden und Kriterien bei Bedarf neu gestaltet werden.

Neben den Schwankungen von Charge zu Charge ist zudem mit Schwankungen *innerhalb* einer Charge zu rechnen. Exemplarisch ist der Einfluss von Transporterschütterungen auf die Inhomogenisierung von Flake-basierten Rezyklaten in Bezug auf die Größentrennung zu benennen. Hierdurch gestaltet sich die Entnahme einer Stichprobe als wesentlich komplexer gegenüber der Probenentnahme von homogener Neuware. Um sich abzusichern, dass eine Stichprobe repräsentativ für die zu prüfende Charge ist, empfiehlt es sich mindestens drei Teilproben an unterschiedlichen Stellen zu entnehmen und die jeweiligen Ergebnisse dieser Teilproben gegenüberzustellen. Die Dokumentation von optischen Differenzierungsmerkmalen bzw. Auffälligkeiten ist ratsam. Die Entnahme jeder Teilprobe sollte mindestens im einstelligen Kilomaßstab liegen. Auf diese Weise lassen sich sowohl mögliche Inhomogenitäten innerhalb einer Charge als auch chargenübergreifend über diese statistische Absicherung gezielter greifen. In diesem Zusammenhang wird eine gleichartige Stichprobe als Sicherung eines repräsentativen Rückstellmusters empfohlen. Deren Relevanz ergibt sich beispielsweise im Rahmen von zeitlich versetzen Reklamationsfällen.

Literatur für Abschnitt 10.3

[DHM22] Dahlmann, R.; Haberstroh, E.; Menges, G.: Menges Werkstoffkunde der Kunststoffe. München: Carl Hanser Verlag, 2022

[DL06] Dealy, J.; Larson, R. G.: Structure and Rheology of Molten Polymers. München: Carl Hanser Verlag, 2006

[EEK+11] Ehrenstein, G.; Engel, L.; Klingele, H.; Schaper, H.: SEM of Plastics Failure REM von Kunststoffschäden. München: Carl Hanser Verlag, 2011

[Ehr11] Ehrenstein, G. W.: Polymer Werkstoffe. München: Carl Hanser Verlag, 2011

[FS11] Frick, A.; Stern, C.: Praktische Kunststoffprüfung. München: Carl Hanser Verlag, 2011

[GG03] Günzler, H.; Gremlich, H.-U.: IR-Spektroskopie – Eine Einführung. Weinheim: WILEY-VCH, 2003

[HHF03] Höhne, G. W. H.; Hemminger, W. F.; Flammersheim, H.-J.: Differential Scanning Calorimetry. Berlin, Heidelberg: Springer Verlag, 2003

[HM17] Hopmann, C.; Michaeli, W.: Einführung in die Kunststoffverarbeitung. München: Carl Hanser Verlag, 2017

[HMZ05] Hesse, M.; Meier, H.; Zeeh, B.: Spektroskopische Methoden in der organischen Chemie. Stuttgart: Georg Thieme Verlag, 2005

[Mez16] Mezger, T. G.: Das Rheologie Handbuch. Hannover: Vincentz Network, 2016

[NN00] N. N.: VDA 276: Bestimmung organischer Emissionen aus Bauteilen für den Kfz-Innenraum mit einer 1 m^3-Prüfkammer. Berlin: Verband der Automobilindustrie e. V. (VDA), 2000

Rotationsviskosimetern – Teil 3: Messabweichungen und Korrektionen. Berlin: Beuth Verlag, 2008

[NN01] N. N.: DIN 53019-2: Messung von Viskositäten und Fließkurven mit Rotationsviskosimetern Teil 2: Viskosimeterkalibrierung und Ermittlung der Messunsicherheit. Berlin: Beuth Verlag, 2001

[NN08a] N. N.: DIN EN 15342: Kunststoffe – Kunststoff-Rezyklate – Charakterisierung von Polystyrol (PS)-Rezyklaten. Berlin: Beuth Verlag, 2008

[NN08b] N. N.: DIN EN 15343: Kunststoffe – Kunststoff-Rezyklate – Rückverfolgbarkeit bei der Kunststoffverwertung und Bewertung der Konformität und des Rezyklatgehalts. Berlin: Beuth Verlag, 2008

[NN08d] N. N.: DIN EN 15347: Kunststoffe – Kunststoff-Rezyklate – Charakterisierung von Kunststoffabfällen. Berlin: Beuth Verlag, 2008[NN08e] N. N.: DIN 53019-1: Viskosimetrie – Messung von Viskositäten und Fließkurven mit Rotationsviskosimetern – Teil 1: Grundlagen und Messgeometrie. Berlin: Beuth Verlag, 2008

[NN08f] N. N.: DIN 53019-3: Viskosimetrie – Messung von Viskositäten und Fließkurven mit [NN08c] N. N: DIN EN 15345: Kunststoffe – Kunststoff-Rezyklate – Charakterisierung von Polypropylen (PP)-Rezyklaten. Berlin: Beuth Verlag, 2008

[NN10] N. N.: DIN ISO 8587: Sensorische Analyse – Prüfverfahren – Rangordnungsprüfung. Berlin: Beuth Verlag, 2010

[NN12a] N. N.: ISO 12418-1: Plastics – Post-consumer poly(ethylene terephthalate) (PET) bottle recyclates – Part 1: Designation system and basis for specifications. ISO 2012

[NN12c] N. N.: DIN EN ISO 1133-2: Kunststoffe – Bestimmung der Schmelze-Massefließrate (MFR) und der Schmelze-Volumenfließrate (MVR) von Thermoplasten – Teil 2: Verfahren für Materialien, die empfindlich gegen eine zeit- bzw. temperaturabhängige Vorgeschichte und/oder Feuchte sind. Berlin: Beuth Verlag, 2012

[NN15a] N. N.: DIN EN 15346: Kunststoffe – Kunststoff-Rezyklate – Charakterisierung von Polyvinylchlorid (PVC)-Rezyklaten. Berlin: Beuth Verlag, 2015

[NN15b] N. N.: DIN EN 15348: Kunststoffe – Kunststoff-Rezyklate – Charakterisierung von Polyethylenterephthalat (PET)-Rezyklaten. Berlin: Beuth Verlag, 2015

[NN16b] N. N.: DIN 53019-4: Rheometrie – Messung von Fließeigenschaften mit Rotationsrheometern – Teil 4: Oszillationsrheologie. Berlin: Beuth Verlag, 2016

[NN21c] N. N.: DIN EN 15344: Kunststoffe – Kunststoff-Rezyklate – Charakterisierung von Polyethylen(PE)-Rezyklaten. Berlin: Beuth Verlag, 2021

[NN21d] N. N.: DIN SPEC 91446: Klassifizierung von Kunststoff-Rezyklaten durch Datenqualitätslevels für die Verwendung und den (internetbasierten) Handel. Berlin: Beuth Verlag, 2021

[NN21e] N. N.: DIN ISO 16000-28: Innenraumluftverunreinigungen – Teil 28: Bestimmung der Geruchsstoffemissionen aus Bauprodukten mit einer Emissionsprüfkammer. Berlin: Beuth Verlag, 2021

[NN21f] N. N.: ISO 11443: Plastics – Determination of the fluidity of plastics using capillary and slit-die rheometers. ISO, 2021

[NN21 g] N. N.: DIN EN ISO 3219-1: Rheologie – Teil 1: Begriffe und Formelzeichen für die Rotations- und Oszillationsrheometrie. Berlin: Beuth Verlag, 2021

[NN21h] N. N.: DIN EN ISO 3219-2: Rheologie – Teil 2: Allgemeine Grundlagen der Rotations- und Oszillationsrheometrie. Berlin: Beuth Verlag, 2021

[NN22a] N. N.: DIN EN ISO 11358-1: Kunststoffe – Thermogravimetrie (TG) von Polymeren – Teil 1: Allgemeine Grundsätze. Berlin: Beuth Verlag, 2022

[NN22b] N. N.: DIN EN ISO 1133-1: Kunststoffe – Bestimmung der Schmelze-Massefließrate (MFR) und der Schmelze-Volumenfließrate (MVR) von Thermoplasten – Teil 1: Allgemeines Prüfverfahren. Berlin: Beuth Verlag, 2022

[NNO+08] Naranjo, A.; Del Pilar Noriega, M.; Osswald, T.; Roldan-Alzate, A.; Sierra, J. D.: Plastics Testing and Characterization. München: Carl Hanser Verlag, 2008

[Sch18] Schröder, T.: Rheologie der Kunststoffe. München: Carl Hanser Verlag, 2018

[Sch94] Schmidt, P. F.: Praxis der Rasterelektronenmikroskopie und Mikrobereichsanalyse/Peter Fritz Schmidt. Tübingen: Expert Verlag, 1994

[SG87] Sawyer, L. C.; Grubb, D. T.: Polymer Microscopy. London: Chapmann and Hall Ltd., 1987

10.4 Formstabile Verpackungen im Kreislauf führen

Thorsten Leopold

In diesem Abschnitt werden Ansätze zur Erreichung einer Kreislaufwirtschaft von Verpackungen aus Sicht eines FMCG (Fast Moving Consumer Goods)-Unternehmens aus dem Non-Food-Bereich betrachtet. Der Fokus liegt hierbei auf formstabilen Kunststoffverpackungen. Der Abschnitt baut auf dem Artikel „Ersticken wir im Plastikmüll? Szenarien für eine nachhaltige und zirkuläre Nutzung von Kunststoffen“ von Prof. Dr. Thomas Müller-Kirschbaum und Dr. Thorsten Leopold für das 15. Symposium für Vorausschau und Technologieplanung aus dem Jahr 2019 auf [ML19] und wurde durch neue Daten, aktuelle Aspekte und Projekte ergänzt.

10.4.1 Einleitung

Verpackungen erfüllen viele wichtige Funktionen für eine nachhaltige Wirtschafts- und Lebensweise [AGV18]. Verpackungen schützen das Füllgut vor äußeren Einflüssen und stellen somit die Unversehrtheit des zu schützenden Inhalts entlang des gesamten Lebenswegs sicher. Sie sorgen für einen effizienten Transport sowie eine optimierte Lagerhaltung. Zudem informieren sie über die Vorteile des Produkts und bieten Platz für wichtige Verbraucherinformationen wie zum Beispiel die Produktanwendung [GVM18].

Insbesondere Verpackungen aus Kunststoff zeichnen sich dabei durch geringen Materialaufwand bei gleichzeitig hoher Bruchsicherheit und guten Barriere-Eigenschaften aus. Somit trägt der Werkstoff Kunststoff dazu bei, dass über die gesamte Lebensdauer eines Produkts Energie eingespart wird und weniger Treibhausgase ausgestoßen werden. Studien an ausgewählten Verpackungsbeispielen in Europa zeigen, dass der Ersatz von Kunststoff durch alternative Lösungen zu Erhöhungen des Materialeinsatzes um 360 Prozent, des Energieverbrauchs um 220 Prozent und des Treibhausgas-Ausstoßes um 270 Prozent über die Gesamtlebensdauer des Kunststoffprodukts führen würde [GPV16].

Aufgrund der vielen Vorteile von Kunststoffen nicht nur im Verpackungsbereich ist die Produktion und der Einsatz dieses Werkstoffes deutlich gestiegen. Wurden im Jahr 1964 noch 15 Millionen Tonnen Kunststoff hergestellt, ist die weltweite Produktion im Jahr 2019 auf 368 Millionen Tonnen angestiegen [EMF16] [PE18]. Der größte Einsatzbereich für Kunststoffe ist dabei das Verpackungssegment. So werden in Europa 40 Prozent des Kunststoffbedarfs für Verpackungen eingesetzt, gefolgt von Bauanwendungen und Fahrzeugbau mit 20 bzw. 10 Prozent [PE18].

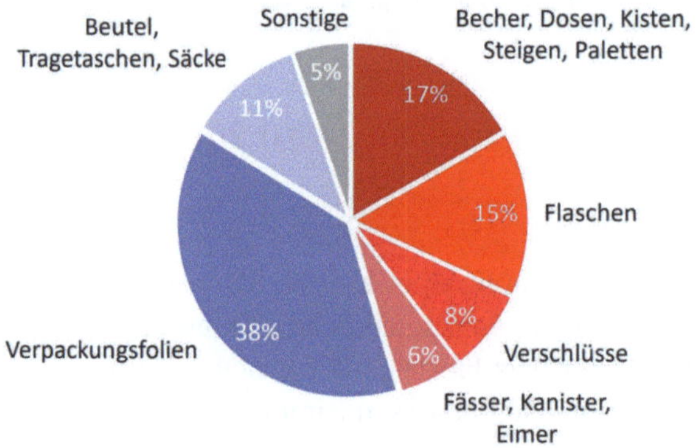

Bild 10.12 Produktion von Kunststoffpackmitteln und Verpackungsfolien in Deutschland im Jahr 2019 nach Gewicht [IK21]

Formstabile Kunststoffverpackungen sind ein bedeutendes Segment des Verpackungsmarkts, die zum Verpacken von flüssigen, pastösen bis hin zu pulvrigen und festen Füllgütern verwendet werden [IK17]. Im Jahr 2019 machten formstabile Kunststoffverpackungen in Deutschland 46 Prozent des Gesamtmarktes für Kunststoffpackmittel und Verpackungsfolien aus (siehe Bild 10.12) [IK21]. Zu den typischen Gebinden gehören Flaschen, Becher, Kanister, Fässer und Dosen. Ein Merkmal dieser Verpackungsformen ist der selbsttragende, freistehende Charakter dieser Gebinde [Han02]. Zur Herstellung formstabiler Verpackungen und deren unterschiedlichen Verpackungskomponenten haben sich verschiedene Herstellungsverfahren etabliert. Zu den verbreiteten Verfahren gehören unter anderem das Extrusionsblasformen, Streckblasformen, Spritzgießen und Thermoformen. Für formstabile Verpackungen werden je nach Anwendungen verschiedene Materialien eingesetzt. Zu den typischen Materialien gehören Polyethylen (PE), Polypropylen (PP), Polyethylenterephthalat (PET) und Polystyrol (PS). Die Wahl des am besten geeigneten Herstellungsverfahrens und Materials für eine spezifische Anwendung hängt dabei von vielen Parametern ab. Dazu zu zählen die Anforderungen des zu verpackenden Gutes, die Anzahl der benötigten Behälter, die vorliegende Produktionsinfrastruktur und auch zunehmend die Fähigkeit zur Kreislaufführung der verwendeten Ressourcen.

10.4.2 Geringe Verwertung von Kunststoffverpackungen

Mit dem weltweiten Erfolg der Werkstoffs Kunststoff wird allerdings auch ein wesentlicher Makel des gestiegenen Kunststoffkonsums deutlich. So leben wir gegenwärtig in einem linearen Wirtschaftssystem, in welchem Verpackungen nach der Produktanwendung meistens zu Abfall werden. Lediglich 14 Prozent der weltweiten Kunststoffverpackungen werden nach Gebrauch überhaupt gesammelt, um einem Recyclingsystem zugeführt zu werden [EMF16]. Weitere 14 Prozent werden verbrannt oder energetisch verwertet. Der Großteil des Verpackungsabfalls wird jedoch auf Deponien gelagert (40 Prozent) oder gelangt unkontrolliert in die Umwelt (32 Prozent).

Nach Jambeck et al. gelangen jährlich zwischen 4,8 und 12,7 Millionen Tonnen Kunststoffabfall in die Ozeane [JGW+15]. Dabei wird der Kunststoff vor allem über große Flüsse ins Meer eingetragen. Schmidt et al. haben berechnet, dass die zehn Flusssysteme mit der höchsten Kunststofffracht für ca. 90 Prozent des Eintrags verantwortlich sind [SKW17]. Demnach liegen acht dieser Flüsse in Asien und zwei in Afrika.

Ein Grund für die niedrige Verwertung von Kunststoffabfällen in den Entwicklungs- und Schwellenländern wird in den oftmals fehlenden Sammel- und Recyclingsystemen gesehen. Aber auch in der Europäischen Union werden von den gesammelten 18 Millionen Tonnen Kunststoffverpackungsabfall noch 18,5 Prozent auf Deponien entsorgt [PE18]. Zumindest werden hier bereits 42 Prozent dieses Abfalls einem Recycling zugeführt, die verbleibenden 39,5 Prozent werden energetisch verwertet.

10.4.3 Verpackungen im Fokus des Konsumenten

Die steigenden Verpackungsabfälle und die resultierende Umweltverschmutzung haben die Aufmerksamkeit der Öffentlichkeit auf sich gezogen. Die Verantwortung zur Reduzierung des Verpackungsmülls wird dabei vor allem bei den Herstellern gesehen (siehe Bild 10.13). Die Mehrzahl der Verbraucher ist aber nicht bereit, mehr für Produkte mit nachhaltigen Verpackungen zu zahlen [BFS+18].

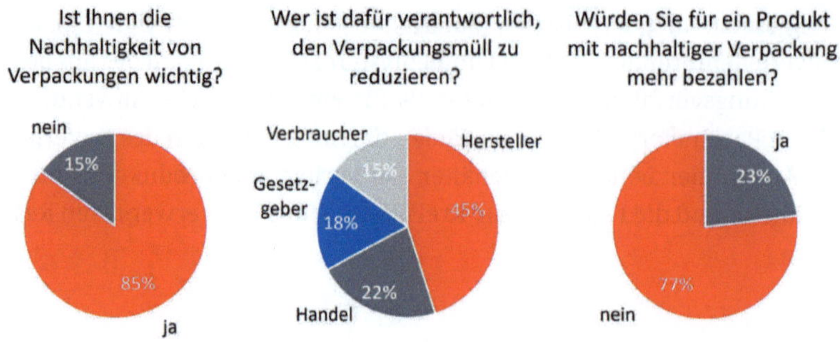

Bild 10.13 Bedeutung von nachhaltigen Verpackungen für den Konsumenten (nach der Studie „Verpackungen im Fokus“ von PwC, Deutschland, 2018, n=1000) [BFS+18]

10.4.4 Die Abfallhierarchie

Die übergeordneten Maßnahmen zur Abfallvermeidung sind in der Abfallhierarchie beschrieben [BMU17]. Diese Hierarchie gibt eine Priorisierung der unterschiedlichen Maßnahmen vor:

- Vermeidung
- Wiederverwendung
- Recycling
- energetische Verwertung
- Beseitigung

Im Folgenden werden die ersten drei Maßnahmen genauer betrachtet.

10.4.4.1 Vermeidung von Verpackungsmaterial

Ein oberstes Ziel muss sein, die Menge an neuem Verpackungsmaterial im gesamten Produktlebenszyklus zu reduzieren. Das muss aber geschehen, ohne die Qualität, Leistung oder Sicherheit der verpackten Produkte zu beeinträchtigen.

Durch die Reduzierung von Wand- und Folienstärken, verbesserte Materialeigenschaften und die Weiterentwicklung von Verarbeitungsprozessen konnte das Gewicht von Kunststoffverpackungen zwischen den Jahren 1991 und 2013 im Durchschnitt um 25 Prozent reduziert werden [IK16]. Bild 10.14 zeigt am Beispiel des Geschirrspülmittels Pril die Entwicklung des Verpackungsgewichts. So konnte durch den Wechsel von einer PE- auf eine PET-Flasche und eine weitere Optimierung des Verpackungsdesigns das Gewicht um 47 Prozent bezogen auf eine Dosieranwendung reduziert werden.

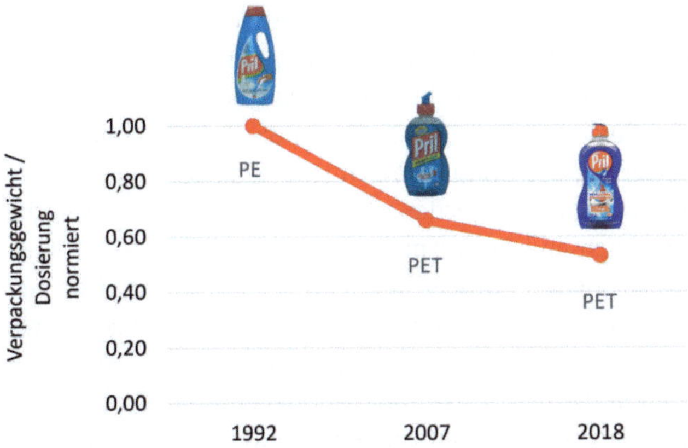

Bild 10.14 Entwicklung des normierten Verpackungsgewichts pro Dosierung des Handgeschirrspülmittels Pril (Bilder: Henkel)

10.4.4.2 Wiederverwendung von Verpackungen

Oftmals diskutierte Ansätze zur Wiederverwendung von Verpackungen sind die Wiederbefüllung von Verpackungen durch Nachfüllstationen im Handel oder der Einsatz von Nachfüllbeuteln.

Bild 10.15 Nachfüllstation zum Wiederbefüllen von Verpackungen (Bilder: Henkel)

Nachfüllstationen ermöglichen dem Verbraucher eine einmal erworbene Verpackung im Handel mit Produkt wieder aufzufüllen (siehe Bild 10.15). Somit wird bei den wiederholenden Kaufvorgängen kein neues Verpackungsmaterial benötigt. Allerdings stellen zum Beispiel bei Wasch-, Putz- und Reinigungsmitteln die richtige Kennzeichnung, Hygiene und die Konservierung des Produkts noch Herausforderungen dar. So muss bei der Wiederbefüllung sichergestellt werden, dass das gleiche Produkt in die Verpackung gefüllt wird, wie es auch auf der Verpackung ausgewiesen ist. Um eine Verkeimung des Produkts auszuschließen, müssen die leeren Verpackungen zudem hygienisch sauber sein. Ein weiterer Punkt ist die Konservierung des Produkts. Waschmittel, Putz- und Reinigungsmittel enthalten leicht biologisch abbaubare Stoffe. Damit diese in einer Nachfüllstation stabil bleiben, müssen Konservierungsmittel eingesetzt werden. Wird das nicht beachtet, kann dies ein Nährboden für Bakterien sein. Weitere Herausforderungen für den Einzelhandel sind der erhöhte Platz- und Logistikbedarf.

Auch über Nachfüllbeutel kann der Einsatz von Verpackungsmaterial reduziert werden. Im Vergleich zu Festkörperverpackungen werden für die flexiblen Kunststoffbeutel je nach Anwendung 70 bis 90 Prozent weniger Material eingesetzt. Die Nachfüllbeutel bestehen bisher zumeist aus Folienverbunden, die aus mehreren unterschiedlichen Materialien hergestellt sind. Diese Multi-Material-Lösungen sind nicht recyclingfähig. Der zunehmende Einsatz von Mono-Material-Lösungen verspricht eine deutlich verbesserte Recyclingfähigkeit. Eine weitere Herausforderung des Nachfüllbeutelkonzepts ist die Schaffung einer breiten Akzeptanz bei den Konsumenten.

10.4.5 Recycling von Verpackungen

Ein unverzichtbarer Ansatz wird in dem Recycling von Verpackungen gesehen, Stichwort: Kreislaufwirtschaft. Die zentrale Idee der Kreislaufwirtschaft besteht darin, Materialien nach ihrer Nutzung zu sammeln und zu recyceln, um sie wieder in einen neuen Verwertungsprozess zu integrieren. Somit ist es wichtig, dass Verpackungen so gestaltet werden, dass sie zum einen recyclingfähig sind und zum anderen möglichst viel recyceltes Material beinhalten.

10.4.5.1 Recyclingfähige Verpackungen

Nach der Definition der Ellen MacArthur Foundation wird eine Verpackungsform im globalen Kontext als recyclingfähig bezeichnet, wenn die erfolgreiche Sammlung, Sortierung und Wiederverwertung dieser Verpackung in der Praxis und in einem relevanten Maßstab nachgewiesen werden kann [EMF18]. Um dieses Kriterium zu erfüllen, muss eine Verpackungsform eine Recyclingrate von 30 Prozent in mehreren Regionen aufweisen, die zusammen mindestens 400 Millionen Einwohner repräsentieren. Tabelle 10.2 zeigt das Ergebnis einer von der Ellen MacArthur Foundation durchgeführten Expertenbefragung zum Thema, inwiefern dieses Kriterium für die wesentlichen Verpackungsformen erfüllt ist [EMF21]. Demnach kann für die meisten Festkörperverpackungen aus den Standardverpackungsmaterialien PET, PP und HDPE ein System für das Recycling in der Praxis und in einem relevanten Maßstab angenommen werden.

Tabelle 10.2 Für welche Verpackungsformen kann die erfolgreiche Sammlung, Sortierung und Wiederverwertung in der Praxis und in einem relevanten Maßstab angenommen werden? Ergebnis der Recyclingraten-Umfrage der Ellen MacArthur Foundation aus dem Jahr 2021 [EMF21]

Verpackungsform	Ein System für das Recycling in der Praxis und in einem relevanten Maßstab existiert
PET-Flaschen	Ja
PET thermogeformt	Nein
Andere PET-Rigid	Nein
HDPE-Flaschen	Ja
HDPE-Rigid Andere	Ja
PP-Flaschen	Ja
PP-Rigid Andere	Nein
PE-Tuben	Nein
PS-Rigid	Nein
EPS-Rigid	Nein
PVC-Rigid	Nein
>A4-Mono-Material-PE-Flexibles in B2B-Umfeld	Ja
<A4-Mono-Material-PE-Flexibles in B2C-Umfeld	Nein
Andere >A4-Flexibles	Nein
<A4-PE-Flexibles	Nein
<A4-PP-Flexibles	Nein
<A4-Multi-Material-Flexibles	Nein
Andere <A4-Mono-Material-Flexibles	Nein

Bei der recyclinggerechten Gestaltung einer Verpackung sollten Verpackungsformen und -materialien gewählt werden, für die Sammel-, Sortier- und Recyclingprozesse existieren. Darüber hinaus hängt die Recyclingfähigkeit einer Verpackung von vielen weiteren Faktoren ab. So sind möglichst Mono-Material-Ausführungen und farblose bzw. helle Farbgestaltungen vorzuziehen.

Der Großteil der Verpackungen aus dem Bereich Wasch-, Putz- und Reinigungsmittel ist bereits recyclingfähig. Bild 10.16 zeigt eine Auswahl von Verpackungstypen, die derzeit noch eine Herausforderung für das Recycling darstellen. Die gesamte Industrie ist gefragt, innovative Lösungen zu entwickeln, damit auch diese Verpackungsformen hochwertig recycelt werden.

An dieser Stelle soll das Beispiel der schwarzen Verpackungen genannt werden. Bei schwarzen Verpackungen wird zur Färbung zumeist ein auf Ruß basierter Farbstoff eingesetzt. Dieser Farbstoff verhindert in den Müllsortierwerken allerdings die zuverlässige Identifikation des Verpackungsmaterials mittels der verwendeten Nahinfrarot-Kamerasysteme. Daher werden diese schwarzen Verpackungen nicht in die korrekten Materialfraktionen sortiert und stattdessen energetisch verwertet. Von einigen Unternehmen wurden daher alternative schwarze Farbstoffsysteme entwickelt, die eine Identifikation dieser Verpackungen in den Sortierwerken ermöglichen [Hen19]. Somit können die mit diesen neuen Farbsystemen eingefärbten schwarzen Verpackungen nach ihrer Verwendung wieder der Wertschöpfungskette zugeführt werden.

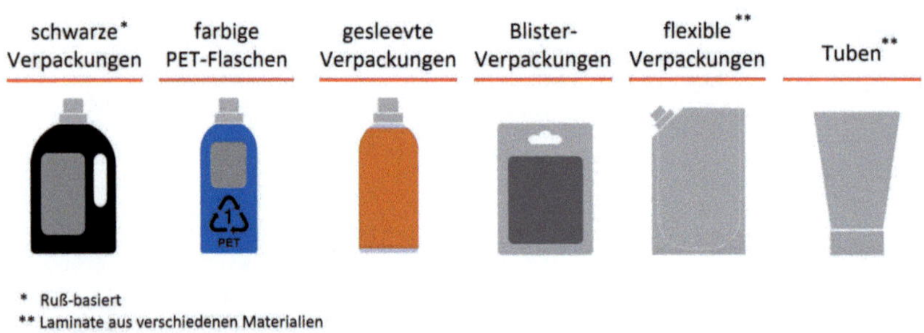

Bild 10.16 Herausforderungen als Anreiz für innovative Lösungen – derzeit noch nicht durchgängig recyclingfähige Verpackungen aus dem Segment Wasch-, Putz-, Reinigungsmittel

Im globalen Kontext stellt eine der größten Herausforderungen das Fehlen der notwendigen Sammel- und Recyclingsysteme dar. So haben sich viele Initiativen wie zum Beispiel die „Alliance to End Plastic Waste“ und „Project Stop“ zum Ziel gesetzt, entsprechende Infrastrukturen in Entwicklungs- und Schwellenländern zu installieren [AEP19] [PS19]. Ein weiteres Beispiel ist das Unternehmen Plastic Bank, das zum Ziel hat, den Eintrag von Kunststoffabfall in die Ozeane zu reduzieren und gleichzeitig die Lebensbedingungen für Menschen in Armut zu verbessern. Das Unternehmen errichtet in Ländern ohne ausreichende Abfall-Infrastrukturen sogenannte Sammelcenter. Die lokale Bevölkerung kann nun Kunststoffabfall an Stränden, Straßen, Flussufern und -mündungen etc. sammeln und diesen in den Sammelcentern gegen Geld, Waren oder Dienstleistungen eintauschen. Das gesammelte Material wird durch die Plastic Bank recycelt und kann dann wieder in der Produktion neuer Produkte integriert werden (siehe Bild 10.17).

Bild 10.17 Das Unternehmen Plastic Bank hat zum Ziel, den Eintrag von Abfall in die Weltmeere zu reduzieren und gleichzeitig die Lebensbedingungen für Menschen in Armut zu verbessern.

10.4.5.2 Einsatz von Kunststoff-Rezyklat

Im Jahr 2017 wurden in Deutschland 14,37 Millionen Tonnen Kunststoff verarbeitet [Con18]. 12,3 Prozent dieser Verarbeitungsmenge waren bereits recycelte Kunststoffe. Die Hauptmengen von Kunststoff-Rezyklat werden dabei in Bau-, Verpackungs- und Landwirtschafts-Anwendungen eingesetzt. Im Bereich Verpackungen lag der Rezyklat-Anteil bei durchschnittlich 9,1 Prozent. 40 Prozent der Rezyklatmengen für Verpackungen stammen dabei aus Post-Consumer-Quellen, die übrigen 60 Prozent aus Produktions- und Verarbeitungsabfällen (Pre-Consumer-Quellen).

Post-Consumer-Rezyklate (PCR) bestehen nach DIN EN ISO 14021 aus Abfällen nach Gebrauch, die bei Haushalten, gewerblichen und industriellen Einrichtungen oder Instituten als Endverbraucher des Produkts anfallen [DIN14021]. Pre-Consumer-Rezyklate (oder auch oftmals Post-Industrial-Rezyklate (PIR) genannt) werden aus Abfällen hergestellt, die bei Herstellungsverfahren vor Gebrauch als Abfall anfallen und nicht im selben Prozess wiederverwendet werden können. Der Vorteil von PIR ist, dass die Abfälle meist sortenrein anfallen und somit hochwertige Rezyklate hergestellt werden können. Allerdings sind die verfügbaren Materialmengen sehr begrenzt, da die Herkunft des jeweiligen Abfalls zumeist auf eine oder wenige Quellen beschränkt ist. Post-Consumer-Abfälle fallen hingegen in großen Mengen an. Jedoch sind diese Abfälle nicht sortenrein und teilweise stark verunreinigt, was sich wiederum auf die Qualität des resultierenden Rezyklats auswirkt und aufwendige Sortier- und Reinigungsprozesse notwendig macht. Durch das Schließen von Materialkreisläufen leistet der Einsatz sowohl von PCR als auch von PIR einen wesentlichen Beitrag zur Schaffung einer Kreislaufwirtschaft für Kunststoffe.

Allerdings ist der Einsatz von Rezyklat noch mit Herausforderungen verbunden (siehe Bild 10.18). Zum einen unterliegen die Eigenschaften des recycelten Materials höheren Toleranzen, was z. B. in der Produktion der Verpackungen zu Herausforderungen führen kann. Zudem sind die meisten recycelten Kunststoffe nur in dunkleren Farben erhältlich.

Eine Ausnahme stellt hier recyceltes PET dar. Aufgrund der etablierten Kreisläufe vor allem von transparenten PET-Getränkeflaschen können optisch ansprechende Rezyklate hergestellt werden, die sich lediglich durch einen leichten Gelb- oder Grauschleier auszeichnen. Eine große Herausforderung vor allem für polyolefinische Rezyklate liegt im intensiven Geruch des Materials, der aus der gemischten und verunreinigten Abfallsammlung resultiert. Für Kategorien, in welchen das Dufterlebnis des Produkts eine wichtige Rolle spielt, müssen durch intensive Waschprozesse die störenden Kontaminanten entfernt werden. Rezyklate, welche die zuvor genannten Qualitätsanforderungen erfüllen, sind derzeit nur in limitierten Mengen verfügbar. Die gleichzeitig hohe Nachfrage nach recycelten Materialien führt dazu, dass derzeit bereits Rezyklate mittlerer Qualitäten teurer sind als Neuware.

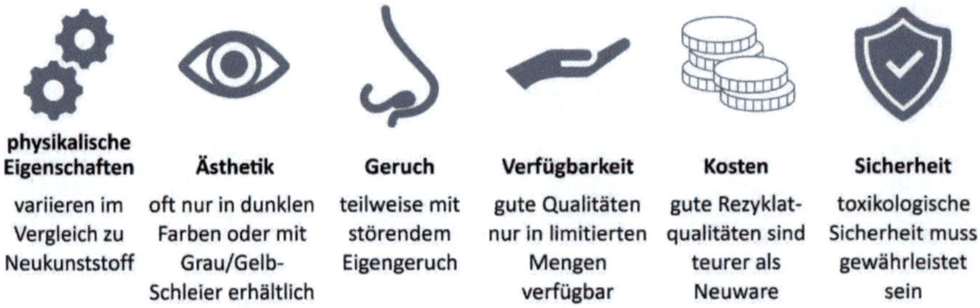

Bild 10.18 Derzeitige Herausforderungen bei Einsatz von Rezyklat

10.4.5.3 Innovative Lösungen entlang der gesamten Prozesskette

Kunststoff-Rezyklate werden heutzutage fast ausschließlich über das mechanische Recycling hergestellt (siehe Bild 10.19). Das durch diese Vorgehensweise hergestellte Rezyklat zeichnet sich üblicherweise durch einen geringen CO_2-Fußabdruck im Vergleich zu Neuware aus. Allerdings ist die Qualität des so hergestellten Rezyklats aufgrund des gemischten und verunreinigen Abfalls meist limitiert. Zudem können Kunststoffe nur eine begrenzte Anzahl an mechanischen Recyclingzyklen durchlaufen, bis ihre Polymerketten deutlich verkürzt sind.

Eine vielversprechende Technologie zur Ergänzung des mechanischen Recyclings ist das chemische Recycling. Hierbei werden die Kunststoffverpackungen nach der Gebrauchsphase wiederum gesammelt, gegebenenfalls in Materialfraktionen sortiert und anschließend über thermochemische Verfahren in Synthesegase oder Öle überführt (siehe Bild 10.19). Die so erzeugten Rohstoffe können dann zur Herstellung neuer Kunststoffe eingesetzt werden und somit fossile Rohstoffe ersetzen. Durch diesen chemischen Prozess lassen sich Rezyklate in Neuwarenqualität in praktisch unbegrenzten Recyclingzyklen herstellen. Verschiedene Unternehmen arbeiten derzeit an der Entwicklung und Implementierung des chemischen Recycling-Prozesses. Hierbei sollte darauf geachtet werden, den CO_2-Fußabdruck dieses energieintensiven Verfahrens möglichst zu minimieren.

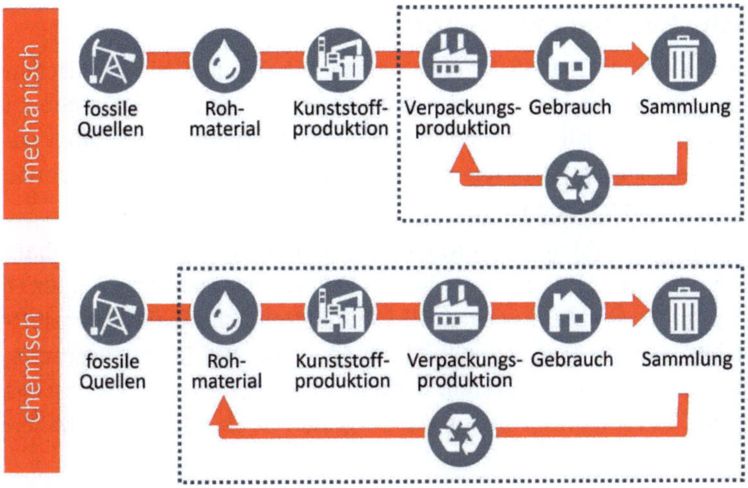

Bild 10.19 Schematische Darstellung des mechanischen und chemischen Recycling-Prozesses

10.4.6 Biokunststoffe – Alternativen zu recycelten Kunststoffen?

Eine weitere Möglichkeit zur Steigerung der Nachhaltigkeit von Verpackungen wird in dem Einsatz von Biokunststoffen gesehen. Als Biokunststoffe werden Kunststoffe bezeichnet, die biobasiert, biologisch abbaubar oder beides sein können [BBH+18]. Anhand der Eigenschafts- bzw. Herkunftsdimensionen „biologisch abbaubar" und „biobasiert" lassen sich vier Kunststofftypen ableiten (siehe Bild 10.20).

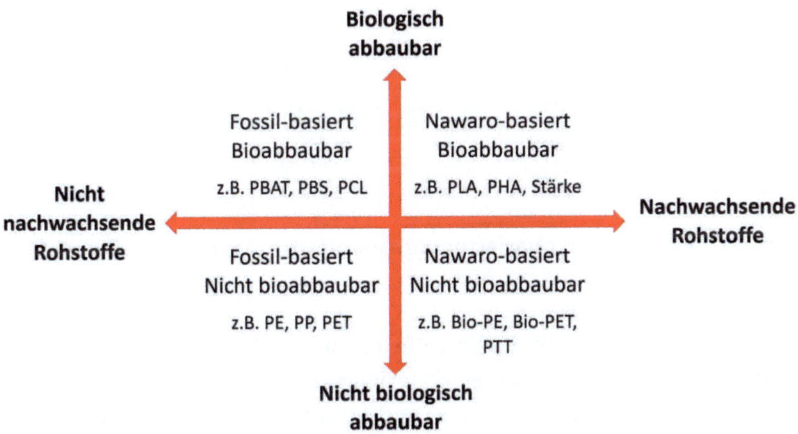

Bild 10.20 Grafische Darstellung aller Kunststofftypen nach [BBH+18]

10.4.6.1 Biologisch abbaubare Kunststoffe

Biologisch abbaubare Kunststoffe sind Materialien, die über einen biochemischen Prozess mittels Mikroorganismen in natürliche Substanzen wie Wasser, Kohlendioxid und Biomasse umgewandelt werden können [BBH+18]. Der Abbauprozess hängt dabei stark von den Umweltbedingungen, wie z. B. Temperatur und Feuchtigkeit, sowie von der Gestaltung der Verpackung ab.

Ob der Einsatz von biologisch abbaubaren Kunststoffen eine Lösung für das globale Vermüllungsproblem darstellt, ist umstritten. In den Untersuchungen von Napper et al. wurden zum Beispiel verschiedene vermeintlich biologisch abbaubare Kunststofftüten unterschiedlichen natürlichen Umweltbedingungen für drei Jahre ausgesetzt. Es konnte kein signifikanter Abbau festgestellt werden, um auf eine Verringerung des Meeresmülls durch den Einsatz dieser biologisch abbaubaren Materialien schließen zu können [NT19].

Viele Materialien dieser Klasse bauen sich lediglich in industriellen Kompostieranlagen unter definierten Bedingungen (erhöhte Temperatur, Feuchtigkeit und Anzahl von Mikroorganismen) ab. Die notwendige Infrastruktur zum Sammeln und Kompostieren liegt allerdings nur in wenigen Ländern vor.

10.4.6.2 Biobasierte Kunststoffe

Kunststoffe werden als biobasiert bezeichnet, wenn diese vollständig oder teilweise aus Biomasse wie z. B. Zuckerrohr, Mais oder Cellulose hergestellt sind [BBH+18]. Mit dem Einsatz dieser Materialien werden fossile Rohstoffquellen zumindest teilweise geschont (siehe Bild 10.21).

Bild 10.21 Durch den Einsatz von biobasierten Kunststoffen können fossile Rohstoffquellen geschont werden.

Biobasierte, nicht biologisch abbaubare Kunststoffe machen ca. 48 % der weltweiten Biokunststoffproduktion aus [EBP19]. Zu dieser Materialgruppe gehören Materialien wie Bio-PE und Bio-PET, die sich in den chemischen und physikalischen Eigenschaften von den konventionellen fossilen Kunststoffen PE oder PET nicht unterscheiden [BBH+18]. Diese werden daher oftmals auch als Drop-In-Lösungen bezeichnet. Aus diesen biobasierten Kunststoffen können somit Verpackungen mit vergleichbaren Qualitätseigenschaften wie mit konventionellen Kunststoffen hergestellt werden. Der alleinige Einsatz biobasierter Materialien in Verpackungen ist allerdings keine Lösung für das Vermüllungsproblem, da das Verpackungsmaterial am End-of-Life weiterhin anfällt.

10.4.7 Ordnungspolitischer Rahmen

Die Verringerung von Kunststoffabfall in der Umwelt ist derzeit ein Schwerpunktthema vieler Regierungen. So hat das Europäische Parlament im März 2019 ein Maßnahmenpaket zur Verringerung von Einwegkunststoffprodukten verabschiedet. Ab 2021 ist zum Beispiel der Verkauf von Einwegbesteck, Wattestäbchen, Trinkhalmen und Rührstäbchen aus Kunststoff in der EU verboten [EP19].

Eine weitere wesentliche Maßnahme wird in der Einführung bzw. Ausweitung der erweiterten Herstellerverantwortung (Extended Producer Responsibility, kurz EPR) auf europäischer Ebene gesehen. Dem Verursacherprinzip folgend wird den Herstellern die finanzielle Verantwortung zur Entsorgung ihrer Verkaufsverpackungen nach Gebrauch des Produkts übertragen [OEC19]. In Deutschland erfolgt die haushaltsnahe Sammlung und Entsorgung von Verkaufsverpackungen über die dualen Systeme gemäß dem neuen Verpackungsgesetz (VerpackG), welches seit dem 1.1.2019 in Kraft getreten ist. Ziel des VerpackG ist es, die Auswirkungen von Verpackungsabfällen auf die Umwelt zu vermeiden oder zu verringern [Bun17]. In diesem Gesetz werden dazu die dualen Systeme verpflichtet, über die Gestaltung der Beteiligungsentgelte Anreize für recyclinggerechtes Verpackungsdesign sowie den Einsatz von Rezyklat und nachwachsenden Rohstoffen in Verpackungen zu schaffen [KM19].

10.4.8 Beispiele

Im Folgenden sollen anhand einiger Beispiele aus dem Bereich Wasch-, Putz- und Reinigungsmittel der Firma Henkel AG & Co. KGaA verschiedene Ansätze zur kreislaufgerechten Gestaltung von formstabilen Verpackungen veranschaulicht werden.

Die Verpackung des Geschirrspülmittels Pril ProNature besteht zu einem Großteil aus Post-Consumer-Rezyklat (siehe Bild 10.22). So wird der PET-Flaschenkörper aus 100 % PCR hergestellt, wobei die eine Hälfte aus der deutschen Leichtverpackungssammlung (Gelber Sack) und die andere Hälfte aus Rezyklat (sogenanntes Social Plastic©) aus der Kooperation mit der Plastic Bank stammt. Auch der aus Polypropylen bestehende Flaschenverschluss besteht zu 84 Prozent aus Post-Consumer-Rezyklat. Darüber hinaus zeichnet sich das Verpackungsdesign durch eine hohe Recyclingfähigkeit aus, welches durch externe Zertifizierung bestätigt wurde.

Bild 10.22
Der Flaschenkörper des Geschirrspülmittels Pril ProNature besteht aus 100 Prozent PCR und der entsprechende Verschluss aus 84 Prozent PCR (Bild: Henkel).

Ein weiteres Beispiel ist die Verpackung von vorportionierten Waschmittelkapseln. Diese Kapseln enthalten Flüssigwaschmittel, die mit einer wasserlöslichen, biologisch abbaubaren Folie umhüllt sind. Durch die Vorportionierung wird die Verwendung der genau richtigen Waschmittelmenge für ein optimales Waschergebnis sichergestellt. Diese Waschmittelkapseln selbst sind in einer kindergesicherten Karton/Kunststoff-Kombination verpackt. Die thermogeformte Box einschließlich Verschluss besteht aus jeweils Polypropylen. Dies stellt die Barrierefunktion gegen äußere Einflussfaktoren wie z. B. Feuchtigkeit und die Kindersicherheit des Verpackungssystems sicher. Das Thermoformverfahren erlaubt die Herstellung einer sehr materialeffizienten Verpackung. So werden im Vergleich zur vorherigen rein spritzgegossenen Verpackungslösung 40 Prozent weniger Kunststoff eingesetzt. Zudem werden über Coextrusion 50 Prozent Post-Consumer-Rezyklat in die Außenschicht der thermogeformten Box eingebracht (siehe Bild 10.23). Die resultierende gräuliche Färbung wird durch eine hochwertig bedruckte Kartonbanderole überdeckt, die aus mehr als 90 % Recyclingkarton besteht. Neben der Aufgabe der Verbraucherinformation gibt diese Banderole der Gesamtverpackung die notwendige Steifigkeit. Ein Abtrennsystem ermöglicht die einfache Separierung von Karton- und Kunststoffmaterial durch den Konsumenten oder bei der Kompaktierung im folgenden Entsorgungsprozess.

Auch im folgenden Beispiel wird die Herausforderung der stark gräulichen Färbung des eingesetzten Rezyklats über ein smartes Verpackungsdesign gelöst. Der PE-Flaschenkörper des Geschirrspülmittel-Gels Somat Pro Nature wird aus gräulichem 100 %-Post-Consumer-Rezyklat hergestellt (siehe Bild 10.24). Der Verschluss beinhaltet ebenfalls Post-Consumer-Rezyklat, und zwar mit einem Anteil von 50 Prozent. Um eine Premiumanmutung des Gesamtprodukts zu erzielen, wird die Flaschenoberfläche mit einer hochwertig bedruckten Schrumpffolie überdeckt. Ein weiterer Vorteil dieser Dekorationsmöglichkeit ist, dass im Gegensatz zu herkömmlichen Etiketten kein Klebstoff zum Einsatz kommt, der im Recyclingprozess vom Flaschenkörper abgelöst werden müsste. Im Sortierprozess kann die Schrumpffolie allerdings die korrekte Materialzuordnung des Flaschenkörpers erschweren. Daher ermöglicht eine seitlich angebrachte Doppelperforation die einfache Separation von Flaschenkörper und Schrumpffolie durch den Konsumenten. Durch den Einsatz modernster NIR-Sortierer wird eine zuverlässige Materialidentifikation ermöglicht. Ebenfalls ist die Entwicklung neuer, auf den Sortier- und Recyclingprozess optimierter Schrumpffolienmaterialien Gegenstand aktueller Forschungen.

Bild 10.23
Die thermogeformte Box der vorportionierten Waschmittelkapseln von Persil besteht aus 50 Prozent Post-Consumer-Rezyklat (Foto: Henkel).

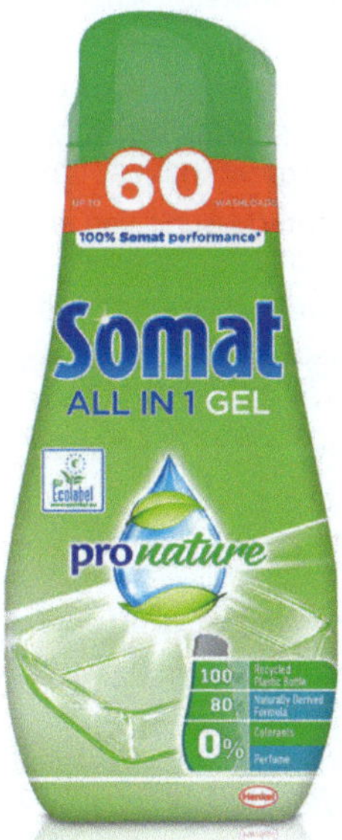

Bild 10.24
Der Flaschenkörper des Geschirrspülmittel-Gels Somat ProNature ist aus 100 Prozent recyceltem PE aus Post-Consumer-Quellen hergestellt (Foto: Henkel).

10.4.9 Fazit

Formstabile Verpackungen sind eine wichtige Verpackungsform für viele Branchen. Bei der richtigen Gestaltung ermöglicht diese Verpackungsform bereits in einigen Teilen der Welt eine gute Kreislaufführung. Um dies weiter zu verbessern, müssen alle Partner entlang der gesamten Prozesskette zusammenarbeiten und einen Beitrag leisten. Hersteller und Verarbeiter müssen ihre Verpackungen recyclingfähig gestalten, sodass aus diesen nach Gebrauch des Produkts wieder hochwertiges Rezyklat hergestellt werden kann. Zudem sollten die Verpackungen so gestaltet sein, dass in diesen wieder möglichst viel recyceltes Material eingesetzt wird. Die Entsorgungsindustrie hingegen ist gefragt, die Sammel-, Sortier- und Recycling-Infrastrukturen in Industrieländern zu harmonisieren und stetig weiterzuentwickeln. In Entwicklungsländern müssen zeitnah entsprechende Strukturen überhaupt etabliert werden. Dabei sollte der Fokus nicht nur auf Quantität, sondern vor allem auch auf hochwertigem Recycling liegen. Nur durch eine enge Kooperation aller Beteiligten wird es möglich sein, Ressourcen zu schonen und Verpackungsmüll auf Dauer zu minimieren.

Literatur für Abschnitt 10.4

[AEP19] ALLIANCE TO END PLASTIC WASTE: *https://endplasticwaste.org/*, 29. Juni 2019

[AGV18] ARBEITSGEMEINSCHAFT VERPACKUNG + UMWELT E. V. (AGVU): Zukunft Ver-packung – Ressourcenschonung und Klimaschutz, 2018

[BBH+18] Bertling, J.; Borelbach, P.; Hiebel, M.; Kabasci, S.; Kopitzky, R.: Recycling von Biokunststoffen – UMSICHT nimmt Stellung. UMSICHT Positionspapiere, Fraunhofer-Institut für Umwelt-, Sicherheits- und Energietechnik UMSICHT (Hrsg.), Oberhausen, 2018

[BFS+18] Bovensiepen, G.; Fink, H.; Schnück, P.; Rumpff, S.; Raimund, S.: Verpackungen im Fokus. 2018

[BMU17] BUNDESMINISTERIUM FÜR UMWELT, NATURSCHUTZ UND NUKLEARE SICHER-HEIT (BMU): Leitfaden zur Anwendung der Abfallhierarchie nach § 6 Kreislaufwirtschaftsgesetz (KrWG). 2017

[Bun17] BUNDESTAG: Gesetz zur Fortentwicklung der haushaltsnahen Getrennterfassung von wertstoffhaltigen Abfällen. Bundesgesetzblatt Jahrgang 2017 Teil I Nr. 45, 5. Juli 2019

[Con18] CONVERSIO MARKET & STRATEGY GMBH: Stoffstrombild Kunststoffe in Deutschland 2017. 2018

[DIN14021] DIN DEUTSCHES INSTITUT FÜR NORMUNG E. V.: Umweltkennzeichnungen und -deklarationen – Umweltbezogene Anbietererklärungen (Umweltkennzeichnung Typ II) (DIN EN ISO 14021). 2016

[EBP19] EUROPEAN BIOPLASTICS: European Bioplastics market data. *https://www.european-bioplastics.org/market/*, 10. Juli 2019

[EMF16] ELLEN MACARTHUR FOUNDATION: The New Plastics Economy – Rethinking the Future of Plastics. 2016

[EMF18] ELLEN MACARTHUR FOUNDATION: New Plastics Economy Global Commitment. 2018

[EMF21] N. N.: New Plastics Economy 2021 Recycling Rate Survey results summary. Ellen MacArthur Foundation, 2021

[EP19] EUROPÄISCHES PARLAMENT: Wegwerfprodukte aus Plastik: Parlament stimmt für Verbot ab. 2021, *http://www.europarl.europa.eu/news/de/press-room/20190321IPR32111/wegwerfprodukte-aus-plastik-parlament-stimmt-fur-verbot-ab-2021*, 10. Juli 2019

[GPV16] GESAMTVERBAND KUNSTSTOFFVERARBEITENDE INDUSTRIE E. V., PLASTICS-EUROPE DEUTSCHLAND E. V. UND VERBAND DEUTSCHER MASCHINEN- UND ANLAGENBAUER: Kunststoff kann's. 2018

[GVM18] GVM GESELLSCHAFT FÜR VERPACKUNGSMARKTFORSCHUNG: Nutzen von Verpackungen: Verpackungen nutzen – auch in ökologischer Hinsicht. Mainz 2018

[Han02] Hannay, F.: Rigid Plastics Packaging – Materials, Processes and Applications. Rapra Review Reports, Volume 13, Number 7, 2002

[Hen19] HENKEL AG & CO. KGAA: Henkel führt recycelbare schwarze Plastikverpackungen ein. 3. Mai 2019

[IK16] IK INDUSTRIEVEREINIGUNG KUNSTSTOFFVERPACKUNGEN E. V.: Daten und Fakten – Ressourceneffizienz von Kunststoffverpackungen. 2016

[IK17] IK Industrievereinigung Kunststoffverpackungen (Hrsg.) (2017): Fragen & Antworten zum Gebrauch von formstabilen Kunststoffverpackungen. Bad Homburg, *https://kunststoffverpackungen.de/wp-content/uploads/2019/07/fragen-und-antworten-zum-gebrauch-von-formstabilen-kunststoffverpackungen.pdf*

[IK21] IK Industrievereinigung Kunststoffverpackungen: Forecast Produktion Kunststoffpackmittel und Verpackungsfolien in Deutschland 2020. Bad Homburg 2021, *https://kunststoffverpackungen.de/marktdaten/produktion/*

[JGW+15] Jambeck, J. R.; Geyer, R.; Wilcox, C.; Siegler, T. R.; Perryman, M.; An-Drady, A.; Narayan, R.; Law, K. L.: Plastic waste inputs from land into the ocean. Science 347 (2015) 6223, S. 768 – 771

[KM19] Kardetzky, M.; Müller, S.: Das neue Verpackungsgesetz – Pflichten der Hersteller und Aufgaben für Sachverständige und Prüfer. Betriebs-Berater (2019) 14, S. 771 – 775

[ML19] Müller-Kirschbaum, T.; Leopold, T.: Ersticken wir im Plastikmüll? Szenarien für eine nachhaltige und zirkuläre Nutzung von Kunststoffen. 15. Symposium für Vorausschau und Technologieplanung. Acatech, Fraunhofer, Heinz Nixdorf Institut, 19. November 2019

[NT19] Napper, I. E.; Thompson, R. C.: Environmental Deterioration of Biodegradable, Oxo-biodegradable, Compostable, and Conventional Plastic Carrier Bags in the Sea, Soil, and Open-Air Over a 3-Year Period. Environ. Sci. Technol. (2019) 53, S. 4775 – 4783

[OEC19] OECD: Extended producer responsibility. *https://www.oecd.org/env/tools-evaluation/extended-producerresponsibility.htm*, 10. Juli 2019

[PE18] PLASTICS EUROPE: Plastics – the Facts. 2020, *https://www.plasticseurope.org/download_file/force/4829/319*, 2020

[PS19] PROJECT STOP: *https://www.stopoceanplastics.com/*, 29. Juni 2019

[SKW17] Schmidt, C.; Krauth, T.; Wagner, S.: Export of Plastic Debris by Rivers into the Sea. Environmental Science & Technology 51 (2017) 21, S. 12 246 – 12 253

10.5 Rezyklateinsatz bei flexiblen Verpackungen

Achim Grefenstein

Flexible Verpackungen werden je nach Anforderung aus unterschiedlichsten Polymeren, oft auch in Mehrschichtverbunden mit anderen Werkstoffen wie Papier und Aluminiumfolie eingesetzt. Im Folgenden werden nur die Kunststoffe betrachtet. Verunreinigungen aus Papier und Aluminium können deren effizientes Recycling aber massiv beeinträchtigen.

10.5.1 Der Markt für flexible Verpackungen in Europa

Innerhalb der Europäischen Union (EU28+2: inklusive UK, NO und CH) wurden im Jahr 2018 nach Eurostat 8,5 bis 9 Mio. t flexible Folien aus PE auf den Markt gebracht. Davon sind dem Markt für flexible Verpackungen 86 % der PE-Mengen zuzurechnen. Die mit 41 % der Gesamtmenge größte Anwendung sind Folien für Non-food-Anwendungen, von denen 18 % auf Stretchfolien und 14 % auf Schrumpffolien entfallen. Schwergutsäcke, Müllbeutel, Tragetaschen sind überwiegend auch dem Non-food-Bereich zuzuordnen und machen weitere 22 % aus (Bild 10.25) [PRE2020].

Aus recyclingtechnischer Sicht am problematischsten sind die Verpackungen im Lebensmittelbereich, in den insgesamt 23 % der PE-Folien fließen, die zur Erreichung höchster Barrieren und Steifigkeit überwiegend mit anderen Werkstoffen wie Aluminiumfolie, BOPET und OPA-Folien und Papier zu Mehrschichtlaminaten verbunden werden oder direkt mit Barrierematerialien wie PA und EVOH coextrudiert werden. Weiterhin werden im Lebensmittelbereich mit knapp 2 Mio. t auch größere Mengen BOPP- und (deutlich weniger) CPP-Folien eingesetzt, deren Haupteinsatzgebiet sehr dünne und steife Barriereverpackungen für Snacks und Backwaren sind. Auch im Bereich der wärmesterilisierbaren Verpackungen können aus technischer Sicht nur Folien aus PP Einsatz finden. Im Gegensatz zu PE gibt es jedoch im Jahr 2021 noch in keinem europäischen Land ein funktionierendes Recycling für flexible Verpackungen aus PP.

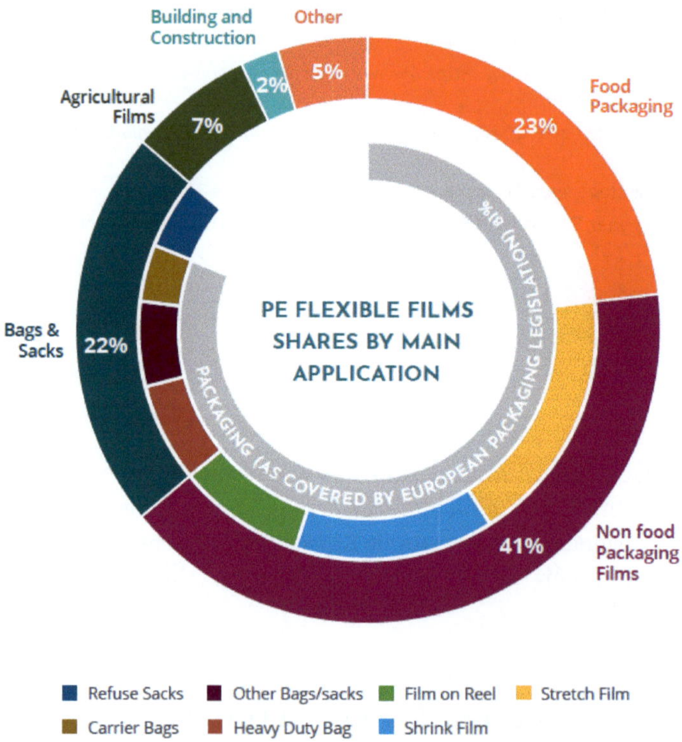

Bild 10.25 Anwendungen von PE-Folien in Europa [PRE2020]

10.5.2 Unterschiede bei Herstellung und Recycling von Folien aus Polyethylen und Polypropylen

Folien aus Polyethylen werden weit überwiegend im Blasfolienverfahren hergestellt. Dabei wird die Schmelze durch eine ringförmige Düse geführt und als Schlauch mit Luft abgekühlt. Der abgekühlte Schlauch wird dann doppelt flach gelegt, geschnitten und auf zwei identische Wickler als Rolle aufgewickelt. Folien von ca. 20 bis 200 µm werden so typischerweise hergestellt. Prozessentscheidend ist dabei eine hohe Schmelzestabilität im Schlauch, welche in der Vergangenheit durch die überwiegende Verwendung des stärker verzweigten LDPE erreicht wurde. Um steifere Folien herzustellen, wird dieses meist mit dem linear aufgebauten HDPE verblendet oder coextrudiert.

In den letzten Jahrzehnten kamen immer mehr leistungsfähigere lineare LLDPE-Typen auf (LL-C4, LL-C6, LL-C8), welche üblicherweise mit Butan, Hexan oder Octan copolymerisiert werden, um bessere mechanische Eigenschaften und Siegelfähigkeit zu erzielen. Diese oft auch durch Metallocenkatalyse hergestellten Produkte (mLLDPE) sind in den letzten Jahren in Bezug auf ihre Schmelzefestigkeit verbessert worden, sodass schon seit Jahren in der EU und auch weltweit deutlich mehr LLDPE als LDPE zum Einsatz kommt. Die durchschnittliche Dichte und der Melt-Flow-Rate-Wert (MFR) von heutigen auf Blasfolie basierten Regranulaten aus der Haushaltssammlung betragen 0,923 kg/dm^3 und 0,8 g/10 min.

Aktuelle Entwicklungen mit (auch biaxial) gereckten PE-Folien aus überwiegend HDPE lassen erwarten, dass sowohl die mittlere Dichte als auch der mittlere MFR ansteigen werden, da die gereckten BOPE-Folien im Flachfolienverfahren hergestellt werden, wo ein MFR von 1,6 bis 2,0 eher üblich ist.

Folien aus Polypropylen werden weit überwiegend im Flachfolienverfahren hergestellt, bei dem die Schmelze in einer sogenannten Breitschlitzdüse als flächige Bahn extrudiert wird und zum Abkühlen auf gekühlte Metallwalzen gegossen wird. PP-Folien mit höherer Siegelnahtfestigkeit werden als sogenanntes Cast-PP (CPP) direkt in der Enddicke von 20 bis 100 µm auf die Walzen gegossen. Im Markt werden demgegenüber deutlich größere Mengen an biaxial gerecktem Polypropylen (BOPP) hergestellt, wobei zunächst ein dickeres Sheet (mehrere 100 µm bis über 1 mm Dicke) extrudiert wird und dann in Längs- und Querrichtung um den Faktor 1:5 bis 1:10 gereckt wird. BOPP-Folien haben danach typische Dicken von 15 bis 40 µm. BOPP-Folien werden entweder als Druckträger eingesetzt und bestehen dann zumeist aus Homo-PP. Sie können aber auch mit einer (oft peelbaren) Siegelschicht ausgerüstet sein und enthalten dann, wie auch die Cast-Folien, kleinere Anteile an PP-Copolymeren mit Ethylen.

Typisch für den Flachfolienprozess sind die hohen Schmelzedrücke in den Extrusionswerkzeugen und Feedblöcken, welche dazu führen, dass passende PP-Typen meist einen höheren MFI-Index von ca. 3 bis 8 besitzen, gemessen bei der höheren Temperatur von 230 °C vs. PE, welches bei 190 °C gemessen wird. Als Endergebnis ist zu beachten, dass sowohl beim Regranulieren, aber insbesondere auch bei der erneuten Folienherstellung aus Regranulaten eine höhere Schmelzetemperatur (ca. 270 °C) im Vergleich zur Blasfolienherstellung aus PE (ca. 200 °C) vorliegt.

In diesem Zusammenhang ist es auch wichtig zu erwähnen, dass PE und PP unterschiedliches Verhalten bei der mehrfachen Wiederverarbeitung aufweisen. Polyethylen neigt weniger zum Abbau des Molekulargewichtes, wodurch auch die mechanischen Eigenschaften bei vielfacher Wiederverarbeitung erhalten bleiben. Durch die wiederholte thermische Belastung können aber Vernetzungen und damit die für Regranulate typischen Stippen entstehen. Polypropylen mit seinen tertiären Wasserstoffverbindungen ist dagegen deutlich empfindlicher für einen Kettenabbau (was man sich großtechnisch auch durch den gezielten Abbau mit Peroxiden zunutze macht) und damit den Verlust der mechanischen Eigenschaften bei wiederholter Verarbeitung [Ham2013].

Zusammenfassend kann man sagen, dass sich PE-Folien sehr gut wieder zu Regranulaten für die Blasfolienherstellung verarbeiten lassen, während Regranulate aus PP-Folien bisher, wenn überhaupt, eher für Spitzgießanwendungen Einsatz finden.

10.5.3 Sonderwerkstoffe

Im Bereich der flexiblen Verpackungen finden neben den beiden Polyolefinen auch weitere Werkstoffe wie Polyester (BOPET-Folien) und Polyamid (OPA-Folien), gewalzte Aluminiumfolien von wenigen µm Dicke und Papier als Kaschierpartner Einsatz, um höhere Steifigkeiten, höhere Zähigkeit, bessere Bedruckbarkeit und nicht zuletzt eine höhere Barriere gegen Sauerstoff und Aromen zu erreichen. Aus recyclingtechnischer Sicht sind solche Multi-Material-Laminate neben den auch eingesetzten bioabbaubaren Polymeren (PLA, PBAT, PHA…) durchaus problematisch.

10.5.4 Nicht-kompatible Barrieretechnologien

Zu den das Recycling störenden Barrierematerialien gehört in erster Linie die gewalzte Aluminiumfolie. Diese führt einerseits schon in der Sortierung dazu, dass das gesamte Laminat in die Aluminiumfraktion sortiert wird und damit 85 bis 90 % des Gewichtsanteils solcher Laminate für die Kreislaufwirtschaft verloren gehen. Gelangt ein solches Laminat in eine der Kunststofffraktionen, so ist nicht nur das Fremdpolymer störend, sondern der Regranulierprozess wird auch durch das schnelle Zusetzen der Filtersiebe gestört.

Neben den Aluminiumfolien mit ihrer unendlichen Barriere finden auch Folien aus BOPET als Barrierefolien Einsatz. BOPET lässt sich leichter mit besseren Barrieren herstellen als BOPP, da die hohe Steifigkeit und sehr glatte Oberfläche eine leichtere Beschichtung durch Vakuummetallisierung, keramische Beschichtungen wie SiO_x und AlOx und unterschiedliche Barrierelacke wie z. B. PVDC erlauben.

Während PVDC definitiv bei allen DfR-Richtlinien der „roten“ Kategorie zugeordnet wird, ist es noch offen, welche Barrierelacke ein mechanisches Recycling nicht stören.

10.5.5 Kompatible Barrieretechnologien

Die nach den gängigen Recyclingrichtlinien [REC2021] [CEF2021] mit Polyethylen (und wahrscheinlich auch Polypropylen, auch wenn es dazu noch keine Detailergebnisse gibt) kompatiblen Barrieretechnologien sind:

- die Coextrusion mit weniger als 5 % EVOH und Tie-layern aus PE-g-Mahlgut
- die analoge Coextrusion mit bis zu 15 % speziellen Polyamiden mit einer geringen Schmelztemperatur unter 200 °C
- die Vakuummetallisierung oder Beschichtung mit SiO_x/AlO_x (ohne weitere Schutzlacke zunächst)
- Barrierelacke auf Basis PVOH

10.5.6 Rezyklateinsatz heute

Wenn man über den Rezyklateinsatz spricht, ist es zunächst wichtig, unterschiedliche Rezyklatarten zu unterscheiden [DIN2020]:

- Post-Industrial-Rezyklate (PIR): entstammen aus industriellen Abfallströmen, die während der Produktion entstehen und aus technischen/qualitativen Gründen nicht wieder direkt in die gleiche Anwendung zurückgeführt werden können. Dies betrifft nicht Produktionsabfälle, die im gleichen Prozess wiederverwertet/recycelt werden, wie z. B. die Rückführung von Stanzgittern und Randbeschnitt und Anfahrabfall.
- Post-Consumer-Rezyklate (PCR): Materialien, welche ihre bestimmungsgemäße Funktion beim Endanwender erfüllt haben und nicht wiederverwendet werden können. Die Endanwender können dabei sowohl industrielle Endanwender, Supermärkte und Institutionen sein (wie z. B. bei Stretch- und Schrumpffolien zur Palettensicherung) als auch Endkonsumenten (über die Haushaltssammlung oder Rückgabesysteme am Supermarkt).

Nach aktuellen Überlegungen der europäischen Kommission ist damit zu rechnen, dass beide Arten von PCR bei der Erfüllung von Rezyklateinsatzquoten berücksichtigt werden, wobei es jedoch klar ist, dass ein Recycling von PCR aus der Haushaltssammlung technisch herausfordernder ist und kommerzielles PCR schon weitgehend Einsatz findet. Bild 10.26 stellt die im Jahr 2018 gesammelten Mengen gegenüber und zeigt deutlich die immer noch überwiegende Dominanz der PCR aus industriellen und kommerziellen Quellen, wogegen die aktuell gesammelten Mengen aus der Haushaltssammlung deutlich geringer ausfallen.

Insgesamt wurden im Jahr 2018 ca. 2,7 Mio. t Ballenware sortiert, wovon ca. 2 Mio. t PE zum Recycling versendet wurden, woraus sich eine Durchschnittsquote von 23 % aller PE-Folien ergibt. Betrachtet man nur die Verpackungsfolien aus PE, ist dieser Anteil insgesamt noch etwas geringer, vor allem bei PCR aus der Haushaltssammlung, welches nur zu 17 % recycelt wird. Hier werden bisher meist nur großformatige Folien über A4-Größe aussortiert, da diese üblicherweise nicht mit störenden Werkstoffen co-extrudiert oder kaschiert sind. Die Recyclingquoten können also nur signifikant erhöht werden, wenn man auch funktionierende Lösungen für die kleineren Verpackungen findet, die die Mehrheit der heutzutage in den Supermarktregalen befindlichen flexiblen Verpackungsformate darstellen.

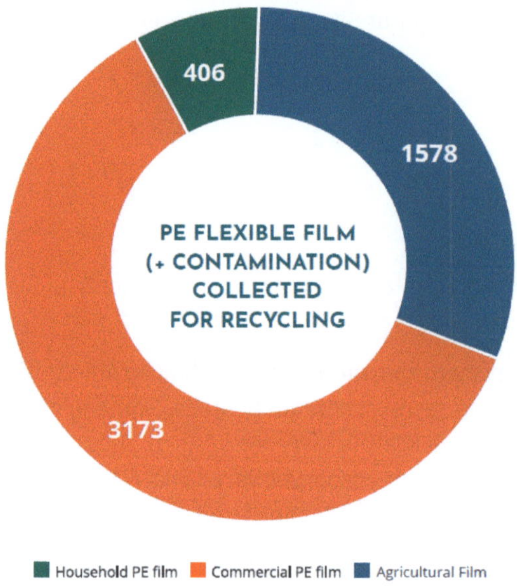

Bild 10.26
Gesammelte Mengen PE-Folien (inkl. Kontaminationen) in Kilotonnen 2018 [PRE2020]

Die schlechtere Rezyklierbarkeit von Household-PCR-PE liegt auch an dem geringeren PE-Anteil von nur 70 % in den sortierten Ballen gegenüber 85 % in den Ballen aus kommerziellen Quellen [PRE2020], was auch an den hohen Anteilen von Fremdpolymeren bei Food-Verpackungen liegt.

Schließt man auch PP-Folien und Multi-Material-Laminate ein, so wurden im Jahr 2018 ca. 14 Mio. t flexible Folien und Verpackungen in den Markt gebracht, von denen ca. 9 Mio. t reines PE sind. 46 % der PE-Folien werden sortiert, wohingegen kaum PP-, PET- oder Coextrusionsfolien, und dies nur aus kommerziellen Sammlungen, in die Sortierung gelangen (Bild 10.27).

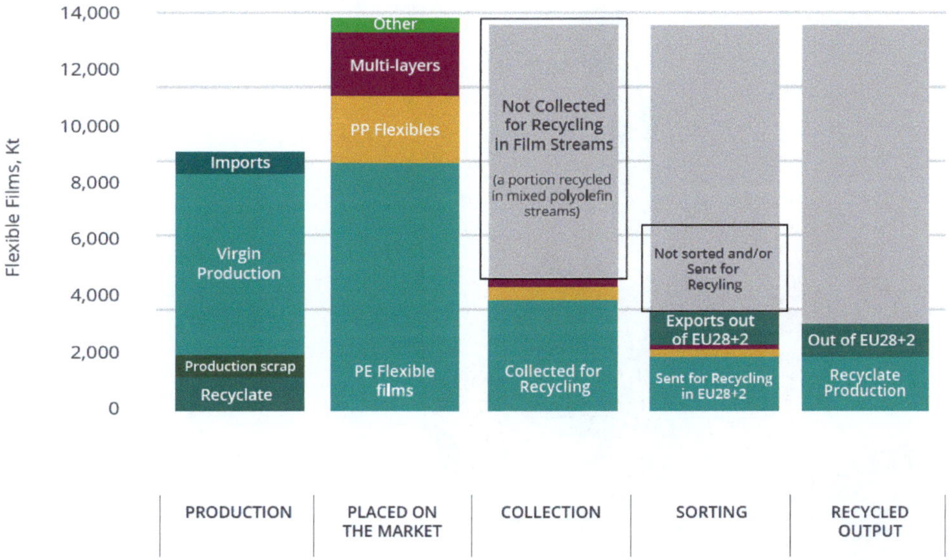

Bild 10.27 Flexible Folien – Massenbilanz 2018 [PRE2019]

Die meisten europäischen Staaten haben eine Sammlung und Sortierung von Haushaltsfolien in unterschiedlicher Form implementiert (Bild 10.28). Diese Haushaltsfolien werden entweder in eine Mischkunststofffraktion oder in eine reine PE-Fraktion sortiert. In Deutschland und Italien z. B. werden größere PE-Folien separat sortiert, während die kleineren Formate in der Mischfraktion landen, deren Ballenmarktpreise negativ sein können, da diese oft nur verbrannt werden können. Eine reinere und bessere Folienqualität durch Design-for-Recycling vorausgesetzt, leben heute schon 65 – 70 % der europäischen Bevölkerung in Ländern mit installierter Sammlung und Sortierung, die ein höherwertiges Recycling erlauben würde.

Die gesamten Recyclingkapazitäten für PE sind im Zeitraum von 2014 bis 2018 von 1,5 auf 2,5 Mio. t gestiegen, damit wurden 1,8 Mio. t Rezyklate produziert, davon 1,2 bis 1,3 Mio. t als Folienqualitäten. Im gleichen Zeitraum ist auch die Exportmenge an sortierter Ballenware von 1,8 Mio. t auf weniger als eine Million t gesunken.

Die größten Kapazitäten finden sich in Deutschland (506 kt), Italien (366 kt), Spanien (338 kt), Polen (327 kt), den Niederlanden (192 kt) und Frankreich (163 kt). Dabei ist zu bemerken, dass industrielle PCR-Qualitäten für viele Anwendungen Einsatz finden, während die Qualitäten aus der Haushaltssammlung (noch) überwiegend für weniger anspruchsvolle Anwendungen Einsatz findet, bei denen eine Eigenfarbe, Geruch und Stippen toleriert werden können. Solche Anwendungen wie Beutel und Müllsäcke werden heute allerdings auch mit den höchsten Anteilen an Rezyklaten von teilweise über 90 % hergestellt (Tabelle 10.3).

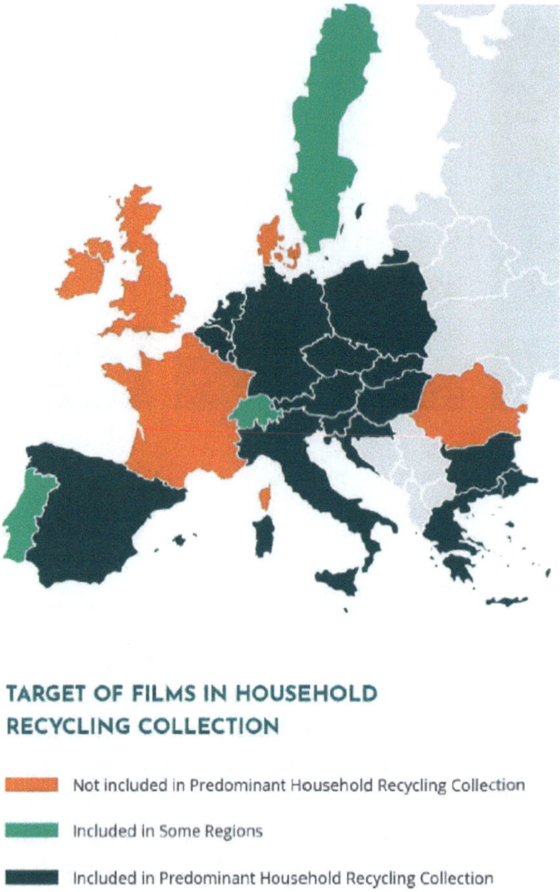

Bild 10.28 Folien-Haushaltssammlung in unterschiedlichen europäischen Ländern

Tabelle 10.3 Verbrauch von Folienrezyklaten 2018 in neuen Folienprodukten in kt [PRE2020]

	Folienerzeugung	Rezyklatmengen	Rezyklatanteil [%]
Folien non-food	3410	400	12
Müllsäcke	440	300	68
Tragetaschen	110	100	91
sonstige Beutel/Säcke	1540	200	14
Baufolien	180	100	56
Agrarfolien	536	119	22
Gesamtmenge non-food		**1219**	

10.5.7 Zukünftige Potenziale für den Rezyklateinsatz

Mangelndes **Design for Recycling** ist der Hauptgrund, dass Multimaterialien und coextrudierte Barrierefolien heute überwiegend als Sortierreste in der Verbrennung landen und dass die Qualitäten von Haushalts-PCR für viele Folienanwendungen noch nicht ausreichen bzw. nur geringe Rezyklatanteile erlauben.

Dies kann geändert und die Rezyklatqualität deutlich gesteigert werden durch eine konsequente Vermeidung von Kontaminationen. Design Guidelines favorisieren übereinstimmend Monomaterialien aus PE oder PP anstelle von Folien aus gemischten Polyolefinen. Weiterhin stellen exotische Werkstoffe wie Biopolymere, Multi-Materiallaminate aus Polyolefinen und technischen Thermoplasten wie BOPET und OPA, PVC und störende Additive (oxoabbaubare oder die Dichte ändernde) Disruptoren dar, die in allen bekannten Design Guidelines demzufolge verboten sind [REC2021] [CEF2021].

Selbst gemischte Polyolefine aus PP und LDPE sind kritisch, da das in Folien meist eingesetzte weiche LDPE oder LLDPE die mechanischen Eigenschaften (Festigkeit, Steifigkeit etc.) für Spritzgießanwendungen von gemischten Polyolefinen stört. Im Gegensatz dazu ist das im Rigid-Packaging eingesetzte HDPE deutlich unkritischer und wird erfolgreich als Mixed-Polyolefin (MPO)auch für anspruchsvolle Spritzgießanwendungen recycelt [MTM2021].

Innovative Recyclingprozesse sind eine weitere notwendige Voraussetzung, um die Rezyklatqualität zu steigern und mechanische Rezyklate auch in anspruchsvollere Folienanwendungen zu bringen:

- Sortiermethoden:
  - Verbesserte NIR-Sensoren und Auswertesoftware/Rechnerleistung erlauben heutzutage schon nicht nur die Sortierung kleinerer Verpackungen, sondern sogar von Flakes nach dem Schreddern. So können flexible Verpackungen nach Mono-PE und Mono-PP und auch in eingefärbt/transparent getrennt werden.
  - Digitale Wasserzeichen werden heute schon im Rahmen von interaktiven Verpackungen eingesetzt und könnten es in Zukunft auch erlauben, z. B. Lebensmittelverpackungen von anderen Verpackungen zu trennen (siehe Projekt HolyGrail unter [CEF2021]).
- Heißwäsche/De-Inking:
  - Die bei PET-Flaschen schon etablierte Heißwäsche wurde erfolgreich auf schwimmende Werkstoffe wie PE und PP übertragen und erste Anlagen im Markt installiert. Hauptmotivation ist dabei zunächst die Beseitigung von Lebensmittelresten und deren Gerüchen nach Abbau bei der Regranulierung.
  - Erste erfolgreiche Untersuchungen mehrerer Unternehmen scheinen aber auch zu zeigen, dass spezielle Waschbedingungen zumindest für einige Druckfarbensysteme auch zu einer Entfernung von Druckfarben dienen können.

- Feinfiltration:
  - Eine feinere Filtration bei der Regranulierung kann die Anzahl der durch Fremdkörper bedingten Stippen deutlich reduzieren. Da dabei tendenziell auch der Massedruck im Prozess ansteigt, ist diese Maßnahme bei Haushalts-PCR vor allem dann sinnvoll, wenn die Maßnahmen zum Design-for-Recycling greifen und die Menge an Kontaminationen verringert wurde.
- Löseverfahren:
  - Eine neue Recycling-Variante sind die dem mechanischen Recycling zuzurechnenden Löseverfahren. Dabei wird aus einem Mehrstoffgemisch, wie z. B. industriellen Abfällen aus PA/PE-Coexfolien, eine Komponente selektiv in Lösung gebracht, hier das Polyethylen. Man erhält auf diese Weise ein sehr reines, annähernd transparentes Rezyklat. Aktuelle Entwicklungen sollen diese Verfahren auch für Wertstofffraktionen aus der Haushaltssammlung nutzen. Ob die so gewonnenen PE-Lösungen auch so weit gereinigt werden können, dass wieder neue lebensmitteltaugliche Regranulate gewonnen werden können, ist noch offen [APK2021] [Cre2021].

Wenn zumindest einige dieser Maßnahmen konsequent umgesetzt werden, so rechnet man für 2030 damit, dass über alle PE-Folienanwendungen 36 % Rezyklate eingesetzt werden können, was annähernd einer Verdopplung heutiger Rezyklatmengen entspricht [PRE2020].

Neben der Erhöhung der rezyklierten Menge an PE muss aber auch ein Recyclingstrom für flexibles Mono-PP aufgebaut werden. Offen ist, ob dieser nur im Spritzguss oder auch in neuen Folien, und damit einer echten Kreislaufwirtschaft, Anwendung finden kann.

Neben dem mechanischen Recycling wird auch das chemische Recycling eine Rolle spielen. Beim chemischen Recycling werden die Molekülketten der Polyolefine durch Energiezufuhr bei hohen Temperaturen von ca. 400 °C (Pyrolyse) bis über 1000 °C (Gasifizierung) aufgebrochen, um neue chemische Rohstoffe wie Naphtha zu erzeugen. Das chemische Recycling erlaubt es, wieder neue lebensmitteltaugliche Granulate mit Neuwarequalität zu erzeugen. Andererseits ist es energieaufwendig und wird deshalb von einigen NGOs und auch dem Umweltbundesamt durchaus kritisch im Vergleich zum mechanischen Recycling betrachtet. Unstrittig ist aber, dass es gegenüber der Verbrennung von z. B. Sortierresten des mechanischen Recyclings umweltfreundlicher ist, wobei immer noch keine abschließenden Ökobilanzen vorliegen [UBA2020]. Auch das chemische Recycling arbeitet mit reinen Polyolefinen effizienter, weshalb auch hier ein Design-for-Recycling sinnvoll und nötig ist.

10.5.8 Fallstudien und Beispiele für recyclebare Hochbarriereverpackungen aus Kunststoff

Immer wieder wurde und wird behauptet, dass manche Verpackungen, wie Hochbarriereverpackungen, nicht mit recyclingfähigen Laminatstrukturen realisierbar sind, und wenn, dann könne nur mit einem signifikanten Upgauging (Erhöhung der Materialdicke) die gleiche Barriere erreicht werden, siehe unter anderem [GVM2018].

Aufgrund der intensiven Entwicklungstätigkeiten nahezu aller großen Hersteller von flexiblen Verpackungen ist diese Aussage nicht mehr zu halten. Hochbarriere-Laminat-Verpackungen aus Mono-PE sind heutzutage nicht dicker als herkömmliche Verpackungen aus PET/PE, OPA/PE, PET/metPET/PE oder PET/Alu/PE und sind dabei nach strengsten Kriterien recyclebar [PRE2019].

Die Produktfamilie „Ecolam“ besteht dabei aus gereckten PE-Folien von nur 20 µm Dicke, welche entweder bedruckt und/oder mit Hochbarrierebeschichtungen versehen sind. Für nahezu alle Verpackungsanwendungen lassen sich so Barrieren erreichen, welche auch Aluminiumfolien-Laminate für z. B. Kaffee und andere empfindliche Füllgüter ersetzen können (Bild 10.29).

Bild 10.29 Typische Anwendungen der Ecolam-Mono-PE-Laminate [Gre2019]

Für Anwendungen im Non-food-Bereich, wie z. B. Waschmittel, lassen sich auch höhere Anteile aus Post-Consumer-Rezyklat (PCR) aus der Haushaltssammlung in solchen Laminaten einsetzen. Das für die in Bild 10.30 dargestellte Verpackung eingesetzte Regranulat wurde mit dem sogenannten „Quality-Recycling-Prozess QRP“ [CEF2020] erzeugt, wobei eine verbesserte Sortierung, eine Heißwäsche und in der Regranulierung eine Feinfiltration zum Einsatz kamen

Mit dem Werkstoff Polyethylen ist es auch möglich, bei der Laminatherstellung entstandene Produktionsabfälle mit bis zu 80 % Anteil wieder in neue Kaschierfolien für Non-food-Anwendungen einzusetzen. Dabei und auch beim Einsatz von Haushalts-PCR müssen die Kunden jedoch die ein oder andere Stippe und auch eine graue Eigenfarbe auf der Verpackungsinnenseite akzeptieren, so lange keine leistungsfähigen De-Inking-Technologien zum Einsatz kommen können [GRE2019] [Con2021].

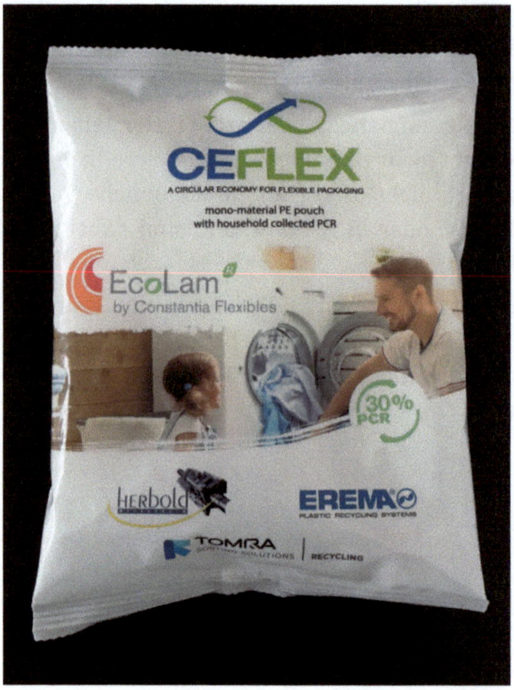

Bild 10.30
Laminat aus Mono-PE mit Haushalts-PCR-Anteil in der Siegelfolie

Während es bei ungereckten Blasfolien relativ einfach ist, auch höhere Rezyklatanteile zu verwenden, stellen die gereckten Folien eine deutlich größere Herausforderung dar, da kleinste Stippen schon zu Bahnabrissen und Produktionsunterbrechungen bei der Herstellung führen können. Dennoch wurden erste gereckte Folien aus dem in Mono-PP-Laminaten meist eingesetzten BOPP mit zumindest kleinen Regranulatanteilen und geschäumten Folien größerer Dicke in Versuchen hergestellt [CEF2020]. Dennoch erwarten die meisten Experten den Einsatz von Regranulaten aus Mono-PP eher in einfacheren Anwendungen wie Spritzgussbauteilen.

Literatur für Abschnitt 10.5

[APK2021] *www.apk-ag.de*, Newcycling® – die innovative Recyclingtechnologie der APK AG. Stand August 2021

[CEF2020] Perspectives in boosting value and keeping materials in the economy – A quality recycling process for flexible packaging. CEFLEX, November 2020

[CEF2021] *www.ceflex.eu*, Website von CEFLEX, Circular Economy for Flexible Packaging, Stand August 2021

[Con2021] *www.cflex.com*, Website der Constantia Flexibles International GmbH, Stand September 2021

[Cre2021] *www.creacycle.de*, Der Creasolv-Prozess. Website der Creacycle GmbH, Stand August 2021

[DIN2020] DIN EN ISO 14021: Environmental Labels and declarations – self-declared environmental claims (Type II Environmental labelling). 2020

[Gre2019] Achim Grefenstein: Recyclable High Barrier Packaging Laminates. Plastics Recyclers Annual Meeting, Brussels, November 21/22, 2019

[GVM2018] Potenziale der Substitution von Kunststoff/Kunststoff-Verbundfolien durch recyclingfähige Mono- oder Verbundfolien. GVM Gesellschaft für Verpackungsmarktforschung, Mainz, März 2018

[Ham2013] Kotiba Hamad; Mosab Kaseem; Fawaz Deri: Recycling of waste from polymer materials: An overview of the recent works. Polymer Degradation and Stability 98 (2013), S. 2801 – 2812

[MTM2021] *www.mtm-plastics.eu*, Website der MTM Plastics GmbH, einer Tochter der Borealis-Gruppe, Stand August 2021

[PRE2019] First technology for PE Film „EcoLam High Plus" by Constantia Flexibles tested by RecyClass. Press Release, Plastics Recyclers Europe, Brussels, October 14, 2019

[PRE2020] Flexible Film Market in Europe, Report from Eunomia for Plastics Recyclers Europe. Brussels 2020

[REC2021] *www.recyclass.eu*, Website der Initiative Recyclass der Plastics Recyclers Europe, Stand August 2021

[UBA2020] Julia Vogel; Franziska Krüger; Matthias Fabian: Chemisches Recycling – Hintergrund. Herausgeber: Umweltbundesamt, Juli 2020

10.6 Automobil-Recycling und zugehörige Stoffsammlung

Rudolph Stauber

10.6.1 Kraftfahrzeuge/Volumenströme

Kraftfahrzeuge gehören weltweit zu den höchst entwickelten Industriegütern. Einen Großteil des Fahrzeugbestands und der Produktion von Kraftfahrzeugen umfasst dabei die Klasse der Personenkraftwagen (Pkw) mit mehr als 80 Prozent. Der weltweite Bestand an Pkws stieg seit 1978 von ca. 275 Mio. Fahrzeugen kontinuierlich auf ca. 1,2 Mrd. Fahrzeuge im Jahre 2020 an [VDA20]. Der Pkw-Bestand in Deutschland betrug im Jahre 2020 ca. 48,2 Mio. Fahrzeuge [KBA24].

Auch die Pkw-Neuzulassungen sind in der letzten Dekade weltweit kontinuierlich angestiegen, mit einem durch Pandemie-bedingte Maßnahmen begleiteten Rückgang im Jahre 2020. So wurden im Jahre 2020 in Asien 30,5 Mio., in Nordamerika 16,9 Mio., in Westeuropa 10,7 Mio., in Osteuropa 2,8 Mio. und in Südamerika 2,8 Mio. Pkw neu für den Straßenverkehr zugelassen. Im Jahre 2023 wurden weltweit schätzungsweise rund 74,4 Millionen Personenkraftwagen verkauft. Damit lagen die globalen Absatzzahlen wieder etwas auf dem Niveau von 2019 [N.N.20]. In Deutschland wurden im Jahre 2020 ca. 2,9 Mio. Pkw neu zugelassen [N.N.21].

Moderne Pkw bestehen heute – abhängig von Größe und eingesetzten Technologien – aus mehreren tausend Bauteilen je Fahrzeug. Jedes dieser Bauteile ist für den vorgesehenen Anwendungszweck maßgeschneidert hinsichtlich Geometrie und Werkstoff. Ziel ist dabei, ein Optimum hinsichtlich der geplanten technischen Bauteil-Funktion, der sicheren langjährigen Verfügbarkeit der für das geplante Fahrzeugmodell vorgesehenen Materialien, der Wirtschaftlichkeit und den heute anerkannten Anforderungen an eine nachhaltige Produktgestaltung zu finden, insbesondere durch einen ressourcenschonenden Materialeinsatz und eine Recycling-gerechte Bauweise.

10.6.2 Altfahrzeugverwertung/gesetzliche Grundlagen

Bereits in den Anfängen der Massenmotorisierung in den Siebzigerjahren des letzten Jahrhunderts wurden sowohl der Wert von noch funktionstüchtigen Bauteilen aus Altfahrzeugen als auch der Materialwert der eingesetzten Werkstoffe erkannt. Stillgelegte Kraftfahrzeuge werden bis heute von Altfahrzeug-Verwertern konsequent ausgeschlachtet, mit dem Ziel, noch funktionsfähige Bauteile für zeitwertgerechte Reparaturen von Bestandsfahrzeugen dem Markt zuzuführen sowie Altbatterien und Edelmetall-beladene Abgaskatalysatoren zu demontieren und direkt den dafür existierenden stoffspezifischen Recyclingkreisläufen zuzuführen. Die Rest-Karosserien wurden noch bis zur Jahrtausendwende überwiegend ausschließlich für die Rückgewinnung der eingesetzten Metalle in großtechnische Schredder-Anlagen oder Schrottscheren überführt. Bei diesen Zerkleinerungsprozessen blieb meist ein als „Schredder-Rückstand" bezeichnetes Materialgemisch übrig, bestehend aus Kunststoffen, Elastomeren, Polstermaterialien, Textilfasern, Dämmstoffen, Glas, Keramik, Holz und Metallresten. Diese sogenannte Schredder-Leichtfraktion – bei Pkw-Altfahrzeugen ca. 20–25 % bezogen auf das ursprüngliche Fahrzeuggewicht – wurde anschließend in Deponien abgelagert, in Einzelfällen auch unkontrolliert entsorgt.

In den Neunzigerjahren des letzten Jahrhunderts gab es deshalb europaweit Initiativen von Fahrzeugherstellern, von Altfahrzeugverwertern, von Deponiebetreibern, von Wirtschaftsverbänden und von Behörden, ein umfassendes Recycling von Altfahrzeugen auf dem Verordnungswege zu organisieren. Ziel war es, Altfahrzeuge zu einem hohen Maße stofflich und energetisch zu verwerten, Deponierückstände bestmöglich zu reduzieren und einen unkontrollierten Verbleib von Kraftfahrzeugen zu unterbinden. In den Mitgliedsländern der Europäischen Union wurde im Jahre 2000 die sogenannte EG-Altfahrzeug-Richtlinie 2000/53/EG verabschiedet und anschließend von den Mitgliedsstaaten in nationales Recht umgesetzt. Für Deutschland gilt heute die aktuelle deutsche Altfahrzeugverordnung in der ursprünglichen Fassung vom 21. Juni 2002 sowie den fortlaufenden Anpassungen, letztmals geändert am 18. November 2020 [BG98] [GH98] [Dre02].

In der heute gültigen Altfahrzeugverordnung sind im Wesentlichen folgende Punkte gesetzlich geregelt:

- umfangreiche Dokumentation der in Neufahrzeugen verwendeten Materialien einschließlich einer Bewertung der Recyclingfähigkeit der verwendeten Werkstoffe als Element der Kraftfahrzeugzulassung durch das Kraftfahrtbundesamt
- Sicherstellen einer stofflichen Verwertungsquote für Altfahrzeuge durch den jeweiligen Fahrzeughersteller. Bei Fahrzeugen, die ab Modelljahr 2015 zugelassen sind,

müssen 95 Gewichtsprozent der verwendeten Materialien, bezogen auf das Fahrzeugleergewicht, in Industrieprozessen wiederverwendet oder verwertet werden. Der vorgeschriebene Umfang der stofflichen Verwertung beträgt dabei 85 Gewichtsprozent.

- Begrenzung des Einsatzes der Schwermetalle Quecksilber, Cadmium, Blei sowie von sechswertigem Chrom bei Neufahrzeugen
- Verpflichtung der Fahrzeughersteller zur kostenlosen Rücknahme des Altfahrzeugs über ein flächendeckendes Netz von zertifizierten Altfahrzeugverwertern
- Ausstellung eines Verwertungsnachweises für den Letzthalter zur Abmeldung des Fahrzeugs bei der Zulassungsstelle
- umweltgerechte Trockenlegung von Altfahrzeugen durch den Verwertungsbetrieb und sichere Entsorgung der Betriebsstoffe
- Demontage und Entsorgung von pyrotechnischen Anlagen und Batterien
- Demontage von Rädern und Reifen durch den Verwertungsbetrieb und Zuführung von Aluminiumrädern zum Sekundäraluminium-Kreislauf
- Demontage von großflächigen, leicht demontierbaren Kunststoffbauteilen durch den Verwertungsbetrieb
- Kompaktieren der Restkarosserien durch den Verwertungsbetrieb und sichere Zuführung zur weiteren stofflichen Verwertung an großtechnische Schredder-Anlagen oder Schrottscheren

Im Jahr 2020 wurden in Deutschland 8 105 637 Pkw stillgelegt. Fahrzeugstilllegungen werden in der Regel durchgeführt bei Besitzumschreibungen, vorübergehenden Stilllegungen für einen kürzeren oder längeren Zeitraum oder für eine endgültige Außerbetriebsetzung. Von diesen Stilllegungen waren 14,4 % der Pkw bis zu 2 Jahre alt, 32,1 % der Pkw (ca. 2,6 Mio. Pkw) waren mindestens 15 Jahre alt oder älter. Zu den Altfahrzeugen laut Altfahrzeugverordnung zählen Pkw mit bis zu 8 Sitzen und leichte Nutzfahrzeuge mit einem Höchstgesamtgewicht bis zu 3,5 t. Im Jahre 2019 fielen 464 657 Altfahrzeuge zur Verwertung in Deutschland an, von denen 461 266 Stück (mit einem Gewicht von 501 658 t) aus Deutschland stammten [KBA20].

Die Bewertung dieser Zahlen lässt den Schluss zu, dass nur ein geringer Anteil (ca. 20 %) der in Deutschland endgültig außer Betrieb gesetzten Altfahrzeuge für nachgeschaltete Verwertungsprozesse in Deutschland zur Verfügung steht. Der Großteil der stillgelegten Pkw hingegen wird in Form von Gebrauchtfahrzeug-Exporten zu ca. 70 % in EU-Staaten und zu ca. 10 % in Nicht-EU-Staaten exportiert und später in diesen Ländern dem Fahrzeug-Recycling zugeführt, als Ersatzteilquelle benutzt bzw. stofflich und energetisch gemäß den Gesetzen des jeweiligen Landes und des Marktes verwertet [UBA21].

Das bedeutet aber auch, dass bei den Werkstoff-Strömen aus der Altfahrzeugverwertung in Deutschland nur die metallischen Werkstoffe (Stahl und Eisen, Aluminium, Kupfer) gesichert in existierende Stoffkreisläufe überführt werden können.

Die übrigen Materialien, und damit insbesondere Kunststoffe (Thermoplaste und Duroplaste) und Elastomere, fallen in Form von heterogenen Stoffgemischen in der sogenannten Schredder-Leichtfraktion an. Daraus lassen sich nicht oder nur mit zu großem technischen und wirtschaftlichen Aufwand werkstofflich sortenreine Materialien wiedergewinnen. Die Schredder-Leichtfraktion wird deshalb heute überwiegend in Müllverbrennungsanlagen verbrannt oder als Energiequelle für großtechnische Industrieprozesse (z. B. bei der Zementherstellung) genutzt. In verschiedenen kommunalen Projekten werden aus der Schredder-Leichtfraktion über den Weg der Pyrolyse auch Ersatzbrennstoffe (Öl und Gas) hergestellt. Werkstofftechnisch exakt definierte Kunststoff-Rezyklate mit gesicherten Stoffströmen für die Entwicklung und Produktion von Neufahrzeugen lassen sich nach heutigem technischen Stand aus der Altfahrzeugverwertung nicht gewinnen.

10.6.3 Altfahrzeugverwertung/Technologien

2017 waren in Deutschland 74 großtechnische Schredder-Anlagen und Schrottscheren in Betrieb. Ein Großteil davon verwertet auch Altfahrzeuge. Der Schrottinput für die Schredder-Anlagen besteht in der Regel aus Altkarossen, Haushaltsgroßgeräten und leichtem Misch- und Sammelschrott. Daraus resultieren rund 65 % bis 75 % Fe-Schredder-Schrott, rund 3 % bis 8 % Schredder-Schwerfraktion mit Altmetallkonzentraten, Leicht- und Schwermetallen und etwa 18 % bis 25 % Schredder-Leichtfraktion. 2017 wurden in diesen Verwertungsbetrieben rund 592 000 Altfahrzeuge mit einem Gesamtgewicht von 815 000 t verwertet. Der jährliche Eintrag in diese Einrichtungen ist schwankend und stark abhängig von wirtschaftlichen und politischen Rahmenbedingungen. So wurden z. B. wegen der damals in Deutschland gewährten Umweltprämie im Jahr 2009 über eine Million Altfahrzeuge (1 043 000) zugeführt, 2016 fielen nur 456 000 Fahrzeuge an [N.N.19].

Der Eisen-Anteil des Fe-Schredder-Schrotts kann vor Ort nach Aussortieren von Kupferankern und Buntmetallstörstoffen auf über 95 % gesteigert werden. Der Fe-Schrott kann anschließend direkt in Stahlwerken als sogenannter Kühlungsschrott beim Prozess der Stahlherstellung stofflich wieder verwertet werden. Die Schredder-Schwerfraktion besteht neben NE-Metallen unter anderem aus Chrom-Nickel-Stählen. Durch sensorbasierte Sortierung kann daraus ein wiederverwertbarer Metallanteil bis zu 50 % gewonnen werden. Die Schredder-Leichtfraktion wird durch Windsichtung ausgetragen und enthält einen Kunststoffanteil von ca. 30 % sowie weitere kleinverteilte Materialien wie Elastomere, Dämmstoffe, Textilien, Holz, Glas, Keramik, mineralische Fasern und weitere Metalle, die vorher nicht abgetrennt worden waren (z. B. aus Steckern und anderen elektrischen Verbindungen). Aus dieser Fraktion werden vereinzelt mineralische Fasern und Restmetalle abgetrennt und in Stoffkreisläufe überführt [Fla19].

Der Kunststoffanteil besteht überwiegend aus faserhaltigen Flocken, Resten von Teppich- und Verkleidungsmaterialien, Schaumstoffrückständen und technischen Kunststoffen mit pulverartiger Konsistenz bis hin zur Münzengröße und enthält ein breites Spektrum aus 50 bis 100 unterschiedlichen thermoplastischen und duroplastischen Kunststoffen und Kunststoff-Verbundmaterialien. Diese sind 10 bis 20 Jahre zurückliegend damals in den Neufahrzeugen verbaut worden und in Deutschland auf den Markt gekommen. Heute würden sie wegen gestiegener Anforderungen (z. B. technische Funktion des Bauteils, weltweite Verfügbarkeit, Wirtschaftlichkeit) nicht mehr als Konstruktionswerkstoff festgelegt werden. Eine Rückgewinnung einzelner Kunststoffe aus der Schredder-Leichtfraktion ist heute insgesamt unwirtschaftlich und wird nicht praktiziert, auch nicht für eine Verwendung außerhalb der Automobiltechnik.

Die Schredder-Leichtfraktion wird heute überwiegend in der Müllverbrennung und in Zementwerken als Brennstoff (thermische Verwertung) und zunehmend auch pyrolysetechnisch für die Herstellung von Ersatzbrennstoffen bzw. zur Gewinnung von Grundrohstoffen für die Polymersynthese genutzt (chemisches Recycling) und damit begrifflich zur Zielquote für die Verwertung von Altfahrzeugen hinzugerechnet. Nicht weiter verwertbare Rückstände mit maximal fünf Gewichtsprozent bezogen auf das ursprüngliche Fahrzeuggewicht werden deponiert und auch vereinzelt als Bergversatz genutzt [Rec21].

Nach Untersuchungen des Umweltbundesamts wurden im Jahr 2019 in Deutschland im Mittel 93,6 % der Altfahrzeugmasse verwertet, davon 86,9 % stofflich. Damit bewegt sich die Altfahrzeugverwertung in Deutschland ausreichend gut im Zielkorridor der durch die Altfahrzeugverordnung vorgegebenen Verwertungsquoten [UBA21].

10.6.4 Entwicklung von Neufahrzeugen/Nachhaltigkeit

Das Pflichtenheft bei Fahrzeugentwicklungen umfasst heute herstellerspezifisch ein breites und maßgeschneidertes Spektrum an wirtschaftlichen und technischen Zielvorgaben für jedes neu zu entwickelnde Fahrzeugmodell. Die für den späteren Herstellprozess vorgesehenen Materialien müssen für den gesamten Produktionszeitraum und für eine langjährige Ersatzteilversorgung verfügbar sein und gleichzeitig sicherstellen, dass alle geplanten technischen Fahrzeugfunktionen bestmöglich erfüllt werden können.

Das Thema Nachhaltigkeit bei Fahrzeug-Neuentwicklungen steht bei vielen Herstellern heute besonders im Fokus und umfasst ein breites Spektrum an Maßnahmen für eine umweltgerechte und energieeffiziente Produktion mit einem hohen Anteil an Ökostrom sowie für die Verwendung von nachhaltig gewonnenen und rezyklierfähigen Werkstoffen bzw. den Einsatz von Rezyklat-Werkstoffen, sowohl bei Metallen als auch bei Kunststoffen. Über diese Maßnahmen berichten Automobilhersteller in regelmäßig erscheinenden Umwelt- und Nachhaltigkeitsberichten.

Exemplarisch sind hier einige publizierte, nachhaltige werkstofftechnische Konzepte für die Ausgestaltung von Neufahrzeugen von deutschen Automobilherstellern zusammengefasst [Pri21] [KAR21] [GLM15]:

- Verwendung von FSC-zertifizierten Hölzern im Fahrzeuginnenraum
- Verwendung von Olivenkernen, Kokosschalen und Holz für Filtersysteme, Verkleidungen und Zierteile
- Einsatz von Leder im Innenraum, das mit dem Extrakt von Olivenbaumblättern gegerbt wurde und damit frei von Chromrückständen ist
- Verwendung von Kenaf, Flachs, Hanf und holzfaserverstärkten Materialien für Türverkleidungen, Faservliese in Ablageböden sowie Verstärkungsrahmen im Schiebedachbereich
- Verwendung von Baumwolle, Wolle, Cellulose, Bastfasern, Schilfgras und Jute für Isolationen, Ab-Dämpfungen, Verkleidungen, Hutablagen und Bezugsstoffe
- Verarbeitung des Nylons von recycelten Fischernetzen in Bodenbelägen und Fußmatten
- Verarbeitung von Carbonfaser-Verschnitten zu Carbonfaser-Vliesen als Grundwerkstoff für Verstärkungsteile im Karosseriebau
- textile Verkleidungen, Sitzbezüge, Ab-Dämpfungen und Bodenbeläge für den Fahrzeuginnenraum aus PET-Rezyklaten
- Unterstruktur von Türverkleidungen, Windlauf-Abdeckungen, Innenraum-Abdeckung, Stoßfänger-Führungen, Rahmenstrukturen von Frontverkleidungen, dünnwandige Luftführungselemente, Kabelkanäle, Bodenbeläge sowie Halterungen für Steuerelemente aus PP-Rezyklaten
- Flüssigkeitsbehälter, Luftkanäle, Bodenbeläge sowie Abdeckungen im Außen- und Motorbereich aus PE-Rezyklaten
- Abdeckungen, Verkleidungen und Gehäusestrukturen im Innenraum aus PC-ABS bzw. ABS-Rezyklaten
- Bodenbeläge, Kleinteile (Muttern, Leitungsbefestiger), Tragrahmen und Abdeckungen im Motorbereich aus PA6– und PA66-Rezyklaten
- Radlaufverkleidungen aus aufgearbeiteten Starterbatterien und Stoßfängerverkleidungen
- Verwendung von Sekundär-Aluminium für Gussteile
- Gewinnung von Lithium und Kobalt für die Herstellung von Batterien aus kontrollierten Quellen in Australien und Marokko

Beim Einsatz von Rezyklat-Kunststoffen im Automobilbau kommen heute ausschließlich thermoplastische Kunststoffe zur Anwendung. An wirtschaftlich geeigneten Verfahren zur Aufarbeitung und Qualifizierung von duroplastischen Reststoffen (z. B. Polyurethan-Schaumwerkstoffe aus Sitzpolstern) wird derzeit geforscht. Thermoplastische Rezyklat-Werkstoffe werden häufig von spezifischen Recycling-Unternehmen am Markt angeboten, die diese Werkstoffe speziell für die technischen Anforderungen im Automobilbau aufbereiten. Die Grundstoffe dafür sind in der Regel Produktionsabfälle und Ausschussteile aus laufenden Fahrzeugproduktionen, aber auch aus Demontageteilen von Werkstätten und Altfahrzeugverwertern. Die Zielsetzung ist dabei, Rezyklat-Werkstoffe möglichst aus fahrzeugbezogenen Abfallströmen zu gewinnen und damit Kreisläufe zu schließen. Beim Einsatz von Rezyklat-Kunststoffen im Automobilbau steht die Erfüllung der bauteilspezifischen technischen Anforderungen ganz besonders im Vordergrund. Darüber hinaus muss der Werkstoff für das geplante Fahrzeugmodell am geplanten Produktionsstandort mengenmäßig gesichert zur Verfügung stehen und zu den gesamtwirtschaftlichen Zielsetzungen beitragen. Je nach Verfügbarkeit und technischer Anforderung für das jeweilige Fahrzeugmodell werden in heute produzierten Automobilen zwischen 20 kg und 50 kg Rezyklat-Kunststoffe eingesetzt. Die Festlegung für den jeweiligen Werkstoff wird dabei im sogenannten Zielekatalog für jedes neu zu produzierende Fahrzeugmodell im Rahmen der Fahrzeugentwicklung getroffen und in der Regel dann für den gesamten Produktionszyklus beibehalten [MB21] [KAR21] [GLM15].

10.6.5 Ausblick

Der heute weltweit verfügbare Bestand an Kraftfahrzeugen erfüllt alle einschlägigen gesetzlichen Bestimmungen, die für die Typzulassung zum Straßenverkehr erforderlich sind. Die verwendeten Werkstoffe stellen dabei sicher, dass die für das jeweilige Modell geplanten technischen Eigenschaften über die Fahrzeug-Lebensdauer bestmöglich eingehalten werden. Materialien aus Altfahrzeugen, die endgültig stillgelegt werden, werden heute in der Regel in existierende Recycling-Kreisläufe eingeschleust und mit einem hohen Anteil von bis zu 95 Gewichtsprozent stofflich, chemisch und thermisch verwertet. Kunststoffe aus Altfahrzeugen werden in der Regel über die Schredder-Leichtfraktion als Mischkunststoffe abgetrennt. Eine sortenreine Abtrennung und Aufarbeitung von Kunststoffen wird heute aus technischen und wirtschaftlichen Gründen nicht praktiziert. Die Fraktion der Misch-Kunststoffe wird in Einzelfällen chemisch, überwiegend aber thermisch verwertet. Reststoffe in geringen Mengen, für die heute eine Verwertung sowohl technisch als auch wirtschaftlich nicht möglich ist, werden auf Deponien abgelagert oder im Untertagebau genutzt.

Bei der Fahrzeug-Neuentwicklung stehen heute zahlreiche Ansätze für eine nachhaltige Produktgestaltung besonders im Vordergrund. Schwerpunkte sind:

- geringer Energie- und Wassereinsatz, Verwendung von Ökostrom und Vermeidung von umweltbelastenden Stoffen bei der Fahrzeugherstellung
- Verwendung von Materialien im Fahrzeugbau, die umweltgerecht gewonnen und bestmöglich wieder in geschlossene Fahrzeug-Recyclingkreisläufe überführt werden können
- gezielter Einsatz von Rezyklat-Werkstoffen, sowohl bei Metallen als auch bei Kunststoffen
- Einsatz von Bauweisen im Fahrzeugbau, die eine einfache Demontage von Bauteilen und eine spätere Fahrzeugzerlegung wirtschaftlich und umweltgerecht möglich machen
- Entwicklung von Fahrzeugen mit geringer Schadstoffbelastung der Umwelt (Abgas, Feinstaub) während des Betriebs
- kontinuierlicher Umstieg auf Batterie-elektrische Antriebe, Hybrid-Antriebe und Wasserstoff-basierte Brennstoffzellen-Technologien

Das Bündel dieser Maßnahmen wird den Automobilbau der Zukunft nachhaltig verändern und sicherstellen, dass die Mobilität von morgen allen anerkannten Umweltstandards entspricht. Eine grundsätzliche Änderung bei der Verwertung der Mischkunststoff-Fraktion ist nicht zu erwarten. Neue gesetzliche Vorschriften werden sicherstellen, dass E-Mobilitäts-spezifische Komponenten (z. B. Batterie-Speicher) separat demontiert und entweder einer Wiederverwendung als Sekundärspeicher in Stromnetzen zugeführt werden oder aber selektiv stofflich verwertet werden. Der verbleibende Altfahrzeugkörper aus E-Fahrzeugen ist in der Regel vergleichbar zu den Altfahrzeugen mit Verbrennermotoren und wird den etablierten Altfahrzeugströmen zugeführt werden.

Literatur für Abschnitt 10.6

[BG98] Jürgen Beudt; Stefan Gessenich: Die Altauto-Verordnung. Branchenwandel durch neue Marktstrukturen – Chancen und Grenzen für die Abfallwirtschaft. Springer-Verlag. 1. Auflage, Berlin 1988, ISBN 3540645799

[Dre02] Jörg Dreher: Das Recht der Altautoverwertung – Die Umsetzung der EG-Altauto-Richtlinie (2000/537EG) in nationales Recht unter besonderer Berücksichtigung der bisherigen deutschen Rechtslage. 1. Auflage, Nomos, Lüneburg 2002, ISBN 9783789080845

[Fla19] Sabine Flamme: Schrottaufbereitung – Quo Vadis. Vortrag auf der BDSV Jahrestagung 2019: Beitrag der Stahlrecyclingbranche zum Klimaschutz im Fokus, 13./14.11.2019, Münster

[GH98] Ludger Gisberts; Juliane Hilf: Kreislaufwirtschaft Altauto – Altautoverordnung und freiwillige Selbstverpflichtung. Rechtsfragen und praktische Umsetzung. Erich-Schmidt-Verlag, 1. Auflage, Berlin 1998, ISBN 3503043942

[GLM15] M. Gude; H. Lieberwirth; G. Meschut; M. F. Zäh: FOREL-Studie: Chancen und Herausforderungen im ressourceneffizienten Leichtbau für die Elektromobilität. 2015, ISBN 987-3-00-049681-3

[KAR21] E. Kraus; H. Achenbach; J. Rudloff; J. Erath: Kreislauf für technische Kunststoffteile schließen – Nachhaltigkeit in der Automobilindustrie. PLASTVERARBEITER, 05-2021

[KBA20] Kraftfahrtbundesamt: Statistische Mitteilungen FZ16, 2020

[KBA24] *https://www.kba.de*, 31.01.2024[MB21] Pressemitteilung Mercedes-Benz, Presseabteilung 02.09.2021

[N.N.19] N. N.: *https://eu-recycling.com/Archive/24959*, 09.02.2024 [N.N.20] *https://de.statista.com*, 31.01.2024

[N.N.21] Pressemitteilung Kraftfahrtbundesamt Nr. 02/2021

[Pri21] G. Prinzhorn, mint-Magazin 07/21, S. 18 – 19

[Rec21] B. Reckter: VDI-Nachrichten, 24.09.2021, S. 18

[UBA21] Umweltbundesamt: Mitteilung des Umweltbundesamtes zu Ressourcen und Abfall. 02.08.2021

[VDA20] Verband der Automobilindustrie (VDA): Tatsachen und Zahlen. Jahresbericht 2020

10.7 Erntekunststoffe in Deutschland und Europa: Verbrauch, Entsorgung, Umweltauswirkungen

Lorena Fricke

Agrarkunststoffe sind aus einer modernen landwirtschaftlichen Produktion nicht wegzudenken. Der Einsatz von Ernteverfrühungsfolien und -vliesen, z. B. Mulchfolien, Spargelfolien und Lochfolien, hat in den letzten 70 Jahren dazu geführt, dass sich Erträge pro Hektar deutlich verbessert haben, unter anderem durch eine bessere Temperaturkontrolle in den Böden und effizientere Nutzung von Bewässerung. Weniger Pestizide und Herbizide müssen eingesetzt werden und Bodenerosion wird vermindert. Erntefolien, Ernteschutzvliese, Garne und Netze werden zur Herstellung, Konservierung und Lagerung von Futtermitteln für die Tierhaltung verwendet. Sie tragen zu einer qualitativ hochwertigen Ernährung der Nutztiere bei und vermeiden Verluste der Futtermittel.

Die Food and Agricultural Organisation der Vereinten Nationen (FAO) geht davon aus, dass weltweit etwa 12,5 Millionen Tonnen Kunststoffe in landwirtschaftlichen Prozessen eingesetzt werden, darunter 6,1 Millionen Tonnen in Erntefolien (FAO 2021). Sie schätzt, dass sich der Verbrauch in den nächsten zehn Jahren noch deutlich erhöhen wird. In Europa fallen schätzungsweise 722 000 Tonnen Erntekunststoffe an, davon knapp die Hälfte im Ernteverfrühungs- und der Rest im Ernteschutzbereich (Eunomia 2021).

Die geschätzte Menge an Erntekunststoffen in Deutschland beträgt knapp 83.000 Tonnen. Über die Hälfte davon sind Silage- und Stretchfolien gefolgt von Ballennetzen und Pressengarnen, die zum Ernteschutz eingesetzt werden (siehe Bild 10.31). Produkte, die für die Ernteverfrühung eingesetzt werden, machen in Deutschland nur etwa ein Drittel der Gesamtmenge aus (GVM 2020).

Für Erntefolien werden hauptsächlich die Materialien LDPE und LLDPE eingesetzt; für LDPE- Silofolien auch in sehr geringen Mengen EVOH als Barriereschicht. Ballennetze sind zumeist aus HDPE, Tropfschläuche aus LDPE und MDPE. PP wird zumeist im Bereich Garne und Vliese eingesetzt. Sehr vereinzelt finden sich PE/PA-Folien am Markt. Recyclingmaterial ist vor allem im Bereich der Stretch- und Silagefolien schon in Anteilen von bis etwa 30 bzw. sogar 90 Prozent enthalten. Dennoch steckt die Kreislaufführung in vielen Anwendungen noch in den Anfängen. Besonders Closed-Loop-Lösungen entwickeln sich erst in den letzten Jahren, seit es zunehmend systematische Sammlungen der Erntekunststoffe gibt.

Bei Erntekunststoffen handelt sich zumeist um Monomaterialien ohne chemische Verunreinigungen, die jedoch aufgrund ihrer Anwendungsform zum Teil stark mit Erd-, Sand-, Stroh- und anderen natürlichen Anhaftungen verschmutzt sind.[1] Diese Anhaftungen übersteigen für zum Beispiel Mulchfolien das Foliengewicht um ein Vielfaches und stellen die Hauptherausforderung bei der Entsorgung dar. Eunomia schätzt, dass im Mittel über alle Erntekunststoffe die Verschmutzung einen Anteil von etwa 40 Prozent ausmacht (Eunomia 2021).

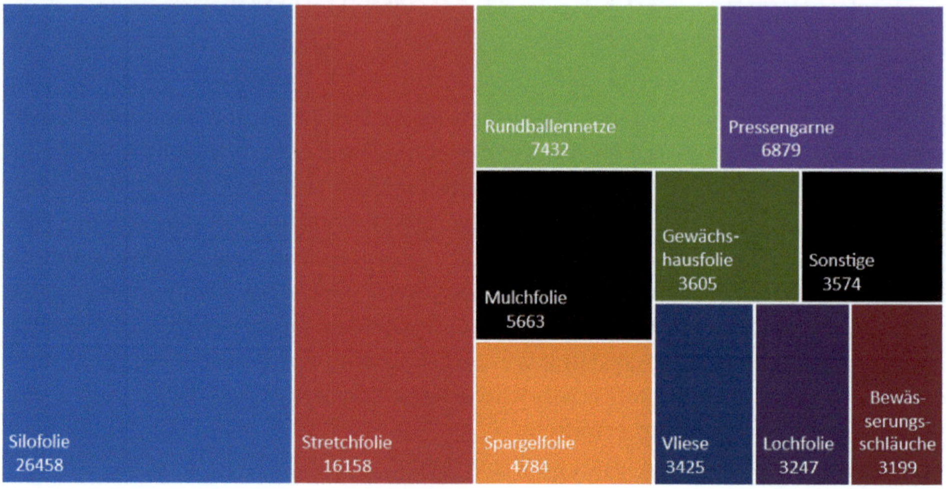

Bild 10.31 Aufkommen von Agrarkunststoffprodukten in Deutschland in Tonnen, 2019 (GVM 2020)

Verwertungswege für Agrarkunststoffe sind weltweit nicht gut dokumentiert. Die wenigen verfügbaren Daten legen nahe, dass bisher nur ein geringer Anteil dieser Kunststoffe gesammelt und recycelt wird – hauptsächlich in Industrieländern. Der weitaus größere Teil wird verbrannt oder deponiert oder gar auf den Feldern belassen.[2] In Europa werden etwa zwei Drittel der erzeugten Abfälle aus Agrarkunststoffen als „gesammelt“ gemeldet, der Verbleib des verbliebenen Drittels bleibt ungeklärt. Die Recy-

[1] UV-Stabilisatoren, die Erntekunststoffen als Additive beigesetzt werden, können unter Umständen relevant für das Recycling von z. B. Gewächshausfolie sein.

[2] Das Unterheben von Mulchfolie in den Feldern ist ein großes Umweltproblem unter anderem in China und trägt dort in großem Ausmaß zur „White Pollution“ der Böden bei.

clingquote für Agrarkunststoffe wird europaweit auf 24 Prozent geschätzt (Eunomia 2021).

In Deutschland wurden durch die IK-Initiative ERDE im Jahr 2021 56 Prozent der gebrauchten Silo- und Stretchfolien gesammelt und recycelt. Über den Verbleib der übrigen 44 Prozent gibt es keine formalen Daten – Experten gehen davon aus, dass der Großteil für die thermische Verwertung genutzt wird.

Die Diskussion um Mikroplastik in der Umwelt war lange Zeit dominiert durch Auswirkungen auf Gewässer; Einträge in Böden sind erst seit einigen Jahren stärker im Fokus – im Besonderen landwirtschaftlich genutzte Böden (FAO 2021) (Eunomia 2021) (Fraunhofer UMSICHT 2021). Wissenschaftliche Untersuchungen, die sich mit den Auswirkungen von Kunststoffakkumulation in Böden beschäftigen, sind noch in den Anfängen. Bisherige Erkenntnisse deuten auf negative Auswirkungen auf Bodeneigenschaften wie Dichte, Aggregation und Wasserverfügbarkeit, Mikroorganismen und langfristige Produktivität hin (Hinzmann et al. 2022).

Erntekunststoffe als umweltoffene Anwendungen tragen einen Anteil zum Plastikeintrag in Böden bei – vor allem durch Alterung und Verwitterung, aber auch Abriss bei der Rückgewinnung. Die Verminderung der Kunststoffemissionen in Böden ist, neben der Förderung der Kreislaufwirtschaft und Reduzierung der CO_2-Emissionen durch Bereitstellung von hochwertigem Recyclingmaterial, Kernziel der IK-Initiative ERDE.

10.7.1 Was ist die IK-Initiative ERDE?

Die IK-Initiative ERDE ist ein freiwilliger Zusammenschluss internationaler Hersteller und In-Verkehr-Bringer von Erntekunststoffen mit dem Zweck, eine bundesweite systematische Rücknahme für die in-Verkehr-gebrachten Erntekunststoffe aufzubauen – nach dem Prinzip der „Erweiterten Herstellerverantwortung“ (EPR).

Im Jahr 2021 unterhält die Initiative ERDE ein Sammelnetzwerk von über 600 festen Sammelstellen unter anderem im kooperativen und privaten Landhandel, in Maschinenringen, Lohnunternehmen und Entsorgungsunternehmen (Bild 10.32). Dazu kommen knapp 3000 mobile Sammlungen an größeren Anfallstellen sowie Direktabholungen. Neben 30 205 Tonnen Silo- und Stretchfolie – etwa 57 % der gesamten Marktmenge – werden Spargelfolie, Lochfolie, Erntevliese, Rundballennetze und Pressengarne in geringeren Mengen gesammelt. Alle Folien werden dabei dem werkstofflichen Recycling zugeführt.

Die hohen Recyclingquoten durch ERDE-Sammlungen sind nur möglich, da Landwirtinnen und Landwirte die Erntekunststoffe entsprechend vorreinigen. Die Initiative ERDE fördert dies durch ein entsprechendes Anreizsystem, durch Kommunikation von klaren Abgabebedingungen und durch geschultes Personal an den Sammelpunkten.

Mitglieder der Initiative ERDE sind Unternehmen, die Erntekunststoffe in Deutschland in Verkehr bringen. Fördermitglieder sind Unternehmen oder Verbände mit besonderem Interesse an der Initiative, die diese finanziell und organisatorisch unterstützen möchten.

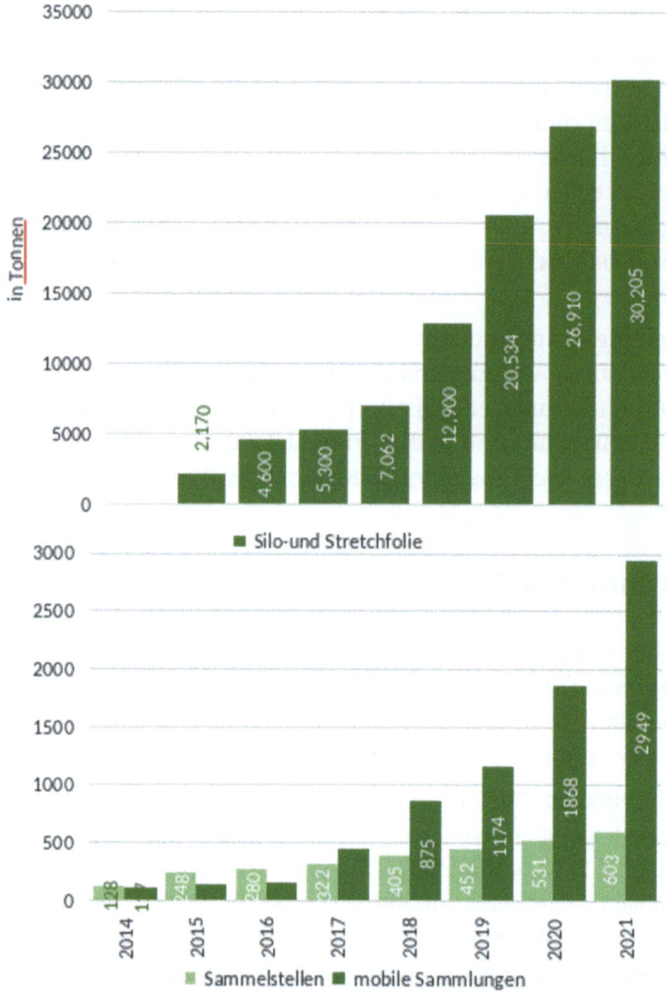

Bild 10.32 Entwicklung der Sammelmengen und Sammelstellen; Quelle: ERDE (2022), eigene Darstellung

Die neutrale Dachorganisation der Initiative ist die IK Industrievereinigung Kunststoffverpackungen e. V., die neben der strategischen Ausrichtung der Initiative auch für Mitgliedermanagement und -gewinnung und politische und mediale Repräsentation zuständig ist und die Geschäftsführung stellt. Der operative Systempartner RIGK GmbH ist für die Sammlung und umweltgerechte wie ökonomische Verwertung verantwortlich. Ihr Aufgabenbereich erstreckt sich über die Entwicklung und Betreuung des Sammelnetzwerks, die Etablierung von Entsorgungswegen, die Dokumentation der Sammelergebnisse sowie das Marketing.

Ein der Verschwiegenheit verpflichteter ERDE-Treuhänder verantwortet die Verwaltung sensibler Daten sowie die Rechnungsstellung. Großer Wert im Rücknahmesystem wird auf Transparenz gelegt – Mittelverwendung und Mengenstrom werden jährlich von externen Auditoren bzw. Umweltgutachtern auf Basis des Kreislaufwirtschaftsgesetzes (KrWG) geprüft.

10.7.2 Phasen der Entwicklung der Initiative

Die Entwicklung eines von Unternehmen der Kunststoffindustrie initiierten und ohne äußeren politischen Druck aufgebauten Kreislaufsystems wird hier vor allem deshalb nachgezeichnet, da entsprechende Phasen, Erfahrungen und Probleme durchaus auch für bestehende und geplante Kreislaufsysteme anderer Produkte relevant und für die Weiterentwicklung interessant sein können.

10.7.2.1 Aufbauphase

Initiiert wird die Initiative ERDE im Jahr 2013 durch die Hersteller von Agrarfolien selbst. Dabei spielt neben dem Ziel, den Landwirtinnen und Landwirten ein flächendeckendes Rücknahmesystem bereitzustellen, von Beginn an die Wiederverwertung und die Überwachung der in Verkehr gebrachten Waren eine zentrale Rolle. Die Idee zur Gründung des Rücknahmesystems wird von der IK Industrievereinigung Kunststoffverpackungen e. V., in der auch Hersteller von Agrarfolien organisiert sind, aufgegriffen und im Verband als Arbeitsgemeinschaft angesiedelt. Der Verband agiert dabei als eine neutrale Plattform, die das Rücknahmesystem unabhängig von wirtschaftlichen Interessen landwirtschaftlicher Stakeholder führt. Zudem ist er als Vereinigung der Hersteller der Erntekunststoffe in besonderem Maße geeignet, ein auf der Erweiterten Herstellerverantwortung (EPR) basierendes System zu koordinieren.

Im Gründungsjahr 2013 treten der Initiative sechs Hersteller bei; erste Sammlungen finden im Jahr 2014 statt. Zu Beginn entscheiden die Gründungsmitglieder, die Sammlung auf die in Deutschland mengenmäßig bedeutendsten Produktgruppen Flachsilo- und Stretchfolie zu beschränken und nach und nach zu erweitern. Zunächst wird von der Initiative eine Marktstudie in Auftrag gegeben, die Aufschluss über Marktmengen, Handelswege und wichtige Stakeholder gibt. Auf Basis dieser Studie wird über Sammelfraktionen, Beiträge und die Einbindung von Handel, Lohnunternehmen und Maschinenringen und Entsorgern als Sammelstellen entschieden (Bild 10.33).

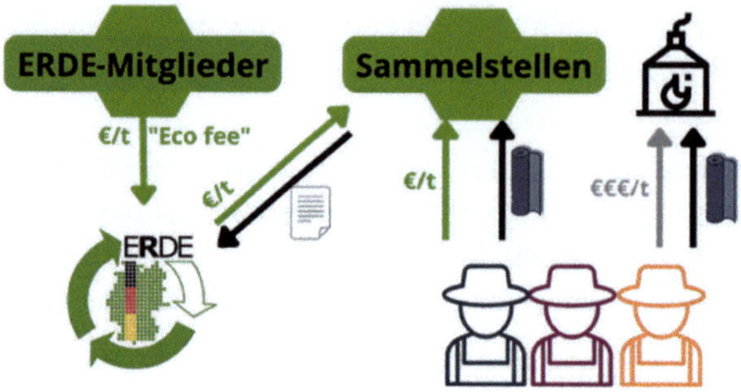

Bild 10.33
ERDE-Struktur; Quelle: ERDE (2022), eigene Darstellung

Größte Herausforderung in der Gründungsphase ist die Finanzierung. Der Aufbau des Rücknahmesystems ist für die ERDE-Gründungsmitglieder aufgrund der finanziellen Vorleistungen zunächst ein Wettbewerbsnachteil, zumal sie zu diesem Zeitpunkt weniger als 50 Prozent des Gesamtmarktes repräsentieren. Neben Standhaftigkeit, Konsequenz und Durchhaltevermögen, das die Mitglieder in dieser Zeit beweisen, ist vor allem eine initial moderate Beitragshöhe zur Finanzierung, die sogenannte „Eco fee", notwendig, um die ersten kritischen Jahre als System zu überstehen. Da die Mitgliederzahl zwischenzeitlich auf nur vier Hersteller absinkt, können die Sammelziele in den ersten Jahren nur moderat steigen. Zum Vergleich: Im Jahr 2022 hat die ERDE-Initiative 25 Mitglieder. In den ersten Jahren experimentiert das System mit Zahlungsmodalitäten und Abrechnungsweisen. Zudem muss die Kartellrechtskonformität des Systems geprüft und bestätigt werden. Diese beinhaltet unter anderem die Einbindung eines Treuhänders, der garantiert, dass durch das System der Kostenteilung zur Finanzierung keine Rückschlüsse auf Marktanteile der beteiligten Hersteller ermöglicht werden.

10.7.2.2 Konsolidierungsphase

Für die Geschäftsführung wie auch die Mitglieder der Initiative stellt sich die Herausforderung, wie es gelingen kann, weitere internationale Unternehmen für ein von der Industrie freiwillig initiiertes, deutsches Rücknahmesystem für Erntekunststoffe zu begeistern. Dies gelingt im Jahr 2016 nach einer grundlegenden Vereinfachung des Melde- und Finanzierungsprozederes sowie intensiven Gesprächen mit den betreffenden ausländischen Firmen, wonach sich die Mitgliederzahl im Folgejahr fast verdreifacht. Ab dann können die Anzahl der Sammelstellen und gesammelte Mengen deutlich gesteigert werden.

Generell tragen ERDE-Mitglieder einen finanziellen Beitrag zur operativen und administrativen Unterhaltung des Systems bei, der proportional zu den von ihnen in Verkehr gebrachten Erntekunststoffen ist. Sammelziele und Budget werden jährlich von den Mitgliedern der Initiative in der Mitgliederversammlung diskutiert und gemeinschaftlich entschieden.

Ein Aufbau nach einem Teilkostensystem verfestigt sich in der Konsolidierungsphase der Initiative ERDE: Für Landwirtinnen und Landwirte fallen im Allgemeinen Entsorgungskosten für Agrarfolien von bis zu mehreren hundert Euro pro Tonne an. In ERDE organisierte Hersteller tragen nicht die gesamten Rücknahmekosten, die bei Landwirtinnen und Landwirten für gebrauchte Agrarfolien anfallen, sondern einen Teil davon. Aus dem Finanzierungstopf wird ein Betrag pro Tonne gesammelt und für nachweislich recycelte Erntekunststoffe an die ERDE-Sammelstellen bezahlt, die diesen Betrag oft direkt an die Landwirtinnen und Landwirte weitergeben. Das trägt dazu bei, dass an ERDE-Sammelstellen eine Rückgabe der Folien im Mittel um 30 – 50 Prozent günstiger ist als die Abgabe in die Verbrennung. Somit tragen die Hersteller indirekt einen Anteil der Entsorgungskosten, die für Landwirtinnen und Landwirte pro Gewichtseinheit anfallen, wenn sie gebrauchte Erntekunststoffe entsorgen.

Das gewählte Teilkostensystem weist im Vergleich zu einem Vollkostensystem gewisse Vorteile auf: Es erleichtert zum einen die Integration neuer Sammelfraktionen, wenn die Marktabdeckung durch ERDE-Mitglieder zunächst niedrig ist. Der Wettbewerbsnachteil, dem ERDE-Mitglieder aufgrund der höheren Kosten gegenüberstehen, fällt so geringer aus. Die Hürde für einen Beitritt neuer Mitglieder ist ebenfalls niedriger. Zum anderen besteht für Landwirtinnen und Landwirte weiter ein ökonomischer Anreiz, die gebrauchten Erntekunststoffe möglichst sauber abzugeben, da gut vorgereinigte Folien weniger Gewicht und somit geringere Abgabekosten bedeuten.

10.7.2.3 Phase der Erweiterung

Im Jahr 2019 wird das zunächst auf Silo- und Stretchfolie fokussierte Rücknahmesystem um Rundballennetze erweitert. Erste Sammlungen finden im Jahr 2021 statt. Rundballennetze landen, da sie sehr kleinteilig sind, oft als Fehlwürfe im gelben Sack oder im Restmüll. Ersteres stellt ein großes Problem für Recyclinganlagen dar, da die Netze sich in den Maschinen verhängen und so etablierte Recyclingprozesse für Verpackungen stören. Im Gegensatz zu Silo- und Stretchfolie gibt es für Rundballennetze aufgrund des hohen Verschmutzungsanteils europaweit bisher keine Recyclingkapazitäten. Die Getrenntsammlung durch die Initiative ERDE erfüllt so zwei Funktionen: Sie schützt Recyclingwege von Verpackungen vor Störmaterial und bündelt gebrauchtes Netzmaterial, um die Entwicklung von spezialisierten Recyclinganlagen ökonomisch tragfähig zu machen.

Im Jahr 2020 folgte die Integration von Pressengarnen in das Rücknahmesystem, die als Fehlwürfe in den Gelben Sack ebenso problematisch wie Rundballennetze sind. Recyclingkapazitäten für Garne in Europa gibt es seit 2021.

Ebenfalls im Jahr 2020 startet das erste Pilotprojekt für Spargelfolie in der Initiative ERDE. Obwohl eine mengenmäßig kleine Produktgruppe im Markt, erfährt Spargelfolie einen Großteil der öffentlichen Aufmerksamkeit im Bereich Agrarfolie in Deutschland. Die recht dicken (100 – 150 µm) zweifarbigen Folien können bis zu neun Jahre wiederverwendet werden. Durch den direkten Bodenkontakt und die Befestigung am Boden durch befüllte Sandtaschen an den Rändern der Folie ist diese durch den Verschmutzungsgrad eine besondere Herausforderung für das Recycling. Sind die Sandtaschen nicht geleert, liegt der Sandanteil der gebrauchten Folien bei gut 80 Prozent. Nach zwei Jahren intensiver kommunikativer Arbeit an den Pilotprojekten erreichen ERDE-Sammelstellen durch die gründliche Vorreinigung und das Schlitzen der Sandtaschen durch die Landwirtinnen und Landwirte jedoch bereits Verschmutzungsanteile im einstelligen Prozentbereich, die vergleichbar mit denen der Silo- und Stretchfolien sind.Im Jahr 2021 kommen die Produktgruppen Lochfolie und Erntevliese zum Sammelportfolio der Initiative hinzu. Lochfolien sind – obwohl in der Ernteverfrühung direkt auf den Pflanzbestand aufgebracht – eine wenig verschmutzte Sammelfraktion, für die ein werkstoffliches Recycling problemlos möglich ist.

Erntevliese hingegen können – je nach Anwendungsbereich als Schutz- oder Verfrühungsvlies – moderat bis stark verschmutzt sein. Erste Recyclingversuche im Rahmen der Initiative ERDE verlaufen 2021 jedoch sehr positiv und die Hälfte der gesammelten Vliese kann im Startjahr bereits werkstofflich verwertet werden.

Die ersten Sammlungen von Mulchfolie im Jahr 2022 werden für Recyclingversuche genutzt. Mulchfolien stellen Recyclinganlagen vor die größte Herausforderung im Bereich der Agrarfolien: Sie sind relativ dünnwandig (15 – 50 µm) und durch direkten Bodenkontakt stark mit Erde verschmutzt. Beim Rückbau der Folien kann es zum Abriss und so zu Einträgen von Kunststoffen in Böden kommen. Aus diesen Gründen werden die Pilotsammlungen von einer Kommunikationskampagne zum möglichst abrissfreien und verschmutzungsarmen Rückbau begleitet werden, die sich vornehmlich an die aus dem europäischen Ausland stammenden Erntehelfer richtet.

10.7.3 Gesellschaftliche und politische Anbindung der Initiative

Im Jahr 2018 tritt die Initiative ERDE in Gespräche mit dem Bundesministerium für Umwelt (BMU) ein, um der zunehmend von der Öffentlichkeit wahrgenommenen Bedeutung von Agrarfolien in der Umwelt gerecht zu werden, das Engagement der Kunststoff verarbeitenden Industrie sichtbarer zu machen und das Sammelsystem im für Agrarkunststoffe nicht weiter abfallrechtlich geregelten Bereich besser politisch zu verankern. Die Gespräche führen zur Überreichung der „Freiwilligen Selbstverpflichtung zur Rücknahme und Verwertung gebrauchter Agrarfolien" (FSV) im Jahr 2019 an das BMU, die gemeinsam gezeichnet wird durch die Initiative ERDE und die dort zusammengeschlossenen Hersteller von Agrarfolien, die IK Industrievereinigung Kunststoffverpackungen e. V., den Deutschen Raiffeisenverband e. V., den Bundesverband der Agrargewerblichen Wirtschaft e. V. und den BLU Bundesverband Lohnunternehmen e. V.

Ziel der freiwilligen Selbstverpflichtung ist es, die Rücknahmequoten von Agrarfolien kontinuierlich zu steigern und die gesammelten Agrarfolien einer vorrangig werkstofflichen Verwertung zuzuführen sowie eine flächendeckende Rückgabemöglichkeit für den landwirtschaftlichen Endverbraucher sicherzustellen. Das Rücknahmesystem soll zudem allen Herstellern, Vertreibern und Sammelpartnern zu gleichen und fairen Bedingungen zur Verfügung stehen.

Konkret werden in der FSV Sammel- und Recyclingzielquoten für Silo- und Stretchfolien festgelegt: bis Ende 2020 50 Prozent; bis Ende 2022 65 Prozent der auf den Markt gebrachten Agrarfolien. Weiterhin verpflichtet sich die IK-Initiative ERDE, das Sammelsystem sukzessive um die Produktgruppen Ballennetze (ab 2020), Spargelfolie (ab 2020), Pressengarne (ab 2021) und Mulchfolie (ab 2022) zu erweitern und hierbei die Hersteller und Vertreiber dieser Erntekunststoffe in das Rücknahmesystem einzubeziehen.

Die zeichnenden Handelsorganisationen und Lohnunternehmer verpflichten sich in der freiwilligen Selbstverpflichtung zur Aufklärung und Information, dazu, das Bewusstsein zur sortenreinen Erfassung und Vorreinigung von Erntekunststoffen in ihren jeweiligen Organisationen und bei Landwirten zu steigern und durch konkrete Maßnahmen zu unterstützen.

Seit dem Jahr 2021 begleitet zusätzlich ein gesellschaftlicher Beirat die Entwicklung der Initiative. Die 15 Mitglieder aus den Bundesministerien für Umwelt und Landwirtschaft, Landesministerien, NGOs, landwirtschaftlichen Verbänden, aus Wissenschaft und Forschung, von Herstellern und Entsorgungsunternehmen fördern und beraten die Initiative und sorgen für eine gesellschaftliche Verankerung des ERDE-Systems.

10.7.4 Ausblick

Nationale Rücknahmesysteme werden im Jahr 2021 von der Europäischen Kommission und der Food and Agricultural Organisation (FAO) der Vereinten Nationen als essenzielle Faktoren für die funktionierende Kreislaufwirtschaft im Bereich Agrarfolien anerkannt (Eunomia 2021) (FAO, 2021). Durch die „Circular Plastics Alliance“, siehe Abschnitt 5.1.4, werden ab 2021 europäische Normen erarbeitet, die sich mit dem Design, der Nutzung, dem Rückbau und der Verwertung von Agrarkunststoffen befassen und in denen Rücknahmesysteme eine signifikante Rolle spielen werden.

Operierende Rücknahmesysteme für Agrarkunststoffe existieren im Jahr 2021 in Europa in Deutschland, Frankreich, Irland, Schweden, Norwegen, Island und Großbritannien. Die Hersteller der Folien ergreifen, wie bei Gründung der Initiative ERDE, weiterhin die Initiative, um weitere Systeme zu gründen – so geschehen bei der Geburt von ERDE Schweiz im Jahr 2021. ERDE Schweiz nutzt als unabhängiger Verein und Rücknahmesystem die ERDE-Infrastruktur wie das operative Management und den Treuhänder. Im Gegensatz zur Initiative ERDE in Deutschland sind in der Schweiz neben den Herstellern auch Landhandel und Lohnunternehmen als Vollmitglieder am System beteiligt. Im Jahr 2022 finden die ersten Sammlungen durch die ERDE-Schwester in der Schweiz statt.

Voraussichtlich sollen bis 2024 durch die Industrie initiierte Rücknahmesysteme in Polen, Spanien, Belgien, Österreich und den Niederlanden gegründet werden – einige von ihnen ebenfalls in Kooperation mit der IK-Initiative ERDE.

Literatur für Abschnitt 10.7

(ERDE 2022): Homepage Erntekunststoffe Recycling Deutschland. Abrufbar online: URL: *www.erde-recycling.de* (Stand: 10.06.2022)

(Eunomia 2021): Conventional and Biodegradable Plastics in Agriculture, For the European Commission DG Environment. Project conducted under Framework Contract No ENV.B1/FRA/2018/0002 Lot 1; Luxembourg: Publications Office of the European Union

(FAO 2021): Assessment of Agricultural Plastics and their Sustainability, Rome: Food and Agricultural Organization of the United Nations

Fraunhofer UMSICHT (2021): Bertling, Jürgen; Zimmermann, Till; Rödig, Lisa: Kunststoffe in der Umwelt: Emissionen in landwirtschaftlich genutzte Böden. Oberhausen

(GVM 2020) Gesellschaft für Verpackungsmarktforschung GVM (2020): Aufkommen von Agrarkunststoffen in Deutschland. 2019, Mainz

(Hinzmann et al. 2022): Hinzmann, Mandy; Knoblauch, Doris; Mederake, Linda; Schritt, Hannes; Stein, Ulf (Hrsg.) (2022): Kernbotschaften zum Forschungsschwerpunkt „Plastik in der Umwelt". Abrufbar online: URL: *https://bmbf-plastik.de/de/Publikation/Kernbotschaften* (Stand: 10.06.2022)

11 Ökobilanzierung

Die Bewertung von Produkten und Materialien hinsichtlich ihrer Auswirkungen auf die Umwelt hat in den letzten Jahrzehnten deutlich an Bedeutung gewonnen. Ein zentrales Instrument zur systemischen Analyse stellt die Ökobilanzierung dar. Diese Methode versucht, den gesamten Lebenszyklus eines Produkts – von der Rohstoffgewinnung über die Produktion, Nutzung und Entsorgung bis hin zum Recycling – ganzheitlich zu betrachten.

Gerade im Bereich der Verpackungen ist eine Umweltbewertung aufschlussreich, da Verpackungen einerseits Ressourcen verbrauchen, andererseits aber auch eine wichtige Funktion beim Schutz von Gütern und insbesondere Lebensmitteln und anderen empfindlichen Produkten erfüllen. Die Wahl des Verpackungsmaterials hat einen erheblichen Einfluss auf den Ressourcenverbrauch, die CO_2-Bilanz und das Abfallvolumen haben. Kunststoffe spielen in dieser Hinsicht eine Schlüsselrolle.

Dieses Kapitel behandelt die Ökobilanzierung zunächst aus einer theoretischen Perspektive, aus der heraus die Methodik des Vorgehens skizziert wird sowie Möglichkeiten und Grenzen einer Ökobilanz dargestellt werden. Der zweite Abschnitt dieses Kapitels widmet sich hingegen sehr konkreten Beispielen. Es werden Kunststoffe alternativen Materialien gegenübergestellt, und es wird anhand von konkreten Verpackungsgütern aufgezeigt, dass nicht nur die Ökobilanz einer Verpackung, sondern auch die des Verpackungsgutes (und dessen Verderblichkeit) in eine ganzheitliche Ökobilanzierung einbezogen werden müssen.

11.1 Die Methode der Ökobilanzierung für Kunststoffe sowie deren Recycling

Marvin Bachmann, Sarah Deutz, Niklas von der Aßen

Kunststoffe sind zu einem unverzichtbaren Bestandteil unseres Lebens geworden. Sie bieten dank einzigartiger Eigenschaften häufig Vorteile hinsichtlich Komfort und Wirtschaftlichkeit – sowie in vielen Fällen auch hinsichtlich Nachhaltigkeit (siehe auch Abschnitt 11.2). Nichtsdestotrotz stehen Kunststoffe wegen ihrer negativen Umweltwirkungen hinsichtlich Plastikmüll und Mikroplastik häufig in der Kritik. So wird geschätzt, dass ca. 32 % aller Kunststoffe unsachgemäß entsorgt werden oder in der Umwelt und schließlich den Meeren landen; dadurch würde im Jahr 2050 mehr Kunststoff-Masse in den Ozeanen schwimmen als Masse an Fischen (Ellen MacArthur Foundation 2016). Daher ist es wichtig, die Nachhaltigkeit von Kunststoffen ganzheitlich über den gesamten Lebenszyklus zu bewerten. Eine etablierte Methode zur ganzheitlichen ökologischen Bewertung ist die Methode der Ökobilanz (englisch *Life Cycle Assessment*). Ziel dieses Abschnitts ist ein Überblick über die Historie, den Stand der Wissenschaft sowie ein Ausblick zur Ökobilanz-Methode von Kunststoffen inklusive deren Recycling.

11.1.1 Zur Historie der Ökobilanz

Die Umweltauswirkungen von Konsumgütern sind in den letzten Jahren immer mehr zu einem Kriterium geworden, das unsere Kaufentscheidungen beeinflusst. Dementsprechend haben Unternehmen ein steigendes Interesse an der Bilanzierung der Umweltauswirkungen ihrer Produkte und Dienstleistungen. Die Untersuchung von Umweltauswirkungen industrieller Produkte ist allerdings kein neues Phänomen (Guinée et al. 2011): Eine der ersten, noch formlosen Ökobilanzen aus dem Jahr 1969 wird Coca-Cola zugeschrieben, in der ein Wechsel von Glas- auf Plastikflaschen untersucht wurde (Matthews et al. 2014). Anfang der 1970er-Jahre wurden weitere Studien durchgeführt, die die Energieeffizienz als ein Kriterium für die Umweltauswirkungen von Konsumgütern wie Glas- und Plastikflaschen analysierten (Sundström 1971) (Boustead 1974). Neben dem wachsenden öffentlichen Interesse an Themen wie Ressourceneffizienz und Luftverschmutzung war auch die Ölkrise ein entscheidender Treiber bei der Durchführung dieser Studien.

Eine Herausforderung bei der Bilanzierung von Umweltwirkungen stellt die Vergleichbarkeit von Produkten dar, da alternative Produkte in der Regel eine Reihe von Unterscheidungsmerkmalen aufweisen. In dem oben genannten Beispiel haben Glasflaschen in der Regel eine längere Lebensdauer als Plastikflaschen und können daher öfter wiederverwendet werden, benötigen aber mehr Material und Energie in der Herstellung und dem Transport. Andere klassische Beispiele sind Kunststoff-Verpackungen, die neben Gewichtsvorteilen vor allem die Langlebigkeit verpackter Produkte (z. B. Lebensmittel) erhöhen (siehe auch Abschnitt 11.2).

Um diese Unterscheidungsmerkmale zu berücksichtigen, wurden in den 1980er- und 1990er-Jahren vermehrt Studien durchgeführt, die neben der Produktion auch weitere Phasen des gesamten Lebenszyklus von Produkten betrachteten. Aus diesen Studien entwickelte sich die Methode der Ökobilanz. Die Ökobilanz betrachtet den gesamten Lebenszyklus eines Produkts, angefangen bei der Bereitstellung von Rohstoffen und Energie über die Herstellung und die Nutzung des Produkts bis hin zum Recycling oder der endgültigen Entsorgung am Ende des Lebenszyklus (siehe Bild 11.1). Neben der ganzheitlichen Betrachtung aller Lebensphasen zielt die Ökobilanz ebenfalls darauf ab, alle Umweltauswirkungen der untersuchten Produkte zu erfassen. Beispiele für Umweltauswirkungen sind Treibhausgasemissionen, toxische Wirkungen auf Menschen und Ökosysteme oder der Verbrauch von Ressourcen wie fossiler Rohstoffe, Wasser oder Land. Durch den ganzheitlichen Ansatz der Ökobilanz sollen potenzielle Problemverschiebungen zwischen Lebensphasen und Umweltwirkungen identifiziert und vermieden werden.

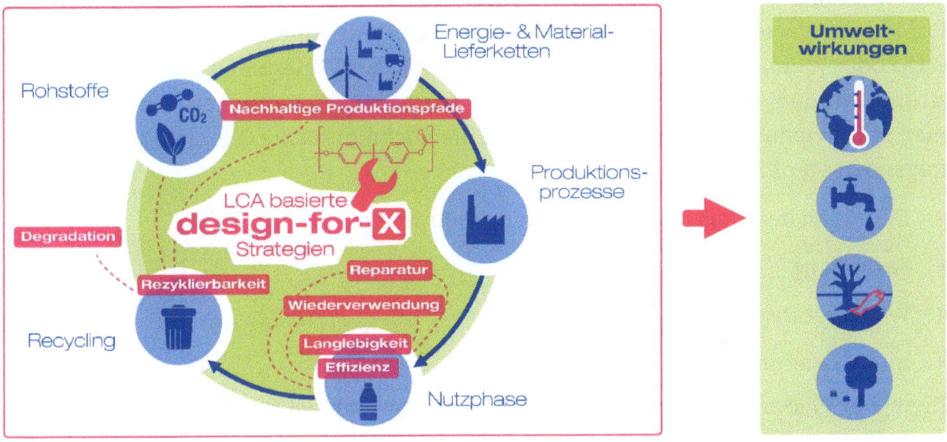

Bild 11.1 Der Lebenszyklus von Kunststoffen im Sinne der Ökobilanz umfasst die Gewinnung der Rohstoffe (z. B. Erdöl, Biomasse oder CO_2), die Kunststoff-Herstellung und -Verarbeitung, die Nutzphase und ein mögliches Recycling bzw. die Abfallentsorgung. Entlang des gesamten Lebenszyklus werden die mit der Umwelt ausgetauschten Masse- und Energieströme quantifiziert und hinsichtlich zahlreicher Umweltwirkungen bewertet.

Da in den 1980er- und 1990er- Jahren noch keine einheitliche Methode zur Ökobilanz vorlag, unterschieden sich die ersten Studien stark in Bezug auf methodische Ansätze, Terminologien und Ergebnisse (Guinée et al. 1993). Dementsprechend lieferten selbst Studien zu gleichen Produkten unterschiedliche Ergebnisse, sodass sich die Ökobilanz als Analyseinstrument zunächst nicht durchsetzen konnte. Dies änderte sich grundlegend zu Beginn der 2000er-Jahre, in denen die Internationale Organisation für Normierung die zwei komplementären ISO-Normen 14040 und 14044 veröffentlichte (ISO 2021a/b). Die ISO-Norm 14040 beschreibt die Grundsätze und Rahmenbedingungen von Ökobilanzen und die ISO-Norm 14044 definiert Anforderungen und Leitlinien zur Durchführung. Seit ihrer Veröffentlichung bilden die ISO-Normen eine standardisierte und wissenschaftlich fundierte Grundlage, durch die Ökobilanzen heutzutage sowohl in industriellen Entwicklungsprozessen und Marketingstrategien als auch in politischen Entscheidungsfindungen eingesetzt werden. Der folgende Abschnitt gibt zunächst eine Einführung in die ISO-konforme Methode der Ökobilanz.

11.1.2 Grundlagen der Ökobilanz-Methode

Das grundlegende Konzept einer Ökobilanz besteht darin, alle Massen- und Energieströme zu erfassen, die während des Lebenszyklus eines Produkts mit der Umwelt ausgetauscht werden, und diese Ströme hinsichtlich Umweltwirkungen zu klassifizieren. Zu diesen Strömen zählen sowohl Ressourcenverbräuche von beispielsweise Erdöl oder Wasser (Inputs: Ressourcen) als auch Emissionen wie Kohlenstoffdioxid (CO_2) oder Methan (Outputs: Abfälle und Emissionen). Diese Massen- und Energieströme werden schließlich basierend auf naturwissenschaftlichen Wirkmechanismen in Umweltauswirkungen übersetzt. Eine normkonforme Ökobilanz umfasst die folgenden vier Phasen:

- Definition des Ziels und Untersuchungsrahmens
- Sachbilanz
- Wirkungsabschätzung
- Interpretation

Diese vier Phasen werden in den folgenden Abschnitten detaillierter beschrieben.

11.1.3 Ziel und Untersuchungsrahmen

Im ersten Schritt einer Ökobilanz werden das Ziel und der Untersuchungsrahmen der Studie festgelegt. Das Ziel soll dabei durch die Beantwortung der Fragen „Warum?" (Ziel der Studie) und „Was?" (z. B. welches Produkt) festgelegt werden, während der Untersuchungsrahmen durch die Frage „Was wird dabei (nicht) betrachtet?" definiert wird. Die Definition des Untersuchungsrahmens umfasst Schlüsselelemente einer Ökobilanz wie die funktionelle Einheit, die Auswahl geeigneter Vergleichsprodukte (Benchmarks), die Systemgrenzen, den Umgang mit Multi-Funktionalität und Allokation sowie die Auswahl der betrachteten Umweltwirkungskategorien. Diese Schlüsselelemente werden im Folgenden erläutert.

Funktionelle Einheit

Die funktionelle Einheit quantifiziert die Funktion des zu untersuchenden Produktes oder einer Dienstleistung und dient als Bezugsbasis für die Ökobilanz-Ergebnisse. Daher ist die Wahl einer geeigneten funktionellen Einheit besonders bei vergleichenden Ökobilanzen wichtig. Für einen aussagekräftigen und fairen Vergleich mit einem anderen Produkt (Benchmarkprodukt, siehe unten) müssen die Funktionen des zu bewertenden Produkts identisch mit den Funktionen des Benchmarks sein.

Anhand von drei Beispielen soll der Begriff der funktionellen Einheit greifbar gemacht werden:

- Bild 11.2a–c zeigt die Wahl der funktionellen Einheit für drei Anwendungsbeispiele. In Bild 11.2a möchte ein Polymerhersteller einen neuen Produktionsprozess auf Basis eines alternativen Rohstoffs mit dem herkömmlichen Prozess vergleichen. Das in beiden Prozessen hergestellte Polymer soll dabei identisch sein bzw. die gleichen Eigenschaften in der Anwendung besitzen. Dann ist es zweckmäßig, als funktionelle Einheit die Herstellung von **„1 kg Polymer“** zu definieren.
- In Bild 11.2b möchte ein Laptop-Hersteller die Verwendung von Kunststoffen für Laptop-Gehäuse mit Gehäusen aus Aluminium ökobilanziell vergleichen. Da die Gehäuse je nach Material ein unterschiedliches Gewicht haben, ist eine funktionelle Einheit auf Masse-Basis (z. B. 1 kg) nicht angemessen. Stattdessen sollte als funktionelle Einheit **„1 Gehäuse“** mit jeweils unterschiedlichen Gewichten definiert werden. Dadurch kann beispielsweise berücksichtigt werden, dass beim Kunststoff weniger Material (in kg) für die Herstellung des äquivalenten Bauteils benötigt wird.
- In einem ähnlich gelagerten Fall möchte ein Flugzeug-Hersteller (Bild 11.2c) den Einsatz von Kunststoff anstelle von Metallen für gewisse Bauteile ökobilanziell untersuchen. Da das Gewicht der Bauteile nicht nur den Materialbedarf (in kg) bestimmt, sondern vor allem den Treibstoffbedarf beim Fliegen beeinflusst, sollte hier unbedingt **„1 Bauteil“** mit entsprechendem Gewicht als funktionelle Einheit definiert werden. Das Beispiel verdeutlicht auch, dass die Definition der funktionellen Einheit nicht getrennt von der Wahl der Systemgrenzen (hier idealerweise inklusive der Nutzphase des Bauteils im Flugzeug, vgl. Abschnitt zu Systemgrenzen) erfolgen sollte.

Die Definition der funktionellen Einheit kann komplex werden, wenn Produkte mehr als eine Funktion erfüllen oder Prozesse mehr als ein Produkt produzieren. Diese sogenannten Multi-Produkt- oder Multi-Funktionsprozesse sind insbesondere in der Vorkette der chemischen Industrie üblich und können zu einem sogenannten Allokationsproblem führen (vgl. Abschnitt 11.1.4).

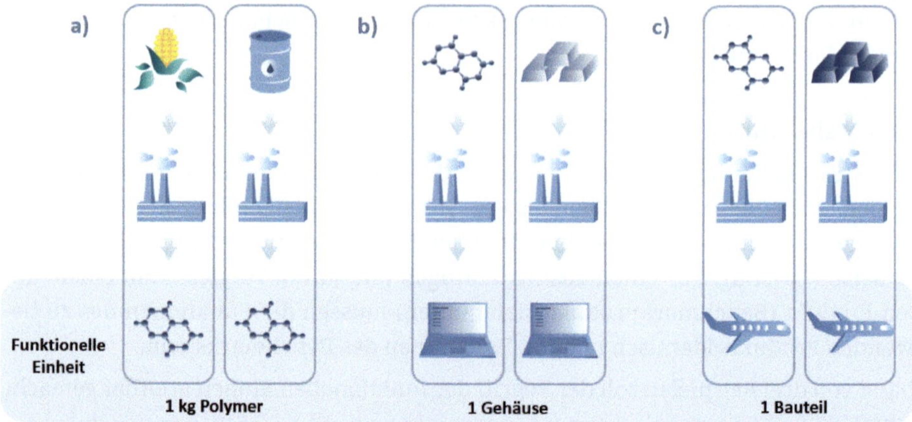

Bild 11.2 Wahl der funktionellen Einheit anhand von 3 Anwendungsbeispielen: a) „1 kg Polymer“: Vergleich der Produktion von Polymeren mit identischen Eigenschaften auf Basis eines alternativen Rohstoffs und der herkömmlichen Prozessvariante; b) „1 Gehäuse“: Vergleich eines Laptop-Gehäuses aus Kunststoff mit einem Gehäuse aus Aluminium; c) „1 Bauteil“: Vergleich eines bestimmten Flugzeugbauteils aus Kunststoff anstelle von Metallen

Auswahl des Benchmarks

Die Wahl eines geeigneten Benchmarks, d. h. eines Vergleichsproduktes oder -prozesses, ist von entscheidender Bedeutung für vergleichende LCAs und hängt stark von der jeweiligen Anwendung ab. Zum Vergleich für die Verwendung von Polypropylen (PP) als Joghurtbecher könnte zum Beispiel ein Glasbehälter herangezogen werden. Soll jedoch PP als Werkstoff für einen Stuhl dienen, wäre ein Vergleich mit dem brüchigen Material Glas nicht sinnvoll; sinnvoller wäre beispielsweise der Vergleich mit einem Holzstuhl. Während das PP-Beispiel banal erscheinen mag, kann die Wahl des Benchmarks insbesondere bei Recyclingprozessen komplizierter werden. So kann beispielsweise ein Kunststoff am Ende des Lebensweges energetisch verwertet oder recycelt werden. Bei der energetischen Verwertung wird der Kunststoff in der Abfallverbrennung mit verbrannt, wodurch Strom und Wärme erzeugt werden. Daher sollte die energetische Verwertung mit der konventionellen Strom- und Wärmeproduktion am Markt verglichen werden. Wird der Kunststoff am Lebensende werkstofflich recycelt, entsteht ein wertvolles Sekundärprodukt, das einen etablierten Kunststoff am Markt ersetzt und daher mit dem etablierten Produkt verglichen werden sollte (Orth et al. 2022).

Systemgrenzen

Die Systemgrenze legt fest, welche Lebenszyklusphasen in die Bewertung einbezogen werden. Idealerweise sollten Ökobilanzen den gesamten Lebenszyklus (englisch *cradle-to-grave*) betrachten (vgl. Bild 11.3). In bestimmten Fällen können jedoch auch engere Systemgrenzen ausreichend sein:

Ein sogenannter Cradle-to-gate-Ansatz vernachlässigt alle Lebenszyklusabschnitte nach dem „Werkstor" (englisch *gate*), d. h. alle Emissionen, die in nachgelagerten Prozessen, in der Nutzungsphase sowie während des Recyclings und der endgültigen Entsorgung entstehen. Ein solcher Cradle-to-gate-Ansatz ist für vergleichende Ökobilanzen geeignet, in denen nur der Lebenszyklus bis zum Werkstor betrachtet wird. Wenn beispielsweise ein Kunststoffhersteller eine vergleichende Ökobilanz zwischen zwei unterschiedlichen Prozessen durchführt, die jedoch den gleichen Kunststoff produzieren können, ist es ausreichend, die Bilanzierung von der Rohstoffgewinnung bis zum Werkstor durchzuführen, da alle nachfolgenden Lebensphasen und Umweltwirkungen identisch sind.

Eine weitere Option zur Verkleinerung der Systemgrenzen bietet der Gate-to-grave-Ansatz, der hauptsächlich bei der Abfallbehandlung zum Einsatz kommt. Ein mögliches Anwendungsgebiet ist der ökologische Vergleich von Recyclingprozessen wie beispielsweise des mechanischen und chemischen Recyclings von Kunststoffabfällen (Orth et al. 2022). Dagegen ist ein Gate-to-grave-Ansatz nicht sinnvoll, wenn Recyclingprozesse und Primärproduktion miteinander verglichen werden sollen, da für die Primärproduktion auch die Rohstoffbereitstellung bilanziert werden muss. Ein solcher Vergleich ist daher nur über einen Cradle-to-grave-Ansatz abbildbar.

Zudem gibt es noch die Möglichkeit eines Gate-to-gate-Ansatzes, der nur in seltenen und sehr speziellen Fällen angewendet wird, z. B. bei dem Vergleich eines Produktionsprozesses mit und ohne Wärmeintegration. In der Regel wird dieser Ansatz für die Zusammenstellung von Daten in LCA-Datenbanken verwendet (Jimenez-Gonzalez et al. 2000).

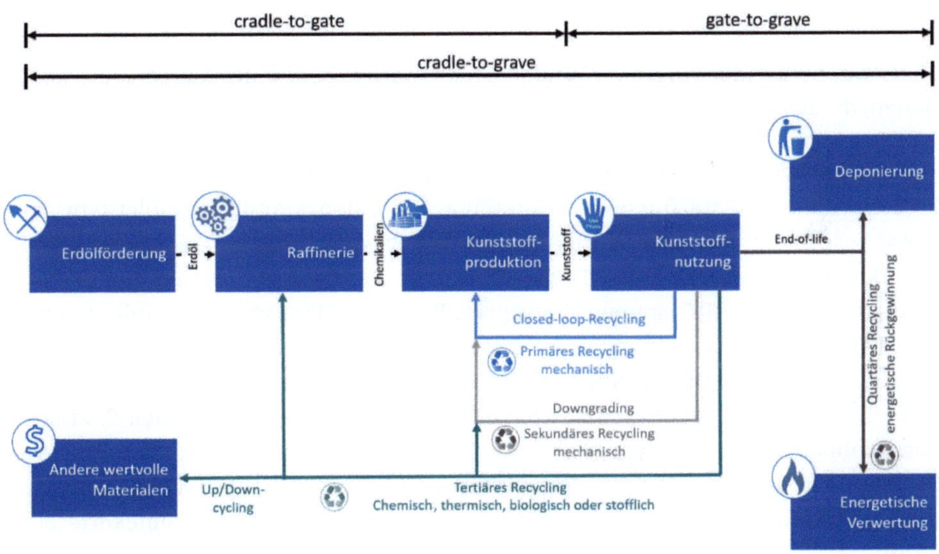

Bild 11.3 Systemgrenzen cradle-to-grave für den Kunststoffkreislauf mit primärem, sekundären, tertiären und quartären Recycling bzw. Deponierung (basierend auf (Orth et al. 2022) (Fan et al. 2022) (Soong et al. 2022))

11.1.4 Sachbilanz

Die zweite Phase der Ökobilanz ist die Erstellung und Analyse der Sachbilanz (englisch *Life Cycle Inventory, LCI*). In der Sachbilanz werden die ein- und austretenden Energie- und Stoffströme des Produktsystems identifiziert und quantifiziert. Damit umfasst die Sachbilanz alle Ströme, die zwischen dem Produktsystem und der Umwelt während des gesamten Lebenszyklus eines Produkts ausgetauscht werden, die Elementarflüsse. Elementarflüsse sind entweder natürliche Ressourcen, die für das Produktsystem benötigt und aus der Umwelt bezogen werden, oder Emissionen, die vom Produktsystem in die Umwelt abgegeben werden. Im Gegensatz dazu werden die Flüsse, die zwischen den Prozessen innerhalb des Produktsystems ausgetauscht werden, als Zwischenprodukte bezeichnet. Zur Übersicht ist es hilfreich, ein Systemfließbild (englisch *Process Flow Chart*) zu erstellen (Bild 11.4).

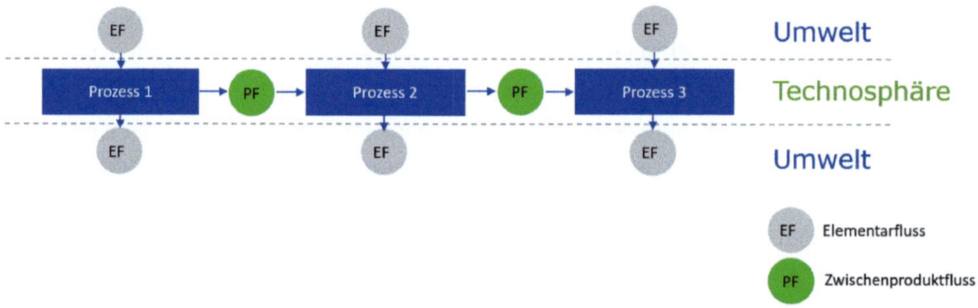

Bild 11.4 Systemfließbild eines Produktsystems. In der Technosphäre sind Prozesse über Zwischenproduktflüsse verbunden. Elementarflüsse sind Ressourcen oder Emissionen, die zwischen der Technosphäre und der Umwelt ausgetauscht werden.

Ziel der Sachbilanz ist es, durch Berücksichtigung aller vor- und nachgeschalteten Prozesse die Elementarflüsse zu bestimmen. Die Datensammlung erfolgt typischerweise ausgehend von dem zu untersuchenden Produkt bzw. der funktionellen Einheit. Daten zu Zwischenproduktflüssen innerhalb des eigenen Unternehmens können häufig direkt aus ERP-Systemen (Enterprise Resource Planning) über „bill of materials" (BOM) entnommen werden. Daten zu Elementarflüssen oder Zwischenproduktflüssen aus anderen Organisationen sind in der Regel mit entsprechendem Aufwand zu messen, zu erfragen oder abzuschätzen. Aufgrund des ganzheitlichen Charakters von Ökobilanzen werden typischerweise Daten für eine große Anzahl von Prozessen benötigt. Um den Aufwand der Datenerfassung gering zu halten, werden verschiedene Ansätze mit variabler Genauigkeit und Aufwand verfolgt (Kleinekorte et al. 2020):

- Industriedaten (z. B. Anlagendaten aus dem eigenen Betrieb oder von Zulieferern)
- LCA-Datenbanken (z. B. GaBi und ecoinvent; sie umfassen häufig anonymisierte Industriedaten)

- Simulations- oder Labordaten (mit entsprechendem Scale-Up)
- Schätzmethoden und Expertenwissen

Manchmal wird bereits beim zu untersuchenden Produkt festgestellt, dass das Produkt mehrere Funktionen erfüllt. Fast immer jedoch erfüllen spätestens Prozesse in der Vorkette mehrere Funktionen, insbesondere in der stark verzweigten chemischen Industrie als Vorkette für Kunststoffe. Generell zielen die meisten Ökobilanzen darauf ab, die Elementarflüsse des gesamten Produktsystems auf eine einzige Funktion des Produktes aufzuteilen. Im Folgenden sollen die Fragen betrachtet werden, wann eine Multi-Funktionalität auftritt und wie die Aufteilung auf die einzelnen Funktionen sinnvoll und fair vorgenommen werden sollte (das sogenannte Allokationsproblem).

Grundsätzlich kann Multi-Funktionalität in Produktsystemen auf drei Arten auftreten:

- Herstellungsprozess mit mehreren wertvollen Produkten
- kombinierte Abfallbehandlung mehrerer Abfälle oder
- Recycling-Prozesse (Behandlung eines Abfalls und gleichzeitige Herstellung eines wertvollen Produktes)

Wenn funktions- bzw. produktspezifische Umweltwirkungen benötigt werden oder wenn die Funktionen der vergleichenden Systeme nicht die Gleichen sind, muss eine geeignete Aufteilung (Allokation) gefunden werden. Die Ökobilanz-Norm empfiehlt dabei folgende Hierarchie (ISO 2021a/b, EU-JRC 2010):

- Aufteilung der Systeme
- Systemerweiterung und Systemerweiterung durch Substitution
- physikalische Allokation
- Allokation nach anderen Kriterien

Eine **Aufteilung der Systeme** entspricht dem „Reinzoomen“ in einen aggregierten (Blackbox-)Prozess. Als Beispiel könnten in einer Fabrikhalle mehrere gekoppelte Produkte hergestellt werden; bisher wurde nur der gesamte Strombedarf der Fabrikhalle gemessen. Geht man in die Halle hinein und identifiziert unabhängige Anlagen für die jeweiligen Produkte, lässt sich das System aufteilen und beispielsweise der Strombedarf für jede Anlage messen. Eine Aufteilung der Systeme ist in der Praxis oft nicht möglich, da kein weiteres Reinzoomen möglich ist, wie z. B. im Falle einer Erdöl-Raffinerie mit zahlreichen Koppelprodukten in einem einzigen Prozess.

Eine **Systemerweiterung** erweitert die funktionelle Einheit um weitere Funktionen der Produktsysteme zu einem Funktionsbündel (bzw. Produktbündel oder Warenkorb). Wenn dieses Funktionsbündel noch sinnvoll ist, ist das Problem der Multi-Funktionalität gelöst (EU-JRC 2010). Mit einem Funktionsbündel können jedoch keine produktspezifischen Umweltwirkungen ausgewertet werden. Im Gegensatz dazu wird bei der **Systemerweiterung durch Substitution** die ursprüngliche funktionelle Einheit mit einer Funktion (einem Produkt) beibehalten und eine Gutschrift für die weiteren Funktionen (z. B. die Kuppelprodukte) erteilt. Die Gutschrift entspricht den vermiedenen Umweltbelastungen durch die Substitution des konventionellen Produktionssystems, das ansonsten verwendet worden wäre. Die Systemgrenze wird also um das konventionelle Produktionssystem erweitert. In einer vergleichenden Ökobilanz sind beide Ansätze (Produktbündel und Gutschrift) mathematisch gleichwertig – die zahlenmäßigen Ergebnisse, die Bedeutung und Interpretation der Ergebnisse sind es jedoch nicht, da die Systemgrenzen und die funktionalen Einheiten verändert werden. Bei der Systemerweiterung durch Substitution könnte beispielsweise rechnerisch mittels hoher Gutschriften für zahlreiche Koppelprodukte schließlich ein negativer CO_2-Fußabdruck für das zu untersuchende Produkt ermittelt werden. Dieser Wert bedeutet in der Regel jedoch nicht, dass die Herstellung des Produkts CO_2 aus der Atmosphäre bindet, sondern nur, dass die Koppelprodukte emissionsintensive Produkte substituieren (was aus Klimaschutzgründen zwar immer noch zu begrüßen ist, jedoch nicht als „carbon negative" bezeichnet werden sollte).

Eine **physikalische Allokation** teilt die Umweltwirkungen des multi-funktionalen Prozesses auf die einzelnen Funktionen auf Basis physikalischer Beziehungen auf. Eine physikalische Kausalbeziehung quantifiziert wie In- und Outputs mit der Funktion eines Systems zusammenhängen. Ein Beispiel wäre die Aufteilung der CO_2-Emissionen bei der Verbrennung von Mischabfällen auf die einzelnen Kunststoffe gemäß ihrem Kohlenstoffgehalt.

Eine **Allokation nach anderen Kriterien** wird angewendet, wenn kein physikalischer Kausalzusammenhang gefunden werden kann. Zu diesem Zweck wird der multi-funktionale Prozess anhand von Kriterien wie der Masse, Stoffmenge, Energie, Exergie oder des Preises in Einzelprozesse künstlich zerlegt. Die Umweltwirkungen des multi-funktionalen Prozesses werden auf die mono-funktionalen Prozesse entsprechend diesen Kriterien verteilt. Ein häufig verwendetes Kriterium ist der wirtschaftliche Wert der Produkte. Da der multi-funktionale Prozess virtuell unterteilt wird, geht die physische Beziehung zwischen den Prozessen verloren, d. h. die unabhängige Produktion von ehemals gemeinsam hergestellten Produkten. Zudem ist die Auswahl des Attributs subjektiv und in einem gewissen Maß willkürlich.

Allokation bei Recyclingprozessen

Wie oben beschrieben wurde, ist ein Recyclingprozess immer multi-funktional, da der Prozess mindestens zwei Funktionen erfüllt: Behandlung eines Kunststoff-Abfalls und Bereitstellung eines wertvollen Rezyklats. Die Konsequenzen für die Allokation hängen dabei einerseits vom Untersuchungsrahmen ab und andererseits davon, ob es sich um ein *Closed-loop-* oder *Open-loop-*Recycling handelt. Beim Closed-loop-Recycling kann der Kunststoff-Abfall in ein Rezyklat umgewandelt werden, welches mit dem ursprünglichen Primärmaterial qualitativ gleichwertig ist, d. h., dass theoretisch ein unendliches Recycling ohne Qualitätsverlust möglich wäre. Insbesondere das chemische Recycling und die Pyrolyse können hier theoretisch mit unbegrenzter Wiederholungsrate hochwertige Monomere bereitstellen. Beim Closed-loop-Recycling kann auf eine Allokation verzichtet werden, wenn der ganze Cradle-to-gate-Lebenszyklus eines Produktes betrachtet wird: So müssen materialseitig nur die durchs Recycling reduzierten Stoffströme in Form des Netto-Bedarfs an Primärmaterial und nicht-rezyklierbarer Abfälle bilanziert werden; dieser Vorteil steht einem Energiebedarf des Recyclings gegenüber, der ökobilanziell zwingend berücksichtigt werden muss.

Beim Open-loop-Recycling kann der Kreislauf nicht im gleichen Sinne geschlossen werden, da meist ein Qualitätsverlust beim Recycling auftritt. Dadurch wird das Rezyklat in einer kaskadierten Nutzung für eine andere Anwendung verwendet. Zum Beispiel wird recyceltes PET aus Getränkeflaschen häufig zu Polyester-Textilfasern verarbeitet. Zur Aufteilung der Umweltwirkungen des Recyclingprozesses (z. B. anteilig auf die Getränkeflasche und die Textilfasern) reichen die methodischen Lösungsansätze von der einfachen 50:50-Aufteilung bis hin zu ausgeklügelten marktbasierten Ansätzen (Ekvall 2000). Für Übersichten zur Allokationsthematik bei Open-loop-Recyclingprozessen sei auf (Rydberg 1996), (Ekvall & Tillman 1997) und (Klöpffer et al. 2009) verwiesen.

Soll nicht der Effekt des Recyclings auf ein Produkt analysiert werden, sondern sollen alternative Recyclingprozesse untereinander verglichen werden, müssen zunächst die gemeinsamen Funktionen der Prozessalternativen identifiziert werden, z. B. die Bereitstellung eines gleichwertigen Rezyklats aus unterschiedlichen Abfällen (mit entsprechender funktioneller Einheit „Bereitstellung 1 kg Rezyklat") oder alternativ die Behandlung des gleichen Abfalls mit unterschiedlicher Verwertung (z. B. beim Vergleich von mechanischem, chemischen und thermischen Recycling; mit funktioneller Einheit „Behandlung von 1 kg Plastikabfall"). Für die nicht identischen Funktionen werden dann häufig Gutschriften vergeben (Meys 2020).

11.1.5 Wirkungsabschätzung

Aus der Sachbilanz geht für jede Funktion eine lange Liste mit den benötigten Rohstoffen und den verursachten Emissionen hervor. Die Interpretation dieser Liste in Bezug auf greifbare Umweltwirkungen ist praktisch unmöglich. Daher werden in der Wirkungsabschätzung (englisch *Life Cycle Impact Assessment, LCIA*) potenzielle Umweltwirkungen durch die Zusammenfassung der Elementarflüsse in Wirkungskategorien übersetzt. Ein prominentes Beispiel ist die Kategorie des Klimawandels: Hier werden die verschiedenen Treibhausgas-Emissionen mit ihrem Treibhausgaspotenzial (englisch *Global Warming Potential, GWP*; siehe (Metz et al. 2005)) gewichtet und zusammengefasst. Andere Wirkungskategorien werden analog mittels Charakterisierungsfaktoren als Gewichtungsfaktor berechnet.

Der ganzheitliche LCA-Ansatz zielt darauf ab, eine Problemverschiebung zwischen Umweltauswirkungen zu vermeiden. Daher sollte eine ideale Ökobilanz alle Umweltwirkungen bewerten, die im vorliegenden Industriesektor bzw. der Produktanwendung von Bedeutung sind (EU-JRC 2010) (Hauschild et al. 2015). In der Praxis ist es jedoch nicht immer offensichtlich, welche Auswirkungen relevant sind und in die Bewertung einbezogen werden müssen. Erschwerend hinzu kommen einerseits fehlende Sachbilanz-Daten (z. B. schwer erfassbare Emissionen) sowie andererseits die Verfügbarkeit zuverlässiger Berechnungsmethoden für die Wirkungsabschätzung. Teilweise muss aus mehreren verfügbaren Methoden für eine einzelne Kategorie eine Auswahl getroffen werden oder es stehen nur unausgereifte oder gar keine Methoden zur Verfügung. Daher wurden Leitlinien zur Auswahl von Wirkungskategorien für bestimmte Wirkungsabschätzungen und geografische Kontexte entwickelt (Frischknecht et al. 2016). Das European Commission's Joint Research Centre und (Hauschild et al. 2015) analysierten die Umweltwirkungskategorien der verfügbaren LCIA-Methoden auf ihre Vollständigkeit, Relevanz, Robustheit, Transparenz, Anwendbarkeit, Akzeptanz und Eignung für die Kommunikation. Auf der Grundlage dieser Analyse wurden die Umweltauswirkungen in drei Qualitätsstufen eingeteilt. Die Ergebnisse dieser Analyse sind in Tabelle 11.1 zusammengefasst. Die Tabelle haben wir um zwei weitere Stufen erweitert: Qualitätsstufe IV beschreibt sehr neue Bewertungsmethoden, für die es noch keine oder wenig Erfahrung und Begutachtungen gibt. In Kategorie V werden Umweltwirkungen aufgelistet, für die es noch keine Bewertungsmethode im LCA-Kontext gibt.

Tabelle 11.1 Umweltwirkungskategorien der LCIA-Methode Environmental Footprint 2 gemäß der Empfehlung der European Commission's Joint Research Centre im europäischen Kontext nach ihren Qualitätsstufen (EU-JRC 2010) (EU-JRC 2018) (in diesem Kapitel ergänzt um Qualitätsstufe IV und V)

Qualitätsstufe I: empfohlen und zufriedenstellend	Qualitätsstufe II: empfohlen, einige Verbesserungen erforderlich	Qualitätsstufe III: empfohlen, aber mit Vorsicht anzuwenden	Qualitätsstufe IV: Methode vorhanden, ohne Erfahrung oder Begutachtung	Qualitätsstufe V: keine Methode vorhanden/bekannt
Klimawandel	Versauerung, terrestrisch und Süßwasser	Landnutzung	Ozeanversauerung	Klimawandel
Zerstörung der Ozonschicht	Eutrophierung, Süßwasser, terrestrisch und marin	Wasserknappheit	Geräuschbelästigung	Einbringung neuartiger Substanzen
Feinstaub	ionisierende Strahlung	Erschöpfung der energetischen Ressourcen	erste wissenschaftliche Beiträge zu Plastikmüll in Ozeanen: ▪ Marine Plastic Debris (Saling et al. 2020) ▪ Marine Litter (Woods et al. 2021) ▪ Marine Impacts (MarILCA) (Corella-Puertes et al. 2021) ▪ Microplastics in USEtox Model (Zhao et al. 2022)	Unversehrtheit der Biosphäre/ Biodiversität

Qualitätsstufe I: empfohlen und zufriedenstellend	Qualitätsstufe II: empfohlen, einige Verbesserungen erforderlich	Qualitätsstufe III: empfohlen, aber mit Vorsicht anzuwenden	Qualitätsstufe IV: Methode vorhanden, ohne Erfahrung oder Begutachtung	Qualitätsstufe V: keine Methode vorhanden/ bekannt
	photochemische Ozonbildung	Erschöpfung der mineralischen und metallischen Ressourcen		
	Humantoxizität, Krebs- und Nicht-Krebs-Wirkungen (II/III)			
	Ökotoxizität, Süßwasser (II/III)			

Fehlende Umweltwirkungskategorien für Plastikmüll und Mikroplastik

Neben den ökologischen Vorteilen von Kunststoffen wird vor allem in Plastikmüll und Mikroplastik ein Umweltproblem gesehen. Um dem ganzheitlichen Charakter einer Ökobilanz gerecht zu werden und Verschiebungen zwischen Umweltproblemen zu erkennen, sollten diese Umweltprobleme in einer Ökobilanz betrachtet werden. Aktuell stehen dafür jedoch noch keine zuverlässigen und anerkannten Methoden zur Verfügung. Zu begrüßen sind jedoch einige Forschungsansätze zur Charakterisierung und Quantifizierung von Plastikmüll in Ozeanen (Saling et al. 2020) (Woods et al. 2021) (Corell-Puertas et al. 2021) (Zhao et al. 2022).

Um das Problem nicht aus den Augen zu verlieren, sollte in einer Ökobilanz zu Kunststoffen zumindest der Abfall massenmäßig erfasst werden. Anleitungen, Werkzeuge und generische Daten können beispielsweise aus der „National Guidance for Plastic Pollution Hotspotting and Shaping Action" der europäischen Life Cycle Initiative entnommen werden (The Life Cycle Initiative 2022).

11.1.6 Interpretation

In der Interpretation als letzte Phase einer Ökobilanz werden die Ergebnisse der LCI- und der LCIA-Phase im Hinblick auf das Ziel der Studie interpretiert. In dieser Phase soll insbesondere das Vertrauen in die Studie gestärkt und die Robustheit der Ergebnisse analysiert werden. Die Robustheit wird im Hinblick auf die zuvor getroffenen Annahmen in Phase 1, die Vollständigkeit und Konsistenz der zugrundeliegenden Daten, die Unsicherheit und Sensitivität kritischer Parameter geprüft. Da sich durch die Prüfung Anpassungen in der Definition von Ziel und Untersuchungsrahmen ergeben können, ist eine Ökobilanz immer ein iteratives Vorgehen.

Der letzte Schritt der Robustheitsprüfung sowie die Betonung der Transparenz ist eine große Errungenschaft in der Norm, um Vertrauen in einzelne Studien zu stärken und auch die Vergleichbarkeit zwischen verschiedenen LCA-Studien ermöglichen zu können. Für öffentliche Ökobilanz-Studien von Produkten im Vergleich zu Produkten des Wettbewerbs fordert die Norm zusätzlich die kritische Prüfung durch ein unabhängiges Gremium (das sogenannte Critical Review).

11.1.7 Zusammenfassung und Ausblick

Ökobilanzen sind ein hilfreiches Werkzeug zur Bewertung der ökologischen Nachhaltigkeit von Kunststoffen. Dabei ist die Nachhaltigkeit häufig nur „relativ" bewertbar, d. h., es werden die Reduktionen von Umweltwirkungen im Vergleich zu herkömmlichen Produkten oder Prozessen ermittelt. Absolute Werte, bis zu denen ein einzelnes Produkt bzw. ein Kunststoff als nachhaltig betrachtet werden kann, gibt es im Rahmen der Ökobilanz nicht. Aktuell wird jedoch an der Verknüpfung der Ökobilanz mit dem Konzept der planetaren Grenzen geforscht (Bardow et al. 2022). Weiterhin ist die Anwendung der Ökobilanz auf einzelne Produkte ohne Vergleiche auch heute sinnvoll, um sogenannte Hot-Spots entlang des Lebenszyklus aufzudecken.

Kunststoffe als Klimaretter?

Mittels einer CO_2-Bilanz (als Teil einer Ökobilanz) kann berechnet werden, wie viele CO_2-Emissionen im gesamten Lebenszyklus hervorgerufen werden. Auch wenn Kunststoffe durch ihre einzigartigen Eigenschaften in ihren Anwendungen (z. B. Energieeffizienz durch Gebäudedämmung, erhöhte Haltbarkeit durch Lebensmittelverpackungen) CO_2-Emissionen einsparen, so ruft der Lebenszyklus von Kunststoffen im Kreislauf, d. h. ihre Herstellung und ihr Recycling, netto CO_2-Emissionen hervor bzw. kann bestenfalls CO_2-neutral werden. Kunststoffe können nur dann als CO_2-negativ bezeichnet werden, wenn der Herstellungsprozess CO_2-negativ ist (z. B. durch den Einsatz von CO_2 oder Biomasse als Rohstoff) und entweder i) eine eingeschränkte Cradle-to-gate-Betrachtung erfolgt, welche das Lebensende (End-of-Life) vernachlässigt, oder ii) am Lebensende der im Kunststoff gebundene Kohlenstoff nicht als CO_2 in die Atmosphäre entweicht.

Insgesamt kann geschlussfolgert werden, dass Kunststoffe für Klimaschutz-Technologien zwingend erforderlich sind und somit einen erheblichen Beitrag zum Klimaschutz liefern. Gleichzeitig müssen die Umweltwirkungen der Kunststoffe selbst so weit wie möglich reduziert werden. Innerhalb der einzelnen Lebenszyklusabschnitte haben Ökobilanz-Studien folgende Verbesserungspotenziale identifiziert (Walker 2020) (Alhazmi 2021) (Davidson 2021) (Li 2022):

- **Produktion/Herstellung**: neue Rohstoffe wie Biomasse, CO_2 und Rezyklat; effizientere neue Herstellungs- und Verarbeitungsverfahren
- **Nutzphase**: höherwertige Produkte; Lebensdauer erhöhen; Mehrfachnutzung; Abwägung zwischen Mono-Materialien und Mischkunststoffen
- **Abfallsammlung/Entsorgung**: Leckage in Umwelt vermeiden, sowohl technisch als auch durch Nutzerverhalten und Politik; neue Geschäftsmodelle wie Abo-Modelle, um z. B. Rücknahme von Kunststoff-Produkten zu gewährleisten
- **End-of-Life**: Recyclingtechnologien; im Sinne eines „Design for Recyclability" sollten Hersteller und Weiterverarbeiter an allen Stellen eine Rückführung der Kunststoffe in die Kreisläufe der Verwertung (mechanisches, chemisches, solvolytisches Recycling etc.) ermöglichen und so ihrer Verantwortung gerecht werden

Um diese Verbesserungspotenziale zu erreichen, sollten weiterhin Forschungs- und Entwicklungsprojekte idealerweise von Anfang an durch eine iterative Ökobilanz begleitet werden. So können Verschiebungen zu anderen Lebenszyklusabschnitten oder anderen Umweltproblemen frühzeitig erkannt werden und entsprechend gegengesteuert werden. Insbesondere sollten Ökobilanzen für Kunststoffe und deren Recycling neben dem meist positiven Beitrag zum Klimaschutz auch die Umweltprobleme Plastikabfälle und Mikroplastik berücksichtigen.

Literatur für Abschnitt 11.1

(Alhazmi 2021) Alhazmi, H.; Almansour, F. H.; Aldhafeeri, Z.: 2021, Plastic Waste Management: A Review of Existing Life Cycle Assessment Studies. Sustainability, 13, 5340

(Bardow et al. 2022) Bardow, A.; Bachmann, M.; Zibunas, C. et al.: Towards circular plastics within planetary boundaries. 08 July 2022, PREPRINT (Version 1) available at Research Square, *https://doi.org/10.21203/rs.3.rs-1788256/v1*

(Boustead 1974) Boustead, I.: 1974, Resource implications with particular reference to energy requirements for glass and plastic milk bottles. Int. J. Dairy Technol., 27 (3) 159 – 165

(Corella-Puertes et al. 2021) Corella-Puertas, E.; Guieu, P.; Aufoujal, A.; Bulle, C.; Boulay, A.-M.: Development of simplified characterization factors for the assessment of expanded polystyrene and tire wear microplastic emissions applied in a food container life cycle assessment, Industrial Ecology, 2022, https://doi.org/10.1111/jiec.13269

(Davidson 2021) Davidson, M. G.; Furlong, R. A.; McManus, M. C.: 2021, Developments in the life cycle assessment of chemical recycling of plastic waste – A review. Journal of Cleaner Production, 293, 126163

(Ekvall & Tillman 1997) Ekvall, T.; Tillman, A. M.: 1997, Open-loop recycling: Criteria for allocation procedures. Int. J. LCA, 2, 155 – 162

(Ekvall 2000) Ekvall, T.: 2000, A market-based approach to allocation at open-loop recycling. Resources, Conservation and Recycling, 29 (1 – 2), 91 – 109

Ellen MacArthur Foundation: 2016, The New Plastics Economy – Rethinking the Future of Plastics.

(EU-JRC 2010) European Commission – Joint Research Center (ed.): 2010, ILCD Handbook – General guide for Life Cycle Assessment – Detailed guidance://International Reference Life Cycle Data System (ILCD) vol. 24708 (Publications Office, Luxembourg)

(EU-JRC 2018) European Commission – Joint Research Centre: 2018, Supporting information to the characterisation factors of recommended EF Life Cycle Impact Assessment method: New models and differences with ILCD.

(Fan et al. 2022) Fan, Y. V.; Cucek, L.; Klemeš, J. J.; Vujanovic, A.; Varbanov, P. S.: 2022, Life Cycle Assessment Approaches of Plastic Recycling with Multiple Cycles: Mini Review. Chemical Engineering Transactions, 94, 85 – 90

(Frischknecht et al. 2016) Frischknecht, R.; Jolliet, O.: 2016, Global Guidance for Life Cycle Impact Assessment Indicators, Vol. 1. Nairobi: UN Environ. Progr.

(Guinée et al. 1993) Guinée, J. B.; Udo de Haes, H. A.; Huppes, G.: 1993, Quantitative life cycle assessment of products 1: Goal definition and inventory. J. Clean. Prod., 1 (1) 3 – 13

(Guinée et al. 2011) Guinée, J. B.; Heijungs, R.; Huppes, G.; Zamagni, A.; Masoni, P.; Buonamici, R.; Ekvall, T.; Rydberg, T.: 2011, Life Cycle Assessment: Past, Present, and Future. Environ. Sci. Technol, 45, 1, 90 – 96

(Hauschild et al. 2015) Hauschild, M.; Huijbregts, M.: 2015, Life Cycle Impact Assessment. Dordrecht, Neth.: Springer

(ISO 2021a) ISO 2021a, International Organization for Standardization. ISO 14040 Environmental management. Life cycle assessment. Principles and framework (2021)

(ISO 2021b) ISO 2021b, International Organization for Standardization: ISO 14044 – Environmental management. Life cycle assessment. Principles and framework (2021)

(Jimenez-Gonzalez et al. 2000) Jimenez-Gonzalez, C.; Kim, S.; Overcash, M. R.: 2000, Methodology for developing gate-to-gate life cycle inventory information. Int. J. Life Cycle Assess. 5 (3): 153 – 59

(Kleinekorte et al. 2020) Kleinekorte, J.; Fleitmann, L.; Bachmann, M.; Kätelhön, A.; Barbosa-Póvoa, A.; von der Assen, N.; Bardow, A.: 2020, Life Cycle Assessment for the Design of Chemical Processes, Products, and Supply Chains. Annu Rev Chem Biomol Eng; 11: 203 – 233

(Klöpffer et al. 2009) Klöpffer, W.; Grahl, B.: 2009, Ökobilanz (LCA): Ein Leitfaden für Ausbildung und Beruf. Wiley-VCH, ISBN: 978 – 3527320431

(Li 2022) Li, H. et al.: 2022, Expanding plastics recycling technologies: chemical aspects, technology status and challenges. Green Chemistry, *https://doi.org/10.1039/d2gc02588d/*

(Matthews et al. 2014) Matthews, H. S.; Hendrickson, C. T.; Matthews, D.: 2014, Life Cycle Assessment: Quantitative Approaches for Decisions that Matter. Open access textbook, retrieved from *https://www.lcatextbook.com*

(Metz et al. 2005) Metz, B.; Davidson, O.; de Coninck, H.; Loos, M.; Meyer, L.: 2005, IPCC Special Report on Carbon Dioxide Capture and Storage. Cambridge, UK: Cambridge Univ. Press

(Meys 2020) Meys, R.; Frick, F.; Westhues, S.; Sternberg, A.; Klankermayer, J.; Bardow, A.: Towards a circular economy for plastic packaging wastes – the environmental potential of chemical recycling, 2020, Resources, Conservation and Recycling, 162, 105010

(Orth et al. 2022) Orth, P.; Bruder, J.; Rink, M.: 2022, Ökobilanzen von Kunststoffkreisläufen. In: Kunststoffe im Kreislauf. Springer Vieweg, Wiesbaden, *https://doi.org/10.1007/978-3-658-37814-1_11*

(Rydberg 1996) Rydberg, T.: 1996, Cascade Accounting in Life Cycle Assessment Applied to Polymer Recycling. Polymer Recycling, 1 (4), 233

(Saling et al. 2020) Saling, P.; Gyuzeleva, L.; Wittstock, K.; Griesshammer, R.: 2020, Life cycle impact assessment of microplastics as one component of marine plastic debris. Int J Life Cycle Assess, 25, 2008 – 2026

(Soong et al. 2022) Soong, Y. V.; Sobkowicz, M. J.; Xie, D.: 2022, Recent Advances in Biological Recycling of Polyethylene Terephthalate (PET) Plastic Wastes. Bioengineering (Basel). 2022 Feb 27; 9 (3): 98

(Sundström 1971) Sundström, G.: 1971, Investigation of energy requirements from raw material to garbage treatment for four Swedish beer and packaging alternatives. Malmö, Sweden

(The Life Cycle Initiative 2022) The Life Cycle Initiative 2022, National Guidance for Plastic Pollution Hotspotting and Shaping Action. *https://plastichotspotting.lifecycleinitiative.org/*, 24.03.2025

(Walker 2020) Walker, S.; Rothman, R.: 2020, Life cycle assessment of bio-based and fossil-based plastic: A review. Journal of Cleaner Production, 261, 121158

(Woods et al. 2021) Woods, J. S.; Verones, F.; Joillet, O.; Vázquez-Rowe, I.; Boulay, A.-M.: A framework for the assessment of marine litter impacts in life cycle impact assessment, Ecological Indicators, Volume 129, 2021, *https://doi.org/10.1016/j.ecolind.2021.107918*, 24.03.2025

(Zhao et al. 2022) Zhao, X.; You, F.: 2022, Life Cycle Assessment of Microplastics Reveals Their Greater Environmental Hazards than Mismanaged Polymer Waste Losses. Environmental Science & Technology, 56 (16), 11780 – 11797, DOI: 10.1021/acs.est.2c01549

11.2 Praxis der Ökobilanzierung: Kunststoffe und Treibhausgase – Aufwand und Nutzen

Bernd Brandt, Harald Pilz

Erhöhen Kunststoffe die Treibhausgasemissionen oder helfen sie, die Treibhausgasemissionen zu reduzieren? Diese Frage wird kontrovers diskutiert. Die Verringerung der Treibhausgasemissionen ist jedenfalls eine entscheidende globale Herausforderung, und umfassende Ökobilanzen sind ein wichtiges Instrument, um die entsprechenden Umweltwirkungen von Produkten zu bewerten. Oft wird nur eine Seite der Gleichung betrachtet, nämlich die Treibhausgasemissionen aus der Herstellung und Abfallverwertung von Kunststoffen. Die Auswirkungen alternativer Produkte werden diesen aber selten gegenübergestellt. In dem vorliegenden Dokument wird diese breitere Perspektive des Vergleichs von Vor- und Nachteilen der Verwendung von Kunststoffprodukten untersucht und der Schluss gezogen: **Die im gesamten Lebenszyklus eingesparten Emissionen sind oft höher als die Klimabelastungen der Kunststoffherstellung und -verwertung.** Zusätzlich werden in diesem Kapitel Nutzeffekte dargestellt, die durch das Recycling von Kunststoffen und den Einsatz von Kunststoffrezyklaten entstehen.

Bewertung des gesamten Lebenszyklus, Vergleich von Alternativen

Kunststoffprodukte verursachen während ihres gesamten Lebenszyklus positive und negative Umweltauswirkungen. Während der Produktionsphase entstehen in der Regel negative Auswirkungen. In der Nutzungsphase können Produkte manchmal weitere Umweltbelastungen hervorrufen. Oft beeinflusst die Verwendung von Kunststoffprodukten aber die Systeme so, dass der Energieverbrauch gesenkt (z. B. durch Wärmedämmung) und die Ressourceneffizienz erhöht wird (z. B. durch Lebensmittelverpackungen, die Lebensmittelabfälle reduzieren). Dies führt zu geringeren Umweltauswirkungen bzw. einem Nutzen. Am Ende des Lebenszyklus können verschiedene Optionen aus Recycling, Energierückgewinnung und Entsorgung zu einer Nettobelastung oder einem Nettonutzen führen.

Ökobilanzen und Berechnungen des CO_2-Fußabdrucks vergleichen Produkte, die auf der **gleichen funktionalen Einheit** basieren. Die Schlüsselfrage lautet: Sind die Vorteile der Verwendung eines Produkts größer als seine Nachteile? Im Vergleich zu Alternativen oder im Vergleich zum Verzicht auf jegliches Material bieten viele Kunststoffprodukte Vorteile, die höher sind als die nachteiligen Auswirkungen der Produktion und der Abfallverwertung. Grundsätzlich können die Vorteile von Kunststoffprodukten im Vergleich zu Alternativen in der Produktionsphase (geringere Auswirkungen aufgrund des geringeren Materialeinsatzes pro funktionaler Einheit), in der Gebrauchsphase (bessere Funktionalität als bei Alternativen) und in der End-of-Life-Phase (z. B. durch höhere Recyclinggutschriften) entstehen.

Die Ergebnisse von Ökobilanzen und CO_2-Fußabdrücken können in drei verschiedene Gruppen eingeteilt werden, die unterschiedliche Auswirkungen auf die Nachhaltigkeitsstrategien von Kunststoffen haben:

- Der Nutzen ist größer als die Nachteile: Bei Kunststoffprodukten, deren positive Auswirkungen größer sind als ihre negativen Auswirkungen, ist eine verstärkte Verwendung aufgrund der Netto-Umweltvorteile durchaus nachhaltig.
- Keine eindeutige Bilanz: Kunststoffprodukte, die heute im Vergleich zu Alternativen keine klaren Vorteile aufweisen, sollten optimiert werden.
- Die Nachteile sind größer als der Nutzen: Wenn die Optimierung dieser Kunststoffprodukte nicht zu einem nachhaltigen Verhältnis von positiven zu negativen Umweltauswirkungen führt, sollten alternative Lösungen bevorzugt werden.
- Dieses Dokument beschränkt sich nicht auf die Auswirkungen auf den Klimawandel, jedoch liegt der Schwerpunkt auf den Treibhausgasemissionen (angegeben als CO_2-Äquivalente = CO_2e), da diese in der Regel die wichtigsten Umweltauswirkungen von Kunststoffen sind (siehe Bild 11.5).

11.2.1 Führt die theoretische Substitution von Kunststoffen durch Alternativen zu einer Erhöhung oder Senkung von CO_2e-Emissionen?

Vier Studien, welche die Auswirkungen einer theoretischen Substitution von Kunststoffprodukten durch alternative Materialien untersucht haben, werden hier vorgestellt. Sie wurden von unabhängigen Instituten erstellt und zusätzlich „kritischen Reviewprozessen" unterzogen. Im Jahr 2016 verglich [Trucost 2016] die Umweltauswirkungen von weltweit verwendeten Konsumgütern und Verpackungen aus Kunststoff mit denen von Alternativen, die nicht aus Kunststoff bestehen. Bei der Bewertung wurde eine breite Palette von Umweltauswirkungen wie Klimawandel, Luftverschmutzung, Land- und Wasserverschmutzung, Wasserverknappung, Kosten für die Abfallbewirtschaftung und Schädigung der Meere berücksichtigt. Diese Auswirkungen wurden schließlich in monetäre Werte umgewandelt, die die Umweltkosten von Kunststoffen und Alternativen widerspiegeln.

Die Ergebnisse zeigen, dass die Umweltkosten für die Verwendung alternativer Materialien etwa viermal so hoch sind wie die Kosten für die Verwendung von Kunststoffen in einem Business-as-usual-Szenario (siehe Bild 11.5). In vielen Fällen sind die Umweltkosten pro Kilogramm alternativer Materialien geringer als jene von Kunststoffen. Allerdings wird im Durchschnitt mehr als das Vierfache an alternativem Material (nach Gewicht) benötigt, um die gleichen Funktionen zu erfüllen. Bild 11.5 zeigt zudem, dass die Treibhausgasemissionen die wichtigsten Umweltauswirkungen sind, die durch Kunststoffe verursacht werden (51 % der gesamten Umweltkosten), während die Schädigung der Meere nur 3,6 % ausmacht.

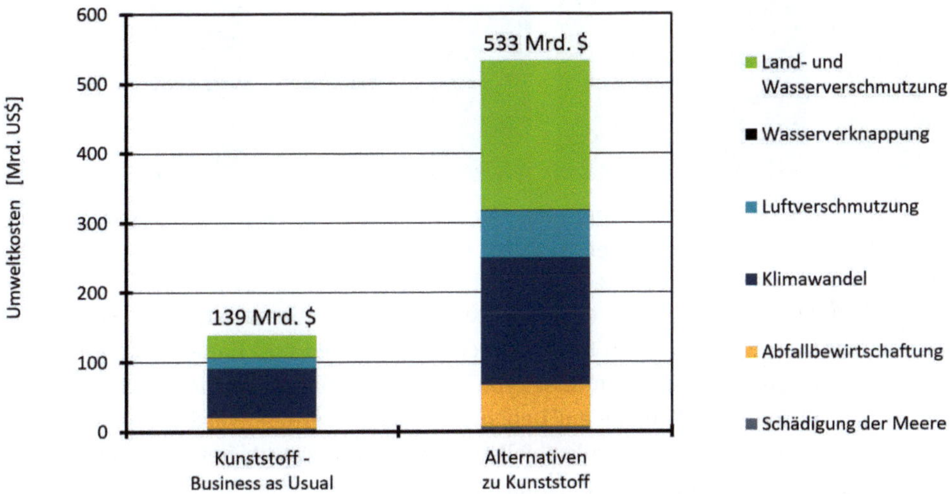

Bild 11.5 Umweltkosten von Kunststoffen und Alternativen im Konsumgütersektor [Trucost 2016]

Im Jahr 2010 erstellte denkstatt, Wien, eine ähnliche Studie, in der die Auswirkungen einer theoretischen Substitution von Kunststoffprodukten in allen Anwendungsbereichen in Europa untersucht wurden [denkstatt 2010]. Die Ergebnisse zeigen, dass 3,7-mal mehr alternatives Material (nach Gewicht) benötigt wird, um die gleichen Funktionen zu erfüllen. Die Substitution von Kunststoffen würde den Energieverbrauch im gesamten Lebenszyklus um 57 % und die Treibhausgasemissionen um 61 % erhöhen.

Im Jahr 2011 wurde dieselbe Studie mit Schwerpunkt auf den in Europa verwendeten Kunststoffverpackungen wiederholt [denkstatt 2011]. Es stellte sich heraus, dass die Alternativen zu Kunststoffverpackungen im Durchschnitt 3,6-mal schwerer sind. Außerdem würden sie im gesamten Lebenszyklus 2,2-mal so viel Energie verbrauchen und 2,7-mal so viele Treibhausgasemissionen verursachen wie Kunststoffverpackungen (Bild 11.6).

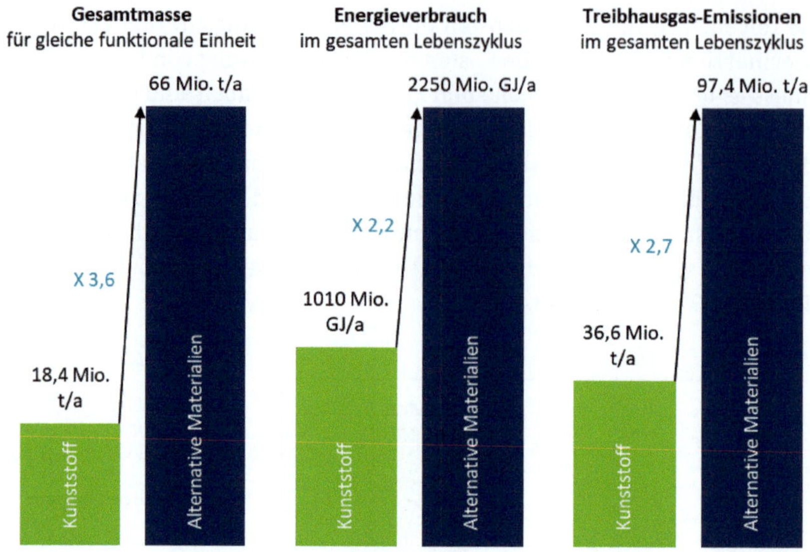

Bild 11.6 Auswirkungen einer theoretischen Substitution von Kunststoffverpackungen durch Alternativen in Europa [denkstatt 2011]

2018 führte Franklin Associates diese theoretische Substitutionsanalyse für Kunststoffverpackungen und Alternativen für die Vereinigten Staaten und Kanada durch [Franklin 2018]. Aufgrund des hohen Einflusses von Methanemissionen aus biologisch abbaubaren Verpackungsmaterialien, die auf Deponien entsorgt werden, wurden Szenarien mit unterschiedlichem Ausmaß der mikrobiellen Zersetzung ausgearbeitet. Bei einem Zersetzungsgrad von 50 % verursachen die Alternativmaterialien 1,8-mal mehr Treibhausgasemissionen als die in Nordamerika verwendeten Kunststoffverpackungen (Bild 11.7).

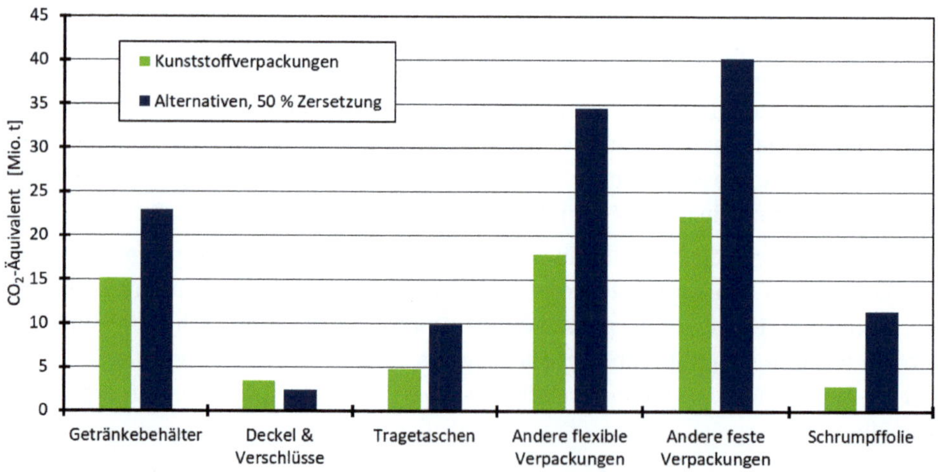

Bild 11.7 CO_2e-Emissionen nach Kategorie für Nordamerika – Kunststoffverpackungen und Alternativen [Franklin 2018]

Zusammengefasst sind die Ergebnisse dieser vier Studien ähnlich: Der Ersatz aller Kunststoffprodukte bzw. Kunststoffverpackungen würde den Energieverbrauch und die Treibhausgasemissionen deutlich erhöhen. Im Vergleich zu alternativen Materialien erzeugen die derzeit in Europa und Nordamerika verwendeten Kunststoffverpackungen 116 Millionen Tonnen weniger CO_2e-Emissionen pro Jahr, was den Auswirkungen von 25 Kohlekraftwerken mit 500 MW Leistung entspricht.

11.2.2 Details zu Kunststoffverpackungen, Vorteile durch vermiedene Lebensmittelverluste

Auch auf der Ebene spezifischer Verpackungsprodukte zeigen viele Studien, dass Lösungen mit Kunststoffen in ihrem gesamten Lebenszyklus weniger CO_2e-Emissionen verursachen können als alternative Materialien. Laut [Fehringer 2019] verursachen Einwegflaschen aus Glas dreimal so viele CO_2e-Emissionen wie Einwegflaschen aus PET und wiederbefüllbare Glasflaschen 40 % höhere CO_2e-Emissionen als wiederbefüllbare PET-Flaschen. Ein österreichisches Forschungsprojekt zu Lebensmittelverpackungen [SWSF 2020] hat beispielsweise gezeigt, dass Kaffeekapseln aus PP mit einer EVOH-Barriere 40 % weniger CO_2e-Emissionen verursachen als Aluminiumkapseln und dass eine PP-Schale plus PET-Flowpack für Mini-Gurken 55 % weniger CO_2e-Emissionen verursacht als eine Kartonschale plus Flowpack aus Zellulosefolie.

Verpackungslösungen mit einem hohen oder hundertprozentigen Anteil an rezykliertem PET sind im Vergleich zu Alternativen oft vorzuziehen. Eierverpackungen aus Karton (100 % rezykliertes Papier) verursachen in Österreich 19 % mehr CO_2e-Emissionen als Eierverpackungen aus 100 % rezyklierten PET-Flaschen [SWSF 2020]. Dieser Unterschied ist in Ländern, in denen Restmüll noch deponiert wird, noch größer. Wasserflaschen aus 100 % rezykliertem PET verursachen 20 % weniger CO_2e-Emissionen als Flaschen aus PET-Neuware [Fehringer 2019].

Beim Vergleich spezifischer Produkte in einem breiteren Spektrum von Umweltauswirkungen können die Ergebnisse natürlich differenzierter ausfallen als die Schlussfolgerungen für den gesamten Verpackungssektor, wie oben dargelegt. Laut [IVL 2020a] ist der CO_2e-Fußabdruck von Einweg-Trinkflaschen aus Kunststoff etwa halb so groß wie der von Alternativen, während für andere Umweltauswirkungskategorien keine klare Rangfolge abgeleitet werden kann. Auch beim Vergleich von PET- und HDPE-Flaschen mit Getränkekartons (ermöglicht durch eine Kunststoffbeschichtung) für Milch fand [Fehringer 2019] keine eindeutigen Vorteile einer bestimmten Verpackungsoption bei allen untersuchten Umweltauswirkungen. Einweg-Lebensmittelverpackungen aus Kunststoff schneiden beim Vergleich der CO_2e-Emissionen häufig deutlich besser ab als Einwegverpackungen aus alternativen Materialien, während es bei anderen Umweltwirkungskategorien oft umgekehrt ist [IVL 2020a].

Verpackungslösungen, die zur Verringerung von Lebensmittelabfällen beitragen, bringen in der Regel einen entsprechenden Umweltnutzen mit sich, der weit über die Auswirkungen der Verpackung selbst hinausgeht. Eine Studie aus dem Jahr 2015, die 2017 aktualisiert wurde [denkstatt 2017], hat dies für fünf Beispiele von Kunststoffverpackungen (für Roastbeef, Schnittkäse, Hefezopf, Gartenkresse und Gurke) quantitativ nachgewiesen, basierend auf realen Daten zu reduzierten Lebensmittelabfällen aus dem österreichischen Einzelhandel.

Erhöhter Schutz oder verbesserte Lagerbedingungen der Lebensmittel durch optimierte Verpackungen führen zu einer verlängerten Haltbarkeit im Einzelhandel und beim Verbraucher. Beide Effekte können die Lebensmittelverschwendung reduzieren. Das Forschungsprojekt „STOP waste – SAVE food" untersuchte dieses Thema von 2016 bis 2020. Die Ergebnisse wurden 2020 in einem Leitfaden veröffentlicht [SWSF 2020]. Weitere quantitative Beispiele für die Reduktion von Lebensmittelabfällen durch (optimierte) Verpackungen konnten präsentiert werden:

Für Schinkenaufschnitt wurden zwei Möglichkeiten der Verpackung mit modifizierter Atmosphäre (MAP) mit dem Kauf von Schinken an der Frischetheke verglichen. Die kürzere Haltbarkeitsdauer von Schinken aus der Frischetheke erhöht das Risiko von Abfällen beim Einzelhändler und Verbraucher erheblich (siehe Bild 11.8). Die Ergebnisse des CO_2-Fußabdrucks zeigen, dass der Nutzen der verringerten Schinkenabfälle ca. 2,8-mal höher ist als die durchschnittlichen zusätzlichen Auswirkungen der MAP-Verpackungen im Vergleich zu den Verpackungen an der Frischetheke.

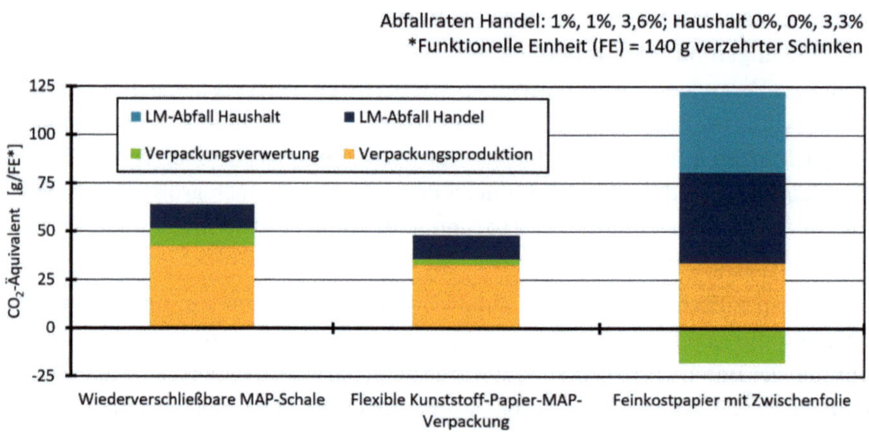

Bild 11.8 CO_2e-Emissionen für drei Verkaufsvarianten von Schinkenaufschnitt, inklusive des Verpackungseinflusses auf Lebensmittelabfälle [SWSF 2020]. Lebensmittelabfallraten basieren auf Daten von Einzelhändlern und einer Fallstudie zur Verbrauchersimulation.

Eine Vakuum-Skinverpackung für Rindfleisch verursacht einen um 8 % höheren CO_2e-Fußabdruck als die alternative MAP-Verpackung, aber der Nutzen der verringerten Lebensmittelabfälle ist 42-mal höher als die zusätzlichen Auswirkungen der verbesserten Verpackungsvariante. Bei geringem Verbrauch können Portionspackungen dazu beitragen, Lebensmittelabfälle zu reduzieren. Der jeweilige Nutzen durch weniger Lebensmittelabfälle (Fallbeispiele Frischkäse und Camembert) ist 2- bis 5-mal höher als die zusätzliche Auswirkung der Portionsverpackung. Weitere Beispiele für Snack-Tomaten und Mini-Gurken zeigen ebenfalls die Vorteile von Kunststoffverpackungen [SWSF 2020].

Die Verringerung der Lebensmittelabfälle im Einzelhandel durch verbesserte Verpackungen und längere Haltbarkeit muss in jedem Einzelfall anhand konkreter Daten vor und nach einer Umstellung geprüft werden. Die bisher eingehend untersuchten Beispiele zeigen jedoch einen ersten Trend: Die Verdoppelung der Haltbarkeit kann die Abfallquote im Einzelhandel um etwa 40 % senken [SWSF 2020].

Die untersuchten Fallstudien zeigen, dass wahrscheinlich 2/3 der Verpackungen für frische Lebensmittel aus Kunststoffen dazu beitragen, Lebensmittelabfälle zu reduzieren. Wenn dies der Fall ist, dann ist der Umweltnutzen der vermiedenen Abfälle in der Regel 5- bis 10-mal höher als die Umweltbelastungen der Verpackung. In Europa und Nordamerika werden ca. 11 Millionen Tonnen CO_2e in Verpackungen für frische Lebensmittel „investiert". **Der entsprechende Nutzen durch verringerte Lebensmittelverluste wird auf 45 bis 60 Millionen Tonnen CO_2e geschätzt. Der durchschnittliche Nettonutzen von 42 Millionen Tonnen CO_2e entspricht dem CO_2-Fußabdruck der Ernährung von 14 Millionen Menschen in Europa und Nordamerika.**

11.2.3 Details zu weiteren Einsatzbereichen von Kunststoffen neben Verpackungen

Auch viele Kunststoffprodukte, die keine Verpackungen sind, verursachen im Vergleich zu Alternativen weniger Treibhausgasemissionen. Kfz-Kotflügelmodule aus PP verursachen 55 % weniger CO_2e-Emissionen als Kotflügelmodule aus Stahl, Waschmaschinenwannen aus PP 80 % weniger als Stahlwannen und EPS-Dämmstoffe 35 % weniger als Steinwolle [denkstatt 2013].

Die European Plastics Pipes and Fittings Association (TEPPFA) gab eine Reihe von Ökobilanzen in Auftrag, in denen Kunststoffrohre mit Alternativen verglichen wurden [TEPPFA 2020]. Rohre aus Kunststoff für die Wasserversorgung sowie Warm- und Kaltwasserrohre verursachen geringere negative Umweltauswirkungen (Wasserversorgung: – 77 % CO_2e-Emissionen für PE vs. Gusseisen bzw. – 48 % bis – 86 % für andere Wirkungskategorien; Warm- und Kaltwasserrohre: – 72 % CO_2e-Emissionen für PEX gegenüber Kupfer bzw. – 48 % bis – 96 % für andere Wirkungskategorien). Bei Abwasserrohren gibt es keine klare Rangfolge (– 22 % CO_2e-Emissionen für PVC gegenüber Beton bzw. – 15 % bis +63 % für andere Wirkungskategorien) [TEPPFA 2020].

Laut [IVL 2020b] schneiden Einweg-Plastiktüten bezüglich Littering schlechter ab, aber besser bei den Auswirkungen auf den Klimawandel, den Wasser- und Landverbrauch und die Versauerung und Eutrophierung. Papiertüten können in Bezug auf das Klima besser abschneiden als Einweg-Plastiktüten, aber nur unter bestimmten, nicht weit verbreiteten Bedingungen. Biologisch abbaubare Einkaufstaschen schneiden in Bezug auf

Klimaauswirkungen, Versauerung, Eutrophierung und Toxizität am schlechtesten ab. Eine wiederverwendbare Baumwolltasche muss 50- bis 150-mal verwendet werden, um eine Einweg-Plastiktüte zu übertreffen. Bei einer wiederverwendbaren PP-Tasche sind es nur 10- bis 20-mal und bei einer wiederverwendbaren PE-Tasche 5- bis 10-mal.

[Stenning et al. 2019] fanden heraus, dass die meisten untersuchten Nicht-Kunststoff-Einwegartikel (z. B. Tragetaschen, Damenbinden, Zigarettenstummel, Besteck, Rührstäbchen) je nach Art des Artikels in unterschiedlichem Maße besser für das Klima sind. Getränkeflaschen und Strohhalme aus Kunststoff verursachen weniger Treibhausgasemissionen als Alternativen. Produkte für den einmaligen Gebrauch, die nicht aus Kunststoff bestehen, schneiden in allen anderen Wirkungskategorien tendenziell schlechter ab. Mehrwegprodukte schneiden insgesamt am besten ab, abgesehen von kleinen Artikeln aufgrund der Belastung durch die Waschphase (Strohhalme, Besteck). Trinkbecher und Deckel sind die einzigen Artikel, bei denen Kunststoff-Einwegartikel in allen sieben untersuchten Wirkungskategorien schlechter abschneiden, jedoch wurden diese nur mit Mehrwegprodukten aus Alternativmaterialien verglichen.

11.2.4 Zwischenfazit: Der Nutzen ist oft größer als die Nachteile

Wie oben erläutert, tragen die meisten Kunststoffprodukte im Vergleich zu alternativen Lösungen zu einer Verringerung der Treibhausgasemissionen bei. Die im gesamten Lebenszyklus eingesparten Emissionen sind oft höher als die Auswirkungen der Kunststoffproduktion und -verwertung. Im Jahr 2010 waren diese CO_2e-Vorteile schätzungsweise 5- bis 9-mal höher als die CO_2e-Auswirkungen aller in Europa verwendeten Kunststoffprodukte [denkstatt 2010].

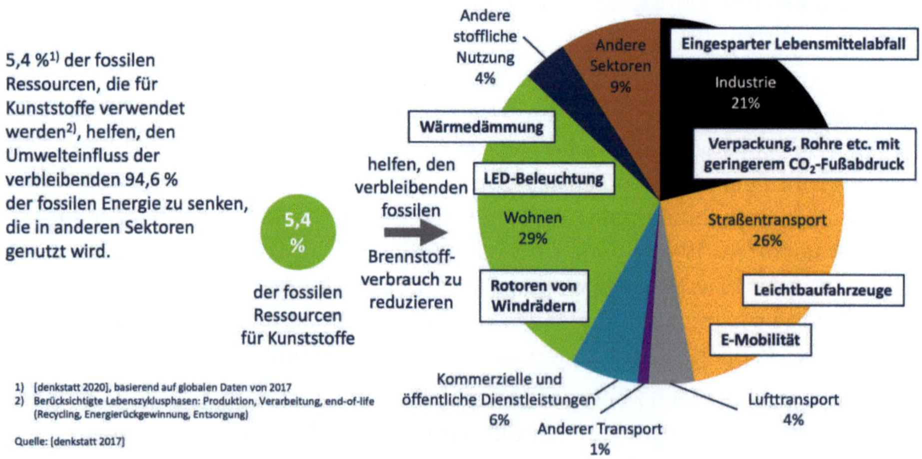

Bild 11.9 Fossile Ressourcen für Kunststoffe helfen die Umweltauswirkungen der verbleibenden 96,4 % an fossiler Energie zu reduzieren, z. B. durch die Reduktion von Heizenergie oder durch Energiespartechnologien

Auf der Grundlage globaler Daten für 2017 hat denkstatt errechnet, dass etwa 5,4 % der fossilen Ressourcen für Kunststoffe verwendet werden (für die Herstellung von Polymeren, deren Verarbeitung zu Endprodukten und der Abfallverwertung) [denkstatt 2020]. Diese 5,4 % tragen dazu bei, die Umweltauswirkungen der verbleibenden 94,6 % der fossilen Energie zu reduzieren, die in anderen Sektoren eingesetzt werden (Bild 11.9).

11.2.5 Reduktion von Treibhausgasen durch Verbesserungen auf allen Stufen der Kunststoff-Wertschöpfungskette im Laufe der Zeit

Kunststoffprodukte wurden in der Vergangenheit in allen Lebenszyklusphasen kontinuierlich verbessert und werden weiterhin optimiert, um das Verhältnis von Nutzen und Nachteilen zu verbessern.

Verbesserung der Produktion durch Ressourceneffizienz, Rezyklateinsatz und biobasierte Ressourcen

Die Kunststoffhersteller verbessern kontinuierlich die Energie- und Ressourceneffizienz ihrer Produktionsprozesse. Beispielsweise erreicht die PP-Produktion heute eine Materialausbeute von 99,7 % gegenüber 84 % im Jahr 1968. Auch die PVC-Produktion in Europa hat ihren Energiebedarf zwischen 2008 und 2016 um 9,5 % und ihre Treibhausgasemissionen um 14,4 % reduziert [PlasticsEurope & VinylPlus 2020].

Mehr als 4 Millionen Tonnen Rezyklate aus Post-Consumer-Abfällen wurden 2018 in der EU28+2 in neuen Produkten verwendet [PlasticsEurope 2019]. Der Verbrauch von rezykliertem PET soll bis 2025 gemäß [Petcore Europe 2020] um 2 Millionen Tonnen steigen, während die Menge an rezyklierten Post-Consumer-Polyolefinen, die in europäischen Produkten verwendet werden, bis 2025 auf 3 Millionen Tonnen pro Jahr ansteigen soll [PCEP 2020]. Rezyklatanteile verringern in der Regel die Treibhausgasemissionen (siehe Abschnitt 11.2.5). Die CO_2e-Emissionen von Waschmittelflaschen werden z. B. um 48 % reduziert, wenn 100 % Recycling-PET (rPET) anstelle von PET aus Primärressourcen verwendet wird [GVM & denkstatt 2018].

Je nach Rezyklatanteil liegt der Carbon Footprint von PET-Einwegflaschen zwischen 86 und 107 g CO_2e/Liter (Bild 11.10), für 100 bzw. 0 % Rezyklatanteil [Fehringer 2019]. Somit können die CO_2e-Emissionen um ca. 2 % je 10 % steigendem Rezyklatanteil vermindert werden. Dadurch reduziert sich bei Verwendung von 100 % rPET der Carbon Footprint um ca. 20 % im Vergleich zu 100 % Primärmaterial.

Bei PET-Mehrwegflaschen für Mineralwasser sollte je nach Rezyklatanteil zumindest eine Umlaufzahl von 8–10 erreicht werden, um einen Vorteil des Mehrwegsystems zu erzielen. In Bild 11.10 wurde eine Umlaufzahl von 20 gewählt, wodurch der Carbon Footprint der PET-Mehrwegflaschen zwischen 69 und 72 g CO_2e liegt. Der Rezyklatanteil wirkt sich bei Mehrwegsystemen nur mehr geringfügig aus.

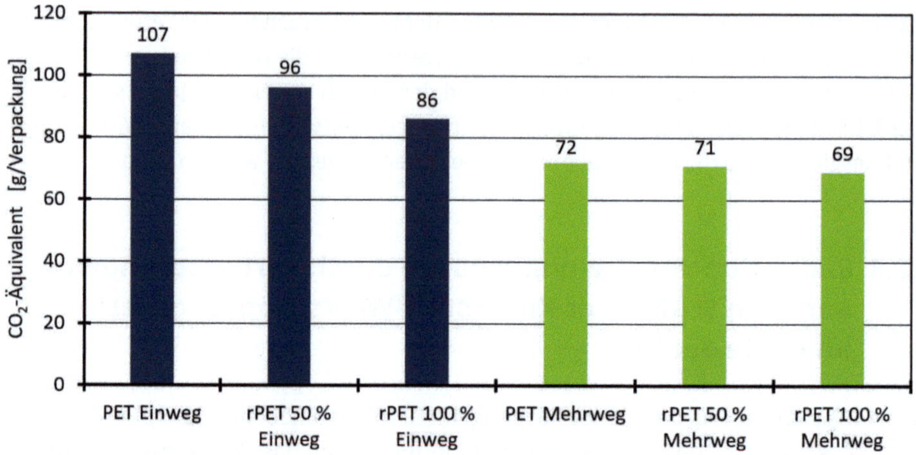

Bild 11.10 Carbon Footprint von PET-Flaschen für die Verpackung von einem Liter Mineralwasser

Biobasierte Kunststoffe (z. B. PET oder PE aus natürlichen Rohstoffen) können die Treibhausgasemissionen der Polymerproduktion verringern, wenn es keine negativen Auswirkungen durch veränderte Landnutzung gibt. Andere Umweltauswirkungen können bei biobasierten Kunststoffen gemäß [JRC 2020] und [Braskem 2020] jedoch höher sein als bei Kunststoffen auf fossiler Basis.

Verarbeitung und Produktdesign

Ein verbessertes Design, das zu Gewichtsreduktionen führt, sowie eine höhere Funktionalität und Recyclingfähigkeit sind Schlüsselfaktoren für eine stetige Verbesserung. Bei durchschnittlichen Kunststoffverpackungen ging der Materialbedarf zwischen 1991 und 2013 um 35 % zurück, wodurch die CO_2e-Emissionen pro funktionaler Einheit um 32 % gesenkt wurden [GVM & denkstatt 2018].18 Um die Recyclingfähigkeit zu erhöhen, werden immer mehr Monomateriallösungen entwickelt.

Nutzungsphase

Einer der wichtigsten Parameter für nachhaltige Produkte und das Erreichen von Umweltvorteilen ist eine optimale funktionale Leistung des Produkts in der Nutzungsphase. Mehrere Studien haben diesen Aspekt insbesondere für Lebensmittelverpackungen quantitativ nachgewiesen – siehe Abschnitt 11.2.2 und Abschnitt 11.2.3. Lebensmittelverpackungen schützen Lebensmittel mit einem CO_2-Fußabdruck, der im Durchschnitt 30-mal höher ist als der CO_2-Fußabdruck der Verpackung [SWSF 2020].7 Die Funktionalität von Kunststoffverpackungen wird weiterhin verbessert (z. B. durch Vakuumverpackungen, Barriereschichten, produktspezifische Lochgrößen in Folien zur Optimierung der Feuchtigkeits- und Gasmischung usw.).

Die Substitution von Einwegsystemen durch Mehrwegsysteme ist eine weitere Möglichkeit zur Verringerung der Treibhausgasemissionen. PET-Mehrwegflaschen sind in vielen LCA-Studien über Getränkeverpackungsvarianten die beste Option [IFEU 2010]. CO_2e-Emissionen werden auch reduziert, wenn Kunststoff-Mehrwegkisten Einwegkartons ersetzen [Abejon et al. 2020].

Abfallverwertung

PlasticsEurope und das American Chemistry Council (ACC) streben das Ziel an, bis 2040 100 % aller Kunststoffverpackungen in der EU und den Vereinigten Staaten wiederzuverwenden oder stofflich bzw. energetisch zu verwerten (60 % bis 2030 in der EU) [PlasticsEurope 2018].

[VinylPlus 2021] strebt die Verwertung von 1 000 000 Tonnen PVC pro Jahr bis 2030 an. Während Recycling und energetische Verwertung von Kunststoffabfällen zugenommen haben, ist die Deponierung in den letzten Jahren zurückgegangen (Bild 11.11). Von 2006 bis 2018 hat sich die Gesamtmenge der Kunststoffabfälle, die Recyclinganlagen zugeführt werden, verdoppelt, während die auf Deponien abgelagerten Mengen um 44 % zurückgegangen sind [PlasticsEurope 2019].

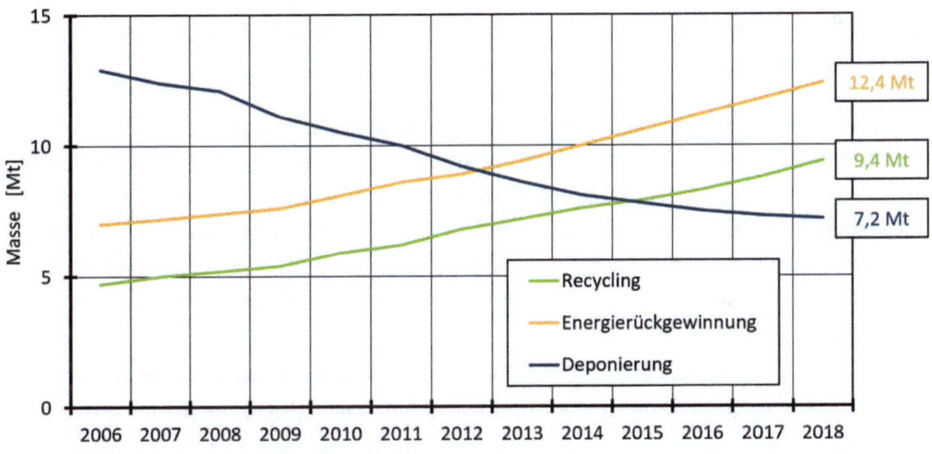

Bild 11.11 Abfallbehandlung von Post-Consumer-Kunststoffabfällen in der EU28+2

In Bild 11.12 sind die Klimabelastungen aus der Sammlung, Sortierung und stofflichen sowie thermischen Verwertung und die Gutschriften aus der Substitution der Primärmaterialproduktion sowie der Substitution von fossilen Energieträgern bereits zusammengefasst [denkstatt 2014].

Die Ergebnisse zeigen, dass Recycling und industrielle Mitverbrennung eine Netto-Gutschrift ergeben, während bei den derzeitigen durchschnittlichen Verhältnissen in Europa eine thermische Verwertung der Kunststoffabfälle in einer kommunalen

Müllverbrennungsanlage mehr Emissionen produziert, als durch die substituierte Strom- und Fernwärmeproduktion eingespart werden.

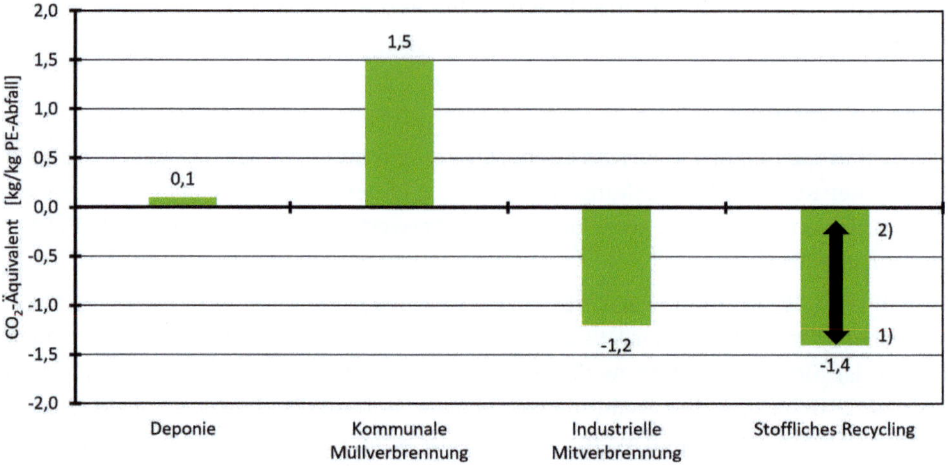

Bild 11.12 Netto-Treibhausgaseffekte von Recycling, industrieller sowie kommunaler Verbrennung mit Energierückgewinnung bei der Verwertung von Polyethylenabfällen; 1) qualitativ hochwertiges Recycling; 2) minderwertiges Recycling von gemischten Kunststoffabfällen

Qualitativ hochwertiges Recycling basiert auf 10 % Materialverlust während des Recyclingprozesses und einer massemäßigen Substitution des Primärmaterials im Verhältnis 1:1, siehe 1) in Bild 11.12. Demgegenüber führt minderwertiges Recycling von gemischten Kunststoffabfällen oft zu einer Substitution von Materialien mit vergleichsweise geringen Umweltbelastungen wie Beton oder Holz, siehe 2) in Bild 11.12. Der Nettonutzen der stofflichen Verwertung kann dadurch kleiner werden als jener der industriellen Mitverbrennung.

Folglich trägt qualitativ hochwertiges Recycling am besten zur Verringerung der CO_2e-Emissionen bei, während qualitativ minderwertiges Recycling weniger vorteilhaft ist als die industrielle Energierückgewinnung, bei der fossile Ressourcen (einschließlich ihrer Produktion) mit einer sehr hohen Effizienz substituiert werden.

11.2.6 Zusammenfassung: Entkopplung durch Verbesserungen im Laufe der Zeit

Die Verringerung der Treibhausgasemissionen in der Wertschöpfungskette von Kunststoffen erfordert eine Kombination aus steigender Ressourceneffizienz, Decarbonisierung der Energieinfrastruktur, Verbesserung der Recyclingfähigkeit und Einführung biobasierter Kunststoffe in geeigneten Anwendungsbereichen. Die zunehmende Entkopplung des Kunststoffwachstums von den verursachten Treibhausgasemissionen wird ein Ergebnis dieser Verbesserungen sein [Zheng & Suh, 2019].

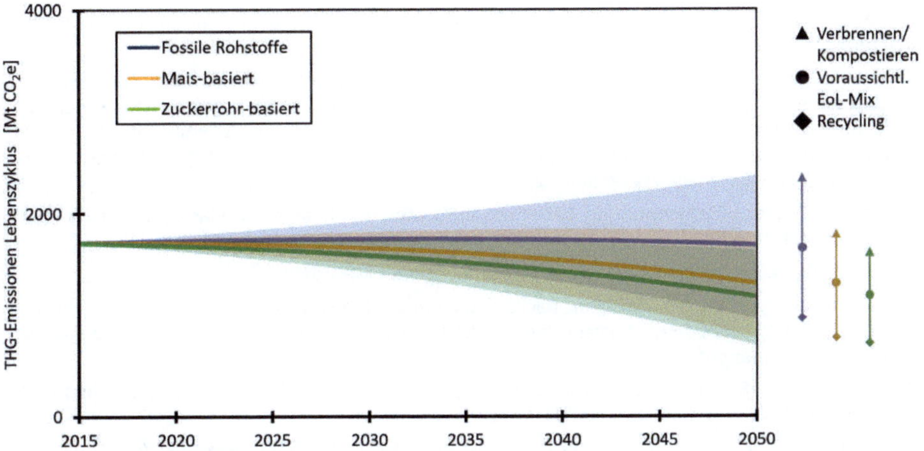

Bild 11.13 Szenarien für die globalen Lebenszyklus-CO_2e-Emissionen von Kunststoffen: Kunststoffnachfrage wächst um 2 % pro Jahr, Energiemix decarbonisiert bis 2050. Schattierte Bereiche stellen Bandbreiten aufgrund von End-of-Life-(EoL)-Optionen dar [Zheng & Suh 2019]

Die Entkopplung der CO_2e-Emissionen vom Kunststoffwachstum wird es ermöglichen, die Treibhausgasemissionen im Laufe der Zeit trotz des wachsenden Kunststoffverbrauchs zu verringern. Darüber hinaus die obigen Ausführungen gezeigt, dass die Vorteile der Verwendung von Kunststoffen bezüglich Klimawirkungen oft größer sind als die Nachteile der Herstellung von Kunststoffprodukten und der Verwertung von Kunststoffabfällen. Beide Aspekte sind für die Bewertung der Nachhaltigkeit von Kunststoffen von entscheidender Bedeutung.

Die Nachhaltigkeit der Kunststoff-Wertschöpfungskette muss in den kommenden Jahren weiter verbessert werden, insbesondere im Hinblick auf eine vollständige Sammlung und Verwertung von Kunststoffabfällen. Darüber hinaus wird das Wissen über die Auswirkungen und den Nutzen der Verwendung von Kunststoffen wachsen, weshalb entsprechende Ökobilanzen erstellt und laufend aktualisiert werden sollten.

Literatur für Abschnitt 11.2

[Abejon et al 2020] When plastic packaging should be preferred: LCA of packages for fruit and vegetable distribution in the Spanish peninsular market.

[Braskem 2020] The Life Cycle Assessment Of Its Green Plastic. *http://plasticoverde.braskem.com.br/site.aspx/the-life-cycle-assessment-of-its-green-plastic.*

[denkstatt 2010] The impact of plastics on life cycle energy consumption and greenhouse gas emissions in Europe. *https://plasticseurope.org/wp-content/uploads/2021/10/201009-Denkstatt-Report.pdf*

[denkstatt 2011] The impact of plastic packaging on life cycle energy consumption and greenhouse gas emissions in Europe. *https://denkstatt.eu/download/1994/*

[denkstatt 2013] Beyond Carbon Footprint – The contribution of selected plastic products to various resource and emission savings. Zusammenfassungen der Fallstudien sind verfügbar via PlasticsEurope.

[denkstatt 2014] Criteria for eco-efficient (sustainable) plastic recycling and waste management. *https://denkstatt.eu/download/1990/*

[denkstatt 2015/aktualisiert 2017] How Packaging Contributes to Food Waste Prevention. *https://denkstatt.eu/download/1954/*

[denkstatt 2017] Asphalter, K.: How Packaging Contributes to Food Waste Prevention, Summary of a study by denkstatt GmbH in cooperation with ARA AG (Austrian packaging recycling association) and further partners from the sectors retail, packaging production and science (Denkstatt 2014), Update 2017, *https://static.cdn.packhelp.com/wp-content/uploads/2020/02/13101028/How_Packaging_Contributes_to_Food_Waste_Prevention_V2.0-3.pdf*, 24.03.2025

[denkstatt 2020] Eigene Berechnungen basierend auf Daten von Eustat und PlasticsEurope für 2017, und denkstatt (2017)24

[Fehringer 2019] Ökobilanz für Gebinde aus PET und anderen Materialien.

[Franklin 2018] Life cycle impacts of plastic packaging compared to substitutes in the United States and Canada. *https://plastics.americanchemistry.com/Reports-and-Publications/LCA-of-Plastic-Packaging-Compared-to-Substitutes.pdf*

[GVM & denkstatt 2018] Nutzen von Verpackungen. Erstellt durch Gesellschaft für Verpackungsmarktforschung (GVM) und denkstatt GmbH. *https://www.agvu.de*

[IFEU 2010] Einweg und Mehrweg – Aktuelle Ökobilanzen im Blickpunkt. *https://www.ifeu.de/oekobilanzen/pdf/IFEU%20Handreichung%20zur%20Einweg-Mehrweg-Diskussion%20(13Juli2010).pdf*

[IVL 2020a] Single-use plastic bottles and their alternatives. Prepared by the Swedish Environmental Research Institute (IVL).

[IVL 2020b] Single-use plastic bags and their alternatives – Recommendations from LCA. Erstellt durch das Swedish Environmental Research Institute (IVL).

[JRC 2020] Comparative Life Cycle Assessment of Alternative Feedstock for Plastics Production – Part 2.

[PCEP 2020] Our Commitments. Polyolefin Circular Economy Platform (PCEP). *https://pcep.eu/our-commitments*

[Petcore-Europe 2020] Voluntary Commitment. *https://www.petcore-europe.org/voluntary-commitment/eu-plastics-strategy-commitment-pledge.html*

[PlasticsEurope 2018] Plastics 2030 – PlasticsEurope's Voluntary Commitment to increasing circularity and resource efficiency; plastics.americanchemistry.com

[PlasticsEurope 2019] The Circular Economy For Plastics. A European Overview., *https://plasticseurope.org/knowledge-hub/the-circular-economy-for-plastics-a-european-overview/https://plasticseurope.org/knowledge-hub/the-circular-economy-for-plastics-a-european-overview/*, 24.03.2025

[PlasticsEurope 2020] VinylPlus (2020): Schriftliche Information an denkstatt.

[Stenning et al 2019] Life Cycle Inventories of Single-use plastics and their alternatives. Erstellt durch Cambridge Econometrics and denkstatt.

[SWSF 2020] Lebensmittel Verpackungen Nachhaltigkeit – Ein Leitfaden für Verpackungshersteller, Lebens-mittelverarbeiter, Handel, Politik & NGOs. Entstanden aus den Ergebnissen des Projekts „STOP waste – SAVE food". Erstellt durch ecoplus, BOKU, denkstatt, OFI. *https://www.ecoplus.at/media/20682/leitfaden_stopwaste_de.pdf*

[TEPPFA 2020] Life cycle assessment of plastic pipes and alternatives. Erstellt durch das Flemish Institute for Technological Research (VITO). TEPPFA – The European Plastic Pipes and Fittings Association. *https://www.teppfa.eu/sustainability/*

[Trucost 2016] Plastics and Sustainability: A Valuation of Environmental Benefits, Costs and Opportunities for Continuous Improvement. *https://www.trucost.com/publication/plastics-and-sustainability/*

[VinylPlus 2021] VinylPlus 2030 Verpflichtung: Die Verpflichtung für die nächsten 10 Jahre Zusammenfassung der europäische PVC-Industrie zur nachhaltigen Entwicklung; *https://www.vinylplus.de/wp-content/uploads/2021/09/VinylPlus2030_Zusammenfassung.pdf*

[Zheng & Suh 2019] Strategies to reduce the global carbon footprint of plastics. Nature climate change – Letters *https://doi.org/10.1038/s41558-019-0459-z*

12 Nachhaltige Wertschöpfungsketten

In einer ressourcenschonenden und zirkulären Wirtschaft sind verfügbare Produktinformationen und eine präzise Rückverfolgbarkeit von entscheidender Bedeutung. Digitale Technologien ermöglichen es, über den gesamten Lebenszyklus hinweg relevante Daten bereitzustellen – von der Herstellung über die Nutzung bis hin zum Recycling. Innovative Ansätze wie digitale Produktpässe oder materialbezogene Fingerabdrücke schaffen neue Möglichkeiten zur Identifikation und Nachverfolgung von Produkten.

Dieses abschließende Kapitel beleuchtet, wie digitale Werkzeuge die Transparenz entlang der Wertschöpfungskette verbessern, welche Rolle sie für eine effizientere Kreislaufwirtschaft spielen und welche politischen Rahmenbedingungen nötig sind, um diese Entwicklungen gezielt zu fördern. Dabei werden zentrale Handlungsfelder für Unternehmen, Recycler und politische Akteure identifiziert, um die Digitalisierung als Hebel für nachhaltige Materialkreisläufe zu nutzen.

12.1 Digitalisierung als Enabler für die effiziente Umsetzung von Circular Economy

Mauritius Schmitz

Einleitung

Eine der wesentlichen Herausforderungen einer effizienten Umsetzung von Circular Economy stellt die zielgerichtete Rückführung von Kunststoffwaren in den Recycling- oder Re-Use-Prozess dar. Da dieser Prozess ein materialbezogener Prozess ist, stellen sich die folgenden Herausforderungen:

- Sammlung der für den Recyclingprozess notwendigen Materialinformationen
- zuverlässige Identifikation des Materials vor und nach dem Recyclingprozess

- Inline-Sortierung und Trennung der Materialien gemäß Zusammensetzung
- Wissen über den Life-Cycle des Produktes und somit Kontamination und Belastung des Materials (Kontamination und Belastung)
- Identifikation der Eigenschaften des Rezyklats für den Produktionsprozess
- Gestaltung resilienter Fertigungsprozesse hinsichtlich der verwendeten Rezyklate

Eine erste Kernherausforderung stellt somit die Verfügbarkeit aller notwendigen Informationen zur effizienten Verwertung des Materials am Ende seines Life-Cycles dar. Diese Informationen bieten das Potenzial, eine optimale Verwendung des Materials zu erreichen und kosten- sowie ressourceneffizient zu wirtschaften. Dabei handelt es sich aufgrund der Komplexität sowie aufgrund der Diversität der Datengenerierung entlang der Wertschöpfungskette um eine nicht triviale Aufgabe.

Eine weitere Herausforderung stellt die Reaktion eines Systems auf die vorhandene Datengrundlage dar. Eine gezielte Reaktion kann eine deutliche Effizienzsteigerung der Circular Economy bewirken. Nennenswerte Bereiche sind:

- Reaktion im Recyclingvorgang (Steigerung der Sortiergüte, Steigerung der Trennungsgüte, Minimierung von Verunreinigungen, Bestimmung der effektiven Eigenschaften für das rezyklierte Material)
- Reaktion bei der Verarbeitung von Rezyklaten (adaptive Prozessanpassung für konstante Qualität, Eröffnung neuer Anwendungsbereiche durch Gewährleistung von geringerer Prozessvarianz, Eröffnung neuer Anwendungsbereiche durch Gewährleistung von Reinheit, z. B. Nahrungsmittelverpackung)

12.1.1 Digitalisierung als wichtige Grundlage für die Kreislaufführung

Wie bereits erwähnt, besteht eine der größten Herausforderungen bei der effizienten Durchführung von Kunststoffkreisläufen in der Bestimmung der Informationen zu dem Material, welches sich im jeweiligen Lebensabschnitt/Bearbeitungsschritt befindet. Nur mit Verfügbarkeit hinreichender Informationen zum jeweiligen Verarbeitungsschritt (Design, Produktion, Trennung, Sortierung, Aufbereitung) kann effizient und chargengerecht die optimale Handlung durchgeführt werden.

12.1.1.1 Semantische Beschreibung von recyclingrelevanten Informationen

Eine unabdingbare Voraussetzung stellt dabei die Beschreibung des Werkstoffes entlang des Kreislaufes dar, die idealerweise in Form eines standardisierten und aussagekräftigen Datensatzes vorliegt. Ein Hilfsmittel für diese standardisierte Beschreibung stellen dabei sogenannte Ontologien dar. Ontologien dienen zur Konzeptualisierung der formalisierten Beschreibung von Wissen und werden verwendet, um Abhängigkeiten von Entitäten zu beschreiben [GOS09]. Syntaktisch werden dabei etablierte Formate aus der Informationstechnologie verwendet. Darauf aufbauend wurde im Rahmen des The World Wide Web Consortium (W3C) eine Formalisierung von Ontologien zur automatischen Verarbeitung durch Applikationen vorgenommen, die in der Web Ontology Language (OWL) resultierte. Das Ziel dabei ist es, dass die Ontologie durch eine Applikation (Programm oder Algorithmus) automatisch verarbeitet wird. OWL ist in drei Untersprachen gestaltet, OWL Lite, OWL DL und OWL Full, bei denen durch eine steigende Anzahl an Funktionalitäten die Ausdrucksstärke und Spezifität ansteigt, jedoch auch deren Komplexität [URL221]. Gerade im Bereich der Forschung werden Ontologien für diverse Anwendungen entwickelt. Darunter fallen unter anderem Ontologien für Produkte und Produktvarianten, Materialdatenblätter, Produktionsplanung oder Anlagenorchestrierung [BBDG21] [GGRG21] [GPLB20] [SGFH22] [TS20]. Mit dem Ziel der besseren Interoperabilität durch die automatische Interpretation von Ontologien geht die Bedingung nach der Verfügbarkeit von Ontologien einher. Aus diesem Grund werden verschiedene Ontologie-Datenbanken (synonym: registry, library, repository) aufgebaut bzw. entwickelt. Es existiert keine zentrale Instanz einer solchen Datenbank, was für eine uneingeschränkte Verfügbarkeit zielführend wäre. Jedoch haben sich Suchmaschinen wie Swoogle oder Watson entwickelt, die das Internet nach Ontologien durchsuchen und diese zur Verfügung stellen [DN12].

Während der Entwicklungsprozess von eindeutigen und akzeptierten Ontologien langwierig ist, haben sich im industriellen Umfeld bereits Standards zur Beschreibung von Produkteigenschaften entwickelt. Ein solcher Standard für den Bereich Kunststoffrecycling wird durch das Konsortium R-Cycle entwickelt [URL23]. In Form eines sogenannten „digitalen Produktpasses" sollen in dem durch R-Cycle definierten Standard alle recyclingrelevanten Informationen zu einem Produkt in einem standardisierten Format verfügbar gemacht werden. Die Entwicklung von R-Cycle wird darüber hinaus in einem industriell geprägten Konsortium anhand mehrerer industrieller Use-Cases weiterentwickelt und validiert. Geknüpft sind die Informationen an die Bedingung der Rückverfolgbarkeit eines Produktes. Dies kann durch Markierungstechnologien wie Barcodes, QR-Codes oder digitale Wasserzeichencodes erreicht werden. Die Rückverfolgbarkeitstechnologie hinter R-Cycle basiert dabei auf GS1-Standards. Während die Markierungstechnologie lediglich das Bauteil identifiziert, können die eigentlichen Informationen in einem Cloud-basierten System zur Verfügung gestellt werden. Innerhalb des R-Cycle-Konsortiums wird durch die proData GmbH eine solches Cloud-basiertes System zur Verfügung gestellt und weiterentwickelt, sodass ein übergreifender Austausch dieser Informationen erreicht werden kann. Der R-Cycle-Standard ist weiterhin ein offener Standard, sodass diese Funktionalität ebenfalls durch weitere Anbieter umgesetzt werden kann, wodurch eine möglichst weite Verbreitung des Standards erreicht werden soll [Mitd00].

Eine weitere Initiative zur Bereitstellung digitaler Informationen zur Recyclingfähigkeit von Kunststoffprodukten, insbesondere von Verpackungsanwendungen, stellt mit über 160 Mitgliedern HolyGrail 2.0 dar. Diese Initiative verfolgt das Ziel, den Recyclingprozess für Verpackungsanwendungen effizienter zu gestalten, indem Informationen zur Recyclingfähigkeit auf dem Produkt zur Verfügung gestellt werden. In einem ersten Projekt (HolyGrail 1.0) wurden dazu die Technologien chemischer Tracer sowie digitaler Wasserzeichen hinsichtlich ihrer Anwendbarkeit auf die Verpackungsindustrie analysiert. Das als zielführend bewertete Konzept digitaler Wasserzeichen wird im Projekt HolyGrail 2.0 weiterverfolgt. Zur Informationsvermittlung werden 2D-Barcodes (digitale Wasserzeichen) in der Größe einer Postkarte so auf das Produkt aufgebracht, dass sie für das menschliche Auge nicht wahrnehmbar sind, jedoch durch hochauflösende Kameras erfasst werden können (Bild 12.1).

Bild 12.1 Holy Grail 2.0 – Markierung durch Datenmatrizen [URL23a]

2D-Barcodes können wesentliche Informationen wie Verpackungstyp, Material oder Gebrauchsanwendung direkt im Code abbilden, sodass diese direkt digital ausgelesen werden können. Die Initiative HolyGrail 2.0 konzentriert sich auf die drei Fokusthemen Intelligent Sorting, Data Mining sowie Consumer Engagement, in denen sowohl das Design und das Einbringen sowie die Erfassung und Integration in die Logistik als auch der Informationsinhalt sowie der Stakeholder-spezifische Nutzen analysiert und weiterentwickelt wird. Somit sollen neben dem Tracing auch ein Mehrwert für den Verbraucher hinsichtlich Produktinformation und -gebrauch sowie Verbraucherverständnis erreicht werden. Durch die effizientere Sortierung und Trennung kann eine bessere Steuerung für das Recycling erreicht werden sowie die Reinheit des Kunststoffes und somit die Qualität gesteigert werden, was zu einer effizienteren Verarbeitung für eine neue Anwendung führt. HolyGrail 2.0 hat bereits in einer Prototypenanlage die Validierung für die Sortiergüte erbracht.

12.1.1.2 Infrastruktur zur Bereitstellung recyclingrelevanter Informationen

Insbesondere die Informationen über die Materialkomponenten sowie etwaige Kontaminationen, die das Material im Lebenszyklus erfahren hat, sind essenziell, um einerseits eine zielgerichtete Sortierung und Trennung vorzunehmen und andererseits die Reinheit des Materials zu quantifizieren.

Die Daten, die zur Verwendung insbesondere im Sortierungs- und Trennungsprozess dienlich sind, entspringen in verschiedenen Schritten des Produktlebenszyklus und liegen somit meist an dedizierten Orten sowie dedizierten Unternehmen vor, wodurch ein konsistenter Zugriff sowie eine direkte Verfügbarkeit eingeschränkt wird.

Die sich daraus ableitenden Fragestellungen lauten:

- Welche Daten müssen erfasst werden, um eine maximale Effizienzsteigerung zu bewirken?
- Welche Daten können uneingeschränkt zur Verfügung gestellt werden, ohne einen datenschutztechnischen Nachteil beim Datenlieferanten zu erzeugen?
- Wie können Kennzahlen aus den Daten generiert werden, um den Informationsgehalt bezüglich der Anwendung in der Circular Economy aufrechtzuerhalten, während keine kritischen Informationen (Datenschutz, Know-how) preisgegeben werden?
- Wie lassen sich sehr inhomogene Daten bezüglich Komplexität, Datenmenge, Erfassungsfrequenz etc. effizient verarbeiten?
- Welche Dateninfrastruktur ist zur Erfassung und Verarbeitung geeignet?

Der oben dargestellten Komplexität und Interaktion mit unterschiedlichen Prozessteilnehmern kann mit klassischen zentralisierten IT-Infrastrukturen nur begrenzt begegnet werden. Gerade hinsichtlich des Ressourcenbedarfs zur Datenerfassung und -verarbeitung sowie der Datensensibilität (Datenschutz, Know-how) sind komplexere Strukturen notwendig, die nur durch eine Kombination etablierter Methoden effizient beherrscht werden können. Zu diesen Methoden zählen die folgenden drei *Layer of Computing*:

- Edge-Computing
- Fog-Computing
- Cloud-Computing

Edge-Computing

Bezogen auf die Circular Economy ist ein gezielter Einsatz von Edge-Computing insbesondere bei den verarbeitenden Prozessen sowie der Sortierung und Trennung enorm wichtig, da in diesen Prozessen sehr große Datenmengen erzeugt, verarbeitet und analysiert werden können, die eine Aussage über das folgende Produkt zulassen. So besteht beispielsweise beim Sortierprozess die Möglichkeit, die Sortierqualität über optische Mess- und Sortiersysteme quantitativ sehr viel präziser zu erfassen und diese folgenden Teilnehmern im Lebenszyklus als Information zur Verfügung zu stellen.

Bezüglich der Datenverarbeitung liegt diesen Prozessen zugrunde, dass auf Basis einer hohen Datenfrequenz und Datenmenge Kennzahlen mit minimalem Datenfußabdruck berechnet werden. Somit ist es oftmals nicht zielführend oder überhaupt möglich, die erfassten Rohdaten zur Verarbeitung an ein zentrales Serversystem zu senden, da einerseits die zur Verfügung stehende Bandbreite nicht gegeben ist und andererseits die Gefahr besteht, dass der abgerufene Rechenaufwand andere Operationen/Aufgaben auf diesem Serversystem einschränken kann.

Der Ansatz des Edge-Computings besteht somit in der Verarbeitung der Daten vor Ort. Ein Beispiel hierfür stellt die Verarbeitung von Bildaufnahmen aus dem Sortierprozess dar. Kameraaufnahmen können entweder direkt in der integrierten Elektronik von modernen Kamerasystemen analysiert werden (bspw. Kanten-/Formerkennung) oder auf einem direkt verbundenen System ausgewertet bzw. in eine Kennzahl überführt werden. Die benötigte Datenverbindung mit hoher Bandbreite kann somit auf eine minimale Distanz reduziert und die Belastung längerer Datenverbindungen und infrastrukturell bedeutsamer Netzwerkstrukturen verringert werden, indem lediglich die essenziellen Informationen (z. B. in Form von Kennzahlen) auf Netzwerkebenen mit höherem Level übertragen werden [CLMS20] [SD16] [URL22].

Fog-Computing

Gemäß dem Prinzip der Datenstromsegmentierung beim Edge-Computing funktioniert das Prinzip des Fog-Computings. Es bezeichnet die Verarbeitung der Daten am Rande der Cloud, also beispielsweise in kleinen oder firmeninternen Rechenzentren. Auch hier kann eine Lastverteilung auf die geeigneten Level der Infrastruktur erfolgen, sodass nur gezielt notwendige Informationen mit minimalem Foodprint über die Firmengrenzen hinweg und somit über Netzwerkverbindungen mit üblicherweise deutlich geringeren Bandbreiten und Latenzen transportiert werden.

Einen weiteren, jedoch wesentlich bedeutsameren Aspekt stellt die Konsolidierung der Daten hinsichtlich Informationsgehalt und Datenschutz dar. Im Falle des Fog-Computings besteht eine klar definierte Schnittstelle zwischen dem internen Datennetz sowie dem externen Datennetz. Somit bietet diese Schnittstelle die geeignete Position der Datenkonsolidierung hinsichtlich datenschutztechnischer Aspekte. An dieser Stelle kann eine gezielte Filterung und Zusammenfügung der Daten in globalere Kennzahlen erfolgen, wodurch die Möglichkeit besteht, die Informationen so aufzubereiten, dass keine Informationen zu internen Abläufen preisgegeben werden, die einen potenziellen Nachteil oder Know-how-Verlust des jeweiligen Unternehmens bewirken. Ein Beispiel stellt die Verfügbarmachung von detaillierten durchlaufzeitbezogenen Daten dar. Während beispielsweise eine Aussage über die Materialqualität der verkauften Produkte einen Mehrwert für die Kreislaufwirtschaft darstellt, können Informationen zur Durchlaufzeit Einblicke in die Produktionskompetenz sowie die internen Abläufe des Unternehmens gewähren, was eine negative Auswirkung auf die Außenwahrnehmung generieren könnte [AWW18] [URL22].

Cloud-Computing

Die globalste Ebene des Computings stellt das Cloud-Computing dar. Dabei werden Daten in verteilten, global agierenden Servern/Rechenzentren gespeichert und verarbeitet. Diese Systeme sind dahin gehend ausgelegt, dass ein Zugriff weltweit, nahezu von jedem Ort, erfolgen kann und somit die höchste Datenverfügbarkeit gegeben ist.

Insbesondere für die Circular Economy ist es unabdingbar, Informationen zu Produkt, Prozess und Life-Cycle an verschiedensten Stellen verfügbar zu machen, um auf möglichst optimale Art und Weise agieren zu können. Aus diesem Grund bietet sich die Verwendung von Cloud-Computing auf übergeordneter Ebene für diesen Anwendungsfall an.

Der Vorteil der Datenverfügbarkeit geht jedoch mit potenziellen Risiken der Datensicherheit einher, die unter anderem in den Aspekten Datenschutz (IP) und Fälschungssicherheit bedeutsam werden [URL22] [WABB09].

Es bestehen diverse Möglichkeiten, die genannten Technologien einzusetzen. Neben den genannten Vor- und Nachteilen ist es oftmals möglich, auf gewisse Vor- und Nachteile zu verzichten und einzelne oder wenige dieser Technologien zu verwenden. Für Anwendungsbereiche, die gewisse Domänen wie z. B. eine firmeninterne Verarbeitung nicht überschreiten, kann oftmals auf beispielsweise Cloud- und Fog-Computing verzichtet werden, da die Informationen nur lokal zur Verfügung stehen müssen und Leistungsvorteile für begrenzte Funktionalitäten mit mehr Leistung kompensiert werden können.

Für ein komplexes System, das jedoch sowohl firmenübergreifend als auch weltweit interagieren sowie ein stetig wachsendes Datenaufkommen verarbeiten muss, ist eine komplexe und skalierbare Infrastruktur notwendig, die nahezu alle der genannten Layer beherbergen muss, um eine nachhaltige und kosteneffiziente Verarbeitung zu ermöglichen. Mit steigender Komplexität und steigender Technologievielfalt sind jedoch neue Methoden der Systemorchestrierung und Organisation sowie Standardisierung notwendig. Obwohl für viele Technologien vermehrt Open Source und somit kostengünstige sowie transparente Teilelemente verfügbar werden, sind proprietäre Systeme zumeist ergonomischer hinsichtlich der Orchestrierung komplexer Systeme gestaltet und bieten eine erhöhte Bandbreite an Systemmodulen. Dies gilt auf der Cloud-Ebene sowie auch vermehrt bis hin zur lokalen Anbindung von Datenquellen. Anbieter wie Microsoft Azure oder Amazon Web Services bieten dabei oftmals die initiale Cloud-Struktur und ermöglichen vermehrt Datenanbindung bis hin zu Schnittstellen zu Produktionsnetzwerken.

Das derzeit in Entwicklung befindliche Projekt Gaia-X verfolgt dieses Ziel durch den Aufbau einer wettbewerbsfähigen, vertrauenswürdigen Dateninfrastruktur in Europa. Vertreterinnen und Vertreter aus Wirtschaft, Wissenschaft und Politik entwickeln im Rahmen von Gaia-X eine Dateninfrastruktur, die höchsten Ansprüchen an digitale Souveränität sowie ein transparentes Ökosystem genügt, in dem sowohl Daten als auch Dienste verfügbar gemacht und konsolidiert werden können. Dies geschieht nach einem dezentralen Prinzip, indem diverse individuelle Plattformen unter der Auflage eines gemeinsamen Standards ein vernetztes System erzeugen. Das Projekt ist dabei in drei

Organisationseinheiten strukturiert: Gaia-X Association, Gaia-X Hubs und die Gaia-X Community[URL22a].

Während die Gaia-X Association den Kern der Organisationsstruktur von Gaia-X bildet und insbesondere die Richtlinien, Regeln sowie das technische und regulatorische Regelwerk entwickelt und definiert, unterstützen die über 15 national organisierten Gaia-X Hubs die Entwicklung mit Ideen und Innovationen sowie der Mitarbeit in Use Cases.

In Bild 12.2 ist das prinzipielle Ökosystem zu Gaia-X dargestellt. Auf Basis gemeinsamer Policy Rules sowie Architekturstandards wird ein dezentrales System geschaffen, in dem Anbieter (Provider) und Konsumenten (Consumer) von Daten oder Diensten miteinander interagieren können. Dazu werden zentrale Dienste zur Verfügung gestellt, die die sichere Kommunikation und den Datenaustausch gewährleisten. Dies geschieht einerseits durch regulatorische Richtlinien und andererseits durch technologische Dienste wie föderierte Kataloge sowie Identity und Trust Management.

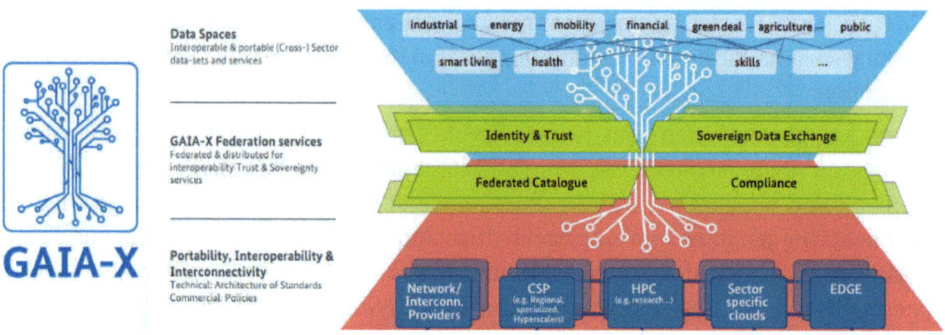

Bild 12.2 Gaia-X-Ökosystem [URL22b]

12.1.1.3 Datenkommunikation – Schnittstellen und Protokolle

Während derzeit eine Vielzahl der Informationen für den Zweck der Nachhaltigkeitsbestimmung und Gewährleistung von nachhaltiger Kreislaufführung (wie beispielsweise Informationen über das Material sowie den Life Cycle) in Informationssystemen vorliegt, die netzwerkbasierte Schnittstellen unterstützen, werden zukünftig zur Steigerung der Datenqualität und des Informationsgehaltes vermehrt Daten aus Produktionsanlagen, Logistiksystemen oder Sortier-/Trennanlagen verwendet werden. Dies ermöglicht einerseits eine höhere Datenqualität durch einen tieferen Informationsgehalt sowie die Aktualität der verfügbaren Daten und andererseits die zielgerichtete Bestimmung von Nachhaltigkeitsattributen wie beispielsweise des Carbon Footprint. Somit erstreckt sich der Informationsfluss analog zur Automatisierungspyramide von der Prozessebene bis hin zur Unternehmensebene und darüber hinaus in eine cloudbasierte firmenübergreifende Ebene (Bild 12.3).

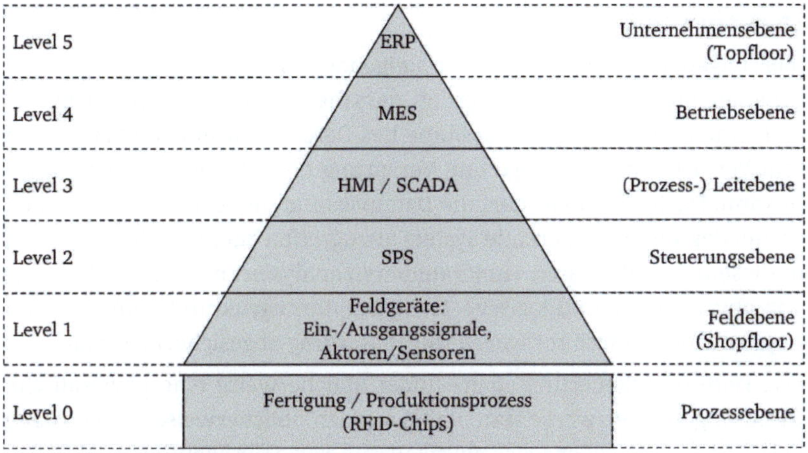

Bild 12.3 Automatisierungspyramide [MM17]

Dabei sind entsprechend den Ebenen unterschiedliche Schnittstellen und Protokolle gängig. Beginnend auf der untersten Ebene der Pyramide findet vornehmlich eine Erfassung von Zuständen statt. Diese können beispielsweise binäre Zustände (z. B. an/aus) oder Zustände von physikalischen Größen sein (z. B. Temperatur oder Druck). Die üblicherweise über Sensoren erfassten Größen können über diverse Schnittstellen mit der übergeordneten Ebene kommunizieren. Übliche Schnittstellen, die hier zum Einsatz kommen, sind digitale Ein- und Ausgänge (0 oder 1), analoge Ein- und Ausgänge (z. B. ± 10 V oder 0 – 20 mA) und serielle Schnittstellen (so etwa RS232 oder RS485). Komplexere Sensoren verfügen darüber hinaus heutzutage über komplexere Schnittstellen wie IO-Link, oder Bus- oder Netzwerk-basierte Schnittstellen, die klassischerweise auf der Steuerungsebene und Prozessleitebene verwendet wurden. Zu diesen Schnittstellen zählen beispielsweise CANBUS, EtherCAD, Profibus oder Profinet. In diesem Kontext hat sich, insbesondere bei vielen verteilten Sensoren, die Kommunikation über ein Broker-System wie MQTT etabliert [JB04] [Wol15] [URL22c] [Ros14] [SPS17] [TV99]. Darüber hinaus hat sich in den vergangenen Jahren für die Kommunikation zwischen der SPS- und SCADA- sowie SCADA- und MES-Ebene eine netzwerkbasierte Kommunikation etabliert. Dabei haben sich TCP/UDP-basierte Schnittstellen wie Socketverbindungen oder OPCUA etabliert. Zur Datenerfassung ist darüber hinaus eine Datenablage über Datenbankensysteme geläufig. Dazu wird meist eine Verbindung zu SQL-basierten (Structured Query Language) Datenbanksystemen verwendet. In den übergeordneten Ebenen wie der MES- sowie ERP-Ebene findet nahezu ausschließlich Ethernet basierte Kommunikation statt. Gängig ist dabei der Datenaustausch über Datenbanken (beispielsweise SQL, noSQL, S3), TCP/UDP-Verbindungen, HTTP-Schnittstellen (beispielsweise REST APIs) oder Brokersysteme wie MQTT oder Apache Kafka [CPDM14] [MA00] [URL22c] [URL22d] [Sch00] [Unb08].

12.1.1.4 Datensicherheit

Insbesondere bei steigender Datenmenge sowie steigendem Informationsgehalt bis hin zu den Prozessebenen muss sichergestellt werden, dass diese Daten einerseits nicht verwendet werden können, um entgegen dem Sinne des Datenerzeugers zu wirken, und andererseits kein Verlust von Knowledge und Vorsprung hinsichtlich geistigen Eigentums entstehen kann. Darüber hinaus darf die Datenverbindung nicht missbräuchlich genutzt werden, um das kommunizierende System anzugreifen oder handlungsunfähig zu machen. Aus diesem Grund müssen Vulnerabilitäten analysiert und durch geeignete Maßnahmen wie physikalische und logische Trennung, infrastrukturelle Analyse und Überwachungssysteme oder durch softwarebasierte Härtung abgesichert werden.

Auf der Prozess-, Feld- und Steuerungsebene findet üblicherweise eine physikalische oder logische Trennung der Netzwerke statt. Dabei werden üblicherweise verschiedene logische (virtuelle Netze, VLAN) oder sogar physikalische Netze für Shopfloor und Unternehmensnetzwerk aufgebaut, sodass keine oder nur sehr begrenzte Kommunikation zwischen den Netzwerken stattfinden kann. Hintergrund ist, dass oftmals die Kommunikation zwischen Anlagen oder Anlagenelementen netzwerkbasiert stattfindet und somit bei gegebenem Zugriff direkt auf die Prozesse Einfluss genommen werden kann. Um dennoch eine Kommunikation zwischen Anlagen und Unternehmensnetz gewährleisten zu können, verfügen moderne Steuerungen über separate Netzwerkschnittstellen, über die nicht direkt Einfluss auf die Steuerungskommunikation genommen werden kann, sondern die lediglich der Datenkommunikation dienen. Diese sind meist innerhalb der Steuerung logisch getrennt, sodass ein getakteter Abgleich zwischen den zur Prozesssteuerung verwendeten Variablen und deren Repräsentanz zum Datenaustausch durchgeführt wird. Die separate Schnittstelle wird dann mit dem unternehmensweiten Netzwerk verbunden. Besteht die Möglichkeit, über diese Austauschschnittstelle Änderungen von Prozesseinstellungen vorzunehmen, wird zusätzlich eine Authentifizierung und Autorisierung sowie eine Verschlüsselung des Datenstroms empfohlen (vergleiche OP-CUA). Darüber hinaus kann nach gleichem Prinzip eine Trennung der Netze auf Betriebs- und Unternehmensebene durchgeführt werden, wobei Schnittstellen zwischen diesen Netzen explizit definiert werden. Dabei gilt, dass potenziellen Angreifern lediglich eine minimale Angriffsoberfläche geboten werden sollte. In der Konsequenz werden Firewallsysteme verwendet, die den Datenaustausch zwischen den Netzen nur für explizit freigegebene Ports und idealerweise Quell- und Zielsysteme zulassen. Diese explizit freigegebenen Dienste müssen dabei auf Angriffspotenzial untersucht werden. Außerdem bieten sich auch hier eine Verschlüsselung der Verbindungen sowie geeignete Authentifizierungs- und Autorisierungsmechanismen an. Über Unternehmensgrenzen hinaus findet Kommunikation meist nur noch über Datenbanken sowie http-basierte APIs statt. Bei beiden Methoden wird eine Verbindungsverschlüsselung mittels moderner Verschlüsselung empfohlen (beispielsweise SSL) sowie Authentifizierung und Autorisierung (z. B. OAuth). Zusätzlich können Dienste so konfiguriert werden, dass lediglich zugelassene IP-Adressen bzw. Adressbereiche auf diese zugreifen können.

Nur so kann gewährleistet werden, dass einerseits Datenhoheit besteht, d. h. nur zugelassene Systeme oder Nutzer auf die Daten zugreifen können, und andererseits die Systeme nicht korrumpiert werden können.

Als weitere Methode zur Reduktion des Risikos einer nachträglichen Datenverwertung durch nicht zugelassene Nutzer oder konkurrierende Unternehmen können Daten auf den notwendigen Informationsgehalt reduziert werden, wie er für die geforderte Funktionalität notwendig ist. Darüber hinaus bestehen Möglichkeiten der Anonymisierung, sodass von den Daten kein Rückschluss auf etwa die Funktionsweise oder die Effizienz der internen Systeme gezogen werden kann.

12.1.2 Datennutzung zur Verbesserung der Kreislaufwirtschaft

12.1.2.1 Digitale Produktentwicklung für einen nachhaltigen Einsatz in der Circular Economy

Eine der effizientesten Maßnahmen für eine nachhaltige Circular Economy stellt die Produktgestaltung hinsichtlich der Rückführbarkeit im Kunststoffkreislauf dar [HBH17]. Geeignete Maßnahmen sind die Verwendung von Monomaterial, der Verzicht auf komplexe Verbundsysteme sowie die Substitution nicht rezyklierbarer Bestandteile, da diese Faktoren einerseits die Qualität des Sortierungs- und Trennungsprozesses beeinflussen und andererseits die resultierende Materialqualität und -konstanz.

Eine Umsetzung dieser Maßnahmen ist oftmals nicht trivial, da die Verbundsysteme sowie nicht rezyklierbare Bestandteile maßgebliche Aufgaben im Produktlebenszyklus erfüllen. Jegliche Änderung des Produktdesigns wirkt sich somit auf die Leistungsfähigkeit des Produktes aus. Dies kann sich in den folgenden Bereichen auswirken:

- strukturelle Stabilität
- Funktionalität
- Langlebigkeit
- Haptik/Optik

Darüber hinaus hat jegliche Änderung einen Einfluss auf die Prozessführung während der Herstellung bis hin zur allgemeinen Herstellbarkeit. Dies kann sich in den folgenden Bereichen auswirken:

- Veränderung der Durchlaufzeiten
- Prozessstillstand
- Qualitätseinbußen
- Ausschussrate

Digitale Methoden der virtuellen Bauteil- und Prozesssimulation ermöglichen es dabei, den Einfluss von Änderungen am Produkt oder am Prozess virtuell zu erproben.

Somit kann einerseits eine Aussage über den Einfluss dieser Änderungen auf die Prozess- und Produktqualität getroffen sowie eine gezielte Optimierung hinsichtlich diverser Kriterien durchgeführt werden. Somit kann das Potenzial maximal ausgenutzt werden.

Darüber hinaus besteht bei Produktionsprozessen, in denen steigende Anteile an Rezyklat verwendet werden, die Herausforderung, dass rezykliertes Material ein weniger konstantes Materialverhalten hinsichtlich rheologischer, thermischer und struktureller Eigenschaften aufweisen kann und somit im Fertigungsprozess mit erhöhten Prozessschwankungen zu rechnen ist, die einerseits die Herstellung von Produkten mit hohen Qualitätsanforderungen ausschließen können oder die Ausschussraten steigern und eine unwirtschaftliche Fertigung zur Folge haben.

Methoden der digitalen Produkt- und Prozessentwicklung bieten das Potenzial, bereits im Entwicklungsprozess maßgebliche Voraussetzungen zur Erreichung der gewünschten Ziele zu setzen. Während sich die digitale Produktentwicklung maßgeblich auf das Bauteil, also das fertige Produkt fokussiert, betrachtet die digitale Prozessentwicklung die Effekte in der Prozessführung bei der Herstellung. In beiden Szenarien haben sich Methoden der numerischen Simulation mittels Finite-Elemente-Methode (FEM) (insbesondere im Bereich der Produktauslegung) sowie mittels Finite-Volumen-Methode (FVM) (insbesondere im Bereich der Strömungssimulation) etabliert [DR08]. Um eine maximale Übereinstimmung mit der Realität zu erhalten, bietet sich darüber hinaus eine Betrachtung von Produkt sowie Prozess an. Mittels geeigneter Schnittstellen zwischen den Simulationsumgebungen kann die Produkt-/Bauteilsimulation mit der Prozesssimulation zu einer integrativen Simulation verknüpft werden [SNLO15].

In der Produktsimulation können diverse kreislaufbedingte Einflüsse analysiert und abgebildet werden. Eine effiziente Maßnahme zur Steigerung der Kreislauffähigkeit bietet das Produktdesign. So kann beispielsweise durch die Verwendung eines Monomaterialaufbaus der Sortier- und Trennprozess deutlich vereinfacht oder erst ermöglicht werden. Dabei werden Mehrmaterialaufbauten wie beispielsweise bei Verpackungen, bei denen verschiedene Materialien unterschiedliche Funktionen erfüllen, durch die Verwendung eines einzelnen Materials substituiert. Dabei muss der neue Monomaterialaufbau mehrere Funktionen wie beispielsweise mechanische Stabilität oder geringe Permeation gewährleisten. Die Simulation bietet dabei ein Hilfsmittel, die effektiven Produkteigenschaften bereits virtuell zu analysieren und zu optimieren, sodass auf zeit- und kostenintensive Designiterationen verzichtet werden kann [HH12] [HT15] [HC21].

Die Prozesssimulation kann darüber hinaus verwendet werden, um den Prozess an die Rahmenbedingungen des Rezyklatmaterials anzupassen, sodass ein robuster und wirtschaftlicher Prozess entsteht. Die Spritzgießsimulation beispielsweise ermöglicht eine virtuelle Evaluation des Spritzgießprozesses unter Berücksichtigung von Materialeigenschaften, Werkzeugaufbau (Kavitätsgeometrie, Einsätze, Temperierkanäle/-elemente, Werkzeugmaterial) sowie Prozesseinstellungen [Card09]. Somit kann beispielsweise virtuell die Herstellbarkeit eines spritzgegossenen Bauteils unter Berücksichtigung eventuell auftretender Bauteilfehler in Abhängigkeit der Materialeigenschaften wie beispielsweise veränderter rheologischer Eigenschaften untersucht werden [HH12]. Darüber hinaus kann auch der Einfluss hinsichtlich der Wirtschaftlichkeit des Produktdesigns untersucht werden, da simulativ die notwenige Zykluszeit bestimmt werden kann, die zur Fertigung eines Qualitätsbauteils notwendig ist. Beispielsweise kann somit der Einfluss einer Designänderung hin zu einem Monomaterialaufbau auf die Wirtschaftlichkeit des Prozesses untersucht werden.

12.1.2.2 Optimierung der Produktionsverfahren

In einer effizienten Kreislaufführung werden neue Produkte idealerweise mit maximiertem Anteil an rezyklierter Ware hergestellt. Da jeder Recyclingprozess mit einer Zusammenführung unterschiedlicher Materialien (wenn auch sortenrein) einhergeht, verändern sich die Materialeigenschaften abhängig von den verwendeten Materialanteilen. Gerade für die Herstellung neuer Produkte sind effektive Eigenschaften wie mechanische Kennwerte, insbesondere für die Produktauslegung, oder rheologische Eigenschaften, insbesondere für die urformenden Verfahren, von essenzieller Bedeutung. Gerade in den urformenden Verfahren können rheologische Eigenschaften die Prozessführung maßgeblich beeinflussen oder sogar beeinträchtigen. Moderne Prozessführungsstrategien können es ermöglichen, die Fertigungsprozesse robuster gegenüber Materialschwankungen zu gestalten bzw. bei Verfügbarkeit von effektiven Materialeigenschaften effizient auf diese anzupassen, sodass einerseits eine Prozessierbarkeit ermöglicht werden kann und andererseits eine Optimierung hinsichtlich Produktqualität oder Prozesseffizienz und Wirtschaftlichkeit durchgeführt werden kann. Dadurch können einerseits neue Anwendungsfelder für Rezyklate eröffnet und andererseits die verwendeten Rezyklatmengen gesteigert werden. Zu solchen Systemen zählen beispielsweise Verfahren im Bereich des Spritzgießens wie IQ-Weight Control der Firma Engel oder APCplus der Firma KrausMaffei, die die Einspritzphase überwachen und die Einspritzmenge korrigieren, sodass ein reproduzierbares Bauteilgewicht erreicht wird. So kann der Spritzgießprozess auch für Rezyklate hinsichtlich des Bauteilgewichts reproduzierbarer gestaltet werden [URL22e]. Eine weitere Methode ist der Ausgleich von Viskositätsschwankungen, wie beispielsweise bei HiQ Flow der Firma Wittmann Battenfeld, durch die Überwachung der Dosierarbeit. Dadurch kann eine höhere Prozessreproduzierbarkeit erreicht werden [URL22f].

12.1.2.3 Recycling- und Nachhaltigkeitsbewertung

Wie bereits erwähnt, ermöglicht die Verfügbarkeit von Daten bis hin zu prozessualen Daten und insbesondere Daten entlang der Wertschöpfungskette, eine Bewertung der Nachhaltigkeit unter Berücksichtigung aktueller Informationen durchzuführen und auf dieser Basis entweder eine strategische Änderung von Prozessen oder Produkten (u. a. hinsichtlich Recycle und Reuse) durchzuführen oder bestehende Prozessketten datenbasiert zu optimieren.

Aus diesen Daten können wichtige Erkenntnisse wie beispielsweise die Bestimmung der Recyclingfähigkeit eines Kunststoffes gewonnen werden. Mit dieser Erkenntnis können Werkstoffe anwendungsspezifisch so ausgewählt werden, dass eine optimierte Kreislaufführung umgesetzt werden kann. Das Institut cyclos-http entwickelt und vertreibt die Software CHIRA, die basierend auf Informationen, die entlang der Wertschöpfungskette sowie des Life Cycles gewonnen werden, die Recyclingfähigkeit von Kunststoffverpackungen bestimmt. Die Software CHIRA verwendet dabei Informationen unter anderem aus den Bereichen Verpackungskomponenten, Material, Aufbau, Farbauswahl, Geometrie sowie Messdaten, um die Aussagen über die Recyclingfähigkeit so exakt wie möglich zu gestalten [URL22j].

Eine digitale Integration von Datensystemen entlang der Wertschöpfungskette kann hier eine noch exaktere sowie dynamische und automatisierte Bestimmung einer zuverlässigen Aussage über die Rezyklierbarkeit gewährleisten, indem beispielsweise spezifische Daten über den Kunststoff direkt vom Materialhersteller bzw. dem Aufbereiter, Daten zum Produkt vom Hersteller oder Daten von Bedruckungselementen oder Farben direkt vom Lieferanten geliefert werden.

Ein weiteres enormes Potenzial besteht in der datengetriebenen Bewertung und Optimierung der Nachhaltigkeit. Die Firma Carbon Minds betreibt eine Datenbank für Life-Cycle-Assessment-Daten, insbesondere aus der Chemieindustrie, und entwickelt Software, die basierend auf KI-Algorithmen LCA-Daten analysiert und Optimierungspotenziale aufdeckt. Dadurch kann die Effizienz ganzer Prozessketten und vor allem die Energieeffizienz gesteigert werden. Gerade für die Effizienz der Aufbereitungsprozesse im Kunststoffrecycling bieten solche Methoden einen enormen Vorteil, um die Verwendung von Rezyklat durch Senkung von Kosten und Steigerung der Nachhaltigkeitsfaktoren attraktiver und lukrativer zu gestalten [URL22k].

12.1.2.4 Vernetzungsplattformen und Smart Logistics

Eine wichtige Herausforderung für eine effektive Kreislaufführung ist die Koordination von Materialströmen im Sinne der Anbieter- und Verbraucher-Koordination. In diesem Kontext haben sich bereits digitale Marktplätze mit Fokus auf Rezyklate gebildet. Diese digitalen Plattformen ermöglichen einen effizienten Austausch von Produktinformationen und Verfügbarkeitsinformationen, sodass flexibel auf Bedarfe und Angebote reagiert werden kann. Solche digitalen Plattformen bilden Cirplus, Polymore oder Plastship. Dort können Firmen Angebote und Anfragen in strukturierter Form veröffentlichen, sodass eine transparente Übersicht entsteht mit der Möglichkeit direkt nach Typ, Herkunft, Material, Darreichungsform und weiteren Kriterien zu filtern. Somit können Materialströme regionaler und effizienter gestaltet werden. Darüber hinaus können operative Prozesse wie Probenbestellung sowie Verhandlungen und Vertragsschließung über die Plattform durchgeführt werden, wodurch der operative Aufwand reduziert wird. Durch Hinterlegen von Zertifizierungen oder die Zertifizierung beim Plattformanbieter kann diese Vermittlung mit einem gewissen

Qualitätsmanagement verbunden werden, sodass die Qualität der angebotenen Waren transparent darstellbar wird [URL22h] [URL22i] [URL22 g].

12.1.3 Fazit

Eine effiziente Kreislaufführung von Kunststoffwaren hängt maßgeblich von der Entscheidungsfindung auf Basis von diversen Informationen ab, die in verschiedenen Schritten der Wertschöpfungskette und im Lebenszyklus entstehen. Die Digitalisierung bietet einerseits die Möglichkeit, die notwendigen Daten zu erfassen und effizient zur Verfügung zu stellen. Nur durch nahezu instantan verfügbare Informationen können Entscheidungen situationsgerecht abgeleitet werden. Die Techniken der Digitalisierung bieten dabei das notwendige Handwerkszeug, Informationen über alle Ebenen vom Sensor bis zur Businessinformation aggregiert und situationsspezifisch verfügbar zu machen. Darüber hinaus müssen komplexe Entscheidungen abgeleitet werden, sei es auf der Ebene des Produktdesigns, auf der Ebene der Produktionstechnik oder bei der Sortierung und Trennung.

Literatur für Abschnitt 12.1

[AWW18] Atlam, Hany F.; Walters, Robert J.; Wills, Gary B.: Fog Computing and the Internet of Things: A Review. In: *Big Data and Cognitive Computing 2018, 2* (2018) 2

[BBDG21] Becker, Fabian; Bibow, Pascal; Dalibor, Manuela; Gannouni, Aymen; Hahn, Viviane; Hopmann, Christian; Jarke, Matthias; Koren, István u. a.: A Conceptual Model for Digital Shadows in Industry and its Application. In: *Lecture Notes in Computer Science* 13011 (2021), S. 271 – 281

[Card09] Cardozo, D: A brief history of the filling simulation of injection moulding. In: *Proceedings of the Institution of Mechanical Engineers, Part C: Journal of Mechanical Engineering Science* 223 (2009), Nr. 3, S. 711 – 721

[CLMS20] Cao, Keyan; Liu, Yefan; Meng, Gongjie; Sun, Qimeng: An Overview on Edge Computing Research. In: *IEEE Access* Bd. 8, Institute of Electrical and Electronics Engineers Inc. (2020), S. 85714 – 85728

[CPDM14] Costa, Bruno; Pires, Paulo F.; Delicato, Flavia C.; Merson, Paulo: Evaluating a Representational State Transfer (REST) architecture: What is the impact of REST in my architecture? In: *Proceedings – Working IEEE/IFIP Conference on Software Architecture 2014, WICSA 2014*: IEEE Computer Society, 2014 — ISBN 9781479934126, S. 105 – 114

[DN12] D'Aquin, Mathieu; Noy, Natalya F.: Where to Publish and Find Ontologies? A Survey of Ontology Libraries. In: *Web semantics (Online)* Bd. 11, NIH Public Access (2012), S. 96

[DR08] Dahmen, Wolfgang; Reusken, Arnold: *Numerik für Ingenieure und Naturwissenschaftler*. 2. Aufl. Berlin, Heidelberg: Springer-Verlag, 2008 — ISBN 9783540764922

[GGRG21] Göppert, Amon; Grahn, Lea; Rachner, Jonas; Grunert, Dennis; Hort, Simon; Schmitt, Robert H.: Pipeline for ontology-based modeling and automated deployment of digital twins for planning and control of manufacturing systems. In: *Journal of Intelligent Manufacturing*, Springer (2021), S. 1 – 20

[GPLB20] Gleim, Lars; Pennekamp, Jan; Liebenberg, Martin; Buchsbaum, Melanie; Niemietz, Philipp; Knape, Simon; Epple, Alexander; Storms, Simon u. a.: FactDAG: Formalizing Data Interoperability in an Internet of Production. In: *IEEE Internet of Things Journal* Bd. 7, Institute of Electrical and Electronics Engineers Inc. (2020), Nr. 4, S. 3243 – 3253

[GOS09] Guarino, Nicola; Oberle, Daniel; Staab, Steffen: What Is an Ontology? In: *Handbook on Ontologies*. Springer, Berlin, Heidelberg (2009), S. 1 – 17

[HBH17] den Hollander, Marcel C.; Bakker, Conny A.; Hultink, Erik Jan: Product Design in a Circular Economy: Development of a Typology of Key Concepts and Terms. In: *Journal of Industrial Ecology* Bd. 21, Blackwell Publishing (2017), Nr. 3, S. 517 – 525

[HH12] Hopmann, Christian; Van Haag, Jens: Bindenähte in kurzfaser-verstärkten Bauteilen simulieren. In: *Kunststoffe* Bd. 102 (2012), Nr. 8, S. 46 – 49

[HT15] Hopmann, Ch.; Twardowski, Benjamin: Barriereeigenschaften numerisch berechnen. In: *Kunststoffe* Bd. 105 (2015), Nr. 9, S. 122 – 125

[HC21] Hopmann, Ch.; Celik, Hakan: Kollektives Versagen vermeiden. In: *Kunststoffe* Bd. 111 (2021), Nr. 2, S. 41 – 43

[JB04] Jansen, Dirk; Büttner, Holger: Real-Time Ethernet the Ethercat Solution. In: *IEE Computing and Control Engineering* Bd. 15, Institution of Engineering and Technology (2004), Nr. 1, S. 16 – 21

[MA00] Meier, Andreas; Aufmann, Michael K: SQL-& NoSQL-Datenbanken. 8. Auflage

[Mitd00] *Mit dem offenen digitalen Standard R-Cycle Kunststoffe recyclen*. URL *https://www.r-cycle.org/*. – abgerufen am 2022-07-19

[MM17] Meudt, Tobias; Metternich, Joachim: Die Automatisierungspyramide – Ein Literaturüberblick. SmartTool View project ArePron – Agiles ressourceneffizientes Produktionsnetzwerk View project (2017)

[URL22] *The Three Layers of Computing – Cloud, Fog and Edge – SCC*. URL *https://www.scc.com/insights/it-solutions/data-centre-modernisation/the-three-layers-of-computing-cloud-fog-and-edge/*. – abgerufen am 2022-07-19

[URL22a] N. N.: GAIA-X – *Home*. URL: *https://www.data-infrastructure.eu/GAIAX/Navigation/EN/Home/home.html*. – abgerufen am 2022-07-20

[URL22b] N. N.: Gaia-x-Architecture Document-22.04 Release, 2022. URL: *https://gaia-x.eu/wp-content/uploads/2022/06/Gaia-x-Architecture-Document-22.04-Release.pdf*

[URL22c] N. N.: *Documentation | MQTT*. URL *http://mqtt.org/documentation*. – abgerufen am 2020-01-24

[URL22d] N. N.: *Apache Kafka*. URL *https://kafka.apache.org/*. – abgerufen am 2020-01-24

[URL22e] N. N.: *Prozessschwankungen automatisch ausgleichen – ENGEL Global*. URL *https://www.engelglobal.com/de/de/produkte/prozessstabilitaet-erhoehen/prozessschwankungen-automatisch-ausgleichen-iq-weight-control.html*. – abgerufen am 2022-07-20

[URL22f] *Smart Machine – HiQ Pakete | Wittmann Battenfeld, Christian Hopmann*. URL *https://www.wittmann-group.com/de_at/smart-machine-hiq-pakete*. – abgerufen am 2022-07-20

[URL22 g] N. N.: *Ihr Industrie-Netzwerk für recycelte Kunststoffe und Kunststoffrecycling*. URL *https://plastship.com/*. – abgerufen am 2022-07-20

[URL22h] N. N.: *cirplus – the global marketplace for circular plastics*. URL *https://www.cirplus.com/en*. – abgerufen am 2022-07-20

[URL22i] N. N.: *Polymore – Kunststoffe kaufen*. URL *https://www.polymore.com/*. – abgerufen am 2022-07-20

[URL22j] N. N.: *Institut cyclos-HTP*. URL *https://www.cyclos-htp.de/*. – abgerufen am 2022-07-20

[URL22k] N. N.: *Carbon Minds – Good decisions come from good data*. URL *https://www.carbon-minds.com/*. – abgerufen am 2022-07-20

[URL22 l] N. N.: *OWL Web Ontology Language Overview. URL: http://www.w3.org/TR/2003/PR-owl-features-20031215/* – abgerufen am 2022-07-17

[URL23] N. N.: *Home | R-Cycle*. URL: *https://www.r-cycle.org/*. – abgerufen am 2023-12-14

[URL23a] N. N.: *Pioneering Digital Watermarks | Holy Grail 2.0*. URL *https://www.digitalwatermarks.eu/*. – abgerufen am 2022-07-17

[Ros14] Rostan, Martin: *Industrial Ethernet Technologies: Overview and Comparison*, 2014

[Sch00] Schicker, Edwin: Datenbanken und SQL.

[SGFH22] Sapel, Patrick; Gannouni, Aymen; Fulterer, Judith; Hopmann, Christian; Schmitz, Mauritius; Lütticke, Daniel; Gützlaff, Andreas; Schuh, Günther: Towards digital shadows for production planning and control in injection molding. In: *CIRP Journal of Manufacturing Science and Technology* Bd. 38, Elsevier (2022), S. 243 - 251

[SD16] Shi, Weisong ; Dustdar, Schahram: The Promise of Edge Computing. In: *Computer* Bd. 49, IEEE Computer Society (2016), Nr. 5, S. 78 - 81

[SPS17] Siddiqui, Ali Shuja; Plusquellic, Yutian Gui Jim; Saqib, Fareena: Secure communication over CANBus. In: *Midwest Symposium on Circuits and Systems* Bd. 2017-August, Institute of Electrical and Electronics Engineers Inc. (2017), S. 1264 - 1267 — ISBN 9781509063895

[SNLO15] Suárez, Sergio A.; Naranjo, Alberto; López, Iván D.; Ortiz, Juan C.: Analytical review of some relevant methods and devices for the determination of the specific volume on thermoplastic polymers under processing conditions. In: *Polymer Testing* Bd. 48 (2015), S. 215 - 231

[TS20] Theissen-Lipp, Johannes; Schilling, Katrin: The Semantic Web in the Internet of Production: A Strategic Approach with Use-Case Examples Internet of Production (Cluster of Excellence) View project Internet of Production View project The Semantic Web in the Internet of Production: A Strategic Approach. In: *SEMAPRO 2020*, 2020 — ISBN 9781612088136, S. 68 - 72

[TV99] Tovar, Eduardo; Vasques, Francisco: Real-time fieldbus communications using Profibus networks. In: *IEEE Transactions on Industrial Electronics* Bd. 46, IEEE (1999), Nr. 6, S. 1241 - 1251

[Unb08] Unbehauen, Heinz: *Regelungstechnik I*: Springer-Verlag, 2008

[WABB09] Weinhardt, Christof; Anandasivam, Wirt Arun; Blau, Benjamin; Borissov, Nikolay; Meinl, Thomas; Michalk, Wirt Wibke; Stößer, Jochen: Cloud-Computing - Eine Abgrenzung, Geschäftsmodelle und Forschungsgebiete. In: *Business and Information Systems Engineering* Bd. 51, Springer (2009), Nr. 5, S. 453 - 462

[Wol15] Wollert, Jörg F.: IO-Link: Für smarte Sensoren. In: *Elektronik Basics* (2015)

12.2 Nachverfolgung von Kunststoffprodukten

Malte Röbig, Christoph Zimmermann

Die in Abschnitt 12.1 dargestellten Entwicklungen und aktuellen Trends der Datenspeicherung und -verarbeitung ermöglichen ein effizientes Datenmanagement innerhalb der Kreislaufwirtschaft. Um die Potenziale der Digitalisierung sinnvoll auszuschöpfen, müssen alle recyclingrelevanten Daten verfügbar und den jeweiligen Stoffströmen zuordenbar sein. Daraus ergibt sich der Bedarf, eine Kunststoffnachverfolgbarkeit wertschöpfungsübergreifend sicherzustellen. Technologien zur Produkt- bzw. Werkstoffnachverfolgung lassen sich hinsichtlich des Markierungstyps und der damit verbundenen hinterlegten Informationsdichte zu recyclingrelevante Daten unterscheiden und einteilen. Die verschiedenen Markierungstypen werden während der Produktion in den Kunststoff eingebracht oder Produkte mit entsprechenden Markern aufgebracht. Über den Marker werden alle recyclingrelevanten Informationen und Merkmale des Produkts hinterlegt. Diese Informationen dienen anschließend der Identifikation der Kunststoffprodukte.

In diesem Abschnitt werden zunächst allgemeine Anforderungen an die Nachverfolgbarkeit von Kunststoffen diskutiert. Anschließend werden etablierte Technologien sowie aktuelle Forschungstrends in den Bereichen der Markierung und Identifikation adressiert.

12.2.1 Anforderungen an die Nachverfolgbarkeit

Zur Etablierung zirkulärer Kunststoffkreisläufe ist eine wertschöpfungsübergreifende Nachverfolgbarkeit der vielfältigen Stoffströme essenziell. Dabei ist es nicht zwingend notwendig, Produkte oder Produktgruppen individuell zu identifizieren und einem bestimmten Produktionsdatum oder bestimmten Produktionsbedingungen zuzuordnen. Wesentlich für die Entsorgung und das spätere Recycling sind Informationen zu eingesetzten Werkstoffen bzw. Werkstoffklassen. Der aktuelle Stand der Technik zum Sortieren der eingesetzten Werkstoffe bzw. Werkstoffklassen wurde bereits ausführlich in Kapitel 8 differenziert diskutiert. Für eine genauere und zielgerichtete Sortierung von Kunststoffabfällen können zukünftig Markierungstechnologien einen wichtigen Beitrag leisten. Bislang hat sich keine dieser Technologien in der Abfallverwertung etabliert.

Forschungsseitig existieren bereits vielversprechende Ansätze, die theoretisch eine sehr feine Fraktionierung der Abfälle in unterschiedliche Fraktionen ermöglichen. So ist es technisch problemlos möglich, selbst einzelne Materialchargen eines bestimmten Herstellers in beispielsweise haushaltsnahen Abfallmengen zu identifizieren und nachzuverfolgen. Aus logistischer Sicht ist es bei der Sortierung bzw. im Recyclingunternehmen allerdings nicht praktikabel, die Fraktionen in solch elementare Bestandteile zu zerlegen. Gleiches gilt hinsichtlich der damit verbundenen Kosten, die für das Recyclingunternehmen entstehen. Folglich muss ein Mittelweg gefunden werden, bei dem vom Recycler die bestehende Anlagentechnik weiterverwendet werden kann und eine möglichst genaue Fraktionierung in notwendige Einzelbestandteile ermöglicht wird.

Um den Interessen aller Stakeholder gerecht zu werden, müssen verschiedene Systeme parallel existieren, da für die unterschiedlichen Anwendungen (Verpackungen, Konsumgüter, Automotive usw.) als auch Materialströme (u. a. Post-Consumer-Rezyklate, Post-Industrial-Rezyklate) unterschiedliche Anforderungen an die Materialien, die Rückgewinnung sowie Aufbereitung der Rohstoffe gestellt werden. Daher müssen politische und monetäre Anreize so gesteuert werden, dass alle Stakeholder der Wertschöpfungskette ein gemeinsames Umsetzungsinteresse entwickeln. Aktuell existieren zudem keine einheitlichen Standards für die Stoffstromnachverfolgung, die auf einer konsistenten und klar definierten Informationstiefe, einem übergreifenden und vertrauenswürdigen Datenmanagement sowie der Einbindung der Hersteller in das Umsetzungskonzept beruhen. Grundsätzlich sind aber die Verpackungshersteller bzw. -befüller für das Aufbringen der Markierungstechnologie verantwortlich.

Ein Beispiel für einen erfolgreichen übergreifenden Datenstandard ist die Global Trade Item Number (GTIN) des GS1-Netzwerks, GS1 Germany GmbH, Köln, Deutschland [NN23]. Innerhalb dieses Netzwerks sind die Markierungscodierungen sowie die Daten übergreifend verwaltet. So ist eine weltweite Identifikation von Waren und Logistikeinheiten auf verschiedenen Verpackungsebenen sowie Dienstleistungen und weiteren Wirtschaftsgütern möglich. Für eine erfolgreiche Umsetzung und

Akzeptanz der Kreislaufwirtschaft entlang der Wertschöpfungskette ist ein ähnlich globaler und umfassender Netzwerkstandard für die Nachverfolgung und lückenlose Dokumentation von Kunststoffprodukten und -verpackungen notwendig. Die wichtigsten Anforderungen an einen solchen übergreifenden Nachverfolgungsstandard sind [NN20] [NN23]

- die Definition recyclingrelevanter Informationen sowie des Detailgrads, der erfasst werden soll (u. a. Produktgruppe, Kunststoffgruppen, Wirtschaftsraum),
- die Auswahl geeigneter Markierungsverfahren, die die Erfassung und Zuordnung der gewünschten Informationen ermöglichen,
- die Etablierung eines Netzwerks zur Verwaltung der Markierungstechnologie sowie der zugehörigen Daten,
- die niederschwellige Zugänglichkeit der Nachverfolgungsdaten für jeden Stakeholder in der jeweiligen Wertschöpfungskette,
- ein Ausgleich von Kosten-Nutzen-Ungleichgewichten über monetäre und politische Regulierungen.

Initiativen, die sich derzeit mit der Umsetzung dieser Ziele befassen, sind das „R-Cycle“[1)] sowie die Industrieinitiative „Holygrail 2.0“[2)]. Das Ziel von „R-Cycle“ ist es, einen Transparenz-Standard entlang der Wertschöpfungskette zur Rückverfolgbarkeit von Kunststoffverpackungen zu etablieren. Hierfür werden recyclingrelevante Informationen über Materialien, Eigenschaften und Produktionsprozesse digital und automatisiert in jedem relevanten Wertschöpfungsschritt dokumentiert. Mithilfe dieser Informationen wird ein hochwertiges Recycling zur Realisierung von Kunststoffkreisläufen angestrebt. Die Initiative „Holygrail 2.0“ adressiert im Gegensatz dazu weniger die Entwicklung eines Netzwerkstandards als mehr eine Entwicklung und Etablierung einheitlicher Markierungsstandards für Consumerprodukte. An der Industrieinitiative beteiligen sich Stand 2021 über 100 Unternehmen der Kunststoff- und Verpackungsindustrie.

12.2.2 Etablierte Verfahren zur Nachverfolgbarkeit

Die Differenzierung und Sortierung verschiedener Kunststoffe stellt einen wichtigen Punkt der Realisierbarkeit und Wirtschaftlichkeit von Recyclingprozessen im Rahmen der Kreislaufwirtschaft dar. Derzeit werden vor allem manuelle sowie (teil-)automatisierte Methoden zur Sortierung eingesetzt. Hierbei werden u. a. inhärente Kunsstoffeigenschaften wie die spektroskopischen Eigenschaften, die Dichte und die Farbe sowie urformend eingebrachte Markierungen genutzt.

---

[1] *https://www.r-cycle.org/en*

[2] *https://www.digitalwatermakrs.eu*

12.2.2.1 Manuelle Identifikation

Die manuelle Identifikation der Werkstoffklasse ist derzeit auf Basis urgeformt eingebrachter Markierungen möglich [SE21]. Dadurch wird eine eindeutige Identifikation gängiger Kunststoffe ohne weitere Informationen möglich und auch Konsumenten können einfach erkennen, ob es sich um eine recycelbare Kunststoffverpackung handelt. Im Jahr 1988 wurde der Resin Identification Code (RIC) von der Society of the Plastics Industry (SPI) eingeführt [NN21]. Das RIC-System definiert die Zeichen und Nummern der jeweiligen Kunststoffe, sodass eine Identifikation sowohl durch Sortiersysteme als auch für den Verbraucher möglich wird. Das RIC-System wurde von der American Society for Testing and Materials (ASTM) übernommen und 2013 erneuert [Sch17]. In Deutschland sind die Zuordnungen der Nummerierung zu den jeweiligen Kunststoffen durch das Verpackungsgesetz sowie im Gesetz zur Fortentwicklung der haushaltsnahen Getrennterfassung von wertstoffhaltigen Abfällen festgehalten [NN17]. In Tabelle 12.1 sind die Recyclingcodes dargestellt, die die meist verbreiteten Kunststoffe im Consumerbereich mit den Zahlen „01" bis „06" abdecken. Weitere Kunststoffe (O) werden pauschal mit der Zahl „07" gekennzeichnet, sodass hier keine feinere Auflösung der Stoffströme möglich ist.

Tabelle 12.1 Recyclingcodes nach dem Resin Identification Code und der ASTM D7611 [NN21] [SE21]

Zeichen (Resin Identification Code)	Zeichen (ASTM D7611)	Nummer	Bezeichnung	Abkürzung
		01	Polyethylenterephthalat	PET
		02	Polyethylen hoher Dichte	HDPE
		03	Polyvinylchlorid	PVC

Zeichen (Resin Identification Code)	Zeichen (ASTM D7611)	Nummer	Bezeichnung	Abkürzung
		04	Polyethylen niedriger Dichte	LDPE
		05	Polypropylen	PP
		06	Polystyrol	PS
		07	alle anderen Kunststoffe	O (OTHER)

Neben der Markierung von Kunststoffen werden ähnliche Recyclingcodes basierend auf dem RIC-System außerdem auch für die Trennung von Papier und Pappe, Metallen, Holzmaterialien, Textilien, Glas sowie Verbundstoffen eingesetzt [NN97] [NN21]. Nachteile bei der Sortierung anhand der manuellen Identifikation auf Basis dieser Recyclingcodes sind der hohe personelle Aufwand, der entsprechend geringe Durchsatz, die Anforderung an die Lesbarkeit des Codes sowie die ausschließliche Möglichkeit, große bzw. vollständige Objekte zu sortieren (z. B. Flaschen, Becher, Kunststoffgehäuse etc.). Zudem können Produkte aus unterschiedlichen Materialien nicht eindeutig gekennzeichnet werden. Deswegen dienen die Recyclingcodes mittlerweile hauptsächlich als Entsorgungshilfe bzw. Trennhilfe von Verbraucherprodukten und wurden in Sortieranlagen durch modernere Technologien ersetzt.

Das Aufbringen oder Vorsehen der Recyclingcodes erfolgt beispielsweise bei spritzgegossenen Formteilen durch genormte Schriftstempel mit eingelassenen Recyclingcodes im Werkzeug (vgl. Bild 12.4). Die Schriftstempel mit enthaltenen Symbolen sind als Normalien in verschiedenen Größen verfügbar. Neben Recyclingcodes werden auf diese

Weise auch weitere Markierungen in die Kunststoffprodukte eingebracht, beispielsweise das Produktionsdatum, Konformitäten (z. B. CE) oder beliebige andere kurze Codierungen. Dabei sind auch Varianten verfügbar, welche mithilfe eines drehbaren Einsatzes eine flexible Markierung ermöglichen.

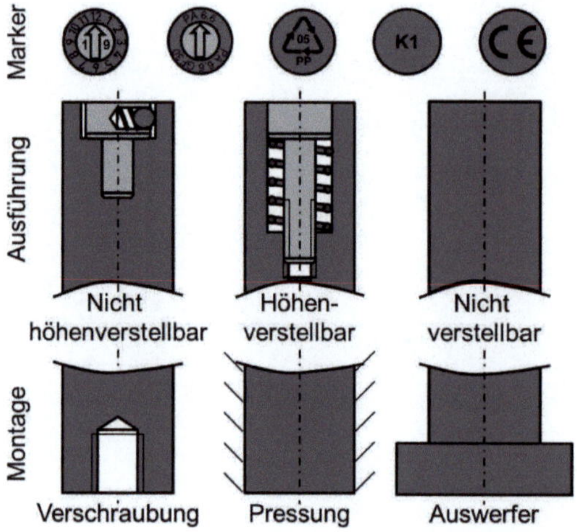

Bild 12.4 Schematische Darstellung von Schriftstempeln in unterschiedlichen Ausführungs- und Montagevarianten

12.2.2.2 Automatisierte Identifikation

Neben der manuellen Identifikation über Recyclingcodes existieren bereits vielfältige (teil-) automatisierte Verfahren als effizientere Möglichkeit zur Sortierung von Kunststoffabfällen. Aktuell werden dazu keine speziellen Marker eingebracht. Stattdessen werden inhärente Eigenschaften der Kunststoffe wie die Farbe, die spektroskopischen Eigenschaften oder die Dichte genutzt. Allerdings lassen sich so nicht alle Kunststoffgruppen und -farben zuverlässig mit den etablierten Verfahren identifizieren. Folglich ist eine Identifikation einiger Kunststoffe aus beliebigen Wertstoffströmen ohne eine separate Markierung möglich, während andere Kunststoffe und Kunststoffverbünde weiterhin problematisch sind. Einige Verfahren lassen sich für die Sortierung auf Produktebene (Makrosortierung), andere Verfahren für die Sortierung von Kunststoffflakes zerkleinerter Produkte (Mikrosortierung) einsetzen [BFK15]. In Tabelle 12.2 werden die unterschiedlichen Verfahren anhand ihrer Einsatzmöglichkeit für die Mikro- und Makrosortierung, ihrer Anwendungen sowie ihrer Beschränkungen dargestellt.

Die etablierten Trennverfahren dieser Aufzählung sind in Kapiteln 7 und 8 im Detail erläutert.

Kamerabasierte Trennverfahren und die NIR-Spektroskopie werden in Sortieranlagen als Fließbandverfahren schon längere Zeit zur Trennung eingesetzt und ermöglichen eine hohe Sortiergenauigkeit in aufbereiteten kontinuierlichen Stoffströmen [BFK15] [LA22]. Andere Verfahren, die auf Werkstoffeigenschaften wie der Dichte basieren, bieten das Potenzial, große Mengen Kunststoff mit geringem technischen Aufwand zu trennen, sind aber nicht für die kontinuierliche Trennung einzusetzen [SW20]. Exotischere Verfahren werden für die Trennung einzelner spezieller Kunststoffarten genutzt. Beispielsweise ermöglicht die Röntgen-Spektroskopie die Identifikation von PVC [KMD+17]. Obwohl durch die genannten Sortierverfahren ein Großteil aller Polymere identifizierbar ist, weist jede dieser Methoden individuelle technische Grenzen und Beschränkungen bei der Erkennung bestimmter Kunststoffgruppen, insbesondere bei der Trennung von zerkleinerten Kunststoffabfällen auf. Um eine feinere Identifikation der Kunststoffgruppen zu ermöglichen, werden aktuell verschiedene Lösungsansätze zur individuellen Markierung der Kunststoffe bzw. Produkte erforscht [KMD+17].

Tabelle 12.2 Gegenüberstellung verschiedener Trennverfahren [BFK15] [BFMM11]

Verfahren	Mikro-Sortierung	Makro-Sortierung	Anwendung	Beschränkung
optische Trennung	x	x	Identifikation von eingefärbten Polymeren	Grundpolymertyp nicht identifizierbar
Nahinfrarot (NIR)-Spektroskopie	x	x	schnelle Identifikation von Polymeren	nicht für schwarze und nasse Polymere anwendbar
Röntgen-Spektroskopie		x	Identifikation von PVC	nur für die Trennung von PVC und PET eingesetzt
triboelektrische Trennung	x		kostengünstig	Partikel müssen sauber und trocken sein, aber nicht auf komplexe Polymermischungen anwendbar
densimetrische Trennung	x		Trennung von leichten und schweren Polymeren	keine Identifikation von komplexen Polymermischungen; Dichten müssen sich stark unterscheiden
Trennung nach magnetischer Dichte	x		Trennung vom Polymermischströmungen	benötigt nicht überlappende Massedichten
atomare Emission Spektroskopie	x		High-Speed-Identifikation, Identifikation von schwarzem Polymer	Schwierigkeiten mit der Identifikation von PP und stärkebasiertem Kunststoff

12.2.3 Markierung und Nachverfolgung mit Markern

Die bisher vorgestellten automatisierten Sortierverfahren basieren auf der Verwendung von charakteristischen Polymereigenschaften. Durch den Einsatz von Markern wird es möglich, Kunststoffe unabhängig von ihren physikalischen und chemischen Eigenschaften zu markieren und anschließend basierend auf dem Marker zu identifizieren. Auf diese Weise wird eine feinere Differenzierung von Stoffströmen und Fraktionen ermöglicht.

Basierend auf den in diesem Kapitel bereits adressierten Restriktionen der etablierten Identifikationstechnologien beschäftigen sich diverse Forschungsvorhaben mit der Auswahl geeigneter Markersubstanzen und deren Kombination zu Markierungen für die eindeutige Wiedererkennung [KMD+17] [LZS14] [WMW+20] [WSS+20]. Zudem wird die prozessuale Einbindung von Identifikationstechnologien für diese Marker in die bestehenden Sortiertechnologien untersucht. Dabei können die Marker sowohl bei der Herstellung des Polymers (z. B. fluoreszierende Eigenschaften), also im Produktinneren, als auch bei der Herstellung über Schriftstempel außen auf das Produkt ein- bzw. aufgebracht werden. Nachfolgend werden daher zunächst die physikalischen Grundlagen der Marker erläutert und anschließend wird auf die beiden verschiedenen Einbringungsverfahren der Marker eingegangen.

12.2.3.1 Marker auf Basis der Fluoreszenz

Für die Identifikation werden die charakteristischen fluoreszierenden Eigenschaften der Markersubstanzen genutzt. Um die Funktionsweise dieser Marker zu verdeutlichen, werden zunächst die zugehörigen zugrundeliegenden physikalischen Prozesse erläutert.

Das Energieniveau beschreibt die diskrete Energie eines quantenmechanischen Systems. Elektronen können sich in unterschiedlichen Energieniveaus befinden. Durch Strahlung werden Elektronen angeregt und können ihre Energieniveaus verändern. Um ein Elektron in ein höheres Energieniveau zu versetzen, wird Energie benötigt. Die Rückkehr in das Grundniveau kann durch verschiedene Wirkmechanismen erfolgen. Zum einen ist eine strahlungslose Schwingungsrelaxation möglich, zum anderen die Emission von Licht bzw. Photonen (Lumineszenz). Verschiedene Arten der Lumineszenz werden nach der Art der Anregung der Elektronen unterschieden. Für den Einsatz der Markersubstanzen ist insbesondere die Unterklasse der Photolumineszenz von Bedeutung, die sich wiederum in Phosphoreszenz und Fluoreszenz unterscheiden lässt und auf der Anregung des physikalischen Systems durch Photonen beruht. Es wird von Phosphoreszenz gesprochen, wenn das Elektron von einem angeregten Triplettzustand in den Grundzustand übergeht und dabei Photonen emittiert. Fluoreszenz beschreibt den Übergang des Elektrons aus einem angeregten Singulettzustand in den Grundzustand, ebenfalls unter Emission von Photonen. Nach der Bestrahlung erlischt die Fluoreszenz meist innerhalb einer millionstel

Sekunde, die Phosphoreszenz ist hingegen durch ein längeres Nachleuten gekennzeichnet [JS16] [Lak06] [Sto98].

Durch die beschriebenen physikalischen Effekte leuchten die Marker unter Bestrahlung mit geeigneter Wellenlänge. Im Detail werden drei Fluoreszenzmechanismen unterschieden [JS16] [Lak06]:

- das Down-Shifting (DS), bei dem ein Elektron von einem höheren (Immissions-) Strahlungsniveau auf ein niedrigeres (Emissions-)Niveau konvergiert.
- das Quantum Cutting (QC), bei dem das Fluoreszenzsystem vom angeregten Zustand in den Grundzustand über ein Zwischenniveau übergeht, wobei beide Übergänge Emissionen freisetzen.
- die Up-Conversion (UC), bei der eine zweifache Strahlungsanregung über ein Zwischenniveau erfolgt, sodass die Absorption von zwei gleichgroßen Niedrigenergiepaketen den angeregten Zustand erzeugt. Die Entspannung wird durch Strahlungsemission eines Hochenergiepakets erreicht.

Das Down-Shifting wird auch als Stokes-Fluoreszenz und die Up-Conversion auch als Anti-Stokes-Fluoreszenz bezeichnet [Lak06] [MW19]. Für das Tracer-Based-Sorting (TBS) wird hauptsächlich die Anti-Stokes-Fluoreszenz eingesetzt, da diese ein sehr gutes Signal-zu-Rausch-Verhältnis aufweist und somit am besten für ein automatisiertes robustes Verfahren geeignet ist [MW19].

Die Marker werden abhängig von der chemischen Zusammensetzung in organische und anorganische Marker kategorisiert. Phosphor lässt sich als organischer Marker, Lanthanoid- und Zinkverbindungen lassen sich als anorganische Marker einsetzen. Zudem finden auch seltene Erden wie Ytterium, Cerium, Neodymium, Gadolinium, Dysprosium, Erbium und Ytterbium Verwendung als Markersubstanzen [LH23] [WMW+20].

12.2.3.2 Einbringung der Marker

Zur erfolgreichen Detektion der Marker sind Konzentrationen von 1 – 100 ppm (parts per million) notwendig. Zur Erkennung von schwarz eingefärbten Kunststoffen muss der Anteil der Marker allerdings infolge der hohen Strahlungsabsorption um das bis zu 10-Fache erhöht werden. Da die Anzahl bzw. Vielfalt derzeitig verfügbarer Marker limitiert ist, werden Marker-Schemata gebildet, um die Detektion und Wiedererkennung der zahlreichen Polymere zu gewährleisten. Diese Schemata basieren auf einem binären Code. Werden beispielsweise drei verschiedene Markersubstanzen eingesetzt, ist es möglich ($2^3 - 1$), also 7 Polymertypen zu beschreiben. Mit zehn Markersubstanzen könnten folglich bereits 1023 Codierungen erzeugt werden. Durch die Kombination der Markersubstanzen ist somit die Differenzierung einer Vielzahl von Polymeren mit vergleichsweise geringer Anzahl von Markern möglich [BFK15] [LH23] [WSS+20].

Die Markersubstanzen können zu unterschiedlichen Zeitpunkten des Herstellungsprozesses der Kunststoffprodukte eingebracht werden. Einerseits können die Marker in der Compoundierung in die Kunststoffmatrix integriert werden. Andererseits ist die Einbringung der Marker in Labels, Verpackungsbestandteile oder mittels separat aufgetragenen Tintendispersionen möglich. Die Auswahl der Markereinbringung hängt von der Materialeffizienz (benötigte Markerkonzentration zur Identifizierung des Polymers), der Markertrennbarkeit (Markersubstanz soll vom recycelfähigen Polymer getrennt werden) sowie der Technologiekompatibilität ab [LH23] [WMW+20] [WHS+17].

Nachfolgend wird die Einbringung der Markersubstanzen mithilfe der Compoundierung näher vorgestellt, bevor anschließend auf die Einbringung der Markersubstanzen in Labels oder ähnlichen Verpackungsbestandteilen eingegangen wird.

Compoundierung

Die Compoundierung bietet die Möglichkeit, den Marker direkt in den Grundwerkstoff zu integrieren. Am Ende des Produktlebenszyklus lassen sich somit auch Abfälle, die aus zerkleinerten Flakes vorliegen, sortieren. Ein derzeitiger Nachteil sind Markerrückstände nach dem Rezyklieren im Grundmaterial. Bei einer erneuten Markierung mit der gleichen Markersubstanz sind diese Rückstände jedoch unkritisch. Es existieren aktuelle Forschungsarbeiten, die eine Entfernung der Markersubstanzen unter alkalischen Waschbedingungen untersuchen [PSB+15].

In einem Forschungsvorhaben wird die Entwicklung und Erprobung einer Kombination aus Verpackungskennzeichnung und darauf abgestimmten Sortierverfahren zur Gewinnung sortenreiner Kunststoffe angestrebt. Als Beispiel dient eine handelsübliche Kunststoffflasche bestehend aus der Getränkeverpackung und der eigentlichen Flasche. Dafür werden zunächst verschiedene Markermaterialien insbesondere auf ihre Eignung in Kunststoffflaschen untersucht. Anschließend werden die Markersubstanzen in die verwendeten Kunststoffe compoundiert, bevor die Herstellung des ausgewählten Anwendungsfalls und die Sortierung durchgeführt wird. Basierend auf den bisher durchgeführten Untersuchungen konnte eine initiale Machbarkeit gezeigt werden, wohingegen eine Umsetzung in industriellen Maßstäben noch aussteht [MW19].

Neben dem Einsatzgebiet der Trinkflaschen werden Marker auch in anderen Produktgruppen erprobt. Pilotversuche an Kunststofffenstern zeigen, dass mithilfe von Markern auch unterschiedliche Materialien der gleichen Polymerfamilie getrennt werden können. Coextrudierte Fensterprofile werden aus unterschiedlichen PVC-Typen hergestellt. Während im Inneren der Profile faserverstärkte PVC-Typen eingesetzt werden, kommen in den Randbereichen unverstärkte PVC-Typen zum Einsatz. Wird das glasfaserverstärkte PVC mit einer fluoreszierenden UC-Substanz markiert, kann dieses nach der Zerkleinerung der Profile durch eine Sortiermaschine getrennt werden. Diese Anwendung ist in einer Pilotstudie bereits im industriellen Maßstab erprobt und ermöglicht aktuell eine Sortierung der zerkleinerten Kunststoffpartikel bei einer Förderbandgeschwindigkeit von bis zu 3 m/s [BFK15] [BFMM11].

Einbringung in Labels, Verpackung oder Bedruckung

Marker können auch auf der Oberfläche aufgetragen oder dem Label bzw. der Verpackung hinzugefügt werden. Alternativ können auch Zusatzmaterialien wie Tinten oder Klebstoffe sublimiert werden, die den Vorteil einer einfachen Lösbarkeit vom Endprodukt mit sich bringen. Bei allen genannten Möglichkeiten bleibt der Grundwerkstoff frei von Markersubstanzen und kann unabhängig von der vorherigen Markierung wiederverwendet werden. Auch der Einsatz im Lebensmittelbereich ist bei dieser Variante weniger kritisch, da die Markersubstanzen nicht mit dem Lebensmittel in Kontakt kommen. Einschränkend sind dadurch allerdings nur solche Produkte identifizierbar, die im Rahmen ihrer Verwertung in vorgelagerten Prozessschritten nicht vom Label getrennt oder zerkleinert wurden [KMD+17].

In einem aktuellen Forschungsvorhaben wird derzeit ein markerbasiertes System angestrebt, das für die industrielle Implementierung geeignet ist, um Lebensmittel- und Nicht-Lebensmittel-Verpackungen einer gleichen Polymerfamilie zu detektieren und zu sortieren. Die Marker werden beschichtungsbasiert auf das Endprodukt aufgetragen. Darüber hinaus wird eine Abwaschbarkeit dieser Beschichtung erprobt. Als Anwendungsbeispiel wird eine PET-Trinkflasche verwendet [KMD+17].

Ein weiterer Ansatz wird in der Entwicklung kommerzieller Labels mit lumineszierenden Markern für die Sortierung der Kunststoffe verfolgt. Ziel ist es, Lebensmittelverpackungen, chemische Verpackungen, Kunststoffe der Automobilbranche, schwarze Kunststoffe sowie Biopolymere zu unterscheiden und dafür bereits etablierte NIR-Anlagentechnik zu verwenden [KMD+17].

12.2.4 Markierung und Nachverfolgung mittels Wasserzeichen

Um Kunststoffe bzw. Kunststoffprodukte weniger invasiv zu markieren, existieren zwei Alternativen. Einerseits die Identifikation mittels einer Physical Unclonable Function (PUF) und andererseits mittels Wasserzeichen [MV22] [WMW+18].

Die PUF beschreibt inhärente, individuelle Merkmale, die meistens auf der Oberflächenstruktur des Produkts beruhen. Grundsätzlich wird also ein „Fingerabdruck" des Produktes generiert. Ein Beispiel bei spritzgegossenen Kunststoffteilen bietet der abgetrennte Anguss am Bauteil, um eine solche PUF zur eindeutigen Identifikation zu erzeugen.

Neben der PUF stellen definiert eingebrachte Wasserzeichen die zweite genannte Alternative dar. Dabei handelt es sich um optisch erfassbare Markierungen, die auf die Bauteiloberfläche aufgebracht werden. Üblicherweise sind es sich periodisch wiederholende Muster, die eine Codierung darstellen. Sie werden repetitiv während des Urformprozesses oder durch nachgelagerte Bearbeitungsprozesse erzeugt. Über diese

Codes können deutlich mehr Informationen zugeordnet werden als bei der markerbasierten Kennzeichnung. Je nach Art und Beschaffenheit des Wasserzeichens können diese zudem als Informationsquelle für Konsumenten genutzt werden. So kann auch der Verbraucher Recyclinginformationen abrufen und einsehen. Wasserzeichen bieten zusätzlich das Potenzial, derzeitige QR- oder Barcodes zu ersetzen.

Im Bereich der Markierung mittels Wasserzeichen haben sich bereits mehrere Unternehmen und Initiativen etabliert.[3] Dass diese Technologie keine zusätzlichen Marker oder Additive benötigt, macht deren Einsatz attraktiv. Auch bei Verschmutzungen oder Beschädigungen muss jedoch mindestens eine vollständige Codierung zur Identifikation des Polymers erfassbar sein. Deshalb eignet sich das Verfahren nicht zur Identifikation von stark zerkleinerten Kunststoffabfällen [WMF+18].

Urformen

Bei Spritzgießen, Blasformen oder Spritzblasen können die Wasserzeichen direkt in die Werkzeugoberfläche eingebracht werden. Bei der Herstellung von Bauteilen wird der eingebrachte Negativabdruck des Wasserzeichens abgeformt und verbleibt somit auf dem Formteil. Es ist also kein zusätzlicher Produktionsschritt zur Einbringung der Wasserzeichen notwendig. Voraussetzung ist ein ausreichend charakteristisches Muster, um eine Erfassung zu gewährleisten. Die Wasserzeichen werden als 2D-Form auf einer flachen Oberfläche oder als 3D-Form eingefügt. Im Bereich der Folien wird das Wasserzeichen vollflächig aufgedruckt.

Innovative Spritzgießwerkzeugtechnik ermöglicht außerdem die Schuss-zu-Schuss-Manipulation der Kavität über individuell verfahrbare Pins, wodurch sich jedes Kunststoffteil mit einem eigenen Code direkt während des Spritzgießens versehen lässt. Dazu wird ein Werkzeugeinsatz in das Produktionswerkzeug integriert, welcher die Kunststoffteile mit einer eindeutigen Data Matrix, vergleichbar mit einem 2D-Code, markiert. Diese Codes sind mit Standard-Codelesegeräten oder dem Smartphone lesbar. Die Codierungsvielfalt ist durch die Größe der Matrix theoretisch begrenzt, im Rahmen der Produktgruppenmarkierung aber ausreichend.[4]

Separate Aufbringung

Alternativ können Wasserzeichen auch nachträglich in das Produkt eingebracht werden. Dafür können z. B. Lasermarkiersysteme eingesetzt werden, die eine eindeutige, individuelle Gravur in die Bauteiloberfläche einbringen.

Zudem ist es möglich, die Wasserzeichen in das Label zu integrieren. Diese überlagern den Druck und sind für den Verbraucher unsichtbar. Die Label lassen sich beispielsweise im In-Mould-Labeling-Verfahren direkt im Spritzgießen einbringen [WMW+18]. Alternativ werden die Label, die später auf dem Kunststoffprodukt angebracht wer-

---

3 Holygrail 2.0: *www.aim.be*; Digimarc: *www.digimarc.com*; Filigrade: *www.filigrade.com*

4 Matriq: *https://matriq.ch/*

den, bedruckt oder geprägt. Alternativ können die Endprodukte selbst direkt mit den Wasserzeichen bedruckt werden.

12.2.5 Fazit

Derzeit werden Kunststoffe in (teil-)automatisierten Verfahren bereits im industriellen Maßstab getrennt. Diese Verfahren basieren auf der Identifikation inhärenter Eigenschaften der Kunststoffe, sind entsprechend jeweils nur für bestimmte Kunststoffgruppen geeignet und decken nicht das komplette Werkstoffspektrum ab. Dennoch haben sie Recyclingcodes und andere Markierungen für die manuelle Identifikation in Sortieranlagen verdrängt, sodass die Recyclingcodes hauptsächlich als Unterstützung der Verbraucher bei der Mülltrennung dienen.

Neben den industriell eingesetzten Identifikationsverfahren werden neue Verfahren auf Basis inhärenter Kunststoffmerkmale in Forschungsumgebungen erprobt. Diese Verfahren sind aktuell noch entweder zu aufwendig oder weisen Beschränkungen in der Identifikation einzelner Polymere auf. Dadurch sind sie für einen vollständigen Recycling-Prozess im Sinne der ganzheitlichen Kreislaufwirtschaft unzureichend.

Ein vielversprechender Forschungsansatz ist hingegen die Identifikation von Kunststoffprodukten anhand einer Physical Unclonable Function (PUF). Dabei werden Oberflächenmerkmale (teils durch fluoreszierende Additive erzeugt) in eine Art „Fingerabdruck“ umgewandelt und zur Identifikation genutzt.

Neben der Identifikation der Kunststoffe anhand ihrer Eigenschaften werden auch Verfahren zur aktiven Markierung von Kunststoffen und Produkten erforscht. Aktuell werden zwei Ansätze verfolgt, die für eine Nachverfolgbarkeit entlang der kompletten Wertschöpfungskette vielversprechend sind:

- markerbasierte Nachverfolgung
- Nachverfolgung mittels Wasserzeichen

Bei der markerbasierten Nachverfolgung erfolgt die Identifikation der unterschiedlichen Polymere anhand von Markersubstanzen, die entweder in den Grundwerkstoff oder in Form von Labels, Verpackungen oder Bedruckung in das Endprodukt eingebracht werden. Durch den fluoreszierenden Effekt der Marker ist es durch Detektoren möglich, verschiedene Polymerarten zu unterscheiden und entsprechend zu sortieren. Eine gezielte Kombination mehrerer Marker ermöglicht außerdem eine hohe Markierungsvielfalt.

Im Gegensatz dazu wird bei der Nachverfolgung mittels Wasserzeichen die Identifikation der Kunststoffe über die Oberfläche vorgenommen. Dabei wird die Oberfläche des Produktes oder wahlweise das Label mit einer individuellen Code-Matrix versehen. Diese Code-Matrix kann entweder im Spritgießprozess abgeformt, auf das Label gedruckt oder geprägt werden.

Aktuell ist keines der beiden Markierungskonzepte in der Lage alle Anforderungen vollständig zu erfüllen, da beide Markierungstechnologien spezifische Vor- und Nachteile aufweisen. Ein Vergleich der beiden Technologien ist Tabelle 12.3 zu entnehmen. Eine markerbasierte Nachverfolgung zeichnet sich besonders durch ihren flexiblen Einsatz in der Mikro- und Makrosortierung sowie die Eignung für Materialverbünde aus. Wasserzeichen bieten hingegen vielfältigere Codierungsmöglichkeiten und sind insbesondere im Lebensmittelbereich unbedenklich, da keine Zusätze eingesetzt werden. Für den erfolgreichen Einsatz von Markierungskonzepten im Zuge einer Kreislaufwirtschaft von Kunststoffen ist die Entwicklung von (gesetzlichen) Standards essenziell, die für alle Akteure entlang der Wertschöpfungskette bindend sind.

Tabelle 12.3 Vergleich der markerbasierten Nachverfolgung und der Nachverfolgung über Wasserzeichen anhand ausgewählter Kriterien

	Markerbasierte Nachverfolgung	Nachverfolgung über Wasserzeichen
Mehrkosten für Anwendung der Technologie	–	0
spezifische Produktmerkmale	+	–
Eignung für Materialverbünde	+	–
Codierungsmöglichkeiten	0	+
Makrosortierung	+	+
Mikrosortierung	+	–
Lebensmittelechtheit	–	+
Beständigkeit	+	–
Informationsgewinnung für Endkunde	–	+

Literatur für Abschnitt 12.2

[BFK15] Brunner, S.; Fomin, P.; Kargel, C.: Automated sorting of polymer flakes: Fluorescence labeling and development of a measurement system prototype. *Waste Management* 38 (2015) 4, S. 49 – 60

[BFMM11] Bezati, F.; Froelich, D.; Massardier, V.; Maris, E.: Addition of X-ray fluorescent tracers into polymers, new technology for automatic sorting of plastics: proposal for selecting some relevant tracers. *Resources, Conservation and Recycling* 55 (2011) 12, S. 1214 – 1221

[JS16] Jüstel, T.; Schwung S.: *Leuchtstoffe, Lichtquellen, Laser, Lumineszenz.* Berlin, Heidelberg: Springer-Verlag, 2016

[KMD+17] Kosior, E.; Mitchell, J.; Davies, K.; Kay, M.; Ahmad, R.; Billiet, E.; Jack Silver, J.: *Plastic Packaging Recycling using Intelligent Separation Technologies for Materials (PRISM)*. Proceedings of the SPE ANTEC 2017. Anaheim, USA, 2017

[Lak06] Lakowicz, J. R.: *Principles of Fluorescence Spectroscopy.* New York: Springer Science+Business Media, LLC, 2006

[LA22] Lubongo, C.; Alexandridis, P.: Assessment of Performance and Challenges in Use of Commercial Automated Sorting Technology for Plastic Waste. *Recycling* 7 (2022) 11

[LH23] Larder, R. R.; Hatton, F. L.: Enabling the Polymer Circular Economy: Innovations in Photoluminescent Labeling of Plastic Waste for Enhanced Sorting. *ACS Polymers AU* 3 (2023) 2, S. 182 – 201

[LZS14] Langhals, H.; Zgela, D.; Schlücker, D.: High Performance Recycling of Polymers by Means of Their Fluorescence Lifetimes. *Green and Sustainable Chemistry* 4 (2014) 3, S. 144 – 150

[MV22] Mangold, H.; von Vacano, B.: The Frontier of Plastics Recycling: Rethinking Waste as a Resource for High-Value Applications. *Macromolecular Chemistry and Physics* (2022) 223

[MW19] Moesslein, J.; Woidasky, J.: MaReK und Tracer Based Sorting 2.0: Sortiercodes für Kunststoffverpackungen und andere Materialströme. In: Teipel, U.; Schweppe, R. (Hrsg.): *5. Symposium Rohstoffinnovationen und Rohstoffeffizienz*. Stuttgart, Fraunhofer Verlag, 2019, S. 151 – 162

[NN97] N. N.: *Entscheidung der Kommission zur Festlegung eines Kennzeichnungssystems für Verpackungsmaterialien gemäß der Richtlinie 94/62/EG des Europäischen Parlaments und des Rates über Verpackungen und Verpackungsabfälle.* 28.01.1997

[NN17] N. N.: *Gesetz zur Fortentwicklung der haushaltsnahen Getrennterfassung von wertstoffhaltigen Abfällen.* Luxemburg: Publications Office of the European Union, 05.07.2017

[NN20] N. N.: *Circular Economy Action Plan – For a cleaner and more competitive Europe.* 03/2022

[NN21] N. N.: *ASTM D7611/D7611M – Standard Practice for Coding Plastic Manufactured Articles for Resin Identification.* 04.01.2022

[NN23] N. N.: *GS1 General Specifications Standard – The foundational GS1 standard that defines how identification keys, data attributes and barcodes must be used in business applications.* 01/2023

[PSB+15] Pilon, L.; Stewart, A.; Bahia, R.; Hintschich, S.; Willner, C.; Eder, H.: *Removable Identification Technology to Differentiate Food Contact PET in Mixed Waste Streams: Interim Report.* München: bck Gmbh, 2015

[Sch17] Schönmayr, D.: *Automotive Recycling, Plastics, and Sustainability – The Recycling Renaissance.* Cham: Springer International Publishing Switzerland, 2017

[SE21] Shamsuyeva, M.; Endres, H.-J.: Plastics in the context of the circular economy and sustainable plastics recycling: Comprehensive review on research development, standardization and market. *Composites Part C: Open Access* 6 (2021)

[SW20] da Silva, D. J.; Wiebeck, H.: Current options for characterizing, sorting, and recycling polymeric waste. *Progress in Rubber Plastics and Recycling Technology* 36 (2020) 4, S. 284 – 303

[Sto98] Stohrer, W.-D.: *Photochemie – Konzepte, Methoden, Experimente*. Weinheim: Wiley-VCH Verlag GmbH, 1998

[WHS+17] Woidasky, J.; Heyde, M.; Sander, I.; Moesslein, J.; Fahr, M.; Richards, B.; Turshatov, A.; Lang-Koetz, C.: Hochwertiges Recycling durch Tracer-Nutzung. Mit dem „Tracer-Based-Sorting"-Ansatz sollen Verkaufsverpackungen zielgerichtet aus dem Abfallstrom abgetrennt werden. *ReSource* (2017) 4, S. 24 – 28

[WMF+18] Wigger, B.; Meissner, T.; Förste, A.; Jetter, V.; Zimmermann, A.: Using unique surface patterns of injection moulded plastic components as an image based Physical Unclonable Function for secure component identification. *Scientific Reports* 8 (2018)

[WMW+18] Wigger, B.; Meissner, T.; Winkler, M.; Foerste, A.; Jetter, V.; Buchholz, A.; Zimmermann, A.: Label-/tag-free traceability of electronic PCB in SMD assembly based on individual inherent surface patterns. *The International Journal of Advanced Manufacturing Technology* 98 (2018), S. 3081 – 3090

[WMW+20] Woidasky, J.; Moesslein, J.; Wendler, P.; Kirchenbauer, D.; Wacker, D.; Gao, G.; Lang-Koetz, C.: Kunststoffidentifikation und -sortierung in der Circular Economy durch Fluoreszenzmarker. *Chemie Ingenieur Technik* 92 (2020) 4, S. 441 – 451

[WSS+20] Woidasky, J.; Sander, I.; Schaub, A.; Moesslein, J.; Wendler, P.; Wacker, D.; Gao, G.; Kirchenbauer, D.; Kumar, V.; Busko, D.; Howard, I.; Richards, B.; Turshatov, A.; Wiethoff, S.; Lang-Koetz, C.: Inorganic fluorescent marker materials for identification of post-consumer plastic packaging. *Resources, Conservation & Recycling* 161 (2020)

12.3 Entwicklung einer Kunststoffkreislaufwirtschaft – Herausforderungen an alle Kreislaufakteure und an die Politik

Jürgen Bruder, Christoph Lindner

12.3.1 Transformation zur Kunststoffkreislaufwirtschaft – Ziele, Hemmnisse, Handlungsfelder

Es besteht Konsens in Wirtschaft und Wissenschaft, dass der schrittweise Übergang von der linearen Wirtschaftsweise der Kunststoffindustrie zur Kunststoffkreislaufwirtschaft eine gewaltige und höchst komplexe Herausforderung für alle Beteiligten selbst und für ihr Zusammenwirken darstellt (PED 2022) (Wilts 2022) (Orth et al. 2022) (Systemiq 2022). Alle Beteiligten werden „die Kunststoffwirtschaft für den Kreislauf (re-)organisieren“ (VDI 2022) müssen. Die Vielzahl der notwendigen Veränderungen und ihre oft gegenseitige Bedingtheit erschweren einen strukturierten Zugang in die Thematik selbst für Insider der Kunststoffbranche.

Diese Komplexität dieser Transformation von der linearen zur zirkulären Kunststoffwirtschaft, die damit verbundene Vielzahl der möglichen Handlungsfelder und möglicher Maßnahmen von Kreislauf-Akteuren und Politik, ihrer Priorisierung und Koordinierung, sei es entlang von Wertschöpfungsketten oder für die Kunststoffwirtschaft insgesamt, ihrer beabsichtigten und unbeabsichtigten Folgewirkungen etc. lassen es geraten erscheinen, beim Versuch der Beschreibung dieser Transformation so weit wie möglich Komplexität herauszunehmen.

Ziele der Kunststoffkreislaufwirtschaft

Wie in Abschnitt1.3 ausgeführt, kann von drei grundlegenden Zielen einer Kunststoffkreislaufwirtschaft ausgegangen werden (siehe auch (Orth et al. 2022)):

- Sicherung des Ressourcenbedarfs
- Reduktion der Treibhausgas-Emissionen
- Reduktion und Vermeidung des Eintrags von Kunststoffabfällen in die Umwelt

Welche Ziele als Ausgangspunkt für eine notwendige Kunststoffkreislaufführung von Akteuren/Betroffenen herangezogen werden, hängt von der jeweils spezifischen Ausgangssituation ab.

Auf globaler Ebene sind es die gigantischen Kunststoffabfallmengen, die in die marine und terrestrische Umwelt gelangen. In dem zum Zeitpunkt der Niederschrift von den Vereinten Nationen mit vielen Stakeholdern aus Industrie, Wissenschaft und Zivilgesellschaft auszuarbeitenden Entwurf eines internationalen Vertrages zur Beendigung der Kunststoff-Verschmutzung (UNEP 2022) (EU 2023a) wird die Kreislaufwirtschaft als ein wesentlicher, jedoch nicht einziger Lösungsansatz herausgearbeitet.

In der EU und in Deutschland steht die Sicherung des Ressourcenbedarfs für eine auf nicht-fossiler Basis beruhende Kunststoffindustrie im Vordergrund. Da Kunststoff auf dem Element Kohlenstoff basiert, ist die Rohstoffbasis auf nicht-fossile, zirkuläre Kohlenstoffquellen wie Rezyklate (werkstofflich wie chemisch erzeugt), Biomasse und CO_2 umzustellen. Damit ist gleichzeitig der notwendige Beitrag zu leisten, bis 2050 in der EU und bis 2045 in Deutschland die Klimaneutralität der (Kunststoff-) Industrie zu erreichen. Beide Ziele bedingen sich gegenseitig, die Sicherung der Rohstoffversorgung kann mittel- und langfristig nur mit Rohstoffen aus im Kreislauf geführtem Kohlenstoff erfolgen. Wie hoch der Bedarf an Kohlenstoff für die globale Polymerproduktion ist, zeigt Bild 12.5.

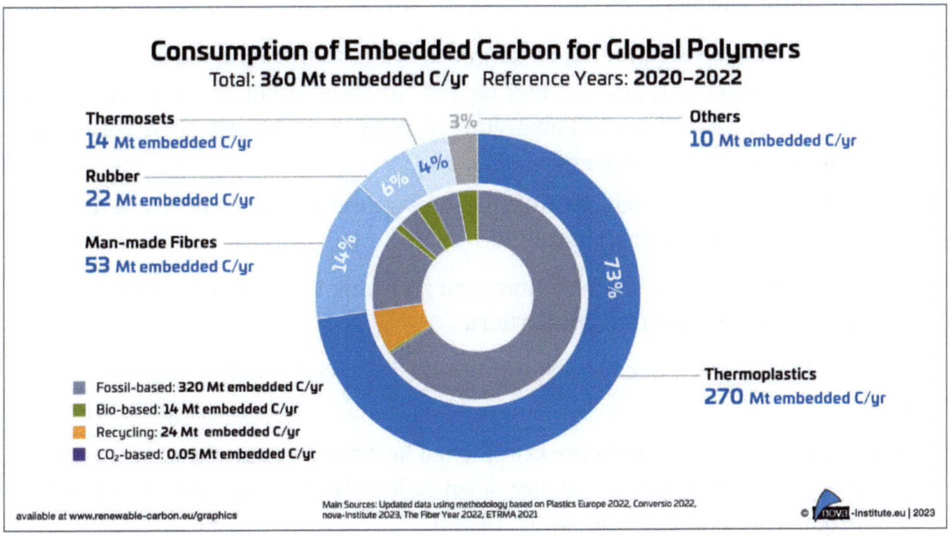

Bild 12.5 Globaler Verbrauch von gebundenem Kohlenstoff für Polymere (Quelle: (Nova 2023))

Mit der im Jahr 2023 begonnenen Ausarbeitung einer Nationalen Kreislaufwirtschaftsstrategie wird – deutlich später als in der EU – auch seitens der deutschen Regierung das Potenzial der Kreislaufwirtschaft und insbesondere das einer Kunststoffkreislaufwirtschaft zum Klimaschutz erkannt und herausgestellt (BMUV 2023).

Die Notwendigkeit der Entwicklung einer Kunststoffkreislaufwirtschaft ist inzwischen in weiten Kreisen der Kunststoff-Wertschöpfungsketten unstrittig (GKV et al. 2021) (VCI/VDI 2023) (PED 2022). Dennoch ist das Ergebnis mit 9,1 % Post-Consumer-Rezyklateinsatz in Deutschland (Conversio 2022), s. auch Kapitel 2, und 9,9 % in der EU (PED 2022) eher ernüchternd.

Hemmnisse für eine Kunststoffkreislaufwirtschaft

Über die Hemmnisse auf dem Weg zu einer (Kunststoff-) Kreislaufwirtschaft gibt es in den letzten Jahren mehrere Studien und Analysen. Methodisch unterscheiden sie sich dahingehend, dass Schwerpunkte gesetzt werden

- bei den offensichtlichen Hemmnissen, z. B. des Rezyklateinsatzes, aus den gegenwärtigen Praxiserfahrungen heraus und bei der Suche nach geeigneten Maßnahmen zu ihrer Überwindung (RESAG 2022),
- in der Analyse der Potenziale der Kreislaufbeteiligten und ihres (neu zu gestaltenden) systemischen Zusammenwirkens, um die gegenwärtigen und künftigen Anforderungen zu erfüllen (VDI 2022),
- in der Erarbeitung von Roadmaps für ein zeitlich und inhaltlich (z. B. Anteil zirkulärer Rohstoffe) gesetztes Ziel mit den flankierenden Maßnahmen (Pew/Systemiq 2020) (Systemiq 2022),
- bei der Strukturierung und Organisation der Abfallwirtschaft, die noch nicht auf eine Rohstoffwirtschaft ausgerichtet ist und für viele Abfallströme mit den darin enthaltenen Kunststoffen die Entsorgung in Form der energetischen Verwertung vorsieht (Gosten 2022) (Conversio 2022).

Allen Untersuchungen ist gemein, dass die Ergebnisse ihrer kritischen Ist-Stand-Analysen, die Identifizierung von Hemmnissen, ähnlich sind:

- Es wird ausgehend von den Abfallmengen zu wenig Kunststoff für eine stoffliche Verwertung gesammelt bzw. aussortiert.
- Die Kreislauffähigkeit der Kunststoffprodukte ist in vielen Bereichen (noch) zu gering.
- Die Rezyklatqualität aus dem werkstofflichen Recycling entspricht oft nicht den Anforderungen der Rezyklatverwender, seien es Kunststoffverarbeiter oder Finalproduktproduzenten (z. B. Brand Owner, OEMs).
- Es gibt kaum Anreize für zirkuläre Geschäftsmodelle, da Rezyklate von ihren Kosten her selbst bei entsprechender Qualität oft nicht konkurrenzfähig mit Neuware auf fossiler Basis sind.
- Es gibt viele Informationslücken bei den Kreislaufbeteiligten selbst und zwischen ihnen.
- Das Potenzial der Zusammenarbeit der Kreislaufakteure untereinander ist bei Weitem nicht ausgeschöpft.

Handlungsfelder für eine Kunststoffkreislaufwirtschaft

Maßnahmen zur Beseitigung der in Studien und Dialogprozessen identifizierten Hemmnisse können in Handlungsfeldern zusammengefasst werden, in denen Lösungen von den Kreislaufbeteiligten und der Politik zu erarbeiten sind. In der Literatur werden

Handlungsfelder, je nach Zielrichtung der Betrachtung, unterschiedlich definiert und abgegrenzt. Mit dem Fokus der Steigerung des Rezyklateinsatzes wurden zum Beispiel im RESAG-Bericht konkrete Forderungen in folgende Handlungsfelder eingeordnet:

- Getrennthaltung und Aufbereitungstechnik
- Gütesicherung und Qualitätsanforderungen
- Absatzmärkte, Markttransparenz und -mechanismen
- Produktsicherheit, Ökologie und Nachhaltigkeit (RESAG 2022)

Im VDI-White-Paper werden im Ergebnis des Dialogprozesses mit dem Ziel, „ganzheitliche Lösungsansätze zur Transformation des Gesamtsystems" einer vollständigen Kreislaufführung von Kunststoffen zu entwickeln, vier Handlungsfelder abgeleitet:

- die Kunststoffwirtschaft für den Kreislauf (re-)organisieren
- Kreislaufschließung zur Aufgabe aller machen
- regulatorische Anreize für eine zirkuläre Kunststoffwirtschaft schaffen
- Produkte für den Kreislauf konzipieren (VDI 2022)

In diesen vier Handlungsfeldern werden Potenziale und Herausforderungen der Akteure sowie jeweils Schlussfolgerungen herausgearbeitet.

Im Folgenden sollen ausgehend von den o. g. Hemmnissen fünf Handlungsfelder kurz umrissen werden, die für die Entwicklung einer Kunststoffkreislaufwirtschaft über alle Kunststoffanwendungen hinweg essenziell sind.

12.3.2 Wichtige Handlungsfelder

12.3.2.1 Stoffkreisläufe schließen

Spricht man über Kunststoffkreisläufe, hat man stets eine stoffstrombezogene Betrachtung im Sinn, siehe dazu auch die Beispiele in Kapitel 2 Weitere Beispiele der stoffstrombezogenen Betrachtung:

- Bezogen auf den gesamten Kunststoff-Stoffstrom in der EU entspricht das angepeilte Ziel, 10 Mt Rezyklate als Rohstoff für Kunststoffprodukte im Jahr 2025 einzusetzen (Circular Plastics Alliance), dass ca. 20 % der Kunststoffe in der EU im Kreislauf geführt werden.
- In Deutschland wurden im Jahr 2021 5,44 Mt Post-Consumer-Kunststoffabfälle gesammelt, daraus wurden 1,46 Mt PCR-Rezyklate erzeugt. Das heißt, die „Rezyklatausbeute" bezogen auf die gesammelte Kunststoffabfallmenge beträgt 27 % (Conversio 2022).

Die erreichte Kreislaufführung lässt sich bezogen auf den Gesamtkunststoffeinsatz in einem definierten Bezugssystem (hier EU oder Deutschland) recht gut quantifizieren und auch über eine Zeitreihe verfolgen. Eine gezielte Ausschöpfung des vorhandenen stofflichen Potenzials zur Erhöhung des Rezyklateinsatzes bedarf tiefergehender Analysen. Wo liegen die wesentlichen Kreislauflücken und welche Akteure sind besonders gefordert, diese Lücken zu schließen?

Bei der Beantwortung der Frage helfen Analysen zu

- den wesentlichen Kunststoffabfallströmen
- den Hauptanwendungsbereichen (Märkten) des Kunststoffeinsatzes
- dem erreichten Stand des Rezyklateinsatzes bzw. hilfsweise dem Stand des Recyclings bei den jeweiligen Kunststoffarten

Kreislauflücken aus Sicht der Abfallströme

Tabelle 12.4 zeigt die Potenziale auf, um aus kunststoffhaltigen Abfallströmen deutlich mehr Kunststoff zu gewinnen und stofflich zu verwerten. Diese Potenziale sind sowohl absolut als auch prozentual besonders hoch beim Hausmüll, Gewerbeabfall und der Sperrmüll-/Wertstoffsammlung (z. B. Möbel, Teppiche, „weiße" und „braune" Ware sowie diverse Kunststoffprodukte aus Haushalt und Gewerbe aus Bringsystemen (Conversio 2022)).

Tabelle 12.4 Kreislauflücken bezogen auf kunststoffhaltige Abfallströme (eigene Darstellung auf Basis (Conversio 2022))

Ressource	Abfallmenge insg. (kt)	Enthaltene Kunststoffmenge (%)	Enthaltene Kunststoffmenge (kt)	Stoffliche Verwertung Kunststoffmenge (kt)	Stoffliche Verwertung Kunststoffmenge (%)
Gewerbeabfall über private Entsorger	53 000	2	1019	130	13
LVP	2820	48	1345	646	48
Haushaltsmüll/Kleingewerbe	17 610	8	1135	2	0
gewerbliche Verpackungen	937	86	810	525	65
PET-Flaschen (DPG/Petcycle)	357	96	343	302	88
Sperrmüll/Wertstoffsammlung	2900	11	319	29	9
Altfahrzeuge	470	15	70	13	19

Ressource	Abfallmenge insg. (kt)	Enthaltene Kunststoffmenge (%)	Enthaltene Kunststoffmenge (kt)	Stoffliche Verwertung Kunststoffmenge (kt)	Stoffliche Verwertung Kunststoffmenge (%)
Elektroaltgeräte	970	23	223	39	17
sonstige Sammelsysteme	293	60	175	120	69
Abfälle/Nebenprodukte aus K.- Produktion u. -Verarbeitung	875	100	875	816	93

Die jeweiligen Gesamtabfallmengen dieser Ressourcen dienen als Orientierungswert, sie legen die Schlussfolgerung nahe, dass eine Aussortierung am Ort des Anfalls in der Regel günstiger ist als eine Aussortierung des Kunststoffabfalls aus einem großen Stoffstrom verschiedenster gebrauchter Produkte und Materialien.

Das trifft insbesondere auf den **Gewerbeabfall** zu, der über private Entsorger überwiegend der Müllverbrennung zugeführt wird. Eine Vorsortierung findet trotz der Gewerbeabfallverordnung, die eine Vorsortierung vorschreibt, vielerorts beim gewerblichen Endverbraucher (insbesondere Industrie, Baugewerbe) nicht statt, der Vollzug der Gewerbeabfallverordnung ist in vielen Bundesländern unzureichend (RESAG 2022). Allein die Befolgung vorhandener gesetzlicher Regelungen und ihr Vollzug würde hier ein großes Potenzial erschließen, die gewerblichen Nutzer von Kunststoffprodukten sowie die Politik im Sinne des Gesetzesvollzugs stehen hier in besonderer Verantwortung. Dass ausgewählte Gewerbeabfälle durchaus separat erfasst und dann recycelt werden können, zeigen die von Verarbeitern initiierten Sammel- und Verwertungssysteme ERDE für Agrarkunststoffe (ERDE 2023), siehe auch Abschnitt 10.4.4, oder Rewindo für PVC-Fenster, -Türen und -Rollläden (Rewindo 2023). Sie tragen in Tabelle 12.4 zu der relativ hohen Ressourcennutzung unter **„Sonstige Sammelsysteme"** bei.

Der **Hausmüll** (inkl. Abfall aus Kleingewerbe) ist mit 1,1 Mt enthaltenem Kunststoff die größte ungenutzte Kunststoff-Ressource im Abfall, die aber nahezu vollständig verbrannt wird. Eine Maßnahme, um den Kunststoffanteil im Hausmüll zu reduzieren, bestünde in der bundesweiten Einführung einer Wertstofftonne, in der neben der LVP-Fraktion auch die stoffgleichen Nichtverpackungen aus Kunststoff (und Metall) miterfasst würden. Das Verpackungsgesetz ermöglicht die freiwillige Einführung der Wertstofftonne bei Übereinkunft von öffentlich-rechtlichem Entsorgungsträger und dualem System im jeweiligen Abfallwirtschaftsgebiet. In einer Reihe von Städten und Landkreisen mit ca. 15 Mio. Einwohnern wird davon Gebrauch gemacht (NABU 2023). Eine flächendeckende Einführung der Wertstofftone wurde in den 2010er-Jahren seitens der Bundesregierungen mit einem geplanten Wertstoffgesetz angestrebt, konnte aber ausgehend von nicht überbrückbaren Interessenskonflikten zwischen kommunaler und privatwirtschaftlicher Seite nicht verbindlich verankert werden. Ergänzend zur flächendeckenden Einführung einer Wertstofftonne sind als weitere Optionen das chemische Recycling mit den erforderlichen Sortier- und Aufbereitungsprozessen im Vorfeld einer Müllverbrennungsanlage und CCU in Betracht zu ziehen.

Eine weitere bislang nur geringfügig genutzte Kunststoff-Ressource stellt der **Sperrmüll** dar. Dabei bietet die Erfassung von großvolumigen Konsumgütern aus Kunststoff mit hohem Mengenaufkommen wie Möbel, Matratzen oder Teppiche geeignete Voraussetzungen für eine stoffliche Verwertung. Bei Matratzen aus PUR-Weichschaum kann aufgrund begrenzter Marktaufnahme nur ein geringer Teil werkstofflich recycelt werden zu Teppichbodenrücken, Gymnastikmatten oder zur Lärmdämmung (Orth et al. 2022, S.76). Über 80 % der PUR-Weichschäume werden in der EU verbrannt oder deponiert (ebenda). An einer Lösung wird – durch EU-Mittel gefördert – im Rahmen eines Firmenkonsortiums gearbeitet mit dem Ziel, die PUR-Bausteine Polyole und Isocyanate durch eine Kombination von mechanischem und chemischen Recycling zurückzugewinnen (EU-Recycling 2023).

Das Teppichrecycling konnte in Deutschland nach der Insolvenz der weltgrößten Teppichrecyclinganlage in Premnitz (Havelland) nicht wieder richtig Fuß fassen (Die Welt 2001) (Die Welt 2004).

Der Kunststoffanteil aus der LVP-Sammlung in der gelben Tonne/im gelben Sack wird ca. zur Hälfte recycelt und zur anderen Hälfte energetisch verwertet. Die Steigerungen in der werkstofflichen Verwertung in den Jahren seit Inkrafttreten des Verpackungsgesetzes zeigen, dass noch weiteres Potenzial für das werkstoffliche Recycling vorhanden ist, insbesondere durch Verbesserungen des Verpackungsdesigns und der Sortier- und Aufbereitungstechnik.

Die Verwertung der Kunststoffverpackungen fand dabei im Jahr 2021 fast ausschließlich im Inland (82,3 %) und EU-Raum (17,1 %) statt. Nur 0,6 % wurden ins Nicht-EU-Ausland exportiert, vor allem in die Türkei, in die Schweiz und nach Serbien (IK 2022).

Eine weitgehende Ablösung der energetischen Verwertung von Kunststoffverpackungen aus der LVP-Sammlung wird jedoch nur durch thermochemische Verfahren wie Pyrolyse oder Gasifizierung gelingen, die bei erreichter technischer Reife als Ergänzung zum werkstofflichen Recycling einzusetzen sind.

Kreislauflücken aus Sicht der Kunststoffanwendungsbereiche

Eine Analyse von Kreislauflücken in Bezug auf Kunststoffanwendungsbereiche (Märkte) erlaubt in der Regel einen detaillierteren Blick auf Branchen und Akteure, als es allein bei der oben skizzierten Analyse der großen Kunststoffabfallströme möglich ist.

In Tabelle 12.5 geben die werkstofflichen Verwertungsquoten der Hauptanwendungsbereiche von Kunststoff Aufschluss über den Stand der Kreislaufführung.

Tabelle 12.5 Kreislauflücken bezogen auf die Kunststoffmärkte (eigene Darstellung auf Basis (Conversio 2022))

Branche	Verarbeitungs-menge (kt)	Einsatz PCR-Rezyklate (kt)	PCR-Einsatz in der Branche (%)	Verteilung PCR-Einsatz auf Branchen (%)
Verpackung	4378	369	8,4	29,0
Bau	3690	534	14,5	42,0
Fahrzeuge	1230	33	2,7	2,6
E&E	895	16	1,8	1,3
Haushaltswaren, Sport, Spiel, Freizeit	465	13	2,8	1,0
Möbel	435	18	4,1	1,4
Landwirtschaft	595	150	25,2	11,8
Sonstige	2350	139	5,9	10,9
Kunststoffver-arbeitung gesamt	14 038	1272	9,1	100,0

Der unterschiedliche Stand der Kreislaufschließung in den Kunststoffanwendungsbereichen mit einer Spanne des Rezyklateinsatzes von 25,2 % (Landwirtschaft) bis 1,8 % (E&E) hat vielfältige Ursachen. Zu nennen sind das Vorhandensein oder Fehlen von koordinierten Aktivitäten der Akteure entlang der zirkulären Kette (vom Design über Sammlung bis Verwertung), von politischem und/oder öffentlichen Druck; der hohe Kostenaufwand im Vergleich zum Neuwarebezug (verursacht z. B. durch die schwierige Abtrennbarkeit des Kunststoffs aus komplexen Produkten), die oft auf spezielle Anwendungen optimierte Ausrüstung des Kunststoffs, die Qualität des Outputmaterials. Darüber hinaus sind die derzeitigen Rezyklatqualitäten insbesondere für technische Einsatzbereiche wie Fahrzeuge oder E&E oft nicht geeignet.

Kreislauflücken aus Sicht der Kunststoffarten

Eine weitere Möglichkeit der Analyse von Kunststoffkreislauflücken ist die Betrachtung des Standes des Recyclings nach Kunststoffarten. Die Datenlage hierzu ist allerdings (noch) nicht ausreichend. Es wurde im Folgenden auf Daten EU 27+3 zurückgegriffen, um mehrere Kunststoffarten vergleichen zu können. Es gibt bislang nur veröffentlichte Daten zu erzeugten Rezyklatmengen insgesamt, jedoch mit der Ausnahme von PET keine Daten aufgeschlüsselt zu den Kunststoffarten, auch nicht zu den klassischen Massenpolymeren. Insofern kann eine Substitutionsquote, also der Ausweis, wie viel Rezyklat bei der Verarbeitung eingesetzt wird, nur für PET (28 %) und Kunststoffe insgesamt (9,9 %)

für die EU+CH, N, UK (Basis 2021) ermittelt werden. Um dennoch einen Eindruck vom polymerspezifischen Potenzial zur Kreislaufschließung zu erhalten, können ersatzweise die Recyclingquoten für die Kunststoffarten betrachtet werden. In Tabelle 12.6 sind die bislang verfügbaren Daten für sechs Polymere und Kunststoffe insgesamt zusammengefasst.

Tabelle 12.6 Recycling- und Substitutionsquoten für Polymere in der EU 27+3 für das Jahr 2021, PET u. PVC 2020 (eigene Darstellung)

Polymer	Verarbeitungsmenge (Mt)	Gesammelter Abfall (Mt)	Mech. Recycling (Mt)	Recyclingquote (%)	Substitutionsquote (%)	Quellen
PE-HD	6,3	5,06	1,97 Input	39		/1/;/2/
PE-LD/LLD	8,5	7,96	2,96 Input	40		/1/;/2/
PP	10,0	5,72	1,49 Input	26		/1/;/2/
PET	4,7 (inkl. Rezyklat)	k. A.	1,32 Output	k. A.	28	/4/
PVC	5,2	2,44	0,60 Input	25		/3/
ePS	1,6	0,51	0,15 Input	30		/1/:/2/
Kunststoffe insgesamt	55,6 (inkl. Rezyklat)	29,5	10,2 Input 5,5 Output	34,6	9,9	/1/

Quellen: /1/ (PlasticsEurope 2022);/2/ (Conversio 2023);/3/ (Conversio 2021);/4/ (Eunomia 2022)

Tabelle 12.6 gibt in verschiedener Hinsicht Denkanstöße hinsichtlich der Potenziale und Limitierungen zur Kreislaufschließung durch Recycling:

- Die Inputmengen zum Recycling für die Polyolefine und PET (hier als Output ausgewiesen) belegen aufgeschlüsselt auf die typischen Verpackungskunststoffe, dass 8,2 Mt oder ca. 80 % der dem Kunststoff-Recycling zugeführten Mengen allein aus Sammlungen des Verpackungsabfalls kommen.
- Der Vergleich zwischen Verarbeitungsmenge und gesammeltem Abfall zeigt insbesondere bei PP, PVC und ePS den Verbleib in längerfristigen Anwendungen (durables) auf. Selbst bei theoretisch 100 %iger Zuführung des gesammelten Abfalls als Inputmenge zum Recycling (mechanisch wie chemisch) müsste bei einer klimaneutralen Rohstoffbereitstellung für die gleiche Verarbeitungsmenge ein „erheblicher" Anteil aus Biomasse, CO_2 oder gar aus EU-Abfallimporten kommen, da die zu recycelnden EU-Abfallmengen als Rohstoffquelle limitiert sind. Anmerkung: Mengen, die energetisch verwertet oder deponiert werden, werden bereits als „gesammelter Abfall" in der Tabelle berücksichtigt.

- Die in der letzten Zeile von Tabelle 12.6 ablesbare Differenz von 4,7 Mt zwischen Zuführung zum Recycling (10,2 Mt Input nach alter Berechnungsmethode) und erzeugten Rezyklaten (5,5 Mt Output) entspricht einem „Verlust“ von 46 %.
- PET als „Recyclingchampion“ deckt nicht nur zu 28 % seinen Werkstoffbedarf (ohne Textilien) für Flaschen, Schalen, Folien etc. durch Rezyklate ab, PET erbringt bislang auch ca. ein Viertel des gesamten Kunststoffrezyklataufkommens in Europa bei einem Anteil an der europäischen Kunststoffverarbeitung von rund 8 %.

Die bislang vernachlässigte Betrachtung von Kreislauflücken aus Sicht der Kunststoffarten lässt den Schluss zu, dass die Datenbasis polymerbezogen zu vertiefen ist, insbesondere was den Output an Rezyklaten betrifft. Die Ermittlung des IST-Standes der Erzeugung von Rezyklaten aufgeschlüsselt nach Kunststoffarten in der EU ist die Voraussetzung, dass realistische Ziele der Substitution von fossil-basierter Neuware durch Rezyklate gesetzt werden können.

Die aus unterschiedlichen Perspektiven (Abfallströme, Anwendungsmärkte, Kunststoffarten) aufgezeigten Kreislauflücken geben wertvolle Anhaltspunkte zu konkreten Maßnahmen der Schließung von Kreisläufen, zu den Hauptakteuren, die dafür im Besonderen Beiträge leisten können, aber auch zu Potenzialen und Limitierungen der vor allem mengenbezogenen Rezyklatgewinnung.

12.3.2.2 Kunststoffprodukte kreislauffähig gestalten

„Das Produktdesign … nimmt für die Kreislaufschließung eine übergeordnete und bedeutsame Rolle ein“ konstatiert der VDI Round Table (VDI 2022), um zugleich dessen gegenwärtige Grenzen aufzuzeigen: „Sein volles Potenzial kann es derzeit jedoch aufgrund fehlender Qualität, Verfügbarkeit von Recyclingrohstoffen und dem Preis der Rezyklate nicht entfalten“. In der Literatur wird in diesem Zusammenhang oft vom Design for Circularity oder dem Eco-Design (im Verpackungsbereich, siehe Kapitel 6) gesprochen. Dabei liegt der Fokus insbesondere auf dem Design for Recycling und dem Rezyklateinsatz. Im Wesentlichen wird das Produktdesign vom Hersteller/OEM konzipiert bzw. bereits vom Verarbeiter, wenn er Hersteller des Finalproduktes ist. Messbare Fortschritte konnten bei Kunststoffverpackungen hinsichtlich des Design for Recycling in den letzten Jahren erreicht werden. So stieg die Recyclingfähigkeit von (an dualen Systemen) beteiligungspflichtigen Haushaltsverpackungen aus Kunststoff von 66 % im Jahr 2016 auf 74 % im Jahr 2020 (IK 2022). Unter anderem wurden viele nicht-recyclingfähige PET-PO-Verbundfolien durch Folien mit recyclingfähiger Struktur ersetzt.

Recylingfähigkeit ist aber nicht nur eine Frage des Produktdesigns. Bei Verpackungen ist die Recyclingfähigkeit gemäß Definition der Zentralen Stelle Verpackungsregister sowohl vom Design der Verpackung als auch vom Stand der Sortier- und Aufbereitungstechnik determiniert (ZSVR 2022). Recyclingfähigkeit ist also keine „unverrückbare, universell gültige Verpackungseigenschaft“ (GVM 2021), sondern auch auf die konkret vorhandene Recyclinginfrastruktur zu beziehen.

„Damit kann die Recyclingfähigkeit von Verpackungen grundsätzlich auf zweierlei Weise erreicht werden:

- Anpassung der Verpackungsgestaltung an die bestehende Recycling-Infrastruktur,
- Aufbau einer Recycling-Infrastruktur, die bestehende Gestaltungsvarianten von Verpackungen in stärkerem Maße recycelt

Aus diesem Blickwinkel ist eine mangelnde Recyclingfähigkeit letztlich immer eine Folge von Anpassungsverzögerungen auf beiden Ebenen." (ebenda).

Ein vielfach unterschätztes Potenzial der Erhöhung des Rezyklateinsatzes ist die Akzeptanzverbesserung für Verpackungen/Produkte mit Rezyklatgehalt.

Ein deutlich höherer Rezyklateinsatz in Verpackungen könnte allein durch Abstriche an Marketinganforderungen erzielt werden, vorausgesetzt, die Rezyklatmengen (in einer bereits heute verfügbaren Qualität) stünden ausreichend zur Verfügung. In einer Potenzialanalyse zum Einsatz von Rezyklaten in Kunststoffverpackungen wurde u. a. ermittelt, dass sich der durchschnittliche Rezyklatgehalt von ca. 11 % im Jahr 2019 verdoppeln ließe, wenn moderate Einschränkungen hinsichtlich der ästhetischen Eigenschaften der Verpackungen (leichte Trübung, Haptik, leicht eingeschränkter Glanz) und der Materialeffizienz (geringe Gewichtserhöhung) in Kauf genommen werden (BKV 2020). Eine Akzeptanzverbesserung für Verpackungen mit Rezyklatgehalt findet bereits statt, wenn auch mit unterschiedlichen Geschwindigkeiten je nach Produktbereich. So werben Unternehmen z. B. in den Segmenten Wasser/Erfrischungsgetränke oder Reinigungsmittel mit dem hohen Rezyklatgehalt der betreffenden Verpackungen.

Erhebliche Potenziale hinsichtlich der Kreislaufeignung gibt es nicht nur im Verpackungsbereich zu heben, sondern in nahezu allen Kunststoffanwendungsbereichen.

Die Bemühungen des Gesetzgebers, Kreislauffähigkeit von Produkten, insbesondere hinsichtlich Mehrwegfähigkeit, Recyclingfähigkeit und Rezyklateinsatz, zu regeln, spiegelt die große Bedeutung dieses Handlungsfeldes wider. Dabei stehen Verpackungen im Vordergrund, die EU-Kommission hat angekündigt, Designvorgaben und Rezyklateinsatzquoten auch in künftige Regelungen bei Bauprodukten (EU 2023c) und Fahrzeugen (EU 2023b) einzubeziehen.

12.3.2.3 Ursachen für unzureichende Rezyklatqualität beseitigen

Die Tatsache, dass insbesondere für höherwertige Anwendungen die Rezyklatqualität und ihre Konstanz oft nicht den Anforderungen der Anwender entspricht und somit keine Substitution von Neuware stattfindet, hat vielfältige Ursachen, die vor allem in der Vorkette des Recyclers zu suchen sind. Dazu gehören:

- Kreislauffähigkeit des Kunststoffproduktes einschließlich Additive, Druckfarben, Klebstoffe, Etiketten etc.
- Kreislauffähigkeit eines komplexen Produktes mit Kunststoffanteil (z. B. Fahrzeuge, Bauprodukte, E&E), wobei die Kreislauffähigkeit des Kunststoffanteils oft durch das Gesamtdesign des Produktes (mit-) geprägt wird

- Art der Sammlung
- Qualität der Vorsortierung durch privaten oder gewerblichen Verbraucher
- Verschmutzungen durch Fehlwürfe und Reststoffe
- Leistungsfähigkeit und Sortiertiefe der angewandten Sortiertechnik
- Reinigungsschritte/Dekontaminationen im Recyclingprozess selbst
- Gehalt an gefährlichen Stoffen in den im Abfall befindlichen End-of-Live-Produkten (z. B. nicht mehr zugelassene Flammhemmer wie HBCD oder schwermetallhaltige Stabilisatoren wie Blei), die den Rezyklateinsatz einschränken oder ausschließen
- fehlende Prozesse/Technologien, um Rezyklatqualitäten für hochwertige Anwendungen wie z. B. Lebensmittelkontakt zu erreichen
- wirtschaftliche Limitierungen

Beispiele für Aktivitäten in der Kette mit Potenzial zur Verbesserung der Rezyklatqualität sind u. a.:

- Die gemeinsam von dualen Systemen getragene Initiative „Mülltrennung wirkt" (MW 2023). Sie strebt mittels Öffentlichkeitsarbeit eine Erhöhung des Mengenaufkommens und Verbesserung der Sortierqualität insbesondere von Leichtverpackungen beim privaten Endverbraucher an.
- Hochmoderne Sortieranlagen unter Anwendung von KI zur Ausschleusung von für das Recycling schädigenden Produkten wie Silikonkartuschen und mit mehrfacher Farbsortierung sind inzwischen bei Neuinvestitionen Standard (Prezero 2022) (Remondis 2023).
- Bei gewerblichen Sammlungen mit Bringsystemen wird eine Qualitätskontrolle der angelieferten Abfälle an den Sammelstellen vorgenommen, wie z. B. im ERDE-System, siehe auch Abschnitt 10.7.

Trotz aller Anstrengungen in der Kette vom Produkt-Design bis zum Recycler wird es realistischerweise nicht möglich sein, für jeden hochwertigen Anwendungsfall Neuware durch Rezyklate aus dem mechanischen Recycling zu ersetzen, sei es durch verbleibende, objektiv nicht zu beseitigende Ursachen in der oben gezeigten Vorkette oder durch die thermische Belastung des Materials im Recyclingprozess, insbesondere bei Polyolefinen. Eine wichtige Rolle spielen auch Fragen der Kontaktsensitivität wie z. B. bei Lebensmittelverpackungen oder der Produktsicherheit. Hier sind Rezyklate mit Neuwarequalität aus dem chemischen Recycling, der Einsatz von biobasierten Kunststoffen oder perspektivisch die Anwendung von CCU notwendig.

12.3.2.4 Ökonomische Lenkungsinstrumente intelligent einsetzen

Grundlage dieses Handlungsfeldes ist die einhellige Erkenntnis von Wirtschaft, Wissenschaft und Politik, dass der Markt allein die Transformation hin zu einer Kunststoffkreislaufwirtschaft ohne regulative Rahmenbedingungen nicht vollziehen wird. Dabei sind insbesondere solche Lenkungsinstrumente von Interesse, die im gesamten System, d. h. über den gesamten Kunststoffkreislauf, und nicht nur in einzelnen Kreislaufstufen oder für bestimmte Kunststoffanwendungen wirken. Die Risiken und Nebenwirkungen im Rahmen gesetzlicher Regelungen müssen überschaubar und beherrschbar bleiben. Gibt es solche Instrumente und wenn ja, warum werden sie noch nicht angewandt?

Damit sind wir beim Kernproblem, warum sich eine Transformation zur Kreislaufwirtschaft besonders bei Kunststoffen so schwierig darstellt im Vergleich zum Beispiel zu anderen Materialien wie Papier oder Glas. Dreh- und Angelpunkt ist das fehlende Level-Playing-Field zwischen Sekundärrohstoffen und Rohstoffen oder, in der Kunststoffterminologie, zwischen Rezyklaten und Neuware. Die drei entscheidenden Parameter für Rezyklate, Verfügbarkeit, Qualität und Preis (im Vergleich zu Neuware), befinden sich nicht in einem solchen Verhältnis, dass sich ein höherer Rezyklateinsatz getrieben vom Markt sukzessive von selbst durchsetzt.

„Solange Rezyklate mit der entsprechenden Qualität nicht konkurrenzfähig mit der Neuware auf fossiler Basis sind, wird die Nachfrage nicht in durchschlagendem Maß steigen. Und je geringer wiederum die Mengen an produzierten Rezyklaten, desto höher ist auch der Preis für die Rezyklate … Die geforderte Qualität, der Preis für hochwertige Rezyklate und die mangelnde Verfügbarkeit führen dazu, dass Angebot und Nachfrage nicht zusammenpassen.“ (VDI 2022, S. 35).

Die in Abschnitt 3, Tabelle 1 aufgeführten ökonomischen Lenkungsinstrumente könnte man nun dahingehend abklopfen, ob sie das Potenzial haben, an diesem „Henne-Ei-Problem“ (ebenda) etwas grundsätzlich zu ändern, auch in Kombination mit anderen Instrumenten. Die meisten Instrumente haben nicht das Potenzial und sind dafür auch nicht entwickelt worden. Das schmälert nicht ihre Bedeutung z. B. zu Fortschritten (im Sinne von Wiederverwendung, Design for Recycling, Rezyklateinsatz) in bestimmten Anwendungen bzw. auch Kreislaufstufen beizutragen wie z. B. über Pfandsysteme oder Fondslösungen.

Die mit der Single Use Plastics Directive (EU 2019) erstmalig gesetzlich verankerte Einführung einer produktspezifischen Rezyklateinsatzquote (für PET- bzw. Kunststoffgetränkeflaschen) hat, obwohl erst ab 2025 gültig, bereits „Vorbildwirkung“ auf Regelungen anderer Kunststoffkreisläufe entfaltet, so auf die Entwürfe eines EU-Verpackungsgesetzes (EU 2022) und der Revision der EU-Altautoverordnung (EU 2023 b). Dieses Instrument stimuliert in den betreffenden Branchen die Bemühungen um einen höheren Rezyklateinsatz sehr stark und ist ein wichtiger Baustein im Sinne der „shared responsibility“ entlang der Kunststoffwertschöpfungskette und bei der Entwicklung der Kunststoffkreislaufwirtschaft.

Die produktspezifische Einsatzquote bringt bei unzureichender Rezyklatverfügbarkeit aber auch eine Reihe von Problemen mit sich (Umgang bei Quotenverfehlung aufgrund nachweislich mangelnder Rezyklatverfügbarkeit, Stoffstromverschiebungen von Rezyklaten aus nicht-quotierten Anwendungen hin zu quotierten Anwendungen u. a.). Erst die Praxis wird zeigen, welchen Effekt produktspezifische Rezyklateinsatzquoten auf die Transformation der gesamten Kunststoffwirtschaft hin zur Substitution fossil-basierter Neuware ausüben.

Eine nachhaltige **Hebelwirkung** zur Transformation der Kunststoffwirtschaft in eine Kunststoffkreislaufwirtschaft **über alle Anwendungen** ist darüber hinaus insbesondere von folgenden Instrumenten zu erwarten:

- der polymerspezifischen Substitutionsquote
- der CO_2-Bepreisung fossiler Rohstoffe (sowohl bei der Kunststofferzeugung als auch bei der energetischen Verwertung von Kunststoffabfällen)

Zur CO_2-Bepreisung bei der thermischen Verwertung in Müllverbrennungsanlagen wird ab 2024 mit der Änderung des Brennstoffemissionshandelsgesetzes eine entsprechende Regelung in Kraft treten (BEHG 2022). Über die CO_2- Bepreisung bei der Kunststofferzeugung und die polymerspezifische Substitutionsquote wird weiterhin zu diskutieren sein, sind die Risiken und Nebenwirkungen tiefer zu untersuchen und gegebenenfalls flankierende Maßnahmen in Betracht zu ziehen. Es wird ohnehin auf einen intelligenten Mix von Lenkungsinstrumenten mit Fortschreiten der Transformation ankommen. Zur in Abschnitt 5.3. näher erläuterten polymerspezifischen Substitutionsquote kommt das VDI-White-Paper „Circular Economy für Kunststoffe neu denken“ zu der Schlussfolgerung:

„Das Quotenmodell einer schrittweise ansteigenden polymerspezifischen Substitution könnte im Hinblick auf das bis 2050 zu erreichende Ziel einer vollkommenen Defossilisierung der chemischen und kunststofferzeugenden Industrie ein wichtiger klimapolitischer Beitrag sein.“ (VDI 2022).

12.3.2.5 Informationslücken schließen

Die Entwicklung einer Kreislaufwirtschaft setzt einen intensiven Informationsaustausch zwischen allen Kreislaufbeteiligten voraus, der über den heute bereits notwendigen Informationsaustausch in einer überwiegend linearen Wirtschaftsweise deutlich hinausgeht. Informationen zur Materialzusammensetzung, zum Produktdesign, zur Beschaffung/Verfügbarkeit von Rezyklaten in Menge und Qualität sind für viele Akteure im Kreislauf, jeweils mit unterschiedlichem Schwerpunkt, jedoch gleichermaßen von Interesse. Die Beschaffung von weiteren Informationen wie kreislaufbezogenen Normen, Guidelines, Durchführungsvorschriften von gesetzlichen Regelungen, Nachweispflichten aus gesetzlichen Vorgaben und anderem mehr erfordert insbesondere von KMUs einen Aufwand, der mit begrenzten Personalressourcen kaum zu stemmen ist.

Die **Digitalisierung** wird oft als Ausweg aus diesem Dilemma beschrieben; sie kann nach Auffassung der Autoren ihre riesigen Potenziale zur Beförderung einer Kreislaufwirtschaft erst dann voll entfalten, wenn gleichzeitig auch die stofflich-materiellen Voraussetzungen im Zusammenhang mit den erforderlichen politischen Rahmenbedingungen, insbesondere den notwendigen marktwirtschaftlichen Anreizen, geschaffen werden. Transparenz der Stoffkreisläufe ist in diesem Zusammenhang ein wichtiges Stichwort. Bei fehlendem Vertrauen in bzw. Voraussetzungen für eine rechtssichere Weitergabe von wettbewerbsrelevanten Daten (z. B. zu Zusatzstoffen) im Rahmen von digitalen Datenbanksystemen ist Transparenz nur langsam und schrittweise zu erreichen. Die Entwicklung von Materialpässen, Produktpässen für Kunststofferzeugnisse oder von virtuellen Marktplätzen kann heute bereits einen Beitrag zur Transparenzerhöhung leisten, das Potenzial dieser Tools kann aber aus o. g. Gründen noch nicht ausgeschöpft werden. Zur Transparenz der Stoffkreisläufe gehört – ebenso wie zu den politischen Rahmenbedingungen – auch eine europaweit verbindliche Vorgabe der Durchführung von **Massenbilanzierungen**, wie sie insbesondere bei der Ermittlung und Weiterverfolgung von anteiligen Rezyklatgehalten aus dem chemischen Recycling erforderlich sind (VCI/PED 2023).

Ein riesiges Potenzial zur Schließung von Informationslücken in einer Kunststoff-Kreislaufwirtschaft bietet die **Normung**. Dies wurde sowohl auf europäischer wie nationaler Ebene erkannt, so dass entsprechende Normungsprogramme für die Kreislaufführung von Kunststoffen, von Produktgruppen und ausgewählten Kunststoffprodukten aufgesetzt wurden und im Zeitraum bis 2025/2026 abzuarbeiten sind (Bierwirth 2022). Es geht dabei um die Ausarbeitung konkreter Design-for-Recycling-Richtlinien für bestimmte Kunststoffprodukte sowie um die Normung der Rezyklatqualitäten für den Einsatz in den unterschiedlichen Anwendungen. Das Ziel dieser Normung besteht darin, gleichbleibende und reproduzierbare Qualitäten im Markt einzuführen, die von den jeweiligen Verarbeitergruppen in definierten Verarbeitungsprozessen und Anwendungen verlässlich eingesetzt werden können. Nur so ist ein erhöhter und langfristiger Einsatz von Rezyklaten im Markt möglich.

12.3.3 Kritische Erfolgsfaktoren zur Entwicklung der Kreislaufwirtschaft

Die aufgezeigten Handlungsfelder bündeln wichtige Herausforderungen für eine Kunststoffkreislaufwirtschaft. Im Folgenden sollen einige ausgewählte, aus Sicht der Autoren wichtige Aspekte skizziert werden, die übergreifend für alle Handlungsfelder relevant sind.

Zusammenarbeit der Kreislaufbeteiligten

Kreislaufwirtschaft stellt weitaus höhere Anforderungen an die Akteure in einer Wertschöpfungskette als bei einer linearen Wirtschaftsweise. So sind (weitestgehend) geschlossene Kreisläufe mittels erneuerbarer Energien zu etablieren, stets unter Vermeidung von schädlichen Umweltauswirkungen, die sich in zirkulären Geschäftsmodellen niederschlagen. Dabei kommt es auf das Handeln aller Beteiligten an, das sich stets unter konkreten wirtschaftlichen und politischen Rahmenbedingungen vollzieht.

Voraussetzung für **zirkuläre Geschäftsmodelle** von Kreislaufbeteiligten verschiedener Wertschöpfungsstufen ist zunächst, dass jeder Akteur in seinem Stufenprozess bereits Optimierungen vollzieht und bereit ist, mit vor- und nachgelagerten Akteuren an einer systemischen Optimierung, die auch seinen Prozess betreffen kann, mitzuwirken. Vom Kreislaufgedanken und der Notwendigkeit der Substitution fossiler Rohstoffe induzierte Veränderungen in der Kooperation und im Rollenverständnis von Kreislaufbeteiligten zeichnen sich bereits ab (Bild 12.6). Ein Beispiel ist die Rohstoffherstellung.

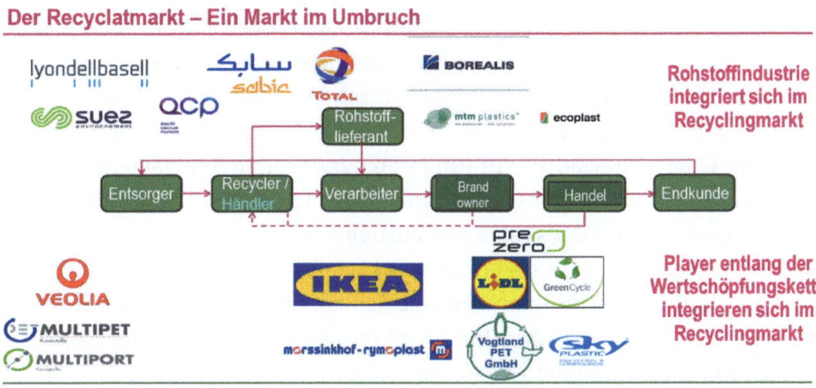

Bild 12.6 Der Rezyklatmarkt im Umbruch (Quelle: (Conversio 2022))

Der „klassische" mechanische Recycler verändert seinen Charakter, wird vom Glied einer bislang auf Entsorgung von Kunststoffabfällen ausgerichteten Entsorgungswirtschaft zum Rohstoffproduzent, der den zirkulären Rohstoff „Rezyklat" als Ersatz für fossilbasierte Neuware in den Markt bringt. Diese neue Rollenzuordnung hat weitreichende Konsequenzen, insbesondere für Kapazitätserweiterungen und Qualitätssicherung. Das für diese Herausforderungen notwendige Kapital bringen zum Teil andere interessierte Player entlang der Kunststoffwertschöpfungskette ein, wie Kunststofferzeuger, aber auch große Verarbeiter oder Handelsunternehmen; die Letzten beiden insbesondere mit Interesse am Rezyklat-Eigenbedarf. Aber auch Abfallentsorger verlängern ihre Wertschöpfungskette durch die Beteiligung an respektive die Übernahme von Recyclern. Insofern führen solche Übernahmen von Recyclern dazu, dass sich der Kreis der Akteure, die mechanisch erzeugte Rezyklate auf den Markt bringen, verändert und sich neue Kooperationsformen von der Abfallerfassung bis zur Vermarktung von Rezyklaten, z. T. in Compounds mit Neuware, herausbilden.

Bei der Entwicklung von thermochemischen Recyclingverfahren bilden sich komplett neue Kooperationsformen heraus von der Abfallerfassung (z. B. bei dualen Systemen), der Abfallaufbereitung für die Pyrolyse, der Logistik zu und von Pyrolyseanlagen, dem Pyrolyseöleinsatz im Cracker bis zur Vermarktung der aus (zunächst anteiligem) Pyrolyseöl erzeugten Kunststoffe (Ephan 2022).

Eine **Neugestaltung der Zusammenarbeit der Kreislaufakteure** im Hinblick auf geschlossene Kreisläufe ist für viele Wertschöpfungsketten notwendig, ein Patentrezept über das Wie gibt es jedoch nicht. Wirtschaftliche Anreize für möglichst alle Beteiligten sind hierzu jedoch ein wichtiger Treiber.

Ganzheitliche Betrachtung der Abfallverwertung

Bisherige Entwicklungen in Richtung Kunststoffkreislaufwirtschaft sind – nicht zuletzt durch den gesetzten politischen Rahmen – stark von einer Fokussierung auf spezielle Märkte, wie insbesondere Verpackungen, gekennzeichnet. Das hat Ursachen und ist erklärlich. Künftig muss der gesamte Kunststoffabfallstrom unter Einbeziehung aller Marktbereiche die Grundlage des wirtschaftlichen Handelns und der politischen Rahmensetzung werden. Die Vorgabe von produktspezifischen Regelungen z. B. zum Rezyklateinsatz kann nur ein erster regulativer Schritt, eine Übergangslösung, sein auf dem Weg zur umfassenden Rezyklatgewinnung und zum breiten Rezyklateinsatz. Polymerspezifische Substitutionsquoten (unter Einbeziehung der drei zirkulären Rohstoffe Rezyklate, Biomasse und CO_2) sollten auf europäischer Ebene ausgewiesen und schrittweise bis 2050 (gegebenenfalls als Vorgaben) angehoben werden. Eine ganzheitliche Betrachtung schließt **Technologieoffenheit** der anzuwendenden Verwertungsverfahren ebenso ein wie einen **einheitlichen ökologischen Bewertungsmaßstab** für alle auf Kreislaufführung gerichteten Maßnahmen.

Gemeinsame Plattform Circular Economy für Kunststoffe

Ein wiederkehrendes Ergebnis mehrerer Stakeholder-Prozesse und Veröffentlichungen seit dem Jahr 2021, in denen die notwendige Transformation der deutschen Kunststoffwirtschaft zu einer Kreislaufwirtschaft mit unterschiedlicher Schwerpunktsetzung untersucht wird, ist die Empfehlung, eine „kreislaufübergreifende Kooperations- und Organisationsstruktur für die Praxis“ (VDI 2022) zu etablieren. Bereits im RESAG-Bericht (RESAG 2022, der sich speziell mit der Erhöhung des Rezyklateinsatzes befasst, wird ein „Deutsches Rezyklatzentrum“ gefordert als „Kompetenzzentrum zur Beratung und Förderung des Einsatzes von Kunststoffrezyklaten mit dem Ziel des schrittweisen Strukturwandels der deutschen Kunststoffwirtschaft hin zum Einsatz zirkulärer Rohstoffe“ (ebenda). Das VDI-White-Paper fasst den Aufgabenbereich umfangreicher, sieht in einer solchen Plattform die Organisationsstruktur, in der „alle Kreislaufstufen zusammen einen Transformationspfad für den Paradigmenwechsel der Kunststoffwirtschaft entwickeln“ und „aufeinander abgestimmte Maßnahmen und Kooperationsmodelle prüfen und koordinieren und den Erfolg in der Umsetzung messen und bilanzieren“ (VDI 2022). Eine solche „zentrale Stelle sollte als PPP-Organisation gestaltet und mit hoheitlichen Aufgaben beliehen werden“ (Orth et al. 2022). Aus der Perspektive der Wertschöpfungskette für das chemische Recycling wird ebenfalls die „Etablierung einer einheitlichen und unabhängigen Stelle“ (UFCR 2023) gefordert. Diese sollte in die Lage versetzt werden

- „alle Abfälle von ihrer Entstehung bis hin zum zertifizierten Sekundärrohstoff bzw. zur Verbrennung und Beseitigung zu erfassen, zu dokumentieren und auszuwerten (vergleichbar zur Zentralen Stelle im VerpackG).
- Zertifizierungsverfahren für jedes Recyclingverfahren einzuführen und zu prüfen, die in regelmäßigen Abständen von den Recyclingbetrieben durchgeführt werden müssen, inklusive Ausführungsbestimmungen, die Auditoren enge Grenzen für die Festlegung der erzielbaren Recyclingquoten setzen“ (ebenda).

Unabhängig davon, wie breit das Aufgabenspektrum einer solchen Plattform ist, welche Organisations- und Finanzierungsstrukturen oder welche Befugnisse eine solche „Stelle“ hat, ist die vielfache Forderung danach aus der Praxis Anlass genug, eine befriedigende Antwort zu finden. Denn „der Anspruch, Kunststoffe im Kreislauf zu führen, ist für einzelne Akteure oder Initiativen allerdings kaum allein zu erfüllen. Von besonderer Bedeutung sind deshalb ... vor allem übergreifende Maßnahmen, die einen systemischen Wandel vorantreiben“ (VDI 2022). Eine wie auch immer zu benennende gemeinsame Plattform für die deutsche Kunststoffwirtschaft unter Einbeziehung aller Kunststoffanwendungsbereiche ist für den systemischen Wandel zu einer Circular Economy für Kunststoffe aus Sicht der Autoren zwingend notwendig.

Literatur für Abschnitt 12.3

(BEHG 2022): *https://www.bundesregierung.de/breg-de/aktuelles/co2-preis-kohle-abfallbrennstoffe-2061622*

(Bierwirth 2022): Stefanie Bierwirth: Normung und Standardisierung für Kunststoffe im Kreislauf. In: Orth et al. (2022)

(BKV 2020): Potenzial zur Verwendung von Recyclingkunststoffen in der Produktion von Kunststoffverpackungen: *https://www.bkv-gmbh.de/studien/studie-potenzial-zur-verwendung-von-recycling-kunststoffen-in-der-produktion-von-kunststoffverpackungen-in-deutschland-gvm.html*

(BMUV 2023): Die Nationale Kreislaufwirtschaftsstrategie. Grundlagen für einen Prozess zur Transformation hin zu einer zirkulären Wirtschaft. *https://www.bmuv.de/download/die-nationale-kreislaufwirtschaftsstrategie-nkws*

(Conversio 2021): Report elaborated for VinylPlus: PVC waste in EU 27+3 countries 2020.

(Conversio 2022): Stoffstrombild für Kunststoffe in Deutschland 202: Zahlen und Fakten zum Lebensweg von Kunststoffen.

(Conversio 2023): Mitteilung

(Die Welt 2001): *https://www.welt.de/print-welt/article467675/Polyamid-AG-betreibt-in-Premnitz-weltgroesste-Anlage-fuer-Teppich-Recycling.html*

(Die Welt 2004): *https://www.welt.de/print-welt/article344423/Investorengruppe-kauft-Teppich-Recyclingwerk-Polyamid-2000-in-Premnitz.html*

(Ephan 2022): Jürgen R. Ephan: Chemisches Kunststoffrecycling aus Sicht der Kreislaufwirtschaft. Vortrag: Konferenz AgVU/BDE/BVSE, Berlin 14.12.2022

(ERDE 2023): *https://www.erde-recycling.de/aktuelles/erde-recycling-erfuellt-freiwillige-selbstverpflichtung-und-sammelt-ueber-68-der-silo-und-stretchfolien/*

(EU 2019): Single Use Plastics Directive. *https://eur-lex.europa.eu/legal-content/DE/TXT/HTML/?uri=CELEX:32019L0904&from=EN*

(EU 2022): Proposal for a revision of EU legislation on Packaging and Packaging Waste. *https://environment.ec.europa.eu/publications/proposal-packaging-and-packaging-waste*

(EU 2023a): *https://environment.ec.europa.eu/news/eu-calls-agreement-global-rules-end-plastic-pollution-2023-05-26_en*

(EU 2023b): Proposal for a Regulation on circularity requirements for vehicle design and on management of end-of-life vehicles. *https://environment.ec.europa.eu/topics/waste-and-recycling/end-life-vehicles_en*

(EU 2023c): Revision of the Construction Products Regulation. *https://www.europarl.europa.eu/thinktank/en/document/EPRS_BRI(2022)739243*

(Eunomia 2022): *https://www.petcore-europe.org/news-events/409-pet-market-in-europe-state-of-play-2022.html*

(EU Recyling 2023): Intelligentes Recycling von Polyurethan. *https://eu-recycling.com/Archive/39129*

(GKV et al 2021): GKV, VDMA, PlasticsEurope Deutschland, BDE, BVSE: Kunststoffe für Kreislaufwirtschaft und Klimaschutz. *https://www.gkv.de/de/service/publikationen.html*

(Gosten 2022): Alexander Gosten: Warum das Kreislaufwirtschaftsgesetz eine grundlegend neue Struktur auf dem Weg in die Kreislaufwirtschaft erhalten muss. Müll und Abfall 12/22

(GVM 2021): Gesellschaft für Verpackungsmarktforschung: 90 % recycling- oder mehrwegfähige Kunststoffverpackungen bis 2025 – Monitoring des IK-Ziels mit Bezugsjahr 2020. Vortrag 17.02.2022

(IK 2022): IK-Jahresbericht 2021/2022. *https://kunststoffverpackungen.de/infos-materialien/publikationen/*

(MW 2023): *https://muelltrennung-wirkt.de*

(NABU 2023): *https://www.nabu.de/umwelt-und-ressourcen/abfall-und-recycling/recycling/14906.html*

(Nova 2023): *https://renewable-carbon.eu/publications/product/consumption-of-embedded-carbon-for-global-polymers-png/*

(Orth et al. 2022): Orth, Peter; Bruder, Jürgen; Rink, Manfred: Kunststoffe im Kreislauf – Vom Recycling zur Rohstoffwende. Springer Vieweg

(PED 2022): PlasticsEurope Deutschland: *https://plasticseurope.org/de/knowledge-hub/kreislaufwirtschaft plus-handlungsempfehlungen-fur-eine-nationale-kreislaufwirtschaftsstrategie/*

(Pew/Systemiq 2020): Breaking the Plastic Wave. *www.pewtrusts.org/10/breakingtheplasticwave_mainreport*

(PlasticsEurope 2022): *https://plasticseurope.org/knowledge-hub/plastics-the-facts-2022*

(Prezero 2022): *https://prezero.de/presse/2022/prezero-nimmt-europas-modernste-sortieranlage-fuer-leicht verpackungen-in-betrieb*

(Remondis 2023): *https://www.remondis-recycling.de/aktuelles/detail/feierliche-eroeffnung-der-modernsten-recycling-sortieranlage-europas-in-bochum/*

(RESAG 2022): UMK-Sonderarbeitsgruppe „Rezyklateinsatz stärken (RESAG)". Bericht an die Umweltministerkonferenz (UMK). *https://mluk.brandenburg.de/mluk/de/umwelt/abfall/resag/*

(Rewindo 2023): *https://rewindo.de/unternehmen/*

(Systemiq 2022): Reshaping Plastics – Pathways to a Circular, Climate Neutral Plastics System in Europe. *https://plasticseurope.org/knowledge-hub/systemiq-reshaping-plastics*

(UFCR 2023): Unternehmerforum Chemisches Recycling: Handlungsfelder der Politik für die Rohstoffwende und die Transformation zu einer zirkulären Wirtschaft mittels chemischen Recyclings in Deutschland. *https://www.google.com/url?sa=t&rct=j&q=&esrc=s&source=web&cd=&ved=2ahUKEwiwmPKpv-uAAxUK3AIHHZ1PAn0QFnoECA8QAQ&url=https%3A%2F%2Fwww.thinktank-irs.de%2Fwp-content%2Fuploads%2F2023 %2F07 %2FRZ_THINKTANK_Broschuere_Unternehmerforum-Chemisches-Recycling_DE_Web.pdf&usg=AOvVaw0h03BDsXWKk-pUoNlkhoiJ&opi=89978449*

(UNEP 2022): *https://www.unep.org/news-and-stories/press-release/historic-day-campaign-beat-plastic-pollution-nations-commit-develop*

(VCI/PED 2023): *https://2023-02-28-ped-vci-position-massenbilanzen-final.pdf*

(VCI/VDI 2023): Chemistry4Climate. Wie die Transformation der Chemie gelingen kann. *https://www.vci.de/themen/energie-klima/chemistry4climate/chemistry4climate.jsp*

(VDI 2022): White Paper des VDI-Round Table: „Circular Economy für Kunststoffe neu denken – Wie die Transformation zur zirkulären Wertschöpfung gelingen kann". *https://www.vdi.de/themen/politischer-dialog/dialog-events/vdi-round-table-circular-economy*

(Wilts 2022): Wilts, Henning: Wege aus der Sackgasse der Linearität: chemische Produktion als Kreislaufwirtschaft. *https://epub.wupperinst.org/files/8110*

(ZSVR 2022): *https://www.verpackungsregister.org/stiftung-behoerde/mindeststandard-21/ausgabe-2022*

Index

Symbole

A

B

C

D

E

F

O

P

R

S

T

U

V

W

X

Z

Dahlmann / Hopmann / Schön
Recycling von Kunststoffen